D1717274

W. I. SMIRNOW

LEHRGANG DER HÖHEREN MATHEMATIK · TEIL III, 2

HOCHSCHULBÜCHER FÜR MATHEMATIK
HERAUSGEGEBEN VON H. GRELL, K. MARUHN UND W. RINOW
BAND 5

LEHRGANG DER HÖHEREN MATHEMATIK

VON

W. I. SMIRNOW
MITGLIED DER AKADEMIE DER WISSENSCHAFTEN DER UdSSR

TEIL III, 2

MIT 85 ABBILDUNGEN

Sechste Auflage

VEB DEUTSCHER VERLAG DER WISSENSCHAFTEN
BERLIN 1967

Акад. В. И. Смирнов
Курс высшей математики
Том III, часть 2
Москва 1949 Ленинград

Übersetzung aus dem Russischen nach der 5. Auflage: Lothar Uhlig;
wissenschaftliche Redaktion: Helene Suchlandt

Verantwortlicher Verlagslektor: Ludwig Boll

ES 19 B 4

Printed in the German Democratic Republic
Lizenz-Nr. 206 · 435/89/67
Schutzumschlag: Hartwig Hoeftmann
Satz: Druckhaus Einheit Leipzig III/18/211
Offsetnachdruck: VEB Druckerei „Thomas Müntzer“ Bad Langensalza

VORWORT
ZUR VIERTEN AUFLAGE

In dieser Auflage wurde der Teil III in zwei Bände zerlegt. Der vorliegende zweite Band enthält den Stoff des früheren Teiles III von dem Kapitel ab, das den Anfangsgründen der Theorie der Funktionen einer komplexen Veränderlichen gewidmet ist. Die Behandlung mancher Probleme ist darin geändert; auch wurde neues Material eingearbeitet. Letzteres bezieht sich hauptsächlich auf die Untersuchung CAUCHYscher Integrale und die angenäherte Berechnung von Integralen nach der Methode des größten Gefälles.

Bei diesem Problemkreis hat mir G. I. PETRASCHEN wesentliche Hilfe geleistet, wofür ich ihm meinen Dank ausspreche.

Hinweise auf den ersten Band des dritten Teiles wurden wie folgt bezeichnet: [III_1, 44].

1. Juni 1949

W. SMIRNOW

INHALTSVERZEICHNIS

Kap. I. Anfangsgründe der Funktionentheorie

Kap. II. Konforme Abbildung und ebene Felder

I. Anfangsgründe der Funktionentheorie

1. Funktionen einer komplexen Veränderlichen. Bei der Behandlung der Differential- und Integralrechnung haben wir vorausgesetzt, daß sowohl die unabhängigen Variablen als auch die Funktionen nur reelle Werte annehmen. Bei der Darlegung der höheren Algebra haben wir nur die einfachsten Funktionen – die Polynome – auch für komplexe Werte der unabhängigen Variablen betrachtet. Das Ziel des folgenden Kapitels ist nun die Ausdehnung der Elemente der Analysis auf Funktionen einer komplexen Variablen.

Betrachten wir z. B. das Polynom

$$f(z) = a_0 z^n + a_1 z^{n-1} + \cdots + a_n,$$

wobei die a_k gegebene komplexe Zahlen sind. Wir wollen annehmen, daß auch die unabhängige Variable z beliebige komplexe Werte durchläuft; dann ist $f(z)$ für beliebige komplexe Werte z definiert. Das gleiche gilt für rationale Funktionen (soweit der Nenner von Null verschieden ist)

$$\frac{a_0 z^n + a_1 z^{n-1} + \cdots + a_n}{b_0 z^m + b_1 z^{m-1} + \cdots + b_m}$$

oder selbst für Ausdrücke mit Radikalen, wie z. B.

$$\sqrt{z-1}.$$

Im Kapitel VI des ersten Teiles haben wir die elementaren transzendenten Funktionen für komplexe Werte der unabhängigen Variablen angegeben. Für die Exponentialfunktion gilt

$$e^z = e^{x+iy} = e^x (\cos y + i \sin y).$$

Mit Hilfe dieser Definition von e^z lassen sich die trigonometrischen Funktionen für komplexe Werte des Argumentes definieren:

$$(1)\qquad \left\{\begin{aligned} \sin z &= \frac{e^{iz} - e^{-iz}}{2i}; \\ \cos z &= \frac{e^{iz} + e^{-iz}}{2}; \\ \operatorname{tg} z &= \frac{\sin z}{\cos z} = \frac{1}{i}\,\frac{e^{i2z} - 1}{e^{i2z} + 1}; \\ \operatorname{ctg} z &= \frac{\cos z}{\sin z} = i\,\frac{e^{i2z} + 1}{e^{i2z} - 1}. \end{aligned}\right.$$

Für den natürlichen Logarithmus einer komplexen Zahl hatten wir den Ausdruck

$$(2)\qquad \log z = \log |z| + i \arg z,$$

wobei $|z|$ der Absolutbetrag ist und $\arg z$ das Argument der Veränderlichen z

bezeichnet. Betrachten wir die zu (1) inversen Funktionen, so kommen wir zu den Umkehrungen der Kreisfunktionen einer komplexen Variablen:

$$\operatorname{arc}\sin z,\ \operatorname{arc}\cos z,\ \operatorname{arc}\operatorname{tg} z,\ \operatorname{arc}\operatorname{ctg} z.$$

Man zeigt mühelos, daß diese Funktionen durch Logarithmen ausgedrückt werden können. Nehmen wir z. B.

$$z = \operatorname{tg} w = \frac{e^{i2w} - 1}{i(e^{i2w} + 1)},$$

so gilt

$$i(e^{i2w} + 1)z = e^{i2w} - 1$$

oder

$$e^{i2w} = \frac{1 + iz}{1 - iz}.$$

Multipliziert man Zähler und Nenner mit i und logarithmiert, so erhält man

$$w = \operatorname{arc}\operatorname{tg} z = \frac{1}{2i}\log\frac{i - z}{i + z}.$$

Entsprechend bekommt man, ausgehend von

$$z = \sin w = \frac{e^{iw} - e^{-iw}}{2i},$$

eine quadratische Gleichung in e^{iw}:

$$e^{2iw} - 2ize^{iw} - 1 = 0;$$

dann gilt

$$e^{iw} = iz + \sqrt{1 - z^2}$$

und folglich

$$w = \operatorname{arc}\sin z = \frac{1}{i}\log(iz + \sqrt{1 - z^2}),$$

wobei man beide Werte der Quadratwurzel berücksichtigen muß.

Weiter werden wir sehen: Alle oben genannten elementaren Funktionen besitzen als Funktionen einer komplexen Veränderlichen eine Ableitung, d. h., für sie existiert ein endlicher Grenzwert des Quotienten

$$\frac{f(z + \Delta z) - f(z)}{\Delta z},$$

wenn die komplexe Größe Δz gegen Null strebt. In diesem ersten Kapitel entwickeln wir die Anfangsgründe der Theorie der differenzierbaren Funktionen einer komplexen Variablen. Wir werden sehen, daß sich diese Theorie einerseits durch außerordentlich große Klarheit und Einfachheit auszeichnet und andererseits breite Anwendungen in vielen Gebieten der Naturwissenschaft und Technik hat. In diesem Kapitel geben wir einen kurzen Abriß der Theorie selbst. Den Anwendungen sind die folgenden Kapitel gewidmet. Wir hoffen, auf diesem Wege eine *klarere* und *vollständigere* Darstellung der theoretischen Grundlagen zu erreichen.

Im folgenden werden wir sehr oft von der geometrischen Deutung der komplexen Zahlen Gebrauch machen, die wir schon in [I, 170] besprochen haben.

Wir erinnern kurz an die grundlegenden Ideen dieser Interpretation: Führt man in der Ebene geradlinig-rechtwinklige Achsen OX, OY ein, so kann man entweder jedem Punkt dieser Ebene zwei reelle Koordinaten x, y oder eine komplexe Koordinate $x + iy$ zuordnen, wie wir es hernach auch tun werden. Die Ebene heißt in diesem Sinne Ebene der komplexen Veränderlichen (kurz: komplexe Ebene), die X-Achse die reelle und die Y-Achse die imaginäre Achse. Außer dieser Punktdarstellung der komplexen Zahlen werden wir in den folgenden Kapiteln hauptsächlich die Vektordarstellung benutzen, und zwar ordnen wir der komplexen Zahl $x + iy$ den Vektor zu, dessen Komponenten in Richtung der Koordinatenachsen gleich x bzw. y sind. Der Zusammenhang der beiden Darstellungen ist unmittelbar klar; es gilt nämlich folgendes: Dem Vektor, der vom Koordinatenursprung zum Punkt mit der komplexen Koordinate $x + iy$ führt, entspricht eben diese komplexe Zahl $x + iy$. Liegt ferner in unserer Ebene ein Vektor, dessen Anfangspunkt der Punkt A mit der Koordinate $a_1 + ia_2$ und dessen Endpunkt der Punkt B mit der Koordinate $b_1 + ib_2$ ist, so entspricht diesem Vektor $\overrightarrow{AB}$ die komplexe Zahl, die gleich der Differenz der Koordinaten des End- und des Anfangspunktes ist:

$$(b_1 - a_1) + i\,(b_2 - a_2).$$

Wir erinnern an einige früher behandelte Resultate [**I**, **171** und **172**]:

Der Addition der komplexen Zahlen entspricht die geometrische Addition der diesen Zahlen entsprechenden Vektoren. Der absolute Betrag einer komplexen Zahl ist gleich der Länge des zugeordneten Vektors und das Argument gleich dem Winkel, den der Vektor mit der X-Achse bildet. Ändert sich die komplexe Variable z, so bewegt sich der entsprechende Punkt in der Ebene.

Wir wollen sagen, daß $z = x + iy$ gegen den Grenzwert $\alpha = a + ib$ strebt, wobei a und b reelle Konstanten sind, wenn der Betrag der Differenz

$$|\alpha - z| = \sqrt{(a-x)^2 + (b-y)^2}$$

gegen Null strebt. Aus der angegebenen Relation folgt unmittelbar, da ja unter der Wurzel eine nicht-negative Summe steht, daß $|\alpha - z| \to 0$ gleichbedeutend mit

$$x \to a \quad \text{und} \quad y \to b$$

ist. Folglich ist

$$x + iy \to a + ib$$

gleichbedeutend mit

$$x \to a \quad \text{und} \quad y \to b.$$

Dabei strebt offensichtlich der veränderliche Punkt M, dem die Zahl $z = x + iy$ entspricht, gegen den Punkt A mit der Koordinate $\alpha = a + ib$ als Grenzlage. Wie man mühelos zeigt, gelten für komplexe Veränderliche die üblichen Sätze über Summen, Produkte und Quotienten von Grenzwerten; damit werden wir uns aber nicht aufhalten.

Wir merken noch an, daß aus der Definition des Grenzwertes folgt, daß $z \to 0$ gleichbedeutend mit $|z| \to 0$ ist. Ferner gilt bei $z \to \alpha$ offenbar $|z| \to |\alpha|$. Für komplexe Variable gilt auch das CAUCHYsche Kriterium für die Existenz des Grenzwertes. Sei z. B. eine abzählbare Folge von komplexen Zahlen

$$\begin{aligned} z_1 &= x_1 + iy_1; \\ z_2 &= x_2 + iy_2; \\ &\ldots\ldots\ldots\ldots; \\ z_n &= x_n + iy_n; \\ &\ldots\ldots\ldots\ldots \end{aligned}$$

vorgegeben. Die Existenz eines Grenzwertes z dieser Folge ist gleichbedeutend mit derjenigen der Grenzwerte x und y der reellen Folgen x_n und y_n; für die Existenz dieser Grenzwerte ist aber notwendig und hinreichend, daß die absoluten Beträge der Differenzen $|x_n - x_m|$ und $|y_n - y_m|$ für genügend große n und m beliebig klein werden [I, 31]. Berücksichtigt man

$$|z_n - z_m| = \sqrt{(x_n - x_m)^2 + (y_n - y_m)^2}$$

und die Tatsache, daß unter der Wurzel eine nicht-negative Summe steht, so sieht man, daß für die Existenz eines Grenzwertes der Folge z_n notwendig und hinreichend ist, daß für alle hinreichend großen n und m die Zahl $|z_n - z_m|$ beliebig klein gemacht werden kann. Genau gesagt, heißt das: Zu beliebig vorgegebenem positivem ε existiert ein N derart, daß $|z_n - z_m| < \varepsilon$ ist, wenn nur n und m größer als N sind. Auch für den allgemeinen Fall einer komplexen Variablen bleibt alles gültig, was wir am Anfang des Abschnittes [25] von Teil I über reelle Variable gesagt haben. Eine notwendige und hinreichende Bedingung für die Existenz eines Grenzwertes der komplexen Variablen z ist die folgende [I, 31]: Es gibt zu beliebig vorgegebenem positivem ε einen Wert der Variablen z derart, daß $|z' - z''| < \varepsilon$ ist, sobald z' und z'' zwei beliebige Werte sind, die auf diesen Wert von z folgen[1]). Weiter werden wir sagen, daß die komplexe Variable z gegen Unendlich strebt, wenn $|z| \to +\infty$ gilt.

Wir gehen jetzt zur Betrachtung von Funktionen einer komplexen Variablen,

$$w = f(z),$$

über und treffen einige terminologische Verabredungen. Die Funktion $f(z)$ kann entweder in der ganzen Ebene oder nur in einem gewissen Bereich der komplexen Ebene definiert sein, z. B. innerhalb eines Kreises oder Rechtecks oder Ringes usw. Bei allen diesen Bereichen unterscheiden wir zwischen ihren inneren und ihren Randpunkten. So sind z. B. bei einem Kreise mit dem Mittelpunkt im Koordinatenursprung und dem Radius 1 die inneren Punkte durch die Bedingungen

$$|z| < 1 \quad \text{oder} \quad x^2 + y^2 < 1$$

charakterisiert, und der Rand ist der Kreis

$$|z| = 1 \quad \text{oder} \quad x^2 + y^2 = 1.$$

Die charakteristische Eigenschaft der inneren Punkte ist, daß es zu ihnen stets eine gewisse Umgebung gibt, die auch noch ganz dem Bereich angehört, d. h., ein Punkt M ist innerer Punkt eines Bereichs, wenn dieser einen hinreichend kleinen Kreis um M ganz enthält. Die Randpunkte sind keine inneren Punkte des Bereichs, aber in jeder beliebig kleinen Umgebung eines Randpunktes liegen innere Punkte. Außerdem werden wir annehmen, daß unser Bereich nicht in getrennte Stücke zerfällt, oder, anders ausgedrückt, wir werden voraussetzen, daß je zwei beliebige Punkte des Bereichs durch einen ganz in seinem Innern verlaufenden Weg verbindbar sind. Im folgenden verstehen wir unter *Gebiet* nur *die Gesamtheit der inneren Punkte* eines Bereichs. Wenn zum Gebiet auch der Rand hinzugenommen wird, so sprechen wir von einem *abgeschlossenen Bereich*. Ferner heißt ein Gebiet *beschränkt*, wenn der Abstand jedes seiner Punkte vom Nullpunkt unterhalb einer festen endlichen Grenze liegt. Später geben wir noch eine schärfere Definition des Begriffes „Gebiet".

[1]) Hier wird die Veränderliche z als Funktion eines Parameters aufgefaßt, der eine geordnete Menge durchläuft; auf deren Ordnung bezieht sich das „folgen" (Anm. d. Red.).

Wir kehren nun zur Betrachtung der Funktion $w = f(z)$ zurück und nehmen an, diese sei im Innern eines gewissen Bereiches B definiert, d. h., in allen Punkten z, die in B liegen, nehme $f(z)$ bestimmte komplexe Werte an (wir sprechen von eindeutigen Funktionen). Sei z_0 ein (innerer) Punkt von B. Die Funktion $f(z)$ heißt im Punkt z_0 stetig, wenn $f(z) \to f(z_0)$ für $z \to z_0$ gilt, d. h. zu beliebig vorgegebenem positivem ε ein positives η derart existiert, daß $|f(z) - f(z_0)| < \varepsilon$ ist, wenn nur $|z - z_0| < \eta$ gilt. Eine Funktion heißt stetig in B, wenn sie in allen Punkten von B stetig ist. Es kann sein, daß die Funktion $f(z)$ nicht nur im Innern von B, sondern auch auf der Begrenzung l des Gebietes, d. h. im abgeschlossenen Bereich B definiert ist. Wir sagen dann, diese Funktion sei im abgeschlossenen Bereich stetig, wenn sie in jedem Punkt von B stetig ist. Bei der Definition der Stetigkeit in irgendeinem Punkt z_0 des Randes l muß man beachten, daß der Punkt z auf beliebige Weise gegen z_0 streben kann, dabei aber den abgeschlossenen Bereich B nicht verlassen darf. Ebenso wie im Reellen gilt der Satz [**I**, **43**]: Ist $f(z)$ in einem beschränkten abgeschlossenen Bereich stetig, so ist $f(z)$ in diesem Bereich gleichmäßig stetig, d. h., zu beliebig vorgegebenem positivem ε existiert ein positives η derart, daß $|f(z_1) - f(z_2)| < \varepsilon$ ist, wenn nur $|z_1 - z_2| < \eta$ gilt und z_1 und z_2 in diesem abgeschlossenen Bereich liegen. Wir zerlegen jetzt z und $w = f(z)$ in Real- und Imaginärteil und schreiben

$$z = x + iy;$$

$$w = f(z) = u + iv.$$

Die Vorgabe von z ist gleichbedeutend mit der von x und y, und die Vorgabe von $f(z)$ mit der von u und v, d. h., wir können u und v als Funktionen von x und y auffassen:

$$w = f(z) = u(x, y) + iv(x, y). \tag{3}$$

Bei den elementaren Funktionen kann man diese Zerlegung in Real- und Imaginärteil mit Hilfe einfacher Operationen ausführen, z. B.

$$w = z^2 = (x + iy)^2 = (x^2 - y^2) + i\,2xy.$$

Sei $z_0 = x_0 + iy_0$; dann ist die Bedingung $z \to z_0$ gleichbedeutend mit $x \to x_0$ und $y \to y_0$.

Aus der Definition der Stetigkeit im Punkte z_0 folgt, daß für $z \to z_0$

$$f(z) \to f(z_0)$$

oder

$$u(x, y) + iv(x, y) \to u(x_0, y_0) + iv(x_0, y_0)$$

gelten muß, was gleichbedeutend mit

$$u(x, y) \to u(x_0, y_0)$$

und

$$v(x, y) \to v(x_0, y_0)$$

ist. Folglich ist die Stetigkeit von $f(z)$ im Punkte z_0 gleichbedeutend mit der Stetigkeit von $u(x, y)$ und $v(x, y)$ im Punkte (x_0, y_0).

Trennt man Real- und Imaginärteil und benutzt die Stetigkeit der elementaren Funktionen reeller Variabler, so überzeugt man sich davon, daß Polynome und die Funktionen e^z, $\sin z$, $\cos z$ in der ganzen komplexen Ebene stetig sind.

Eine rationale Funktion ist überall stetig bis auf die Punkte z, für die ihr Nenner verschwindet. Ebenso ist $\operatorname{tg} z$ überall stetig bis auf die Punkte z, in denen $\cos z$ Null wird. Wie im Reellen sind Summe und Produkt endlich vieler stetiger Funktionen wieder stetige Funktionen. Der Quotient zweier stetiger Funktionen ist bis auf die Werte z stetig, für die der Nenner Null wird.

Wir beschäftigen uns zunächst mit eindeutigen Funktionen, später behandeln wir auch mehrdeutige. Beispiele für letztere sind $\sqrt{z-1}$, die Funktion (2) und die Umkehrungen der Kreisfunktionen.

2. Ableitungen. Sei $f(z)$ im Punkte z und in allen Punkten, die genügend nahe bei z liegen, definiert. Als Ableitung $f'(z)$ im Punkte z definiert man den Grenzwert

$$\lim_{\Delta z \to 0} \frac{f(z+\Delta z)-f(z)}{\Delta z}. \tag{4}$$

Dabei muß dieser endlich und stets derselbe sein, wie auch der komplexe Zuwachs Δz gegen Null streben mag.

Man zeigt ebenso mühelos wie bei einer reellen Variablen, daß ein konstanter Faktor vor das Ableitungszeichen gezogen werden darf und daß die üblichen Differentiationsregeln für Summen, Produkte und Quotienten [**I**, **47**] gelten. Außerdem beweist man leicht [**I**, **47**], indem man den binomischen Satz anwendet, die übliche Regel für die Differentiation der Potenzfunktion für positive ganze Exponenten:

$$(z^n)' = n z^{n-1}. \tag{5}$$

Daher können wir behaupten, daß ein Polynom in jedem beliebigen Punkt z eine Ableitung besitzt. Ebenso haben die rationalen Funktionen überall eine Ableitung bis auf diejenigen Werte z, für die der Nenner Null wird.

Ferner gilt die übliche Regel für die Differentiation zusammengesetzter Funktionen:

$$\frac{d}{dz} F(w) = \frac{d}{dw} F(w) \frac{dw}{dz}, \tag{6}$$

wobei natürlich vorausgesetzt ist, daß die beiden auf der rechten Seite der Gleichung stehenden Ableitungen existieren. Wie im Reellen folgt aus der Existenz der Ableitung in einem gewissen Punkt auch die Stetigkeit von $f(z)$ in diesem Punkt.

Die Funktion $f(z)$ sei in einem gewissen Bereich B definiert und besitze in jedem inneren Punkt von B eine Ableitung. Man sagt dann, $f(z)$ sei innerhalb des Gebietes B differenzierbar. Die Ableitung $f'(z)$ ist innerhalb B ebenfalls eine eindeutige Funktion.

Wir führen eine wichtige Definition ein: Eine Funktion $f(z)$ heißt *regulär* (oder *holomorph*) innerhalb B, wenn sie dort eindeutig ist und eine stetige Ableitung $f'(z)$ hat. Wir bemerken zunächst, daß aus der Existenz der Ableitung auch die Stetigkeit von $f(z)$ in B folgt. Zuweilen sagt man, $f(z)$ sei im Punkte z_0 regulär. Das bedeutet, daß $f(z)$ innerhalb eines gewissen Gebietes, das den Punkt z_0 im Innern enthält, regulär ist.

Wir greifen nun auf Formel (3) zurück, in welcher Real- und Imaginärteil sowohl bei z als auch bei der Funktion $f(z)$ getrennt sind, und stellen folgende Frage: Welche Bedingungen müssen die Funktionen $u(x, y)$ und $v(x, y)$ erfüllen, damit $f(z)$ innerhalb des Gebietes B regulär ist? Wir nehmen zunächst an, $f(z)$ sei innerhalb B regulär, und ziehen daraus Schlüsse auf $u(x, y)$ und $v(x, y)$.

Wie wir schon früher bei der Definition der Ableitung, deren Existenz wir voraussetzen, erwähnten, können wir den Zuwachs $\Delta z = \Delta x + i \Delta y$ auf beliebige Weise gegen Null streben lassen. Wir zeichnen in B einen gewissen Punkt M mit der Koordinate $z = x + iy$ und einen variablen Punkt N mit der Koordinate $z + \Delta z = (x + \Delta x) + i(y + \Delta y)$ aus, wobei N gegen M streben möge.

Dann betrachten wir speziell zwei Fälle, in denen wir N gegen M, d. h. Δz gegen Null streben lassen.

Zuerst möge N auf einer zur x-Achse parallelen Geraden gegen M gehen, d. h.

$$\Delta y = 0 \quad \text{und} \quad \Delta z = \Delta x \tag{7}$$

gelten.

Dann möge N auf einer zur y-Achse parallelen Geraden gegen M streben; dabei gilt

$$\Delta x = 0 \quad \text{und} \quad \Delta z = i\Delta y. \tag{8}$$

Nun bilden wir die Ableitung $f'(z)$. Allgemein gilt

$$\begin{aligned} f'(z) &= \lim_{\Delta z \to 0} \frac{f(z + \Delta z) - f(z)}{\Delta z} = \\ &= \lim_{\substack{\Delta x \to 0 \\ \Delta y \to 0}} \frac{[u(x + \Delta x, y + \Delta y) - u(x, y)] + i[v(x + \Delta x, y + \Delta y) - v(x, y)]}{\Delta x + i\Delta y}. \end{aligned} \tag{9}$$

Daher erhalten wir für den ersten Fall

$$f'(z) = \lim_{\Delta x \to 0} \left[\frac{u(x + \Delta x, y) - u(x, y)}{\Delta x} + i \frac{v(x + \Delta x, y) - v(x, y)}{\Delta x}\right].$$

Daraus ersieht man, daß Real- und Imaginärteil auf der rechten Seite der Gleichung Grenzwerte haben, d. h. die Funktionen $u(x, y)$ und $v(x, y)$ partielle Ableitungen nach x besitzen müssen, und daß die Beziehung

$$f'(z) = \frac{\partial u(x, y)}{\partial x} + i \frac{\partial v(x, y)}{\partial x} \tag{10}$$

gilt.

Entsprechend bekommen wir für den zweiten Fall gemäß (8) und (9) die Gleichungen

$$f'(z) = \lim_{\Delta y \to 0} \frac{1}{i} \left[\frac{u(x, y + \Delta y) - u(x, y)}{\Delta y} + i \frac{v(x, y + \Delta y) - v(x, y)}{\Delta y}\right]$$

oder

$$f'(z) = \frac{\partial v(x, y)}{\partial y} - i \frac{\partial u(x, y)}{\partial y}. \tag{11}$$

Vergleichen wir die Ausdrücke (10) und (11) für $f'(z)$, so erhalten wir die Bedingungen

$$\begin{cases} \dfrac{\partial u(x, y)}{\partial x} = \dfrac{\partial v(x, y)}{\partial y} \\[2ex] \dfrac{\partial v(x, y)}{\partial x} = -\dfrac{\partial u(x, y)}{\partial y}, \end{cases} \tag{12}$$

denen die partiellen Ableitungen von $u(x, y)$ und $v(x, y)$ genügen müssen.

Aus der Stetigkeit von $f'(z)$ folgt auf Grund von (10) und (11) die Stetigkeit der partiellen Ableitungen erster Ordnung der Funktionen $u(x, y)$ und $v(x, y)$. Die vorhergehenden Betrachtungen führen uns zu dem Ergebnis: Für die Regularität von $f(z)$ innerhalb B ist notwendig, daß folgende Bedingungen erfüllt sind: *$u(x, y)$ und $v(x, y)$ müssen innerhalb B stetige partielle Ableitungen erster Ordnung nach x und y haben, und diese Ableitungen müssen den Relationen* (12) *genügen.* Wir zeigen jetzt, daß *diese Bedingungen für die Regularität von $f(z)$ im Gebiet B nicht nur notwendig, sondern auch hinreichend sind.* Wir nehmen also an, die hergeleiteten Bedingungen seien erfüllt, und beweisen die Existenz der stetigen Ableitung $f'(z)$. Berücksichtigt man die Stetigkeit der partiellen Ableitungen von $u(x, y)$ und $v(x, y)$ nach x und y, so kann man schreiben [I, 68]:

$$u(x + \Delta x, y + \Delta y) - u(x, y) = \frac{\partial u(x,y)}{\partial x}\Delta x + \frac{\partial u(x,y)}{\partial y}\Delta y + \varepsilon_1 \Delta x + \varepsilon_2 \Delta y;$$

$$v(x + \Delta x, y + \Delta y) - v(x, y) = \frac{\partial v(x,y)}{\partial x}\Delta x + \frac{\partial v(x,y)}{\partial y}\Delta y + \varepsilon_3 \Delta x + \varepsilon_4 \Delta y,$$

wobei die ε_k zusammen mit Δx und Δy gegen Null streben. Bildet man mit Hilfe der letztgenannten Ausdrücke den Zuwachs $f(z + \Delta z) - f(z)$ der Funktion und setzt ihn in die Beziehung (4) ein, so bekommt man

$$\frac{f(z+\Delta z) - f(z)}{\Delta z} = \frac{\left(\frac{\partial u}{\partial x}\Delta x + \frac{\partial u}{\partial y}\Delta y\right) + i\left(\frac{\partial v}{\partial x}\Delta x + \frac{\partial v}{\partial y}\Delta y\right) + (\varepsilon_1 + i\varepsilon_3)\Delta x + (\varepsilon_2 + i\varepsilon_4)\Delta y}{\Delta x + i\Delta y}.$$

Benutzt man die Bedingungen (12), dann kann man diese Relation in der Form

$$\frac{f(z+\Delta z) - f(z)}{\Delta z} = \frac{\frac{\partial u}{\partial x}(\Delta x + i\Delta y) + i\frac{\partial v}{\partial x}(\Delta x + i\Delta y)}{\Delta x + i\Delta y} + \varepsilon_5 \frac{\Delta x}{\Delta x + i\Delta y} + \varepsilon_6 \frac{\Delta y}{\Delta x + i\Delta y}$$

schreiben, wobei

$$\varepsilon_5 = \varepsilon_1 + i\varepsilon_3 \quad \text{und} \quad \varepsilon_6 = \varepsilon_2 + i\varepsilon_4$$

gleichzeitig mit Δz gegen Null streben.

Man sieht leicht, daß die letzten beiden Summanden rechts ebenfalls gegen Null gehen. Es gilt z. B.

$$\left|\varepsilon_5 \frac{\Delta x}{\Delta x + i\Delta y}\right| = |\varepsilon_5| \frac{|\Delta x|}{\sqrt{(\Delta x)^2 + (\Delta y)^2}}.$$

Hier strebt der erste Faktor gegen Null, und der zweite ist nie größer als Eins.

Man kann daher die vorige Formel in der Form

$$\frac{f(z+\Delta z) - f(z)}{\Delta z} = \frac{\partial u(x,y)}{\partial x} + i\frac{\partial v(x,y)}{\partial x} + \varepsilon_7$$

schreiben, wobei ε_7 gleichzeitig mit Δz gegen Null strebt, während die ersten beiden Summanden der rechten Seite von Δz unabhängig sind.

Es strebt also der Ausdruck (4) gegen einen bestimmten Grenzwert, der durch (10) definiert ist. Daraus folgt, daß die obengenannten Bedingungen für $u(x,y)$ und $v(x, y)$ *notwendig und hinreichend* sind für die Regularität von $f(z)$ im Gebiet B. Die Gleichungen (12) werden gewöhnlich *Cauchy-Riemannsche Differentialgleichungen* genannt.

Wir sind diesen Gleichungen schon begegnet; sie müssen von Geschwindigkeitspotential und Stromfunktion stationärer ebener Strömungen idealer inkompressibler Flüssigkeiten erfüllt werden [**II, 74**]. Wir sehen also, daß die Grundgleichungen der Funktionentheorie gleichzeitig auch diejenigen für die Untersuchung hydrodynamischer Probleme sind. So ergeben sich zahlreiche wichtige Anwendungen der Funktionentheorie auf die Hydrodynamik. Darüber werden wir im folgenden Kapitel sprechen.

Wir werden später folgende wichtige Tatsache beweisen: Ist eine reguläre Funktion vorgegeben, so besitzen $u(x, y)$ und $v(x, y)$ Ableitungen beliebiger Ordnung. Differenziert man die erste der Gleichungen (12) partiell nach x, die zweite nach y und addiert, so bekommt man

$$\frac{\partial^2 u}{\partial x^2} + \frac{\partial^2 u}{\partial y^2} = 0. \tag{13_1}$$

Entsprechend folgert man aus (12) mühelos

$$\frac{\partial^2 v}{\partial x^2} + \frac{\partial^2 v}{\partial y^2} = 0. \tag{13_2}$$

Daraus folgt, daß *Real- und Imaginärteil einer regulären Funktion* $f(z)$ *die* LAPLACE*sche Gleichung erfüllen müssen*, d. h., sie müssen *harmonische Funktionen* sein. Im folgenden Kapitel untersuchen wir auch eingehend den Zusammenhang der Theorie der Funktionen einer komplexen Veränderlichen mit der LAPLACEschen Gleichung.

Aus den Gleichungen (13) folgt: Wir können eine reguläre Funktion konstruieren, indem wir ihren Realteil willkürlich vorgeben, d. h. für $u(x, y)$ eine beliebige Lösung der Gleichung (13_1) nehmen; wir zeigen dann, daß dadurch $v(x, y)$ bis auf eine additive Konstante bestimmt ist.

In der Tat folgt aus den Gleichungen (12)

$$dv = \frac{\partial v}{\partial x} dx + \frac{\partial v}{\partial y} dy = -\frac{\partial u}{\partial y} dx + \frac{\partial u}{\partial x} dy,$$

also

$$v(x, y) = \int \left(-\frac{\partial u}{\partial y} dx + \frac{\partial u}{\partial x} dy \right) + C. \tag{14}$$

Es bleibt nachzuprüfen, daß das Kurvenintegral nicht vom Weg abhängt und eine Funktion seiner oberen Grenze liefert [**II, 71**]. Wir erinnern daran, daß man die Bedingung für die Unabhängigkeit eines Kurvenintegrals

$$\int (X\,dx + Y\,dy)$$

vom Wege in folgender Weise schreiben kann:

$$\frac{\partial X}{\partial y} = \frac{\partial Y}{\partial x}.$$

Wenden wir dies auf das Integral (14) an, so bekommen wir

$$\frac{\partial}{\partial y}\left(-\frac{\partial u}{\partial y}\right) = \frac{\partial}{\partial x}\left(\frac{\partial u}{\partial x}\right) \quad \text{oder} \quad \frac{\partial^2 u}{\partial x^2} + \frac{\partial^2 u}{\partial y^2} = 0;$$

diese Bedingung ist aber nach Voraussetzung erfüllt, da wir für $u(x, y)$ eine harmonische Funktion genommen hatten. Wir bemerken noch: Auch wenn $u(x, y)$

eindeutig ist, so kann sich $v(x, y)$ doch als mehrdeutig erweisen, wenn nämlich das Gebiet, in dem wir die Formel (14) anwenden, mehrfach zusammenhängend ist [II, 72].

Wenden wir uns jetzt einigen Beispielen zu: Ein Polynom ist offenbar eine in der ganzen z-Ebene reguläre Funktion. Eine rationale Funktion ist in jedem Gebiet, das keine Nullstellen ihres Nenners enthält, regulär. Nehmen wir z. B. $f(z) = z^2$, so ist $u(x, y) = x^2 - y^2$ und $v(x, y) = 2xy$. Man prüft leicht nach, daß diese Funktionen den Gleichungen (12) genügen.

Wir wollen jetzt zeigen, daß die Exponentialfunktion

$$e^z = e^x(\cos y + i \sin y)$$

in der ganzen Ebene regulär ist. Sei also

$$u(x, y) = e^x \cos y; \quad v(x, y) = e^x \sin y,$$

woraus unmittelbar

$$\frac{\partial u}{\partial x} = e^x \cos y; \quad \frac{\partial u}{\partial y} = -e^x \sin y;$$
$$\frac{\partial v}{\partial x} = e^x \sin y; \quad \frac{\partial v}{\partial y} = e^x \cos y$$

folgt. Diese partiellen Ableitungen sind stetig und erfüllen die Relationen (12). Wir bilden die Ableitung nach Formel (10) und erhalten

$$(e^z)' = e^x \cos y + ie^x \sin y = e^x(\cos y + i \sin y), \quad \text{d. h.,} \quad (e^z)' = e^z.$$

Wir haben also dieselbe Differentiationsregel wie für die Exponentialfunktion einer reellen Variablen erhalten. Jetzt zeigt man leicht, daß $\sin z$ und $\cos z$ ebenfalls in der ganzen z-Ebene stetige Ableitungen besitzen. Man berechnet sie nach derselben Regel wie im Reellen. Wendet man nämlich die Differentiationsregeln für die Exponentialfunktion und für zusammengesetzte Funktionen an, so bekommt man

$$(\sin z)' = \left(\frac{e^{iz} - e^{-iz}}{2i}\right)' = \frac{e^{iz} + e^{-iz}}{2} = \cos z;$$
$$(\cos z)' = \left(\frac{e^{iz} + e^{-iz}}{2}\right)' = i\,\frac{e^{iz} - e^{-iz}}{2} = -\sin z.$$

Wie im Reellen können wir auch die Ableitungen höherer Ordnung einführen.

3. Konforme Abbildung. Wir wollen uns über die geometrische Bedeutung des Begriffes der funktionalen Abhängigkeit und der Ableitung klar werden. Sei die Funktion $f(z)$ in einem gewissen Gebiet B der x, y-Ebene regulär. Jedem Wert z in B entspricht dann ein bestimmter Wert $w = f(z)$, und die Gesamtheit aller Werte $w = u + iv$, die allen z aus B entsprechen, erfüllt einen gewissen neuen Wertebereich B_1. Diesen zeichnen wir in einer neuen Ebene der komplexen Variablen $u + iv$ auf (Abb. 1). Unsere *Funktion $f(z)$ liefert also eine Abbildung des Gebietes B auf das Gebiet B_1.* Eigentlich müßten wir die Abhängigkeit zwischen den Punkten z und w genauer untersuchen und beweisen, daß die Gesamtheit der Werte w tatsächlich ein gewisses Gebiet ausfüllt. Wenn wir später die analytischen Hilfsmittel zur Hand haben, werden wir auf die genauere Untersuchung eingehen. Im Augenblick beschränken wir uns auf allgemeine Aussagen, die dem Leser die Möglichkeit geben, sich über die geometrische Bedeutung der eingeführten Begriffe klar zu werden. Weiter werden wir sehen: Ist in einem gewissen Punkte z die Ableitung

$f'(z)$ von Null verschieden, so geht ein hinreichend kleiner Kreis mit dem Zentrum z in ein gewisses Gebiet auf der w-Ebene über, das den entsprechenden Punkt $w = f(z)$ in seinem Innern enthält.

Wir wollen jetzt die geometrische Bedeutung des *absoluten Betrages* und des *Argumentes* der Ableitung klären, wobei wir annehmen, die Ableitung $f'(z)$ sei im betrachteten Punkt von Null verschieden.

Dazu wählen wir zwei benachbarte Punkte z und $z + \Delta z$. Die ihnen entsprechenden Punkte im Gebiet B_1 seien w und $w + \Delta w$. Betrachten wir die gerichteten Strecken $\overrightarrow{MN}$ und $\overrightarrow{M_1N_1}$, die z mit $z + \Delta z$ und w mit $w + \Delta w$ verbinden. Diesen Vektoren entsprechen die komplexen Zahlen Δz und Δw. Somit wird das Verhältnis der Längen der beiden Vektoren

$$\frac{|M_1N_1|}{|MN|} = \frac{|\Delta w|}{|\Delta z|}$$

oder, wenn man berücksichtigt, daß der Betrag eines Quotienten gleich dem Quotienten der Beträge ist,

$$\frac{|M_1N_1|}{|MN|} = \left|\frac{\Delta w}{\Delta z}\right|.$$

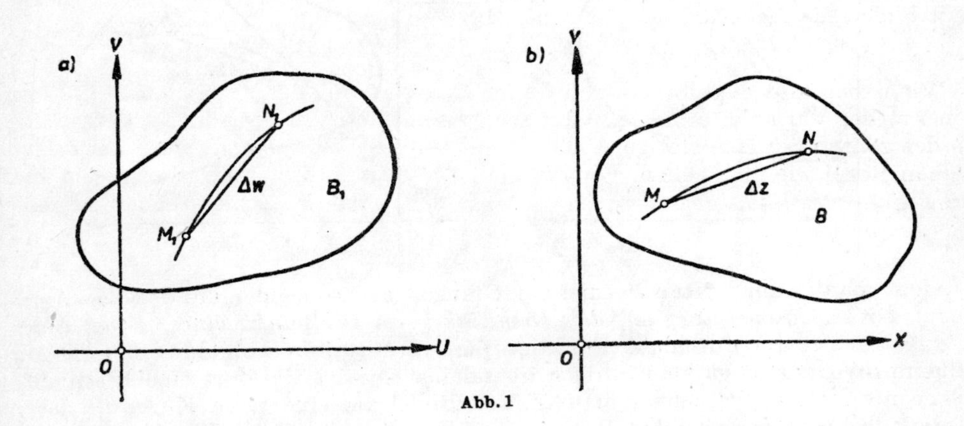

Abb. 1

Strebt N gegen M, so geht der Punkt N_1 gegen M_1, und durch Grenzübergang folgt

$$\lim_{N \to M} \frac{|M_1N_1|}{|MN|} = |f'(z)|,$$

d. h., der *Betrag der Ableitung* $f'(z)$ *charakterisiert das Verhältnis entsprechender Längenelemente* im Punkte w bzw. z bei der Abbildung, die durch die Funktion $f(z)$ vermittelt wird. Ist beispielsweise $f(z) = z^2 + z + 3$, so vergrößern sich bei der Abbildung im Punkte $z = 1$ die Längen auf das Dreifache.

Wir wollen jetzt die geometrische Bedeutung des Argumentes der Ableitung erläutern. Dazu nehmen wir an, der Punkt N strebe längs der (als hinreichend glatt vorausgesetzten) Kurve l gegen den Punkt M. Ist ferner l_1 die entsprechende Kurve im Gebiet B_1 (Abb. 2), dann liefert das Argument der komplexen Zahl Δz den Winkel, den der Vektor $\overrightarrow{MN}$ mit der reellen Achse bildet; entsprechend liefert arg Δw den Winkel zwischen dem Vektor $\overrightarrow{M_1N_1}$ und der reellen Achse. Die Differenz der genannten Argumente, $\arg \Delta w - \arg \Delta z$, stellt den Winkel dar, den die Richtung des Vektors $\overrightarrow{M_1N_1}$ mit derjenigen von $\overrightarrow{MN}$ bildet. Dabei wird dieser Winkel vom Vektor $\overrightarrow{MN}$ an entgegen dem Uhrzeigersinn gemessen. Berücksichtigt man, daß das Argument eines Quotienten gleich der Differenz der Argumente des Dividenden und des Divisors ist, so folgt

$$\arg \Delta w - \arg \Delta z = \arg \frac{\Delta w}{\Delta z}.$$

In der Grenzlage fällt die Richtung des Vektors $\overrightarrow{MN}$ mit derjenigen der Tangente an die Kurve l im Punkte M und die des Vektors $\overrightarrow{M_1N_1}$ mit der Richtung der Tangente an die Kurve l_1 im Punkte M_1 zusammen.

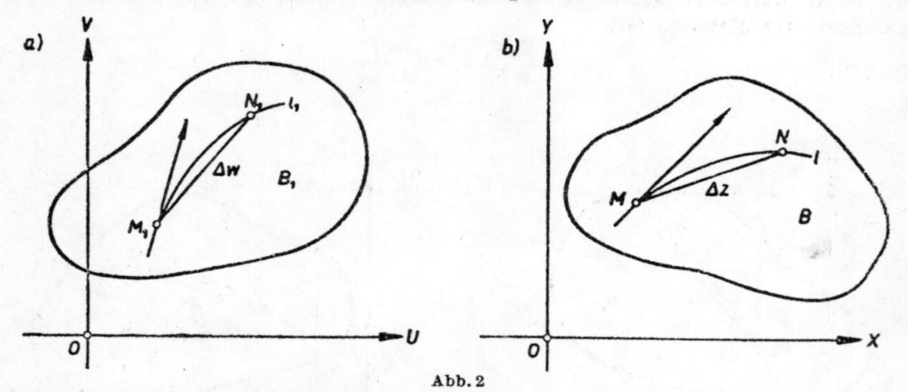

Abb. 2

Geht man in der letzten Formel zur Grenze über, so sieht man, daß *das Argument der Ableitung*, arg $f'(z)$, *den Drehwinkel im Bildpunkt eines vorgegebenen Punktes* z bei der durch die Funktion $f(z)$ vermittelten Abbildung liefert. Mit anderen Worten: Legt man durch z irgendeine Kurve l, die dort eine bestimmte Tangente hat, so bekommt man in der Bildebene eine neue Kurve l_1, deren Tangente im entsprechenden Punkt w mit der ersteren einen Winkel bildet, der gleich dem Argument der Ableitung $f'(z)$ ist. Wählen wir im Gebiet B zwei Kurven, die sich im Punkte z unter einem bestimmten Winkel schneiden, so ist der Drehwinkel für beide Tangenten im Punkte z derselbe. Somit bleibt der Winkel zwischen zwei abgebildeten Kurven sowohl der Größe als auch der Richtung nach derselbe wie vorher, d. h., *die Abbildung, die durch eine reguläre Funktion vermittelt wird, ist in allen Punkten winkeltreu, in denen die Ableitung dieser Funktion von Null verschieden ist.* Solch eine winkeltreue Abbildung heißt *konform.*

Tragen wir in das Gebiet B der x, y-Ebene ein Kurvennetz ein, so erhalten wir in der Bildebene wieder ein Kurvennetz, aber im allgemeinen ein anderes. Dabei bleiben jedoch die Winkel zwischen den Kurven erhalten; ausgenommen sind lediglich die Punkte, in denen die Ableitung gleich Null ist. Betrachten wir zum Beispiel im Gebiet B ein Netz von achsenparallelen Geraden, so erhalten wir im Gebiet B_1 im allgemeinen ein krummliniges Netz, aber die Winkel zwischen den Kurven bleiben dieselben wie die Winkel zwischen den Geraden, d. h., das Netz bleibt orthogonal. Zerlegen wir ferner das Gebiet B in lauter kongruente kleine Quadrate, so geht jedes dieser Quadrate in ein kleines krummliniges „Rechteck“ im Gebiet B_1 über, dessen Seiten annähernd gleich dem Produkt der Länge einer Quadratseite mit dem Betrag der Ableitung in irgendeinem Punkte des Quadrates sind, d. h., die oben erwähnten krummlinigen „Rechtecke“ sind bis auf kleine Größen höherer Ordnung „Quadrate“. Da außerdem der Wert $|f'(z)|$ in verschiedenen Punkten verschieden ist, sind diese krummlinigen „Quadrate“, die B_1 ausfüllen, verschieden groß.

Wir wollen nun noch die Frage nach zusammengesetzten Funktionen

$$F(w) \text{ mit } w = f(z)$$

behandeln. Sei $f(z)$ in einem Gebiet B regulär, und ferner möge $f(z)$ das Gebiet B auf ein gewisses Gebiet B_1 abbilden. Wir nehmen weiter an, $F(w)$ sei in B_1 regulär. Dann ist die zusammengesetzte Funktion $F[w(z)]$ in B regulär, und für sie gilt die Differentiationsregel, die in Formel (6) angegeben ist.

4. Das Integral. Sei l eine gewisse Kurve in der x, y-Ebene. Wir setzen in bezug auf diese Kurve stets voraus, sie besitze eine Parameterdarstellung der Form

$$x = \varphi_1(t); \qquad y = \varphi_2(t),$$

wobei $\varphi_1(t)$ und $\varphi_2(t)$ stetige Funktionen mit stetiger Ableitung sind; oder wir setzen wenigstens voraus, die Kurve bestehe aus endlich vielen Stücken, von denen jedes einschließlich seiner Enden die oben genannten Eigenschaften besitzt.

Die Berechnung des Kurvenintegrals

$$\int [X(x, y)\, dx + Y(x, y)\, dy]$$

läßt sich unmittelbar auf die Berechnung eines gewöhnlichen bestimmten Integrals zurückführen [II, 66]. Man braucht nur unter dem Integral x und y durch die Ausdrücke $\varphi_1(t)$ und $\varphi_2(t)$, dx durch $\varphi_1'(t)\, dt$ und dy durch $\varphi_2'(t)\, dt$ zu ersetzen. Dies führt auf die Integration über die Veränderliche t zwischen den Grenzen, die der Kurve l entsprechen.

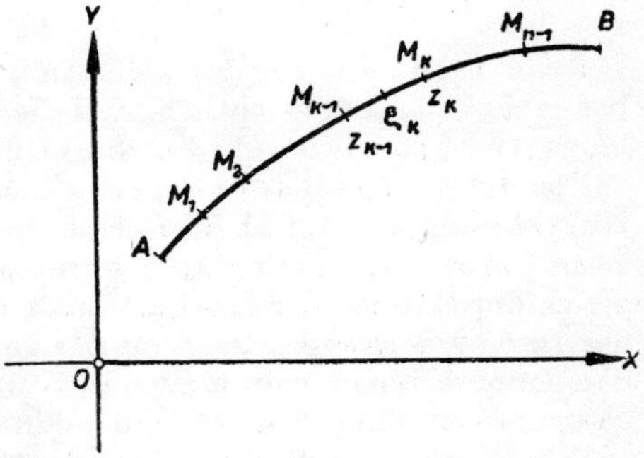

Abb. 3

Wir nehmen an, auf der Kurve l (Abb. 3) sei eine gewisse stetige Funktion $f(z)$ gegeben, und definieren den Begriff des Linienintegrals der Funktion $f(z)$ längs der Kurve (des Weges) l. Dazu teilen wir die Kurve l in n Teile; die Teilpunkte seien $M_1, M_2, \ldots, M_{n-1}$; ferner sei z_k die komplexe Koordinate von M_k, wobei wir aus Symmetriegründen die komplexe Koordinate des Anfangspunktes A der Kurve mit z_0 und die des Endpunktes B mit z_n bezeichnen. Sei ferner ζ_k ein Punkt auf dem Kurvenbogen $M_{k-1}M_k$. Dann bilden wir die Summe

$$\sum_{k=1}^{n} f(\zeta_k)(z_k - z_{k-1}) .$$

Läßt man die Anzahl n der Teilpunkte über alle Grenzen wachsen und die Länge jedes Bogenstückes beliebig klein werden, so bezeichnet man den (von der Wahl der ζ_k und der Wahl der Folge der sich verfeinernden Teilungen unabhängigen) Grenzwert dieser Summe als *Linienintegral der Funktion $f(z)$ längs des Weges l*[1]), also

(15) $$\int_l f(z)\,dz = \lim \sum_{k=1}^{n} f(\zeta_k)(z_k - z_{k-1}) .$$

Sei $z_k = x_k + iy_k$ und $\zeta_k = \xi_k + i\eta_k$. Trennt man Real- und Imaginärteil von $f(z)$, so kann man

$$\sum_{k=1}^{n} f(\zeta_k)(z_k - z_{k-1}) = \sum_{k=1}^{n} [u(\xi_k, \eta_k) + i\,v(\xi_k, \eta_k)]\,[(x_k - x_{k-1}) + i\,(y_k - y_{k-1})]$$

oder

$$\sum_{k=1}^{n} f(\zeta_k)(z_k - z_{k-1}) = \sum_{k=1}^{n} [u(\xi_k, \eta_k)(x_k - x_{k-1}) - v(\xi_k, \eta_k)(y_k - y_{k-1})] +$$
$$+ i \sum_{k=1}^{n} [v(\xi_k, \eta_k)(x_k - x_{k-1}) + u(\xi_k, \eta_k)(y_k - y_{k-1})]$$

schreiben. Unter den über die Kurve l gemachten Voraussetzungen und bei Stetigkeit von $f(z)$ streben die beiden rechts stehenden Summen gegen Limites, die gleich den entsprechenden Kurvenintegralen längs l sind. Wir erhalten dann für das Integral (15) eine Summe gewöhnlicher reeller Kurvenintegrale:

(16) $$\int_l f(z)\,dz = \int_l [u(x,y)\,dx - v(x,y)\,dy] + i \int_l [v(x,y)\,dx + u(x,y)\,dy].$$

Oben haben wir bei der Definition vorausgesetzt, daß die Kurve l Endpunkte hat, aber es ist offensichtlich, daß die gegebene Definition auch für die Integration längs geschlossener Kurven ihre Gültigkeit behält.

Das Integral (15) besitzt genau dieselben Eigenschaften wie das übliche reelle Kurvenintegral [**II, 66**]. Wir erinnern an die wichtigsten: Ein konstanter Faktor kann vor das Integralzeichen gezogen werden. Das Integral über eine Summe ist gleich der Summe der Integrale über die Summanden. Bei Änderung der Richtung des Integrationsweges wechselt das Integral lediglich das Vorzeichen. Zerlegt man den Integrationsweg in einige Teilstücke, so ist der Wert des Integrals längs des ganzen Weges gleich der Summe der Integrale über seine Teilstücke.

Wir leiten jetzt eine wichtige Ungleichung her, die eine Abschätzung für den Wert des Integrals (15) liefert. Zu diesem Zweck nehmen wir an, auf dem Integrationsweg l überschreite der absolute Betrag der zu integrierenden Funktion die positive Zahl M nicht, d. h., es sei

(17) $$|f(z)| \leq M \qquad (z \text{ auf } l) .$$

Sei ferner die (unter unseren Voraussetzungen über l existierende) Länge des Weges l gleich s. Dann gilt für das Integral (15) folgende Abschätzung:

(18) $$\left| \int_l f(z)\,dz \right| \leq Ms .$$

[1]) In Zukunft werden wir es kurz Integral über $f(z)$ längs l nennen. (Anm. d. Übers.)

Man braucht hierzu nur auf die Summe (15) zurückzugehen, die beim Übergang zur Grenze das Integral ergibt.

Berücksichtigt man, daß der absolute Betrag einer Summe höchstens gleich der Summe der absoluten Beträge der Summanden ist, so bekommt man

$$\left|\sum_{k=1}^{n} f(\zeta_k)(z_k - z_{k-1})\right| \leqslant \sum_{k=1}^{n} |f(\zeta_k)| \cdot |z_k - z_{k-1}|$$

oder wegen (17)

$$\left|\sum_{k=1}^{n} f(\zeta_k)(z_k - z_{k-1})\right| \leqslant M \sum_{k=1}^{n} |z_k - z_{k-1}|.$$

Die bei M als Faktor stehende Summe ist offensichtlich die Länge eines dem Weg l einbeschriebenen Polygonzuges. Geht man in der letzten Ungleichung zur Grenze über, so erhält man gerade die Ungleichung (18).

Man kann noch eine genauere Abschätzung des Integrals (15) angeben, und zwar gilt, wenn man mit ds das Differential der Bogenlänge bezeichnet, die Formel

$$\left|\int_l f(z)\,dz\right| \leqslant \int_l |f(z)|\,ds. \tag{19}$$

Diese Ungleichung erhält man unmittelbar, wenn man unter dem Integral $f(z)$ durch $|f(z)|$ und $dz = dx + i dy$ durch $|dz| = \sqrt{(dx)^2 + (dy)^2} = ds$ ersetzt.

5. Der CAUCHYsche Integralsatz. Wir wollen jetzt untersuchen, wann das Integral (16) vom Wege unabhängig ist. Dafür ist offenbar notwendig und hinreichend, daß beide Kurvenintegrale, die auf der rechten Seite stehen und Real- und Imaginärteil des komplexen Integrals darstellen, vom Wege unabhängig sind. Wendet man das in [II, 71] hergeleitete Kriterium für die Unabhängigkeit eines Kurvenintegrals vom Wege an, so erhält man die Gleichungen

$$\frac{\partial u(x,y)}{\partial y} = -\frac{\partial v(x,y)}{\partial x}; \qquad \frac{\partial v(x,y)}{\partial y} = \frac{\partial u(x,y)}{\partial x}.$$

Das sind jedoch die CAUCHY-RIEMANNschen Differentialgleichungen. Damit ergibt sich also: *Die Bedingungen für die Unabhängigkeit eines komplexen Integrals* (16) *vom Wege fallen mit den Bedingungen für die Regularität der Funktion $f(z)$ zusammen.* Das ist für die Integralrechnung im Komplexen von grundlegender Bedeutung.

Beim Ableiten der Bedingungen für die Unabhängigkeit eines Kurvenintegrals vom Wege [II, 69] haben wir die Formel

$$\int_l [P(x,y)\,dx + Q(x,y)\,dy] = \iint_B \left(\frac{\partial Q(x,y)}{\partial x} - \frac{\partial P(x,y)}{\partial y}\right) dx\,dy$$

benutzt.

Wir haben dabei nicht nur die Stetigkeit der beiden Funktionen $P(x, y)$ und $Q(x, y)$ vorausgesetzt, sondern auch die der partiellen Ableitungen, soweit sie unter dem Doppelintegral auftreten. Im vorliegenden Fall ist diese Voraussetzung erfüllt, da die Funktionen $u(x, y)$ und $v(x, y)$ wegen der Regularität von $f(z)$ stetige partielle Ableitungen erster Ordnung haben. Im folgenden werden wir auch längs der Begrenzung des Gebietes B selbst integrieren. Das ist erlaubt, wenn wir die Voraussetzung machen, daß $f(z)$ in B einschließlich des Randes, d. h. im abgeschlossenen Bereich B, regulär ist. Wir verstehen darunter, daß $f(z)$ in einem gewissen umfassenderen Gebiet regulär ist, das B zusammen mit dem Rand im Innern enthält; d. h., $f(z)$ nennt man *regulär im abgeschlossenen Bereich* B, wenn $f(z)$ innerhalb eines gewissen Gebietes regulär ist, das B einschließlich seines Randes im Innern enthält.

Für die ausführlichere Untersuchung dieser Frage ist es notwendig, die Gestalt des Regularitätsgebietes der Funktion $f(z)$ zu berücksichtigen. Die fundamentale Rolle spielt hier ebenso wie bei der Untersuchung reeller Kurvenintegrale [**II, 72**] die Frage, ob das Gebiet einfach oder mehrfach zusammenhängend ist. Wir erinnern an die wichtige Definition des einfachen Zusammenhanges und formulieren die Resultate, die den Resultaten für reelle Kurvenintegrale völlig analog sind.

Hat ein beschränktes Gebiet der z-Ebene als Rand *eine* geschlossene Kurve (mit anderen Worten: hat das Gebiet keine Löcher), so heißt das Gebiet einfach zusammenhängend. Ist dann $f(z)$ eine in diesem Gebiet reguläre Funktion, z_0 ein innerer Punkt des Gebietes und z' die Integrationsvariable, so hängt das über eine beliebige Kurve in diesem Gebiet erstreckte Integral

$$F(z) = \int_{z_0}^{z} f(z')\,dz' \tag{20}$$

nicht vom Wege ab und liefert eine eindeutige Funktion seiner oberen Grenze z. Schließlich ist der Wert des Integrals über einen beliebigen geschlossenen Weg innerhalb des Gebietes gleich Null. Ist unsere Funktion $f(z)$ in einem abgeschlossenen Bereich regulär, so können wir über den Rand des Gebietes B selbst integrieren, und das Ergebnis der Integration ist stets gleich Null.

Sei unser Gebiet B jetzt mehrfach zusammenhängend und durch einen geschlossenen äußeren Rand und gewisse geschlossene innere Ränder begrenzt. Wir nehmen der Einfachheit halber an, daß nur ein innerer Rand vorhanden [das Gebiet also zweifach zusammenhängend (Abb. 4)] ist. Dann legen wir durch unser Gebiet einen Schnitt λ, der den äußeren Rand mit dem inneren verbindet. Auf diese Weise wird das neue Gebiet B' bereits einfach zusammenhängend, und die Beziehung (20) liefert eine eindeutige Funktion von z in B'. Setzen wir voraus, $f(z)$ sei im abgeschlossenen Bereich regulär, so dürfen wir die Integration über die Begrenzung des Gebietes selbst ausführen, und das Integral über die gesamte Begrenzung des einfach zusammenhängenden Gebietes B' muß gleich Null sein. Dabei haben wir, wie in der Zeichnung angedeutet ist, über den äußeren Rand entgegen dem Uhrzeigersinn, über den inneren im Uhrzeigersinn und über den Schnitt λ zweimal, und zwar in entgegengesetzten Richtungen, zu integrieren. Die Integrale über den Schnitt heben sich gegenseitig auf, und wir bekommen folglich

$$\oint_{l_1} f(z)\,dz + \oint_{l_2} f(z)\,dz = 0, \tag{21}$$

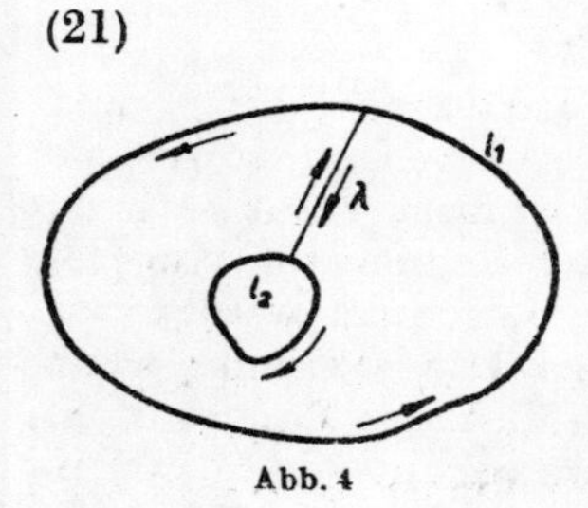

Abb. 4

wobei l_1 der äußere und l_2 der innere Rand ist und die Pfeile die Integrationsrichtungen angeben.

Wie aus der Zeichnung ersichtlich ist, kann diese Richtung für beide Ränder aus der Bedingung bestimmt werden, daß beim Umfahren der Begrenzung das Gebiet links bleibt. Diese Umlaufrichtung bezeichnet man als *positiv in bezug auf das Gebiet*.

Unter Benutzung von Gleichung (21) kann man sagen, daß auch bei einem mehrfach zusammenhängenden Gebiet das Integral über die Berandung gleich Null ist, sofern man stets in positiver Richtung in bezug auf das Gebiet integriert.

Kehrt man die Integrationsrichtung beim inneren Rand um, so kann man an Stelle von Formel (21)

$$\oint_{l_1} f(z)\,dz = \oint_{l_2} f(z)\,dz \tag{22}$$

schreiben, d. h., das Integral über den äußeren Rand ist gleich der Summe der Integrale über die inneren Ränder (hier haben wir nur einen), wenn man vereinbart, über alle Ränder entgegen dem Uhrzeigersinn zu integrieren.

Unsere Resultate bilden den Hauptsatz der Funktionentheorie, den man üblicherweise als CAUCHYschen Integralsatz bezeichnet. Wir geben verschiedene Formulierungen des Satzes an:

CAUCHYscher Integralsatz I. *Ist eine Funktion in einem abgeschlossenen einfach zusammenhängenden Bereich regulär, so ist ihr Integral über den Rand des Gebietes gleich Null.*

CAUCHYscher Integralsatz II. *Ist eine Funktion in einem abgeschlossenen mehrfach zusammenhängenden Bereich regulär, so ist ihr Integral über alle Begrenzungen des Gebietes, in positiver Richtung erstreckt, gleich Null.*

CAUCHYscher Integralsatz III. *Ist eine Funktion in einem abgeschlossenen mehrfach zusammenhängenden Bereich regulär, so ist ihr Integral über die äußere Berandung gleich der Summe der Integrale über alle inneren Berandungen unter der Bedingung, daß die Integration über alle Ränder entgegen dem Uhrzeigersinn verläuft.*

Wir wollen noch eine für die Anwendungen wichtige Folgerung des CAUCHYschen Integralsatzes festhalten. Zwei verschiedene Kurven l' und l'' mögen ein und dieselben Endpunkte A und B haben. Wir nehmen an, daß l' durch eine stetige Deformation in l'' übergehen kann, dabei aber das Regularitätsgebiet von $f(z)$ nicht verläßt, und daß die Enden A und B hierbei ungeändert bleiben. Aus dem CAUCHYschen Integralsatz folgt, daß sich dann der Wert des Integrals über $f(z)$ nicht ändert. Es gilt also: *Wird eine gewisse Kurve mit festen Endpunkten stetig deformiert und dabei das Regularitätsgebiet der Funktion $f(z)$ nicht verlassen, so ändert sich bei dieser Deformation der Wert des Integrals über die Funktion $f(z)$ längs dieser Kurve nicht.* Dasselbe gilt auch bei der *Deformation einer geschlossenen Kurve,* wenn sie dabei dauernd geschlossen bleibt.

An den Schluß dieser Ausführungen stellen wir eine Bemerkung von prinzipieller Bedeutung. Für die Anwendung des CAUCHYschen Integralsatzes haben wir bekanntlich nicht nur die Existenz, sondern auch die Stetigkeit der Ableitung $f'(z)$ vorausgesetzt. Letztere geht in die Definition einer regulären Funktion ein. Wendet man eine andere Beweismethode an, so kann man den CAUCHYschen Integralsatz beweisen, indem man nur die Existenz von $f'(z)$, aber nicht ihre Stetigkeit benutzt. Später werden wir jedoch sehen, daß aus der CAUCHYschen Integralformel die Existenz der Ableitungen beliebig hoher Ordnung von $f(z)$ folgt, woraus sich sofort die Stetigkeit von $f'(z)$ ergibt. Die prinzipielle Bedeutung der zweiten, hier nicht angegebenen Beweismethode liegt also darin, daß sie die Stetigkeit der Ableitung $f'(z)$ nicht *voraussetzt,* sondern aus der Existenz von $f'(z)$ *erschließt.*

Ist nichts anderes gesagt, so nehmen wir im folgenden immer an, über geschlossene Berandungen werde entgegen dem Uhrzeigersinn integriert.

6. Die fundamentalen Formeln der Integralrechnung. Sei $f(z)$ in einem gewissen Gebiet regulär. Wir betrachten die durch Formel (20) definierte Funktion. Wenn unser Gebiet mehrfach zusammenhängend ist, so können wir $F(z)$ stets als eindeutig annehmen, wenn wir die Schnitte entsprechend legen. Analog der Integralrechnung im Reellen [I, 96] kann man zeigen, daß $F(z)$ Stammfunktion von $f(z)$, d. h. $F'(z) = f(z)$ ist.

Aus der Definition des Integrals als Grenzwert einer Summe folgt unmittelbar

$$\int_l dz = \beta - \alpha,$$

wenn α und β die komplexen Koordinaten des Anfangs- bzw. des Endpunktes des Weges l sind. Offenbar gilt

$$F(z + \Delta z) - F(z) = \int_z^{z+\Delta z} f(z')\, dz',$$

wobei die Integration z. B. über die Strecke geführt werden kann, die die Punkte z und $z + \Delta z$ verbindet (z liegt im Innern des Gebietes, und Δz ist hinreichend klein). Das können wir umformen in

$$F(z + \Delta z) - F(z) = \int_z^{z+\Delta z} [f(z') - f(z) + f(z)]\, dz' =$$

$$= f(z) \int_z^{z+\Delta z} dz' + \int_z^{z+\Delta z} [f(z') - f(z)]\, dz',$$

wobei die Funktion $f(z)$ vor das Integralzeichen gezogen werden durfte, da sie von der Integrationsvariablen z' unabhängig ist.

Die letzte Formel kann man auch folgendermaßen schreiben:

$$\frac{F(z + \Delta z) - F(z)}{\Delta z} = f(z) + \frac{1}{\Delta z} \int_z^{z+\Delta z} [f(z') - f(z)]\, dz'. \tag{23}$$

Es bleibt zu beweisen, daß der zweite Summand auf der rechten Seite für $\Delta z \to 0$ gegen Null strebt. Wendet man die in [4] gegebene Integralabschätzung an und berücksichtigt, daß die Länge des Integrationsweges gleich $|\Delta z|$ ist, so folgt

$$\left| \frac{1}{\Delta z} \int_z^{z+\Delta z} [f(z') - f(z)]\, dz' \right| \leqq \frac{1}{|\Delta z|} \cdot \max |f(z') - f(z)| \cdot |\Delta z| = \max |f(z') - f(z)|.$$

Wir müssen nun das Maximum des absoluten Betrages der Differenz

$$|f(z') - f(z)|$$

untersuchen, wobei z' längs des geradlinigen Verbindungsweges der Punkte z und $z + \Delta z$ variieren darf. Die stetige nicht-negative Funktion

$$|f(z') - f(z)|$$

von z' möge in dem erwähnten Intervall den größten Wert in einem gewissen Punkte $z' = z'_0$ annehmen, d. h. $\max |f(z') - f(z)| = |f(z'_0) - f(z)|$. Jedoch strebt der in dem genannten Intervall liegende Punkt z'_0 für $\Delta z \to 0$ gegen z, und wegen der

Stetigkeit von $f(z)$ gilt für die Differenz: $f(z_0') - f(z) \to 0$. Daraus folgt, daß der zweite Faktor rechts in Gleichung (23) gegen Null strebt, d. h. $F'(z) = f(z)$.

Liegen zwei Stammfunktionen $F_1(z)$ und $F_2(z)$ der Funktion $f(z)$ vor, so unterscheiden sie sich lediglich durch eine additive Konstante. Nach Voraussetzung gilt nämlich

$$F_1'(z) = f(z) \quad \text{und} \quad F_2'(z) = f(z),$$

also

$$[F_1(z) - F_2(z)]' = 0.$$

Daher bleibt nur zu zeigen: *Ist die Ableitung einer Funktion innerhalb eines bestimmten Gebietes B identisch Null, so ist diese Funktion im Gebiet B konstant.* Sei also $f_1(z) = u_1(x, y) + iv_1(x, y)$ und

$$f_1'(z) \equiv 0.$$

Wir bilden

$$f_1'(z) = \frac{\partial u_1}{\partial x} + i\frac{\partial v_1}{\partial x} = \frac{\partial v_1}{\partial y} - i\frac{\partial u_1}{\partial y} \equiv 0$$

und bekommen folglich

$$\frac{\partial u_1}{\partial x} \equiv 0; \quad \frac{\partial u_1}{\partial y} \equiv 0; \quad \frac{\partial v_1}{\partial x} \equiv 0; \quad \frac{\partial v_1}{\partial y} \equiv 0.$$

Daraus ergibt sich unmittelbar, daß u_1 und v_1 weder von x noch von y abhängen und daher konstant sind. Also ist auch die Funktion $f_1(z)$ konstant.

Sei eine Stammfunktion $F_1(z)$ von $f(z)$ vorgelegt. Sie unterscheidet sich also von der Funktion (20) lediglich durch eine additive Konstante, d. h., es gilt

$$\int_{z_0}^{z} f(z')\, dz' = F_1(z) + C.$$

Zur Bestimmung dieser additiven Konstante nehmen wir an, daß der Endpunkt z des Weges mit seinem Anfangspunkt z_0 zusammenfällt und daher

$$0 = F_1(z_0) + C \quad \text{oder} \quad C = -F_1(z_0)$$

gilt. Die letzte Formel kann in der Form

$$\int_{z_0}^{z} f(z')\, dz' = F_1(z) - F_1(z_0) \tag{24}$$

geschrieben werden, d. h., *der Wert eines Integrals ist gleich dem Zuwachs der Stammfunktion längs des Integrationsweges.* Dabei wurde natürlich vorausgesetzt, daß die Stammfunktion $F_1(z)$ in einem gewissen Gebiet, das den Integrationsweg im Innern enthält, eindeutig und regulär ist.

Beispiel. Wir betrachten das Integral

$$\int_{l} (z - a)^n\, dz, \tag{25}$$

wobei n eine ganze Zahl und l ein geschlossener Weg ist. Ist n von -1 verschieden, so ist

$$\frac{1}{n+1}(z - a)^{n+1} \tag{26}$$

eine Stammfunktion.

Diese ist für $n \geqslant 0$ eine überall eindeutige reguläre Funktion; mit Ausnahme von $z = a$ gilt dasselbe auch für $n < -1$. Wir setzen voraus, daß der Weg l nicht durch den Punkt $z = a$ verläuft. Beim Umfahren des geschlossenen Weges erhält die eindeutige Funktion (26) offenbar einen Zuwachs, der gleich Null ist. Daher ist der Wert des Integrals (25) für $n \neq -1$, erstreckt über einen beliebigen geschlossenen Weg, gleich Null. Ist $n \geqslant 0$, so kann dieses Ergebnis unmittelbar aus dem CAUCHYschen Integralsatz gefolgert werden. Für $n < -1$ darf der erwähnte Satz nur angewandt werden, wenn der Punkt $z = a$ nicht innerhalb des von l begrenzten Gebietes liegt. Die obige Betrachtung zeigt jedoch, daß für negative n $(n \neq -1)$ der Wert des Integrals gleich Null ist, und zwar auch dann, wenn der Punkt $z = a$ im Innern von l liegt. In diesem Fall ist die zu integrierende Funktion nicht regulär (sie wird dort unendlich).

Wir betrachten jetzt den Fall $n = -1$, d. h. das Integral

$$\int \frac{dz}{z-a}. \tag{27}$$

Liegt a im Äußeren des geschlossenen Weges l, so ist nach dem CAUCHYschen Satz das Integral gleich Null. Möge daher der Punkt a im Innern des Weges l liegen (Abb. 5). Wir schlagen einen Kreis C um a mit einem kleinen Radius ϱ. Der Integrand ist in dem Ring regulär, der durch den Weg l und den Kreis C begrenzt ist. Somit können wir gemäß dem Satz von CAUCHY zur Auswertung des Integrals (27) über den Kreis C integrieren. Auf diesem Kreis gilt

$$z - a = \varrho e^{i\varphi},$$

wobei φ im Intervall $(0, 2\pi)$ variiert. Daraus erhält man

$$dz = i\varrho e^{i\varphi}\, d\varphi\,.$$

Setzt man das in das Integral (27) ein, so bekommt man

$$\int\limits_C \frac{dz}{z-a} = \int\limits_0^{2\pi} \frac{i\varrho e^{i\varphi}\, d\varphi}{\varrho e^{i\varphi}} = 2\pi i$$

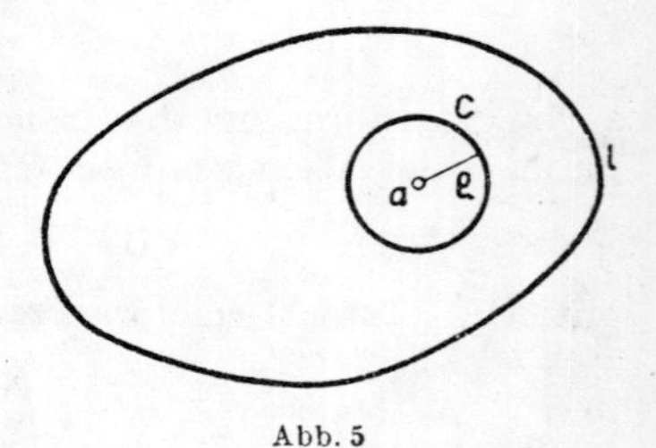

Abb. 5

und schließlich

$$\int\limits_l \frac{dz}{z-a} = 2\pi i\,. \tag{28}$$

7. Die CAUCHYsche Integralformel. Sei $f(z)$ eine in einem abgeschlossenen Bereich B, den wir vorläufig als einfach zusammenhängend voraussetzen, reguläre Funktion. Seien ferner l der Rand und a ein beliebiger, aber fester innerer Punkt des Gebietes. Wir bilden dann die neue Funktion

$$\frac{f(z)}{z-a}. \tag{29}$$

Diese ist ebenfalls überall in B regulär, außer eventuell im Punkte $z = a$, da dort der Nenner des Bruches (29) verschwindet. Wir schließen diesen Punkt durch einen Kreis C_ε um a mit einem kleinen Radius ε aus. Im Ring, der durch die

Ränder l und C_ε begrenzt ist, ist unsere Funktion (29) ohne jede Einschränkung regulär. Folglich können wir gemäß dem CAUCHYschen Integralsatz schreiben:

$$\int_l \frac{f(z)}{z-a}\,dz = \int_{C_\varepsilon} \frac{f(z)}{z-a}\,dz.$$

Im rechts stehenden Integral setzen wir $f(z) = f(a) + f(z) - f(a)$. Dann gilt

$$\int_l \frac{f(z)}{z-a}\,dz = f(a)\int_{C_\varepsilon} \frac{dz}{z-a} + \int_{C_\varepsilon} \frac{f(z)-f(a)}{z-a}\,dz$$

und wegen (28)

$$\int_l \frac{f(z)}{z-a}\,dz = f(a)\,2\pi i + \int_{C_\varepsilon} \frac{f(z)-f(a)}{z-a}\,dz. \tag{30}$$

Das in der Formel (30) links stehende Integral und der erste Summand der rechten Seite hängen nicht von der Wahl des Radius ab. Daher muß auch der zweite rechts stehende Summand von ε unabhängig sein. Wir werden beweisen, daß er für $\varepsilon \to 0$ gegen Null strebt. Daraus folgt dann unmittelbar, daß er gleich Null ist.

Wendet man die Abschätzung aus [4] an und berücksichtigt, daß für auf dem Rand C_ε des Kreises variierende z die Beziehung $|z-a| = \varepsilon$ gilt, so folgt

$$\left|\int_{C_\varepsilon} \frac{f(z)-f(a)}{z-a}\,dz\right| \leqslant \frac{1}{\varepsilon} \max_{z \text{ auf } C_\varepsilon} |f(z)-f(a)| \cdot 2\pi\varepsilon = \max_{z \text{ auf } C_\varepsilon} |f(z)-f(a)| \cdot 2\pi.$$

Läßt man ε beliebig klein werden, so streben die Punkte z des Kreises gegen a, und das Maximum des Betrages der Differenz $f(z) - f(a)$ strebt gegen Null, d. h., der zweite Summand auf der rechten Seite in Formel (30) strebt gleichzeitig mit ε gegen Null, und nach den oben durchgeführten Überlegungen ist er gleich Null. Daher kann man die Formel (30) in folgender Form schreiben:

$$f(a) = \frac{1}{2\pi i}\int_l \frac{f(z)}{z-a}\,dz.$$

Bezeichne jetzt z' die Integrationsvariable und z einen beliebigen inneren Punkt des Gebietes. Dann erhält die letzte Formel die Gestalt

$$f(z) = \frac{1}{2\pi i}\int_l \frac{f(z')}{z'-z}\,dz'. \tag{31}$$

Diese CAUCHYsche Integralformel drückt den Wert einer regulären Funktion in einem beliebigen inneren Punkt z des Gebietes durch ihre Werte auf dem Rande des Gebietes aus. Das in die CAUCHYsche Formel eingehende Integral enthält z als Parameter unter dem Integralzeichen, und zwar in einer außerordentlich einfachen Form.

Der Punkt z liegt im Innern des Gebietes, und der Integrationsweg ist der Rand des Gebietes. Daher ist $z' - z \neq 0$, und das in der CAUCHYschen Formel auftretende Integral ist ein Integral über eine stetige Funktion. Man darf also unter dem Integralzeichen beliebig oft nach z differenzieren. Wir erhalten nacheinander durch Differentiation

$$f'(z) = \frac{1}{2\pi i}\int_l \frac{f(z')}{(z'-z)^2}\,dz'; \quad f''(z) = \frac{2!}{2\pi i}\int_l \frac{f(z')}{(z'-z)^3}\,dz'$$

und allgemein für beliebiges ganzes positives n

(32) $$f^{(n)}(z) = \frac{n!}{2\pi i}\int_l \frac{f(z')}{(z'-z)^{n+1}}\,dz'.$$

Hieraus folgt, daß eine reguläre Funktion Ableitungen beliebiger Ordnung besitzt, die durch die Werte der Funktion auf dem Rande nach Formel (32) ausgedrückt werden können.

Wir wollen streng beweisen, daß die Differentiation unter dem Integralzeichen zur Bestimmung von $f'(z)$ erlaubt ist. Es gilt für hinreichend kleines Δz

$$f(z+\Delta z) - f(z) = \frac{1}{2\pi i}\int_l \frac{f(z')}{z'-z-\Delta z}\,dz' - \frac{1}{2\pi i}\int_l \frac{f(z')}{z'-z}\,dz' = \frac{\Delta z}{2\pi i}\int_l \frac{f(z')}{(z'-z)(z'-z-\Delta z)}\,dz'$$

oder

$$\frac{f(z+\Delta z) - f(z)}{\Delta z} = \frac{1}{2\pi i}\int_l \frac{f(z')}{(z'-z)(z'-z-\Delta z)}\,dz'.$$

Geht man rechts für $\Delta z \to 0$ unter dem Integralzeichen zur Grenze über, so erhält man als Grenzwert den Ausdruck

(32_1) $$f'(z) = \frac{1}{2\pi i}\int_l \frac{f(z')}{(z'-z)^2}\,dz'.$$

Es bleibt zu beweisen, daß der erwähnte Grenzübergang unter dem Integralzeichen ausgeführt werden darf. Man muß also zeigen, daß die Differenz

$$\delta = \frac{1}{2\pi i}\int_l \frac{f(z')}{(z'-z)^2}\,dz' - \frac{1}{2\pi i}\int_l \frac{f(z')}{(z'-z)(z'-z-\Delta z)}\,dz'$$

für $\Delta z \to 0$ gegen Null geht.

Nach elementaren Umformungen erhalten wir

$$\delta = \frac{-\Delta z}{2\pi i}\int_l \frac{f(z')}{(z'-z)^2\,[z'-(z+\Delta z)]}\,dz'.$$

Die Funktion $f(z')$, die jedenfalls auf l stetig ist, ist dem Betrage nach beschränkt, d. h. $|f(z')| \leqslant M$. Wir bezeichnen mit $2d$ die positive Zahl, die gleich dem kleinsten Abstande des Punktes z vom Rande l ist, also ist $|z'-z| \geqslant 2d$. Der Punkt $z+\Delta z$ liegt nahe bei z, sofern Δz nahe bei Null liegt, und es gilt $|z'-(z+\Delta z)| > d$. Wendet man die übliche Integralabschätzung an, so bekommt man

$$|\delta| < \frac{|\Delta z|}{2\pi}\cdot\frac{M\cdot s}{4d^3},$$

wobei s die Länge des Randes ist. Daraus folgt, daß für $\Delta z \to 0$ auch δ gegen 0 strebt. Ausgehend von der Formel (32_1) kann man entsprechend zeigen, daß auch $f'(z)$ eine Ableitung, nämlich

$$f''(z) = \frac{2!}{2\pi i}\int_l \frac{f(z')}{(z'-z)^3}\,dz'$$

hat, was zu beweisen war.

Die Formeln (31) und (32) sowie der CAUCHYsche Integralsatz sind auch für mehrfach zusammenhängende Gebiete anwendbar. Dabei muß man über alle Ränder des Gebietes in positiver Richtung integrieren, d. h., das Gebiet muß links liegen.

Wir wollen jetzt die CAUCHYsche Formel auch auf den Fall eines *unendlichen Gebietes* ausdehnen. Sei $f(z)$ in einem Gebiet B, nämlich in dem Teil der Ebene, der sich im Äußeren einer geschlossenen Kurve l befindet, regulär. Außerdem möge $f(z)$ folgender Bedingung genügen: *Wenn der Punkt z ins Unendliche rückt, soll die Funktion $f(z)$ gegen Null streben:*

$$f(z) \to 0 \quad \text{für} \quad z \to \infty. \tag{33}$$

Wir wollen zeigen, daß auch dann die CAUCHYsche Formel gilt:

$$f(z) = \frac{1}{2\pi i} \oint_{l} \frac{f(z')}{z' - z} \, dz'. \tag{34}$$

Die Integrationsrichtung wird dabei so gewählt, daß sich das Gebiet B (im vorliegenden Fall der Teil der Ebene im Äußeren von l) links befindet. Zum Beweise schlagen wir einen Kreis um den Nullpunkt mit einem großen Radius R, der l im Innern enthält. UnsereFunktion $f(z)$ ist in dem von der Kurve l und dem Kreis C_R begrenzten Ring regulär (schraffiert in Abb. 6). Für jeden Punkt z innerhalb dieses Ringes gilt

$$f(z) = \frac{1}{2\pi i} \oint_{l} \frac{f(z')}{z' - z} \, dz' + \frac{1}{2\pi i} \oint_{C_R} \frac{f(z')}{z' - z} \, dz'. \tag{35}$$

Wie beim Beweis der CAUCHYschen Formel überzeugt man sich auch hier davon, daß der zweite Summand rechts von der Wahl von R unabhängig ist. Beweisen wir, daß er gegen Null geht, wenn R über alle Grenzen wächst, so folgt daraus, daß er identisch Null ist. Damit geht Formel (35) in Formel (34) über. Wir wollen nun den zweiten Summanden in Formel (35) abschätzen. Dazu ersetzen wir den Betrag des Nenners, $|z' - z|$, durch eine kleinere Größe, nämlich durch die Differenz der Beträge $|z'| - |z| = R - |z|$. Die Abschätzung nimmt dann die Form

$$\left| \int_{C_R} \frac{f(z')}{z' - z} \, dz' \right| \leq \max_{z' \text{ auf } C_R} |f(z')| \frac{2\pi R}{R - |z|}$$

oder

$$\left| \int_{C_R} \frac{f(z')}{z' - z} \, dz' \right| \leq \max_{z' \text{ auf } C_R} |f(z')| \frac{2\pi}{1 - \frac{|z|}{R}}$$

an.

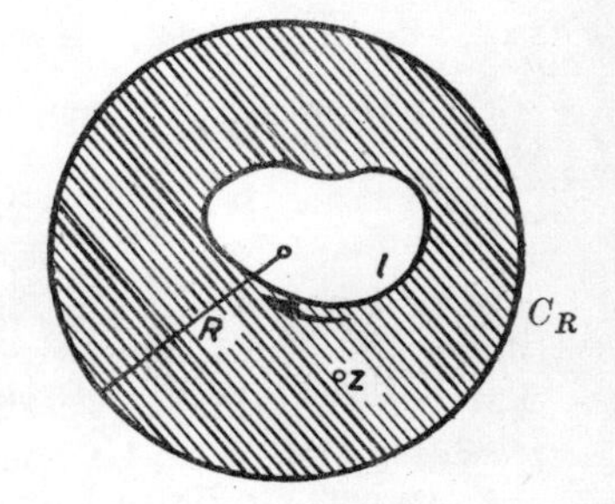

Abb. 6

Läßt man R über alle Grenzen wachsen, so strebt der angegebene Bruch gegen 2π, aber der erste Faktor $\max_{z' \text{ auf } C_R} |f(z')|$ strebt gemäß Bedingung (33) gegen Null. Damit ist die CAUCHYsche Formel auch für ein unendliches Gebiet bewiesen. Aus dem Beweis folgt, daß die Bedingung (33) in bezug auf z gleichmäßig erfüllt sein muß. Mit anderen Worten: Zu einem beliebig vorgegebenen ε muß ein R_ε existieren derart, daß $|f(z)| < \varepsilon$ wird, wenn nur $|z| > R_\varepsilon$ ist.

Zuweilen hat man es mit Funktionen zu tun, die innerhalb eines gewissen Gebietes regulär sind, beim Übergang zum Rand des Gebietes wohldefinierte Grenzwerte haben und im abgeschlossenen Bereich stetig sind. Man kann aber nicht behaupten, daß sie dort regulär sind, d. h., daß sie auch bei Erweiterung des Gebietes regulär bleiben. *Es gelten aber für diese im Gebiet regulären und im abgeschlossenen Bereich stetigen Funktionen sowohl der CAUCHYsche Integralsatz als auch die CAUCHYsche Formel.* Verengen wir nämlich den Rand ein wenig, so wird die Funktion auch auf dem Rande regulär und der CAUCHYsche Satz ist anwendbar, d. h., das Integral über den Rand ist gleich Null. Dehnen wir danach den Rand so weit stetig aus, bis er mit seiner ursprünglichen Lage zusammenfällt, so ist in der Grenzlage das Integral über die ursprüngliche Berandung des Gebietes auch gleich Null. Hier darf nämlich der Grenzübergang unter dem Integralzeichen ausgeführt werden, da die Funktion im abgeschlossenen Bereich gleichmäßig stetig ist.

Fast alle Ergebnisse dieses Kapitels sind unmittelbare Folgerungen des CAUCHYschen Integralsatzes; wir werden oftmals darauf zurückkommen. In diesem Abschnitt geben wir noch zwei Beispiele für seine Anwendung.

Wir wollen zunächst einen ausführlichen Beweis des CAUCHYschen Satzes für den Fall erbringen, daß $f(z)$ innerhalb des Kreises $|z| < R$ regulär und im abgeschlossenen Bereich $|z| \leqslant R$ stetig ist. Die Funktion $f(z)$ ist in $|z| \leqslant R_1$ regulär, wenn R_1 eine beliebige positive Zahl kleiner als R ist. Wendet man den CAUCHYschen Satz hierauf an, so ergibt sich

$$\int\limits_{|z|=R_1} f(z)\,dz = 0\,.$$

Auf dem Rand dieses Kreises ist $z = R_1 e^{i\varphi}$ und $dz = R_1 i e^{i\varphi}\,d\varphi$, so daß

$$iR_1 \int\limits_0^{2\pi} f(R_1 e^{i\varphi})\, e^{i\varphi}\,d\varphi = 0\,.$$

Da $f(z)$ im abgeschlossenen Kreise gleichmäßig stetig ist [1], kann man beweisen, daß der Grenzübergang für $R_1 \to R$ unter dem Integralzeichen durchgeführt werden darf [II, 84], und als Grenzwert bekommen wir

$$iR \int\limits_0^{2\pi} f(Re^{i\varphi})\, e^{i\varphi}\,d\varphi = 0\,.$$

Geht man wieder zur Veränderlichen z zurück, so kann man schreiben:

$$\int\limits_{|z|=R} f(z)\,dz = 0\,,$$

was zu beweisen war. Für Ränder komplizierterer Form macht der Beweis größere Schwierigkeiten. Aus dem CAUCHYschen Satz folgt jedoch wie oben die CAUCHYsche Formel für Funktionen, die im Innern des Gebietes regulär und im abgeschlossenen Bereich stetig sind.

Beispiel I. Wir betrachten die Exponentialfunktion $f(z) = e^z$. Sie ist in der ganzen Ebene regulär, und wir dürfen Formel (32) anwenden, wobei wir für l einen beliebigen geschlossenen Weg nehmen, in dessen Innern der Punkt z liegt:

$$e^z = \frac{n!}{2\pi i} \int\limits_l \frac{e^{z'}}{(z'-z)^{n+1}}\,dz'\,.$$

Wir wählen für l einen Kreis mit dem Mittelpunkt z und einem festen Radius ϱ. Dann gilt

$$z' - z = \varrho e^{i\varphi}; \quad e^{z'} = e^{z} e^{\varrho \cos\varphi + i\varrho \sin\varphi}; \quad dz' = i\varrho e^{i\varphi}\, d\varphi.$$

Durch Einsetzen in die letzte Formel erhält man

$$1 = \frac{n!}{2\pi\varrho^n} \int_0^{2\pi} e^{\varrho\cos\varphi + i\varrho\sin\varphi - in\varphi}\, d\varphi$$

und weiter

$$2\pi \frac{\varrho^n}{n!} = \int_0^{2\pi} e^{\varrho\cos\varphi + i(\varrho\sin\varphi - n\varphi)}\, d\varphi .$$

Trennt man den Realteil ab, so bekommt man einen Ausdruck für ein bestimmtes Integral von ziemlich kompliziertem Typ:

$$\int_0^{2\pi} e^{\varrho\cos\varphi} \cos(\varrho\sin\varphi - n\varphi)\, d\varphi = 2\pi \frac{\varrho^n}{n!} . \tag{36}$$

Beispiel II. Wir betrachten die rationale Funktion

$$\frac{\varphi(z)}{\psi(z)} = f(z), \tag{37}$$

wobei der Grad des Nennerpolynoms $\psi(z)$ höher als der Grad des Polynoms $\varphi(z)$ sei. Diese Funktion erfüllt offensichtlich die Bedingung (33). Sei außerdem l ein geschlossener Weg, der alle Nullstellen des Polynoms $\psi(z)$ im Innern enthält. Wir können dann behaupten, daß die Funktion (37) in dem im Äußeren des Weges l liegenden Teil der Ebene regulär ist und auf sie die CAUCHYsche Integralformel für ein unendliches Gebiet anwendbar ist. Die Integration längs l muß dabei so geführt werden, daß das im Äußeren von l liegende Gebiet links bleibt, d. h. also im Uhrzeigersinn. Wenn man entgegen dem Uhrzeigersinn integriert, so erhält das Resultat das andere Vorzeichen, und wir bekommen folglich

$$-\frac{\varphi(z)}{\psi(z)} = \frac{1}{2\pi i} \int_l \frac{\varphi(z')}{\psi(z')(z'-z)}\, dz' . \tag{38}$$

Der Integrand im letzten Integral ist als Funktion von z' im Innern von l nicht mehr regulär; er hat singuläre Punkte dort, wo $\psi(z')$ verschwindet; z ist kein singulärer Punkt, da er im Äußeren des Weges l (im Innern des unendlichen Gebietes) liegt. Die Existenz der Nullstellen des Polynoms $\psi(z')$ hat zur Folge, daß der Wert des Integrals (38) längs des geschlossenen Weges l von Null verschieden ist.

8. Integrale vom CAUCHYschen Typ. In der CAUCHYschen Formel (31) war der Zähler der Funktion unter dem Integralzeichen selbst der Wert auf der Berandung l einer im abgeschlossenen Bereich B regulären Funktion. Nach dieser Formel stellt der Wert des Integrals genau die Funktion $f(z)$ in einem inneren Punkte des Gebietes dar. Wir wollen nun das in der CAUCHYschen Formel stehende Integral als Rechenvorschrift auffassen und sehen, was diese liefert, wenn wir im Zähler des Integranden irgendeine willkürlich vorgegebene, längs l stetige Funktion einsetzen. Von ihr sei nur bekannt, daß sie auf l definiert und dort stetig ist. Diese Funktion sei $\omega(z')$. Der Wert unseres Integrals ist offenbar eine Funktion von z:

$$F(z) = \frac{1}{2\pi i} \int_l \frac{\omega(z')}{z'-z}\, dz' . \tag{39}$$

Unter den eben genannten Voraussetzungen bezüglich $\omega(z')$ bezeichnet man das rechts stehende Integral als *Integral vom* CAUCHY*schen Typ*. Wir dürfen, wie auch im vorigen Paragraphen, unter dem Integralzeichen beliebig oft nach z differenzieren und erhalten die zu (32) analoge Formel

$$F^{(n)}(z) = \frac{n!}{2\pi i} \int_l \frac{\omega(z')}{(z'-z)^{n+1}} dz', \tag{40}$$

d. h., $F(z)$ ist jedenfalls in demjenigen Gebiet B eine reguläre Funktion, das von dem geschlossenen Weg l begrenzt wird. Wir können natürlich auch annehmen, daß z im Äußeren des geschlossenen Weges l liegt. Dann erhalten wir zugleich mit Formel (39) wiederum Formel (40), d. h., (39) definiert auch für alle Punkte im Äußeren der Begrenzung l eine bestimmte reguläre Funktion. Nimmt man an, daß z auf dem Rande selbst liegt, so verliert das Integral (39) seinen Sinn, da dann der Integrand auf dem Integrationsweg (in der Umgebung von $z' = z$) unbeschränkt wird. Diese Betrachtungen führen uns zu folgendem Ergebnis: *Ein* CAUCHY*sches Integral definiert zwei reguläre Funktionen, eine im Innern der Begrenzung l und die zweite im Äußeren der Begrenzung.* Betrachten wir einen sehr einfachen Fall: Die „Dichte“ $\omega(z')$ im CAUCHYschen Integral möge auf dem Rande mit den Werten einer Funktion $f(z)$ zusammenfallen, die in dem abgeschlossenen, von l begrenzten Bereich regulär ist. Sei also $\omega(z') = f(z')$ eine in dem abgeschlossenen, von l begrenzten Bereich reguläre Funktion. Liegt z im Innern von l, so ist (31) anwendbar, und das CAUCHYsche Integral

$$\frac{1}{2\pi i} \int_l \frac{f(z')}{z'-z} dz' \tag{41}$$

liefert uns im Innern der Berandung die Funktion $f(z)$. – Wir nehmen jetzt an, daß z im Äußeren des Randes l liegt, und betrachten den Integranden in (41) als Funktion von z'. Sein Zähler $f(z')$ ist im Innern von l regulär, und sein Nenner $z'-z$ verschwindet dort nicht, da z nach Voraussetzung im Äußeren von l liegt. Folglich können wir den CAUCHYschen Satz anwenden und behaupten, daß der Wert des Integrals (41) für z im Äußeren von l gleich Null ist. Im Fall $\omega(z') = f(z')$ liefert also das CAUCHYsche Integral (41) im Innern von l die Funktion $f(z)$ und im Äußeren von l verschwindet es.

Wir kommen nun wieder auf die CAUCHYsche Formel (31) zurück. In ihr fiel die „Dichte“ $f(z')$ des CAUCHYschen Integrals mit den Werten derselben Funktion $f(z)$ auf dem Rande l zusammen. Das gilt im allgemeinen für solche Integrale nicht, wenn $\omega(z')$ als eine beliebige, auf dem Rand l stetige Funktion vorgegeben ist. In Formel (39) müssen wir zwei Funktionen unterscheiden, nämlich die durch sie im Innern von l definierte Funktion $f_1(z)$ und die im Äußeren von l definierte Funktion $f_2(z)$. Strebt nun z von innen gegen einen gewissen, auf dem Rande liegenden Punkt, so erhebt sich die Frage: Geht dabei $f_1(z)$ überhaupt gegen einen Grenzwert, und welcher Zusammenhang besteht zwischen ihm und dem entsprechenden Wert $\omega(z')$? Die gleiche Frage kann man auch für die Funktion $f_2(z)$ stellen, wenn z von außen gegen einen Randpunkt von z' strebt. Im vorliegenden Kapitel wollen wir uns nicht mit diesen Fragen beschäftigen. Unter gewissen zusätzlichen Voraussetzungen werden die Grenzwerte $f_1(z')$ und $f_2(z')$ wahrscheinlich existieren, aber ihr Zusammenhang mit $\omega(z')$ ist ziemlich kompliziert. Die Differenz der

Grenzwerte von $f_1(z)$ und $f_2(z)$, sofern z längs einer Normalen an die Kurve l gegen z' strebt, ist gleich $\omega(z')$. Ein Integral der Form (41) ist ein spezielles Beispiel, das diese Regel bestätigt. Hier ist der innere Grenzwert $f(z')$ und der äußere gleich Null.

Die CAUCHYschen Integrale benutzt man zur analytischen Darstellung von Funktionen. Diese Darstellung ist mehrdeutig, d. h., man kann ein und dieselbe Funktion durch verschiedene Integrale des genannten Typs darstellen. Wir bringen ein Beispiel dazu: Sei l ein geschlossener Weg, der den Nullpunkt $z = 0$ im Innern enthält, und sei ferner eine im Innern von l reguläre Funktion definiert, die identisch Null ist. Sie kann durch das CAUCHYsche Integral (39) mit der „Dichte" $\omega(z') \equiv 0$ dargestellt werden. Es soll gezeigt werden, daß dieselbe Funktion, also die Null, auch durch ein Integral mit der „Dichte" $\omega(z') = \frac{1}{z'}$ dargestellt werden kann. Dazu betrachten wir das Integral

$$F(z) = \frac{1}{2\pi i} \int_l \frac{1}{z'(z'-z)} dz' \tag{42}$$

und zeigen, daß es bei beliebiger Lage von z im Innern von l gleich Null ist. Nach Voraussetzung liegt auch der Nullpunkt im Innern von l. Zerlegt man obige rationale Funktion in Partialbrüche, so kann man schreiben:

$$\frac{1}{z'(z'-z)} = -\frac{1}{zz'} + \frac{1}{z(z'-z)}$$

und folglich

$$F(z) = -\frac{1}{2\pi i z} \int_l \frac{dz'}{z'} + \frac{1}{2\pi i z} \int_l \frac{dz'}{z'-z}.$$

Berücksichtigt man das Beispiel aus [6], so bekommt man

$$F(z) = -\frac{1}{z} + \frac{1}{z} \equiv 0.$$

Also ist auch das CAUCHYsche Integral (42) im Innern von l gleich Null. Fügt man es zu irgendeinem Integral der Form (39), das eine reguläre Funktion $F(z)$ liefert, hinzu, so erhält man ein anderes CAUCHYsches Integral, das dieselbe Funktion $F(z)$ liefert. Daher darf man aus der Gleichheit zweier CAUCHYscher Integrale

$$\frac{1}{2\pi i} \int_l \frac{\omega_1(z')}{z'-z} dz' = \frac{1}{2\pi i} \int \frac{\omega_2(z')}{z'-z} dz' \tag{43}$$

für jedes z im Innern von l nicht schließen, daß die „Dichten" dieser Integrale übereinstimmen. Das ist jedoch richtig, wenn den „Dichten" gewisse Zusatzbedingungen auferlegt werden. So gilt zum Beispiel folgender Satz von HARNACK: Sind $\omega_1(z')$ und $\omega_2(z')$ stetige reellwertige Funktionen und ist l ein Kreis, so ist Gleichung (43) gleichbedeutend mit der Identität $\omega_1(z') = \omega_2(z')$.

Am Schluß dieses Kapitels werden wir Fragen über Grenzwerte von CAUCHYschen Integralen bei Annäherung an den Rand des Gebietes behandeln.

9. Folgerungen aus der CAUCHYschen Formel. Sei $f(z)$ eine Funktion, die in einem abgeschlossenen Bereich B mit dem Rand l regulär ist oder die wenigstens im Innern von B regulär und im abgeschlossenen Bereich stetig ist. Wir wollen die reguläre Funktion $[f(z)]^n$ betrachten, wobei n eine gewisse ganze positive Zahl ist, und wenden auf diese Funktion die CAUCHYsche Integralformel an:

$$[f(z)]^n = \frac{1}{2\pi i}\int_l \frac{[f(z')]^n}{z'-z}\,dz'.$$

Sei M das Maximum von $|f(z')|$ auf dem Rand l und δ das Minimum von $|z'-z|$, d. h. der kleinste Abstand des Punktes z vom Rande l.

Mit der üblichen Abschätzung bekommt man

$$|f(z)|^n \leqslant \frac{M^n S}{2\pi\delta},$$

wobei S die Länge des Randes l ist. Die letzte Ungleichung kann auch folgendermaßen geschrieben werden:

$$|f(z)| \leqslant M\left(\frac{S}{2\pi\delta}\right)^{\frac{1}{n}}.$$

Strebt die ganze positive Zahl n gegen Unendlich, so folgt die Ungleichung

$$|f(z)| \leqslant M. \tag{44}$$

Ist also $f(z)$ eine in einem Gebiet reguläre und im abgeschlossenen Bereich stetige Funktion, so wird das Maximum ihres absoluten Betrages auf dem Rande angenommen. Ihr absoluter Betrag in jedem inneren Punkt des Gebietes ist also nicht größer als das Maximum ihres Betrages auf dem Rande. Es läßt sich zeigen, daß für innere Punkte z das Gleichheitszeichen in Formel (44) nur stehen kann, wenn $f(z)$ konstant ist. Die oben bewiesene Eigenschaft bezeichnet man gewöhnlich als *Prinzip des absoluten Betrages.*[1])

Wir kommen jetzt zu einer zweiten Folgerung aus der CAUCHYschen Formel. Die Funktion e^z oder ein Polynom in z sind Beispiele für Funktionen, die in der ganzen Ebene regulär sind. Wir wollen zeigen, daß solche Funktionen nicht betragsbeschränkt sein können (wenn man von dem uninteressanten Fall absieht, daß $f(z)$ eine Konstante ist). Es gilt also folgender Satz, den man üblicherweise als LIOUVILLEschen Satz bezeichnet: *Ist $f(z)$ in der ganzen Ebene regulär und beschränkt, existiert also eine positive Zahl N derart, daß für jedes z die Ungleichung*

$$|f(z)| \leqslant N \tag{45}$$

gilt, so ist $f(z)$ konstant.

Wir wenden die CAUCHYsche Formel auf $f'(z)$ an:

$$f'(z) = \frac{1}{2\pi i}\int_l \frac{f(z')}{(z'-z)^2}\,dz'.$$

Da $f(z)$ in der ganzen Ebene regulär ist, können wir als Berandung l einen beliebigen geschlossenen Weg wählen, der z im Innern enthält. Wir nehmen für l einen Kreis um z mit einem gewissen Radius R, den wir später unbegrenzt wachsen lassen. Offenbar ist

$$|z'-z| = R$$

---

[1]) In der deutschen Literatur bekannt als Prinzip des Maximums (Anm. d. wiss. Red.)

und folglich

$$|f'(z)| \leqslant \frac{1}{2\pi} \frac{\max\limits_{z' \text{ auf } l} |f(z')|}{R^2} 2\pi R .$$

Berücksichtigt man (45), so erhält man folgende Abschätzung:

$$|f'(z)| \leqslant \frac{N}{R} .$$

Die linke Seite dieser Ungleichung ist von der Wahl von R unabhängig, und die rechte Seite strebt für unbegrenzt wachsendes R gegen Null. Daraus folgt unmittelbar, daß $f'(z) \equiv 0$ und folglich $f(z)$ eine Konstante ist [6].

Als Beispiel dazu wählen wir die Funktion $\cos z$. Aus Formel (1) ergibt sich unmittelbar, daß ihr absoluter Betrag beliebig groß wird, wenn z auf der imaginären Achse gegen Unendlich strebt. Für $z = iy$ gilt nämlich

$$\cos iy = \frac{e^{-y} + e^{y}}{2} .$$

10. Isolierte singuläre Punkte. Schließlich kommen wir zu einer dritten Folgerung aus der Cauchyschen Formel, nämlich zur Untersuchung der „singulären" Punkte regulärer Funktionen. Sei $f(z)$ in einer Umgebung von $z = a$ eindeutig und regulär, aber nicht im Punkte $z = a$ selbst. Einen solchen Punkt einer Funktion nennt man gewöhnlich einen isolierten singulären Punkt. So ist z. B. für die Funktion

$$f(z) = \frac{1}{z}$$

der Punkt $z = 0$ ein derartiger Punkt. Wir wollen nun die möglichen Typen von isolierten Singularitäten untersuchen.

Es gibt folgende drei Möglichkeiten: 1) Für alle nahe bei a gelegenen Werte z bleibt die Funktion $f(z)$ dem Betrage nach beschränkt; 2) strebt z gegen a, so geht die Funktion $f(z)$ dem Betrage nach gegen Unendlich; 3) für nahe bei a gelegenes z bleibt der Betrag $|f(z)|$ nicht beschränkt, aber die Funktion strebt für $z \to a$ nicht gegen Unendlich, sondern schwankt.

Für den ersten Fall läßt sich zeigen, daß $z = a$ kein singulärer Punkt von $f(z)$ ist, mit anderen Worten: *Ist die Funktion $f(z)$ in einer Umgebung von $z = a$ eindeutig und regulär und in dieser Umgebung dem Betrage nach beschränkt, so ist sie als im Punkte $z = a$ reguläre Funktion erklärbar.* Zum Beweis legen wir um den Punkt $z = a$ zwei Kreise mit den Radien ϱ und R, wobei $\varrho < R$ sei. Liegt z innerhalb des Ringes, den diese Kreise bilden, so gilt nach der Cauchyschen Formel

$$f(z) = \frac{1}{2\pi i} \oint\limits_{C_R} \frac{f(z')}{z' - z} dz' + \frac{1}{2\pi i} \oint\limits_{C_\varrho} \frac{f(z')}{z' - z} dz' .$$

Wir zeigen jetzt, daß der zweite Summand auf der rechten Seite für $\varrho \to 0$ gegen Null strebt. Daraus folgt dann wie beim Beweis der Cauchyschen Formel, daß dieser zweite Summand identisch Null ist. Nach Voraussetzung ist $|f(z)| \leqslant N$, wobei N eine feste positive Zahl ist.

Es gilt $z' - z = (z' - a) - (z - a)$. Wir ersetzen den Betrag dieser Differenz durch eine kleinere Größe:

$$|(z' - a) - (z - a)| \geqslant |z - a| - |z' - a| = |z - a| - \varrho ,$$

wobei $|z'-a|=\varrho$ auf C_ϱ ist. Daher gilt für den erwähnten Summanden folgende Abschätzung:

$$\left|\frac{1}{2\pi i}\int_{C_\varrho}\frac{f(z')}{z'-z}\,dz'\right| \leqslant \frac{1}{2\pi}\cdot\frac{N}{|z-a|-\varrho}\cdot 2\pi\varrho = \frac{N\varrho}{|z-a|-\varrho},$$

woraus unmittelbar folgt, daß er für $\varrho\to 0$ gegen Null strebt. Also liefert uns die vorige Formel

$$f(z)=\frac{1}{2\pi i}\int_{C_R}\frac{f(z')}{z'-z}\,dz',$$

d. h., für alle nahe bei a gelegenen z ist $f(z)$ als Cauchysches Integral darstellbar, und folglich stellt $f(z)$ selbst eine überall, einschließlich des Punktes $z=a$, reguläre Funktion dar. Genauer gesagt: Ist $f(z)$ in der Nähe von $z=a$ eindeutig und regulär und außerdem dem Betrage nach beschränkt, so strebt $f(z)$ für $z\to a$ gegen einen bestimmten endlichen Grenzwert. Nennt man diesen Grenzwert $f(a)$, dann ist $f(z)$ sogar einschließlich des Punktes $z=a$ regulär.

Die Funktion $\frac{1}{z-a}$ liefert uns ein Beispiel für die zweite Möglichkeit einer Singularität. *Ist $f(z)$ in der Nähe von $z=a$ eindeutig und regulär und strebt $|f(z)|$ für $z\to a$ gegen Unendlich, so bezeichnet man den Punkt a als Pol der Funktion $f(z)$.*

Wir geben jetzt ein Beispiel eines singulären Punktes vom dritten Typ: $z=0$ ist für die Funktion

$$f(z)=e^{\frac{1}{z}} \tag{46}$$

ein solcher Punkt.

In der Tat strebt die Funktion (46) bei Annäherung von z an Null von positiven Werten her gegen $+\infty$, aber bei Annäherung von z an Null von negativen Werten her gegen Null. Singuläre Punkte dieser Art heißen *wesentlich singuläre Punkte. Der Punkt $z=a$ heißt wesentlich singulärer Punkt der Funktion $f(z)$, wenn diese Funktion in einer gewissen Umgebung von $z=a$ eindeutig und regulär, aber in dieser Umgebung nicht beschränkt ist und für $z\to a$ nicht gegen Unendlich strebt.*

Wir beweisen nun einen Satz über die Werte einer Funktion in der Umgebung eines wesentlich singulären Punktes. Er ist zuerst von J. W. Sochotzki bewiesen worden (in der deutschen Literatur Satz von Casorati-Weierstrass genannt).

Satz: *Ist $z=a$ ein wesentlich singulärer Punkt von $f(z)$, so kommt die Funktion in einem beliebig kleinen Kreis um a jedem willkürlich vorgegebenen komplexen Wert beliebig nahe,* d. h., ist γ eine willkürlich angenommene komplexe und ε eine beliebige positive Zahl, dann existieren in einem noch so kleinen Kreis um a Punkte z derart, daß $|f(z)-\gamma|<\varepsilon$ ist. Wir beweisen den Satz indirekt. Es möge also eine komplexe Zahl β existieren, derart, daß für alle Punkte z eines gewissen Kreises C um a die Ungleichung $|f(z)-\beta|\geqslant m$ erfüllt ist, wobei m eine gewisse positive Größe ist. Wir könnten die neue Funktion

$$\varphi(z)=\frac{1}{f(z)-\beta}$$

bilden.

Sie wäre im Kreis C regulär und dem Betrage nach beschränkt:

$$|\varphi(z)|=\frac{1}{|f(z)-\beta|}\leqslant\frac{1}{m}.$$

Folglich wäre sie nach dem oben Bewiesenen auch im Punkte $z = a$ regulär, und die Funktion $\varphi(z)$ müßte für $z \to a$ gegen einen endlichen Grenzwert streben. Daher müßte

$$f(z) = \beta + \frac{1}{\varphi(z)}$$

für $z \to a$ auch gegen einen solchen streben, wenn der Grenzwert von $\varphi(z)$ ungleich Null, oder gegen Unendlich, wenn der Grenzwert von $\varphi(z)$ gleich Null wäre. Beide Möglichkeiten widersprechen aber der Definition des wesentlich singulären Punktes. Man kann einen noch schärferen Satz beweisen:

PICARDscher Satz: *Ist $z = a$ ein wesentlich singulärer Punkt von $f(z)$, so nimmt $f(z)$ in einem beliebig kleinen Kreis um a jeden komplexen Wert – einen möglicherweise ausgenommen – unendlich oft an.*

Der Beweis dieses Satzes ist bei weitem komplizierter als der Beweis des vorhergehenden, und wir wollen ihn nicht durchführen. Wir prüfen den Satz lediglich für die Funktion (46) nach, für welche $z = 0$ ein wesentlich singulärer Punkt ist.

Dazu nehmen wir eine beliebige von Null verschiedene komplexe Zahl α und notieren die Gleichung

$$e^{\frac{1}{z}} = \alpha. \tag{46_1}$$

Erinnert man sich an die Bildung des Logarithmus einer komplexen Zahl, so erhält man als Lösungen der Gleichung (46_1)

$$z = \frac{1}{\log|\alpha| + i(\varphi + 2k\pi)},$$

wobei φ das Argument der Zahl α im Intervall $(0, 2\pi)$ und k eine ganze Zahl ist. Wählt man diese dem absoluten Betrage nach hinreichend groß, so bekommt man Lösungen der Gleichung (46_1), die beliebig nahe bei Null liegen. Daher nimmt die Funktion (46) in jedem noch so kleinen Kreis um den Nullpunkt jeden willkürlich vorgegebenen Wert außer Null abzählbar oft an. Man zeigt mühelos, daß die Funktion $\sin\frac{1}{z}$ in jedem Kreis um den Nullpunkt ausnahmslos jeden vorgegebenen komplexen Wert unendlich oft annimmt.

Pole und wesentlich singuläre Punkte heißen *isolierte* singuläre Punkte, denn in einer gewissen Umgebung dieser Punkte ist die Funktion regulär. Später werden wir bei der Untersuchung mehrdeutiger Funktionen noch einer Art isolierter singulärer Punkte begegnen, nämlich den *Verzweigungspunkten.*

11. Unendliche Reihen mit komplexen Gliedern. Nach Klärung der grundlegenden Fragen, die mit dem Integralbegriff zusammenhängen, gehen wir nun zur Betrachtung unendlicher Reihen über. Sei eine unendliche Reihe mit komplexen Gliedern vorgegeben:

$$(a_1 + ib_1) + (a_2 + ib_2) + \cdots + (a_n + ib_n) + \cdots. \tag{47}$$

Sie heißt konvergent, wenn die Summe ihrer ersten n Glieder,

$$S_n = (a_1 + a_2 + \cdots + a_n) + i(b_1 + b_2 + \cdots + b_n), \tag{48}$$

für unbegrenzt wachsendes n gegen einen endlichen Grenzwert strebt; diesen Grenzwert nennt man die Summe der Reihe. Aus dieser Definition folgt, daß die Reihe (47) dann und nur dann konvergiert, wenn die Reihen mit den reellen Gliedern

$$a_1 + a_2 + \cdots \quad \text{und} \quad b_1 + b_2 + \cdots, \tag{49}$$

die aus den Real- bzw. Imaginärteilen der Glieder der Reihe (47) bestehen, konvergieren. Bezeichnet man mit A und B die Summen der Reihen (49), so strebt die Summe (48) offenbar gegen den Grenzwert $A + iB$, der gerade die Summe der Reihe (47) ist.

Ersetzt man in der Reihe (47) jedes Glied durch seinen absoluten Betrag, so bekommt man eine Reihe mit nicht-negativen Gliedern

$$\sqrt{a_1^2 + b_1^2} + \sqrt{a_2^2 + b_2^2} + \cdots . \tag{50}$$

Wir zeigen, daß aus der Konvergenz dieser Reihe auch diejenige der ursprünglichen Reihe (47) folgt. Aus den offenbar gült'gen Ungleichungen

$$\sqrt{a_n^2 + b_n^2} \geqslant |a_n| \quad \text{und} \quad \sqrt{a_n^2 + b_n^2} \geqslant |b_n|$$

ergibt sich unmittelbar [**I, 120** und **124**], daß aus der Konvergenz der Reihe (50) die (sogar die absolute) Konvergenz der Reihen (49) und damit diejenige von (47) folgt.

Konvergiert die Reihe (50), *so heißt die Reihe* (47) *absolut konvergent*. Diese absolut konvergenten Reihen besitzen analoge Eigenschaften wie die entsprechenden Reihen im Reellen.

Konvergiert (47) absolut, so tun es auch die Reihen (49), und ihre Summen A und B sind unabhängig von der Reihenfolge der Summanden [**I, 137**]. Folglich kann man dasselbe von der Reihe (47) aussagen.

Wendet man analoge Überlegungen wie in [**I, 138**] an, so kann man nachstehenden Satz über die Multiplikation absolut konvergenter Reihen beweisen: Sind zwei absolut konvergente Reihen

$$S = \alpha_1 + \alpha_2 + \cdots \quad \text{und} \quad T = \beta_1 + \beta_2 + \cdots$$

gegeben, so ist die Reihe

$$\alpha_1\beta_1 + (\alpha_1\beta_2 + \alpha_2\beta_1) + (\alpha_1\beta_3 + \alpha_2\beta_2 + \alpha_3\beta_1) + \cdots$$

absolut konvergent, und ihre Summe ist gleich ST. Auf den ausführlichen Beweis dieses Satzes gehen wir nicht ein.

Das Cauchysche Konvergenzkriterium [**I, 125**] gilt auch im Komplexen und lautet hier: *Für die Konvergenz der Reihe* (47) *ist notwendig und hinreichend, daß zu beliebig vorgegebenem positivem ε ein positives N existiert, derart, daß für alle $n > N$ und jedes positive ganze p die Ungleichung*

$$\left| \sum_{k=n+1}^{n+p} (a_k + ib_k) \right| < \varepsilon$$

gilt.

Wir wollen jetzt Reihen mit veränderlichen Gliedern untersuchen, d. h. Reihen, deren Glieder eine Variable z enthalten:

$$u_1(z) + u_2(z) + \cdots . \tag{51}$$

Konvergiert diese Reihe für alle Werte z, die einem gewissen Gebiet B (oder einer Kurve l) angehören, so sagt man, die Reihe (51) konvergiere im Gebiet B (oder auf der Kurve l).

Wir führen nun den Begriff der *gleichmäßigen Konvergenz* ebenso ein, wie wir das bei einer reellen Variablen getan haben [**I, 143**]: *Eine Reihe* (51) *heißt im Bereich B*

(auf der Kurve l) gleichmäßig konvergent, wenn zu beliebig vorgegebenem positivem ε ein N existiert derart, daß für alle $n > N$ und jedes positive ganze p die Ungleichung

$$\left| \sum_{k=n+1}^{n+p} u_k(z) \right| < \varepsilon \tag{52}$$

gilt, wobei N nicht von der Wahl von z innerhalb B (oder auf l) abhängen darf. Gleichmäßig konvergente Reihen einer komplexen Variablen haben dieselben Eigenschaften wie gleichmäßig konvergente Reihen einer reellen Veränderlichen [**I, 146**]. Wir führen zwei Haupteigenschaften an, die man wie im Reellen beweist:

Sind die Glieder der Reihe (51) in einem Gebiet B (auf der Kurve l) stetige Funktionen von z und konvergiert die Reihe in diesem Gebiet (auf dieser Kurve) gleichmäßig, so ist die Summe der Reihe eine stetige Funktion.

Konvergiert die aus stetigen Funktionen bestehende Reihe (51) auf irgendeiner Kurve l gleichmäßig, so kann man sie längs dieser Kurve gliedweise integrieren.

Wir geben schließlich noch eine hinreichende Bedingung[1]) für die absolute und gleichmäßige Konvergenz der Reihe (51) an, die der entsprechenden im Falle einer reellen Variablen völlig analog ist [**I, 147**]: Gilt für die Glieder der Reihe (51) für alle z aus einem Gebiet B (auf einer Kurve l) eine Abschätzung

$$|u_k(z)| \leqslant m_k \qquad (k = 1, 2, \ldots),$$

wobei die m_k positive Zahlen sind, die eine konvergente Reihe bilden, so konvergiert die Reihe (51) im Gebiet B (auf der Kurve l) absolut und gleichmäßig.

Aus dem Vorhergehenden folgt noch: Konvergiert die Reihe (51) auf einer gewissen Kurve l gleichmäßig und multipliziert man alle ihre Glieder mit einer Funktion $v(z)$, die auf dieser Kurve dem Betrage nach beschränkt bleibt, z. B. mit einer stetigen Funktion, so ist auch die neue Reihe gleichmäßig konvergent. Als Ergebnis dieser Multiplikation bekommen wir an Stelle der Reihe (51) die Reihe

$$u_1(z)\,v(z) + u_2(z)\,v(z) + \cdots,$$

wobei $|v(z)| < N$ ist. Für diese folgt aus der Ungleichung (52) unmittelbar

$$\left| \sum_{k=n+1}^{n+p} u_k(z)\,v(z) \right| = |v(z)| \left| \sum_{k=n+1}^{n+p} u_k(z) \right| < N\varepsilon,$$

woraus auch ihre gleichmäßige Konvergenz folgt, da N eine feste positive Zahl ist und ε für große n beliebig klein wird.

Nachdem wir die einfachsten Begriffe, die sich auf Reihen mit komplexen Gliedern beziehen, geklärt haben, gehen wir jetzt zum Beweis eines grundlegenden Satzes über, der sich auf Reihen bezieht, deren Glieder reguläre Funktionen von z sind.

12. Satz von WEIERSTRASS. *Sind die Glieder der Reihe* (51) *in einem abgeschlossenen Bereich B mit dem Rand l reguläre Funktionen und ist diese Reihe auf dem Rand l gleichmäßig konvergent, so konvergiert sie im ganzen abgeschlossenen Bereich B gleichmäßig; ihre Summe ist im Innern des Bereiches B eine reguläre Funktion, und die Reihe darf beliebig oft gliedweise differenziert werden.*

---

[1]) In der deutschen Literatur bekannt als Majorantenkriterium oder WEIERSTRASSscher Konvergenzsatz. (Anm. d. wiss. Red.)

Zum Beweis sei z' ein variabler Punkt auf dem Rande l. Die Reihe

$$u_1(z') + u_2(z') + \cdots \tag{53}$$

ist nach Voraussetzung gleichmäßig konvergent, und folglich gilt eine Ungleichung der Gestalt

$$\left|\sum_{k=n}^{n+p} u_k(z')\right| < \varepsilon \qquad (\text{für } n > N \text{ und beliebiges } p > 0).$$

Diese endliche Summe regulärer Funktionen ist ebenfalls eine in dem abgeschlossenen Bereich B reguläre Funktion, und daher folgt nach dem Prinzip des absoluten Betrages [**9**] aus dieser Ungleichung die für den gesamten Bereich geltende Beziehung

$$\left|\sum_{k=n}^{n+p} u_k(z)\right| < \varepsilon \qquad (\text{für } n > N \text{ und beliebiges } p > 0).$$

Daraus folgt aber die gleichmäßige Konvergenz der Reihe (51) in dem ganzen abgeschlossenen Bereich.

Wir bezeichnen die Summe der Reihe (53) mit $\varphi(z')$ (das ist eine auf l stetige Funktion) und multiplizieren alle Glieder der Reihe mit dem Faktor

$$\frac{1}{2\pi i}\frac{1}{z'-z},$$

wobei z ein gewisser innerer Punkt des Bereiches B ist:

$$\frac{1}{2\pi i}\frac{\varphi(z')}{z'-z} = \frac{1}{2\pi i}\frac{u_1(z')}{z'-z} + \frac{1}{2\pi i}\frac{u_2(z')}{z'-z} + \cdots.$$

Diese Reihe konvergiert auf l ebenfalls gleichmäßig, und integriert man sie längs dieses Weges gliedweise, so bekommt man

$$\frac{1}{2\pi i}\int\limits_l \frac{\varphi(z')}{z'-z}\,dz' = \frac{1}{2\pi i}\int\limits_l \frac{u_1(z')}{z'-z}\,dz' + \frac{1}{2\pi i}\int\limits_l \frac{u_2(z')}{z'-z}\,dz' + \cdots.$$

Für die regulären Funktionen $u_k(z)$ gilt jedoch die Cauchysche Formel, und daher können wir die letzte Gleichung folgendermaßen schreiben:

$$\frac{1}{2\pi i}\int\limits_l \frac{\varphi(z')}{z'-z}\,dz' = u_1(z) + u_2(z) + \cdots.$$

Man sieht daraus, daß die Summe der Reihe (51) im Innern von B durch ein Cauchysches Integral darstellbar und folglich eine reguläre Funktion ist. Diese Summe bezeichnen wir mit $\varphi(z)$:

$$\sum_{k=1}^{\infty} u_k(z) = \varphi(z) = \frac{1}{2\pi i}\int\limits_l \frac{\varphi(z')}{z'-z}\,dz'. \tag{54}$$

Aus der oben bewiesenen gleichmäßigen Konvergenz der Reihe (51) im ganzen abgeschlossenen Bereich B folgt, daß $\varphi(z)$ im abgeschlossenen Bereich stetig ist, und (54) stellt die Cauchysche Formel für diese Funktion $\varphi(z)$ dar.

Es bleibt nur zu beweisen, daß man die Reihe (51) beliebig oft gliedweise differenzieren darf. Dazu multiplizieren wir (53) mit dem Faktor

$$\frac{m!}{2\pi i}\frac{1}{(z'-z)^{m+1}},$$

wobei m eine gewisse ganze positive Zahl ist, und integrieren längs l:

$$\frac{m!}{2\pi i}\int\limits_l \frac{\varphi(z')}{(z'-z)^{m+1}}\,dz' = \frac{m!}{2\pi i}\int\limits_l \frac{u_1(z')}{(z'-z)^{m+1}}\,dz' + \frac{m!}{2\pi i}\int\limits_l \frac{u_2(z')}{(z'-z)^{m+1}}\,dz' + \cdots.$$

Wegen der CAUCHYschen Formel und (54) kann man die letzte Beziehung auch in folgender Gestalt schreiben:

$$\varphi^{(m)}(z) = u_1^{(m)}(z) + u_2^{(m)}(z) + \cdots, \tag{55}$$

womit gerade die Möglichkeit der m-maligen gliedweisen Differentiation der Reihe im Innern des Gebietes bewiesen ist. Im folgenden Abschnitt wenden wir diesen Satz auf Reihen spezieller Art an, nämlich auf Potenzreihen, mit denen wir uns nun fast ausschließlich beschäftigen werden.

Bemerkung I: Wendet man die übliche Abschätzung von Integralen an, so überzeugt man sich leicht davon, daß *die aus Ableitungen bestehende Reihe* (55) *in jedem Bereich B_1 gleichmäßig konvergiert, der einschließlich seines Randes im Innern von B liegt.* Wir bilden jetzt für die Reihe (55) den üblichen Ausdruck

$$\sum_{k=n}^{n+p} u_k^{(m)}(z).$$

Benutzt man die Darstellung einer Ableitung durch die CAUCHYsche Formel, so erhält man

$$\sum_{k=n}^{n+p} u_k^{(m)}(z) = \frac{m!}{2\pi i}\int\limits_l \frac{1}{(z'-z)^{m+1}}\sum_{k=n}^{n+p} u_k(z')\,dz'.$$

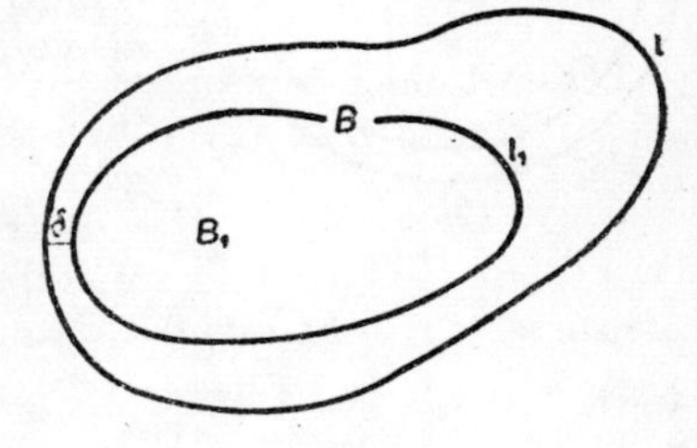

Abb. 7

Sei δ der kleinste Abstand des Randes l_1 des Gebietes B_1 vom Rande l (Abb. 7). Schätzt man dieses Integral in der üblichen Weise ab, so bekommt man

$$\left|\sum_{k=n}^{n+p} u_k^{(m)}(z)\right| \leqslant \frac{m!\,S}{2\pi\delta^{m+1}}\cdot\max_{z' \text{ auf } l}\left|\sum_{k=n}^{n+p} u_k(z')\right|,$$

wobei S die Länge des Randes l ist. Wegen der gleichmäßigen Konvergenz von (53) wird der letzte Faktor der rechten Seite für hinreichend großes n beliebig klein, woraus sich die gleichmäßige Konvergenz der Reihe (55) ergibt.

Ebenso mühelos beweist man: Ist B ein einfach zusammenhängendes Gebiet, so konvergiert die Reihe

$$\int\limits_a^z u_1(z')\,dz' + \int\limits_a^z u_2(z')\,dz' + \cdots,$$

die man durch gliedweise Integration erhält, in B gleichmäßig (a ist ein Punkt aus B) [siehe **I, 146**]. Die Glieder dieser Reihe sind in B reguläre und eindeutige Funktionen von z; vgl. [6].

Bemerkung II. Wir hätten den WEIERSTRASSschen Satz auch für Funktionenfolgen aussprechen können [**I, 144**]: Ist eine Folge von Funktionen $s_k(z)$ $(k = 1, 2, \ldots)$ vorgegeben, die im abgeschlossenen Bereich B mit dem Rand l regulär sind, und strebt diese Folge auf dem Rand l gleichmäßig gegen einen Grenzwert, so strebt sie auch im ganzen abgeschlossenen Bereich B gleichmäßig gegen einen Grenzwert $s(z)$. Dieser ist eine im Innern von B reguläre Funktion, und für jedes ganze positive m gilt dort

$$\lim_{k\to\infty} s_k^{(m)}(z) = s^{(m)}(z).$$

13. Potenzreihen. Als *Potenzreihen* bezeichnet man Reihen der Form

$$a_0 + a_1(z-b) + a_2(z-b)^2 + \cdots, \tag{56}$$

wobei b und die a_k gegebene Zahlen sind. Um den Konvergenzbereich der Reihe (56) festzustellen, beweisen wir folgenden

Satz von ABEL. *Konvergiert die Reihe* (56) *in einem gewissen Punkte $z = z_0$, so konvergiert sie absolut in jedem Punkte z, der näher bei b liegt als z_0, für den also*

$$|z-b| < |z_0 - b|$$

gilt, und sie konvergiert gleichmäßig in jedem Kreise mit dem Mittelpunkt b und dem Radius ϱ, der kleiner als $|z_0 - b|$, d. h. kleiner als der Abstand zwischen z_0 und b ist (Abb. 8).

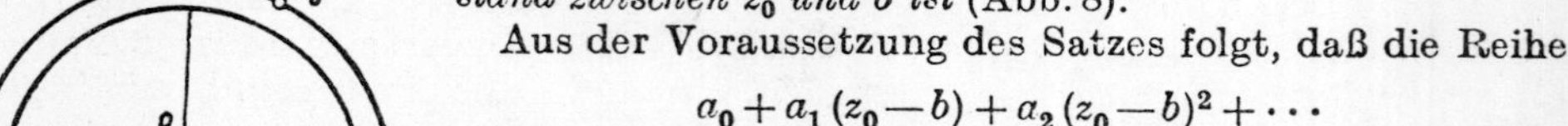

Abb. 8

Aus der Voraussetzung des Satzes folgt, daß die Reihe

$$a_0 + a_1(z_0 - b) + a_2(z_0 - b)^2 + \cdots$$

konvergiert, und folglich strebt ihr allgemeines Glied bei unbegrenzt wachsendem Index gegen Null. Es existiert also ein positives N derart, daß für alle k

$$|a_k(z_0 - b)^k| < N \tag{57}$$

gilt.

Betrachten wir jetzt einen gewissen Kreis C_ϱ mit dem Mittelpunkt b und einem Radius ϱ kleiner als $|z_0 - b|$, also $\varrho = \theta |z_0 - b|$ mit $0 < \theta < 1$. Für alle z, die diesem Kreise C_ϱ angehören, gilt

$$|z-b| \leqslant \theta |z_0 - b|. \tag{58}$$

Wir schätzen die Glieder der Reihe im Kreise C_ϱ ab. Wegen (57) und (58) kann man schreiben:

$$|a_k(z-b)^k| = |a_k(z_0-b)^k| \left|\frac{z-b}{z_0-b}\right|^k \leqslant N\theta^k.$$

Daraus folgt unmittelbar, daß die Glieder der Reihe (56) im Kreise C_ϱ dem Betrage nach kleiner als die Glieder einer abnehmenden geometrischen Folge sind, die aus positiven Zahlen besteht; d. h., die Reihe (56) konvergiert im Kreise C_ϱ absolut und gleichmäßig. Es ist offensichtlich, daß wir jeden Punkt z, der näher bei b liegt als z_0, als in einem solchen Kreise C_ϱ gelegen auffassen können, und folglich konvergiert nach dem eben Bewiesenen die Reihe (56) in jedem dieser Punkte absolut. Damit ist der Satz von ABEL vollständig bewiesen. Wir geben jetzt einige Folgerungen aus diesem Satz an.

Folgerung I. Divergiert die Reihe (56) in einem gewissen Punkt $z = z_1$, so divergiert sie offenbar auch in jedem Punkt y, der von b weiter entfernt ist als z_1. Würde sie nämlich in y konvergieren, so müßte sie nach dem Satz von ABEL auch in Punkte z_1 konvergieren. Es gilt also für die Reihe (56) folgendes: *Aus ihrer Konvergenz in einem gewissen Punkte P folgt ihre absolute Konvergenz im Innern* *des Kreises um b durch P; aus ihrer Divergenz in irgendeinem Punkte P folgt die Divergenz in jedem im Äußeren des Kreises um b durch P gelegenen Punkt.* Das heißt: Für jede Reihe der Form (56) existiert eine positive Zahl R derart, daß die Reihe (56) für $|z-b| < R$ absolut konvergiert und für $|z-b| > R$ divergiert. Dabei konvergiert sie in jedem Kreise mit einem Radius kleiner als R, d. h. für $|z-b| \leqslant \theta R$ $(0 < \theta < 1)$, gleichmäßig. Die Zahl R heißt *Konvergenzradius der Reihe* (56) und der Kreis $|z-b| < R$ ihr *Konvergenzkreis* (man vergleiche die analogen Resultate für den Fall einer reellen Veränderlichen [I, 143]).

Diese Überlegungen liefern nicht die gleichmäßige Konvergenz der Reihe (56) im ganzen Konvergenzkreis, sondern nur in jedem konzentrischen kleineren Kreis. Wir drücken diese Tatsache dadurch aus, daß wir sagen: Die Reihe (56) konvergiert im Innern ihres Konvergenzkreises gleichmäßig. *Allgemein heißt eine Reihe im Innern eines gewissen Gebietes gleichmäßig konvergent, wenn sie in jedem Bereich, der einschließlich seines Randes im Innern des erwähnten Gebietes liegt, gleichmäßig konvergiert.*

Der Konvergenzradius R kann in gewissen Spezialfällen Unendlich sein. Dann konvergiert die Reihe (56) in jedem Punkt der Ebene absolut und in jedem Kreis mit beliebigem endlichem Radius gleichmäßig. Ist jedoch $R = 0$, dann divergiert die Reihe (56) in jedem Punkte außer in $z = b$. Die Reihe reduziert sich in diesem Fall auf das erste Glied. Mit solchen Potenzreihen werden wir uns nicht mehr beschäftigen.

Folgerung II. Die Reihe (56) konvergiert im Innern ihres Konvergenzkreises gleichmäßig; daher kann man auf sie den Satz von WEIERSTRASS anwenden, d. h., (56) ist im Innern des Konvergenzkreises eine reguläre Funktion von z, und die Reihe darf beliebig oft gliedweise differenziert werden. Da sie gleichmäßig konvergiert, kann man sie auch gliedweise integrieren. Außerdem darf man wegen der absoluten Konvergenz Potenzreihen gliedweise wie Polynome miteinander multiplizieren.

Aus dem Vorhergehenden folgt, daß gliedweise Differentiation und Integration der Reihe (56) die Konvergenz im Innern des Konvergenzkreises keineswegs beeinträchtigen, d. h., die Reihen

$$a_1 + 2a_2(z-b) + 3a_3(z-b)^2 + \cdots; \tag{59}$$

$$a_0(z-b) + \frac{a_1}{2}(z-b)^2 + \cdots \tag{59_1}$$

haben jedenfalls keinen kleineren Konvergenzradius als die Reihe (56). Man sieht leicht, daß er auch nicht größer sein kann als derjenige der Reihe (56). Nehmen wir einmal an, der Konvergenzradius ϱ der Reihe (59_1) sei größer als R, also $\varrho > R$. Differenziert man dann diese Reihe, so verkleinert man, wie oben erwähnt, ihren Konvergenzradius nicht und kommt zur Reihe (56) zurück; daher ist $\varrho \leqslant R$, was der Annahme $\varrho > R$ widerspricht. Wir können also folgendes aussagen: *Gliedweise Differentiation und Integration einer Reihe* (56) *ändern ihren Konvergenzradius nicht.*

Bisher wurde nichts über die Konvergenz der Reihe (56) auf dem Rande $|z-b| = R$ ihres Konvergenzkreises ausgesagt. Diese Frage wird später behandelt.

14. Die TAYLORsche Reihe. Oben sahen wir, daß die Summe der Reihe (56) im Innern des Konvergenzkreises eine reguläre Funktion ist. Wir beweisen jetzt den umgekehrten Satz: *Jede in einem gewissen Kreise $|z-b| < R$ reguläre Funktion $f(z)$ kann im Innern dieses Kreises durch eine Potenzreihe der Form* (56) *dargestellt werden, und diese Darstellung ist eindeutig.*

Wir betrachten dazu irgendein festes z im Innern des Kreises $|z-b|<R$ und schlagen um b den Kreis C_{R_1} mit dem Radius R_1, der kleiner als R ist, aber so, daß z im Innern von C_{R_1} liegt (Abb. 9). Dann können wir $f(z)$ durch die CAUCHYsche Formel ausdrücken, indem wir über C_{R_1} integrieren:

$$f(z)=\frac{1}{2\pi i}\int_{C_{R_1}}\frac{f(z')}{z'-z}\,dz'. \tag{60}$$

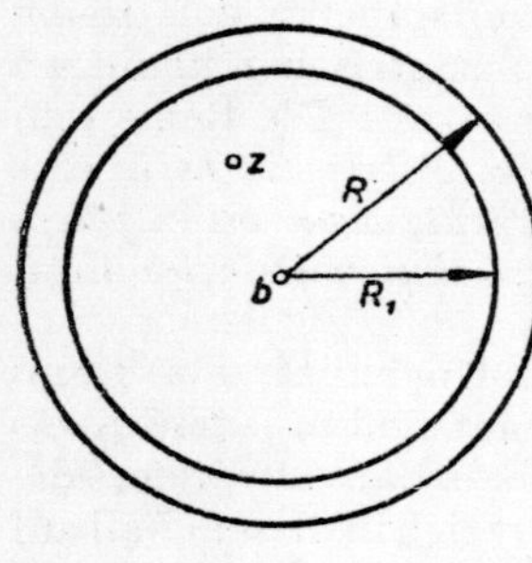

Abb. 9

Auf C_{R_1} ist $|z'-b|=R_1$, andererseits ist $|z-b|<R_1$, da z im Innern von C_{R_1} liegt. Benutzt man die Summenformel für die unendliche geometrische Reihe, so kann man

$$\frac{1}{z'-z}=\frac{1}{z'-b}\cdot\frac{1}{1-\dfrac{z-b}{z'-b}}=\sum_{k=0}^{\infty}\frac{(z-b)^k}{(z'-b)^{k+1}} \tag{61}$$

schreiben, wobei für die absoluten Beträge der Glieder dieser Reihe

$$\left|\frac{(z-b)^k}{(z'-b)^{k+1}}\right|=\frac{1}{R_1}q^k \qquad \left(q=\left|\frac{z-b}{z'-b}\right|\right)$$

gilt und aus dem Vorhergehenden $0\leqq q<1$ folgt. Daher konvergiert die unendliche Reihe (61) für auf C_{R_1} liegende z' gleichmäßig. Multipliziert man beide Seiten mit

$$\frac{1}{2\pi i}f(z')$$

und integriert über C_{R_1} gliedweise, so bekommt man wegen Formel (60)

$$f(z)=\sum_{k=0}^{\infty}(z-b)^k\cdot\frac{1}{2\pi i}\int_{C_{R_1}}\frac{f(z')}{(z'-b)^{k+1}}\,dz'$$

oder

$$f(z)=\sum_{k=0}^{\infty}a_k(z-b)^k, \tag{62}$$

wobei nach der CAUCHYschen Formel aus [7]

$$a_k=\frac{1}{2\pi i}\int_{C_{R_1}}\frac{f(z')}{(z'-b)^{k+1}}\,dz'=\frac{f^{(k)}(b)}{k!} \tag{62_1}$$

gilt, d. h., *der Wert von $f(z)$ in einem beliebigen Punkte im Innern des Kreises $|z-b|<R$, in dem $f(z)$ regulär ist, wird durch die TAYLORsche Reihe*

$$f(z)=f(b)+\frac{f'(b)}{1!}(z-b)+\frac{f''(b)}{2!}(z-b)^2+\cdots \tag{63}$$

dargestellt.

Wir beweisen jetzt, daß die Darstellung von $f(z)$ durch eine Potenzreihe eindeutig ist. Dazu nehmen wir an, $f(z)$ werde im Innern eines gewissen Kreises um b durch eine Reihe der Form (62) dargestellt. Dann ist zu zeigen: Die Koeffizienten a_k lassen sich eindeutig bestimmen; sie müssen nämlich die TAYLORschen Koeffizienten sein. Setzt man in (62) $z = b$, so bekommt man $f(b) = a_0$. Wir differenzieren die Potenzreihe (62):

$$f'(z) = \sum_{k=1}^{\infty} k a_k (z-b)^{k-1}.$$

Setzt man wieder $z = b$, so ergibt sich $f'(b) = a_1$. Setzt man dieses Verfahren fort, so erhält man allgemein

$$a_k = \frac{f^{(k)}(b)}{k!},$$

und die Entwicklung (62) muß mit der TAYLORschen Reihe (63) identisch sein. Haben wir daher auf irgend zwei Arten Entwicklungen ein und derselben Funktion in Potenzreihen nach ganzen positiven Potenzen von $z - b$ erhalten, so müssen die Koeffizienten dieser beiden Entwicklungen für die gleichen Potenzen von $z - b$ übereinstimmen.

Die obige Betrachtung zeigt uns, daß *die TAYLORsche Reihe* (63) *der Funktion* $f(z)$ *im Innern desjenigen Kreises um* b *konvergiert, in dem* $f(z)$ *regulär ist, und daß in diesem Kreise ihre Summe gleich* $f(z)$ *ist.*

Aus den Ausdrücken für die Koeffizienten der TAYLORschen Reihe folgt unmittelbar eine Abschätzung ihrer Größe. Sei R der Konvergenzradius der Reihe (62). Wir wählen in Formel (62_1) für C_{R_1} den Kreis um b mit dem Radius $R - \varepsilon$, wobei ε eine feste kleine positive Zahl sei. Auf diesem Kreis ist unsere Funktion $f(z)$ regulär, und ihr absoluter Betrag ist nicht größer als eine feste positive Zahl M; außerdem gilt offenbar $|z' - b| = R - \varepsilon$. Die übliche Integralabschätzung liefert uns

$$|a_k| \leqslant \frac{M}{(R-\varepsilon)^k}. \tag{64}$$

Die Zahl ε kann beliebig nahe bei Null gewählt werden, aber offenbar hängt die Größe der Zahl M von der Wahl von ε ab.

Wir wenden nun den von uns in [12] bewiesenen Satz von WEIERSTRASS auf Potenzreihen an. Dazu seien die $u_k(z)$ gegebene Funktionen, die im Innern eines gewissen Kreises C_R um b regulär sind:

$$u_k(z) = a_0^{(k)} + a_1^{(k)}(z-b) + a_2^{(k)}(z-b)^2 + \cdots;$$

ferner nehmen wir an, die Reihe

$$\sum_{k=1}^{\infty} u_k(z)$$

konvergiere im Innern dieses Kreises gleichmäßig. Dann ist ihre Summe nach dem Satz von WEIERSTRASS im Innern dieses Kreises ebenfalls eine reguläre Funktion, und daher ist sie durch eine Potenzreihe darstellbar:

$$\sum_{k=1}^{\infty} [a_0^{(k)} + a_1^{(k)}(z-b) + a_2^{(k)}(z-b)^2 + \cdots] = a_0 + a_1(z-b) + a_2(z-b)^2 + \cdots.$$

Nach dem erwähnten Satz dürfen wir diese Reihe beliebig oft gliedweise differenzieren. Führt man die Differentiation aus und setzt dann $z = b$, so bekommt man folgende Ausdrücke für die Koeffizienten der Summe dieser Reihe:

$$a_0 = \sum_{k=1}^{\infty} a_0^{(k)}; \quad a_1 = \sum_{k=1}^{\infty} a_1^{(k)}; \quad a_2 = \sum_{k=1}^{\infty} a_2^{(k)}; \ldots,$$

d. h., *unter unseren Voraussetzungen lassen sich diese unendlichen Reihen wie gewöhnliche Polynome addieren.*

15. Laurentsche Reihen. Mühelos erhält man analoge Resultate auch für Reihen eines allgemeineren Typus:

$$(65) \qquad \cdots + a_{-2}(z-b)^{-2} + a_{-1}(z-b)^{-1} + a_0 + a_1(z-b) + a_2(z-b)^2 + \cdots,$$

die nicht nur positive, sondern auch negative ganze Potenzen von $z - b$ enthalten. Reihen der Form (65) heißen *Laurentsche Reihen.* Es soll zunächst ihr Konvergenzbereich bestimmt werden. Die Reihe (65) besteht aus zwei Teilreihen

$$(66_1) \qquad a_0 + a_1(z-b) + a_2(z-b)^2 + \cdots$$

und

$$(66_2) \qquad \frac{a_{-1}}{z-b} + \frac{a_{-2}}{(z-b)^2} + \cdots,$$

und wir müssen dasjenige Gebiet bestimmen, in dem diese beiden Reihen konvergieren; dies ist gerade der Konvergenzbereich der Reihe (65). Die Reihe (66_1) ist eine Potenzreihe des eben betrachteten Typs, und ihr Konvergenzbereich ist ein gewisser Kreis um b, etwa $|z-b| < R_1$. Zur Untersuchung der Reihe (66_2) führen wir an Stelle von z die neue Veränderliche z' durch die Formel $z' = (z-b)^{-1}$ ein. Danach nimmt die Reihe (66_2) die Gestalt

$$a_{-1}z' + a_{-2}z'^2 + \cdots$$

an.

Ihr Konvergenzbereich in der z'-Ebene ist ein gewisser Kreis um den Nullpunkt (die Rolle der Zahl b spielt die Null). Wir bezeichnen den Radius dieses Kreises mit $\frac{1}{R_2}$, so daß der Konvergenzbereich der letzteren Reihe $|z'| < \frac{1}{R_2}$ oder $\frac{1}{|z'|} > R_2$ wird. Geht man auf die frühere Veränderliche z zurück, so hat er die Form $|z-b| > R_2$. Daher wird der Konvergenzbereich der gesamten Reihe (65) durch zwei Ungleichungen bestimmt:

$$(67) \qquad |z-b| < R_1; \quad |z-b| > R_2.$$

Die erste Ungleichung bezeichnet das Innere des Kreises um b mit dem Radius R_1, das ist der Konvergenzbereich der Reihe (66_1); die zweite dagegen stellt denjenigen Teil der Ebene dar, der sich außerhalb des Kreises um b mit dem Radius R_2 befindet, und das ist der Konvergenzbereich der Reihe (66_2). Ist $R_1 \leqslant R_2$, so bestimmen die Ungleichungen (67) überhaupt kein Gebiet. Ist $R_1 > R_2$, so definieren sie den Kreisring

$$(68) \qquad R_2 < |z-b| < R_1,$$

der durch die konzentrischen Kreise um b mit den Radien R_2 und R_1 begrenzt wird. *Daher ist der Konvergenzbereich einer Reihe der Form* (65) *der Kreisring* (68).

Oben haben wir die Reihe (65) in zwei Potenzreihen zerlegt, und aus der Theorie der Potenzreihen folgt unmittelbar, daß (65) im Innern ihres Konvergenzringes absolut und gleichmäßig konvergiert, die Summe eine reguläre Funktion ist und die Reihe gliedweise differenziert werden darf. In Ungleichung (68), die die Größe des Ringes bestimmt, kann der innere Radius gleich Null sein; dann konvergiert die Reihe (65) für alle z, die genügend nahe bei b liegen. Es kann auch der äußere Radius Unendlich sein; dann konvergiert die Reihe (65) für alle z, die die Bedingung $|z-b|>R_2$ erfüllen. Ist der Ring durch die Ungleichung $0<|z-b|<\infty$ bestimmt, so konvergiert die Reihe (65) in der ganzen z-Ebene mit Ausnahme des Punktes $z=b$.

Der Teil der LAURENTschen Reihe (65), der die positiven Potenzen von $z-b$ enthält, konvergiert nicht nur im Ring (68), sondern überall im Innern des äußeren Kreises, d. h. für $|z-b|<R_1$, und der Teil der Reihe, der die negativen Potenzen von $z-b$ enthält, konvergiert überall im Äußeren des inneren Kreises, d. h. für $|z-b|>R_2$.

Treten beispielsweise in einer Reihe endlich viele Glieder mit negativen Exponenten auf, so ist notwendig $R_2=0$; sind dagegen nur endlich viele Glieder mit positiven Exponenten vorhanden, so ist sicher $R_1=\infty$. Wir betrachten hinfort nur solche LAURENTschen Reihen, für die $R_2<R_1$ ist, da sie andernfalls nirgends konvergieren.

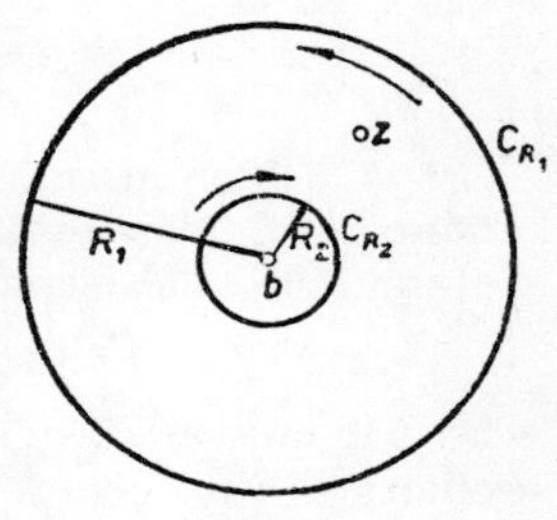

Abb. 10

Wir beweisen jetzt die Umkehrung des vorigen Satzes. Es gilt nämlich: *Ist eine Funktion $f(z)$ innerhalb eines Ringes* (68) *regulär, so kann sie dort eindeutig durch eine LAURENTsche Reihe dargestellt werden.*

Verengt man den äußeren Kreis des Ringes ein wenig und dehnt den inneren etwas aus, so kann man $f(z)$ auch auf den beiden Rändern des neuen Ringes als regulär voraussetzen. Wir bezeichnen sie mit C_{R_2} und C_{R_1}. Für jeden Punkt z im Innern dieses Ringes gilt die CAUCHYsche Formel (Abb. 10)

$$f(z)=\frac{1}{2\pi i}\int\limits_{C_{R_1}}\frac{f(z')}{z'-z}\,dz'+\frac{1}{2\pi i}\int\limits_{C_{R_2}}\frac{f(z')}{z'-z}\,dz'. \tag{69}$$

Bei der Integration über den Kreis C_{R_1} ist

$$\left|\frac{z-b}{z'-b}\right|<1,$$

und daher können wir wie bei der Herleitung der TAYLORschen Formel den unter dem Integralzeichen stehenden Bruch in eine Reihe entwickeln, die auf dem Kreis C_{R_1} gleichmäßig konvergiert:

$$\frac{1}{z'-z}=\sum_{k=0}^{\infty}\frac{(z-b)^k}{(z'-b)^{k+1}}.$$

Multipliziert man mit

$$\frac{1}{2\pi i}f(z') \tag{70}$$

und integriert über C_{R_1}, so erhält man für den ersten Summanden der rechten

Seite von (69) eine Darstellung in Form einer Potenzreihe nach positiven Potenzen von $z - b$:

$$\frac{1}{2\pi i}\oint_{C_{R_1}} \frac{f(z')}{z'-z}\,dz' = a_0 + a_1(z-b) + a_2(z-b)^2 + \cdots,$$

wobei

$$a_k = \frac{1}{2\pi i}\oint_{C_{R_1}} \frac{f(z')}{(z'-b)^{k+1}}\,dz'$$

ist.

Bei der Integration über C_{R_2} gilt dagegen

$$\left|\frac{z'-b}{z-b}\right| < 1,$$

und für den oben erwähnten Bruch müssen wir eine andere Entwicklung ansetzen, die auf dem Kreis C_{R_2} gleichmäßig konvergiert:

$$\frac{1}{z'-z} = -\frac{1}{z-b}\cdot\frac{1}{1-\dfrac{z'-b}{z-b}} = -\sum_{k=0}^{\infty}\frac{(z'-b)^k}{(z-b)^{k+1}}.$$

Daraus bekommt man wiederum nach Multiplikation mit dem Faktor (70) eine Entwicklung des zweiten Summanden der rechten Seite von (69) in Form einer Potenzreihe nach negativen ganzen Potenzen von $z - b$:

$$\frac{1}{2\pi i}\oint_{C_{R_2}} \frac{f(z')}{z'-z}\,dz' = a_{-1}(z-b)^{-1} + a_{-2}(z-b)^{-2} + \cdots,$$

wobei

$$a_{-k} = -\frac{1}{2\pi i}\oint_{C_{R_2}} (z'-b)^{k-1} f(z')\,dz'$$

ist. Vereinigt man beide Summanden, so erhält man für die Funktion $f(z)$ im Innern des Ringes eine Darstellung als LAURENTsche Reihe

$$f(z) = \sum_{k=-\infty}^{\infty} a_k (z-b)^k. \tag{71}$$

Es bleibt zu zeigen, daß diese Entwicklung eindeutig ist. Zu diesem Zweck wollen wir (wie bei der TAYLORschen Reihe) die Koeffizienten a_k der LAURENT-Entwicklung aus (71) berechnen. Sei l ein gewisser geschlossener Weg, der um b im Innern des Ringes (68) herumführt. Auf diesem Weg konvergiert die Reihe (71) gleichmäßig. Wir wählen eine feste ganze Zahl m, multiplizieren beide Seiten der Gleichung (71) mit $(z-b)^{-m-1}$ und integrieren längs l entgegen dem Uhrzeigersinn:

$$\int_l (z-b)^{-m-1} f(z)\,dz = \sum_{k=-\infty}^{+\infty} a_k \int_l (z-b)^{k-m-1}\,dz.$$

Wir wissen aus [6], daß alle auf der rechten Seite stehenden Integrale außer demjenigen mit dem Integranden $(z-b)^{-1}$ gleich Null sind. Dieses Integral entsteht für $k = m$, und sein Wert ist bekanntlich gleich $2\pi i$. Daher liefert uns diese Formel die Beziehung

$$\int_l (z-b)^{-m-1} f(z)\,dz = 2\pi i a_m,$$

woraus für die Koeffizienten die expliziten Ausdrücke

$$a_m = \frac{1}{2\pi i}\int_l (z-b)^{-m-1} f(z)\,dz \qquad (m = 0, \pm 1, \pm 2, \ldots) \tag{72}$$

folgen.

16. Einige Beispiele. Führt man die Entwicklung in TAYLORsche Reihen für die elementaren transzendenten Funktionen durch, so bekommt man für sie die aus der Differentialrechnung bekannten Entwicklungen in Potenzreihen, wobei diese Reihen jetzt auch für komplexe Werte der unabhängigen Variablen gelten.

Beispiel I. Für die Funktion $f(z) = e^z$ gilt offenbar $f^{(n)}(z) = e^z$, und folglich ist $f^{(n)}(0) = 1$. Die Formel (63) liefert uns für $b = 0$ (MACLAURINsche Reihe)

$$e^z = 1 + \frac{z}{1!} + \frac{z^2}{2!} + \cdots. \tag{73}$$

Die Funktion e^z ist in der ganzen Ebene regulär, und *daher gilt die Entwicklung* (73) *in der ganzen Ebene.*

Entsprechend erhält man die in der ganzen Ebene gültigen Entwicklungen für die trigonometrischen Funktionen

$$\sin z = \frac{z}{1!} - \frac{z^3}{3!} + \frac{z^5}{5!} - \cdots; \tag{74}$$

$$\cos z = 1 - \frac{z^2}{2!} + \frac{z^4}{4!} - \cdots. \tag{75}$$

Beispiel II. Die Summenformel für die geometrische Reihe

$$\frac{1}{1-z} = 1 + z + z^2 + \cdots$$

liefert uns ein Beispiel einer Reihe mit dem Konvergenzkreis $|z| < 1$. Wir ersetzen in dieser Reihe z durch $-z$ und integrieren von 0 bis z:

$$\varphi(z) = \int_0^z \frac{dz'}{1+z'} = \frac{z}{1} - \frac{z^2}{2} + \frac{z^3}{3} - \cdots. \tag{76}$$

Damit haben wir eine neue Potenzreihe mit demselben Konvergenzkreis $|z| < 1$ erhalten. Für reelle Werte von z ist diese Summe bekanntlich gleich $\log(1+z)$ [**I, 132**]; wir zeigen, daß das auch für alle komplexen z aus dem Kreise $|z| < 1$ gilt. Genauer: Die Summe unserer Reihe

$$\varphi(z) = \int_0^z \frac{dz'}{1+z'} \tag{77}$$

genügt der Gleichung

$$e^{\varphi(z)} = 1 + z. \tag{78}$$

Wir wollen dazu die im Kreis $|z| < 1$ reguläre Funktion $e^{\varphi(z)} = f(z)$ in eine MACLAURINsche Reihe entwickeln. Dazu bestimmen wir die Ableitungen dieser Funktion. Wegen $\varphi'(z) = \frac{1}{1+z}$ ist offenbar

$$f'(z) = e^{\varphi(z)} \cdot \frac{1}{1+z} \tag{79}$$

und weiter

$$f''(z) = e^{\varphi(z)} \cdot \frac{1}{(1+z)^2} - e^{\varphi(z)} \frac{1}{(1+z)^2} \equiv 0,$$

d. h., $f^{(n)}(z) \equiv 0$ für alle $n \geqq 2$. Außerdem folgt aus den Formeln (77) und (79) unmittelbar $f(0) = e^0 = 1$ und $f'(0) = 1$. Daher bekommt man als MACLAURINsche Reihenentwicklung von $f(z)$ tatsächlich

$$f(z) = e^{\varphi(z)} = 1 + z.$$

Daraus ergibt sich, daß die Summe der Reihe (76) einer der möglichen Werte von $\log(1+z)$ ist. Letzterer ist eine mehrdeutige Funktion, jedoch wird durch die Potenzreihe (76) ein eindeutiger Zweig ausgezeichnet, der im Kreise $|z| < 1$ regulär ist:

$$\log(1+z) = \frac{z}{1} - \frac{z^2}{2} + \frac{z^3}{3} - \cdots. \tag{80}$$

Den durch diese Formel definierten Wert des Logarithmus bezeichnet man als Hauptwert des Logarithmus. Auf dem Rande unseres Konvergenzkreises liegt der singuläre Punkt $z = -1$ der Funktion $\log(1+z)$. Über den Charakter dieses singulären Punktes sprechen wir später.

Beispiel III. Wir betrachten die Funktion $(1+z)^m$. Für ganzes positives m wird ihre Entwicklung nach Potenzen von z durch den binomischen Satz gegeben. Für ganzes negatives m hat unsere Funktion im Punkte $z = -1$ einen Pol, und nach Bildung der Ableitungen und Aufstellung der MACLAURINschen Reihe finden wir im Kreise $|z| < 1$ folgende Entwicklung [**I, 131**]:

$$(1+z)^m = 1 + \frac{m}{1!} z + \frac{m(m-1)}{2!} z^2 + \frac{m(m-1)(m-2)}{3!} z^3 + \cdots. \tag{81}$$

Ist m keine ganze Zahl, so wird $(1+z)^m$ mehrdeutig. Z. B. erhalten wir für $m = \frac{1}{2}$ die Funktion $\sqrt{1+z}$. Allgemein können wir für beliebige Werte der Konstanten m unsere Funktion in der Gestalt

$$(1+z)^m = e^{m \log(1+z)} \tag{82}$$

schreiben [**I, 176**], und ihre Mehrdeutigkeit ist eine Folge derjenigen von $\log(1+z)$. Wir wählen für $\log(1+z)$ den durch (80) bestimmten Wert; dann ist auch die Funktion (82) im Kreise $|z| < 1$ eindeutig und regulär. Bildet man nacheinander ihre Ableitungen, so gilt wegen (82)

$$[(1+z)^m]' = e^{m \log(1+z)} \cdot \frac{m}{1+z} = m e^{(m-1)\log(1+z)} = m(1+z)^{m-1};$$

$$[(1+z)^m]'' = m(m-1) e^{(m-2)\log(1+z)} = m(m-1)(1+z)^{m-2}$$

und allgemein

$$[(1+z)^m]^{(k)} = m(m-1)\cdots(m-k+1) e^{(m-k)\log(1+z)}$$
$$= m(m-1)\cdots(m-k+1)(1+z)^{m-k},$$

wobei $\log(1+z)$ durch die Reihe (80) definiert ist. Diese Reihe liefert denjenigen Wert von $\log(1+z)$, der für $z = 0$ verschwindet. Daher folgen aus (82)

$$(1+z)^m|_{(z=0)} = 1; \quad [(1+z)^m]'|_{(z=0)} = m$$

und

$$[(1+z)^m]^{(k)}|_{(z=0)} = m(m-1)\cdots(m-k+1).$$

Daraus sieht man, daß die MACLAURINsche Reihe für unsere Funktion (82) mit der Reihe (81) identisch ist, d. h., (81) liefert uns einen regulären eindeutigen Wert der Funktion (82) im Innern des Kreises $|z| < 1$ für jeden Exponenten m.

Beispiel IV. Ersetzt man in der Summenformel für die geometrische Reihe z durch $-z^2$, so bekommt man die im Kreise $|z| < 1$ gültige Entwicklung

$$\frac{1}{1+z^2} = 1 - z^2 + z^4 - \cdots.$$

Nach Integration von 0 bis z erhält man die neue, in dem gleichen Kreise geltende Entwicklung

$$\int_0^z \frac{dz'}{1+z'^2} = \frac{z}{1} - \frac{z^3}{3} + \frac{z^5}{5} - \cdots. \tag{83}$$

Im folgenden werden wir sehen, daß die Summe dieser Reihe einer der möglichen Werte von $\operatorname{arc\,tg} z$ ist; daher definiert (83) im Kreis $|z| < 1$ einen Zweig einer mehrdeutigen Funktion, der dort eine eindeutige und reguläre Funktion darstellt.

In analoger Weise bekommt man in demselben Kreise auch die Entwicklung eines der Zweige der mehrdeutigen Funktion $\arcsin z$:

$$\int_0^z \frac{dz'}{\sqrt{1-z'^2}} = \frac{z}{1} + \frac{1}{2}\frac{z^3}{3} + \frac{1\cdot 3}{2\cdot 4}\frac{z^5}{5} + \cdots. \tag{84}$$

Beispiel V. Wir betrachten die Funktion

$$f(z) = \frac{1}{z(z-1)(z-2)}.$$

Sie hat als singuläre Punkte die Pole $z = 0$, $z = 1$, $z = 2$, sonst ist sie in der ganzen Ebene eindeutig und regulär. Wir zeichnen drei Kreisringe konzentrisch um den Nullpunkt:

$$(K_1)\quad 0 < |z| < 1; \quad (K_2)\quad 1 < |z| < 2; \quad (K_3)\quad 2 < |z| < +\infty.$$

In jedem von ihnen ist unsere Funktion in eine LAURENTsche Reihe entwickelbar, die nach ganzen Potenzen von z fortschreitet. Z. B. ergibt sich im Ring K_2, wenn man $f(z)$ in Partialbrüche zerlegt,

$$f(z) = \frac{1}{2}\frac{1}{z} - \frac{1}{z-1} + \frac{1}{2}\frac{1}{z-2},$$

wobei wegen $1 < |z| < 2$ im Innern des Ringes

$$\frac{1}{z-1} = \frac{1}{z}\frac{1}{1-\frac{1}{z}} = \sum_{k=0}^{\infty}\frac{1}{z^{k+1}} \quad\text{und}\quad \frac{1}{z-2} = -\frac{1}{2}\frac{1}{1-\frac{z}{2}} = -\frac{1}{2}\sum_{k=0}^{\infty}\frac{z^k}{2^k}$$

gilt; schließlich erhalten wir dort

$$f(z) = -\frac{1}{2}\frac{1}{z} - \sum_{k=2}^{\infty}\frac{1}{z^k} - \frac{1}{4}\sum_{k=0}^{\infty}\frac{z^k}{2^k}.$$

Im Ring K_3 bekommen wir unter Berücksichtigung von $|z| > 2$ in analoger Weise eine Entwicklung, die nur negative Potenzen von z enthält,

$$\frac{1}{z-1} = \sum_{k=0}^{\infty}\frac{1}{z^{k+1}} \quad\text{und}\quad \frac{1}{z-2} = \frac{1}{z}\frac{1}{1-\frac{2}{z}} = \sum_{k=0}^{\infty}\frac{2^k}{z^{k+1}}$$

oder

$$f(z) = \sum_{k=2}^{\infty} (2^{k-1} - 1) \frac{1}{z^{k+1}}.$$

Unsere Funktion ist ferner auch in dem Ringe mit dem Mittelpunkt $z = 1$, dem inneren Radius $R_2 = 0$ und dem äußeren Radius $R_1 = 1$ regulär. Man kann sie im Innern dieses Ringes entsprechend in eine LAURENTsche Reihe nach ganzen Potenzen von $z - 1$ entwickeln.

Beispiel VI. Wir betrachten den Quotienten zweier Potenzreihen

$$\frac{b_0 + b_1 z + b_2 z^2 + \cdots}{a_0 + a_1 z + a_2 z^2 + \cdots}. \tag{85}$$

Die Konvergenzradien dieser beiden Reihen seien nicht kleiner als die positive Zahl ϱ. Wir nehmen außerdem an, das Glied a_0 der im Nenner stehenden Reihe sei von Null verschieden. Dann ist die im Nenner stehende Funktion nicht nur im Nullpunkt von Null verschieden, sondern auch in einem gewissen Kreis um ihn. Sie sei also im Kreise $|z| < \varrho_1$ regulär und von Null verschieden. Wir können dann behaupten, daß auch der ganze Bruch (85) in dem Kreis um den Nullpunkt mit dem Radius $\varrho_2 = \mathrm{Min}(\varrho, \varrho_1)$ (oder möglicherweise sogar in einem größeren Kreis) regulär ist. Dort gilt demnach eine Entwicklung der Funktion in eine Potenzreihe:

$$\frac{b_0 + b_1 z + b_2 z^2 + \cdots}{a_0 + a_1 z + a_2 z^2 + \cdots} = c_0 + c_1 z + c_2 z^2 + \cdots.$$

Zur Berechnung der Koeffizienten c_k multiplizieren wir beide Seiten mit dem Nenner des Quotienten, und da wir das Produkt in Form einer Potenzreihe darstellen können, ist

$$a_0 c_0 + (a_1 c_0 + a_0 c_1) z + (a_2 c_0 + a_1 c_1 + a_0 c_2) z^2 + \cdots = b_0 + b_1 z + b_2 z^2 + \cdots.$$

Wegen der Eindeutigkeit der Potenzreihenentwicklung können wir die Koeffizienten der gleichen Potenzen von z gleichsetzen. Das liefert uns eine Folge von Gleichungen zur Bestimmung der unbekannten Koeffizienten der Reihenentwicklung des Quotienten:

$$\left\{\begin{array}{l} a_0 c_0 = b_0 \\ a_1 c_0 + a_0 c_1 = b_1 \\ a_2 c_0 + a_1 c_1 + a_0 c_2 = b_2 \\ \cdots\cdots\cdots\cdots\cdots \end{array}\right. \tag{86}$$

Aus diesen Formeln können wir nacheinander die Koeffizienten c_k ausrechnen. Man kann die ersten $n + 1$ Gleichungen von (86) als System von $n + 1$ Gleichungen mit den Unbekannten $c_0, c_1, \ldots, c_n$ auffassen. Löst man sie nach der CRAMERschen Regel auf, so kann man den Ausdruck für den Koeffizienten c_n in Form eines Quotienten zweier Determinanten schreiben:

$$c_n = \frac{\begin{vmatrix} a_0 & 0 & 0 & \ldots & 0 & b_0 \\ a_1 & a_0 & 0 & \ldots & 0 & b_1 \\ a_2 & a_1 & a_0 & \ldots & 0 & b_2 \\ \cdots & \cdots & \cdots & \cdots & \cdots & \cdots \\ a_{n-1} & a_{n-2} & a_{n-3} & \ldots & a_0 & b_{n-1} \\ a_n & a_{n-1} & a_{n-2} & \ldots & a_1 & b_n \end{vmatrix}}{\begin{vmatrix} a_0 & 0 & 0 & \ldots & 0 & 0 \\ a_1 & a_0 & 0 & \ldots & 0 & 0 \\ a_2 & a_1 & a_0 & \ldots & 0 & 0 \\ \cdots & \cdots & \cdots & \cdots & \cdots & \cdots \\ a_{n-1} & a_{n-2} & a_{n-3} & \ldots & a_0 & 0 \\ a_n & a_{n-1} & a_{n-2} & \ldots & a_1 & a_0 \end{vmatrix}}. \tag{87}$$

Wendet man diese Überlegungen auf die Entwicklung

$$\operatorname{tg} z = \frac{\sin z}{\cos z} = \frac{\frac{z}{1!} - \frac{z^3}{3!} + \cdots}{1 - \frac{z^2}{2!} + \cdots}$$

an, so bekommt man eine Darstellung von $\operatorname{tg} z$ als Potenzreihe im Kreise $|z| < \frac{\pi}{2}$, weil, wie wir später sehen werden, die Funktion $\cos z$ nur die reellen Nullstellen hat, die bereits aus der Trigonometrie bekannt sind.

17. Isolierte singuläre Punkte. Der unendlich ferne Punkt. Wir nehmen an, die Funktion $f(z)$ sei in einer Umgebung des Punktes $z = b$ eindeutig und regulär, aber nicht in $z = b$ selbst. Sie ist daher in einem gewissen Ring um den Punkt b mit dem inneren Radius Null regulär und dort in eine LAURENTsche Reihe nach ganzen Potenzen von $z - b$ entwickelbar. Dabei können drei Möglichkeiten eintreten: 1) Die Reihe enthält überhaupt keine Glieder mit negativen Potenzen von $z - b$, 2) sie enthält endlich viele solcher Glieder und 3) die Reihe enthält unendlich viele Glieder mit negativen Potenzen von $z - b$.

Im ersten Falle ist die Reihe, die $f(z)$ darstellt und keine negativen Potenzen von $z - b$ enthält, eine TAYLORsche Reihe, und unsere Funktion ist auch im Punkte $z = b$ regulär. Im zweiten Fall hat die Reihe die Gestalt

$$f(z) = \sum_{k=-m}^{\infty} a_k (z - b)^k; \tag{88}$$

dabei kann der Koeffizient a_{-m} von Null verschieden angenommen werden. Wir können die Reihe (88) auch folgendermaßen schreiben:

$$f(z) = \frac{1}{(z-b)^m} [a_{-m} + a_{-m+1}(z - b) + a_{-m+2}(z - b)^2 + \cdots].$$

Strebt z gegen b, so geht der vor der eckigen Klammer stehende Faktor gegen Unendlich. Die eckige Klammer nimmt den Wert a_{-m} an, bleibt also endlich und von Null verschieden (die Summe der Potenzreihe ist eine stetige Funktion), und folglich strebt das ganze Produkt gegen Unendlich. Daher ist b nach unserer früheren Terminologie [**10**] ein *Pol* der Funktion $f(z)$. Wir führen nun eine neue Definition ein: Existiert eine Entwicklung (88), so heißt der Punkt b *Pol der Ordnung* m, und die Summe der Glieder mit negativen Potenzen,

$$\frac{a_{-m}}{(z-b)^m} + \frac{a_{-m+1}}{(z-b)^{m-1}} + \cdots + \frac{a_{-1}}{(z-b)} \qquad (a_{-m} \neq 0),$$

wird als *Hauptteil der Entwicklung an diesem Pol* bezeichnet. Den Koeffizienten a_{-1}, der bei $(z - b)^{-1}$ steht, nennt man das *Residuum der Funktion* $f(z)$ *im Pol* b.

Wir wollen jetzt zeigen, daß es eine Entwicklung der Form (88) immer dann gibt, wenn b ein Pol der Funktion ist. Möge also $f(z)$ in der Umgebung von b eindeutig und regulär sein und für $z \to b$ gegen Unendlich streben.

Die Funktion

$$\varphi(z) = \frac{1}{f(z)}$$

ist in der Umgebung des Punktes b regulär und strebt für $z \to b$ gegen Null. Folglich ist die Funktion $\varphi(z)$ auch in diesem Punkte selbst regulär [10], sie verschwindet dort. Bei ihrer Entwicklung in eine TAYLORsche Reihe fehlt offenbar das von z freie Glied. Der erste von Null verschiedene Koeffizient möge bei $(z-b)^m$ stehen, d. h., es möge gelten

$$\varphi(z) = b_m (z-b)^m + b_{m+1} (z-b)^{m+1} + \cdots \qquad (b_m \neq 0).$$

Für die Funktion $f(z)$ gilt daher

$$f(z) = \frac{1}{\varphi(z)} = \frac{1}{(z-b)^m} \cdot \frac{1}{b_m + b_{m+1}(z-b) + \cdots}.$$

Der Nenner des zweiten Bruches ist für $z = b$ von Null verschieden, und folglich ist dieser Bruch in eine TAYLORsche Reihe nach positiven Potenzen von $z - b$ entwickelbar. Dividiert man diese Reihe durch $(z-b)^m$, so erhält man für $f(z)$ eine Entwicklung der Gestalt (88). Bei einer Gegenüberstellung dieses Resultats mit dem vorigen zeigt sich, daß der in [10] eingeführte Begriff des Poles gleichbedeutend mit dem Begriff desjenigen singulären Punktes ist, in dessen Nähe die Funktion in eine LAURENTsche Reihe mit endlich vielen Gliedern mit negativen Potenzen von $z - b$ entwickelbar ist. Folglich ist ein wesentlich singulärer Punkt ein solcher, in dessen Nähe die LAURENTsche Entwicklung der Funktion $f(z)$ unendlich viele Glieder mit negativen Potenzen von $z - b$ enthält. Hier heißt ebenso wie bei einem Pol der Koeffizient von $(z-b)^{-1}$ *Residuum* im wesentlich singulären Punkt b.

In der Entwicklung von $\varphi(z)$ muß ein von Null verschiedener Koeffizient b_m unbedingt vorkommen, da andernfalls $\varphi(z)$ in einem gewissen Kreis um b identisch Null wäre; das widerspräche aber der Gleichung $\varphi(z) = \frac{1}{f(z)}$, in der $f(z)$ nach Voraussetzung in der Umgebung von $z = b$ regulär ist.

Wir führen jetzt den Begriff des *unendlich fernen Punktes* ein und nehmen an, die Ebene besitze nur *einen* solchen. Als Umgebung des unendlich fernen Punktes bezeichnet man den Teil der Ebene, der sich im Äußeren eines gewissen Kreises um den Nullpunkt befindet. Diese Umgebung wird durch eine Ungleichung der Gestalt $|z| > R$ bestimmt. Wir müssen den Mittelpunkt nicht im Ursprung des Koordinatensystems wählen, d. h., an Stelle der vorigen Ungleichung können wir eine Umgebung des unendlich fernen Punktes auch durch die Ungleichung $|z - a| > R$ bestimmen, was aber keine wesentliche Änderung bedeutet. Daher behalten wir die Definition durch die erste Bedingung $|z| > R$ bei.

Sei $f(z)$ in einer Umgebung des unendlich fernen Punktes eindeutig und regulär. Wir können diese Umgebung als Kreisring um den Nullpunkt auffassen; der innere Radius sei R, und der äußere Unendlich. In diesem Ring muß $f(z)$ in eine nach ganzen Potenzen von z fortschreitende LAURENTsche Reihe entwickelbar sein, und wie oben können wir drei Fälle unterscheiden.

Zuerst nehmen wir an, die LAURENTsche Reihe enthalte überhaupt keine Glieder mit positiven Potenzen von z, habe also die Gestalt

$$f(z) = a_0 + \frac{a_1}{z} + \frac{a_2}{z^2} + \cdots. \tag{89}$$

Dann strebt $f(z)$ für $z \to \infty$ gegen den endlichen Grenzwert a_0, und man sagt, *$f(z)$ sei im unendlich fernen Punkt regulär, und es sei $f(\infty) = a_0$.*

Zweitens möge die Entwicklung von $f(z)$ in eine LAURENTsche Reihe endlich viele Glieder mit positiven Potenzen von z enthalten:

$$f(z) = a_{-m}z^m + a_{-m+1}z^{m-1} + \cdots + a_{-1}z + a_0 + \frac{a_1}{z} + \frac{a_2}{z^2} + \cdots \qquad (a_{-m} \neq 0). \tag{90}$$

Zieht man z^m vor die Klammer, so kann man sich davon überzeugen, daß $f(z)$ für $z \to \infty$ gegen Unendlich geht, wobei der Quotient $\frac{f(z)}{z^m}$ gegen den von Null verschiedenen endlichen Grenzwert a_{-m} strebt. In diesem Falle *bezeichnet man den unendlich fernen Punkt als Pol der Ordnung m der Funktion* $f(z)$ und die Gesamtheit der Glieder $a_{-m}z^m + \cdots + a_{-1}z$ als *Hauptteil der Entwicklung an diesem Pol.*

Wenn schließlich drittens die Entwicklung unendlich viele Glieder mit positiven Potenzen von z enthält,

$$f(z) = \cdots a_{-2}z^2 + a_{-1}z + a_0 + \frac{a_1}{z} + \frac{a_2}{z^2} + \cdots, \tag{91}$$

so bezeichnet man den unendlich fernen Punkt als *wesentlich singulären Punkt der Funktion* $f(z)$. Führt man an Stelle von z die neue unabhängige Veränderliche t durch

$$z = \frac{1}{t}; \qquad t = \frac{1}{z}$$

ein, so geht eine Umgebung des unendlich fernen Punktes der z-Ebene in eine Umgebung des Nullpunktes in der t-Ebene über, und die Entwicklung (91) liefert unendlich viele Glieder mit negativen Potenzen von t. Daraus folgt unmittelbar: Ist $z = \infty$ ein wesentlich singulärer Punkt von $f(z)$, so kommen die Werte von $f(z)$ im Äußeren eines beliebig großen Kreises um den Nullpunkt jedem vorgegebenen komplexen Wert beliebig nahe; $f(z)$ nimmt sogar jeden beliebigen komplexen Wert mit eventueller Ausnahme eines einzigen unendlich oft an [**10**]. In allen drei Fällen bezeichnet man den Koeffizienten a_1 bei z^{-1} mit entgegengesetztem Vorzeichen, also $-a_1$, als Residuum im unendlich fernen Punkt. Der Sinn dieser Bezeichnung Residuum wird uns später klar werden.

Ist der Punkt $z = a$ ein Pol der Funktion $f(z)$, so schreibt man $f(a) = \infty$ und sagt, $w = f(z)$ bilde den Punkt $z = a$ auf den unendlich fernen Punkt ab. Ist $z = \infty$ ein Pol der Funktion $f(z)$, so schreibt man $f(\infty) = \infty$ und sagt, $w = f(z)$ bilde den unendlich fernen Punkt auf sich ab, oder auch der unendlich ferne Punkt sei Fixpunkt.

Wenn wir nochmals auf [7] zurückkommen, sehen wir, daß die Voraussetzung für die Anwendbarkeit der CAUCHYschen Formel auf Bereiche, die den unendlich fernen Punkt enthalten, welche sich in der Form

„für $z \to \infty$ strebt $f(z)$ gleichmäßig gegen Null"

ausdrücken läßt, auf folgendes hinausläuft: $f(z)$ ist im unendlich fernen Punkt regulär und in der Entwicklung (89) ist $a_0 = 0$, d. h. $f(\infty) = 0$.

Beispiel I. Von der Funktion e^z haben wir früher festgestellt, daß sie in der ganzen Ebene regulär ist. Dabei haben wir den unendlich fernen Punkt ausgeschlossen. Die Entwicklung der Funktion e^z gilt aber überall, insbesondere auch in der Umgebung des unendlich fernen Punktes. Sie enthält unendlich viele Glieder mit positiven Potenzen von z, und folglich ist der unendlich ferne Punkt ein wesentlich singulärer Punkt von e^z. Dasselbe kann man bezüglich $\sin z$ und $\cos z$ aussagen.

Beispiel II. Jedes Polynom ist eine in der ganzen Ebene reguläre Funktion und hat offenbar im Unendlichen einen Pol, dessen Ordnung gleich dem Grad des Polynoms ist.

Wir betrachten eine rationale Funktion, also den Quotienten zweier Polynome:

$$\frac{\varphi(z)}{\psi(z)} = f(z),$$

wobei wir den Bruch als unkürzbar, d. h., die Nullstellen des Zählers und Nenners als verschieden voraussetzen. Unsere Funktion hat im Endlichen als singuläre Punkte die Nullstellen des Polynoms $\psi(z)$, und diese sind Pole der Funktion $f(z)$. Das Verhalten der Funktion im unendlich fernen Punkt hängt von dem Grad der Polynome ab, die im Zähler und Nenner stehen. Ist der Grad von $\varphi(z)$ um m höher als der Grad von $\psi(z)$, so strebt $f(z)$ für $z \to \infty$ gegen Unendlich, aber der Ausdruck $\frac{f(z)}{z^m}$ geht gegen einen endlichen, von Null verschiedenen Grenzwert, d. h., unsere Funktion hat im Unendlichen einen Pol der Ordnung m. Ist der Grad von $\varphi(z)$ nicht höher als der Grad von $\psi(z)$, so ist die Funktion im Unendlichen regulär.

18. **Analytische Fortsetzung.** Ist eine Funktion $f(z)$ in einem Gebiet B regulär, so erhebt sich die Frage, ob man den Definitionsbereich der Funktion ausdehnen kann, d. h., ob es ein umfassenderes Gebiet C gibt, das B im Innern enthält, so daß man in diesem größeren Gebiet eine reguläre Funktion $F(z)$ definieren kann, die im ursprünglichen Gebiet mit $f(z)$ zusammenfällt. *Eine solche Ausdehnung des Definitionsbereiches einer regulären Funktion* (oder auch Extrapolation) bezeichnet man als *analytische Fortsetzung der Funktion*. Es zeigt sich dabei: Ist eine derartige analytische Fortsetzung möglich, so ist sie eindeutig bestimmt. In dieser Beziehung unterscheiden sich die regulären Funktionen einer komplexen Veränderlichen wesentlich, z. B. von den differenzierbaren Funktionen einer reellen Variablen. Ist nämlich eine im Intervall $a \leqslant x \leqslant b$ differenzierbare Funktion $\omega(x)$ der reellen Variablen x vorgegeben, so können wir die Kurve dieser Funktion auf unendlich viele Arten auch außerhalb des Intervalls fortsetzen, ohne ihre Differenzierbarkeit zu zerstören. Bei regulären Funktionen $f(z)$ einer komplexen Veränderlichen bestimmen jedoch die Werte im ursprünglichen Gebiet B auch die Werte außerhalb dieses Gebietes vollständig, wenn nur eine Ausdehnung des Gebietes, also eine analytische Fortsetzung, überhaupt möglich ist; man kann dabei aber auch zu mehrdeutigen Funktionen kommen. Dieser ganze Abschnitt ist der Klärung der Fragen gewidmet, auf die man bei der analytischen Fortsetzung stößt, hauptsächlich aber dem Beweis der Eindeutigkeit dieser Fortsetzung.

Zunächst sollen noch gewisse Eigenschaften der regulären Funktionen abgeleitet werden.

Sei der Punkt $z = b$ eine Nullstelle der regulären Funktion $f(z)$. Dem entspricht in der TAYLORschen Entwicklung um b das Fehlen des von z freien Gliedes und möglicherweise noch gewisser folgender Glieder. Das erste von Null verschiedene Glied habe die Ordnung m, so daß

$$f(z) = a_m (z - b)^m + a_{m+1} (z - b)^{m+1} + \cdots \qquad (a_m \neq 0) \tag{92}$$

oder auch

$$f(z) = (z-b)^m [a_m + a_{m+1}(z-b) + \cdots] \qquad (a_m \neq 0) \tag{93}$$

gilt.

Dann heißt $z = b$ *Nullstelle der Ordnung m.* Wir wenden uns Formel (93) zu und nehmen an, daß z gleich einer nahe bei b liegenden, aber von b verschiedenen Zahl ist. Dann ist auch der Faktor $(z - b)^m$ nicht gleich Null, und die in der eckigen Klammer stehende Summe liegt der Größe nach nahe bei der Zahl a_m (die nach Voraussetzung ungleich Null ist), verschwindet also nicht. Mit anderen Worten: In allen Punkten, die genügend nahe bei der Nullstelle einer regulären Funktion liegen, ist diese Funktion von Null verschieden. *Die Nullstellen einer regulären Funktion sind also isolierte Punkte.* Bei den vorigen Überlegungen hatten wir vorausgesetzt, daß die TAYLORsche Entwicklung mindestens ein von Null verschiedenes Glied enthält. Andernfalls ist offenbar die Funktion identisch Null im Konvergenzkreis der TAYLOR-Entwicklung. Mit Hilfe dieser Überlegungen beweisen wir jetzt den fundamentalen Satz von der Eindeutigkeit der analytischen Fortsetzung.

Satz. *Ist $f(z)$ im Innern eines gewissen Gebietes B regulär und verschwindet $f(z)$ in einem Teilgebiet β von B identisch, so ist $f(z)$ im ganzen Gebiet B identisch Null.*

Wir beweisen diesen Satz indirekt. Sei $f(z)$ in einem Punkt c des Gebietes B von Null verschieden. Wir wählen im Innern von β einen Punkt b und verbinden ihn mit c durch eine Kurve l, die ganz in B liegt. Auf einem Teil dieser Kurve, der sich an b anschließt, ist unsere Funktion gleich Null, und auf dem Abschnitt, der sich an c anschließt, ist sie von Null verschieden. Daher muß auf der Kurve l ein bestimmter Punkt d existieren mit folgenden Eigenschaften: Auf dem Kurvenstück bd ist unsere Funktion gleich Null, und auf dc gibt es Punkte, die beliebig nahe bei d liegen und in denen die Funktion von Null verschieden ist. Da eine reguläre Funktion stetig ist, muß $f(z)$ im Punkte d eine Nullstelle haben. Diese Nullstelle ist keine isolierte, da der ganze Bogen bd der Kurve l aus Nullstellen von $f(z)$ besteht. Dann folgt aber aus unseren vorigen Überlegungen, daß die TAYLORsche Entwicklung unserer Funktion um d identisch Null sein muß, und daher verschwindet unsere Funktion in einem gewissen Kreis um d identisch, d. h., sie muß auch auf einem Abschnitt der Kurve gleich Null sein, der sich an den Punkt d anschließt und einen Teil der Kurve dc bildet. Das widerspricht der Eigenschaft des Punktes d, daß auf dc Punkte existieren, die beliebig nahe bei d liegen und in denen $f(z)$ verschieden von Null ist. Damit ist der Satz bewiesen.

Bemerkung. Beim Beweis des Satzes könnte man sich auch auf die Forderung beschränken, daß $f(z)$ auf einer gewissen Kurve verschwindet, die im Innern von B liegt. Dann muß die Funktion offenbar in einem Kreise verschwinden, dessen Mittelpunkt einer der Punkte der erwähnten Kurve ist.

Man braucht sogar nur vorauszusetzen, daß die Nullstellen von $f(z)$ im Innern von B einen Häufungspunkt haben. Es soll also ein Punkt b im Innern von B existieren, so daß in einem Kreis um b mit beliebig kleinem Radius unendlich viele Nullstellen von $f(z)$ liegen. Dann muß auf Grund der vorigen Überlegungen die TAYLORsche Reihe von $f(z)$ um b identisch Null werden, $f(z)$ also in einem gewissen Kreis um b gleich Null sein, d. h. überall in B verschwinden.

Folgerung. Seien $f_1(z)$ und $f_2(z)$ zwei Funktionen, die im Innern von B regulär sind und in einem bestimmten Teilgebiet β von B oder auf einer gewissen

Kurve zusammenfallen. Dann muß ihre Differenz nicht nur in β gleich Null sein, sondern nach dem eben bewiesenen Satz auch im ganzen Gebiet. *Sind also zwei in einem gewissen Gebiet reguläre Funktionen in einem Teil dieses Gebietes (oder auf einer Kurve) identisch, so sind sie es auch im ganzen Gebiet.*

Wir nehmen jetzt an, es seien zwei Funktionen vorgelegt, für welche die Werte sowie die Werte aller Ableitungen in einem Punkt b des Gebietes B übereinstimmen. Dann fallen auch die TAYLOR-Entwicklungen um b zusammen, d. h., die Werte unserer Funktionen sind in einem gewissen Kreis um b identisch, und daher sind sie es auch im ganzen Regularitätsgebiet dieser Funktionen. *Stimmen also die Werte zweier Funktionen und die aller ihrer Ableitungen in einem einzigen Punkt jeweils überein, so hat dies zur Folge, daß die Funktionen in ihrem gesamten Regularitätsgebiet übereinstimmen.*

Wir kehren jetzt zum Problem der analytischen Fortsetzung zurück. Sei $f_1(z)$ eine im Gebiet B_1 reguläre Funktion, und nehmen wir an, wir hätten ein neues Gebiet B_2 gefunden, das mit B_1 den Durchschnitt $B_{1,2}$ hat (er ist ebenfalls ein Gebiet, Abb. 11) und in B_2 sei eine reguläre Funktion $f_2(z)$ definiert, die in $B_{1,2}$ mit $f_1(z)$ zusammenfällt.

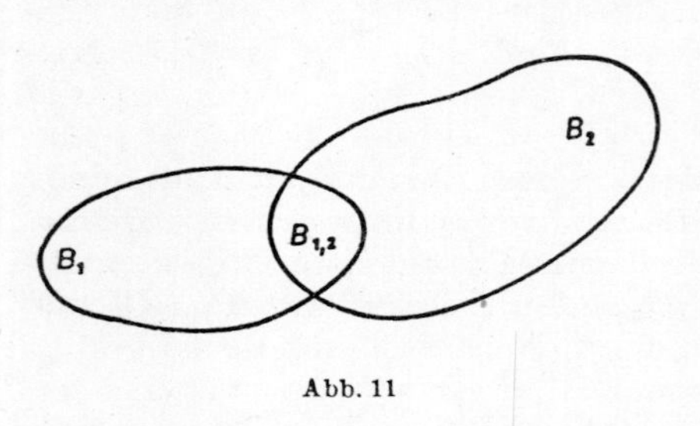

Abb. 11

Man kann $f_2(z)$ als direkte analytische Fortsetzung von $f_1(z)$ aus B_1 über $B_{1,2}$ in B_2 hinein bezeichnen. Die Funktion, die in B_1 als $f_1(z)$ und in B_2 als $f_2(z)$ definiert ist, stellt eine einzige, im ganzen erweiterten Gebiet reguläre Funktion dar. Es können nun nicht zwei verschiedene analytische Fortsetzungen existieren. Seien nämlich zwei solche Fortsetzungen von $f_1(z)$ aus B_1 in B_2 durch $B_{1,2}$ vorgegeben. Diese zwei Funktionen $f_2^{(1)}(z)$ und $f_2^{(2)}(z)$, die in B_2 regulär sind, müssen mit $f_1(z)$ und folglich auch untereinander im Gebiet $B_{1,2}$ identisch sein. Dann sind sie es aber nach dem oben Bewiesenen auch im gesamten Gebiet B_2, sie liefern also ein und dieselbe analytische Fortsetzung.

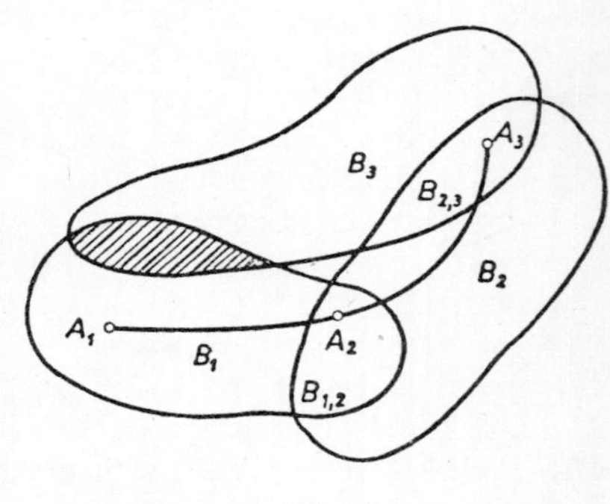

Abb. 12

Es sei eine Kette von Gebieten B_1, B_2, $B_3, \ldots$ vorgelegt, wobei B_1 und B_2 den Durchschnitt $B_{1,2}$, ferner B_2 und B_3 den Durchschnitt $B_{2,3}$ haben usw. In B_2 gebe es eine reguläre Funktion $f_2(z)$, die in $B_{1,2}$ mit $f_1(z)$ zusammenfällt. In B_3 existiere eine reguläre Funktion $f_3(z)$, die mit $f_2(z)$ in $B_{2,3}$ identisch ist usw. Wir haben also *eine analytische Fortsetzung von $f_1(z)$ mit Hilfe unserer Kette von Gebieten*, und diese analytische Fortsetzung ist eindeutig. Im allgemeinen können sich die Gebiete B_s, außer in den oben erwähnten $B_{k,k+1}$, noch anderweitig überschneiden. Wir betrachten als Beispiel die Kette, die aus den drei Gebieten B_1, B_2 und B_3 besteht, und nehmen an, daß B_3 und B_1 (Abb. 12) sich überschneiden. In diesem gemeinsamen Teil, der in der Zeichnung schraffiert ist, können die in B_1 definierten

Werte von $f_1(z)$ und die in B_3 definierten Werte von $f_3(z)$ voneinander verschieden sein. Dann haben wir durch die analytische Fortsetzung eine mehrdeutige Funktion erhalten. Wir können jedoch der Mehrdeutigkeit geometrisch ausweichen. Sind nämlich in dem schraffierten Gebiet die Werte von $f_1(z)$ und $f_3(z)$ verschieden, so sagen wir, dieses Gebiet bestehe aus zwei Blättern: aus einem zu B_1 gehörigen und einem anderen, das zu B_3 gehört.

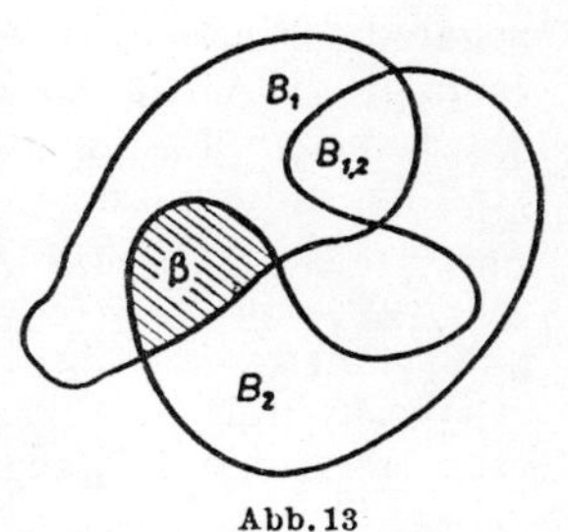

Abb. 13

Diese Mehrdeutigkeit kann einem schon beim ersten Schritt der analytischen Fortsetzung begegnen. Wir nehmen an, es liege eine analytische Fortsetzung von $f_1(z)$ aus B_1 über $B_{1,2}$ in B_2 hinein (Abb. 13) vor, aber B_2 habe mit B_1 noch einen gemeinsamen Teil β. Auf β brauchen die Werte von $f_2(z)$ nicht mit denen von $f_1(z)$ zusammenzufallen. Die Gesamtheit aller Werte, die man durch die verschiedensten analytischen Fortsetzungen der Ausgangsfunktion $f_1(z)$ erhält, bildet eine einzige Funktion, die wir *analytische Funktion* nennen und mit $f(z)$ bezeichnen. Sie kann, wie wir schon erwähnten, auch mehrdeutig sein.

Oftmals spricht man an Stelle der analytischen Fortsetzung mit Hilfe einer Kette von Gebieten von der *analytischen Fortsetzung längs einer gewissen Kurve*. Sei eine Kurve l vorgegeben, die in aufeinanderfolgende Abschnitte eingeteilt ist: $P_1Q_1, P_2Q_2, \ldots, P_nQ_n$, so daß P_kQ_k mit $P_{k+1}Q_{k+1}$ den Durchschnitt $P_{k+1}Q_k$ hat (Abb. 14).

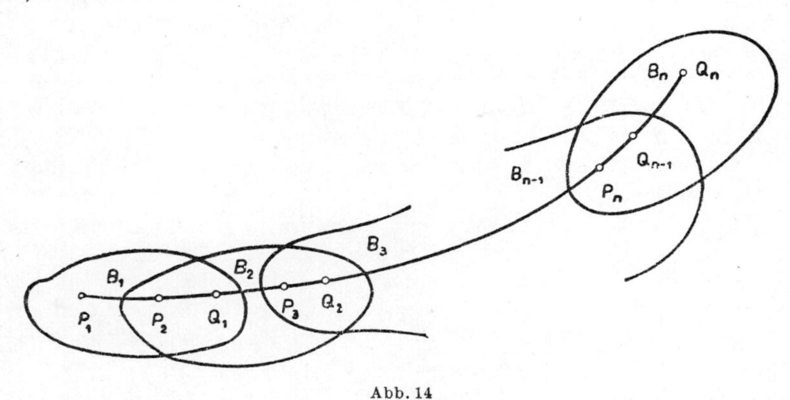

Abb. 14

Die Kurve l sei mit einer Kette von Gebieten $B_1, B_2, \ldots, B_k, \ldots$ überdeckt, so daß der Abschnitt P_kQ_k im Innern von B_k liegt. Mit $B_{k,k+1}$ bezeichnen wir das Gebiet, in dem sich B_k und B_{k+1} überdecken und das den Abschnitt $P_{k+1}Q_k$ von l enthält. (Es kann mehrere oder sogar unendlich viele Gebiete geben, in denen sich B_k und B_{k+1} überdecken; wir wählen dasjenige, welches $P_{k+1}Q_k$ in seinem Innern enthält.)

In B_1 sei eine reguläre Funktion $f_1(z)$ gegeben, und diese soll mit Hilfe der Kette von Gebieten $B_1, B_2, \ldots, B_k, \ldots, B_n$ durch $B_{1,2}, B_{2,3}, \ldots, B_{n-1,n}$ fortgesetzt werden können. Dann sagen wir, $f_1(z)$ *sei längs der Kurve l fortsetzbar.*

Die Werte der Funktion auf dem Kurvenbogen P_1Q_1 (und in einer Umgebung dieses Abschnittes) sind uns gegeben, und indem wir den Hauptsatz des vorigen Abschnitts anwenden, überzeugen wir uns wie oben davon, daß es nur eine einzige analytische Fortsetzung längs l geben kann. Sie hängt nicht davon ab, wie wir l in Abschnitte eingeteilt haben und mit welchen Gebieten mit den oben genannten Eigenschaften wir die Kurve l überdecken.

Wir kehren nun zur analytischen Fortsetzung längs l mit Hilfe einer bestimmten Kette von Gebieten B_k zurück. In der Umgebung jedes Punktes von l besitzt die analytische Funktion $f(z)$ eine bestimmte Darstellung als TAYLORsche Reihe. Wir nennen diese Reihe *Funktionselement im entsprechenden Punkt der Kurve* l. Deformieren wir die Kurve l ein wenig und lassen dabei die Enden P_1 und Q_n fest, so verläßt sie die Gebiete B_k nicht, und das Funktionselement von $f(z)$ im Punkte Q_n bleibt das alte. Daraus folgt: *Deformiert man die Kurve unter Beibehaltung ihrer Enden* P_1 *und* Q_n *stetig, wobei in irgendeiner Lage eine analytische Fortsetzung mit dem Ausgangselement im Punkte* P_1 *längs der Kurve möglich ist, so ist das als Resultat der analytischen Fortsetzung erhaltene Element im Punkte* Q_n *stets ein und dasselbe.*

Können wir bei der analytischen Fortsetzung längs einer Kurve l vom Punkte P_1 aus die Fortsetzung nur bis zu einem gewissen Punkt C durchführen und ist weitere analytische Fortsetzung längs dieser Kurve unmöglich, dann heißt der Punkt C *singulärer Punkt unserer Funktion.* Wir weisen noch auf folgende wichtige Tatsache hin: Wenn wir die analytische Fortsetzung vom Punkte P_1 aus bis zum Punkt C nicht längs der Kurve l, sondern längs einer anderen Kurve l_1 durchgeführt hätten, so brauchte dabei dieser Punkt C kein singulärer Punkt zu sein. *Im allgemeinen ist also ein singulärer Punkt nicht nur durch die Lage in der Ebene, sondern auch durch den Weg, auf dem wir durch analytische Fortsetzung zu ihm kommen, bestimmt* (siehe das Beispiel aus [**19**]). Im folgenden werden wir uns fast immer mit einfacheren Fällen beschäftigen, bei denen die Lage der singulären Punkte im voraus bestimmt werden kann und nicht vom Weg der analytischen Fortsetzung abhängt.

In unmittelbarem Zusammenhang mit dem Vorhergehenden steht ein in der Theorie der analytischen Fortsetzung wichtiger Satz, den man als *Eindeutigkeitssatz*[1]) bezeichnet. *Ist die analytische Fortsetzung von einem gewissen Ausgangselement der Funktion aus auf jedem beliebigen Weg innerhalb eines einfach zusammenhängenden Gebietes* B *möglich, so liefert sie längs jedes in* B *liegenden Weges ein und dieselbe in* B *eindeutige Funktion.*

Sei nämlich das Ausgangselement der Funktion in der Umgebung eines Punktes P_1 definiert. Wir wählen zwei verschiedene Wege l_1 und l_2 der analytischen Fortsetzung von P_1 nach Q_n. Da das Gebiet einfach zusammenhängend ist, können wir mit Hilfe einer stetigen Deformation die Kurve l_1, ohne das Gebiet zu verlassen, in die Kurve l_2 überführen, wobei nach der Voraussetzung des Satzes die analytische Fortsetzung längs jedes Weges immer ausführbar ist. Dann ist aber, wie wir bereits oben erwähnten, ihr Endresultat im Punkte Q_n das gleiche, d. h., unsere verschiedenen Wege der analytischen Fortsetzung führen zu ein und demselben Endergebnis, und wir erhalten die eindeutige Funktion $f(z)$.

---

[1]) In der deutschen Literatur als *Monodromiesatz* bekannt. (Anm. d. wiss. Red.)

In den bisherigen Überlegungen haben wir uns manchmal nur auf einfache Hinweise beschränkt und sind bei den Beweisen nicht auf Einzelheiten eingegangen, was viel mehr Platz erfordert hätte. Wir hoffen jedoch, daß der Leser einen Begriff von den wichtigsten Eigenschaften der analytischen Fortsetzung bekommen hat. Alles Bisherige hat jedoch nur theoretischen Charakter und liefert kein Verfahren zur praktischen Durchführung der analytischen Fortsetzung.

Wir erwähnen noch ein wichtiges Prinzip der Funktionentheorie, das eng mit der analytischen Fortsetzung zusammenhängt und gewöhnlich als *Permanenzprinzip* bezeichnet wird. Das Ausgangselement der analytischen Funktion $f_1(z)$ möge eine bestimmte Gleichung erfüllen, z. B. eine Differentialgleichung zweiter Ordnung:

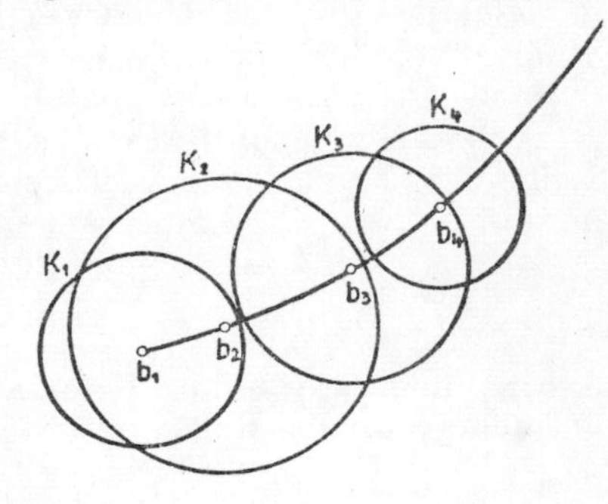

Abb. 15

$$p_0(z)\frac{d^2f(z)}{dz^2}+p_1(z)\frac{df(z)}{dz}+p_2(z)f(z)=0, \tag{94}$$

deren Koeffizienten $p_k(z)$ gegebene Polynome in z sind. Bei einer analytischen Fortsetzung von $f_1(z)$ werden die Ableitungen $f_1'(z)$ und $f_1''(z)$ und auch die ganze linke Seite unserer Gleichung analytisch fortgesetzt. Wenn folglich diese linke Seite im Ausgangsgebiet gleich Null ist, so muß sie es auch bei analytischer Fortsetzung bleiben. Mit anderen Worten heißt das: Erfüllt das Ausgangselement einer analytischen Funktion die Gleichung (94), so ist diese Gleichung[1]) auch für die gesamte analytische Funktion erfüllt, die man aus dem Ausgangselement durch analytische Fortsetzung erhält.

Wir wenden uns jetzt einem bestimmten konkreten Verfahren der analytischen Fortsetzung zu; wir wollen nämlich nur *kreisförmige Gebiete und* TAYLOR-*Entwicklungen* in diesen Gebieten benutzen (Abb. 15). Das Ausgangselement der Funktion sei als TAYLORsche Reihe mit dem Zentrum b_1 gegeben:

$$f_1(z)=\sum_{k=0}^{\infty}a_k^{(1)}(z-b_1)^k. \tag{95}$$

Wir geben von b_1 aus einen Weg l vor und wollen unsere Funktion längs dieses Weges analytisch fortsetzen. Dazu verfahren wir in folgender Weise: Wir wählen auf unserer Kurve l einen festen Punkt b_2 derart, daß der Bogen b_1b_2 im Innern des Konvergenzkreises K_1 der Reihe (95) liegt. Unter Benutzung dieser Reihe können wir die Ableitungen $f_1^{(n)}(b_2)$ berechnen und die Entwicklung unserer Funktion um b_2 angeben:

$$f_2(z)=\sum_{k=0}^{\infty}a_k^{(2)}(z-b_2)^k=\sum_{k=0}^{\infty}\frac{f_2^{(k)}(b_2)}{k!}(z-b_2)^k. \tag{96}$$

Diese neue Funktion ist in einem Kreis K_2 um b_2 definiert. Führt dieser aus dem Kreis K_1 heraus, so liefert uns die Funktion (96) eine analytische Fortsetzung von $f_1(z)$. Im Punkte b_2 stimmen die Werte von $f_1(z)$ und $f_2(z)$ und die aller ihrer Ableitungen überein. Diese Funktionen sind somit auf dem Flächenstück identisch,

[1]) Für Ungleichungen, z. B. $|\sin z| \leqq 1$, gibt es keine analoge Aussage. (Anm. d. wiss. Red.)

auf dem sich K_1 und K_2 überdecken. Die Reihe (96) können wir aus der Reihe (95) übrigens in folgender Weise erhalten: Wir schreiben (95) in der Gestalt:

$$\sum_{k=0}^{\infty} a_k^{(1)} [(z-b_2)+(b_2-b_1)]^k. \tag{97}$$

Entwickelt man $[(z-b_2)+(b_2-b_1)]^k$ nach dem binomischen Satz und faßt in der Summe (97) die Glieder mit gleichen Potenzen von $z-b_2$ zusammen, so erhält man die Reihe (96).

Nach Ausführung der ersten analytischen Fortsetzung wählen wir auf der Kurve l einen neuen Punkt b_3 derart, daß der Bogen b_2b_3 im Kreise K_2 liegt. Die Reihe (96) können wir wie oben nach Potenzen von $z-b_3$ umordnen und erhalten das neue Funktionselement

$$f_3(z)=\sum_{k=0}^{\infty} a_k^{(3)} (z-b_3)^k,$$

das in einem bestimmten Kreis K_3 um b_3 definiert ist usw. Als einfaches Beispiel betrachten wir die Reihe

$$\frac{1}{1-z}=1+z+z^2+\cdots. \tag{98}$$

Sie ist konvergent und definiert eine reguläre Funktion lediglich im Kreise $|z|<1$. Ihre Summe $\frac{1}{1-z}$ ist aber offensichtlich eine in der ganzen Ebene außer im Punkt $z=1$ reguläre Funktion, und daher können wir die Reihe (98) in die ganze Ebene fortsetzen. Wählen wir innerhalb des Kreises $|z|<1$ einen festen Punkt b_2 und ordnen die Reihe (98) nach Potenzen von $z-b_2$ um, so erhalten wir eine neue Reihe der Gestalt:

$$\sum_{k=0}^{\infty} \frac{1}{(1-b_2)^{k+1}} (z-b_2)^k.$$

Sie konvergiert im Kreis um b_2 mit einem Radius, der gleich dem Abstand dieses Punktes vom Punkt $z=1$ ist. Liegt b_2 nicht auf dem Intervall (0,1) der reellen Achse, so führt dieser neue Kreis aus dem alten heraus, und wir erhalten eine neue Funktion, die wir abermals fortsetzen können usw. Praktisch wird man natürlich im vorliegenden Falle dieses Verfahren nicht anwenden, denn naturgemäß benutzt man den geschlossenen Ausdruck der Funktion in der Form $\frac{1}{1-z}$. Ist aber die Funktion nur als Potenzreihe gegeben und kein anderer Ausdruck für sie bekannt, so bleibt nur der Weg der analytischen Fortsetzung.

Es existieren viele Arbeiten, die sich mit der Frage der möglichst einfachen praktischen Durchführung der analytischen Fortsetzung beschäftigen. Später geben wir eines dieser praktischen Verfahren für einen Spezialfall an. Jetzt wollen wir die analytische Fortsetzung auf Beispiele elementarer mehrdeutiger Funktionen anwenden.

19. Beispiele mehrdeutiger Funktionen. Wir betrachten die Funktion

$$z=w^2 \tag{99}$$

und nehmen an, w variiere in der oberen Halbebene, d. h. in dem Teil der Ebene, in dem der Imaginärteil positiv ist (oberhalb der reellen Achse), so daß $\arg w$ von Null bis π variiert. Beim Quadrieren wird $|w|$ ins Quadrat erhoben; das Argument multipliziert sich mit zwei, und folglich erfüllen diese Werte z schon die ganze Ebene, wobei sowohl der positive als auch der negative Teil der reellen Achse der w-Ebene in den positiven Teil der reellen Achse der z-Ebene übergeht. *Bei der Abbildung* (99) *geht also der obere Teil der w-Ebene in die ganze z-Ebene über, die längs des positiven Teils der reellen Achse von* 0 *bis* $+\infty$ *aufgeschnitten ist.* Wir bezeichnen die so aufgeschnittene Ebene mit T_1. Umgekehrt können wir w im Bereich T_1 als eindeutige Funktion von z auffassen:

$$w = \sqrt{z}, \tag{100}$$

wobei wir denjenigen Wert der Wurzel nehmen müssen, für den der Imaginärteil von $\sqrt{z}$ positiv ist. Die reellen positiven Werte z können sowohl am oberen als auch am unteren Ufer unseres Schnittes liegen. Am oberen muß die Funktion $\sqrt{z}$ positiv genommen werden und am unteren negativ. Der Grenzwert des Quotienten $\frac{\Delta w}{\Delta z}$ wird offensichtlich gleich dem reziproken Grenzwert von $\frac{\Delta z}{\Delta w}$, d. h., wir bekommen die übliche Differentiationsregel für die Umkehrfunktion, und die Funktion (100) ist in unserem Gebiet regulär:

$$\frac{dz}{dw} = 2w; \quad \frac{dw}{dz} = \frac{1}{2\sqrt{z}}. \tag{101}$$

Jetzt wollen wir annehmen, w variiere in der unteren Halbebene. Quadriert man, so erhält man für z ein zweites Exemplar des vorigen Bereichs T_1. Wir bezeichnen es mit T_2. In diesem neuen Bereich T_2 ist die Funktion (100) gleichfalls regulär und eindeutig, wobei die Wurzel so gewählt werden muß, daß der Imaginärteil von $\sqrt{z}$ negativ ist.

Aus den obigen Überlegungen folgt unmittelbar, daß die Werte der Funktion (100) am oberen Ufer des Schnittes im Bereich T_1 mit denen am unteren Ufer des Schnittes im Bereich T_2 zusammenfallen und umgekehrt.

Wir haben damit gesehen: Schneidet man die Ebene von 0 bis $+\infty$ auf, so erhält man einen Bereich, in dem unsere Funktion (100) eindeutig ist; man muß sie aber als zwei verschiedene Funktionen auffassen, die in den Bereichen T_1 und T_2 so definiert sind, wie wir das oben getan haben, um alle Werte dieser Funktion zu erhalten. Diese Zerlegung der Funktion (100) in zwei gesonderte eindeutige Funktionen erscheint künstlich, und wir fügen sie wieder zu einer einzigen analytischen Funktion zusammen, die eindeutig und regulär auf einer gewissen zweiblättrigen Ebene ist. Um diese zweiblättrige Ebene T herzustellen, legen wir T_1 auf T_2 und verbinden sinngemäß die Ufer des Schnittes dieser zwei Bereiche über Kreuz, also das obere Ufer des Schnittes in T_1 mit dem unteren in T_2 und umgekehrt. Den Punkt $z = 0$ sehen wir als auf beiden Bereichen liegend an. Den so konstruierten *zweiblättrigen Bereich T* erhält man offensichtlich aus der w-Ebene mit Hilfe der Abbildung (99), und die Funktion (100) ist regulär und eindeutig im ganzen Bereich T, außer im Punkt $z = 0$, der ein singulärer Punkt ist. Beschreiben wir von einem Punkt z_0 aus einen geschlossenen Weg um $z = 0$, so befinden wir uns bei der Rückkehr zu z_0 auf dem anderen und nicht mehr auf dem Ausgangsblatt. Dabei liefern offensichtlich die oben definierten Werte der Funktion $\sqrt{z}$ auf unserem Weg eine analytische Fortsetzung unserer Funktion längs dieses Weges, wobei schließlich der Wert der Funktion im Punkt z_0 dem Vorzeichen nach vom Ausgangselement der Funktion in diesem Punkte verschieden ist. Die Funktion $\sqrt{z}$ ist stetig und besitzt in der Umgebung von $z = 0$ eine Ableitung, aber bei der analytischen Fortsetzung längs eines geschlossenen Weges um diesen Punkt ändert die Funktion ihren Wert. Einen solchen Punkt bezeichnet man als *Verzweigungspunkt* der Funktion. Bei unserem Beispiel kommen wir nach einem zweiten Umlauf um den Punkt $z = 0$ zum Ausgangswert der Funktion zurück, wir sprechen daher von einem *Verzweigungspunkt erster Ordnung*. Der Bereich T selbst ist offenbar der vollständige Existenzbereich unserer Funktion (100).

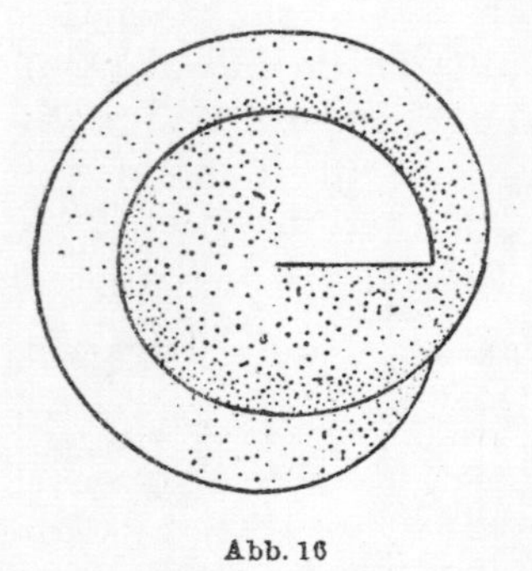

Abb. 16

Im vorliegenden Fall konnten wir diesen Bereich sehr leicht erhalten, da die Funktion (100) die Umkehrfunktion der äußerst einfachen Funktion (99) ist. In Abb. 16 ist die Form der zweiblättrigen Ebene in der Nähe des Verzweigungspunktes erster Ordnung angedeutet.

Ist allgemein

$$z = \varphi(w) \tag{102}$$

eine in der ganzen w-Ebene eindeutige und reguläre Funktion, so kann diese Ebene bei der Abbildung (102) in eine mehrblättrige z-Ebene übergehen, und die Umkehrfunktion von (102),

$$w = f(z), \tag{103}$$

ist auf dieser mehrblättrigen Fläche regulär und besitzt die Ableitung

$$f'(z) = \frac{1}{\varphi'(w)}.$$

Die Regularität kann nur in denjenigen Punkten gestört sein, die solchen Werten von w entsprechen, in denen $\varphi'(w) = 0$ ist; diesen entsprechen die Verzweigungspunkte der Umkehrfunktion (103). Wir sprechen darüber später noch ausführlicher. Mehrblättrige Flächen, von denen wir eben gesprochen haben, bezeichnet man als *Riemannsche Flächen*.[1])

Wir wollen noch folgendes Beispiel betrachten:

$$f(z) = \frac{1}{\sqrt{z} + 2}. \tag{104}$$

Die Mehrdeutigkeit dieser Funktion folgt daraus, daß $\sqrt{z}$ in ihrem Nenner vorkommt. Auf einer zweiblättrigen Fläche, wie wir sie oben für die Funktion (100) konstruiert haben, ist aber die Funktion (104) eindeutig. Sie hat als singuläre Punkte $z = 0$ (Verzweigungspunkt) und $z = 4$, letzterer ist aber nur auf dem Blatt singulär (Pol), auf dem $\sqrt{4} = -2$ ist; auf dem anderen Blatt ist $\sqrt{4} = +2$ und damit die Funktion regulär. Hätten wir nicht die zweiblättrige Ebene T benutzt, so wären wir bei der analytischen Fortsetzung von (104) zu verschiedenen Werten dieser Funktion gekommen, und insbesondere wäre $z = 4$ für denjenigen

[1]) Bernhard Riemann, geb. 17. 9. 1826, gest. 20. 7. 1866, Prof. in Göttingen

Zweig der analytischen Fortsetzung ein singulärer Punkt der Funktion, für den $\sqrt{z}$ für $z = 4$ gleich -2 ist. Die Funktion (104) kann man als Umkehrfunktion der Funktion

$$z = \frac{(2w - 1)^2}{w^2} \tag{104_1}$$

auffassen, die in der ganzen Ebene bis auf $w = 0$ regulär ist. Im Punkt $w = 0$ hat sie einen Pol zweiter Ordnung. Diese Funktion bildet die w-Ebene auf die oben erwähnte zweiblättrige Fläche ab, und zwar geht der Punkt $w = 1/2$ in den Verzweigungspunkt $z = 0$ über und $w = 0$ in $z = \infty$, während $w = \infty$ den Punkt $z = 4$ auf einem der Blätter liefert. Den Punkt mit derselben Koordinate $z = 4$ auf dem anderen Blatt bekommt man für $w = 1/4$. Wir müssen auf der erwähnten zweiblättrigen Fläche nicht nur $z = 0$, sondern auch $z = \infty$ auf beiden Blättern identifizieren, d.h., die Punkte $z = \infty$ und $z = 0$ sind Verzweigungspunkte erster Ordnung. Den ersten dieser Punkte bekommt man nach Formel (99) nur für $w = 0$, doch nach Formel (104_1) nur für $w = 1/2$; und $z = \infty$ erhält man nach Formel (99) lediglich für $w = \infty$, aber nach Formel (104_1) nur für $w = 0$.

Wir betrachten weiter eine Funktion der Gestalt

$$w = f(z) = \sqrt{(z - a)(z - b)}\,. \tag{105}$$

Für sie sind a und b die Verzweigungspunkte. Der Umlauf auf einem geschlossenen Weg um einen dieser Punkte verändert das Vorzeichen des Ausdruckes (105), aber das gleichzeitige Umlaufen beider Punkte a und b läßt die Funktion ungeändert. Setzen wir nämlich

$$z - a = \varrho_1 e^{i\varphi_1}; \qquad z - b = \varrho_2 e^{i\varphi_2},$$

so ist

$$f(z) = \sqrt{\varrho_1 \varrho_2}\, e^{i\frac{\varphi_1 + \varphi_2}{2}}.$$

Umlaufen wir dann beide Punkte auf einem geschlossenen Weg l entgegen dem Uhrzeigersinn, so kommt 2π zu den Argumenten φ_1 und φ_2 hinzu, die Summe $\varphi_1 + \varphi_2$ erhält einen Zuwachs von 4π, und das Argument des Ausdruckes (105) wächst um 2π, d.h., die Funktion ändert ihren Wert nicht. Um die Funktion (105) eindeutig zu machen, genügt es, einen Schnitt vom Punkt a zum Punkt b zu legen. Dieser Schnitt macht es sozusagen unmöglich, a und b einzeln zu umlaufen. Die Funktion (105) besitzt in allen Punkten außer $z = a$ und $z = b$ zwei Werte, und um diese zu erhalten, müssen wir zwei Exemplare der auf die oben erwähnte Weise aufgeschnittenen Ebene nehmen. Auf jedem von ihnen ist (105) eine eindeutige Funktion, und ihre Werte auf verschiedenen Exemplaren unterscheiden sich nur durch das Vorzeichen voneinander. Legen wir ein Exemplar auf das andere und verbinden sinngemäß die Ränder der Schnitte über Kreuz, so erhalten wir eine zweiblättrige RIEMANNsche Fläche mit den Verzweigungspunkten erster Ordnung a und b, auf der die Funktion (105) eindeutig und regulär ist (mit Ausnahme der Verzweigungspunkte). Der unendlich ferne Punkt ist kein Verzweigungspunkt; auf jedem Blatt gibt es also einen unendlich fernen Punkt. In der Nähe der unendlich fernen Punkte läßt sich die Funktion (105) in der Gestalt

$$f(z) = \pm z\left(1 - \frac{a}{z}\right)^{\frac{1}{2}}\left(1 - \frac{b}{z}\right)^{\frac{1}{2}}$$

darstellen.

Entwickelt man die Differenzen nach der binomischen Formel, so kann man, da in der Umgebung des unendlich fernen Punktes $\left|\frac{a}{z}\right|$ und $\left|\frac{b}{z}\right|$ kleiner als Eins sind, dort für $f(z)$ folgende Darstellung angeben:

$$f(z) = \pm z\left(1 - \frac{1}{2}\frac{a}{z} - \frac{1}{2\cdot 4}\frac{a^2}{z^2} - \frac{1\cdot 3}{2\cdot 4\cdot 6}\frac{a^3}{z^3} - \cdots\right)\cdot\left(1 - \frac{1}{2}\frac{b}{z} - \frac{1}{2\cdot 4}\frac{b^2}{z^2} - \frac{1\cdot 3}{2\cdot 4\cdot 6}\frac{b^3}{z^3} - \cdots\right)$$

Werden beide Reihen ausmultipliziert, so sieht man, daß die unendlich fernen Punkte auf beiden Blättern Pole erster Ordnung sind.

Wir bemerken noch: Löst man die Gleichung (105) nach z auf, so erhält man eine mehrdeutige Funktion von w, d. h., (105) ist nicht die Umkehrfunktion einer in der ganzen Ebene regulären Funktion. Ihre RIEMANNsche Fläche, auf der sie eindeutig ist, hat zwei Verzweigungspunkte ($z = a$ und $z = b$) erster Ordnung. Man kann diese RIEMANNsche Fläche mit Hilfe der Abbildung

$$z = \frac{bw^2 - a}{w^2 - 1}$$

erhalten, deren Umkehrfunktion

$$w = \sqrt{\frac{z-a}{z-b}}$$

dieselbe RIEMANNsche Fläche besitzt wie die Funktion (105).

Wir betrachten die Funktion

$$f(z) = \sqrt[n]{z-a}\,, \tag{106}$$

wobei n eine feste positive ganze Zahl ist. Für diese Funktion ändert jeder Umlauf um $z = a$ den Wert der Funktion, und nur wenn man n Umläufe in ein und derselben Richtung ausführt, kommt man zum Ausgangswert der Funktion zurück. Der Punkt a ist also für die Funktion (106) ein Verzweigungspunkt $(n-1)$ ter Ordnung. Bezeichnet man mit ϱ und φ Betrag und Argument von $z - a$, so gilt:

$$\sqrt[n]{z-a} = \sqrt[n]{\varrho}\, e^{i\frac{\varphi}{n}}.$$

Wird der Punkt $z = a$ in positiver Richtung n-mal umlaufen, so vermehrt sich φ um den Summanden $2n\pi$, und folglich erhält das Argument von $\sqrt[n]{z-a}$ den Zuwachs 2π; dadurch ändert sich aber der Wert der Funktion nicht.

Wir wollen jetzt eine andere in der Funktionentheorie wichtige mehrdeutige Funktion, nämlich den Logarithmus, betrachten. Man erhält ihn als Umkehrung der Exponentialfunktion

$$z = e^w. \tag{107}$$

Wir stellen zunächst einige Eigenschaften der Exponentialfunktion fest. Man sieht leicht, daß sie die *rein imaginäre Periode* $2\pi i$ hat; es ist nämlich

$$e^{w+2\pi i} = e^w e^{2\pi i} = e^w(\cos 2\pi + i\sin 2\pi) = e^w.$$

Durch zur reellen Achse parallele Geraden teilen wir die ganze w-$(=u+iv)$-Ebene in Streifen der Breite 2π ein (Abb. 17a). Als Ausgangsstreifen wählen wir denjenigen, der durch die Geraden $v = 0$ und $v = 2\pi$ begrenzt wird. Wir können diesen Fundamentalstreifen in einen beliebigen anderen überführen, indem wir zu w den Summanden $2n\pi i$ hinzufügen, wobei n eine ganze Zahl ist. Dabei wird wegen der oben erwähnten Periodizität der Wert der Funktion (107) nicht geändert; er ist also in jedem der Streifen derselbe wie im Fundamentalstreifen. Wir wollen sehen, auf welches Gebiet die Funktion (107) den Fundamentalstreifen

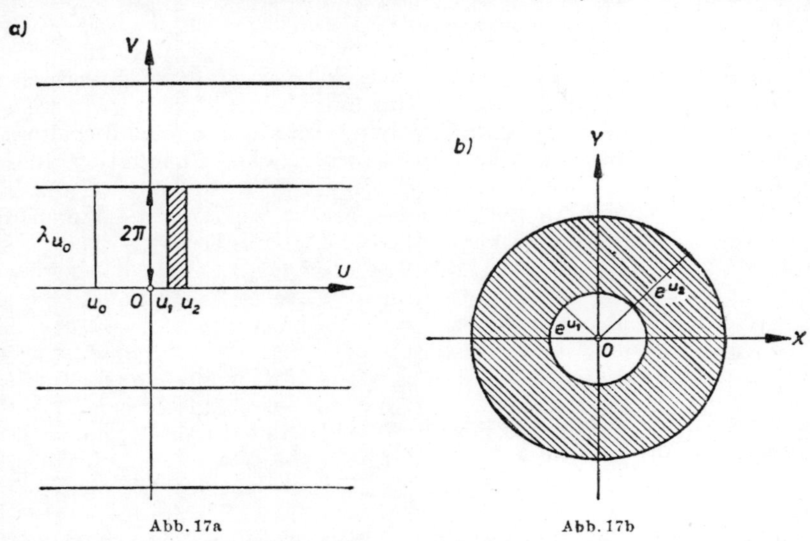

Abb. 17a Abb. 17b

abbildet. Dazu ziehen wir in ihm die zur imaginären Achse parallele Strecke λ_{u_0} mit der Abszisse $u = u_0$. Längs dieser ist

$$u = u_0 \qquad (0 \leqslant v \leqslant 2\pi)$$

und folglich

$$e^w = e^{u_0} e^{iv} \qquad (0 \leqslant v \leqslant 2\pi).$$

Unsere Strecke geht also in den vollen Kreis um den Ursprung mit dem Radius e^{u_0} über, wobei die Enden von λ_{u_0} ein und demselben Punkt der Kreislinie entsprechen. Bilden wir den Teil des Fundamentalstreifens ab, der zwischen zwei zur Achse $u = 0$ parallelen Geraden mit den Abszissen u_1 und u_2 liegt, so erhalten wir in der z-Ebene einen Kreisring um den Nullpunkt mit den Radien e^{u_1} und e^{u_2} (Abb. 17b). Schließlich geht der ganze Streifen in die z-Ebene mit Ausschluß des Nullpunktes über, und dabei entspricht der oberen und der unteren Begrenzung des Streifens der positive Teil der reellen Achse. Legen wir einen Schnitt längs dieses Teils der reellen Achse, dann entspricht sein oberes Ufer dem unteren Rand des Streifens und das untere dem oberen Rand des Streifens. Wir bezeichnen die aufgeschnittene Ebene unter Ausschluß des Nullpunkts mit T_1. In diesem Bereich T_1 ist die Umkehrfunktion von (107),

(108) $$w = \log z,$$

eindeutig und regulär, und ihre Ableitung ergibt sich nach der üblichen Differentiationsregel für Umkehrfunktionen:

(109) $$\frac{dw}{dz} = \frac{1}{(e^w)'} = \frac{1}{e^w} = \frac{1}{z}.$$

Bekanntlich ist

$$\log z = \log |z| + i \arg z .$$

Bei der analytischen Fortsetzung dieser Funktion längs eines gewissen Weges müssen wir auf die stetige Änderung des Argumentes $\arg z$ achten.

In dem von uns konstruierten Bereich T_1 kann das Argument nur zwischen den Grenzen $0 \leqslant \arg z \leqslant 2\pi$ variieren und wir erhalten damit eine eindeutige Definition der Funktion (108). Setzt man aber längs eines geschlossenen Weges um den Nullpunkt analytisch fort und umläuft den Nullpunkt n-mal entgegen dem Uhrzeigersinn, so tritt zu der Funktion (108) der Summand $2n\pi i$ hinzu, und jeder neue Umlauf liefert uns neue Funktionswerte. Der Punkt $z = 0$ ist also ein *Verzweigungspunkt unendlicher Ordnung.*

Wir kehren zur Abbildung der w-Ebene zurück, die durch die Funktion (107) vermittelt wird. Jeder Streifen der w-Ebene liefert uns in der z-Ebene ein neues Gebiet T_1, und daher gibt es unendlich viele solcher Gebiete. Wir legen sie aufeinander und numerieren sie so, daß das dem Fundamentalstreifen entsprechende Gebiet mit der Nummer 1 versehen wird und dementsprechend der folgende Streifen darüber mit der Nummer 2 usw. Die den unteren Streifen entsprechenden Gebiete erhalten die Nummern $0, -1, -2, \ldots$. Die Ufer der Schnitte werden sinngemäß in folgender Weise verbunden: Das obere des Schnittes von T_1 verbinden wir mit dem unteren von T_0 und das untere des Schnittes von T_1 mit dem oberen von T_2. Dann verheften wir das obere Ufer des Schnittes von T_0 mit dem unteren von T_{-1} und das untere des Schnittes von T_2 mit dem oberen von T_3 usw. Auf diese Weise erhalten wir eine RIEMANNsche Fläche T mit einer unendlichen Anzahl von Blättern und den Verzweigungspunkten unendlicher Ordnung $z = 0$ und $z = \infty$. Auf ihr ist die Funktion (108) regulär und eindeutig, und die Fläche T ergibt sich aus der w-Ebene mit Hilfe der Abbildung (107).

Die Funktion $w = \log(z - a)$ hat offenbar die Verzweigungspunkte unendlicher Ordnung $z = a$ und $z = \infty$. Wir betrachten ferner die Funktion

$$w = \log \frac{z-a}{z-b} = \log(z-a) - \log(z-b) . \tag{110}$$

Sie hat die Verzweigungspunkte $z = a$ und $z = b$. Beschreibt man einen geschlossenen Weg in positiver Richtung um beide Punkte, so wachsen Minuend und Subtrahend um ein und denselben Summanden $2\pi i$, und die gesamte Differenz bleibt ungeändert. Daher ist $z = \infty$ kein Verzweigungspunkt der Funktion (110).

Wir können unsere Funktion auch in der Gestalt

$$w = \log\left(1 - \frac{a}{z}\right) - \log\left(1 - \frac{b}{z}\right)$$

schreiben. Für alle Werte z, die dem Betrage nach größer als $|a|$ und $|b|$ sind, lassen sich beide Summanden nach Formel (80) entwickeln. Man erhält danach in der Nähe des unendlich fernen Punktes folgende Darstellung von (110):

$$w = \sum_{k=1}^{\infty} \frac{a_k}{z^k} \tag{111}$$

mit

$$a_k = \frac{b^k - a^k}{k}.$$

Die Formel (111) liefert einen der Zweige unserer mehrdeutigen Funktion in der Umgebung des unendlich fernen Punktes. Um die übrigen Zweige zu erhalten, genügt es, zum vorigen Ausdruck den Summanden $2n\pi i$ hinzuzufügen. Für jedes ganze feste n erhalten wir einen bestimmten anderen Zweig unserer Funktion.

Wir wollen nun noch die Funktion

$$w = \operatorname{arc\,tg} z = \frac{1}{2i} \log \frac{i-z}{i+z}$$

untersuchen, die die Verzweigungspunkte unendlicher Ordnung $z = i$ und $z = -i$ besitzt. Als Ableitung dieser Funktion erhalten wir ebenso wie bei einer reellen Variablen

$$\frac{dw}{dz} = \frac{1}{1+z^2}$$

oder

$$\frac{dw}{dz} = -\frac{1}{(i+z)(i-z)}.$$

20. Singuläre Punkte analytischer Funktionen und RIEMANNsche Flächen. Im vorigen Abschnitt haben wir eine Reihe von Beispielen mehrdeutiger Funktionen untersucht und die ihnen entsprechenden RIEMANNschen Flächen konstruiert, auf denen sie eindeutig sind. Wir wollen nun die entsprechenden Fragen im allgemeinen Falle untersuchen.

Dabei gehen wir aus Platzmangel nicht auf Einzelheiten ein und beschränken uns auf allgemeine Hinweise. Einleitend erklären wir den Begriff des isolierten singulären Punktes bei der analytischen Fortsetzung.

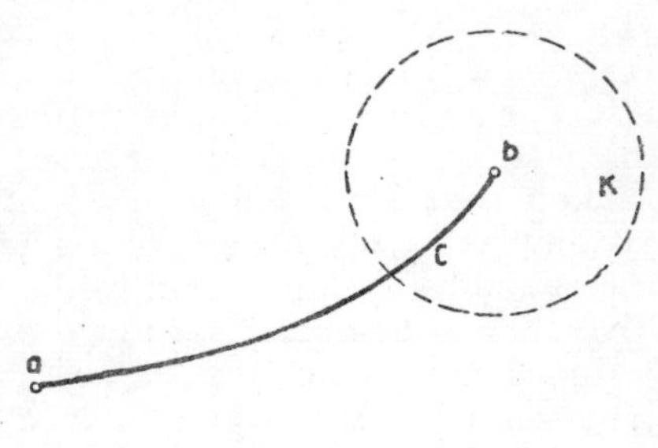

Abb. 18

Sei uns im Punkte $z = a$ ein Ausgangselement der analytischen Funktion $f(z)$ gegeben, das wir längs der Kurve l fortsetzen wollen. Die analytische Fortsetzung sei bis zum Punkt $z = b$ ausschließlich möglich, aber nicht darüber hinaus, so daß b ein singulärer Punkt bei der analytischen Fortsetzung längs l ist [18]. Es möge ein Kreis K um b derart existieren, daß die den Punkten des in K liegenden Abschnittes cb von l entsprechenden Funktionselemente von $f(z)$ (Abb. 18) längs jeder beliebigen, in K aber nicht durch b verlaufenden Kurve analytisch fortgesetzt werden können. Dann bezeichnet man den Punkt $z = b$ als *isolierten singulären Punkt von* $f(z)$ (für den Weg l). Die erwähnte analytische Fortsetzung längs aller möglichen Wege innerhalb K kann zu dort eindeutigen oder mehrdeutigen Funktionen führen. Die erhaltenen eindeutigen Funktionen sind überall in K außer in $z = b$ regulär und gestatten eine LAURENTsche Reihenentwicklung nach ganzen Potenzen von $z - b$. Der Punkt $z = b$ ist (bei der analytischen Fortsetzung längs l) entweder ein Pol oder ein wesentlich singulärer Punkt unserer analytischen Funktion $f(z)$. Haben wir jedoch in K mehrdeutige Funktionen bekommen, so heißt $z = b$ *Verzweigungspunkt*. Wir nehmen an, daß es bei allen möglichen analytischen Fortsetzungen innerhalb K in einem Punkte $z = \alpha$ aus K endlich viele verschiedene Elemente gibt; ihre Anzahl sei m. Man sieht leicht, daß man in einem beliebigen anderen Punkte $z = \beta$ aus K ebenfalls m verschiedene Elemente erhält. Dies folgt unmittelbar daraus, daß man bei der analytischen Fortsetzung verschiedener Ausgangselemente von α nach β oder von β nach α längs ein und desselben Weges wieder zu verschiedenen Elementen kommt. In diesem Falle heißt der Punkt $z = b$ *Verzweigungspunkt der Ordnung* $m - 1$. Ist die Anzahl der bei der analytischen Fortsetzung innerhalb K erhaltenen verschiedenen Elemente in jedem Punkte nicht endlich, so bezeichnet man $z = b$ als *Verzweigungspunkt unendlicher Ordnung*.

Wir wollen den Fall eines Verzweigungspunktes der endlichen Ordnung $m - 1$ ausführlicher untersuchen. Nach Voraussetzung ist die analytische Fortsetzung innerhalb K außer im Punkt $z = b$ ausführbar. Dieser Kreis K mit dem ausgeschlossenen Punkt $z = b$ ist ein zweifach zusammenhängendes Gebiet. Wir nehmen m Exemplare davon und schneiden jedes längs des gleichen Radius auf. Jeder so entstandene Kreis K_1 ist ein einfach zusammenhängendes Gebiet. Wir wählen in jedem Exemplar K_1 den gleichen Punkt $z = \alpha$, in dem m Elemente unserer analytischen Funktion existieren. Für jedes Exemplar wählen wir für $z = \alpha$ ein anderes Element und setzen es in K_1 analytisch fort. Nach dem Eindeutigkeitssatz [18] erhalten wir in jedem Exemplar eine bestimmte eindeutige Funktion. Wir bezeichnen eines der Ufer des Schnittes in jedem Exemplar als linkes und das andere als rechtes. Beispielsweise kann man als rechtes dasjenige wählen, von dessen Punkten aus man auf das linke Ufer trifft, wenn man $z = b$ entgegen dem Uhrzeigersinn innerhalb K_1 umläuft. Wir nehmen jetzt ein Exemplar des Kreises K_1 mit der auf ihm eindeutig bestimmten Funktion, bezeichnen es als das erste und die festgelegte, auf ihm eindeutige Funktion mit $f_1(z)$. Der Wert von $f_1(z)$ auf dem linken Ufer des Schnittes fällt mit dem auf dem rechten Ufer in einem anderen Exemplar K_1 zusammen. Dieses letztere Exemplar nennen wir das zweite, und die bestimmte, auf ihm eindeutige Funktion bezeichnen wir mit $f_2(z)$. Das linke Ufer des ersten Exemplars verbinden wir sinngemäß mit dem rechten des zweiten. Der Wert von $f_2(z)$ auf dem linken Ufer des zweiten Exemplars ist mit dem auf dem rechten Ufer des Schnittes in einem gewissen anderen Exemplar K_1 identisch. Dieses sei das dritte und die festgelegte, auf ihm eindeutige Funktion $f_3(z)$. Wir verbinden sinngemäß das linke Ufer des zweiten Exemplars mit dem rechten Ufer des dritten. Fährt man so weiter fort, so kommt man zum letzten Exemplar mit der Nummer m. Man sieht leicht, daß der Wert von $f_m(z)$ auf dem linken Ufer dieses m-ten Exemplars mit dem von $f_1(z)$ auf dem rechten des ersten Exemplars zusammenfallen muß. Diese beiden Ufer werden sinngemäß verbunden. Auf diese Weise erhalten wir eine m-blättrige Kreisfläche L mit dem Verzweigungspunkt $z = b$ der Ordnung $m - 1$. Diesen allen Exemplaren angehörenden Punkt zählen wir nur einmal. Auf der m-blättrigen Kreisfläche ist unsere Funktion überall eindeutig und regulär außer im Punkt $z = b$.

An Stelle von z führen wir die neue unabhängige Veränderliche

$$z' = \sqrt[m]{z - b} = \sqrt[m]{\varrho}\, e^{i\frac{\varphi}{m}} \tag{112}$$

ein mit $\varrho = |z - b|$ und $\varphi = \arg(z - b)$, wobei φ eineindeutig den Punkten von L zugeordnet ist. Der Punkt $z = b$ geht über in $z' = 0$. Die Gesamtänderung des Argumentes auf L beim Umlauf um $z = b$ ist gleich $2\pi m$ und beim Umlauf um $z' = 0$ gleich 2π. Der aus m Blättern bestehende Kreis L geht in der z'-Ebene in den einblättrigen Kreis C um $z' = 0$ mit dem Radius $\sqrt[m]{R}$ über, wobei R der Radius von L ist. In diesem einblättrigen Kreis C ist unsere Funktion eindeutig und regulär außer möglicherweise im Punkte $z' = 0$. Folglich ist sie innerhalb C in eine LAURENT-Reihe

$$f(z) = \sum_{n=-\infty}^{+\infty} a_n z'^n$$

entwickelbar oder, wenn man auf die frühere Veränderliche zurückgeht,

$$f(z) = \sum_{n=-\infty}^{+\infty} a_n \left(\sqrt[m]{z-b}\right)^n = \sum_{n=-\infty}^{+\infty} a_n (z-b)^{\frac{n}{m}}. \tag{113}$$

In der Umgebung des Verzweigungspunktes $(m-1)$-ter Ordnung ist die Funktion also nach ganzen Potenzen des Argumentes (112) entwickelbar. Man kann den Wert dieses Argumentes beliebig, aber eindeutig in einem gewissen Punkt z aus der Umgebung von b fixieren. Für die Relation (113) gibt es dann drei verschiedene Möglichkeiten: Es können erstens in dieser Entwicklung überhaupt keine Glieder mit negativen n vorkommen:

$$f(z) = a_0 + a_1 \sqrt[m]{z-b} + a_2 \left(\sqrt[m]{z-b}\right)^2 + \cdots.$$

Dabei gilt offensichtlich $f(z) \to a_0$ für $z \to b$, wobei z, ohne L zu verlassen, auf beliebige Weise gegen b streben darf. Dann setzen wir $f(b) = a_0$ und nennen $z = b$ *Verzweigungspunkt von regulärem Typ*. Enthält zweitens die Entwicklung (113) nur endlich viele Glieder mit negativen n, so gilt $f(z) \to \infty$ für $z \to b$. Dann schreiben wir $f(b) = \infty$ und nennen $z = b$ *Verzweigungspunkt von polarem Typ*.[1]) Kommen drittens in der Entwicklung (113) unendlich viele Glieder mit negativen n vor, so bezeichnen wir $z = b$ als *Verzweigungspunkt von wesentlich singulärem Typ*.

Alle diese Definitionen können auch auf den unendlich fernen Punkt übertragen werden. Die analytische Fortsetzung von $f(z)$ sei längs des Weges l ausführbar; ferner existiere eine Umgebung K ($|z| > R$) des unendlich fernen Punktes (Abb. 19), so daß die zu K gehörigen Funktionselemente von $f(z)$, die den Punkten von l entsprechen, längs jedes beliebigen, in K liegenden Weges fortsetzbar sind. Liefert diese analytische Fortsetzung eine eindeutige Funktion, so ist $z = \infty$ entweder ein regulärer Punkt von $f(z)$ oder ein Pol oder ein wesentlich singulärer Punkt [10]. Bei Mehrdeutigkeit der erwähnten analytischen Fortsetzung heißt $z = \infty$ Verzweigungspunkt. Ist er von der endlichen Ordnung $m-1$, so gibt es in seiner Umgebung eine Entwicklung

$$f(z) = \sum_{n=-\infty}^{+\infty} a_n \left(\frac{1}{\sqrt[m]{z}}\right)^n = \sum_{n=-\infty}^{+\infty} a_n z^{-\frac{n}{m}},$$

wobei wörtlich alles übertragen werden kann, was oben über derartige Entwicklungen gesagt wurde.

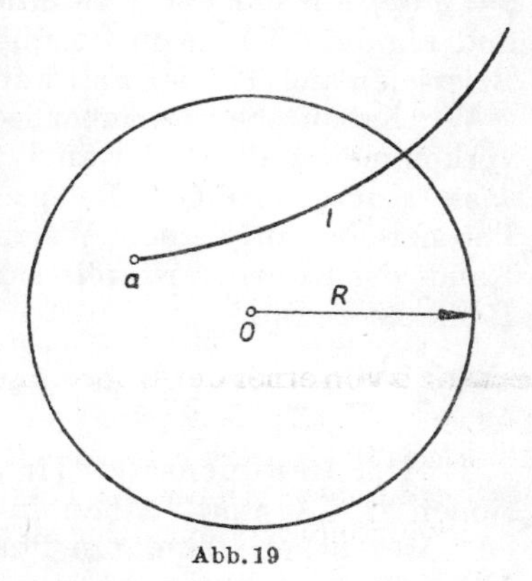

Abb. 19

[1]) In der deutschen Literatur nennt man eine solche Singularität *algebraisch*. (Anm. d. wiss. Red.)

Der Charakter des Punktes $z = \infty$ kann natürlich vom Wege l der analytischen Fortsetzung abhängen, auf dem wir in die Umgebung des unendlich fernen Punktes gelangen.

Wir wollen jetzt in den Hauptzügen den Begriff der RIEMANNschen Fläche einer gegebenen mehrdeutigen analytischen Funktion $f(z)$ klären. Dazu nehmen wir an, daß wir bei der analytischen Fortsetzung des Ausgangselementes zu einem gewissen Punkt $z = \alpha$ gekommen sind. In diesem haben wir ein bestimmtes Funktionselement, also eine nach ganzen positiven Potenzen von $z - \alpha$ fortschreitende Reihe. Sie kann nach ganzen positiven Potenzen von $z - \beta$ umgeordnet werden, wobei β ein beliebiger Punkt aus der Umgebung von $z = \alpha$ ist. Das Element im Punkte $z = \alpha$ liefert somit weitere Elemente in allen Punkten, die genügend nahe bei α liegen. Jedem dieser Elemente ordnen wir denjenigen Punkt z zu, der das Zentrum des entsprechenden Konvergenzkreises der Potenzreihe (des Elementes) ist. Wir ordnen also dem genannten Element mit dem Zentrum $z = \alpha$ eben diesen Punkt α zu. Denjenigen Elementen, die aus ihm in benachbarten Punkten $z = \beta$ gewonnen werden, ordnen wir die in der Umgebung von α gelegenen Punkte $z = \beta$ zu. Diese liegen also auf demselben Blatt wie $z = \alpha$. Führt man die analytische Fortsetzung aus, so bekommt man immer wieder neue Elemente und damit neue Punkte z der RIEMANNschen Fläche. Erhalten wir bei der Rückkehr zum Punkte $z = \alpha$ dort ein Funktionselement, das gleich dem früheren ist, so identifizieren wir diesen Punkt $z = \alpha$ mit dem vorigen. Erweist sich dieses Element als verschieden vom vorigen, so betrachten wir den neuen Punkt $z = \alpha$ als verschieden vom früheren (wir rechnen ihn einem anderen Blatte zu). Zwei Punkte mit denselben komplexen Koordinaten werden also als verschieden angesehen, wenn wir in ihnen verschiedene Elemente unserer analytischen Funktion haben. Auf diese Weise konstruiert man mit Hilfe der analytischen Fortsetzung die RIEMANNsche Fläche, die der gegebenen analytischen Funktion $f(z)$ entspricht; $f(z)$ ist dort eindeutig und regulär. Zur RIEMANNschen Fläche rechnet man gewöhnlich Pole von $f(z)$, ferner Verzweigungspunkte endlicher Ordnung vom regulären und polaren Typ hinzu. Im allgemeinen kann man jedoch die RIEMANNsche Fläche nicht mit Hilfe einer Abbildung $z = \varphi(w)$ aus der w-Ebene erhalten, wobei $\varphi(w)$ eine in der w-Ebene eindeutige und reguläre Funktion ist (möglicherweise mit Polen), wie das bei den einfachen Beispielen aus [**19**] der Fall war.

Wir haben oben nur über isolierte singuläre Punkte gesprochen. Es kann aber vorkommen, daß bei der analytischen Fortsetzung die singulären Punkte eine gewisse Kurve ausfüllen. Beispielsweise kann das Ausgangselement, eine gegebene Potenzreihe, auf keinem Wege fortsetzbar sein, so daß also jeder Punkt auf dem Rande des Konvergenzkreises der Reihe singulär ist. Eine solche nicht fortsetzbare Reihe ist z. B.

$$\sum_{n=1}^{\infty} z^{n!} = z + z^{1\cdot 2} + z^{1\cdot 2\cdot 3} + z^{1\cdot 2\cdot 3\cdot 4} + \cdots = z + z^2 + z^6 + z^{24} + \cdots.$$

21. Der Residuensatz. Wir wenden uns nun wieder der Entwicklung von Funktionen in LAURENT-Reihen in der Nähe eines singulären Punktes (eines Poles oder wesentlich singulären Punktes) zu. In diesen Entwicklungen haben wir den Koeffizienten von $(z - b)^{-1}$ ausgezeichnet und ihm den Namen Residuum der Funktion im betrachteten singulären Punkt gegeben. Wir wollen jetzt die Rolle dieses

Koeffizienten erläutern. In der Umgebung des Punktes b gelte also die Entwicklung

$$f(z) = \sum_{k=-\infty}^{+\infty} a_k (z-b)^k .$$

Wir integrieren sie längs eines geschlossenen Weges l_0 um b, auf dem die angegebene Entwicklung gleichmäßig konvergiert:

$$\int_{l_0} f(z)\, dz = \sum_{k=-\infty}^{+\infty} a_k \int_{l_0} (z-b)^k\, dz .$$

Wie wir oben sahen [6], verschwinden alle rechts stehenden Integrale außer dem für $k = -1$. Dieses Integral ist gleich $2\pi i$, und es gilt daher

$$\int_{l_0} f(z)\, dz = a_{-1} \cdot 2\pi i .$$

Wir betrachten jetzt einen allgemeineren Fall. Sei $f(z)$ in einem abgeschlossenen Bereich B mit dem Rand l regulär mit Ausnahme endlich vieler Punkte $b_1, b_2, \ldots, b_m$, die im Innern von B liegen und Pole oder wesentlich singulär sind. Die entsprechenden Residuen bezeichnen wir mit $a_{-1}^{(s)}$ $(s = 1, 2, \ldots, m)$. Ferner legen wir um jeden dieser singulären Punkte einen geschlossenen Weg l_s. Nach dem CAUCHYschen Satz können wir dann schreiben:

$$\int_{l} f(z)\, dz = \sum_{s=1}^{m} \int_{l_s} f(z)\, dz .$$

Wie wir oben sahen, ist der Wert des Integrals über jeden dieser Wege l_s gleich $a_{-1}^{(s)} \cdot 2\pi i$, und folglich drückt diese vorige Gleichung den Wert des Integrals längs der Berandung von B durch die Residuen der Funktion in denjenigen singulären Punkten aus, die im Innern des Gebietes liegen:

$$\int_{l} f(z)\, dz = 2\pi i \sum_{s=1}^{m} a_{-1}^{(s)} . \tag{114}$$

Residuensatz. *Ist eine Funktion in einem abgeschlossenen Bereich mit Ausnahme endlich vieler Punkte (Pole oder wesentliche Singularitäten), die im Innern des Bereiches liegen, regulär, so ist das Integral der Funktion längs der Berandung des Bereiches gleich der $2\pi i$-fachen Summe der Residuen in den erwähnten singulären Punkten.* Diesen Satz werden wir noch sehr oft anwenden. Zunächst ziehen wir einige theoretische Folgerungen aus ihm, die wir jetzt benötigen. Vor allem wollen wir eine praktische Regel zur Berechnung des Residuums angeben, ohne die Entwicklung der Funktion in eine LAURENT-Reihe zu benutzen. Als erstes Beispiel wählen wir eine Funktion der Gestalt

$$f(z) = \frac{\varphi(z)}{\psi(z)} , \tag{115}$$

wobei $\varphi(z)$ und $\psi(z)$ im Punkt b regulär sind und $\psi(b) = 0$ ist, so daß also im allgemeinen die Funktion (115) in b einen Pol hat; und zwar sei $z = b$ eine einfache

Nullstelle von $\psi(z)$. Die Entwicklung der Funktion $\psi(z)$ in eine TAYLORsche Reihe beginnt daher mit einem Glied erster Ordnung:

$$\psi(z) = c_1(z-b) + c_2(z-b)^2 + \cdots \qquad (c_1 \neq 0).$$

Die Funktion (115) hat also einen Pol erster Ordnung, und in der Nähe von $z = b$ ist

$$f(z) = \frac{\varphi(b) + \frac{\varphi'(b)}{1!}(z-b) + \cdots}{(z-b)[c_1 + c_2(z-b) + \cdots]}.$$

Aus dieser Formel folgt unmittelbar, daß man für das Residuum a_{-1} schreiben kann:

$$a_{-1} = f(z)(z-b)\Big|_{z=b} = \frac{\varphi(b)}{c_1}$$

oder, wenn man $c_1 = \psi'(b)$ berücksichtigt,

(116) $$a_{-1} = \frac{\varphi(b)}{\psi'(b)}.$$

Als zweites Beispiel betrachten wir den Fall, daß die Funktion $f(z)$ für $z = b$ einen Pol beliebiger Ordnung m besitzt:

$$f(z) = \sum_{k=-m}^{\infty} a_k (z-b)^k.$$

Das Produkt $f(z)(z-b)^m$ ist schon eine im Punkt b reguläre Funktion, und a_{-1} ist für dieses Produkt der Koeffizient von $(z-b)^{m-1}$. Wegen der TAYLORschen Reihenentwicklung des Produkts gilt für das Residuum unserer Funktion folgende Beziehung:

(117) $$a_{-1} = \frac{1}{(m-1)!} \frac{d^{m-1}}{dz^{m-1}} [f(z)(z-b)^m]\Big|_{z=b}.$$

Als letztes Beispiel nehmen wir an, die Funktion $f(z)$ habe für $z = b$ eine Nullstelle der Ordnung m, d. h., die TAYLOR-Entwicklung um b beginne mit einem Glied, das $(z-b)^m$ enthält. Daher besitzt $f(z)$ in der Nähe des Punktes b die Darstellung

(118) $$f(z) = (z-b)^m \varphi(z) \qquad (\varphi(b) \neq 0),$$

wobei $\varphi(z)$ in b regulär und von Null verschieden ist. Wir bilden die *logarithmische Ableitung unserer Funktion:*

(119) $$\frac{f'(z)}{f(z)} = \frac{m}{z-b} + \frac{\varphi'(z)}{\varphi(z)}.$$

Daraus ist unmittelbar zu ersehen, daß der Punkt b einfacher Pol der logarithmischen Ableitung ist mit einem Residuum, das gleich der Ordnung der Nullstelle von $f(z)$ selbst ist. Hat $f(z)$ im Punkt b keine Nullstelle, sondern einen Pol der Ordnung m, so gilt eine zu (118) analoge Formel, bei der m durch $-m$ zu ersetzen ist. Dann läßt sich die ganze Rechnung ebenfalls anwenden. Besitzt also die Funktion in einem gewissen Punkt einen Pol der Ordnung n, so hat ihre logarithmische Ableitung in diesem Punkte einen einfachen Pol mit dem Residuum $-n$.

22. Sätze über die Anzahl der Nullstellen. Es sei $f(z)$ in einem abgeschlossenen Bereich B mit dem Rand l regulär und werde auf dem Rande nicht Null. Im Innern von B möge $f(z)$ die Nullstellen $b_1, b_2, \ldots, b_m$ der Vielfachheiten $k_1, k_2, \ldots, k_m$ haben. Die logarithmische Ableitung hat in diesen Punkten b_s einfache Pole mit den Residuen k_s, und der Residuensatz liefert uns

$$\frac{1}{2\pi i}\int\limits_l \frac{f'(z)}{f(z)}\,dz = k_1 + k_2 + \cdots + k_m. \tag{120}$$

Zählt man jede mehrfache Wurzel so oft, wie ihre Vielfachheit angibt, so ist die rechts stehende Summe gleich der Gesamtanzahl der Nullstellen unserer Funktion im Innern des Gebietes. Unter den angegebenen Voraussetzungen bezüglich $f(z)$ *liefert das links stehende Integral die Anzahl der Nullstellen der Funktion, die im Innern des von l berandeten Bereiches liegen.*

Der Integrand besitzt offensichtlich die Stammfunktion $\log f(z)$, und wir erhalten den Wert des Integrals, indem wir den Zuwachs bestimmen, den die Stammfunktion beim Umfahren des Randes l erhält. Wir müssen dabei einen eindeutigen Zweig von $\log f(z)$ betrachten, was bekanntlich darauf hinauskommt, daß sich das Argument der Funktion $f(z)$ beim Umlaufen des Randes l stetig ändert, da ja

$$\log f(z) = \log|f(z)| + i \arg f(z).$$

Nach Umfahren des Randes ist $\log|f(z)|$ gleich dem früheren Wert. Folglich ist allgemein der Zuwachs unserer Stammfunktion gleich dem i-fachen Zuwachs des Argumentes $\arg f(z)$. Gemäß Formel (120) müssen wir den Gesamtzuwachs der Stammfunktion noch durch $2\pi i$ teilen und erhalten schließlich folgendes Ergebnis:

Satz von Cauchy. *Ist die Funktion $f(z)$ in einem abgeschlossenen Bereich B regulär und auf dem Rande l dieses Bereiches von Null verschieden, so ist die Anzahl der Nullstellen von $f(z)$ im Innern des Bereiches gleich der Änderung des Argumentes der Funktion beim Umfahren des Randes, dividiert durch 2π, oder, anders ausgedrückt, gleich der erwähnten Änderung des Argumentes in Einheiten der Größe 2π.*

Der bewiesene Satz gilt offensichtlich für Polynome. Wir wählen als Beispiel ein Polynom dritten Grades und schreiben es als Produkt von Faktoren ersten Grades:

$$a_0 + a_1 z + a_2 z^2 + a_3 z^3 = a_3 (z - b_1)(z - b_2)(z - b_3).$$

Dabei mögen die Nullstellen b_1 und b_2 im Innern der Berandung l liegen und die Nullstelle b_3 im Äußeren. Jeder der Differenzen $z - b_k$ entspricht der Vektor, der von b_k zu z führt. Durchläuft der Punkt z die Kurve l, so erhalten offenbar die Argumente der Vektoren $z - b_1$ und $z - b_2$ den Zuwachs 2π, aber das Argument des Vektors $z - b_3$ ändert sich nicht. Daher ist der Gesamtzuwachs des Argumentes der Funktion gleich 4π (das Argument des Produktes ist gleich der Summe der Argumente der Faktoren). In Einheiten der Größe 2π ist dieser Zuwachs gleich 2, d. h. gleich der Anzahl der Nullstellen im Innern von l.

Wir beweisen noch einen Satz, der sich auf die Nullstellen regulärer Funktionen bezieht und eine unmittelbare Folgerung aus dem Cauchyschen Satz ist. Sei wie früher $f(z)$ in einem abgeschlossenen Bereich regulär und auf dem Rande von Null verschieden. Sei außerdem noch eine Funktion $\varphi(z)$ vorgegeben, die ebenfalls im abgeschlossenen Bereich regulär ist und deren Werte auf dem Rande l dem Betrage nach kleiner sind als die von $f(z)$; auf l gilt also

$$|\varphi(z)| < |f(z)|. \tag{121}$$

Wir wollen die Funktionen

$$f(z) \quad \text{und} \quad f(z) + \varphi(z) \tag{122}$$

untersuchen. Sie erfüllen beide die Bedingungen des CAUCHYschen Satzes. Für die erste von ihnen wurde das vorausgesetzt, und die zweite kann wegen Bedingung (121) auf dem Rande nicht Null werden. Wir wollen jetzt zeigen, daß die zweite der Funktionen (122) im Innern von l ebenso viele Nullstellen hat wie die erste. Dazu betrachten wir ihr Argument auf dem Rande (wobei wir daran erinnern, daß dort $f(z) \neq 0$ ist):

$$\arg[f(z) + \varphi(z)] = \arg f(z) + \arg\left[1 + \frac{\varphi(z)}{f(z)}\right].$$

Zum Beweis unserer Behauptung brauchen wir nur zu zeigen, daß beim Umfahren von l die Änderung des Argumentes

$$\arg\left[1 + \frac{\varphi(z)}{f(z)}\right] \tag{123}$$

gleich Null ist. Gemäß Bedingung (121) ist der Bruch $\frac{\varphi(z)}{f(z)}$ dem Betrage nach kleiner als Eins, und folglich bleibt beim Durchlaufen von l der veränderliche Punkt

$$z' = 1 + \frac{\varphi(z)}{f(z)}$$

stets innerhalb des Kreises C um den Punkt $z' = 1$ mit dem Radius Eins. Der Punkt z' beschreibt eine gewisse geschlossene Kurve, die in C liegt und offenbar nicht um den Nullpunkt herumführt. Daraus folgt, daß die Änderung des Argumentes (123) tatsächlich gleich Null ist.

Satz von ROUCHÉ. *Sind $f(z)$ und $\varphi(z)$ zwei in einem abgeschlossenen Bereich reguläre Funktionen, ist ferner $f(z) \neq 0$ auf dem Rand l des Bereiches und erfüllt $\varphi(z)$ dort die Bedingung* (121), *so haben die Funktionen $f(z)$ und $f(z) + \varphi(z)$ im Innern von l gleich viele Nullstellen.*

Aus diesem Satz von ROUCHÉ folgt unmittelbar der *Fundamentalsatz der Algebra*, der besagt, daß jedes Polynom vom Grade n,

$$a_0 + a_1 z + \cdots + a_n z^n \qquad (a_n \neq 0), \tag{124}$$

in der Ebene genau n Nullstellen hat. Wir wählen nämlich in diesem Fall $f(z) = a_n z^n$ und $\varphi(z) = a_0 + a_1 z + \cdots + a_{n-1} z^{n-1}$. Auf jedem Kreis um den Ursprung mit genügend großem Radius ist offenbar $|\varphi(z)| < |f(z)|$, da der Grad des Polynoms $\varphi(z)$ kleiner als der Grad des Polynoms $f(z)$ ist. Nach dem Satze von ROUCHÉ hat das Polynom (124) innerhalb dieses Kreises ebenso viele Nullstellen wie das Polynom $f(z) = a_n z^n$, und letzteres besitzt im Nullpunkt $z = 0$ eine Nullstelle der Vielfachheit n.

Wir erwähnen noch eine Folgerung aus dem Satz von CAUCHY, die in der Theorie der konformen Abbildung eine wichtige Rolle spielt. Sei

$$w = f(z) \tag{125}$$

in einem abgeschlossenen Bereich regulär, und beim Umfahren der Berandung l durch den Punkt z beschreibe der Punkt w einen geschlossenen Weg l_1, der sich nicht überschneidet (Abb. 20). Wir wollen zeigen: Unter dieser Bedingung bildet die Funktion (125) den Ausgangsbereich B auf einen Bereich B_1 ab, der durch den Weg l_1 begrenzt wird. Im Innern des Randes l_1 wählen wir einen Punkt w_1 und im Äußeren von l_1 irgendeinen weiteren w_2.

Wir müssen zeigen, daß die Funktion

$$F_1(z) = f(z) - w_1$$

im Innern von B eine Nullstelle hat, die Funktion

$$F_2(z) = f(z) - w_2$$

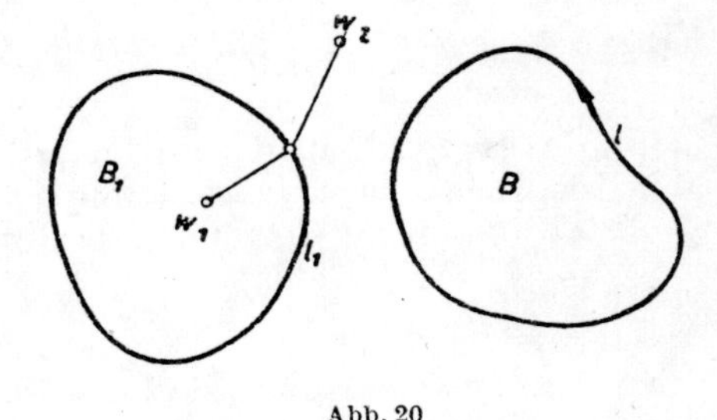

Abb. 20

jedoch nicht. Durchläuft z den Rand l, so entspricht der Differenz $f(z) - w_1 = w - w_1$ der Vektor, der von w_1 ausgeht und zum veränderlichen Punkt w von l_1 führt. Lassen wir z den Rand l in positiver Richtung, d. h. entgegen dem Uhrzeigersinn durchlaufen, so durchläuft w den Rand l_1 entweder entgegen dem Uhrzeigersinn oder umgekehrt. Im ersten Fall ist die Änderung des Argumentes offenbar gleich 2π, und daher hat die Funktion tatsächlich im Innern von l eine Nullstelle. Im zweiten Fall erhalten wir für die Änderung des Argumentes die negative Zahl -2π, und das bedeutet, daß $F_1(z)$ im Innern des Bereiches „minus eine" Nullstelle hat. Das ist jedoch sinnlos, da die Anzahl der Nullstellen gleich Null oder eine ganze positive Zahl sein muß. Daher kann der zweite Fall nicht eintreten. Durchläuft also z den Rand l entgegen dem Uhrzeigersinn, dann muß auch der z entsprechende Punkt w den Rand l_1 in positiver Richtung durchlaufen. Wir untersuchen jetzt die Funktion $F_2(z)$. Der Vektor, der von w_2 zum veränderlichen Punkt w des Randes l_1 führt, erhält beim Umlaufen dieser Berandung keinen Zuwachs des Argumentes, und folglich hat die Funktion $F_2(z)$ tatsächlich im Innern von l keine Nullstelle. Damit haben wir folgenden Satz bewiesen: Ist eine Funktion $f(z)$ in einem abgeschlossenen Bereich B mit dem Rand l regulär und bildet sie l auf einen geschlossenen Weg l_1 ab, der sich nicht überschneidet, so umfährt man beim positiven Umlaufen des Randes l den Rand l_1 ebenfalls in positiver Richtung, und die *Funktion $f(z)$ bildet das Gebiet B auf den durch den Rand l_1 begrenzten Teil der Ebene ab.*

Wir haben den Cauchyschen Satz unter der Voraussetzung hergeleitet, daß die in dem Integral (120) vorkommende Funktion $f(z)$ in einem abgeschlossenen Bereich regulär und auf seinem Rande von Null verschieden ist. Wir setzen jetzt voraus, $f(z)$ habe im Innern des Gebietes eine endliche Anzahl von Polen und sei im übrigen weiter auf dem Rand regulär und von Null verschieden. Dann hat der Integrand von (120), wie wir oben sahen, im Innern des Gebietes in den Nullstellen der Funktion $f(z)$ einfache Pole mit Residuen, die gleich der Vielfachheit der Nullstellen sind. In den Polen von $f(z)$ hat er Residuen, die bis aufs Vorzeichen gleich der Vielfachheit der Pole sind. Wendet man auf das Integral den Residuensatz an, so gilt jetzt an Stelle von Formel (120)

$$\frac{1}{2\pi i}\int_l \frac{f'(z)}{f(z)}\,dz = m - n, \tag{126}$$

wobei m die Gesamtanzahl der Nullstellen und n die der Pole von $f(z)$ im Innern des Gebietes ist. Die Nullstellen mögen die Punkte $b_1, b_2, \ldots, b_m$ sein und die Pole $c_1, c_2, \ldots, c_n$, wobei mehrfache Nullstellen und Pole ihrer Vielfachheit entsprechend gezählt werden. Folgende Formel ist unter Anwendung des Residuensatzes mühelos zu beweisen:

$$(127) \qquad \frac{1}{2\pi i}\int\limits_l z\frac{f'(z)}{f(z)}\,dz = (b_1 + b_2 + \cdots + b_m) - (c_1 + c_2 + \cdots + c_n),$$

d. h., das Integral auf der linken Seite liefert die Differenz zwischen der Summe der Koordinaten der Nullstellen und der Pole. Beispielsweise gilt für eine k-fache Nullstelle b in ihrer Umgebung die Entwicklung

$$z\frac{f'(z)}{f(z)} = [b + (z-b)]\left[\frac{k}{z-b} + a_0 + a_1(z-b) + \cdots\right],$$

woraus unmittelbar folgt, daß das Residuum in b gleich kb ist. Analoge Betrachtungen gelten auch für Pole.

Wir wollen zum Schluß eine Ergänzung zum vorigen Satz über die konforme Abbildung eines Gebietes auf ein anderes bringen. Uns sei bekannt, daß $f(z)$ im Innern eines Gebietes B genau einen, und zwar einfachen Pol hat; in (126) sei also $n = 1$. Ferner führe $f(z)$ den Rand l in einen geschlossenen Weg l_1 über, der sich nicht überschneidet. Dem positiven Umfahren des Randes l soll jedoch das negative Umlaufen des Randes l_1 entsprechen. Wir untersuchen nochmals die Funktionen $F_1(z)$ und $F_2(z)$. Sie haben beide im Innern des Gebietes denselben einfachen Pol wie $f(z)$. Für die erste von ihnen ist die Änderung des Argumentes in Einheiten der Größe 2π gleich -1, aber andererseits muß diese Änderung nach (126) die Differenz zwischen der Anzahl der Nullstellen und derjenigen der Pole liefern, wobei nach Voraussetzung die Funktion einen Pol hat. Daraus folgt, daß die Funktion $F_1(z)$ keine Nullstelle haben kann. Dagegen ist die Änderung des Arguments der Funktion $F_2(z)$ beim Umfahren des Randes l gleich Null, also ist es auch die erwähnte Differenz. Aber diese Funktion hat einen Pol, und folglich muß sie auch eine Nullstelle haben. Daher bildet die Funktion $f(z)$ in diesem Fall das Gebiet im Innern des Randes l auf das Teilgebiet der Ebene ab, das im Äußeren der Berandung l_1 liegt. Dabei geht der Pol der Funktion $f(z)$ in den unendlich fernen Punkt über.

23. Umkehrung von Potenzreihen. Wir wollen den Satz von Rouché auf die Untersuchung der Funktion anwenden, die die Umkehrung nachstehender Potenzreihe ist:

$$(128) \qquad w = a_0 + a_1(z-b) + a_2(z-b)^2 + \cdots = F(z).$$

Zunächst setzen wir voraus, daß der Koeffizient a_1 von Null verschieden ist, es gilt also $F'(b) \neq 0$. Für nahe bei b gelegene Werte z erhalten wir Werte w nahe bei a_0. Es soll bewiesen werden, daß dann eine gewisse Umgebung des Punktes b in eine einblättrige Umgebung von a_0 übergeht, die diesen Punkt im Innern enthält. Daraus folgt unter anderem, daß die Umkehrfunktion von (128) in einer Umgebung des Punktes a_0 eindeutig und regulär und daher in eine Taylorsche Reihe nach Potenzen von $w - a_0$ entwickelbar ist.

Die Funktion

$$f(z) = a_1(z-b) + a_2(z-b)^2 + \cdots$$

hat für $z = b$ eine einfache Nullstelle, während sie in einer gewissen Umgebung dieses Punktes sicherlich von Null verschieden ist [18]. Sei also K derjenige Kreis um b, in dem die Funktion $f(z)$ regulär ist und die einzige Nullstelle $z = b$ hat. Auf dem Rand C von K verschwinde $|f(z)|$ nicht, und es existiere eine positive Zahl m derart, daß auf C die Beziehung $|f(z)| > m$ gilt. Sei ferner K_1 ein Kreis in der w-Ebene um a_0 mit einem Radius ϱ, der kleiner als m ist. In ihm wählen wir einen festen Punkt w_0.

Dann ist $|a_0 - w_0| \leqslant \varrho < m$, d. h., auf dem Rande C des Kreises K wird $|a_0 - w_0| < |f(z)|$, da dort $|f(z)| > m$ ist. Nach dem Satz von Rouché hat dann die Funktion

$$a_0 - w_0 + f(z) = a_0 + f(z) - w_0 = F(z) - w_0$$

in K ebenso viele Nullstellen wie die Funktion $f(z)$, also eine einzige. Mit anderen Worten: Die Werte $w = F(z)$ bedecken den einblättrigen Kreis K_1, wenn z in einer Umgebung des Punktes $z = b$ variiert; d. h. aber, dem einblättrigen Kreis K_1 der w-Ebene entspricht in der z-Ebene eine gewisse, im allgemeinen nicht kreisförmige Umgebung von $z = b$ (die den Punkt b im Innern enthält). Unsere Behauptung ist damit bewiesen. *Ist also in der Reihe* (128) *der Koeffizient* $a_1 \neq 0$, *so geht eine Umgebung von* $z = b$ *in eine einblättrige Umgebung von* $w = a_0$ *über, und die Umkehrung der Reihe* (128) *lautet für zu* a_0 *benachbarte* w

$$z = b + \sum_{n=1}^{\infty} c_n (w - a_0)^n. \tag{129}$$

Wir wollen jetzt den Fall untersuchen, daß in der Reihe (128) einige der ersten Koeffizienten verschwinden:

$$w - a_0 = a_m (z - b)^m + a_{m+1} (z - b)^{m+1} + a_{m+2} (z - b)^{m+2} + \cdots \qquad (a_m \neq 0) \tag{130}$$

oder

$$w - a_0 = a_m (z - b)^m \left[1 + \frac{a_{m+1}}{a_m}(z - b) + \frac{a_{m+2}}{a_m}(z - b)^2 + \cdots\right].$$

Das kann man auch in der Gestalt

$$\sqrt[m]{w - a_0} = \sqrt[m]{a_m}(z - b)\left\{1 + \left[\frac{a_{m+1}}{a_m}(z - b) + \frac{a_{m+2}}{a_m}(z - b)^2 + \cdots\right]\right\}^{\frac{1}{m}} \tag{131}$$

schreiben, wobei wir für $\sqrt[m]{a_m}$ einen bestimmten Wert der Wurzel nehmen. Die letzte Gleichung ist gleichbedeutend mit (130). Der Teil der Summe, der in eckigen Klammern steht, kommt für hinreichend nahe bei b gelegene Werte z der Null beliebig nahe; wir können daher die geschweifte Klammer in eine binomische Reihe entwickeln [16]:

$$\{1 + [\,]\}^{\frac{1}{m}} = 1 + \frac{1}{m}[\,] + \frac{\frac{1}{m}\left(\frac{1}{m} - 1\right)}{2!}[\,]^2 + \cdots.$$

Es läßt sich ein hinreichend kleiner Kreis um $z = b$ angeben, in dem die eckige Klammer eine reguläre Funktion ist und dem Betrage nach eine Zahl q (kleiner als Eins) nicht übertrifft. In diesem Kreis konvergiert die angegebene Reihe absolut und gleichmäßig, ihre Glieder sind dort Potenzreihen. Wendet man den Weierstrassschen Doppelreihensatz an, so erhält man in dem erwähnten Kreis eine

Entwicklung der geschweiften Klammer der rechten Seite von (131) in eine Potenzreihe

$$\{1 + [\;]\}^{\frac{1}{m}} = 1 + c_1 (z - b) + c_2 (z - b)^2 + \cdots.$$

Die Gleichung (131) kann dann auf die Gestalt

$$(131_1) \qquad \sqrt[m]{w - a_0} = d_1 (z - b) + d_2 (z - b)^2 + \cdots$$

gebracht werden, wobei $d_1 = \sqrt[m]{a_m} \neq 0$ ist. Mit Hilfe der binomischen Formel haben wir einen bestimmten Wert der Wurzel aus der rechten Seite von (130) gewonnen, der in (131_1) auf der linken Seite wieder erscheint. Wir bezeichnen ihn mit w':

$$(132) \qquad w' = \sqrt[m]{w - a_0} = d_1 (z - b) + d_2 (z - b)^2 + \cdots$$

Nach dem oben Bewiesenen ($d_1 \neq 0$) geht eine einblättrige Umgebung des Punktes $z = b$ in eine ebensolche von $w' = 0$ über, und wegen $w - a_0 = w'^m$ wird eine einblättrige Umgebung von $w' = 0$ auf eine m-blättrige des Punktes $w = a_0$ abgebildet [19]. *Unter der Voraussetzung* (130) *geht also eine einblättrige Umgebung von $z = b$ in eine m-blättrige Umgebung des Punktes $w = a_0$ über.*

Ferner ist für $z = b$ die Ableitung von (132) von Null verschieden; folglich ändern sich bei der durch diese Funktion vermittelten Abbildung die Winkel im Punkt $z = b$ nicht [3]. Außerdem vergrößert die Abbildung $w - a_0 = w'^m$ im Punkte $w' = 0$ die Winkel um das m-fache, da sich beim Potenzieren mit m das Argument der komplexen Zahl w' mit m multipliziert. *Bei der durch die Funktion* (130) *vermittelten Abbildung vergrößern sich also die Winkel im Punkt $z = b$ auf das m-fache.*

Schließlich lautet die Umkehrung der Potenzreihe (132) nach dem oben Bewiesenen

$$z = b + \sum_{n=1}^{\infty} e_n w'^n.$$

Geht man zur Veränderlichen w zurück, so erhält man die Umkehrung der Potenzreihe (130) in der Gestalt

$$(133) \qquad z = b + \sum_{n=1}^{\infty} e_n \left(\sqrt[m]{w - b}\right)^n.$$

Wir vermerken noch, daß die Formel $w' = \sqrt[m]{w - b}$ aus einer m-blättrigen Umgebung von $w = b$ eine einblättrige von $w' = 0$ liefert, wenn wir alle möglichen Werte der angegebenen Wurzel nehmen. Auch in der Entwicklung (133) müssen wir alle Werte der auf der rechten Seite stehenden Wurzel benutzen, um eine einblättrige Umgebung des Punktes $z = b$ zu erhalten.

Bisher haben wir angenommen, daß b und der ihm entsprechende Punkt a_0 im Endlichen lagen. Völlig analoge Resultate erhält man auch dann, wenn einer dieser Punkte oder beide im Unendlichen liegen. Sei beispielsweise $b = \infty$ und a_0 endlich. Dann gilt an Stelle der Entwicklung (130)

$$(134) \qquad w - a_0 = a_m \frac{1}{z^m} + a_{m+1} \frac{1}{z^{m+1}} + \cdots \qquad (m > 0; \quad a_m \neq 0).$$

Ist $m = 1$, so geht eine einblättrige Umgebung von $z = \infty$ in eine ebensolche von $w = a_0$ über. Für $a_0 = \infty$ und endliches b hat unsere Funktion im Punkt $z = b$ einen Pol. Ist er einfach, lautet also die Entwicklung

$$w = \frac{a_{-1}}{z - b} + a_0 + a_1 (z - b) + \cdots, \tag{135}$$

so geht eine einblättrige Umgebung von $z = b$ in eine ebensolche von $w = \infty$ über. Schließlich ist unsere Funktion für $b = a_0 = \infty$ in einer Umgebung des unendlich fernen Punktes definiert und hat in diesem Punkt einen Pol. Ist er einfach, so hat die Entwicklung die Gestalt

$$w = az + a_0 + \frac{a_1}{z} + \frac{a_2}{z^2} + \cdots, \tag{136}$$

und eine einblättrige Umgebung von $z = \infty$ geht in eine ebensolche von $w = \infty$ über. Die Umkehrfunktion von (136) läßt sich dann folgendermaßen entwickeln:

$$z = \frac{1}{a} w + b_0 + \frac{b_1}{w} + \frac{b_2}{w^2} + \cdots. \tag{137}$$

24. **Das Spiegelungsprinzip.** In [18] haben wir die analytische Fortsetzung aus einem Gebiet B_1 in ein neues Gebiet B_2 für den Fall definiert, daß sich beide teilweise überdecken. Dabei haben wir kein praktisches Verfahren angegeben, wie die analytische Fortsetzung tatsächlich ausführbar ist. Jetzt zeigen wir eine Möglichkeit in dem Spezialfall, daß sich das neue Gebiet nicht mit dem alten überschneidet, sondern mit ihm nur längs eines gewissen Weges in Berührung kommt. Vorher müssen wir einen Hilfssatz beweisen.

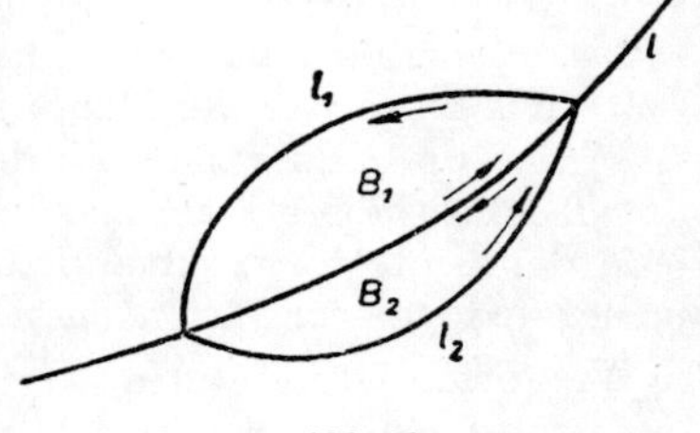

Abb. 21

Satz von RIEMANN. *Ist eine Funktion $f_1(z)$ auf einer Seite eines Bogenstücks einer Kurve L und auf ihr selbst regulär und besitzt eine Funktion $f_2(z)$ auf der anderen Seite der Kurve dieselbe Eigenschaft, stimmen ferner die Werte beider Funktionen auf einem Bogen von L überein, so bestimmen $f_1(z)$ und $f_2(z)$ eine einzige reguläre Funktion in einem Gebiet, das den erwähnten Bogen enthält. Mit anderen Worten: $f_2(z)$ ist die analytische Fortsetzung von $f_1(z)$ (und umgekehrt).*

Wir zeichnen zum Beweis zwei Kurvenbögen l_1 und l_2, deren gemeinsame Enden auf L liegen, wobei der erste von ihnen im Regularitätsgebiet der Funktion $f_1(z)$ und der zweite in dem von $f_2(z)$ liegt, so daß in den Gebieten B_1 und B_2, die durch die Ränder l_1 und L bzw. l_2 und L begrenzt sind, $f_1(z)$ bzw. $f_2(z)$ regulär sind (Abb. 21). In B_1 wählen wir einen Punkt z. Da er außerhalb B_2 liegt, können wir schreiben [7]:

$$f_1(z) = \frac{1}{2\pi i} \int_{l_1 + L} \frac{f_1(z')}{z' - z} dz';$$

$$0 = \frac{1}{2\pi i} \int_{l_2 + L} \frac{f_2(z')}{z' - z} dz'.$$

Addieren wir diese Gleichungen, so müssen wir zweimal über das Bogenstück von L, und zwar in entgegengesetzten Richtungen, integrieren, wobei die Integranden beide Male dieselben sind; denn nach Voraussetzung stimmen die Werte von $f_1(z')$ und $f_2(z')$ auf dem genannten Bogen überein. Daher heben sich die Integrale gegenseitig auf, und es bleiben nur die über l_1 und l_2 erstreckten übrig. Zur Abkürzung bezeichnen wir mit $f(z')$ die Funktion, die auf l_1 gleich $f_1(z')$ und auf l_2 gleich $f_2(z')$ ist. Führt man also die erwähnte Addition aus, so bekommt man

$$f_1(z) = \frac{1}{2\pi i} \int_{l_1+l_2} \frac{f(z')}{z'-z}\, dz'.$$

Entsprechend erhalten wir, wenn wir den Punkt z in B_2 wählen,

$$f_2(z) = \frac{1}{2\pi i} \int_{l_1+l_2} \frac{f(z')}{z'-z}\, dz',$$

d. h., $f_1(z)$ und $f_2(z)$ sind durch ein und dasselbe CAUCHYsche Integral längs des geschlossenen Weges $l_1 + l_2$ darstellbar. Folglich ist die erste dieser Funktionen aus dem Gebiet B_1 in B_2 analytisch fortsetzbar und die zweite aus B_2 in B_1, sie erzeugen also eine einzige analytische Funktion. Damit ist der Satz von RIEMANN bewiesen.

Wir haben in diesem Beweis die CAUCHYsche Formel benutzt, die auch dann gilt, wenn die Funktion auf dem Rande nicht regulär ist, sondern nur stetig im abgeschlossenen Bereich und regulär im Innern. Daher brauchen wir bei dem Satz von RIEMANN die gegebenen Funktionen $f_1(z)$ und $f_2(z)$ auf dem Bogen selbst nicht als regulär vorauszusetzen. Es reicht hin, wenn $f_1(z)$ auf der einen Seite des Bogens L regulär und bis zu ihm hin stetig ist und wenn dasselbe für $f_2(z)$ auf der anderen Seite des Bogens gilt, wobei die Werte dieser Funktionen auf L selbst übereinstimmen müssen. Dann sagt der Satz von RIEMANN aus, daß jede der Funktionen über den Bogen hinweg analytisch fortsetzbar ist und daß ferner jede dieser Funktionen die analytische Fortsetzung der anderen darstellt.

Wir formulieren jetzt das (oft nach H. A. SCHWARZ benannte)

Spiegelungsprinzip. *Ist eine Funktion $f(z)$ auf der einen Seite eines Intervalls (a, b) der reellen Achse regulär und bis zu ihm hin stetig, und sind in dem Intervall selbst ihre Werte reell, so ist sie über (a, b) hinweg fortsetzbar; und zwar nimmt $f(z)$ in den Punkten, die symmetrisch zur reellen Achse liegen, konjugiert komplexe Werte an.*

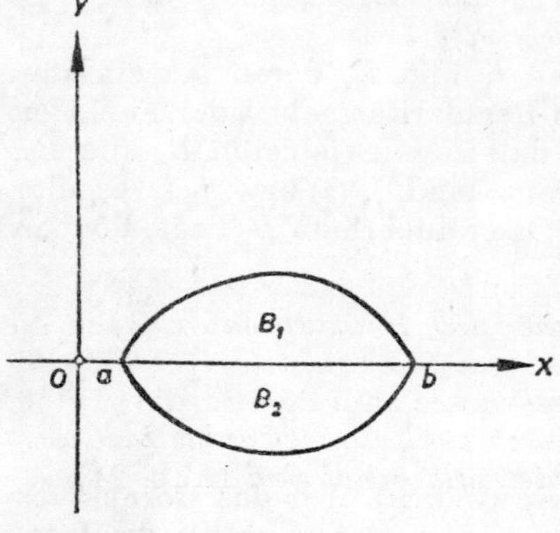

Abb. 22

Sei $f_1(z)$ in einem Gebiet B_1, das an das Intervall (a, b) angrenzt und über ihm liegt (Abb. 22), regulär. Wir konstruieren das zu B_1 in bezug auf die reelle Achse symmetrische Gebiet B_2 und definieren dort eine Funktion $f_2(z)$ folgendermaßen: $f_2(z)$ nimmt in jedem Punkt A_2 aus B_2 den Wert an, der zu dem Wert der Ausgangsfunktion $f_1(z)$ im Punkte A_1, der zu A_2 in bezug auf die reelle Achse symmetrisch liegt, konjugiert komplex ist. Die symmetrischen Punkte A_1 und A_2 haben konjugiert komplexe Koordinaten; bezeichnet man also (wie üblich) mit $\bar{\alpha}$ die zu α konjugiert komplexe Zahl, so kann man die Definition von $f_2(z)$ in B_2 folgendermaßen notieren:

$$f_2(z) = \overline{f_1(\overline{z})}.$$

Die so konstruierte Funktion ist im Gebiet B_2 regulär. Für sie sind nämlich der Zuwachs Δz der unabhängigen Veränderlichen und der Zuwachs Δw der Funktion komplexe Größen, die zu den entsprechenden Größen der Funktion $f_1(z)$ in symmetrischen Punkten konjugiert sind. Daher strebt das Verhältnis Δw zu Δz für die Funktion $f_2(z)$ gegen einen bestimmten Grenzwert, der gleich dem konjugiert komplexen Wert des analogen Grenzwertes für $f_1'(z)$ ist, also gegen $\overline{f_1'(\overline{z})}$. Somit ist die Funktion $f_2(z)$ im Gebiet B_2 regulär. In dem Intervall (a, b) selbst stimmen die Werte von $f_2(z)$ mit denen von $f_1(z)$ überein, da hier die Werte von $f_1(z)$ reell sind. Daher ist $f_2(z)$ nach dem Satz von RIEMANN die analytische Fortsetzung von $f_1(z)$ über dieses Intervall hinaus, womit das Spiegelungsprinzip bewiesen ist.

Wir können das Spiegelungsprinzip auch folgendermaßen geometrisch formulieren: Ist eine Funktion $f_1(z)$ auf der einen Seite des Intervalls (a, b) der reellen Achse regulär und bildet sie dieses Intervall auf ein anderes der reellen Achse ab, so ist sie über (a, b) hinweg analytisch fortsetzbar; zur reellen Achse symmetrische Punkte bildet sie auf Punkte ab, die wieder zur reellen Achse symmetrisch liegen.

Das Spiegelungsprinzip läßt sich noch verallgemeinern, indem man den Begriff der *in bezug auf einen Kreis symmetrisch liegenden Punkte* einführt. Wir bezeichnen nämlich zwei Punkte als symmetrisch in bezug auf einen Kreis, wenn sie auf ein und demselben Radius liegen (einer auf ihm selbst und der andere auf seiner Verlängerung) und das Produkt des Abstandes dieser Punkte vom Zentrum gleich dem Quadrat des Kreisradius ist *(sog. Inversion am Kreis)* (Abb. 23).

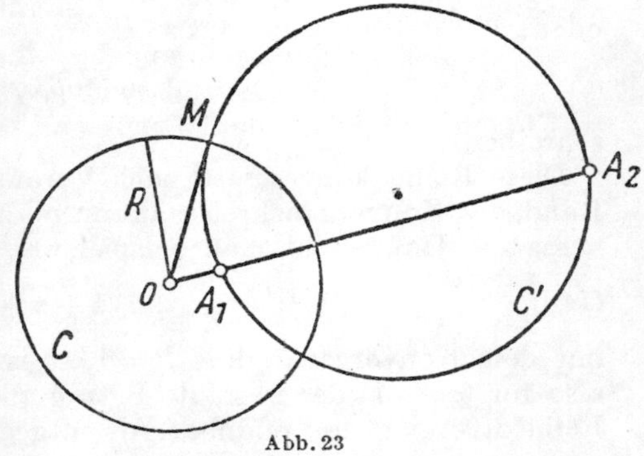

Abb. 23

Seien A_1 und A_2 zwei Punkte, die in bezug auf den Kreis C symmetrisch sind. Wir zeichnen durch sie irgendeinen Kreis C'; es sei M einer der Schnittpunkte von C' mit C.

Das Produkt von $\overline{OA_2}$ mit $\overline{OA_1}$ ist einerseits gleich dem Quadrat der Tangente (nach einem elementargeometrischen Satz) und andererseits nach Definition der Inversion am Kreis gleich dem Quadrat des Radius $\overline{OM}^2$. Daher ist der Radius $\overline{OM}$ Tangente an den Kreis C'; also ist C' orthogonal zum Kreis C.

Daraus folgt: für zwei zu C symmetrische Punkte A_1 und A_2 ist die Tatsache charakteristisch, daß jeder durch sie hindurchführende Kreis orthogonal zu C ist. Mit anderen Worten: *Das Büschel der Kreise, welche durch Punkte hindurchgehen, die in bezug auf einen Kreis C symmetrisch liegen, besteht aus Kreisen, die zu C orthogonal sind.* Dieselbe charakteristische Eigenschaft besitzen auch zwei Punkte, die zu einer Geraden symmetrisch liegen: *Das Büschel der durch zwei solche Punkte hindurchgehenden Kreise besteht aus Kreisen, die zur Geraden orthogonal sind* (Abb. 24).

In allgemeiner Form lautet nun das Spiegelungsprinzip so: Ist eine Funktion $f_1(z)$ auf einer Seite eines Bogens (a, b) eines Kreises C_1 regulär und bis zu

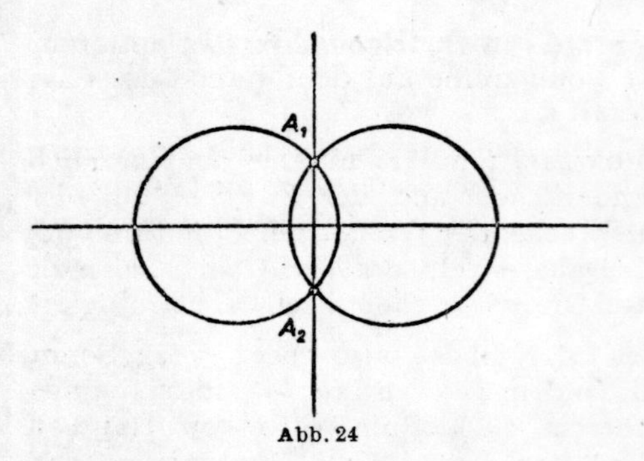

Abb. 24

diesem Bogen hin stetig, bildet sie ihn ferner auf einen gewissen anderen Bogen eines Kreises C_2 ab, so ist $f_1(z)$ über (a, b) hinaus analytisch fortsetzbar. Dabei werden Punkte, die zu C_1 symmetrisch liegen, auf Punkte abgebildet, die bezüglich C_2 symmetrisch liegen. Hierbei können wir unter dem Wort „Kreis" sowohl Kreise im eigentlichen Sinne als auch Geraden verstehen.

Den Beweis dieses allgemeinen Spiegelungsprinzips führen wir am Anfang des folgenden Kapitels durch.

25. Taylorsche Reihen auf dem Rande des Konvergenzkreises. Wir betrachten die Taylorsche Reihe

$$\sum_{k=0}^{\infty} a_k (z-b)^k \tag{138}$$

mit dem Konvergenzradius R. Wird $z - b = \varrho e^{i\varphi}$ gesetzt, so kann man die Reihe (138) in der Gestalt

$$\sum_{k=0}^{\infty} a_k \varrho^k e^{ik\varphi} \tag{139}$$

oder

$$\sum_{k=0}^{\infty} a_k (\cos k\varphi + i \sin k\varphi)\, \varrho^k$$

schreiben.

Diese Reihe konvergiert nach Voraussetzung für $\varrho < R$. Für $\varrho = R$, also den Rand des Konvergenzkreises, kann man über die Konvergenz nichts Bestimmtes aussagen. Untersucht man beispielsweise die Reihe

$$1 + z + z^2 + \cdots \tag{140}$$

mit dem Konvergenzradius $R = 1$, so ist auf dem Rande des Konvergenzkreises, also für $|z| = 1$, der absolute Betrag aller Glieder der Reihe gleich Eins, und die Reihe divergiert dort offenbar. Als entgegengesetztes Beispiel erweist sich die Reihe

$$1 + \frac{z}{1^2} + \frac{z^2}{2^2} + \cdots. \tag{141}$$

Für sie ist das Verhältnis des absoluten Betrages eines Gliedes zu dem des vorhergehenden gleich

$$\left| \frac{z^{n+1}}{(n+1)^2} \right| : \left| \frac{z^n}{n^2} \right| = \left(\frac{n}{n+1} \right)^2 |z|.$$

Es strebt gegen $|z|$, und somit ist nach dem D'Alembertschen Kriterium der Konvergenzradius dieser Reihe ebenfalls gleich Eins. Setzt man $z = e^{i\varphi}$, so erhält man eine Reihe aus Gliedern, deren absolute Beträge, $\frac{1}{n^2}$, eine konvergente Reihe bilden. Die Reihe (141) konvergiert also absolut und gleichmäßig nicht nur innerhalb des Konvergenzkreises, sondern auch auf seinem Rande. Wir haben damit gesehen, daß es für die Konvergenz einer Potenzreihe auf dem Rande des Konvergenzkreises verschiedene Möglichkeiten gibt.

Wir hatten früher gezeigt, daß Differentiation und Integration einer Potenzreihe den Konvergenzkreis nicht ändern. Diese Operationen können aber die Konvergenz auf dem Rande wesentlich beeinflussen. Integriert man beispielsweise die Reihe (140) zweimal, so erhält man die Reihe

$$\frac{z^2}{1\cdot 2}+\frac{z^3}{2\cdot 3}+\frac{z^4}{3\cdot 4}+\cdots,$$

die ebenso wie (141) absolut und gleichmäßig im abgeschlossenen Kreis konvergiert.

Wir geben nun einen Satz an, der etwas über eine auf dem Rande des Konvergenzkreises konvergierende Reihe aussagt. Einen entsprechenden Satz haben wir früher [I, 149] für eine reelle Variable bewiesen. Hier wollen wir uns mit dem Beweis nicht aufhalten, wir formulieren nur das Ergebnis:

Zweites ABELsches Theorem. *Konvergiert die Potenzreihe* (138) *in einem Punkt* $z-b=Re^{i\varphi_0}$ *auf dem Rande des Konvergenzkreises, so konvergiert sie auf dem ganzen Radius* $\arg(z-b)=\varphi_0$ *gleichmäßig.* Daraus folgt unmittelbar, daß die Summe der Reihe auf diesem Radius eine stetige Funktion ist. Ihr Wert im Randpunkte $Re^{i\varphi_0}$ ist daher gleich dem Grenzwert, dem die Werte der Reihe bei Annäherung an den Punkt $Re^{i\varphi_0}$ längs des Radius von innen her zustreben.[1]) Auf diesem Satz beruht die einfache Bestimmung der Summen einiger trigonometrischer Reihen.

Wir betrachten ein Beispiel dazu. In der Entwicklung

$$\log(1+z)=\frac{z}{1}-\frac{z^2}{2}+\frac{z^3}{3}-\frac{z^4}{4}+\cdots$$

ersetzen wir z durch $-z$ und subtrahieren die erhaltene Reihe von der vorigen. Auf diese Weise erhält man die Reihe

$$\log\frac{1+z}{1-z}=2\left(\frac{z}{1}+\frac{z^3}{3}+\frac{z^5}{5}+\cdots\right) \tag{142}$$

mit dem Konvergenzkreis $|z|<1$. Wir setzen $z=e^{i\varphi}$ und trennen Real- und Imaginärteil; dann ist die rechte Seite gleich

$$2\left(\frac{\cos\varphi}{1}+\frac{\cos 3\varphi}{3}+\frac{\cos 5\varphi}{5}+\cdots\right)+i2\left(\frac{\sin\varphi}{1}+\frac{\sin 3\varphi}{3}+\frac{\sin 5\varphi}{5}+\cdots\right).$$

Man kann, worauf wir nicht eingehen wollen, zeigen, daß diese beiden trigonometrischen Reihen konvergieren, wenn φ verschieden von $k\pi$ $(k=0,\pm 1,\pm 2,\ldots)$ ist. Es sollen jetzt die Summen dieser Reihen bestimmt werden. Trennt man Real- und Imaginärteil von (142), so ist

$$\log\frac{1+z}{1-z}=\log\frac{|1+z|}{|1-z|}+i\arg\frac{1+z}{1-z}.$$

Aus Abb. 25 erhalten wir für $z=e^{i\varphi}$ leicht

$$|1+z|=2\left|\cos\frac{\varphi}{2}\right| \qquad (0<\varphi<2\pi);$$

$$|1-z|=2\sin\frac{\varphi}{2}.$$

[1]) Dieser Sachverhalt ist in der deutschen Literatur als Spezialfall des ABELschen Grenzwertsatzes bekannt. (Anm. d. wiss. Red.)

Das Argument des Bruches $\frac{1+z}{1-z}$ ist gleich dem Winkel, den der Vektor $\overrightarrow{M'A}$, also $-z-1$, mit dem Vektor $\overrightarrow{MA}$, also $z-1$, bildet. Für $z = 0$ ist die Summe der Reihe (142) gleich Null, der Winkel muß dann ebenfalls gleich Null sein.

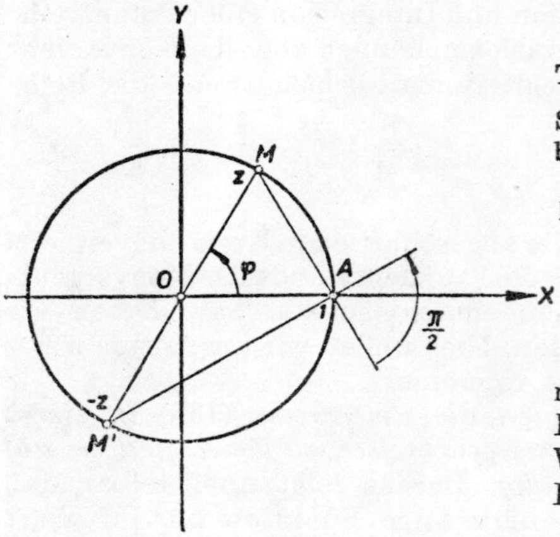

Für $z = e^{i\varphi}$ dagegen ist er nach dem Satz des THALES offenbar gleich $\pm\frac{\pi}{2}$. Damit haben wir die Summen der angegebenen trigonometrischen Reihen bestimmt:

$$\log \operatorname{ctg} \frac{\varphi}{2} = 2\left(\frac{\cos\varphi}{1} + \frac{\cos 3\varphi}{3} + \cdots\right)$$
$$\frac{\pi}{2} = 2\left(\frac{\sin\varphi}{1} + \frac{\sin 3\varphi}{3} + \cdots\right). \qquad (0 < \varphi < \pi);$$

Abb. 25

Wir weisen noch auf eine Tatsache hin, die mit der Darstellung von trigonometrischen Reihen in der Gestalt (139) zusammenhängt. Wir trennen Real- und Imaginärteil der Koeffizienten a_k, so daß $a_k = \alpha_k - i\beta_k$ ist.

Setzt man das in (139) ein und spaltet die ganze Summe in Real- und Imaginärteil auf, so erhält man

$$(143) \qquad f(z) = \sum_{k=0}^{\infty} (\alpha_k \cos k\varphi + \beta_k \sin k\varphi)\,\varrho^k + i\sum_{k=0}^{\infty} (-\beta_k \cos k\varphi + \alpha_k \sin k\varphi)\,\varrho^k .$$

Die zweite trigonometrische Reihe unterscheidet sich von der ersten lediglich dadurch, daß die Koeffizienten von $\cos k\varphi$ und $\sin k\varphi$ vertauscht sind. Bei den bei $\sin k\varphi$ stehenden Koeffizienten ist außerdem das Vorzeichen geändert. Gewöhnlich bezeichnet man die zweite trigonometrische Reihe als *zur ersten konjugiert*. Wir bemerken noch, daß wir bei der Aufspaltung der Koeffizienten a_k das Minuszeichen lediglich wegen der größeren Einfachheit der weiteren Formeln eingeführt haben. Eine wesentliche Rolle spielt das nicht, da die reelle Zahl β_k sowohl positiv als auch negativ sein kann.

26. Der Hauptwert eines Integrals. Wir gehen nun zur Untersuchung der Grenzwerte von CAUCHYschen Integralen über. Zunächst müssen wir im Zusammenhang mit Integralen über unstetige Funktionen einen neuen Begriff einführen. Sei $x = c$ ein Punkt im Innern eines endlichen Intervalls (a, b) und $f(x)$ eine in diesem Intervall definierte Funktion. Ferner sollen die Integrale

$$(144) \qquad \int_a^{c-\varepsilon} f(x)\,dx \quad \text{und} \quad \int_{c+\varepsilon}^{b} f(x)\,dx$$

für beliebiges $\varepsilon > 0$ existieren. Wir nehmen beispielsweise an, daß $f(x)$ in (a, b) außer im Punkte $x = c$ stetig ist und für $x \to c$ nicht beschränkt bleibt. Das uneigentliche Integral von $f(x)$ über das Intervall (a, b) wird nun folgendermaßen definiert: Streben die Integrale (144) für $\varepsilon \to +0$ gegen endliche Grenzwerte, so bezeichnet man die Summe dieser Grenzwerte als Integral von $f(x)$ über das Intervall (a, b) [I, 97]. Existieren die einzelnen Grenzwerte dieser Integrale nicht, strebt aber die Summe der Integrale für $\varepsilon \to +0$ gegen einen endlichen Grenzwert, so bezeichnet man ihn, also

$$\lim_{\varepsilon \to +0} \left[\int_a^{c-\varepsilon} f(x)\,dx + \int_{c+\varepsilon}^{b} f(x)\,dx\right],$$

als *Hauptwert* des Integrals von $f(x)$ über das Intervall (a, b):

$$\text{Hauptwert} \int_a^b f(x)\,dx = \lim_{\varepsilon \to +0} \left[\int_a^{c-\varepsilon} f(x)\,dx + \int_{c+\varepsilon}^b f(x)\,dx \right]. \tag{145}$$

Im folgenden werden wir der Kürze halber das Wort Hauptwert nicht mehr schreiben. Charakteristisch für die Definition von (145) ist die Tatsache, daß in den Grenzen der auf der rechten Seite der Formel stehenden Integrale ein und dieselbe Zahl ε steht, die gegen $+0$ strebt.

Entsprechend kann man den Hauptwert eines Integrals auch dann definieren, wenn $f(x)$ mehrere Unstetigkeitsstellen im Innern des Intervalls hat. Existiert das gewöhnliche uneigentliche Integral der Funktion $f(x)$ über das ganze Intervall (a, b) [I, 97], so ist offenbar der Hauptwert des Integrals (145) mit ihm identisch. Aus der Definition (145) folgt unmittelbar, daß ein konstanter Faktor vor das Integralzeichen gezogen werden darf und daß das Integral über die Summe endlich vieler Summanden gleich der Summe der Integrale über die einzelnen Summanden ist. Dabei wird vorausgesetzt, daß der Hauptwert des Integrals über die Summanden existiert.

Wir geben einfache Beispiele für den Hauptwert eines Integrals an. Betrachten wir

$$\int_a^b \frac{dt}{(t-x)^p}, \tag{146}$$

wobei $a < x < b$ und p eine feste, positive ganze Zahl ist.

Für $p > 1$ erhalten wir

$$\int_a^{x-\varepsilon} \frac{dt}{(t-x)^p} + \int_{x+\varepsilon}^b \frac{dt}{(t-x)^p} = -\frac{1}{p-1}\left\{\frac{1}{(b-x)^{p-1}} - \frac{1}{(a-x)^{p-1}} + [(-1)^{p-1} - 1]\frac{1}{\varepsilon^{p-1}}\right\}.$$

Für gerades p ist der letzte Summand rechts gleich $-2 \cdot \varepsilon^{1-p}$, und die rechte Seite wird für $\varepsilon \to +0$ beliebig groß; also existiert das Integral (146) nicht. Ist p eine ungerade Zahl, so enthält die rechte Seite ε nicht, und wir erhalten

$$\int_a^b \frac{dt}{(t-x)^p} = \frac{1}{1-p}\left[\frac{1}{(b-x)^{p-1}} - \frac{1}{(a-x)^{p-1}}\right] \qquad (p \text{ ungerade}).$$

Für $p = 1$ gilt

$$\int_a^{x-\varepsilon} \frac{dt}{t-x} + \int_{x+\varepsilon}^b \frac{dt}{t-x} = \log(x-t)\Big|_{t=a}^{t=x-\varepsilon} + \log(t-x)\Big|_{t=x+\varepsilon}^{b} = \log\frac{b-x}{x-a},$$

also ist

$$\int_a^b \frac{dt}{t-x} = \log\frac{b-x}{x-a}.$$

Erfüllt eine Funktion $\omega(x)$ für beliebige Werte x_1, x_2 aus dem Intervall (a, b) die Bedingung

$$|\omega(x_2) - \omega(x_1)| \leqslant k\,|x_2 - x_1|^\alpha, \tag{147}$$

wobei k und α positive Konstanten $(0 < \alpha \leqslant 1)$ sind, so sagen wir, daß *sie im genannten Intervall einer* LIPSCHITZ*-Bedingung mit dem Exponenten* α genügt. Früher hatten wir diese Bedingung für $\alpha = 1$ eingeführt und gesehen, daß sie erfüllt ist, wenn $\omega(x)$ innerhalb des Intervalls eine beschränkte Ableitung besitzt [II, 51].

Wir wollen jetzt das Integral

$$f(x) = \int_a^b \frac{\omega(t)}{t-x}\,dt \tag{148}$$

untersuchen, das man auch folgendermaßen schreiben kann:

$$\int_a^b \frac{\omega(t)}{t-x}\,dt = \int_a^b \frac{\omega(t)-\omega(x)}{t-x}\,dt + \omega(x)\int_a^b \frac{dt}{t-x}.$$

Unter der Bedingung (147) erhält man folgende Abschätzung des Integranden beim ersten Integral in der Umgebung des Punktes $t = x$:

$$\left|\frac{\omega(t)-\omega(x)}{t-x}\right| \leqslant \frac{k}{|t-x|^{1-\alpha}}, \tag{149}$$

und daher ist dieses Integral absolut konvergent [II, 82]. Das zweite Integral ist gleich

$$\omega(x)\log\frac{b-x}{x-a}.$$

Damit hat (148) für jedes x aus (a, b) einen Sinn, wenn $\omega(t)$ die LIPSCHITZ-Bedingung (147) erfüllt. Die durch Gleichung (148) definierte Funktion ist für alle x aus (a, b) erklärt. Wir bilden den Ausdruck

$$\int_a^{x-\varepsilon} \frac{\omega(t)}{t-x}\,dt + \int_{x+\varepsilon}^b \frac{\omega(t)}{t-x}\,dt. \tag{150}$$

Die Integranden sind für positives ε stetige Funktionen von t und x, sofern x aus einem beliebigen abgeschlossenen Teilintervall von (a, b) stammt und t im Intervall $(a, x-\varepsilon)$ oder $(x+\varepsilon, b)$ liegt. Daher ist der Ausdruck (150) eine stetige Funktion von x [II, 80]. Benutzt man die Identität

$$\frac{\omega(t)}{t-x} = \frac{\omega(t)-\omega(x)}{t-x} + \omega(x)\frac{1}{t-x}$$

und die Bedingung (147), so ist leicht zu zeigen, daß der Ausdruck (150) für $\varepsilon \to +0$ in bezug auf x gleichmäßig gegen den Limes $f(x)$ strebt. Folglich ist die durch Formel (148) definierte Funktion $f(x)$ stetig in jedem abgeschlossenen Intervall, das in (a, b) liegt: $f(x)$ ist im Innern des Intervalls (a, b) eine stetige Funktion.

Wir beweisen ferner folgendes schärfere Ergebnis: Erfüllt $\omega(t)$ eine LIPSCHITZ-Bedingung mit dem Exponenten $\alpha < 1$, so genügt $f(x)$ in jedem Teilintervall von (a, b) ebenfalls einer solchen Bedingung mit demselben Exponenten α. Ist aber in (147) $\alpha = 1$, so genügt $f(x)$ einer LIPSCHITZ-Bedingung mit einem beliebigen Exponenten, der kleiner als Eins ist.

Aus (147) folgt offenbar die Stetigkeit von $\omega(x)$. Umgekehrt folgt aber aus der Stetigkeit nicht, daß diese Funktion einer LIPSCHITZ-Bedingung genügt; letztere fordert also mehr als die einfache Stetigkeit. Für die Existenz des Integrals (148) in einem Punkte x genügt es nun zu fordern, daß $\omega(t)$ in einer gewissen Umgebung des Punktes x einer LIPSCHITZ-Bedingung genügt und im übrigen Teil des Intervalls (a, b) stetig oder auch nur integrierbar ist. In der Tat brauchen wir für die Existenz des Integrals (148) die Abschätzung (149) nur für alle Werte t, die genügend nahe bei x liegen. Wenn jeder Punkt x aus (a, b) durch ein Intervall überdeckt werden kann, in dem die LIPSCHITZ-Bedingung (147) für eine bestimmte Wahl von k und α erfüllt ist, so existiert das Integral (148) für alle x aus (a, b). Dabei können für verschiedene in (a, b) liegende Intervalle die Konstanten k und α verschieden sein.

Wir wollen jetzt untersuchen, wann eine Variablensubstitution im Integral (148) vorgenommen werden darf. Dazu benutzen wir das Lemma: *Gibt es ein $\eta_1(\varepsilon)$ und ein $\eta_2(\varepsilon)$ derart, daß die Quotienten $\eta_1(\varepsilon):\varepsilon$ und $\eta_2(\varepsilon):\varepsilon$ für $\varepsilon \to +0$ gegen Null streben, so ist*

$$\int_a^b \frac{\omega(t)}{t-x}\,dt = \lim_{\varepsilon\to+0}\left[\int_a^{x-\varepsilon+\eta_1(\varepsilon)} \frac{\omega(t)}{t-x}\,dt + \int_{x+\varepsilon+\eta_2(\varepsilon)}^{b} \frac{\omega(t)}{t-x}\,dt\right].$$

Zum Beweise dieses Hilfssatzes genügt es,

$$\lim_{\varepsilon\to+0}\int_{x-\varepsilon}^{x-\varepsilon+\eta_1(\varepsilon)} \frac{\omega(t)}{t-x}\,dt = 0 \quad \text{und} \quad \lim_{\varepsilon\to+0}\int_{x+\varepsilon}^{x+\varepsilon+\eta_2(\varepsilon)} \frac{\omega(t)}{t-x}\,dt = 0$$

zu zeigen. Wir beweisen die Richtigkeit der ersten dieser Gleichungen: Sei $\eta_1(\varepsilon) > 0$, dann gilt $|t-x| \geqslant \varepsilon - \eta_1(\varepsilon)$ für $x-\varepsilon \leqslant t \leqslant x-\varepsilon+\eta_1(\varepsilon)$ und folglich

$$\left|\int_{x-\varepsilon}^{x-\varepsilon+\eta_1(\varepsilon)} \frac{\omega(t)}{t-x}\,dt\right| \leqslant \frac{m\cdot\eta_1(\varepsilon)}{\varepsilon-\eta_1(\varepsilon)} = \frac{m}{1-\dfrac{\eta_1(\varepsilon)}{\varepsilon}}\cdot\frac{\eta_1(\varepsilon)}{\varepsilon} \to 0,$$

wobei m der größte Wert von $|\omega(t)|$ ist. Ist $\eta_1(\varepsilon) < 0$, so können wir schreiben

$$\left|\int_{x-\varepsilon}^{x-\varepsilon+\eta_1(\varepsilon)} \frac{\omega(t)}{t-x}\,dt\right| \leqslant \frac{m\cdot|\eta_1(\varepsilon)|}{\varepsilon} \to 0,$$

und damit ist das Lemma bewiesen. Mit diesem Hilfssatz kann man leicht die Formel für die Variablensubstitution im Integral (148) beweisen.

Satz. *Sei $t = \mu(\tau)$ eine monoton wachsende Funktion, deren Werte in (a, b) liegen (wobei $a = \mu(\alpha)$, $b = \mu(\beta)$ ist), wenn $\alpha \leqslant \tau \leqslant \beta$ ist. Dabei habe $\mu(\tau)$ im Intervall (α, β) stetige Ableitungen bis zur zweiten Ordnung, und $\mu'(\tau)$ sei dort von Null verschieden. Dann gilt für die Variablensubstitution die Beziehung*

$$\int_a^b \frac{\omega(t)}{t-x}\,dt = \int_a^\beta \frac{\omega[\mu(\tau)]\,\mu'(\tau)}{\mu(\tau)-\mu(\xi)}\,d\tau, \tag{151}$$

wobei $x = \mu(\xi)$ ist und das rechts stehende Integral im Sinne des Hauptwertes zu verstehen ist.

Laut Definition des Hauptwertes bilden wir die Summe:

$$\int_a^{\xi-\varepsilon} \frac{\omega[\mu(\tau)]\,\mu'(\tau)}{\mu(\tau)-\mu(\xi)}\,d\tau + \int_{\xi+\varepsilon}^{\beta} \frac{\omega[\mu(\tau)]\,\mu'(\tau)}{\mu(\tau)-\mu(\xi)}\,d\tau. \tag{152}$$

Wir setzen $\mu(\xi-\varepsilon) = x-\varepsilon'$ und $\mu(\xi+\varepsilon) = x+\varepsilon'+\eta$. Nach der TAYLORschen Formel ist

$$\mu(\xi+h) = \mu(\xi) + h\mu'(\xi) + \frac{h^2}{2}\mu''(\xi+\theta h) \qquad (0<\theta<1).$$

Setzt man $h = -\varepsilon$ bzw. $h = +\varepsilon$, so erhält man

$$x-\varepsilon' = x - \varepsilon\mu'(\xi) + \frac{\varepsilon^2}{2}\mu''(\xi-\theta_1\varepsilon)$$

bzw.

$$x+\varepsilon'+\eta = x + \varepsilon\mu'(\xi) + \frac{\varepsilon^2}{2}\mu''(\xi+\theta_2\varepsilon) \qquad (0<\theta_1,\ \theta_2<1),$$

woraus unmittelbar

$$\varepsilon' = \varepsilon\left[\mu'(\xi) - \frac{\varepsilon}{2}\mu''(\xi-\theta_1\varepsilon)\right]; \qquad \eta = \frac{\varepsilon^2}{2}\left[\mu''(\xi+\theta_2\varepsilon) + \mu''(\xi-\theta_1\varepsilon)\right]$$

folgt. Daher strebt das Verhältnis $\eta : \varepsilon'$ für $\varepsilon' \to 0$ gegen Null, da mit $\varepsilon' \to 0$ auch $\varepsilon \to 0$ gilt. Transformiert man die in der Summe (152) stehenden Integrale wieder auf die Variable t, so erhält diese Summe die Gestalt

$$\int_a^{x-\varepsilon'} \frac{\omega(t)}{t-x}\,dt + \int_{x+\varepsilon'+\eta}^{b} \frac{\omega(t)}{t-x}\,dt.$$

Nach unserem Hilfssatz liefert aber die Summe (152) beim Grenzübergang das Integral auf der linken Seite von (151); damit ist alles bewiesen. In der Voraussetzung des Satzes kann man die monoton wachsende Funktion $\mu(\tau)$ offenbar auch durch eine monoton fallende ersetzen.

27. **Der Hauptwert eines Integrals (Fortsetzung).** Der Hauptwert eines Integrals kann auch für Kurvenintegrale definiert werden. Wir beschränken uns auf die Betrachtung von CAUCHYschen Integralen:

$$f(\xi) = \int_L \frac{\omega(\tau)}{\tau-\xi}\,d\tau. \tag{153}$$

Dabei ist L ein geschlossener oder nicht geschlossener Weg in der Ebene der komplexen Veränderlichen τ und ξ ein Punkt dieses Weges (der nicht mit dessen Enden zusammenfällt, falls L nicht geschlossen ist). Sei s die Bogenlänge von L, von einem bestimmten Punkte aus gerechnet. Wir wollen im folgenden annehmen, daß in der Parameterdarstellung des Weges $\tau(s) = x(s) + i\,y(s)$ die Funktionen $x(s)$ und $y(s)$ stetige Ableitungen bis zur zweiten Ordnung besitzen. Dem Punkt $\tau = \xi$ möge der Wert $s = s_0$ im Integrationsintervall entsprechen. Den Hauptwert des Integrals (153) können wir dann als Hauptwert des Integrals über die reelle Variable s definieren:

$$\int_0^l \frac{\omega[\tau(s)]}{\tau(s)-\tau(s_0)}\,\tau'(s)\,ds, \tag{154}$$

wobei l die Länge des Weges L ist. Wie in [26] kann man zeigen, daß das Integral (153) existiert, wenn die (komplexe) Funktion $\omega(\tau)$ auf L folgender LIPSCHITZ-Bedingung genügt:

$$|\omega(\tau_2) - \omega(\tau_1)| \leqq k\,|\tau_2 - \tau_1|^\alpha \qquad (0 < \alpha \leqq 1). \tag{155}$$

Mit dem in [26] bewiesenen Satz über die Variablensubstitution kann man leicht folgendes zeigen: Wenn in einer bestimmten Parameterdarstellung des Weges, etwa $\tau(t) = x(t) + i\,y(t)$, die Funktionen $x(t)$ und $y(t)$ stetige Ableitungen bis zur zweiten Ordnung besitzen und $\tau'(t) \neq 0$ ist, so läßt sich der Hauptwert des Integrals (153) auf denjenigen des Integrals

$$\int_a^b \frac{\omega[\tau(t)]}{\tau(t)-\tau(t_0)}\,\tau'(t)\,dt$$

zurückführen, wobei der Parameter t im Intervall (a, b) variiert und der Wert $t = t_0$ dem Punkt $\tau = \xi$ entspricht. Für $\omega(\tau) \equiv 1$ haben wir für das Integral (153) als Stammfunktion $\log(\tau - \tau_0)$ und erhalten für einen geschlossenen Weg unmittelbar

$$\int_L \frac{d\tau}{\tau-\xi} = 2\pi i. \tag{156}$$

Dabei wurde immer vorausgesetzt, daß über einen geschlossenen Weg entgegen dem Uhrzeigersinn integriert wird. Wie bei einem Intervall kann man aussagen, daß unter der Bedingung (155) die Formel (153) eine Funktion $f(\xi)$ definiert, die in allen inneren Punkten von L stetig ist, wenn L keine geschlossene Kurve ist, daß aber $f(\xi)$ in allen Punkten des Weges stetig ist, wenn dieser eine geschlossene Kurve ist. Es gilt sogar wie bei einem Intervall ein schärferer Satz, der von

I. I. PRIWALOW bewiesen wurde[1]): *Gilt auf einer Kurve L die Bedingung* (155), *so genügt die Funktion $f(\xi)$ dort, wenn L geschlossen ist, einer LIPSCHITZ-Bedingung mit dem gleichen α wie die Funktion $\omega(\tau)$ in* (155), *falls dort $\alpha < 1$ war; sie gestattet ein beliebiges $\beta < 1$, falls in* (155) *$\alpha = 1$ galt. Ist L keine geschlossene Kurve, so gilt dasselbe von $f(\xi)$ auf jedem abgeschlossenen Bogen der Kurve L, der die Endpunkte nicht enthält.*

Wir beweisen diesen Satz für ein Intervall, für Kurvenintegrale verläuft der Beweis analog. Man sieht zunächst leicht, daß es genügt, die LIPSCHITZ-Bedingung

$$|f(\xi + \Delta\xi) - f(\xi)| \leqslant k\,|\Delta\xi|^{\alpha} \tag{157}$$

für hinreichend kleine Werte von $|\Delta\xi|$ nachzuprüfen. Sei also (157) für $|\Delta\xi| \leqslant m$ erfüllt, wobei m eine feste positive Konstante bezeichnet. Ist $|\Delta\xi| \geqslant m$, so bleibt der Quotient

$$\frac{|f(\xi + \Delta\xi) - f(\xi)|}{|\Delta\xi|^{\alpha}}$$

beschränkt, es gilt also

$$|f(\xi + \Delta\xi) - f(\xi)| \leqslant k_1\,|\Delta\xi|^{\alpha} \qquad (|\Delta\xi| \geqslant m),$$

wobei k_1 eine gewisse Konstante ist. Wählt man die größere der Zahlen k und k_1, dann erhält man die LIPSCHITZ-Bedingung für alle zulässigen Werte von $\Delta\xi$. Sei ferner $\beta < \alpha \leqslant 1$. Für Werte von $\Delta\xi$, die dem Betrage nach kleiner als Eins sind, ist $|\Delta\xi|^{\beta} > |\Delta\xi|^{\alpha}$, und wenn die Funktion $f(\xi)$ einer LIPSCHITZ-Bedingung mit dem Exponenten α genügt, so erfüllt sie daher diese erst recht mit dem Exponenten β. Wir nehmen an, daß zwei Funktionen $f_1(\xi)$ und $f_2(\xi)$ eine LIPSCHITZ-Bedingung mit demselben Exponenten α erfüllen. Man sieht leicht, daß ihr dann auch ihre Summe und ihr Produkt genügen, und zwar mit dem gleichen Exponenten: Für die Summe folgt das unmittelbar daraus, daß der Betrag einer Summe kleiner oder gleich der Summe der absoluten Beträge ist. Für das Produkt können wir schreiben:

$$f_1(\xi+\Delta\xi)\,f_2(\xi+\Delta\xi) - f_1(\xi)\,f_2(\xi) = f_2(\xi+\Delta\xi)\,[f_1(\xi+\Delta\xi) - f_1(\xi)] + f_1(\xi)\,[f_2(\xi+\Delta\xi) - f_2(\xi)],$$

woraus sofort unsere Behauptung folgt.

Wir wollen jetzt den vorhin zitierten Satz beweisen. Es ist

$$f(\xi) = \int_a^b \frac{\omega(t)}{t-\xi}\,dt$$

oder

$$f(\xi) = \int_a^b \frac{\omega(t) - \omega(\xi)}{t-\xi}\,dt + \omega(\xi)\log\frac{b-\xi}{\xi-a},$$

wobei $\omega(t)$ einer LIPSCHITZ-Bedingung mit einem bestimmten Exponenten α genügt. ξ möge einem Intervall I angehören, das innerhalb (a, b) liegt. Im zweiten Summanden auf der rechten Seite der letzten Gleichung genügt der Faktor $\omega(\xi)$ einer LIPSCHITZ-Bedingung mit dem Exponenten α, der zweite Faktor besitzt eine beschränkte Ableitung und erfüllt daher selbst eine solche Bedingung mit dem Exponenten Eins. Somit genügt das gesamte Produkt einer LIPSCHITZ-Bedingung mit dem Exponenten α, und der Satz braucht nur für die Funktion

$$\varphi(\xi) = \int_a^b \frac{\omega(t) - \omega(\xi)}{t-\xi}\,dt$$

---

[1]) ДАН СССР (Abhandlungen der Akademie der Wissenschaften der UdSSR), Bd. XXIII, Nr. 9, 1939.

bewiesen zu werden, die ein gewöhnliches uneigentliches Integral darstellt. Wir müssen den absoluten Betrag folgender Differenz abschätzen:

$$\psi(\xi + \Delta\xi) - \psi(\xi) = \int_a^b \left[\frac{\omega(t) - \omega(\xi + \Delta\xi)}{t - \xi - \Delta\xi} - \frac{\omega(t) - \omega(\xi)}{t - \xi}\right] dt, \tag{158}$$

wobei $|\Delta\xi|$ hinreichend klein sein soll. Dazu greifen wir aus dem Integrationsintervall das Teilintervall $(\xi - \varepsilon, \xi + \varepsilon)$ mit $\varepsilon = 2|\Delta\xi|$ heraus und schätzen den Betrag des Integrals (158) für dieses Teilintervall ab. Benutzt man die Bedingung (155), so erhält man die Schranke

$$k \int_{\xi-\varepsilon}^{\xi+\varepsilon} (|t - \xi - \Delta\xi|^{\alpha-1} + |t - \xi|^{\alpha-1})\, dt.$$

Das Integral über den zweiten Summanden kann in folgender Gestalt geschrieben werden:

$$\int_{\xi-\varepsilon}^{\xi} (\xi - t)^{\alpha-1} dt + \int_{\xi}^{\xi+\varepsilon} (t - \xi)^{\alpha-1} dt = \frac{1}{\alpha}(2^\alpha |\Delta\xi|^\alpha + 2^\alpha |\Delta\xi|^\alpha).$$

In ähnlicher Weise kann man auch mit dem Integral über den ersten Summanden verfahren, und für den absoluten Betrag des Integrals (158) längs des Intervalls $(\xi - \varepsilon, \xi + \varepsilon)$ ergibt sich die Schranke $k_1 |\Delta\xi|^\alpha$, wobei k_1 eine Konstante ist. Es bleibt das Integral (158) über die Summe der Intervalle $(a, \xi - \varepsilon)$ und $(\xi + \varepsilon, b)$ abzuschätzen. Dazu schreiben wir den Integranden in der Gestalt

$$[\omega(t) - \omega(\xi + \Delta\xi)] \frac{\Delta\xi}{(t - \xi)(t - \xi - \Delta\xi)} - [\omega(\xi + \Delta\xi) - \omega(\xi)] \frac{1}{t - \xi}. \tag{159}$$

Wenden wir (155) an, so erhalten wir für den absoluten Betrag des Integrals über den zweiten Summanden die Schranke

$$k|\Delta\xi|^\alpha \left| \int_a^{\xi-\varepsilon} \frac{dt}{t - \xi} + \int_{\xi+\varepsilon}^b \frac{dt}{t - \xi} \right| = k \left| \log \frac{b - \xi}{\xi - a} \right| \cdot |\Delta\xi|^\alpha \leqslant k_2 |\Delta\xi|^\alpha,$$

wobei k_2 eine weitere Konstante ist. Da der angegebene Logarithmus bei Variation von ξ im obengenannten Intervall I dem Betrage nach beschränkt bleibt, ist nur das Integral des ersten Summanden von (159) über die Summe der Intervalle $(a, \xi - \varepsilon)$ und $(\xi + \varepsilon, b)$ abzuschätzen. Zunächst soll das für das erste Intervall getan werden, für das zweite ist die Abschätzung wörtlich dieselbe. Wegen (155) gilt für den ersten Summanden des Ausdruckes (159) folgendes:

$$\left| [\omega(t) - \omega(\xi + \Delta\xi)] \frac{\Delta\xi}{(t - \xi)(t - \xi - \Delta\xi)} \right| \leqslant k \frac{|\Delta\xi|}{|t - \xi|\,|t - \xi - \Delta\xi|^{1-\alpha}}$$

$$= \frac{k|\Delta\xi|}{|t - \xi|^{2-\alpha} \left| 1 - \frac{\Delta\xi}{t - \xi} \right|^{1-\alpha}}.$$

Liegt t im Intervall $(a, \xi - \varepsilon)$, so ist $(\xi - t) \geqslant \varepsilon$, d. h. $(\xi - t) \geqslant 2|\Delta\xi|$ und folglich $\frac{|\Delta\xi|}{|t - \xi|} \leqslant \frac{1}{2}$. Es gilt daher

$$\left| 1 - \frac{\Delta\xi}{t - \xi} \right| \geqslant \frac{1}{2}.$$

Damit ist der absolute Betrag des ersten Summanden des Ausdruckes (159) nicht größer als

$$\frac{2^{1-\alpha} k |\Delta\xi|}{(\xi - t)^{2-\alpha}} \qquad (\xi - t > 0).$$

wenn t im Intervall $(a, \xi - \varepsilon)$ variiert. Der absolute Betrag des Integrals über den erwähnten ersten Summanden hat also die Schranke

$$2^{1-\alpha} k \,|\, \Delta\xi \,|\int_a^{\xi-\varepsilon} \frac{dt}{(\xi - t)^{2-\alpha}}. \tag{159$_1$}$$

Ist $\alpha < 1$, so gilt

$$\frac{2^{1-\alpha} k}{1-\alpha} \,|\, \Delta\xi \,|\left[-\frac{1}{(\xi - a)^{1-\alpha}} + \frac{1}{2^{1-\alpha}\,|\, \Delta\xi \,|^{1-\alpha}}\right] \leqslant \frac{k}{1-\alpha} \,|\, \Delta\xi \,|^{\alpha};$$

das ist die für $\alpha < 1$ gesuchte Abschätzung der Differenz (158). Für $\alpha = 1$ nimmt (159$_1$) die Gestalt

$$k \,|\, \Delta\xi \,|\, [\log(\xi - a) - \log(2 \,|\, \Delta\xi \,|)]$$

an, und die Differenz (158) gestattet folgende Schranke:

$$k_3 \,|\, \Delta\xi \,| + k_4 \,|\, \Delta\xi \,| \log \frac{1}{|\, \Delta\xi \,|},$$

wobei k_3 und k_4 gewisse Konstanten sind. Berücksichtigt man, daß $\log \frac{1}{|\Delta\xi|}$ für $\Delta\xi \to 0$ schwächer wächst als jede negative Potenz von $|\, \Delta\xi \,|$, so kann man schreiben:

$$k_3 \,|\, \Delta\xi \,| + k_4 \,|\, \Delta\xi \,| \log \frac{1}{|\, \Delta\xi \,|} \leqslant k_5 \,|\, \Delta\xi \,|^{\beta},$$

wobei β eine beliebige Zahl ist, die die Bedingung $0 < \beta < 1$ erfüllt. Damit ist der Satz auch für $\alpha = 1$ bewiesen.

Wir untersuchen jetzt das Verhalten der Funktion $f(\xi)$ bei Annäherung von ξ an die Enden des Intervalls, z. B. an den Endpunkt $t = a$. Wie oben nehmen wir an, daß $\omega(t)$ einer LIPSCHITZ-Bedingung mit dem Exponenten α in dem abgeschlossenen Intervall (a, b) genügt. Sei zunächst $\omega(a) = 0$. Dann können wir die Funktion für $t < a$ durch Null fortsetzen, für $t < a$ soll also $\omega(t) = 0$ sein. Dann ist $\omega(t)$ in einem Intervall (a_1, b) mit $a_1 < a$ definiert, und die LIPSCHITZ-Bedingung ist für die erwähnte Fortsetzung nicht gestört. Das Integral

$$\int_{a_1}^{b} \frac{\omega(t)}{t - \xi}\, dt = \int_a^b \frac{\omega(t)}{t - \xi}\, dt$$

liefert die frühere Funktion $f(\xi)$. Da der Punkt $t = a$ innerhalb des Intervalls (a_1, b) liegt, kann man auf Grund des oben Bewiesenen behaupten, daß $f(\xi)$ auch in jedem Intervall (a, b_1) mit $b_1 < b$ einer LIPSCHITZ-Bedingung mit dem Exponenten α (wir wählen $\alpha < 1$) genügt.

Sei jetzt $\omega(a) \neq 0$.

Wir können schreiben:

$$f(\xi) = \int_a^b \frac{\omega(t) - \omega(a)}{t - \xi}\, dt + \omega(a) \int_a^b \frac{dt}{t - \xi}.$$

Im ersten Integral verschwindet der Zähler für $t = a$, und dieses Integral liefert eine Funktion, die einer LIPSCHITZ-Bedingung mit dem Exponenten α bis zum Punkt $\xi = a$ hin genügt. Der zweite Summand der rechten Seite ist, wie wir in [26] sahen, gleich

$$\omega(a) \log(b - \xi) - \omega(a) \log(\xi - a).$$

Der Minuend dieser Differenz genügt bis zu $\xi = a$ hin einer LIPSCHITZ-Bedingung mit dem Exponenten Eins.

Also ist in einer Umgebung von $\xi = a$ die Funktion $f(\xi)$ selbst als Summe

$$-\omega(a)\log(\xi - a) + f_1(\xi)$$

dargestellt, wobei $f_1(\xi)$ einer LIPSCHITZ-Bedingung mit dem Exponenten α bis zu $\xi = a$ hin genügt. Entsprechendes gilt auch für den Endpunkt $\xi = b$, und man erhält die Summe

$$\omega(b)\log(b - \xi) + f_2(\xi),$$

wobei $f_2(\xi)$ einer LIPSCHITZ-Bedingung bis zu $\xi = b$ hin genügt.

Das Verhalten von $f(\xi)$ in der Nähe der Endpunkte des betrachteten Intervalls gilt auch unter allgemeineren Voraussetzungen bezüglich $\omega(t)$. Wir führen nur das Resultat an, dessen Beweis man in dem Werk Н. И. Мусхелишвили, Сингулярные интегральные уравнения (Singuläre Integralgleichungen von N. I. MUSCHELISCHWILI) findet. Es enthält die erste ausführliche Untersuchung von CAUCHYschen Integralen (Deutsche Übersetzung des Werkes in Vorbereitung).

Satz. Eine Funktion $\omega(t)$ möge in jedem beliebigen abgeschlossenen Teilintervall (a', b') von (a, b) einer LIPSCHITZ-Bedingung (147) mit dem Exponenten α genügen. Dabei darf die Konstante k von der Wahl von (a', b') abhängen (k darf für $a' \to a$ oder $b' \to b$ über alle Grenzen wachsen).

Die Funktion $\omega(t)$ sei ferner in der Nähe der Endpunkte a und b in der Gestalt

$$\omega(t) = \frac{\omega^*|t|}{(t - c)^\gamma} \tag{160}$$

darstellbar. Dabei ist $c = a$ bzw. $c = b$; $\gamma = \gamma_1 + i\gamma_2$ $(\gamma \neq 0)$ mit $0 \leqslant \gamma_1 < 1$, und $\omega^*(t)$ genüge einer bestimmten LIPSCHITZ-Bedingung bis zu $t = c$ hin. Dann erfüllt auch $f(\xi)$ in einem beliebigen Teilintervall von (a, b) eine LIPSCHITZ-Bedingung mit dem Exponenten α für $\alpha < 1$ und mit beliebigem Exponenten kleiner als Eins für $\alpha = 1$. In der Umgebung von $\xi = c$ gilt

$$f(\xi) = \pm \pi \operatorname{ctg} \gamma\pi \frac{\omega^*(c)}{(\xi - c)^\gamma} + f_1(\xi).$$

Für $\gamma_1 = 0$ genügt $f_1(\xi)$ einer LIPSCHITZ-Bedingung bis zu $\xi = c$ hin, und für $\gamma_1 \neq 0$ ist

$$f_1(\xi) = \frac{f^*(\xi)}{|\xi - c|^{\gamma_0}},$$

wobei $f^*(\xi)$ einer solchen Bedingung bis zu $\xi = c$ hin genügt und $\gamma_0 < \gamma_1$ ist. Das Pluszeichen gilt für $c = a$ und das Minuszeichen für $c = b$. Dieser Satz ist auch dann richtig, wenn das geradlinige Intervall durch einen genügend glatten Bogen mit den Endpunkten $t = a$ und $t = b$ ersetzt wird, wobei dann über die komplexe Variable t integriert wird.

Für $\gamma = 0$ gilt das oben hergeleitete Resultat

$$f(\xi) = \pm \omega(c)\log\frac{1}{\xi - c} + f_1(\xi),$$

wobei $f_1(\xi)$ einer LIPSCHITZ-Bedingung bis zu $\xi = c$ hin genügt.

28. **CAUCHYsche Integrale.** Wir betrachten das CAUCHYsche Integral [8]

$$F(z) = \frac{1}{2\pi i}\int_L \frac{\omega(\tau)}{\tau - z}\,d\tau, \tag{161}$$

wobei z nicht auf L liegt. Ist L ein geschlossener Weg, so definiert dieses Integral zwei verschiedene reguläre Funktionen, nämlich eine im Innern von L und eine im Äußeren. Ist der Weg offen, so ist $F(z)$ außerhalb von L regulär. In beiden Fällen ist $F(\infty) = 0$. Liegt $z = \xi$ auf dem Rande, so fassen wir das Integral im Sinne des Hauptwertes auf und können es folgendermaßen schreiben:

$$\frac{1}{2\pi i}\int_L \frac{\omega(\tau)}{\tau - \xi}\,d\tau = \frac{\omega(\xi)}{2\pi i}\int_L \frac{d\tau}{\tau - \xi} + \frac{1}{2\pi i}\int_L \frac{\omega(\tau) - \omega(\xi)}{\tau - \xi}\,d\tau,$$

also wegen (156)

$$\frac{1}{2\pi i}\int_L \frac{\omega(\tau)}{\tau-\xi}\,d\tau = \frac{1}{2}\,\omega(\xi) + \frac{1}{2\pi i}\int_L \frac{\omega(\tau)-\omega(\xi)}{\tau-\xi}\,d\tau\,. \tag{162}$$

Zunächst sei L geschlossen; dann beweisen wir folgenden Satz: *Strebt z gegen einen Punkt ξ auf L, so hat das Integral* (161) *den Grenzwert*

$$\pm\frac{1}{2}\,\omega(\xi) + \frac{1}{2\pi i}\int_L \frac{\omega(\tau)}{\tau-\xi}\,d\tau\,. \tag{163}$$

Dabei steht das Pluszeichen, wenn z von innen her gegen ξ geht, und das Minuszeichen für $z\to\xi$ von außen her. Wir wollen den ersten Fall untersuchen. Das Integral (161) können wir dann in der Gestalt

$$\frac{1}{2\pi i}\int_L \frac{\omega(\tau)}{\tau-z}\,d\tau = \frac{\omega(\xi)}{2\pi i}\int_L \frac{d\tau}{\tau-z} + \frac{1}{2\pi i}\int_L \frac{\omega(\tau)-\omega(\xi)}{\tau-z}\,d\tau$$

oder

$$\frac{1}{2\pi i}\int_L \frac{\omega(\tau)}{\tau-z}\,d\tau = \omega(\xi) + \frac{1}{2\pi i}\int_L \frac{\omega(\tau)-\omega(\xi)}{\tau-z}\,d\tau \tag{164}$$

schreiben.

Betrachten wir die Differenz

$$\frac{1}{2\pi i}\int_L \frac{\omega(\tau)-\omega(\xi)}{\tau-z}\,d\tau - \frac{1}{2\pi i}\int_L \frac{\omega(\tau)-\omega(\xi)}{\tau-\xi}\,d\tau = \frac{1}{2\pi i}\int_L \frac{\omega(\tau)-\omega(\xi)}{\tau-\xi}\cdot\frac{z-\xi}{\tau-z}\,d\tau\,. \tag{165}$$

Beiderseits ξ schneiden wir einen Bogen mit der kleinen Länge η ab. Den durch diese Bögen gebildeten Teil der Begrenzung bezeichnen wir mit L_1 und das übrige Stück mit L_2. Die Differenz (165) sei mit dem Buchstaben Δ abgekürzt; dann kann man schreiben:

$$\Delta = \frac{1}{2\pi i}\int_{L_1} \frac{\omega(\tau)-\omega(\xi)}{\tau-\xi}\cdot\frac{z-\xi}{\tau-z}\,d\tau + \frac{1}{2\pi i}\int_{L_2} \frac{\omega(\tau)-\omega(\xi)}{\tau-\xi}\cdot\frac{z-\xi}{\tau-z}\,d\tau\,. \tag{166}$$

Es möge z auf einer Normalen der Kurve L gegen ξ streben. Dann ist der Abstand zwischen z und ξ kleiner als der von z bis zu anderen Punkten des Randes, also $|z-\xi| \leqslant |\tau-z|$. Außerdem ist $d\tau = [x'(s) + iy'(s)]\,ds$ mit $|x'(s) + iy'(s)| = 1$. Schätzt man das erste der Integrale aus (166) in der üblichen Weise ab, so bekommt man

$$\left|\frac{1}{2\pi i}\int_{L_1} \frac{\omega(\tau)-\omega(\xi)}{\tau-\xi}\cdot\frac{z-\xi}{\tau-z}\,d\tau\right| \leqslant \frac{k}{2\pi}\int_{s_0-\eta}^{s_0+\eta} \frac{ds}{|\tau(s)-\tau(s_0)|^{1-\alpha}}\,,$$

wobei $s = s_0$ dem Punkt $\tau = \xi$ entspricht. Da das Verhältnis der Länge der Sehne $|\tau(s)-\tau(s_0)|$ zu der des Bogens $|s-s_0|$ gegen Eins strebt, konvergiert das letzte Integral. Daher können wir zu beliebig vorgegebenem positivem ε ein η so klein wählen, daß der absolute Betrag des Integrals über L_1 kleiner als $\frac{\varepsilon}{2}$ ist. Ist η auf diese Weise festgelegt, so erhält man ein gewöhnliches Integral über L_2, in dem $|\tau-\xi|$ und $|\tau-z|$ größer als eine gewisse positive Zahl bleiben. Daher ist das Integral über L_2 für alle z, die genügend nahe bei ξ liegen, dem absoluten Betrage nach kleiner als $\frac{\varepsilon}{2}$.

Da ε beliebig gewählt war, können wir aussagen, daß die Differenz (166) für längs einer Normalen gegen ξ strebende z gegen Null strebt. Es ist also

$$\lim_{z\to\xi}\frac{1}{2\pi i}\int\limits_L\frac{\omega(\tau)-\omega(\xi)}{\tau-z}\,d\tau=\frac{1}{2\pi i}\int\limits_L\frac{\omega(\tau)-\omega(\xi)}{\tau-\xi}\,d\tau$$

oder wegen (156)

$$\lim_{z\to\xi}\frac{1}{2\pi i}\int\limits_L\frac{\omega(\tau)-\omega(\xi)}{\tau-z}\,d\tau=\frac{1}{2\pi i}\int\limits_L\frac{\omega(\tau)}{\tau-\xi}\,d\tau-\frac{1}{2}\,\omega(\xi)\,.$$

Die Formel (164) liefert somit das gesuchte Ergebnis

$$\lim_{z\to\xi}\frac{1}{2\pi i}\int\limits_L\frac{\omega(\tau)}{\tau-z}\,d\tau=\frac{1}{2}\,\omega(\xi)+\frac{1}{2\pi i}\int\limits_L\frac{\omega(\tau)}{\tau-\xi}\,d\tau\,. \tag{167}$$

Strebt jetzt z von außen her gegen ξ, so verläuft der Beweis wörtlich ebenso, nur muß man beachten, daß

$$\frac{1}{2\pi i}\int\limits_L\frac{d\tau}{\tau-z}=\begin{cases}1 & \text{für } z \text{ im Innern von } L\\ 0 & \text{für } z \text{ im Äußeren von } L\,.\end{cases} \tag{168}$$

Bisher haben wir vorausgesetzt, daß z längs einer Normalen gegen ξ geht. Man kann beweisen, daß Formel (167) auch gültig bleibt, wenn z auf beliebige Weise gegen ξ strebt. Dazu genügt es zu zeigen, daß beim Grenzübergang zum Rand $z\to\xi$ längs einer Normalen das Integral (161) gleichmäßig für alle Werte ξ auf L dem Grenzwert (163) zustrebt. Wir beschränken uns auf die Betrachtung des Kreises $|z|=1$. Zunächst nehmen wir an, daß z längs einer Normalen gegen ξ strebt.

Dann ist $\tau=e^{i\varphi}$, $\xi=e^{i\varphi_0}$ und $ds=d\varphi$. Man zeigt leicht, daß $\sin x\geqslant\frac{2}{\pi}\,x$ ist für $0\leqslant x\leqslant\frac{\pi}{2}$. Damit kann man schreiben:

$$|\tau-\xi|=2\sin\frac{|\varphi-\varphi_0|}{2}\geqslant\frac{2}{\pi}\,|\varphi-\varphi_0| \qquad (|\varphi-\varphi_0|<\pi),$$

und der absolute Betrag des Integrals über L_1 ist kleiner als

$$\frac{k}{2\pi}\int\limits_{\varphi_0-\eta}^{\varphi_0+\eta}\frac{\pi^{1-\alpha}\,d\varphi}{2^{1-\alpha}\,|\varphi-\varphi_0|^{1-\alpha}}=\frac{k}{2^{1-\alpha}\,\pi^{\alpha}}\int\limits_{\varphi_0}^{\varphi_0+\eta}\frac{d\varphi}{(\varphi-\varphi_0)^{1-\alpha}}=\frac{k}{2^{1-\alpha}\,\pi^{\alpha}\,\alpha}\,\eta^{\alpha}\,.$$

Liegt z nahe bei ξ, dann gilt auf dem Weg L_2

$$|\tau-\xi|>\frac{1}{2}\sin\eta;\qquad |\tau-z|>\frac{1}{2}\sin\eta;\qquad |\omega(\tau)-\omega(\xi)|\leqslant 2M\,,$$

wobei M der größte Wert von $|\omega(\tau)|$ auf L ist. Setzt man $\delta=|z-\xi|$, so erhält man

$$\left|\frac{1}{2\pi i}\int\limits_{L_2}\frac{\omega(\tau)-\omega(\xi)}{\tau-\xi}\cdot\frac{z-\xi}{\tau-z}\,d\tau\right|\leqslant\frac{1}{2\pi}\cdot\frac{8M\delta}{\sin^2\eta}\cdot(2\pi-2\eta)\leqslant\frac{8M\delta}{\sin^2\eta}$$

und schließlich

$$|\Delta|\leqslant\frac{k}{2^{1-\alpha}\,\pi^{\alpha}\,\alpha}\,\eta^{\alpha}+\frac{8M}{\sin^2\eta}\,\delta\,.$$

Zunächst wählen wir η so, daß der erste Summand kleiner als $\frac{\varepsilon}{2}$ ist. Ist $\delta<\frac{\varepsilon\sin^2\eta}{16M}$, wobei η den eben fixierten Wert hat, dann wird der zweite Summand kleiner als $\frac{\varepsilon}{2}$. In dieser Abschätzung kommt ξ nicht vor. Geht z längs eines Radius gegen den Kreisrand, so strebt folglich die Differenz (166) bezüglich ξ gleichmäßig gegen Null. Daher gilt in Formel (167) der Grenzübergang ebenfalls gleichmäßig bezüglich ξ. Unter anderem ergibt sich daraus, daß sowohl die rechte Seite von Formel (167) als auch das Integral (161) selbst stetige Funktionen von ξ sind [**I, 145**]. In [26] haben wir erwähnt, daß eine solche Funktion einer LIPSCHITZ-Bedingung genügt.

Wir bezeichnen die rechte Seite von Formel (167) mit $\omega_1(\xi)$ und nehmen an, daß z auf beliebige Weise gegen ξ strebt. Es sei ξ' ein variabler Punkt des Kreisrandes, der mit z auf dem gleichen Radius liegt. Es ist offensichtlich, daß $\xi' \to \xi$ und $|z - \xi'| \to 0$ gilt. Benutzt man die oben bewiesene Behauptung über die Gleichmäßigkeit des Grenzüberganges in (167), wenn z längs eines Radius gegen ξ strebt, so kann man folgendes zeigen: Zu beliebig vorgegebenem positivem ε ist für alle genügend nahe bei ξ gelegenen z

$$\left|\frac{1}{2\pi i}\int_L \frac{\omega(\tau)}{\tau - z}\,d\tau - \omega_1(\xi')\right| < \frac{\varepsilon}{2}.$$

Andererseits ist wegen der Stetigkeit von $\omega_1(\xi)$ für alle z, die genügend nahe bei ξ liegen, $|\omega_1(\xi) - \omega_1(\xi')| < \frac{\varepsilon}{2}$. Daher gilt

$$\left|\frac{1}{2\pi i}\int_L \frac{\omega(\tau)}{\tau - z}\,d\tau - \omega_1(\xi)\right| < \varepsilon$$

für alle hinreichend nahe bei ξ gelegenen z. Da ε beliebig war, ist in Formel (167) der Grenzübergang gleichmäßig bezüglich ξ, sofern z auf beliebige Weise von innen her gegen ξ strebt. Mit anderen Worten: Wir können sagen, daß die durch das Integral (161) im Innern des Kreises definierte Funktion $F(z)$ bis zum Kreisrand hin stetig ist. Dabei ist ihr Grenzwert auf dem Kreisrand durch die Formel (167) definiert. Dasselbe gilt, wenn z von außen her gegen ξ strebt.

Diese Eigenschaft eines CAUCHYschen Integrals kann man auch für einen beliebigen geschlossenen Weg L unter den in [27] bezüglich $x(s)$ und $y(s)$ angegebenen Voraussetzungen beweisen. Man kann außerdem zulassen, daß L endlich viele Eckpunkte hat. Es sei M ein solcher Eckpunkt von L. Wir nehmen an, daß sich beim Durchlaufen von L entgegen dem Uhrzeigersinn die Richtung der Tangente in M um den Winkel $\pi\theta$ mit $-1 < \theta < +1$ dreht. Dabei erhält man, wie man leicht sieht, auf der rechten Seite von (156) den Wert $(1 - \theta)\pi i$ an Stelle von πi. Den Ausdruck (163) müssen wir hier durch

$$\pm\frac{1 \pm \theta}{2}\,\omega(\xi) + \frac{1}{2\pi i}\int_L \frac{\omega(\tau)}{\tau - \xi}\,d\tau \text{ [1)]}$$

ersetzen, wobei man jeweils die oberen oder die unteren Vorzeichen nehmen muß.

Bezeichnen wir mit $F_i(\xi)$ und $F_a(\xi)$ die Grenzwerte der Funktion (161) auf dem Rande L bei Annäherung von innen bzw. außen, so läßt sich der oben bewiesene Satz in folgender Gestalt schreiben:

$$(169)\qquad \begin{cases} F_i(\xi) = \dfrac{1}{2}\,\omega(\xi) + \dfrac{1}{2\pi i}\displaystyle\int_L \frac{\omega(\tau)}{\tau - \xi}\,d\tau; \\[2ex] F_a(\xi) = -\dfrac{1}{2}\,\omega(\xi) + \dfrac{1}{2\pi i}\displaystyle\int_L \frac{\omega(\tau)}{\tau - \xi}\,d\tau. \end{cases}$$

---

1) И. И. ПРИВАЛОВ, ДАН СССР (I. I. PRIWALOW, Abhandlungen der Akademie der Wissenschaften der UdSSR), Bd. XXIII, Nr. 9.

Einen völlig analogen Satz kann man auch für einen nicht geschlossenen Weg beweisen. Wir beschränken uns hierbei auf die Betrachtung eines endlichen Intervalls (a, b) der reellen Achse:

$$F(z) = \frac{1}{2\pi i}\int_a^b \frac{\omega(t)}{t-z}\,dt. \tag{170}$$

Ist $\omega(t) \equiv 1$, so erhalten wir an Stelle von Formel (168)

$$\frac{1}{2\pi i}\int_a^b \frac{dt}{t-z} = \frac{1}{2\pi i}\log\frac{b-z}{a-z}, \tag{171}$$

wobei der Wert des Logarithmus genommen werden muß, der für $z = \infty$ verschwindet. Liegt ξ im Innern des Intervalls (a, b), so gilt an Stelle der Formel (156)

$$\frac{1}{2\pi i}\int_a^b \frac{dt}{t-\xi} = \frac{1}{2\pi i}\log\frac{b-\xi}{\xi-a}.$$

Dabei ist der Wert des Logarithmus reell zu wählen. Wiederholt man wörtlich die vorigen Überlegungen, so erhält man

$$\lim_{z\to\xi}\frac{1}{2\pi i}\int_a^b \frac{\omega(t)}{t-z}\,dt = \frac{\omega(\xi)}{2\pi i}\left[\log\frac{b-z}{a-z}\Big|_{z\to\xi} - \log\frac{b-\xi}{\xi-a}\right] + \frac{1}{2\pi i}\int_a^b \frac{\omega(t)}{t-\xi}\,dt.$$

Die Funktion (171) hat verschiedene Grenzwerte, je nachdem z von oberhalb oder von unterhalb des Intervalls gegen ξ strebt:

$$\log\frac{b-z}{z-a}\Big|_{z\to\xi} = \log\frac{b-\xi}{\xi-a} \pm \pi i.$$

Hierbei ist das obere Vorzeichen zu setzen, wenn z von oben, also von Werten mit positivem Imaginärteil her, gegen ξ strebt, und das untere, wenn z von unten her gegen ξ geht. Bei der Integration von a bis b liegt die obere Halbebene auf der linken Seite. Strebt also z von oben her gegen ξ, so ist das äquivalent damit, daß bei einer geschlossenen Kurve z von innen her gegen ξ geht. Ebenso entspricht die Annäherung von unten her bei einer geschlossenen Kurve der Annäherung von außen. $F_i(\xi)$ und $F_a(\xi)$ seien die Grenzwerte der Funktion (170), wenn z von oben bzw. von unten her gegen ξ strebt. Dann erhalten wir die den Formeln (169) analogen Formeln

$$\begin{cases} F_i(\xi) = \dfrac{1}{2}\,\omega(\xi) + \dfrac{1}{2\pi i}\displaystyle\int_a^b \frac{\omega(t)}{t-\xi}\,dt; \\[2ex] F_a(\xi) = -\dfrac{1}{2}\,\omega(\xi) + \dfrac{1}{2\pi i}\displaystyle\int_a^b \frac{\omega(t)}{t-\xi}\,dt. \end{cases} \tag{172}$$

Erfüllt die Funktion $\omega(t)$ in dem Intervall die am Schluß von [27] genannten Bedingungen und hat sie in der Nähe der Endpunkte die Form (160), so läßt sich für in der Nähe der Enden des Intervalls gelegenen Punkte folgender Satz (siehe N. I. MUSCHELISCHWILI a. a. O.) beweisen:

1. Für $\gamma = 0$ ist

$$F(z) = \pm\frac{\omega(c)}{2\pi i}\log\frac{1}{z-c} + F_0(z),$$

wobei das Pluszeichen für $c = a$, das Minuszeichen für $c = b$ gilt und $F_0(z)$ eine beschränkte Funktion ist, die für $z \to c$ einen endlichen Grenzwert hat. Unter $\log(z - c)$ verstehen wir einen beliebigen Zweig, der in der Nähe von $z = c$ auf der längs (a, b) aufgeschnittenen Ebene eindeutig ist.

2. Ist $\gamma = \gamma_1 + i\gamma_2 \neq 0$, so ist

$$F(z) = \pm \frac{e^{\pm \gamma \pi i}}{2i \sin \gamma\pi} \cdot \frac{\omega^*(c)}{(z-c)^\gamma} + F_0(z),$$

wobei die Vorzeichen wie oben gewählt werden und $(z - c)^\gamma$ den in der Nähe von $z = c$ auf der längs (a, b) aufgeschnittenen Ebene eindeutigen Zweig bezeichnet, bei dem auf dem oberen (linken) Ufer des Schnittes $(z - c)^\gamma$ gleich demjenigen Wert von $(t - c)^\gamma$ ist, der in Formel (160) eingeht. Ferner besitzt $F_0(z)$ folgende Eigenschaften: Für $\gamma_1 = 0$ ist $F_0(z)$ beschränkt und hat für $z \to c$ einen endlichen Grenzwert. Ist $\gamma_1 > 0$, so gilt

$$|F_0(z)| < \frac{c}{|z-c|^{\gamma_0}},$$

wobei c und γ_0 Konstanten sind und $\gamma_0 < 1$ ist. Verwendet man den Begriff des LEBESGUEschen Integrals, so kann man die Werte eines CAUCHYschen Integrals für beliebige summierbare Funktionen $\omega(t)$ und für eine größere Klasse von Wegen untersuchen (siehe И. И. ПРИВАЛОВ, Интеграл Коши (I. I. PRIWALOW. Das CAUCHYsche Integral), 1918).

Wir führen einen Spezialfall an: Ist $\omega(\tau)$ der Grenzwert einer im Innern des geschlossenen Weges L regulären und, wenn das Argument gegen L rückt, bis zu L hin stetigen Funktion auf L, und genügt $\omega(\tau)$ einer LIPSCHITZ-Bedingung, so ist $F_i(\xi) = \omega(\xi)$. Die erste der Formeln (169) zeigt, daß $\omega(\tau)$ Lösung einer homogenen Integralgleichung zweiter Art ist:

$$\omega(\xi) = \frac{1}{\pi i} \int_L \frac{\omega(\tau)}{\tau - \xi} d\tau. \tag{173}$$

Wie oben sei L ein einfach geschlossener Weg. Der Hauptwert des Integrals

$$\frac{1}{2\pi i} \int_L \frac{\omega(\tau)}{\tau - \xi} d\tau \tag{174}$$

führt jede Funktion $\omega(\tau)$, die auf L gegeben ist und einer LIPSCHITZ-Bedingung genügt, in eine gewisse andere Funktion $\omega_1(\xi)$ über, die auf L definiert ist und ebenfalls einer LIPSCHITZ-Bedingung genügt. Man nennt dann das Integral (174) eine Transformation oder einen Operator, angewandt auf die Funktion $\omega(\tau)$. Auf die erhaltene Funktion $\omega_1(\xi)$ können wir wiederum den Operator mit CAUCHYschem Kern anwenden. Dabei gilt

$$\frac{1}{2\pi i} \int_L \frac{1}{\xi - \eta} \left[\frac{1}{2\pi i} \int_L \frac{\omega(\tau)}{\tau - \xi} d\tau \right] d\xi = \frac{1}{4} \omega(\eta). \tag{175}$$

Mit anderen Worten: Als Ergebnis einer zweifachen Anwendung der Transformation mit CAUCHYschem Kern erhalten wir die Ausgangsfunktion mit dem Faktor $\frac{1}{4}$. Zum Beweis von (175) schreiben wir die erste der Formeln (169) in der Gestalt

$$\frac{1}{2\pi i} \int_L \frac{\omega(\tau)}{\tau - \xi} d\tau = F_i(\xi) - \frac{1}{2} \omega(\xi). \tag{176}$$

Die rechte Seite liefert das Ergebnis der Anwendung der linearen Transformation mit CAUCHYschem Kern auf die Funktion $\omega(\tau)$. Auf diese rechte Seite wenden wir die angegebene Transformation erneut an:

(177)
$$\frac{1}{2\pi i}\int_L \frac{F_i(\xi) - \frac{1}{2}\omega(\xi)}{\xi - \eta}\, d\xi ,$$

wobei η auf L liegt und das Integral wie oben im Sinne des Hauptwertes zu verstehen ist. Da $F_i(\xi)$ die Grenzwerte einer Funktion auf L liefert, die im Innern von L regulär ist, muß wegen (173)

$$\frac{1}{2\pi i}\int_L \frac{F_i(\xi)}{\xi - \eta} = \frac{1}{2} F_i(\eta)$$

gelten. Andererseits ist wegen (176)

$$\frac{1}{2\pi i}\int_L \frac{\frac{1}{2}\omega(\xi)}{\xi - \eta}\, d\xi = \frac{1}{2} F_i(\eta) - \frac{1}{4}\omega(\eta),$$

und daher wird das Integral (177) gleich $\frac{1}{4}\omega(\eta)$, also ist Formel (175) richtig.

II. Konforme Abbildung und ebene Felder

29. Konforme Abbildung. In diesem Kapitel wollen wir einige Anwendungen der Theorie der Funktionen einer komplexen Variablen auf Fragen der ebenen Hydrodynamik, der Elektrostatik und der Elastizitätstheorie betrachten. Die Hauptrolle bei diesen Anwendungen spielt die konforme Abbildung, die wir daher zu Beginn dieses Kapitels sehr ausführlich untersuchen. Die wichtigsten Eigenschaften der durch eine reguläre Funktion vermittelten Abbildung wurden bereits in [3] und später in [22] angegeben. Wir haben diese Abbildung eingehend studiert sowohl für Punkte, in denen die Ableitung von Null verschieden ist, als auch für solche, in denen sie verschwindet. In den Punkten der ersten Art bleiben die Winkel ungeändert; in denen der zweiten Art vergrößern sich die Winkel so, wie das in [23] gezeigt wurde. Es sei

$$w = f(z) \tag{1}$$

eine reguläre Funktion, die eine konforme Abbildung des Gebietes B in das Gebiet B_1 vermittelt. Verschwindet $f'(z)$ in B nirgends, so hat B_1 keine Verzweigungspunkte, kann jedoch mehrblättrig sein. Wir betrachten eine Kurve l in B, eine auf dieser Kurve gegebene Funktion $\varphi(s)$ und das Integral

$$\int_l \varphi(s)\, ds,$$

wobei ds das Bogenelement von l ist. Das Bild von l bei der Abbildung (1) ist eine gewisse Kurve l_1, die in B_1 liegt. Das Bogenelement ds_1 der neuen Kurve wird durch das Produkt $ds_1 = |f'(z)|\, ds$ ausgedrückt, da $|f'(z)|$ das Verhältnis der Längenänderungen angibt [3].

Es sei

$$z = F(w) \tag{2}$$

die Umkehrfunktion von (1). Dann ist offenbar $F'(w) = \frac{1}{f'(z)}$ und folglich $ds = |F'(w)|\, ds_1$, so daß das Integral nach der Abbildung folgende Gestalt hat:

$$\int_l \varphi(s)\, ds = \int_{l_1} \varphi(s_1)\, |F'(w)|\, ds_1. \tag{3}$$

Da $|f'(z)|^2$ das Verhältnis der Flächenänderungen an einer gegebenen Stelle liefert, bekommen wir entsprechend folgende Transformationsformel eines zweifachen Integrals bei der konformen Abbildung:

$$\iint_B \varphi(z)\, d\sigma = \iint_{B_1} \varphi_1(w)\, |F'(w)|^2\, d\sigma_1. \tag{4}$$

Für das Flächenelement ist

$$d\sigma_1 = |f'(z)|^2\, d\sigma. \tag{5}$$

Trennt man in Formel (1) Real- und Imaginärteil,

$$w = f(z) = u(x, y) + iv(x, y), \tag{6}$$

so sieht man leicht, daß $|f'(z)|^2$ gleich der Funktionaldeterminante der Funktionen $u(x, y)$ und $v(x, y)$ nach den Veränderlichen x und y ist. Diese wird nämlich durch

$$\frac{D(u, v)}{D(x, y)} = \frac{\partial u}{\partial x}\frac{\partial v}{\partial y} - \frac{\partial u}{\partial y}\frac{\partial v}{\partial x}$$

ausgedrückt oder wegen der CAUCHY-RIEMANNschen Gleichungen durch

$$\frac{D(u, v)}{D(x, y)} = \left(\frac{\partial u}{\partial x}\right)^2 + \left(\frac{\partial v}{\partial x}\right)^2.$$

Das ist aber das Quadrat des absoluten Betrages der Ableitung

$$|f'(z)|^2 = \left|\frac{\partial u}{\partial x} + i\frac{\partial v}{\partial x}\right|^2 = \left(\frac{\partial u}{\partial x}\right)^2 + \left(\frac{\partial v}{\partial x}\right)^2.$$

Wir betrachten in der Ebene $z = x + iy$ zwei Kurvenscharen

$$u(x, y) = C_1; \quad v(x, y) = C_2, \tag{7}$$

wobei C_1 und C_2 beliebige Konstanten sind.

In der Ebene $w = u + iv$ entsprechen diesen die zu den Koordinatenachsen parallelen Geraden $u = C_1$ und $v = C_2$. Daher erhält man die Kurven (7) aus dem Netz von achsenparallelen Geraden mit Hilfe der Abbildung (2). Daraus folgt unter anderem unmittelbar, daß die verschiedenen Scharen angehörenden Kurven (7) zueinander orthogonal sind außer in den Punkten, in denen $f'(z)$ gleich Null ist. Geht man umgekehrt von den Gleichungen

$$u = u(x, y); \quad v = v(x, y)$$

aus und setzt in den rechten Seiten $x = C_1$ oder $y = C_2$, wobei C_1 und C_2 willkürliche Konstanten sind, so erhält man in der Ebene $w = u + iv$ ein Netz, das aus zwei Scharen zueinander orthogonaler Kurven besteht. Es ergibt sich aus dem Netz achsenparalleler Geraden der z-Ebene mit Hilfe der durch die Funktion (1) vermittelten Abbildung. Diese zwei Netze, die im folgenden eine wesentliche Rolle spielen, bezeichnet man als *Isothermennetze*. Wir wollen den Sinn dieser Bezeichnung erläutern.

Der Realteil $u(x, y)$ (bzw. Imaginärteil) einer regulären Funktion muß der LAPLACEschen Gleichung

$$\frac{\partial^2 u(x, y)}{\partial x^2} + \frac{\partial^2 u(x, y)}{\partial y^2} = 0$$

genügen [2].

Dieser Gleichung genügt aber auch die Temperatur bei einem stationären Wärmestrom [II, 117]. Wir nehmen dabei an, daß der ebene Fall vorliegt, also die Temperatur u von einer der Koordinaten nicht abhängt. Bei dieser Deutung der Funktion $u(x, y)$ als Temperatur eines stationären Wärmestromes sind die Kurven der ersten der Scharen (7) Linien gleicher Temperatur. Daher stammt gerade die Bezeichnung Isothermennetz. In diesem Beispiel dienen die Kurven der zweiten Schar von (7), die orthogonal zu denen der ersten sind, als Gleit(Gefälle-)linien für die in [II, 117] betrachteten Vektoren; da diese als Strömungsvektoren der Wärme bezeichnet wurden, kann man sie auch als Stromlinien des Wärmestromes auffassen.

Bei der Abbildung durch (1) gehen zwei Kurven $u(x, y) = u_0$ und $u(x, y) = u_1$ in die zur Achse $u = 0$ parallelen Geraden $u = u_0$ und $u = u_1$ über. Der Teil des Gebietes B, der durch die obengenannten Kurven begrenzt wird, wird auf den durch die erwähnten zur Achse $u = 0$ parallelen Geraden begrenzten Streifen abgebildet. Ein durch vier Kurven des Isothermennetzes berandetes Bogenviereck

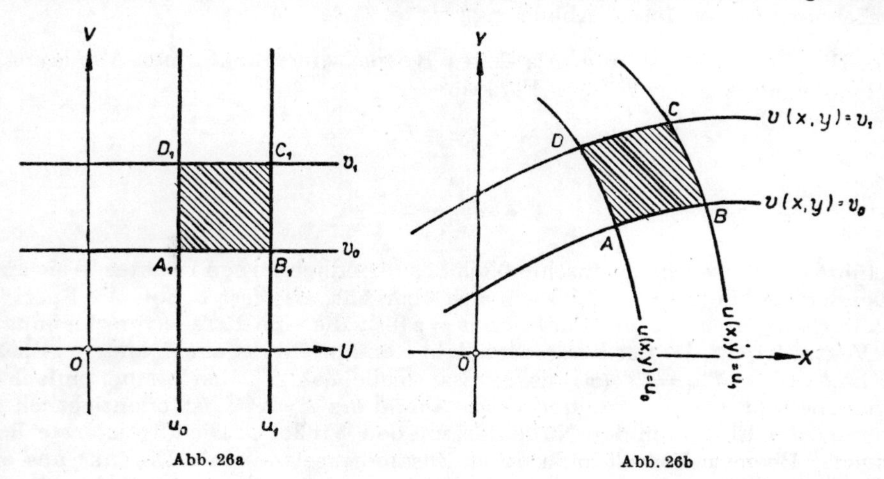

Abb. 26a Abb. 26b

geht bei der Abbildung durch (1) in ein Viereck über, das durch folgende zu den Achsen parallelen Geraden begrenzt wird (Abb. 26):

$$u = v_0; \quad u = u_1; \quad v = v_0; \quad v = v_1.$$

Wir fügen noch eine Ergänzung zu den allgemeinen Grundlagen der konformen Abbildung hinzu, bevor wir zu Beispielen übergehen. Bei der durch eine reguläre Funktion $f(z)$ vermittelten Abbildung bleiben – wie wir gesehen haben – in den Punkten, in denen die Ableitung von Null verschieden ist, die Winkel nicht nur der Größe, sondern auch der Orientierung nach erhalten. Manchmal betrachtet man solche Abbildungen der Ebene, die die Größe der Winkel erhalten, aber die Orientierung umkehren. Eine derartige Abbildung heißt *konforme Abbildung zweiter Art.*

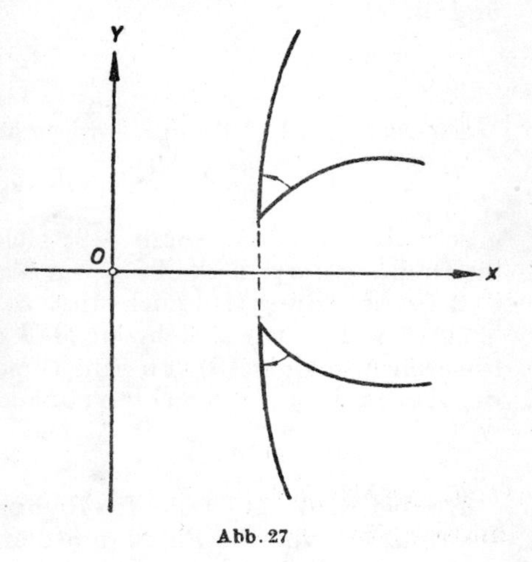

Abb. 27

Ein Beispiel dazu ist die Spiegelung an der reellen Achse; sie ist offenbar eine konforme Abbildung zweiter Art (Abb. 27). Man kann sie in der Form $w = \bar{z}$ notieren. Ist allgemein $f(z)$ eine in B reguläre Funktion, so liefert

$$w = f(\bar{z}) \tag{8}$$

eine konforme Abbildung zweiter Art, die in dem Gebiet B' definiert ist, das bezüglich der reellen Achse symmetrisch zu B liegt. Der Übergang von z zu $\bar{z}$ führt tatsächlich B in B' über, wobei die Größe der Winkel erhalten bleibt, jedoch die Orientierung umgekehrt wird. Der nachfolgende Übergang von $\bar{z}$ zu $f(\bar{z})$ nach Formel (8) ändert weder die Größe der Winkel noch die Orientierung. Daher handelt es sich bei dieser zusammengesetzten Abbildung von z auf w wirklich um eine konforme Abbildung zweiter Art.

30. Die lineare Abbildung. Als erstes Beispiel einer konformen Abbildung betrachten wir die ganze lineare Funktion

$$w = az + b \qquad (a \neq 0) \tag{9}$$

oder

$$z = \frac{1}{a} w - \frac{b}{a}.$$

Sie führt die ganze Ebene einschließlich des unendlich fernen Punktes in sich über, wobei der unendlich ferne Punkt in sich übergeht, also fest bleibt. Als Spezialfall erhalten wir für $a = 1$ die Funktion $w = z + b$, die eine Parallelverschiebung um den Vektor liefert, der der komplexen Zahl b entspricht. In einem anderen Spezialfall ist $b = 0$ und $a = e^{i\psi}$ (ψ eine gewisse reelle Zahl); dabei nimmt einfach das Argument von z um ψ zu, und diese Abbildung $w = e^{i\psi}z$ ist offensichtlich eine Drehung der Ebene um den Nullpunkt um den Winkel ψ. Die allgemeinste Bewegung der Ebene bekommt man durch Zusammensetzen einer Drehung und einer Parallelverschiebung:

$$w = e^{i\psi} z + b \tag{10}$$

Ist $a = e^{i\psi} \neq 1$, wird also nicht nur eine Parallelverschiebung ausgeführt, so kann man aus (10) leicht die Koordinate des Fixpunktes der Abbildung bestimmen, d. h. desjenigen Punktes, der bei der Abbildung fest bleibt. Man berechnet sie aus der Gleichung

$$z_0 = e^{i\psi} z_0 + b$$

und findet

$$z_0 = \frac{b}{1 - e^{i\psi}}.$$

Die Abbildung (10) kann – wie man leicht nachprüft – in der Gestalt

$$w - z_0 = e^{i\psi}(z - z_0)$$

geschrieben werden. Somit läßt sich die allgemeinste Bewegung (10) der Ebene als Drehung um den Punkt z_0 um den Winkel ψ auffassen. Wir weisen darauf hin, daß die Abbildung (10) noch einen zweiten Fixpunkt hat, nämlich im Unendlichen.

Jetzt wollen wir annehmen, daß der absolute Betrag des Koeffizienten a der linearen Abbildung (9) von Eins verschieden ist. Wir führen Betrag und Argument der Zahl a ein und betrachten zunächst die Abbildung für $b = 0$:

$$w = \varrho e^{i\psi} z.$$

Hierbei wird die Länge des Radiusvektors vom Nullpunkt zum Punkte z mit ϱ multipliziert und die Ebene um den Nullpunkt mit dem Winkel ψ gedreht. Diese

Abbildung heißt *Ähnlichkeitstransformation. Das Zentrum der Ähnlichkeit liegt im Nullpunkt, und der Ähnlichkeitsfaktor ist* ϱ.

Nun betrachten wir die lineare Abbildung (9) allgemein für $|a| \neq 1$. Führt man den Fixpunkt der Abbildung,

$$z_0 = az_0 + b\,, \quad \text{d. h.} \quad z_0 = \frac{b}{1-a}$$

ein, so kann man die Formel (9), wie man sich leicht überzeugt, folgendermaßen schreiben:

$$w - z_0 = a\,(z - z_0)\,.$$

Hier liegt offenbar eine Ähnlichkeitstransformation vor, jedoch nicht mit dem Zentrum im Nullpunkt, sondern im Punkt z_0. Wir überlassen es dem Leser, zu zeigen, daß im vorliegenden Fall das Isothermennetz aus zwei Scharen paralleler Geraden besteht, was auch geometrisch klar ist.

31. Die allgemeine lineare Abbildung. Als *allgemeine lineare Abbildung*[1]) bezeichnet man eine Abbildung, die als Quotient zweier linearer Funktionen geschrieben werden kann,

$$w = \frac{az+b}{cz+d}\,, \tag{11}$$

wobei $ad - bc \neq 0$ vorausgesetzt werden muß, da sonst der Quotient in (11) kürzbar und demnach gleich einer Konstanten ist. Löst man die Gleichung (11) nach z auf, so erhält man die ebenfalls lineare Umkehrfunktion von (11),

$$z = \frac{-dw+b}{cw-a}\,. \tag{12}$$

Jedem Punkt der z-Ebene entspricht ein bestimmter Punkt der w-Ebene und umgekehrt. Also führt die Abbildung (11) die ganze Ebene einschließlich des unendlich fernen Punktes in sich über.

Ist in (11) $c = 0$, so ist die Abbildung ganz linear. Ist $c \neq 0$, so geht der Punkt $z = \infty$ in den Punkt $w = \frac{a}{c}$ über, und $z = -\frac{d}{c}$ liefert $w = \infty$. Bei der allgemeinen linearen Abbildung ist also der unendlich ferne Punkt kein Fixpunkt.

Wir wollen jetzt eine wichtige Eigenschaft der linearen Abbildung beweisen, nämlich die Tatsache, daß sie Kreise in Kreise überführt. Dabei verstehen wir hier und im folgenden unter Kreisen nicht nur Kreise im üblichen Sinne des Wortes, sondern auch Geraden. Für diejenigen linearen Abbildungen, die entweder auf eine Bewegung der gesamten Ebene oder auf eine Ähnlichkeitstransformation führen, ist diese Eigenschaft völlig offensichtlich: Bei solchen Abbildungen geht Gerade in Gerade und Kreis in Kreis im eigentlichen Sinne des Wortes über. Bevor wir jedoch diese Eigenschaft für die lineare Abbildung beweisen, stellen wir letztere in einer anderen Gestalt dar. Es sei $c \neq 0$; dividiert man den Zähler durch den Nenner, so lautet (11)

$$w = g + \frac{f}{z + \frac{d}{c}}$$

[1]) Wir werden sie, wo Verwechslungen ausgeschlossen sind, im folgenden kurz als *lineare Abbildung* bezeichnen. (Anm. d. wiss. Red.)

mit

$$g = \frac{a}{c} \quad \text{und} \quad f = \frac{bc - ad}{c^2}.$$

Somit besteht unsere Abbildung aus der Parallelverschiebung $w_1 = z + \frac{d}{c}$, einer Abbildung der Gestalt $w_2 = \frac{f}{w_1}$ und der weiteren Parallelverschiebung $w = w_2 + g$. Es genügt daher, die Abbildung der einfachen Gestalt

$$w = \frac{\gamma}{z} \tag{13}$$

zu untersuchen und zu beweisen, daß sie Kreise in Kreise überführt. Die Gleichung eines Kreises lautet

$$A\,(x^2 + y^2) + 2Bx + 2Cy + D = 0\,,$$

wobei für eine Gerade $A = 0$ ist. Wir können diese Gleichung auch so schreiben:

$$Az\bar{z} + \delta z + \bar{\delta}\bar{z} + D = 0 \tag{14}$$

mit

$$\delta = B - iC\,.$$

Dabei bedeutet der Querstrich, daß die konjugiert komplexe Zahl zu nehmen ist. Jetzt sei in der z-Ebene ein Kreis l vorgegeben. Um die Gleichung seiner Bildkurve in der w-Ebene zu erhalten, müssen wir z aus (13) bestimmen und diesen Wert in die Beziehung (14) einsetzen. So erhalten wir in der w-Ebene eine Kurve l_1 mit der Gleichung

$$A\gamma\bar{\gamma} + \delta\gamma\bar{w} + \bar{\delta}\bar{\gamma}w + Dw\bar{w} = 0\,.$$

Diese Gleichung ist vom selben Typ wie (14), also entspricht ihr ebenfalls ein Kreis (oder eine Gerade). *Somit führt jede Abbildung der Gestalt* (11) ***einen Kreis in einen Kreis über (eine Gerade ist ein Kreis, der durch den unendlich fernen Punkt hindurchgeht).***

Wir nehmen an, daß die Abbildung (11) den Kreis l auf den Kreis l_1 abbildet, wobei beide als Kreise im eigentlichen Sinne des Wortes zu verstehen sind. Unter Berücksichtigung von [22] gilt folgendes: Bleibt bei der Abbildung (11) der Umlaufssinn erhalten, so führt die Abbildung (11) das Innere von l in das Innere von l_1 und das Äußere von l in das Äußere von l_1 über. Sind die Durchlaufungsrichtungen von l und l_1 entgegengesetzt, so geht das Innere von l in das Äußere von l_1 über und umgekehrt. Ist einer der beiden Kreise eine Gerade oder sind beide Geraden, so muß man zur Bestimmung der einander entsprechenden Teile der Ebene beide Kurven entsprechend durchlaufen. Dabei werden die auf einer Seite des bewegten Beobachters, z. B. links, liegenden Teile der Ebene aufeinander abgebildet.

Wir betrachten ferner zwei Punkte A_1 und A_2, die symmetrisch in bezug auf den Kreis l liegen, und wollen annehmen, daß sie durch die Abbildung in die Punkte B_1 und B_2 übergeführt worden sind. Dann wollen wir zeigen, daß diese ebenfalls symmetrisch zum Bildkreis l_1 liegen. Tatsächlich besteht das Büschel der durch die Punkte A_1 und A_2 hindurchgehenden Kreise, wie wir wissen [24], aus zu l orthogonalen Kreisen. Nach der Abbildung erhalten wir offenbar ein Büschel von Kreisen, die durch die Punkte B_1 und B_2 hindurchgehen. Wegen der Konformität der Abbildung ist das entstandene Büschel orthogonal zum Kreise l_1. Das ist aber gerade die charakteristische Eigenschaft symmetrischer Punkte. *Führt daher die Abbildung* (11) *den Kreis l in den Kreis l_1 über, so gehen dabei Punkte, die symmetrisch in bezug auf den Kreis l liegen, in zum Kreis l_1 symmetrische Punkte über.* Wir bemerken dabei, daß dem Zentrum des Kreises nach dem Spiegelungsprinzip der unendlich ferne Punkt entspricht. Hierbei ist demnach das Büschel der durch die beiden Punkte hindurchgehenden Kreise ein Büschel von Geraden durch das Zentrum des Kreises; die Geraden des Büschels sind offenbar zum Kreise orthogonal.

Ist $a \neq 0$ und $c \neq 0$, so können wir die Abbildung (11) folgendermaßen schreiben:

$$w = k\frac{z-\alpha}{z-\beta} \qquad \left(k = \frac{a}{c}\right). \tag{15}$$

Die Zahlen α und β haben einfache geometrische Bedeutung. Der Punkt $z = \alpha$ geht nämlich in den Nullpunkt $w = 0$ über und der Punkt $z = \beta$ in den unendlich fernen Punkt.

Wir betrachten in der w-Ebene eine Schar konzentrischer Kreise um den Nullpunkt. Die Gleichung dieser Kreise ist $|w| = C$, und die Punkte $w = 0$ und $w = \infty$ liegen symmetrisch zur Kreisschar. Daraus folgt, daß diesen Kreisen in der z-Ebene solche Kreise entsprechen, in bezug auf welche $z = \alpha$ und $z = \beta$ ebenfalls symmetrisch liegen. Die Gleichung dieses Kreisbüschels lautet offenbar

$$\left|\frac{z-\alpha}{z-\beta}\right| = C, \tag{16}$$

wobei C eine willkürliche Konstante ist. *Also entspricht der Gleichung* (16) *das Kreisbüschel, in bezug auf das die Punkte α und β symmetrisch liegen* (Abb. 28). In diesem Büschel gibt es offensichtlich auch eine Gerade, die Mittelsenkrechte auf der Verbindungsstrecke von α und β. Wir betrachten jetzt in der w-Ebene das Büschel der Geraden durch den Nullpunkt oder, anders ausgedrückt, das Büschel der durch die Punkte $w = 0$ und $w = \infty$ hindurchgehenden Kreise. Seine Gleichung ist $\arg w = C$. In der z-Ebene entspricht ihm das Büschel der Kreise durch die Punkte α und β, und die Gleichung dieses Büschels lautet (wir weisen darauf hin, daß das Argument der Zahl k konstant ist)

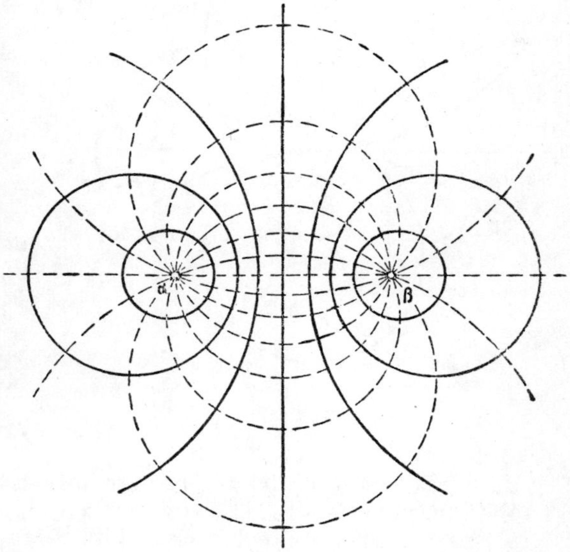

Abb. 28

$$\arg\frac{z-\alpha}{z-\beta} = C_1. \tag{17}$$

Somit stellt die Gleichung (17) *in der z-Ebene das Büschel der durch die Punkte α und β hindurchgehenden Kreise dar.* Die Kreise der Schar (17) schneiden die Kreise der Schar (16) offenbar unter einem rechten Winkel (Abb. 28).

Wir bestimmen jetzt das Isothermennetz in der z-Ebene. In der w-Ebene entsprechen ihm zwei Geradenscharen, die parallel zu den Achsen sind. Jede von ihnen können wir als Schar von Kreisen auffassen, die einander im unendlich fernen Punkt berühren. Ihr entspricht in der z-Ebene eine bestimmte Schar von Kreisen, die einander im Punkte $z = -\frac{d}{c}$ berühren. *Somit besteht das gesuchte Isothermennetz aus zwei Kreisscharen, wobei sich die Kreise jeder Schar im Punkte* $z = -\frac{d}{c}$ *berühren. Zwei Kreise aus verschiedenen Scharen schneiden sich rechtwinklig* (Abb. 29).

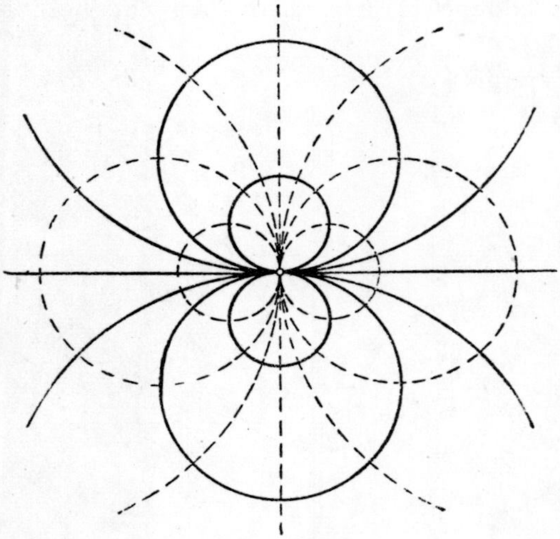

Abb. 29

Die genaue Bestimmung einer dieser Scharen und damit auch der anderen hängt von den Werten der komplexen Koeffizienten der Abbildung (11) ab.

Die Abbildung (11) enthält drei verschiedene komplexe Parameter, nämlich das Verhältnis dreier der Koeffizienten a, b, c, d zum vierten. Daher können wir die Abbildung (11) festlegen, indem wir eine entsprechende Anzahl von Zusatzbedingungen vorgeben. Wir können beispielsweise fordern, daß drei vorgegebene Punkte z_1, z_2, z_3 der z-Ebene in drei gegebene Punkte w_1, w_2, w_3 der w-Ebene übergehen. Man kann leicht die lineare Abbildung angeben, die diese Forderungen berücksichtigt. Sie hat die Gestalt

$$\frac{w - w_1}{w - w_2} \cdot \frac{w_3 - w_2}{w_3 - w_1} = \frac{z - z_1}{z - z_2} \cdot \frac{z_3 - z_2}{z_3 - z_1}. \tag{18}$$

Löst man diese Gleichung nach w auf, so bekommt man offenbar eine lineare Abbildung der Gestalt (11). Setzt man $z = z_1$ und $w = w_1$, so erhält man in Formel (18) sowohl links als auch rechts Null. Setzt man $z = z_3$ und $w = w_3$, so erhalten wir auf beiden Seiten Eins, und für $z = z_2$ und $w = w_2$ werden beide Seiten Unendlich. Daraus sieht man, daß die durch (18) definierte lineare Abbildung tatsächlich die geforderten Bedingungen erfüllt. Man kann ebenso leicht zeigen, daß sie durch diese Bedingungen eindeutig festgelegt ist. Dabei führt offenbar die konstruierte Abbildung den durch die drei Punkte z_1, z_2, z_3 bestimmten Kreis in denjenigen über, der durch die Punkte w_1, w_2, w_3 definiert ist. Falls beide Punktetripel auf ein und demselben Kreis gewählt werden, so führt die lineare Abbildung den Kreis in sich über. Wenn dabei die Reihenfolge der Punkte z_k auf diesem Kreise dieselbe Umlaufrichtung angibt wie die Folge der Punkte w_k, so führt die Abbildung auch das Innere des Kreises in sich über.

Als Beispiel betrachten wir die obere Halbebene, ihre Begrenzung ist die reelle Achse. Innere Punkte dieser Halbebene sind dadurch charakterisiert, daß der Imaginärteil ihrer Koordinaten positiv ist. Dann muß die Abbildung, die die obere Halbebene in sich überführt, auch die reelle Achse auf sich abbilden. Reellen Werten z müssen also auch reelle w entsprechen. Daher können wir in Formel (11) alle vier Koeffizienten reell wählen. Aber das reicht nicht aus; es muß noch folgendes gelten: Bewegt sich z in positiver Richtung längs der reellen Achse (also zu größeren Werten hin), so soll sich w in derselben Richtung bewegen. Andernfalls geht die obere z-Halbebene in die untere w-Halbebene über. Setzt man in Formel (11) $z = x + iy$, so erhält man

$$w = \frac{(ax + b) + iay}{(cx + d) + icy}$$

oder, wenn man Real- und Imaginärteil trennt,

$$w = u + iv = \frac{(ax + b)(cx + d) + acy^2}{(cx+d)^2 + c^2y^2} + i\,\frac{(ad - bc)\,y}{(cx + d)^2 + c^2y^2}.$$

Daraus sieht man unmittelbar, daß der Imaginärteil von w für $y > 0$ ebenfalls positiv ist, wenn die Bedingung

$$ad - bc > 0 \tag{19}$$

erfüllt ist.

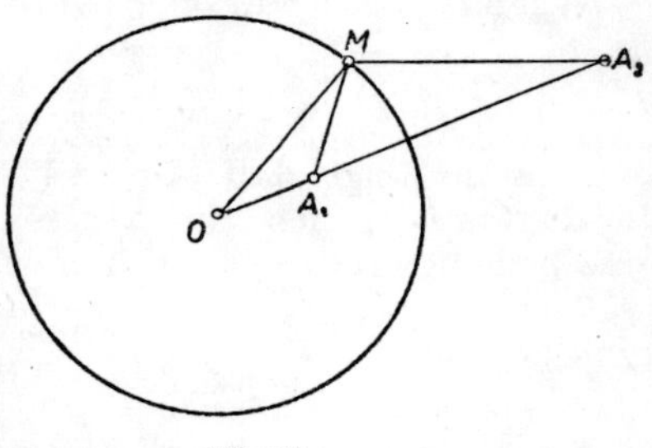

Abb. 30

Somit hat die allgemeine lineare Abbildung, die die obere Halbebene in sich überführt, die Gestalt (11) *mit beliebigen reellen Koeffizienten, die die Bedingung* (19) *erfüllen.*

Ebenso kann man die Abbildungen des Einheitskreises auf sich untersuchen. Als Einheitskreis bezeichnet man den Kreis um den Nullpunkt mit dem Radius Eins, dessen Gleichung in der Gestalt $|z| \leqslant 1$ geschrieben werden kann. Zunächst stellen wir einige einfache Eigenschaften der Punkte fest, die bezüglich der Peripherie C dieses Kreises symmetrisch liegen.

Es seien A_1 und A_2 zwei derartige Punkte und M ein Punkt auf dem Kreisrand C. Dann ist $\overline{OA_1} \cdot \overline{OA_2} = \overline{OM}^2$; diese Gleichung kann man als Proportion schreiben (Abb. 30):

$$\frac{\overline{OA_1}}{\overline{OM}} = \frac{\overline{OM}}{\overline{OA_2}}.$$

Daher sind die Dreiecke OA_1M und OA_2M, die den Winkel A_1OM gemeinsam haben und dessen Schenkel einander proportional sind, ähnlich. Das liefert uns die folgende Proportion:

$$\frac{\overline{MA_1}}{\overline{MA_2}} = \frac{\overline{OA_1}}{\overline{OM}}. \tag{20}$$

Die komplexe Koordinate von A_1 bezeichnen wir mit $\alpha = \varrho e^{i\varphi}$. Für die komplexe Koordinate des dazu symmetrischen Punktes A_2 gilt offenbar $\beta = \frac{1}{\varrho} e^{i\varphi}$, also $\beta = \frac{1}{\bar{\alpha}}$. Wir stellen nun die lineare Abbildung auf, die den Einheitskreis auf sich und den Punkt α auf den Nullpunkt abbildet. Sie muß den zu α symmetrischen

Punkt β ins Unendliche überführen und hat also die Gestalt

$$w = k\frac{z-\alpha}{z-\beta} \tag{21}$$

oder, wenn man β durch $\frac{1}{\overline{\alpha}}$ ersetzt,

$$w = k\frac{\overline{\alpha}(z-\alpha)}{\overline{\alpha}z-1}. \tag{22}$$

Dabei ist k ein konstanter Faktor, der aus der Bedingung bestimmt wird, daß die rechte Seite der Formel (21) auf dem Kreisrand C den absoluten Betrag Eins haben muß; es ist also

$$|k|\frac{|z-\alpha|}{|z-\beta|} = 1 \quad \text{für} \quad |z| = 1.$$

Wegen (20) gilt nun offensichtlich

$$\frac{|z-\alpha|}{|z-\beta|} = \frac{|\alpha|}{1},$$

und daraus folgt, daß $|k\alpha| = 1$ ist. Dann ist aber auch der absolute Betrag des Produktes $k\overline{\alpha}$ gleich Eins, dieses muß also die Form $k\overline{\alpha} = e^{i\psi}$ haben, wobei ψ eine beliebige reelle Zahl sein darf. Damit erhalten wir für die gesuchte Abbildung

$$w = e^{i\psi}\frac{z-\alpha}{\overline{\alpha}z-1}, \tag{23}$$

in der wir den Punkt α beliebig innerhalb des Einheitskreises wählen dürfen bei willkürlichem reellem Parameter ψ. Im Spezialfall $\alpha = 0$, wenn also der Nullpunkt in sich übergeht, ergibt sich die einfache Abbildung $w = e^{i(\psi+\pi)}z$, also eine Drehung des Einheitskreises um den Nullpunkt um den Winkel $\psi + \pi$. Die allgemeine Abbildung (23) können wir in zwei Teile zerlegen, nämlich in die Abbildung

$$w = \frac{z-\alpha}{\overline{\alpha}z-1}, \tag{24}$$

die den Einheitskreis in sich überführt und den Punkt α auf den Nullpunkt abbildet, und ferner in die Drehung um den Nullpunkt um den Winkel ψ.

Es lassen sich unendlich viele Abbildungen konstruieren, die einen Kreis K_1 in einen Kreis K_2 überführen. Dazu genügt es, eine dieser Abbildungen zu konstruieren und dann auf das Resultat eine beliebige lineare Abbildung des Kreises K_2 auf sich anzuwenden. Dabei sei darauf hingewiesen, daß *das Resultat zweier aufeinanderfolgender linearer Abbildungen wieder eine lineare Abbildung ist.* Es sei also eine lineare Abbildung (11) der Veränderlichen z auf die Variable w vorgelegt und ferner die lineare Abbildung

$$w_1 = \frac{a_1 w + b_1}{c_1 w + d_1} \tag{25}$$

der Veränderlichen w auf die Veränderliche w_1. Setzt man den Ausdruck (11) in die letzte Formel ein, so erhält man schließlich nach elementaren Umformungen folgende lineare Abbildung der Veränderlichen z auf die Variable w_1:

$$w_1 = \frac{(a_1 a + b_1 c)\, z + (a_1 b + b_1 d)}{(c_1 a + d_1 c)\, z + (c_1 b + d_1 d)}.$$

Man bezeichnet diese Abbildung als *Produkt der linearen Abbildungen* (11) und (25), wobei dieses Produkt im allgemeinen von der Reihenfolge der Faktoren abhängt, d. h. von der Reihenfolge, in der man die linearen Abbildungen (11) und (25) nacheinander ausgeführt hat.

Wir wollen jetzt die obere Halbebene auf den Einheitskreis abbilden und eine lineare Abbildung konstruieren, die das leistet. Dazu wählen wir die Abbildung

$$w = \frac{z - i}{z + i}. \tag{26}$$

Man sieht leicht, daß der Punkt $z = i$ der oberen Halbebene in den Nullpunkt übergeht und die reellen z-Werte den Werten w entsprechen, die dem Betrage nach gleich Eins sind. Es ist nämlich

$$|w| = \frac{|z - i|}{|z + i|},$$

wobei Zähler und Nenner dieses Bruches gleich dem Abstand des Punktes z vom Punkte i bzw. $-i$ sind. Liegt z auf der reellen Achse, so sind diese Abstände gleich, und daher ist $|w| = 1$. Wendet man nun auf die Veränderliche w eine beliebige lineare Abbildung an, die den Einheitskreis in sich überführt, so erhalten wir die allgemeine Abbildung, die die obere Halbebene auf den Einheitskreis abbildet.

Zum Schluß beweisen wir das *Spiegelungsprinzip in der allgemeinen Form*, die wir in [24] angegeben haben. Die Funktion $f(z)$ sei auf der einen Seite eines gewissen Bogens AB des Kreises C regulär, bis zu diesem Bogen hin stetig und bilde ihn auf einen bestimmten Bogen $A_1 B_1$ des Kreises C_1 ab. Auf z wenden wir eine lineare Abbildung an, die C in die reelle Achse überführt,

$$z_1 = \frac{az + b}{cz + d}.$$

Die Funktion selbst unterwerfen wir ebenfalls einer linearen Abbildung, die den Kreis C_1 in die reelle Achse überführt. Auf diese Weise erhalten wir eine neue Funktion $f_1(z_1)$ der neuen unabhängigen Variablen z_1:

$$f_1(z_1) = \frac{a' f(z) + b'}{c' f(z) + d'}.$$

Diese neue Funktion $f_1(z_1)$ ist auf der einen Seite eines Intervalls der reellen Achse regulär, bis zu diesem Intervall hin stetig und bildet es wiederum auf ein Intervall der reellen Achse ab. Nach der ursprünglichen Formulierung des Spiegelungsprinzips, die wir früher bewiesen hatten [24], ist diese Funktion über das erwähnte Intervall hinweg analytisch fortsetzbar und nimmt in bezüglich der reellen Achse symmetrischen Punkten Werte an, die in bezug auf diese Achse ebenfalls symmetrisch liegen. Berücksichtigt man, daß bei den zwei genannten linearen Abbildungen symmetrische Punkte in symmetrische übergehen, so folgt: Die ursprüngliche Funktion $f(z)$ ist über den Bogen AB des Kreises C hinweg analytisch fortsetzbar, und in bezug auf diesen Kreis symmetrische Punkte gehen in solche über, die bezüglich des Kreises C_1 symmetrisch sind.

Die lineare Abbildung hat, wie wir später sehen werden, in der Theorie der Funktionen einer komplexen Variablen große prinzipielle Bedeutung. Sie wird ebenso häufig benutzt wie die Koordinatentransformation in der analytischen Geometrie. Bevor man nämlich irgendein Problem untersucht, unterwirft man die Ebene der in diesem Problem auftretenden Veränderlichen einer solchen linearen Abbildung, daß man eine möglichst einfache Formulierung des Problems erhält. So haben wir beispielsweise eine lineare Abbildung angewandt, um das allgemeine Spiegelungsprinzip auf den von uns bereits untersuchten Spezialfall zurückzuführen.

Wir bezeichnen eine Abbildung der Ebene als Spiegelung an einem Kreis oder einer Geraden C, wenn bei ihr jeder Punkt A in den zu ihm bezüglich C symmetrischen Punkt A_1 übergeführt wird. Die komplexe Koordinate von A sei z und die von A_1 sei w. Ferner sei C der Kreis um $B\,(z = a)$ mit dem Radius R. Die Vektoren BA und BA_1 müssen ein und dasselbe Argument haben, und das Produkt ihrer Längen muß gleich R^2 sein. Man sieht sofort, daß man zu folgender Formel kommt, die w durch z ausdrückt:

$$w - a = \frac{R^2}{\overline{z} - \overline{a}}. \tag{27}$$

Also ist die Spiegelung an einem Kreis als lineare Funktion von $\overline{z}$ darstellbar:

$$w = \frac{a\overline{z} + (R^2 - a\overline{a})}{\overline{z} - \overline{a}},$$

also eine konforme Abbildung zweiter Art. Jetzt betrachten wir die Spiegelung an einer Geraden. Die Gerade möge durch den Nullpunkt hindurch führen und mit der positiven Richtung der reellen Achse den Winkel ψ bilden (Abb. 31). Dabei geht offenbar der Punkt z in den Punkt w mit demselben absoluten Betrag $|w| = |z|$ und dem Argument $\arg w = 2\psi - \arg z$ über. Dann kann man die Abbildung in folgender Gestalt angeben:

$$w = e^{i2\psi}\overline{z}, \tag{28}$$

und das ist eine lineare Funktion von $\overline{z}$. Wie man mühelos sieht, erhält man dasselbe Resultat auch für die Spiegelung an einer beliebigen Geraden.

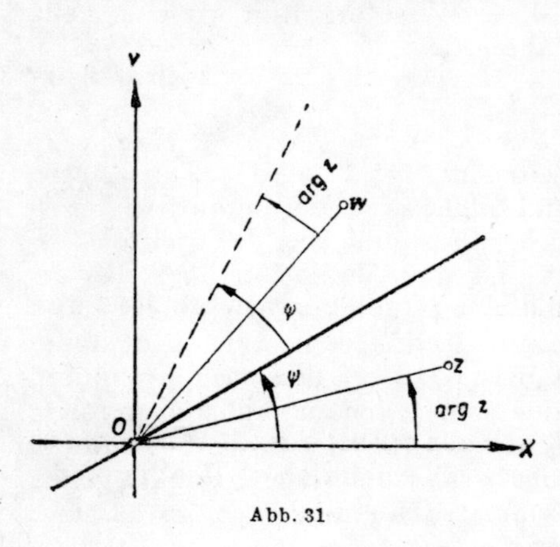

Abb. 31

Führen wir zwei Spiegelungen an Kreisen oder Geraden hintereinander aus, so bekommen wir als Endergebnis eine bestimmte lineare Abbildung. Wir wollen ausführlich den Fall untersuchen, daß nacheinander zwei Spiegelungen an Geraden ausgeführt werden, die durch einen Punkt gehen. Man kann stets annehmen, daß der Schnittpunkt im Nullpunkt liegt. Es seien ψ_1 und ψ_2 die Winkel, die diese Geraden mit der positiven Richtung der reellen Achse bilden. Führt man die zwei Spiegelungen hintereinander aus, so kommt man vom Punkt z zum Punkt w_1 und von dort zum Punkt w nach den Formeln

$$w_1 = e^{i2\psi_1}\overline{z}; \quad w = e^{i2\psi_2}\overline{w_1}.$$

Setzt man den Ausdruck für w_1 in die rechte Seite der zweiten Formel ein, so lautet die Abbildung von z auf w:

$$w = e^{i2(\psi_2 - \psi_1)} z .$$

Dies ist eine Drehung um den Nullpunkt um den Winkel $2(\psi_2 - \psi_1)$. Zwei aufeinanderfolgende Spiegelungen an sich schneidenden Geraden liefern also eine Drehung der Ebene um den Schnittpunkt mit einem Winkel, der doppelt so groß ist wie der, den die Geraden einschließen. Entsprechend zeigt man leicht, daß zwei aufeinanderfolgende Spiegelungen an parallelen Geraden eine Parallelverschiebung der Ebene ergeben.

32. Die Funktion $w = z^2$. Wir haben schon früher (mit anderen Bezeichnungen) die Funktion

$$w = z^2 \tag{29}$$

untersucht und gesehen, daß sie die z-Ebene auf die zweiblättrige RIEMANNsche Fläche in der w-Ebene mit den Verzweigungspunkten erster Ordnung $w = 0$ und $w = \infty$ abbildet. Wir wollen jetzt lediglich die Gestalt des Isothermennetzes

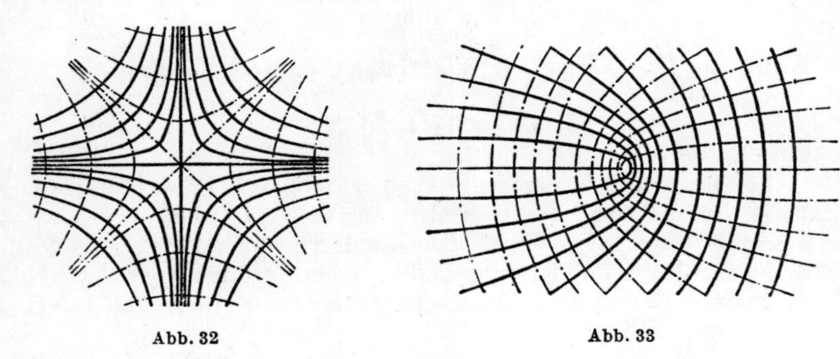

Abb. 32 Abb. 33

in der z- bzw. w-Ebene bestimmen. Trennt man Real- und Imaginärteil, so ergibt sich

$$w = u(x, y) + iv(x, y) = (x + iy)^2 = (x^2 - y^2) + i2xy .$$

Das Isothermennetz in der z-Ebene besteht aus zwei Scharen gleichseitiger Hyperbeln (Abb. 32)

$$x^2 - y^2 = C_1; \quad 2xy = C_2 .$$

Nun untersuchen wir das Isothermennetz in der w-Ebene. Wir setzen dazu in den Formeln

$$u = x^2 - y^2; \quad v = 2xy$$

$x = C_1$, eliminieren y, setzen danach $y = C_2$ und eliminieren x; dann erhalten wir zwei Parabelscharen (Abb. 33)

$$v^2 = 4C_1^2(C_1^2 - u); \quad v^2 = 4C_2^2(C_2^2 + u) ,$$

die die Bilder der Geraden $x = C_1$ und $y = C_2$ aus der z-Ebene sind. Wir können das von diesen Parabeln gebildete Isothermennetz offensichtlich als Isothermennetz in der z-Ebene für die Funktion $w = \sqrt{z}$, die Umkehrfunktion von (29), auffassen.

Wir untersuchen in Abb. 32 irgendeine der punktiert gezeichneten gleichseitigen Hyperbeln, deren Achse OX die reelle Achse ist. Ihre Gleichung lautet $x^2 - y^2 = C_1$, wobei C_1 eine positive Konstante ist. Wir wollen nur ihren rechten Ast betrachten. Wenn C in der Gleichung $x^2 - y^2 = C$ von C_1 bis $+\infty$ wächst, so erhält man die punktiert gezeichneten Hyperbeln, deren rechte Äste rechts vom rechten Ast der Hyperbel $x^2 - y^2 = C_1$ liegen. Aus dem Gesagten folgt unmittelbar, daß die Funktion (29) den Teil der z-Ebene, der innerhalb des rechten Zweiges dieser Hyperbel liegt, auf die Halbebene $u \geqslant C_1$ der w-Ebene abbildet. Völlig analog bildet die Funktion (29) auch den Teil der z-Ebene, der innerhalb des linken Zweiges der Hyperbel $x^2 - y^2 = C_1$ liegt, auf die Halbebene $u \geqslant C_1$ ab.

Wir betrachten jetzt in Abb. 33 irgendeine punktiert gezeichnete Parabel. Ihre Gleichung lautet $v^2 = 4C_2^2(C_2^2 + u)$; in der z-Ebene entspricht ihr die Gerade $y = C_2$. Dabei kann die Konstante C_2 als positiv vorausgesetzt werden, da in der Parabelgleichung nur C_2^2 vorkommt. Wächst C in der Gleichung $v^2 = 4C^2(C^2 + u)$ von C_2 bis $+\infty$, so erhält man die punktiert gezeichneten Parabeln, die links von der Parabel $v^2 = 4C_2^2(C_2^2 + u)$ liegen. Daraus folgt, daß die Funktion $z = \sqrt{w}$ den außerhalb der Parabel $v^2 = 4C_2^2(C_2^2 + u)$ liegenden Teil der w-Ebene konform auf die Halbebene $y \geqslant C_2$ der z-Ebene abbildet.

33. Die Funktion $w = \frac{k}{2}\left(z + \frac{1}{z}\right)$. Wir wollen die durch die Funktion

$$w = \frac{k}{2}\left(z + \frac{1}{z}\right) \tag{30}$$

vermittelte Abbildung der Ebene untersuchen, wobei k eine fest vorgegebene positive Zahl ist. Es soll untersucht werden, worauf das Polarkoordinatensystem der z-Ebene abgebildet wird, worauf also die Kreise $|z| = \varrho$ um den Nullpunkt und das Büschel der durch den Nullpunkt führenden Geraden $\arg z = \varphi$ abgebildet werden. Setzt man in der Formel (30) $z = \varrho e^{i\varphi}$ und trennt Real- und Imaginärteil, so erhält man

$$u = \frac{k}{2}\left(\varrho + \frac{1}{\varrho}\right)\cos\varphi; \quad v = \frac{k}{2}\left(\varrho - \frac{1}{\varrho}\right)\sin\varphi\,. \tag{31}$$

Wir wollen den Kreis $\varrho = \varrho_0$ betrachten. Man kann aus den Gleichungen (31) φ leicht eliminieren, was zu der Gleichung

$$\frac{u^2}{\frac{k^2}{4}\left(\varrho_0 + \frac{1}{\varrho_0}\right)^2} + \frac{v^2}{\frac{k^2}{4}\left(\varrho_0 - \frac{1}{\varrho_0}\right)^2} = 1 \tag{32}$$

führt. Der genannte Kreis geht also in der w-Ebene in eine Ellipse mit den Halbachsen

$$a = \frac{k}{2}\left(\varrho_0 + \frac{1}{\varrho_0}\right); \qquad b = \frac{k}{2}\left|\varrho_0 - \frac{1}{\varrho_0}\right|$$

über, wobei wir im Ausdruck für b den absoluten Betrag schreiben, da die Differenz sowohl positiv als auch negativ sein kann. Für $\varrho = \varrho_0$ liefern die Gleichungen (31) offensichtlich die Parameterdarstellung dieser Ellipse. Für den Einheitskreis $\varrho = 1$ liefern die Gleichungen (31) $u = k\cos\varphi$ und $v = 0$, die Ellipse entartet also zur doppelt zu durchlaufenden oder, wie man auch sagt, zur zweifachen Strecke $(-k, +k)$ der reellen Achse. Nimmt ϱ von Eins bis Null ab, so dehnen sich die Ellipsen unbeschränkt aus und bedecken dabei die ganze Ebene. Daher entspricht dem Innern des Einheitskreises die gesamte längs $(-k, +k)$ aufgeschnittene w-Ebene. Wächst ϱ von Eins bis Unendlich, so erhalten wir ebenfalls unbegrenzt ausgedehnte Ellipsen. Demnach entspricht dem Äußeren des Einheitskreises wieder die ganze w-Ebene mit dem Schnitt $(-k, +k)$. Die gesamte z-Ebene geht somit in die zweiblättrige RIEMANNsche Fläche auf der w-Ebene mit den Verzweigungspunkten $w = -k$ und $w = +k$ über. In Übereinstimmung damit ist die Umkehrfunktion von (30)

$$z = \frac{w \pm \sqrt{w^2 - k^2}}{k} \tag{30$_1$}$$

zweideutig und besitzt die erwähnten Verzweigungspunkte. Wir kehren nun zur ausführlicheren Untersuchung der Ellipsen (31) zurück. Ihre Brennpunkte liegen auf der reellen Achse, und die zugehörigen Abszissen lassen sich bekanntlich aus den Halbachsen a und b nach der Formel $c = \pm\sqrt{a^2 - b^2}$ berechnen. In diesem Falle ist

$$c = \pm\sqrt{\frac{k^2}{4}\left(\varrho_0 + \frac{1}{\varrho_0}\right)^2 - \frac{k^2}{4}\left(\varrho_0 - \frac{1}{\varrho_0}\right)^2} = \pm k\,.$$

Für alle Werte von ϱ_0 liegen also die Brennpunkte an den Enden des Intervalls $(-k, +k)$. Mit anderen Worten: Die Ellipsen (32) sind *konfokal*, d. h., sie haben gemeinsame Brennpunkte.

Wir untersuchen jetzt, worauf die Geraden $\varphi = \varphi_0$ abgebildet werden. Eliminiert man ϱ aus den Gleichungen (31), so ist

$$\frac{u^2}{k^2\cos^2\varphi_0} - \frac{v^2}{k^2\sin^2\varphi_0} = 1\,. \tag{33}$$

Man erhält also eine Schar von Hyperbeln mit den Halbachsen $a = k\,|\cos\varphi_0|$ und $b = k\,|\sin\varphi_0|$. Wir wollen beweisen, daß diese Hyperbeln dieselben Brennpunkte wie die oben untersuchten Ellipsen haben. Bekanntlich liegen die Brennpunkte der Hyperbeln (33) auf der reellen Achse, und die zugehörigen Abszissen lassen sich aus den Halbachsen nach der Formel $c = \pm\sqrt{a^2 + b^2}$ berechnen. Im vorliegenden Fall ist $c = \pm k$, die Ellipsen und Hyperbeln haben also tatsächlich die gleichen Brennpunkte. Die den Koordinatenachsen der z-Ebene,

$$\varphi = 0,\quad \frac{\pi}{2},\quad \pi \quad\text{und}\quad \frac{3\pi}{2},$$

entsprechenden Hyperbeln arten in die Achse $u = 0$ und in die Intervalle $(-\infty, -k)$ und $(k, +\infty)$ der reellen Achse aus. Damit haben wir also festgestellt, daß das Polarkoordinatensystem der z-Ebene vermöge der Abbildung (30) in ein Netz von konfokalen Ellipsen und Hyperbeln übergeht, deren Brennpunkte in den Punkten $\pm k$ liegen (Abb. 34).

Man kann leicht eine Funktion angeben, die diese konfokalen Scharen als Isothermennetz besitzt. Dazu erinnern wir an das früher über die durch die Exponentialfunktion

$$w = e^z$$

mit der Periode $2\pi i$ vermittelte Abbildung Gesagte [19]. Aus der Schreibweise

$$w = e^x e^{iy}$$

folgt unmittelbar, daß die Geraden $x = x_0$ in Kreise um den Nullpunkt mit den Radien e^{x_0} übergehen, während die Geraden $y = y_0$ in die durch den Nullpunkt führenden Geraden $\varphi = y_0$ abgebildet werden. Die Funktion e^z bildet also das kartesische Koordinatensystem der z-Ebene auf das Polarkoordinatensystem der w-Ebene ab.

Wir untersuchen nun die Funktion

$$w_1 = e^{iz} = e^{ix} e^{-y}, \tag{34}$$

die die Periode 2π hat. Aus dieser Formel ist unmittelbar ersichtlich, daß auch diese Funktion ein kartesisches Koordinatensystem in ein Polarkoordinatensystem überführt. Dabei werden die Geraden $y = y_0$ auf Kreise und die Linien $x = x_0$ auf Geraden abgebildet.

Jetzt betrachten wir die Funktion

$$w = \frac{k}{2}\left(w_1 + \frac{1}{w_1}\right) = k\,\frac{e^{iz} + e^{-iz}}{2} = k \cos z. \tag{35}$$

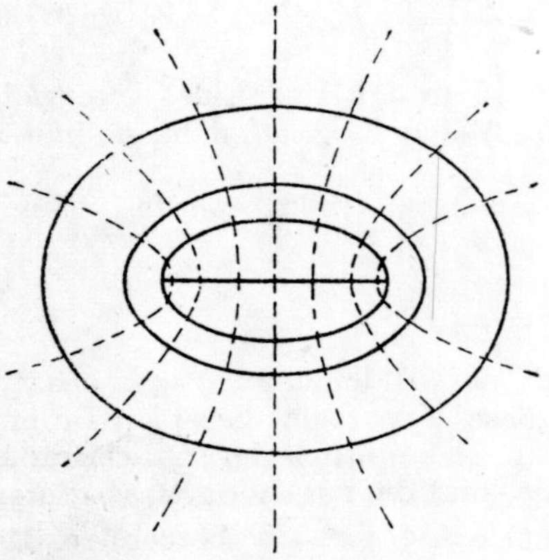

Abb. 34a

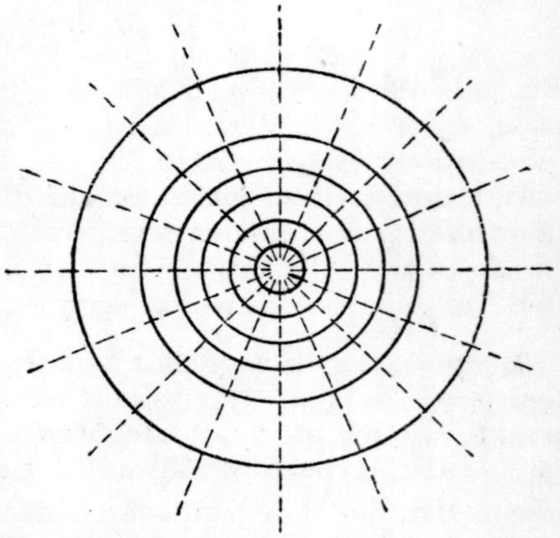

Abb. 34b

Durch die Abbildung (34) geht ein kartesisches Koordinatensystem in ein Polarkoordinatensystem über, und danach wird im Endergebnis der Abbildung (35) das Polarkoordinatensystem in das obengenannte Netz von konfokalen Ellipsen und Hyperbeln übergeführt. Die Ausführung der zwei angegebenen Abbildungen von z auf w_1 und von w_1 auf w liefert im Endergebnis die Abbildung $w = k \cos z$. Daher führt die Funktion $w = k \cos z$ ein kartesisches Koordinatensystem in ein Netz konfokaler Ellipsen und Hyperbeln über. Dieses bildet somit das Isothermennetz für die Funktion $w = k \cos z$ in der w-Ebene. Hätten wir die Umkehrfunktion $w = \arccos \frac{z}{k}$ untersucht, so wäre für sie das erwähnte Netz das Isothermennetz in der z-Ebene.

Ebenso wie im vorigen Abschnitt können wir aus diesen Überlegungen einige Resultate folgern, die sich auf konforme Abbildungen beziehen. Einer der Werte der Funktion (30_1) bildet die w-Ebene mit dem Schnitt $(-k, +k)$ auf das Innere des Einheitskreises der z-Ebene ab. Dieselbe Funktion bildet den im Äußeren der

Ellipse (32) (für irgendein festes ϱ_0) liegenden Teil der Ebene auf das Innere des Kreises um den Ursprung mit dem Radius ϱ_0 ($\varrho_0 < 1$) ab. Wählt man den anderen Wert der Funktion (30_1), so erhält man den im Äußeren des erwähnten Kreises gelegenen Teil der Ebene, wenn man $\varrho_0 > 1$ nimmt. Ebenso bildet einer der Funktionswerte von (30_1) den zwischen zwei Ästen einer Hyperbel (33) gelegenen Teil der w-Ebene konform in den Winkelraum der z-Ebene ab, der durch die Ungleichungen $\varphi_0 \leqslant \arg z \leqslant \pi - \varphi_0$ mit $0 < \varphi_0 < \frac{\pi}{2}$ definiert ist.

Eine ausführliche Untersuchung konformer Spiegelungen an Kurven zweiter Ordnung findet man im Buche И. И. Привалов, „Введение в теорию функций комплексного переменного" (I. I. Priwalow, Einführung in die Theorie der Funktionen einer komplexen Veränderlichen).

34. Zweieck und Streifen. Wir betrachten das von zwei Kreisbögen C_1 und C_2 gebildete Zweieck (Abb. 35). Der Winkel dieses Zweiecks sei ψ; ferner seien α_1 und α_2 die Koordinaten seiner Eckpunkte.

Führt man die lineare Abbildung

$$w_1 = \frac{z - \alpha_1}{z - \alpha_2}$$

aus, so gehen die Punkte α_1 und α_2 in $w_1 = 0$ und $w_1 = \infty$ über, so daß die das Zweieck bildenden Bögen auf Halbgeraden abgebildet werden, die vom Nullpunkt nach Unendlich führen, während ein Winkel ψ jetzt mit dem Scheitel im Nullpunkt liegt. Führen wir danach noch die Abbildung $w_2 = w_1^{\frac{\pi}{\psi}}$ aus, so wird dieser Winkel gleich π, und der Winkelraum verwandelt sich in eine Halbebene. Durch Multiplikation von w_2 mit einem Faktor der Form $e^{i\varphi_0}$ kann man außerdem erreichen, daß dies durch die reelle Achse begrenzte obere Halbebene ist. Faßt man alle ausgeführten Abbildungen zusammen, so erhält man schließlich eine Formel, die die Abbildung unseres Zweiecks auf die obere Halbebene vermittelt:

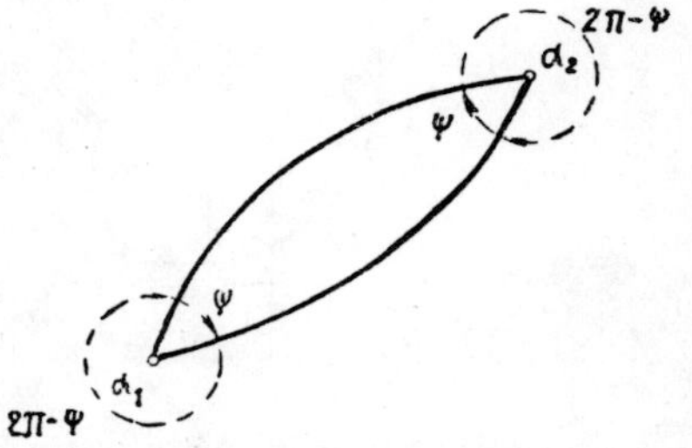

Abb. 35

$$w = e^{i\varphi_0}\left(\frac{z - \alpha_1}{z - \alpha_2}\right)^{\frac{\pi}{\psi}}. \tag{36}$$

Hier ist φ_0 eine reelle Zahl, die von der Lage unseres Zweiecks abhängt. Wenden wir auf w noch eine der in [31] behandelten linearen Abbildungen an, dann wird unser Zweieck auf den Einheitskreis abgebildet.

Wir hatten ein Zweieck betrachtet, das im Innern des durch zwei Kreisbögen gebildeten Randes lag. Nach Abb. 35 können wir aber auch den im Äußeren des geschlossenen Randes liegenden Teil der Ebene als von zwei Kreisbögen begrenztes Zweieck auffassen. Dabei ist natürlich der Winkel dieses Zweiecks nicht ψ, sondern gleich $2\pi - \psi$.

Bisher wurde vorausgesetzt, daß der Winkel des Zweiecks von Null verschieden ist. Jetzt wollen wir auch Winkel zulassen, die gleich Null sind. Zwei Kreise C_1 und C_2 mögen ineinander liegen und sich in einem Punkt berühren (Abb. 36). Dabei liefert uns der innerhalb der geschlossenen Berandung liegende Teil der

Ebene ein Zweieck mit den Winkeln Null. Berühren sich zwei Kreise gegenseitig von außen (Abb. 37), so bildet der außerhalb dieser Kreise liegende Teil der Ebene gleichfalls ein solches Zweieck. Es sei α die Koordinate des Berührungspunktes; dann werden die Kreise durch die lineare Abbildung

$$w_1 = \frac{1}{z - \alpha}$$

in parallele Geraden übergeführt. Das Zweieck selbst wird in den Streifen abgebildet, den diese zwei parallelen Geraden begrenzen. Führen wir danach eine Ähnlichkeitstransformation oder auch eine Translation und eine Drehung – also

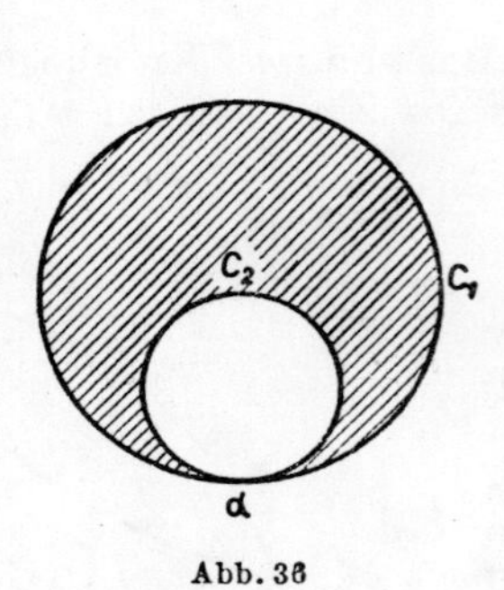

Abb. 36

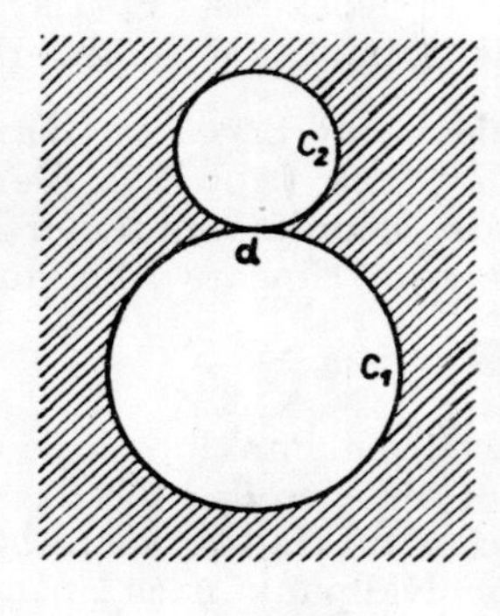

Abb. 37

eine weitere lineare Abbildung – aus, so können wir immer erreichen, daß dieser Streifen durch zwei willkürlich vorgegebene parallele Geraden, beispielsweise von den Geraden

$$y = 0 \quad \text{und} \quad y = 2\pi\,,$$

begrenzt wird.

Wir stellen uns jetzt die Aufgabe, eine reguläre Funktion anzugeben, die diesen Streifen in die obere Halbebene überführt. Die Funktion $w_1 = e^z$ bildet, wie wir bereits wissen, unseren Streifen auf die ganze längs des positiven Teils $(0, +\infty)$ der reellen Achse aufgeschnittene w_1-Ebene ab. Führt man dann die Transformation $w = \sqrt{w_1}$ aus, so erhält man offensichtlich die obere Halbebene. Die gesuchte Funktion, die unseren Streifen auf die obere Halbebene abbildet, lautet also

$$w = e^{\frac{z}{2}}\,.$$

Aus dem Vorhergehenden folgt auch unmittelbar, daß die Funktion e^z selbst den durch die Geraden $y = 0$ und $y = \pi$ begrenzten Streifen in die obere Halbebene überführt. Unterwirft man e^z einer linearen Transformation, die die obere Halbebene auf den Einheitskreis abbildet [31], so erhält man die Funktion

$$w = \frac{e^z - i}{e^z + i}\,, \tag{37}$$

die den durch die Geraden $y = 0$ und $y = \pi$ begrenzten Streifen unmittelbar in den Einheitskreis überführt.

Wir wollen ferner ein spezielles Zweieck ausführlich untersuchen, nämlich den oberen Halbkreis über dem Intervall $(-1, +1)$ der reellen Achse. Die Funktion

$$w = \left(\frac{z+1}{z-1}\right)^2 \tag{38}$$

führt die Eckpunkte dieses Zweiecks, $z = -1$ und $z = +1$, in die Punkte $w = 0$ und $w = +\infty$ über; der Durchmesser und der obere Rand des Halbkreises gehen also in zwei Geraden über, wobei der Winkel zwischen diesen beiden Geraden doppelt so groß wie der entsprechende Winkel im Halbkreis, also gleich π ist.

Mit anderen Worten: Die zwei Halbgeraden bilden eine einzige Gerade, nämlich, wie man sofort sieht, die reelle Achse. Durchlaufen wir den Rand des Halbkreises entgegen dem Uhrzeigersinn, so bewegen wir uns dabei längs der reellen Achse von $-\infty$ bis $+\infty$, also bildet die Funktion (38) unseren Halbkreis auf die obere Halbebene ab. Wendet man noch die lineare Abbildung (26) an, so erhält man die Funktion

$$\frac{(z+1)^2 - i(z-1)^2}{(z+1)^2 + i(z-1)^2},$$

die unseren Halbkreis auf den Einheitskreis abbildet.

35. Hauptsatz der Theorie der konformen Abbildung. Bisher haben wir eine ganze Reihe konformer Abbildungen einfach zusammenhängender Gebiete auf eine Halbebene oder den Einheitskreis untersucht. Dabei sind sowohl beschränkte, einfach zusammenhängende Gebiete (Halbkreis) als auch solche aufgetreten, die den unendlich fernen Punkt enthielten (das Äußere einer Ellipse, das Äußere eines Zweiecks). Wir wollen jetzt das allgemeine Problem der Abbildung eines beliebig vorgegebenen einfach zusammenhängenden Gebietes der z-Ebene behandeln, z. B. die Abbildung auf den Einheitskreis der w-Ebene oder auf eine Halbebene. Wir schließen dabei zwei Fälle aus, nämlich erstens, daß das vorgegebene Gebiet die gesamte z-Ebene einschließlich des unendlich fernen Punktes ist, und zweitens, daß dieses Gebiet die ganze Ebene bis auf einen einzigen Punkt, beispielsweise den unendlich fernen Punkt, ist. Es wird sich dann zeigen: In allen übrigen Fällen existiert eine innerhalb des einfach zusammenhängenden Gebietes B reguläre Funktion $w = f(z)$, die dieses Gebiet auf das Innere des Einheitskreises, $|w| < 1$, abbildet. Danach können wir dann mit Hilfe einer linearen Abbildung den Einheitskreis in sich überführen und erhalten auf diese Weise eine neue konforme Abbildung des Gebietes B auf den Einheitskreis. Wir greifen aus unserem Gebiet irgendeinen bestimmten Punkt A heraus. Dieser Punkt möge bei der durch die Funktion

$$w = f(z) \tag{39}$$

vermittelten Abbildung in den Punkt a innerhalb des Einheitskreises übergehen. Unterwirft man diesen Kreis einer passend gewählten linearen Abbildung, so kann man den Punkt a stets in den Nullpunkt überführen, wobei der Einheitskreis auf sich selbst abgebildet wird [31].

Die neue Abbildung bringt also den Punkt A in den Nullpunkt. Dreht man außerdem den Einheitskreis um den Nullpunkt, so kann man erreichen, daß die Richtungen beim Übergang des Punktes A in den Nullpunkt ungeändert bleiben, daß also $f'(z)$ im Punkt A positiv ist. Wir sehen also: Haben wir eine einzige konforme Abbildung des Gebietes B auf den Einheitskreis, so können wir unendlich viele solcher Abbildungen konstruieren. Unter allen diesen gibt es eine, die einen im Innern von B willkürlich vorgegebenen Punkt A in das Zentrum des Einheitskreises überführt und jede Richtung in diesem Punkt ungeändert läßt. Man kann zeigen, daß unter diesen zusätzlichen Voraussetzungen die auszuführende konforme Abbildung eindeutig festgelegt ist. Es gilt nämlich der folgende in der Theorie der konformen Abbildung fundamentale Satz:

RIEMANNscher Abbildungssatz. *Ist B ein einfach zusammenhängendes Gebiet der z-Ebene (mit den zwei vorhin erwähnten Ausnahmen) und z_0 ein fester Punkt im Innern von B, so existiert genau eine wohlbestimmte in B reguläre Funktion $f(z)$, die B derart auf das Innere des Einheitskreises abbildet, daß z_0 in den Nullpunkt übergeht und der Wert der Ableitung $f'(z_0)$ positiv ist.*

Wir benutzen diesen Satz ohne Beweis. Die darin genannten Abbildungen sind nur in Ausnahmefällen (für sehr einfache Gebiete) durch elementare Funktionen ausdrückbar. Der übliche Beweis des Satzes von RIEMANN stellt nur die Existenz einer solchen Funktion fest, ist aber selbst für eine angenäherte Konstruktion dieser Funktion wenig geeignet. Wir werden uns daher im folgenden mit der praktisch wichtigeren Frage der angenäherten Konstruktion der Abbildungsfunktion beschäftigen.

Zunächst bringen wir eine wichtige Ergänzung zum Satz von RIEMANN. Ist der Rand des Gebietes eine einfach geschlossene Kurve mit den in [4] angeführten Eigenschaften, so ist die Funktion $f(z)$ bis zum Rand des Gebietes B hin stetig und bildet die Berandung des Gebietes auf den Rand des Einheitskreises ab. Die Umkehrfunktion ist dann nicht nur im Innern des Einheitskreises regulär, sondern auch im abgeschlossenen Kreis stetig.

Wie oben erwähnt, ist die Funktion, die die konforme Abbildung des vorgegebenen Gebietes B auf das Innere des Einheitskreises vermittelt, nur dann vollständig bestimmt, wenn die im RIEMANNschen Abbildungssatz geforderte Zusatzbedingung erfüllt ist. Wir können diese Zusatzbedingung durch eine andere ersetzen. Wir setzen nämlich weiter voraus, der Rand unseres Gebietes sei so beschaffen, daß die Abbildungsfunktion bis zum Rande hin stetig ist. Wir können dann noch eine lineare Abbildung anwenden, durch welche drei vorgegebene Randpunkte des Gebietes B in drei gegebene Randpunkte des Einheitskreises übergehen. Damit ist die Funktion, die die konforme Abbildung vermittelt, vollständig bestimmt.

Man kann die Zusatzbedingung auch noch anders formulieren. Wir wollen zunächst fordern, daß der Punkt z_0 aus dem Innern von B in den Nullpunkt übergeht. Danach bleibt uns noch die Möglichkeit, den Einheitskreis um den Nullpunkt zu drehen. Wir können diese Drehung dazu verwenden, daß ein vorgegebener Punkt des Randes von B in einen gegebenen Randpunkt des Einheitskreises übergeht. Man kann zeigen, daß die Funktion dadurch vollständig bestimmt ist.

Ist also die Stetigkeit der die konforme Abbildung vermittelnden Funktion bis zum Rande des Gebietes B hin garantiert, *so können wir die Funktion eindeutig festlegen. Dazu geben wir die Abbildung dreier beliebiger Punkte des Randes von B auf drei Randpunkte des Einheitskreises vor, oder wir ordnen willkürlich einem inneren und einem Punkt des Randes von B entsprechende Punkte des Einheitskreises zu.*

Haben wir in der z-Ebene zwei einfach zusammenhängende Gebiete B_1 und B_2, so existieren nach dem Satz von RIEMANN zwei reguläre Funktionen

$$w_1 = f_1(z_1) \quad \text{und} \quad w_1 = f_2(z_2), \tag{40}$$

die diese Gebiete auf den Einheitskreis $|w_1| < 1$ abbilden. Eliminiert man aus den Gleichungen (40) die Veränderliche w_1, so erhält man eine reguläre Funktion $z_2 = \varphi(z_1)$, die das Gebiet B_1 in das Gebiet B_2 überführt.

Dabei ist jedem Punkt z_1 ein Punkt z_2 so zugeordnet, daß den Punkten z_1 und z_2 gemäß (40) ein und dasselbe w_1 entspricht. Auf diese Weise können wir zwei beliebige einfach zusammenhängende Gebiete (mit den zwei oben erwähnten Ausnahmen) aufeinander abbilden. Man kann natürlich dann noch die Zusatzbedingungen stellen, die wir oben bei der Abbildung eines Gebietes auf den Kreis erwähnt haben.

Wir wollen noch eine wichtige Eigenschaft einer Funktion $f(z)$ angeben, die ein einfach zusammenhängendes Gebiet auf den Kreis oder auf ein anderes einfach zusammenhängendes Gebiet abbildet.

Dazu setzen wir voraus, daß unser Gebiet einblättrig ist; falls es jedoch mehrblättrig ist, so soll es keinen Verzweigungspunkt im Innern enthalten. Dann kann die Ableitung $f'(z)$ innerhalb des Gebietes nicht Null werden, da aus dem Verschwinden der Ableitung die Existenz eines Verzweigungspunktes im ursprünglichen Bereich folgt [23]. So haben die Funktionen $\log f'(z)$ und $\sqrt{f'(z)}$ bei der analytischen Fortsetzung innerhalb unseres einfach zusammenhängenden Gebietes B keine singulären Punkte und sind daher dort eindeutige [18] und reguläre Funktionen.

Haben wir in der z-Ebene kein einfach, sondern etwa ein zweifach zusammenhängendes Gebiet – z. B. einen Ring, der durch zwei geschlossene Kurven begrenzt wird – so ist es offensichtlich unmöglich, ihn auf ein einfach zusammenhängendes Gebiet derart konform abzubilden, daß jeder Punkt des Ringes einem bestimmten Punkt des einfach zusammenhängenden Gebietes entspricht und umgekehrt.

Mehrfach zusammenhängende Gebiete unterscheiden sich in Folgendem grundsätzlich von einfach zusammenhängenden; man kann nämlich nicht irgend zwei Gebiete mit denselben Zusammenhangsverhältnissen konform aufeinander abbilden. So können z. B. zwei durch konzentrische Kreise begrenzte Ringe nur dann konform aufeinander abgebildet werden, wenn für beide Ringe das Verhältnis der Radien der sie begrenzenden Kreise das gleiche ist.

Es besteht jedoch die Möglichkeit, ein beliebiges mehrfach zusammenhängendes Gebiet in eines von bestimmtem Typ überzuführen: Jedes n-fach zusammenhängende Gebiet kann man nämlich auf die Ebene mit n Schnitten, die die Form von parallelen Strecken haben, abbilden. Dabei können einige dieser Schnitte in Punkte ausarten.

Wir wollen nun Näherungsverfahren für die Konstruktion von Funktionen behandeln, die eine konforme Abbildung vermitteln. Vorher aber leiten wir den analytischen Ausdruck der Funktion her, die eine konforme Abbildung des Einheitskreises oder der oberen Halbebene auf ein Vieleck (Polygon) liefert. Diese Formel findet man oft in den Anwendungen.

36. Die CHRISTOFFELsche Formel. In der z-Ebene sei ein Vieleck $A_1A_2\ldots A_n$ (Abb. 38) vorgegeben; seine Winkel seien $\alpha_1\pi, \alpha_2\pi, \ldots, \alpha_n\pi$. Wir untersuchen die Funktion

$$z = f(t)\,, \tag{41}$$

die eine konforme Abbildung der oberen t-Halbebene auf unser Vieleck vermitteln soll. Unsere Aufgabe besteht darin, den analytischen Ausdruck dieser Funktion zu konstruieren. Die Ecke A_k unseres Vielecks möge dem Punkt

$$t = a_k \qquad (k = 1, 2, \ldots, n)$$

entsprechen, der auf der reellen Achse liegt. Dabei setzen wir voraus, daß alle diese Punkte im Endlichen liegen, was wir mit Hilfe einer linearen Abbildung der t-Ebene immer erreichen können.

Der äußerste linke Punkt sei a_1 und der äußerste rechte a_n. Wir wollen die analytische Fortsetzung der Funktion $f(t)$ über die reelle Achse hinaus studieren. Dazu wählen wir die Strecke $a_k a_{k+1}$ der reellen Achse, der die Seite $A_k A_{k+1}$ des Vielecks zugeordnet ist. Nach dem Spiegelungsprinzip können wir die Funktion $f(t)$ über die Strecke $a_k a_{k+1}$ hinweg analytisch fortsetzen; dann liefern die Werte dieser Fortsetzung in der unteren Halbebene ein neues Vieleck, das man aus dem ursprünglichen durch Spiegelung an der Seite $A_k A_{k+1}$ erhält. Wir können danach die erhaltene Funktion wieder aus der unteren Halbebene über eine bestimmte Strecke $a_l a_{l+1}$ der reellen Achse hinweg in die obere Halbebene fortsetzen. Dann liefern die auf Grund des Spiegelungsprinzips erhaltenen neuen Werte von $f(t)$ ein drittes Vieleck; man erhält es aus dem zweiten mit Hilfe einer Spiegelung an der Seite, die der Strecke $a_l a_{l+1}$ der reellen Achse entspricht usw. Wir haben also gesehen, daß wir unsere Funktion $f(t)$ ungehindert über die reelle Achse hinweg fortsetzen können. Dabei bildet die Funktion die gesamte Halbebene auf dasjenige Vieleck ab, das man aus dem ursprünglichen mit Hilfe einiger Spiegelungen an seinen Seiten erhält. Diese entsprechen Teilen der reellen Achse, über die hinweg wir die analytische Fortsetzung ausgeführt haben. Der Seite $A_n A_1$ des Vielecks entspricht bei diesem Verfahren auf der reellen Achse die Strecke von a_n bis ∞ und weiter von ∞ bis a_1. Es wird also dem unendlich fernen Punkt der t-Ebene ein bestimmter, auf der Seite $A_n A_1$ des Vielecks gelegener Punkt zugeordnet. Die Punkte a_k selbst sind im allgemeinen singuläre Punkte der Funktion $f(t)$.

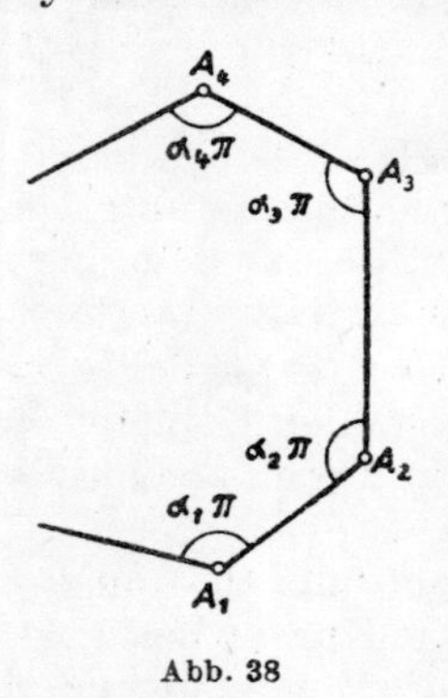

Abb. 38

Wir wollen den Charakter dieser singulären Punkte untersuchen. Dazu wählen wir etwa den Punkt a_2 und umlaufen diesen einmal; wir gehen dabei von der oberen Halbebene aus und kehren wieder dorthin zurück. Also müssen wir zuerst von der oberen Halbebene über die Strecke $a_1 a_2$ hinweg zur unteren gehen und dann über die Strecke $a_2 a_3$ hinweg zur oberen zurückkehren. Nach dem oben Gesagten liefern die Werte von $f(t)$ in der unteren Halbebene das Vieleck $A_1 A_2 A_3' \ldots A_n'$, das man aus dem ursprünglichen durch Spiegelung an der Seite $A_1 A_2$ erhält. Der Rückweg in die obere Halbebene führt dann auf die Spiegelung an der Seite $A_2 A_3'$ dieses neuen Vielecks (Abb. 39).

Somit entspricht dem oben erwähnten Umlauf um den Punkt a_2 in der z-Ebene die Spiegelung an den Geraden $A_2 A_1$ und $A_2 A_3'$, also eine lineare Abbildung der Gestalt $z' - b_2 = e^{i\varphi}(z - b_2)$, wobei b_2 die Koordinate des Punktes A_2 ist [31]. Hieraus folgt unmittelbar

$$\overset{*}{f}(t) = e^{i\varphi} f(t) + \overset{}{\underset{*}{\gamma}},$$

wobei γ eine Konstante ($\gamma = b_2 - e^{i\varphi}\, b_2$) und $\overset{*}{f}(t)$ der neue Zweig von $f(t)$ in der oberen Halbebene ist.

Daraus ergibt sich

$$\frac{\overset{*}{f}{}''(t)}{\overset{*}{f}{}'(t)} = \frac{f''(t)}{f'(t)},$$

also ist die Funktion

$$\frac{f''(t)}{f'(t)} \tag{42}$$

in der Umgebung des Punktes a_2 regulär und eindeutig. Der Punkt a_2 selbst kann für die Funktion (42) ein Pol oder eine wesentlich singuläre Stelle sein. Wir wollen zeigen, daß dieser Punkt ein einfacher Pol mit dem Residuum $\alpha_2 - 1$ ist. An Stelle von z führen wir die neue komplexe Veränderliche z' ein:

$$z' = (z - b_2)^{\frac{1}{\alpha_2}},$$

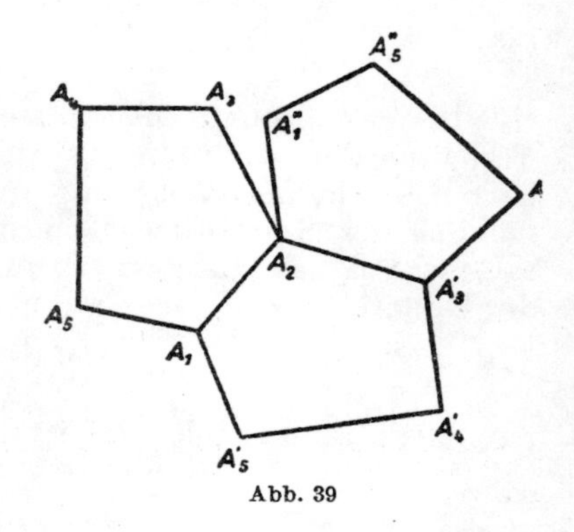

Abb. 39

wobei b_2 die Koordinate des Eckpunktes A_2 ist. Diesem Eckpunkt entspricht der Wert $z' = 0$; die Seiten A_2A_1 und A_2A_3, die den Winkel $\alpha_2\pi$ einschließen, gehen in zwei Geraden über, die miteinander den Winkel π bilden. In der z'-Ebene werden also die oben genannten Seiten auf zwei Abschnitte ein und derselben Geraden l abgebildet, die vom Nullpunkt aus nach verschiedenen Seiten führen. Kehrt man jetzt zur Ebene der Veränderlichen t zurück, so sieht man, daß eine oberhalb der reellen Achse gelegene Umgebung des Punktes a_2 in der z'-Ebene in eine Umgebung des Punktes $z' = 0$ übergeht, die auf einer Seite der Geraden l liegt. Nach dem Spiegelungsprinzip gilt dasselbe auch für die Umgebungen der Punkte $t = a_2$ und $z' = 0$, die auf der anderen Seite der genannten Geraden liegen. Somit geht eine Umgebung von $t = a_2$ in eine einblättrige Umgebung des Punktes $z' = 0$ über, und es muß eine Entwicklung der Gestalt

$$z' = (z - b_2)^{\frac{1}{\alpha_2}} = c_1 (t - a_2) + c_2 (t - a_2)^2 + \cdots \qquad (c_1 \neq 0)$$

existieren. Daraus folgt unmittelbar

$$z = b_2 + c_1^{\alpha_2} (t - a_2)^{\alpha_2} \left\{ 1 + \frac{c_2}{c_1} (t - a_2) + \frac{c_3}{c_1} (t - a_2)^2 + \cdots \right\}^{\alpha_2}$$

oder durch Anwendung der Binomialformel [23]

$$f(t) = b_2 + (t - a_2)^{\alpha_2} f_1(t),$$

wobei $f_1(t)$ im Punkte $t = a_2$ regulär und von Null verschieden ist. Daraus ergibt sich

$$f'(t) = \alpha_2 (t - a_2)^{\alpha_2 - 1} f_1(t) + (t - a_2)^{\alpha_2} f_1'(t);$$
$$f''(t) = \alpha_2 (\alpha_2 - 1)(t - a_2)^{\alpha_2 - 2} f_1(t) + 2\alpha_2 (t - a_2)^{\alpha_2 - 1} f_1'(t) + (t - a_2)^{\alpha_2} f_1''(t)$$

und folglich

$$\frac{f''(t)}{f'(t)} = \frac{1}{t-a_2} \cdot \frac{\alpha_2(\alpha_2-1) f_1(t) + 2\alpha_2(t-a_2) f_1'(t) + (t-a_2)^2 f_1''(t)}{\alpha_2 f_1(t) + (t-a_2) f_1'(t)}.$$

Der zweite Faktor rechts ist eine im Punkte $t = a_2$ reguläre Funktion, die dort den Wert $\alpha_2 - 1$ annimmt. Daher gilt in der Nähe von $t = a_2$ die Entwicklung

$$\frac{f''(t)}{f'(t)} = \frac{\alpha_2 - 1}{t - a_2} + P(t - a_2),$$

wobei $P(t - a_2)$ eine im Punkte $t = a_2$ reguläre Funktion ist.

Entsprechend überzeugt man sich davon, daß die Funktion (42) in jedem Punkt a_k der reellen Achse einen Pol erster Ordnung mit dem Residuum $\alpha_k - 1$ hat. Unsere Funktion hat im Endlichen, wie wir wissen, keine weiteren singulären Punkte. Daher ist die Differenz

$$\frac{f''(t)}{f'(t)} - \sum_{s=1}^{n} \frac{\alpha_s - 1}{t - a_s} \tag{43}$$

eine in der ganzen Ebene eindeutige und reguläre Funktion. Wir wollen jetzt das Verhalten der Funktion (43) im Unendlichen studieren. Wie wir oben gezeigt hatten, strebt die Funktion $f(t)$ im Unendlichen einem wohldefinierten Wert zu, nämlich der Koordinate b_∞ desjenigen Punktes der Seite $A_n A_1$, der $t = \infty$ entspricht. Folglich läßt sich $f(t)$ in der Umgebung des unendlich fernen Punktes in der Gestalt

$$f(t) = b_\infty + \frac{c_1}{t} + \frac{c_2}{t^2} + \cdots$$

darstellen. Daraus folgt unmittelbar, daß dort die Funktion $\frac{f''(t)}{f'(t)}$ die Entwicklung

$$\frac{f''(t)}{f'(t)} = \frac{d_1}{t} + \frac{d_2}{t^2} + \cdots$$

besitzt, also strebt sie für $t \to \infty$ gegen Null. Daraus ersieht man, daß die in der ganzen Ebene reguläre Funktion (43) für $t \to \infty$ gegen Null strebt und folglich überall beschränkt ist. Nach dem LIOUVILLEschen Satz [9] muß der Ausdruck (43) konstant sein. Da wir eben gesehen haben, daß er für $t \to \infty$ gegen Null strebt, ergibt sich, daß er gleich Null sein muß. Daher gilt die Gleichung

$$\frac{f''(t)}{f'(t)} = \frac{\alpha_1 - 1}{t - a_1} + \frac{\alpha_2 - 1}{t - a_2} + \cdots + \frac{\alpha_n - 1}{t - a_n}. \tag{44}$$

Einmalige Integration ergibt

$$\log f'(t) = (\alpha_1 - 1)\log(t - a_1) + (\alpha_2 - 1)\log(t - a_2) + \cdots + (\alpha_n - 1)\log(t - a_n) + C$$

oder

$$f'(t) = A(t - a_1)^{\alpha_1 - 1}(t - a_2)^{\alpha_2 - 1} \cdots (t - a_n)^{\alpha_n - 1},$$

und nach nochmaliger Integration erhalten wir schließlich

$$z = f(t) = A\int_0^t (s - a_1)^{\alpha_1 - 1}(s - a_2)^{\alpha_2 - 1} \cdots (s - a_n)^{\alpha_n - 1}\, ds + B, \tag{45}$$

wobei A und B Konstanten sind. Damit ist unsere Aufgabe gelöst. *Die konforme Abbildung der oberen t-Halbebene auf das Vieleck mit den Winkeln $\alpha_k \pi$ wird durch* *die Funktion* (45) *vermittelt. Dabei sind die a_k gewisse Punkte auf der reellen Achse und A und B komplexe Konstanten.*

Wir wollen jetzt die Bedeutung dieser Konstanten erläutern. In die obigen Untersuchungen sind lediglich die Größen der Winkel unseres Vielecks eingegangen. Unterwirft man daher das Vieleck einer Bewegung oder auch einer Ähnlichkeitstransformation, so ändern sich die Winkel nicht, und für das neue Vieleck muß ebenfalls die Gleichung (45) gelten. Werden also die Konstanten A und B geändert, so bedeutet das den Übergang von einem Vieleck zu einem anderen, zu ihm ähnlichen. Wesentlicher ist die Bedeutung der Zahlen a_k in der Formel (45). Die Anordnung dieser Zahlen auf der reellen Achse ergibt zusammen mit dem Wert der Konstanten A die Seitenlängen des Vielecks. Wir werden später auf dieses Problem noch zurückkommen.

Bei der Herleitung der Formel (45) haben wir vorausgesetzt, daß allen Eckpunkten des Vielecks im Endlichen gelegene Punkte der reellen Achse zugeordnet sind. Wir nehmen demgegenüber jetzt an, einem dieser Eckpunkte entspreche der unendlich ferne Punkt. Diesen Fall können wir leicht aus dem vorhergehenden erhalten, indem wir für t die neue Veränderliche τ mit

$$t = -\frac{1}{\tau} + a_n$$

einführen, nach der wir für $t = a_n$ gerade $\tau = \infty$ erhalten.

Führt man diese Variablensubstitution aus, so ergibt sich

$$f(\tau) = A\int_{\tau_0}^{\tau}\left(a_n - a_1 - \frac{1}{\sigma}\right)^{\alpha_1-1}\cdots\left(a_n - a_{n-1} - \frac{1}{\sigma}\right)^{\alpha_{n-1}-1}\left(-\frac{1}{\sigma}\right)^{\alpha_n-1}\frac{d\sigma}{\sigma^2} + B.$$

Nach der Formel für die Winkelsumme eines Vielecks muß

$$\alpha_1 + \alpha_2 + \cdots + \alpha_n = n - 2 \tag{46}$$

sein. Benutzt man diese Relation und ändert die Bezeichnung der Konstanten, so kann man die Formel für $f(\tau)$ in folgender Weise schreiben:

$$f(\tau) = A'\int_{0}^{\tau}(\sigma - a_1')^{\alpha_1-1}(\sigma - a_2')^{\alpha_2-1}\cdots(\sigma - a_{n-1}')^{\alpha_{n-1}-1}d\sigma + B'. \tag{47}$$

Diese Formel entspricht also dem Fall, daß einer der Eckpunkte des Vielecks dem unendlich fernen Punkt $\tau = \infty$ zugeordnet ist.

Aus der Formel (45) erhält man auch leicht eine andere, die eine konforme Abbildung des Einheitskreises $|w| < 1$ auf unser Vieleck liefert. Dazu genügt es, die lineare Abbildung anzugeben, die die obere t-Halbebene in den Einheitskreis $|w| < 1$ überführt. Diese Abbildung lautet

$$w = \frac{t-i}{t+i} \quad \text{oder} \quad t = \frac{1}{i}\frac{w+1}{w-1}.$$

Setzen wir diesen Ausdruck für t in (45) ein und berücksichtigen (46), so erhalten wir die Formel

$$z = A''\int_{0}^{w}(s - a_1'')^{\alpha_1-1}(s - a_2'')^{\alpha_2-1}\cdots(s - a_n'')^{\alpha_n-1}ds + B'', \tag{48}$$

wobei die Punkte a_k'' auf dem Rande des Einheitskreises liegen und sich aus den a_k gemäß

$$a_k'' = \frac{a_k - i}{a_k + i}$$

bestimmen.

In den Formeln (47) und (48) haben wir die untere Integrationsgrenze geändert, was keine wesentliche Rolle spielt, da es sich nur auf die Werte der Konstanten B' und B'' auswirkt.

Denken wir noch einmal kurz an den Ausgangspunkt unserer Untersuchungen zurück, der uns dann zur Formel (45) führte: Wir nahmen an, daß eine Funktion $f(t)$ vorliege, die die obere Halbebene auf unser Vieleck abbildet, und erhielten dann für diese Funktion den Ausdruck (45). Wir wollen diesen nun genauer untersuchen und setzen voraus, daß die a_k bestimmte vorgegebene Punkte der reellen Achse und die α_k positive Zahlen sind, die die Bedingung (46) erfüllen. Dann wollen wir zeigen, *daß durch die Formel* (45) *die obere Halbebene auf ein bestimmtes (ein- oder mehrblättriges) Gebiet abgebildet wird, das in seinem Innern keine Verzweigungspunkte enthält und dessen Rand ein Polygonzug mit den Winkeln* $\alpha_k\pi$ $(k = 1, 2, \ldots, n)$ *ist*. Zunächst bemerken wir, daß jeder der Faktoren $(s - a_k)^{\alpha_k - 1}$ des Integranden eine in der oberen Halbebene reguläre und eindeutige Funktion ist und das Produkt

$$f'(s) = A\,(s - a_1)^{\alpha_1 - 1}\,(s - a_2)^{\alpha_2 - 1} \cdots (s - a_n)^{\alpha_n - 1}$$

in der oberen Halbebene nirgends verschwindet. Daher vermittelt die Funktion (45) eine konforme Abbildung der oberen Halbebene auf ein bestimmtes Gebiet B der z-Ebene, das in seinem Innern keine Verzweigungspunkte enthält. Wir wollen sehen, worauf dabei der Rand der oberen Halbebene, also die reelle Achse, abgebildet wird. Es möge t das Intervall $a_1 \leqslant t \leqslant a_2$ der reellen Achse durchlaufen. Der entsprechende Teil der Begrenzung des Gebietes B wird durch eine Gleichung der Gestalt

$$z = A \int_{a_1}^{t} (s - a_1)^{\alpha_1 - 1}\,(s - a_2)^{\alpha_2 - 1} \cdots (s - a_n)^{\alpha_n - 1}\,ds + C \tag{49}$$

dargestellt, wobei C eine Konstante ist, die durch die vorigen Konstanten nach der Beziehung

$$C = B + A \int_{0}^{a_1} (t - a_1)^{\alpha_1 - 1}\,(t - a_2)^{\alpha_2 - 1} \cdots (t - a_n)^{\alpha_n - 1}\,dt$$

bestimmt wird.

Durchläuft s das oben genannte Intervall, so hat jede der Differenzen $t - a_k$ ein konstantes Argument, das wir mit φ_k bezeichnen. Wir können offensichtlich $\varphi_1 = 0$ und $\varphi_k = \pi$ für $k > 1$ $(a_1 < a_2 < \cdots < a_n)$ voraussetzen. Das Argument des gesamten Integranden in (49) bleibt ebenfalls dauernd konstant, es ist nämlich gleich

$$(\alpha_1 - 1)\,\varphi_1 + (\alpha_2 - 1)\,\varphi_2 + \cdots + (\alpha_n - 1)\,\varphi_n = \varphi\,.$$

Somit können wir Formel (49) in der Gestalt

$$z = A e^{i\varphi} \int_{a_1}^{t} |s - a_1|^{\alpha_1 - 1}\,|s - a_2|^{\alpha_2 - 1} \cdots |s - a_n|^{\alpha_n - 1}\,ds + C \tag{50}$$

schreiben, wobei die Integration längs des Intervalls (a_1, t) der reellen Achse auszuführen und das Integral reell ist. Aus Gleichung (50) ersieht man unmittelbar, daß dem Intervall $a_1 \leqslant s \leqslant a_2$ der reellen Achse in der z-Ebene der Abschnitt A_1A_2 der Geraden zugeordnet ist, die ihren Ausgangspunkt im Punkt $z = C$ hat und mit der reellen Achse den Winkel arg $Ae^{i\varphi}$ bildet. Beim Übergang vom Intervall $a_1 \leqslant s \leqslant a_2$ zum Intervall $a_2 \leqslant s \leqslant a_3$ müssen wir über den Punkt a_2 hinweggehen, wenn wir uns in der oberen Halbebene bewegen. Dabei erhält das Argument der Differenz $s - a_2$ den Zuwachs $-\pi$ und das des Faktors $(s - a_2)^{\alpha_2 - 1}$ wächst um $-\pi(\alpha_2 - 1)$. Somit erhalten wir im folgenden Intervall $a_2 \leqslant s \leqslant a_3$ eine der Beziehung (50) analoge Formel, wobei aber das Argument einen neuen Wert hat, der sich vom alten um den Summanden $-\pi(\alpha_2 - 1)$ unterscheidet. Daher entspricht dem Intervall $a_2 \leqslant s \leqslant a_3$ in der z-Ebene die Strecke A_2A_3 so, daß der Winkel zwischen den Richtungen von A_1A_2 und A_2A_3 gleich $\pi - \alpha_2\pi$ ist.

Zum Schluß wollen wir den unendlich fernen Punkt der s-Ebene untersuchen. Dazu schreiben wir den Integranden der Formel (45) in der Gestalt

$$s^{\alpha_1+\alpha_2+\cdots+\alpha_n-n}\left(1-\frac{a_1}{s}\right)^{\alpha_1-1}\left(1-\frac{a_2}{s}\right)^{\alpha_2-1}\cdots\left(1-\frac{a_n}{s}\right)^{\alpha_n-1}.$$

Wendet man die Binomialformel an und berücksichtigt die Relation (46), so erhält man in der Umgebung des unendlich fernen Punktes eine Entwicklung des Integranden in der Gestalt

$$\frac{1}{s^2}+\frac{C_3}{s^3}+\frac{C_4}{s^4}+\cdots,$$

und nach der Integration ist die rechte Seite der Funktion (45) folgendermaßen darstellbar:

$$d_0+\frac{d_1}{t}+\frac{d_2}{t^2}+\cdots.$$

Für die durch (45) definierte Funktion ist also $t = \infty$ ein regulärer Punkt. Läuft man daher über den Punkt Unendlich der reellen Achse der t-Ebene hinweg, so erhält man ebenso wie für die anderen Abschnitte der reellen Achse eine Strecke in der z-Ebene.

Wir weisen noch darauf hin, daß das Integral (45) wegen der Bedingung $\alpha_k > 0$ in jedem Punkt $t = a_k$ einen wohldefinierten endlichen Wert hat. Damit ist unsere aufgestellte Behauptung über die durch (45) vermittelte Abbildung bewiesen. Wie wir schon erwähnten, kann das erhaltene Vieleck sich auch überschneiden (Abb. 40). Entsprechendes gilt auch für die Formeln (47) und (48).

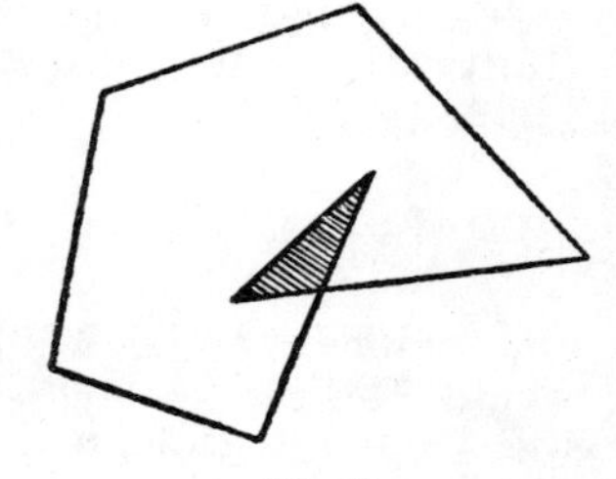

Abb. 40

So liefert beispielsweise die Funktion (48) bei beliebiger Wahl der Punkte a_k'' auf dem Rande des Einheitskreises und bei beliebiger Wahl der positiven Konstanten α_k, die der Bedingung (46) genügen, eine konforme Abbildung des Einheitskreises auf ein Gebiet B, das im Innern keine Verzweigungspunkte aufweist und durch einen Polygonzug begrenzt wird.

37. Einige Spezialfälle. Wir wollen der Einfachheit halber mit einem Dreieck beginnen. Führt man eine lineare Transformation der t-Ebene aus, so kann man dieses Problem immer darauf zurückführen, daß die Eckpunkte des Dreiecks den Punkten $t = 0$, 1 und ∞ zugeordnet sind. Wir benutzen die Formel (47) und setzen in ihr $a_1' = 0$ und $a_2' = 1$. Damit ergibt sich

$$z = A' \int_0^{\tau} \sigma^{\alpha_1 - 1} (\sigma - 1)^{\alpha_2 - 1} \, d\sigma + B'. \tag{51}$$

Hierbei treten lediglich die willkürlichen Konstanten A' und B' auf, die keine wesentliche Rolle spielen und mit einer Ähnlichkeitstransformation des Dreiecks zusammenhängen. Die Formel (51) ist verhältnismäßig einfach; das folgt daraus, daß zwei Dreiecke mit denselben Winkeln einander stets ähnlich sind. Für Vierecke gilt diese Tatsache schon nicht mehr. In der allgemeinen Formel für ein Viereck mit vorgegebenen Winkeln kann daher unter dem Integralzeichen ein unbestimmter Parameter auftreten, der von den Seitenlängen des Vierecks abhängt.

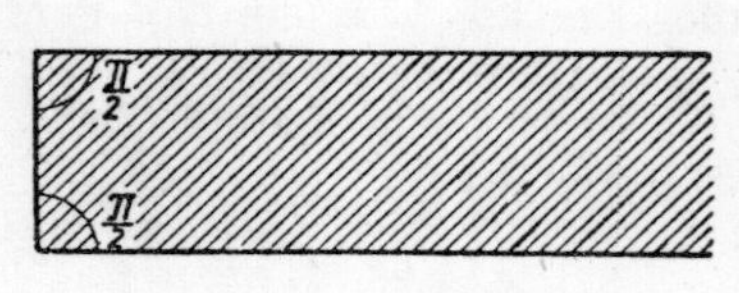

Abb. 41

Die Formel (51) ist auch auf ein unendlich ausgedehntes Dreieck mit den Winkeln $\frac{\pi}{2}$, $\frac{\pi}{2}$ und 0 anwendbar. Ein derartiges Dreieck stellt offenbar einen Halbstreifen dar, der durch zwei parallele Geraden und eine dazu senkrechte Strecke begrenzt ist (Abb. 41). Setzt man in (51) $\alpha_1 = \alpha_2 = \frac{1}{2}$, so gilt

$$z = A' \int_0^{\tau} \frac{d\sigma}{\sqrt{\sigma(\sigma - 1)}} + B'.$$

Wir wollen noch ausführlich auf die Abbildung eines Rechteckes B eingehen. Seine Ecken mögen folgende Koordinaten haben:

$$-\frac{\omega_1}{2}, \quad \frac{\omega_1}{2}, \quad \frac{\omega_1}{2} + i\omega_2, \quad -\frac{\omega_1}{2} + i\omega_2,$$

wobei ω_1 und ω_2 gegebene reelle positive Zahlen sind. Wir wählen die rechte Hälfte dieses Rechteckes mit den Eckpunkten

$$0; \ \frac{\omega_1}{2}; \ \frac{\omega_1}{2} + i\omega_2; \ i\omega_2$$

und nehmen an, daß sie auf die rechte Hälfte der oberen t-Halbebene konform abgebildet wird (also auf diejenige Hälfte, deren Punkte positiven Realteil haben). Dabei können wir voraussetzen, daß die Eckpunkte 0, $\frac{\omega_1}{2}$ und $i\omega_2$ den Punkten 0, 1 und ∞ des Randes

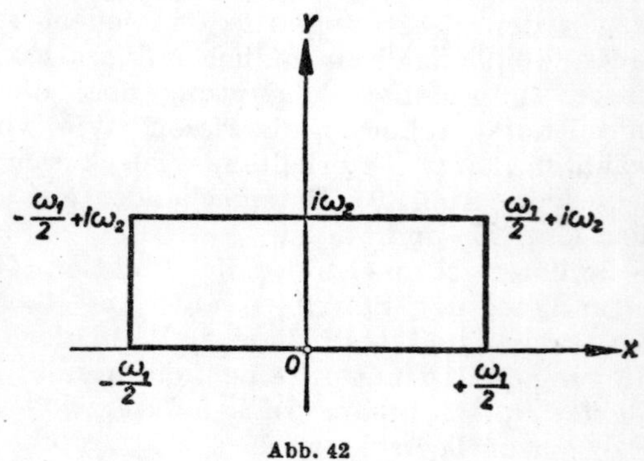

Abb. 42

des rechten Teils der oberen Halbebene entsprechen. Dann ist dem Eckpunkt $\frac{\omega_1}{2} + i\omega_2$ ein bestimmter Punkt der reellen Achse zugeordnet, der zwischen den Punkten 1 und ∞ liegt. Wir bezeichnen ihn durch $\frac{1}{k}$ mit $0 < k < 1$. Nach dem Spiegelungsprinzip entspricht der linken Hälfte unseres Rechtecks die linke Hälfte der oberen t-Halbebene, wobei die Ecken $-\frac{\omega_1}{2}, -\frac{\omega_1}{2} + i\omega_2$ auf die Punkte $t = -1$ und $t = -\frac{1}{k}$ abgebildet werden. Aus den vorigen Überlegungen folgt unmittelbar, daß wir unsere konforme Abbildung der oberen Halbebene auf das Rechteck B immer so normieren können, daß den Punkten $t = -1, 0, 1, \infty$ die Punkte $z = -\frac{\omega_1}{2}, 0, \frac{\omega_1}{2}, i\omega_2$ zugeordnet sind und dabei den Punkten $t = \frac{1}{k}$ und $t = -\frac{1}{k}$ die Werte $z = \frac{\omega_1}{2} + i\omega_2$ und $z = -\frac{\omega_1}{2} + i\omega_2$ entsprechen. Wir können jetzt Formel (45) anwenden, indem wir $a_1 = -\frac{1}{k}$; $a_2 = -1$; $a_3 = 1$; $a_4 = \frac{1}{k}$ und $\alpha_1 = \alpha_2 = \alpha_3 = \alpha_4 = \frac{1}{2}$ setzen.

Berücksichtigt man, daß für $t = 0$ auch $z = 0$ ist, so erhält man eine Formel der Gestalt

$$z = A' \int_0^t \frac{ds}{\sqrt{(1-s^2)\left(\frac{1}{k^2} - s^2\right)}}$$

oder

$$z = A \int_0^t \frac{ds}{\sqrt{(1-s^2)(1-k^2 s^2)}}. \tag{52}$$

Für die innerhalb des Intervalls $-1 < t < 1$ der reellen Achse gelegenen Werte t müssen wir das Intervall $\left(-\frac{\omega_1}{2}, +\frac{\omega_1}{2}\right)$ der reellen Achse in der z-Ebene erhalten. Daraus folgt, daß wir in Formel (52) A als positive Konstante voraussetzen können und für $t = 0$ die Wurzel gleich Eins sein muß. Die weiteren Werte dieses Radikals in der oberen Halbebene erhält man auf eindeutige Weise, da es in dieser Halbebene eine reguläre Funktion ist und dort keine Verzweigungspunkte besitzt. Den Eckpunkten $\frac{\omega_1}{2}$ und $\frac{\omega_1}{2} + i\omega_2$ entsprechen die Werte $t = 1$ und $t = \frac{1}{k}$; daher bekommt man nachstehende Formeln:

$$\left\{\begin{aligned} \frac{\omega_1}{2} &= A \int_0^1 \frac{dt}{\sqrt{(1-t^2)(1-k^2t^2)}}; \\ \omega_2 &= A \int_1^{\frac{1}{k}} \frac{dt}{\sqrt{(t^2-1)(1-k^2t^2)}}. \end{aligned}\right. \tag{53}$$

Die Seitenlängen unseres Rechtecks sind gleich ω_1 und ω_2. Für den unter dem Integralzeichen auftretenden Parameter können wir eine Bedingungsgleichung angeben, denn wir kennen das Verhältnis der Seitenlängen unseres Rechtecks:

$$(54) \qquad \omega_1 : \omega_2 = 2 \int_0^1 \frac{dt}{\sqrt{(1-t^2)(1-k^2t^2)}} : \int_1^{\frac{1}{k}} \frac{dt}{\sqrt{(t^2-1)(1-k^2t^2)}}.$$

Wird daraus k bestimmt, so kann man A aus einer der Gleichungen (53) finden.

Das Integral in (52) ist nicht durch elementare Funktionen ausdrückbar und heißt *elliptisches Integral* erster Gattung der LEGENDREschen Form. Wir wollen uns im folgenden mit diesen Integralen beschäftigen und daher nicht sofort ausführlich auf die Bestimmung von k aus der Gleichung (54) eingehen. Diese Untersuchungen wurden lediglich durchgeführt, um genauer zu erläutern, wie man die Konstanten in der CHRISTOFFELschen Formel bestimmt.

Zunächst untersuchen wir noch einen Spezialfall. In der z-Ebene sei ein regelmäßiges n-Eck $A_1A_2 \ldots A_n$ vorgegeben, und $z = 0$ sei sein Mittelpunkt (Abb. 43a für $n = 6$). Das Dreieck OA_1A_2 soll konform auf den Sektor $O'A_1'A_2'$ des Einheitskreises mit dem Zentriwinkel $\frac{2\pi}{n}$ so abgebildet werden, daß die Eckpunkte O, A_1 und A_2 des Dreiecks dem Zentrum O' des Kreises und den Endpunkten A_1' und A_2' des Bogens entsprechen. Führt man Spiegelungen des Dreiecks an seinen Seiten aus, so erhält man nach dem Spiegelungsprinzip Spiegelungen des Sektors an den entsprechenden Radien. Somit bildet die Funktion bei der analytischen Fortsetzung das ganze regelmäßige Vieleck auf den Einheitskreis ab. Aus diesen Überlegungen folgt unmittelbar, daß bei dieser Abbildung den Ecken des Vielecks Punkte entsprechen, die in gleichen Abständen auf dem Rand des Einheitskreises liegen. Außerdem muß für die α_k in Formel (48) hierbei gelten:

$$\alpha_1 = \alpha_2 = \cdots = \alpha_n = \frac{n-2}{n} = 1 - \frac{2}{n}.$$

Durch Drehung des Einheitskreises um den Nullpunkt kann man erreichen, daß der Eckpunkt A_1 auf einen bestimmten Randpunkt des Kreises abgebildet wird, beispielsweise auf den Punkt $w = 1$. Dann sind die übrigen Randpunkte des

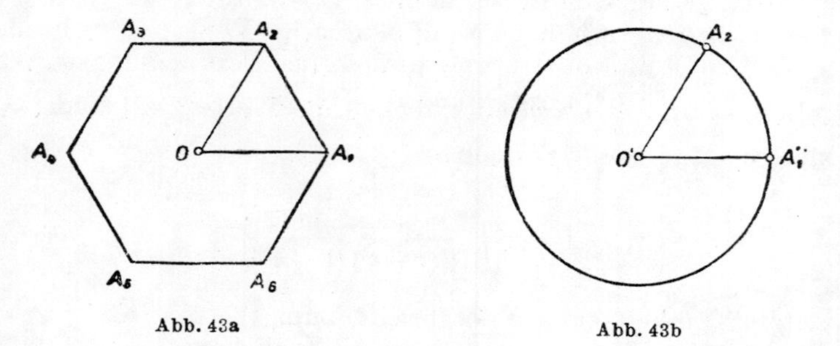

Abb. 43a Abb. 43b

Kreises, die den restlichen Eckpunkten des Vielecks entsprechen, gleich $e^{i\frac{2\pi k}{n}}$ $(k = 1, 2, \ldots, n-1)$, so daß der Integrand von (48) in diesem Falle lautet:

$$\left[(s-1)\left(s-e^{i\frac{2\pi}{n}}\right)\left(s-e^{i\frac{4\pi}{n}}\right)\ldots\left(s-e^{i(n-1)\frac{2\pi}{n}}\right)\right]^{-\frac{2}{n}}.$$

Wir setzen voraus, daß der Mittelpunkt des Vielecks im Nullpunkt liegt. Dann erhalten wir für die Abbildung des Einheitskreises auf ein regelmäßiges n-Eck die Formel

$$z = A'' \int_0^w \frac{ds}{\sqrt[n]{(s^n - 1)^2}}. \tag{55}$$

Der absolute Betrag der Konstanten A'' ist durch die Abmessungen des Vielecks bestimmt, und ihr Argument gibt die Drehung des Vielecks um den Mittelpunkt an.

38. Das Äußere eines Vielecks. Wir wollen jetzt den Teil der Ebene untersuchen, der im Äußeren eines geschlossenen Polygonzuges liegt (Abb. 44). Hierbei enthält das Gebiet, das man ebenfalls als Vieleck auffassen kann, den unendlich fernen Punkt im Innern. Es soll eine Funktion $z = f(w)$ konstruiert werden, die eine konforme Abbildung des Einheitskreises auf das unendlich ausgedehnte Vieleck vermittelt. Im vorliegenden Fall ist die Winkelsumme des Vielecks gleich $(n + 2)\pi$. Bezeichnet man diese Winkel wie früher mit $\alpha_k \pi$, so erhält man an Stelle von (46) folgende Relation für die α_k:

$$\alpha_1 + \alpha_2 + \cdots + \alpha_n = n + 2. \tag{56}$$

Wir nehmen an, der Nullpunkt $w = 0$ gehe in den unendlich fernen Punkt über. Dann hat die Funktion $f(w)$ im Nullpunkt einen einfachen Pol, und für die Ableitung $f'(w)$ erhalten wir in der Nähe des Nullpunkts eine Entwicklung der Gestalt

$$f'(w) = \frac{c_{-2}}{w^2} + c_0 + c_1 w + \cdots. \tag{57}$$

Es sei ferner a_k'' ein Punkt des Einheitskreises, der einem Eckpunkt unseres Vielecks zugeordnet ist. Wir bilden wie früher die Funktion $\frac{f''(w)}{f'(w)}$. Führt man dieselben Überlegungen wie vorher in [36] durch, so überzeugt man sich davon, daß diese Funktion in jedem Punkt a_k'' einen einfachen Pol mit dem Residuum $\alpha_k - 1$ hat. Außerdem hat sie im Nullpunkt wegen (57) einen einfachen Pol mit dem Residuum -2 und ist ebenso wie früher in den übrigen Punkten regulär. Wir wollen noch ihr Verhalten im Unendlichen untersuchen. Die Funktion $f(w)$ selbst wird im Nullpunkt unendlich. Bei der analytischen Fortsetzung über irgendeinen Bogen $a_k'' a_{k+1}''$ des Einheitskreises hinweg hat sie im Unendlichen einen Wert, der symmetrisch (bezüglich derjenigen Seite des Vielecks, die dem Bogen $a_k'' a_{k+1}''$ des Einheitskreises entspricht) zum Wert im Nullpunkt liegt. Der Wert von $f(w)$ im Unendlichen ist also gleich Unendlich, die Funktion bildet daher eine Umgebung des Unendlichen wieder auf eine einblättrige Umgebung des Unendlichen ab. (Das ist der Teil des Vielecks, den man aus der Spiegelung an der Seite $A_k A_{k+1}$ erhält.) Es gestatten also die Werte von $f(w)$, die man

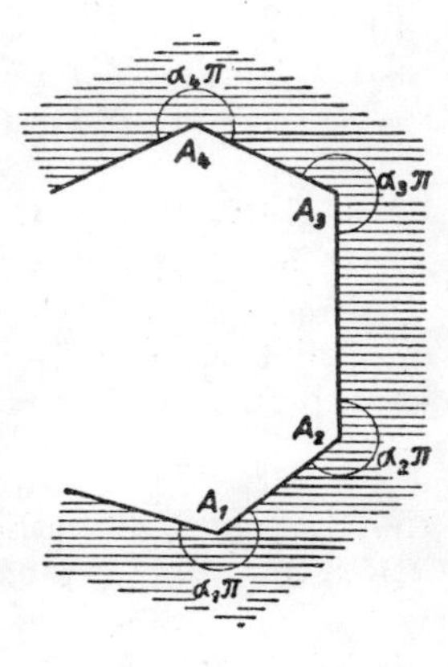

Abb. 44

durch analytische Fortsetzung erhält, in der Umgebung des Unendlichen die Entwicklung

$$f(w) = d_{-1}w + d_0 + \frac{d_1}{w} + \cdots \qquad (d_{-1} \neq 0). \tag{58}$$

Die Funktion $\frac{f''(w)}{f'(w)}$ ist in der ganzen Ebene eindeutig und regulär, außer in den oben erwähnten Polen. Differenziert man $f(w)$ in (58), so erhält man für die erwähnte Funktion in der Umgebung des Unendlichen die Entwicklung

$$\frac{f''(w)}{f'(w)} = \frac{h_3}{w^3} + \frac{h_4}{w^4} + \cdots, \tag{59}$$

wobei wegen der Eindeutigkeit der Funktion die Notwendigkeit entfällt, den Weg der analytischen Fortsetzung anzugeben. Somit besitzt schließlich für diesen Fall die Funktion $\frac{f''(w)}{f'(w)}$ die oben erwähnten Pole und verschwindet im Unendlichen, ist im übrigen jedoch regulär. Führt man die Überlegungen wie in [36] weiter, so erhält man anstatt Formel (44) für $\frac{f''(w)}{f'(w)}$:

$$\frac{f''(w)}{f'(w)} = -\frac{2}{w} + \frac{\alpha_1 - 1}{w - a_1''} + \frac{\alpha_2 - 1}{w - a_2''} + \cdots + \frac{\alpha_n - 1}{w - a_n''} \tag{60}$$

und daraus an Stelle von (45) für z:

$$z = A\int_1^w (s - a_1'')^{\alpha_1 - 1}(s - a_2'')^{\alpha_2 - 1} \cdots (s - a_n'')^{\alpha_n - 1}\frac{ds}{s^2} + B. \tag{61}$$

Wenden wir auf die Veränderliche w die Transformation $w = \frac{1}{\tau}$ an, so geht das Innere des Einheitskreises in sein Äußeres über. Wird die entsprechende Substitution im Integral (61) vorgenommen, so erhält man eine Funktion, die das Äußere des Einheitskreises auf den Teil der Ebene abbildet, der außerhalb eines geschlossenen Polygonzuges liegt, wobei die unendlich fernen Punkte einander entsprechen:

$$z = A'\int_1^\tau (\sigma - a_1)^{\alpha_1 - 1}(\sigma - a_2)^{\alpha_2 - 1} \cdots (\sigma - a_n)^{\alpha_n - 1}\frac{d\sigma}{\sigma^2} + B. \tag{62}$$

Dieser Ausdruck ist formal derselbe wie (61).

Als Beispiel soll der Teil der Ebene betrachtet werden, der außerhalb eines Quadrates liegt. Nach dem Spiegelungsprinzip erhalten wir offensichtlich Punkte a_k, die den Rand des Kreises in vier gleiche Teile teilen. Durch Drehung des Kreises kann man erreichen, daß dies die Punkte

$$a_1 = 1; \quad a_2 = i; \quad a_3 = -1; \quad a_4 = -i$$

sind.

Für die Winkel gilt hierbei

$$\alpha_1 = \alpha_2 = \alpha_3 = \alpha_4 = \frac{3}{2},$$

so daß (62) schließlich die Gestalt

(63)
$$z = A' \int_1^\tau \sqrt{\sigma^4 - 1} \frac{d\sigma}{\sigma^2} + B$$

annimmt.

Die Werte der Konstanten A' und B hängen von den Abmessungen des Quadrates und seiner Lage in der Ebene ab. Wir hatten in [36] alle Überlegungen für die Abbildung einer Halbebene auf ein Vieleck durchgeführt. Der vorliegende Abschnitt lieferte uns jedoch als Ergebnis die Abbildung eines Kreises auf ein Vieleck. Man sieht aber leicht, daß sich alle Überlegungen aus [36] auf diesen Fall übertragen lassen.

Kehren wir noch einmal zu Formel (62) zurück. Wir wollen den Integranden in der Umgebung des unendlich fernen Punktes entwickeln. Unter Berücksichtigung von (56) kann man diese folgendermaßen schreiben:

$$\left(1 - \frac{a_1}{\sigma}\right)^{\alpha_1 - 1} \cdot \left(1 - \frac{a_2}{\sigma}\right)^{\alpha_2 - 1} \cdots \left(1 - \frac{a_n}{\sigma}\right)^{\alpha_n - 1}.$$

Durch Anwendung der Binomialformel erhält man die Entwicklung

$$1 - \frac{(\alpha_1 - 1) a_1 + (\alpha_2 - 1) a_2 + \cdots + (\alpha_n - 1) a_n}{\sigma} + \frac{c_2}{\sigma^2} + \frac{c_3}{\sigma^3} + \cdots.$$

Bei der Integration des $\frac{1}{\sigma}$ enthaltenden Gliedes ergibt sich die Funktion $\log \tau$. Damit das der Umgebung von $\tau = \infty$ entsprechende Gebiet einblättrig ist, ist notwendig (und hinreichend), daß die Konstanten a_k der Relation

(64)
$$(\alpha_1 - 1) a_1 + (\alpha_2 - 1) a_2 + \cdots + (\alpha_n - 1) a_n = 0$$

genügen.

Ist diese Bedingung nicht erfüllt, so bildet die Funktion (62) das Äußere des Einheitskreises, $|\tau| > 1$, auf ein Gebiet B ab, das durch einen Polygonzug begrenzt ist und im Unendlichen einen Verzweigungspunkt von logarithmischem Typ hat.

Die Formel (62) ist, wie wir oben anmerkten, auch für die Abbildung des Innern des Einheitskreises, $|\tau| < 1$, auf ein unendliches Vieleck anwendbar, wobei $\tau = 0$ in den unendlich fernen Punkt übergeht. Entwickeln wir den Integranden in der Umgebung von $\sigma = 0$ und fordern das Verschwinden des Gliedes, das $\frac{1}{\sigma}$ enthält, so erhalten wir die Bedingung

$$(\alpha_1 - 1) \frac{1}{a_1} + (\alpha_2 - 1) \frac{1}{a_2} + \cdots + (\alpha_n - 1) \frac{1}{a_n} = 0.$$

Sie ist mit (64) identisch, da nach Voraussetzung $|a_k| = 1$ und folglich $a_k^{-1} = \overline{a}_k$ ist und die Zahlen α_k ebenfalls nach Voraussetzung reell (und positiv) sind.

39. Minimaleigenschaft der Abbildung auf den Kreis. Wir untersuchen die Funktion

(65)
$$z = f(\tau) = \tau + c_2 \tau^2 + \cdots,$$

die innerhalb des Kreises $|\tau| < R$ regulär ist. Sie bildet diesen Kreis auf ein bestimmtes Gebiet B ab, das auch mehrblättrig sein kann und Verzweigungspunkte im Innern enthalten darf. Der Kreis $|\tau| < R_1$ mit $R_1 < R$ geht bei der Abbildung (65) in ein gewisses Teilgebiet von B über, das wir mit B_1 bezeichnen. Der Flächeninhalt dieses Gebiets wird bekanntlich durch folgendes Integral ausgedrückt [29]:

$$S_1 = \iint_{|\tau| < R_1} |f'(\tau)|^2 \, ds ,$$

wobei die Integration über den Kreis $|\tau| < R_1$ zu erstrecken ist. Wir können dieses Integral auch folgendermaßen schreiben:

$$S_1 = \int_0^{R_1} \int_0^{2\pi} (1 + 2c_2 re^{i\varphi} + 3c_3 r^2 e^{i2\varphi} + \cdots)(1 + 2c_2 re^{-i\varphi} + 3c_3 r^2 e^{-i2\varphi} + \cdots)\, r dr d\varphi .$$

Wegen der absoluten und gleichmäßigen Konvergenz im Kreise $|\tau| \leqslant R_1$ dürfen wir beide Reihen gliedweise ausmultiplizieren und auch gliedweise integrieren. Da wir bei der Integration einer Funktion vom Typ $e^{ik\varphi}$ (mit ganzem nicht verschwindendem k) über das Intervall $(0,2\pi)$ Null erhalten, können wir uns beim Ausmultiplizieren der beiden erwähnten Reihen auf Glieder beschränken, die keinen Faktor $e^{ik\varphi}$ enthalten. Die Integration über φ führt auf die Multiplikation mit 2π. Somit ergibt sich

$$S_1 = 2\pi \int_0^{R_1} (1 + 2^2 |c_2|^2 r^2 + \cdots + n^2 |c_n|^2 r^{2n-2} + \cdots)\, r\, dr$$

oder

$$S_1 = \pi R_1^2 + \pi \sum_{n=2}^{\infty} n |c_n|^2 R_1^{2n} . \tag{66}$$

Strebt R_1 gegen R, so wächst die Summe und strebt entweder gegen einen endlichen Grenzwert oder gegen Unendlich. Jedoch ist dieser Grenzwert, der uns den Flächeninhalt des gesamten Gebietes B angibt, immer größer als πR^2, die Fläche des Ausgangskreises $|\tau| < R$, sofern in der Entwicklung (65) auch nur einer der Koeffizienten c_k von Null verschieden ist. Wir erhalten also folgendes Ergebnis: *Bei der Abbildung des Kreises $|\tau| < R$ durch die Funktion* (65), *die im Innern dieses Kreises regulär ist, vergrößert sich die Fläche des Gebietes, wenn nur einer der Koeffizienten c_k von Null verschieden ist.*

Nach diesem Satz wollen wir jetzt eine wichtige Eigenschaft der Funktion feststellen, die die konforme Abbildung vermittelt. Es sei B ein einfach zusammenhängendes Gebiet der z-Ebene, wobei wir ohne Einschränkung voraussetzen können, daß der Nullpunkt $z = 0$ im Innern dieses Gebietes liegt. Es sei ferner $F_1(z)$ eine Funktion, die B konform auf den Einheitskreis abbildet, wobei der Nullpunkt $z = 0$ in das Zentrum des Kreises übergeht. Diese Funktion besitzt in der Umgebung von $z = 0$ eine Entwicklung der Gestalt

$$F_1(z) = d_1 z + d_2 z^2 + \cdots ,$$

wobei wir $d_1 > 0$ annehmen dürfen. Wir betrachten jetzt an Stelle von $F_1(z)$ die neue Funktion

$$F(z) = \frac{1}{d_1} F_1(z) .$$

Sie liefert eine Abbildung von B auf den Kreis $|\tau| < R$ mit $R = \frac{1}{d_1}$, und ihre Entwicklung in der Nähe von $z = 0$ lautet

$$\tau = F(z) = z + a_2 z^2 + a_3 z^3 + \cdots . \tag{67}$$

Ihre Umkehrfunktion ist im Kreis $|\tau| < R$ regulär und läßt sich in der Gestalt

$$z = f(\tau) = \tau + c_2 \tau^2 + c_3 \tau^3 + \cdots \tag{68}$$

schreiben.

Das Doppelintegral

$$\iint_B |F'(z)|^2 \, ds , \tag{69}$$

das die Fläche dieses Kreises angibt, ist offenbar gleich πR^2. Nehmen wir an Stelle der Funktion $F(z)$ irgendeine andere Funktion $\varphi(z)$, die in B regulär ist und in der Umgebung von $z = 0$ eine Entwicklung der Form (67) besitzt, so erhalten wir, wenn für z die Entwicklung (68) eingesetzt wird, eine bestimmte Funktion von τ, die innerhalb des Kreises $|\tau| < R$ regulär ist und sich folgendermaßen entwickeln läßt:

(70) $$\varphi(z) = \varphi[f(\tau)] = \tau + e_2\tau^2 + e_3\tau^3 + \cdots = f_1(\tau).$$

Das Doppelintegral (69) soll für diese neue Funktion $\varphi(z)$ berechnet werden. Geht man zu τ über und berücksichtigt den Ausdruck des Flächenelementes in der τ-Ebene durch das Flächenelement in der z-Ebene [29], nämlich

$$ds_z = |f'(\tau)|^2 ds_\tau,$$

so findet man

$$\iint\limits_B |\varphi'(z)|^2 ds_z = \iint\limits_{|\tau|<R} |\varphi'(z) \cdot f'(\tau)|^2 ds_\tau = \iint\limits_{|\tau|<R} |f_1'(\tau)|^2 ds_\tau.$$

Nach dem oben bewiesenen Satz ist der Wert dieses Integrals größer als πR^2, wenn in der Entwicklung (70) nur einer der Koeffizienten e_k von Null verschieden ist. Sind sie alle gleich Null, ist also $\varphi(z) = \tau$, so gilt offensichtlich $\varphi(z) = F(z)$. Daher ergibt sich folgender

Satz. *Unter allen Funktionen, die in B regulär sind und in der Nähe von $z = 0$ eine Entwicklung der Form* (67) *gestatten, liefert diejenige Funktion, die das Gebiet B konform auf einen Kreis um den Nullpunkt abbildet, den kleinsten Wert des Integrals* (69).

Man kann diesen Satz benutzen, um ein Polynom zu konstruieren, das die Funktion $F(z)$, die B auf den Kreis abbildet, approximiert. Wir nehmen also an, daß $F(z)$ näherungsweise durch ein Polynom n-ten Grades darstellbar ist,

(71) $$F(z) = z + a_2z^2 + \cdots + a_nz^n,$$

und bestimmen seine Koeffizienten aus der Bedingung, daß das Polynom (71) unter allen gleicher Art dasjenige ist, für welches das Doppelintegral (69) den kleinsten Wert hat. Wir bilden das beliebige Polynom

$$\omega(z) = b_2z^2 + b_3z^3 + \cdots + b_nz^n$$

und konstruieren dann ein neues, das dieselbe Gestalt wie (71) hat,

$$\Phi(z) = F(z) + \varepsilon\omega(z).$$

Dabei ist ε ein Parameter, den wir als reell voraussetzen können. Wir bilden das Integral (69) für unser neues Polynom:

$$\iint\limits_B [F'(z) + \varepsilon\omega'(z)]\,[\overline{F'(z)} + \overline{\varepsilon\omega'(z)}]\,ds.$$

Diese Funktion von ε muß offenbar ihr Minimum für $\varepsilon = 0$ annehmen. Setzt man ihre Ableitung nach ε für $\varepsilon = 0$ gleich Null, so erhält man die Bedingung

(72_1) $$\iint\limits_B [F'(z)\,\overline{\omega'(z)} + \overline{F'(z)}\,\omega'(z)]\,ds = 0,$$

die bei beliebiger Wahl des Polynoms $\omega(z)$ erfüllt sein muß.

Ersetzt man ferner ε durch $i\varepsilon$, wobei ε reell ist, dann gilt an Stelle von (72_1) die Bedingung

(72_2) $$\iint\limits_B [F'(z)\,\overline{\omega'(z)} - \overline{F'(z)}\,\omega'(z)]\,ds = 0.$$

Durch Addition von (72_1) und (72_2) erhält man

$$\iint\limits_B F'(z)\,\overline{\omega'}(z)\,ds = 0.$$

Wir setzen nacheinander

$$\omega(z) = z^2, z^3, \ldots, z^n$$

und führen die Bezeichnung

$$p_{ik} = \iint_B \overline{z^i} z^k \, ds \tag{73}$$

ein; für die gesuchten Koeffizienten des Polynoms (71) erhalten wir dann folgendes lineares Gleichungssystem:

$$\left\{\begin{array}{r} p_{10} + 2p_{11}a_2 + 3p_{12}a_3 + \cdots + np_{1,n-1}a_n = 0; \\ p_{20} + 2p_{21}a_2 + 3p_{22}a_3 + \cdots + np_{2,n-1}a_n = 0; \\ \ldots\ldots\ldots\ldots\ldots\ldots\ldots\ldots ; \\ p_{n-1,0} + 2p_{n-1,1}a_2 + 3p_{n-1,2}a_3 + \cdots + np_{n-1,n-1}a_n = 0. \end{array}\right. \tag{74}$$

Dessen Lösung läuft im wesentlichen auf die Berechnung von Integralen der Form (73) hinaus.

Ist der Rand des Gebietes eine einfache geschlossene sich nicht überschneidende Kurve, dann läßt sich beweisen, daß die so konstruierten Polynome für $n \to \infty$ im Innern von B gleichmäßig gegen eine Funktion streben, die B auf den Kreis abbildet.

Zum Schluß fügen wir noch eine Bemerkung an, die sich auf das zu Anfang dieses Abschnittes Bewiesene bezieht: Die Funktion (65) kann den Kreis $|\tau| < R$ auf ein Gebiet B abbilden, dessen geometrische Eigenschaften sowohl in bezug auf Mehrblättrigkeit als auch bezüglich der Form der Berandung außerordentlich kompliziert sind; es braucht auch keinen Flächeninhalt im üblichen Sinne dieses Wortes zu besitzen. Dabei muß also der oben erwähnte Flächeninhalt von B als Grenzwert der Flächeninhalte aller Gebiete B_1 verstanden werden, die innerhalb B liegen und so beschaffen sind, daß jeder Punkt von B in einem dieser Gebiete vorkommt, wobei die Gebiete B_1 in der Grenze gegen B streben. Besitzt B im üblichen Sinne des Wortes einen Flächeninhalt, so fällt er offenbar mit diesem Grenzwert zusammen.

40. Das Verfahren der konjugierten trigonometrischen Reihen. Es soll jetzt ein anderes Näherungsverfahren zur Konstruktion einer Funktion, die eine konforme Abbildung des Gebietes B auf einen Kreis vermittelt, angegeben werden. Dabei ist diese angenäherte Darstellung in der Gestalt eines Polynoms nicht wie vorher für ein Gebiet B der z-Ebene definiert, sondern für den Einheitskreis der τ-Ebene. Der Einfachheit halber nehmen wir ohne Beschränkung der Allgemeinheit an, das Kreiszentrum gehe in den Nullpunkt über, der in B liegen soll. Es sei

$$z = a_1\tau + a_2\tau^2 + \cdots \tag{75}$$

eine Funktion, die den Einheitskreis C ($|\tau| < 1$) auf B abbildet. Ist der Rand von B eine einfache geschlossene Kurve, so läßt sich zeigen, daß die Reihe (75) auf dem ganzen Kreis C einschließlich seines Randes gleichmäßig konvergiert. Auf dem Rand muß $\tau = e^{i\varphi}$ gelten mit der Nebenbedingung $0 \leqslant \varphi \leqslant 2\pi$; damit erhalten wir die Gleichung der Berandung Γ des Gebietes B:

$$z = x + iy = a_1 e^{i\varphi} + a_2 e^{i2\varphi} + a_3 e^{i3\varphi} + \cdots. \tag{76}$$

Trennt man Real- und Imaginärteil der Koeffizienten, $a_k = \alpha_k - i\beta_k$, so kann man die Gleichung der Berandung in der Gestalt

$$x = \sum_{k=1}^{\infty} (\alpha_k \cos k\varphi + \beta_k \sin k\varphi); \qquad y = \sum_{k=1}^{\infty} (-\beta_k \cos k\varphi + \alpha_k \sin k\varphi) \tag{77}$$

schreiben.

Insbesondere kann a_1 als reell vorausgesetzt werden: dann ist $\beta_1 = 0$. Die Gleichungen (77) liefern eine spezielle Parameterdarstellung der Berandung Γ des Gebietes B, nämlich *eine*

Parameterdarstellung durch konjugierte trigonometrische Reihen [25]. Wir nennen diese Darstellung die *normale Parameterdarstellung einer Kurve*. In komplexer Form kann sie in der Gestalt (76) geschrieben werden. Hat man umgekehrt eine normale Parameterdarstellung der Berandung Γ eines Gebietes in der Gestalt (76) oder (77), so läßt sich auch die Abbildungsfunktion selbst konstruieren, indem man in der Reihe (76) $e^{ik\varphi}$ durch τ^k ersetzt; dabei muß natürlich die Reihe (76) gleichmäßig konvergent sein. Somit führt also dieses Problem auf das Aufsuchen der normalen Parameterdarstellung der Berandung Γ des vorgegebenen Gebietes B.

Wir nehmen an, daß die Gleichung der Berandung Γ implizit durch

$$x^2 + y^2 - 1 + \lambda P(x^2, y^2) = 0 \tag{78}$$

gegeben ist. Dabei sei λ eine Konstante und $P(x^2, y^2)$ ein Polynom, das nur gerade Potenzen von x und y enthält. Die Gleichung (78) soll in komplexer Gestalt geschrieben werden. Dazu fassen wir $P(x^2, y^2)$ als Polynom der folgenden zwei Argumente auf:

$$x^2 + y^2 = z\bar{z} \quad \text{und} \quad 2(x^2 - y^2) = z^2 + \bar{z}^2,$$

so daß die Gleichung (78) folgende Gestalt erhält:

$$z\bar{z} - 1 + \lambda \sum_{l=0}^{l_0} \sum_{k=0}^{k_0} A_{kl} (z\bar{z})^k (z^2 + \bar{z}^2)^l = 0, \tag{79}$$

wobei die A_{kl} gegebene reelle Koeffizienten sind. Nach Voraussetzung ist die Kurve Γ symmetrisch bezüglich der Koordinatenachsen. Stellt man die entsprechenden Überlegungen an, wie wir sie in [37] bei der Untersuchung eines regelmäßigen Vielecks durchgeführt haben, so kann man zeigen, daß in den Formeln (77) $\beta_k = 0$ und $\alpha_{2k} = 0$ sein muß. Die Gleichung der Berandung muß also in komplexer Form folgendermaßen lauten:

$$z = \alpha_1 e^{i\varphi} + \alpha_3 e^{i3\varphi} + \cdots, \tag{80}$$

wobei die α_{2k+1} reelle Koeffizienten sind. Daher gilt

$$\bar{z} = \alpha_1 e^{-i\varphi} + \alpha_3 e^{-i3\varphi} + \cdots. \tag{81}$$

Durch Multiplikation von (80) mit (81) erhält man sofort die Beziehungen

$$\left\{\begin{aligned} z\bar{z} &= \sum_{p=-\infty}^{+\infty} \Big[\sum_{j-j'=p} \alpha_{2j+1}\alpha_{2j'+1} \Big] e^{2ip\varphi}; \\ z^2 + \bar{z}^2 &= \sum_{p=0}^{+\infty} \Big[\sum_{j+j'=p} \alpha_{2j+1}\alpha_{2j'+1} \Big] e^{i(2p+2)\varphi} + \sum_{p=0}^{+\infty} \Big[\sum_{j+j'=p} \alpha_{2j+1}\alpha_{2j'+1} \Big] e^{-i(2p+2)\varphi}. \end{aligned}\right. \tag{82}$$

In jeder dieser Gleichungen ist die Summation über j und j' von 0 bis $+\infty$ lediglich über diejenigen Werte zu erstrecken, welche die unter den Summenzeichen stehenden Relationen erfüllen. Die Beziehungen (82) werden in die linke Seite von (79) eingesetzt, die Reihen ausmultipliziert und die Glieder mit gleichen Potenzen von $e^{i\varphi}$ zusammengefaßt. Dabei müssen wir die Glieder mit verschiedenen Potenzen von $e^{i\varphi}$ einzeln gleich Null setzen. In der Formel (82) sind die Koeffizienten bei den positiven und negativen Potenzen von $e^{i\varphi}$ die gleichen; ferner treten nur gerade Potenzen von $e^{i\varphi}$ auf. Dasselbe gilt offensichtlich auch für die linke Seite der Gleichung (79), so daß wir nur das freie Glied und die Koeffizienten von $e^{i2p\varphi}$ für $p > 0$ gleich Null setzen müssen.

Wir wollen nicht alle Rechnungen für den allgemeinen Fall ausführen, sondern nur angeben, daß wir wegen der ersten der Gleichungen (82) ein Gleichungssystem der Gestalt

$$\left\{\begin{aligned} &\alpha_1^2 + \alpha_3^2 + \alpha_5^2 + \cdots + \lambda T_0(\alpha_{2j+1}) = 1; \\ &\alpha_1\alpha_3 + \alpha_3\alpha_5 + \cdots + \lambda T_1(\alpha_{2j+1}) = 0; \\ &\alpha_1\alpha_5 + \alpha_3\alpha_7 + \cdots + \lambda T_2(\alpha_{2j+1}) = 0; \\ &\cdots\cdots\cdots\cdots\cdots\cdots\cdots\cdots \end{aligned}\right. \tag{83}$$

erhalten. Dabei ist $T_p(\alpha_{2j+1})$ ein Ausdruck, der die gegebenen Koeffizienten A_{kl} und die gesuchten α_{2j+1} enthält. Wir wollen sie nicht explizit angeben. Das vorige System schreiben wir anders, indem wir links jeweils nur den ersten Summanden stehen lassen, in der ersten Gleichung die Quadratwurzel ziehen und die übrigen Gleichungen durch α_1 dividieren:

$$\alpha_1 = \sqrt{1 - [\alpha_3^2 + \alpha_5^2 + \cdots + \lambda T_0(\alpha_{2j+1})]};$$
$$\alpha_3 = -\frac{\alpha_3\alpha_5}{\alpha_1} - \frac{\alpha_5\alpha_7}{\alpha_1} - \cdots - \frac{1}{\alpha_1}\lambda T_1(\alpha_{2j+1});$$
$$\alpha_5 = -\frac{\alpha_3\alpha_7}{\alpha_1} - \frac{\alpha_5\alpha_9}{\alpha_1} - \cdots - \frac{1}{\alpha_1}\lambda T_2(\alpha_{2j+1});$$
$$\cdots\cdots\cdots\cdots\cdots\cdots$$

Entwickelt man die Wurzel in eine binomische Reihe, so erhält man

$$(84)\quad \left\{\begin{aligned} \alpha_1 &= 1 - \frac{1}{2}[\alpha_3^2 + \alpha_5^2 + \cdots + \lambda T_0(\alpha_{2i+1})] + \\ &\quad + \frac{\frac{1}{2}\left(\frac{1}{2} - 1\right)}{2!}[\alpha_3^2 + \alpha_5^2 + \cdots + \lambda T_0(\alpha_{2j+1})]^2 + \cdots; \\ \alpha_3 &= -\frac{\alpha_3\alpha_5}{\alpha_1} - \frac{\alpha_5\alpha_7}{\alpha_1} - \cdots - \frac{1}{\alpha_1}\lambda T_1(\alpha_{2j+1}); \\ \alpha_5 &= -\frac{\alpha_3\alpha_7}{\alpha_1} - \frac{\alpha_5\alpha_9}{\alpha_1} - \cdots - \frac{1}{\alpha_1}\lambda T_2(\alpha_{2j+1}); \\ &\cdots\cdots\cdots\cdots\cdots\cdots \end{aligned}\right.$$

Wir lösen dieses System nach der Methode der sukzessiven Approximation, wobei wir von folgenden Werten ausgehen:

$$(85)\quad \alpha_1^{(0)} = 1; \quad \alpha_3^{(0)} = \alpha_5^{(0)} \cdots = 0.$$

Setzt man sie in die rechten Seiten der Gleichungen (84) ein und streicht alle Glieder, die λ in höherer als der ersten Potenz enthalten, so lautet die erste Näherung

$$(86)\quad \alpha_{2j+1}^{(0)} + \lambda\alpha_{2j+1}^{(1)}.$$

Dabei kann man unter Verwendung der Ausdrücke für die $T_k(\alpha_{2j+1})$ zeigen, daß alle Ausdrücke (86) für hinreichend große Werte von j gleich Null sind.

Nun werden die Ausdrücke (86) in die rechten Seiten der Gleichungen (84) eingesetzt und alle Glieder gestrichen, die λ in höherer als der zweiten Potenz enthalten. Damit erhalten wir für die Koeffizienten die zweite Näherung

$$\alpha_{2j+1}^{(0)} + \lambda\alpha_{2j+1}^{(1)} + \lambda^2\alpha_{2j+1}^{(2)},$$

wobei alle diese Ausdrücke wiederum für großes j gleich Null sind usw. Es läßt sich zeigen, daß die so erhaltenen unendlichen Reihen für α_{2j+1} für alle λ, die genügend nahe bei Null liegen, konvergieren und eine Lösung des Problems darstellen.

Beispiel 1. Zur Erläuterung dieser Methode betrachten wir ein Beispiel; wir suchen nämlich eine Funktion, die den Einheitskreis auf das Innere der Ellipse

$$(87)\quad x^2 + y^2 - 1 - \lambda(x^2 - y^2) = 0$$

abbildet.

In komplexer Gestalt kann man diese Gleichung folgendermaßen schreiben:

$$z\bar{z} - \lambda\frac{z^2 + \bar{z}^2}{2} = 1.$$

Benutzt man die Formeln (82), so erhält man unmittelbar das folgende unendliche Gleichungssystem:

$$(88)\quad \begin{cases} \alpha_1^2+\alpha_3^2+\alpha_5^2+\alpha_7^2+\alpha_9^2+\alpha_{11}^2+\cdots=1; \\ \alpha_1\alpha_3+\alpha_3\alpha_5+\alpha_5\alpha_7+\alpha_7\alpha_9+\alpha_9\alpha_{11}+\cdots=\lambda\left(\frac{1}{2}\alpha_1^2\right); \\ \alpha_1\alpha_5+\alpha_3\alpha_7+\alpha_5\alpha_9+\alpha_7\alpha_{11}+\cdots=\lambda(\alpha_1\alpha_3); \\ \alpha_1\alpha_7+\alpha_3\alpha_9+\alpha_5\alpha_{11}+\cdots=\lambda\left(\frac{1}{2}\alpha_3^2+\alpha_1\alpha_5\right); \\ \alpha_1\alpha_9+\alpha_3\alpha_{11}+\cdots=\lambda(\alpha_1\alpha_7+\alpha_3\alpha_5); \\ \alpha_1\alpha_{11}+\alpha_3\alpha_{13}+\cdots=\lambda\left(\alpha_1\alpha_9+\alpha_3\alpha_7+\frac{1}{2}\alpha_5^2\right); \\ \cdots\cdots\cdots\cdots\cdots\cdots\cdots\cdots \end{cases}$$

Wir führen neue Unbekannte ϱ_k ein durch

$$(89)\quad \varrho_0=\alpha_1;\quad \varrho_1=\frac{\alpha_3}{\alpha_1};\quad \varrho_2=\frac{\alpha_5}{\alpha_1};\quad \cdots.$$

Dann kann man das System (88) folgendermaßen schreiben:

$$(90)\quad \begin{cases} \varrho_0=(1+\varrho_1^2+\varrho_2^2+\cdots)^{-\frac{1}{2}}; \\ \varrho_1=\frac{1}{2}\lambda-\varrho_1\varrho_2-\varrho_2\varrho_3-\varrho_3\varrho_4-\varrho_4\varrho_5-\cdots; \\ \varrho_2=\lambda\varrho_1-\varrho_1\varrho_3-\varrho_2\varrho_4-\varrho_3\varrho_5-\cdots; \\ \varrho_3=\lambda\left(\frac{1}{2}\varrho_1^2+\varrho_2\right)-\varrho_1\varrho_4-\varrho_2\varrho_5-\cdots; \\ \varrho_4=\lambda(\varrho_1\varrho_2+\varrho_3)-\varrho_1\varrho_5-\cdots; \\ \varrho_5=\lambda\left(\varrho_4+\varrho_1\varrho_3+\frac{1}{2}\varrho_2^2\right)-\varrho_1\varrho_6-\cdots; \\ \cdots\cdots\cdots\cdots\cdots\cdots \end{cases}$$

Die erste dieser Gleichungen vernachlässigen wir zunächst, die übrigen kann man nach der obengenannten Methode der sukzessiven Approximation lösen. Geht man auf diesem Wege bis zu den Gliedern, die λ^5 enthalten, so ist

$$\varrho_1=\frac{1}{2}\lambda-\frac{1}{4}\lambda^3+\frac{3}{32}\lambda^5;\quad \varrho_2=\frac{1}{2}\lambda^2-\frac{9}{16}\lambda^4;$$

$$\varrho_3=\frac{5}{8}\lambda^3-\frac{9}{8}\lambda^5;\quad \varrho_4=\frac{7}{8}\lambda^4;\quad \varrho_5=\frac{21}{16}\lambda^5,$$

während alle übrigen ϱ_k gleich Null sind. Als Anfangswert haben wir $\varrho_1^{(0)}=\varrho_2^{(0)}=\ldots=0$ gewählt. Setzt man die für ϱ_k erhaltenen Ausdrücke in die rechte Seite der ersten Gleichung des Systems (90) ein und wendet die Binomialformel an, so erhält man für ϱ_0 einen Ausdruck mit einer Genauigkeit bis zu λ^5:

$$\varrho_0=1-\frac{1}{8}\lambda^2+\frac{3}{128}\lambda^4.$$

Kennen wir die ϱ_k, so können wir nach (89) die α_k angeben:

$$\alpha_1=\varrho_0;\quad \alpha_3=\varrho_0\varrho_1;\quad \alpha_5=\varrho_0\varrho_2;\quad \cdots.$$

Die gesuchte Funktion, die den Einheitskreis auf das Innere der Ellipse (87) abbildet, ist also angenähert darstellbar durch ein Polynom elften Grades:

$$z = \left(1 - \frac{1}{8}\lambda^2 + \frac{3}{128}\lambda^4\right)\tau\left[1 + \left(\frac{1}{2}\lambda - \frac{1}{4}\lambda^3 + \frac{3}{32}\lambda^5\right)\tau^2 + \right. \tag{91}$$
$$\left. + \left(\frac{1}{2}\lambda^2 - \frac{9}{16}\lambda^4\right)\tau^4 + \left(\frac{5}{8}\lambda^3 - \frac{9}{8}\lambda^5\right)\tau^6 + \frac{7}{8}\lambda^4\tau^8 + \frac{21}{16}\lambda^5\tau^{10}\right].$$

Beispiel 2: Wir betrachten eine konforme Abbildung des Einheitskreises auf das Quadrat, das durch die achsenparallelen Geraden $x = \pm 1$ und $y = \pm 1$ begrenzt ist. Die Gleichung dieses Quadrates lautet

$$(1 - x^2)(y^2 - 1) = 0 \quad \text{oder} \quad x^2 + y^2 - 1 - x^2y^2 = 0.$$

Führt man einen Parameter λ ein, so erhält man die Kurvenschar

$$x^2 + y^2 - 1 - \lambda x^2y^2 = 0.$$

In komplexer Form hat sie die Gestalt

$$z\bar{z} - 1 + \lambda\left(\frac{z^2 - \bar{z}^2}{4}\right)^2 = 0.$$

Hierbei ist das Quadrat nicht nur bezüglich der Koordinatenachsen symmetrisch, sondern auch in bezug auf die Halbierenden der Winkel zwischen diesen Achsen. Berücksichtigt man das und führt dieselben Überlegungen wie in [37] durch, dann sieht man, daß die Normaldarstellung des Randes unseres Quadrates folgendermaßen lautet:

$$z = \alpha_1 e^{i\varphi} + \alpha_5 e^{i5\varphi} + \alpha_9 e^{i9\varphi} + \cdots \qquad (\alpha_1 > 0),$$

wobei die α_{4k+1} unbekannte reelle Koeffizienten sind. Für sie ergibt sich bei Anwendung der obigen Methode folgendes unendliche Gleichungssystem:

$$\left\{\begin{aligned}
&\alpha_1^2 + \alpha_5^2 + \alpha_9^2 + \cdots = 1 + \frac{\lambda}{2}\left[\left(\frac{\alpha_1^2}{2}\right)^2 + (\alpha_1\alpha_5)^2 + \left(\alpha_1\alpha_9 + \frac{1}{2}\alpha_5^2\right)^2 + (\alpha_1\alpha_{13} + \alpha_5\alpha_9)^2 + \cdots\right];\\
&\alpha_1\alpha_5 + \alpha_5\alpha_9 + \alpha_9\alpha_{13} + \cdots = \frac{\lambda}{2}\left[-\frac{1}{2}\left(\frac{\alpha_1^2}{2}\right)^2 + (\alpha_1\alpha_5)\left(\frac{1}{2}\alpha_1^2\right) + \left(\alpha_1\alpha_9 + \frac{1}{2}\alpha_5^2\right)(\alpha_1\alpha_5) + \cdots\right];\\
&\alpha_1\alpha_9 + \alpha_5\alpha_{13} + \cdots = \frac{\lambda}{2}\left[-\left(\frac{\alpha_1^2}{2}\right)(\alpha_1\alpha_5) + \left(\alpha_1\alpha_9 + \frac{1}{2}\alpha_5^2\right)\left(\frac{1}{2}\alpha_1^2\right) + \cdots\right];\\
&\alpha_1\alpha_{13} + \cdots = \frac{\lambda}{2}\left[-\left(\frac{\alpha_1^2}{2}\right)\left(\alpha_1\alpha_9 + \frac{1}{2}\alpha_5^2\right) - \frac{1}{2}(\alpha_1\alpha_5)^2 + (\alpha_1\alpha_{13} + \alpha_5\alpha_9)\left(\frac{1}{2}\alpha_1^2\right) + \cdots\right];\\
&\cdots\cdots\cdots\cdots\cdots\cdots\cdots\cdots\cdots\cdots\cdots\cdots
\end{aligned}\right. \tag{92}$$

Jetzt verfahren wir etwas anders als vorher, wir setzen nämlich in das Gleichungssystem (92) unmittelbar den uns interessierenden Wert $\lambda = 1$ ein und lösen das erhaltene System nach der Methode der sukzessiven Approximation, ausgehend von folgenden Werten:

$$\alpha_1 = 1; \quad \alpha_5 = \alpha_9 = \cdots = 0.$$

Setzt man sie in das System (92) ein, so ergibt sich

$$\alpha_1^2 = 1 + \frac{1}{2}\left(\frac{1}{2}\right)^2; \quad \alpha_5 = \frac{1}{2}\cdot\left[-\frac{1}{2}\left(\frac{1}{2}\right)^2\right]; \quad \alpha_9 = \alpha_{13} = \cdots = 0$$

oder

$$\alpha_1 = 1{,}0607; \quad \alpha_5 = -0{,}0625; \quad \alpha_9 = \alpha_{13} = \cdots = 0.$$

Mit diesen Näherungen gehen wir wieder in das System ein und erhalten

$$\alpha_1^2 + (-0{,}0625)^2 = 1 + \frac{1}{2}\left[\frac{(1{,}0607)^2}{4} + (1{,}0607)^2 \cdot (-0{,}0625)^2 + \frac{1}{4}(-0{,}0625)^4\right];$$

$$1{,}0607\,\alpha_5 = \frac{1}{2}\left[-\frac{1}{2}\frac{(1{,}0607)^4}{4} + \frac{1}{2}(1{,}0607)^3 \cdot (-0{,}0625) + \frac{1}{2}(-0{,}0625)^3 \cdot 1{,}0607\right];$$

$$1{,}0607\,\alpha_9 = \frac{1}{2}\left[-\frac{1}{2}(1{,}0607)^3(-0{,}0625) + \frac{1}{4}(-0{,}0625)^2 \cdot (1{,}0607)^2\right];$$

$$1{,}0607\,\alpha_{13} = \frac{1}{2}\left[-\frac{3}{4}(1{,}0607)^2(-0{,}0625)^2\right];$$

$$1{,}0607\,\alpha_{17} = 0\,.$$

Das liefert die Näherungslösung

$$\alpha_1 = 1{,}0672; \quad \alpha_5 = -0{,}0922; \quad \alpha_9 = 0{,}0181; \quad \alpha_{13} = -0{,}0016; \quad \alpha_{17} = 0\,.$$

Man kann diese schrittweise Näherung offensichtlich weiter fortsetzen, wobei man zur Berechnung der folgenden Näherungen das System (92) ausführlicher schreiben muß. Wir müssen nämlich noch neue Gleichungen hinzufügen und in jeder Gleichung eine größere Anzahl von Gliedern berechnen. – Zur Berechnung jeder folgenden Näherung muß die vorhergehende in alle Glieder des Systems (92) außer in das erste linksstehende eingesetzt werden. Der Wert von α_1 aus der vorhergehenden Näherung ist dann von der zweiten Gleichung ab auch in dieses erste Glied einzusetzen.

Bei unserem Beispiel lauten die Werte der α_{4k+1} auf 4 Dezimalstellen genau:

$$\alpha_1 = 1{,}0807; \quad \alpha_5 = -0{,}1081; \quad \alpha_9 = 0{,}0450; \quad \alpha_{13} = -0{,}0242; \quad \alpha_{17} = 0{,}0174; \quad \alpha_{21} = -0{,}0125.$$

Wir beachten nun die Tatsache, daß bei der Anwendung der Methode der sukzessiven Approximation mit den Ausgangswerten $\alpha_1 = 1$; $\alpha_5 = \alpha_9 = \ldots = 0$ in jeder Näherung alle Koeffizienten α_{4k+1} von einer bestimmten Stelle an verschwinden.

Anstatt der oben dargelegten Methode kann man auch eine andere anwenden; man braucht nämlich die Entwicklungen nach Potenzen von λ nicht für die Koeffizienten α_{2j+1} zu suchen, sondern für die rechten Seiten der Gleichung (77) oder (76), was bei der Anwendung der Methode der sukzessiven Approximation zu etwas anderen Resultaten führt. Wir wollen also eine normale Parameterdarstellung der Kurve (78) in Form von Reihen suchen, die nach ganzen positiven Potenzen des Parameters λ fortschreiten:

$$x = x_0(\varphi) + x_1(\varphi)\,\lambda + x_2(\varphi)\,\lambda^2 + \cdots; \quad y = y_0(\varphi) + y_1(\varphi)\,\lambda + y_2(\varphi)\,\lambda^2 + \cdots. \tag{93}$$

Dabei sind $x_0(\varphi)$ und $y_0(\varphi)$ Funktionen, die eine normale Parameterdarstellung der Kurve (78) für $\lambda = 0$ liefern, also den Kreis $x^2 + y^2 - 1 = 0$. Mit anderen Worten: In Formel (93) gilt

$$x_0(\varphi) = \cos\varphi; \quad y_0(\varphi) = \sin\varphi\,.$$

Die weiteren Koeffizienten $x_k(\varphi)$ und $y_k(\varphi)$ müssen konjugierte Funktionen sein, sie müssen also durch konjugierte trigonometrische Reihen darstellbar sein. Setzt man die Beziehung (93) in die linke Seite der Gleichung (78) ein und die Glieder bei ein und derselben Potenz von λ gleich Null, so erhält man Bestimmungsgleichungen für die Koeffizienten dieser Entwicklung.

Beispiel. Wir wenden das genannte Verfahren auf die Ellipse

$$z\bar{z} - \frac{\lambda}{2}(z^2 + \bar{z}^2) = 1 \tag{94}$$

an, die wir bereits nach der ersten Methode untersucht haben. Es soll also eine normale Parameterdarstellung dieser Kurve in der Gestalt

$$z = x + iy = e^{i\varphi} + z_1(\varphi)\,\lambda + z_2(\varphi)\,\lambda^2 + \cdots \tag{95}$$

angegeben werden, wobei jedes $z_k(\varphi)$ durch

$$z_k(\varphi) = \alpha_1^{(k)} e^{i\varphi} + \alpha_3^{(k)} e^{i3\varphi} + \cdots \tag{96}$$

ausgedrückt ist.

Setzt man (95) in die linke Seite von (94) ein, so ergibt sich

$$(e^{i\varphi} + z_1\lambda + z_2\lambda^2 + \cdots)(e^{-i\varphi} + \overline{z}_1\lambda + \overline{z}_2\lambda^2 + \cdots) - \frac{\lambda}{2}[(e^{i\varphi} + z_1\lambda + \cdots)^2 + \\ + (e^{-i\varphi} + \overline{z}_1\lambda + \cdots)^2] = 1. \tag{97}$$

Durch Nullsetzen des Koeffizienten von λ erhält man

$$e^{i\varphi}\overline{z}_1 + e^{-i\varphi} z_1 = \frac{1}{2}(e^{i2\varphi} + e^{-i2\varphi})$$

oder

$$R[e^{-i\varphi} z_1] = \frac{1}{2}\cos 2\varphi,$$

wobei R das Zeichen für den Realteil bedeutet. Wegen (96) ergibt das

$$R[\alpha_1^{(1)} + \alpha_3^{(1)} e^{i2\varphi} + \cdots] = \frac{1}{2}\cos 2\varphi;$$

daraus folgt

$$\alpha_3^{(1)} = \frac{1}{2}; \quad \alpha_1^{(1)} = \alpha_5^{(1)} = \alpha_7^{(1)} = \cdots = 0.$$

Das liefert uns schließlich

$$z_1 = \frac{1}{2} e^{i3\varphi}. \tag{98}$$

Wir wenden uns wieder Formel (97) zu und setzen den Koeffizienten von λ^2 gleich Null:

$$e^{-i\varphi} z_2 + e^{i\varphi}\overline{z}_2 + z_1\overline{z}_1 = e^{i\varphi} z_1 + e^{-i\varphi}\overline{z}_1$$

oder

$$R[e^{-i\varphi} z_2] = R[e^{i\varphi} z_1] - \frac{1}{2} z_1\overline{z}_1.$$

Wegen (98) gilt

$$R[e^{-i\varphi} z_2] = -\frac{1}{8} + \frac{1}{2}\cos 4\varphi,$$

also ist unter Berücksichtigung von (96)

$$R[\alpha_1^{(2)} + \alpha_3^{(2)} e^{i2\varphi} + \cdots] = -\frac{1}{8} + \frac{1}{2}\cos 4\varphi$$

und daher $\alpha_1^{(2)} = -\frac{1}{8}$, $\alpha_5^{(2)} = \frac{1}{2}$; die übrigen $\alpha_{2j+1}^{(2)}$ sind gleich Null. Also ist

$$z_2 = -\frac{1}{8} e^{i\varphi} + \frac{1}{2} e^{i5\varphi}.$$

Fährt man in dieser Weise fort, so bekommt man

$$z_3 = -\frac{5}{16} e^{i3\varphi} + \frac{5}{8} e^{i7\varphi}; \quad z_4 = \frac{3}{128} e^{i\varphi} - \frac{5}{8} e^{i5\varphi} + \frac{7}{8} e^{i9\varphi},$$

und schließlich erhält man, wenn man $e^{ik\varphi}$ durch τ^k ersetzt und in (95) einsetzt, die angenäherte Darstellung der gesuchten Abbildung:

$$z = \tau + \frac{1}{2}\tau^3\lambda + \left(-\frac{1}{8}\tau + \frac{1}{2}\tau^5\right)\lambda^2 + \left(-\frac{5}{16}\tau^3 + \frac{5}{8}\tau^7\right)\lambda^3 + \\ + \left(\frac{3}{128}\tau - \frac{5}{8}\tau^5 + \frac{7}{8}\tau^9\right)\lambda^4. \tag{99}$$

Die oben dargelegte Methode stammt von L. W. KANTOROWITSCH. Die ausführliche Behandlung dieser Methode mit Konvergenzbeweis findet man in einer Arbeit desselben Autors (Математический сборник, 40; 3). Wir weisen noch auf folgendes hin: Berücksichtigt man in Formel (91) die Glieder, die eine niedrigere Potenz von λ als die fünfte enthalten, so erhält man die Formel (99).

41. Die stationäre ebene Flüssigkeitsströmung. Nachdem wir die Anfangsgründe der Theorie der konformen Abbildung dargelegt haben, wollen wir jetzt die Funktionentheorie auf die Hydrodynamik anwenden. Es sei eine ebene stationäre Flüssigkeitsströmung vorgegeben, die *das Geschwindigkeitspotential* $\varphi(x, y)$ *und die Stromfunktion* $\psi(x, y)$ [II, 74] besitze. Dann sind bekanntlich die Geschwindigkeitskomponenten in jedem Punkt durch die Formeln

$$v_x = \frac{\partial \varphi(x, y)}{\partial x}; \quad v_y = \frac{\partial \varphi(x, y)}{\partial y} \tag{100}$$

gegeben, während die Differenz

$$\psi(x_1, y_1) - \psi(x_0, y_0) = \psi(M_1) - \psi(M_0) \tag{101}$$

die Flüssigkeitsmenge angibt, die in der Zeiteinheit durch einen beliebigen, die Punkte M_0 und M_1 verbindenden Weg hindurchfließt. Die Strömung wird als unabhängig von der Zeit und in allen zur x, y-Ebene parallelen Ebenen als gleichartig vorausgesetzt, wobei die Dichte der Flüssigkeit gleich Eins sei. Genauer heißt das: Der Ausdruck (101) gibt die Flüssigkeitsmenge an, die in der Zeiteinheit durch die Oberfläche eines zur z-Achse parallelen Zylinders der Höhe Eins hindurchfließt. Dieser hat dabei in der x, y-Ebene eine bestimmte Berandung l, die die Punkte $M_0(x_0, y_0)$ und $M_1(x_1, y_1)$ verbindet. Wie schon früher erwähnt, sind die *konjugierten Potentialfunktionen* $\varphi(x, y)$ und $\psi(x, y)$ durch folgende Relationen miteinander verknüpft:

$$\frac{\partial \varphi}{\partial x} = \frac{\partial \psi}{\partial y}; \quad \frac{\partial \varphi}{\partial y} = -\frac{\partial \psi}{\partial x}.$$

Das sind aber die CAUCHY-RIEMANNschen Differentialgleichungen. Wir können daher behaupten, daß die Funktion einer komplexen Veränderlichen

$$f(z) = \varphi(x, y) + i\psi(x, y) \tag{102}$$

im Bereich der Flüssigkeit eine Ableitung besitzt. Diese Funktion bezeichnet man gewöhnlich als *komplexes Strömungspotential.*

Wie schon früher gesagt wurde, können die Funktionen $\varphi(x, y)$ und $\psi(x, y)$ auch mehrdeutig sein; es können nämlich beim Umlaufen eines bestimmten Punktes oder allgemeiner eines Loches konstante Summanden hinzutreten. Bei der Funktion $\psi(x, y)$ weist diese Mehrdeutigkeit auf das Vorhandensein einer Quelle im entsprechenden Punkt (oder Loch) hin und bei $\varphi(x, y)$ auf einen elementaren Wirbel. In diesen Fällen ist auch die Funktion $f(z)$ mehrdeutig; sie erhält also beim Umlauf um gewisse Punkte (oder Löcher) konstante Summanden.

Wegen (100) entspricht dem Geschwindigkeitsvektor die komplexe Zahl

$$\frac{\partial \varphi}{\partial x} + i\frac{\partial \varphi}{\partial y} = \frac{\partial \varphi}{\partial x} - i\frac{\partial \psi}{\partial x}.$$

Dieser Ausdruck ist offensichtlich mit der zur Ableitung konjugiert komplexen Größe $\overline{f'(z)}$ identisch [2]. Also *gibt die zur Ableitung konjugiert komplexe Größe den Geschwindigkeitsvektor der Strömung an.*

Wir wollen das Isothermennetz untersuchen, das den Funktionen (102) entspricht:

(103) $$\varphi(x, y) = C_1; \quad \psi(x, y) = C_2.$$

Die erste Linienschar stellt eine Schar von Kurven gleichen Geschwindigkeitspotentials oder, wie man auch sagt, von *Äquipotentiallinien* dar. Die zweite Schar (der sogenannten Stromlinien) gibt, wie man leicht sieht, die Schar der Bahnkurven der Flüssigkeitsteilchen an. Die zweite Schar ist nämlich orthogonal zur ersten, und der Geschwindigkeitsvektor, grad $\varphi(x, y)$, ist orthogonal zur Tangente der Kurve der ersten Schar (103). Somit ist bei der gegebenen stationären Bewegung der Geschwindigkeitsvektor in jedem Punkt gleichgerichtet mit der Tangente an die entsprechende Kurve der zweiten der Scharen (103). Diese Schar ist also tatsächlich die Stromlinienschar, und die Stromlinien selbst geben bei einer stationären Strömung die Bahnlinien der Flüssigkeitsteilchen an.

Bisher haben wir uns auf kinematische Überlegungen beschränkt und uns davon überzeugt, daß jedes kinematisch mögliche Bewegungsbild durch ein komplexes Potential dargestellt wird, das man seinerseits durch eine reguläre Funktion erhält. Umgekehrt liefert jedes solche komplexe Potential ein kinematisch mögliches Bewegungsbild. Wir zeigen jetzt, daß wir *damit auch die Gleichungen der Hydrodynamik erfüllen können, wobei wir aus diesen Gleichungen den Druck erhalten.* Wir geben sie für eine ebene stationäre Strömung an und setzen voraus, daß die äußeren Kräfte das Potential $U(x, y)$ haben. Berücksichtigt man (100), so erhält man zwei Gleichungen der Hydrodynamik und die Kontinuitätsgleichung [II, 115]:

$$\frac{\partial \varphi}{\partial x}\frac{\partial^2 \varphi}{\partial x^2} + \frac{\partial \varphi}{\partial y}\frac{\partial^2 \varphi}{\partial x\,\partial y} = \frac{\partial U}{\partial x} - \frac{1}{\varrho}\frac{\partial p}{\partial x};$$
$$\frac{\partial \varphi}{\partial x}\frac{\partial^2 \varphi}{\partial x\,\partial y} + \frac{\partial \varphi}{\partial y}\frac{\partial^2 \varphi}{\partial y^2} = \frac{\partial U}{\partial y} - \frac{1}{\varrho}\frac{\partial p}{\partial y};$$
$$\frac{\partial^2 \varphi}{\partial x^2} + \frac{\partial^2 \varphi}{\partial y^2} = 0,$$

wobei ϱ die konstante Dichte der Flüssigkeit und $p(x, y)$ die Druckverteilung ist. Die Kontinuitätsgleichung ist offenbar erfüllt, da der Realteil einer regulären Funktion eine harmonische Funktion ist. Die ersten beiden Gleichungen kann man wie folgt umformen:

$$\frac{\partial}{\partial x}\left\{\frac{1}{2}\left[\left(\frac{\partial \varphi}{\partial x}\right)^2 + \left(\frac{\partial \varphi}{\partial y}\right)^2\right] - U + \frac{1}{\varrho}p\right\} = 0;$$
$$\frac{\partial}{\partial y}\left\{\frac{1}{2}\left[\left(\frac{\partial \varphi}{\partial x}\right)^2 + \left(\frac{\partial \varphi}{\partial y}\right)^2\right] - U + \frac{1}{\varrho}p\right\} = 0.$$

Daraus ergibt sich, daß der in geschweiften Klammern stehende Ausdruck eine konstante Größe sein muß, und wir erhalten somit folgendes Integral:

(104) $$\frac{1}{2}\left[\left(\frac{\partial \varphi}{\partial x}\right)^2 + \left(\frac{\partial \varphi}{\partial y}\right)^2\right] - U + \frac{1}{\varrho}p = C.$$

Hieraus läßt sich aber die Druckverteilung bestimmen. Treten keine äußeren Kräfte auf und setzt man $\varrho = 1$, so erhält man

$$p = C - \frac{1}{2}\left|\mathfrak{v}\right|^2 = C - \frac{1}{2}\left|f'(z)\right|^2, \tag{105}$$

wobei wir mit $|\mathfrak{v}|$ den Betrag der Geschwindigkeit bezeichnen.

Wir weisen noch auf folgendes hin: Wählen wir an Stelle von $f(z) = \varphi + i\psi$ das komplexe Potential $if(z) = -\psi + i\varphi$, so gehen die Äquipotentiallinien in die Stromlinien über und umgekehrt. Somit *liefert jedes Isothermennetz einer regulären Funktion im wesentlichen zwei verschiedene Strömungsbilder einer Flüssigkeit.*

42. Beispiele. I. Alle früher angeführten Beispiele von Isothermennetzen kann man jetzt vom Standpunkt der Hydrodynamik deuten. Dabei liefert uns jedes dieser Beispiele zwei hydrodynamische Bilder, worauf wir schon oben hingewiesen haben. Wir wollen jetzt einige neue Beispiele untersuchen. Beginnen wir mit der elementaren Funktion

$$f(z) = A \log(z - a) = A \log|z - a| + iA \arg(z - a),$$

wobei a ein bestimmter Punkt der Ebene und A eine reelle Konstante sei. In diesem Beispiel sind die Äquipotentiallinien Kreise mit dem Zentrum a, und die Stromlinien liefern die von diesem Punkt ausgehenden Geraden. Beim Umlaufen von a wächst die Funktion $f(z)$ um den konstanten Summanden $i2\pi A$. Daher erhält der Imaginärteil des komplexen Potentials, die Stromfunktion $\psi(x, y)$, den Zuwachs $2\pi A$, es liegt also im Punkte a eine Quelle der Intensität $2\pi A$ vor. Der Geschwindigkeitsvektor ist durch die komplexe Zahl

$$\overline{f'(z)} = \overline{\frac{A}{z - a}}$$

bestimmt.

Bezeichnet man mit ϱ und φ Betrag und Argument von $z - a$, so entspricht dem Geschwindigkeitsvektor die komplexe Zahl $\frac{A}{\varrho} e^{i\varphi}$. Daraus folgt unter anderem unmittelbar, daß die Geschwindigkeit bei der Annäherung an die Quelle gegen Unendlich strebt und für positives A von der Quelle aus nach Unendlich gerichtet ist. Es liegt also hierbei wirklich eine *Quelle* und keine *Senke* vor.

Jetzt betrachten wir die allgemeine Funktion

$$f(z) = A \log\frac{z - a}{z - b} = A \log\left|\frac{z - a}{z - b}\right| + iA \arg\frac{z - a}{z - b}, \tag{106}$$

in der a und b zwei verschiedene Punkte der Ebene sind und A eine positive Konstante bedeutet.

Hierbei ist das Isothermennetz durch die Gleichungen

$$\left|\frac{z - a}{z - b}\right| = C_1; \quad \arg\frac{z - a}{z - b} = C_2$$

bestimmt.

Bekanntlich entspricht der ersten dieser Gleichungen eine Kreisschar, zu der die Punkte a und b symmetrisch liegen. Der zweiten Gleichung entspricht eine Schar von Kreisen, die durch die Punkte a und b hindurchgehen [31]. In diesem Falle haben wir im Punkt a eine Quelle der Intensität $2\pi A$ und in b eine Senke derselben Intensität.

II. Wir nehmen an, daß a und b in den Punkten $x = -h$ und $x = 0$ der reellen Achse liegen, und wählen $A = \frac{1}{h}$. Dann lautet die Funktion (106)

$$f(z) = \frac{\log(z + h) - \log z}{h}.$$

Läßt man h gegen Null streben, so erhält man ein komplexes Potential, das durch die Bezeichnung *Dipol* im Koordinatenursprung charakterisiert ist:

$$f_1(z) = \frac{1}{z}.$$

Man prüft leicht nach, daß das Isothermennetz dabei aus Kreisen besteht, die durch den Koordinatenursprung hindurchgehen und die y-Achse berühren (Äquipotentiallinien) und aus solchen, die durch denselben Punkt hindurchführen und die x-Achse berühren (Stromlinien) (Abb. 45) [31].

III. Wir wollen die Funktion

$$f(z) = iA \log(z - a) = -A \arg(z - a) + iA \log|z - a|$$

untersuchen, wobei A wie oben eine positive Konstante ist. Hierbei sind die Stromlinien Kreise um a, und die von diesem Punkt a ausgehenden Geraden sind die Äquipotentiallinien. Umläuft

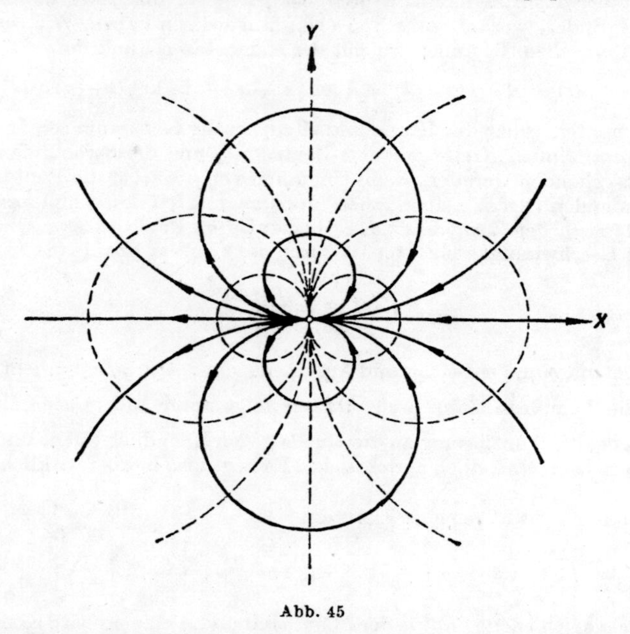

Abb. 45

man a in positiver Richtung, so erhält der Realteil von $f(z)$ (das Geschwindigkeitspotential) den Zuwachs $-2\pi A$; daher haben wir im Punkte a einen elementaren Wirbel der Intensität $-2\pi A$.

IV. Wir wählen die Funktion

$$f(z) = \frac{k}{2}\left(z + \frac{1}{z}\right), \tag{107}$$

die wir schon in [33] untersucht hatten. Trennt man Real- und Imaginärteil, so erhält man die Gleichung der Stromlinie:

$$\frac{k}{2}\left(y - \frac{y}{x^2 + y^2}\right) = C$$

oder

$$ky(x^2 + y^2 - 1) - 2C(x^2 + y^2) = 0$$

Das sind im allgemeinen Kurven dritter Ordnung. Im Spezialfall $C = 0$ erhalten wir den Kreis $x^2 + y^2 = 1$ und die Achse $y = 0$. Wir wollen nur den Teil der Ebene außerhalb des Kreises untersuchen.

Dann besteht eine der Stromlinien aus den Strahlen $(-\infty, -1)$ und $(1, \infty)$ der x-Achse und dem erwähnten Kreis. Wir haben daher jetzt eine Flüssigkeitsströmung außerhalb des Kreises, die den Kreis umfließt. Berechnet man die Ableitung

$$f'(z) = \frac{k}{2}\left(1 - \frac{1}{z^2}\right),$$

so sieht man, daß die Strömungsgeschwindigkeit im Unendlichen gleich $\frac{k}{2}$ (k wurde als reell vorausgesetzt) und in den Punkten $z = \pm 1$ gleich Null ist. Sie ist also in denjenigen Punkten gleich Null, in denen die geradlinigen Strecken der Stromlinien auf den Kreis auftreffen.[1])

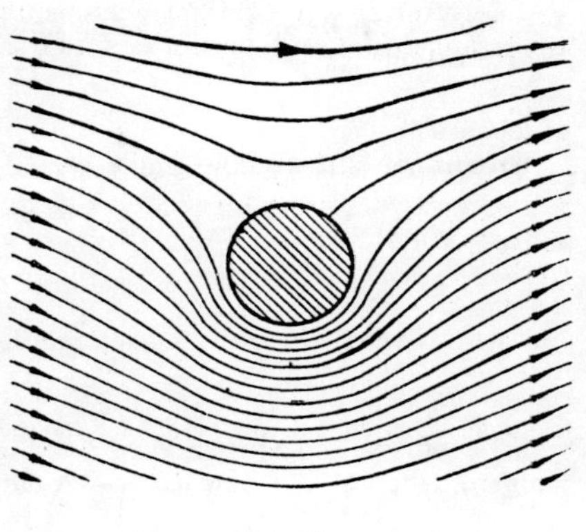

Abb. 46_1

Wir fügen zu unserer Funktion noch ein logarithmisches Glied hinzu, bilden also die neue Funktion

$$(108) \qquad f_1(z) = \frac{k}{2}\left(z + \frac{1}{z}\right) - iA \log z\,.$$

Der Imaginärteil des zweiten Summanden bleibt auf dem oben erwähnten Kreis konstant. Daher ist dieser auch für das komplexe Potential (108) eine der Stromlinien, aber jetzt wächst das Geschwindigkeitspotential beim Umlaufen des Einheitskreises um den Summanden $2\pi A$, d. h., bei dem Potential (108) wird unser Kreis umflossen, und es ist ein elementarer Wirbel vorhanden. In den Abbildungen 46_1, 46_2 und 46_3 sind die Stromlinien für verschiedene Werte der Konstanten $\frac{A}{k}$ dargestellt. Bei der in Abbildung 46_2 angegebenen Strömung fallen die Punkte des Ein- und Austritts beim Umfließen des Kreises zusammen.

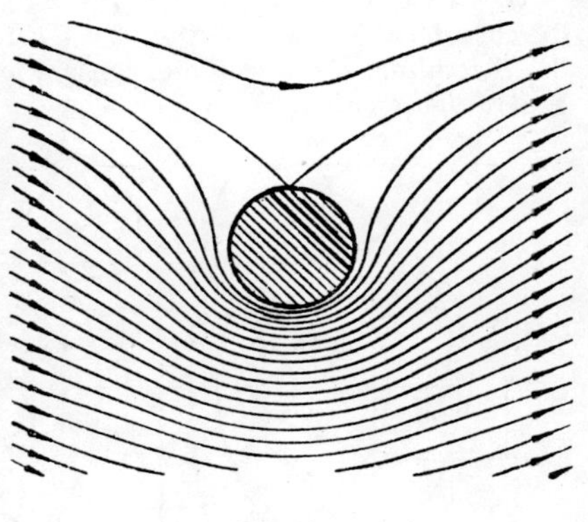

Abb. 46_2

V. Wie wir früher sahen [33], besteht für die Funktion $f(z) = \operatorname{arc\,cos} \frac{z}{k}$ das Isothermennetz aus konfokalen Ellipsen und Hyperbeln mit den Brennpunkten $\pm k$ auf der reellen Achse. Dieses Netz ist in Abbildung 47 dargestellt. Wählt man als Stromlinien die Hyperbeln, so erhält man das Bild der Strömung durch die Öffnung $(-k, +k)$ der reellen Achse. Werden dagegen die Ellipsen als Stromlinien angesehen, so erhält man das Bild einer umflossenen Ellipse oder des umströmten Intervalles $(-k, +k)$.

VI. Oftmals kommt es bei der Untersuchung hydrodynamischer Probleme vor, daß es bequemer ist, nicht das komplexe Potential $w = f(z)$ vorzugeben, sondern die Umkehrfunktion $z = \varphi(w)$.

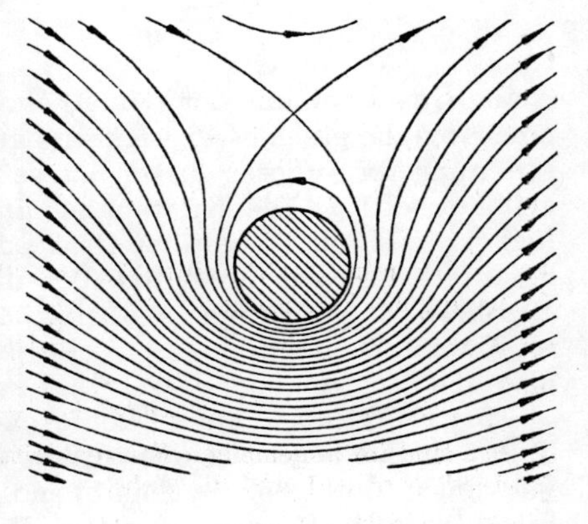

Abb. 46_3

[1]) In der deutschen Literatur spricht man dabei von *Staupunkten*. (Anm. d. wiss. Red.)

Wir wollen ein Beispiel dieser Art untersuchen. Das komplexe Potential sei durch die Umkehrfunktion

$$z = w + e^w$$

gegeben.

Trennt man Real- und Imaginärteil,

$$z = x + iy; \quad w = \varphi + i\psi.$$

so ist

$$x = \varphi + e^\varphi \cos\psi; \quad y = \psi + e^\varphi \sin\psi.$$

Für $\psi = C$ erhält man die Gleichung der Stromlinien in der Parameterstellung

$$x = \varphi + e^\varphi \cos C; \quad y = C + e^\varphi \sin C,$$

wobei φ ein veränderlicher Parameter ist. Wir untersuchen zwei Stromlinien, und zwar diejenigen, denen $C = \pi$ bzw. $C = -\pi$ entspricht. Im ersten Falle gilt

$$x = \varphi - e^\varphi; \quad y = \pi.$$

Wie man leicht sieht, wird die Stromlinie dabei durch die doppelt durchlaufene Strecke $-\infty < x \leqslant -1$ der Geraden $y = \pi$ dargestellt. Ebenso erhält man für $C = -\pi$ die doppelt durchlaufene Strecke $-\infty < x \leqslant -1$ der Geraden $y = -\pi$. Außerdem ist offensichtlich die Stromlinie für $C = 0$ die Achse $y = 0$ selbst. In Abb. 48 sind die Stromlinien für diesen Fall aufgezeichnet.

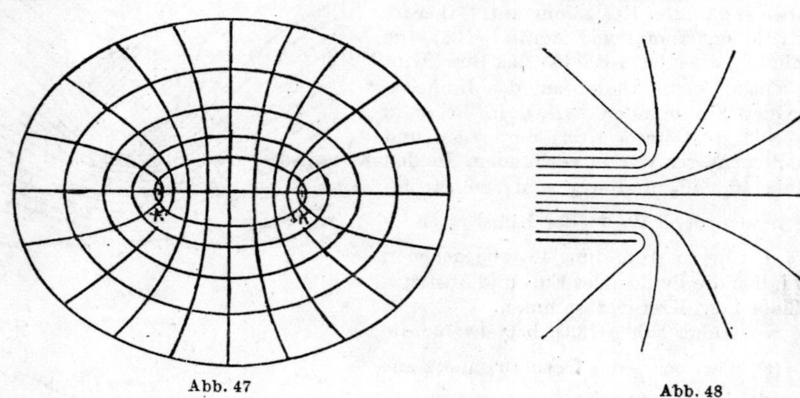

Abb. 47 Abb. 48

43. Das Problem der Umströmung. Wir nehmen an, daß uns in der Ebene eine einfache geschlossene Kurve l gegeben sei. Wir wollen dann eine Flüssigkeitsströmung im Äußeren dieser Kurve untersuchen, die folgende zwei Bedingungen erfüllen soll: 1) Die Kurve l ist eine der Stromlinien und 2) die Geschwindigkeit ist im Unendlichen der Größe und Richtung nach definiert. Außerdem wird gefordert, daß das komplexe Potential $f(z)$ eine eindeutige Funktion sei. Ohne Beschränkung der Allgemeinheit können wir annehmen, daß die Geschwindigkeit im Unendlichen durch eine reelle positive Zahl c charakterisiert ist (wir wählen also als Richtung der Geschwindigkeit diejenige der positiven reellen Achse).

Eine Funktion, die eine konforme Abbildung des im Äußeren von l liegenden Teils der z-Ebene auf das Äußere des Einheitskreises, $|\tau| > 1$, liefert, sei uns bekannt. Es gibt bekanntlich unendlich viele solcher Funktionen, und wir wählen diejenige aus, die den unendlich fernen Punkt fest läßt und die Richtung in diesem Punkte nicht verändert. Für diese Funktion ist also $\omega'(\infty)$ eine reelle Zahl, und in der Nähe des Punktes $z = \infty$ gilt für sie die Entwicklung

$$\tau = \omega(z) = bz + b_0 + \frac{b_1}{z} + \cdots \qquad (b > 0). \tag{109}$$

Wir wissen bereits, daß das komplexe Potential für das Umfließen eines Kreises darstellbar ist durch

$$f_1(\tau) = \frac{k}{2}\left(\tau + \frac{1}{\tau}\right), \tag{110}$$

wobei k eine reelle Konstante ist, die wir später bestimmen werden. Setzt man in den Ausdruck (110) an Stelle von τ die rechte Seite von (109) ein, so erhält man eine eindeutige Funktion, die im Äußeren der Berandung l regulär ist. Der Imaginärteil ist auf der Kurve l konstant, da ja der Imaginärteil von (110) auf dem Kreis $|\tau| = 1$ konstant blieb:

$$f(z) = f_1[\omega(z)] = \frac{k}{2}\left[\omega(z) + \frac{1}{\omega(z)}\right]. \tag{111}$$

Es muß jetzt noch die Konstante k so bestimmt werden, daß die Geschwindigkeit im Unendlichen gleich c wird, daß also $f'(\infty) = c$ ist. Offensichtlich gilt im Unendlichen unter Berücksichtigung von (109) und (110)

$$f'(z) = \frac{k}{2}\left[1 - \frac{1}{\omega^2(z)}\right]\omega'(z) \quad \text{und} \quad f'(\infty) = \frac{k}{2}\cdot b,$$

woraus leicht folgt, daß wir $k = \frac{2c}{b}$ wählen müssen. Wir sehen also, daß *das Problem der Umströmung einer gewissen Berandung auf die Aufgabe führt, den im Äußeren dieses Randes gelegenen Teil der Ebene auf das Äußere des Einheitskreises konform abzubilden.* Man kann zeigen: Bei Eindeutigkeit von $f(z)$ ist auch die Lösung der Aufgabe eindeutig, wenn $f(z)$ im Äußeren von l außer dem einfachen Pol $z = \infty$ keine singulären Punkte hat.

44. Die Formel von JOUKOWSKI[1]. Es sei $f(z)$ ein komplexes Potential, das ein Umfließen der Berandung l angibt, wobei die Geschwindigkeit im Unendlichen gleich der positiven reellen Zahl c sei. Wir wollen annehmen, daß $f(z)$ keine eindeutige Funktion ist; beim Umlaufen des Randes l soll ihr Realteil $\varphi(x, y)$ jeweils um den konstanten Summanden γ wachsen.

Die entstehende Druckverteilung auf dem umflossenen Körper ist offenbar durch die Kurvenintegrale

$$F_x = \int_l p(x, y)\cos(n, x)\,ds; \quad F_y = \int_l p(x, y)\cos(n, y)\,ds \tag{112}$$

ausdrückbar, in denen $p(x, y)$ der Druck ist und n die Richtung der inneren Kurvennormalen. Dem Linienelement $\vec{ds}$ als Vektor entspricht die komplexe Zahl $dz = e^{i\theta}ds$, wobei θ der Winkel ist, den die Kurventangente mit der x-Achse bildet. Da bei der Multiplikation einer komplexen Zahl mit i das Argument um $\frac{\pi}{2}$

---

[1] Weniger üblich ist die Transkription SHUKOWSKI für Жуковский. (Anm. d. Übers.)

zunimmt, entspricht der Zahl $ie^{i\theta}ds$ der Vektor der Länge ds, der die gleiche Richtung wie die innere Normale von l hat, und wir erhalten offenbar

(113) $$F_x + iF_y \equiv \int_l pi\,dz\,.$$

Gemäß (105) ist

$$p = C - \frac{1}{2}|f'(z)|^2 = C - \frac{1}{2}\left|\frac{df}{dz}\right|^2,$$

und daher gilt

$$F_x + iF_y = i\int_l C\,dz - \frac{1}{2}\,i\int_l \left|\frac{df}{dz}\right|^2 dz\,.$$

Es ist aber klar, daß

$$\int_l dz = 0$$

ist. Geht man außerdem in der vorhergehenden Gleichung zu konjugiert komplexen Werten über, so ergibt sich

(114) $$F_x - iF_y = \frac{1}{2}\,i\int_l \left|\frac{df}{dz}\right|^2 \overline{dz} = \frac{1}{2}\,i\int_l \frac{df}{dz}\cdot\overline{\frac{df}{dz}}\,\overline{dz} = \frac{1}{2}\,i\int_l \frac{df}{dz}\,\overline{df}\,.$$

Da die Berandung l eine Stromlinie ist, ist auf ihr $\psi(x, y)$ eine Konstante, also $\psi(x, y) = C_1$, und daher gilt auf l

$$f(z) = \varphi(x, y) + iC_1;$$
$$\overline{f(z)} = \varphi(x, y) - iC_1,$$

woraus $df = \overline{df}$ folgt. Multipliziert man beide Seiten von (114) mit i, so erhält man einen komplexen Ausdruck, der den auf einen umströmten Körper ausgeübten Druck vollständig charakterisiert:

$$R = F_y + iF_x = -\frac{1}{2}\int_l \frac{df}{dz}\,df$$

oder schließlich

(115) $$R = F_y + iF_x = -\frac{1}{2}\int_l \left(\frac{df}{dz}\right)^2 dz\,.$$

Die Funktion $f'(z)$ setzen wir im Äußeren von l als regulär und eindeutig voraus. In der Umgebung des Unendlichen muß sie eine Entwicklung der Gestalt

(116) $$f'(z) = c + \frac{b_1}{z} + \frac{b_2}{z^2} + \cdots$$

haben, in der c der vorher angegebene Wert der Geschwindigkeit im Unendlichen ist. Für $f(z)$ selbst gilt in der Umgebung des Unendlichen

$$f(z) = C + cz + b_1 \log z - \frac{b_2}{z} + \cdots.$$

Beim Durchlaufen von l in positiver Richtung wächst die Funktion $f(z)$ offenbar um den Summanden $i2\pi b_1$, den wir früher mit dem Buchstaben γ bezeichnet hatten. Somit muß also $b_1 = \frac{1}{2\pi i}\gamma$ gelten, und statt (116) können wir schreiben:

$$f'(z) = c + \frac{\gamma}{2\pi i z} + \frac{b_2}{z^2} + \cdots.$$

Daraus erhält man durch Quadrieren eine Entwicklung der Gestalt

$$[f'(z)]^2 = c^2 + \frac{c\gamma}{\pi i z} + \frac{d_2}{z^2} + \cdots. \tag{117}$$

Bei der Berechnung des Integrals (115) dürfen wir wegen des CAUCHYschen Satzes die Integration statt über den Rand l längs einer geschlossenen Kurve, die l einschließt und in einer Umgebung des unendlich fernen Punktes verläuft, ausführen. Bei dieser Integration benutzt man die Entwicklung (117) und erhält, wie man leicht sieht, für R den Ausdruck

$$R = F_y + iF_x = -\frac{c\gamma}{2\pi i}2\pi i = -c\gamma,$$

also

$$F_y = -c\gamma; \quad F_x = 0. \tag{118}$$

Diese Formel wurde zuerst von N. E. JOUKOWSKI angegeben.

45. Das ebene elektrostatische Problem. Wir wollen jetzt die Funktionentheorie auf die Elektrostatik anwenden. Hier stößt man auf Probleme, die in vielem den vorhergehenden analog sind. Zunächst erläutern wir das ebene elektrostatische Problem. Eine Punktladung e erzeugt im Raum ein COULOMBsches Kraftfeld, wobei die Intensität dieses Feldes durch die wohlbekannte Formel

$$f = \frac{e}{\varrho^2}$$

ausgedrückt wird. Dabei ist ϱ der Abstand der Ladung e vom „Aufpunkt" M, in dem wir den Vektor der Feldstärke bestimmen wollen. Dieser hat die Richtung des Strahls von der Ladung zum Punkt M. Wir nehmen jetzt an, daß wir eine mit Ladung belegte Gerade haben, die parallel zur z-Achse verläuft und die x, y-Ebene in einem bestimmten Punkte O schneidet, wobei die Ladungsdichte in allen Punkten der Geraden dieselbe sein soll. Es sei e die auf die Längeneinheit bezogene Ladung. Das Bild des elektrostatischen Feldes ist offensichtlich in allen zur x, y-Ebene parallelen Flächen das gleiche, so daß wir lediglich die x, y-Ebene zu untersuchen brauchen. Dabei liegt der Feldstärkevektor wegen der Symmetrie ebenfalls in dieser Ebene und hat die Richtung vom Punkt O zu dem Punkt M der Ebene hin, für den wir die Kraftwirkung berechnen wollen. Die Elementarladung auf dem Abschnitt dz unserer Geraden wird durch das Produkt edz ausgedrückt. Um die Größe der Feldstärke im Punkt M mit den Koordinaten $(x, y, 0)$ zu bekommen, müssen wir die Summe der Projektionen der wirkenden Kräfte auf die Richtung $\overrightarrow{OM}$ der obengenannten Strecke berechnen.

Für die Kraft erhalten wir den Ausdruck

$$\frac{edz}{x^2 + y^2 + z^2},$$

wobei der Punkt O als Koordinatenursprung genommen wird. Diesen Ausdruck muß man noch mit dem Cosinus des Winkels φ multiplizieren, den die Richtung $\overrightarrow{NM}$ vom veränderlichen Punkt N der z-Achse mit der Richtung $\overrightarrow{OM}$ bildet. Dabei gilt für das rechtwinklige Dreieck ONM

$$\cos\varphi = \frac{r}{\sqrt{x^2+y^2+z^2}} \quad \text{und} \quad z = r\,\mathrm{tg}\,\varphi,$$

wobei $r = \sqrt{x^2+y^2}$ ist. Führt man im Integral

$$\int_{-\infty}^{+\infty} \frac{e\cos\varphi\, dz}{x^2+y^2+z^2}$$

an Stelle von z die Veränderliche φ ein, so erhält man für die Kraft den Ausdruck

$$f = \frac{e}{r}\int_{-\frac{\pi}{2}}^{+\frac{\pi}{2}} \cos\varphi\, d\varphi$$

oder

(119) $$f = \frac{2e}{r} \qquad (r = \sqrt{x^2+y^2}).$$

Die zugehörige Potentialfunktion hat offenbar die Gestalt

(120) $$V(x, y) = 2e\log\frac{r_0}{r},$$

wobei r_0 eine beliebige, aber feste Konstante ist, die wir als positiv voraussetzen wollen. Somit ist das logarithmische Potential (120) in einem elektrostatischen Problem das von einer Punktladung verursachte elementare Potential, sofern man vom übrigen Raum absieht und nur die x, y-Ebene betrachtet. Dieses elementare Potential (120) wird im Unendlichen nicht Null, sondern Unendlich im Gegensatz zum gewöhnlichen Newtonschen Potential $\frac{1}{r}$ des dreidimensionalen Raumes. Dadurch sind die ebenen elektrostatischen Felder besonders ausgezeichnet.

Haben wir keine geladene Gerade, sondern einen Zylinder mit der Grundfläche B in der x, y-Ebene, so erhalten wir an Stelle des elementaren Potentials (120) ein anderes, das durch ein zweifaches Integral darstellbar ist:

(121) $$V(x, y) = 2\iint_B \varrho(\xi, \eta)\log\frac{r_0}{r}\, d\xi\, d\eta.$$

Dabei ist $\varrho(\xi, \eta)$ die Ladungsdichte und r der Abstand eines variablen Punktes (ξ, η) im Gebiet B vom Punkte $M(x, y)$; für ihn gilt

$$r = \sqrt{(\xi - x)^2 + (\eta - y)^2}.$$

Ist nur die Oberfläche dieses Zylinders geladen, so ist das Potential in analoger Weise durch ein Kurvenintegral ausdrückbar. Bekanntlich erfüllen die Funktionen $\log r$ und (120) die Laplacesche Gleichung [II, 119]

$$\frac{\partial^2 V}{\partial x^2} + \frac{\partial^2 V}{\partial y^2} = 0.$$

Derselben Gleichung genügt auch das Potential (121) außerhalb der Ladungen, also außerhalb des Gebietes B.

Nun können wir jede harmonische Funktion als Real- oder Imaginärteil einer regulären Funktion einer komplexen Variablen auffassen. Im vorliegenden Fall können wir also das Potential $V(x, y)$ als Imaginärteil einer solchen Funktion

$$f(z) = U(x, y) + iV(x, y) \tag{122}$$

deuten.

Somit führt uns jedes elektrostatische Problem im Äußeren der Ladungen auf eine gewisse reguläre Funktion $f(z)$ (ein komplexes Potential), und umgekehrt liefert jede reguläre Funktion ein gewisses Bild eines elektrostatischen ebenen Feldes.

Beide Scharen des Isothermennetzes,

$$U(x, y) = C_1; \quad V(x, y) = C_2, \tag{123}$$

haben einfache physikalische Bedeutung. Die zweite der Scharen (123) liefert die *Äquipotentiallinien*, und die erste Schar, die zur zweiten orthogonal ist, liefert bekanntlich die *Kraftlinien*. Das sind die Kurven, deren Tangenten die Richtung des Kraftfeldes in jedem Punkte bestimmen. Der Kraftvektor hat folgende Komponenten:

$$F_x = -\frac{\partial V(x, y)}{\partial x}; \quad F_y = -\frac{\partial V(x, y)}{\partial y}$$

oder wegen der CAUCHY-RIEMANNschen Differentialgleichungen

$$F_x = -\frac{\partial V}{\partial x}; \quad F_y = -\frac{\partial U}{\partial x}.$$

Somit entspricht jedem *Kraftvektor* die komplexe Zahl

$$F_x + iF_y = -\frac{\partial V}{\partial x} - i\frac{\partial U}{\partial x} = -\overline{if'(z)}. \tag{124}$$

Bei einem geschlossenen beschränkten Leiter hat das Potential im Innern bekanntlich einen konstanten Wert. Die Ladungsdichte auf seiner Oberfläche kann bis auf das Vorzeichen, wie in der Elektrostatik gezeigt wird, aus der Gleichung

$$\varrho = \frac{1}{4\pi}\sqrt{F_x^2 + F_y^2}$$

oder mit Hilfe des komplexen Potentials nach der Formel

$$\varrho = \frac{1}{4\pi}|f'(z)| \tag{125}$$

bestimmt werden.

Man stellt unschwer die Analogie zwischen diesen Begriffen und den entsprechenden der ebenen Hydrodynamik fest.

46. Beispiele. Alle früher betrachteten Beispiele von Isothermennetzen kann man jetzt unter dem Gesichtspunkt der Elektrostatik deuten. Wir wollen z. B. die Funktion

$$f(z) = i2e\log\frac{z-a}{z-b} \tag{126}$$

untersuchen.

Ihr Imaginärteil ist auf den Kreisen konstant, in bezug auf welche a und b symmetrisch liegen [31]. Wir wählen zwei solche Kreise C_1 und C_2 und nehmen an, daß der Imaginärteil der Funktion (126) auf diesen Kreisen die konstanten Werte V_1 und V_2 annimmt. Stellt man sich über diesen Kreisen zwei senkrechte, der z-Achse parallele Zylinder vor, so liefert das komplexe Potential (126) das Bild des elektrostatischen Feldes zwischen diesen beiden Zylindern. Dabei sind V_1 und V_2 die auf den Rändern der genannten Kreise gegebenen Werte des Potentials.

Im allgemeinen müssen wir bei der Bestimmung eines elektrostatischen Potentials in einem Ring zwischen zwei leitenden Kurven l_1 und l_2 ein solches komplexes Potential erhalten, dessen Imaginärteil auf den Kurven l_1 und l_2 konstant bleibt. Also muß dieses komplexe Potential $f(z)$ den erwähnten Ring auf einen Streifen abbilden, der durch zwei zur reellen Achse parallele Geraden begrenzt ist. Diese Abbildung kann natürlich nicht eindeutig sein, da ein Ring ein zweifach zusammenhängendes Gebiet darstellt, während der Streifen einfach zusammenhängend ist. Im oben untersuchten Beispiel ist die Funktion (126) offensichtlich in dem durch die Kreise C_1 und C_2 begrenzten Ring mehrdeutig.

Wir wollen noch eine charakteristische Eigenschaft des Feldes anführen, das durch die Funktion (126) beschrieben wird. Letztere läßt sich auch folgendermaßen schreiben:

$$f(z) = i2e \log(z - a) - i2e \log(z - b).$$

Benutzt man diesen Ausdruck, so kann man zeigen, daß beide Leiter der Größe nach dieselben, aber mit verschiedenen Vorzeichen versehene Ladungen tragen. In Übereinstimmung damit ist die Funktion (126),

$$f(z) = i2e \log \frac{1 - \frac{a}{z}}{1 - \frac{b}{z}},$$

im unendlich fernen Punkt $z = \infty$ regulär.

II. Wir wollen das elektrostatische Feld zwischen zwei Leitern bestimmen, von denen jeder nach dem Unendlichen verläuft (Abb. 49). Hierbei ist das Gebiet zwischen den beiden Leitern einfach zusammenhängend, und im Grunde besteht dieses Problem darin, das erwähnte Gebiet auf einen Streifen abzubilden, der durch zur reellen Achse parallele Geraden begrenzt wird.

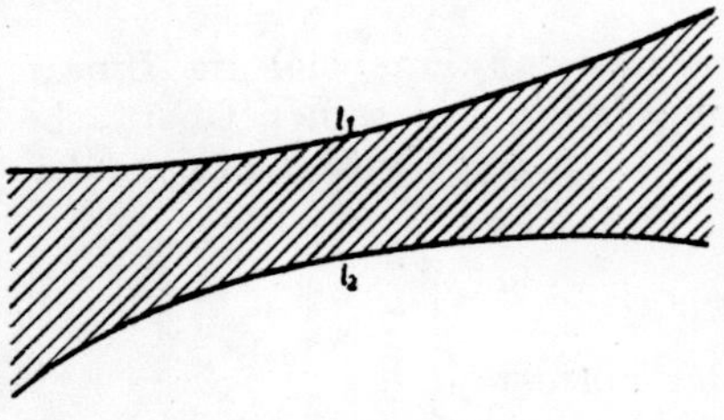

Abb. 49

So liefert z. B. dann, wenn diese Leiter die Strahlen $(-\infty < x \leqslant 1)$ der Geraden $y = \pi$ und $y = -\pi$ sind, die Formel $z = w + e^w$ die Umkehrfunktion der gesuchten Funktion. In Abb. 48 ist das Bild der Äquipotentiallinien hierfür angegeben. Dabei gilt an den Endpunkten unserer Strahlen $w = \pm \pi i$ und $e^w = -1$. Die Formel (124) liefert für die Kraft

$$\sqrt{F_x^2 + F_y^2} = |f'(z)| = \left|\frac{dw}{dz}\right| = \left|\frac{dz}{dw}\right|^{-1},$$

also für unser Beispiel

$$\sqrt{F_x^2 + F_y^2} = |1 + e^w|^{-1}.$$

Die Kraft wird daher an den Endpunkten der genannten Strahlen unendlich groß.

Dieses Beispiel ist ein Spezialfall des allgemeineren, das wir nun untersuchen wollen. Wir nehmen an, daß unsere beiden Leiter die in Abb. 50 angedeutete Form haben: AB und AC sind zwei parallele Halbgeraden, so daß die Punkte B und C auf einer gemeinsamen Senkrechten liegen. Die Richtungen von BD und CD bilden mit AB und AC jeweils denselben Winkel α, wobei wir $\alpha = (\mu + 1)\pi$ setzen. Wir führen noch die Gerade PQ ein, die zu den obengenannten Halbgeraden parallel ist und in gleichen Abständen von ihnen verläuft. Den Teil der Ebene, der durch die Gerade PQ und die Halbgeraden AB und BD begrenzt ist, kann man als Dreieck auffassen, wobei die Winkel in seinen Ecken B und P gleich $(\mu + 1)\pi$ bzw. Null sind. Wir bilden dieses Dreieck auf die obere Halbebene ab. Dabei sollen den Eckpunkten B, P und Q die Punkte $\tau = -1, 0$ und ∞ entsprechen. Wendet man Formel (47) an, so ist

$$z = a \int_0^\tau (\sigma + 1)^\mu \sigma^{-1} \, d\sigma \tag{127}$$

mit als positiv vorausgesetzter Konstanten a; das kann durch eine Drehung der z-Ebene immer erreicht werden. Diese z-Ebene ist die Ebene der Abb. 50, und τ liegt in der Ebene, auf deren obere Hälfte unser Dreieck abgebildet wird. Spiegeln wir das erwähnte Dreieck an der Geraden PQ, so wird die Halbebene an dem Abschnitt $0 < \tau < +\infty$ der reellen Achse gespiegelt, und dem Teil der z-Ebene, der zwischen unseren zwei Leitern liegt, entspricht in der τ-Ebene die gesamte Ebene mit dem Schnitt $(-\infty, 0)$. Die Funktion

$$\tau = e^w$$

liefert, wenn man die durch die Exponentialfunktion vermittelte Abbildung berücksichtigt [19], in der w-Ebene den zur reellen Achse parallelen Streifen, der durch die Geraden mit dem Abstand π von dieser Achse begrenzt wird.
Das ist also der Streifen

$$-\pi \leqslant \mathrm{I}(w) \leqslant \pi;$$

hierbei bedeutet I den Imaginärteil.

Somit hat w als Funktion von z auf unseren Leitern den konstanten Imaginärteil $\pm\pi$ und stellt selbst das elektrostatische Potential eines ebenen Feldes dar, das sich zwischen den zwei Leitern befindet. Da $\tau = e^w$ gewählt war, kann man (127) folgendermaßen schreiben:

$$z = a \int^w (e^{w'} + 1)^\mu \, dw' . \tag{128}$$

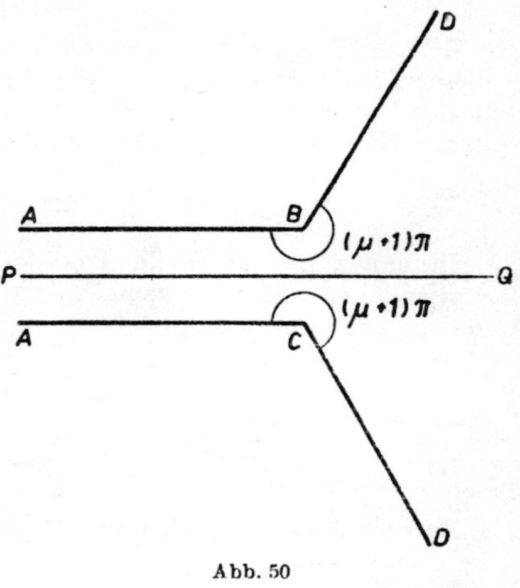

Abb. 50

Der Wert der Konstanten a hängt offenbar von dem Abstand zwischen den Halbgeraden AB und AC ab. Letzterer sei gleich $2b$. In den in der Nähe des unendlich fernen Punktes $x = -\infty$ gelegenen Punkten der z-Ebene ist das Isothermennetz, das aus der Schar der Äquipotentiallinien und den Kraftlinien besteht, beinahe ein kartesisches Koordinatensystem. Es entspricht einem kartesischen System im Streifen mit der Breite 2π der w-Ebene. Dem Punkt $x = -\infty$ entspricht $\tau = 0$ und damit $w = -\infty$. Da die Breite des Halbstreifens in der z-Ebene gleich $2b$ sein sollte, da ferner die Funktion e^w für $w \to -\infty$ gegen Null und schließlich $\frac{dz}{dw}$ wegen (128) gegen a strebt, läßt sich zeigen, daß a gleich $\frac{b}{\pi}$ sein muß. Wir wollen den Spezialfall $\mu = \frac{1}{2}$ untersuchen, wenn also die Geraden BD und CD senkrecht zu AB und AC sind.

Hierfür gilt

$$z = \frac{b}{\pi} \int^w \sqrt{e^{w'} + 1} \, dw' ; \tag{129}$$

dabei kann das Integral leicht mit Hilfe der Substitution $e^w + 1 = t^2$ berechnet werden. Die Unbestimmtheit der unteren Grenze des Integrals bedeutet die Möglichkeit der Addition einer willkürlichen Konstanten zu z, also eine Parallelverschiebung der z-Ebene, was keine wesentliche Rolle spielt.

III. Es sei eine einfache geschlossene Kurve l vorgegeben, die die Spur eines zylindrischen Leiters in der x, y-Ebene ist. Ferner sei e die gegebene Ladung auf diesem zylindrischen Leiter, bezogen auf die Längeneinheit längs der z-Achse. Es soll das ebene elektrostatische Feld im Äußeren von l bestimmt werden. Wir bilden dazu den im Äußeren von l liegenden Teil der z-Ebene auf das Äußere des Einheitskreises der τ-Ebene ab, also auf das Gebiet $|\tau| > 1$. Dabei setzen wir voraus, daß der unendlich ferne Punkt so in sich übergeht, daß die Entwicklung der die konforme Abbildung vermittelnden Funktion in der Umgebung von $z = \infty$ folgendermaßen lautet:

$$\tau = \omega(z) = cz + c_0 + \frac{c_1}{z} + \frac{c_2}{z^2} + \cdots. \tag{130}$$

Wir zeigen jetzt, daß wir das komplexe Potential unseres elektrostatischen Feldes angeben können, wenn wir die oben angeführte konforme Abbildung kennen. Dazu bilden wir die Funktion

$$f(z) = i2e \log \frac{\tau_0}{\tau} \qquad [\tau = \omega(z)],$$

in der τ_0 eine Konstante ist, der keine wesentliche Bedeutung zukommt. Der Imaginärteil dieser Funktion ist offenbar

$$\mathrm{I}[f(z)] = 2e(\log|\tau_0| - \log|\tau|).$$

Berücksichtigt man, daß auf der Kurve l der Betrag $|\tau| = 1$ ist, so kann man behaupten, daß dieser Imaginärteil auf l konstant bleibt. Wir bestimmen jetzt den Wert unseres Potentials in der Umgebung des unendlich fernen Punktes. Wegen der Entwicklung (130) erhalten wir in der Nähe von $z = \infty$ für $f(z)$ folgende Entwicklung:

$$f(z) = -i2e \log z + d_0 + \frac{d_1}{z} + \cdots.$$

Ihr erstes Glied liefert das Potential $-2e \log|z|$, was wegen (120) gerade der auf dem Leiter vorhandenen Elektrizitätsmenge entspricht. Wegen Formel (125) gilt für die Dichte der Ladungsverteilung längs l

$$\varrho = \frac{1}{4\pi}|f'(z)| = \frac{e}{2\pi} \cdot \left|\frac{1}{\tau}\frac{d\tau}{dz}\right|$$

oder, weil $|\tau| = 1$ ist,

$$\varrho = \frac{e}{2\pi}\left|\frac{d\tau}{dz}\right| = \frac{e}{2\pi}\left|\frac{dz}{d\tau}\right|^{-1}. \tag{131}$$

Ist l ein Quadrat, so können wir die Abhängigkeit von τ und z in der Gestalt

$$z = a\int^{\tau} \frac{\sqrt{\tau'^4 + 1}}{\tau'^2}\, d\tau' \tag{132}$$

schreiben [38], wobei wir auf dem Kreis $|\tau| = 1$ die Punkte

$$e^{\frac{(\pi + 2k\pi)i}{4}} \qquad (k = 0, 1, 2, 3)$$

gewählt haben, die den Eckpunkten des Quadrats entsprechen.

Die Gleichung (132) liefert

$$\frac{dz}{d\tau} = a\frac{\sqrt{\tau^4 + 1}}{\tau^2},$$

und wir können (131) dann in folgender Gestalt schreiben:

$$\varrho = \frac{e}{2\pi a}\left|\frac{\tau^2}{\sqrt{\tau^4 + 1}}\right|.$$

Dabei ist a eine Konstante, die man aus der Seitenlänge des Quadrats bestimmen muß. Auf dem Rande des Quadrats gilt $\tau = e^{i\varphi}$, wobei φ der Polarwinkel auf dem Einheitskreis ist. Einer Seite des Quadrats entspricht die Änderung dieses Winkels im Intervall $\left(\frac{\pi}{4}, \frac{3\pi}{4}\right)$. Wir erhalten daher für die Länge dieser Seite den Ausdruck

$$s = a \int_{\frac{\pi}{4}}^{\frac{3\pi}{4}} \frac{\sqrt{e^{i4\varphi} + 1}}{e^{i2\varphi}} ie^{i\varphi} \, d\varphi .$$

Danach kommt man durch eine einfache Variablensubstitution zu der Formel, die den Zusammenhang der Seitenlänge s des Quadrats mit der Konstanten a angibt:

$$s = a\sqrt{2} \int_0^{\frac{\pi}{2}} \sqrt{\cos\vartheta} \, d\vartheta . \tag{133}$$

Das Integral ist nicht in geschlossener Form lösbar und gehört zur Klasse der sogenannten elliptischen Integrale.

47. Das ebene Magnetfeld. Oben haben wir den Zusammenhang zwischen analytischen Funktionen einer komplexen Veränderlichen und einem ebenen elektrostatischen Feld geklärt. Völlig analog kann man auch ein ebenes Magnetfeld untersuchen, das von dem in einem unendlichen zur x, y-Ebene senkrechten geradlinigen Leiter fließenden Strom erzeugt wird. Wir führen ohne Beweis die wichtigsten der hierauf bezüglichen Resultate an. Für den Vektor der magnetischen Feldstärke gilt

$$H_x = \frac{\partial \varphi}{\partial y} ; \quad H_y = -\frac{\partial \varphi}{\partial x} ; \tag{134}$$

dabei muß die Funktion φ außerhalb der Quellen des Feldes die LAPLACEsche Gleichung erfüllen und somit Realteil einer gewissen analytischen Funktion sein:

$$f(z) = \varphi + i\psi . \tag{135}$$

Benutzt man die CAUCHY-RIEMANNschen Gleichungen, so kann man (134) folgendermaßen schreiben:

$$H_x = -\frac{\partial \psi}{\partial x} ; \quad H_y = -\frac{\partial \psi}{\partial y}$$

oder

$$\mathfrak{H} = -\operatorname{grad} \psi ,$$

so daß ψ das skalare Potential des Feldes ist.

Die zu $\psi(x, y) = C_2$ orthogonalen Kurven $\varphi(x, y) = C_1$ sind also die Kraftlinien des Feldes. Für einen geradlinigen Strom der Stärke q, der längs der z-Achse fließt, erhalten wir für die Funktion (135)

$$f(z) = -2q \log z ,$$

woraus $\varphi = -2q \log r$ und $\psi = -2q \arg z$ folgt. Die Kraftlinien sind Kreise um den Ursprung, und beim Umlaufen des Nullpunktes erhält das skalare Potential ψ den Zuwachs $-4\pi q$. Im vorliegenden Fall muß die Oberfläche des Leiters (mit unendlicher magnetischer Durchlässigkeit) mit einer der Kurven $\psi(x, y) = C_2$ zusammenfallen.

48. Die SCHWARZsche Formel. Die oben behandelten Anwendungen der analytischen Funktionen einer komplexen Veränderlichen auf Probleme der Hydrodynamik und Elektrostatik beruhten im Grunde auf dem engen Zusammenhang, der zwischen harmonischen Funktionen und analytischen Funktionen einer komplexen Veränderlichen besteht. Wir haben auf diesen Zusammenhang schon früher in [2] hingewiesen.

Wir wollen nochmals die wichtigste Tatsache dieses Zusammenhanges hervorheben: *Real- und Imaginärteil einer analytischen Funktion sind harmonische Funktionen. Umgekehrt kann jede harmonische Funktion als Realteil einer analytischen Funktion aufgefaßt werden. Dann ist ihr Imaginärteil bis auf eine additive Konstante bestimmt. Durch den Realteil ist also diese Funktion bis auf eine rein imaginäre additive Konstante festgelegt.* Wie wir schon früher erwähnt haben [II, **194**], ist für ein beschränktes Gebiet eine harmonische Funktion durch ihre Werte auf dem Rand dieses Gebiets eindeutig bestimmt (DIRICHLETsches Problem). Somit kann man also behaupten, daß *eine in einem Gebiet B mit dem Rand l reguläre Funktion $f(z)$ bis auf eine rein imaginäre additive Konstante durch die gegebenen Werte ihres Realteils auf dem Rande l definiert ist.* Für ein beliebiges Gebiet erhalten wir keine einfache Formel, die uns die Lösung dieses Problems liefert, die also die reguläre Funktion durch die vorgegebenen Randwerte ihres Realteils ausdrückt. Für einen Kreis kann man diese Formel jedoch leicht konstruieren, was wir nun tun wollen.

Es sei ein Kreis um den Ursprung mit dem Radius R vorgelegt. Ferner sei $u(x, y)$ der Realteil der gesuchten analytischen Funktion. Diese harmonische Funktion ist mit Hilfe ihrer Randwerte $u(\varphi)$ durch ein POISSONsches Integral darstellbar, das bekanntlich folgende Gestalt hat [II, **196**]:

$$u(x, y) = u(r, \vartheta) = \frac{1}{2\pi}\int_{-\pi}^{+\pi} u(\varphi)\frac{R^2 - r^2}{R^2 - 2rR\cos(\varphi - \vartheta) + r^2}d\varphi \qquad (r < R). \tag{136}$$

Man sieht leicht, daß der Kern dieses POISSONschen Integrals, also der Bruch unter dem Integralzeichen, selbst den Realteil einer analytischen Funktion darstellt, es ist nämlich

$$\frac{R^2 - r^2}{R^2 - 2rR\cos(\varphi - \vartheta) + r^2} = \text{Realteil}\left[\frac{Re^{i\varphi} + z}{Re^{i\varphi} - z}\right] \qquad (z = re^{i\vartheta} = x + iy).$$

Setzen wir unter dem Integralzeichen an Stelle des Kerns die angegebene analytische Funktion der komplexen Veränderlichen z ein, so erhalten wir schließlich eine Funktion von z, deren Realteil gerade mit $u(x, y)$ identisch ist. Diese Funktion lautet folgendermaßen:

$$f(z) = u(x, y) + iv(x, y) = \frac{1}{2\pi}\int_{-\pi}^{+\pi} u(\varphi)\frac{Re^{i\varphi} + z}{Re^{i\varphi} - z}d\varphi. \tag{137}$$

Für $z = 0$ hat $f(z)$ einen reellen Wert. Die Funktion (137) liefert also die Lösung unseres Problems und nimmt im Ursprung einen reellen Wert an. Bezeichnen wir mit iC den Imaginärteil der gesuchten Funktion im Nullpunkt, so hat die allgemeine Lösung des Problems die Gestalt

$$f(z) = \frac{1}{2\pi}\int_{-\pi}^{+\pi} u(\varphi)\frac{Re^{i\varphi} + z}{Re^{i\varphi} - z}d\varphi + iC. \tag{138}$$

Diese Formel bezeichnet man gewöhnlich als *SCHWARZsche Formel.* Trennen wir den Imaginärteil des Bruches unter dem Integralzeichen ab,

$$\text{Imaginärteil}\left[\frac{Re^{i\varphi}+z}{Re^{i\varphi}-z}\right]=\frac{2rR\sin(\vartheta-\varphi)}{R^2-2rR\cos(\varphi-\vartheta)+r^2},$$

so erhalten wir den *Imaginärteil der regulären Funktion innerhalb des Kreises, ausgedrückt durch die Randwerte ihres Realteils,*

$$v(x,\,y)=\frac{1}{2\pi}\int_{-\pi}^{+\pi}u(\varphi)\frac{2rR\sin(\vartheta-\varphi)}{R^2-2rR\cos(\varphi-\vartheta)+r^2}d\varphi+C. \tag{139}$$

Das oben Gesagte hängt eng mit dem Begriff der konjugierten trigonometrischen Reihen zusammen.

Es sei

$$\frac{a_0}{2}+\sum_{n=1}^{\infty}(a_n\cos n\varphi+b_n\sin n\varphi)$$

die FOURIERreihe der Funktion $u(\varphi)$, welche die Randwerte des Realteils der Funktion $f(z)$ darstellt. Dabei kann man bekanntlich [II, **195**] den Realteil innerhalb des Kreises nicht als POISSONsches Integral angeben, sondern durch eine Reihe der Gestalt

$$u(x,\,y)=u(r,\,\vartheta)=\frac{a_0}{2}+\sum_{n=1}^{\infty}(a_n\cos n\vartheta+b_n\sin n\vartheta)\,r^n. \tag{140}$$

Für den Imaginärteil erhalten wir die konjugierte trigonometrische Reihe [**25**]

$$v(x,\,y)=v(r,\,\vartheta)=C+\sum_{n=1}^{\infty}(-b_n\cos n\vartheta+a_n\sin n\vartheta)\,r^n. \tag{141}$$

Wenn die Funktion $u(\varphi)$ hinreichende Regularitätseigenschaften hat, z. B. eine erste Ableitung besitzt, die die DIRICHLETschen Bedingungen erfüllt, so ist sowohl die Reihe (141) als auch die Reihe (140) im ganzen abgeschlossenen Kreis gleichmäßig konvergent. Ferner ist die Funktion $v(r,\vartheta)$ im Innern des Kreises harmonisch und im abgeschlossenen Kreise stetig. Man bezeichnet sie üblicherweise als die zu $u(r,\vartheta)$ *konjugierte Funktion* [**2**]; dieselbe Bezeichnung behält man auch für ihren Randwert $v(1,\varphi)$ in bezug auf $u(\varphi)$ bei.

Wir nehmen an, daß zwei SCHWARZsche Integrale ein und dieselbe innerhalb eines Kreises reguläre Funktion liefern:

$$\frac{1}{2\pi}\int_{-\pi}^{+\pi}u_1(\varphi)\frac{Re^{i\varphi}+z}{Re^{i\varphi}-z}d\varphi=\frac{1}{2\pi}\int_{-\pi}^{+\pi}u_2(\varphi)\frac{Re^{i\varphi}+z}{Re^{i\varphi}-z}d\varphi, \tag{142}$$

wobei $u_1(\varphi)$ und $u_2(\varphi)$ stetig und reell sind. Man sieht leicht, daß diese Funktionen identisch sind als Grenzwerte ein und derselben harmonischen Funktion, nämlich des Realteils unserer regulären Funktion. *Somit ist die Identität* (142) *bezüglich* z *völlig gleichbedeutend mit der Identität* $u_1(\varphi)=u_2(\varphi)$ *bezüglich* φ. Darin besteht im Grunde auch der Satz von HARNACK, den wir in [**8**] angegeben haben.

49. Der Kern ctg $\frac{s-t}{2}$. Wir wollen den wichtigen Satz über die Randwerte eines CAUCHYschen Integrals [28] auf den Einheitskreis $|z| = 1$ anwenden. Auf ihm sei eine reelle Funktion $u(\tau)$ mit $\tau = e^{is}$ vorgegeben, die einer LIPSCHITZ-Bedingung genügt. Wir können unter Benutzung der SCHWARZschen Formel [48] eine im Innern dieses Kreises reguläre Funktion konstruieren, deren Realteil auf dem Rand des Kreises den Wert $u(\tau)$ hat:

$$u(re^{i\varphi}) + i\,v(re^{i\varphi}) = \frac{1}{2\pi}\int_{-\pi}^{+\pi} u(\tau)\,\frac{\tau+z}{\tau-z}\,ds \qquad (z = re^{i\varphi}). \tag{143}$$

Unter Berücksichtigung von $d\tau = i\tau\,ds$ folgt

$$u(re^{i\varphi}) + i\,v(re^{i\varphi}) = \frac{1}{2\pi i}\int_{|\tau|=1} u(\tau)\,\frac{\tau+z}{\tau(\tau-z)}\,d\tau\,.$$

Setzt man $\tau + z = (\tau - z) + 2z$ und zerlegt in zwei Integrale, so erhält man

$$u(re^{i\varphi}) + i\,v(re^{i\varphi}) = \frac{1}{2\pi}\int_{-\pi}^{+\pi} u(\tau)\,ds + \frac{2z}{2\pi i}\int_{|\tau|=1}\frac{u(\tau)}{\tau}\cdot\frac{1}{\tau-z}\,d\tau \qquad (\tau = e^{is}).$$

Der Punkt $z = re^{i\varphi}$ möge gegen einen Punkt $\xi = e^{it}$ des Kreises $|z| = 1$ streben. Nun benutzen wir den Satz über die Randwerte eines CAUCHYschen Integrals [28] und erhalten daher als Randwert unserer Funktion

$$u(e^{it}) + i\,v(e^{it}) = \frac{1}{2\pi}\int_{-\pi}^{+\pi} u(\tau)\,ds + \xi\,\frac{u(\xi)}{\xi} + \frac{2\xi}{2\pi i}\int_{|\tau|=1}\frac{u(\tau)}{\tau}\cdot\frac{1}{\tau-\xi}\,d\tau$$

oder

$$u(e^{it}) + i\,v(e^{it}) = \frac{1}{2\pi}\int_{-\pi}^{+\pi} u(\tau)\,ds + u(\xi) + \frac{1}{2\pi}\int_{-\pi}^{+\pi} u(\tau)\,\frac{2\xi}{\tau-\xi}\,ds. \tag{144}$$

Es ist aber

$$\frac{2\xi}{\tau-\xi} = \frac{2e^{it}}{e^{is}-e^{it}} = -1 + i\,\mathrm{ctg}\,\frac{t-s}{2},$$

und wenn man in Formel (144) den Imaginärteil abtrennt, erhält man einen Ausdruck für seine Randwerte mit Hilfe des Realteils:

$$v(e^{it}) = \frac{1}{2\pi}\int_{-\pi}^{+\pi} u(e^{is})\,\mathrm{ctg}\,\frac{t-s}{2}\,ds.$$

Dabei ist dieses Integral im Sinne des CAUCHYschen Hauptwertes zu verstehen. Wir wollen jetzt $u(s)$ und $v(t)$ anstatt $u(e^{is})$ und $v(e^{it})$ schreiben:

$$v(t) = \frac{1}{2\pi}\int_{-\pi}^{+\pi} u(s)\,\mathrm{ctg}\,\frac{t-s}{2}\,ds. \tag{145}$$

Die Formel (143) lieferte uns bekanntlich diejenige innerhalb des Kreises $|z| < 1$ reguläre Funktion, deren Imaginärteil im Zentrum des Kreises verschwindet. Berücksichtigt man ferner, daß der Wert einer harmonischen Funktion im Zentrum des Kreises gleich dem arithmetischen Mittel ihrer Werte auf der Peripherie ist [II, 194], so kann man schreiben:

$$\int_{-\pi}^{+\pi} v(t)\,dt = 0. \tag{146}$$

Die Funktion $u(s)$ dürfen wir als periodisch mit der Periode 2π voraussetzen; $v(t)$ wird dann ebenfalls periodisch. In der Gleichung (145) können wir also als Integrationsintervall ein beliebiges Intervall der Länge 2π wählen. Die Funktion $\operatorname{ctg} z$ hat im Punkte $z = 0$ einen einfachen Pol mit dem Residuum Eins [21]. Der Kern der linearen Abbildung (145) läßt sich also durch einen CAUCHYschen Kern ausdrücken,

$$\frac{1}{2}\operatorname{ctg}\frac{t-s}{2} = -\frac{1}{s-t} + P(t-s), \tag{147}$$

in dem $P(z)$ eine in allen Punkten des Intervalls $-2\pi < z < 2\pi$ reguläre analytische Funktion ist. Wie in [27] kann man zeigen: Genügt die periodische Funktion $u(s)$ einer LIPSCHITZ-Bedingung mit dem Exponenten α, so erfüllt $v(t)$ ebenfalls eine solche Bedingung mit demselben Exponenten für $\alpha < 1$ und mit einem beliebigen Exponenten kleiner als Eins für $\alpha = 1$. Gemäß (147) folgt diese Behauptung aus der entsprechenden Behauptung für CAUCHYsche Kerne.

Wir wenden jetzt auf die Funktion $v(t)$ die lineare Abbildung (145) an und erhalten auf diese Weise eine neue Funktion $w(t_1)$, die einer LIPSCHITZ-Bedingung genügt,

$$w(t_1) = \frac{1}{2\pi}\int_{-\pi}^{+\pi} v(t)\operatorname{ctg}\frac{t_1-t}{2}\,dt;$$

$w(t_1)$ liefert die Randwerte des Imaginärteils, sofern man $v(t)$ als Randwerte des Realteils wählt; dabei gilt

$$\int_{-\pi}^{+\pi} w(t_1)\,dt_1 = 0. \tag{148}$$

Multipliziert man andererseits die reguläre Funktion (143) mit $-i$, so erhält man die reguläre Funktion $v(re^{i\varphi}) - iu(re^{i\varphi})$. Durch die Vorgabe des Realteils ist jedoch der Imaginärteil bis auf eine additive Konstante bestimmt. Wir können daher schreiben:

$$w(t_1) = -u(t_1) + C.$$

Zur Bestimmung der Konstanten C integrieren wir beide Seiten dieser Gleichung über das Intervall $(-\pi, +\pi)$ und berücksichtigen (148). Dann ist

$$0 = -\int_{-\pi}^{+\pi} u(t_1)\,dt_1 + 2\pi C$$

und schließlich

$$w(t_1) = \frac{1}{2\pi}\int_{-\pi}^{+\pi} v(t)\operatorname{ctg}\frac{t_1-t}{2}\,dt = -u(t_1) + \frac{1}{2\pi}\int_{-\pi}^{+\pi} u(s)\,ds. \tag{149}$$

Die zweifache Anwendung der Abbildung (145) führt also bis auf eine additive Konstante zur ursprünglichen Funktion mit umgekehrtem Vorzeichen zurück. Das erhaltene Ergebnis läßt sich folgendermaßen ausdrücken:

$$\frac{1}{4\pi^2}\int_{-\pi}^{+\pi}\left[\int_{-\pi}^{+\pi} u(s)\operatorname{ctg}\frac{t-s}{2}\,ds\right]\operatorname{ctg}\frac{t_1-t}{2}\,dt = -u(t_1) + \frac{1}{2\pi}\int_{-\pi}^{+\pi} u(s)\,ds. \tag{150}$$

Das ist die bekannte HILBERTsche Formel, und den Kern der Abbildung (145) bezeichnet man demgemäß als HILBERTschen Kern. Wir weisen darauf hin, daß auf der linken Seite der Formel (150) wie im FOURIER-Integral die Integrationsreihenfolge nicht geändert werden darf. Die Abbildung (145) wollen wir symbolisch mit dem Buchstaben h bezeichnen. Dann können wir Formel (145) wie folgt schreiben:

$$v(s) = h[u(s)];$$

dabei ist s das Argument beider Funktionen. Die HILBERTsche Formel (150) erhält jetzt die Gestalt

$$h^2[u(s)] = -u(s) + \frac{1}{2\pi}\int_{-\pi}^{+\pi} u(s)\, ds.$$

Die Formel (145) kann man als Integralgleichung für $u(s)$ bei gegebener Funktion $v(t)$ auffassen. Aus den vorhergehenden Überlegungen folgt, daß für ihre Lösbarkeit die Bedingung (146) erfüllt sein muß. Wegen (149) löst z. B. die Funktion

$$u(s) = -\frac{1}{2\pi}\int_{-\pi}^{+\pi} v(t) \operatorname{ctg}\frac{s-t}{2}\, dt \tag{151}$$

diese Integralgleichung. Das ist jedoch die Lösung der Gleichung (145), die der Bedingung

$$\int_{-\pi}^{+\pi} u(s)\, ds = 0$$

genügt. Anders ausgedrückt: Das ist der Imaginärteil der regulären Funktion $v(re^{i\varphi}) - iu(re^{i\varphi})$, der im Nullpunkt verschwindet. Ist der Funktionswert von $u(re^{i\varphi})$ im Nullpunkt gleich C, so gilt

$$u(s) = C - \frac{1}{2\pi}\int_{-\pi}^{+\pi} v(t) \operatorname{ctg}\frac{s-t}{2}\, dt, \tag{152}$$

wobei $u(s) = \text{const}$ die homogene Gleichung

$$\frac{1}{2\pi}\int_{-\pi}^{+\pi} u(s) \operatorname{ctg}\frac{t-s}{2}\, ds = 0$$

löst. Ist nämlich $u(s) = \text{const}$, dann verschwindet der Imaginärteil v, der im Ursprung gleich Null ist, offensichtlich immer. Die Funktion (152) liefert alle Lösungen der Gleichung (145), da der Imaginärteil bis auf eine additive Konstante durch den Realteil bestimmt ist. Bei den obigen Überlegungen wurde vorausgesetzt, daß die gegebene und die gesuchte Funktion einer LIPSCHITZ-Bedingung genügen.

Die Abbildung (145) kann man als gewöhnliches uneigentliches Integral schreiben, wie wir das analog bei dem CAUCHYschen Kern getan haben. Berücksichtigt man nämlich, daß

$$\frac{1}{2\pi}\int_{-\pi}^{+\pi} \operatorname{ctg}\frac{t-s}{2}\, ds = 0$$

gilt, da die homogene Gleichung (145) als Lösung die Konstante $u(s) = c$ hat, dann kann man die Formel (145) folgendermaßen schreiben:

$$v(t) = \frac{1}{2\pi}\int_{-\pi}^{+\pi} [u(s) - u(t)] \operatorname{ctg}\frac{t-s}{2}\, ds. \tag{153}$$

Die Funktion $u(s)$ möge eine stetige Ableitung besitzen. Beachtet man, daß

$$\operatorname{ctg}\frac{t-s}{2} = -\frac{d}{ds}\log\left(\sin^2\frac{t-s}{2}\right)$$

ist, wendet auf das Integral (145) in den Intervallen $(-\pi, t-\varepsilon)$ und $(t+\varepsilon, \pi)$ partielle Integration an und benutzt ferner noch die Beziehung

$$[u(t+\varepsilon)-u(t-\varepsilon)]\log\left(\sin^2\frac{\varepsilon}{2}\right) = u'(\xi)\, 2\varepsilon \log\sin^2\frac{\varepsilon}{2} \qquad (t-\varepsilon<\xi<t+\varepsilon),$$

dann erhält man für $v(t)$ den Ausdruck

$$v(t) = \frac{1}{2\pi}\int_{-\pi}^{+\pi} u'(s)\log\left(\sin^2\frac{t-s}{2}\right) ds.$$

In ihm steht rechts ein gewöhnliches uneigentliches Integral.

Erfüllt $u(\tau)$ eine LIPSCHITZ-Bedingung, so ist die durch (143) definierte Funktion der komplexen Veränderlichen $z = re^{i\varphi}$, wie wir oben sahen, bis zum Kreis $|z| = 1$ hin stetig. Es sei

$$\frac{a_0}{2} + \sum_{k=1}^{\infty}(a_k\cos ks + b_k\sin ks) \tag{154$_1$}$$

die FOURIER-Reihe der Funktion $u(s)$. Für $v(s)$ erhalten wir die FOURIER-Reihe [48]

$$\sum_{k=1}^{\infty}(-b_k\cos ks + a_k\sin ks). \tag{154$_2$}$$

Nach der PARSEVALschen Gleichung [II, 147] ist

$$\frac{1}{\pi}\int_{-\pi}^{+\pi} u^2(s)\, ds = \frac{a_0^2}{2} + \sum_{k=1}^{\infty}(a_k^2 + b_k^2)$$

und

$$\frac{1}{\pi}\int_{-\pi}^{+\pi} v^2(s)\, ds = \sum_{k=1}^{\infty}(b_k^2 + a_k^2)$$

und folglich

$$\int_{-\pi}^{+\pi} v^2(s)\, ds \leqslant \int_{-\pi}^{+\pi} u^2(s)\, ds.$$

Hier steht das Gleichheitszeichen dann und nur dann, wenn $a_0 = 0$ ist. Also kann sich nach der Abbildung (145) das Integral von $-\pi$ bis $+\pi$ über das Quadrat der Funktion nur verkleinern. Wir sehen somit, daß die Abbildung (145) gleichbedeutend mit dem Übergang von der FOURIER-Reihe (154$_1$) zur FOURIER-Reihe (154$_2$) ist.

50. Randwertprobleme. Das DIRICHLETsche Problem ist das einfachste unter den Randwertaufgaben für harmonische Funktionen. Wir wollen das allgemeine Randwertproblem für harmonische Funktionen formulieren, von dem das DIRICHLETsche ein Spezialfall ist: Es soll eine im Innern eines einfach zusammenhängenden Gebietes B mit dem Rand l harmonische Funktion gefunden werden, die auf dem Rand eine Bedingung der Gestalt

$$au + b\frac{\partial u}{\partial x} + c\frac{\partial u}{\partial y} = g \tag{155}$$

erfüllt. Dabei sind a, b, c und d gegebene reelle Funktionen der Bogenlänge s auf der Berandung l. Wir können u als Realteil einer regulären Funktion ansetzen:

$$f(z) = u(x, y) + iv(x, y).$$

Dann gilt bekanntlich

$$f'(z) = \frac{\partial u}{\partial x} - i\frac{\partial u}{\partial y}$$

und folglich

$$b \frac{\partial u}{\partial x} + c \frac{\partial u}{\partial y} = \mathrm{R}\,[(b + ic)\, f'(z)],$$

wobei R Realteil bedeutet.

Die Bedingung (155) kann man auch anders schreiben:

$$\mathrm{R}\,[a f(z) + (b + ic)\, f'(z)] = g. \tag{156}$$

Damit ist das Problem darauf zurückgeführt, eine innerhalb B reguläre Funktion aufzufinden, die auf dem Rand die Bedingung (156) erfüllt.

Es sei eine Funktion $z = \omega(\tau)$ bekannt, die eine konforme Abbildung des Gebiets B auf das Innere des Einheitskreises, $|\tau| < 1$, vermittelt. Die gesuchte Funktion läßt sich dann als Funktion $F(\tau)$ auffassen, die im Innern des Einheitskreises regulär ist:

$$F(\tau) = f[\omega(\tau)]; \quad f'(z) = F'(\tau) \frac{1}{\omega'(\tau)}.$$

Dabei gilt an Stelle von (156)

$$\mathrm{R}\left[a F(\tau) + \frac{b + ic}{\omega'(\tau)} F'(\tau)\right] = g \qquad (|\tau| = 1);$$

man darf nach der Abbildung $z = \omega(\tau)$ annehmen, daß a, b, c und d auf dem Rand des Einheitskreises $|\tau| = 1$ erklärt sind. Damit ist das Problem auf den Fall eines Kreises reduziert.

Die Randbedingung (155) soll jetzt für den Kreis $|z| = 1$ erfüllt sein. Wir wollen annehmen, daß sie die gesuchte Funktion u selbst nicht enthält, und darauf ausführlich eingehen. Dann kann man das Problem folgendermaßen formulieren: Es soll eine innerhalb des Einheitskreises harmonische Funktion $u(x, y)$ gefunden werden, die auf dem Rande dieses Kreises eine Bedingung der Gestalt

$$b \frac{\partial u}{\partial x} + c \frac{\partial u}{\partial y} = g$$

erfüllt.

Es werde u als Realteil einer regulären Funktion $f(z)$ aufgefaßt. Dann sind $\frac{\partial u}{\partial x}$ und $-\frac{\partial u}{\partial y}$ Real- und Imaginärteil der regulären Funktion $f'(z)$; damit ist das oben formulierte Problem gleichbedeutend mit dem folgenden, das man üblicherweise als HILBERTsches *Problem* bezeichnet: *Es ist eine innerhalb des Einheitskreises reguläre Funktion $f(z)$ gesucht, deren Real- und Imaginärteil auf dem Rand des Kreises die Bedingung*

$$l(\varphi)\, u(\varphi) + m(\varphi)\, v(\varphi) = g(\varphi) \qquad (0 \leqq \varphi \leqq 2\pi) \tag{157}$$

erfüllen. Dabei sind $l(\varphi)$, $m(\varphi)$ und $g(\varphi)$ auf dem Einheitskreis gegebene Funktionen des Polarwinkels φ. Die Koeffizienten sollen stetige Funktionen sein, und $l(\varphi)$ und $m(\varphi)$ dürfen nicht gleichzeitig verschwinden. Man kann durch geeignete Division beider Seiten der Gleichung (157) erreichen, daß die Koeffizienten der Bedingung

$$l^2(\varphi) + m^2(\varphi) = 1 \tag{158}$$

genügen. Dabei dürfen wir annehmen, daß

$$l(\varphi) = \cos \omega(\varphi); \quad m(\varphi) = -\sin \omega(\varphi) \tag{159}$$

ist, wobei $\omega(\varphi)$ eine bestimmte Funktion von φ ist, nämlich

$$\omega(\varphi) = -\operatorname{arc\,tg} \frac{m(\varphi)}{l(\varphi)}. \tag{160}$$

Zunächst beschäftigen wir uns ausführlich mit dem Fall, daß die Formeln (159) $\omega(\varphi)$ als eindeutige Funktion von φ liefern. Das ist z. B. dann der Fall, wenn $l(\varphi)$ oder $m(\varphi)$ im Intervall $(-\pi, +\pi)$ nicht verschwinden. Benutzt man die Funktion $\omega(\varphi)$, dann kann man die Randbedingung (157) folgendermaßen schreiben:

$$\mathrm{R}\,[e^{i\omega(\varphi)} f(z)] = g(\varphi) \qquad (z = e^{i\varphi})\,. \tag{161}$$

Wir konstruieren eine Funktion $\pi(z)$ durch die Randwerte ihres Realteils $\omega(\varphi)$, indem wir die SCHWARZsche Formel benutzen:

$$\pi(z) = \frac{1}{2\pi}\int_{-\pi}^{+\pi} \omega(\varphi)\frac{e^{i\varphi}+z}{e^{i\varphi}-z}\,d\varphi\,. \tag{162}$$

Die Randwerte ihres Imaginärteils bezeichnen wir mit $\omega_1(\varphi)$. Die Funktion

$$e^{i\pi(z)} f(z)$$

hat auf dem Einheitskreis $z = e^{i\varphi}$ den Realteil

$$e^{-\omega_1(\varphi)}\,\mathrm{R}\,[e^{i\omega(\varphi)} f(z)]_{z=e^{i\varphi}}\,;$$

somit ist die Randbedingung (161) gleichbedeutend mit folgender:

$$\mathrm{R}\,[e^{i\pi(z)} f(z)] = g(\varphi)\,e^{-\omega_1(\varphi)}\,.$$

Kennt man aber den Realteil der Funktion auf dem Rande, dann läßt sie sich im Innern wiederum nach der SCHWARZschen Formel definieren:

$$e^{i\pi(z)} f(z) = \frac{1}{2\pi}\int_{-\pi}^{+\pi} g(\varphi)\,e^{-\omega_1(\varphi)}\frac{e^{i\varphi}+z}{e^{i\varphi}-z}\,d\varphi + iC\,.$$

Hier sind wieder $\omega_1(\varphi)$ die Randwerte des Imaginärteils der Funktion (162), nämlich

$$\omega_1(\varphi) = \lim_{r\to 1} \mathrm{I}\left[\int_{-\pi}^{+\pi} \omega(\psi)\frac{e^{i\psi}+re^{i\varphi}}{e^{i\psi}-re^{i\varphi}}\,d\psi\right], \tag{163}$$

wobei I wieder Imaginärteil bedeutet.

Schließlich erhalten wir für $f(z)$:

$$f(z) = e^{-i\pi(z)}\left[\frac{1}{2\pi}\int_{-\pi}^{+\pi} g(\varphi)\,e^{-\omega_1(\varphi)}\frac{e^{i\varphi}+z}{e^{i\varphi}-z}\,d\varphi + iC\right]. \tag{164}$$

Wir nehmen jetzt an, daß die Funktion $\omega(\varphi)$ beim Umlaufen des Einheitskreises den Zuwachs $-2n\pi$ erhält (n ist eine positive ganze Zahl):

$$\omega(\pi) - \omega(-\pi) = -2n\pi\,. \tag{165}$$

Dann konstruieren wir die auf dem Einheitskreis eindeutige Funktion

$$\chi(\varphi) = \omega(\varphi) + n\varphi$$

und mit ihrer Hilfe eine entsprechende Funktion $\sigma(z)$ einer komplexen Veränderlichen, die als Wert ihres Realteils auf dem Rande $\chi(\varphi)$ ergibt. Die Randwerte des Realteils der Funktion

$$\sigma_1(z) = \sigma(z) + in\log z$$

sind gleich $\omega(\varphi)$, und die Randwerte ihres Imaginärteils sind offensichtlich die gleichen wie die der Funktion $\sigma(z)$. Wir bezeichnen sie wieder mit $\omega_1(\varphi)$. Ebenso wie oben kann man zeigen, daß für die Randwerte des Realteils der Funktion

$$e^{i\sigma_1(z)} f(z) = z^{-n} e^{i\sigma(z)} f(z)$$

folgendes gelten muß:

$$\mathrm{R}\left[z^{-n} e^{i\sigma(z)} f(z)\right] = g(\varphi)\, e^{-\omega_1(\varphi)}. \tag{166}$$

Wegen des Faktors z^{-n} kann diese Funktion im Nullpunkt einen Pol haben, dessen Ordnung die Zahl n nicht übersteigt. Zunächst bilden wir mit Hilfe der SCHWARZschen Formel die im Innern des Einheitskreises reguläre Funktion

$$\frac{1}{2\pi}\int_{-\pi}^{+\pi} g(\varphi)\, e^{-\omega_1(\varphi)} \frac{e^{i\varphi}+z}{e^{i\varphi}-z}\, d\varphi + iC \tag{167}$$

mit $g(\varphi)\, e^{-\omega_1(\varphi)}$ als Realteil des Randwertes.

Zu dieser Funktion müssen wir jetzt einen Summanden hinzufügen, dessen Realteil auf dem Einheitskreis verschwindet, der aber im Nullpunkt einen Pol der Ordnung n haben darf. Man sieht leicht, daß dieser Summand die Gestalt

$$\sum_{k=1}^{n}\left[A_k\left(\frac{1}{z^k}-z^k\right)+iB_k\left(\frac{1}{z^k}+z^k\right)\right]$$

hat; A_k und B_k sind dabei beliebige reelle Konstanten.

Diesen letzten Ausdruck addiert man zum Integral (167) und erhält dann als allgemeine Lösung des Problems die Funktion

$$f(z) = z^n e^{-i\sigma(z)}\left\{iC + \sum_{k=1}^{n}\left[A_k\left(\frac{1}{z^k}-z^k\right)+iB_k\left(\frac{1}{z^k}+z^k\right)\right]+\frac{1}{2\pi}\int_{-\pi}^{+\pi} g(\varphi)\, e^{-\omega_1(\varphi)}\frac{e^{i\varphi}+z}{e^{i\varphi}-z}\,d\varphi\right\}. \tag{168}$$

Ist n in Gleichung (165) eine negative ganze Zahl, so ist die Lösung des Problems eine andere. Wir weisen nur darauf hin, daß jetzt die Funktion, deren Realteil im Ausdruck (166) steht, nicht nur im Innern des Einheitskreises regulär sein, sondern im Nullpunkt noch eine Nullstelle mindestens n-ter Ordnung haben muß. Wir erhalten dadurch eine Bedingung, der die Funktion $d(\varphi)$ genügen muß, damit das Problem eine Lösung hat.

Wir wollen noch folgende spezielle Aufgabe untersuchen: *Die Randbedingung für die harmonische Funktion auf dem Einheitskreis laute*

$$\frac{\partial u}{\partial n} + l\frac{\partial u}{\partial s} + mu = g(\varphi); \tag{169}$$

in ihr sind l und m Konstanten, und $g(\varphi)$ ist eine gegebene Funktion. Die Richtung der äußeren Normalen an den Kreis wurde mit n bezeichnet, und s ist die Richtung der Kreistangente. Jetzt nehmen wir an Stelle der Ableitungen in den Koordinatenrichtungen diejenigen in den oben genannten Richtungen, die sich aus der Randkurve ergeben. Es ist aus [II, 108] bekannt, wie diese Ableitungen miteinander zusammenhängen. In der mathematischen Physik benutzt man verschiedene derartige Randbedingungen, wie sie in (169) angegeben sind. Die Differentiation in Richtung n fällt offenbar mit derjenigen in Richtung des Radiusvektors r und die Differentiation nach s mit der nach dem Polarwinkel φ für $r = 1$ zusammen. Allgemein gilt, wenn wir $z = re^{i\varphi}$ und $u = \mathrm{R}[f(z)]$ setzen, wobei wir $\mathrm{I}[f(0)] = 0$ annehmen dürfen,

$$\frac{\partial u}{\partial n} = \mathrm{R}[z' f'(z')]; \quad \frac{\partial u}{\partial s} = \mathrm{R}[z' i f'(z')] \qquad (z' = e^{i\varphi}),$$

und die Randbedingung (169) kann man folgendermaßen schreiben:

$$\mathrm{R}[(1+il)\, z' f'(z') + mf(z')] = g(\varphi) \qquad (z' = e^{i\varphi}).$$

Wir multiplizieren beide Seiten dieser Gleichung mit

$$\frac{1}{2\pi}\frac{z'+z}{z'-z}d\varphi$$

und integrieren über φ. Dadurch erhalten wir eine neue Gleichung, die mit der vorigen gleichbedeutend ist [48]. Berücksichtigt man die SCHWARZsche Formel, dann sieht man leicht, daß diese neue Gleichung die Gestalt

$$(1+il)\,zf'(z)+mf(z)=F(z) \tag{170}$$

mit

$$F(z)=\frac{1}{2\pi}\int_{-\pi}^{+\pi} g(\varphi)\frac{e^{i\varphi}+z}{e^{i\varphi}-z}d\varphi=\frac{1}{2\pi i}\int_{|z'|=1} g(\varphi)\frac{z'+z}{z'(z'-z)}dz' \tag{171}$$

hat.

Die Gleichung (170) ist eine lineare Differentialgleichung erster Ordnung. Wir integrieren sie nach der üblichen Formel [II, 4] und erhalten damit folgenden Ausdruck für die gesuchte Funktion:

$$f(z)=z^{-k}\left[C+\frac{k}{m}\int_{z_0}^{z} z^{k-1}F(z)\,dz\right] \tag{172}$$

mit

$$k=\frac{m}{1+il}.$$

Die willkürliche Konstante C in Formel (172) können wir durch die Bedingung festlegen, daß $f(z)$ im Punkt $z=0$ regulär ist. Ist

$$g(\varphi)=A_0+\sum_{p=1}^{n}(A_p\cos p\varphi+B_p\sin p\varphi),$$

so gilt

$$F(z)=A_0+\sum_{p=1}^{n}(A_p-iB_p)\,z^p.$$

Setzt man das in (172) ein und integriert, so erhält man schließlich für $f(z)$ die Entwicklung

$$f(z)=\frac{A_0}{m}+\sum_{p=1}^{n}\frac{A_p-iB_p}{m+p(1+il)}z^p.$$

51. Die biharmonische Gleichung. Wir wollen jetzt den Zusammenhang analytischer Funktionen einer komplexen Veränderlichen mit der Theorie der sogenannten *biharmonischen Funktionen* untersuchen. Das sind Funktionen, die der Gleichung

$$\Delta\Delta u(x,y)=0 \tag{173}$$

genügen, wobei Δ wie üblich der LAPLACEsche Operator ist, der die Summe der zweiten Ableitungen nach den Veränderlichen x und y ausdrückt (wir untersuchen den ebenen Fall). Ausführlich geschrieben lautet die Gleichung (173)

$$\left(\frac{\partial^2}{\partial x^2}+\frac{\partial^2}{\partial y^2}\right)\left(\frac{\partial^2 u}{\partial x^2}+\frac{\partial^2 u}{\partial y^2}\right)=0$$

oder

$$\frac{\partial^4 u}{\partial x^4}+2\frac{\partial^4 u}{\partial x^2\partial y^2}+\frac{\partial^4 u}{\partial y^2}=0. \tag{174}$$

Es sei u eine Funktion, die einschließlich ihrer Ableitungen in dem endlichen einfach zusammenhängenden Gebiet B stetig ist und dort der Gleichung (174) genügt. Gemäß (173) ist die Funktion

$$\Delta u = p\,(x, y) \tag{175}$$

eine harmonische Funktion. Es sei $q\,(x, y)$ die konjugierte Funktion, so daß

$$p\,(x, y) + iq\,(x, y) = f\,(z) \tag{176}$$

eine analytische Funktion der komplexen Veränderlichen $z = x + iy$ ist.

Wir konstruieren noch eine weitere analytische Funktion

$$\varphi\,(z) = \frac{1}{4}\int f\,(z)\,dz = r\,(x, y) + is\,(x, y)\,. \tag{177}$$

Dann ist offenbar

$$\Delta r = \Delta s = 0\,; \quad \frac{\partial r}{\partial x} = \frac{\partial s}{\partial y} = \frac{1}{4}\,\mathrm{R}\,[f\,(z)] = \frac{1}{4}\,p\,. \tag{178}$$

Auf den Ausdruck $u - (rx + sy)$ wenden wir den LAPLACEschen Operator an. Berücksichtigt man (178), so gilt

$$\Delta\,[u - (rx + sy)] = p - 2\,\frac{\partial r}{\partial x} - 2\,\frac{\partial s}{\partial y} = 0\,.$$

Der obige Ausdruck ist also eine harmonische Funktion, die wir mit p_1 bezeichnen. Führt man die konjugierte Funktion q_1 ein und nennt die entsprechende Funktion einer komplexen Veränderlichen $\psi\,(z) = p_1 + iq_1$, so kann man schreiben:

$$u - (rx + sy) = p_1\,; \quad u = (rx + sy) + p_1 = \mathrm{R}\,[(x - iy)\,(r + is)] + p_1$$

oder

$$u = \mathrm{R}\,[\bar{z}\varphi\,(z) + \psi\,(z)]\,. \tag{179}$$

Also läßt sich jede biharmonische Funktion durch zwei analytische Funktionen einer komplexen Veränderlichen gemäß Formel (179) *ausdrücken.* Man kann ebenfalls leicht zeigen, daß umgekehrt bei beliebiger Wahl der analytischen Funktionen $\varphi\,(z)$ und $\psi\,(z)$ die Formel (179) eine biharmonische Funktion liefert. Die Formel (179), *die zwei analytische Funktionen enthält, stellt also den allgemeinen Ausdruck einer biharmonischen Funktion dar.* Diese Formel bezeichnet man üblicherweise als Formel von GOURSAT.

Für eine gegebene biharmonische Funktion u sind die in (179) eingehenden Funktionen $\varphi\,(z)$ und $\psi\,(z)$ nicht vollständig bestimmt, sondern können noch willkürliche Konstanten enthalten. Zunächst ist die reelle Funktion $q\,(x, y)$ nur bis auf eine additive Konstante und daher auch $f\,(z)$ bis auf eine rein imaginäre additive Konstante bestimmt. Außerdem geht in die Definition der Funktion $\varphi\,(z)$ nach Formel (177) noch eine willkürliche additive komplexe Konstante ein. Somit enthält schließlich die Funktion $\varphi\,(z)$ eine additive Konstante der Gestalt

$$C + iaz\,,$$

wobei C eine beliebige komplexe und a eine beliebige reelle Konstante ist. Wir können sie festlegen, indem wir eine Zusatzbedingung stellen, beispielsweise folgende:

$$\varphi\,(0) = 0\,; \quad \mathrm{I}\,[\varphi'\,(0)] = 0 \qquad (\mathrm{I} = \text{Imaginärteil})\,. \tag{180}$$

Ebenso erhalten wir bei der Definition der Funktion $\psi\,(z)$ eine rein imaginäre additive Konstante, die festgelegt ist, wenn wir der Funktion $\psi\,(z)$ beispielsweise die Bedingung

$$\mathrm{I}\,[\psi\,(0)] = 0 \tag{181}$$

auferlegen. Durch die Gleichungen (180) und (181) sind die Funktionen $\varphi\,(z)$ und $\psi\,(z)$ dann vollständig bestimmt; dabei muß natürlich vorausgesetzt werden, daß der Punkt $z = 0$ dem Gebiet angehört.

Wir wollen noch ein wichtiges Randwertproblem untersuchen, das sich auf biharmonische Funktionen bezieht. Es kann folgendermaßen formuliert werden: Eine im Innern eines geschlossenen Weges l biharmonische Funktion soll gefunden werden, wenn die Werte dieser Funktion selbst und die ihrer Ableitung in Richtung der Normalen auf der Berandung vorgegeben sind:

$$u = \omega_1(s)\,; \quad \frac{\partial u}{\partial n} = \omega_2(s) \qquad \text{(auf } l). \tag{182}$$

Wir wollen zeigen, daß uns die Randbedingung (182) unmittelbar die Randwerte der Ableitung der Funktion u nach den Koordinaten liefert. Es gilt nämlich

$$\frac{\partial u}{\partial x} = \frac{\partial u}{\partial s}\cos(s, x) + \frac{\partial u}{\partial n}\cos(n, x)\,; \quad \frac{\partial u}{\partial y} = \frac{\partial u}{\partial s}\cos(s, y) + \frac{\partial u}{\partial n}\cos(n, y)\,,$$

wobei s die Richtung der Tangente an die Kurve l ist. Also folgen aus (182) die Randbedingungen

$$\left\{\begin{aligned} \frac{\partial u}{\partial x} &= \omega_1'\cos(s, x) + \omega_2\cos(n, x) = \omega_3(s)\,;\\ \frac{\partial u}{\partial y} &= \omega_1'\cos(s, y) + \omega_2\cos(n, y) = \omega_4(s)\,. \end{aligned}\right. \tag{183}$$

In diesen letzten Gleichungen dürfen jedoch die Funktionen $\omega_3(s)$ und $\omega_4(s)$ nicht ganz willkürlich gewählt werden. Das Integral

$$\int \frac{\partial u}{\partial x}dx + \frac{\partial u}{\partial y}dy\,, \tag{184}$$

das den Zuwachs der Funktion längs des geschlossenen Weges liefert, muß offenbar verschwinden, da die Funktion u eindeutig sein soll. Das führt zu folgender Bedingung für $\omega_3(s)$ und $\omega_4(s)$ aus (183):

$$\int_l [\omega_3(s)\cos(s, x) + \omega_4(s)\cos(s, y)]\,ds = 0\,. \tag{185}$$

Im übrigen dürfen $\omega_3(s)$ und $\omega_4(s)$ beliebige Funktionen sein.

Wir wollen eine biharmonische Funktion nach der GOURSATschen Formel (179) bestimmen. Drückt man die Differentiation nach x und y durch z und $\bar{z}$ aus, so gilt offensichtlich

$$\left\{\begin{aligned} \frac{\partial u}{\partial x} &= \mathrm{R}\,[\varphi(z) + \bar{z}\varphi'(z) + \psi'(z)]\,;\\ \frac{\partial u}{\partial y} &= \mathrm{R}\,[-i\varphi(z) + i\bar{z}\varphi'(z) + i\psi'(z)] = \mathrm{I}\,[\varphi(z) - \bar{z}\varphi'(z) - \psi'(z)]\,. \end{aligned}\right. \tag{186}$$

Damit erhalten wir zwei Gleichungen, denen die gesuchten Funktionen $\varphi(z)$ und $\psi(z)$ auf dem Rand l genügen müssen,

$$\left\{\begin{aligned} \frac{\partial u}{\partial x} - i\frac{\partial u}{\partial y} &= \overline{\varphi(z)} + \bar{z}\varphi'(z) + \psi'(z) = \omega_3(s) - i\omega_4(s)\,;\\ \frac{\partial u}{\partial x} + i\frac{\partial u}{\partial y} &= \varphi(z) + z\overline{\varphi'(z)} + \overline{\psi'(z)} = \omega_3(s) + i\omega_4(s)\,. \end{aligned}\right. \tag{187}$$

Die zweite ist offensichtlich eine Folge der ersten; sie entsteht aus ihr durch den Übergang zu konjugiert komplexen Größen. Wir haben also hierbei ein Randwertproblem für zwei analytische Funktionen vorliegen. Hier wie auch bei den harmonischen Funktionen behandeln wir nur das innere Problem, das sich auf ein beschränktes Gebiet der Ebene bezieht.

Bei dem ebenen Problem der Elastizitätstheorie werden die Spannungen X_x, Y_y und X_y durch eine biharmonische Funktion (die AIRYsche Funktion) nach den Formeln

$$X_x = \frac{\partial^2 u}{\partial y^2}\,; \quad Y_y = \frac{\partial^2 u}{\partial x^2}\,; \quad X_y = -\frac{\partial^2 u}{\partial x\,\partial y} \tag{188}$$

dargestellt. Benutzt man die GOURSATsche Formel, dann kann man also die Spannung durch zwei analytische Funktionen ausdrücken. Wir führen den Beweis nicht durch, sondern geben nur das Endergebnis an:

$$(189)\qquad \begin{cases} X_x + Y_y = 4\mathrm{R}\,[\varphi'(z)]; \\ 2X_y + i\,(X_x - Y_y) = -2i\,[\psi''(z) + \bar{z}\varphi''(z)]\,. \end{cases}$$

Mit Hilfe dieser Formeln führt die Lösung des ebenen Problems der Elastizitätstheorie bei vorgegebenen Spannungen auf dem Rand eines Flächenstücks ebenfalls auf ein Randwertproblem der Funktionentheorie.

Mit den hier angeschnittenen Problemen befassen sich die Arbeiten Г. В. Колосов, „Об одном приложении теории функций комплексного переменного к плоской задаче математической теории упругости" (Über eine Anwendung der Funktionentheorie auf ein ebenes Problem der mathematischen Elastizitätstheorie von G. W. KOLOSSOW) und das Buch Н. И. Мусхелишвили, „Некоторые основные задачи математической теории упругости" (N. I. MUSCHELISCHWILI: „Einige Hauptprobleme der mathematischen Elastizitätstheorie".)

52. Die Wellengleichung und analytische Funktionen. Wir haben im Teil II gesehen, daß bei der Untersuchung sowohl akustischer als auch elektromagnetischer Schwingungen die Gleichung

$$(190)\qquad \frac{\partial^2 u}{\partial t^2} = c^2\left(\frac{\partial^2 u}{\partial x^2} + \frac{\partial^2 u}{\partial y^2} + \frac{\partial^2 u}{\partial z^2}\right),$$

die man üblicherweise als Wellengleichung bezeichnet, die größte Bedeutung hat. Im folgenden wollen wir lediglich den ebenen Fall untersuchen, wobei also die Funktion u von einer der Koordinaten, beispielsweise von z, unabhängig ist. Dann lautet die Wellengleichung folgendermaßen:

$$(191)\qquad a^2\frac{\partial^2 u}{\partial t^2} = \frac{\partial^2 u}{\partial x^2} + \frac{\partial^2 u}{\partial y^2} \qquad \left(c^2 = \frac{1}{a^2}\right);$$

dabei ist u eine Funktion der Veränderlichen t, x und y. Beschränkt man sich auf analytische Funktionen einer komplexen Veränderlichen, so kann man eine bestimmte Klasse von Lösungen der Gleichung (191) auszeichnen, die in der Physik große Bedeutung hat; denn die Verwendung der analytischen Funktionen vereinfacht innerhalb dieser Klasse von Lösungen alle Operationen bedeutend.

Zunächst konstruieren wir eine Hilfsgleichung, die im folgenden eine wichtige Rolle spielt,

$$(192)\qquad l(\tau)\,t + m(\tau)\,x + n(\tau)\,y + p(\tau) = 0\,;$$

hierbei sind $l(\tau)$, $m(\tau)$, $n(\tau)$ und $p(\tau)$ analytische Funktionen der komplexen Veränderlichen τ. Die Gleichung (192) definiere τ als Funktion der Veränderlichen t, x und y. Wir nehmen jetzt an, daß wir eine bestimmte analytische Funktion $f(\tau)$ haben, die letzten Endes (über τ) von t, x und y abhängt. Es sollen die Ableitungen dieser Funktion hergeleitet werden. Dazu bezeichnen wir mit δ' die Ableitung der linken Seite der Gleichung (192) nach der Veränderlichen τ und wenden die Differentiationsregeln für zusammengesetzte und implizite Funktionen an. Dann erhalten wir zunächst leicht folgende Ausdrücke für die Ableitungen von τ:

$$(193)\qquad \frac{\partial\tau}{\partial t} = -\frac{l(\tau)}{\delta'}; \quad \frac{\partial\tau}{\partial x} = -\frac{m(\tau)}{\delta'}; \quad \frac{\partial\tau}{\partial y} = -\frac{n(\tau)}{\delta'}.$$

Bei der Berechnung der Ableitungen zweiter Ordnung muß man beachten, daß

$$(194)\qquad \delta' = l'(\tau)\,t + m'(\tau)\,x + n'(\tau)\,y + p'(\tau)$$

von t sowohl direkt als auch durch τ indirekt abhängt:

(195) $$\frac{\partial^2 \tau}{\partial t^2} = \frac{\partial}{\partial \tau}\left[\frac{l(\tau)}{\delta'}\right]\frac{l(\tau)}{\delta'} + \frac{l(\tau)\, l'(\tau)}{\delta'^2} = \frac{2l(\tau)\, l'(\tau)}{\delta'^2} - \frac{l^2(\tau)}{\delta'^3}\delta'',$$

was folgendermaßen geschrieben werden kann:

(196) $$\frac{\partial^2 \tau}{\partial t^2} = \frac{1}{\delta'}\frac{\partial}{\partial \tau}\left[\frac{l^2(\tau)}{\delta'}\right].$$

Entsprechend erhält man

(197) $$\frac{\partial^2 \tau}{\partial x^2} = \frac{1}{\delta'}\frac{\partial}{\partial \tau}\left[\frac{m^2(\tau)}{\delta'}\right]; \quad \frac{\partial^2 \tau}{\partial y^2} = \frac{1}{\delta'}\frac{\partial}{\partial \tau}\left[\frac{n^2(\tau)}{\delta'}\right];$$
$$\frac{\partial^2 \tau}{\partial x\, \partial y} = \frac{1}{\delta'}\frac{\partial}{\partial \tau}\left[\frac{m(\tau)\, n(\tau)}{\delta'}\right].$$

Die vorgegebene analytische Funktion $f(\tau)$ hängt von t, x und y mittelbar durch τ ab; ihre Ableitung bestimmt man daher nach der Differentiationsregel für mittelbare Funktionen. Berücksichtigt man (197), so erhält man

(198) $$\frac{\partial^2 f(\tau)}{\partial t^2} = f''(\tau)\left(\frac{\partial \tau}{\partial t}\right)^2 + f'(\tau)\frac{\partial^2 \tau}{\partial t^2} = f''(\tau)\frac{l^2(\tau)}{\delta'^2} + f'(\tau)\frac{1}{\delta'}\frac{\partial}{\partial \tau}\left[\frac{l^2(\tau)}{\delta'}\right].$$

Das kann auch anders geschrieben werden:

(199) $$\frac{\partial^2 f(\tau)}{\partial t^2} = \frac{1}{\delta'}\frac{\partial}{\partial \tau}\left[f'(\tau)\frac{l^2(\tau)}{\delta'}\right].$$

Entsprechend ist

(200) $$\begin{cases} \dfrac{\partial^2 f(\tau)}{\partial x^2} = \dfrac{1}{\partial'}\dfrac{\partial}{\partial \tau}\left[f'(\tau)\dfrac{m^2(\tau)}{\delta'}\right]; \quad \dfrac{\partial^2 f(\tau)}{\partial y^2} = \dfrac{1}{\delta'}\dfrac{\partial}{\partial \tau}\left[f'(\tau)\dfrac{n^2(\tau)}{\delta'}\right]; \\ \dfrac{\partial^2 f(\tau)}{\partial x\, \partial y} = \dfrac{1}{\delta'}\dfrac{\partial}{\partial \tau}\left[f'(t)\,\dfrac{m(\tau)\, n(\tau)}{\delta'}\right]. \end{cases}$$

Setzt man in Gleichung (191) $u = f(\tau)$, dann ergibt sich

$$\frac{1}{\delta'}\frac{\partial}{\partial \tau}\left[f'(\tau)\frac{m^2(\tau) + n^2(\tau) - a^2 l^2(\tau)}{\delta'}\right] = 0.$$

Daraus folgt, daß $f(\tau)$ eine Lösung der Gleichung (191) ist, wenn die Koeffizienten der Hilfsgleichung (192) der Relation

(201) $$m^2(\tau) + n^2(\tau) = a^2 l^2(\tau)$$

genügen.

Um eine reelle Lösung zu erhalten, brauchen wir nur den Realteil von $f(\tau)$ zu nehmen, der ebenso wie der Imaginärteil für sich der Gleichung (191) genügen muß.

Wir wollen jetzt in die Untersuchung den dreidimensionalen Raum (S) mit den Koordinaten (t, x, y) einführen. Liefert die Gleichung (192) in einem Gebiet B dieses Raumes für τ reelle Werte, so braucht $f(\tau)$ nicht als analytische Funktion vorausgesetzt zu werden, da ihr Definitionsbereich reell ist. Es genügt jetzt vorauszusetzen, daß $f(\tau)$ eine willkürliche Funktion einer reellen Variablen ist, die stetige Ableitungen bis zur zweiten Ordnung besitzt.

Die bisherigen Überlegungen führen uns zu folgendem Satz, der die Klasse von Lösungen der Gleichung (191) bestimmt, von der wir oben gesprochen haben.

53. Hauptsatz. *Bestimmt in einem Gebiet B des Raumes (S) die Gleichung* (192) *unter der Nebenbedingung* (201) *die Größe τ als komplexe Funktion der Veränderlichen t, x und y, dann liefern Real- und Imaginärteil jeder beliebigen analytischen Funktion $f(\tau)$ eine Lösung der Gleichung* (191). *Ist τ jedoch in einem gewissen Gebiet sogar eine reelle Funktion von t, x, y, dann ist jede zweimal stetig differenzierbare reelle Funktion von τ eine Lösung der Gleichung* (191).

Für $l(\tau) \neq 0$ kann man, indem man beide Seiten von (192) durch $l(\tau)$ dividiert, $l(\tau) = 1$ voraussetzen. Außerdem soll $m(\tau)$ durch die neue komplexe Veränderliche $-\theta$ ersetzt werden. Dann liefert uns die Bedingung (201): $n^2(\tau) = a^2 - \theta^2$, so daß die Gleichung (192) folgendermaßen geschrieben werden kann:

$$t - \theta x + \sqrt{a^2 - \theta^2}\, y + p(\theta) = 0\,, \tag{202}$$

wobei $p(\theta)$ eine beliebige analytische Funktion von θ ist. An Stelle von $f(\tau)$ müssen wir jetzt natürlich $f(\theta)$ schreiben.

Wir wollen den Spezialfall $p(\theta) = 0$ ausführlicher untersuchen. Hierfür lautet die Gleichung (202)

$$t - \theta x + \sqrt{a^2 - \theta^2}\, y = 0 \quad \text{oder} \quad 1 - \theta \frac{x}{t} + \sqrt{a^2 - \theta^2}\, \frac{y}{t} = 0\,. \tag{203}$$

Daraus kann man θ bestimmen als Funktion der *zwei* Argumente

$$\xi = \frac{x}{t}\,; \quad \eta = \frac{y}{t}\,. \tag{204}$$

Bei diesem Spezialfall sind auch die angegebenen Lösungen $f(\theta)$ der Gleichung (191) Funktionen der Argumente (204); es sind also homogene Funktionen nullter Dimension von t, x und y. Solche Funktionen sind bekanntlich [I, **154**] durch die Relation

$$u(kt, kx, ky) = u(t, x, y)$$

definiert, die identisch erfüllt sein muß. Es läßt sich auch umgekehrt zeigen, daß man jede derartige homogene Lösung der Gleichung (191) auf dem obengenannten Wege erhalten kann. Wir werden diese Lösungen von jetzt ab als *homogene Lösungen* bezeichnen.

Nun wollen wir die Gleichung (203) näher untersuchen. Die in ihr auftretende Wurzel $\sqrt{a^2 - \theta^2}$ ist, wie wir wissen [**19**], eine in der θ-Ebene mit dem Schnitt $(-a, +a)$ längs der reellen Achse eindeutige Funktion. Wir legen ihren Wert durch die Bedingung fest, daß er auf dem oberen Teil der imaginären Achse, also für $\theta = ib$ mit $b > 0$, positiv sein soll. Das ist gleichbedeutend damit, daß die obige Wurzel auf der reellen Achse für $\theta > a$ negativ imaginär und für $\theta < -a$ positiv imaginär ist. Davon kann man sich leicht überzeugen; diese Aussage folgt nämlich aus der stetigen Änderung des Arguments des obigen Radikals.

Die Gleichung (203) kann man folgendermaßen schreiben:

$$1 - \theta \xi + \sqrt{a^2 - \theta^2}\, \eta = 0\,. \tag{205}$$

Befreit man sich von der Wurzel und löst die erhaltene quadratische Gleichung auf, so erhält man für θ den Ausdruck

$$\theta = \frac{\xi - i\eta \sqrt{1 - a^2(\xi^2 + \eta^2)}}{\xi^2 + \eta^2} = \frac{xt - iy\sqrt{t^2 - a^2(x^2 + y^2)}}{x^2 + y^2}\,. \tag{206}$$

Wir setzen dabei voraus, daß

$$\xi^2 + \eta^2 < \frac{1}{a^2} \tag{207}$$

ist oder, was dasselbe ist,

$$x^2 + y^2 < \frac{1}{a^2} t^2. \tag{208}$$

In Formel (206) muß das Radikal positiv aufgefaßt werden. Man kann sich leicht davon überzeugen, indem man von der Gleichung (205) Gebrauch macht, in der das Radikal einen bestimmten Wert haben möge. Ist nämlich dort $\xi = 0$, so erhält man für θ einen rein imaginären Wert, und wegen (205) muß das Vorzeichen des Radikals $\sqrt{a^2 - \theta^2}$ entgegengesetzt dem von η sein. Für $\eta < 0$ muß also θ gemäß der oben angegebenen Bedingung auf dem oberen Teil der imaginären Achse liegen, was auch mit der Wahl des Vorzeichens in Formel (206) übereinstimmt, die wir unter der Voraussetzung hergeleitet haben, daß die obige Wurzel positiv ist.

Für feste Werte von ξ und η erhalten wir wegen (204) eine Gerade des Raumes (S), die durch den Ursprung führt. Wir wollen nur den Teil dieser Geraden untersuchen, für den $t > 0$ ist, und bezeichnen diese Halbgerade als Strahl. Wegen der Bedingung (207) oder (208) bilden diese Strahlen ein kegelförmiges Büschel mit der Spitze im Nullpunkt und dem Öffnungswinkel arc tg$\frac{1}{a}$. Die Achse des Büschels ist die t-Achse. Die Gleichung (205) oder (206) führt die Strahlen dieses Büschels in entsprechende Punkte der θ-Ebene mit dem Schnitt $(-a, +a)$ über. Beachtet man (206), so kann man diese Zuordnung ausführlicher verfolgen. Wir weisen nur auf eine wesentliche unmittelbare Folgerung aus der Formel (206) hin. Es entsprechen nämlich die Strahlen, die die Oberfläche des kegelförmigen Büschels bilden, also der Gleichung

$$\xi^2 + \eta^2 = \frac{1}{a^2} \quad \text{oder} \quad x^2 + y^2 = \frac{1}{a^2} t^2$$

genügen, den Punkten des Schnittes der θ-Ebene. Die Achse des Büschels, die durch die Werte $x = y = 0$ oder $\xi = \eta = 0$ charakterisiert ist, ist dem unendlich fernen Punkt der θ-Ebene zugeordnet.

Ferner entsprechen den Strahlen, die in der Ebene $y = 0$ liegen und für die also auch $\eta = 0$ ist, reelle Werte von θ, die dem absoluten Betrage nach größer als a sind, also Punkte, die auf der reellen Achse der θ-Ebene liegen und sich außerhalb des Schnittes $(-a, +a)$ befinden. Teilen wir unser kegelförmiges Büschel durch die Ebene $y = 0$ in zwei Teile, dann ist einem von ihnen die obere θ-Halbebene und dem anderen die untere zugeordnet, und zwar erhalten wir für $y > 0$ die untere Halbebene und für $y < 0$ die obere.

Jede der auf die obige Weise konstruierten Lösungen der Gleichung (191), die also der Realteil einer gewissen analytischen Funktion $f(\theta)$ ist, hat auf jedem der obenerwähnten Strahlen einen konstanten Wert.

Wir untersuchen jetzt die Werte θ für diejenigen Punkte des Raumes (S), die im Äußeren des kegelförmigen Büschels liegen, für die Punkte also, in denen die Ungleichung

$$\xi^2 + \eta^2 > \frac{1}{a^2} \quad \text{oder} \quad x^2 + y^2 > \frac{1}{a^2} t^2$$

erfüllt ist.

Die Gleichung (205) liefert uns dafür zwei reelle Wurzeln, die im Intervall $(-a, +a)$ liegen,

$$\theta = \frac{\xi \pm \eta \sqrt{a^2(\xi^2+\eta^2)-1}}{\xi^2+\eta^2} = \frac{xt \pm yt\sqrt{a^2(x^2+y^2)-t^2}}{x^2+y^2}. \tag{209}$$

Dieses Intervall ist der Schnitt in der θ-Ebene, und auf gegenüberliegenden Ufern dieses Schnittes hat die Wurzel $\sqrt{a^2-\theta^2}$ entgegengesetzte Vorzeichen. Daher müssen wir in diesem Falle in der Gleichung (205) beide Vorzeichen der Wurzel berücksichtigen, und damit muß man auch in Formel (209) beide Vorzeichen des Radikals beachten. Es sei $M_0(t_0, x_0, y_0,)$ ein Punkt im Äußeren des kegelförmigen Büschels; θ_1 und θ_2 seien die entsprechenden Werte für θ, die man aus Formel (209) erhält. Setzt man diese beiden Werte in die linke Seite der Gleichung (205) ein, so erhält man zwei reelle Gleichungen ersten Grades in t, x und y. Es ergeben sich also zwei Ebenen, die durch den Punkt M_0 hindurchgehen. Wir können das auch folgendermaßen ausdrücken: Jeder Wert $\theta = \theta_0$ auf dem Schnitt $(-a, +a)$ liefert eine Ebene P des Raumes (S). Es sei λ diejenige Erzeugende unseres kegelförmigen Büschels, die dem Punkt $\theta = \theta_0$ des Schnittes entspricht. Die Ebene P muß offensichtlich λ in sich enthalten. Man kann leicht zeigen, daß P die Tangentialebene an die Oberfläche des kegelförmigen Büschels längs der Erzeugenden λ ist. Wäre das nämlich nicht der Fall, so würden sich P und die Oberfläche schneiden, und ein Teil der Ebene läge im Innern des Büschels. Das würde aber heißen, daß einem innerhalb des kegelförmigen Büschels gelegenen Punkt ein reelles $\theta = \theta_0$ aus dem Intervall $(-a, +a)$ entspricht, was, wie wir oben gesehen haben, nicht möglich ist. *Also liefert jedes reelle θ auf dem Schnitt $(-a, +a)$ wegen* (205) *die Ebene, die die Oberfläche des kegelförmigen Büschels längs derjenigen Erzeugenden berührt, welche dem gewählten Wert θ entspricht.*

Anstatt von einem kegelförmigen Büschel und den Tangentialebenen an seine Oberfläche zu sprechen, können wir auch eine ebene Darstellung benutzen. Wir können nämlich das Büschel durch eine Ebene schneiden, die senkrecht zur t-Achse ist. Dabei wird das kegelförmige Büschel auf einen Kreis abgebildet, und den Tangentialebenen entsprechen die Tangenten an die Peripherie des Kreises. Insbesondere wollen wir die Veränderlichen ξ und η dazu benutzen, um zu einer ebenen Darstellung überzugehen. An Stelle des kegelförmigen Büschels erhalten wir in der ξ, η-Ebene den Kreis K,

$$\xi^2 + \eta^2 \leqslant \frac{1}{a^2}, \tag{210}$$

so daß jeder Punkt dieses Kreises einem bestimmten Strahl unseres Büschels entspricht und umgekehrt. Einer Tangente an den Rand unseres Kreises entspricht die obenerwähnte Tangentialebene an die Oberfläche des Büschels. Die Halbebene $\eta > 0$ entspricht dem Teil des Raumes, für den $y > 0$ ist, und die Achse $\eta = 0$ der Ebene $y = 0$.

Es sei $f(\theta)$ eine eindeutige analytische Funktion in der θ-Ebene mit dem Schnitt $(-a, +a)$. Wir nehmen die zugeordnete Lösung der Gleichung (191):

$$u = \mathrm{R}\,[f(\theta)] \qquad (\mathrm{R} = \text{Realteil}). \tag{211}$$

Sie ist innerhalb des kegelförmigen Büschels und in der (ξ, η)-Ebene im Kreis (210) definiert. Wir wollen ein Verfahren für die Fortsetzung der Lösung ins Äußere des kegelförmigen Büschels herleiten, das für die Anwendungen wichtig ist. Zu diesem Zweck ziehen wir die Schar der Tangentialhalbebenen an die Oberfläche unseres kegelförmigen Büschels, und zwar so, daß die Tangentialhalbebenen in ein und dieselbe Richtung weisen. Die ihnen entsprechenden Tangenten an den Kreis

$$\xi^2 + \eta^2 = \frac{1}{a^2} \tag{212}$$

haben dann die in Abb. 51 dargestellte Form. Die Tangentialhalbebenen schneiden sich gegenseitig nicht und füllen den im Äußeren des kegelförmigen Büschels gelegenen Teil des Raumes (S) aus. Auf jeder dieser Halbebenen ist $f(\theta)$ konstant, und wir können die Lösung u im Äußeren des kegelförmigen Büschels eindeutig festlegen, indem wir dieselbe Formel (211) benutzen, die uns schon die Lösung im Innern des kegelförmigen Büschels lieferte.

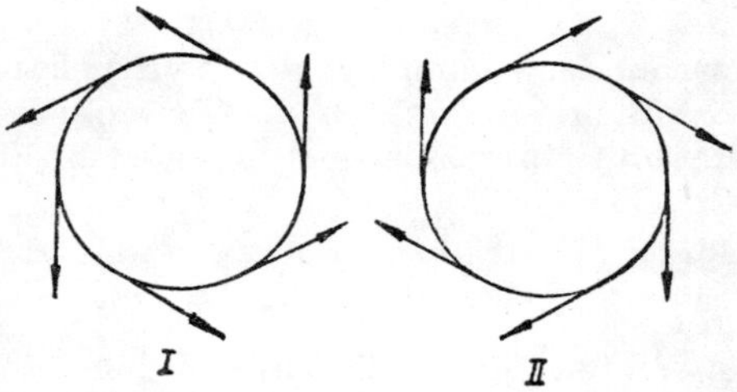

Abb. 51

Jetzt ist aber die Lösung nicht auf den Strahlen, sondern auf den Halbebenen konstant. Da wir die Halbtangenten an den Kreis (212) auf zwei Arten definieren können, erhalten wir folglich zwei verschiedene Möglichkeiten der Fortsetzung der Lösung nach der oben angegebenen Methode.

Die der Oberfläche des kegelförmigen Büschels entsprechenden θ liegen auf dem Schnitt $-a < \theta < +a$. Wir können daher den Wert u, der durch Gleichung (211) festgelegt ist, in zwei reelle Summanden $u = u_1(\theta) + u_2(\theta)$ aufspalten und einen von ihnen durch die Halbtangenten I (Abb. 51) und den anderen durch die Halbtangenten II fortsetzen. Das liefert uns ebenfalls eine bestimmte Lösung der Gleichung im Äußeren des Kreises. Wir haben also unendlich viele verschiedene Möglichkeiten der Fortsetzung, wobei immer die Stetigkeit der Lösung u beim Überschreiten des Kreises erhalten bleibt.

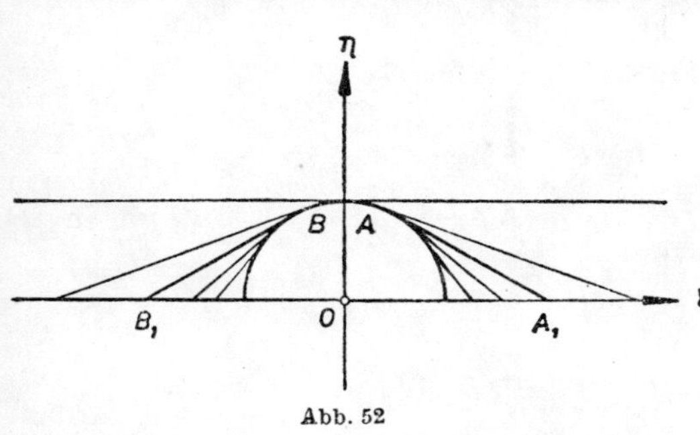

Abb. 52

Bei konkreten Problemen ergibt sich das Fortsetzungsverfahren durch Untersuchung der Bewegung der Wellenfront.

Bisher haben wir eine Lösung im ganzen Raume (S) untersucht. Jetzt soll uns nur der Halbraum $y \geqslant 0$ oder in der ξ, η-Ebene nur die Halbebene $\eta \geqslant 0$ interessieren. Weiter nehmen wir an, daß uns die Formel (211) eine Lösung im Halbkreis liefert. Dabei möge diese Lösung auf einem gewissen Bogen AB seines Randes verschwinden, wie das in Abb. 52 dargestellt ist. Unter diesen Annahmen erhält man bei vielen Problemen, die mit der Ausbreitung von Schwingungen zusammenhängen, eine eindeutige Fortsetzung der Lösung (211), indem man die Halbtangenten an den Kreis benutzt, die in Abb. 52 dargestellt sind, also die entsprechenden Tangentialhalbebenen an die Oberfläche des kegelförmigen Büschels. Dabei ist die Lösung im Äußeren der Berandung $A_1ABB_1A_1$ gleich Null.

Auf die allgemeine Gleichung (202) kann man analoge Überlegungen anwenden. Dann erhalten wir jedoch an Stelle des kegelförmigen Büschels ein komplizierteres geometrisches Gebilde (eine Geradenschar mit zwei Parametern), das von der Wahl der Funktion $p(\theta)$ abhängt.

In den Gleichungen (202) oder (203) können wir für θ eine andere komplexe Veränderliche z einführen, die mit θ durch eine bestimmte analytische Transformation zusammenhängt. Wir weisen dabei auf eine besonders bequeme Wahl der komplexen Veränderlichen hin. Es sei nämlich z mit θ durch die Formel

$$\theta = \frac{a}{2}\left(z + \frac{1}{z}\right) \tag{213}$$

verbunden. Dann erhalten wir bekanntlich [33] an Stelle der θ-Ebene mit dem Schnitt $(-a, +a)$ für die Veränderliche z den Einheitskreis $|z| \leqslant 1$. Macht man davon Gebrauch, so sieht man leicht, daß bei unserer Wahl des Wurzelvorzeichens die Gleichung

$$\sqrt{a^2 - \theta^2} = i\,\frac{a}{2}\left(z - \frac{1}{z}\right) \tag{214}$$

gilt.

Wir wollen für diesen Fall den Ausdruck (203) ausführlicher untersuchen. Er lautet jetzt

$$t - \frac{a}{2}\left(z + \frac{1}{z}\right)x + i\,\frac{a}{2}\left(z - \frac{1}{z}\right)y = 0 \tag{215}$$

oder

$$1 - \frac{a}{2}\left(z + \frac{1}{z}\right)\xi + i\,\frac{a}{2}\left(z - \frac{1}{z}\right)\eta = 0,$$

was man auch folgendermaßen schreiben kann:

$$1 - \frac{a}{2}\,z\,(\xi - i\eta) - \frac{a}{2}\,\frac{1}{z}\,(\xi + i\eta) = 0\,. \tag{216}$$

Im Kreis (210) führen wir Polarkoordinaten ein:

$$\xi = \varrho\cos\varphi; \quad \eta = \varrho\sin\varphi \qquad \left(0 \leqslant \varrho \leqslant \frac{1}{a}\right).$$

Die Gleichung (216) lautet dann

$$a\varrho e^{-i\varphi} z^2 - 2z + a\varrho e^{i\varphi} = 0\,,$$

und für z erhalten wir offensichtlich eine Lösung der Gestalt $z = re^{i\varphi}$, wobei r aus der quadratischen Gleichung

$$a\varrho r^2 - 2r + a\varrho = 0 \qquad (0 \leqslant r \leqslant 1)$$

zu bestimmen ist. Es entspricht also dem Punkt des Kreises (210) (d. h. jedem Strahl) ein Wert der komplexen Veränderlichen $z = re^{i\varphi}$ mit demselben Argument. Den Punkten des Kreises (212) sind die Punkte des Einheitskreises mit gleichem Argument zugeordnet. Anders ausgedrückt: Jedem Radius des Kreises (212) entspricht der Radius des Einheitskreises $|z| \leqslant 1$ mit gleichem Polarwinkel.

Die in diesem Abschnitt dargestellten Grundzüge der Anwendung der Funktionentheorie auf die Lösung der Wellengleichung (191) werden sehr viel benutzt bei Problemen der Ausbreitung von (akustischen, elektromagnetischen) Schwingungen, die mit der Wellengleichung zusammenhängen, sowie in komplizierteren Fragen der Fortpflanzung elastischer Schwingungen. Die obige Methode liefert lediglich eine bestimmte Klasse von Lösungen der Gleichung (191). Es wird sich aber herausstellen, daß in dieser Klasse die physikalisch wichtigen Lösungen enthalten sind. Benutzt man diese Lösungsklasse, so kann man schließlich Probleme, die mit der Reflexion und Beugung von Wellen zusammenhängen, in eine für die Rechnung bequeme Form bringen.

Die Gleichung (191) ist die Wellengleichung in der Ebene (Zylinderwellen); wenn man jedoch das Prinzip der Superposition benutzt, so kann man aus einer Lösung vom obigen Typ eine neue bilden und damit die Wellengleichung für den dreidimensionalen Raum untersuchen. Die oben dargelegte Methode findet man in Arbeiten von S. L. Sobolew und denen des Autors, die in den „Труды Сейсмологического института Академии наук" („Abhandlungen des Seismologischen Instituts der Akademie der Wissenschaften") erschienen sind. Ihre Anwendung auf konkrete Probleme ist in Arbeiten von E. A. Narischkina und S. L. Sobolew dargestellt. Wir gehen nicht auf Einzelheiten ein, die uns zu weit führen und zu viel Platz erfordern würden. Es soll nur ganz kurz die Anwendung der Methode auf zwei Probleme behandelt werden, nämlich auf die Beugung ebener Wellen und auf die Reflexion elastischer Schwingungen an ebenen Begrenzungen.

54. Beugung ebener Wellen. Wir betrachten die x, y-Ebene, die längs der Halbgeraden $x = y$ mit $x > 0$ aufgeschnitten ist. Im übrigen Teil der Ebene liege für $t < 0$ eine ebene Welle vor, die sich parallel zur x-Achse mit der Geschwindigkeit $\frac{1}{a}$ so fortpflanzt, daß sie für $t = 0$ auf die Spitze des Schnittes (den Koordinatenursprung) trifft. Diese ebene Welle möge folgende elementare Gestalt haben:

$$u = 1 \text{ für } x < \frac{1}{a} t; \quad u = 0 \text{ für } x > \frac{1}{a} t. \tag{217}$$

Hinter der Ausbreitungsfront hat also u den konstanten Wert 1, aber vor der Front, wohin die Erregung noch nicht gelangt ist, ist $u = 0$.

Bei diesem Beispiel genügt die Funktion u für $t < 0$ der Gleichung (191), und außerdem ist sie offensichtlich eine homogene Lösung der Gleichung, die nur von ξ und η abhängt und folgende Bedingung erfüllt:

$$u = 1 \text{ für } \xi < \frac{1}{a}, \quad u = 0 \text{ für } \xi > \frac{1}{a}. \tag{218}$$

Die Front dieser Welle breitet sich mit der Geschwindigkeit $\frac{1}{a}$ aus, wie dies auch für die Wellengleichung (191) gelten muß. Wir wollen jetzt die Beugung der ebenen Welle (217) an dem genannten Schnitt untersuchen, wobei wir annehmen, daß auch nachher, also für $t > 0$, die Welle eine homogene Lösung der Gleichung (191) sein soll. Sie ist also Realteil einer analytischen Funktion $f(z)$ der komplexen Veränderlichen z, die durch die Gleichung (216) definiert ist. Diese Voraussetzung ist durchaus naturgemäß, da die Grenze, die die Beugung bewirkt, ein Schnitt mit der Spitze im Ursprung ist. Wir wollen annehmen, daß auf beiden Seiten des Schnittes die Bedingung

$$u = 0 \qquad \text{(auf dem Schnitt)} \tag{219}$$

erfüllt ist.

Zur Zeit $t = 0$ trifft unsere ebene Welle auf die Spitze, und dann tritt die Beugung ein. Wir untersuchen einen bestimmten Zeitpunkt $t > 0$. Da die Fortpflanzungsgeschwindigkeit gleich $\frac{1}{a}$ ist, gilt im obenerwähnten Augenblick folgendes Störungsbild: Wir erhalten die geradlinige

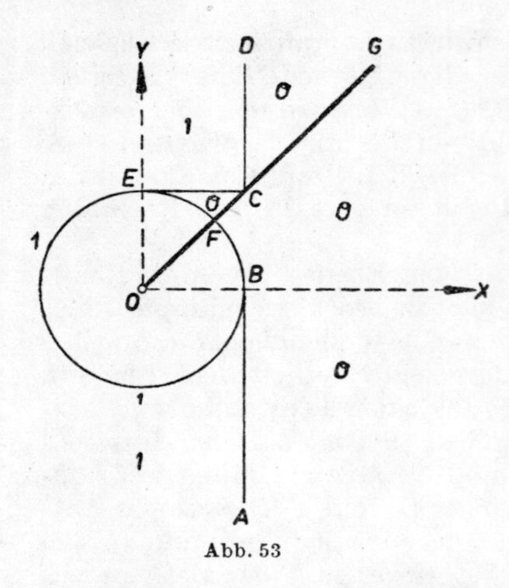

Abb. 53

Front $ABCD$ (Abb. 53), die durch das Hindernis in zwei Teile gespalten ist; in ihr rückt die Welle vor. Diese Wellenfront verläuft senkrecht zur x-Achse, und es ist $\overline{OB} = \frac{1}{a} t$.

Weiter haben wir eine geradlinige Front, die aus Wellen besteht, die nach dem Reflexionsgesetz von der Grenze OG reflektiert werden. Das ist die zur x-Achse parallele Gerade EC. Außerdem erzeugt die Spitze O eine zusätzliche Erregung im Kreis um den Ursprung mit dem Radius $\frac{1}{a} t$. Das wichtigste ist die Bestimmung der Funktion u in diesem Kreise. Wir wollen zuerst das Bild der Werte von u angeben, das man außerhalb des Kreises erhält. Vor der Linie ABF unter dem Schnitt OG gilt offenbar $u = 0$. Oberhalb dieses Schnittes ist offensichtlich $u = 0$ vor der Linie CD. Außerdem schließt sich in dem Teil der Ebene, der durch den Rand $ECFE$ begrenzt ist, der einfallenden Welle die reflektierte an, und wegen der Randbedingung (219) ist auch hier $u = 0$. Außerhalb des erwähnten Kreises hinter der Wellenfront ist überall $u = 1$ mit Ausschluß des Gebietes $ECFE$. Der Kreis um den Ursprung mit dem Radius $\frac{1}{a} t$ ist aber gerade der Kreis (210). Nur ist er jetzt längs des Radius $\operatorname{arc\,tg} \frac{\eta}{\xi} = \frac{\pi}{4}$ aufgeschnitten.

Geht man gemäß Gleichung (216) zur z-Ebene über, so erhält man den längs des Radius $\arg z = \frac{\pi}{4}$ aufgeschnittenen Einheitskreis $|z| \leqslant 1$. Wie wir oben gesehen haben, entspricht dem Radius des Kreises (210) der Radius des Einheitskreises $|z| < 1$ mit demselben Zentriwinkel.

Die obengenannten Werte von u und die Randbedingung ergeben beim Übergang zur z-Ebene folgendes Problem: Es soll eine Funktion $f(z)$ gefunden werden, die im aufgeschnittenen Kreise $|z| < 1$ mit $-\frac{7\pi}{4} < \arg z < \frac{\pi}{4}$ regulär ist; ferner soll ihr Realteil auf beiden Ufern des Schnittes verschwinden, also auf den Radien

$$\arg z = \frac{\pi}{4} \quad \text{und} \quad \arg z = -\frac{7\pi}{4}$$

und auf den Bögen

$$-\frac{7\pi}{4} < \arg z < -\frac{3\pi}{2} \quad \text{und} \quad 0 < \arg z < \frac{\pi}{4}$$

gleich Null und auf dem übrigen Teil des Kreises $|z| = 1$ gleich Eins sein. Man kann die Lösung dieses Problems leicht in geschlossener Form angeben.

Dreht man nämlich die z-Ebene um den Nullpunkt um den Winkel $\frac{7\pi}{4}$, also

$$w_1 = e^{i\frac{7\pi}{4}} z,$$

so erhält man den Kreis $|w_1| < 1$ mit $0 \leqslant \arg w_1 \leqslant 2\pi$, der längs des Radius $\arg w_1 = 0$ aufgeschnitten ist. Zieht man die Quadratwurzel, so geht dieser Schnitt in das Intervall $(-1, +1)$ der reellen Achse über und der gesamte Kreis in die obere Hälfte des Einheitskreises. Somit führt die Abbildung

$$w = \sqrt{w_1} = e^{i\frac{7\pi}{8}} z^{\frac{1}{2}}$$

unseren aufgeschnittenen Kreis der z-Ebene in den oberen Halbkreis über dem Durchmesser $(-1, +1)$ in der w-Ebene über. Die Randbedingung für die gesuchte Funktion $f(w)$ lautet jetzt:

Der Realteil von $f(w)$ muß im Intervall $(-1, +1)$ der reellen Achse verschwinden, und es soll gelten

$$\mathrm{R}[f(e^{i\varphi})] = 0 \quad \text{für} \quad 0 < \varphi < \frac{\pi}{8} \quad \text{und} \quad \frac{7}{8}\pi < \varphi < \pi$$

sowie

$$\mathrm{R}[f(e^{i\varphi})] = 1 \quad \text{für} \quad \frac{\pi}{8} < \varphi < \frac{7}{8}\pi .$$

Also bildet $f(w)$ das Intervall $(-1, +1)$ der reellen Achse auf ein Intervall der imaginären Achse ab, und nach dem SCHWARZschen Spiegelungsprinzip ist $f(w)$ in den unteren Teil des Einheitskreises fortsetzbar. Diese Funktion nimmt dabei in zur reellen Achse symmetrischen Punkten Werte an, die in bezug auf die imaginäre Achse symmetrisch liegen [24]. Diese Überlegung führt auf die Gleichung

$$\mathrm{R}[f(e^{-i\varphi})] = -\mathrm{R}[f(e^{i\varphi})] .$$

Daher lautet die Randbedingung für $f(w)$ auf der Peripherie des Einheitskreises

$$\left\{\begin{aligned} &\mathrm{R}[f(e^{i\varphi})] = 0 \quad && \text{für} \quad -\frac{\pi}{8} < \varphi < +\frac{\pi}{8} \quad \text{und} \quad \frac{7}{8}\pi < \varphi < \frac{9}{8}\pi ; \\ &\mathrm{R}[f(e^{i\varphi})] = 1 \quad && \text{für} \quad \frac{\pi}{8} < \varphi < \frac{7\pi}{8} ; \\ &\mathrm{R}[f(e^{i\varphi})] = -1 \quad && \text{für} \quad -\frac{7\pi}{8} < \varphi < -\frac{\pi}{8} . \end{aligned}\right. \tag{220}$$

Zur Konstruktion einer Lösung dieses Randwertproblems untersuchen wir die Funktion

$$\frac{1}{i}\log\frac{\alpha - w}{\beta - w} = \frac{1}{i}\log\left|\frac{\alpha - w}{\beta - w}\right| + \arg\frac{\alpha - w}{\beta - w}, \tag{221}$$

in der α und β Punkte des Einheitskreises an den Enden ein und desselben Durchmessers AB sind (Abb. 54). M sei ein veränderlicher Punkt mit der Koordinate w. Der Realteil

$$\arg\frac{\alpha - w}{\beta - w} = \arg(\alpha - w) - \arg(\beta - w)$$

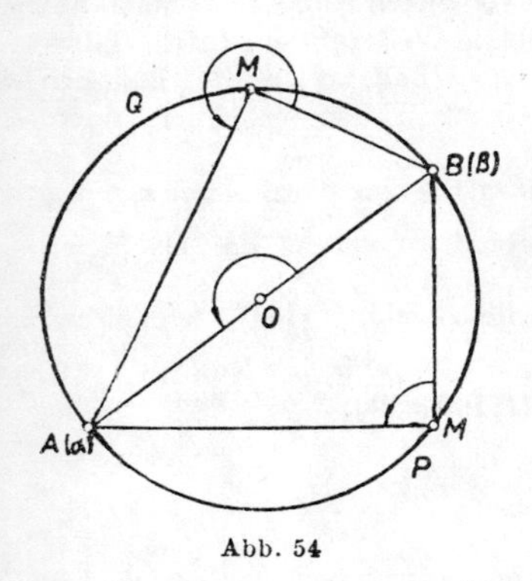

Abb. 54

stellt den Winkel dar, den der Vektor $\overrightarrow{MA}$ mit dem Vektor $\overrightarrow{MB}$ (von $\overrightarrow{MB}$ aus gerechnet) bildet. Die Funktion (221) ist im Kreise $|w| < 1$ eindeutig und regulär. Für $w = 0$ ist ihr Wert bis auf ein Vielfaches von 2π gleich π. Wir wollen ihn gleich π annehmen und somit einen bestimmten Zweig der Funktion (221) im Kreise $|w| < 1$ fixieren.

Bei dieser Wahl des Zweiges gilt

$$\frac{1}{i}\log\frac{\alpha - w}{\beta - w} = \pi + \frac{1}{i}\log\frac{1 - \alpha^{-1} w}{1 - \beta^{-1} w} =$$

$$= \pi + \frac{1}{i}\log(1 - \alpha^{-1} w) - \frac{1}{i}\log(1 - \beta^{-1} w) ,$$

wobei wir für beide Logarithmen den Hauptwert nehmen, der durch die übliche Potenzreihe definiert wird. Liegt w auf dem Bogen APB, so ist der erwähnte Winkel BMA gleich $\frac{\pi}{2}$; auf dem Bogen AQB ist er jedoch gleich $\frac{3\pi}{2}$. Bei der oben getroffenen Wahl des eindeutigen Zweiges der Funktion (221) im Kreise $|w| < 1$ ist ihr Realteil demnach auf dem Bogen APB gleich $\frac{\pi}{2}$ und auf dem Bogen AQB gleich $\frac{3\pi}{2}$.

Wir wollen dieses Ergebnis auf die Funktion

$$\psi(w) = \frac{1}{i}\log\frac{e^{i\frac{7\pi}{8}} - w}{e^{-i\frac{\pi}{8}} - w} + \frac{1}{i}\log\frac{e^{-i\frac{7\pi}{8}} - w}{e^{i\frac{\pi}{8}} - w}$$

anwenden. Mit M_1, M_2, M_3 und M_4 bezeichnen wir die Punkte

$$e^{-i\frac{\pi}{8}};\ e^{i\frac{\pi}{8}};\ e^{-i\frac{7\pi}{8}};\ e^{i\frac{7\pi}{8}}.$$

Dann können wir behaupten, daß der Realteil von $\psi(w)$ auf den Bögen M_1M_2 und M_3M_4 gleich 2π, auf dem Bogen M_1M_3 gleich π und auf dem Bogen M_2M_4 gleich 3π ist. Daher erhält man leicht eine Lösung des Randwertproblems (220) in der Gestalt

$$f(w) = \frac{1}{\pi}\psi(w) - 2.$$

Geht man auf die frühere Veränderliche z zurück, so bekommt man die Lösung des Problems der Beugung im Innern des Kreises

$$x^2 + y^2 < \frac{1}{a^2}t^2$$

in der Gestalt

$$U = \mathrm{R}\left[\frac{1}{\pi i}\log\frac{\left(e^{i\frac{7\pi}{8}} - e^{i\frac{7\pi}{8}}\frac{1}{z^2}\right)\left(e^{-i\frac{7\pi}{8}} - e^{i\frac{7\pi}{8}}\frac{1}{z^2}\right)}{\left(e^{-i\frac{\pi}{8}} - e^{i\frac{7\pi}{8}}\frac{1}{z^2}\right)\left(e^{i\frac{\pi}{8}} - e^{i\frac{7\pi}{8}}\frac{1}{z^2}\right)}\right] - 2.$$

Die vorangegangenen Überlegungen sind nicht streng begründet, und selbst der Begriff der ebenen Elementarwelle u, die hinter der Front gleich Eins und davor gleich Null ist, erscheint auf den ersten Blick künstlich. Man kann aber zeigen, daß jede ebene Welle als ein Integral dargestellt werden kann, das eine elementare ebene Welle enthält. Das erhaltene Resultat läßt sich mit Hilfe solcher Überlegungen auf die Beugung allgemeinerer ebener Wellen ausdehnen, indem dieses Problem auf das untersuchte zurückgeführt wird.

Wir wollen die allgemeine Gestalt einer ebenen Welle betrachten, die sich parallel zur x-Achse ausbreitet. Diese Welle liefert die Funktion $f\left(\frac{1}{a}t - x\right)$; dabei setzen wir voraus, daß $f(\tau)$ gleich Null ist für $\tau < 0$. Die Funktion $f\left(\frac{1}{a}t - x\right)$ erfüllt offensichtlich die Gleichung (191). Oben haben wir den elementaren Spezialfall untersucht, daß $f(\tau) = 1$ ist für $\tau > 0$ und gleich Null für $\tau < 0$. Hierbei bezeichnen wir — wie in Formel (217) — die Funktion $f(\tau)$ mit $u(\tau)$:

$$(218_1)\qquad u(\tau) = \begin{cases} 0 \text{ für } \tau < 0 \\ 1 \text{ für } \tau > 0. \end{cases}$$

Es sei jetzt $f(\tau)$ eine stetige Funktion, die eine stetige Ableitung besitzt und für $\tau \leqslant 0$ gleich Null ist. Wir können schreiben:

$$f(\tau) = \int_0^\infty u(\tau - \lambda)\, f'(\lambda)\, d\lambda.$$

Berücksichtigt man nämlich die Definition von $u(\tau)$ und die Bedingung $f(0) = 0$, so erhält man

$$\int_0^\infty u(\tau - \lambda)\, f'(\lambda)\, d\lambda = \int_0^\tau f'(\lambda)\, d\lambda = f(\tau) - f(0) = f(\tau).$$

Somit ist

$$f\left(\frac{1}{a}t - x\right) = \int_0^\infty u\left(\frac{1}{a}t - x - \lambda\right) f'(\lambda)\, d\lambda = \int_0^\infty u\left(\frac{t - a\lambda}{a} - x\right) f'(\lambda)\, d\lambda .$$

Dieser Formel entnimmt man, daß sich eine einfallende Welle von allgemeinerem Typ als „Summe" (genauer: als Integral) über einfallende Elementarwellen

$$u\left(\frac{t - a\lambda}{a} - x\right) f'(\lambda)\, d\lambda$$

erweist.

Bezeichnen wir mit $U(x, y, t)$ das oben erhaltene Resultat der Beugung einer Elementarwelle, dann hat das Problem bei einer einfallenden Welle $f\left(\frac{1}{a}t - x\right)$ eine Lösung der Gestalt

$$V = \int_0^\infty U(x, y, t - a\lambda)\, f'(\lambda)\, d\lambda .$$

Wir beschränken uns darauf, die Beugung am Koordinatenursprung zu untersuchen, und bezeichnen dieses Ergebnis mit $U(x, y, t)$. Für $t > 0$ gilt es im Kreis um den Ursprung mit dem Radius $\frac{1}{a}t$; wir müssen also für $t \leqslant 0$ und beliebige x und y die Funktion $U(x, y, t)$ als identisch verschwindend annehmen. Außerdem verschwindet $U(x, y, t)$ für $x^2 + y^2 \geqslant \frac{1}{a^2}t^2$ mit $t > 0$. Somit wird im Ausdruck für V das Integral über λ faktisch über ein endliches Intervall erstreckt, in dem λ variiert.

Mit Hilfe der oben angegebenen Methode kann das Problem der Beugung einer sich in beliebiger Richtung ausbreitenden ebenen Welle an einem Schirm beliebiger Lage gelöst werden.

55. Reflexion von elastischen Wellen an geradlinigen Begrenzungen. Bei einem ebenen Problem der Elastizitätstheorie können die Komponenten u und v der Verschiebung durch die Formeln

$$u = \frac{\partial \varphi}{\partial x} + \frac{\partial \psi}{\partial y}; \quad v = \frac{\partial \varphi}{\partial y} - \frac{\partial \psi}{\partial x} \tag{222}$$

ausgedrückt werden. Dabei wird die Funktion φ üblicherweise als Potential der longitudinalen und die Funktion ψ als das der transversalen Wellen bezeichnet. Diese Potentiale müssen Wellengleichungen folgender Gestalt genügen:

$$a^2 \frac{\partial^2 \varphi}{\partial t^2} = \frac{\partial^2 \varphi}{\partial x^2} + \frac{\partial^2 \varphi}{\partial y^2}; \tag{223}$$

$$b^2 \frac{\partial^2 \psi}{\partial t^2} = \frac{\partial^2 \psi}{\partial x^2} + \frac{\partial^2 \psi}{\partial y^2}, \tag{224}$$

wobei

$$a = \sqrt{\frac{\varrho}{\lambda + 2\mu}}; \quad b = \sqrt{\frac{\varrho}{\mu}}. \tag{225}$$

Dabei ist ϱ die Dichte des Mediums, und λ und μ sind die LAMÉschen Elastizitätskonstanten. Die Zahlen $\frac{1}{a}$ und $\frac{1}{b}$ liefern (wie aus der Elastizitätstheorie bekannt) die Fortpflanzungsgeschwindigkeit der longitudinalen und transversalen Wellen, während (222) die Aufspaltung einer allgemeinen Schwingung in solche vom longitudinalen und transversalen Typ darstellt.

Wir führen noch zwei Formeln an, die die Spannung in einem elastischen Körper durch Potentiale ausdrücken. Es soll nur der Spannungsvektor betrachtet werden, der auf ein senkrecht zur y-Achse gelegenes Flächenstück wirkt. Seine Komponenten lassen sich durch folgende Formeln ausdrücken:

$$(226)\quad \begin{cases} Y_x = \mu\left[2\dfrac{\partial^2\varphi}{\partial x\,\partial y} + \dfrac{\partial^2\psi}{\partial y^2} - \dfrac{\partial^2\psi}{\partial x^2}\right]; \\ Y_y = \mu\left[\left(\dfrac{b^2}{a^2} - 2\right)\left(\dfrac{\partial^2\varphi}{\partial x^2} + \dfrac{\partial^2\varphi}{\partial y^2}\right) + 2\dfrac{\partial^2\varphi}{\partial y^2} - 2\dfrac{\partial^2\psi}{\partial x\,\partial y}\right]. \end{cases}$$

Nach diesen vorläufigen Angaben formulieren wir jetzt das Problem. Wir nehmen an, daß zur Zeit $t = 0$ vom Punkt $x = 0$, $y = y_0$ eine Erregung von rein longitudinalem Typ ausgeht, die durch ein bestimmtes Potential φ charakterisiert wird, das der Gleichung (223) genügt. Dieses Potential ist selbst eine homogene Lösung der Gleichung bezüglich der Argumente t, x und $y - y_0$; also ist die Lösung als Realteil einer analytischen Funktion

$$(227)\quad \varphi = \mathrm{R}\,[\Phi(\theta)]$$

bestimmbar. Dabei ist die komplexe Veränderliche θ aus der Gleichung

$$(228)\quad t - \theta x + \sqrt{a^2 - \theta^2}\,(y - y_0) = 0$$

zu berechnen. Diese letzte Gleichung unterscheidet sich von (203) lediglich dadurch, daß y durch $y - y_0$ ersetzt wurde, weil das Potential (227) einer zur Zeit $t = 0$ im Punkte $x = 0$, $y = y_0$ konzentrierten Kraft entspricht. Wir wollen auf diesen Umstand unter dem Gesichtspunkt der mechanischen Charakterisierung einer Kraftquelle, die durch Formel (227) definiert ist, nicht ausführlich eingehen.

Nehmen wir an, daß die gegebene Funktion $\Phi(\theta)$, die in Formel (227) eingeht, in der θ-Ebene mit dem Schnitt $(-a, +a)$ außer im unendlich fernen Punkt regulär ist und daß ihr Realteil auf dem Schnitt verschwindet. Letzteres bedeutet, daß das gegebene Potential φ auf der Oberfläche des kegelförmigen Büschels mit der Spitze $t = 0$, $x = 0$, $y = y_0$ und dem Öffnungswinkel $\operatorname{arc\,tg}\dfrac{1}{a}$ an der Spitze gleich Null wird. Diese Oberfläche entspricht der Front der sich ausbreitenden Erregung. Wir setzen natürlich voraus, daß das Potential auch überall im Äußeren des kegelförmigen Büschels verschwindet. Die Schwingung möge sich nicht in der ganzen Ebene, sondern nur in der Halbebene $y > 0$ ausbreiten, in der sich auch das Erregungszentrum $x = 0$; $y = y_0 > 0$ befindet. Das Potential φ bestimmt die Bewegung lediglich im Zeitintervall $t < ay_0$ vollständig. Im Zeitpunkt $t = ay_0$ trifft die Wellenfront auf die Gerade $y = 0$, die die Grenze unseres Mediums ist und reflektierte Wellen erzeugt, wobei das Reflexionsgesetz aus der Randbedingung erhalten werden muß, die auf dieser Grenze gilt. Wir wollen voraussetzen, daß die Grenze spannungsfrei sei. Im folgenden schreiben wir die entsprechenden Randbedingungen, die den Ausdruck (226) für $y = 0$ zum Verschwinden bringen, auf.

Wegen der Reflexion müssen wir dem gegebenen Potential φ noch zwei weitere hinzufügen: Eines ist das Potential φ_1 der reflektierten Longitudinalwellen und das andere das Potential ψ_1 der reflektierten Transversalwellen. Beide seien als Realteile gewisser analytischer Funktionen der komplexen Veränderlichen θ_1 bzw. θ_2 darstellbar:

$$(229)\quad \varphi_1 = \mathrm{R}\,[\Phi_1(\theta_1)]\,;\quad \psi_1 = \mathrm{R}\,[\Psi_1(\theta_2)]\,.$$

Wir müssen sowohl die Bestimmungsgleichungen für θ_1 und θ_2 als auch die Gestalt der analytischen Funktionen $\Phi_1(\theta_1)$ und $\Psi_1(\theta_2)$ mit Hilfe des gegebenen Potentials φ der einfallenden Wellen und der Randbedingungen finden. Die erwähnten Veränderlichen werden in Übereinstimmung mit dem in [53] Gesagten und auch damit, daß die Wellengleichung für das Potential ψ der Transversalwellen nicht die Konstante a, sondern die Konstante b enthält, aus Gleichungen der Gestalt

$$(230)\quad \begin{cases} t - \theta_1 x \pm \sqrt{a^2 - \theta_1^2}\,y + p_1(\theta_1) = 0; \\ t - \theta_2 x \pm \sqrt{b^2 - \theta_2^2}\,y + p_2(\theta_2) = 0 \end{cases}$$

bestimmt. Wir müssen vor allem die Funktionen $p_1(\theta_1)$ und $p_2(\theta_2)$ und die Vorzeichen der Wurzeln anzugeben versuchen, wobei die Werte der Radikale in der aufgeschnittenen Ebene stets wie in [53] definiert sind.

Wir kehren zu dem kegelförmigen Strahlenbüschel zurück, das der Gleichung (228) entspricht und dessen Spitze im Punkte $t = x = 0,\ y = y_0$ liegt. Bei einem Vergleich der gegenwärtigen Überlegungen mit denen aus [53] stellen wir fest, daß jetzt die Differenz $y - y_0$ die Rolle des y übernommen hat. Die Ebene $y = y_0$ teilt unser Büschel in zwei Teile, und der Teil mit $y > y_0$ trifft keinesfalls die Ebene $y = 0$ im Raume (S) mit den Koordinaten (t, x, y). Der andere Teil mit $y < y_0$ dagegen trifft diese Ebene, und die Schnittpunkte des Geradenbüschels mit der Ebene füllen in letzterer ein Gebiet aus, das durch die Ungleichung (Abb. 55)

$$x^2 + y_0^2 < \frac{1}{a^2} t^2 \tag{231}$$

definiert wird.

Das folgt unmittelbar daraus, daß die Gleichung des Büschels in diesem Falle die Gestalt

$$x^2 + (y - y_0)^2 < \frac{1}{a^2} t^2$$

hat.

Das Gebiet (231) stellt offensichtlich das Innere einer Hyperbel der Ebene $y = 0$ im Raum (S) dar. Wie wir in [53] gesehen haben, entspricht der Hälfte des kegelförmigen Büschels, das die Ebene $y = 0$ schneidet und in der $y - y_0 < 0$ ist, die obere Halbebene der komplexen Veränderlichen θ. Außerdem verkleinert sich y längs eines jeden unseren Strahlen, während t wächst. Wir wählen in den Gleichungen (230) die Vorzeichen der Wurzeln entgegengesetzt dem des Radikals in (228). Ferner bestimmen wir die Funktionen $p_1(\theta)$ und $p_2(\theta)$ so, daß die Gleichung (232) für $y = 0$ mit (228) identisch wird. Somit erhalten wir für die neuen komplexen Veränderlichen die Gleichungen

$$t - \theta_1 x - \sqrt{a^2 - \theta_1^2}\,(y + y_0) = 0; \tag{232}$$

$$t - \theta_2 x - \sqrt{b^2 - \theta_2^2}\, y - \sqrt{a^2 - \theta_2^2}\, y_0 = 0. \tag{233}$$

Wir wählen jetzt einen festen Punkt $M_1(t_1, x_1)$ im Gebiet (231) der Ebene $y = 0$, der im Raum (S) liegt. In diesem Punkt fällt ein bestimmter Strahl unseres kegelförmigen Büschels ein, der einem bestimmten Wert $\theta = \theta'$ entspricht. Setzen wir die Koordinaten dieses Punktes $t = t_1;\ x = x_1$ und $y = 0$ in die Gleichungen (232) und (233) ein, so erhalten wir für die komplexen Veränderlichen θ_1 und θ_2 die gleichen Werte. Wenn wir jetzt diese Werte $\theta_1 = \theta'$ und $\theta_2 = \theta'$ wiederum in (232) und (233) einsetzen, dann definieren uns die erhaltenen Gleichungen zwei Strahlen, die wir als reflektierten longitudinalen und reflektierten transversalen Strahl bezeichnen [alles bisher Gesagte gilt im Raum (S)]. Wir weisen auf folgende wichtige Tatsache hin: Wegen der bestimmten Wahl des Vorzeichens der Radikale in (232) und (233) können wir behaupten, daß bei wachsendem t längs dieser reflektierten Strahlen y ebenfalls wächst. Diese reflektierten Strahlen pflanzen sich bei wachsender Zeit in die Tiefe unserer Halbebene oder, besser gesagt, des Halbraumes fort. Mit anderen Worten: Die reflektierten Wellen verändern in diesem Bild nirgends die Erregung, die bis zur Reflexion vorhanden war. Wir wollen diese Aussagen für die Gleichung (232) nachprüfen.

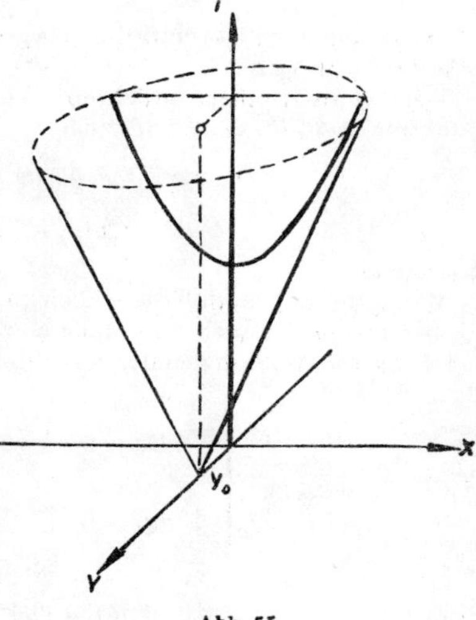

Abb. 55

Vergleicht man letztere mit (228), so überzeugt man sich leicht davon, daß ihr ein kegelförmiges Büschel mit der Spitze $t = x = 0; y = -y_0$ entspricht, das bezüglich der Ebene $y = 0$ symmetrisch zum Erregungszentrum ist. Das Vorzeichen der Wurzel in Gleichung (232) ist von dem der Wurzel in (228) verschieden; also entsprechen in diesem Fall die Werte θ der oberen Halbebene, die wir sofort nach der Reflexion erhalten, den Strahlen mit $t > 0$ und $y + y_0 > 0$. Dabei wächst y längs des Strahles für wachsendes t. Entsprechendes gilt auch für Strahlen, die durch Gleichung (233) definiert sind; jedoch ist jetzt das Büschel dieser Strahlen kein kegelförmiges. Es gehen also von jedem Punkt M_1 des Gebietes (231) zwei reflektierte Strahlen aus. Wir definieren die Potentiale der reflektierten Wellen nach den Formeln (229), also so, daß sie längs der reflektierten Strahlen konstant bleiben. Es müssen nun noch die Funktionen Φ_1 und Ψ_1 in den Formeln (229) bestimmt werden. Wir betrachten hierzu, wie das bereits oben erwähnt wurde, folgende Randbedingung:

$$2\frac{\partial^2(\varphi+\varphi_1)}{\partial x\,\partial y}+\frac{\partial^2\psi_1}{\partial y^2}-\frac{\partial^2\psi_1}{\partial x^2}\bigg|_{y=0}=0;$$

$$\left(\frac{b^2}{a^2}-2\right)\left[\frac{\partial^2(\varphi+\varphi_1)}{\partial x^2}+\frac{\partial^2(\varphi+\varphi_1)}{\partial y^2}\right]+2\frac{\partial^2(\varphi+\varphi_1)}{\partial y^2}-2\frac{\partial^2\psi_1}{\partial x\,\partial y}\bigg|_{y=0}=0.$$

Zur Berechnung der Ableitungen der Funktionen φ, φ_1 und ψ_1, die durch die Formeln (227) und (229) bestimmt sind, können wir die Gleichungen (200) heranziehen. Wir ersetzen dabei $l(\tau)$, $m(\tau)$ und $n(\tau)$ durch die entsprechenden Koeffizienten aus den Gleichungen (228), (232) und (233). Außerdem müssen wir für das Potential ψ_1 der reflektierten transversalen Wellen a durch b ersetzen. Für $y = 0$ sind die komplexen Veränderlichen θ, θ_1, θ_2 identisch. Wir können sie daher mit ein und demselben Buchstaben θ bezeichnen und erhalten dann die Bedingungen

$$(234)\quad\begin{cases}\mathrm{R}\left[\dfrac{1}{\delta'}\dfrac{\partial}{\partial\theta}\dfrac{-2\theta\sqrt{a^2-\theta^2}\,[\Phi'(\theta)-\Phi_1'(\theta)]+(b^2-2\theta^2)\,\Psi_1'(\theta)}{\delta'}\right]=0;\\[2ex]\mathrm{R}\left[\dfrac{1}{\delta'}\dfrac{\partial}{\partial\theta}\dfrac{(b^2-2\theta^2)\,[\Phi'(\theta)+\Phi_1'(\theta)]-2\theta\sqrt{b^2-\theta^2}\,\Psi_1'(\theta)}{\delta'}\right]=0\end{cases}$$

mit

$$\delta'=-x+\frac{\theta}{\sqrt{a^2-\theta^2}}\,y_0.$$

Die Bedingung (234) muß für das gesamte Gebiet (231), also in der ganzen oberen θ-Halbebene, erfüllt sein.

Wir erhalten offensichtlich eine Lösung der Gleichungen (234), wenn wir die unbekannten Funktionen $\Phi_1(\theta)$ und $\Psi_1(\theta)$ aus

$$-2\theta\sqrt{a^2-\theta^2}\,[\Phi'(\theta)-\Phi_1'(\theta)]+(b^2-2\theta^2)\,\Psi_1'(\theta)=0;$$
$$(b^2-2\theta^2)\,[\Phi'(\theta)+\Phi_1'(\theta)]-2\theta\sqrt{b^2-\theta^2}\,\Psi_1'(\theta)=0$$

bestimmen.

Man kann zeigen, daß diese Gleichungen für die Erfüllung der Bedingung (234) nicht nur hinreichend, sondern auch notwendig sind. Löst man dieses System, so erhält man folgenden Ausdruck für die Ableitungen der gesuchten Funktionen:

$$(235)\quad\begin{cases}\Phi_1'(\theta)=\dfrac{-(2\theta^2-b^2)^2+4\theta^2\sqrt{a^2-\theta^2}\sqrt{b^2-\theta^2}}{F(\theta)}\,\Phi'(\theta);\\[2ex]\Psi_1'(\theta)=-\dfrac{4\theta\,(2\theta^2-b^2)\sqrt{a^2-\theta^2}}{F(\theta)}\,\Phi'(\theta)\end{cases}$$

mit

$$(236)\qquad F(\theta)=(2\theta^2-b^2)^2+4\theta^2\sqrt{a^2-\theta^2}\sqrt{b^2-\theta^2}.$$

Für die Lösung des Problems interessieren uns lediglich die Ableitungen der Potentiale. Gemäß (222) gelten für die Erregung die Formeln

$$(237)\quad \begin{cases} u = \mathrm{R}\left[\Phi'(\theta)\dfrac{\partial\theta}{\partial x} + \Phi_1'(\theta_1)\dfrac{\partial\theta_1}{\partial x} + \Psi_1'(\theta_2)\dfrac{\partial\theta_2}{\partial y}\right]; \\ v = \mathrm{R}\left[\Phi'(\theta)\dfrac{\partial\theta}{\partial y} + \Phi_1'(\theta_1)\dfrac{\partial\theta_1}{\partial y} - \Psi_1'(\theta_2)\dfrac{\partial\theta_2}{\partial x}\right]. \end{cases}$$

Geht durch einen betrachteten Punkt kein einfallender oder reflektierter Strahl, so müssen wir in den Ausdrücken (237) die entsprechenden Summanden streichen. Wir weisen noch auf folgendes hin: Nach Voraussetzung ist der Realteil von $\Phi'(\theta)$ für $-a < \theta < +a$ gleich Null. Aus Formel (235) folgt offensichtlich wegen (225) und $b > a$ unmittelbar, daß dasselbe auch für $\Phi_1'(\theta)$ und $\Psi_1'(\theta)$ gilt, so daß die Potentiale φ_1 und ψ_1 der reflektierten Strahlenbüschel konstant sind. Wir können sie sowohl auf diesen Oberflächen als auch im Äußeren der Büschel gleich Null annehmen.

Betrachten wir statt der Schwingungsquelle von longitudinalem eine von transversalem Typ, so ist das erhaltene Bild ein anderes. Jetzt muß das Potential der transversalen Schwingung als Realteil einer bestimmten analytischen Funktion

$$(238)\quad \psi = \mathrm{R}\,[\Psi(\theta)],$$

vorgegeben sein, die in der θ-Ebene mit dem Schnitt $(-b, +b)$ regulär ist. Dabei ist die komplexe Veränderliche θ durch die Gleichung

$$(239)\quad t - \theta x + \sqrt{b^2-\theta^2}\,(y - y_0) = 0$$

definiert, und der Realteil von $\Psi(\theta)$ ist für $-b < \theta < +b$ gleich Null. Dann haben das Potential der reflektierten Longitudinalwellen und das der reflektierten Transversalwellen folgende Gestalt:

$$(240)\quad \varphi_1 = \mathrm{R}\,[\Phi_1(\theta_1)]; \quad \psi_1 = \mathrm{R}\,[\Psi_1(\theta_2)];$$

dabei sind θ_1 und θ_2 durch die Gleichungen

$$(241)\quad t - \theta_1 x - \sqrt{a^2-\theta_1^2}\,y - \sqrt{b^2-\theta_1^2}\,y_0 = 0;$$

$$(242)\quad t - \theta_2 x - \sqrt{b^2-\theta_2^2}\,(y + y_0) = 0$$

bestimmt. Für die Funktionen, die in die Ausdrücke (240) eingehen, erhalten wir jetzt an Stelle der Formeln (235)

$$(243)\quad \begin{cases} \Phi_1'(\theta) = \dfrac{4\theta\,(2\theta^2-b^2)\sqrt{b^2-\theta^2}}{F(\theta)}\,\Psi'(\theta); \\ \Psi_1'(\theta) = \dfrac{-(2\theta^2-b^2)^2 + 4\theta^2\sqrt{a^2-\theta^2}\sqrt{b^2-\theta^2}}{F(\theta)}\,\Psi'(\theta). \end{cases}$$

Dabei ist der Bereich in der θ-Ebene, dessen Punkte den Strahlen auf der Oberfläche des kegelförmigen Büschels entsprechen, der Schnitt $-b < \theta < +b$. Die Koeffizienten von $\Psi'(\theta)$ enthalten in beiden Ausdrücken (243) die Wurzel $\sqrt{a^2-\theta^2}$. Diese Koeffizienten sind also für $-a < \theta < +a$ reell, für $-b < \theta < -a$ und $a < \theta < b$ aber nicht mehr. Dabei liefert die Ableitung vom Imaginärteil des zum Imaginärteil der Funktion $\Psi'(\theta)$ gehörigen Koeffizienten den Realteil von $\Phi_1'(\theta)$ und $\Psi_1'(\theta)$, der für

$$(244)\quad -b < \theta < -a \quad \text{und} \quad a < \theta < b$$

von Null verschieden ist.

Setzen wir diesen Wert θ in die linke Seite der Gleichung (241) ein, so zerfällt sie nach Trennung des Real- und Imaginärteiles in die zwei Gleichungen

$$t - \theta x - \sqrt{b^2-\theta^2}\,y_0 = 0; \quad y = 0,$$

d. h., für die reflektierten Longitudinalwellen liegen jene Strahlen, auf denen das Potential von Null verschieden ist, nicht innerhalb des Mediums, sondern verlaufen in der Ebene $y = 0$ (Abb. 56). Für das Potential der reflektierten Transversalwellen ist das reflektierte Strahlenbüschel, das durch die Gleichungen (242) definiert ist, ein kegelförmiges mit der Spitze $t = x = 0$; $y = -y_0$. Längs derjenigen Urbilder der Oberfläche dieses Büschels, die den der Bedingung (244) genügenden Werten θ entsprechen, ist das Potential der reflektierten Wellen von Null verschieden.

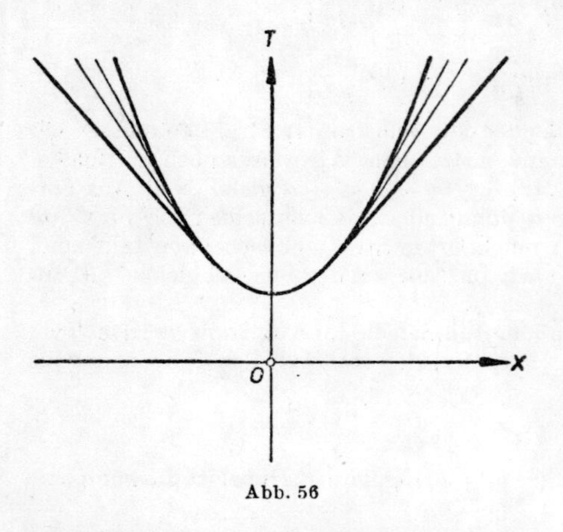

Abb. 56

In diesem Falle sind wir folglich gezwungen, das Potential der reflektierten Transversalwellen auch außerhalb des kegelförmigen Büschels durch die Methoden aus [53] fortzusetzen. Das hat einfache mechanische Bedeutung. Die Transversalwellen, die von der Schwingungsquelle ausgehen und auf die Grenze $y = 0$ auffallen, erzeugen reflektierte Longitudinalwellen. Diese breiten sich längs der Grenze schneller aus als die Transversalwellen und erzeugen ihrerseits wieder eine Transversalwelle.

Wir beschränken uns auf diese kurzen Aussagen und wollen keine ausführliche mechanische Deutung der Formeln (235) und (243) geben. Wir vermerken nur, daß der Nenner $F(\theta)$, der durch die Gleichung (236) definiert ist, die reelle Nullstelle $\theta = \pm c$ hat, welche der Ungleichung $c > b$ genügt. Das Vorhandensein dieser Nullstelle hat die sogenannten Oberflächenwellen zur Folge.

III. Anwendung der Residuentheorie; ganze und gebrochene Funktionen

56. Das Fresnelsche Integral. In [21] haben wir den Hauptsatz über die Residuen bewiesen, welcher Ausgangspunkt für die Anwendung der Theorie der analytischen Funktionen auf verschiedene Arten von Rechenprozessen und analytischen Darstellungen von Funktionen ist. Wir wollen uns in diesem Kapitel mit der Berechnung bestimmter Integrale, der Integration von linearen Differentialgleichungen, der Entwicklung von Funktionen in unendliche Reihen und der Darstellung von Funktionen durch Integrale beschäftigen.

Beginnen wir mit der Berechnung des bestimmten Integrals [II, 83]

$$\int_0^\infty \sin(x^2)\,dx, \tag{1}$$

das man üblicherweise als Fresnelsches Integral bezeichnet und das bei Problemen der Lichtbeugung auftritt. Zunächst untersuchen wir das Integral

$$\int_l e^{-z^2}\,dz, \tag{2}$$

wobei l ein geschlossener Weg ist, der aus dem Intervall OA der reellen Achse, dem Bogen AB des Kreises um O mit dem Radius $R = OA$ und der Strecke BO besteht. Dabei wählen wir den Winkel AOB gleich $\frac{\pi}{4}$. Im Innern dieser Berandung hat der Integrand e^{-z^2} keine singulären Punkte, und daher ist das Integral (2) gleich Null. Wir zerlegen es, den obengenannten Berandungsstücken entsprechend, in drei Teile. Längs OA ist die Veränderliche z reell, und wir setzen $z = x$ mit $0 \leqslant x \leqslant R$. Auf BO ist $z = xe^{i\frac{\pi}{4}}$; $z^2 = ix^2$ und $dz = e^{i\frac{\pi}{4}}\,dx$. Schließlich gilt längs AB

$$z = Re^{i\varphi} \qquad \left(0 \leqslant \varphi \leqslant \frac{\pi}{4}\right),$$

und daher ist $z^2 = R^2 e^{i2\varphi}$ und $dz = iRe^{i\varphi}\,d\varphi$. Somit erhalten wir die Gleichung

$$\int_0^R e^{-x^2}\,dx + e^{i\frac{\pi}{4}}\int_R^0 e^{-ix^2}\,dx + \int_0^{\frac{\pi}{4}} iRe^{-R^2(\cos 2\varphi + i\sin 2\varphi)+i\varphi}\,d\varphi = 0. \tag{3}$$

Wir wollen zeigen, daß das dritte der angegebenen Integrale für $R \to \infty$ gegen Null strebt. Berücksichtigt man, daß e^τ für rein imaginäres τ dem Betrage nach gleich Eins ist, und ersetzt man den Integranden in dem zu untersuchenden Integral durch seinen absoluten Betrag, dann erhält man die Ungleichung

$$\left|\int_0^{\frac{\pi}{4}} iRe^{-R^2(\cos 2\varphi + i\sin 2\varphi)+i\varphi}\,d\varphi\right| < R\int_0^{\frac{\pi}{4}} e^{-R^2\cos 2\varphi}\,d\varphi.$$

Es soll bewiesen werden, daß ihre rechte Seite für $R \to \infty$ gegen Null strebt. Dazu führen wir an Stelle von φ die neue Veränderliche $\psi = 2\varphi$ ein und lassen den konstanten Faktor weg, da er hierbei keine wesentliche Rolle spielt. Dann erhalten wir den Ausdruck

$$R\int\limits_0^{\frac{\pi}{2}} e^{-R^2\cos\psi}\, d\psi .$$

Wir spalten das Integrationsintervall in die zwei Teilintervalle $(0, \alpha)$ und $\left(\alpha, \frac{\pi}{2}\right)$ auf, wobei α eine zwischen 0 und $\frac{\pi}{2}$ gelegene Zahl ist:

$$R\int\limits_0^{\frac{\pi}{2}} e^{-R^2\cos\psi}\, d\psi = \int\limits_0^{\alpha} Re^{-R^2\cos\psi}\, d\psi + \int\limits_{\alpha}^{\frac{\pi}{2}} Re^{-R^2\cos\psi}\, d\psi . \tag{4}$$

Im ersten dieser beiden Integrale ersetzen wir den negativen Exponenten durch seinen dem absoluten Betrage nach größten Wert, also durch $-R^2\cos\alpha$. Den Integranden des zweiten Integrals multiplizieren wir mit dem Bruch $\frac{\sin\psi}{\sin\alpha}$, der im Intervall $\alpha < \psi < \frac{\pi}{2}$ immer größer als Eins ist. Damit haben wir die Summe (4) vergrößert und erhalten

$$\int\limits_0^{\alpha} Re^{-R^2\cos\alpha}\, d\psi + \int\limits_{\alpha}^{\frac{\pi}{2}} R\,\frac{\sin\psi}{\sin\alpha}\, e^{-R^2\cos\psi}\, d\psi .$$

Wir brauchen also nur zu zeigen, daß diese Summe gegen Null strebt. Beide in dieser Summe stehenden Integrale kann man aber ausrechnen, und ihr Wert wird

$$\alpha Re^{-R^2\cos\alpha} + \frac{1}{R\sin\alpha}\Big[e^{-R^2\cos\psi}\Big]_{\psi=\alpha}^{\psi=\frac{\pi}{2}} = \alpha Re^{-R^2\cos\alpha} + \frac{1 - e^{-R^2\cos\alpha}}{R\sin\alpha} .$$

Daraus folgt leicht, daß die Summe (4) für $R \to \infty$ gegen Null strebt. Somit ist bewiesen, daß der dritte Summand der linken Seite von (3) für $R \to \infty$ gegen Null geht. Der erste der in (3) linksstehenden Summanden hat den Grenzwert

$$\int\limits_0^{\infty} e^{-x^2}\, dx ,$$

der bekanntlich [II, 78] gleich $\frac{1}{2}\sqrt{\pi}$ ist. Wir können also behaupten, daß auch der zweite Summand einen bestimmten Grenzwert hat, da ja beim Grenzübergang die Gleichung

$$\frac{1}{2}\sqrt{\pi} + \left(\frac{\sqrt{2}}{2} + i\frac{\sqrt{2}}{2}\right)\int\limits_{\infty}^{0} e^{-ix^2}\, dx = 0$$

gilt. Trennt man unter dem Integral Real- und Imaginärteil, so ist

$$\left(\frac{\sqrt{2}}{2} + i\frac{\sqrt{2}}{2}\right)\int\limits_0^{\infty} [\cos(x^2) - i\sin(x^2)]\, dx = \frac{1}{2}\sqrt{\pi} .$$

Durch Vergleich von Real- und Imaginärteil erhält man daraus unmittelbar den Wert des FRESNELschen Integrals:

$$\int_0^\infty \cos(x^2)\,dx = \int_0^\infty \sin(x^2)\,dx = \frac{1}{2}\sqrt{\frac{\pi}{2}}. \tag{5}$$

57. Integration von Ausdrücken mit trigonometrischen Funktionen. Wir untersuchen jetzt ein Integral der Gestalt

$$\int_0^{2\pi} R(\cos x,\ \sin x)\,dx, \tag{6}$$

in dem $R(\cos x, \sin x)$ eine rationale Funktion von $\cos x$ und $\sin x$ ist. An Stelle der reellen Veränderlichen x führen wir die komplexe Variable $z = e^{ix}$ ein. Durchläuft x das Intervall $(0, 2\pi)$, so beschreibt die komplexe Veränderliche offensichtlich den Einheitskreis. Außerdem können wir gemäß der EULERschen Formel

$$\cos x = \frac{z + z^{-1}}{2}; \ \sin x = \frac{z - z^{-1}}{2i}$$

schreiben; ferner ist $dx = \frac{1}{iz}dz$. Setzt man diese Ausdrücke in (6) ein, so erhält man ein Integral über eine rationale Funktion längs des Einheitskreises $|z| = 1$, den wir jetzt mit C bezeichnen.

Dieses Integral ist gleich dem Produkt von $2\pi i$ mit der Summe der Residuen des Integranden in den Polen, die innerhalb des Einheitskreises liegen.

Beispiel I. Wir betrachten das Integral

$$\int_0^{2\pi} \frac{dx}{1 + \varepsilon \cos x} \qquad (0 < \varepsilon < 1).$$

Führt man die oben erwähnte Transformation aus, so lautet es

$$\int_C \frac{dz}{iz\left(1 + \varepsilon \frac{z + z^{-1}}{2}\right)}$$

oder

$$\frac{2}{i}\int_C \frac{dz}{\varepsilon z^2 + 2z + \varepsilon}.$$

Die Pole des Integranden sind die Nullstellen der quadratischen Gleichung

$$\varepsilon z^2 + 2z + \varepsilon = 0. \tag{7}$$

Eine dieser Nullstellen ist dem absoluten Betrage nach kleiner als Eins. Sie ist durch

$$z_0 = \frac{-1 + \sqrt{1 - \varepsilon^2}}{\varepsilon}$$

bestimmt, wobei die Wurzel positiv genommen werden muß. Das Residuum des Integranden kann man nach der Regel bestimmen, die wir in [21] angegeben haben. Es ist nämlich gleich dem

Quotienten des Zählers des Integranden durch die Ableitung des Nenners an der Stelle $z = z_0$. Bei unserem Beispiel ist dieses Residuum also gleich

$$r = \frac{1}{2\varepsilon z_0 + 2} = \frac{1}{2\sqrt{1-\varepsilon^2}},$$

und wir erhalten schließlich

$$\int_0^{2\pi} \frac{dx}{1+\varepsilon\cos x} = \frac{2\pi}{\sqrt{1-\varepsilon^2}}. \tag{8}$$

Beispiel II. Wir wollen noch das Integral

$$\int_0^{2\pi} \frac{dx}{(1+\varepsilon\cos x)^2} \qquad (0 < \varepsilon < 1)$$

untersuchen. Dieselbe Transformation wie oben führt es in das Integral

$$\frac{4}{i}\int_C \frac{z}{(\varepsilon z^2 + 2z + \varepsilon)^2}\,dz$$

über.

Hier ist der Wert $z = z_0$ der einzige Pol innerhalb des Einheitskreises, und zwar einer von zweiter Ordnung. Nach dem in [21] Gesagten muß man zur Bestimmung des Residuums r in diesem Pol den Integranden mit $(z - z_0)^2$ multiplizieren, die erste Ableitung des erhaltenen Produktes bilden und dann $z = z_0$ setzen. Es sei $z = z_1$ die zweite Nullstelle der Gleichung (7), die dem Betrage nach größer als Eins ist:

$$z_1 = \frac{-1-\sqrt{1-\varepsilon^2}}{\varepsilon}.$$

Führt man die obigen Operationen aus, so erhält man

$$r = \left[\frac{z}{\varepsilon^2 (z-z_1)^2}\right]'_{z=z_0} = -\left.\frac{z+z_1}{\varepsilon^2 (z-z_1)^3}\right|_{z=z_0}.$$

Setzt man dann $z = z_0$ und berücksichtigt die Werte von z_0 und z_1, so bekommt man folgenden Wert des Residuums:

$$r = \frac{1}{4(1-\varepsilon^2)^{3/2}}.$$

Schließlich liefert der Residuensatz

$$\int_0^{2\pi} \frac{dx}{(1+\varepsilon\cos x)^2} = \frac{2\pi}{(1-\varepsilon^2)^{3/2}}. \tag{9}$$

58. Die Integration einer rationalen Funktion. Wir betrachten folgendes Integral einer rationalen Funktion:

$$\int_{-\infty}^{+\infty} \frac{\varphi(x)}{\psi(x)}\,dx. \tag{10}$$

Dieses Integral hat genau dann einen Sinn [**II, 82**], wenn das Nennerpolynom $\psi(x)$ keine reelle Nullstelle besitzt und sein Grad den des Polynoms $\varphi(x)$ wenigstens um zwei übertrifft. Die Funktion einer komplexen Veränderlichen

$$f(z) = \frac{\varphi(z)}{\psi(z)}$$

besitzt dann offenbar die Eigenschaft, daß das Produkt $zf(z)$ für $z \to \infty$ gegen Null strebt, und zwar gleichmäßig, also unabhängig von der Art und Weise, in der z Unendlich wird. Diese Gleichmäßigkeit bedeutet, genauer gesagt, folgendes: Zu beliebig kleinem positivem ε existiert ein positives R_ε derart, daß $|zf(z)| < \varepsilon$ ist, wenn nur $|z| > R_\varepsilon$ gilt. Wir wollen zeigen: Erfüllt $f(z)$ diese Bedingung, so strebt das über einen beliebigen Bogen des Kreises $|z| = R$ erstreckte Integral über diese Funktion für $R \to \infty$ gegen Null.

Hilfssatz. *Ist $f(z)$ in der Umgebung des unendlich fernen Punktes stetig und strebt $z \cdot f(z)$ für $z \to \infty$ gleichmäßig gegen Null, so geht das über einen beliebigen Bogen des Kreises $z = R$ erstreckte Integral über $f(z)$ für $R \to \infty$ gegen Null.*

Wendet man auf das Integral die übliche Abschätzung aus [4] an, so gilt

$$\left|\int_l f(z)\,dz\right| = \left|\int_l z \cdot f(z)\frac{1}{z}\,dz\right| \leqslant \max_{z \text{ auf } l} |z \cdot f(z)| \cdot \frac{1}{R} s,$$

wobei s die Länge des genannten Bogens l ist, die offensichtlich höchstens gleich $2\pi R$ sein kann. Es ist also

$$\left|\int_l f(z)\,dz\right| \leqslant 2\pi \max_{z \text{ auf } l} |z \cdot f(z)|.$$

Da $z \cdot f(z)$ auf unserem Bogen für $R \to \infty$ gegen Null strebt, ist damit die Behauptung unseres Hilfssatzes bewiesen.

Wir kehren zu unserem Beispiel zurück und integrieren die rationale Funktion $\frac{\varphi(z)}{\psi(z)}$ längs einer Berandung, die sich aus dem Intervall $(-R, +R)$ der reellen Achse und dem in der oberen Halbebene gelegenen Halbkreis mit dem Durchmesser $2R$ zusammensetzt. Wir können R so groß wählen, daß sich alle Pole der Funktion $f(z)$, die in der oberen Halbebene liegen, innerhalb des angegebenen Halbkreises befinden. Bezeichnen wir letzteren mit C_R, so gilt

$$\int_{-R}^{+R} \frac{\varphi(x)}{\psi(x)}\,dx + \int_{C_R} \frac{\varphi(z)}{\psi(z)}\,dz = 2\pi i \sum r, \tag{11}$$

wobei $\sum r$ die Summe der Residuen in den in der oberen Halbebene gelegenen Polen der Funktion $f(z)$ ist. Wächst R über alle Grenzen, so ändert sich die rechte Seite der obigen Gleichung nicht; der zweite Summand links strebt jedoch nach dem Hilfssatz gegen Null. Für $R \to \infty$ ergibt sich somit

$$\int_{-\infty}^{+\infty} \frac{\varphi(x)}{\psi(x)}\,dx = 2\pi i \sum r.$$

Das Integral (10) *über eine rationale Funktion ist also gleich dem Produkt von $2\pi i$ mit der Summe der Residuen in den in der oberen Halbebene gelegenen Polen des Integranden.*

Beispiel. Wir wollen das Integral

$$\int_{-\infty}^{+\infty} \frac{dx}{(x^2+1)^n}$$

untersuchen.

Der Integrand hat in der oberen Halbebene nur den einen Pol $z = i$ der Ordnung n. Zur Bestimmung seines Residuums müssen wir nach [21] den Integranden $(z^2+1)^{-n}$ mit $(z-i)^n$ multiplizieren, das erhaltene Produkt $(n-1)$-mal nach z differenzieren, durch $(n-1)!$ dividieren und dann $z = i$ setzen. Das gesuchte Residuum ist also durch die Formel

$$r = \frac{1}{(n-1)!}\frac{d^{n-1}}{dz^{n-1}}\frac{(z-i)^n}{(z^2+1)^n}\bigg|_{z=i} = \frac{1}{(n-1)!}\frac{d^{n-1}(z+i)^{-n}}{dz^{n-1}}\bigg|_{z=i}$$

und folglich

$$r = \frac{(-n)(-n-1)\dots(-n-n+2)(2i)^{-2n+1}}{(n-1)!} = -\frac{n(n+1)\dots(2n-2)}{(n-1)!\,2^{2n-1}}i$$

bestimmt, so daß schließlich gilt:

$$\int_{-\infty}^{+\infty}\frac{dx}{(x^2+1)^n} = \frac{(2n-2)!}{[(n-1)!]^2}\frac{\pi}{2^{2n-2}}. \tag{12}$$

59. Einige neue Integraltypen mit trigonometrischen Funktionen. Bei der Herleitung der vorigen Regel zur Berechnung von Integralen mit unendlichen Grenzen hatten wir im Grunde die Tatsache nicht benutzt, daß der Integrand $f(z)$ eine rationale Funktion ist. Für uns genügte es, daß die Funktion $f(z)$ folgende zwei Bedingungen erfüllte: Sie war erstens in der oberen Halbebene und auf der reellen Achse außer in endlich vielen auf der oberen Halbebene liegenden Polen regulär, und zweitens strebte $z \cdot f(z)$ im erwähnten Gebiet für $z \to \infty$ gleichmäßig gegen Null. Damit erhielten wir die Gleichung (11), wobei der zweite Summand auf der linken Seite gegen Null strebt, so daß für $R \to \infty$ gilt:

$$\lim_{R\to\infty}\int_{-R}^{+R} f(x)\,dx = 2\pi i \sum r. \tag{13}$$

$\sum r$ ist dabei die Summe der Residuen in den Polen von $f(z)$, die in der oberen Halbebene liegen. Zerlegt man das Integrationsintervall $(-R, +R)$ in die Teilintervalle $(-R, 0)$ und $(0, +R)$ und ersetzt im ersten der neuen Integrale x durch $-x$, so kann man für Gleichung (13) schreiben:

$$\lim_{R\to\infty}\int_0^R [f(x) + f(-x)]\,dx = 2\pi i \sum r$$

oder

$$\int_0^\infty [f(x) + f(-x)]\,dx = 2\pi i \sum r. \tag{14}$$

Wir wenden dieses Resultat auf einen Integranden der Gestalt

$$f(z) = F(z)\,e^{imz} \qquad (m > 0) \tag{15}$$

an, wobei die Funktion $F(z)$ die obigen zwei Bedingungen erfüllt. Wie man leicht sieht, gilt das dann auch für die Funktion $f(z)$. Um sich davon zu überzeugen, genügt es zu zeigen, daß der in der ganzen Ebene reguläre Faktor e^{imz} in der oberen Halbebene und auf der reellen Achse beschränkt bleibt. Es ist offensichtlich

$$e^{imz} = e^{im(x+iy)} \quad \text{und} \quad |e^{imz}| = e^{-my} \qquad (m > 0;\ y \geqq 0),$$

e^{imx-my}

woraus unmittelbar $|e^{imz}| \leqslant 1$ für $y \geqslant 0$ folgt. Erfüllt also $F(z)$ die beiden oben angegebenen Bedingungen, so gilt

$$\int_0^\infty [F(x)\, e^{imx} + F(-x)\, e^{-imx}]\, dx = 2\pi i \sum r, \tag{16}$$

wobei $\sum r$ wieder die Summe der Residuen der Funktion (15) in der oberen Halbebene ist. Wir wollen nun zwei Spezialfälle untersuchen. Zuerst nehmen wir an, daß $F(z)$ eine gerade Funktion ist, so daß also $F(-z) = F(z)$ gilt. Dann lautet die vorige Formel

$$\int_0^\infty F(x) \cos mx\, dx = \pi i \sum r. \tag{17}$$

Ist $F(z)$ eine ungerade Funktion, gilt also $F(-z) = -F(z)$, so liefert die vorige Formel

$$\int_0^\infty F(x) \sin mx\, dx = \pi \sum r. \tag{18}$$

Beispiel I. Wir wollen das Integral

$$\int_0^\infty \frac{\cos mx}{x^2 + a^2}\, dx \qquad (a > 0;\ m > 0)$$

untersuchen. Die Funktion

$$F(z) = \frac{1}{a^2 + z^2}$$

erfüllt offensichtlich die obigen zwei Bedingungen und ist eine gerade Funktion, so daß wir also die Formel (17) anwenden dürfen. Der einfache Pol $z = ia$ ist der einzige der Funktion

$$f(z) = \frac{e^{imz}}{a^2 + z^2} \tag{19}$$

in der oberen Halbebene. Wir können das Residuum in diesem Pol nach der Regel bestimmen, die wir schon angewendet haben und die man als Merksatz kurz wie folgt formulieren kann: Zähler dividiert durch die Ableitung des Nenners. Das liefert uns folgenden Ausdruck für das Residuum der Funktion (19):

$$r = \frac{e^{-ma}}{i2a},$$

und wir erhalten schließlich

$$\int_0^\infty \frac{\cos mx}{x^2 + a^2} dx = \frac{\pi}{2a} e^{-ma}. \tag{20}$$

Beispiel II. Wir betrachten das Integral

$$\int_0^\infty \frac{x \sin mx}{(x^2 + a^2)^2} dx.$$

Hierauf muß die Formel (18) angewendet werden; die Funktion

$$f(z) = \frac{z e^{imz}}{(z^2 + a^2)^2}$$

hat den einzigen Pol $z = ia$ mit der Vielfachheit zwei in der oberen Halbebene. Das Residuum in diesem Pol bestimmt man aus der Formel

$$r = \frac{d}{dz}\left[\frac{ze^{imz}}{(z^2 + a^2)^2}(z - ia)^2\right]\Bigg|_{z=ia}$$

oder

$$r = \frac{d}{dz}\left[\frac{ze^{imz}}{(z + ia)^2}\right]\Bigg|_{z=ia} = \frac{m}{4a}\,e^{-ma}.$$

Daraus erhält man unmittelbar das Endresultat

$$\int_0^\infty \frac{x \sin mx}{(x^2 + a^2)^2}\,dx = \frac{\pi m}{4a}\,e^{-ma}. \tag{21}$$

Bemerkung. Wir weisen darauf hin, daß wir die Formel (13) im allgemeinen nicht in der Gestalt

$$\int_{-\infty}^{+\infty} f(x)\,dx = 2\pi i \sum r \tag{22}$$

schreiben dürfen. Das Integral mit den unendlichen Grenzen

$$\int_{-\infty}^{+\infty} f(x)\,dx$$

ist nämlich als Summe der Grenzwerte der Integrale

$$\int_0^R f(x)\,dx \quad \text{und} \quad \int_{-R}^0 f(x)\,dx$$

für $R \to +\infty$ definiert. Wenn diese Integrale nicht einzeln gegen einen endlichen Grenzwert streben, wohl aber die Summe dieser Integrale, wenn also der endliche Grenzwert

$$\lim_{R\to+\infty} \int_{-R}^{+R} f(x)\,dx$$

existiert, so heißt er *Hauptwert des Integrals über das unendliche Intervall* und wird folgendermaßen bezeichnet:

$$\text{Hauptwert} \int_{-\infty}^{+\infty} f(x)\,dx = \lim_{R\to+\infty} \int_{-R}^{+R} f(x)\,dx. \tag{23}$$

In Formel (13) müssen wir also das Integral im Sinne des Hauptwertes auffassen. Wissen wir jedoch aus anderen Überlegungen, daß dieses Integral als gewöhnliches uneigentliches existiert, so braucht man die obige Rechnung nicht durchzuführen, denn dann ist das Integral im Sinne des Hauptwertes mit dem gewöhnlichen uneigentlichen Integral identisch. In [26] hatten wir schon den Hauptwert eines Integrals für den Fall definiert, daß die Stetigkeit von $f(x)$ in irgendeinem endlichen Punkt gestört ist.

60. Lemma von JORDAN. Man kann die Bedingungen, die wir im vorigen Abschnitt der Funktion $F(z)$ für die Gültigkeit der Formeln (17) und (18) auferlegt haben, abschwächen, indem man einen für das Folgende wichtigen Hilfssatz benutzt.

Lemma von JORDAN. *Strebt $F(z)$ in der oberen Halbebene und auf der reellen Achse für $z \to \infty$ gleichmäßig gegen Null und ist m eine positive Zahl, so gilt für $R \to +\infty$*

$$\int_{C_R} F(z)\, e^{imz} dz \to 0. \tag{24}$$

Dabei ist C_R der in der oberen Halbebene gelegene Halbkreis um den Nullpunkt mit dem Radius R.

Benutzt man Polarkoordinaten, $z = Re^{i\varphi}$, so kann man das Integral (24) folgendermaßen schreiben:

$$\int_0^\pi F(Re^{i\varphi})\, e^{imR(\cos\varphi + i\sin\varphi)}\, iRe^{i\varphi}\, d\varphi.$$

Daraus erhält man, wenn man $|ie^{imR\cos\varphi + i\varphi}| = 1$ berücksichtigt,

$$\left|\int_{C_R} F(z)\, e^{imz} dz\right| < \int_0^\pi |F(Re^{i\varphi})|\, e^{-mR\sin\varphi} R\, d\varphi$$

oder

$$\left|\int_{C_R} F(z)\, e^{imz} dz\right| \leqslant \max_{\text{auf } C_R} |F(z)| \int_0^\pi e^{-mR\sin\varphi} R\, d\varphi. \tag{25}$$

Nach Voraussetzung strebt $|F(Re^{i\varphi})|$ für $R \to \infty$ und $0 \leqslant \varphi \leqslant \pi$ gleichmäßig gegen Null. Also brauchen wir nur zu zeigen, daß das Integral

$$\int_0^\pi e^{-mR\sin\varphi} R\, d\varphi \tag{26}$$

für $R \to \infty$ beschränkt bleibt. Zerlegt man das Integrationsintervall in die Teilintervalle $\left(0, \frac{\pi}{2}\right)$ und $\left(\frac{\pi}{2}, \pi\right)$ und ersetzt im zweiten Integral die Veränderliche φ durch $\pi - \varphi$, dann erhält das Integral (26) die Gestalt

$$2\int_0^{\frac{\pi}{2}} e^{-mR\sin\varphi} R\, d\varphi.$$

Wir wollen jetzt wie in [56] verfahren. Wir zerlegen das Integrationsintervall in zwei Teilintervalle und vergrößern den positiven Integranden; dann erhalten wir die Ungleichung

$$2\int_0^{\frac{\pi}{2}} e^{-mR\sin\varphi} R\, d\varphi < 2\int_0^{\alpha} e^{-mR\sin\varphi} R \frac{\cos\varphi}{\cos\alpha} d\varphi + 2\int_\alpha^{\frac{\pi}{2}} e^{-mR\sin\alpha} R\, d\varphi.$$

Die Auswertung der letzten beiden Integrale führt uns nach Einsetzen der Endpunkte zu der Ungleichung

$$2\int_0^{\frac{\pi}{2}} e^{-mR\sin\varphi} R\,d\varphi < \frac{2}{m\cos\alpha}\left[-e^{-mR\sin\varphi}\right]_{\varphi=0}^{\varphi=\alpha} + 2e^{-mR\sin\alpha} R\left(\frac{\pi}{2}-\alpha\right).$$

Der zweite der angegebenen Summanden strebt offensichtlich für $R\to\infty$ gegen Null, der erste jedoch gegen den endlichen Grenzwert $\frac{2}{m\cos\alpha}$, so daß also die gesamte Summe für $R\to\infty$ beschränkt bleibt. Dasselbe gilt auch für das Integral (26), woraus die Behauptung des Lemmas folgt.

Benutzt man diesen Hilfssatz, so kann man die Formel (18) unter schwächeren Voraussetzungen bezüglich der Funktion $F(z)$ beweisen. Früher haben wir gefordert, daß in der oberen Halbebene und auf der reellen Achse $z\cdot F(z)$ für $|z|\to\infty$ gegen Null geht. Diese Forderung war nötig, um zu zeigen, daß das Integral

$$\int_{C_R} F(z)\, e^{imz}\, dz$$

längs des oberen Halbkreises C_R für $R\to\infty$ gegen Null strebt. Nach dem Lemma genügt dazu lediglich die Forderung $F(z)\to 0$, und somit können wir die Formel (18) unter dieser alleinigen Voraussetzung anwenden.

Beispiel. Wir betrachten das Integral

$$\int_0^{\infty} \frac{x\sin mx}{x^2+a^2}\,dx \qquad (a>0;\quad m>0).$$

In diesem Beispiel erfüllt die Funktion

$$F(z)=\frac{z}{z^2+a^2}$$

alle Voraussetzungen für die Anwendung von Formel (18). Daher brauchen wir wie früher nur das Residuum der Funktion

$$F(z)\,e^{imz}=\frac{ze^{imz}}{z^2+a^2}$$

im Pol $z=ia$ zu bestimmen, der in der oberen Halbebene liegt. Er ist ein Pol erster Ordnung, und das entsprechende Residuum bestimmt man nach der üblichen Regel: Zähler dividiert durch die Ableitung des Nenners. Es ist also

$$r=\left.\frac{ze^{imz}}{2z}\right|_{z=ia}=\frac{1}{2}e^{-ma}$$

und schließlich

$$\int_0^{\infty}\frac{x\sin mx}{x^2+a^2}\,dx=\frac{\pi}{2}e^{-ma}. \tag{27}$$

61. Darstellung einiger Funktionen durch Kurvenintegrale. Benutzt man die Residuentheorie, so kann man leicht Kurvenintegrale bilden, die unstetige Funktionen darstellen. Wir wollen beispielsweise die Funktion $\varphi(t)$ untersuchen, die für $t<0$ gleich Null und für $t>0$ gleich Eins ist, also die Funktion

$$\varphi(t)=\begin{cases}0 & (t<0)\\ 1 & (t>0).\end{cases} \tag{28}$$

Es soll gezeigt werden, daß diese Funktion durch ein Kurvenintegral der Gestalt

$$\varphi(t) = \frac{1}{2\pi i} \int\limits_{\smile} \frac{e^{itz}}{z}\, dz \tag{29}$$

dargestellt werden kann, wobei t unter dem Integralzeichen als Parameter eingeht. Der Integrationsweg ist die gesamte reelle Achse. Dabei wird der Nullpunkt $z = 0$, der ein Pol des Integranden ist, durch einen Halbkreis in der unteren Halbebene mit kleinem Radius und dem Nullpunkt als Mittelpunkt umgangen (Abb. 57).

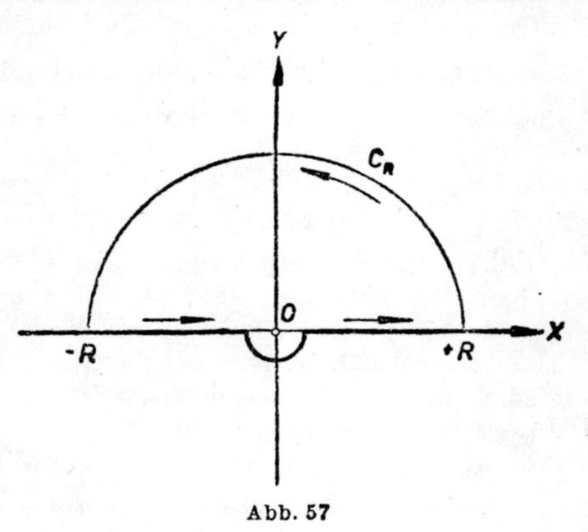

Abb. 57

Wir betrachten den Hilfsweg l_R, der nicht aus der gesamten reellen Achse besteht, sondern nur aus dem Intervall $(-R, +R)$ unter Umgehung des Nullpunktes und aus dem Halbkreis C_R in der oberen Halbebene um den Nullpunkt mit dem Radius R. Ist $t > 0$, so ist auf das Integral (29) das JORDANsche Lemma anwendbar, so daß das Integral über den Halbkreis für $R \to \infty$ gegen Null strebt. Der Integrand hat innerhalb der Berandung den einzigen Pol im Nullpunkt $z = 0$ mit dem Residuum Eins. Es ist also

$$\frac{1}{2\pi i} \int\limits_{l_R} \frac{e^{itz}}{z}\, dz = 1 .$$

Beim Grenzübergang erhält man

$$\frac{1}{2\pi i} \int\limits_{\smile} \frac{e^{itz}}{z}\, dz = 1 \qquad (t > 0).$$

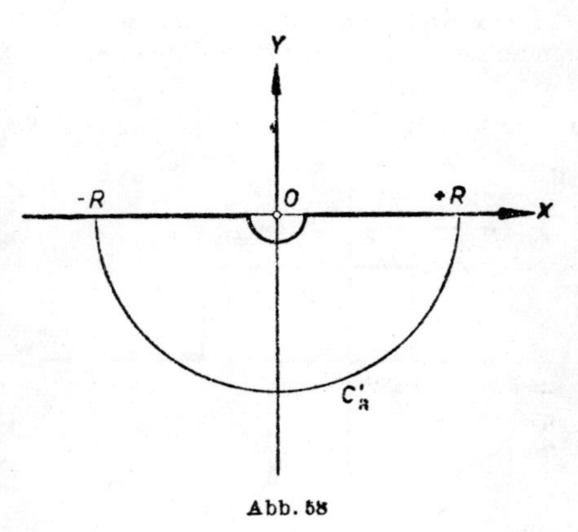

Abb. 58

Jetzt sei $t < 0$. Wir wählen den geschlossenen Weg, der aus dem vorigen Intervall $(-R, +R)$ der reellen Achse unter Umgehung des Nullpunkts und dem Halbkreis C'_R mit dem Radius R besteht, der nicht in der oberen, sondern in der unteren Halbebene liegt (Abb. 58).

Innerhalb dieser Berandung hat unsere Funktion überhaupt keinen Pol. Daher ist das Integral über die gesamte Berandung gleich Null.

Wir beweisen jetzt, daß das Integral über den unteren Halbkreis für $R \to \infty$ gegen Null strebt. Führt man an Stelle von z die neue Integrationsvariable $z' = -z$ ein, so geht der untere Halbkreis C'_R in den oberen Halbkreis C_R über, und es gilt

$$\int\limits_{C'_R} \frac{e^{itz}}{z}\, dz = \int\limits_{C_R} \frac{e^{-itz'}}{z'}\, dz' .$$

Nach Voraussetzung ist $t < 0$ und folglich $-t > 0$, und der Hilfssatz von JORDAN zeigt uns, daß das letzte Integral tatsächlich gegen Null strebt. Somit erhalten wir wie oben, wenn wir zur Grenze übergehen,

$$\frac{1}{2\pi i} \int\limits_{\smile} \frac{e^{itz}}{z}\, dz = 0 \qquad (t < 0).$$

Wir wollen das Integral auch für $t = 0$ untersuchen. Es lautet

$$\frac{1}{2\pi i}\int\limits_{\smile}\frac{1}{z}dz. \tag{30}$$

Betrachtet man wie früher das Intervall $(-R, +R)$ der reellen Achse, so muß man den Zuwachs von $\log z$ bei der Bewegung längs dieses Intervalls unter Umgehen des Nullpunkts berechnen. In den Intervallendpunkten hat der Realteil von $\log z$ den Wert $\log R$ und erhält folglich keinen Zuwachs. Der Imaginärteil $i \arg z$ erhält beim Umlaufen des Ursprungs längs des Halbkreises offensichtlich den Zuwachs πi, aber auf den übrigen Wegstücken bleibt er ungeändert. Somit hat das Integral (30) längs des Intervalls $(-R, +R)$ den Wert $\frac{1}{2}$. Daraus folgt, daß sich dieselbe Zahl auch für $R \to \infty$ ergibt. Es ist also

$$\frac{1}{2\pi i}\int\limits_{\smile}\frac{1}{z}dz = \frac{1}{2}. \tag{31}$$

Hierbei ist wesentlich, daß obere und untere Grenze für $R \to \infty$ denselben Absolutbetrag haben. Die Gleichung (31) ist also im Sinne des Hauptwertes des Integrals im Intervall $(-\infty, +\infty)$ unter Umgehen von $z = 0$ aufzufassen.
Das Integral (29) konvergiert dagegen für $t \neq 0$ sogar im gewöhnlichen Sinne des Wortes bezüglich der unendlichen Grenzen. Trennt man nämlich Real- und Imaginärteil, so erhält man Integrale der Gestalt

$$\int\limits_a^\infty \frac{\cos tz}{z}dz \quad \text{und} \quad \int\limits_a^\infty \frac{\sin tz}{z}dz \qquad (a > 0).$$

Die Konvergenz des zweiten dieser Integrale haben wir früher bewiesen [II, 83]. Ebenso kann man auch die Konvergenz des ersten Integrals beweisen.

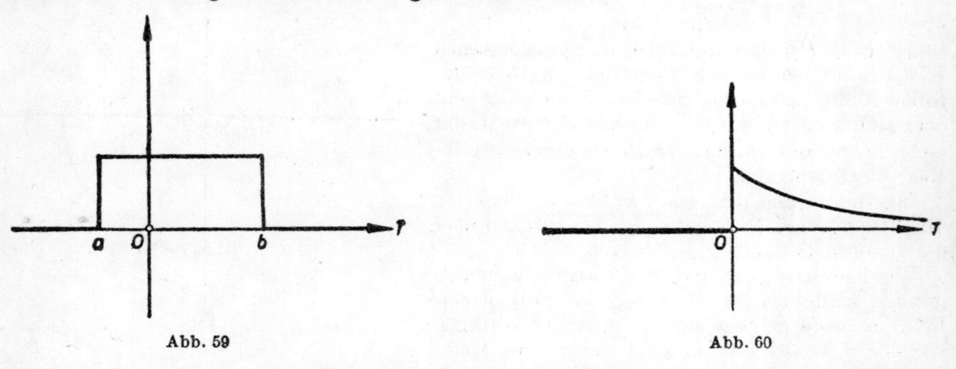

Abb. 59 Abb. 60

Für $t \neq 0$ liefert also das Integral (29) die Funktion (28). Für $t = 0$ ist es im Sinne des Hauptwertes aufzufassen, und sein Wert ist gleich $\frac{1}{2}$.

Wir untersuchen jetzt ein zweites Beispiel; die Funktion $\psi(t)$ verschwinde überall außerhalb eines endlichen Intervalls, in dem sie gleich Eins ist. Es gilt also

$$\psi(t) = 0 \text{ für } t < a \text{ und } t > b; \quad \psi(t) = 1 \text{ für } a < t < b. \tag{32}$$

Man kann diese Funktion leicht als Differenz zweier Integrale des eben angegebenen Typs darstellen:

$$\psi(t) = \frac{1}{2\pi i}\int\limits_{\smile}\frac{e^{i(b-t)z}}{z}dz - \frac{1}{2\pi i}\int\limits_{\smile}\frac{e^{i(a-t)z}}{z}dz. \tag{33}$$

Beide Summanden werden für $t > b$ gleich Null. Im Intervall $a < t < b$ ist der Minuend gleich Eins und der Subtrahend Null. Folglich ist die gesamte Differenz gleich Eins. Schließlich sind für $t < a$ sowohl Minuend als auch Subtrahend gleich Eins, und die gesamte Differenz wird Null, so daß wir tatsächlich die Funktion (32) erhalten. Das Bild dieser Funktion ist in Abb. 59 angegeben.

Wir untersuchen jetzt eine Funktion, die für $t < 0$ gleich Null ist und von $t \geqslant 0$ exponentiell abnimmt (also vom Wert Eins ab),

$$\varphi_1(t) = 0 \quad (t < 0); \quad \varphi_1(t) = e^{-\alpha t} \quad (t \geqslant 0). \qquad (\alpha > 0) \tag{34}$$

Sie ist in Abb. 60 dargestellt. Man prüft leicht nach, daß diese Funktion durch ein Integral folgender Gestalt dargestellt werden kann:

$$\varphi_1(t) = \frac{1}{2\pi i}\int_{-\infty}^{+\infty} \frac{e^{itz}}{z - i\alpha}\,dz. \tag{35}$$

Der Integrationsweg ist dabei die reelle Achse. Der Beweis dieser Formel ist wörtlich derselbe wie der für Formel (29), nur ist jetzt das Residuum der Funktion

$$\frac{e^{itz}}{z - i\alpha}$$

im Pol $z = i\alpha$ gleich $e^{-\alpha t}$.

Schließlich untersuchen wir die Funktion, die für $t < 0$ gleich Null und für $t > 0$ durch den Sinus dargestellt wird (Abb. 61),

$$\begin{cases} \psi_1(t) = 0 & \text{für } t < 0; \\ \psi_1(t) = \sin \alpha t & \text{für } t > 0 \ (\alpha \text{ reell}). \end{cases} \tag{36}$$

Man kann ebenso wie oben leicht zeigen, daß diese Funktion als folgendes Kurvenintegral dargestellt werden kann:

$$\psi_1(t) = \mathrm{R}\left[-\frac{1}{2\pi}\int_{\smile} \frac{e^{itz}}{z - \alpha}\,dz\right], \tag{37}$$

wobei R das Zeichen für den Realteil ist. Dabei ist der Integrationsweg die reelle Achse unter Umgehung des Poles $z = \alpha$ des Integranden.

Für das Residuum im Pol des Integranden gilt

$$e^{it\alpha} = \cos \alpha t + i \sin \alpha t.$$

Trennt man Real- und Imaginärteil, so erhält man die Formel (37).

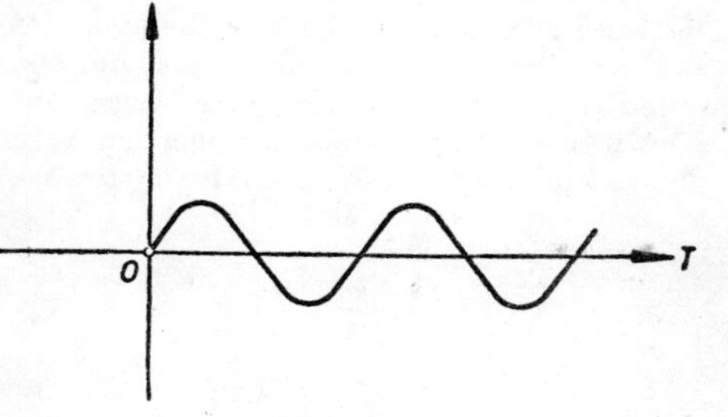

Abb. 61

Zuweilen schreibt man die angegebenen Formeln in anderer Gestalt; man verwendet nämlich nicht die Integration über die reelle, sondern über die imaginäre Achse. Dabei wird der Pol auf der rechten Seite, also auf derjenigen Seite der imaginären Achse, auf der der Realteil einer komplexen Zahl positiv ist, umgangen. Um diesen neuen Integrationsweg zu erhalten, genügt es, die Ebene um den Nullpunkt entgegen dem Uhrzeigersinn um den Winkel $\frac{\pi}{2}$ zu drehen. An Stelle von z wird also die neue Veränderliche z' mit $z' = iz$ oder $z = \frac{1}{i} z'$ eingeführt. Dann gilt anstatt Formel (29) die folgende:

$$\varphi(t) = \frac{1}{2\pi i}\int_{\}} \frac{e^{tz'}}{z'}\,dz'. \tag{29_1}$$

In Formel (35) erhalten wir den Pol nicht auf der imaginären Achse, sondern auf dem negativen Teil der reellen Achse. Somit ergibt sich für die Funktion $\varphi_1(t)$ eine Darstellung der Gestalt

$$\varphi_1(t) = \frac{1}{2\pi i}\int\limits_{-\infty i}^{+\infty i} \frac{e^{tz'}}{z'+\alpha}\,dz'. \tag{35_1}$$

Entsprechend gilt für die Funktion $\psi_1(t)$ folgende Darstellung:

$$\psi_1(t) = \mathrm{R}\left[-\frac{1}{2\pi}\int\limits_{\gamma} \frac{e^{tz'}}{z'-i\alpha}\,dz'\right].$$

Die Darlegungen des vorliegenden Abschnittes hängen unmittelbar mit der LAPLACE-Transformation zusammen, die wir in Teil IV behandeln werden.

62. Beispiele von Integralen mehrdeutiger Funktionen. Wir wollen einige Beispiele betrachten, bei denen unter dem Integralzeichen mehrdeutige Funktionen einer komplexen Veränderlichen stehen. Als erstes Beispiel wählen wir das Integral

$$\int\limits_{l} (-z)^{a-1}\,Q(z)\,dz. \tag{38}$$

Darin sei a eine reelle Zahl und $Q(z)$ eine rationale Funktion derart, daß $z^a Q(z)$ für $z \to 0$ und $z \to \infty$ gegen Null geht. Der Integrand ist mehrdeutig, denn wenn z den Nullpunkt entgegen dem Uhrzeigersinn umläuft, so durchläuft $-z$ denselben Weg, und daher wächst das Argument von $-z$ um den Summanden 2π. Somit multipliziert sich $-z$ selbst mit dem Faktor $e^{2\pi i}$, und $(-z)^{a-1}$ hat nach dem Umlauf die Gestalt $(-z)^{a-1}\,e^{2(a-1)\pi i}$, d. h., in diesem Falle wird die Funktion mit dem Faktor $e^{2(a-1)\pi i}$ multipliziert, der ungleich Eins ist, sofern a keine ganze Zahl ist. Der Nullpunkt ist also ein Verzweigungspunkt unseres Integranden. Um die Funktion eindeutig zu machen, schneiden wir die Ebene längs der positiven reellen Achse vom Punkt $z = 0$ an auf. In dieser aufgeschnittenen Ebene T ist unser Integrand eindeutig, und um ihn vollständig zu definieren, müssen wir das Argument von $-z$ in irgendeinem Punkt der T-Ebene vorgeben. Dementsprechend wollen wir annehmen, daß das Argument der negativen Zahl $-z$ auf dem oberen Ufer des Schnittes, auf dem z positiv ist, gleich $-\pi$ sei. Beim Durchlaufen irgendeines geschlossenen Weges um den Nullpunkt treffen wir vom oberen Ufer des Schnittes aus auf das untere, wobei das Argument von $-z$ den Zuwachs 2π erhält. Wir müssen also auf dem unteren Ufer des Schnittes das Argument von $-z$ gleich π annehmen. Bezeichnen wir den absoluten Betrag von z mit x, dann gilt

$$-z = xe^{-i\pi} \text{ auf dem oberen Ufer,}$$

$$-z = xe^{i\pi} \text{ auf dem unteren Ufer}$$

und folglich

$$\begin{cases} (-z)^{a-1} = x^{a-1}\,e^{-i(a-1)\pi} & \text{auf dem oberen Ufer,} \\ (-z)^{a-1} = x^{a-1}\,e^{i(a-1)\pi} & \text{auf dem unteren Ufer.} \end{cases} \tag{39}$$

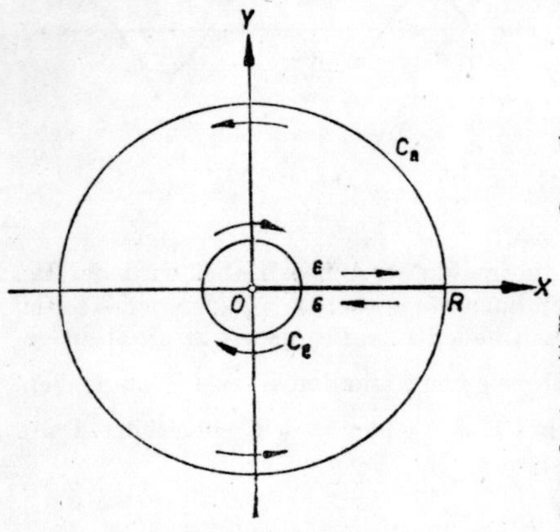

Abb. 62

Für das Integral (38) wählen wir jetzt den Integrationsweg l. Er sei eine geschlossene Kurve, die aus folgenden vier Stücken besteht: Aus dem Intervall (ε, R) des oberen Ufers des Schnittes, dem Kreis C_R um den Nullpunkt mit dem Radius R, der entgegen dem Uhrzeigersinn durchlaufen wird, dem Intervall (R, ε) des unteren Ufers des Schnittes und schließlich aus dem Kreis C_ε um den Nullpunkt mit dem Radius ε, der im Uhrzeigersinn durchlaufen wird (Abb. 62).

Damit wir längs der positiven reellen Achse integrieren dürfen, setzen wir voraus, daß die rationale Funktion $Q(z)$ auf dem positiven Teil der reellen Achse keine Pole habe.

Nach dem Residuensatz ist der Wert des Integrals (38) gleich dem Produkt aus $2\pi i$ und der Summe der Residuen in allen Polen der rationalen Funktion $Q(z)$, die gleichzeitig auch Pole des Integranden sind; dabei möge ε hinreichend klein und R genügend groß gewählt sein, so daß alle erwähnten Pole innerhalb des durch unseren Integrationsweg begrenzten Gebietes liegen. Wir zeigen jetzt, daß die Integrale über die Kreise C_R und C_ε für $R \to \infty$ und $\varepsilon \to 0$ gegen Null streben. Verwendet man die übliche Integralabschätzung, so erhält man

$$\left| \int_{C_R} (-z)^{a-1} Q(z)\, dz \right| \leqslant 2\pi R \cdot R^{a-1} \max_{\text{auf } C_R} |Q(z)| = 2\pi R^a \max_{\text{auf } C_R} |Q(z)|.$$

Nach Voraussetzung gilt aber $z^a Q(z) \to 0$ für $z \to \infty$, und folglich strebt der rechts stehende Ausdruck für $R \to \infty$ tatsächlich gegen Null. Entsprechend gilt auf dem Kreis C_ε folgende Abschätzung:

$$\left| \int_{C_\varepsilon} (-z)^{a-1} Q(z)\, dz \right| < 2\pi \varepsilon^a \max_{\text{auf } C_\varepsilon} |Q(z)|,$$

und da nach Voraussetzung $z^a Q(z) \to 0$ für $z \to 0$ gilt, strebt der letzte Ausdruck für $\varepsilon \to 0$ gegen Null. Also bleibt uns schließlich nur die Integration längs des oberen und unteren Ufers des Schnittes, wobei der Wert des Integranden dort durch die Formel (39) definiert ist. Sie liefert uns

$$\lim_{\substack{\varepsilon \to 0 \\ R \to \infty}} \int_\varepsilon^R [x^{a-1} e^{-i\pi(a-1)} Q(x) - x^{a-1} e^{i\pi(a-1)} Q(x)]\, dx = 2\pi i \sum r.$$

Dabei ist $\sum r$ die Summe der Residuen in allen Polen der Funktion $(-z)^{a-1} Q(z)$, die im Endlichen liegen.

Berücksichtigt man, daß $e^{-i\pi} = e^{i\pi} = \quad 1$ ist, so kann man die letzte Gleichung wie folgt schreiben:

$$(e^{i\pi a} - e^{-i\pi a}) \int_0^\infty x^{a-1} Q(x)\, dx = 2\pi i \sum r$$

oder (gemäß der EULERschen Formel)

$$\int_0^\infty x^{a-1} Q(x)\, dx = \frac{\pi}{\sin a\pi} \sum r. \tag{40}$$

Die Beziehung (40) gibt die Möglichkeit, viele bestimmte Integrale zu berechnen, deren Stammfunktionen nicht in geschlossener Form angebbar sind. Wir erinnern nochmals an die Voraussetzungen, die die Funktion $Q(z)$ erfüllen muß, damit diese Formel gilt: *Die Funktion $Q(z)$ muß eine rationale Funktion sein, die auf dem positiven Teil der reellen Achse keine Pole hat und außerdem die Bedingungen*

$$z^a Q(z) \to 0 \quad \text{für } z \to 0 \text{ und } z \to \infty$$

erfüllt.

Als spezielles Beispiel betrachten wir das Integral

$$\int_0^\infty \frac{x^{a-1}}{1+x}\, dx \qquad (0 < a < 1). \tag{41}$$

Die Funktion

$$Q(z) = \frac{1}{1+z}$$

erfüllt, wie man leicht sieht, alle oben angegebenen Bedingungen und hat den einzigen Pol $z = -1$. In ihm hat die Funktion

$$\frac{(-z)^{a-1}}{1+z}$$

ein Residuum, das man wiederum nach der Regel bestimmt: Zähler, dividiert durch die Ableitung des Nenners. Es ist also

$$r = (-z)^{a-1}\Big|_{z=-1}.$$

Wir müssen uns bei der Berechnung des Wertes der Funktion $(-z)^{a-1}$ im Punkt $z = -1$ nach der oben angegebenen Definition dieser mehrdeutigen Funktion richten: Auf dem oberen Ufer des Schnittes ist das Argument von $-z$ gleich $-\pi$, und folglich ist es nach halbem Umlauf um den Nullpunkt auf dem negativen Teil der reellen Achse gleich Null. D. h., es ist

$$r = 1.$$

Schließlich ergibt sich nach Formel (40) für das Integral (41) der Wert

$$\int_0^\infty \frac{x^{a-1}}{1+x}\,dx = \frac{\pi}{\sin a\pi}. \tag{42}$$

Als zweites Beispiel eines Integrals über eine mehrdeutige Funktion wählen wir

$$\int_{z_1}^{z_2} \sqrt{A + 2\frac{B}{z} + \frac{C}{z^2}}\,dz. \tag{43}$$

Dabei setzen wir voraus, daß der Ausdruck $A + 2\frac{B}{z} + \frac{C}{z^2}$ reelle Koeffizienten und reelle verschiedene Nullstellen $z = z_1$ und $z = z_2$ mit $0 < z_1 < z_2$ hat.

Wir wollen außerdem $A < 0$ annehmen, woraus unmittelbar folgt, daß obiger Ausdruck für $z_1 < z < z_2$ positiv ist. In (43) wird über das Intervall $z_1 \leqslant z \leqslant z_2$ der reellen Achse integriert und die Wurzel in diesem Intervall als positiv vorausgesetzt. Der Integrand

$$\sqrt{A + 2\frac{B}{z} + \frac{C}{z^2}} = \frac{\sqrt{A(z-z_1)(z-z_2)}}{z} \tag{44}$$

hat in z_1 und z_2 Verzweigungspunkte erster Ordnung. Schneiden wir die Ebene längs des Intervalls (z_1, z_2) der reellen Achse auf, dann ist die Funktion (44) in der so entstehenden T-Ebene regulär und eindeutig [19].

Wir setzen die Wurzel auf dem unteren Ufer des Schnittes als positiv voraus. Um zum oberen Ufer zu gelangen, müssen wir einen der Verzweigungspunkte umgehen, und auf dem oberen Ufer ist dann die Wurzel negativ [19]. Wir integrieren also längs des gesamten Randes des Schnittes in positiver Richtung, d. h., wir integrieren über die Funktion (44) längs des unteren Ufers in der Richtung von z_1 nach z_2 und längs des oberen von z_2 nach z_1. Der erste Teil dieser Integration liefert uns offensichtlich das Integral (43). Bei der Integration längs des oberen Ufers wechselt der Integrand das Vorzeichen, aber auch die Integrationsrichtung geht in die entgegengesetzte über. Folglich ist der Wert des Integrals längs des oberen Ufers derselbe wie der längs des unteren. Der Wert des Integrals über den gesamten Rand des Schnittes ist also gleich dem Doppelten des Integrals (43).

Nach dem CAUCHYschen Satz können wir, ohne den Wert des Integrals zu ändern, eine stetige Deformation unseres geschlossenen Weges unter der Bedingung vornehmen, daß dabei das Regularitätsgebiet der Funktion (44) nicht verlassen wird. Ist l irgendein geschlossener Weg, der den obengenannten Schnitt im Innern enthält, und zwar so, daß der einfache Pol $z = 0$ der Funktion (44) im Äußeren von l liegt, so folgt aus den vorigen Überlegungen, daß

$$J = \frac{1}{2}\int_l \sqrt{A + 2\frac{B}{z} + \frac{C}{z^2}}\,dz \tag{45}$$

ist. Wir wollen jetzt die Funktion (44) in der Nähe von $z = \infty$ und $z = 0$ entwickeln. Im ersten Falle können wir schreiben:

$$\sqrt{A + 2\frac{B}{z} + \frac{C}{z^2}} = \sqrt{A}\left[1 + \left(2\frac{B}{Az} + \frac{C}{Az^2}\right)\right]^{\frac{1}{2}}.$$

Wendet man die Binominalformel an, so bekommt man

$$\sqrt{A + 2\frac{B}{z} + \frac{C}{z^2}} = \sqrt{A}\left(1 + \frac{B}{A}\frac{1}{z} + \cdots\right). \tag{46}$$

Es soll der Wert von $\sqrt{A}$ in dieser Formel bestimmt werden. Dazu betrachten wir die rechte Seite von (44). Sie ist nach Voraussetzung auf dem unteren Ufer des Intervalls (z_1, z_2) positiv. Um vom unteren Ufer aus zum Intervall $(z_2, +\infty)$ der reellen Achse zu gelangen, muß man den Punkt $z = z_2$ entgegen dem Uhrzeigersinn umgehen. Dabei vergrößert sich das Argument der Differenz $z - z_2$ um π, jedoch das Argument des Ausdruckes (44) um $\frac{\pi}{2}$; letzteres ist also nicht gleich Null, sondern gleich $\frac{\pi}{2}$. Mit anderen Worten, die Funktion (44) muß im Intervall $(z_2, +\infty)$ der reellen Achse als positiv imaginär vorausgesetzt werden. (Als positiv imaginär bezeichnen wir die Zahl ia mit $a > 0$.) Aus (46) folgt dann, daß auch $\sqrt{A}$ als positiv imaginär angenommen werden muß.

Entsprechend muß man, um vom unteren Ufer des Intervalls (z_1, z_2) zum Intervall $(0, z_1)$ zu gelangen, den Punkt $z = z_1$ im Uhrzeigersinn umlaufen. Nach diesem Umlauf ist das Argument des Ausdruckes (44) gleich $-\frac{\pi}{2}$, dieser Ausdruck selbst ist also im Intervall $(0, z_1)$ negativ imaginär.

Wir schreiben jetzt die Entwicklung der Funktion (44) in der Nähe von $z = 0$ auf:

$$\sqrt{A + 2\frac{B}{z} + \frac{C}{z^2}} = \frac{\sqrt{C}}{z}\left[1 + \left(2\frac{Bz}{C} + \frac{Az^2}{C}\right)\right]^{\frac{1}{2}}$$

oder nach der binomischen Formel:

$$\sqrt{A + 2\frac{B}{z} + \frac{C}{z^2}} = \frac{\sqrt{C}}{z}\left(1 + \frac{B}{C}z + \cdots\right). \tag{47}$$

Auf Grund der vorigen Überlegungen muß $\sqrt{C}$ als negativ imaginär angenommen werden. Wir erinnern daran, daß nach Voraussetzung $A < 0$ ist und aus der Ungleichung $z_2 > z_1 > 0$ auch $C < 0$ folgt.

Nach dem CAUCHYschen Satz ist das Integral über die Funktion (44) längs eines größeren geschlossenen Weges L in der Umgebung von $z = \infty$ gleich der Summe der Integrale über den obenerwähnten Weg l und über den Weg λ, der um $z = 0$ herumführt. Dabei sind beide Integrationen entgegen dem Uhrzeigersinn auszuführen. Die Integrale über L und λ sind gleich dem Produkt von $2\pi i$ mit dem Koeffizienten von z^{-1} in den Entwicklungen (46) und (47). Folglich gilt

$$\int \sqrt{A + 2\frac{B}{z} + \frac{C}{z^2}}\,dz = 2\pi i\left(\frac{B}{\sqrt{A}} - \sqrt{C}\right),$$

und die Beziehung (45) liefert uns schließlich den Wert unseres Integrals (43):

$$J = \int_{z_1}^{z_2} \sqrt{A + 2\frac{B}{z} + \frac{C}{z^2}}\, dz = \pi i \left(\frac{B}{\sqrt{A}} - \sqrt{C}\right). \tag{48}$$

63. Integration eines Systems linearer Differentialgleichungen mit konstanten Koeffizienten. Wir wollen jetzt die Residuentheorie auf die Integration eines Systems linearer homogener Differentialgleichungen mit konstanten Koeffizienten anwenden. Dazu untersuchen wir folgendes System:

$$\begin{cases} x_1' = a_{11}x_1 + a_{12}x_2 + \cdots + a_{1n}x_n; \\ x_2' = a_{21}x_1 + a_{22}x_2 + \cdots + a_{2n}x_n; \\ \cdots\cdots\cdots\cdots\cdots\cdots\cdots \\ x_n' = a_{n1}x_1 + a_{n2}x_2 + \cdots + a_{nn}x_n. \end{cases} \tag{49}$$

Darin sind die a_{ik} konstante Koeffizienten, und mit x_s' haben wir die Ableitung der gesuchten Funktionen x_s nach der unabhängigen Veränderlichen t bezeichnet. Wir machen folgenden Lösungsansatz für dieses System:

$$x_s = \sum_R \varphi_s(z)\, e^{tz} \qquad (s = 1, 2, \ldots, n), \tag{50}$$

wobei die $\varphi_s(z)$ gesuchte rationale Funktionen von z sind. Mit dem Symbol

$$\sum_R f(z)$$

bezeichnen wir dabei hier und im folgenden die Summe der Residuen der Funktion $f(z)$ in ihren im Endlichen liegenden singulären Punkten. Im Lösungsansatz (50) hängen die unter dem Zeichen der Residuensumme stehenden Funktionen nicht nur von der Veränderlichen z ab, in bezug auf welche wir die Residuen ausrechnen, sondern auch vom reellen Parameter t. Daher ist die Summe der Residuen im allgemeinen eine Funktion dieses Parameters t.

Da z und t völlig unabhängig voneinander sind, dürfen wir bei der Differentiation der Funktion (50) nach t unter dem Summenzeichen differenzieren. Wir erhalten also ein und dasselbe Resultat, wenn wir die Funktion

$$\varphi_s(z)\, e^{tz} \tag{51}$$

zuerst nach t differenzieren und danach die Summe ihrer Residuen bilden oder wenn wir zuerst die Summe der Residuen der Funktion (51) bilden und dann das Resultat gliedweise nach t differenzieren. Somit gelten neben den Formeln (50) auch folgende:

$$x_s' = \sum_R z\, \varphi_s(z)\, e^{tz} \qquad (s = 1, 2, \ldots, n). \tag{52}$$

Beide setzen wir in das System (49) ein und bringen alle Glieder auf eine Seite:

$$\begin{aligned} &\sum_R [(a_{11} - z)\,\varphi_1(z) + a_{12}\varphi_2(z) + \cdots + a_{1n}\varphi_n(z)]\, e^{tz} = 0; \\ &\sum_R [a_{21}\varphi_1(z) + (a_{22} - z)\,\varphi_2(z) + \cdots + a_{2n}\varphi_n(z)]\, e^{tz} = 0; \\ &\cdots\cdots\cdots\cdots\cdots\cdots\cdots \\ &\sum_R [a_{n1}\varphi_1(z) + a_{n2}\varphi_2(z) + \cdots + (a_{nn} - z)\,\varphi_n(z)]\, e^{tz} = 0. \end{aligned}$$

Diese Gleichungen sind identisch erfüllt, wenn wir die in eckigen Klammern stehenden Ausdrücke gleich willkürlichen Konstanten setzen; denn dann tritt unter dem Zeichen der Residuensumme eine Funktion der Gestalt Ce^{tz} auf, die im Endlichen überhaupt keinen singulären Punkt hat. Wir bezeichnen die erwähnten willkürlichen Konstanten mit $-C_1, -C_2, \ldots, -C_n$ und erhalten zur Bestimmung der Funktionen $\varphi_s(z)$ ein System gewöhnlicher algebraischer Gleichungen ersten Grades:

$$\begin{aligned} (a_{11}-z)\,\varphi_1(z) + a_{12}\varphi_2(z) + \cdots + a_{1n}\varphi_n(z) &= -C_1; \\ a_{21}\varphi_1(z) + (a_{22}-z)\,\varphi_2(z) + \cdots + a_{2n}\varphi_n(z) &= -C_2; \\ \cdots\cdots\cdots\cdots\cdots\cdots\cdots\cdots\cdots\cdots \\ a_{n1}\varphi_1(z) + a_{n2}\varphi_2(z) + \cdots + (a_{nn}-z)\,\varphi_n(z) &= -C_n. \end{aligned}$$

Dieses System lösen wir nach der CRAMERschen Regel:

$$\varphi_s(z) = \frac{\Delta_s(z)}{\Delta(z)} \qquad (s = 1, 2, \ldots, n) \tag{53}$$

mit

$$\Delta(z) = \begin{vmatrix} a_{11}-z & a_{12} & \ldots & a_{1n} \\ a_{21} & a_{22}-z & \ldots & a_{2n} \\ \ldots & \ldots & \ldots & \ldots \\ a_{n1} & a_{n2} & \ldots & a_{nn}-z \end{vmatrix}. \tag{54}$$

Dabei erhält man $\Delta_s(z)$ aus der Determinante $\Delta(z)$, indem man die Elemente der s-ten Spalte durch die freien Glieder $-C_k$ ersetzt. Die Determinante $\Delta(z)$ selbst stellt die uns bekannte linke Seite der Säkulargleichung aus [$\mathbf{III_1}$, **17**] dar. Wir haben jetzt lediglich die Ausdrücke (53) in den Lösungsansatz (50) einzusetzen.

Damit findet man die Lösung unseres Systems von Differentialgleichungen in der Gestalt

$$x_s = \sum_R \frac{\Delta_s(z)}{\Delta(z)} e^{tz} \qquad (s = 1, 2, \ldots, n) \tag{55}$$

mit der oben angegebenen Bedeutung von $\Delta(z)$ und $\Delta_s(z)$.

Jetzt wollen wir zeigen, daß die so erhaltene Lösung die Anfangsbedingungen

$$x_1\Big|_{t=0} = C_1; \quad x_2\Big|_{t=0} = C_2; \quad \ldots; \quad x_n\Big|_{t=0} = C_n \tag{56}$$

erfüllt.

Wir führen dies lediglich für x_1 durch. Es gilt

$$x_1\Big|_{t=0} = \sum_R \frac{\Delta_1(z)}{\Delta(z)}. \tag{57}$$

Der Nenner des obigen Bruches ist durch die Beziehung (54) definiert und stellt offensichtlich ein Polynom n-ten Grades mit dem höchsten Glied $(-1)^n z^n$ dar. Der Zähler in Formel (57) lautet

$$\Delta_1(z) = \begin{vmatrix} -C_1 & a_{12} & \ldots & a_{1n} \\ -C_2 & a_{22}-z & \ldots & a_{2n} \\ \ldots & \ldots & \ldots & \ldots \\ -C_n & a_{n2} & \ldots & a_{nn}-z \end{vmatrix}.$$

Entwickelt man nach der ersten Spalte, so überzeugt man sich leicht davon, daß die Determinante ein Polynom $(n-1)$-ten Grades mit dem höchsten Koeffizienten $(-1)^n C_1 z^{n-1}$ ist. Somit kann man die Formel (57) folgendermaßen schreiben:

$$x_1\Big|_{t=0} = \sum_R \frac{(-1)^n C_1 z^{n-1} + \cdots}{(-1)^n z^n + \cdots}. \tag{58}$$

Dabei sind durch Punkte die Polynomglieder mit niedrigeren Potenzen bezeichnet, die in den weiteren Rechnungen keine Rolle spielen werden.

Wir stellen jetzt einen allgemeinen Satz über die Summe der Residuen einer rationalen Funktion auf, den wir für unseren Beweis benötigen.

Lemma. *Die Summe der Residuen einer rationalen Funktion in ihren im Endlichen gelegenen Polen ist gleich dem Koeffizienten von z^{-1} in der Entwicklung der Funktion in der Umgebung des unendlich fernen Punktes.*

Die rationale Funktion möge in der Umgebung des unendlich fernen Punktes die Gestalt

$$f(z) = \sum_k b_k z^k \tag{59}$$

haben.

Wir wollen das Integral

$$\frac{1}{2\pi i}\int_{C_R} f(z)\, dz$$

untersuchen, wobei C_R ein Kreis um den Nullpunkt mit dem Radius R ist. Für hinreichend großes R liegen alle Pole von $f(z)$ innerhalb C_R, und das Integral liefert die Summe der Residuen in diesen Polen. Andererseits liegt der Kreis C_R für hinreichend großes R in der Umgebung des unendlich fernen Punktes, und wir können daher zur Berechnung des Integrals die Entwicklung (59) benutzen, woraus unmittelbar folgt, daß der Wert dieses Integrals gleich b_{-1} ist. Damit ist das Lemma bewiesen.

Bemerkung. Früher [17] haben wir den Koeffizienten b_{-1} in der Entwicklung (59) mit umgekehrtem Vorzeichen als Residuum r der Funktion $f(z)$ im unendlich fernen Punkt bezeichnet (r war also gleich $-b_{-1}$). Daher kann unser Hilfssatz auch so formuliert werden: *Die Summe der Residuen einer rationalen Funktion in allen ihren Polen einschließlich des unendlich fernen Punktes ist gleich Null.*

Wir wenden jetzt das Lemma auf den Ausdruck (58) an. In der Umgebung des unendlich fernen Punktes gilt für die angegebene rationale Funktion offensichtlich eine Entwicklung der Gestalt

$$\frac{(-1)^n C_1 z^{n-1} + \cdots}{(-1)^n z^n + \cdots} = \frac{C_1}{z} + \frac{\beta_2}{z^2} + \cdots.$$

Das Lemma liefert uns unmittelbar $x_1\Big|_{t=0} = C_1$, und ebenso kann man $x_s\Big|_{t=0} = C_s$ beweisen. Also erfüllt die durch die Formeln (55) angegebene Lösung die Anfangsbedingungen (56). Die in die Polynome $\Delta_s(z)$ eingehenden willkürlichen Konstanten spielen die Rolle von Anfangsbedingungen. Daraus folgt unmittelbar, daß unsere Formeln (55) das allgemeine Integral des Systems liefern.

Beispiel. Wir untersuchen das System

$$x_1' = \quad x_2 + x_3;$$
$$x_2' = x_1 \quad + x_3;$$
$$x_3' = x_1 + x_2.$$

Hier ist

$$\Delta(z) = \begin{vmatrix} -z & 1 & 1 \\ 1 & -z & 1 \\ 1 & 1 & -z \end{vmatrix}$$

oder

$$\Delta(z) = -z(z^2-1) + 2(z+1) = (z+1)(-z^2+z+2),$$

und für die erste der gesuchten Funktionen ergibt sich

$$x_1 = \sum_R \frac{\begin{vmatrix} -C_1 & 1 & 1 \\ -C_2 & -z & 1 \\ -C_3 & 1 & -z \end{vmatrix}}{(z+1)(-z^2+z+2)} e^{tz}.$$

Entwickelt man die Determinante und kürzt durch $1+z$, so folgt

$$x_1 = \sum_R \frac{C_1(1-z) - C_2 - C_3}{-z^2+z+2} e^{tz}.$$

Der Nenner hat die Nullstellen $z = -1$ und $z = 2$. Bestimmt man die Residuen in diesen Punkten nach der bekannten Regel: Zähler, dividiert durch die Ableitung des Nenners, so erhält man

$$x_1 = \left(\frac{2}{3} C_1 - \frac{1}{3} C_2 - \frac{1}{3} C_3\right) e^{-t} + \left(\frac{1}{3} C_1 + \frac{1}{3} C_2 + \frac{1}{3} C_3\right) e^{2t}.$$

Das Polynom $\Delta(z)$ hat hierbei die zweifache Nullstelle $z = -1$. Doch ist der Faktor bei e^{-t} in der letzten Gleichung für x_1 kein Polynom ersten Grades in t, sondern eine Konstante.

Wir betrachten jetzt ein inhomogenes Gleichungssystem (erzwungene Schwingungen)

$$x_s' = a_{s1}x_1 + a_{s2}x_2 + \cdots + a_{sn}x_n + f_s(t) \qquad (s = 1, 2, \ldots, n). \tag{60}$$

Dabei sind die $f_s(t)$ gegebene Funktionen von t, und man muß folgenden Lösungsansatz machen:

$$x_s = -\sum_R \frac{C_1(t) A_{1s}(z) + C_2(t) A_{2s}(z) + \cdots + C_n(t) A_{ns}(z)}{\Delta(z)} e^{tz}. \tag{61}$$

Hierin sind die A_{ik} die algebraischen Komplemente der Elemente der Determinante $\Delta(z)$ und die $C_k(t)$ gesuchte Funktionen von t (Methode der Variation der Konstanten) [**II, 25**]. Setzt man (61) in (60) ein und berücksichtigt, daß für beliebige Konstanten C_k die Formel (61) eine Lösung des homogenen Systems liefert, so erhält man ein Gleichungssystem für die Ableitungen $C_k'(t)$:

$$-\sum_R \frac{C_1'(t) A_{1s}(z) + C_2'(t) A_{2s}(z) + \cdots + C_n'(t) A_{ns}(z)}{\Delta(z)} e^{tz} = f_s(t) \qquad (s = 1, 2, \ldots, n). \tag{62}$$

Wir wollen zeigen, daß wir dieses System erfüllen können, wenn wir

$$C_1'(t) = e^{-tz} f_1(t); \quad C_2'(t) = e^{-tz} f_2(t); \quad \ldots; \quad C_n'(t) = e^{-tz} f_n(t) \tag{63}$$

setzen.

Durch Einsetzen erhalten wir nämlich auf der linken Seite von (62)

$$(64)\qquad -\sum_R \frac{f_1(t)\,A_{1s}(z)+f_2(t)\,A_{2s}(z)+\cdots+f_n(t)\,A_{ns}(z)}{\Delta(z)}.$$

Ist $i \neq k$, so entfallen bei der Bildung des algebraischen Komplementes $A_{ik}(z)$ die zwei Elemente $a_{ii}-z$ und $a_{kk}-z$, die in der Hauptdiagonalen von $\Delta(z)$ stehen. Folglich ist $A_{ik}(z)$ ein Polynom $(n-2)$-ten Grades von z. Wegen des oben bewiesenen Lemmas gilt

$$\sum_R \frac{A_{ik}(z)}{\Delta(z)} = 0 \qquad (i \neq k),$$

da die Entwicklung von $\frac{A_{ik}(z)}{\Delta(z)}$ in der Umgebung des unendlich fernen Punktes mit dem Glied $\frac{a}{z^2}$ beginnt und folglich kein Glied mit z^{-1} enthält.

Das algebraische Komplement $A_{ii}(z)$ ist ein Polynom $(n-1)$-ten Grades mit dem höchsten Koeffizienten $(-1)^{n-1}z^{n-1}$ (siehe oben), also ist

$$-\sum_R \frac{A_{ii}(z)}{\Delta(z)} = 1.$$

Daraus folgt unmittelbar, daß der vorhergehende Ausdruck (64) gleich $f_s(t)$ ist. Die Formel für $C_k'(t)$ liefert

$$C_k(t) = \int_0^t e^{-\tau z} f_k(\tau)\,d\tau \qquad (k = 1, 2, \ldots, n),$$

wobei wir die Integrationskonstante so wählen, daß $C_k(0) = 0$ ist (reine erzwungene Schwingung).

Setzt man das in (61) ein, so erhält man schließlich

$$(65)\qquad x_s = -\sum_R \int_0^t \frac{f_1(\tau)\,A_{1s}(z)+f_2(\tau)\,A_{2s}(z)+\cdots+f_n(\tau)\,A_{ns}(z)}{\Delta(z)}\, e^{(t-\tau)z}\,d\tau.$$

64. Partialbruchzerlegung einer meromorphen Funktion. Wir werden jetzt den Residuensatz auf die Entwicklung einer Funktion in eine unendliche Reihe anwenden. Es sei $f(z)$ eine bis auf isolierte singuläre Punkte, welche Pole der Funktion sind, in der ganzen Ebene reguläre und eindeutige Funktion. Eine solche Funktion bezeichnet man üblicherweise als *meromorphe Funktion.*[1]) Beispiele meromorpher Funktionen sind die rationalen Funktionen, ferner die Funktion $\operatorname{ctg} z = \frac{\cos z}{\sin z}$, die in denjenigen Punkten Pole hat, in denen $\sin z$ verschwindet. Diese meromorphe Funktion hat unendlich viele Pole.

Wir weisen dabei auf folgendes hin: Hat eine meromorphe Funktion unendlich viele Pole, so kann sie in jedem beschränkten Gebiet B der Ebene jedenfalls nur endlich viele haben. Andernfalls gäbe es nämlich in B mindestens einen Häufungspunkt dieser Pole, also einen Punkt $z = c$ derart, daß innerhalb eines beliebig kleinen Kreises um ihn unendlich viele Pole der Funktion $f(z)$ liegen. Dieser Punkt wäre ein singulärer Punkt von $f(z)$, jedoch kein Pol, da aus dessen Defi-

---

[1]) Die meromorphen Funktionen werden im Originaltext auch als *gebrochene* Funktionen bezeichnet. (Anm. d. wiss. Red.)

nition [17] folgt, daß er stets ein isolierter singulärer Punkt ist. Nach Voraussetzung besitzt aber $f(z)$ außer Polen keine singulären Punkte. Da also die Anzahl der Pole in jedem endlichen Teilgebiet der Ebene endlich ist, können wir sie in der Reihenfolge nicht abnehmender Absolutbeträge durchnumerieren; also, wenn man die Pole mit a_k bezeichnet,

$$|a_1| \leqslant |a_2| \leqslant |a_3| \leqslant \ldots$$

Dabei gilt $|a_n| \to +\infty$, wenn der Index n über alle Grenzen wächst. In jedem Pol $z = a_k$ hat unsere Funktion einen bestimmten Hauptteil, der ein Polynom bezüglich des Argumentes $\frac{1}{z - a_k}$ ist, aber ohne freies Glied [17]. Wir bezeichnen dieses Polynom mit

$$G_k\left(\frac{1}{z - a_k}\right) \qquad (k = 1, 2, \ldots). \tag{66}$$

Jetzt zeigen wir, daß unter gewissen zusätzlichen Voraussetzungen die meromorphe Funktion $f(z)$ durch eine einfache unendliche Reihe darstellbar ist, deren Glieder die Hauptteile (66) sind. Wir formulieren zunächst die Bedingung, die wir der Funktion $f(z)$ auferlegen: Es möge eine Folge geschlossener Kurven C_n um den Nullpunkt geben derart, daß jede Kurve C_n im Innern der Kurve C_{n+1} liegt. Es sei l_n die Länge der Kurve C_n und δ_n ihr kürzester Abstand vom Nullpunkt. Wir setzen $\delta_n \to \infty$ voraus, d. h. also, daß sich die Kurven C_n mit wachsendem n allseitig beliebig ausdehnen. Außerdem wollen wir annehmen, daß das Verhältnis $l_n : \delta_n$ für $n \to \infty$ beschränkt bleibt, daß also eine positive Zahl m mit folgender Eigenschaft existiert:

$$\frac{l_n}{\delta_n} \leqslant m. \tag{67}$$

Sind beispielsweise die C_n Kreise um den Nullpunkt mit den Radien r_n, dann ist $l_n = 2\pi r_n$ und $\delta_n = r_n$, so daß $l_n : \delta_n = 2\pi$ ist. Bezüglich unserer meromorphen Funktion setzen wir jetzt voraus, daß sie auf allen Berandungen C_n dem Betrage nach beschränkt bleibt. Mit anderen Worten, es existiere eine solche positive Zahl M, daß auf jeder Berandung C_n die Ungleichung

$$|f(z)| \leqslant M \qquad (\text{auf } C_n) \tag{68}$$

erfüllt ist. Wir untersuchen ein Integral der Gestalt

$$\frac{1}{2\pi i} \int_{C_n} \frac{f(z')}{z' - z} dz', \tag{69}$$

bei dem die Integration in positiver Richtung auszuführen ist, wobei der Punkt z im Innern von C_n liegt und von a_k verschieden ist. Wir ziehen zu den Untersuchungen die Summe der Hauptteile heran, die sich auf die im Innern von C_n liegenden Pole beziehen:

$$\omega_n(z) = \sum_{(C_n)} G_k\left(\frac{1}{z - a_k}\right). \tag{70}$$

Dabei bedeutet (C_n) unter dem Summenzeichen, daß die Summation lediglich über diejenigen Pole zu erstrecken ist, die sich im Innern von C_n befinden.

Der Integrand von (69) hat als Funktion von z' im Innern von C_n den einfachen Pol $z' = z$ (wegen der Nullstelle des Nenners) und die Pole $z' = a_k$, die von den Hauptteilen von $f(z')$ herrühren. Das Residuum im Pol $z' = z$ bestimmt man nach der üblichen Regel: Zähler, dividiert durch die Ableitung des Nenners:

$$\frac{f(z')}{(z'-z)'}\bigg|_{z'=z} = \frac{f(z')}{1}\bigg|_{z'=z} = f(z).$$

Die Residuen in den Polen $z' = a_k$ sind dieselben wie die der Funktion

$$\frac{\omega_n(z')}{z'-z}. \tag{71}$$

Dabei ist die letzte Funktion $\omega_n(z')$ selbst eine rationale Funktion, bei welcher der Grad des Zählers geringer als der des Nenners ist und deren sämtliche Pole im Innern von C_n liegen. Wir zeigen, daß für die Summe der Residuen der Funktion (71) in den Polen a_k gilt:

$$-\omega_n(z) = -\sum_{(C_n)} G_k\left(\frac{1}{z-a_k}\right). \tag{72}$$

Die Funktion (71) ist nämlich eine rationale Funktion von z', bei welcher der Grad des Nenners wenigstens um zwei größer ist als der des Zählers. Damit ist also $\omega_n(z')$ eine rationale Funktion, bei welcher der Grad des Nenners höher als der Grad des Zählers ist. In der Umgebung von $z' = \infty$ gilt somit eine Entwicklung der Gestalt

$$\frac{\omega_n(z')}{z'-z} = \frac{\alpha_2}{z'^2} + \frac{\alpha_3}{z'^3} + \cdots,$$

und das Integral der Funktion (71) über einen Kreis mit hinreichend großem Radius ist gleich Null. Also ist die Summe der Residuen der Funktion (71) in allen ihren im Endlichen gelegenen Polen gleich Null. Ihr Residuum im Punkt $z' = z$ ist offensichtlich $\omega_n(z)$, und folglich ist die Summe der Residuen in den übrigen Polen a_k gleich dem Ausdruck (72). Wendet man auf das Integral (69) den Residuensatz an, so ergibt sich

$$\frac{1}{2\pi i}\int_{C_n} \frac{f(z')}{z'-z}\,dz' = f(z) - \sum_{(C_n)} G_k\left(\frac{1}{z-a_k}\right).$$

Wir setzen in dieser Formel $z = 0$, wobei wir voraussetzen, daß dieser Punkt kein Pol von $f(z)$ ist,

$$\frac{1}{2\pi i}\int_{C_n} \frac{f(z')}{z'}\,dz' = f(0) - \sum_{(C_n)} G_k\left(-\frac{1}{a_k}\right).$$

Subtrahiert man diese Gleichung von der vorhergehenden, so gilt

$$\frac{z}{2\pi i}\int_{(C_n)} \frac{f(z')}{z'(z'-z)}\,dz' = f(z) - f(0) - \sum_{(C_n)}\left[G_k\left(\frac{1}{z-a_k}\right) - G_k\left(-\frac{1}{a_k}\right)\right]. \tag{73}$$

Jetzt zeigen wir, daß das auf der linken Seite dieser Gleichung stehende Integral für $n \to \infty$ gegen Null strebt. Berücksichtigt man nämlich

$$|z'| \geqq \delta_n \quad \text{und} \quad |z'-z| \geqq |z'| - |z| \geqq \delta_n - |z|,$$

so erhält man wegen (68)

$$\left|\int\limits_{C_n} \frac{f(z')}{z'(z'-z)}\,dz'\right| \leq \frac{Ml_n}{\delta_n(\delta_n - |z|)}$$

oder wegen (67)

$$\left|\int\limits_{C_n} \frac{f(z')}{z'(z'-z)}\,dz'\right| < \frac{Mm}{\delta_n - |z|}.$$

Daraus folgt unmittelbar, daß das Integral wegen $\delta_n \to \infty$ gegen Null strebt. Somit liefert uns die Formel (73) im Limes

$$f(z) - f(0) - \lim_{n\to\infty} \sum_{(C_n)} \left[G_k\left(\frac{1}{z-a_k}\right) - G_k\left(-\frac{1}{a_k}\right)\right] = 0$$

oder

$$f(z) = f(0) + \lim_{n\to\infty} \sum_{(C_n)} \left[G_k\left(\frac{1}{z-a_k}\right) - G_k\left(-\frac{1}{a_k}\right)\right]. \tag{74}$$

Wächst n über alle Grenzen, so dehnen sich nach Voraussetzung die Ränder C_n beliebig aus, während ins Innere von C_n immer wieder neue Pole fallen, so daß wir im Grenzfall auf der rechten Seite von (74) eine unendliche Reihe erhalten. Die Formel (74) liefert also die Darstellung von $f(z)$ in Gestalt einer unendlichen Reihe:

$$f(z) = f(0) + \sum_{k=1}^{\infty} \left[G_k\left(\frac{1}{z-a_k}\right) - G_k\left(-\frac{1}{a_k}\right)\right]. \tag{75}$$

Genau genommen müßten wir gemäß (74) in der unendlichen Reihe (75) in einem Glied diejenigen Summanden zusammenfassen, die sich auf die zwischen C_n und C_{n+1} gelegenen Pole beziehen. Wenn wir uns jedoch davon überzeugen, daß die Reihe (75) auch ohne diese Anordnung ihrer Glieder konvergiert, so können wir offensichtlich in Formel (75) die unendliche Reihe in der üblichen Weise behandeln.

Nehmen wir an Stelle der Bedingung (68), die die Beschränktheit des absoluten Betrages der Funktion $f(z)$ auf den Berandungen C_n garantiert, die schwächere Bedingung, daß $f(z)$ auf den Berandungen C_n nicht schneller wächst als eine positive Potenz z^p (p ganz), daß also auf allen Rändern die Ungleichung

$$\left|\frac{f(z)}{z^p}\right| \leq M \qquad \text{(auf } C_n\text{)}$$

gilt, so haben wir an Stelle der Formel (75) die Entwicklung

$$f(z) = f(0) + \frac{f'(0)}{1} z + \cdots + \frac{f^{(p)}(0)}{p!} z^p + \sum_{k=1}^{\infty} \left[G_k\left(\frac{1}{z-a_k}\right) - \chi_k^{(p)}(z)\right]. \tag{76}$$

Dabei sind mit den Symbolen $\chi_k^{(p)}(z)$ die ersten $p+1$ Glieder der Entwicklung der Funktion $G_k\left(\frac{1}{z-a_k}\right)$ in eine MAC-LAURINsche Reihe bezeichnet.

65. Die Funktion ctg z. Wir wollen die meromorphe Funktion

$$\operatorname{ctg} z = \frac{\cos z}{\sin z} \tag{77}$$

untersuchen.

Aus der EULERschen Formel

$$\sin z = \frac{e^{iz} - e^{-iz}}{2i}$$

folgt unmittelbar, daß die Gleichung $\sin z = 0$ gleichbedeutend mit $e^{i2z} = 1$ ist und daß sie die Lösungen $z = k\pi$ ($k = 0, \pm 1, \pm 2, \ldots$) hat. Die Funktion $\sin z$ besitzt nur die reellen Nullstellen, die aus der Trigonometrie bekannt sind. Die Funktion (77) hat also Pole in den Punkten

(78) $$z = 0, \pm\pi, \pm 2\pi, \ldots.$$

Wir zeigen, daß $\operatorname{ctg} z$ dem absoluten Betrage nach in der gesamten Ebene beschränkt ist, sofern wir die Punkte (78) durch Kreise λ_ϱ mit gleichen Radien ϱ aussondern, wobei ϱ eine beliebig vorgegebene positive Zahl ist. Da die Funktion (77) die Periode π hat, genügt es, ihre Werte in dem Streifen K zu untersuchen, der durch die Geraden $x = 0$ und $x = \pi$ (Abb. 63) begrenzt ist. Die Punkte $z = 0$ und $z = \pi$ sind dabei in diesem Streifen durch die obenerwähnten Kreise ausgeschlossen. In jedem beschränkten Gebiet des Streifens K ist (77) stetig und folglich erst recht beschränkt. Es bleibt also nur zu zeigen: Entfernt man sich auf dem Streifen unendlich weit nach oben oder unten, so bleibt der absolute Betrag der Funktion (77) dort beschränkt. Wir nehmen beispielsweise an, daß wir uns im Streifen K nach dem Unendlichen hin bewegen, indem wir nach oben gehen. Ist also $z = x + iy$, so heißt das, $y \to +\infty$ für das Intervall $0 \leqslant x \leqslant \pi$. Es ist

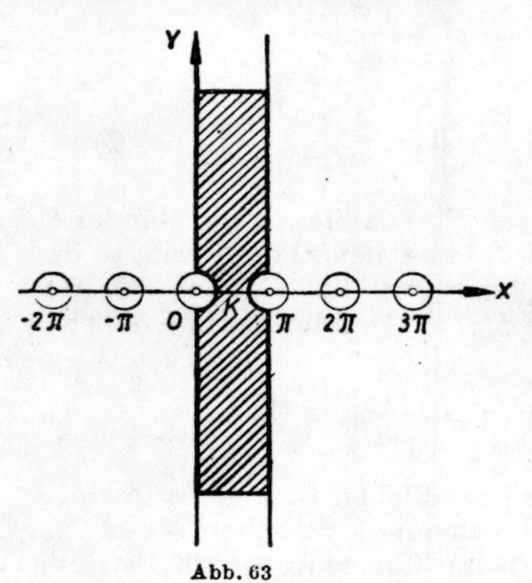

Abb. 63

$$\operatorname{ctg} z = i\,\frac{e^{iz} + e^{-iz}}{e^{iz} - e^{-iz}} = i\,\frac{e^{ix}\,e^{-y} + e^{-ix}\,e^{y}}{e^{ix}\,e^{-y} - e^{-ix}\,e^{y}}.$$

Ersetzt man hierin den absoluten Betrag des Zählers durch die Summe der absoluten Beträge und den Betrag des Nenners durch die Differenz der Beträge der entsprechenden Summanden, so gilt

$$|\operatorname{ctg} z| \leqslant \frac{e^{y} + e^{-y}}{e^{y} - e^{-y}} = \frac{1 + e^{-2y}}{1 - e^{-2y}}.$$

Wächst y über alle Grenzen, so hat die rechte Seite den Grenzwert 1, und folglich gilt z. B. für alle hinreichend großen y die Ungleichung

$$|\operatorname{ctg} z| < 1{,}5.$$

Entsprechendes gilt auch für den unteren Teil des Streifens K (also für $y \to -\infty$), und damit ist unsere Behauptung bewiesen.

Diese Beweismethode kann auch auf die meromorphe Funktion

(79) $$\frac{1}{\sin z}$$

angewandt werden, die in den gleichen Punkten Pole hat und die Periode 2π besitzt. Die Funktion (79) ist also dem Betrage nach beschränkt, sofern man ihre Pole durch Kreise mit gleichen Radien ausschließt, deren Größe beliebig klein genommen werden darf.

Wir kehren zur Funktion (77) zurück und verwenden als Berandungen C_n Kreise um den Nullpunkt mit den Radien $\left(n + \frac{1}{2}\right)\pi$. Diese Kreise erfüllen die Bedingung (67). Wählt man außerdem ϱ hinreichend klein (beispielsweise kleiner als $\frac{\pi}{2}$), so kann man zeigen, daß die Kreise C_n nicht durch die mit Hilfe der Kreise λ_ϱ ausgesonderten Punkte hindurchgehen. Somit ist die Funktion (77) nach dem oben Bewiesenen auf diesen Kreisen dem Betrage nach beschränkt. Dasselbe kann man offensichtlich von der Funktion

$$f(z) = \operatorname{ctg} z - \frac{1}{z} \tag{80}$$

behaupten, da z^{-1} für $z \to \infty$ gegen Null strebt. Man sieht leicht, daß die Funktion (80) im Nullpunkt $z = 0$ keinen Pol hat; daher können wir auf diese Funktion die Entwicklung (75) anwenden. Wir wollen die Hauptteile der Funktion (77) in ihren Polen $z = k\pi$ bestimmen. Jeder ihrer Pole ist einfache Nullstelle von $\sin z$, und das Residuum berechnet man nach der üblichen Formel:

$$r_k = \frac{\cos z}{(\sin z)'}\bigg|_{z=k\pi} = 1.$$

Also lautet der Hauptteil der Funktion (77) im Pol $z = k\pi$

$$\frac{1}{z - k\pi} \qquad (k = 0, \pm 1, \pm 2 \ldots).$$

Insbesondere ist der Hauptteil im Pol $z = 0$ gleich z^{-1}, und daher hat, wie oben behauptet wurde, die Funktion (80) keinen Pol im Punkt $z = 0$. In den übrigen Polen $z = k\pi$ ist der Hauptteil der Funktion (80) derselbe wie der von (77). Um die Formel (75) anwenden zu können, müssen wir noch $f(0)$ berechnen. Die Funktion (80) hat als ungerade Funktion in der Nähe von $z = 0$ eine Entwicklung der Gestalt

$$f(z) = \gamma_1 z + \gamma_3 z^3 + \cdots,$$

woraus unmittelbar $f(0) = 0$ folgt. Schließlich liefert die Formel (75)

$$\operatorname{ctg} z = \frac{1}{z} + \sum_{k=-\infty}^{+\infty}{}' \left(\frac{1}{z - k\pi} + \frac{1}{k\pi}\right), \tag{81}$$

wobei der Strich am Summenzeichen andeutet, daß derjenige Summand fortfällt, der $k = 0$ entspricht.

Man prüft leicht nach, daß die rechts stehende Reihe in jedem beschränkten Teilgebiet der Ebene absolut und gleichmäßig konvergiert, wenn man diejenigen ersten Summanden fortläßt, die in diesem Teilgebiet der Ebene Pole haben. Das allgemeine Glied der Reihe lautet nämlich

$$\frac{z}{(z - k\pi)\, k\pi}.$$

In jedem beschränkten Teilgebiet der Ebene ist $|z| < M$, und wählt man k dem absoluten Betrage nach hinreichend groß, so kann man schreiben

$$\left|\frac{z}{(z - k\pi)\, k\pi}\right| \leqq \frac{1}{k^2} \cdot \frac{M}{\pi\,(\pi - Mk^{-1})}.$$

Der Koeffizient von $\frac{1}{k^2}$ strebt für wachsendes k gegen den endlichen Grenzwert $\frac{M}{\pi^2}$, und die Reihe

$$\sum_{k=-\infty}^{+\infty}{}' \frac{1}{k^2}$$

konvergiert bekanntlich. Folglich [I, 147] konvergiert die Reihe (81) in jedem beschränkten Teilgebiet der Ebene absolut und gleichmäßig.

Ersetzt man in der Formel (81) z durch πz, so lautet sie

$$\pi \operatorname{ctg} \pi z = \frac{1}{z} + \sum_{k=-\infty}^{+\infty}{}' \left(\frac{1}{z - k} + \frac{1}{k}\right). \tag{81$_1$}$$

Faßt man diejenigen Summanden paarweise zusammen, die sich nur durch das Vorzeichen des zugehörigen k unterscheiden, so kann man die letzte Formel folgendermaßen schreiben:

$$\pi \operatorname{ctg} \pi z = \frac{1}{z} + \sum_{k=1}^{\infty} \frac{2z}{z^2 - k^2}.$$

In völlig analoger Weise kann man z. B. die Formel

$$\frac{\pi}{\sin \pi z} = \frac{1}{z} + \sum_{k=-\infty}^{+\infty}{}' (-1)^k \left(\frac{1}{z-k} + \frac{1}{k}\right)$$

beweisen. Differenziert man die gleichmäßig konvergente Reihe (81_1) gliedweise, so erhält man

$$\frac{\pi^2}{\sin^2 \pi z} = \frac{1}{z^2} + \sum_{k=-\infty}^{+\infty}{}' \frac{1}{(z-k)^2} = \sum_{k=-\infty}^{+\infty} \frac{1}{(z-k)^2}.$$

Wir machen darauf aufmerksam, daß wir hier bei der Herleitung der obigen Formeln einen anderen Weg beschritten haben als in der Theorie der trigonometrischen Reihen [**II, 145**].

66. Die Konstruktion meromorpher Funktionen. Wir wollen jetzt eine meromorphe Funktion konstruieren, deren Pole a_k mit zugehörigen Hauptteilen

$$g_k\left(\frac{1}{z-a_k}\right) \qquad (k = 1, 2, \ldots) \tag{82}$$

vorgegeben sind. Sind nur endlich viele Pole a_k ($k = 1, 2, \ldots, n$) vorgegeben, so liefert die Funktion

$$\varphi(z) = \sum_{k=1}^{n} g_k\left(\frac{1}{z-a_k}\right)$$

offensichtlich eine Lösung des Problems. Dabei ist die angegebene Funktion rational. Wir nehmen jetzt an, daß uns unendlich viele Pole a_k und die entsprechenden Hauptteile vorgegeben sind. Wie wir gesehen haben [**64**], kann es in einem beschränkten Teilgebiet der Ebene nur endlich viele Pole geben, und man kann sie nach nichtabnehmenden absoluten Beträgen durchnumerieren. Es sei also

$$|a_1| \leqslant |a_2| \leqslant \cdots \qquad (|a_n| \to +\infty).$$

Andere Einschränkungen bezüglich der Verteilung der Pole oder der vorgegebenen Hauptteile werden nicht gemacht. Wir nehmen lediglich an, daß der Punkt $z = 0$ nicht unter den Polen vorkommt.

Jeder Hauptteil ist selbst eine Funktion, die innerhalb des Kreises $|z| < |a_k|$ regulär ist. Dort ist sie in eine MAC-LAURINsche Reihe entwickelbar:

$$g_k\left(\frac{1}{z-a_k}\right) = a_0^{(k)} + a_1^{(k)} z + a_2^{(k)} z^2 + \cdots \qquad (|z| < |a_k|). \tag{83}$$

Wir wählen irgendeine Folge positiver Zahlen ε_k, die eine konvergente Reihe bilden,

$$\sum_{k=1}^{\infty} \varepsilon_k. \tag{84}$$

Wegen der gleichmäßigen Konvergenz der Potenzreihe (83) im Kreis

$$|z| \leqslant \frac{1}{2} |a_k|$$

[**13**] können wir den Abschnitt

$$q_k(z) = a_0^{(k)} + a_1^{(k)} z + a_2^{(k)} z^2 + \cdots + a_{m_k}^{(k)} z^{m_k}$$

dieser Reihe so wählen, daß

$$\left| g_k\left(\frac{1}{z-a_k}\right) - q_k(z) \right| < \varepsilon_k \quad \text{im Kreis} \quad |z| \leqslant \frac{1}{2}|a_k| \tag{85}$$

ist. Wir bilden die Reihe

$$\varphi(z) = \sum_{k=1}^{\infty} \left[g_k\left(\frac{1}{z-a_k}\right) - q_k(z) \right] \tag{86}$$

und betrachten einen beliebigen Kreis C_R um den Nullpunkt mit dem Radius R. Wegen $|a_k| \to +\infty$ existiert ein N derart, daß $R \leqslant \frac{1}{2}|a_k|$ ist für $k > N$. Für diese Werte k gilt im Kreise C_R die Abschätzung (85), und folglich konvergiert die Reihe (86) wegen der Konvergenz der Reihe (84) in C_R absolut und gleichmäßig, sofern man in ihr die ersten N Summanden fortläßt. Diese ersten Summanden ergeben im Kreise C_R die Pole a_k mit den Hauptteilen (82). Eine absolut und gleichmäßig konvergente Reihe liefert eine innerhalb C_R reguläre Funktion. Da der Radius R in unseren Überlegungen beliebig war, sehen wir, daß die Summe (86) das vorgelegte Problem der Konstruktion einer meromorphen Funktion mit vorgegebenen Polen und Hauptteilen löst. Die Polynome $q_k(z)$ liefern hierbei keinerlei neue Singularitäten.

Ist überdies der Pol $z = 0$ mit dem Hauptteil

$$g_0\left(\frac{1}{z}\right)$$

vorgegeben, so genügt es, diesen Hauptteil zur Reihe (86) hinzuzufügen. Die angeführte Lösung des Problems stammt von dem schwedischen Mathematiker MITTAG-LEFFLER.

In [64] haben wir die Formel für die Entwicklung einer meromorphen Funktion in Partialbrüche unter gewissen zusätzlichen Voraussetzungen angegeben. Wir wollen nun noch die entsprechende Formel für den allgemeinen Fall entwickeln.

Es sei $f(z)$ eine meromorphe Funktion. Benutzt man die obige Methode, so kann man eine meromorphe Funktion $\varphi(z)$ konstruieren, die dieselben Pole mit den gleichen Hauptteilen wie die Funktion $f(z)$ hat. Dann wird $\varphi(z)$ durch eine Formel der Gestalt (86) ausgedrückt. Die Differenz $f(z) - \varphi(z)$ ist offensichtlich eine in der ganzen Ebene (außer eventuell in $z = \infty$) reguläre Funktion. Eine solche Funktion bezeichnet man gewöhnlich als *ganze Funktion*. Sie ist in der gesamten Ebene durch ihre MAC-LAURINsche Reihe darstellbar. Setzt man

$$f(z) - \varphi(z) = F(z),$$

so erhält man folgende Darstellung der meromorphen Funktion:

$$f(z) = F(z) + g_0\left(\frac{1}{z}\right) + \sum_{k=1}^{\infty} \left[g_k\left(\frac{1}{z-a_k}\right) - q_k(z) \right], \tag{87}$$

wobei $F(z)$ eine ganze Funktion ist. Diese Formel besitzt großes theoretisches Interesse, während die Formeln (75) und (76) für die Anwendung auf konkrete Beispiele geeignet sind. Setzt man $F(z)$ als beliebige ganze Funktion voraus, dann liefert (87) die allgemeine Formel für alle meromorphen Funktionen mit vorgegebenen Polen und Hauptteilen.

67. Ganze Funktionen. Wie bereits erwähnt, *bezeichnet man eine in der ganzen Ebene reguläre Funktion als ganze Funktion.* Sie ist in der gesamten Ebene durch eine MAC-LAURINsche Reihe darstellbar. Bricht diese Reihe ab, so ist die Funktion ein Polynom (oder, wie man auch sagt, eine ganze rationale Funktion). Andernfalls ist der unendlich ferne Punkt ein wesentlich singulärer Punkt der Funktion; dann bezeichnet man sie als ganze transzendente Funktion. Beispiele ganzer transzendenter Funktionen sind e^z und $\sin z$. Im folgenden benutzen wir die einfache Bezeichnung ganze Funktion.

Bekanntlich hat jedes Polynom Nullstellen. Diese Eigenschaft brauchen ganze Funktionen nicht zu besitzen. So hat zum Beispiel e^z überhaupt keine Nullstellen. Wir werden jetzt einen allgemeinen Ausdruck für ganze Funktionen angeben, die keine Nullstellen haben. Es sei $g(z)$ eine ganze Funktion. Dann ist

$$f(z) = e^{g(z)} \tag{88}$$

offensichtlich ebenfalls ganz und besitzt keine Nullstellen. Umgekehrt kann man zeigen, daß jede ganze Funktion $f(z)$, die keine Nullstellen besitzt, die Form (88) haben muß, wobei $g(z)$ eine gewisse ganze Funktion ist. *Die Formel* (88), *in der* $g(z)$ *eine beliebige ganze Funktion ist, liefert also den allgemeinen Ausdruck einer ganzen Funktion* $f(z)$ *ohne Nullstellen.*

Hat die ganze Funktion $f(z)$ keine Nullstellen, so ist

$$\frac{f'(z)}{f(z)}$$

wieder ganz. Integriert man diese Funktion, so erhält man die ganze Funktion

$$g(z) = \int \frac{f'(z)}{f(z)} dz = \log f(z),$$

woraus (88) unmittelbar folgt.

Wir nehmen jetzt an, daß die ganze Funktion $f(z)$ endlich viele von $z = 0$ verschiedene Nullstellen

$$z = a_1, a_2, \ldots, a_m$$

habe. Dabei wird eine mehrfache Nullstelle so oft gezählt, wie ihre Vielfachheit angibt. Der Quotient

$$\frac{f(z)}{\prod_{k=1}^{m} \left(1 - \frac{z}{a_k}\right)}$$

ist offensichtlich eine ganze Funktion ohne Nullstellen und hat daher die Gestalt (88). Dabei bezeichnet das Symbol $\prod_{k=1}^{m}$ das über alle ganzen Werte k von 1 bis m erstreckte Produkt. Wir erhalten also für unsere Funktion $f(z)$ die Darstellung

$$f(z) = e^{g(z)} \prod_{k=1}^{m} \left(1 - \frac{z}{a_k}\right), \tag{89}$$

wobei $g(z)$ eine gewisse ganze Funktion ist.

Hierbei wurde vorausgesetzt, daß $z = 0$ keine Nullstelle von $f(z)$ ist. Ist dieser Punkt jedoch eine Nullstelle der Vielfachheit p, so gilt an Stelle von Formel (89) offenbar

$$f(z) = e^{g(z)} z^p \prod_{k=1}^{m} \left(1 - \frac{z}{a_k}\right). \tag{90}$$

In dem interessanteren Fall, daß $f(z)$ unendlich viele Nullstellen hat, können wir die Formel (90) nicht mehr unmittelbar anwenden, da rechts ein unendliches Produkt stehen würde, das nicht sinnvoll zu sein braucht. Damit dieses Produkt konvergiert, müssen wir eventuell die Faktoren $1 - \frac{z}{a_k}$ mit einem Exponentialfaktor multiplizieren, der keine neuen Nullstellen liefert und die Konvergenz des unendlichen Produktes erzwingt.

Wir betrachten als Beispiel dazu die Funktion $\sin z$. Statt (81) schreiben wir

$$\operatorname{ctg} z - \frac{1}{z} = \sum_{k=-\infty}^{+\infty}{}' \left(\frac{1}{z - k\pi} + \frac{1}{k\pi} \right).$$

Dabei sind beide Seiten im Punkte $z = 0$ regulär, und wir dürfen die unendliche Reihe gliedweise von $z = 0$ bis zum variablen Punkt z' integrieren. Wir erhalten dann

$$\log \frac{\sin z}{z} \Big|_{z=0}^{z=z'} = \sum_{k=-\infty}^{+\infty}{}' \left[\log (z - k\pi) + \frac{z}{k\pi} \right]_{z=0}^{z=z'}$$

oder, wenn man den Hauptwert des Logarithmus in der Umgebung des Nullpunktes nimmt,

$$\log \frac{\sin z}{z} = \sum_{k=-\infty}^{+\infty}{}' \left[\log \left(1 - \frac{z}{k\pi} \right) + \frac{z}{k\pi} \right].$$

Geht man von Logarithmen zu Numeris über, so erhält man eine Darstellung der Funktion $\sin z$ als unendliches Produkt, nämlich

(91) $$\sin z = z \cdot \prod_{k=-\infty}^{+\infty}{}' \left(1 - \frac{z}{k\pi} \right) e^{\frac{z}{k\pi}},$$

wobei der Strich am Produktzeichen bedeutet, daß der $k = 0$ entsprechende Faktor weggelassen werden muß. Hierbei garantiert der Faktor $e^{\frac{z}{k\pi}}$ die Konvergenz des unendlichen Produktes.

Faßt man die Faktoren, die den Werten k mit gleichem Absolutbetrag entsprechen, paarweise zusammen, so erhält man

(92) $$\sin z = z \cdot \prod_{k=1}^{\infty} \left(1 - \frac{z^2}{k^2 \pi^2} \right).$$

Wird z durch πz ersetzt, dann lautet die letzte Formel

(93) $$\frac{\sin \pi z}{\pi} = z \prod_{k=1}^{\infty} \left(1 - \frac{z^2}{k^2} \right).$$

Um die Entwicklung ganzer Funktionen in unendliche Produkte sorgfältiger untersuchen zu können, müssen wir einige grundlegende Tatsachen über unendliche Produkte erläutern.

68. Unendliche Produkte. Wir betrachten das unendliche Produkt

(94) $$\prod_{k=1}^{\infty} c_k = c_1 c_2 \cdots,$$

wobei die c_k gewisse von Null verschiedene komplexe Zahlen sind. Der Konvergenzbegriff für ein solches Produkt ist analog dem Konvergenzbegriff unendlicher Reihen. Wir bilden die endlichen Produkte

(95) $$P_n = \prod_{k=1}^{n} c_k = c_1 c_2 \cdots c_n.$$

Wächst n über alle Grenzen und strebt dabei das Produkt P_n gegen einen endlichen Grenzwert $P \neq 0$, so heißt das unendliche Produkt (94) konvergent und P der Wert des unendlichen Produktes.

Ist unter den Zahlen c_k eine gleich Null, so heißt das unendliche Produkt (94) konvergent, wenn das nach Weglassung dieses Faktors übrigbleibende unendliche Produkt im obigen Sinne konvergiert. Dabei ist der Wert eines unendlichen

Produktes, das einen Faktor Null enthält, gleich Null. Die obige Einschränkung, daß der Grenzwert P der Produkte P_n von Null verschieden sein soll, hat den Sinn, für unendliche konvergente Produkte die übliche Eigenschaft endlicher Produkte zu sichern: nämlich dann und nur dann gleich Null zu sein, wenn mindestens einer der Faktoren gleich Null ist.

Wir nehmen an, daß alle Glieder des Produktes (94) von Null verschieden sind, und bilden die unendliche Reihe

$$\sum_{k=1}^{\infty} \log c_k. \tag{96}$$

Dabei wird der Wert des Logarithmus in jedem Glied auf irgendeine Weise gewählt. Die Summe der ersten n Summanden der Reihe (96) ist

$$S_n = \sum_{k=1}^{n} \log c_k. \tag{97}$$

Bei einer bestimmten Wahl der Werte der Logarithmen soll die Reihe (96) konvergieren, so daß also der Grenzwert $S_n \to S$ existiert. Die Formel (95) liefert uns $P_n = e^{S_n}$, und folglich existiert auch der Grenzwert $P_n \to e^S$, der von Null verschieden ist. Aus der Konvergenz der Reihe (96) folgt also diejenige des Produktes (94). Jetzt nehmen wir umgekehrt an, daß das unendliche Produkt (94) konvergiert, daß also der Grenzwert $P_n \to P$ existiert ($P \neq 0$). Wir wählen für die Glieder der Reihe (96) den Wert des Logarithmus so, daß auf der rechten Seite von (97) immer der Hauptwert des Logarithmus des Produktes $c_1 c_2 \cdots c_n$ steht:

$$S_n = \log |c_1 c_2 \cdots c_n| + i \arg (c_1 c_2 \cdots c_n)$$

mit

$$-\pi < \arg (c_1 c_2 \cdots c_n) \leqslant \pi.$$

Dann strebt S_n ebenfalls gegen einen endlichen Grenzwert, es ist nämlich

$$\lim S_n = \log |P| + i \arg P = \log P.$$

Folglich konvergiert die Reihe (96).

Wir setzen dabei voraus, daß P keine negative reelle Zahl ist, so daß $\arg P$ innerhalb des Intervalls $(-\pi, +\pi)$ liegt.

Ist jedoch P negativ reell, dann könnten wir die Argumente so wählen, daß $\arg (c_1 c_2 \cdots c_n)$ im Intervall $(0, 2\pi)$ gelegen ist. Der Beweis bleibt der frühere.

Wir gelangen somit zu folgendem allgemeinen Satz: *Sind alle Zahlen c_k von Null verschieden, so ist für die Konvergenz des unendlichen Produktes* (94) *notwendig und hinreichend, daß die Reihe* (96) *für eine gewisse Wahl der Werte der Logarithmen konvergiert. Dabei ist der Wert des unendlichen Produktes gleich*

$$P = e^S. \tag{98}$$

Das allgemeine Glied der Reihe (96) lautet

$$\log c_k = \log |c_k| + i \arg c_k;$$

berücksichtigt man, daß das allgemeine Glied einer konvergenten Reihe gegen Null streben muß, so muß jedenfalls $\arg c_k$ gegen Null gehen. Die Reihe (96) kann also nur dann konvergieren, wenn wir von einer gewissen Stelle an den Hauptwert des Logarithmus nehmen. Die Wahl der Werte des Logarithmus in endlich vielen der ersten Summanden hat natürlich keinen Einfluß auf die Konvergenz der Reihe und fügt zur Summe der Reihe (96) lediglich den Summanden $2m\pi i$ hinzu, wobei m eine gewisse ganze Zahl ist. Dieser zusätzliche Summand bei S ändert nach Formel (88) den Grenzwert P nicht. Somit reduziert sich die obenerwähnte Wahl der Werte der Logarithmen bei den Gliedern der Reihe (96) darauf, daß man *von einer bestimmten, aber beliebig gewählten Stelle an den Hauptwert des Logarithmus nimmt.*

Wir betrachten jetzt ein unendliches Produkt, dessen Glieder ganze Funktionen von z sind,

$$F(z) = \prod_{k=1}^{\infty} u_k(z) = u_1(z) \cdot u_2(z) \cdots. \tag{99}$$

In der z-Ebene wählen wir einen Kreis C_R um den Nullpunkt mit dem Radius R und nehmen an, daß die Glieder $u_k(z)$ von einer bestimmten Stelle k an bei beliebiger Wahl von R in C_R keine Nullstellen mehr haben. Dies möge für ein vorgegebenes R von einer bestimmten Nummer $k = k_0$ ab eintreten (sie hängt im allgemeinen von R ab). Wir betrachten die unendliche Reihe

$$S(z) = \sum_{k=1}^{\infty} \log u_k(z), \tag{100}$$

die wir auch folgendermaßen schreiben können:

$$\sum_{k=1}^{k_0-1} \log u_k(z) + \sum_{k=k_0}^{\infty} \log u_k(z). \tag{101}$$

Die Glieder der letzten Summe sind im Kreise C_R reguläre und eindeutige Funktionen, da $u_k(z)$ dort nicht verschwindet. Wir nehmen an, daß bei einer bestimmten Wahl der Werte der regulären Funktion $\log u_k(z)$ diese Reihe in C_R gleichmäßig konvergiert. Ihre Summe ist eine reguläre Funktion, die wir mit $f_{k_0}(z)$ bezeichnen [12]. Dann gilt

$$\prod_{k=1}^{\infty} u_k(z) = e^{f_{k_0}(z)} \prod_{k=1}^{k_0-1} u_k(z);$$

daraus folgt also, daß (99) eine im Kreise C_R reguläre Funktion ist, und ihre Nullstellen in C_R bestimmt man als Nullstellen der Glieder $u_k(z)$ mit $k < k_0$. Da R willkürlich war, können wir allgemein folgendes aussagen: *Bei gleichmäßiger Konvergenz der Reihe* (100) *in jedem beschränkten Gebiet der Ebene (wenn man einige der ersten Summanden wegläßt, was nicht wesentlich ist) konvergiert das unendliche Produkt* (99) *in der ganzen Ebene. Es ist eine ganze Funktion, und die Nullstellen dieser ganzen Funktion sind vollständig bestimmt durch die Nullstellen der Faktoren* $u_k(z)$. Durch Differentiation der gleichmäßig konvergenten Reihe (100) ergibt sich

$$S'(z) = \sum_{k=1}^{\infty} \frac{u_k'(z)}{u_k(z)};$$

es ist aber

$$F(z) = e^{S(z)} \quad \text{und} \quad F'(z) = S'(z) F(z),$$

also

$$F'(z) = F(z) \sum_{k=1}^{\infty} \frac{u_k'(z)}{u_k(z)}. \tag{102}$$

Diese Formel zeigt, daß bei gleichmäßiger Konvergenz der Reihe (100) für das unendliche Produkt (99) die Differentiationsregel (102) gilt, die der eines endlichen Produktes analog ist.

69. Konstruktion einer ganzen Funktion aus ihren Nullstellen. Mit Hilfe der vorigen Überlegungen kann man eine ganze Funktion aus ihren vorgegebenen Nullstellen konstruieren. Dabei ist wichtig, daß die Nullstellen einer ganzen Funktion im Endlichen keinen Häufungspunkt haben können. Wenn nämlich ein derartiger Punkt $z = c$ existierte, wenn also in einem beliebig kleinen Kreis um $z = c$ unendlich viele Nullstellen einer ganzen Funktion lägen, so müßte die ganze Funktion identisch Null sein [18]. Wiederholt man die Überlegungen aus [64], dann überzeugt man sich davon, daß die Nullstellen a_k einer ganzen Funktion der Größe des absoluten Betrages nach angeordnet werden können:

$$|a_1| \leqslant |a_2| \leqslant \ldots,$$

wobei $|a_n| \to +\infty$ für $n \to \infty$. Kommt eine Zahl α genau q-mal unter den a_k vor, so bedeutet das, daß die entsprechende Nullstelle α die Vielfachheit q haben muß. Vorläufig nehmen wir an, daß $z = 0$ unter den gegebenen Zahlen a_k nicht vorkommt.

Wir beschränken unser Problem auf die Untersuchung eines Spezialfalles, der für die Anwendungen überaus wichtig ist. Wir setzen nämlich voraus, die a_k mögen so schnell gegen Unendlich gehen, daß eine ganze positive Zahl m existiert, für welche die Reihe

$$\sum_{k=1}^{\infty} \frac{1}{|a_k|^m} \tag{103}$$

konvergiert. Wir wollen $m \geqslant 2$ annehmen.

Dann bilden wir das unendliche Produkt

$$F(z) = \prod_{k=1}^{\infty} \left(1 - \frac{z}{a_k}\right) e^{\frac{z}{a_k} + \frac{1}{2}\left(\frac{z}{a_k}\right)^2 + \cdots + \frac{1}{m-1}\left(\frac{z}{a_k}\right)^{m-1}} \tag{104}$$

und zeigen, daß es alle Bedingungen erfüllt, die im vorigen Abschnitt angegeben worden sind. Weiter betrachten wir einen Kreis C_R. Von einem bestimmten Index $k = k_0$ an liegen alle Zahlen a_k im Äußeren des Kreises C_R, so daß die Glieder des Produktes (104) für $k \geqslant k_0$ im Inneren von C_R keine Nullstellen haben. Für jedes z in C_R gilt dann

$$\left|\frac{z}{a_k}\right| < \vartheta < 1 \qquad (k \geqslant k_0), \tag{105}$$

wobei ϑ eine bestimmte positive Zahl kleiner als Eins ist. Wir wollen die Reihe (100) für den vorliegenden Fall untersuchen:

$$\sum_{k=k_0}^{\infty} \log\left[\left(1 - \frac{z}{a_k}\right) e^{\frac{z}{a_k} + \frac{1}{2}\left(\frac{z}{a_k}\right)^2 + \cdots + \frac{1}{m-1}\left(\frac{z}{a_k}\right)^{m-1}}\right]. \tag{106}$$

Wegen (105) können wir die Potenzreihenentwicklung des Logarithmus benutzen und erhalten damit für die Reihe (106) die Formel

$$\sum_{k=k_0}^{\infty}\left[\frac{z}{a_k}+\frac{1}{2}\left(\frac{z}{a_k}\right)^2+\cdots+\frac{1}{m-1}\left(\frac{z}{a_k}\right)^{m-1}-\sum_{s=1}^{\infty}\frac{1}{s}\left(\frac{z}{a_k}\right)^s\right]=$$

$$=\sum_{k=k_0}^{\infty}\left[-\frac{1}{m}\left(\frac{z}{a_k}\right)^m-\frac{1}{m+1}\left(\frac{z}{a_k}\right)^{m+1}-\cdots\right].$$

Das allgemeine Glied dieser Reihe ist

$$v_k(z)=-\frac{1}{m}\left(\frac{z}{a_k}\right)^m-\frac{1}{m+1}\left(\frac{z}{a_k}\right)^{m+1}-\cdots.$$

Offensichtlich gilt

$$|v_k(z)|\leqslant\frac{1}{m}\left|\frac{z}{a_k}\right|^m+\frac{1}{m+1}\left|\frac{z}{a_k}\right|^{m+1}+\cdots$$

oder wegen (105), wenn man $\frac{1}{m}\left|\frac{z}{a_k}\right|^m$ vor die Klammer zieht und berücksichtigt, daß im Kreis C_R die Beziehung $|z|\leqslant R$ gilt,

$$|v_k(z)|\leqslant\frac{R^m}{m\,|a_k|^m}(1+\vartheta+\vartheta^2+\cdots),$$

also

$$|v_k(z)|\leqslant\frac{R^m}{m(1-\vartheta)}\frac{1}{|a_k|^m}.$$

Wegen der Konvergenz der Reihe (103) bilden die auf der rechten Seite der letzten Ungleichung stehenden Zahlen ebenfalls eine konvergente Reihe; folglich konvergiert die Reihe (106) im Kreise C_R gleichmäßig und absolut. Daher ist das unendliche Produkt (104) selbst eine ganze Funktion, und seine Nullstellen sind bestimmt als Nullstellen der Faktoren; dies sind also die Zahlen a_k.

Haben wir irgendeine ganze Funktion $f(z)$, deren Nullstellen die Zahlen a_k sind, so ist der Quotient $\frac{f(z)}{F(z)}$ eine ganze Funktion ohne Nullstellen, d. h., dieser Quotient hat die Gestalt $e^{g(z)}$, und wir erhalten auf diese Weise folgende Darstellung für die ganze Funktion $f(z)$[1]:

$$f(z)=e^{g(z)}\prod_{k=1}^{\infty}\left(1-\frac{z}{a_k}\right)e^{\frac{z}{a_k}+\frac{1}{2}\left(\frac{z}{a_k}\right)^2+\cdots+\frac{1}{m-1}\left(\frac{z}{a_k}\right)^{m-1}}, \tag{107}$$

wobei $g(z)$ eine gewisse ganze Funktion ist. Bisher haben wir vorausgesetzt, daß der Punkt $z=0$ keine Nullstelle der Funktion war. Ist er jedoch eine Nullstelle der Vielfachheit p, so müssen wir lediglich auf den rechten Seiten der Formeln (104) und (107) den Faktor z^p hinzufügen.

Als Beispiel betrachten wir die Funktion $\sin z$. Sie hat die einfachen Nullstellen $z=0$ und $z=k\pi$ ($k=\pm1,\pm2,\ldots$). Hierbei ist $m=2$, da die Reihe

$$\sum_{k=-\infty}^{+\infty}{}'\frac{1}{|k\pi|^2},$$

---

[1] Das ist die Aussage des sogenannten *Weierstrassschen Produktsatzes.* (Anm. d. wiss. Red.)

wie wir oben erwähnten, konvergiert. Wendet man Formel (107) an und fügt den Faktor z hinzu, so bekommt man

$$\sin z = e^{g(z)} z \prod_{k=-\infty}^{+\infty}{}' \left(1 - \frac{z}{k\pi}\right) e^{\frac{z}{k\pi}}.$$

Die ganze Funktion $g(z)$ kann natürlich aus den vorhergehenden allgemeinen Überlegungen nicht bestimmt werden. Die Resultate [67] zeigen uns jedoch, daß diese Funktion für unser Beispiel identisch Null ist.

Wir weisen noch auf folgendes hin: Ist $m = 1$, konvergiert also die Reihe

$$\sum_{k=1}^{\infty} \frac{1}{|a_k|},$$

so kann man, indem man wie oben schließt, an Stelle von (107) schreiben:

$$f(z) = e^{g(z)} \prod_{k=1}^{\infty} \left(1 - \frac{z}{a_k}\right).$$

Im folgenden werden wir noch ein Beispiel für die Anwendung der Formel (104) kennenlernen, die man als *unendliches* W*EIERSTRASS*sches *Produkt* bezeichnet.

Es kann vorkommen, daß die Zahlen a_k so gegeben sind, daß die Reihe (103) für jedes ganze positive m divergiert. Das gilt beispielsweise dann, wenn wir $a_k = \log(k+1)$ $(k = 1, 2, \ldots)$ setzen. Tatsächlich divergiert die Reihe mit dem allgemeinen Glied $[\log(k+1)]^{-m}$ für jedes positive m, da die Summe ihrer ersten Glieder größer als

$$\frac{k}{[\log(k+1)]^m}$$

ist, und dieser Ausdruck wächst, wie man leicht zeigt, indem man die L'HOSPITALsche Regel anwendet [I, 66], mit k über alle Grenzen. Falls die Reihe (103) für jedes natürliche m divergiert, bilden wir das unendliche Produkt

$$\prod_{k=1}^{\infty} \left(1 - \frac{z}{a_k}\right) e^{Q_k(z)} \tag{108}$$

mit

$$Q_k(z) = \frac{z}{a_k} + \frac{z^2}{2a_k^2} + \cdots + \frac{z^{m_k}}{m_k a_k^{m_k}},$$

wobei m_k von k abhängt. Wiederholt man die obenerwähnte Abschätzung, so überzeugt man sich davon, daß für die Konvergenz des unendlichen Produktes (108) die Konvergenz der Reihe

$$\sum_{k=1}^{\infty} \left(\frac{R}{|a_k|}\right)^{m_k+1}$$

für jedes $R > 0$ hinreichend ist. Dazu genügt es, $m_k = k - 1$ zu nehmen. Wendet man das Wurzelkriterium auf die Reihe

$$\sum_{k=1}^{\infty} \left(\frac{R}{|a_k|}\right)^k$$

an [I, 12], dann erhält man

$$\sqrt[k]{\left(\frac{R}{|a_k|}\right)^k} = \frac{R}{|a_k|} \to 0;$$

die Reihe konvergiert also tatsächlich. Man kann zeigen, daß es für die Konvergenz der Reihe genügt, m_k so zu wählen, daß die Ungleichung $m_k + 1 > \log k$ gilt.

70. Integrale, die von einem Parameter abhängen. Im folgenden wollen wir uns mit Funktionen in Gestalt von Integralen beschäftigen, die von einem Parameter abhängen. Wir haben dies schon in [61] getan. Für eine reelle Veränderliche haben wir gegebene Funktionen dieser Art untersucht und Bedingungen aufgestellt, unter denen diese Funktionen eine Ableitung besitzen, so daß man unter dem Integralzeichen differenzieren darf [II, 84].

Wir wollen das entsprechende Problem für eine komplexe Variable untersuchen.

Satz. *Es sei $f(t, z)$ eine stetige Funktion der zwei Veränderlichen t und z, wobei z einem abgeschlossenen Bereich B mit dem Rand l angehört und t im endlichen Intervall $a \leqslant t \leqslant b$ der reellen Achse variiert. Ferner sei $f(t, z)$ im abgeschlossenen Bereich B eine reguläre Funktion von z für jedes t, das in dem genannten Intervall liegt. Dann ist die durch die Gleichung*

$$\omega(z) = \int_a^b f(t, z)\, dt \tag{109}$$

definierte Funktion $\omega(z)$ eine im Innern von B reguläre Funktion, und bei der Berechnung ihrer Ableitung dürfen wir unter dem Integralzeichen nach z differenzieren. Es gilt also

$$\omega'(z) = \int_a^b \frac{\partial f(t, z)}{\partial z}\, dt . \tag{109_1}$$

Gemäß der CAUCHYschen Formel dürfen wir schreiben:

$$f(t, z) = \frac{1}{2\pi i} \int_l \frac{f(t, z')}{z' - z}\, dz' .$$

Dabei liegt z im Innern von B, und t ist ein beliebiger Punkt des Intervalls $a \leqslant t \leqslant b$. Folglich ist

$$\omega(z) = \int_a^b \left[\frac{1}{2\pi i} \int_l \frac{f(t, z')}{z' - z}\, dz' \right] dt .$$

Beim Integrieren einer stetigen Funktion dürfen wir die Reihenfolge der Integrationen ändern [II, 78 und 97]:

$$\omega(z) = \frac{1}{2\pi i} \int_l \frac{\int_a^b f(t, z')\, dt}{z' - z}\, dz' .$$

Diese Formel liefert $\omega(z)$ als CAUCHYsches Integral. Also ist $\omega(z)$ eine im Innern von B reguläre Funktion. Für ihre Ableitung gilt [8]

$$\omega'(z) = \frac{1}{2\pi i} \int_l \frac{\int_a^b f(t, z')\, dt}{(z' - z)^2}\, dz' .$$

Ändert man abermals die Integrationsreihenfolge, so kann man schreiben:

$$(*) \qquad \omega'(z) = \int_a^b \left[\frac{1}{2\pi i} \int_l \frac{f(t, z')}{(z' - z)^2} dz' \right] dt.$$

Der in eckigen Klammern stehende Ausdruck liefert gemäß der CAUCHYschen Formel die Ableitung $\frac{\partial f(t,z)}{\partial z}$; die Formel (*) ist mit (109_1) identisch und der Satz damit bewiesen. Wir hätten auch voraussetzen können, daß t nicht im Intervall (a, b) der reellen Achse variiert, sondern längs einer beliebigen Kurve. Der Beweis des Satzes hätte sich dabei nicht geändert. Bezüglich dieses Beweises machen wir darauf aufmerksam, daß das Integral

$$\int_a^b f(t, z')\, dt,$$

das im Zähler des $\omega(z)$ darstellenden CAUCHYschen Integrals steht, auf l selbst eine stetige Funktion von z' ist. Das folgt unmittelbar daraus, daß $f(t, z)$ nach Voraussetzung eine stetige Funktion der beiden Argumente ist [II, 80].

Wir wollen jetzt den obigen Satz auf uneigentliche Integrale ausdehnen. Dabei genügt es für den Beweis, als Zusatzbedingung die gleichmäßige Konvergenz des Integrals (109) zu fordern. Der Einfachheit halber untersuchen wir das Integral im unendlichen Intervall $(a, +\infty)$, aber der Beweis gilt auch für andere Typen uneigentlicher Integrale.

Satz. *Es sei $f(t, z)$ eine stetige Funktion zweier Argumente, wobei z in einem abgeschlossenen Bereich B liegt und $t \geqslant a$ ist. Ferner sei $f(t, z)$ in B für $t \geqslant a$ eine reguläre Funktion von z, und das Integral*

$$\int_a^\infty f(t, z)\, dt$$

konvergiere gleichmäßig für alle z, die im abgeschlossenen Bereich B liegen. Dann ist

$$(110) \qquad \omega(z) = \int_a^\infty f(t, z)\, dt$$

eine im Innern von B reguläre Funktion von z, und es gilt

$$\omega'(z) = \int_a^\infty \frac{\partial f(t, z)}{\partial z} dt.$$

Wir bilden die Funktionenfolge

$$\omega_n(z) = \int_a^{a_n} f(t, z)\, dt,$$

in der a_n eine beliebige Folge von Zahlen größer als a durchläuft, die gegen $+\infty$ strebt. Nach dem schon bewiesenen Satz ist $\omega_n(z)$ eine im Innern von B reguläre Funktion, und es gilt

$$\omega_n'(z) = \int_a^{a_n} \frac{\partial f(t, z)}{\partial z} dt.$$

Aus der Voraussetzung der gleichmäßigen Konvergenz des Integrals (110) folgt, daß $\omega_n(z)$ gleichmäßig gegen die durch (110) definierte Funktion $\omega(z)$ strebt. Nach dem Satz von WEIERSTRASS ist $\omega(z)$ eine im Innern von B reguläre Funktion, und es gilt $\omega_n'(z) \to \omega'(z)$. Somit ist

$$\lim_{n\to\infty} \int_a^{a_n} \frac{\partial f(t, z)}{\partial z}\, dt = \omega'(z),$$

wenn a_n auf beliebige Weise gegen $+\infty$ strebt. Daraus folgt

$$\omega'(z) = \int_a^{\infty} \frac{\partial f(t, z)}{\partial z}\, dt,$$

wobei das rechts stehende Integral selbstverständlich einen Sinn hat. Der Satz ist damit vollständig bewiesen.

Zum Beweis hätten wir auch voraussetzen können, daß die Integration über t ebenfalls längs eines unendlichen Weges C ausgeführt wird. Dieses uneigentliche Integral muß man dann als Grenzwert von Integralen über endliche Wege auffassen, die Teilstücke von C sind. Man kann den obigen Satz auch wörtlich auf uneigentliche Integrale übertragen, deren Integrand $f(t, z)$ nicht beschränkt bleibt (beispielsweise, wenn t gegen a geht).

Schließlich weisen wir noch auf folgende hinreichende Bedingung für die absolute und gleichmäßige Konvergenz eines Integrals hin [II, 84]: Wird die Integration über t längs der reellen Achse ausgeführt, gilt für $t \geqslant a$ und die innerhalb des abgeschlossenen Bereiches B liegenden z die Ungleichung $|f(t, z)| \leqslant \varphi(t)$, und konvergiert das Integral

$$\int_a^{\infty} \varphi(t)\, dt,$$

so konvergiert das Integral (110) absolut und gleichmäßig. Die absolute Konvergenz ist ebenso definiert wie bei einer Funktion $f(t, z)$ reeller Veränderlicher.

71. Die Integraldarstellung der Gammafunktion. Wir wollen die Funktion untersuchen, die durch das EULERsche Integral zweiter Art

$$\Gamma(z) = \int_0^{\infty} e^{-t} t^{z-1}\, dt \tag{111}$$

definiert ist. Dabei ist $t^{z-1} = e^{(z-1)\log t}$, und der Wert des Logarithmus der positiven Zahl t muß reell genommen werden. Wir stellen das angegebene Integral als Summe zweier Integrale dar:

$$\Gamma(z) = \int_0^1 e^{-t} t^{z-1}\, dt + \int_1^{\infty} e^{-t} t^{z-1}\, dt. \tag{112}$$

Zunächst beschäftigen wir uns mit dem zweiten Summanden der rechten Seite,

$$\omega(z) = \int_1^{\infty} e^{-t} t^{z-1}\, dt. \tag{113}$$

Für $t \geqslant 1$ ist der Integrand

$$e^{-t} t^{z-1} = e^{-t + (z-1)\log t} \tag{114}$$

eine stetige Funktion von t und z für beliebiges z und für festes t eine ganze Funktion von z. Wir nehmen an, daß z innerhalb eines beschränkten Gebietes B der z-Ebene variiert und setzen $z = x + iy$. Im abgeschlossenen Bereich B hat die Abszisse x einen größten Wert, den wir mit x_0 bezeichnen. Berücksichtigt man, daß $\log t \geqslant 0$ ist für $t \geqslant 1$ und daß der absolute Betrag der Exponentialfunktion $e^{i\varphi}$ mit rein imaginärem Exponenten gleich Eins ist, so erhält man für z aus B:

$$|e^{-t} t^{z-1}| = |e^{-t + (x-1)\log t + iy \log t}| \leqslant e^{-t + (x_0 - 1)\log t} = e^{-t} t^{x_0 - 1}.$$

Das Integral

$$\int_1^\infty e^{-t} t^{x_0 - 1}\, dt$$

konvergiert offenbar [II, 82], und folglich konvergiert das Integral (113) gleichmäßig für alle z aus B. Berücksichtigt man den zweiten Satz des vorigen Abschnittes und die völlige Willkür in der Wahl von B, dann kann man zeigen, daß die durch (113) definierte Funktion $\omega(z)$ eine ganze Funktion ist und daß sie unter dem Integralzeichen nach z differenziert werden darf.

Wir betrachten jetzt den ersten Summanden aus Formel (112):

$$\varphi(z) = \int_0^1 e^{-t} t^{z-1}\, dt. \tag{115}$$

Hierbei kann der Integrand (114) für $t = 0$ eine Unstetigkeitsstelle haben, da $\log t$ für $t = 0$ gleich $-\infty$ wird. Wie oben ist der absolute Betrag der Funktion (114) gleich

$$e^{-t} t^{x-1}.$$

Für $x > 1$ hat der Integrand bei $t = 0$ keine Unstetigkeitsstelle. Wendet man den ersten Satz aus dem vorigen Abschnitt an, so kann man sich davon überzeugen, daß die Funktion (115) eine für $x > 1$, also rechts von der Geraden $x = 1$ reguläre Funktion ist. Wir wollen jetzt beweisen, daß sie rechts der imaginären Achse regulär ist. Dazu wählen wir dort irgendeinen endlichen Bereich B. Es sei x_1 die kleinste Abszisse der Punkte des abgeschlossenen Bereichs B. Da letzterer rechts von der imaginären Achse liegt, ist $x_1 > 0$. Berücksichtigt man, daß $\log t \leqslant 0$ für $t \leqslant 1$ ist, so erhält man

$$|e^{-t} t^{z-1}| \leqslant e^{-t} t^{x_1 - 1}$$

für z aus B. Für $x_1 > 0$ konvergiert aber das Integral

$$\int_0^1 e^{-t} t^{x_1 - 1}\, dt,$$

und wie oben folgt daraus offensichtlich die Regularität der Funktion (115) rechts von der imaginären Achse. Ferner ist es erlaubt, unter dem Integral zu differenzieren. Aus diesen Überlegungen folgt, daß *Formel* (111) *eine rechts von der imaginären*

Achse reguläre Funktion $\Gamma(z)$ definiert. Wir wollen diese Funktion links der imaginären Achse analytisch fortsetzen und zeigen, daß $\Gamma(z)$ eine meromorphe Funktion ist, die in den Punkten

$$z = 0, -1, -2, \ldots \tag{116}$$

einfache Pole hat. Da der zweite Summand rechts in Formel (112) eine ganze Funktion ist, müssen wir uns mit der Funktion (115) befassen.

Im endlichen Intervall $0 \leqslant t \leqslant 1$ ist e^{-t} in eine gleichmäßig konvergente Reihe entwickelbar:

$$e^{-t} = \sum_{n=0}^{\infty} (-1)^n \frac{t^n}{n!},$$

wobei wie immer $0! = 1$ gesetzt ist. Multipliziert man mit t^{z-1} und integriert gliedweise über das Intervall (0, 1), so bekommt man

$$\int_0^1 e^{-t} t^{z-1}\, dt = \sum_{n=0}^{\infty} \frac{(-1)^n}{n!} \left[\frac{t^{n+z}}{n+z} \right]_{t=0}^{t=1}.$$

Es möge z rechts von der imaginären Achse liegen. Dann ist der Realteil von $n + z$ positiv und $t^{n+z} = 0$ für $t = 0$; es gilt also

$$\int_0^1 e^{-t} t^{z-1}\, dt = \sum_{n=0}^{\infty} \frac{(-1)^n}{n!} \cdot \frac{1}{z+n}.$$

Somit ergibt sich für $\Gamma(z)$ rechts von der imaginären Achse:

$$\Gamma(z) = \sum_{n=0}^{\infty} \frac{(-1)^n}{n!} \cdot \frac{1}{z+n} + \int_1^{\infty} e^{-t} t^{z-1}\, dt. \tag{117}$$

Die auf der rechten Seite stehende unendliche Reihe konvergiert in jedem beschränkten Gebiet der Ebene wegen des Faktors $n!$ im Nenner absolut und gleichmäßig; man muß nur einige der ersten Summanden fortlassen, die in den Punkten (116) Pole haben. Folglich liefert diese Summe eine meromorphe Funktion mit den einfachen Polen (116), wobei das Residuum im Pol $z = -n$ gleich $\frac{(-1)^n}{n!}$ ist. Der zweite Summand rechts ist, wie bereits erwähnt, eine ganze Funktion. Somit liefert die rechte Seite der Formel (117) die analytische Fortsetzung der Funktion $\Gamma(z)$, die durch (111) lediglich rechts der imaginären Achse definiert ist, in die gesamte z-Ebene. *Dabei erweist sich $\Gamma(z)$ als meromorphe Funktion mit den einfachen Polen* (116) *und dem Residuum $\frac{(-1)^n}{n!}$ im Pol $z = -n$.* Für ganze positive Argumentwerte erhält man leicht den Wert von $\Gamma(z)$. Wir setzen $z = n + 1$, wobei n eine ganze positive Zahl ist. Dann erhalten wir [II, 81]

$$\Gamma(n+1) = \int_0^{\infty} e^{-t} t^n\, dt = n!$$

und

$$\Gamma(1) = \int_0^{\infty} e^{-t}\, dt = 1.$$

Somit ist also der Wert der Funktion $\Gamma(z)$ für ganze positive z gleich der Fakultät:

(118) $$\Gamma(1) = 1; \quad \Gamma(n+1) = n! \qquad (n = 1, 2, 3, \ldots).$$

Wir wollen jetzt die wichtigste Eigenschaft der Funktion $\Gamma(z)$ erläutern. Setzt man $z > 0$ voraus und integriert partiell, so ist

$$\Gamma(z+1) = \int_0^\infty e^{-t} t^z \, dt = [-e^{-t} t^z]_{t=0}^{t=\infty} + z \int_0^\infty e^{-t} t^{z-1} \, dt,$$

also

(119) $$\Gamma(z+1) = z\,\Gamma(z).$$

Wir haben diese Gleichung nur für den positiven Teil der reellen Achse bewiesen. Sind aber zwei analytische Funktionen auf einem Kurvenstück identisch, so sind sie es in der ganzen Ebene [18]; folglich kann die Formel (119) für alle z als gültig angesehen werden. Es sei n eine beliebige ganze positive Zahl. Wendet man mehrere Male die Formel (119) an, so erhält man eine allgemeinere Gleichung, die für alle komplexen z gilt:

(120) $$\Gamma(z+n) = (z+n-1)(z+n-2)\cdots(z+1)\,z\,\Gamma(z).$$

Wir setzen jetzt voraus, daß z innerhalb des Intervalls (0, 1) der reellen Achse variiert, und wenden uns der Ausgangsgleichung (111) zu. Dabei führen wir an Stelle von t die neue Integrationsvariable u mit $t = u^2$ ein. Dann erhalten wir statt (111)

$$\Gamma(z) = 2\int_0^\infty e^{-u^2} u^{2z-1} \, du.$$

Ersetzt man z durch $1 - z$, so kann man schreiben

$$\Gamma(1-z) = 2\int_0^\infty e^{-v^2} v^{1-2z} \, dv.$$

Durch Multiplikation der beiden letzten Gleichungen ergibt sich

(121) $$\Gamma(z)\,\Gamma(1-z) = 4\int_0^\infty\int_0^\infty e^{-(u^2+v^2)} \left(\frac{u}{v}\right)^{2z-1} du\, dv.$$

Das rechts stehende Integral können wir als zweifaches Integral in der (u, v)-Ebene deuten, wobei das Integrationsgebiet der erste Quadrant ist, d. h. der Teil der Ebene, in dem $u > 0$ und $v > 0$ ist. Wir führen für u und v Polarkoordinaten ein:

$$u = \varrho \cos\varphi; \quad v = \varrho \sin\varphi.$$

Die Formel (121) geht dann über in

$$\Gamma(z)\,\Gamma(1-z) = 4\int_0^\infty\int_0^{\frac{\pi}{2}} e^{-\varrho^2} \varrho \operatorname{ctg}^{2z-1}\varphi \, d\varphi\, d\varrho;$$

dabei muß die Integration über ϱ von 0 bis $+\infty$ und über φ von 0 bis $\frac{\pi}{2}$ erstreckt werden. Es gilt also

$$\Gamma(z)\,\Gamma(1-z) = 4\int_0^{\frac{\pi}{2}} \operatorname{ctg}^{2z-1}\varphi\, d\varphi \int_0^{\infty} e^{-\varrho^2}\varrho\, d\varrho .$$

Wie man leicht sieht, ist

$$\int_0^{\infty} e^{-\varrho^2}\varrho\, d\varrho = \frac{1}{2}$$

und folglich

$$\Gamma(z)\,\Gamma(1-z) = 2\int_0^{\frac{\pi}{2}} \operatorname{ctg}^{2z-1}\varphi\, d\varphi .$$

An Stelle von φ führen wir die neue Veränderliche x durch

$$\varphi = \operatorname{arc\,ctg} \sqrt{x};$$
$$d\varphi = \frac{-dx}{2\sqrt{x}(1+x)}$$

ein. $\Gamma(z)\,\Gamma(1-z)$ nimmt damit folgende Gestalt an:

$$\Gamma(z)\,\Gamma(1-z) = \int_0^{\infty} \frac{x^{z-1}}{1+x}\, dx .$$

Bekanntlich [62] ist das rechts stehende Integral gleich $\frac{\pi}{\sin \pi z}$, und somit erhalten wir schließlich

$$\Gamma(z)\,\Gamma(1-z) = \frac{\pi}{\sin \pi z} . \tag{122}$$

Das ist von uns nur für das Intervall (0, 1) der reellen Achse bewiesen worden. Aber ebenso wie oben überzeugt man sich von der Gültigkeit für alle z, indem man das Prinzip der analytischen Fortsetzung benutzt.

Die Formel (120) gestattet es, die Berechnung von $\Gamma(z)$ für beliebiges reelles z auf die Werte von $\Gamma(z)$ im Intervall (0, 1) zurückzuführen, während (122) die Möglichkeit bietet, das Intervall (0, 1) auf das Intervall $\left(0, \frac{1}{2}\right)$ zu reduzieren. Setzt man in Formel (122) $z = \frac{1}{2}$, so ergibt sich

$$\Gamma\left(\frac{1}{2}\right) = \int_0^{\infty} e^{-t} t^{-\frac{1}{2}}\, dt = \sqrt{\pi} . \tag{123}$$

72. Die EULERsche Betafunktion. *Als EULERsche Betafunktion* bezeichnet man das Integral

$$\mathrm{B}(p, q) = \int_0^{1} x^{p-1}(1-x)^{q-1}\, dx . \tag{124}$$

Wie bei dem Integral (111) setzen wir voraus, daß die Realteile von p und q positiv sind; außerdem sei

$$x^{p-1}(1-x)^{q-1} = e^{(p-1)\log x + (q-1)\log(1-x)},$$

wobei die Logarithmen reell zu nehmen sind. An Stelle von x führen wir die neue Veränderliche t mit $t = 1 - x$ ein. Dann erhalten wir anstatt (124)

$$\mathrm{B}(p, q) = \int_0^1 t^{q-1}(1-t)^{p-1}\,dt,$$

also

$$\mathrm{B}(p, q) = \mathrm{B}(q, p). \tag{125}$$

Wir leiten noch eine Formel her, die eine wichtige Eigenschaft der Funktion $\mathrm{B}(p, q)$ ausdrückt. Integriert man partiell, so kann man schreiben:

$$\int_0^1 x^{p-1}(1-x)^q\,dx = \left[\frac{x^p(1-x)^q}{p}\right]_{x=0}^{x=1} + \frac{q}{p}\int_0^1 x^p(1-x)^{q-1}\,dx.$$

Wegen unserer Voraussetzung bezüglich p und q können wir schließen, daß der erste Summand gleich Null ist. Diese Formel bringt also folgende Eigenschaft der Funktion $\mathrm{B}(p, q)$ zum Ausdruck:

$$\mathrm{B}(p, q+1) = \frac{q}{p}\mathrm{B}(p+1, q). \tag{126}$$

Wir wollen jetzt den Zusammenhang der Funktion $\mathrm{B}(p, q)$ mit der Funktion (111) untersuchen. Wendet man dieselbe Transformation an wie im vorigen Paragraphen, so kann man für das Produkt $\Gamma(p)\,\Gamma(q)$ schreiben:

$$\Gamma(p)\,\Gamma(q) = 4\int_0^\infty\int_0^\infty e^{-(u^2+v^2)}u^{2p-1}v^{2q-1}\,du\,dv.$$

Wir führen wieder Polarkoordinaten ein; damit ergibt sich

$$\Gamma(p)\,\Gamma(q) = 4\int_0^\infty e^{-\varrho^2}\varrho^{2(p+q)-1}\,d\varrho\int_0^{\frac{\pi}{2}}\cos^{2p-1}\varphi\sin^{2q-1}\varphi\,d\varphi.$$

Nun führen wir die Substitution $\varrho = \sqrt{t}$ aus; dann können wir schreiben:

$$\int_0^\infty e^{-\varrho^2}\varrho^{2(p+q)-1}\,d\varrho = \frac{1}{2}\int_0^\infty e^{-t}t^{p+q-1}\,dt = \frac{1}{2}\Gamma(p+q)$$

und folglich

$$\Gamma(p)\,\Gamma(q) = 2\Gamma(p+q)\int_0^{\frac{\pi}{2}}\cos^{2p-1}\varphi\sin^{2q-1}\varphi\,d\varphi.$$

Führt man jetzt für φ die neue Integrationsvariable x mit $x = \cos^2 \varphi$ ein, so liefert uns die letzte Relation

$$\Gamma(p)\,\Gamma(q) = \Gamma(p+q)\int_0^1 x^{p-1}(1-x)^{q-1}\,dx.$$

Daraus ergibt sich die Formel, die $\mathrm{B}(p, q)$ durch die Funktion $\Gamma(z)$ ausdrückt:

$$\mathrm{B}(p, q) = \frac{\Gamma(p)\,\Gamma(q)}{\Gamma(p+q)}. \tag{127}$$

73. Das unendliche Produkt für die Funktion $[\Gamma(z)]^{-1}$. Wir kommen nun zu einer anderen Darstellung der durch die Formel (111) eingeführten Funktion $\Gamma(z)$. Der Einfachheit halber wollen wir $z > 0$ voraussetzen. Der Faktor e^{-t} ist bekanntlich der Grenzwert [I, 38]

$$e^{-t} = \lim_{n\to\infty}\left(1-\frac{t}{n}\right)^n.$$

Ersetzt man das unendliche Intervall $(0, +\infty)$ durch das endliche $(0, n)$, so erhält man das Integral

$$P_n(z) = \int_0^n \left(1-\frac{t}{n}\right)^n t^{z-1}\,dt. \tag{128}$$

Man kann erwarten, daß es für $n \to \infty$ gegen das Integral strebt, das rechts in der Formel (111) auftritt. Am Schluß dieses Abschnittes werden wir unsere Behauptung beweisen; jetzt wollen wir uns nur mit den Folgerungen beschäftigen, die man aus ihr ziehen kann.

An Stelle von t führen wir die neue Veränderliche τ mit $t = n\tau$ ein. Dann können wir statt (128) schreiben:

$$P_n(z) = n^z \int_0^1 (1-\tau)^n \tau^{z-1}\,d\tau. \tag{129}$$

Wir wollen annehmen, daß n gegen $+\infty$ strebt, indem es nur ganze positive Werte durchläuft. Durch partielle Integration ergibt sich

$$\int_0^1 (1-\tau)^n \tau^{z-1}\,d\tau = \left[\frac{1}{z}\tau^z(1-\tau)^n\right]_{\tau=0}^{\tau=1} + \frac{n}{z}\int_0^1 (1-\tau)^{n-1}\tau^z\,d\tau.$$

Berücksichtigt man, daß der erste Summand rechts verschwindet $(z > 0)$, so ist

$$\int_0^1 (1-\tau)^n \tau^{z-1}\,d\tau = \frac{n}{z}\int_0^1 (1-\tau)^{n-1}\tau^z\,d\tau = \frac{n}{z(z+1)}\int_0^1 (1-\tau)^{n-1}\,d\tau^{z+1}.$$

Integriert man abermals partiell, dann gilt ebenso

$$\int_0^1 (1-\tau)^n \tau^{z-1}\,d\tau = \frac{n(n-1)}{z(z+1)}\int_0^1 (1-\tau)^{n-2}\tau^{z+1}\,d\tau.$$

Allgemein erhält man damit für das Integral (129) den Ausdruck

$$n^z \int_0^1 (1-\tau)^n \tau^{z-1}\,d\tau = \frac{1\cdot 2\cdots n}{z(z+1)\ldots(z+n)}\,n^z.$$

Wächst n über alle Grenzen, so hat dieser Ausdruck den Grenzwert $\Gamma(z)$, also ist

(130) $$\Gamma(z) = \lim_{n\to\infty} \frac{1\cdot 2\cdots n}{z(z+1)\cdots(z+n)} n^z \text{ [1]}$$

oder

(131) $$\frac{1}{\Gamma(z)} = \lim_{n\to\infty} \frac{z(z+1)\ldots(z+n)}{1\cdot 2\cdots n} n^{-z} \qquad (n^{-z} = e^{-z\log n}).$$

Um diese letzte Gleichung etwas anders zu gestalten, multiplizieren wir sie mit $e^{z\left(1+\frac{1}{2}+\frac{1}{3}+\cdots+\frac{1}{n}\right)}$ und dividieren durch denselben Ausdruck. Danach können wir schreiben:

$$\frac{1}{\Gamma(z)} = \lim_{n\to\infty}\left\{e^{\left(1+\frac{1}{2}+\frac{1}{3}+\cdots+\frac{1}{n}-\log n\right)z} z\cdot\frac{z+1}{1}\cdot\frac{z+2}{2}\cdots\frac{z+n}{n} e^{-z\left(1+\frac{1}{2}+\frac{1}{3}+\cdots+\frac{1}{n}\right)}\right\}$$

oder

(132) $$\frac{1}{\Gamma(z)} = \lim_{n\to\infty}\left\{e^{\left(1+\frac{1}{2}+\frac{1}{3}+\cdots+\frac{1}{n}-\log n\right)z} z\prod_{k=1}^{n}\left(1+\frac{z}{k}\right)e^{-\frac{z}{k}}\right\}.$$

Wächst die ganze Zahl n über alle Grenzen, so wird aus dem angegebenen endlichen Produkt das unendliche

(133) $$\prod_{k=1}^{\infty}\left(1+\frac{z}{k}\right)e^{-\frac{z}{k}}.$$

Dieses ist nach derselben Regel wie das unendliche WEIERSTRASSsche Produkt [69] gebildet. Hierbei ist $a_k = -k$, und die Reihe

$$\sum_{k=1}^{\infty}\frac{1}{k^m}$$

konvergiert für $m = 2$. Somit strebt der letzte Faktor auf der rechten Seite von (132) gegen den bestimmten endlichen Grenzwert (133).

Wir beweisen jetzt, daß auch die Veränderliche

(134) $$u_n = 1 + \frac{1}{2} + \frac{1}{3} + \cdots + \frac{1}{n} - \log n$$

gegen einen bestimmten Grenzwert strebt. Dazu genügt es zu zeigen, daß die Variable

(135) $$v_n = 1 + \frac{1}{2} + \frac{1}{3} + \cdots + \frac{1}{n-1} - \log n = u_n - \frac{1}{n}$$

einen solchen hat. Denselben Grenzwert besitzt offensichtlich auch die Veränderliche u_n. Wir betrachten den im ersten Quadranten gelegenen Zweig der gleichseitigen Hyperbel $y = \frac{1}{x}$.

Die Zahl $\frac{1}{k}$ ist die Ordinate dieses Zweiges für $x = k$. Der Wert $\log n$ ist offensichtlich die Fläche, die von der Hyperbel, der x-Achse und den Ordinaten

[1] In der deutschen Literatur bekannt als Definition der Gammafunktion nach GAUSS. (Anm. d. wiss. Red.)

für $x = 1$ und $x = n$ begrenzt wird. Die Summe

$$1 + \frac{1}{2} + \frac{1}{3} + \cdots + \frac{1}{n-1}$$

stellt die Summe der Flächen der einbeschriebenen Rechtecke dar, deren Basen gleich Eins sind (Abb. 64). Daraus folgt, daß die Differenz (135) für wachsendes n zunimmt. Andererseits ist sie offenbar kleiner als die Differenz der Flächen der einbeschriebenen und der umbeschriebenen Rechtecke. Da diese letzte Differenz offenbar gleich $1 - \frac{1}{n}$ ist, ist v_n eine wachsende beschränkte Veränderliche; folglich hat sie einen Grenzwert.

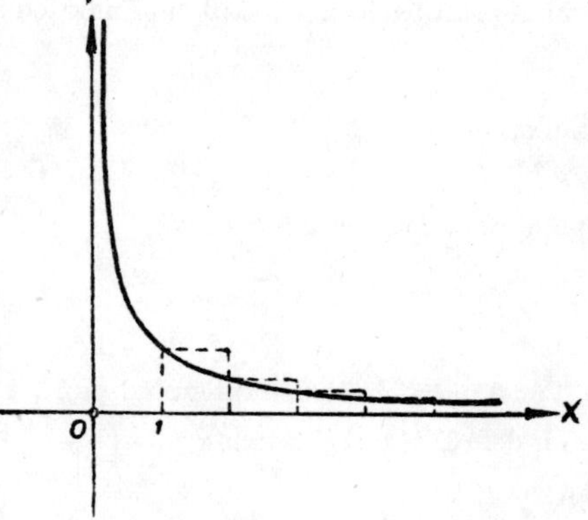

Abb. 64

Diesen Grenzwert C bezeichnet man als EULERsche (auch MASCHERONIsche, d. Red.) Konstante. Sie hat bis zur siebenten Dezimalstelle genau den Zahlenwert

$$C = 0{,}5772157\ldots. \tag{136}$$

Damit liefert Formel (132) im Grenzwert

$$\frac{1}{\Gamma(z)} = e^{Cz} z \prod_{k=1}^{\infty} \left(1 + \frac{z}{k}\right) e^{-\frac{z}{k}}. \tag{137}$$

Auf der rechten Seite dieser Formel steht eine ganze Funktion von z, die die einfachen Nullstellen $z = 0, -1, -2, \ldots$ hat. Die Gleichung (137) haben wir lediglich für die positive reelle Achse aufgestellt; aber nach dem Prinzip der analytischen Fortsetzung gilt sie für alle z. Auf Grund dieser Überlegungen sehen wir, daß *die Funktion* $\frac{1}{\Gamma(z)}$ *eine ganze Funktion ist. Die Formel* (137) *liefert ihre Darstellung als unendliches Produkt.*

Wir haben eben gezeigt, daß $\frac{1}{\Gamma(z)}$ eine ganze Funktion ist; daraus folgt, daß die Funktion $\Gamma(z)$ nirgends verschwindet, also überhaupt keine Nullstellen besitzt.

Benutzt man das unendliche Produkt (137), so kann man leicht die Beziehung (122) aus [71] beweisen. Die Formel (137) liefert uns nämlich unmittelbar

$$\frac{1}{\Gamma(z)\,\Gamma(-z)} = -z^2 \prod_{k=1}^{\infty} \left(1 - \frac{z^2}{k^2}\right),$$

und wegen (93) aus [67] ist

$$\frac{1}{\Gamma(z)\,\Gamma(-z)} = -\frac{z \sin \pi z}{\pi}.$$

Ferner erhalten wir aus der Gleichung (119), wenn man in ihr z durch $-z$ ersetzt, die Beziehung

$$\Gamma(-z) = -\frac{\Gamma(1-z)}{z}.$$

Setzt man diesen Ausdruck für $\Gamma(-z)$ in die vorige Formel ein, so ergibt sich wieder die Formel (122), nämlich

$$\Gamma(z)\,\Gamma(1-z)=\frac{\pi}{\sin \pi z}.$$

Es bleibt jetzt lediglich noch nachzuprüfen, daß das Integral (128) gegen das Integral (111) strebt, wenn die ganze Zahl n über alle Grenzen wächst. Dabei können wir uns auf den Fall $z > 0$ beschränken. Wir wollen zunächst die Differenz

$$e^{-t}-\left(1-\frac{t}{n}\right)^n$$

abschätzen.

Man prüft leicht nach, daß die Funktion

$$-e^v\left(1-\frac{v}{n}\right)^n$$

Stammfunktion für

$$e^v\left(1-\frac{v}{n}\right)^{n-1}\frac{v}{n}$$

ist und daß folglich gilt:

$$1-e^t\left(1-\frac{t}{n}\right)^n=\int_0^t e^v\left(1-\frac{v}{n}\right)^{n-1}\frac{v}{n}\,dv.$$

Für $0 < t < n$ ist der Integrand positiv, und somit ist es auch die linke Seite. Ersetzt man unter dem Integral e^v durch e^t und $\left(1-\frac{v}{n}\right)^{n-1}$ durch Eins, so ergibt sich die Ungleichung

$$0<1-e^t\left(1-\frac{t}{n}\right)^n<e^t\,\frac{t^2}{2n}$$

oder

$$0<e^{-t}-\left(1-\frac{t}{n}\right)^n<\frac{t^2}{2n}. \tag{138}$$

Wir bilden die Differenz

$$\Gamma(z)-P_n(z)=\int_0^n\left[e^{-t}-\left(1-\frac{t}{n}\right)^n\right]t^{z-1}\,dt+\int_n^\infty e^{-t}\,t^{z-1}\,dt. \tag{139}$$

Für $n\to\infty$ strebt das zweite Integral rechts gegen Null, da

$$\int_0^\infty e^{-t}\,t^{z-1}\,dt$$

konvergiert. Es bleibt zu zeigen, daß auch das erste Integral für $n\to+\infty$ gegen Null geht.

Wir wählen $n=n_0$ so, daß

$$\int_{n_0}^\infty e^{-t}\,t^{z-1}\,dt<\frac{\varepsilon}{2}$$

ist, wobei ε eine beliebig vorgegebene positive Zahl ist.

Wir können für $n>n_0$ schreiben:

$$\int_0^n\left[e^{-t}-\left(1-\frac{t}{n}\right)^n\right]t^{z-1}\,dt=\int_0^{n_0}\left[e^{-t}-\left(1-\frac{t}{n}\right)^n\right]t^{z-1}\,dt+\int_{n_0}^n\left[e^{-t}-\left(1-\frac{t}{n}\right)^n\right]t^{z-1}\,dt,$$

woraus wegen (138) folgt:

$$0<\int\limits_0^n\left[e^{-t}-\left(1-\frac{t}{n}\right)^n\right]t^{z-1}\,dt<\frac{1}{2n}\int\limits_0^{n_0}t^{z+1}\,dt+\int\limits_{n_0}^{n}e^{-t}\,t^{z-1}\,dt.$$

Dabei haben wir im zweiten Integral rechts die Differenz durch den Minuenden ersetzt. Der Integrand ist hier positiv, und indem man das Integrationsintervall vergrößert, ergibt sich

$$0<\int\limits_0^n\left[e^{-t}-\left(1-\frac{t}{n}\right)^n\right]t^{z-1}\,dt<\frac{1}{2n}\int\limits_0^{n_0}t^{z+1}\,dt+\int\limits_{n_0}^{\infty}e^{-t}\,t^{z-1}\,dt.$$

Für großes n ist der erste Summand kleiner als $\frac{\varepsilon}{2}$, und folglich gilt für alle hinreichend großen n die Ungleichung

$$0<\int\limits_0^n\left[e^{-t}-\left(1-\frac{t}{n}\right)^n\right]t^{z-1}\,dt<\varepsilon.$$

Da ε beliebig klein gewählt werden konnte, strebt der erste Summand rechts in Formel (139) ebenfalls gegen Null, es gilt also tatsächlich

$$\Gamma(z)=\lim_{n\to\infty}\int\limits_0^n\left(1-\frac{t}{n}\right)^n t^{z-1}\,dt. \tag{140}$$

Wir erwähnen noch eine Folgerung aus den bewiesenen Formeln. Bildet man von beiden Seiten der Gleichung (137) die logarithmische Ableitung, dann erhält man

$$\frac{d}{dz}\log\Gamma(z)=-C-\frac{1}{z}+z\sum_{k=1}^{\infty}\frac{1}{k(z+k)}. \tag{141}$$

Beide Seiten werden differenziert:

$$\frac{d^2}{dz^2}\log\Gamma(z)=\sum_{k=0}^{\infty}\frac{1}{(z+k)^2}. \tag{142}$$

Mit Hilfe der Gleichung (130) kann man noch die sogenannte Verdoppelungsformel beweisen:

$$2^{2z-1}\,\Gamma(z)\,\Gamma\left(z+\frac{1}{2}\right)=\sqrt{\pi}\,\Gamma(2z). \tag{143}$$

Drückt man nämlich die Funktionen $\Gamma(z)$ und $\Gamma\left(z+\frac{1}{2}\right)$ durch die Definition (130) und die Funktion $\Gamma(2z)$ mit Hilfe der Formel aus, die man aus (130) durch Ersetzen von n durch $2n$ erhält, so ergibt sich

$$\frac{2^{2z-1}\,\Gamma(z)\,\Gamma\left(z+\frac{1}{2}\right)}{\Gamma(2z)}=$$

$$=\lim_{n\to\infty}\frac{2^{2z-1}\,(n!)^2\,2z\,(2z+1)\cdots(2z+2n)}{2n!\,z\left(z+\frac{1}{2}\right)(z+1)\left(z+\frac{3}{2}\right)\cdots(z+n)\left(z+n+\frac{1}{2}\right)}\cdot\frac{n^{2z+\frac{1}{2}}}{(2n)^{2z}}$$

oder

$$(144)\qquad \frac{2^{2z-1}\,\Gamma(z)\,\Gamma\left(z+\frac{1}{2}\right)}{\Gamma(2z)} = \lim_{n\to\infty} \frac{2^{n-1}\,(n!)^2}{2n!\,\sqrt{n}} \lim_{n\to\infty} \frac{n}{2z+2n+1}.$$

Nun ist aber

$$\lim_{n\to\infty} \frac{n}{2z+2n+1} = \frac{1}{2},$$

und wir sehen, daß die linke Seite der Formel (144) nicht von z abhängt. Für $z = \frac{1}{2}$ erhält man

$$\frac{2^{2z-1}\,\Gamma(z)\,\Gamma\left(z+\frac{1}{2}\right)}{\Gamma(2z)} = \Gamma\left(\frac{1}{2}\right) = \sqrt{\pi},$$

woraus gerade die Formel (143) folgt. Ebenso wie oben kann man auch die allgemeinere Formel

$$(145)\qquad \Gamma(z)\,\Gamma\left(z+\frac{1}{m}\right)\Gamma\left(z+\frac{2}{m}\right)\cdots\Gamma\left(z+\frac{m-1}{m}\right) = (2\pi)^{\frac{1}{2}(m-1)}\, m^{\frac{1}{2}-mz}\,\Gamma(mz)$$

beweisen.

74. Darstellung von $\Gamma(z)$ durch ein Kurvenintegral. Es soll noch eine Darstellung von $\Gamma(z)$ durch ein Kurvenintegral angegeben werden, die für alle z gilt. Liegt z rechts von der imaginären Achse, so ist

$$(146)\qquad \Gamma(z) = \int_0^\infty e^{-t}\,t^{z-1}\,dt.$$

Wir wollen den Integranden

$$(147)\qquad e^{-t}\,t^{z-1} = e^{-t}\,e^{(z-1)\log t}$$

als Funktion der komplexen Veränderlichen t untersuchen. Diese Funktion hat den Verzweigungspunkt $t = 0$. Wir schneiden die Ebene längs der positiven reellen t-Achse auf. In der so aufgeschnittenen t-Ebene ist die Funktion (147) eindeutig, wobei wir $\log t$ auf dem oberen Ufer des Schnittes als reelle Zahl voraussetzen, d. h. also, $\arg t$ soll gleich Null sein. Statt längs des oberen Ufers der reellen Achse zu integrieren, nehmen wir den neuen Integrationsweg l, der in Abb. 65 dargestellt ist. Dieser Weg kommt von $+\infty$, umläuft den Ursprung und kehrt wieder nach $+\infty$ zurück. Nach dem CAUCHYschen Satz können wir, ohne den Wert des Integrals

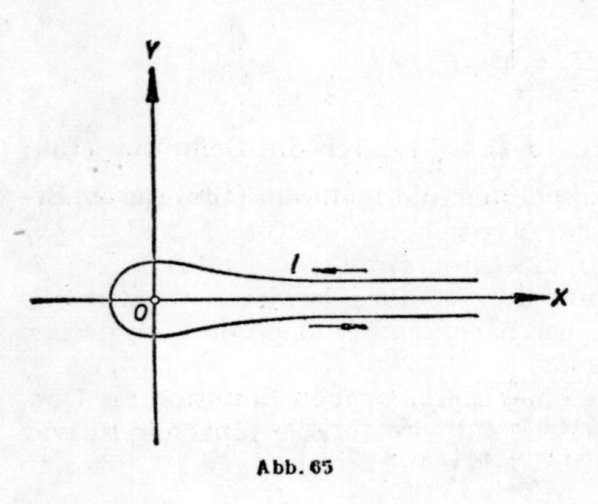

Abb. 65

$$(148)\qquad \int_l e^{-t}t^{z-1}\,dt \quad (t^{z-1} = e^{(z-1)\log t})$$

zu ändern, den Weg l beliebig deformieren. Dabei dürfen wir jedoch weder den singulären Punkt $t = 0$ berühren noch die Enden ändern.

Wir wollen jetzt den Zusammenhang des Integrals (148) mit der Funktion $\Gamma(z)$ klären. Dabei setzen wir voraus, daß z rechts von der imaginären Achse liegt. Durch Deformation des Integrationsweges l kann man erreichen, daß über folgende drei Stücke zu integrieren ist: 1. Über das Intervall $(+\infty, \varepsilon)$ des oberen Ufers des Schnittes; 2. über den Kreis λ_ε um $z = 0$ mit dem Radius ε und 3. über das Intervall $(\varepsilon, +\infty)$ des unteren Ufers des Schnittes.

Auf dem oberen Ufer ist $\log t$ im Integranden reell. Beim Übergang zum unteren Ufer erhält $\log t$ den Zuwachs $2\pi i$, so daß der Integrand dort folgendermaßen lautet:

$$e^{(z-1)2\pi i} e^{-t+(z-1)\log t},$$

wobei $\log t$ nach wie vor reell ist. Somit gilt also

$$\int_l e^{-t} t^{z-t}\, dt = \int_\infty^\varepsilon e^{-t} t^{z-1}\, dt + e^{(z-1)2\pi i} \int_\varepsilon^\infty e^{-t} t^{z-1}\, dt + \int_{\lambda_\varepsilon} e^{-t} t^{z-1}\, dt; \tag{149}$$

dabei ist ε eine beliebig vorgegebene positive Zahl. Es soll nun gezeigt werden, daß für $\varepsilon \to 0$ das Integral über den Kreis λ_ε gegen Null geht. Auf diesem Kreis ist nämlich der von z unabhängige Faktor e^{-t} dem Betrage nach beschränkt, und der Faktor t^{z-1} läßt sich wie folgt abschätzen:

$$|t^{z-1}| = e^{(x-1)\log|t| - y \arg t} = \varepsilon^{x-1} e^{-y \arg t}.$$

Er ist also entweder unendlich klein (für $x > 1$) oder wird von der Ordnung $\frac{1}{\varepsilon^{1-x}}$ unendlich. Berücksichtigt man, daß nach Voraussetzung $x > 0$ ist und daß die Länge des Integrationsweges gleich $2\pi\varepsilon$ ist, so kann man sich unmittelbar davon überzeugen, daß das obige Integral tatsächlich gegen Null strebt. Somit ergibt die Formel (149) im Limes

$$(e^{z2\pi i} - 1) \int_0^\infty e^{-t} t^{z-1}\, dt = \int_l e^{-t} t^{z-1}\, dt$$

oder, wenn man die Definition von $\Gamma(z)$ berücksichtigt,

$$\int_l e^{-t} t^{z-1}\, dt = (e^{z2\pi i} - 1)\, \Gamma(z). \tag{150}$$

Diese Formel kann man auch so schreiben:

$$\Gamma(z) = \frac{1}{e^{z2\pi i} - 1} \cdot \int_l e^{-t} t^{z-1}\, dt. \tag{151}$$

Der Weg l führt nicht durch den Nullpunkt $(t = 0)$, und daher brauchen wir unsere Untersuchungen nicht auf solche Werte z zu beschränken, die rechts von der imaginären Achse liegen. Ebenso wie bei der Untersuchung des Integrals (113) aus [71] können wir uns davon überzeugen, daß das Integral (148) eine ganze Funktion von z ist. Die Beziehung (150) ist von uns nur für die z bewiesen worden, die rechts von der imaginären Achse liegen, aber nach dem Prinzip der analytischen Fortsetzung gilt sie für die gesamte z-Ebene.

Die Formel (151) liefert die Darstellung einer meromorphen Funktion als Quotient zweier ganzer Funktionen. Der Nenner $e^{z2\pi i} - 1$ wird für alle ganzen (positiven und negativen) Werte von z gleich Null. Die ganzen negativen z und $z = 0$ liefern die Pole von $\Gamma(z)$. Ist z positiv und ganz, so ist der Integrand (147) eine in der gesamten Ebene eindeutige und reguläre Funktion von t (also eine ganze Funktion von t). Nach dem CAUCHYschen Satz ist dann ihr Integral längs des geschlossenen Weges l gleich Null. Für diese z-Werte werden rechts in Formel (151) sowohl Zähler als auch Nenner gleich Null, und diese z sind keine Pole der Funktion $\Gamma(z)$. Wir ersetzen in der Beziehung (150) z durch $1-z$, dann lautet sie:

$$\int_l e^{-t}t^{-z}\,dt = (e^{-z2\pi i}-1)\,\Gamma(1-z)\,. \tag{152}$$

Führt man an Stelle von t die neue Integrationsveränderliche τ ein, indem man $t = e^{\pi i}\tau = -\tau$ setzt, so gilt

$$\int_l e^{-t}t^{-z}\,dt = -\int_{l'} e^{\tau}(e^{\pi i}\tau)^{-z}\,d\tau = -e^{-z\pi i}\int_{l'} e^{\tau}\tau^{-z}\,d\tau\,, \tag{153}$$

wobei l' der in Abb. 66 dargestellte Weg ist. Die τ-Ebene erhält man aus der t-Ebene durch Drehung um den Nullpunkt um den Winkel $-\pi$. Der Schnitt längs der positiven reellen Achse in der t-Ebene geht in den längs der negativen reellen Achse in der τ-Ebene über, wobei das untere Ufer des neuen Schnittes dem oberen des ursprünglichen entspricht. Auf dem unteren Ufer des neuen Schnittes müssen wir also $\arg e^{\pi i}\tau = 0$ annehmen, d.h., es ist $\arg\tau = -\pi$.

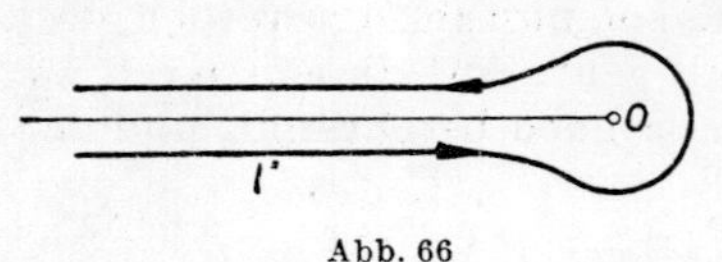

Abb. 66

Setzt man den Ausdruck (153) in die Formel (152) ein und multipliziert beide Seiten der Gleichung mit $-e^{\pi z i}$, so bekommt man

$$\int_{l'} e^{\tau}\tau^{-z}\,d\tau = (e^{\pi z i}-e^{-\pi z i})\,\Gamma(1-z)$$

oder

$$\int_{l'} e^{\tau}\tau^{-z}\,d\tau = 2i\sin\pi z\,\Gamma(1-z)\,.$$

Daraus ergibt sich unter Benutzung der Formel (122) der Ausdruck für $[\Gamma(z)]^{-1}$ als Kurvenintegral:

$$\frac{1}{\Gamma(z)} = \frac{1}{2\pi i}\int_{l'} e^{\tau}\tau^{-z}\,d\tau\,. \tag{154}$$

75. Die STIRLINGsche Formel. Wir wollen in diesem Abschnitt eine angenäherte Darstellung von $\log\Gamma(z)$ für große positive z-Werte angeben. Vorher bringen wir eine Formel, die einen Zusammenhang zwischen der Summe von Funktionswerten für äquidistante Argumente und dem Integral über diese Funktion vermittelt.

Es sei $f(x)$ eine für $x \geqslant 0$ definierte stetige Funktion mit stetiger Ableitung. Wir bezeichnen mit n und k ganze nichtnegative Zahlen, wobei $k \leqslant n$ ist. Dann können wir schreiben:

$$f(n) - f(k) = \int_k^n f'(x)\,dx.$$

Summiert man von $k = 0$ bis $k = n$, so ergibt sich

$$(n+1)\,f(n) - \sum_{k=0}^{n} f(k) = \sum_{k=0}^{n}\int_k^n f'(x)\,dx\,. \tag{155}$$

Ausführlich geschrieben lautet die rechte Seite folgendermaßen:

$$\sum_{k=0}^{n}\int_{k}^{n} f'(x)\,dx = \int_{0}^{n} f'(x)\,dx + \int_{1}^{n} f'(x)\,dx + \int_{2}^{n} f'(x)\,dx + \cdots + \int_{n-1}^{n} f'(x)\,dx + \int_{n}^{n} f'(x)\,dx\,;$$

dabei ist der letzte Summand rechts offenbar gleich Null. Ist m irgendeine nichtnegative ganze Zahl kleiner als n, so ist die Integration über das Intervall $(m, m+1)$ in der angegebenen Summe $(m+1)$-mal durchzuführen, und wir können die Formel (155) in der Gestalt

$$(n+1)\,f(n) - \sum_{k=0}^{n} f(k) = \int_{0}^{n} \{[x]+1\}\,f'(x)\,dx \tag{156}$$

schreiben. Darin ist mit $[x]$ die größte ganze Zahl $\leqq x$ (der ganze Teil von x) bezeichnet, so daß $[x] = m$ innerhalb des Intervalls $(m, m+1)$, und $[m] = m$ gilt. Wir wollen nun die Funktion

$$P(x) = [x] - x$$

untersuchen. Wenn man zu x Eins hinzufügt, so werden $[x]$ und x um Eins größer, aber $P(x)$ ändert sich nicht. Diese Funktion hat also die Periode Eins. $P(x)$ ist für $x \geqslant 0$ definiert; wir können aber ihre Definition wegen der Periodizität mit der Periode Eins auch auf negative Werte ausdehnen.

Bekanntlich **[II, 142]** hängt der Wert des Integrals über $P(x)$ über ein beliebiges Intervall der Länge Eins nicht von seiner Lage ab. Dieser Wert ist der sogenannte *Mittelwert* unserer periodischen Funktion. Innerhalb des Intervalls $(0, 1)$ gilt $P(x) = -x$, und der Mittelwert von $P(x)$ ist

$$\int_{0}^{1} P(x)\,dx = -\int_{0}^{1} x\,dx = -\frac{1}{2}.$$

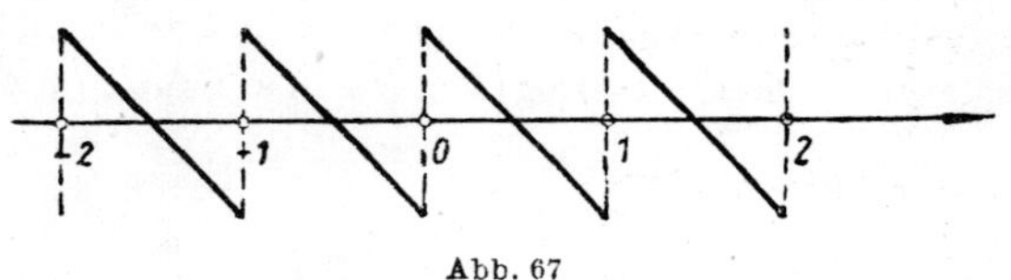

Abb. 67

Wir bilden die neue Funktion

$$P_1(x) = [x] - x + \frac{1}{2} \tag{157}$$

mit der Periode Eins, deren Mittelwert gleich Null ist. Das Bild von $P_1(x)$ ist in Abb. 67 dargestellt. An Stelle von $[x]$ setzen wir unter dem Integralzeichen in (156) den Ausdruck aus der Gleichung (157) ein:

$$(n+1)\,f(n) - \sum_{k=0}^{n} f(k) = \int_{0}^{n} \left\{x + \frac{1}{2} + P_1(x)\right\} f'(x)\,dx\,. \tag{158}$$

Offensichtlich gilt

$$\int_{0}^{n} \frac{1}{2}\,f'(x)\,dx = \frac{1}{2}\,[f(n) - f(0)]\,,$$

und durch partielle Integration erhält man

$$\int_{0}^{n} x f'(x)\,dx = n f(n) - \int_{0}^{n} f(x)\,dx\,.$$

Setzt man dies in (158) ein, so ergibt sich die Formel

$$\sum_{k=0}^{n} f(k) = \int_{0}^{n} f(x)\,dx + \frac{1}{2}\,[f(n) + f(0)] - \int_{0}^{n} P_1(x)\,f'(x)\,dx\,, \tag{159}$$

die den Zusammenhang zwischen der Summe von Werten der Funktion $f(x)$ für äquidistante Argumente k und dem Integral über diese Funktion (EULERsche Summenformel) angibt.

Wir wählen jetzt die Funktion $f(x)$ folgendermaßen:

$$f(x) = \log(z + x),$$

wobei z eine positive Zahl ist und der Wert des Logarithmus reell zu nehmen ist. Setzt man das in die Beziehung (159) ein und führt die Integration auf der rechten Seite aus, so ergibt sich

$$\sum_{k=0}^{n} \log(z+k) = \left(z + n + \frac{1}{2}\right)\log(z+n) - \left(z - \frac{1}{2}\right)\log z - n - \int_0^n \frac{P_1(x)}{z+x}\,dx.$$

Wir wählen in dieser letzten Gleichung $z = 1$ und subtrahieren die so erhaltene neue Formel von der vorhergehenden. Außerdem ziehen wir auf beiden Seiten der Gleichung $(z-1)\log n$ ab. Auf diese Weise erhalten wir

$$\sum_{k=0}^{n} \log\frac{z+k}{1+k} - (z-1)\log n = (z-1)\log\left(1 + \frac{z}{n}\right) + \frac{1}{2}\log\left(1 + \frac{z-1}{1+n}\right) +$$

$$+ (1+n)\log\left(1 + \frac{z-1}{1+n}\right) - \left(z - \frac{1}{2}\right)\log z - \int_0^n \frac{P_1(x)}{z+x}\,dx + \int_0^n \frac{P_1(x)}{1+x}\,dx.$$

Strebt n gegen Unendlich, so gehen die ersten zwei Summanden der rechten Seite gegen Null, und der dritte Summand hat den Grenzwert [I, 38]

$$\lim_{n\to\infty} (1+n)\log\left(1 + \frac{z-1}{1+n}\right) = \lim_{n\to\infty} \log\left(1 + \frac{z-1}{1+n}\right)^{1+n} = \log e^{z-1} = z - 1.$$

Daher können wir

$$\lim_{n\to\infty} \log\left[\frac{z(z+1)\dots(z+n)}{1\cdot 2\dots n}\, n^{-z} \cdot \frac{n}{n+1}\right] = (z-1) + \left(\frac{1}{2} - z\right)\log z - \int_0^\infty \frac{P_1(x)}{z+x}\,dx + \int_0^\infty \frac{P_1(x)}{1+x}\,dx$$

oder [73]

$$\log\Gamma(z) = \left(z - \frac{1}{2}\right)\log z - z + 1 - \int_0^\infty \frac{P_1(x)}{1+x}\,dx + \int_0^\infty \frac{P_1(x)}{z+x}\,dx \tag{160}$$

schreiben. Wir ziehen jetzt zu unseren Untersuchungen die Funktion

$$Q(x) = \int_0^x P_1(y)\,dy \tag{161}$$

heran. Da der Mittelwert von $P_1(x)$ gleich Null ist, ist die Funktion $Q(x)$ eine stetige periodische Funktion mit der Periode Eins und $Q(0) = 0$. Der absolute Betrag von $Q(x)$ ist daher beschränkt. Für $0 \leqslant x < 1$ ist $[x] = 0$, und die Gleichung (157) liefert

$$Q(x) = \int_0^x \left(\frac{1}{2} - y\right)dy = \frac{x}{2} - \frac{x^2}{2} \qquad (0 \leqslant x \leqslant 1),$$

woraus unmittelbar

$$0 \leqslant Q(x) \leqslant \frac{1}{8} \tag{162}$$

folgt.

Durch partielle Integration ergibt sich

$$(163)\qquad \int_0^\infty \frac{P_1(x)}{z+x}\,dx = \int_0^\infty \frac{Q'(x)}{z+x}\,dx = \int_0^\infty \frac{Q(x)}{(z+x)^2}\,dx + \left[\frac{Q(x)}{z+x}\right]_{x=0}^{x=\infty} = \int_0^\infty \frac{Q(x)}{(z+x)^2}\,dx\,;$$

dabei verschwindet das Glied außerhalb des Integralzeichens für $x = \infty$.

Diese Überlegungen zeigen unter anderem, daß die erwähnten Integrale sinnvoll sind [**II, 83**]. Führt man für x die neue Integrationsvariable t nach der Formel $x = zt$ ein, so ergibt sich

$$(164)\qquad \int_0^\infty \frac{P_1(x)}{z+x}\,dx = \frac{1}{z}\int_0^\infty \frac{Q(zt)}{(1+t)^2}\,dt\,.$$

Ferner gilt wegen (162) die Ungleichung

$$\left|\int_0^\infty \frac{P_1(x)}{z+x}\,dx\right| \leqslant \frac{1}{z}\int_0^\infty \frac{Q(zt)}{(1+t)^2}\,dt \leqslant \frac{1}{8z}\int_0^\infty \frac{dt}{(1+t)^2} = \frac{1}{8z}\,.$$

Daraus ersieht man, daß das Integral (164) gegen Null strebt, wenn die positive Zahl z über alle Grenzen wächst. Außerdem ist das Produkt dieses Integrals mit z beschränkt. Das schreibt man gewöhnlich folgendermaßen:

$$\int_0^\infty \frac{P_1(x)}{z+x}\,dx = O\left(\frac{1}{z}\right),$$

während Formel (160) die Gestalt

$$(165)\qquad \log \Gamma(z) = \left(z - \frac{1}{2}\right)\log z - z + C + O\left(\frac{1}{z}\right)$$

oder

$$(166)\qquad \log \Gamma(z) = \left(z - \frac{1}{2}\right)\log z - z + C + \omega(z)$$

mit

$$(167)\qquad |\omega(z)| \leqslant \frac{1}{8z}$$

annimmt. Dabei ist mit C die Konstante

$$C = 1 - \int_0^\infty \frac{P_1(x)}{1+x}\,dx$$

bezeichnet.

Wir wollen jetzt den Wert dieser Konstanten bestimmen. Dazu benutzen wir die sogenannte WALLISsche Formel, die $\frac{\pi}{2}$ als Grenzwert eines Bruches ausdrückt:

$$(168)\qquad \frac{\pi}{2} = \lim_{n\to\infty} \frac{2^2\cdot 4^2\cdots(2n-2)^2\cdot 2n}{1^2\cdot 3^2\cdots(2n-1)^2}\,.$$

Um die Untersuchungen nicht zu unterbrechen, beweisen wir die WALLISsche Formel am Schluß dieses Abschnittes.

Wir können die Formel (168) in der Gestalt

$$\sqrt{\frac{\pi}{2}} = \lim_{n\to\infty} \frac{2^{2n-\frac{1}{2}}(n!)^2\, n^{-\frac{1}{2}}}{(2n)!}$$

schreiben. Daraus ergibt sich, wenn man logarithmiert und berücksichtigt, daß $m!$ für ganzes positives m gleich $\Gamma(m+1)$ ist,

$$\lim_{n\to\infty}\left[2\log\Gamma(n+1) - \log\Gamma(2n+1) + \left(2n-\frac{1}{2}\right)\log 2 - \frac{1}{2}\log n\right] = \log\sqrt{\frac{\pi}{2}}.$$

Benutzt man die Beziehung (165), so kann man schreiben:

$$\lim_{n\to\infty}\left[(2n+1)\log(n+1) - \left(2n+\frac{1}{2}\right)\log(2n+1) - 1 + C + \left(2n-\frac{1}{2}\right)\log 2 - \frac{1}{2}\log n\right] = \log\sqrt{\frac{\pi}{2}}$$

oder

$$\lim_{n\to\infty}\Big\{2n\left[\log(n+1) + \log 2 - \log(2n+1)\right] +$$

$$+\left[\log(n+1) - \frac{1}{2}\log(2n+1) - \frac{1}{2}\log n\right] + C - 1 - \frac{1}{2}\log 2\Big\} = \log\sqrt{\frac{\pi}{2}}$$

oder

$$\lim_{n\to\infty}\left\{\log\left(1+\frac{1}{2n+1}\right)^{2n} + \frac{1}{2}\log\frac{(n+1)^2}{n(2n+1)} + C - 1 - \frac{1}{2}\log 2\right\} = \log\sqrt{\frac{\pi}{2}}.$$

Der erste Summand in der geschweiften Klammer strebt gegen $\log e = 1$, der zweite gegen $-\frac{1}{2}\log 2$, so daß wir nach dem Grenzübergang folgende Gleichung erhalten:

$$1 - \frac{1}{2}\log 2 + C - 1 - \frac{1}{2}\log 2 = \log\sqrt{\frac{\pi}{2}}.$$

Daher ist $C = \log\sqrt{2\pi}$. Setzt man diesen Wert in die Gleichung (166) ein, so erhält man die STIRLINGsche Formel

$$\log\Gamma(z) = \log\sqrt{2\pi} + \left(z-\frac{1}{2}\right)\log z - z + \omega(z) \tag{169}$$

oder

$$\Gamma(z) = \sqrt{2\pi}\, z^{z-\frac{1}{2}} e^{-z}\varepsilon(z). \tag{170}$$

Dabei geht der Faktor $\varepsilon(z) = e^{\omega(z)}$ für $z \to \infty$ gegen Eins. Ist $z = m$ (m positiv ganz), so ergibt sich, wenn man beide Seiten der Gleichung mit m multipliziert,

$$m! = \sqrt{2\pi m}\left(\frac{m}{e}\right)^m \varepsilon_m \tag{171}$$

mit $\varepsilon_m \to 1$ für wachsendes m.

Bekanntlich hat die Funktion $\Gamma(z)$ keine Nullstellen, und $\log\Gamma(z)$ ist eine in der längs der negativen reellen Achse aufgeschnittenen z-Ebene eindeutige und reguläre Funktion. Schließt man diesen Schnitt durch einen beliebigen kleinen Sektor mit der Spitze im Nullpunkt aus, so ist im übrigen Teil der Ebene die Formel (169) anwendbar. Diese Behauptung kann man ebenso beweisen wie oben die Formel (169) für $z > 0$. Dabei müssen wir in der oben erwähnten aufgeschnittenen Ebene diejenigen Werte von $\log z$ und $\log\Gamma(z)$ nehmen, die für $z > 0$ reell sind.

Die WALLISsche Formel. Wir beweisen jetzt die WALLISsche Formel, die wir oben benutzt haben. Wir hatten früher [**I, 100**] die Formeln

$$\int_0^{\frac{\pi}{2}} \sin^{2k} x\,dx = \frac{(2k-1)(2k-3)\cdots 3\cdot 1}{2k(2k-2)\cdots 4\cdot 2}\cdot\frac{\pi}{2},$$

$$\int_0^{\frac{\pi}{2}} \sin^{2k+1} x\,dx = \frac{2k(2k-2)\cdots 4\cdot 2}{(2k+1)(2k-1)\cdots 5\cdot 3}$$

hergeleitet. Berücksichtigt man, daß sich für wachsendes n die Potenz $\sin^n x$ $\left(\text{für } 0 < x < \frac{\pi}{2}\right)$ verkleinert, so können wir schreiben:

$$\int_0^{\frac{\pi}{2}} \sin^{2k+1} x\,dx < \int_0^{\frac{\pi}{2}} \sin^{2k} x\,dx < \int_0^{\frac{\pi}{2}} \sin^{2k-1} x\,dx,$$

also

$$\frac{2k(2k-2)\cdots 4\cdot 2}{(2k+1)\cdot(2k-1)\cdots 5\cdot 3} < \frac{(2k-1)\cdot(2k-3)\cdots 3\cdot 1}{2k\cdot(2k-2)\cdots 4\cdot 2}\,\frac{\pi}{2} < \frac{(2k-2)(2k-4)\cdots 4\cdot 2}{(2k-1)(2k-3)\cdots 5\cdot 3}.$$

Wird k durch n ersetzt, so folgt daraus

$$\frac{\pi}{2} > \frac{2}{1}\cdot\frac{2}{3}\cdot\frac{4}{3}\cdot\frac{4}{5}\cdots\frac{2n}{2n-1}\cdot\frac{2n}{2n+1};$$

$$\frac{\pi}{2} < \frac{2}{1}\cdot\frac{2}{3}\cdot\frac{4}{3}\cdot\frac{4}{5}\cdots\frac{2n-2}{2n-3}\cdot\frac{2n-2}{2n-1}\cdot\frac{2n}{2n-1}.$$

Setzen wir

$$P_n = \frac{2}{1}\cdot\frac{2}{3}\cdot\frac{4}{3}\cdot\frac{4}{5}\cdots\frac{2n-2}{2n-3}\cdot\frac{2n-2}{2n-1}\cdot\frac{2n}{2n-1},$$

dann gilt

$$P_n\cdot\frac{2n}{2n+1} < \frac{\pi}{2} < P_n.$$

Für $n \to +\infty$ strebt der links stehende Bruch gegen Eins, und folglich ist

$$\lim P_n = \frac{\pi}{2},$$

womit die WALLISsche Formel bewiesen ist.

76. Die EULERsche Summenformel. Wir wollen nun die Formel (159) untersuchen. Integriert man das letzte Integral auf der rechten Seite mehrere Male partiell, so kann man diese ausführlicher schreiben. Mit Hilfe von (161) haben wir die Funktion $Q(x)$ mit der Periode Eins so definiert, daß $Q'(x) = P_1(x)$ ist. Addiert man zu $Q(x)$ eine Konstante, so kann man erreichen, daß sowohl der Mittelwert dieser Funktion als auch der von $P_1(x)$ gleich Null ist. Wird bei der so erhaltenen Funktion noch das Vorzeichen geändert, dann erhalten wir die Funktion $P_2(x)$ mit der Periode Eins. Der Mittelwert dieser Funktion verschwindet, und es ist $P_2'(x) = -P_1(x)$. Wir wissen, daß für $0 \leqslant x < 1$ die Funktion $P_1(x) = -x + \frac{1}{2}$ ist, so daß

$$P_2(x) = \frac{x^2}{2} - \frac{x}{2} + C \qquad (0 \leqslant x < 1)$$

gilt. Bestimmt man C aus der Bedingung

$$\int_0^1 P_2(x)\,dx = 0,$$

so erhält man schließlich

$$P_2(x) = \frac{x^2}{2} - \frac{x}{2} + \frac{1}{12} \qquad (0 \leqq x < 1).$$

Im vorliegenden Fall ist $P_2(0) = P_2(1) = \frac{1}{12}$, und bei periodischer Wiederholung liefert $P_2(x)$ eine stetige periodische Funktion. Die oben angegebene Formel gilt also für das gesamte abgeschlossene Intervall $0 \leqq x \leqq 1$. Weiter können wir entsprechend die Funktion $P_3(x)$ — ebenfalls mit der Periode Eins — definieren; auch ihr Mittelwert soll gleich Null sein, und $P_3'(x) = P_2(x)$. Wir erhalten für diese Funktion im Fundamentalintervall (0, 1) den Ausdruck

$$P_3(x) = \frac{x^3}{6} - \frac{x^2}{4} + \frac{x}{12}.$$

Fährt man so fort, so kann man die Funktionen $P_n(x)$ mit der Periode Eins konstruieren, deren Mittelwerte alle verschwinden, so daß gilt:

$$P_{2m}'(x) = -P_{2m-1}(x); \quad P_{2m+1}'(x) = P_{2m}(x). \tag{172}$$

Wir wollen diese periodischen Funktionen in FOURIER-Reihen entwickeln. In allen diesen Reihen ist das freie Glied gleich Null, da die Mittelwerte der Funktionen verschwinden. Aus Abb. 67 ist ersichtlich, daß $P_1(x)$ eine ungerade Funktion ist. Bestimmt man ihre Koeffizienten nach der üblichen FOURIERschen Regel, so bekommt man

$$P_1(x) = \sum_{n=1}^{\infty} \frac{\sin 2n\pi x}{n\pi}.$$

Entsprechend gilt für die Funktion $P_2(x)$:

$$P_2(x) = \sum_{n=1}^{\infty} \frac{\cos 2n\pi x}{2n^2\pi^2}.$$

Man kann diese zweite Reihe unmittelbar durch gliedweise Integration und Vorzeichenwechsel aus der Reihe für $P_1(x)$ erhalten, was der Gleichung $P_2'(x) = -P_1(x)$ entspricht.

Die Reihe für $P_2(x)$ konvergiert für alle reellen x gleichmäßig. Berücksichtigen wir die Relationen (172), so können wir die FOURIER-Reihen für die nachfolgenden Funktionen $P_n(x)$ mit Hilfe sukzessiver gliedweiser Integrationen erhalten, wobei die freien Glieder jedesmal gleich Null gesetzt werden müssen.

Somit erhalten wir allgemein

$$P_{2m}(x) = \sum_{n=1}^{\infty} \frac{\cos 2n\pi x}{2^{2m-1} n^{2m} \pi^{2m}}; \quad P_{2m+1}(x) = \sum_{n=1}^{\infty} \frac{\sin 2n\pi x}{2^{2m} n^{2m+1} \pi^{2m+1}}. \tag{173}$$

Daraus folgt unter anderem

$$P_{2m}(0) = \frac{1}{2^{2m-1}\pi^{2m}} \sum_{n=1}^{\infty} \frac{1}{n^{2m}}; \quad P_{2m+1}(0) = 0.$$

Für das Folgende ist es bequem, die Abkürzung

$$P_{2m}(0) = \frac{1}{2^{2m-1}\pi^{2m}} \sum_{n=1}^{\infty} \frac{1}{n^{2m}} = \frac{B_m}{(2m)!} \tag{174}$$

einzuführen, wobei die B_m die sogenannten BERNOULLIschen Zahlen sind.

Wir wenden uns nun der Formel (159) zu. Integriert man partiell und berücksichtigt, daß

$$P_{2m}(0) = P_{2m}(n) = \frac{B_m}{(2m)!}; \quad P_{2m+1}(0) = P_{2m+1}(n) = 0$$

ist, so erhält man

$$-\int_0^n P_1(x) f'(x)\,dx = \int_0^n P_2'(x) f'(x)\,dx$$

$$= \frac{B_1}{2!}[f'(n) - f'(0)] - \int_0^n P_2(x) f''(x)\,dx$$

$$= \frac{B_1}{2!}[f'(n) - f'(0)] - \int_0^n P_3'(x) f''(x)\,dx$$

$$= \frac{B_1}{2!}[f'(n) - f'(0)] + \int_0^n P_3(x) f'''(x)\,dx$$

$$= \frac{B_1}{2!}[f'(n) - f'(0)] - \int_0^n P_4'(x) f'''(x)\,dx$$

$$= \frac{B_1}{2!}[f'(n) - f'(0)] - \frac{B_2}{4!}[f'''(n) - f'''(0)] + \int_0^n P_4(x) f^{(IV)}(x)\,dx.$$

Fährt man so fort, dann ergibt sich die EULERsche Summenformel

$$\begin{aligned}\sum_{k=0}^{n} f(k) = &\int_0^n f(x)\,dx + \frac{1}{2}[f(0) + f(n)] + \frac{B_1}{2!}[f'(n) - f'(0)] - \\ &- \frac{B_2}{4!}[f'''(n) - f'''(0)] + \cdots + (-1)^m \frac{B_{m+1}}{(2m+2)!}[f^{(2m+1)}(n) - f^{(2m+1)}(0)] + \\ &+ (-1)^m \int_0^n P_{2m+3}(x) f^{(2m+3)}(x)\,dx.\end{aligned} \tag{175}$$

Bei diesen Rechnungen haben wir natürlich vorausgesetzt, daß $f(x)$ für $x \geqslant 0$ stetige Ableitungen bis zur $(2m + 3)$-ten Ordnung einschließlich besitzt. Der letzte Summand auf der rechten Seite von (175) ist das Restglied der EULERschen Summenformel. Aus der Gleichung (174) kann man leicht schließen, daß die Zahlen B_n für wachsendes n schnell sehr groß werden. Daher ist die der EULERschen Summenformel entsprechende unendliche Reihe meist divergent. Trotzdem ist sie manchmal für die angenäherte Berechnung der auf der linken Seite stehenden Summe geeignet.

Wir setzen jetzt in die Formel (160) für C den oben gefundenen Wert ein. Dann erhalten wir

$$\log \Gamma(z) = \log\sqrt{2\pi} + \left(z - \frac{1}{2}\right)\log z - z + \int_0^\infty \frac{P_1(x)}{z+x}\,dx.$$

Integriert man wie oben partiell und berücksichtigt, daß $P_n(x)$ für jedes reelle x beschränkt bleibt und die Beziehung (174) gilt, so ergibt sich für $z > 0$

$$\log \Gamma(z) = \log \sqrt{2\pi} + \left(z - \frac{1}{2}\right)\log z - z + \frac{B_1}{1 \cdot 2} \cdot \frac{1}{z} - \frac{B_2}{3 \cdot 4} \cdot \frac{1}{z^3} +$$
$$+ \frac{B_3}{5 \cdot 6} \cdot \frac{1}{z^5} - \cdots + (-1)^{m-1} \frac{B_m}{(2m-1)\,2m} \cdot \frac{1}{z^{2m-1}} + (-1)^{m-1}(2m)! \int_0^\infty \frac{P_{2m+1}(x)}{(z+x)^{2m+1}}\,dx.$$

Wie im vorhergehenden Abschnitt können wir zeigen, daß das letzte Integral, multipliziert mit z^{2m+1}, für $z \to +\infty$ beschränkt bleibt. Es ist also

$$\int_0^\infty \frac{P_{2m+1}(x)}{(z+x)^{2m+1}}\,dx = O\left(\frac{1}{z^{2m+1}}\right),$$

und die vorige Formel kann man auch in der Gestalt

$$\log \Gamma(z) = \log \sqrt{2\pi} + \left(z - \frac{1}{2}\right)\log z - z + \frac{B_1}{1 \cdot 2} \cdot \frac{1}{z} - \frac{B_2}{3 \cdot 4} \cdot \frac{1}{z^3} + \cdots + \tag{176}$$
$$+ (-1)^{m-1} \frac{B_m}{(2m-1)\,2m} \cdot \frac{1}{z^{2m-1}} + O\left(\frac{1}{z^{2m+1}}\right)$$

schreiben. Lassen wir das Restglied weg und schreiben die entsprechende unendliche Reihe auf, so erweist sie sich für jedes z als divergent. Bei festem m ist das Restglied für $z \to +\infty$ eine unendlich kleine Größe von höherer Ordnung, nämlich von der Ordnung $\frac{1}{z^{2m+1}}$, als das letzte der übrigen Glieder, das die Ordnung $\frac{1}{z^{2m-1}}$ hat.

Sowohl die Formel (176) als auch (169) gelten in der Ebene der komplexen Veränderlichen z, aus der ein beliebig kleiner, aber fester Sektor mit der Winkelhalbierenden in Richtung der negativen reellen Achse ausgeschnitten ist. Ist z positiv, so kann man das Restglied genauer abschätzen. Es gilt nämlich

$$\log \Gamma(z) = \log \sqrt{2\pi} + \left(z - \frac{1}{2}\right)\log z - z + \frac{B_1}{1 \cdot 2} \cdot \frac{1}{z} - \frac{B_2}{3 \cdot 4} \cdot \frac{1}{z^3} + \cdots + \tag{176_1}$$
$$+ (-1)^{m-1} \frac{B_m}{(2m-1)\,2m} \cdot \frac{1}{z^{2m-1}} + \theta_m (-1)^m \frac{B_{m+1}}{(2m+1)(2m+2)} \cdot \frac{1}{z^{2m+1}}$$

mit $0 < \theta_m < 1$. Diese Formel wollen wir jedoch nicht beweisen.

77. Die Bernoullischen Zahlen. Die Bernoullischen Zahlen wurden mit Hilfe der Gleichung

$$B_m = \frac{(2m)!}{2^{2m-1}\pi^{2m}} \sum_{n=1}^{\infty} \frac{1}{n^{2m}} \tag{177}$$

definiert. Wir wollen zeigen, daß diese Zahlen sukzessiv völlig elementar definiert werden können und daß sie rational sind. Dazu schreiben wir die Partialbruchentwicklung für $\operatorname{ctg} z$ auf [65]:

$$\operatorname{ctg} z = \frac{1}{z} + \sum_{k=-\infty}^{+\infty}{}' \left(\frac{1}{z - k\pi} + \frac{1}{k\pi}\right)$$

oder

$$\operatorname{ctg} z = \frac{1}{z} + \sum_{k=1}^{\infty} \frac{2z}{z^2 - k^2\pi^2}.$$

Geht man gemäß der EULERschen Formel zu Exponentialfunktionen über, so ist

$$i\frac{e^{zi}+e^{-zi}}{e^{zi}-e^{-zi}}=\frac{1}{z}+\sum_{k=1}^{\infty}\frac{2z}{z^2-k^2\pi^2}.$$

Wir setzen $z=\frac{u}{2i}$:

$$\frac{e^{\frac{u}{2}}+e^{-\frac{u}{2}}}{e^{\frac{u}{2}}-e^{-\frac{u}{2}}}=\frac{2}{u}+4\sum_{k=1}^{\infty}\frac{u}{4k^2\pi^2+u^2},$$

also

$$\frac{e^u+1}{e^u-1}=\frac{2}{u}+4\sum_{k=1}^{\infty}\frac{u}{4k^2\pi^2+u^2}$$

oder

$$\frac{2}{e^u-1}+1=\frac{2}{u}+4\sum_{k=1}^{\infty}\frac{u}{4k^2\pi^2+u^2}.$$

Diese Relation kann man folgendermaßen schreiben:

$$\frac{u}{e^u-1}-1+\frac{u}{2}=2u^2\sum_{k=1}^{\infty}\frac{1}{4k^2\pi^2+u^2}. \tag{178}$$

Es ist ferner

$$\frac{u^2}{4k^2\pi^2+u^2}=-\sum_{p=1}^{\infty}\left(-\frac{u^2}{4k^2\pi^2}\right)^p \qquad (|u|<2k\pi).$$

Setzt man dies in (178) ein, so ergibt sich

$$\frac{u}{e^u-1}-1+\frac{u}{2}=-2\sum_{k=1}^{\infty}\left[\sum_{p=1}^{\infty}\left(-\frac{u^2}{4k^2\pi^2}\right)^p\right].$$

Benutzt man die Folgerung aus dem WEIERSTRASSschen Doppelreihensatz [14], so kann man die rechte Seite als Reihe, nach ganzen Potenzen von u geordnet, für $|u|<2\pi$ darstellen:

$$\frac{u}{e^u-1}-1+\frac{u}{2}=2\left[\frac{s_2u^2}{(2\pi)^2}-\frac{s_4u^4}{(2\pi)^4}+\frac{s_6u^6}{(2\pi)^6}-\cdots\right],$$

wobei wir folgende Abkürzung eingeführt haben:

$$s_p=1+\frac{1}{2^p}+\frac{1}{3^p}+\cdots.$$

Nach Definition (177) kann man schreiben

$$\frac{u}{e^u-1}=1-\frac{u}{2}+\sum_{m=1}^{\infty}(-1)^{m-1}B_m\frac{u^{2m}}{(2m)!}. \tag{179}$$

Die dem Ursprung nächstgelegenen singulären Punkte der Funktion auf der linken Seite dieser Gleichung sind $\pm 2\pi i$. Die angegebene Potenzreihe konvergiert also für $|u|<2\pi$. Dividiert man u durch die Reihe

$$e^u-1=\frac{u}{1!}+\frac{u^2}{2!}+\frac{u^3}{3!}+\cdots,$$

so erhält man die Folge der BERNOULLIschen Zahlen B_m, deren erste lauten:

$$B_1=\frac{1}{6};\quad B_2=\frac{1}{30};\quad B_3=\frac{1}{42};\quad B_4=\frac{1}{30};\quad B_5=\frac{5}{66};\quad B_6=\frac{691}{2730}.$$

78. Die Methode des größten Gefälles. Wir untersuchen in den folgenden Abschnitten eine Methode zur angenäherten Berechnung von Kurvenintegralen eines bestimmtem Typs. Vorher klären wir einige Fragen, die mit der Änderung des Real- oder Imaginärteiles einer regulären Funktion zusammenhängen. Im Gebiet B sei eine solche Funktion

$$f(z) = u(x, y) + i\,v(x, y)$$

vorgegeben. In jedem Punkt von B, in dem ihre Ableitung von Null verschieden ist, existiert eine Richtung l, in der sich $u(x, y)$ am schnellsten ändert; l ist die Richtung des Vektors grad $u(x, y)$, und die in dieser und in der entgegengesetzten Richtung genommene Ableitung hat den größten absoluten Betrag. Die Ableitung von $u(x, y)$ in der zu l senkrechten Richtung n ist offensichtlich gleich Null [**II, 108**]. Das Feld der Richtung n definiert die Niveaulinien $u(x, y) = \text{const}$, während das orthogonale Feld l die Schar der orthogonalen Trajektorien zu diesen Niveaulinien bestimmt, also die Schar $v(x, y) = \text{const}$ [29]. Es ändert sich also in jedem Punkt, in dem $f'(z)$ von Null verschieden ist, $u(x, y)$ am schnellsten längs der Linien $v(x, y) = \text{const}$. Dabei ist $\frac{\partial u}{\partial l}$ längs der erwähnten Linien von Null verschieden. Ist in irgendeinem Punkt nicht nur $\frac{\partial u}{\partial n}$, sondern auch $\frac{\partial u}{\partial l}$ gleich Null, so ist dort die Ableitung von u in beliebiger Richtung gleich Null, d. h., in diesem Punkt verschwindet die Ableitung $f'(z)$.

Wir untersuchen jetzt den Verlauf unserer Kurven in der Umgebung eines Punktes z_0, in dem $f'(z_0) = 0$ ist. In der Umgebung dieses Punktes gilt

$$f(z) - f(z_0) = (z - z_0)^p\,[b_0 + b_1(z - z_0) + \cdots] \qquad (p \geqq 2;\ b_0 \neq 0). \tag{180}$$

Setzt man

$$b_\nu = r_\nu e^{i\beta_\nu};\quad z - z_0 = \varrho e^{i\omega} \qquad (r_0 \neq 0) \tag{181}$$

und Real- sowie Imaginärteil der Differenz $f(z) - f(z_0)$ gleich Null, so erhält man für die Kurven $u(x, y) = \text{const}$ und $v(x; y) = \text{const}$ in der Umgebung von z_0 die Gleichungen

$$\begin{aligned}\Phi_1(\varrho, \omega) = r_0 \cos(\beta_0 + p\omega) + r_1\varrho \cos[\beta_1 + (p + 1)\omega] +\\ + r_2\varrho^2 \cos[\beta_2 + (p + 2)\omega] + \cdots = 0;\end{aligned} \tag{182}$$

$$\begin{aligned}\Phi_2(\varrho, \omega) = r_0 \sin(\beta_0 + p\omega) + r_1\varrho \sin[\beta_1 + (p + 1)\omega] +\\ + r_2\varrho^2 \sin[\beta_2 + (p + 2)\omega] + \cdots = 0.\end{aligned} \tag{183}$$

Wir wollen zunächst Gleichung (182) betrachten. Für $\varrho = 0$ ergibt sich

$$\cos(\beta_0 + p\omega) = 0,$$

also

$$\beta_0 + p\omega = (2m + 1)\frac{\pi}{2},$$

wobei m eine beliebige ganze Zahl ist. Für $m = 0, 1, \ldots, 2p - 1$ erhält man sämtliche verschiedenen Lösungen ω der Gleichung (182) (für $\varrho = 0$):

$$\omega_m = -\frac{\beta_0}{p} + \frac{2m + 1}{2p}\pi \qquad (m = 0, 1, 2, \ldots, 2p - 1). \tag{184}$$

Man sieht leicht, daß

$$\left.\frac{\partial \Phi_1}{\partial \omega}\right|_{\varrho = 0,\ \omega = \omega_m} \neq 0$$

ist. Folglich hat (182) nach dem Satz über implizite Funktionen [**I, 159**] $2p$ Lösungen ω, die bezüglich ϱ stetig sind und für $\varrho \to 0$ gegen ω_m streben. Der Gleichung (182) entsprechen also $2p$ Kurven, die vom Punkt z_0 ausgehen und in ihm bestimmte Tangenten mit den Richtungswinkeln ω_m haben. Nun ist aber $\omega_{m+p} = \omega_m + \pi$, und wir erhalten somit genau p verschiedene Kurven, die durch z_0 gehen und hier wohlbestimmte Tangenten haben. Diese Kurven zerlegen die Umgebung von z_0 in $2p$ krummlinige Sektoren mit den gleichen Winkeln $\frac{\pi}{p}$ an der Spitze. Innerhalb dieser Sektoren, in der Nähe von z_0, ist abwechselnd $\Phi_1(\varrho, \omega) < 0$ und $\Phi_1(\varrho, \omega) > 0$; es gilt nämlich für

$$\frac{\pi}{2} + m\pi < \beta_0 + p\omega < \frac{\pi}{2} + (m+1)\pi:$$

$$\Phi_1(\varrho, \omega) \begin{cases} < 0 \text{ für gerades } m, \\ > 0 \text{ für ungerades } m. \end{cases}$$

Das folgt unmittelbar daraus, daß das Vorzeichen auf der linken Seite der Gleichung (182) für von (184) verschiedenes vorgegebenes ω und für hinreichend kleines ϱ mit dem des ersten Summanden übereinstimmt.

Untersuchen wir ebenso die Gleichung (183), so können wir uns leicht davon überzeugen, daß auch sie p Kurven definiert, die durch den Punkt z_0 hindurchführen. Dabei sind ihre Tangenten die Halbierenden derjenigen Winkel, die durch die Tangenten an die Kurven (182) gebildet werden. Der Punkt z_0 heißt Sattelpunkt, der Sektor $\Phi_1(\varrho, \omega) < 0$ negativer und der Sektor $\Phi_1(\varrho, \omega) > 0$ positiver Sektor.

Wir wollen jetzt Integrale der Gestalt

$$(185) \qquad I_n = \int_l (z - z_0)^{\alpha-1} F(z) [\varphi(z)]^n \, dz = \int_l (z - z_0)^{\alpha-1} F(z) e^{nf(z)} \, dz$$

betrachten, wobei $F(z)$, $\varphi(z)$ und $f(z) = \log \varphi(z)$ im Punkt z_0 reguläre Funktionen und $F(z_0)$ und $\varphi(z_0)$ von Null verschieden sein sollen. Ferner sei n eine große positive Zahl. Wir nehmen an, daß der Weg l vom Sattelpunkt z_0 ausgeht und in einem Punkt z_1 endet. Außerdem möge er im negativen Sektor verlaufen. Dabei nimmt $|e^{nf(z)}| = e^{nu(x,y)}$ sein Maximum im Punkt z_0 an, und für großes n ist dieses Maximum sehr steil. Somit ist zu erwarten, daß der Hauptbestandteil des Integrals (185) durch Integration über das Wegstück l in der Nähe von z_0 geliefert wird, wobei dieser Weg zweckmäßig längs einer Kurve $v(x, y) = \text{const}$ gewählt wird, längs der $u(x, y)$ das größte Gefälle hat. Anstatt dieser Linie selbst kann man auch ein Stück ihrer Tangente wählen. Dazu braucht man sich nur zu vergegenwärtigen, daß nach dem CAUCHYschen Integralsatz der Weg deformiert werden kann. Somit zerfällt das Integral (185) in zwei Summanden: Das Integral über das kurze Stück l' in der Nähe von z_0 und das über den restlichen Teil des Weges l'' bis zum Punkt z_1. Letzteres ist dem Betrage nach abschätzbar, und das Integral über l', aus dem man den Hauptbestandteil von I_n erhält, ist näherungsweise berechenbar, wobei man den Abschätzungsfehler angeben muß. Die angenäherte Berechnung des Integrals über l' führt man wie üblich mit Hilfe der Entwicklung des Integranden in eine TAYLORsche Reihe und Abschätzung ihres Restgliedes aus.

Im folgenden Abschnitt wenden wir das oben angegebene Prinzip auf die Berechnung von Integralen an, beschränken uns dabei aber auf verhältnismäßig grobe Abschätzungen. Wir trennen den Hauptbestandteil von I_n ab und erhalten für den Rest eine Abschätzung, deren Ordnung sich auf die kleine Größe $\frac{1}{n}$ bezieht.

Vorher führen wir einige allgemeine Überlegungen durch, die sich auf die Berechnung von Integralen der Gestalt (185) beziehen. Der Weg l kann durch den Sattelpunkt hindurchführen und aus einem negativen Sektor in den anderen gehen. Dann ist der Hauptbestandteil von I_n wie oben definiert als Integral über das kleine Wegstück in der Umgebung von z_0, wobei dieser Weg längs einer Kurve $v(x, y) = \text{const}$ oder längs ihrer Tangente gewählt wird. Liegt l dagegen im positiven Sektor, so wird der Hauptbestandteil von I_n durch die Integration über das kleine Stück in der Nähe des Punktes z_1 geliefert, wobei dieser Weg wieder längs der Linie des größten Gefälles gewählt werden muß, also längs der Kurve $v(x, y) = \text{const}$. Bei einem mehrdeutigen Integranden muß man wegen der Mehrdeutigkeit der Funktion bei der Integration längs einer Kurve größten Gefälles Schnitte annehmen; ein Stück des Integrationsweges verläuft dann längs dieser Schnitte, wobei man sich bei der Wahl letzterer von der obigen allgemeinen Idee eines stationären Punktes und des größten Gefälles von $u(x, y)$ leiten lassen muß. Liegen in dem Gebiet, in dem der Weg l verläuft, mehrere Sattelpunkte, so muß man die absoluten Beträge der Integranden in diesen Sattelpunkten vergleichen und den Integrationsweg wählen, der den obigen allgemeinen Überlegungen entspricht.

Wir werden das oben angegebene allgemeine Prinzip auf eine Reihe von Beispielen anwenden. Zunächst berechnen wir jedoch ein Integral längs einer Kurve l, die im negativen Sektor verläuft. Dabei interessieren wir uns vorläufig lediglich für Größenordnungen bezüglich der kleinen Größe $\frac{1}{n}$. Ohne Beschränkung der Allgemeinheit können wir $z_0 = 0$ voraussetzen. Stellt man außerdem $f(z)$ in der Gestalt $f(z) = f(z_0) + [f(z) - f(z_0)]$ dar und zieht $e^{f(z_0)}$ vor das Integralzeichen, so kann man $f(z_0) = 0$, also $\varphi(z_0) = 1$ annehmen.

79. Abtrennung des Hauptbestandteiles eines Integrals. Wir wollen also das Integral

$$I_n = \int_0^{z_1} z^{\alpha-1} F(z) [\varphi(z)]^n dz = \int_0^{z_1} z^{\alpha-1} F(z) e^{nf(z)} dz \tag{186}$$

untersuchen, wobei der Integrationsweg vom Sattelpunkt $z = 0$ zum Punkt z_1 im negativen Sektor mit geradem $m = 2l$ verläuft. Die Funktionen $F(z)$ und $\varphi(z)$ seien in einem Gebiet regulär, das den Integrationsweg im Innern enthält. In der Umgebung des Punktes $z = 0$ gelte

$$F(z) = a_0 + a_1 z + a_2 z^2 + \cdots; \quad f(z) = \log \varphi(z) = z^p (b_0 + b_1 z + b_2 z^2 + \cdots), \tag{187}$$

wobei a_0 und b_0 von Null verschieden seien. Damit das Integral an der unteren Grenze $z = 0$ existiert, setzen wir voraus, daß der Realteil von α, den wir mit $\mathrm{R}(\alpha)$ bezeichnen, positiv ist. Nach dem CAUCHYschen Satz [5] dürfen wir den Integrationsweg in der Umgebung des Nullpunkts deformieren, so daß er von $z = 0$ längs der Tangente an die Kurve größten Gefälles verläuft, also längs der Halbierenden des genannten Sektors, der $m = 2l$ entspricht, bis zum Punkt $z = \varrho_0 e^{i\omega'_0}$ und von dort bis zum Punkt $z = z_1$. Auf dem zweiten Wegstück ist $\max|\varphi(z)| < 1 - \eta$, wobei η eine positive Zahl ist, die von der Wahl von ϱ_0 abhängt. Wir wählen ϱ_0 unabhängig von n, so daß der absolute Betrag des Integrals (186) auf dem zweiten Wegstück das Produkt $M(1-\eta)^n$ nicht übertrifft. Dabei ist M eine von n unabhängige Konstante; es gilt also

$$I_n = \int_0^{\varrho_0 e^{i\omega'_0}} z^{\alpha-1} F(z) [\varphi(z)]^n dz + O[(1-\eta)^n]. \tag{188}$$

Hierbei ist $O[(1-\eta)^n]$ eine Größe, die für wachsendes n gegen Null strebt und so beschaffen ist, daß sie bei Division durch $(1-\eta)^n$ für $n \to +\infty$ beschränkt bleibt. Allgemein bezeichnen wir im folgenden mit $O(\alpha_n)$[1]) immer eine Größe, die, durch α_n dividiert, für $n \to +\infty$ beschränkt bleibt. Das Argument ω'_0 der Winkelhalbierenden des Sektors, der $m = 2l$ entspricht, wird durch die Formel

$$\omega'_0 = -\frac{\beta_0}{p} + \frac{2l+1}{p}\pi \tag{189}$$

ausgedrückt.

Es sei σ eine Zahl, die kleiner als der Konvergenzradius der Reihen (187) ist. Wir wählen dann $\varrho_0 < \sigma$. Die Reihe $\sum_{\nu=0}^{\infty} b_\nu z^\nu$ und die differenzierte Reihe $\sum_{\nu=1}^{\infty} \nu b_\nu z^{\nu-1}$ haben den gleichen Konvergenzradius wie die zweite der Reihen (187). Wendet man die Abschätzung für die absoluten Beträge der Koeffizienten einer Potenzreihe an [14], so kann man schreiben:

$$|a_\nu| \leqslant \frac{M}{\sigma^\nu}; \quad |b_\mu| \leqslant \frac{M}{\mu\sigma^\mu} \qquad \begin{pmatrix} \nu = 0, 1, 2, \ldots \\ \mu = 1, 2, 3, \ldots \end{pmatrix}, \tag{190}$$

wobei M eine Konstante ist. Für die weiteren Rechnungen führen wir einige neue Begriffe ein:

---

[1]) $O(\alpha_n)$ ist das sogenannte LANDAUsche Ordnungssymbol. (Anm. d. wiss. Red.)

Wir wollen sagen, die Potenzreihe $\sum_{\nu=0}^{\infty} g_\nu z^\nu$ (oder die entsprechende Funktion) sei eine *Majorante für die Potenzreihe* (oder Funktion) $\sum_{\nu=0}^{\infty} h_\nu z^\nu$, wenn die g_ν positive Zahlen sind und $|h_\nu| \leqslant g_\nu$ ist. Dann gilt offensichtlich die Ungleichung

$$\left|\sum_{\nu=0}^{\infty} h_\nu z_\nu\right| \leqslant \sum_{\nu=0}^{\infty} g_\nu |z|^\nu,$$

wobei wir natürlich voraussetzen, daß diese Reihen konvergieren.

Wir stellen das Produkt $F(z)[\varphi(z)]^n$ in folgender Gestalt dar:

$$F(z)[\varphi(z)]^n = (a_0 + a_1 z + \cdots) e^{n(b_0 z^p + b_1 z^{p+1} + \cdots)} = \tag{191}$$
$$= a_0 e^{n b_0 z^p} + e^{n b_0 z^p}[(a_0 + a_1 z + \cdots) e^{n z^p (b_1 z + b_2 z^2 + \cdots)} - a_0].$$

Die in eckigen Klammern stehende Differenz kann man als Potenzreihe ohne absolutes Glied schreiben:

$$\psi(z) = (a_0 + a_1 z + \cdots) e^{n z^p (b_1 z + b_2 z^2 + \cdots)} - a_0 = c_1 z + c_2 z^2 + \cdots. \tag{192}$$

Nun ist e^z in eine Potenzreihe mit positiven Koeffizienten entwickelbar, und man erhält eine Majorante für die Reihe (192), wenn man im Exponenten von e und im Faktor vor e die Reihen durch Majoranten ersetzt:

$$\left(M + M\frac{z}{\sigma} + M\frac{z^2}{\sigma^2} + \cdots\right) e^{n z^p \left(\frac{M}{1}\cdot\frac{z}{\sigma} + \frac{M}{2}\cdot\frac{z^2}{\sigma^2} + \cdots\right)} - M$$

oder

$$M\left(1 - \frac{z}{\sigma}\right)^{-1} e^{-M n z^p \log\left(1 - \frac{z}{\sigma}\right)} - M = M\left[\left(1 - \frac{z}{\sigma}\right)^{-1 - M n z^p} - 1\right], \tag{193}$$

wobei in der letzten Reihe ebenfalls das freie Glied fehlt. Wir setzen der Kürze halber $n z^p = z'$, dann können wir die Majorantenreihe (oder besser gesagt, die Majorantenfunktion) in der Gestalt

$$M\frac{z}{\sigma}\left[\frac{1 + Mz'}{1!} + \frac{(1 + Mz')(2 + Mz')}{2!}\left(\frac{z}{\sigma}\right) + \frac{(1 + Mz')(2 + Mz')(3 + Mz')}{3!}\left(\frac{z}{\sigma}\right)^2 + \cdots\right]$$

schreiben. Zieht man $1 + Mz'$ vor die Klammer, so ergibt sich

$$(1 + Mz') M\frac{z}{\sigma}\left[1 + \left(1 + \frac{Mz'}{2}\right)\left(\frac{z}{\sigma}\right) + \left(1 + \frac{Mz'}{2}\right)\left(1 + \frac{Mz'}{3}\right)\left(\frac{z}{\sigma}\right)^2 + \cdots\right].$$

Schließlich erhalten wir durch Verkleinern der Nenner die Majorantenfunktion

$$(1 + Mz') M\frac{z}{\sigma}\left[1 + \left(1 + \frac{Mz'}{1}\right)\left(\frac{z}{\sigma}\right) + \left(1 + \frac{Mz'}{1}\right)\left(1 + \frac{Mz'}{2}\right)\left(\frac{z}{\sigma}\right)^2 + \cdots\right] = \tag{194}$$
$$= (1 + Mz') M\frac{z}{\sigma}\left(1 - \frac{z}{\sigma}\right)^{-1 - Mz'}.$$

Somit gilt die Ungleichung

$$|\psi(z)| \leqslant (1 + Mn|z|^p) M\frac{|z|}{\sigma}\left(1 - \frac{|z|}{\sigma}\right)^{-1 - Mn|z|^p}. \tag{195}$$

Wegen der Beziehung (191) zerfällt das Integral (188) in eine Summe von zwei Integralen:

$$I_n = a_0 \int_0^{\varrho_0 e^{i\omega_0'}} z^{a-1} e^{n b_0 z^p} dz + \int_0^{\varrho_0 e^{i\omega_0'}} z^{a-1} e^{n b_0 z^p} \psi(z)\, dz + O[(1-\eta)^n].$$

An Stelle von z führen wir die neue Integrationsvariable t mit

$$z = e^{i\omega_0'} \sqrt[p]{\frac{t}{nr_0}}$$

ein. Daraus folgt wegen (189)

$$nz^p = -\frac{t}{b_0}.$$

Man kann also schreiben:

$$I_n = A_n + B_n + O[(1-\eta)^n] \tag{196}$$

mit

$$\left\{\begin{aligned} A_n &= \frac{1}{p} e^{i\omega_0' a} \left(\frac{1}{nr_0}\right)^{\frac{a}{p}} a_0 \int_0^{nr_0 \varrho_0^p} e^{-t} t^{\frac{a}{p}-1} dt; \\ B_n &= \frac{1}{p} e^{i\omega_0' a} \left(\frac{1}{nr_0}\right)^{\frac{a}{p}} \int_0^{nr_0 \varrho_0^p} e^{-t} t^{\frac{a}{p}-1} \psi(z)\, dt. \end{aligned}\right. \tag{197}$$

Berücksichtigt man, daß $|z| = \left(\frac{t}{nr_0}\right)^{\frac{1}{p}}$ ist, so ergibt sich wegen (195) die Ungleichung

$$|\psi(z)| \leqq \left(1 + \frac{Mt}{r_0}\right) M \frac{1}{\sigma} \sqrt[p]{\frac{t}{nr_0}} \left(1 - \frac{|z|}{\sigma}\right)^{-1-\frac{Mt}{r_0}}.$$

Wir haben $\varrho_0 < \sigma$ gewählt, und folglich ist längs des Integrationsweges $|z| = \left(\frac{t}{nr_0}\right)^{\frac{1}{p}} \leqq \varrho_0 < \sigma$; es ist also

$$|\psi(z)| \leqq \left(1 + \frac{Mt}{r_0}\right) M \frac{1}{\sigma} \sqrt[p]{\frac{t}{nr_0}} \left(1 - \frac{\varrho_0}{\sigma}\right)^{-1-\frac{Mt}{r_0}},$$

wenn man $|z|$ durch den größeren Wert ϱ_0 ersetzt. Für $q > 0$ und komplexes γ gilt $|q^\gamma| = |e^{\gamma \log q}| = q^{\mathrm{R}(\gamma)}$, wobei $\mathrm{R}(\gamma)$ der Realteil von γ ist; also erhalten wir für B_n die Abschätzung

$$|B_n| \leqq \frac{M}{p} |e^{i\omega_0' a}| \frac{\left(1 - \frac{\varrho_0}{\sigma}\right)^{-1}}{\sigma} \left(\frac{1}{nr_0}\right)^{\frac{\mathrm{R}(a)+1}{p}} \cdot \int_0^{nr_0 \varrho_0^p} e^{-t} \left(1 - \frac{\varrho_0}{\sigma}\right)^{-\frac{Mt}{r_0}} t^{\frac{\mathrm{R}(a)+1}{p}-1} \left(1 + \frac{Mt}{r_0}\right) dt.$$

Für ϱ_0 stellen wir außer der Bedingung $\varrho_0 < \sigma$ noch die folgende:

$$\alpha = e\left(1 - \frac{\varrho_0}{\sigma}\right)^{\frac{M}{r_0}} > 1$$

und benutzen das so definierte ϱ_0. Im letzten Integral enthält der Integrand den Faktor α^{-t}. Das bis $+\infty$ erstreckte Integral erweist sich als konvergent; der Wert eines Integrals über eine positive Funktion wächst mit der Länge des Integrationsintervalls. Dabei hängt das Integral von 0 bis ∞ nicht von n ab, und es gilt die Abschätzung

$$|B_n| \leqq M_1 \left(\frac{1}{n}\right)^{\frac{R(a)+1}{p}}.$$

wobei M_1 eine von n unabhängige Konstante ist. Es ist also

$$B_n = O\left[\left(\frac{1}{n}\right)^{\frac{\mathrm{R}(\alpha)+1}{p}}\right].$$

Die durch $(1-\eta)^n$ zu dividierende Größe $O[(1-\eta)^n]$ bleibt für $n \to +\infty$ beschränkt; um so mehr gilt dies bei Division durch $\left(\frac{1}{n}\right)^{\frac{\mathrm{R}(\alpha)+1}{p}}$, da der Quotient $(1-\eta)^n : \left(\frac{1}{n}\right)^{\frac{\mathrm{R}(\alpha)+1}{p}}$ für $n \to \infty$ gegen Null strebt; es gilt also

$$B_n + O[(1-\eta)^n] = O\left[\left(\frac{1}{n}\right)^{\frac{\mathrm{R}(\alpha)+1}{p}}\right],$$

und die Formel (196) können wir in der Gestalt

$$I_n = A_n + O\left[\left(\frac{1}{n}\right)^{\frac{\mathrm{R}(\alpha)+1}{p}}\right] \tag{198}$$

schreiben. Wir wollen nun die Größe A_n untersuchen. Es ist

$$A_n = \frac{a_0}{p} e^{i\omega_0' \alpha} \left(\frac{1}{nr_0}\right)^{\frac{\alpha}{p}} \int\limits_0^\infty e^{-t} t^{\frac{\alpha}{p}-1}\, dt - \frac{a_0}{p} e^{i\omega_0' \alpha} \left(\frac{1}{nr_0}\right)^{\frac{\alpha}{p}} \int\limits_{nr_0\varrho_0^p}^\infty e^{-t} t^{\frac{\alpha}{p}-1}\, dt$$

oder [71]

$$A_n = \frac{a_0}{p} e^{i\omega_0' \alpha} \left(\frac{1}{nr_0}\right)^{\frac{\alpha}{p}} \Gamma\left(\frac{\alpha}{p}\right) + C_n \tag{199}$$

mit

$$C_n = -\frac{a_0}{p} e^{i\omega_0' \alpha} \left(\frac{1}{nr_0}\right)^{\frac{\alpha}{p}} \int\limits_{nr_0\varrho_0^p}^\infty e^{-t} t^{\frac{\alpha}{p}-1}\, dt.$$

Folglich gilt

$$|C_n| \leqslant \frac{|a_0|}{p} |e^{i\omega_0' \alpha}| \left(\frac{1}{nr_0}\right)^{\frac{\mathrm{R}(\alpha)}{p}} \int\limits_{nr_0\varrho_0^p}^\infty e^{-t} t^{\frac{\mathrm{R}(\alpha)}{p}-1}\, dt.$$

Für große positive t nimmt die Funktion

$$e^{-t} t^{\frac{\mathrm{R}(\alpha)}{p}+1}$$

ab, und daher können wir behaupten, daß das angegebene Integral für große n kleiner ist als

$$e^{-nr_0\varrho_0^p} (nr_0\varrho_0^p)^{\frac{\mathrm{R}(\alpha)}{p}+1} \int\limits_{nr_0\varrho_0^p}^\infty \frac{dt}{t^2} = e^{-nr_0\varrho_0^p} (nr_0\varrho_0^p)^{\frac{\mathrm{R}(\alpha)}{p}},$$

sofern wir unter dem Integral den Faktor t^{-2} absondern und den Rest des Integranden durch seinen Wert an der unteren Integrationsgrenze ersetzen. Daraus ergibt sich für C_n die Abschätzung

$$|C_n| \leqslant M_2 e^{-nr_0\varrho_0^p},$$

wobei die Konstante M_2 nicht von n abhängt; es ist also

$$C_n = O(e^{-nr_0\varrho_0^p}).$$

Berücksichtigt man, daß die Exponentialfunktion $e^{-nr_0\varrho_0^p}$ für wachsendes n schneller abnimmt als jede negative Potenz von n, so können wir schreiben

$$C_n + O\left[\left(\frac{1}{n}\right)^{\frac{\mathrm{R}(\alpha)+1}{p}}\right] = O\left[\left(\frac{1}{n}\right)^{\frac{\mathrm{R}(\alpha)+1}{p}}\right].$$

Die Formeln (198) und (199) liefern uns schließlich die Beziehung

(200) $$I_n = \frac{a_0}{p}\, e^{i\omega_0'\alpha}\left(\frac{1}{nr_0}\right)^{\frac{\alpha}{p}} \Gamma\left(\frac{\alpha}{p}\right) + O\left[\left(\frac{1}{n}\right)^{\frac{\mathrm{R}(\alpha)+1}{p}}\right].$$

In ihr hat das Hauptglied die Ordnung $\left(\frac{1}{n}\right)^{\frac{\mathrm{R}(\alpha)}{p}}$, während das Restglied von höherer Ordnung klein wird.

Führt man eine genauere Abschätzung durch, so kann man aus I_n noch einige Glieder herausgreifen, die nach wachsenden Potenzen von $\frac{1}{n}$ fortschreiten. Dies führt zu folgender allgemeiner Formel, mit deren Beweis wir uns nicht aufhalten:

(201) $$I_n = \frac{1}{p}\sum_{\nu=0}^{m-1} d_\nu \left(\frac{1}{nr_0}\right)^{\frac{\alpha+\nu}{p}} + O\left[\left(\frac{1}{n}\right)^{\frac{\mathrm{R}(\alpha)+m}{p}}\right].$$

Hierbei ist

$$d_\nu = e^{i\omega_0'(\alpha+\nu)} \sum_{\mu=0}^{\nu} \frac{g_{\nu,\mu}}{(-b_0)^\mu}\, \Gamma\left(\frac{\alpha+\nu}{p}+\mu\right),$$

ferner $g_{\nu,0} = a_\nu$ und $g_{\nu,\mu}$ der Koeffizient von z^ν in der Entwicklung

$$\frac{1}{\mu!}(a_0 + a_1 z + \cdots)(b_1 z + b_2 z^2 + \cdots)^\mu.$$

Wir untersuchten den einfachsten Integrationsweg vom Punkt $z = 0$ zum Punkt $z = z_1$, wobei der absolute Betrag von $\varphi(z)$ im Ausgangspunkt des Weges, also für $z = 0$, am größten ist.

Wir betrachten jetzt das Integral

(202) $$I_n' = \int_{z_1}^{z_2} z^{\alpha-1} F(z)\,[\varphi(z)]^n\, dz;$$

dabei liegen z_1 und z_2 in dem Sektor, in dem $|\varphi(z)| < 1$ ist. Der Weg geht von z_1 bis $z = 0$, umgeht diesen Punkt auf einem kleinen Kreisbogen um den Nullpunkt und führt dann zum Punkte $z = z_2$. Ist $\mathrm{R}(\alpha) > 0$, so strebt das Integral über diesen Kreisbogen gegen Null, wenn der Radius des genannten Kreises gegen Null geht. Man kann dann von $z = z_1$ bis $z = 0$ längs eines Sektors mit einer bestimmten Nummer $m = 2l_1$ und von $z = 0$ bis $z = z_2$ längs desjenigen mit der Nummer $m = 2l_2$ integrieren. Wir erhalten auf diese Weise

$$I_n' = I_{n,l_2} - I_{n,l_1}.$$

Dabei sind I_{n,l_2} und I_{n,l_1} Integrale vom obigen Typ über Wege, die in den genannten Sektoren verlaufen. Es gilt also

(203) $$I_n' = \frac{a_0}{p}\left(\frac{1}{nr_0}\right)^{\frac{\alpha}{p}} [e^{i\omega_2'\alpha} - e^{i\omega_1'\alpha}]\, \Gamma\left(\frac{\alpha}{p}\right) + O\left[\left(\frac{1}{n}\right)^{\frac{\mathrm{R}(\alpha)+1}{p}}\right]$$

mit

$$\omega_1' = -\frac{\beta_0}{p} + \frac{2l_1+1}{p}\pi; \quad \omega_2' = -\frac{\beta_0}{p} + \frac{2l_2+1}{p}\pi.$$

Man kann zeigen, daß die Formel (203) auch für $\mathrm{R}(\alpha) \leqq 0$ gilt.

Beispiel: Es sei

$$\Gamma(n+1) = \int_0^\infty e^{-x} x^n dx$$

vorgelegt. Setzt man $x = ny$, so ergibt sich

$$\frac{\Gamma(n+1)}{n^{n+1}} = \int_0^\infty (ye^{-y})^n dy.$$

Die Funktion ye^{-y} nimmt ihr Maximum für $y = 1$ an. Wir ersetzen y durch $1 + z$,

$$\frac{e^n \Gamma(n+1)}{n^{n+1}} = \int_{-1}^\infty [(1+z)e^{-z}]^n dz,$$

und spalten das Integrationsintervall in zwei Intervalle $(-1, +1)$ und $(+1, +\infty)$ auf. Im zweiten gilt

$$\int_1^\infty [(1+z)e^{-z}]^n dz = \int_1^\infty [(1+z)e^{-z}]^{n-1} (1+z)e^{-z} dz < \int_1^\infty \left(\frac{2}{e}\right)^{n-1} (1+z)e^{-z} dz =$$

$$= \left(\frac{2}{e}\right)^{n-1} \int_1^\infty (1+z)e^{-z} dz,$$

so daß für $z > 1$

$$(1+z)e^{-z} < \frac{2}{e}$$

ist. Somit ist

$$\int_1^\infty [(1+z)e^{-z}]^n dz = O\left[\left(\frac{2}{e}\right)^n\right]. \tag{204}$$

Das Integral

$$\int_{-1}^{+1} [(1+z)e^{-z}]^n dz \tag{205}$$

hat die oben untersuchte Gestalt, wobei jetzt

$$a_0 = 1; \quad \alpha = 1; \quad F(z) = 1 \quad \text{und} \quad \log\varphi(z) = \log(1+z) - z$$

ist; daraus folgt, daß $p = 2$ und $b_0 = -\frac{1}{2}$, also $r_0 = \frac{1}{2}$ ist. Man sieht ferner leicht, daß $\omega_1' = \pi$ und $\omega_2' = 0$ wird. Schließlich gilt gemäß (203)

$$\frac{e^n \Gamma(n+1)}{n^{n+1}} = \frac{1}{2}\left(\frac{2}{n}\right)^{\frac{1}{2}} 2\Gamma\left(\frac{1}{2}\right) + O\left(\frac{1}{n}\right) + O\left[\left(\frac{2}{e}\right)^n\right].$$

Berücksichtigt man, daß $\left(\frac{2}{e}\right)^n$ schneller abnimmt als $\frac{1}{n}$ und daß $\Gamma\left(\frac{1}{2}\right) = \sqrt{\pi}$ ist, so erhält man

$$\frac{e^n \Gamma(n+1)}{n^{n+1}} = \frac{\sqrt{2\pi}}{n^{\frac{1}{2}}} + O\left(\frac{1}{n}\right)$$

oder

$$\Gamma(n+1) = n\Gamma(n) = \sqrt{2\pi}\, n^{n+\frac{1}{2}} e^{-n} \left[1 + n^{\frac{1}{2}} O\left(\frac{1}{n}\right)\right] = \sqrt{2\pi}\, n^{n+\frac{1}{2}} e^{-n} \left[1 + O\left(\frac{1}{\sqrt{n}}\right)\right]$$

oder
$$\Gamma(n) = \sqrt{2\pi}\, n^{n-\frac{1}{2}} e^{-n}\left[1 + O\left(\frac{1}{\sqrt{n}}\right)\right].$$

Das Restglied muß statt $O\left(\frac{1}{\sqrt{n}}\right)$ eigentlich die Gestalt $O\left(\frac{1}{n}\right)$ haben. Um dieses Ergebnis zu erhalten, muß man das Integral (205) in eines von $z = 0$ bis $z = 1$ und eines von $z = -1$ bis $z = 0$ aufspalten und auf jedes der Integrale die Formel (201) für $m = 2$ anwenden. Dabei heben sich die Glieder, die $\nu = 1$ entsprechen, gegenseitig fort, und wir erhalten dasselbe Hauptglied und das Restglied $O\left(\frac{1}{n}\right)$.

Alle Einzelheiten der angegebenen Methode, den Beweis der allgemeinen Formel (201) und Beispiele kann man in der Arbeit von PERRON „Über die näherungsweise Berechnung von Funktionen großer Zahlen" (Abhandlungen der bayerischen Akademie der Wissenschaften 1917) finden. Eine der ersten Arbeiten über dieses Gebiet stammt von P. A. NEKRASSOW.

80. Beispiele. 1. Wir untersuchen das Integral

$$I = \int_{-\infty}^{\frac{1}{2}} \frac{1}{z + i\alpha} e^{n(z^3 - z^2)}\, dz, \tag{206}$$

in dem α eine kleine positive und n eine große positive Zahl ist. Die Funktion $f(z) = z^3 - z^2$ hat ihr Maximum für $z = 0$, und die reelle Achse ist die Kurve größten Gefälles $v(x, y) = 0$.

Dementsprechend stellen wir I in der Gestalt

$$I = \int_{-\frac{1}{2}}^{+\frac{1}{2}} \frac{1}{z + i\alpha} e^{n(z^3 - z^2)}\, dz + \omega \tag{207}$$

mit
$$\omega = \int_{-\infty}^{-\frac{1}{2}} \frac{1}{z + i\alpha} e^{n(z^3 - z^2)}\, dz$$

dar.

Da $z^3 - z^2 < -z^2$ ist für $z < 0$, ergibt sich

$$|\omega| < \frac{1}{\sqrt{\alpha^2 + \frac{1}{4}}} \int_{-\infty}^{-\frac{1}{2}} e^{-nz^2}\, dz = \frac{e^{-\frac{n}{4}}}{\sqrt{\alpha^2 + \frac{1}{4}}} \int_{-\infty}^{-\frac{1}{2}} e^{-n\left(z^2 - \frac{1}{4}\right)}\, dz =$$

$$= \frac{e^{-\frac{n}{4}}}{\sqrt{\alpha^2 + \frac{1}{4}}} \int_{-\infty}^{-\frac{1}{2}} e^{-n\left(z + \frac{1}{2}\right)\left(z - \frac{1}{2}\right)}\, dz.$$

Wir ersetzen $z - \frac{1}{2}$ durch -1 und führen die neue Integrationsveränderliche $t = -\left(z + \frac{1}{2}\right)$ ein; dann erhalten wir

$$|\omega| < \frac{e^{-\frac{n}{4}}}{\sqrt{\alpha^2 + \frac{1}{4}}} \int_0^{\infty} e^{-nt}\, dt = \frac{e^{-\frac{n}{4}}}{n\sqrt{\alpha^2 + \frac{1}{4}}} < \frac{2e^{-\frac{n}{4}}}{n}. \tag{208}$$

Um den ersten Summanden der rechten Seite von Formel (207) zu berechnen, setzen wir $e^{nz^3} = 1 + \Delta$ mit

$$\Delta = \frac{nz^3}{1!} + \frac{(nz^3)^2}{2!} + \cdots$$

woraus

$$|\Delta| \leqslant n|z|^3\left(1 + \frac{n|z|^3}{2!} + \frac{(n|z|^3)^2}{3!} + \cdots\right) < n|z|^3 e^{n|z|^3} \tag{209}$$

folgt. Wir erhalten

$$\int\limits_{-\frac{1}{2}}^{+\frac{1}{2}} \frac{1}{z+i\alpha}\, e^{n(z^3-z^2)}\, dz = \int\limits_{-\frac{1}{2}}^{+\frac{1}{2}} \frac{e^{-nz^2}}{z+i\alpha}\, dz + \int\limits_{-\frac{1}{2}}^{+\frac{1}{2}} \frac{\Delta e^{-nz^2}}{z+i\alpha}\, dz. \tag{210}$$

Ferner gilt

$$\int\limits_{-\frac{1}{2}}^{+\frac{1}{2}} \frac{e^{-nz^2}}{z+i\alpha}\, dz = \int\limits_{-\infty}^{+\infty} \frac{e^{-nz^2}}{z+i\alpha}\, dz + \omega_1 \tag{211}$$

mit

$$|\omega_1| < \frac{2}{\sqrt{\alpha^2 + \frac{1}{4}}} \int\limits_{\frac{1}{2}}^{\infty} e^{-nz^2}\, dz$$

und

$$\int\limits_{\frac{1}{2}}^{\infty} e^{-nz^2}\, dz = e^{-\frac{n}{4}} \int\limits_{\frac{1}{2}}^{\infty} e^{-n\left(z-\frac{1}{2}\right)\left(z+\frac{1}{2}\right)}\, dz.$$

Ersetzt man $z + \frac{1}{2}$ durch Eins, so gilt

$$\int\limits_{\frac{1}{2}}^{\infty} e^{-nz^2}\, dz < e^{-\frac{n}{4}} \int\limits_{\frac{1}{2}}^{\infty} e^{-n\left(z-\frac{1}{2}\right)}\, dz = \frac{e^{-\frac{n}{4}}}{n},$$

woraus sich schließlich

$$|\omega_1| < \frac{2e^{-\frac{n}{4}}}{n\sqrt{\alpha^2 + \frac{1}{4}}} < \frac{4}{n}\, e^{-\frac{n}{4}} \tag{212}$$

ergibt. Wir wollen den ersten Summanden der rechten Seite der Gleichung (211) untersuchen. Trennt man Real- und Imaginärteil des Integranden und beachtet, daß das Integral über den Realteil gleich Null ist, da dieser eine ungerade Funktion ist, so bekommt man

$$\int\limits_{-\infty}^{+\infty} \frac{e^{-nz^2}}{z+i\alpha}\, dz = -i \int\limits_{-\infty}^{+\infty} \frac{e^{-\beta^2 t^2}}{t^2+1}\, dt \qquad (\beta = \alpha\sqrt{n}).$$

Setzt man $\beta^2 = \gamma$ und differenziert das Integral

$$I(\gamma) = \int_{-\infty}^{+\infty} \frac{e^{-\gamma t^2}}{t^2+1} dt$$

nach dem Parameter γ, so ergibt sich

$$\frac{dI(\gamma)}{d\gamma} = I(\gamma) - \sqrt{\frac{\pi}{\gamma}}.$$

Wir integrieren nun diese Gleichung. Da $I(\gamma) = 0$ für $\gamma = +\infty$ ist, gilt

$$I(\beta^2) = 2\sqrt{\pi}\, e^{\beta^2} \int_{\beta}^{\infty} e^{-x^2}\, dx$$

und schließlich

$$\int_{-\infty}^{+\infty} \frac{e^{-nz^2}}{z+i\alpha} dz = -i\, 2\sqrt{\pi}\, e^{\alpha^2 n} \int_{\alpha\sqrt{n}}^{\infty} e^{-x^2}\, dx. \tag{213}$$

Das rechts stehende Integral (das unvollständige LAPLACEsche Integral) ist tabelliert.

Schließlich wollen wir den zweiten Summanden der rechten Seite von Formel (210) abschätzen. Wir führen für diese Abschätzung eine Fallunterscheidung durch:

Berücksichtigt man (209) und die Tatsache, daß $|z|^3 < \frac{1}{2}|z|^2$ für $|z| < \frac{1}{2}$ ist, so erhält man

$$|\Delta|\, e^{-nz^2} < n\, |z|^3\, e^{-\frac{n}{2}z^2},$$

woraus

$$\left| \int_{-\frac{1}{2}}^{+\frac{1}{2}} \frac{\Delta e^{-nz^2}}{z+i\alpha} dz \right| \leqslant \frac{2n}{\alpha} \int_{0}^{\frac{1}{2}} z^3 e^{-n\frac{z^2}{2}}\, dz < \frac{2n}{\alpha} \int_{0}^{\infty} z^3 e^{-n\frac{z^2}{2}}\, dz = \frac{4}{\alpha n} \tag{214}$$

folgt. Andererseits ergibt sich wegen der Ungleichung

$$\left| \frac{z}{z+i\alpha} \right| = \frac{|z|}{\sqrt{|z|^2+\alpha^2}} < \frac{1}{\sqrt{1+4\alpha^2}} \quad \text{für} \quad |z| < \frac{1}{2}$$

die Abschätzung

$$\left| \int_{-\frac{1}{2}}^{+\frac{1}{2}} \frac{\Delta e^{-nz^2}}{z+i\alpha} dz \right| < n \int_{-\frac{1}{2}}^{+\frac{1}{2}} \frac{|z|^3}{|z+i\alpha|} e^{-\frac{n}{2}z^2}\, dz < \frac{2n}{\sqrt{1+4\alpha^2}} \int_{0}^{\infty} x^2 e^{-\frac{n}{2}x^2}\, dx,$$

woraus

$$\left| \int_{-\frac{1}{2}}^{+\frac{1}{2}} \frac{\Delta e^{-nz^2}}{z+i\alpha} dz \right| < \frac{\sqrt{2\pi}}{\sqrt{n}} \tag{214_1}$$

folgt. Der Hauptbestandteil von (213) hat die Ordnung $\frac{1}{\alpha\sqrt{n}}$, und wenn α keine kleine Zahl ist, können wir unter Benutzung der Formeln (211), (212), (213) und (214) schreiben:

$$\int_{-\frac{1}{2}}^{+\frac{1}{2}} \frac{e^{-nz^2}}{z+i\alpha}\,dz = -i2\sqrt{\pi}\,\alpha^{\alpha^2 n}\int_{\alpha\sqrt{n}}^{\infty} e^{-x^2}\,dx + \omega' \tag{215}$$

mit

$$|\omega'| < \frac{6}{n}e^{-\frac{n}{4}} + \frac{4}{\alpha n}. \tag{216}$$

Für kleines positives α dagegen gilt

$$|\omega'| < \frac{6}{n}e^{-\frac{n}{4}} + \frac{\sqrt{2\pi}}{\sqrt{n}}. \tag{216$_1$}$$

2. Bei der Untersuchung der asymptotischen Darstellungen der HANKELschen Funktionen stoßen wir notwendig auf die Näherungsberechnung des Integrals

$$I = \int_{-\alpha-\varepsilon}^{-\alpha+\varepsilon} e^{nf(z)}\,dz, \tag{217}$$

in welchem

$$f(z) = \operatorname{sh} z - \xi z, \tag{218}$$

der Parameter $\xi > 1$ und n eine große positive Zahl ist.

Die Größe α in (217) ist eine positive Wurzel der Gleichung $f'(z) = 0$, es ist also $\operatorname{ch}\alpha = \xi$.

Die Zahl $\varepsilon > 0$ setzen wir anfänglich nur kleiner als Eins voraus, später unterwerfen wir sie noch einigen stärkeren Einschränkungen. Man überzeugt sich leicht davon, daß der Integrationsweg in (217) mit dem Hauptstück der Kurve größten Gefälles des Integranden zusammenfällt. Daher führt die Auswertung des Integrals auf eine rationale Transformation des Integranden und auf die Berechnung elementarer Integrale.

Wir wollen das Integral (217) auf zwei verschiedene Arten berechnen. Bei der ersten stellen wir uns nur das Ziel, das Hauptglied und eine möglichst einfache Abschätzung des Fehlers anzugeben. Dabei werden einige der wesentlichen Eigenschaften des Integranden nicht berücksichtigt. Bei der zweiten Art berücksichtigen wir diese Eigenschaften und erhalten ein bedeutend genaueres Ergebnis.

Das erste Verfahren. Wir entwickeln die Funktion (218) in eine Reihe nach Potenzen von $x = z + \alpha$ und erhalten

$$f(z) = f(-\alpha) - \frac{\operatorname{sh}\alpha}{2!}x^2 + \frac{\operatorname{ch}\alpha}{3!}x^3 - \frac{\operatorname{sh}\alpha}{4!}x^4 + \cdots \tag{219}$$

oder

$$f(z) = f(-\alpha) - \frac{\operatorname{sh}\alpha}{2}x^2[1+R], \tag{220}$$

wobei R der Ungleichung

$$|R| \leqslant \frac{2\operatorname{ch}\alpha}{\operatorname{sh}\alpha}|x|\left(\frac{1}{3!}+\frac{1}{4!}+\cdots\right) \leqslant \frac{\operatorname{ch}\alpha}{2\operatorname{sh}\alpha}|x| \tag{221}$$

genügt, sofern $|x| < 1$ ist.

Der Integrand von (217) wird folgendermaßen dargestellt:

$$e^{nf(z)} = e^{nf(-a)} e^{-n\frac{\operatorname{sh} a}{2} x^2} (1 + \delta_0) \tag{222}$$

mit

$$\delta_0 = e^{-n\frac{\operatorname{sh} a}{2} R x^3} - 1. \tag{223}$$

Benutzt man die Ungleichung

$$| e^y - 1 | \leqslant | y | e^{|y|}$$

und berücksichtigt (221), so erhält man für δ_0 die einfache Abschätzung

$$| \delta_0 | < \frac{n \operatorname{ch} \alpha}{4} | x |^3 e^{n\frac{\operatorname{sh} a}{2} |R| x^2} \tag{224}$$

Setzt man (222) in (217) ein, dann ergibt sich

$$I = e^{nf(-a)} \left[\int\limits_{-\varepsilon}^{+\varepsilon} e^{-n\frac{\operatorname{sh} a}{2} x^2} dx + \int\limits_{-\varepsilon}^{+\varepsilon} \delta_0 e^{-n\frac{\operatorname{sh} a}{2} x^2} dx \right]. \tag{225}$$

Wir stellen nun für die Werte von ε und n die Bedingungen

$$n \frac{\operatorname{sh} \alpha}{2} \varepsilon^2 = N \gg 1 \tag{226}$$

und

$$\frac{\operatorname{ch} \alpha}{\operatorname{sh} \alpha} \varepsilon \leqslant 1. \tag{226$_1$}$$

Bei der genaueren Abschätzung behalten wir (226) bei, jedoch die Bedingung (226_1) ersetzen wir durch eine wesentlich stärkere.

Ist (226_1) erfüllt, so befriedigt R für $| x | \leqslant \varepsilon$ die Ungleichung $|R| < \frac{1}{2}$, und wegen (224) gilt

$$\left| \delta_0 e^{-n\frac{\operatorname{sh} a}{2} x^2} \right| < \frac{n \operatorname{ch} \alpha}{4} | x |^3 e^{-n\frac{\operatorname{sh} a}{4} x^2} \qquad (| x| < \varepsilon). \tag{224$_1$}$$

Ist die Bedingung (226) erfüllt, so wird der Integrand in (225) an den Enden des Integrationsintervalles sehr klein. Daher ändert der Übergang zu einem unendlichen Intervall das Resultat nicht wesentlich.

Wir führen die notwendigen Rechnungen aus.

Es gilt

$$\int\limits_{-\varepsilon}^{+\varepsilon} e^{-n\frac{\operatorname{sh} a}{2} x^2} dx = \int\limits_{-\infty}^{+\infty} e^{-n\frac{\operatorname{sh} a}{2} x^2} dx + \Delta_1 = \sqrt{\frac{2\pi}{n \operatorname{sh} \alpha}} + \Delta_1 \tag{227}$$

mit

$$\Delta_1 = -2 \int\limits_{\varepsilon}^{\infty} e^{-n\frac{\operatorname{sh} a}{2} x^2} dx$$

und

$$| \Delta_1 | = 2e^{-N} \int\limits_{\varepsilon}^{\infty} e^{-n\frac{\operatorname{sh} a}{2} (x^2 - \varepsilon^2)} dx$$

Da $x^2 - \varepsilon^2 > (x - \varepsilon)^2$ ist für $|x| > \varepsilon$, folgt daraus, daß

$$|\Delta_1| < 2e^{-N} \int_0^\infty e^{-n\frac{\operatorname{sh}\alpha}{2}y^2}\,dy = \sqrt{\frac{2\pi}{n\operatorname{sh}\alpha}}\,e^{-N} \tag{228}$$

ist. Ferner finden wir unter Berücksichtigung von (224_1) die Ungleichung

$$\left|\int_{-\varepsilon}^{+\varepsilon} \delta_0 e^{-n\frac{\operatorname{sh}\alpha}{2}x^2}\,dx\right| < \frac{n\operatorname{ch}\alpha}{4}\,2\int_0^\infty x^3 e^{-n\frac{\operatorname{sh}\alpha}{4}x^2}\,dx,$$

woraus

$$\left|\int_{-\varepsilon}^{+\varepsilon} \delta_0 e^{-n\frac{\operatorname{sh}\alpha}{2}x^2}\,dx\right| < \frac{2\operatorname{ch}\alpha}{\pi\operatorname{sh}\alpha}\cdot\frac{2\pi}{n\operatorname{sh}\alpha} \tag{229}$$

folgt.

Benutzt man (225), (227), (228) und (229), so erhält man für das gesuchte Integral folgenden Ausdruck:

$$I = e^{nf(-\alpha)}\sqrt{\frac{2\pi}{n\operatorname{sh}\alpha}}\,(1+\omega) \tag{230}$$

mit

$$|\omega| < e^{-N} + \frac{2\operatorname{ch}\alpha}{\pi\operatorname{sh}\alpha}\sqrt{\frac{2\pi}{n\operatorname{sh}\alpha}}. \tag{231}$$

Sind die Bedingungen (226) und (226_1) erfüllt, so erweist sich $|\omega|$ bedeutend kleiner als Eins.

Das angeführte Rechenverfahren ist unscharf, aber dafür ist die Rechnung sehr einfach. Der Mangel dieses Verfahrens liegt darin, daß es nicht den Zeichenwechsel in der Entwicklung (219) berücksichtigt und die darin vorhandenen ungeraden Potenzen unbeachtet läßt.

Wir wollen diese Mängel im folgenden beseitigen.

Das zweite Verfahren. Wir stellen die Entwicklung (219) in folgender Gestalt dar:

$$f(z) = f(-\alpha) - \frac{\operatorname{sh}\alpha}{2}x^2 + R_1 - R_2, \tag{232}$$

mit

$$\left\{\begin{aligned} R_1 &= \frac{\operatorname{ch}\alpha}{3!}x^3\left(1 + \frac{x^2}{4\cdot 5} + \frac{x^4}{4\cdot 5\cdot 6\cdot 7} + \cdots\right);\\ R_2 &= \frac{\operatorname{sh}\alpha}{4!}x^4\left(1 + \frac{x^2}{5\cdot 6} + \frac{x^4}{5\cdot 6\cdot 7\cdot 8} + \cdots\right).\end{aligned}\right. \tag{232_1}$$

Zunächst wollen wir annehmen, daß die im Integral (217) auftretende Zahl ε nur der Bedingung $0 < \varepsilon < 1$ unterworfen ist. Aber bereits unter dieser Voraussetzung kann man feststellen, daß sich die Werte von R_1 und R_2 wenig von den ersten Gliedern ihrer Entwicklung unterscheiden. Wir setzen den Wert des Integranden

$$e^{nf(z)} = e^{nf(-\alpha)}\,e^{-n\frac{\operatorname{sh}\alpha}{2}x^2}\,e^{-nR_2}\left(1 + \frac{nR_1}{1!} + \frac{n^2R_1^2}{2!} + \cdots\right)$$

in das Integral (217) ein. Da R_1 ungerade ist, gilt

$$I = e^{nf(-\alpha)}\int_{-\varepsilon}^{+\varepsilon} e^{-n\frac{\operatorname{sh}\alpha}{2}x^2}\,e^{-nR_2}\left(1 + \frac{n^2R_1^2}{2!} + \frac{n^4R_1^4}{4!} + \cdots\right)dx. \tag{233}$$

Wir untersuchen nun den Ausdruck

$$e^{-nR_2}\left(1+\frac{n^2R_1^2}{2!}+\frac{n^4R_1^4}{4!}+\cdots\right)=\left(1-\frac{nR_2}{1!}+\frac{n^2R_2^2}{2!}-\cdots\right)\left(1+\frac{n^2R_1^2}{2!}+\frac{n^4R_1^4}{4!}+\cdots\right). \tag{234}$$

Die positive Zahl ε wählen wir jetzt so, daß gleichzeitig die Ungleichungen

$$\varepsilon<1;\quad n^2R_1^2<5;\quad nR_2<1 \qquad (\text{für } |x|\leqslant\varepsilon) \tag{235}$$

gelten. Benutzt man (232_1), so kann man sich davon überzeugen, daß diese Ungleichungen für

$$\varepsilon<1 \quad\text{und}\quad \varepsilon\leqslant\left(\frac{12}{n\,\mathrm{ch}\,\alpha}\right)^{\frac{1}{3}} \tag{235_1}$$

erfüllt sind. Dann erweisen sich die Glieder der alternierenden Reihe

$$S_1=1-\frac{nR_2}{1!}+\frac{n^2R_2^2}{2!}-\cdots$$

als schnell fallend. Daher ist

$$S_1=1-nR_2+\alpha_1 \tag{236}$$

mit

$$0<\alpha_1<\frac{n_2R_2^2}{2}.$$

Aus (232_1) finden wir

$$1-nR_2=1-n\frac{\mathrm{sh}\,\alpha}{4!}x^4-n\frac{\mathrm{sh}\,\alpha}{6!}x^6\left(1+\frac{x^2}{7\cdot8}+\frac{x^4}{7\cdot8\cdot9\cdot10}+\cdots\right).$$

Vergleicht man das mit (236), so ergibt sich

$$S_1=1-n\frac{\mathrm{sh}\,\alpha}{4!}x^4+\delta_1, \tag{237}$$

wobei

$$|\delta_1|=\left|\alpha_1-\frac{n\,\mathrm{sh}\,\alpha}{6!}x^6\left(1+\frac{x^2}{7\cdot8}+\cdots\right)\right|$$

in jedem Fall kleiner als die größere der beiden Zahlen

$$\frac{42}{41}\cdot\frac{n\,\mathrm{sh}\,\alpha}{6!}x^6 \quad\text{und}\quad \left(\frac{20}{19}\right)^2\frac{n^2\,\mathrm{sh}^2\,\alpha}{2\cdot(4!)^2}x^8$$

ist. Man kann sich davon überzeugen, daß die letzte einen größeren Wert für die untere Fehlergrenze liefert. Daher können wir

$$|\delta_1|<\left(\frac{20}{19}\right)^2\frac{n^2\,\mathrm{sh}^2\,\alpha}{2\cdot(4!)^2}x^8 \tag{238}$$

annehmen. Für die zweite Reihe aus (234), nämlich

$$S_2=1+\frac{n^2R_1^2}{2!}+\frac{n^4R_1^4}{4!}+\cdots,$$

erhalten wir

$$S_2=1+\frac{n^2R_1^2}{2}+\alpha_2 \tag{236_1}$$

mit

$$0<\alpha_2<\frac{6}{5}\,\frac{n^4R_1^4}{4!}.$$

Aus (232_1) finden wir

$$1+\frac{n^2R_1^2}{2}=1+\frac{n^2\operatorname{ch}^2\alpha}{2\cdot(3!)^2}x^6\left(1+\frac{x^2}{4\cdot5}+\cdots\right)^2=1+\frac{n^2\operatorname{ch}^2\alpha}{2\cdot(3!)^2}x^6(1+2r+r^2)$$

mit

$$r=\frac{x^2}{4\cdot5}\left(1+\frac{x^2}{6\cdot7}+\frac{x^4}{6\cdot7\cdot8\cdot9}+\cdots\right).$$

Offensichtlich ist $r<\frac{42}{41}\cdot\frac{x^2}{4\cdot5}$ und

$$2r+r^2<\frac{42}{41}\cdot\frac{x^2}{10}+\left(\frac{42}{41}\right)^2\cdot\frac{x^4}{(20)^2}<\frac{11}{10}\cdot\frac{x^2}{10}.$$

Daher bekommen wir

$$S_2=1+\frac{n^2R_1^2}{2}+\alpha_2=1+\frac{n^2\operatorname{ch}^2\alpha}{2\cdot(3!)^2}x^6+\delta_2 \tag{237_1}$$

mit $\delta_2>0$ und

$$\delta_2=\alpha_2+(2r+r^2)\frac{n^2\operatorname{ch}^2\alpha}{2\cdot6^2}x^6<\left(\frac{20}{19}\right)^4\frac{n^4\operatorname{ch}^4\alpha}{5\cdot6^3\cdot4!}x^{12}+\frac{11}{10}\cdot\frac{n^2\operatorname{ch}^2\alpha}{20\cdot6^2}x^8. \tag{238_1}$$

Berücksichtigt man die Ungleichung (235) und multipliziert die Ausdrücke (237) und (237_1) miteinander, so erhält man für (234) die Formel

$$e^{-nR_2}S_2=1-n\frac{\operatorname{sh}\alpha}{4!}x^4+\frac{n^2\operatorname{ch}^2\alpha}{2\cdot(3!)^2}x^6+\delta, \tag{239}$$

wobei

$$|\delta|<5|\delta_1|+\delta_2 \tag{239_1}$$

ist und für $|\delta_1|$ und δ_2 die Abschätzungen (238) und (238_1) gelten. Wir setzen jetzt (239) in (233) ein. Dann folgt

$$I=e^{nf(-\alpha)}\left\{\int\limits_{-\infty}^{+\infty}\left(1-n\frac{\operatorname{sh}\alpha}{4!}x^4+n^2\frac{\operatorname{ch}^2\alpha}{2\cdot6^2}x^6\right)e^{-n\frac{\operatorname{sh}\alpha}{2}x^2}dx+\Delta_0+\Delta_1\right\} \tag{240}$$

mit

$$\left\{\begin{aligned}\Delta_0&=-2\int\limits_{\varepsilon}^{\infty}\left(1-n\frac{\operatorname{sh}\alpha}{4!}x^4+n^2\frac{\operatorname{ch}^2\alpha}{2\cdot6^2}x^6\right)e^{-n\frac{\operatorname{sh}\alpha}{2}x^2}dx;\\ \Delta_1&=2\int\limits_0^{\varepsilon}\delta e^{-n\frac{\operatorname{sh}\alpha}{2}x^2}dx.\end{aligned}\right. \tag{241}$$

Es sind noch das Integral in (240) zu berechnen und die Fehlerglieder (241) abzuschätzen. Wir unterwerfen dazu die Zahlen n und ε, die (235_1) genügen, der wichtigen Bedingung

$$\frac{n\operatorname{sh}\alpha}{2}\varepsilon^2=N\gg1. \tag{242}$$

Dann wird die Fehlerabschätzung elementar und führt auf die Formeln

$$|\Delta_0|<\left(\frac{2}{n\operatorname{sh}\alpha}\right)^{\frac12}e^{-N}\left[1+\frac{3N^{\frac52}\operatorname{ch}^2\alpha}{18n\operatorname{sh}^3\alpha}\right] \tag{243}$$

und

$$|\Delta_1|<\sqrt{\pi}\left(\frac{2}{n\operatorname{sh}\alpha}\right)^{\frac52}\left(\frac18+\frac{\operatorname{ch}^2\alpha}{25\operatorname{sh}^2\alpha}+\frac{\operatorname{ch}^4\alpha}{8\operatorname{sh}^4\alpha}\right), \tag{243_1}$$

wobei in (243) $N \geqslant 8$ vorausgesetzt ist. Berechnet man den Hauptbestandteil von (240), so gelangt man schließlich zu

$$I = e^{nf(-\alpha)} \sqrt{\pi} \left(\frac{2}{n \operatorname{sh} \alpha}\right)^{\frac{1}{2}} \left[1 - \frac{1}{8}\left(1 - \frac{5 \operatorname{ch}^2 \alpha}{3 \operatorname{sh}^2 \alpha}\right) \frac{1}{n \operatorname{sh} \alpha} + \omega'\right] \tag{244}$$

mit

$$|\omega'| \leqslant \frac{e^{-N}}{\sqrt{\pi}} \left(1 + \frac{N^{\frac{5}{2}} \operatorname{ch}^2 \alpha}{6n \operatorname{sh}^3 \alpha}\right) + \left(\frac{2}{n \operatorname{sh} \alpha}\right)^2 \left(\frac{1}{8} + \frac{\operatorname{ch}^2 \alpha}{25 \operatorname{sh}^2 \alpha} + \frac{\operatorname{ch}^4 \alpha}{8 \operatorname{sh}^4 \alpha}\right). \tag{245}$$

Wir haben (244) und (245) unter der Voraussetzung erhalten, daß die Bedingungen (242) und (243_1) erfüllt sind. Wir setzen nun

$$\varepsilon = \left(\frac{12}{n \operatorname{ch} \alpha}\right)^{\frac{1}{3}}. \tag{246}$$

Dann finden wir

$$n \operatorname{sh} \alpha = \frac{N^3 \operatorname{ch}^2 \alpha}{18 \operatorname{sh}^2 \alpha} \tag{247}$$

und

$$\frac{N^{\frac{5}{2}} \operatorname{ch}^2 \alpha}{6n \operatorname{sh}^3 \alpha} = \frac{3}{\sqrt{N}}. \tag{247_1}$$

Wählt man in (245) $N = 8$, so hat der zweite Summand auf der rechten Seite einen größeren Wert als der erste.

Nimmt man daher $N \geqslant 8$, so erhält die Formel für den Fehler eine einfachere Gestalt, nämlich

$$|\omega'| < 2 \left(\frac{2}{n \operatorname{sh} \alpha}\right)^2 \left(\frac{1}{8} + \frac{\operatorname{ch}^2 \alpha}{25 \operatorname{sh}^2 \alpha} + \frac{\operatorname{ch}^4 \alpha}{8 \operatorname{sh}^4 \alpha}\right). \tag{248}$$

Die Bedingung für die Anwendbarkeit dieser Abschätzung ist also $N \geqslant 8$; man kann sie folgendermaßen schreiben:

$$n^{\frac{1}{3}} \operatorname{sh} \alpha \geqslant \frac{8}{\sqrt[3]{18}} \operatorname{ch}^{\frac{2}{3}} \alpha$$

oder

$$n^{\frac{1}{3}} \operatorname{sh} \alpha > 3 \operatorname{ch}^{\frac{2}{3}} \alpha. \tag{249}$$

Im Kapitel über BESSELsche Funktionen benutzen wir die oben erhaltenen Resultate, wobei wir dort die Bezeichnungen

$$\operatorname{ch} \alpha = \frac{p}{z} \quad \text{und} \quad n = z$$

verwenden, in denen p der Index und z das Argument der BESSELfunktion ist.

Dann ist $z \operatorname{sh} \alpha = \sqrt{p^2 - z^2}$, und die Bedingung (249) nimmt die Gestalt

$$\sqrt{p^2 - z^2} \geqslant 3p^{\frac{2}{3}} \tag{249_1}$$

an. Da $p > \sqrt{p^2 - z^2}$ ist, kann die Bedingung (249_1) nur für Werte $p > p_0$ erfüllt sein, für die $p_0 = 3p_0^{\frac{2}{3}}$, also $p_0 = 27$ ist. Bei genauerem Abschätzen kann diese Grenze etwas erniedrigt werden.

IV. Funktionen mehrerer Veränderlicher und Funktionen von Matrizen

81. **Reguläre Funktionen mehrerer Veränderlicher.** Die Theorie der analytischen Funktionen mehrerer Veränderlicher ist in ihren Grundbegriffen ähnlich der Theorie der Funktionen einer komplexen Veränderlichen. In der weiteren Entwicklung weist sie jedoch einige charakteristische Unterschiede auf. Wir befassen uns nur mit den wichtigsten Begriffen dieser Theorie und untersuchen ausführlicher Potenzreihen mehrerer Veränderlicher. Um die Rechnungen zu vereinfachen, nehmen wir nur zwei unabhängige Variable. Alle Definitionen und Beweise bleiben aber auch für eine größere Anzahl Veränderlicher sinnvoll.

Es seien also z_1 und z_2 zwei komplexe Veränderliche und

$$f(z_1, z_2) \tag{1}$$

eine Funktion dieser Veränderlichen. Wir nehmen an, daß z_1 in einem Gebiet B_1 variiert und z_2 in einem Gebiet B_2. Ist dann die Funktion (1) eine eindeutige und stetige Funktion ihrer zwei Argumente und streben für beliebige Werte der Veränderlichen aus den genannten Gebieten die Quotienten

$$\frac{f(z_1 + \Delta z_1, z_2) - f(z_1, z_2)}{\Delta z_1} \quad \text{und} \quad \frac{f(z_1, z_2 + \Delta z_2) - f(z_1, z_2)}{\Delta z_2}$$

gegen endliche Grenzwerte, sofern die komplexen Zuwächse Δz_1 und Δz_2 gegen Null gehen, und sind diese Grenzwerte (die partiellen Ableitungen)

$$\frac{\partial f(z_1, z_2)}{\partial z_1} \quad \text{und} \quad \frac{\partial f(z_1, z_2)}{\partial z_2}$$

stetige Funktionen in den Gebieten B_1, B_2, so bezeichnet man die Funktion (1) als *reguläre* (oder *holomorphe*) Funktion der beiden Veränderlichen z_1, z_2 in den Gebieten B_1, B_2.

82. **Das Doppelintegral und die Cauchysche Formel.** Es seien l_1 bzw. l_2 zwei Wege, die in den Gebieten B_1 bzw. B_2 verlaufen. Wir bilden das Doppelintegral

$$I_1 = \int_{l_2} dz_2 \int_{l_1} f(z_1, z_2)\, dz_1 .$$

Vertauscht man die Integrationsreihenfolge, so erhalten wir das Doppelintegral

$$I_2 = \int_{l_1} dz_1 \int_{l_2} f(z_1, z_2)\, dz_2 .$$

Wir wollen zunächst zeigen, daß die Integrale I_1 und I_2 identisch sind. Dazu nehmen wir an, daß die Gleichung der Kurve l_1 in Parameterdarstellung

$$z_1(t) = x_1(t) + i y_1(t) \qquad (a \leqq t \leqq b)$$

lautet und die der Kurve l_2

$$z_2(\tau) = x_2(\tau) + i y_2(\tau) \qquad (c \leqq \tau \leqq d) .$$

Setzt man in $f(z_1, z_2)$

$$z_1 = z_1(t) \quad \text{und} \quad z_2 = z_2(\tau),$$

so wird das Integral I_1 auf zwei Quadraturen nach den Veränderlichen t und τ zurückgeführt. Dabei haben wir bei der Integration über t die konstanten Grenzen a und b und bei der über τ die konstanten Grenzen c und d:

$$I_1 = \int_c^d [x_2'(\tau) + iy_2'(\tau)]\, d\tau \int_a^b f(z_1(t), z_2(\tau))\, [x_1'(t) + iy_1'(t)]\, dt\,.$$

Das angegebene Integral ist offensichtlich gleichbedeutend mit einem Doppelintegral in der t, τ-Ebene über das Rechteck

$$a \leqslant t \leqslant b; \quad c \leqslant \tau \leqslant d\,.$$

In diesem Integral darf man bekanntlich [II, 78], wenn zum Beispiel $x_k'(t)$ und $y_k'(t)$ stetige Funktionen sind, die Integrationsreihenfolge umkehren, wobei die alten Grenzen beibehalten werden. Das Integral I_1 können wir also in der Gestalt

$$I_1 = \int_a^b [x_1'(t) + iy_1'(t)]\, dt \int_c^d f(z_1(t), z_2(\tau))\, [x_2'(\tau) + iy_2'(\tau)]\, d\tau$$

schreiben, und das ist offensichtlich gleichbedeutend mit dem Integral I_2; also sind die Integrale I_1 und I_2 identisch. Ihren gemeinsamen Wert bezeichnet man als Doppelintegral der Funktion $f(z_1, z_2)$ längs der Wege l_1 und l_2.

Dieses Integral kann auch unmittelbar als Grenzwert von Summen definiert werden. Wir unterteilen dazu die Kurve l_1 durch die Teilpunkte

$$z_1^{(0)}, z_1^{(1)}, z_1^{(2)}, \ldots, z_1^{(m)}$$

in m Teile und ebenso die Kurve l_2 durch die Teilpunkte

$$z_2^{(0)}, z_2^{(1)}, z_2^{(2)}, \ldots, z_2^{(n)}$$

in n Teile. Ferner bilden wir die Doppelsumme

$$\sum_{p=0}^{m-1} \sum_{q=0}^{n-1} f(\xi_1^{(p)}, \xi_2^{(q)})\, (z_1^{(p+1)} - z_1^{(p)})\, (z_2^{(q+1)} - z_2^{(q)}),$$

wobei $\xi_1^{(p)}$ ein Punkt des Bogens $z_1^{(p)} z_1^{(p+1)}$ von l_1 und $\xi_2^{(q)}$ ein solcher des Bogens $z_2^{(q)} z_2^{(q+1)}$ von l_2 ist. Der Grenzwert der angegebenen Summe führt, da $f(z_1, z_2)$ stetig ist, gerade auf das Integral I_1 oder I_2.

Es seien l_1 und l_2 zwei einfache geschlossene Wege, die die Gebiete B_1 bzw. B_2 begrenzen. Weiterhin nehmen wir an, daß die Funktion $f(z_1, z_2)$ in den abgeschlossenen Bereichen B_1 und B_2 regulär ist, d. h., sie sei in Gebieten regulär, die B_1 und B_2 einschließlich ihrer Ränder im Innern enthalten. Wir untersuchen das Doppelintegral

$$I = \int_{l_1} dz_1' \int_{l_2} \frac{f(z_1', z_2')}{(z_1' - z_1)\,(z_2' - z_2)}\, dz_2'$$

oder

$$I = \int_{l_2} dz_2' \int_{l_1} \frac{f(z_1', z_2')}{(z_1' - z_1)\,(z_2' - z_2)}\, dz_1',$$

wobei z_1 und z_2 feste Punkte aus B_1 bzw. B_2 sind.

Bei der ersten Integration über die Berandung l_2 ist z_1' ein Parameter und bedeutet einen festen Punkt auf l_1, während $f(z_1', z_2')$ eine im abgeschlossenen Bereich B_2 reguläre Funktion der komplexen Veränderlichen z_2' allein ist. Die Anwendung der CAUCHYschen Formel ergibt

$$I = 2\pi i \int_{l_1} \frac{f(z_1', z_2)}{z_1' - z_1} dz_1'.$$

Hier ist $f(z_1', z_2)$ eine reguläre Funktion von z_1' im abgeschlossenen Bereich B_1. Wendet man die CAUCHYsche Formel abermals an, so bekommt man

$$I = -4\pi^2 f(z_1, z_2);$$

damit erhalten wir schließlich den der *CAUCHYschen Formel entsprechenden Ausdruck*

$$f(z_1, z_2) = -\frac{1}{4\pi^2} \int_{l_1} dz_1' \int_{l_2} \frac{f(z_1', z_2')}{(z_1' - z_1)(z_2' - z_2)} dz_2'. \tag{2}$$

Die Veränderlichen z_1 und z_2 treten unter dem Integralzeichen als Parameter auf. Differenzieren wir nach diesen Parametern, so können wir uns davon überzeugen, daß die Funktion $f(z_1, z_2)$ im Innern von B_1 bzw. B_2 Ableitungen beliebiger Ordnung besitzt. Für diese Ableitungen erhalten wir Ausdrücke in Gestalt von Doppelintegralen:

$$\frac{\partial^{p+q} f(z_1, z_2)}{\partial z_1^p \, \partial z_2^q} = -\frac{p!\,q!}{4\pi^2} \int_{l_1} dz_1' \int_{l_2} \frac{f(z_1', z_2')}{(z_1' - z_1)^{p+1} (z_2' - z_2)^{q+1}} dz_2'. \tag{3}$$

Aus der CAUCHYschen Integralformel folgt ebenso wie bei Funktionen einer komplexen Veränderlichen das Prinzip vom Maximum. Die Funktion $f(z_1, z_2)$ sei in den abgeschlossenen Bereichen B_1 und B_2 regulär; ferner sei $|f(z_1', z_2')| \leqslant M$, sofern z_1' auf l_1 und z_2' auf l_2 liegt. Dann ist $|f(z_1, z_2)| \leqslant M$, wenn z_1 aus dem abgeschlossenen Bereich B_1 und z_2 aus dem abgeschlossenen Bereich B_2 stammt.

Ebenso wie für Funktionen einer komplexen Veränderlichen beweist man den Satz von WEIERSTRASS: Sind die Glieder der Reihe

$$\sum_{k=1}^{\infty} \varphi_k(z_1, z_2)$$

in den abgeschlossenen Bereichen B_1 und B_2 reguläre Funktionen und konvergiert die Reihe dort gleichmäßig, so ist die Summe der Reihe eine in diesen Bereichen reguläre Funktion, und die Reihe darf gliedweise beliebig oft nach z_1 und z_2 differenziert werden, solange z_1 im Innern von B_1 und z_2 im Innern von B_2 liegt. Dabei bleibt die Reihe in beliebigen, innerhalb B_1 und B_2 liegenden abgeschlossenen Bereichen B_1' und B_2' gleichmäßig konvergent. Wir werden im folgenden ausschließlich Potenzreihen betrachten.

83. Potenzreihen. Potenzreihen in zwei unabhängigen Veränderlichen z_1 und z_2, entwickelt um die Mittelpunkte b_1 und b_2, haben die Gestalt

$$\sum_{p=0}^{\infty} \sum_{q=0}^{\infty} a_{pq} (z_1 - b_1)^p (z_2 - b_2)^q. \tag{4}$$

Dabei durchlaufen die Summationsbuchstaben unabhängig voneinander alle nichtnegativen ganzen Zahlen. Die Reihe (4) ist eine Doppelreihe.

Derartige Reihen haben wir früher [I, 142] schon betrachtet; aber die Glieder der Reihe waren damals reelle Zahlen. Wir nehmen an, daß die aus den absoluten Beträgen der Glieder gebildete Reihe

$$\sum_{p=0}^{\infty} \sum_{q=0}^{\infty} |a_{pq}| \, |z_1 - b_1|^p \, |z_2 - b_2|^q \tag{5}$$

konvergiert.

Dann sind, wie wir in [11] gesehen haben, die Reihen, die aus den Real- bzw. Imaginärteilen der Glieder der Reihe (4) gebildet sind, absolut konvergent. Die Summe dieser zwei Reihen mit reellen Gliedern hängt nicht von der Reihenfolge der Summation ab. Folglich ist, wenn die Reihe (5) konvergiert, auch die Reihe (4) konvergent, und ihre Summe ist bei beliebiger Summationsreihenfolge eindeutig bestimmt. Im folgenden werden wir nur Reihen betrachten, bei denen dieser Sachverhalt vorliegt.

Man kann hierfür ebenso wie in [13] einen Satz aufstellen, der dem Abelschen Satz entspricht. Wir nehmen an, daß die Reihe (4) für $z_1 = \alpha_1$ und $z_2 = \alpha_2$ absolut konvergiert. Daraus folgt unmittelbar, daß die Glieder dieser Reihe für die angegebenen Werte der unabhängigen Veränderlichen dem Betrage nach beschränkt bleiben. Es existiert also eine solche Zahl M, daß für beliebige Indizes p und q die Ungleichungen

$$|a_{pq}| \, |\alpha_1 - b_1|^p \, |\alpha_2 - b_2|^q < M$$

oder

$$|a_{pq}| < \frac{M}{|\alpha_1 - b_1|^p \, |\alpha_2 - b_2|^q} \tag{6}$$

gelten.

Wir betrachten jetzt zwei Kreise K_1 und K_2 in den Ebenen der Veränderlichen z_1 bzw. z_2:

$$|z_1 - b_1| < |\alpha_1 - b_1|; \quad |z_2 - b_2| < |\alpha_2 - b_2|. \tag{7}$$

Der erste enthält die Punkte z_1, die näher bei b_1 liegen als α_1, und der zweite die Punkte z_2, die von b_2 weniger weit entfernt sind als α_2.

Wir wählen einen Punkt z_1 aus dem Kreis K_1 und einen Punkt z_2 aus K_2. Es gilt also

$$|z_1 - b_1| = q_1 \, |\alpha_1 - b_1| \quad \text{und} \quad |z_2 - b_2| = q_2 \, |\alpha_2 - b_2|$$

mit $0 < q_\nu < 1$ $(\nu = 1, 2)$. Dann erhalten wir unter Benutzung von (6) für die absoluten Beträge der Glieder der Reihe (4) die Abschätzung

$$|a_{pq}| \, |z_1 - b_1|^p \, |z_2 - b_2|^q < M q_1^p q_2^q. \tag{8}$$

Nun sieht man leicht, daß die Doppelreihe

$$\sum_{p=0}^{\infty} \sum_{q=0}^{\infty} M q_1^p q_2^q$$

(mit positiven Gliedern) konvergent ist; denn man erhält diese Reihe, indem man die beiden Reihen

$$M\,(1 + q_1 + q_1^2 + \cdots) \quad \text{und} \quad (1 + q_2 + q_2^2 + \cdots)$$

(mit positiven Gliedern) [I, 138] miteinander multipliziert, und ihre Summe ist offensichtlich gleich

$$\frac{M}{(1-q_1)(1-q_2)}.$$

Also ist die Reihe (5) in diesem Falle konvergent, und die Reihe (4) konvergiert absolut. Aus der Abschätzung (8) folgt gleichfalls, daß die Reihe (4) in den Kreisen K_1' und K_2', die die Mittelpunkte b_1 bzw. b_2 und die Radien ϱ_1 bzw. ϱ_2 haben, welche kleiner als die Radien von K_1 und K_2 sind, gleichmäßig konvergent ist. Beim Beweis haben wir im Grunde nicht die absolute Konvergenz der Reihe (4) für $z_1 = \alpha_1$ und $z_2 = \alpha_2$ benutzt, sondern die Ungleichung

$$|a_{pq}(\alpha_1 - b_1)^p (\alpha_2 - b_2)^q| \leqslant M,$$

also die Tatsache, daß die Reihenglieder für die angegebenen Werte beschränkt sind.

Wir gelangen somit zu folgender Aussage: *Sind alle Glieder der Reihe* (4) *für* $z_1 = \alpha_1$ *und* $z_2 = \alpha_2$ *dem Betrage nach kleiner als ein und dieselbe Zahl, so ist die Reihe* (4) *innerhalb der Kreise* (7) *absolut konvergent und in den Kreisen*

$$|z_1 - b_1| \leqslant (1-\varepsilon)\,|\alpha_1 - b_1|, \quad |z_2 - b_2| \leqslant (1-\varepsilon)\,|\alpha_2 - b_2|$$

gleichmäßig konvergent, wobei ε *eine beliebig kleine, aber feste positive Zahl ist.*

Wir machen noch auf folgendes aufmerksam: Konvergiert die Reihe (4) für $z_1 = \alpha_1$ und $z_2 = \alpha_2$ (nicht notwendig absolut) bei irgendeiner Summationsreihenfolge, so streben ihre Glieder mit wachsendem Index gegen Null. Folglich sind sie dem Betrage nach durch ein und dieselbe Zahl beschränkt, und innerhalb der Kreise (7) ist die Reihe absolut konvergent.

Nach dem oben Gesagten kann man ebenso wie in [13] den Begriff der Konvergenzradien der Reihe (4) einführen.

Das sind zwei positive Zahlen R_1 und R_2, die so beschaffen sind, daß die Reihe (4) für $|z_1 - b_1| < R_1$ und $|z_2 - b_2| < R_2$ absolut konvergiert und für $|z_1 - b_1| > R_1$ und $|z_2 - b_2| > R_2$ divergiert. Es ist also hierbei der Bereich, in dem die Reihe (4) absolut konvergiert, gleichzeitig durch zwei Konvergenzradien R_1 und R_2 definiert. Dabei können diese Radien im allgemeinen nicht jeder für sich definiert werden, da der Wert eines dieser Radien vom Wert des anderen abhängt. Verkleinert man R_1, so kann es vorkommen, daß sich dabei R_2 vergrößert. Mit anderen Worten: Man kann nur von den *gemeinsamen Konvergenzradien* R_1 und R_2 oder, was dasselbe ist, von *gemeinsamen Konvergenzkreisen* sprechen. Als Beispiel betrachten wir die Potenzreihe

$$\sum_{p=0}^{\infty} \sum_{q=0}^{\infty} \frac{(p+q)!}{p!\,q!} z_1^p z_2^q. \tag{9}$$

Die Reihe, die (5) entspricht, lautet

$$\sum_{p=0}^{\infty} \sum_{q=0}^{\infty} \frac{(p+q)!}{p!\,q!} |z_1|^p\,|z_2|^q. \tag{10}$$

Wir fassen alle die Glieder dieser Reihe, in denen die Summe $p+q$ gleich einer gegebenen Zahl s ist, zusammen. Nach dem binomischen Satz ist die Summe dieser Glieder gleich

$$(|z_1| + |z_2|)^s,$$

so daß wir die Reihe (10) folgendermaßen schreiben können:

$$\sum_{s=0}^{\infty} (|z_1| + |z_2|)^s.$$

Daraus folgt unmittelbar, daß sie dann und nur dann konvergiert, wenn $|z_1| + |z_2| < 1$ ist. Somit werden die gemeinsamen Konvergenzradien R_1 und R_2 der Reihe (9) durch die Gleichung $R_1 + R_2 = 1$ definiert. Wählt man zum Beispiel $R_1 = \theta$ mit $0 < \theta < 1$, so wird $R_2 = 1 - \theta$.

Als weiteres Beispiel betrachten wir die Reihe

$$\sum_{p=0}^{\infty} \sum_{q=0}^{\infty} z_1^p z_2^q.$$

Hier sind, wie man leicht sieht, die Ungleichungen $|z_1| < 1$ und $|z_2| < 1$ notwendige und hinreichende Bedingungen für die absolute Konvergenz dieser Reihe. Es ist also $R_1 = 1$ und $R_2 = 1$, d. h., die Konvergenzradien sind einzeln bestimmbar.

Wir kehren nun zur Reihe (4) zurück. Wegen der gleichmäßigen Konvergenz und des WEIERSTRASSschen Satzes stellt die Summe der Reihe (4) innerhalb der gemeinsamen Konvergenzkreise eine reguläre Funktion $f(z_1, z_2)$ zweier Veränderlicher dar. Ebenso wie in [13] darf man die Reihe (4) nach beiden Veränderlichen innnerhalb der angegebenen Kreise beliebig oft differenzieren. Das ändert die Konvergenzradien nicht.

Bildet man $\dfrac{\partial^{p+q} f(z_1,z_2)}{\partial z_1^p \, \partial z_2^q}$ und setzt dann $z_1 = b_1$ und $z_2 = b_2$, so erhält man wie in [14] für die Koeffizienten der Reihe die Ausdrücke

$$a_{pq} = \frac{1}{p!\,q!} \left. \frac{\partial^{p+q} f(z_1,z_2)}{\partial z_1^p \, \partial z_2^q} \right|_{z_1=b_1;\ z_2=b_2}. \tag{11}$$

Die Reihe (4) ist also die TAYLORsche Reihe für die Funktion $f(z_1, z_2)$.

Sind R_1 und R_2 die gemeinsamen Konvergenzradien der Reihe (4), so konvergiert diese Reihe für $|z_1 - b_1| \leqslant R_1 - \varepsilon$ und $|z_2 - b_2| \leqslant R_2 - \varepsilon$ absolut und gleichmäßig. Dabei ist ε eine beliebig kleine feste positive Zahl. Dann erhalten wir gemäß (3) und (11) für die Koeffizienten der Reihe die Abschätzung

$$|a_{pq}| < \frac{M}{(R_1 - \varepsilon)^p \, (R_2 - \varepsilon)^q}, \tag{12}$$

wobei M eine positive Konstante ist, deren Wert offensichtlich von der Wahl von ε abhängt.

In der Reihe (4) ersetzen wir die Koeffizienten a_{pq} durch positive Zahlen, die größer sind als die Beträge $|a_{pq}|$. Dann erhalten wir die Potenzreihe

$$\sum_{p=0}^{\infty} \sum_{q=0}^{\infty} \frac{M}{R_1'^p R_2'^q} (z_1 - b_1)^p (z_2 - b_2)^q \qquad (R_1' = R_1 - \varepsilon;\ R_2' = R_2 - \varepsilon), \tag{13}$$

die man üblicherweise als *Oberreihe* oder *Majorante der Reihe* (4) bezeichnet. Die Reihe (13) hat, wie man leicht sieht, die Summe

$$\frac{M}{\left(1 - \frac{z_1 - b_1}{R_1'}\right)\left(1 - \frac{z_2 - b_2}{R_2'}\right)}; \tag{14}$$

diese heißt *Majorantenfunktion für die Reihe* (4). Ihre Entwicklung in eine Reihe nach Potenzen von $z_1 - b_1$ und $z_2 - b_2$ hat positive Koeffizienten, die größer als die absoluten Beträge der Koeffizienten a_{pq} sind.

Man kann leicht auch die anderen Resultate aus [14] auf Funktionen zweier Veränderlicher verallgemeinern. Es sei $f(z_1, z_2)$ eine in den Kreisen $|z_1 - b_1| \leqslant R_1$ und $|z_2 - b_2| \leqslant R_2$ mit den Mittelpunkten b_1 und b_2 reguläre Funktion. Ferner seien l_1 und l_2 die Peripherien dieser Kreise. Setzt man die Regularität in den abgeschlossenen Kreisen voraus und fixiert zwei beliebige Punkte z_1 und z_2 im Innern dieser Kreise, so gilt die CAUCHYsche Formel

$$f(z_1, z_2) = -\frac{1}{4\pi^2}\int\limits_{l_1} dz_1' \int\limits_{l_2} \frac{f(z_1', z_2')}{(z_1' - z_1)\,(z_2' - z_2)}\, dz_2'. \tag{15}$$

Wir betrachten die rationale Funktion

$$\frac{1}{(z_1' - z_1)\,(z_2' - z_2)}.$$

Wie in [14] können wir sie nach Potenzen der Differenzen $z_1 - b_1$ und $z_2 - b_2$ in eine Reihe entwickeln:

$$\frac{1}{(z_1' - z_1)\,(z_2' - z_2)} = \sum_{p=0}^{\infty} \sum_{q=0}^{\infty} \frac{(z_1 - b_1)^p\,(z_2 - b_2)^q}{(z_1' - b_1)^{p+1}\,(z_2' - b_2)^{q+1}}.$$

Diese Reihe ist bezüglich z_1' und z_2' gleichmäßig konvergent, wenn beide Punkte auf den Peripherien l_1 und l_2 liegen. Setzt man diesen Ausdruck in die Formel (15) ein und integriert gliedweise, so erhält man eine Darstellung der Funktion $f(z_1, z_2)$ im Innern der erwähnten Kreise als Potenzreihe:

$$f(z_1, z_2) = \sum_{p=0}^{\infty} \sum_{q=0}^{\infty} a_{pq}\,(z_1 - b_1)^p\,(z_2 - b_2)^q. \tag{16}$$

Die Koeffizienten dieser Reihe sind durch die Formeln

$$a_{pq} = -\frac{1}{4\pi^2}\int\limits_{l_1} dz_1' \int\limits_{l_2} \frac{f(z_1', z_2')}{(z_1' - b_1)^{p+1}\,(z_2' - b_2)^{q+1}}\, dz_2' = \frac{1}{p!\,q!}\,\frac{\partial^{p+q} f(z_1, z_2)}{\partial z_1^p\,\partial z_2^q}\bigg|_{z_1 = b_1;\; z_2 = b_2} \tag{17}$$

definiert.

Auf diese Weise ist *jede im Innern zweier Kreise reguläre Funktion* $f(z_1, z_2)$ *in diesen Kreisen in eine Potenzreihe entwickelbar*. Man sieht wie in [14] leicht, daß diese Entwicklung *eindeutig* ist, da ihre Koeffizienten durch die Formel (11) eindeutig definiert sind.

In der Reihe (4) können wir die Glieder, bei denen die Summe der Exponenten der Differenzen $z_1 - b_1$ und $z_2 - b_2$ gleich einer Zahl s ist, zusammenfassen, d. h., die Reihe (4) in der Gestalt

$$\sum_{s=0}^{\infty} \sum_{p+q=s} a_{pq}\,(z_1 - b_1)^p\,(z_2 - b_2)^q \tag{18}$$

schreiben. Es ist also die innere Summe über diejenigen Werte p und q zu erstrecken, deren Summe gleich s ist. Die Formel (18) liefert uns innerhalb der Konvergenzkreise eine Darstellung der Funktion $f(z_1, z_2)$ als Summe homogener Polynome in $z_1 - b_1$ und $z_2 - b_2$. Wir nehmen jetzt umgekehrt an daß die nach homogenen Polynomen fortschreitende Reihe (18) in bestimmten Kreisen $|z_1 - b_1| \leqslant R_1$ und

$|z_2 - b_2| \leqslant R_2$ gleichmäßig konvergent ist. Nach dem Weierstrassschen Doppelreihensatz ist die Summe dieser Reihe eine in diesen Kreisen reguläre Funktion $f(z_1, z_2)$. Wir können hier die Reihe (18) nach beiden Veränderlichen wieder beliebig oft differenzieren. Führt man diese Differentiation aus und setzt dann $z_1 = b_1$ und $z_2 = b_2$, so erhält man für die Koeffizienten die Formel (11); das sind also die Koeffizienten der Taylor-Reihe für die Funktion $f(z_1, z_2)$. Wir können die nach homogenen Polynomen fortschreitende Reihe (18) als eine Doppelreihe (4) schreiben, wobei diese Reihe im Innern der genannten Kreise absolut und gleichmäßig konvergiert. Somit können wir behaupten, daß aus der gleichmäßigen Konvergenz einer nach homogenen Polynomen fortschreitenden Reihe im Innern bestimmter Kreise folgt, daß diese Reihe in Gestalt einer Doppelreihe geschrieben werden kann, die eine gewöhnliche Potenzreihe ist und in den erwähnten Kreisen absolut konvergiert.

Trennt man bei $z_1 = x_1 + iy_1$ und $z_2 = x_2 + iy_2$ Real- und Imaginärteil, so kann im vierdimensionalen Raum mit den Koordinaten x_1, y_1, x_2, y_2 das Gebiet, in dem die nach homogenen Polynomen fortschreitende Reihe (18) gleichmäßig konvergiert, größer sein als das der Reihe (4).

Bei dem Beispiel (9) hat die Reihe (18) die Gestalt

$$\sum_{s=0}^{\infty} (z_1 + z_2)^s,$$

und das Gebiet, in dem sie gleichmäßig konvergiert, ist durch die Ungleichung

$$|z_1 + z_2| < 1,$$

d. h.

$$(x_1 + x_2)^2 + (y_1 + y_2)^2 < 1 \tag{19}$$

definiert. Für die Reihe (9) selbst muß $R_1 + R_2 = 1$ gelten, und ihr Konvergenzgebiet ist durch folgende Ungleichung bestimmt:

$$|z_1| + |z_2| < 1,$$

also

$$\sqrt{x_1^2 + y_1^2} + \sqrt{x_2^2 + y_2^2} < 1$$

oder

$$x_1^2 + y_1^2 + x_2^2 + y_2^2 + 2\sqrt{x_1^2 + y_1^2}\sqrt{x_2^2 + y_2^2} < 1. \tag{20}$$

Die Ungleichung (19) definiert ein umfassenderes Gebiet als (20), d. h., wenn Zahlen x_k und y_k die Ungleichung (20) erfüllen, so erfüllen sie auch (19), aber nicht umgekehrt. In der Tat folgt aus

$$(x_1 x_2 + y_1 y_2)^2 \leqslant (x_1^2 + y_1^2)(x_2^2 + y_2^2)$$

unmittelbar, daß die linke Seite der Ungleichung (19) höchstens gleich der linken Seite von (20) ist.

Alle vorigen Überlegungen sind auch auf Potenzreihen von n Veränderlichen übertragbar. Dabei erhalten wir als Gebiet, in dem die Potenzreihe absolut und gleichmäßig konvergiert, die Gesamtheit von n Kreisen.

84. Analytische Fortsetzung. Eine Funktion zweier Veränderlicher $f(z_1, z_2)$, die innerhalb der Konvergenzkreise durch eine Potenzreihe der Gestalt (4) definiert ist, kann auch in einem größeren Gebiet regulär sein. Wie bei einer Funktion einer komplexen Veränderlichen erhebt sich die Frage nach der analytischen Fortsetzung der Funktion. Hier gilt, wie auch bei einer komplexen Veränderlichen [**18**], der Hauptsatz, nach dem zwei innerhalb bestimmter Gebiete reguläre Funktionen dort identisch sind, wenn in zwei beliebigen Punkten $z_1 = b_1$ und $z_2 = b_2$ aus diesen Gebieten die Werte der genannten Funktionen und die aller ihrer Ableitungen übereinstimmen.

Wir wollen jetzt eine durch eine Potenzreihe definierte Funktion $f(z_1, z_2)$ untersuchen. Es seien $z_1 = c_1$ und $z_2 = c_2$ zwei Punkte, die innerhalb der Konvergenzkreise liegen. Benutzt man die Reihe (4), so kann man die Werte der Ableitungen

$$\left.\frac{\partial^{p+q} f(z_1, z_2)}{\partial z_1^p \, \partial z_2^q}\right|_{z_1=c_1;\quad z_2=c_2}$$

bestimmen und die TAYLORsche Reihe der Funktion $f(z_1, z_2)$ bilden, die nach ganzen Potenzen der Differenzen $z_1 - c_1$ und $z_2 - c_2$ fortschreitet,

$$\sum_{p=0}^{\infty} \sum_{q=0}^{\infty} a'_{pq} (z_1 - c_1)^p (z_2 - c_2)^q . \tag{21}$$

Man prüft leicht nach, daß diese Umordnung der Potenzreihe gleichbedeutend damit ist, daß wir in der Reihe (4)

$$(z_1 - b_1)^p = [(z_1 - c_1) + (c_1 - b_1)]^p ,$$
$$(z_2 - b_2)^q = [(z_2 - c_2) + (c_2 - b_2)]^q$$

setzen, die Klammern nach dem binomischen Satz entwickeln und dann die Glieder mit gleichen Potenzen von $z_1 - c_1$ und $z_2 - c_2$ zusammenfassen. Die Reihe (21) konvergiert sicher mit der Summe $f(z_1, z_2)$ in Kreisen um c_1 und c_2, die innerhalb der Konvergenzkreise der Reihe (4) liegen. Es kann aber vorkommen, daß diese neuen Konvergenzkreise aus den alten herausragen. Dann erhalten wir Werte von $f(z_1, z_2)$ in einem größeren Gebiet, wir dehnen also das Existenzgebiet unserer regulären Funktion aus. Wendet man den obigen Prozeß der *analytischen Fortsetzung mit Hilfe der Konvergenzkreise* mehrmals an, so kann man in vielen Fällen das Existenzgebiet der regulären Funktion ausdehnen. Die Gesamtheit der dabei erhaltenen Werte liefert eine analytische Funktion, die aus ihrem durch die Reihe (4) definierten Funktionselement erhalten wurde. Wir wollen hier nicht ausführlicher auf die Untersuchung der analytischen Fortsetzung bezüglich singulärer Punkte eingehen. Alles Angeführte gilt auch für Funktionen einer beliebigen endlichen Anzahl unabhängiger Veränderlicher. Man muß dabei nur beachten, daß die Vorgabe von Wegen L_1 und L_2, längs deren sich z_1 und z_2 bei der analytischen Fortsetzung von $f(z_1, z_2)$ bewegen, das Resultat dieser Fortsetzung noch nicht bestimmt. Es ist notwendig, genau zu wissen, wie sich z_1 und z_2 längs L_1 und L_2 in Abhängigkeit voneinander ändern. Wir beschränken uns bei der Untersuchung der Theorie von Funktionen mehrerer komplexer Veränderlicher auf diese Angaben. Im Augenblick entwickelt sich dieser Teil der Funktionentheorie sehr stark. Eine ausführliche Darlegung der wichtigsten Tatsachen kann man im „Cours d'analyse mathématique" von GOURSAT finden. Ferner weisen wir noch auf das Buch von Б. А. Фукс „Теория аналитических функций многих комплексных переменных" (B. A. FUCHS „Theorie der analytischen Funktionen mehrerer komplexer Veränderlicher", 1948) hin, in dem sich zahlreiche Literaturangaben finden. (Deutsche Literatur siehe Verzeichnis; d. Red.)

85. Funktionen von Matrizen. Einführende Begriffe. Wir wollen jetzt den Fall untersuchen, daß das Argument einer Funktion aus einer oder mehreren Matrizen besteht, wobei wir mit einer einzigen Matrix beginnen. Früher [III_1, **44**] haben wir bereits Polynome und rationale Funktionen einer Matrix betrachtet. Bevor wir kompliziertere Funktionen untersuchen, führen wir einige wichtige Begriffe ein. Im folgenden wird mit n der Grad einer Matrix bezeichnet. Es sei eine unendliche Folge von Matrizen

$$X_1, X_2, \ldots$$

vorgegeben. Wir sagen, daß diese Folge die Matrix X zum Grenzwert hat, wenn für alle Werte der Indizes i und k

$$\lim_{m\to\infty} \{X_m\}_{ik} = \{X\}_{ik} \tag{22}$$

gilt. Die Elemente der Matrix X_m haben also die entsprechenden Elemente der Matrix X zu Grenzwerten. Dabei setzen wir immer voraus, daß alle untersuchten Matrizen ein und denselben Grad haben.

Wir führen nun noch einige neue Bezeichnungen ein, die wir später brauchen werden. Mit dem Symbol $((a))$ wollen wir die Matrix bezeichnen, deren sämtliche Elemente gleich der Zahl a sind, und mit $|X|$ diejenige Matrix, deren Elemente gleich den absoluten Beträgen der Elemente der Matrix X sind, also

$$\{|X|\}_{ik} = |\{X\}_{ik}|. \tag{23}$$

Hat eine Matrix Y nur positive Elemente, die sämtlich größer als die entsprechenden der Matrix $|X|$ sind, so beschreiben wir diesen Sachverhalt durch die Ungleichung

$$|X| < Y.$$

Sie ist gleichbedeutend mit dem System der n^2 Ungleichungen

$$|\{X\}_{ik}| < \{Y\}_{ik} \qquad (i, k = 1, 2, \ldots, n).$$

Wir untersuchen eine unendliche Reihe, deren Glieder Matrizen sind:

$$Z_1 + Z_2 + \cdots.$$

Sie heißt konvergent, wenn die Summe ihrer ersten n Summanden (Matrizen) gegen eine bestimmte Grenzmatrix Z strebt. Dann heißt die Matrix Z Summe der Reihe, also

$$Z = Z_1 + Z_2 + \cdots. \tag{24}$$

Diese Gleichung ist offensichtlich mit den n^2 Gleichungen

$$\{Z\}_{ik} = \{Z_1\}_{ik} + \{Z_2\}_{ik} + \cdots \qquad (i, k = 1, 2, \ldots, n) \tag{25}$$

gleichbedeutend.

Als Umgebung einer Matrix A bezeichnen wir alle Matrizen X, die der Bedingung

$$|X - A| < ((\varrho)) \tag{26}$$

genügen, wobei ϱ eine vorgegebene positive Zahl ist. Die Ungleichung (26) ist äquivalent den folgenden n^2 Ungleichungen:

$$|\{X - A\}_{ik}| < \varrho.$$

Die wichtigste Rolle bei der Definition von Funktionen von Matrizen spielen für uns im folgenden Potenzreihen dieser Matrizen. Wir wenden uns daher nun der Untersuchung derartiger Reihen zu.

86. Potenzreihen einer Matrix. Eine Potenzreihe einer Matrix hat die Gestalt

$$a_0 + a_1 (X - \alpha) + a_2 (X - \alpha)^2 + \cdots, \tag{27}$$

wobei die a_k und α gegebene Zahlen sind. Hier und im folgenden bezeichnet jede Zahl a eine Diagonalmatrix, deren Diagonalelemente sämtlich gleich a sind [III$_1$, 25]. Zur Vereinfachung der Schreibweise setzen wir $\alpha = 0$ voraus. An Stelle der Reihe (27) erhalten wir dann

$$a_0 + a_1 X + a_2 X^2 + \cdots. \tag{28}$$

Nach der Multiplikationsregel für Matrizen gilt

$$\{X^2\}_{ik} = \sum_{s=1}^{n} \{X\}_{is} \{X\}_{sk}$$

und allgemein

$$\{X^m\}_{ik} = \sum_{j_1, j_2, \cdots, j_{m-1}} \{X\}_{ij_1} \{X\}_{j_1 j_2} \cdots \{X\}_{j_{m-2} j_{m-1}} \{X\}_{j_{m-1} k};$$

dabei ist die Summation unabhängig voneinander über alle Indizes j von 1 bis n zu erstrecken. Somit sind die Elemente der Matrix, die die Summe der Reihe (28) darstellt, durch die Reihen

$$a_0 \delta_{ik} + \sum_{m=1}^{\infty} a_m \sum_{j_1, j_2, \cdots, j_{m-1}} \{X\}_{ij_1} \{X\}_{j_1 j_2} \cdots \{X\}_{j_{m-1} k} \tag{29}$$

ausdrückbar, wobei mit δ_{ik} [1]) die durch die Formel

$$\delta_{ik} = \begin{cases} 0 & \text{für} \quad i \neq k \\ 1 & \text{für} \quad i = k \end{cases} \tag{30}$$

definierte Zahl bezeichnet ist.

Dies folgt unmittelbar daraus, daß das freie Glied der Reihe (28) die Zahl a_0 ist, also eine Diagonalmatrix, deren sämtliche Diagonalelemente gleich a_0 sind. Die Formel (29) zeigt uns, daß die Reihe (28) mit n^2 gewöhnlichen Potenzreihen von spezieller Gestalt in den n^2 Veränderlichen $\{X\}_{ik}$ gleichbedeutend ist. Wir weisen darauf hin, daß in (29) der Summand für $m = 1$ die Gestalt $a_1 \{X\}_{ik}$ hat und die innere Summe verschwindet.

Wir wollen uns jetzt mit der Frage der Konvergenz der Reihe (28) beschäftigen. Zunächst befassen wir uns mit der absoluten Konvergenz. Neben der Reihe (28) untersuchen wir also gleichzeitig die Reihe

$$|a_0| + |a_1| |X| + |a_2| |X|^2 + \cdots \tag{31}$$

oder die ihr entsprechenden n^2 Reihen

$$|a_0| \delta_{ik} + \sum_{m=1}^{\infty} |a_m| \sum_{j_1, j_2, \cdots, j_{m-1}} \{|X|\}_{ij_1} \{|X|\}_{j_1 j_2} \cdots \{|X|\}_{j_{m-1} k}. \tag{32}$$

---

[1]) In der deutschen Literatur bekannt als KRONECKER-Symbol (Anm. d. wiss. Red.).

Konvergieren diese, so konvergieren die Reihen (29) erst recht. Die Konvergenz der Reihe (31) gewährleistet auch die der Reihe (28); die Reihe (28) heißt dann absolut konvergent. Laut Definition der Matrix $|X|$ gilt

$$\{|X|\}_{ik} = |\{X\}_{ik}|.$$

Den Ausdruck (32) erhält man also aus (29), wenn man alle Zahlen durch ihre absoluten Beträge ersetzt.

Wir geben jetzt eine hinreichende Bedingung für die absolute Konvergenz der Reihe (28) an. Dazu bilden wir die gewöhnliche Potenzreihe einer komplexen Veränderlichen:

$$a_0 + a_1 z + a_2 z^2 + \cdots. \tag{33}$$

Der Konvergenzradius dieser Reihe sei gleich $n\varrho$, wobei n der Grad unserer Matrix und ϱ eine positive Zahl ist. Bekanntlich gilt dann für die Koeffizienten der Reihe (33) die Abschätzung [14]

$$|a_m| \leqslant \frac{M}{(n\varrho - \varepsilon)^m}, \tag{34}$$

in der ε eine beliebig kleine feste positive und M eine positive Zahl ist, die von der Wahl von ε abhängt. Wir nehmen jetzt die Matrix $((b))$ (b ist eine bestimmte Zahl) und definieren ihre ganzen positiven Potenzen:

$$\{((b))^2\}_{ik} = bb + bb + \cdots + bb = nb^2, \text{ d. h. } ((b))^2 = ((nb^2))$$

und allgemein

$$((b))^m = ((n^{m-1} b^m)). \tag{35}$$

Es möge $b = \varrho_1 > 0$ sein. Dann wählen wir eine Matrix X, die der Bedingung $|X| < ((\varrho_1))$ genügt. Damit gilt offenbar

$$|X|^m < ((\varrho_1))^m, \text{ d. h. } |X|^m < ((n^{m-1} \varrho_1{}^m)).$$

Wegen der Abschätzung (34) ist

$$|a_m|\,|X|^m < \frac{M}{n}\left(\left(\left(\frac{n\varrho_1}{n\varrho - \varepsilon}\right)^m\right)\right).$$

Ist $\varrho_1 < \varrho$, so gilt, wenn man ε hinreichend klein wählt, die Ungleichheit

$$0 < \frac{n\varrho_1}{n\varrho - \varepsilon} < 1.$$

Dann ist die Reihe (31) offensichtlich konvergent, und die Reihe (28) konvergiert absolut. Ist der Konvergenzradius der Reihe (33) gleich Unendlich, so sagt man, die Summe dieser Reihe sei eine ganze Funktion von z. Aus dem Vorhergehenden folgt, daß dann auch die Reihe (28) für beliebige Matrizen X absolut konvergent ist. Wir erhalten auf diese Weise folgenden

Satz. *Ist der Konvergenzradius der Reihe* (33) *gleich* $n\varrho$, *so konvergiert die Reihe* (28) *für alle Matrizen absolut, die in der Umgebung*

$$|X| < ((\varrho)) \tag{36}$$

der Nullmatrix liegen.

Falls die Reihe (33) *eine ganze Funktion definiert, so ist die Reihe* (28) *für alle Matrizen absolut konvergent.*

In dem eben untersuchten Fall der absoluten Konvergenz von (28) im Gebiet (36) wollen wir sagen, daß die Summe $f(X)$ dieser Reihe eine im erwähnten Gebiet reguläre Funktion ist.

Als Beispiel nehmen wir die Exponentialfunktion einer Matrix:

$$e^X = 1 + \frac{X}{1!} + \frac{X^2}{2!} + \cdots. \tag{37_1}$$

Die entsprechende Potenzreihe hat unendlichen Konvergenzradius, und folglich ist die Reihe (37_1) bei jeder Wahl der Matrix X absolut konvergent, oder, anders ausgedrückt, ihre Summe ist eine ganze Funktion dieser Matrix.

Wir wollen noch die Exponentialfunktion für eine beliebige Basis betrachten:

$$a^X = e^{X \log a} = 1 + \frac{X \log a}{1!} + \frac{X^2 \log^2 a}{2!} + \cdots, \tag{37_2}$$

in der $\log a$ ein fester Wert des Logarithmus der komplexen Zahl a ist. Die Funktion (37_2) ist ebenfalls eine ganze Funktion der Matrix X.

Wir klären jetzt noch die Eindeutigkeit der Entwicklung in eine Potenzreihe. Es seien zwei Potenzreihen

$$\sum_{m=0}^{\infty} a_m X^m \quad \text{und} \quad \sum_{m=0}^{\infty} a'_m X^m$$

vorgegeben, deren jede in der Umgebung (36) absolut konvergiert. Dabei setzen wir voraus, daß die Summen dieser Reihen dort übereinstimmen; es gilt also

$$\sum_{m=0}^{\infty} a_m X^m = \sum_{m=0}^{\infty} a'_m X^m .$$

Dann ist zu beweisen, daß die Koeffizienten a'_m mit den Koeffizienten a_m identisch sind. Dazu bemerken wir, daß die Bedingung (36) unter anderem auch von Diagonalmatrizen

$$X = z = [z, z, \ldots, z]$$

mit $|z| < \varrho$ erfüllt wird. Somit liefert uns die oben aufgestellte Bedingung

$$\sum_{m=0}^{\infty} a_m z^m = \sum_{m=0}^{\infty} a'_m z^m \qquad (|z| < \varrho).$$

Wir wissen jedoch, daß die Potenzreihenentwicklung einer Funktion einer komplexen Veränderlichen in jedem Kreis eindeutig ist; also ist $a'_m = a_m$. Es gilt daher folgender

E i n d e u t i g k e i t s s a t z. *Haben zwei Potenzreihen, die in einer bestimmten Umgebung* (36) *absolut konvergieren, dort die gleiche Summe, so stimmen die entsprechenden Koeffizienten beider Reihen überein.*

Aus der trivialen Identität

$$(SXS^{-1})^k = SX^kS^{-1}$$

ersieht man, daß für eine Funktion $f(X)$, die durch eine Potenzreihe (28) oder (27) darstellbar ist, ebenso wie in [III_1, **44**] die Gleichung

$$f(SXS^{-1}) = Sf(X)S^{-1}$$

gilt.

87. Multiplikation von Potenzreihen. Umkehrung von Potenzreihen. Es seien zwei im Gebiet (36) absolut konvergente Potenzreihen

$$f_1(X) = \sum_{m=0}^{\infty} a_m X^m \quad \text{und} \quad f_2(X) = \sum_{m=0}^{\infty} b_m X^m$$

gegeben. Durch Multiplikation ihrer Summen bilden wir die neue Matrix

$$Y = f_2(X) \cdot f_1(X).$$

Ihre Elemente sind durch

$$\{Y\}_{ik} = \sum_{s=1}^{n} \{f_2(X)\}_{is} \{f_1(X)\}_{sk} \tag{38}$$

mit

$$\{f_1(X)\}_{sk} = a_0 \delta_{sk} + \sum_{m=1}^{\infty} a_m \sum_{j_1, \ldots, j_{m-1}} \{X\}_{sj_1} \{X\}_{j_1 j_2} \cdots \{X\}_{j_{m-1} k};$$

$$\{f_2(X)\}_{is} = b_0 \delta_{is} + \sum_{m=1}^{\infty} b_m \sum_{j_1, \ldots, j_{m-1}} \{X\}_{ij_1} \{X\}_{j_1 j_2} \cdots \{X\}_{j_{m-1} s}$$

definiert.

Wegen der absoluten Konvergenz dieser letzten Reihen können wir sie gliedweise ausmultiplizieren, so daß für die Elemente der Matrix Y gemäß (38)

$$\{Y\}_{ik} = a_0 b_0 \delta_{ik} + \sum_{m=1}^{\infty} (a_0 b_m + a_1 b_{m-1} + \cdots + a_m b_0) \sum_{j_1, \ldots, j_{m-1}} \{X\}_{ij_1} \{X\}_{j_1 j_2} \cdots \{X\}_{j_{m-1} k}$$

gilt. Die Matrix selbst kann man in der Gestalt

$$Y = a_0 b_0 \delta_{ik} + \sum_{m=1}^{\infty} (a_0 b_m + a_1 b_{m-1} + \cdots + a_m b_0) X^m$$

darstellen.

Daraus folgt, daß *absolut konvergente Potenzreihen von Matrizen wie gewöhnliche Potenzreihen von Zahlenvariablen multipliziert werden können, wobei das Produkt von der Reihenfolge der Faktoren unabhängig ist.*

Wir wollen jetzt eine Funktion konstruieren, die die Umkehrung der durch die Potenzreihe

$$Y = f(X) = a_0 + a_1 X + a_2 X^2 + \cdots \tag{39}$$

definierten Funktion $f(X)$ ist. Dabei setzen wir voraus, daß der Koeffizient a_1 in (39) von Null verschieden ist. Wir untersuchen die Potenzreihe einer gewöhnlichen komplexen Veränderlichen

$$w = a_0 + a_1 z + a_2 z^2 + \cdots. \tag{40}$$

Unter der Voraussetzung $a_1 \neq 0$ existiert – wie wir wissen – eine eindeutig bestimmte Potenzreihe

$$z = c_1 (w - a_0) + c_2 (w - a_0)^2 + \cdots, \tag{41}$$

die in einer bestimmten Umgebung $|w - a_0| < \eta\varrho$ die Umkehrfunktion von (40) darstellt. Setzen wir die Reihe (41) in die rechte Seite der Formel (40) ein,

$$w = a_0 + a_1 \sum_{k=1}^{\infty} c_k (w - a_0)^k + a_2 \left[\sum_{k=1}^{\infty} c_k (w - a_0)^k \right]^2 + \cdots,$$

bilden die Potenzen von (41) gemäß der Multiplikationsregel für Reihen und ordnen das Ergebnis nach Potenzen von $w - a_0$, so erhalten wir die Identität $w = w$. Nun ersetzen wir in allen vorhergehenden Rechnungen z durch die Matrix X und w durch die Matrix Y; dann bleiben alle vorigen Rechenoperationen mit Potenzreihen von Matrizen, die nach Potenzen der Differenz $Y - a_0$ fortschreiten, dieselben wie die Operationen mit Potenzreihen der Zahlenvariablen $w - a_0$. Folglich ist auch das Resultat das gleiche, d. h., *unter der Voraussetzung* $a_1 \neq 0$ *gestattet die in der Umgebung von* $X = 0$ *definierte Potenzreihe* (39) *eine eindeutige Umkehrung*

$$X = \sum_{k=1}^{\infty} c_k (Y - a_0)^k. \tag{42}$$

Dabei konvergiert die letzte Reihe in der durch

$$|Y - a_0| < ((\varrho)) \tag{43}$$

bestimmten Umgebung absolut.

Letztere ist offenbar durch den Konvergenzradius der Reihe (41) festgelegt.

Die obige Übereinstimmung der formalen Operationen mit Potenzreihen in $(Y - a_0)^k$ und der Operationen mit Reihen in $(w - a_0)^k$ beruht darauf, daß die erwähnte Matrixreihe außer Zahlen nur die Matrix $Y - a_0$ und ihre Potenzen enthält. Jede Zahl ist nämlich mit jeder Matrix vertauschbar, und die Potenzen ein und derselben Matrix sind ebenfalls vertauschbar. Wir können beispielsweise für ganzes positives k auf die Potenzen

$$(Y - a_0)^k$$

den binomischen Satz anwenden. Er ist jedoch im allgemeinen auf Potenzen

$$(U_1 + U_2)^k,$$

in denen U_1 und U_2 verschiedene Matrizen sind, bereits nicht mehr anwendbar.

Wir wenden die vorige Überlegung auf die Reihe

$$w = e^z = 1 + \frac{z}{1!} + \frac{z^2}{2!} + \cdots$$

an.

Die Umkehrung dieser Reihe, die die Funktion $\log w$ darstellt, führt bekanntlich auf die Potenzreihe

$$\log w = \log [1 + (w - 1)] = \frac{w-1}{1} - \frac{(w-1)^2}{2} + \cdots,$$

die im Kreis $|w - 1| < 1$ konvergiert.

Somit führt die Umkehrung der Exponentialfunktion

$$Y = e^X = 1 + \frac{X}{1!} + \frac{X^2}{2!} + \cdots$$

zur Definition des Logarithmus einer Matrix durch die Potenzreihe

(44) $$\log Y = \frac{Y-1}{1} - \frac{(Y-1)^2}{2} + \cdots,$$

die im Gebiet

(45) $$|Y-1| < \left(\left(\frac{1}{n}\right)\right)$$

absolut konvergiert.

Die Matrixgleichung

(46) $$e^X = Y$$

hat für vorgegebenes Y unendlich viele Lösungen X. Die Reihe (44) liefert eine davon; sie gibt nämlich diejenige Lösung an, die in der Umgebung der Einheitsmatrix eine reguläre Funktion von Y ist und für $Y = 1$ in die Nullmatrix übergeht. Die Frage nach den übrigen Lösungen der Gleichung sowohl in der Umgebung der Einheitsmatrix als auch außerhalb dieser Umgebung hängt mit der analytischen Fortsetzung der Reihe (44) zusammen oder, was dasselbe ist, mit der analytischen Fortsetzung der n^2 gewöhnlichen Potenzreihen, die der Reihe (44) äquivalent sind. Wir wollen uns später mit dieser Frage beschäftigen.

Wir können jetzt die Potenzfunktion einer Matrix definieren. Das wird mit Hilfe des Logarithmus einer Matrix in folgender Weise getan:

(47) $$X^a = e^{a \log X}.$$

Haben wir die Zahlenvariable z mit

$$z^a = e^{a \log z},$$

dann erhalten wir, wenn wir $a \log z$ in die Entwicklung der Exponentialfunktion

$$e^{a \log z} = 1 + \frac{a \log z}{1} + \frac{a^2 \log^2 z}{2!} + \cdots$$

einsetzen und

$$\log z = \log\,[1 + (z-1)] = \frac{z-1}{1} - \frac{(z-1)^2}{2} + \frac{(z-1)^3}{3} - \cdots$$

setzen, die Potenzreihe

$$z^a = [1 + (z-1)]^a = 1 + \frac{a}{1!}(z-1) + \frac{a(a-1)}{2!}(z-1)^2 + \cdots,$$

die für $|z-1| < 1$ konvergiert. Berücksichtigt man die erwähnte Analogie zwischen Potenzreihen von Zahlenvariablen und denen einer Matrix, so erhält man

(48) $$X^a = e^{a \log X} = 1 + \frac{a}{1!}(X-1) + \frac{a(a-1)}{2!}(X-1)^2 + \cdots,$$

wobei diese Entwicklung im Gebiet

(49) $$|X-1| < \left(\left(\frac{1}{n}\right)\right)$$

absolut konvergent ist.

88. Weitere Konvergenzuntersuchungen. Wie bereits erwähnt, ist die Potenzreihe (28) den n^2 Reihen (29) in den n^2 Veränderlichen $\{X\}_{ik}$ gleichwertig. Wir betrachten die innere Summe in den Reihen (29):

$$\sum_{j_1, \ldots, j_{m-1}} \{X\}_{ij_1} \{X\}_{j_1 j_2} \cdots \{X\}_{j_{m-1} k}. \tag{50}$$

Durch geeignetes Zusammenfassen der Glieder dieser Reihen kann man auch die Reihen (29) als gewöhnliche Potenzreihen der n^2 Veränderlichen $\{X\}_{ik}$ darstellen. Ersetzt man in den Summen (50) alle Größen durch ihre absoluten Beträge und in (29) die Zahlen a_m durch $|a_m|$, so ist dies offenbar gleichbedeutend damit, daß man in den eben genannten Potenzreihen ebenfalls alle Größen durch ihre Beträge ersetzt. Daraus folgt: *Führt man die Reihen* (29) *auf gewöhnliche Potenzreihen in den Veränderlichen* $\{X\}_{ik}$ *zurück, so ist die absolute Konvergenz dieser Reihen gleichbedeutend mit der Konvergenz der Reihen* (32), *also gleichbedeutend mit der absoluten Konvergenz der Reihe* (28).

Man kann die Konvergenz (in der allgemeinen Bedeutung dieses Wortes) der Reihe (28) auf die Existenz des Grenzwertes der Matrizenfolge

$$a_0 + \sum_{m=1}^{l} a_m X^m \tag{51}$$

für $l \to \infty$ zurückführen. Fügt man den $m = l + 1$ entsprechenden Summanden zur Summe (51) hinzu, dann bedeutet das die Addition des in den $\{X\}_{ik}$ homogenen Polynoms

$$a_{l+1} \sum_{j_1, \ldots, j_l} \{X\}_{ij_1} \{X\}_{j_1 j_2} \cdots \{X\}_{j_l k} \tag{52}$$

vom Grade $l + 1$ zur Summe

$$a_0 \delta_{ik} + \sum_{m=1}^{l} a_m \sum_{j_1, \ldots, j_{m-1}} \{X\}_{ij_1} \{X\}_{j_1 j_2} \cdots \{X\}_{j_{m-1} k} \tag{53}$$

$$(i, k = 1, 2, \ldots, n).$$

Somit ist die Konvergenz (im eben genannten allgemeinen Sinne) der Reihe (28) gleichbedeutend mit derjenigen der n^2 Reihen (29), wobei in diesen Reihen die Summanden der Gestalt (52) zu einem Komplex zusammengefaßt sind. Wir wollen die Konvergenz der Reihe (28) zunächst in einem speziellen Gebiet untersuchen, nämlich in dem durch die Ungleichung

$$|X| < A \tag{54}$$

definierten, wobei A eine vorgegebene Matrix mit positiven Elementen ist. Die Ungleichung (54) ist gleichbedeutend mit den n^2 Ungleichungen

$$|\{X\}_{ik}| < \{A\}_{ik}, \tag{55}$$

durch welche n^2 konzentrische Kreise um den Nullpunkt für die komplexen Veränderlichen $\{X\}_{ik}$ bestimmt werden. Die Reihe (28) möge also im Gebiet (54) konvergieren. Es sei θ irgendeine positive Zahl kleiner als Eins. Nach Voraussetzung ist dann die Reihe (28) für $X = \theta A$ konvergent, also sind es die n^2 Reihen

$$a_0 \delta_{ik} + \sum_{m=1}^{\infty} \theta^m a_m \sum_{j_1, \ldots, j_{m-1}} \{A\}_{ij_1} \{A\}_{j_1 j_2} \cdots \{A\}_{j_{m-1} k}$$

ebenfalls.

Man kann letztere als Potenzreihen in θ auffassen und daher behaupten, daß sie absolut konvergieren, daß also damit auch die Reihen

$$|a_0 \delta_{ik}| + \sum_{m=1}^{\infty} \theta^m |a_m| \sum_{j_1, \ldots, j_{m-1}} \{A\}_{ij_1} \{A\}_{j_1 j_2} \cdots \{A\}_{j_{m-1} k},$$

deren sämtliche Glieder positiv sind, konvergieren. Wir sehen auf diese Weise, daß die Reihen (29) für die Matrizen θA absolut konvergent sind. Sie sind es erst recht für alle Matrizen, die der Bedingung $|X| < \theta A$ genügen. Da θ beliebig nahe bei Eins gewählt werden kann, kann man feststellen, daß die Reihen (29) für alle Matrizen absolut konvergieren, die dem Gebiet (54) angehören. Damit ist zugleich auch die Reihe (28) absolut konvergent, und wir erhalten folgenden

Satz. *Konvergiert die Reihe* (28) *in einem Gebiet der Gestalt* (54), *so konvergiert sie in diesem Gebiet auch absolut, oder, anders ausgedrückt, die n^2 Potenzreihen* (29) *sind in den konzentrischen Kreisen* (55) *absolut konvergent.*

Bisher haben wir die Konvergenz einer Potenzreihe nur in speziellen Gebieten betrachtet, die durch die Ungleichungen (54) oder (36), die ein Spezialfall von (54) ist, definiert sind. Wir wollen jetzt ganz allgemein die Konvergenz einer Potenzreihe untersuchen. Dabei setzen wir voraus, daß sich die Matrix X auf Diagonalform bringen läßt, wie das für unitäre und hermitesche Matrizen und für diejenigen Matrizen der Fall ist, deren sämtliche Eigenwerte verschieden sind. Man kann unsere Voraussetzung auch so formulieren: Wir wollen lediglich Matrizen mit einfachen Elementarteilern betrachten. Diese Matrizen können in der Gestalt

$$X = S[\lambda_1, \lambda_2, \ldots, \lambda_n] S^{-1} \tag{56}$$

dargestellt werden [III$_1$, 27], wobei S eine Matrix mit von Null verschiedener Determinante ist und die λ_i die Eigenwerte der Matrix X sind. Zur Abkürzung führen wir für die Abschnitte der Reihen die Schreibweise

$$f_l(X) = a_0 + \sum_{m=1}^{l} a_m X^m \qquad f_l(z) = a_0 + \sum_{m=1}^{l} a_m z^m$$

ein; die Summe der Reihen bezeichnen wir jedoch wie oben mit

$$f(X) \quad \text{bzw.} \quad f(z).$$

Setzt man den Ausdruck (56) in $f_l(X)$ ein, so findet man [III$_1$, 44]

$$f_l(X) = a_0 + S\left(\sum_{m=1}^{l} a_m [\lambda_1^m, \lambda_2^m, \ldots, \lambda_n^m]\right) S^{-1}$$

oder

$$f_l(X) = S[f_l(\lambda_1), f_l(\lambda_2), \ldots, f_l(\lambda_n)] S^{-1}. \tag{57}$$

Falls die Eigenwerte λ_i innerhalb des Konvergenzkreises der Reihe (33) liegen, hat die Beziehung (57) einen bestimmten Grenzwert, nämlich

$$f(X) = S\,[f(\lambda_1), f(\lambda_2), \ldots, f(\lambda_n)]\,S^{-1}, \tag{58}$$

folglich ist dann die Reihe (28) konvergent. Wir nehmen jetzt an, daß mindestens einer der Eigenwerte, beispielsweise λ_1, außerhalb des Konvergenzkreises der Reihe (33) liegt, und zeigen, daß dann (57) nicht gegen einen bestimmten Grenzwert streben kann. Wir können nämlich die Gleichung (57) in folgender Gestalt schreiben:

$$[f_l(\lambda_1), f_l(\lambda_2), \ldots, f_l(\lambda_n)] = S^{-1} f_l(X)\,S\,.$$

Strebt $f_l(X)$ einem Grenzwert zu, so muß auch die linke Seite der angegebenen Gleichung einen bestimmten Grenzwert haben, d. h. also, alle Elemente der links stehenden Diagonalmatrix müssen gegen bestimmte Grenzwerte streben. Für die Elemente von $f_1(\lambda_1)$ gilt dies aber sicherlich nicht mehr, da λ_1 außerhalb des Konvergenzkreises der Reihe (33) liegt. Wir erhalten somit folgenden

Satz. *Die Potenzreihe* (28) *konvergiert, wenn alle Eigenwerte der Matrix X innerhalb des Konvergenzkreises der Reihe* (33) *liegen, und divergiert, wenn mindestens einer dieser Werte außerhalb des erwähnten Kreises liegt.*

Wir haben diesen Satz für den Fall bewiesen, daß die Matrix X einfache Elementarteiler, also die Gestalt (56) hat. Man kann den Beweis auch auf den allgemeinen Fall übertragen, worauf wir aber nicht eingehen wollen.

Statt dessen werden wir jetzt allgemein das Problem der absoluten Konvergenz, also der Konvergenz der Reihe (31), untersuchen. Da eine Potenzreihe einer komplexen Veränderlichen innerhalb ihres Konvergenzkreises absolut konvergiert, kann man behaupten, daß der Konvergenzradius der Reihe

$$\sum_{m=0}^{\infty} |a_m|\, z^m$$

mit dem der Reihe (33) identisch ist. Wendet man jetzt den eben bewiesenen Satz auf die Reihe (31) an, so erhält man folgende Aussage über die absolute Konvergenz:

Satz. *Die Reihe* (28) *konvergiert absolut, wenn alle Eigenwerte der Matrix $|X|$ innerhalb des Konvergenzkreises der Reihe* (33) *liegen. Sie konvergiert hingegen nicht absolut, falls nur einer dieser Werte außerhalb dieses Kreises liegt.*

Aus dem am Anfang dieses Abschnittes Gesagten folgt, daß die absolute Konvergenz der Reihe (28) von selbst auch die Konvergenz dieser Reihe im allgemeinen Sinne zur Folge hat. Benutzt man diese Tatsache, so kann man leicht zeigen, daß der größte absolute Betrag der Eigenwerte der Matrix $|X|$ nicht kleiner ist als derjenige der Eigenwerte der Matrix X. Es sei nämlich ϱ_1 das Maximum der absoluten Beträge der Eigenwerte von $|X|$ und ϱ_2 das Maximum für X. Wir nehmen $\varrho_2 > \varrho_1$ an und zeigen, daß wir dadurch zu einem Widerspruch gelangen. Dazu wählen wir in der Reihe (33) die Koeffizienten a_m so, daß diese Reihe den Konvergenzradius ϱ hat, wobei ϱ die Bedingung $\varrho_2 > \varrho > \varrho_1$ erfüllt. Diese Bedingung erfüllt zum Beispiel die Potenzreihe, die man aus der Entwicklung des Bruches

$$\frac{1}{1 - \frac{z}{\varrho}}$$

gewinnt.

Nach den bewiesenen Sätzen ist dann die Reihe (31) konvergent, die Reihe (28) aber divergent. Dies widerspricht der Tatsache, daß die absolute Konvergenz auch die gewöhnliche Konvergenz nach sich zieht.

Wir kehren nun zur Formel (58) zurück. Sie zeigt: Besitzt eine Matrix X die Eigenwerte λ_i und sind alle ihre Elementarteiler einfach, so hat eine durch eine konvergente Potenzreihe definierbare Matrix $f(X)$ die Eigenwerte $f(\lambda_i)$, und ihre Elementarteiler sind ebenfalls einfach. Diese Eigenschaft kann man mit gewissen Einschränkungen auch auf mehrfache Elementarteiler verallgemeinern. Es gilt nämlich folgender Satz: *Sind*

$$(\lambda-\lambda_1)^{p_1}, \quad (\lambda-\lambda_2)^{p_2}, \quad \ldots, \quad (\lambda-\lambda_s)^{p_s}$$

die Elementarteiler der Matrix X, so sind

$$[\lambda-f(\lambda_1)]^{p_1}, \quad [\lambda-f(\lambda_2)]^{p_2}, \quad \ldots, \quad [\lambda-f(\lambda_s)]^{p_s}$$

die Elementarteiler einer durch eine Potenzreihe darstellbaren Matrix $f(X)$, wenn nur die Werte der Ableitungen $f'(\lambda_k)$ von Null verschieden sind.

Die Formel (58) kann man auch für die analytische Fortsetzung einer durch eine Potenzreihe definierbaren Funktion $f(X)$ verwenden. Wir nehmen an, daß diese Reihe in einem Gebiet der Gestalt (54) absolut konvergiert und wählen daraus eine bestimmte Matrix X_0. Dann wollen wir die Elemente der Matrix nach irgendeinem Gesetz stetig ändern. Dabei ändern sich auch ihre Eigenwerte λ_i stetig. Wir wollen voraussetzen, daß sich hierbei die Elemente der in der Beziehung (56) stehenden Matrix S ebenfalls stetig ändern. Die analytische Fortsetzung der Matrix $f(X)$ ist damit gemäß Formel (58) auf diejenige der Funktion $f(\lambda)$ einer komplexen Veränderlichen zurückgeführt.

Die beschriebene analytische Fortsetzung ist dadurch äußerst unbequem, daß (58) die Matrix S enthält, die für eine vorgegebene Matrix X nicht eindeutig bestimmt ist. Am Beispiel der hermiteschen Matrizen haben wir ja bereits gesehen, daß S in verschiedener Weise gewählt werden kann. In manchen singulären Fällen ist die beschriebene Fortsetzung nicht mit der analytischen Fortsetzung der n^2 Reihen (29) identisch. Wir werden nachher über die analytische Fortsetzung ausführlicher sprechen. Dazu benötigen wir nämlich noch einige wichtige Formeln. Als Hilfsmittel müssen wir zunächst einige einfache Ausdrücke herleiten, die sich auf die Interpolation beziehen.

89. Interpolation von Polynomen. Das wichtigste und einfachste Interpolationsproblem besteht in folgendem: Es soll ein Polynom höchstens $(n-1)$-ten Grades gefunden werden, das in n Punkten der Ebene einer komplexen Veränderlichen vorgegebene Werte annimmt. Wir wollen voraussetzen, daß es in den Punkten z_k $(k=1, 2, \ldots, n)$ die vorgegebenen Werte w_k besitzt. Es gibt nur ein einziges derartiges Polynom; wir haben nämlich bewiesen [I, 185], daß zwei Polynome, deren Grad höchstens $n-1$ ist, identisch sind, wenn ihre Werte in n verschiedenen Punkten übereinstimmen. Die Lösung des Interpolationsproblems läßt sich durch folgende einfache Formel angeben:

$$P_{n-1}(z) = \sum_{k=1}^{n} \frac{(z-z_1)(z-z_2)\ldots(z-z_{k-1})(z-z_{k+1})\ldots(z-z_n)}{(z_k-z_1)(z_k-z_2)\ldots(z_k-z_{k-1})(z_k-z_{k+1})\ldots(z_k-z_n)} w_k. \tag{59}$$

Es ist unmittelbar zu sehen, daß der rechts stehende Ausdruck ein Polynom in z höchstens $(n-1)$-ten Grades ist. Setzen wir beispielsweise $z=z_1$, so werden auf der rechten Seite alle Summanden außer dem ersten gleich Null. Der Bruch im ersten Summanden ist offensichtlich gleich Eins, es ist also $P_{n-1}(z_1) = w_1$, und ebenso gilt allgemein $P_{n-1}(z_k) = w_k$.

Ist $f(z)$ eine in einem gewissen Gebiet reguläre Funktion und liegen die Punkte z_k in diesem Gebiet, so liefert die Formel

$$P_{n-1}(z) = \sum_{k=1}^{n} \frac{(z-z_1)(z-z_2)\cdots(z-z_{k-1})(z-z_{k+1})\cdots(z-z_n)}{(z_k-z_1)(z_k-z_2)\cdots(z_k-z_{k-1})(z_k-z_{k+1})\cdots(z_k-z_n)} f(z_k) \tag{60}$$

dasjenige eindeutig bestimmte Polynom höchstens $(n-1)$-ten Grades, dessen Werte in den Punkten z_k mit den Funktionswerten von $f(z)$ identisch sind. Dieses Polynom bezeichnet man gewöhnlich als LAGRANGEsches Interpolationspolynom für die Punkte z_k, und die Formel (60) heißt LAGRANGEsche Interpolationsformel.

Das allgemeine Polynom vom Grade $n-1$,

$$\alpha_0 + \alpha_1 z + \cdots + \alpha_{n-1} z^{n-1},$$

enthält stets n Parameter α_s. In der LAGRANGEschen Formel sind diese Parameter durch n Bedingungen festgelegt, nämlich durch die Vorgabe der Werte des Polynoms in den Punkten z_k, die gleich $f(z_k)$ sein müssen. Man kann das angeschnittene Problem noch verallgemeinern: Es sei wieder $f(z)$ in einem gewissen Gebiet regulär, in dem j Punkte $z_1, z_2, \ldots, z_j$ vorgegeben seien. Dann soll ein Polynom höchstens $(n-1)$-ten Grades konstruiert werden, dessen Werte in den Punkten z_k mit denen von $f(z)$ zusammenfallen, und außerdem sollen die Werte aller ihrer Ableitungen bis zur Ordnung $p_k - 1$ mit den entsprechenden Werten der Funktion $f(z)$ identisch sein. D. h., das Polynom $P(z)$ soll die Bedingungen

$$P(z_k) = f(z_k); \quad \ldots; \quad P^{(p_k-1)}(z_k) = f^{(p_k-1)}(z_k) \qquad (k = 1, 2, \ldots, j)$$

erfüllen. Dabei setzen wir voraus, daß $p_1 + p_2 + \cdots + p_j = n$, d. h., daß die Gesamtzahl der Bedingungen wiederum gleich n ist. Man kann wie oben leicht zeigen, daß es nur ein einziges derartiges Polynom geben kann. Gäbe es nämlich zwei, so wäre ihre Differenz ebenfalls ein Polynom höchstens $(n-1)$-ten Grades, das die Nullstellen z_k der Vielfachheit p_k hat. Es müßte also dieses Polynom höchstens $(n-1)$-ten Grades n Nullstellen haben. Daher kann auch die neue, allgemeinere Interpolationsaufgabe nur eine einzige Lösung haben. Wir wollen nun zeigen, wie das gesuchte Interpolationspolynom konstruiert werden kann. Dazu bilden wir das Polynom

$$p(z) = (z-z_1)^{p_1}(z-z_2)^{p_2}\cdots(z-z_j)^{p_j}$$

vom Grade n und die Funktion

$$\varphi(z) = \frac{f(z)}{p(z)}. \tag{61}$$

Letztere kann in den Punkten z_k keine Pole von höherer Ordnung als p_k haben. Die Summe der Hauptteile dieser Funktion in den obengenannten Polen ist durch einen Bruch darstellbar, dessen Zählergrad niedriger als der Nennergrad ist und dessen Nenner die Gestalt

$$(z-z_1)^{q_1}(z-z_2)^{q_2}\cdots(z-z_j)^{q_j}$$

hat. Dabei sind die ganzen Zahlen q_k nicht größer als die p_k. Multipliziert man

Zähler und Nenner mit demselben Faktor, so kann man die Summe der genannten Hauptteile der Funktion $\varphi(z)$ in der Gestalt

$$\frac{P_{n-1}(z)}{p(z)}$$

schreiben, wobei $P_{n-1}(z)$ ein bestimmtes Polynom höchstens $(n-1)$-ten Grades ist. Danach kann man die Formel (61) auf folgende Gestalt bringen:

$$\frac{f(z)}{p(z)} = \frac{P_{n-1}(z)}{p(z)} + \omega(z),$$

in der $\omega(z)$ eine in dem gesamten Ausgangsgebiet (auch in den Punkten z_k) reguläre Funktion ist. Die vorige Formel läßt sich nun folgendermaßen schreiben:

$$f(z) = P_{n-1}(z) + p(z)\,\omega(z). \tag{62}$$

Der zweite Summand auf der rechten Seite ist in der Umgebung der Punkte z_k als Produkt von $(z-z_k)^{p_k}$ mit einer in den z_k regulären Funktion darstellbar. Er verschwindet also gleichzeitig mit den Ableitungen bis zur Ordnung p_k-1 in den Punkten z_k. Somit ist dort der Wert des Polynoms $P_{n-1}(z)$ einschließlich der Ableitungen bis zur Ordnung p_k-1 mit den entsprechenden Werten der Funktion $f(z)$ identisch; das Polynom $P_{n-1}(z)$ ist also das gesuchte Interpolationspolynom. Wir werden es im folgenden oft mit dem Symbol $h(z; z_1, \ldots, z_n)$ bezeichnen. Sind alle Zahlen z_k verschieden, so ist es das LAGRANGEsche Interpolationspolynom. Sind mehrere z_k gleich, tritt beispielsweise die Zahl z_k mit der Vielfachheit p_k auf, so fällt in dem entsprechenden Punkte z_k der Wert des Polynoms und seiner Ableitungen bis zur Ordnung p_k-1 mit den entsprechenden Werten der Funktion $f(z)$ zusammen. Für $n=2$ und $z_1 \neq z_2$ gilt

$$h(z; z_1, z_2) = \frac{z-z_2}{z_1-z_2} f(z_1) + \frac{z-z_1}{z_2-z_1} f(z_2),$$

und für $z_1 = z_2$ ist

$$h(z; z_1, z_1) = f(z_1) + \frac{z-z_1}{1} f'(z_1).$$

90. Die CAYLEYsche Identität und die SYLVESTERsche Formel. Es sei X eine bestimmte Matrix und

$$D(X-\lambda I) = 0 \tag{63}$$

ihre charakteristische Gleichung, wobei wir mit $D(Y)$ die Determinante der Matrix Y bezeichnet haben; $\lambda_1, \lambda_2, \ldots, \lambda_n$ seien die Wurzeln dieser Gleichung. Ihre linke Seite kann man in der Gestalt

$$(-1)^n(\lambda^n + a_1\lambda^{n-1} + \cdots + a_{n-1}\lambda + a_n) = (-1)^n\,\psi(\lambda) \tag{64}$$

darstellen. Dabei sind die a_k durch die Elemente der Matrix X oder durch die Wurzeln der Gleichung (63) ausdrückbar; so ist z. B.

$$a_1 = -(\lambda_1 + \lambda_2 + \cdots + \lambda_n); \quad a_2 = \lambda_1\lambda_2 + \lambda_1\lambda_3 + \cdots + \lambda_{n-1}\lambda_n.$$

Die Ausdrücke a_k sind Beispiele von Matrizenfunktionen, und zwar Funktionen, die einen bestimmten Zahlwert annehmen, wenn die Matrix X vorgegeben ist. Wir haben diese Funktionen schon früher [III$_1$, 27] untersucht. Wir erinnern daran, daß $(-1)^n a_n$ die Determinante und a_1 die Spur der Matrix, die Summe der Elemente in der Hauptdiagonale, ist.

Als CAYLEYsche Identität bezeichnet man die Aussage

$$\psi(X) = X^n + a_1 X^{n-1} + \cdots a_n = 0\,; \tag{65}$$

mit anderen Worten:

Ersetzt man im Polynom $\psi(\lambda) = \lambda^n + a_1\lambda^{n-1} + \cdots + a_n$ das Symbol λ durch die Matrix X, so erhält man die Nullmatrix.

Wir setzen voraus, daß die Eigenwerte λ_k verschieden sind oder, allgemeiner, daß die Matrix X in der Form

$$X = S\,[\lambda_1, \lambda_2, \ldots, \lambda_n]\,S^{-1}$$

dargestellt werden kann. Dann ist, wie wir in [III$_1$, 44] gesehen haben,

$$\psi(X) = S\,[\psi(\lambda_1), \psi(\lambda_2), \ldots, \psi(\lambda_n)]\,S^{-1}.$$

Die Zahlen λ_k sind aber Nullstellen des Polynoms $\psi(z)$, und folglich gilt

$$\psi(X) = S\,[0, 0, \ldots, 0]\,S^{-1}.$$

In der Mitte steht eine Diagonalmatrix, deren sämtliche Elemente (nicht nur in der Hauptdiagonalen) gleich Null sind. Die rechte Seite der angegebenen Gleichung ist somit eine Nullmatrix, es gilt also tatsächlich die Beziehung (65). Man kann den Beweis dieser Identität auch auf allgemeinere Fälle ausdehnen, wenn auch mit Hilfe eines Grenzüberganges, indem man zuerst Matrizen mit verschiedenen Eigenwerten betrachtet. Jetzt untersuchen wir eine Funktion $f(X)$, die in einem Gebiet der Gestalt

$$|X| < A \tag{66}$$

durch die absolut konvergente Potenzreihe

$$f(X) = a_0 + a_1 X + a_2 X^2 + \cdots \tag{67}$$

definiert ist.

Wir wählen eine bestimmte Matrix X aus dem Gebiet (66) und nehmen an, ihre Eigenwerte λ_k seien verschieden. In der Identität (62) setzen wir

$$p(z) = (z - \lambda_1)(z - \lambda_2) \cdots (z - \lambda_n) = \psi(z)\,.$$

Dann erhalten wir die Gleichung

$$f(z) = P_{n-1}(z) + \psi(z)\,\omega(z)\,, \tag{68}$$

wobei $P_{n-1}(z)$ das LAGRANGEsche Interpolationspolynom für die Punkte λ_k ist. Die Formel (68) bleibt offensichtlich eine Identität, wenn man an Stelle der Veränderlichen z die Matrix X einsetzt, da das rechts stehende Produkt nur die eine Matrix X enthält, deren Potenzen miteinander vertauschbar sind. Daher bleibt die Regel für die Bildung des Produktes bestehen, wenn man die Zahl z durch die Matrix X ersetzt. Dann ist das Polynom $\psi(X)$ mit dem Polynom (65) identisch, und wir erhalten wegen der CAYLEYschen Identität

$$f(X) = P_{n-1}(X)\,.$$

Ausführlich geschrieben gilt für jede Matrix X aus dem Gebiet (66) mit verschiedenen Eigenwerten

$$f(X) = \sum_{k=1}^{n} \frac{(X - \lambda_1) \cdots (X - \lambda_{k-1})(X - \lambda_{k+1}) \cdots (X - \lambda_n)}{(\lambda_k - \lambda_1) \cdots (\lambda_k - \lambda_{k-1})(\lambda_k - \lambda_{k+1}) \cdots (\lambda_k - \lambda_n)} f(\lambda_k)\,. \tag{69}$$

Die Formel (69), die man als *Sylvestersche Formel* bezeichnet, liefert die *Darstellung der unendlichen Reihe* (67) *als Polynom von Matrizen;* die unendliche Reihe geht nur vermittels der Ausdrücke $f(\lambda_k)$ in die Darstellung ein, diese sind aber gewöhnliche Potenzreihen einer komplexen Veränderlichen.

Kommen unter den Eigenwerten λ_k der Matrix X einige mehrfach vor, so steht auf der rechten Seite der Formel (69) nicht das Lagrangesche Interpolationspolynom, sondern das allgemeinere Interpolationspolynom, über das wir im vorigen Abschnitt gesprochen haben. Wir erhalten auch dann eine Darstellung der Reihe (67) als Polynom von Matrizen, nämlich

$$f(X) = h(X; \lambda_1, \lambda_2, \ldots, \lambda_n). \tag{70}$$

Für eine Matrix zweiten Grades ergibt das, falls $\lambda_1 \neq \lambda_2$ ist,

$$f(X) = \frac{X - \lambda_2}{\lambda_1 - \lambda_2} f(\lambda_1) + \frac{X - \lambda_1}{\lambda_2 - \lambda_1} f(\lambda_2) \tag{71}$$

und für $\lambda_1 = \lambda_2$

$$f(X) = f(\lambda_1) + (X - \lambda_1) f'(\lambda_1). \tag{72}$$

So bekommt man zum Beispiel für die Exponentialfunktion im Falle einer Matrix zweiten Grades bei $\lambda_1 \neq \lambda_2$:

$$e^X = \frac{X - \lambda_2}{\lambda_1 - \lambda_2} e^{\lambda_1} + \frac{X - \lambda_1}{\lambda_2 - \lambda_1} e^{\lambda_2}. \tag{73}$$

Wir weisen darauf hin, daß man die allgemeine Formel (70), die benutzt werden muß, wenn unter den Zahlen λ_k mehrere gleich sind, aus der Formel (69) durch einen Grenzübergang erhalten kann, bei dem ein bestimmter Komplex der Zahlen λ_k gegen einen gemeinsamen Wert strebt.

91. Analytische Fortsetzung. Die Formel (67), die die innerhalb des Gebietes (66) reguläre Funktion $f(X)$ liefert, ist gleichbedeutend mit den n^2 Potenzreihen (29), die in den konzentrischen Kreisen

$$|\{X\}_{ik}| < \{A\}_{ik}$$

absolut konvergent sind.

Setzt man diese n^2 Potenzreihen analytisch fort, so definiert man auf diese Weise die Matrix $f(X)$ in einem größeren Gebiet. Die *Gesamtheit der Matrizen, die man bei dieser analytischen Fortsetzung erhält, definiert die analytische Funktion* $f(X)$, *die durch ihr Ausgangselement im Gebiet* (66), *nämlich durch die Reihe* (67), *gegeben ist.*

Wir kommen nun zur Sylvesterschen Formel. Bei stetiger Änderung der Elemente der Matrix X nach einem bestimmten Gesetz ändern sich ihre Eigenwerte ebenfalls stetig, und gemäß (69) reduziert sich die Frage nach der analytischen Fortsetzung von $f(X)$ auf diejenige der Funktion $f(z)$ einer komplexen Veränderlichen. Sind dabei einige der λ_k identisch, so müssen wir an Stelle von (69) die Formel (70) verwenden. Bleibt $f(z)$ bei ihrer analytischen Fortsetzung eine eindeutige Funktion, dann können bei dieser Fortsetzung nach der Sylvesterschen Formel Schwierigkeiten nur bei solchen Matrizen X auftauchen, unter deren Eigenwerten singuläre Punkte der Funktion $f(z)$ vorkommen. So sind z. B. bei der analytischen Fortsetzung der in der Umgebung von Null durch die Reihe

$$f(X) = I + X + X^2 + \cdots$$

definierten Funktion diejenigen Matrizen singulär, unter deren Eigenwerten mindestens einer vorkommt, der gleich Eins ist. Man kann beweisen, daß im untersuchten Falle die analytische Fortsetzung nach der SYLVESTERschen Formel völlig gleichbedeutend ist mit der analytischen Fortsetzung mittels der obenerwähnten n^2 Potenzreihen; sie liefert hierbei sämtliche Werte der analytischen Funktion.

Wir wollen jetzt annehmen, daß $f(z)$ eine analytische Funktion ist, die sich bei ihrer analytischen Fortsetzung als mehrdeutig erweist. Dann ist $f(z)$, wie wir früher gesehen hatten, nicht in der gewöhnlichen komplexen Ebene eindeutig definiert, sondern auf einer mehrblättrigen RIEMANNschen Fläche R, die die Mehrdeutigkeit unserer Funktion charakterisiert. Bei stetiger Änderung der Elemente der Matrix X ändern sich ihre Eigenwerte auf der erwähnten RIEMANNschen Fläche R stetig. Um den Wert der analytischen Funktion $f(X)$ für einen speziellen Wert der Matrix X_0 zu bestimmen, muß man nicht nur X_0 kennen, sondern auch diejenige analytische Fortsetzung von $f(X)$ angeben, die uns von einer bestimmten Matrix aus dem Gebiet (66), in welchem die Funktion durch die Reihe (67) definiert ist, zu X_0 geführt hat. Kurz gesagt, wir müssen nicht nur die Matrix X_0 kennen, sondern auch den Weg der analytischen Fortsetzung, der uns zu ihr geführt hat. Ist dieser Weg so beschaffen, daß zwar stets die SYLVESTERsche Formel anwendbar ist, jedoch für $X \to X_0$ die Eigenwerte λ_1 und λ_2 gegen einen gemeinsamen Wert λ_0 streben, aber derart, daß sie dabei auf verschiedenen Blättern der RIEMANNschen Fläche R liegen, so gilt folgendes: Nach dem Grenzübergang, d.h. für die Matrix X_0, sind die Eigenwerte λ_1 und λ_2 identisch, aber die Funktion $f(z)$ ist in der Nähe dieses gemeinsamen Wertes λ_0 durch verschiedene TAYLOR-Reihen definiert, da die entsprechenden Punkte auf verschiedenen Blättern der RIEMANNschen Fläche R liegen. Im allgemeinen gilt also die Beziehung $f(\lambda_1) \neq f(\lambda_2)$, obwohl $\lambda_1 = \lambda_2$ ist. In diesem Fall wird die LAGRANGE-SYLVESTERsche Formel einfach sinnlos, und wir sehen die Matrix X_0 bei dem obigen Weg der analytischen Fortsetzung als singulären Punkt der Funktion $f(X)$ an. Es kann natürlich zufällig eintreten, daß nach dem Grenzübergang $f(\lambda_1) = f(\lambda_2)$ ist und die Verschiedenheit nur für manche Ableitungen auftritt; für ein gewisses s gilt dann also $f^{(s)}(\lambda_1) \neq f^{(s)}(\lambda_2)$, obwohl $\lambda_1 = \lambda_2$ ist. In diesem Falle können wir durch eine beliebig kleine Verschiebung des Eigenwertes λ_0, der ein gemeinsamer Grenzwert von λ_1 und λ_2 ist, einen solchen Wert λ_0 erhalten, der auf verschiedenen Blättern liegt und für den $f(\lambda_1) \neq f(\lambda_2)$ und $\lambda_1 = \lambda_2$ ist. Auch hier sehen wir die Matrix X_0 als singulären Punkt der analytischen Funktion $f(X)$ an. Somit *muß man bei Mehrdeutigkeit der Funktion als singuläre Matrizen der analytischen Funktion $f(X)$ auch solche Matrizen berücksichtigen, die durch solche Wege der analytischen Fortsetzung bestimmt sind, bei denen gleichen Eigenwerten der Matrix X verschiedene analytische Funktionselemente von $f(z)$ entsprechen.*

Den Charakter dieser Singularitäten mehrdeutiger analytischer Funktionen $f(X)$ wollen wir nicht ausführlicher erläutern. Es soll nur ein einfacher Spezialfall untersucht werden. Wir betrachten eine Matrix der Gestalt

$$X = S[\lambda_1, \lambda_2 \ldots, \lambda_n] S^{-1},$$

wobei S eine bestimmte Matrix mit von Null verschiedener Determinante ist und die Zahlen λ_k verschieden sind. Diese Matrix möge im Gebiet (66) liegen, in dem die Funktion $f(X)$ durch die Reihe (67) definiert ist. Dann wollen wir X stetig ändern, indem wir die Matrix S fest, aber die Zahlen λ_k so variieren lassen, daß sie stets verschieden bleiben und nicht mit singulären Punkten der Funktion $f(z)$ zusammenfallen. Ferner sollen für $X \to X_0$ alle Zahlen λ_k gegen den gemeinsamen Wert λ_0 streben, jedoch alle auf verschiedenen Blättern der RIEMANNschen Fläche R der Funktion $f(z)$ liegen. Der Einfachheit halber nehmen wir an, daß die Werte der Funktion $f(z)$ im Punkt λ_0 auf diesen Blättern paarweise verschieden sind. Im Limes erhalten wir

$$X_0 = S\,[\lambda_0, \lambda_0, \ldots, \lambda_0]\,S^{-1} = \lambda_0\,,$$

also einfach die Zahl λ_0. Die Funktionswerte im Ausgangsgebiet (66) bestimmt man gemäß der Formel

$$S\,[f(\lambda_1), f(\lambda_2), \ldots, f(\lambda_n)]\,S^{-1}. \tag{74}$$

Dies führt auf die analytische Fortsetzung von $f(\lambda_k)$ für festes S. Bei unserem Beispiel erhalten wir einen bestimmten Grenzwert für die Funktion, der offenbar gleich

$$S\,[\mu_1, \mu_2, \ldots, \mu_n]\,S^{-1} \tag{75}$$

ist. Dabei ist mit μ_k der Wert der analytischen Funktion $f(\lambda_0)$ auf demjenigen Blatt der RIEMANNschen Fläche bezeichnet, auf dem der Eigenwert λ_k lag. Das Endergebnis (75) hängt natürlich von der Wahl der Matrix S ab. Ändert man die Elemente von S beliebig wenig, so ändert sich auch das Endresultat (75), wie leicht zu zeigen ist, wenn man $\mu_i \neq \mu_k$ für $i \neq k$ berücksichtigt. Eine bestimmte Wahl der Matrix S bedeutet die Wahl eines bestimmten Gesetzes für die Änderung der Matrix X bei der analytischen Fortsetzung. Bei dieser Änderung erhalten wir einen bestimmten Grenzwert der Funktion $f(X)$ im singulären Punkt $X = X_0$. Ändert man die Elemente von S ein wenig, so bekommt man einen anderen Grenzwert. Daraus folgt unter anderem, daß die Reihen (29) über $X = X_0$ hinweg nicht analytisch fortgesetzt werden können. Dieser singuläre Punkt hängt natürlich mit demjenigen Weg der analytischen Fortsetzung zusammen, der zu ihm führte. Allgemein kann man zeigen, daß die oben definierten singulären Punkte von $f(X)$ bei einer Mehrdeutigkeit von $f(z)$ auch singuläre Punkte bei der analytischen Fortsetzung mit Hilfe der n^2 Potenzreihen (29) sind und umgekehrt. Mit anderen Worten, die analytische Fortsetzung mit Hilfe der SYLVESTERschen Formel ist gleichbedeutend mit derjenigen der n^2 Potenzreihen (29). Die singulären Matrizen bei dieser Fortsetzung sind diejenigen, unter deren Eigenwerten singuläre Punkte von $f(z)$ vorkommen, und ferner alle diejenigen Matrizen, für welche gleiche Eigenwerte auf verschiedenen Blättern der RIEMANNschen Fläche von $f(z)$ liegen.

92. Beispiele mehrdeutiger Funktionen. Der Logarithmus einer Matrix,

$$Y = \log X\,, \tag{76}$$

ist laut Definition eine Lösung der Gleichung

$$e^Y = X\,. \tag{77}$$

Wir nehmen an, die Matrix X habe einfache Elementarteiler,

$$X = S\,[\lambda_1, \lambda_2, \ldots, \lambda_n]\,S^{-1}, \tag{78}$$

und es sei kein Eigenwert λ_k gleich Null. Man sieht leicht, daß man eine Lösung der Gleichung (77) erhält, wenn man

$$Y = S\,[\operatorname{Log}\lambda_1, \operatorname{Log}\lambda_2, \ldots, \operatorname{Log}\lambda_n]\,S^{-1} \tag{79}$$

setzt.

Wie wir oben gesehen haben, gilt

$$e^Y = S\,[e^{\operatorname{Log}\lambda_1}, e^{\operatorname{Log}\lambda_2}, \ldots, e^{\operatorname{Log}\lambda_n}]\,S^{-1} = S\,[\lambda_1, \lambda_2, \ldots, \lambda_n]\,S^{-1},$$

die Matrix (79) erfüllt also tatsächlich die Gleichung (77). Wir können in (79) einen beliebigen Wert des Logarithmus nehmen, so daß

$$Y = S\,[\log\lambda_1 + 2\pi r_1 i, \log\lambda_2 + 2\pi r_2 i, \ldots, \log\lambda_n + 2\pi r_n i]\,S^{-1} \tag{80}$$

richtig ist, wobei mit $\log\lambda_k$ der Hauptwert des Logarithmus

$$-\pi < \arg\lambda_k \leqslant \pi$$

bezeichnet ist und die r_k beliebige ganze Zahlen sind.

Die Mehrdeutigkeit in der Formel (80) hat zwei Ursachen. Erstens liegt sie an der willkürlichen Wahl der Zahlen r_k und zweitens an der nicht fest bestimmten Matrix S aus der Formel (78) (wobei aber die Matrix X fest ist). Gilt für $\lambda_i = \lambda_k$ die Beziehung $r_i = r_k$, so bezeichnet man die Werte von $\log X$ als regulär. Wir wollen zeigen, daß der reguläre Wert des Logarithmus durch die ganzen Zahlen r_k vollständig bestimmt ist, daß er also von der Wahl der Matrix S unabhängig ist. Es seien $\mu_1, \mu_2, \ldots, \mu_j$ verschiedene Eigenwerte der Matrix X und $r_1, r_2, \ldots, r_j$ ihnen entsprechende ganze Zahlen in Formel (80). Wir konstruieren das LAGRANGEsche Interpolationspolynom von nicht höherem Grade als $j - 1$ unter den Bedingungen

$$P(\mu_k) = \log\mu_k + 2\pi r_k i \qquad (k = 1, 2, \ldots, j).$$

Gemäß Formel (78) gilt

$$P(X) = S\,[P(\lambda_1), P(\lambda_2) \ldots P(\lambda_n)]\,S^{-1}$$

oder

$$P(X) = S\,[\log\lambda_1 + 2\pi r_1 i, \log\lambda_2 + 2\pi r_2 i, \ldots \log\lambda_n + 2\pi r_n i]\,S^{-1};$$

es ist also $P(X) = Y$, und daraus folgt unmittelbar, daß der gewählte Wert des Logarithmus von der Matrix S unabhängig ist. Letztere tritt also bei der Konstruktion des Polynoms $P(X)$ überhaupt nicht auf.

Die LAGRANGEsche Formel liefert uns

$$\operatorname{Log} X = \sum_{k=1}^{n} \frac{(X-\lambda_1)\cdots(X-\lambda_{k-1})(X-\lambda_{k+1})\cdots(X-\lambda_n)}{(\lambda_k-\lambda_1)\cdots(\lambda_k-\lambda_{k-1})(\lambda_k-\lambda_{k+1})\cdots(\lambda_k-\lambda_n)}\operatorname{Log}\lambda_k, \tag{81}$$

sofern alle Eigenwerte verschieden sind. Mit Hilfe dieser Formel kann man zeigen, daß jede Matrix, bei der mindestens ein Eigenwert verschwindet, für die Funktion $\operatorname{Log} X$ ein singulärer Punkt ist.

Die Matrix X sei jetzt nicht in der Gestalt (78) darstellbar, sie habe also mehrfache Elementarteiler. Benutzt man das in [88] Gesagte, so kann man folgendes zeigen: Sind

$$(\lambda-\lambda_1)^{p_1}, (\lambda-\lambda_2)^{p_2}, \ldots, (\lambda-\lambda_m)^{p_m} \tag{82}$$

die Elementarteiler von X, dann sind

$$(\lambda-\operatorname{Log}\lambda_1)^{p_1}, (\lambda-\operatorname{Log}\lambda_2)^{p_2}, \ldots, (\lambda-\operatorname{Log}\lambda_m)^{p_m} \tag{83}$$

die Elementarteiler der Matrix $\log X$, die eine Lösung der Gleichung (77) ist.

Man kann ferner zeigen, daß die Formel (81) bei der analytischen Fortsetzung sämtliche regulären Werte des Logarithmus und nur diese liefert.

Als Beispiel betrachten wir den einfachsten nichtregulären Wert des Logarithmus. Wir wählen als Matrix X eine Zahl λ, also eine Diagonalmatrix mit den Elementen λ. Wir können diese Matrix folgendermaßen schreiben:

$$X = S\,[\lambda, \lambda, \ldots, \lambda]\;S^{-1} = S\lambda S^{-1} = \lambda I\,,$$

wobei S wieder eine beliebige Matrix mit von Null verschiedener Determinante ist. Als Wert des Logarithmus erhalten wir, wenn wir die Zahlen r_k in bestimmter Weise fixieren,

$$\log X = S\,[\log \lambda + 2\pi r_1 i,\;\; \log \lambda + 2\pi r_2 i, \ldots, \log \lambda + 2\pi r_n i]\;S^{-1}$$

oder

$$\log X = S\,[\log \lambda, \log \lambda, \ldots, \log \lambda]\;S^{-1} + S\;[2\pi r_1 i, 2\pi r_2 i, \ldots, 2\pi r_n i]\;S^{-1}$$

und schließlich

$$\log X = (\log \lambda) I + 2\pi i S [r_1, r_2, \ldots, r_n] S^{-1}.$$

Sind die Zahlen r_k nicht gleich, so hängt der zweite Summand wesentlich von der Matrix S ab, die man willkürlich wählen kann.

Wir haben oben gesehen, daß (79) eine Lösung der Gleichung (77) ist, sofern die Matrix X die Gestalt (78) hat. Man kann zeigen, daß dies im vorliegenden Fall sämtliche Lösungen der Gleichung (77) sind. Dabei ist S in (79) auf alle möglichen Arten zu wählen.

Wir untersuchen jetzt die Quadratwurzeln einer Matrix,

$$Y = X^{\frac{1}{2}},$$

als Lösungen der Gleichung

$$Y^2 = X. \tag{84}$$

Für eine in einer gewissen Umgebung der Einheitsmatrix gelegene Matrix X läßt sich ein Zweig dieser mehrdeutigen Funktion als Potenzreihe

$$Y = [I + (X - I)]^{\frac{1}{2}} = I + \frac{1}{2}(X - I) + \frac{\frac{1}{2}\left(\frac{1}{2} - 1\right)}{2!}(X - I)^2 + \cdots \tag{85}$$

darstellen. Diese Reihe kann man nach der SYLVESTERschen Formel transformieren, falls die Eigenwerte von X verschieden sind:

$$Y = X^{\frac{1}{2}} = \sum_{k=1}^{n} \frac{(X - \lambda_1) \ldots (X - \lambda_{k-1})\,(X - \lambda_{k+1}) \ldots (X - \lambda_n)}{(\lambda_k - \lambda_1) \ldots (\lambda_k - \lambda_{k-1})\,(\lambda_k - \lambda_{k+1}) \ldots (\lambda_k - \lambda_n)} \sqrt{\lambda_k}\,. \tag{86}$$

Der Einfachheit halber nehmen wir an, die Matrix X sei vom Grade zwei. Sie möge also die Gestalt

$$X = S\,[\lambda_1, \lambda_2]\;S^{-1} \qquad (\lambda_1 \text{ und } \lambda_2 \neq 0)$$

haben. Man prüft leicht nach, daß Gleichung (84) die Lösungen

$$S\,[\pm\sqrt{\lambda_1}, \pm\sqrt{\lambda_2}]\;S^{-1} \tag{87}$$

besitzt, wobei man beliebige Werte der Radikale nehmen darf. Diese Formel liefert uns dann, wie man beweisen kann, sämtliche Lösungen der Gleichung (84), wobei S ebenso wie in (79) auf alle möglichen Weisen zu wählen ist.

Nehmen wir in Formel (87) nur reguläre Werte, wählen wir also dieselben Werte der Radikale, wenn $\lambda_1 = \lambda_2$ ist, so kann man ebenso wie beim Logarithmus zeigen, daß die Formel (87) ein bestimmtes Resultat liefert, das von der Wahl des Radikals abhängt, aber nicht von derjenigen der Matrix S.

Sind λ_1 und λ_2 verschieden, so liefert Formel (87) im allgemeinen vier verschiedene Lösungen der Gleichung (84). Ist aber $\lambda_1 = \lambda_2$, dann erhalten wir für die Matrix X

$$X = S\,[\lambda_1, \lambda_1]\,S^{-1} = \lambda_1 I,$$

wobei S eine beliebige Matrix mit von Null verschiedener Determinante ist.

Formel (87) liefert

$$X^{\frac{1}{2}} = S\,[\pm\sqrt{\lambda_1}, \pm\sqrt{\lambda_1}]\,S^{-1}.$$

Wählen wir gleiche Werte für die Radikale, so ist das gleichbedeutend mit

$$X^{\frac{1}{2}} = \pm\sqrt{\lambda_1}\,I. \tag{88}$$

Wir nehmen jetzt an, daß die Werte der Radikale verschieden sind:

$$X^{\frac{1}{2}} = \sqrt{\lambda_1}\,S\,[1, -1]\,S^{-1} \tag{89}$$

oder

$$X^{\frac{1}{2}} = -\sqrt{\lambda_1}\,S\,[1, -1]\,S^{-1}, \tag{90}$$

wobei für S dasselbe wie oben gilt. Wir schreiben diese letzte Matrix und die zu ihr inverse ausführlich auf:

$$S = \begin{pmatrix} s_{11} & s_{12} \\ s_{21} & s_{22} \end{pmatrix}; \quad S^{-1} = \begin{pmatrix} s_{22}D^{-1} & -s_{12}D^{-1} \\ -s_{21}D^{-1} & s_{11}D^{-1} \end{pmatrix} = D^{-1} \cdot \begin{pmatrix} s_{22} & -s_{12} \\ -s_{21} & s_{11} \end{pmatrix}$$

mit

$$D = D(S) = \begin{vmatrix} s_{11} & s_{12} \\ s_{21} & s_{22} \end{vmatrix} = s_{11}s_{22} - s_{12}s_{21}.$$

Die Formel (89) kann man damit folgendermaßen schreiben:

$$X^{\frac{1}{2}} = \sqrt{\lambda_1}\,D^{-1} \cdot \begin{pmatrix} s_{11} & s_{12} \\ s_{21} & s_{22} \end{pmatrix} [1, -1] \begin{pmatrix} s_{22} & -s_{12} \\ -s_{21} & s_{11} \end{pmatrix}$$

oder

$$X^{\frac{1}{2}} = \sqrt{\lambda_1}\,(s_{11}s_{22} - s_{12}s_{21})^{-1} \begin{pmatrix} s_{11}s_{22} + s_{12}s_{21} & -2s_{11}s_{12} \\ 2s_{21}s_{22} & -(s_{11}s_{22} + s_{12}s_{21}) \end{pmatrix}. \tag{91}$$

Wir sehen auf diese Weise, daß hierbei die Quadratwurzel $X^{\frac{1}{2}}$ unendlich viele Werte hat; diese Werte enthalten beliebige Elemente s_{ik} der Matrix S.

Sind (82) die Elementarteiler von X, so sind diejenigen von $X^{\frac{1}{2}}$

$$(\lambda - \sqrt{\lambda_1})^{p_1}, (\lambda - \sqrt{\lambda_2})^{p_2}, \ldots, (\lambda - \sqrt{\lambda_m})^{p_m}.$$

Die Werte von $X^{\frac{1}{2}}$ heißen regulär, wenn man für gleiche λ_k gleiche Werte $\sqrt{\lambda_k}$ wählt.

Die Formel (86) liefert bei der analytischen Fortsetzung sämtliche regulären Werte für $X^{\frac{1}{2}}$. Wir setzen dabei voraus, daß keine der Zahlen λ_k verschwindet, da $z = 0$ ein singulärer Punkt der Funktion $\sqrt{z}$ ist.

93. Systeme linearer Differentialgleichungen mit konstanten Koeffizienten

Es sei ein System linearer Differentialgleichungen mit konstanten Koeffizienten vorgelegt:

$$\left\{\begin{array}{l} x_1' = a_{11}x_1 + a_{12}x_2 + \cdots + a_{1n}x_n; \\ x_2' = a_{21}x_1 + a_{22}x_2 + \cdots + a_{2n}x_n; \\ \cdots\cdots\cdots\cdots\cdots\cdots\cdots\cdots \\ x_n' = a_{n1}x_1 + a_{n2}x_2 + \cdots + a_{nn}x_n, \end{array}\right. \tag{92}$$

wobei die x_k Funktionen der unabhängigen Veränderlichen t und die x'_k die Ableitungen dieser Funktionen sind.

Wir wollen die gesuchten Funktionen $x_1, x_2 \ldots, x_n$ als Komponenten eines Vektors auffassen:

$$\mathfrak{x} = (x_1, x_2, \ldots, x_n).$$

Die Komponente x_k ist dann eine Funktion von t, und wir definieren die Ableitung des Vektors $\mathfrak{x}$ nach t als neuen Vektor mit den Komponenten $x'_1, x'_2, \ldots, x'_n$:

$$\frac{d\mathfrak{x}}{dt} = (x'_1, x'_2, \ldots, x'_n).$$

Schließlich führen wir noch die Matrix A mit den Elementen a_{ik} ein. Mit dieser Bezeichnung kann man das System (92) in folgender Weise schreiben:

$$\frac{d\mathfrak{x}}{dt} = A\mathfrak{x}. \tag{93}$$

Gesucht sei eine Lösung dieser Gleichung, welche die Anfangsbedingungen

$$x_k\big|_{t=0} = x_k^{(0)} \qquad (k = 1, 2, \ldots, n) \tag{94}$$

erfüllt.

Letztere stellen einen Vektor dar, den wir mit

$$\mathfrak{x}^{(0)} = (x_1^{(0)}, x_2^{(0)}, \ldots, x_n^{(0)})$$

bezeichnen.

Man prüft leicht nach, daß eine Lösung des Systems (93) bei vorgegebenen Anfangsbedingungen (94) die Gestalt

$$\mathfrak{x} = \left(I + \frac{At}{1!} + \frac{A^2t^2}{2!} + \cdots\right)\mathfrak{x}^{(0)} \tag{95}$$

hat. Mit der Matrix

$$e^{At} = I + \frac{At}{1!} + \frac{A^2t^2}{2!} + \cdots$$

erhält man die Lösung (95) in der Gestalt

$$\mathfrak{x} = e^{At}\mathfrak{x}^{(0)}. \tag{96}$$

In der Tat ergibt die Formel (95)

$$\mathfrak{x} = \mathfrak{x}_0 + \frac{t}{1!}A\mathfrak{x}_0 + \frac{t^2}{2!}A^2\mathfrak{x}_0 + \cdots.$$

Durch Differentiation nach t erhält man

$$\frac{d\mathfrak{x}}{dt} = A\mathfrak{x}_0 + \frac{t}{1!}A^2\mathfrak{x}_0 + \frac{t^2}{2!}A^3\mathfrak{x}_0 + \cdots$$

oder

$$\frac{d\mathfrak{x}}{dt} = A\left(I + \frac{t}{1!}A + \frac{t^2}{2!}A^2 + \cdots\right)\mathfrak{x}_0$$

Daraus folgt wegen (95)

$$\frac{d\mathfrak{x}}{dt} = A\mathfrak{x}.$$

Außerdem sind auch die Anfangsbedingungen erfüllt, so daß für $t = 0$ die Formel (95) gerade $\mathfrak{x}\big|_{t=0} = \mathfrak{x}^{(0)}$ liefert.

Bei Verwendung von Matrizen können wir das System (92) auch anders schreiben. Vorher erklären wir dazu noch die *wichtigsten Regeln für die Differentiation von Matrizen*. Wir nehmen an, daß die Elemente einer Matrix X Funktionen der Veränderlichen t sind. Dann definieren wir als Ableitung $\frac{dX}{dt}$ diejenige Matrix, deren Elemente man durch Differentiation der Elemente von X nach t erhält; es ist also [III_1, 83]

$$\left\{\frac{dX}{dt}\right\}_{ik} = \frac{d\,\{X\}_{ik}}{dt}.$$

Aus dieser Definition folgt unmittelbar die übliche Differentiationsregel für Summen: Sind X und Y zwei Matrizen, deren Elemente Funktionen von t sind, so gilt

$$\frac{d\,(X+Y)}{dt} = \frac{dX}{dt} + \frac{dY}{dt}. \tag{97}$$

Ebenso kann man auch die Differentiationsregel für Produkte beweisen:

$$\frac{d}{dt}(XY) = \frac{dX}{dt}Y + X\frac{dY}{dt}, \tag{98}$$

wobei man beachten muß, daß man im allgemeinen in der angegebenen Formel (98) die Faktoren nicht vertauschen darf. Gemäß der Definition der Multiplikation ist

$$\{XY\}_{ik} = \sum_{s=1}^{n} \{X\}_{is}\,\{Y\}_{sk}$$

und daher

$$\frac{d\,\{XY\}_{ik}}{dt} = \sum_{s=1}^{n} \frac{d\,\{X\}_{is}}{dt}\{Y\}_{sk} + \sum_{s=1}^{n} \{X\}_{is}\frac{d\,\{Y\}_{sk}}{dt},$$

woraus sich unmittelbar die Formel (98) ergibt. Sie läßt sich leicht auf eine beliebige endliche Anzahl von Faktoren ausdehnen. So gilt z. B. für drei Faktoren

$$\frac{d}{dt}(XYZ) = \frac{dX}{dt}YZ + X\frac{dY}{dt}Z + XY\frac{dZ}{dt}. \tag{99}$$

Wir wollen noch die Formel für die Differentiation der inversen Matrix herleiten. Dazu nehmen wir an, daß die Determinante der Matrix X von Null verschieden ist, so daß die inverse Matrix X^{-1} existiert:

$$XX^{-1} = I.$$

Differenziert man diese Identität nach t, so ergibt sich

$$\frac{dX}{dt}X^{-1} + X\frac{dX^{-1}}{dt} = 0,$$

woraus die Differentiationsregel

$$\frac{dX^{-1}}{dt} = -X^{-1}\frac{dX}{dt}X^{-1} \tag{100}$$

für inverse Matrizen folgt.

Wir kehren jetzt zum System (92) zurück und betrachten n Lösungen dieses Systems. Sie bilden offenbar ein quadratisches Schema, das aus n^2 Funktionen besteht:

$$\begin{pmatrix} x_{11}(t) & x_{12}(t) & \dots & x_{1n}(t) \\ x_{21}(t) & x_{22}(t) & \dots & x_{2n}(t) \\ \dots & \dots & \dots & \dots \\ x_{n1}(t) & x_{n2}(t) & \dots & x_{nn}(t) \end{pmatrix}. \tag{101}$$

Dabei möge der erste Index die Nummer der Funktion angeben und der zweite die Nummer der Lösung, die diese Funktion enthält. Es bezeichnet also beispielsweise $x_{23}(t)$ den Ausdruck für die Funktion x_2, die in der Lösung Nummer 3 vorkommt. Daher muß gelten

$$\frac{dx_{ik}(t)}{dt} = a_{i1}x_{1k}(t) + a_{i2}x_{2k}(t) + \cdots + a_{in}x_{nk}(t) \qquad (i, k = 1, 2, \dots, n),$$

und man kann offensichtlich das System (92) folgendermaßen in Matrizenschreibweise notieren:

$$\frac{dX}{dt} = AX, \tag{102}$$

wobei X die Matrix (101) ist. Die Matrix X liefert bei dieser Schreibweise – wie bereits gesagt – n Lösungen des Systems (93), wobei jede Spalte von X eine Lösung des Systems (93) darstellt. Die Anfangsbedingung besteht hierbei in der Vorgabe der Matrix X für $t = 0$:

$$X|_{t=0} = X^{(0)}. \tag{103}$$

Dabei ist $X^{(0)}$ eine willkürlich vorgegebene Matrix mit konstanten Elementen. Ebenso wie oben kann man zeigen, daß eine Lösung des Systems (102) mit der Anfangsbedingung (103) die Gestalt

$$X = e^{At}X^{(0)} \tag{104}$$

hat.

Wir nehmen jetzt an, daß die Determinante der Matrix $X^{(0)}$, die aus den Anfangsbedingungen besteht, von Null verschieden ist. Es soll gezeigt werden, daß dann auch die Determinante der Matrix X für kein t Null werden kann. Wegen der Beziehung (104) genügt es zu zeigen, daß die Determinante der Matrix e^{At} von Null verschieden ist, da die Determinante eines Produktes zweier Matrizen gleich dem Produkt der Determinanten dieser Matrizen ist.

Man kann jedoch allgemein leicht beweisen, daß die Determinante einer Exponentialmatrix e^Y immer von Null verschieden ist. Neben der Matrix

$$e^Y = I + \frac{Y}{1!} + \frac{Y^2}{2!} + \cdots + \frac{Y^n}{n!} + \cdots \tag{105}$$

bilden wir dazu die Matrix

$$e^{-Y} = I - \frac{Y}{1!} + \frac{Y^2}{2!} - \cdots + (-1)^n \frac{Y^n}{n!} + \cdots. \tag{106}$$

Multipliziert man die beiden auf den rechten Seiten stehenden Reihen miteinander, so hat man es nur mit Zahlen und mit Potenzen ein und derselben Matrix Y zu tun, so daß alle Faktoren vertauschbar werden.

Somit bekommt man bei der Multiplikation dasselbe Ergebnis, das man erhalten würde, wenn man die veränderliche Matrix Y durch die Variable z ersetzen würde. Da aber dann wegen der Identität $e^z e^{-z} = 1$ die Multiplikation der rechten Seiten der Formeln (105) und (106) Eins ergäbe, gilt im vorliegenden Falle die Gleichung

$$e^Y e^{-Y} = I,$$

die somit für beliebige Matrizen Y richtig ist. Aus ihr folgt unmittelbar, daß die Matrix e^{-Y} die Inverse zur Matrix e^Y ist und daß die Determinante der Matrix e^Y von Null verschieden ist. Sind aber Y und Z zwei verschiedene, nicht vertauschbare Matrizen, so ist das Produkt $e^Y e^Z$ im allgemeinen nicht gleich e^{Y+Z}.

Also folgt aus Formel (104) und der bewiesenen Eigenschaft der Exponentialmatrizen: Ist die Determinante der Matrix $X^{(0)}$, welche durch die Anfangsbedingungen gebildet wird, von Null verschieden, so ist auch die Determinante der Matrix X für jedes t von Null verschieden. Dann liefert die Matrix X uns n linear unabhängige Lösungen des Systems (102). Wir zeigen jetzt: Ist Y eine Matrix, die irgendwelche n Lösungen des Systems (102) liefert, so ist sie durch die oben erwähnte Matrix X mittels

$$Y = XB \tag{107}$$

ausdrückbar, wobei B eine Matrix mit konstanten Elementen ist.

Die Formel (107) bringt offensichtlich die Tatsache zum Ausdruck, daß jede Lösung des Systems als Linearkombination von n linear unabhängigen Lösungen darstellbar ist. Zum Beweis der Formel (107) bemerken wir zunächst, daß Y nach Voraussetzung die Bedingung (102) erfüllen muß. Es gilt also

$$\frac{dY}{dt} = AY. \tag{108}$$

Außerdem hat nach Voraussetzung die Matrix X, die ebenfalls der Gleichung (102) genügt, eine von Null verschiedene Determinante; folglich existiert die inverse Matrix X^{-1}. Gemäß der Differentiationsregel für inverse Matrizen gilt

$$\frac{dX^{-1}}{dt} = -X^{-1}\frac{dX}{dt}X^{-1}$$

oder, wenn man (102) berücksichtigt,

$$\frac{dX^{-1}}{dt} = -X^{-1}AXX^{-1} = -X^{-1}A. \tag{109}$$

Wir bilden jetzt die Ableitung des Produktes $X^{-1}Y$:

$$\frac{d}{dt}(X^{-1}Y) = \frac{dX^{-1}}{dt}Y + X^{-1}\frac{dY}{dt},$$

woraus wegen (108) und (109)

$$\frac{d}{dt}(X^{-1}Y) = -X^{-1}AY + X^{-1}AY$$

folgt; also ist

$$\frac{d}{dt}(X^{-1}Y) = 0.$$

Somit sehen wir, daß das Produkt $X^{-1}Y$ eine Matrix B ist, deren Elemente nicht von t abhängen; hieraus ergibt sich unmittelbar die Formel (107).

94. Funktionen mehrerer Matrizen. Nun sollen wichtige Begriffe und Tatsachen erläutert werden, die Funktionen mehrerer Matrizen betreffen. Wegen der Nichtkommutativität ist die gesamte Theorie der Funktionen mehrerer veränderlicher Matrizen bedeutend komplizierter als die der Funktionen einer veränderlichen Matrix, und wir beschränken uns deshalb lediglich auf die Darlegung der Grundzüge der Theorie.

Wir beginnen mit einem Polynom. Die allgemeine Gestalt eines homogenen Polynoms zweiten Grades von zwei Matrizen ist

$$aX_1^2 + bX_1X_2 + cX_2X_1 + dX_2^2.$$

Ein homogenes Polynom zweiten Grades von l veränderlichen Matrizen lautet

$$\sum_{i,k=1}^{l} a_{ik} X_i X_k ,$$

wobei die Summation über die Indizes i und k zu erstrecken ist, die unabhängig voneinander alle ganzen Zahlen von 1 bis l durchlaufen. Ein homogenes Polynom vom Grade m von l veränderlichen Matrizen hat die Gestalt

$$\sum_{j_1,\ldots,j_m=1}^{l} a_{j_1 \ldots j_m} X_{j_1} \cdots X_{j_m}. \tag{110}$$

Hier bezeichnen die $a_{j_1 \ldots j_m}$ wieder gewisse Zahlkoeffizienten, und jede der Summationsvariablen j_k durchläuft alle ganzen Zahlen von 1 bis l, so daß die angegebene Summe insgesamt l^m Summanden enthält. Wir betrachten jetzt den Spezialfall, daß in Formel (110) sämtliche Koeffizienten $a_{j_1 \ldots j_m}$ gleich Eins sind:

$$\sum_{j_1,\ldots,j_m=1}^{l} X_{j_1} \cdots X_{j_m}. \tag{111}$$

Man prüft leicht nach, daß die Summe (111) die m-te Potenz der Summe der Matrizen X_{j_k} ist, daß also

$$(X_1 + \cdots + X_l)^m = \sum_{j_1,\ldots,j_m=1}^{l} X_{j_1} \cdots X_{j_m} \tag{112}$$

gilt.

Es ist also für $m = 2$

$$(X_1 + X_2)^2 = (X_1 + X_2)(X_1 + X_2) = X_1^2 + X_1X_2 + X_2X_1 + X_2^2.$$

Jetzt wollen wir eine Potenzreihe von l Matrizen untersuchen. Diese Reihe kann in der Gestalt

$$a_0 + \sum_{m=1}^{\infty} \sum_{j_1,\ldots,j_m=1}^{l} a_{j_1 \ldots j_m} X_{j_1} \cdots X_{j_m} \tag{113}$$

geschrieben werden. Die vollständige Untersuchung der Konvergenz dieser Reihe macht bedeutend größere Schwierigkeiten als bei einer Potenzreihe einer Matrix. Wir beschränken uns daher lediglich auf den Beweis einer hinreichenden Bedingung für die absolute Konvergenz der Reihe (113). Letztere heißt dabei wieder – wie bei einer Reihe einer Matrix – absolut konvergent, falls die Reihe

$$|a_0| + \sum_{m=1}^{\infty} \sum_{j_1,\ldots,j_m=1}^{l} |a_{j_1 \ldots j_m}| \, |X_{j_1}| \cdots |X_{j_m}| \tag{114}$$

konvergiert. Die Konvergenz von (114) garantiert auch diejenige von (113) und die Unabhängigkeit der Summe dieser Reihe von der Reihenfolge der Summanden. Wir wählen eine ganze Zahl m und bezeichnen mit $a^{(m)}$ den größten der Beträge $|a_{j_1 \dots j_m}|$, so daß

(115) $$|a_{j_1 \dots j_m}| \leqslant a^{(m)}$$

gilt.

Wir bilden folgende Reihe einer komplexen Veränderlichen:

(116) $$\sum_{m=1}^{\infty} a^{(m)} z^m,$$

deren Konvergenzradius $n\varrho$ sei, wobei n der Grad der Matrizen ist. Ersetzt man in der Reihe (114) die Koeffizienten $|a_{j_1 \dots j_m}|$ durch größere, nämlich durch $a^{(m)}$, so erhält man die Reihe

$$|a_0| + \sum_{m=1}^{\infty} a^{(m)} \sum_{j_1, \dots, j_m = 1} |X_{j_1}| \cdots |X_{j_m}|,$$

die man offensichtlich in der Gestalt

(117) $$|a_0| + \sum_{m=1}^{\infty} a^{(m)} (|X_1| + \cdots + |X_l|)^m$$

schreiben kann.

Diese Reihe kann man als Potenzreihe einer einzigen Matrix

$$Z = |X_1| + \cdots + |X_l|$$

auffassen. Da der Konvergenzradius von (116) gleich $n\varrho$ ist, kann man behaupten [86], daß die Reihe (117) unter der Voraussetzung

(118) $$|X_1| + \cdots + |X_l| < ((\varrho))$$

konvergiert. Dann konvergiert die Reihe (114) erst recht. Wir erhalten somit folgenden

Satz. *Sind die positiven Zahlen $a^{(m)}$ durch die Bedingung* (115) *festgelegt und hat die Reihe* (116) *den Konvergenzradius $n\varrho$, so konvergiert die Potenzreihe* (113) *unter der Bedingung* (118) *absolut.*

In dem Spezialfall, daß der Konvergenzradius der Reihe (116) unendlich ist, konvergiert die Reihe (113) bei beliebiger Wahl der Matrizen X_k absolut.

Wir merken noch an, daß die Funktion $f(X_1, \dots, X_l)$, die als Summe der Reihe (113) definiert ist, offensichtlich die Bedingung

$$f(SX_1S^{-1}, \dots, SX_lS^{-1}) = Sf(X_1, \dots, X_l)\,S^{-1}$$

erfüllt, in der S eine beliebige Matrix mit von Null verschiedener Determinante ist. Eine entsprechende Eigenschaft hatten wir früher für analytische Funktionen einer einzigen veränderlichen Matrix erhalten.

Zum Schluß weisen wir noch auf eine Besonderheit von Potenzreihen mehrerer Matrizen in bezug auf den Eindeutigkeitssatz hin, ohne auf den Beweis einzugehen. Hier lautet der Eindeutigkeitssatz folgendermaßen: Falls die Gleichung

$$a_0 + \sum_{m=1}^{\infty} \sum_{j_1, \dots, j_m = 1}^{l} a_{j_1 \dots j_m} X_{j_1} \cdots X_{j_m} = b_0 + \sum_{m=1}^{\infty} \sum_{j_1, \dots, j_m = 1}^{l} b_{j_1 \dots j_m} X_{j_1} \cdots X_{j_m}$$

für alle Matrizen

$$X_1, \ldots, X_l$$

beliebigen Grades gilt, die genügend nahe bei der Nullmatrix liegen, so ist $b_0 = a_0$ und $b_{j_1 \ldots j_m} = a_{j_1 \ldots j_m}$.

Läßt man die Voraussetzung „beliebigen Grades“ weg, so ist der Satz falsch. Insbesondere kann man ein homogenes Polynom mit von Null verschiedenen Koeffizienten konstruieren,

$$\sum_{j_1, \ldots, j_m = 1}^{l} c_{j_1 \ldots j_m} X_{j_1} \cdots X_{j_m},$$

das für alle Matrizen X_s eines bestimmten Grades identisch verschwindet.

Der Aufbau einer allgemeinen Theorie der analytischen Funktionen von Matrizen und ihre Anwendung in der Theorie der Systeme linearer Differentialgleichungen ist in den Arbeiten I. A. Lappo-Danilewskis (1896–1931), die im Leningrader Journal der Physikalisch-mathematischen Gesellschaft erschienen sind, angegeben. Später wurden alle Untersuchungen aus dem Nachlaß Lappo-Danilewskis in den Arbeiten des Mathematischen Instituts der Akademie der Wissenschaften der UdSSR publiziert.

V. Lineare Differentialgleichungen

95. Entwicklung von Lösungen in Potenzreihen. Im zweiten Teil haben wir lineare Differentialgleichungen zweiter Ordnung mit veränderlichen Koeffizienten untersucht und uns insbesondere mit der Integration solcher Gleichungen mit Hilfe von Potenzreihen beschäftigt. Dort beschränkten wir uns darauf, zu zeigen, daß man die Differentialgleichung formal durch eine Potenzreihe erfüllen kann, ohne die Konvergenz dieser Reihe nachzuprüfen. Jetzt bringen wir eine vollständige und systematische Untersuchung linearer Differentialgleichungen zweiter Ordnung, deren Koeffizienten analytische Funktionen einer komplexen Veränderlichen sind. Die unabhängige Veränderliche in der Differentialgleichung wollen wir dabei als komplex annehmen und die gesuchte Funktion sowie die Koeffizienten als analytische Funktionen.

Wir schreiben die lineare Differentialgleichung zweiter Ordnung in der Gestalt

$$w'' + p(z)\,w' + q(z)\,w = 0, \tag{1}$$

wobei w' und w'' die Ableitungen der gesuchten Funktion w nach der komplexen Veränderlichen z sind.

Es sollen außerdem die Anfangsbedingungen

$$w\big|_{z=z_0} = c_0, \quad w'\big|_{z=z_0} = c_1 \tag{2}$$

erfüllt sein. Die Koeffizienten $p(z)$ und $q(z)$ mögen in dem Kreis $|z - z_0| < R$ reguläre Funktionen sein. Dann wollen wir zeigen, daß innerhalb dieses Kreises eine Lösung der Differentialgleichung (1) in Gestalt einer regulären Funktion existiert, die den Bedingungen (2) genügt. Führen wir neben w noch als gesuchte Funktion $u = w'$ ein, dann können wir die Differentialgleichung (1) als System zweier Differentialgleichungen erster Ordnung schreiben:

$$\frac{du}{dz} = -p(z)\,u - q(z)\,w; \quad \frac{dw}{dz} = u.$$

Um die Formeln symmetrisch zu machen, wollen wir gleich den allgemeinen Fall eines Systems zweier linearer Differentialgleichungen für zwei gesuchte Funktionen,

$$\frac{du}{dz} = a(z)\,u + b(z)\,v; \quad \frac{dv}{dz} = c(z)\,u + g(z)\,v, \tag{3}$$

untersuchen und zeigen, daß dieses System innerhalb des Kreises $|z - z_0| < R$ eine reguläre Lösung hat, die die beliebigen Anfangsbedingungen

$$u\big|_{z=z_0} = \alpha; \quad v\big|_{z=z_0} = \beta \tag{4}$$

erfüllt, wenn die Koeffizienten des Systems (3) innerhalb des erwähnten Kreises reguläre Funktionen sind.

Wir benutzen dabei dieselbe Methode der sukzessiven Approximation wie im Teil II; der Beweisgang ist hier derselbe wie dort. An Stelle des Systems (3) mit den Anfangsbedingungen (4) schreiben wir die Differentialgleichungen in Integralform:

$$(5)\qquad u = \alpha + \int_{z_0}^{z} [a(t)\,u + b(t)\,v]\,dt; \qquad v = \beta + \int_{z_0}^{z} [c(t)\,u + g(t)\,v]\,dt.$$

Wir nehmen einen neuen Kreis K mit $|z-z_0| < R_1$, wobei R_1 positiv und kleiner als R ist. In diesem Kreis einschließlich des Randes sind die Koeffizienten reguläre Funktionen, und folglich gelten dort die Ungleichungen

$$(6)\qquad |a(z)| < M; \quad |b(z)| < M; \quad |c(z)| < M; \quad |g(z)| < M,$$

in denen M eine hinreichend große feste positive Zahl ist. Wendet man die Methode der sukzessiven Approximation an, so ergibt sich

$$(7)\qquad u_0(z) = \alpha; \quad v_0(z) = \beta$$

und allgemein

$$(8)\qquad \begin{cases} u_{n+1}(z) = \alpha + \int_{z_0}^{z} [a(t)\,u_n + b(t)\,v_n]\,dt; \\ v_{n+1}(z) = \beta + \int_{z_0}^{z} [c(t)\,u_n + g(t)\,v_n]\,dt. \end{cases}$$

Bei jeder Integration stehen unter dem Integralzeichen reguläre Funktionen von t, und der Wert jedes Integrals ist unabhängig vom Wege innerhalb des Kreises K. Es sei ferner m eine positive Zahl, die den Ungleichungen

$$(9)\qquad |\alpha| \leqslant m; \quad |\beta| \leqslant m$$

genügt.

Der Einfachheit halber wollen wir $z_0 = 0$ voraussetzen und die Integration von 0 bis z längs einer Geraden erstrecken. Dann ist

$$(10)\qquad t = \varrho e^{i\varphi}; \quad dt = e^{i\varphi}\,d\varrho \qquad (0 \leqslant \varrho \leqslant R_1).$$

Die erste der Formeln (8) liefert uns für $n = 0$

$$u_1(z) - \alpha = \int_{0}^{\varrho} [a(t)\,\alpha + b(t)\,\beta]\,e^{i\varphi}\,d\varrho.$$

Ersetzt man unter dem Integral alle Glieder durch ihre absoluten Beträge und benutzt (6) und (7), so erhält man die Ungleichung

$$(11_1)\qquad |u_1(z) - u_0(z)| \leqslant 2Mm\varrho$$

und ebenso

$$(11_2)\qquad |v_1(z) - v_0(z)| \leqslant 2Mm\varrho.$$

Die erste der Gleichungen (8) lautet für $n = 1$

$$u_2(z) = \alpha + \int_{0}^{z} [a(t)\,u_1 + b(t)\,v_1]\,dt.$$

Zieht man von ihr die erste der Gleichungen (8) für $n = 0$ ab, so ergibt sich

$$u_2(z) - u_1(z) = \int_0^z [a(t)(u_1 - u_0) + b(t)(v_1 - v_0)]\, dt.$$

Ersetzt man wiederum alle Größen unter dem Integral durch ihre absoluten Beträge und benutzt die Ungleichungen (11_1) und (11_2), so gilt

$$|u_2(z) - u_1(z)| \leqslant (2M)^2 m \int_0^\varrho \sigma\, d\sigma$$

oder

$$|u_2(z) - u_1(z)| \leqslant m \frac{(2M\varrho)^2}{2!}$$

und ebenso

$$|v_2(z) - v_1(z)| \leqslant m \frac{(2M\varrho)^2}{2!}.$$

Durch Fortsetzen dieses Verfahrens erhält man die Abschätzungen

$$|u_{n+1}(z) - u_n(z)| \leqslant m \frac{(2M\varrho)^{n+1}}{(n+1)!},$$

$$|v_{n+1}(z) - v_n(z)| \leqslant m \frac{(2M\varrho)^{n+1}}{(n+1)!}.$$

Daraus folgt unmittelbar, daß die Glieder der Reihe

$$u_0 + [u_1(z) - u_0] + [u_2(z) - u_1(z)] + \cdots \tag{12}$$

im Kreis $|z - z_0| < R_1$ dem Betrage nach nicht größer als die positiven Zahlen

$$m \frac{(2M\varrho)^{n+1}}{(n+1)!}$$

sind, die eine konvergente Reihe bilden. Die Reihe (12) konvergiert also im Kreis $|z - z_0| < R_1$ absolut und gleichmäßig. Die Summe der ersten $n + 1$ Glieder dieser Reihe ist $u_n(z)$, und folglich strebt $u_n(z)$ im genannten Kreis gleichmäßig gegen eine bestimmte Funktion $u(z)$. Ebenso strebt $v_n(z)$ gleichmäßig gegen eine bestimmte Funktion $v(z)$. Nach dem WEIERSTRASSschen Satz über gleichmäßig konvergente Reihen sind diese Funktionen innerhalb des Kreises K ebenfalls regulär. Wir kehren nun zu den Formeln (8) zurück. In der ersten strebt der Integrand gleichmäßig gegen die Grenzfunktion

$$a(z)\, u + b(z)\, v.$$

Bekanntlich [I, 146] bedeutet aber die gliedweise Integration einer gleichmäßig konvergenten Reihe dasselbe wie der Grenzübergang unter dem Integralzeichen für eine gleichmäßig konvergente Funktionenfolge. Geht man also in den Gleichungen (8) zur Grenze über, so sieht man, daß die Grenzfunktionen u und v die Gleichungen (5) erfüllen müssen. Wird in diesen Gleichungen $z = z_0$ gesetzt, dann folgt daraus, daß u und v den Anfangsbedingungen (4) genügen. Aus der Differentiation der Gleichungen (5) ersieht man, daß die Grenzfunktionen eine Lösung des Systems (3) bilden.

Wir wenden uns jetzt wieder der Gleichung (1) zu, die, wie wir gesehen haben, ein Spezialfall des Systems (3) ist. Es wurde gezeigt, daß in einem beliebigen Kreis um z_0, der innerhalb des Kreises $|z - z_0| < R$ liegt, eine Lösung der Differentialgleichung existiert, die den Bedingungen (2) für beliebige c_0 und c_1 genügt. Die Funktionen $p(z)$ und $q(z)$ seien innerhalb des Kreises $|z - z_0| < R$ in die Potenzreihen

$$p(z) = a_0 + a_1 (z - z_0) + \cdots; \quad q(z) = b_0 + b_1 (z - z_0) + \cdots$$

entwickelbar.

Die gefundene Lösung ist ebenfalls eine reguläre Funktion, und daher muß sie gleichfalls eine Potenzreihenentwicklung gestatten, wobei wegen (2) die ersten beiden Koeffizienten der Entwicklung gleich c_0 und c_1 sein müssen,

$$w = c_0 + c_1 (z - z_0) + c_2 (z - z_0)^2 + \cdots. \tag{13}$$

Setzen wir diese Reihe in die Gleichung (1) ein, so erhalten wir durch Koeffizientenvergleich bei den verschiedenen Potenzen von z – wie wir dies schon in [II, 45] gesehen haben – Gleichungen der Gestalt

$$2 \cdot 1 c_2 + a_0 c_1 + b_0 c_0 = 0;$$
$$3 \cdot 2 c_3 + 2 a_0 c_2 + a_1 c_1 + b_0 c_1 + b_1 c_0 = 0;$$
$$\cdots\cdots\cdots\cdots\cdots\cdots\cdots\cdots\cdots,$$

aus denen man nacheinander die Koeffizienten c_k bestimmen kann. Das zeigt uns vor allem, daß es nur eine einzige Lösung geben kann. Außerdem folgt aus dem vorigen Beweis ihre Existenz, d. h., setzt man die Koeffizienten in die Reihe (13) ein, so konvergiert diese Reihe in jedem abgeschlossenen Kreis, der innerhalb $|z - z_0| < R$ liegt, d. h., sie konvergiert innerhalb des Kreises $|z - z_0| < R$. Wir erhalten somit den folgenden Hauptsatz:

Satz I. *Sind die Koeffizienten der Differentialgleichung* (1) *im Kreis* $|z - z_0| < R$ *reguläre Funktionen, so besitzt sie dort eine eindeutig bestimmte Lösung, die die Anfangsbedingungen* (2) *für beliebig vorgegebene* c_0 *und* c_1 *erfüllt.*

Gibt man für c_0 und c_1 bestimmte Zahlenwerte vor, so kann man Lösungen w_1 und w_2 konstruieren, die den Anfangsbedingungen

$$w_1 \big|_{z=z_0} = \alpha_1; \quad w_1' \big|_{z=z_0} = \beta_1;$$
$$w_2 \big|_{z=z_0} = \alpha_2; \quad w_2' \big|_{z=z_0} = \beta_2$$

genügen. Ist

$$\alpha_1 \beta_2 - \alpha_2 \beta_1 \neq 0, \tag{14}$$

dann ist jede im Kreis $|z - z_0| < R$ reguläre Lösung w durch w_1 und w_2 als Linearkombination

$$w = A_1 w_1 + A_2 w_2 \tag{15}$$

darstellbar.

Erfüllt nämlich diese Lösung w die Anfangsbedingungen (2), so erhält man für die Konstanten A_1 und A_2 das Gleichungssystem

$$A_1 \alpha_1 + A_2 \alpha_2 = c_0; \quad A_1 \beta_1 + A_2 \beta_2 = c_1.$$

Dieses System liefert wegen (14) für A_1 und A_2 bestimmte Werte. Die oben konstruierten Lösungen w_1 und w_2 sind linear unabhängige Lösungen der Differentialgleichung (1) [II, 24].

Bemerkung. Die Anwendung der Methode der sukzessiven Approximation auf das System (3) hat uns für die Funktion u zu der unendlichen Reihe (12) geführt. Sie ist zwar keine Potenzreihe, aber ihre gleichmäßige Konvergenz im Kreis $|z - z_0| < R$ garantiert uns dort die Existenz einer regulären Lösung, die ihrerseits durch eine Potenzreihe darstellbar ist. Wir können die Funktionen $u_n(z)$ und die Reihe (12) in jedem Gebiet konstruieren, in dem die Koeffizienten des Systems (3) regulär sind. Mit Hilfe von Überlegungen, die den vorigen entsprechen, kann man zeigen, daß in jedem dieser Gebiete die Reihe (12) und die analoge Reihe für v gleichmäßig konvergent sind und eine Lösung des Systems ergeben. Die Gestalt dieser Reihen wollen wir später in einigen Fällen angeben.

96. Analytische Fortsetzung einer Lösung. Wir setzen jetzt voraus, daß die Koeffizienten $p(z)$ und $q(z)$ der Differentialgleichung (1) in einem Gebiet B der komplexen z-Ebene reguläre Funktionen sind. Wir wählen eine bestimmte Lösung dieser Differentialgleichung, die die Anfangsbedingungen (2) in einem Punkte z_0 aus B erfüllt. Diese Lösung ist gemäß dem vorhin Gesagten in eine Potenzreihe entwickelbar, die in einem Kreis um z_0 konvergiert, der noch ganz innerhalb des Gebietes B liegt (es kann aber sein, daß sie auch in einem größeren Gebiet konvergiert); sie ist eine Reihe der Gestalt (13). Innerhalb des Konvergenzkreises dieser Reihe wählen wir einen festen Punkt z_1 und ordnen unsere Reihe nach Potenzen von $z - z_1$, wie wir das bei der analytischen Fortsetzung einer Funktion getan haben. Wir erhalten dann die neue Reihe

$$\sum_{k=0}^{\infty} d_k (z - z_1)^k. \tag{16}$$

Ihre Summe ist im gemeinsamen Teil der Konvergenzkreise der Reihen (13) und (16) mit w identisch. Folglich ist in diesem Teilgebiet die Summe $f(z)$ der Reihe (16) eine Lösung der Differentialgleichung (1). Mit anderen Worten: Setzt man $w = f(z)$ in die linke Seite der Differentialgleichung (1) ein, so ist diese linke Seite in einem Teilgebiet des Konvergenzkreises der Reihe (16) gleich Null. Aber dann verschwindet sie nach dem Prinzip der analytischen Fortsetzung in allen Teilgebieten dieses Kreises, die B angehören. Die Reihe (16) liefert also ebenfalls eine Lösung unserer Differentialgleichung. Diese Lösung ist durch ihre Anfangsbedingungen im Punkte z_1 vollständig bestimmt. Letztere lauten offensichtlich

$$f(z_1) = w\,|_{z=z_1}; \quad f'(z_1) = w'\,|_{z=z_1},$$

wobei w durch die Ausgangsreihe (13) definiert ist.

Wegen des im vorigen Abschnitt bewiesenen Satzes konvergiert die Reihe (16) sicherlich in einem Kreis, dessen Mittelpunkt der Punkt z_1 ist und der dem Gebiet angehört, in dem $p(z)$ und $q(z)$ reguläre Funktionen sind. Wir gelangen somit zu folgendem

Satz II. *Sind die Koeffizienten $p(z)$ und $q(z)$ in einem Gebiet B reguläre Funktionen, so kann jede Lösung der Differentialgleichung* (1), *die durch eine Potenzreihe mit dem Zentrum in B darstellbar ist, längs jedes beliebigen innerhalb B verlaufenden Weges analytisch fortgesetzt werden. Diese Fortsetzung liefert stets wieder eine Lösung der Differentialgleichung.*

Wir bringen nun einige wesentliche Ergänzungen zu diesem Satz und weisen auf folgendes hin: Ist B ein einfach zusammenhängendes Gebiet, so stellt w nach dem Monodromiesatz [18] dort eine eindeutige reguläre Funktion dar, die nach dem Bewiesenen eine Lösung der Differentialgleichung (1) ist. Ist jedoch B mehrfach zusammenhängend, dann ist w dort im allgemeinen keine eindeutige Funktion.

Sind w_1 und w_2 zwei Lösungen der Differentialgleichung (1), so gilt die Formel [**II, 24**]

$$\frac{d}{dz}\left(\frac{w_2}{w_1}\right) = \frac{C}{w_1^2} e^{-\int_{z_0}^{z} p(t)\,dt}, \tag{17}$$

in der C eine Konstante ist. Ist sie von Null verschieden, so ist die linke Seite bei der analytischen Fortsetzung stets ungleich Null. Somit liefert die analytische Fortsetzung linear unabhängiger Lösungen wieder linear unabhängige Lösungen, und Formel (15) liefert die analytische Fortsetzung jeder Lösung durch die analytischen Fortsetzungen zweier linear unabhängiger Lösungen.

Sind beispielsweise die Koeffizienten $p(z)$ und $q(z)$ rationale Funktionen, so kann jede Lösung der Differentialgleichung auf jedem beliebigen Wege analytisch fortgesetzt werden, der nicht durch die Pole von $p(z)$ und $q(z)$ hindurchführt.

97. Die Umgebung eines singulären Punktes. Wir untersuchen jetzt das Verhalten einer Lösung in der Umgebung eines singulären Punktes der Koeffizienten $p(z)$ und $q(z)$. Es möge also der Punkt $z = z_0$ ein Pol oder ein wesentlich singulärer Punkt für die Koeffizienten $p(z)$ und $q(z)$ sein, wobei diese innerhalb eines gewissen Ringes K um z_0 mit beliebig kleinem innerem Radius durch LAURENTsche Reihen darstellbar seien:

$$\left\{\begin{aligned} p(z) &= \sum_{k=-\infty}^{+\infty} a_k (z - z_0)^k; \\ q(z) &= \sum_{k=-\infty}^{+\infty} b_k (z - z_0)^k \qquad (0 < |z - z_0| < R). \end{aligned}\right. \tag{18}$$

Jede Lösung der Differentialgleichung (1) kann innerhalb des Ringes K auf beliebige Weise analytisch fortgesetzt werden. Beim Umlaufen des Punktes $z = z_0$ kann jedoch die Lösung w bereits auf neue Werte führen, d. h., $z = z_0$ ist im allgemeinen ein Verzweigungspunkt von w. Wir wollen seinen Charakter ausführlicher erläutern. Dazu wählen wir irgend zwei linear unabhängige Lösungen w_1 und w_2. Schneidet man den Ring vom Zentrum aus längs eines beliebigen Radius auf, so sind w_1 und w_2 in dem so erhaltenen einfach zusammenhängenden Gebiet reguläre und eindeutige Funktionen, aber auf entgegengesetzten Ufern des Schnittes nehmen sie im allgemeinen verschiedene Werte an. Mit anderen Worten, nach dem Umlaufen des Punktes $z = z_0$ gehen w_1 und w_2 in neue Funktionen w_1^+ und w_2^+ über. Diese neuen Funktionen müssen ebenfalls Lösungen der Differentialgleichung und folglich durch w_1 und w_2 linear kombinierbar sein. Es müssen also Formeln der Gestalt

$$\left\{\begin{aligned} w_1^+ &= a_{11} w_1 + a_{12} w_2; \\ w_2^+ &= a_{21} w_1 + a_{22} w_2 \end{aligned}\right. \tag{19}$$

gelten, in denen die a_{ik} bestimmte Konstanten sind. Anders ausgedrückt: Beim Umlaufen eines singulären Punktes erfahren linear unabhängige Lösungen eine lineare Transformation; man sieht leicht, daß

$$a_{11} a_{22} - a_{12} a_{21} \neq 0 \tag{20}$$

ist. Wäre nämlich $a_{11}a_{22} - a_{12}a_{21} = 0$, so würden sich die Lösungen w_1^+ und w_2^+ lediglich durch konstante Faktoren unterscheiden, wären also linear abhängig; das ist aber unmöglich, da wir früher gesehen haben, daß die analytische Fortsetzung linear unabhängiger Lösungen wieder auf linear unabhängige Lösungen führt. Die Gestalt der linearen Transformation (19) hängt natürlich von der Wahl der Lösungen w_1 und w_2 ab.

Wir wollen eine Lösung konstruieren, die sich beim Umlaufen des singulären Punktes lediglich mit einem konstanten Faktor multipliziert, für die also die lineare Transformation die elementare Gestalt

$$w^+ = \lambda w \tag{21}$$

hat. Diese Lösung ist, falls sie existiert, eine Linearkombination von w_1 und w_2, also

$$w = b_1 w_1 + b_2 w_2,$$

und es sind die Koeffizienten b_1 und b_2 zu bestimmen. Wegen (21) muß

$$b_1 w_1^+ + b_2 w_2^+ = \lambda\,(b_1 w_1 + b_2 w_2)$$

sein, und wir erhalten mit Rücksicht auf (19)

$$b_1\,(a_{11}w_1 + a_{12}w_2) + b_2(a_{21}w_1 + a_{22}w_2) = \lambda\,(b_1 w_1 + b_2 w_2).$$

Durch Vergleich der Koeffizienten von w_1 und w_2 auf beiden Seiten der letzten Gleichung erhält man ein System homogener Gleichungen für b_1 und b_2:

$$\begin{cases} (a_{11} - \lambda)\,b_1 + a_{21}b_2 = 0; \\ a_{12}b_1 + (a_{22} - \lambda)\,b_2 = 0. \end{cases} \tag{22}$$

Damit (22) für b_1 und b_2 ein von der Null-Lösung verschiedenes Lösungssystem hat, muß die Determinante des angegebenen Systems verschwinden, also

$$\begin{vmatrix} a_{11} - \lambda & a_{21} \\ a_{12} & a_{22} - \lambda \end{vmatrix} = 0 \tag{23}$$

sein.

Das ist eine quadratische Gleichung für λ. Nimmt man eine ihrer beiden Wurzeln, z. B. $\lambda = \lambda_1$, und setzt diesen Wert in (22) ein, so erhält man ein von der Null-Lösung verschiedenes Lösungssystem b_1 und b_2. Somit liefern die Wurzeln der Gleichung (23) die möglichen Werte der Faktoren λ in Formel (21). Diese Wurzeln sind also gleich den Zahlen, mit denen man eine Lösung der Differentialgleichung (1) nach dem Umlaufen des singulären Punktes z_0 in positiver Richtung multiplizieren muß, damit sie eine Lösung bleibt. Wählen wir andere linear unabhängige Ausgangslösungen, so ist zwar die lineare Transformation (19) eine andere, aber die Wurzeln der Gleichung (23) müssen dieselben bleiben, da diese die obengenannte wohldefinierte Bedeutung haben, die nicht von der Wahl der Lösungsbasis abhängt.

Wir nehmen zunächst an, daß die quadratische Gleichung zwei verschiedene Wurzeln

$$\lambda = \lambda_1 \quad \text{und} \quad \lambda = \lambda_2$$

habe. Dann erhalten wir zwei Lösungen, die den Bedingungen

$$w_1^+ = \lambda_1 w_1; \quad w_2^+ = \lambda_2 w_2 \tag{24}$$

genügen. Diese beiden Lösungen sind wieder linear unabhängig. Sonst wäre nämlich das Verhältnis $\frac{w_2}{w_1}$ eine konstante Größe und würde sich beim Umlaufen des singulären Punktes nicht ändern, andererseits erhielte es dabei aber wegen (24) den Faktor $\frac{\lambda_2}{\lambda_1}$. Wegen (20) sind die Zahlen λ_1 und λ_2 sicher von Null verschieden.

Wir betrachten die zwei Zahlen

$$\varrho_1 = \frac{1}{2\pi i} \log \lambda_1; \quad \varrho_2 = \frac{1}{2\pi i} \log \lambda_2, \tag{25}$$

wobei die Werte der Logarithmen willkürlich gewählt sind, und bilden die beiden Funktionen

$$(z - z_0)^{\varrho_1} = e^{\varrho_1 \log (z - z_0)}; \quad (z - z_0)^{\varrho_2} = e^{\varrho_2 \log (z - z_0)}.$$

Beim Umlaufen des singulären Punktes multiplizieren sie sich mit den Faktoren

$$e^{\varrho_1 2\pi i} = e^{\log \lambda_1} = \lambda_1; \quad e^{\varrho_2 2\pi i} = e^{\log \lambda_2} = \lambda_2.$$

Somit bleiben dabei die Quotienten

$$\frac{w_1}{(z - z_0)^{\varrho_1}} \quad \text{und} \quad \frac{w_2}{(z - z_0)^{\varrho_2}}$$

eindeutig. Aus diesem Grunde sind sie in der Umgebung des Punktes $z = z_0$ reguläre und eindeutige Funktionen und folglich dort durch LAURENTsche Reihen darstellbar. Daher gelten für die konstruierten Lösungen in der Umgebung des singulären Punktes die Darstellungen

$$\begin{cases} w_1 = (z - z_0)^{\varrho_1} \sum\limits_{k=-\infty}^{+\infty} c'_k (z - z_0)^k; \\ w_2 = (z - z_0)^{\varrho_2} \sum\limits_{k=-\infty}^{+\infty} c''_k (z - z_0)^k. \end{cases} \tag{26}$$

Da $\log \lambda$ nur bis auf einen Summanden der Form $2m\pi i$ bestimmt ist, wobei m eine beliebige ganze Zahl ist, sind also wegen (25) die Zahlen ϱ_1 und ϱ_2 nur bis auf ganzzahlige Summanden definiert. Das stimmt völlig mit den Formeln (26) überein; denn multipliziert man die LAURENTsche Reihe mit $(z-z_0)^m$ bei beliebigem ganzem m, so erhält man wieder eine LAURENTsche Reihe. Daher sind die Exponenten ϱ_1 und ϱ_2 in den Formeln (26) nur bis auf ganzzahlige Summanden definiert.

Wir nehmen jetzt an, die Wurzeln der Gleichung (23) seien gleich, also $\lambda_1 = \lambda_2$. Wir können dann wie oben eine Lösung der Differentialgleichung konstruieren, die der Bedingung

$$w_1^+ = \lambda_1 w_1 \tag{27}$$

genügt.

Wir wählen irgendeine zweite Lösung w_2, die linear unabhängig von w_1 ist. Beim Umlaufen des singulären Punktes erfährt sie eine lineare Transformation der Gestalt

$$w_2^+ = a_{21} w_1 + a_{22} w_2. \tag{28}$$

Die quadratische Gleichung (23) für die so konstruierte Lösung lautet

$$\begin{vmatrix} \lambda_1 - \lambda & a_{21} \\ 0 & a_{22} - \lambda \end{vmatrix} = 0 .$$

Sie hat nach Voraussetzung die Doppelwurzel $\lambda_1 = \lambda_2$, woraus unmittelbar folgt, daß $a_{22} = \lambda_1$ ist. Formel (28) muß also die Gestalt

$$w_2^+ = \lambda_1 w_2 + a_{21} w_1 \tag{29}$$

haben.

Wegen (27) und (29) erhält das Verhältnis $\frac{w_2}{w_1}$ beim Umlaufen des singulären Punktes nur einen konstanten Summanden,

$$\left(\frac{w_2}{w_1}\right)^+ = \left(\frac{w_2}{w_1}\right) + \frac{a_{21}}{\lambda_1} ;$$

folglich ist die Differenz

$$\frac{w_2}{w_1} - \frac{a_{21}}{2\pi i \lambda_1} \log (z - z_0) = \frac{w_2}{w_1} - a \log (z - z_0)$$

beim erwähnten Umlauf eindeutig und in eine LAURENTsche Reihe entwickelbar. Berücksichtigt man also, daß w_1 die Gestalt (26) hat und daß das Produkt einer LAURENTschen Reihe mit w_1 von derselben Form wie w_1 ist, so sieht man, daß unsere Lösung in der Nähe des singulären Punktes eine Darstellung der Gestalt

$$\left\{ \begin{aligned} w_1 &= (z - z_0)^{\varrho_1} \sum_{k=-\infty}^{+\infty} c_k' (z - z_0)^k ; \\ w_2 &= (z - z_0)^{\varrho_1} \sum_{k=-\infty}^{+\infty} c_k'' (z - z_0)^k + a w_1 \log (z - z_0) \end{aligned} \right. \tag{30}$$

besitzt.

Wir erhalten somit folgenden

Satz III. *Ist $z = z_0$ ein Pol oder ein wesentlich singulärer Punkt für die Koeffizienten $p(z)$ und $q(z)$, so existieren zwei linear unabhängige Lösungen, die in der Nähe dieses Punktes in der Gestalt* (26) *oder* (30) *darstellbar sind.*

Es kann passieren, daß im zweiten Fall, bei dem die Wurzeln der Gleichung (23) übereinstimmen, die Konstante a_{21} und die mit ihr verknüpfte Konstante

$$a = \frac{a_{21}}{2\pi i \lambda_1}$$

gleich Null sind. Dann gilt in der Nähe dieses Punktes auch jetzt die Formel (26).

Alles Bisherige bezog sich darauf, daß der Punkt z_0 im Endlichen liegt. Für die Untersuchung des unendlich fernen Punktes der Ebene müssen wir für z die neue unabhängige Veränderliche t nach der Formel

$$z = \frac{1}{t} ; \quad t = \frac{1}{z}$$

einführen.

Ersetzt man die Differentiation nach z durch diejenige nach t, so gilt

$$\frac{d}{dz} = - t^2 \frac{d}{dt} ; \quad \frac{d^2}{dz^2} = t^4 \frac{d^2}{dt^2} + 2t^3 \frac{d}{dt} ,$$

und die Differentialgleichung (1) hat in der neuen unabhängigen Veränderlichen die Gestalt

$$t^4 \frac{d^2 w}{dt^2} + \left[2t^3 - t^2 p\left(\frac{1}{t}\right)\right] \frac{dw}{dt} + q\left(\frac{1}{t}\right) w = 0 . \tag{31}$$

Für diese neue Differentialgleichung geht der frühere unendlich ferne Punkt in den Punkt $t = 0$ über, und wir müssen nach dem obigen Verfahren die Umgebung dieses Punktes untersuchen.

Alle vorigen Überlegungen sind rein theoretischer Natur gewesen. Sie liefern kein praktisches Verfahren für die Konstruktion der quadratischen Gleichung (23) und für die Bestimmung der Koeffizienten in den Entwicklungen (26) und (30). Nun wollen wir ein praktisches Verfahren zur Bestimmung der Zahlen ϱ und der erwähnten Koeffizienten entwickeln. Wir betrachten allerdings nur den Fall, daß die Entwicklungen in diesen Formeln lediglich endlich viele Glieder mit negativen Exponenten enthalten.

Dann heißt der singuläre Punkt $z = z_0$ *außerwesentlich singulär*, d. h., *ein Pol oder ein wesentlich singulärer Punkt der Koeffizienten der Differentialgleichung* (1) *heißt außerwesentlich singulärer Punkt*[1]) *dieser Differentialgleichung, wenn die* Laurent-*Entwicklungen* (26) *oder* (30) *nur endlich viele Glieder mit negativen Exponenten enthalten.* Indem man zu ϱ_1 und ϱ_2 eine geeignete ganze Zahl addiert, kann man bei einem außerwesentlich singulären Punkt stets erreichen, daß die Potenzreihen in den Formeln (26) oder (30) überhaupt keine Glieder mit negativen Exponenten enthalten und mit dem freien Glied beginnen. An Stelle von (26) können wir dann schreiben:

$$\left\{\begin{aligned} w_1 &= (z - z_0)^{\varrho_1} \sum_{k=0}^{\infty} c'_k (z - z_0)^k ; \\ w_2 &= (z - z_0)^{\varrho_2} \sum_{k=0}^{\infty} c''_k (z - z_0)^k \end{aligned}\right. \qquad (c'_0 \text{ und } c''_0 \neq 0) . \tag{26$_1$}$$

Enthält mindestens eine der Entwicklungen in den Formeln (26) oder (30) unendlich viele Glieder mit negativen Exponenten, so heißt der Punkt *wesentlich singulär.* Wir benötigen nun vor allem ein Kriterium, nach dem wir den Koeffizienten der Differentialgleichung ansehen können, ob der singuläre Punkt wesentlich oder außerwesentlich singulär ist.

98. Außerwesentlich singuläre Punkte. Es seien w_1 und w_2 zwei analytische Funktionen, die voneinander linear unabhängig sind. Man kann leicht eine lineare Differentialgleichung konstruieren, deren Lösungen diese Funktionen sind. Gilt nämlich

$$w''_1 + p(z) w'_1 + q(z) w_1 = 0 ;$$
$$w''_2 + p(z) w'_2 + q(z) w_2 = 0 ,$$

so kann man daraus leicht die Koeffizienten der Differentialgleichung bestimmen; es ist nämlich [II, 24]

$$p(z) = -\frac{w''_2 w_1 - w''_1 w_2}{w'_2 w_1 - w'_1 w_2} \tag{32}$$

[1]) Fuchs (siehe [99]) spricht von einer *Stelle der Bestimmtheit,* weil die Lösungen für reelle ϱ_1 und ϱ_2 mit $z \to z_0$ bestimmten Grenzwerten zustreben. (Anm. d. wiss. Red.)

und

$$q(z) = -\frac{w_1''}{w_1} - p(z)\frac{w_1'}{w_1}. \tag{33}$$

Wir nehmen an, daß der Punkt $z = z_0$ ein außerwesentlich singulärer Punkt sei, und betrachten nur den Fall $\varrho_1 \neq \varrho_2$, da der Fall der Formeln (30) in gleicher Weise behandelt wird. Im folgenden wollen wir mit $P_k(z - z_0)$ die Reihen bezeichnen, die nach ganzen positiven Potenzen von $z - z_0$ mit von Null verschiedenem freien Glied fortschreiten. Da wir außerwesentliche Singularität des Punktes $z = z_0$ vorausgesetzt haben, erhalten wir eine Lösung der Gestalt

$$w_1 = (z - z_0)^{\varrho_1} P_1(z - z_0); \quad w_2 = (z - z_0)^{\varrho_2} P_2(z - z_0).$$

Also ist

$$\frac{w_2}{w_1} = (z - z_0)^{\varrho_2 - \varrho_1} P_3(z),$$

da der Quotient zweier Potenzreihen mit freien Gliedern ebenfalls eine Potenzreihe mit freiem Glied ist. Ferner gilt

$$\Delta(z) = w_2' w_1 - w_1' w_2 = w_1^2 \frac{d}{dz}\left(\frac{w_2}{w_1}\right) = (z - z_0)^{2\varrho_1} P_4(z - z_0)\,[(z - z_0)^{\varrho_2 - \varrho_1} P_3(z)]'$$

oder, wenn man das Produkt differenziert und $(z - z_0)^{\varrho_2 - \varrho_1 - 1}$ vor die Klammer zieht,

$$\Delta(z) = (z - z_0)^{\varrho_1 + \varrho_2 - 1} P_5(z - z_0).$$

Differenziert man nach z, so kommt

$$\Delta'(z) = (\varrho_1 + \varrho_2 - 1)(z - z_0)^{\varrho_1 + \varrho_2 - 2} P_5(z - z_0) + (z - z_0)^{\varrho_1 + \varrho_2 - 1} P_5'(z - z_0)$$

und folglich

$$p(z) = -\frac{\Delta'(z)}{\Delta(z)} = \frac{1 - \varrho_1 - \varrho_2}{z - z_0} + \frac{P_5'(z - z_0)}{P_5(z - z_0)},$$

d. h., $p(z)$ kann im Punkt $z = z_0$ keinen Pol von höherer als erster Ordnung haben.

Durch Differentiation von w_1 folgt unmittelbar, daß auch $\frac{w_1'}{w_1}$ im Punkt z_0 keinen Pol von höherer als erster Ordnung hat und $\frac{w_1''}{w_1}$ keinen von höherer als zweiter Ordnung. Die Gleichung (33) zeigt dann, daß $q(z)$ dort keinen Pol von höherer als zweiter Ordnung besitzt.

Wir gelangen somit zu folgendem

Satz I. *Eine notwendige Bedingung dafür, daß der Punkt z_0 außerwesentlich singulär ist, besteht in folgendem: Der Koeffizient $p(z)$ besitzt dort einen Pol höchstens erster Ordnung und der Koeffizient $q(z)$ einen von höchstens zweiter Ordnung. Die Differentialgleichung* (1) *muß also die Gestalt*

$$w'' + \frac{p_1(z)}{z - z_0} w' + \frac{q_1(z)}{(z - z_0)^2} w = 0 \tag{34}$$

haben, wobei $p_1(z)$ und $q_1(z)$ im Punkt z_0 regulär sind.

Wir zeigen jetzt, daß diese Bedingung für einen außerwesentlich singulären Punkt nicht nur notwendig, sondern auch hinreichend ist. Differentialgleichungen der Gestalt (34) sind gerade solche Gleichungen, die wir früher untersucht haben [**II**, 47]; für sie hatten wir eine formale Lösung in Gestalt einer verallgemeinerten Potenzreihe konstruiert. Jedoch haben wir uns damals nicht mit der Konvergenz der so konstruierten Reihe beschäftigt. Wir wollen diese Frage jetzt ausführlich untersuchen und beweisen, daß die konstruierte formale Reihe konvergiert und eine Lösung der Differentialgleichung liefert. Der Einfachheit halber setzen wir $z_0 = 0$.

Wir schreiben die Differentialgleichung (34) anders, indem wir sie mit z^2 multiplizieren,

$$z^2 w'' + z(a_0 + a_1 z + \cdots) w' + (b_0 + b_1 z + \cdots) w = 0, \tag{35}$$

und wollen für sie eine Lösung in der Gestalt

$$w = z^\varrho \sum_{k=0}^{\infty} c_k z^k \tag{36}$$

suchen. Setzt man (36) in die linke Seite der Gleichung (35) ein und die Koeffizienten der Potenzen von z gleich Null, so erhält man Gleichungen zur Bestimmung der Koeffizienten c_k. Sie lauten

$$\left\{\begin{array}{r} c_0 f_0(\varrho) = 0; \\ c_1 f_0(\varrho + 1) + c_0 f_1(\varrho) = 0; \\ c_2 f_0(\varrho + 2) + c_1 f_1(\varrho + 1) + c_0 f_2(\varrho) = 0; \\ \dots\dots\dots\dots\dots\dots\dots\dots ; \\ c_n f_0(\varrho + n) + c_{n-1} f_1(\varrho + n - 1) + \cdots + c_0 f_n(\varrho) = 0; \\ \dots\dots\dots\dots\dots\dots\dots\dots , \end{array}\right. \tag{37}$$

wobei wir der Kürze halber folgende Bezeichnungen eingeführt haben:

$$\left\{\begin{array}{l} f_0(\lambda) = \lambda(\lambda - 1) + \lambda a_0 + b_0; \\ f_k(\lambda) = \lambda a_k + b_k \end{array}\right. \qquad (k = 1, 2, \ldots). \tag{38}$$

Wie bereits erwähnt, dürfen wir $c_0 \neq 0$ voraussetzen, und die erste der Gleichungen (37) liefert uns eine quadratische Gleichung zur Bestimmung des Exponenten ϱ:

$$f_0(\varrho) = \varrho(\varrho - 1) + \varrho a_0 + b_0 = 0. \tag{39}$$

Man bezeichnet sie gewöhnlich als Fundamentalgleichung für den betrachteten singulären Punkt. Es sei ϱ_1 eine bestimmte Wurzel dieser Gleichung, und zwar derart, daß für jedes ganze positive n die Bedingung

$$f_0(\varrho_1 + n) \neq 0 \qquad (n = 1, 2, \ldots) \tag{40}$$

erfüllt ist. Dann geben uns die Gleichungen (37), beginnend mit der zweiten, die Möglichkeit, nacheinander $c_1, c_2, \ldots$ zu bestimmen. Der erste Koeffizient, c_0, bleibt willkürlich und spielt offensichtlich die Rolle eines beliebigen konstanten Faktors, so daß wir beispielsweise $c_0 = 1$ setzen können. Wir müssen jetzt noch zeigen, daß die so konstruierte Reihe (36) in einer gewissen Umgebung des Punktes $z = 0$ konvergent ist.

Es sei R der Konvergenzradius der Reihen, die in den Koeffizienten der Differentialgleichung (35) auftreten. Ist R_1 eine positive Zahl kleiner als R, so gilt für die Koeffizienten a_k und b_k dieser Reihen die Abschätzung [14]

$$|a_k| < \frac{m_1}{R_1^k}; \quad |b_k| < \frac{m_2}{R_1^k},$$

wobei m_1 und m_2 bestimmte Konstanten sind. Daraus ergibt sich

$$|a_k| + |b_k| < \frac{m_1 + m_2}{R_1^k},$$

und wählt man die Zahl M genügend groß, so gilt die Abschätzung

$$|a_k| + |b_k| < \frac{M}{R_1^k}. \tag{41}$$

Der Quotient

$$\frac{|\varrho| + n}{f_0(\varrho + n)} = \frac{|\varrho| + n}{(\varrho + n)(\varrho + n - 1) + (\varrho + n) a_0 + b_0}$$

strebt gegen Null, wenn die ganze Zahl n über alle Grenzen wächst, da der Zähler ein Polynom ersten Grades von n ist, jedoch der Nenner ein Polynom vom Grade zwei. Folglich kann man eine ganze positive Zahl N so finden, daß

$$|f_0(\varrho + n)| > |\varrho| + n \quad \text{für } n \geqq N \tag{42}$$

ist.

Aus den Formeln (37) ergibt sich

$$c_n = -\frac{f_1(\varrho + n - 1)}{f_0(\varrho + n)} c_{n-1} - \frac{f_2(\varrho + n - 2)}{f_0(\varrho + n)} c_{n-2} - \cdots - \frac{f_n(\varrho)}{f_0(\varrho + n)} c_0,$$

also ist

$$|c_n| \leqq \frac{|f_1(\varrho + n - 1)|}{|f_0(\varrho + n)|} |c_{n-1}| + \frac{|f_2(\varrho + n - 2)|}{|f_0(\varrho + n)|} |c_{n-2}| + \cdots + \frac{|f_n(\varrho)|}{|f_0(\varrho + n)|} |c_0|. \tag{43}$$

Ferner gilt

$$\begin{aligned} f_k(\varrho + n - k) &= b_k + (\varrho + n - k) a_k; \\ |f_k(\varrho + n - k)| &< |b_k| + (|\varrho| + n) |a_k| \end{aligned} \qquad (k = 1, 2, \ldots, n)$$

und daher erst recht

$$|f_k(\varrho + n - k)| < (|\varrho| + n)(|a_k| + |b_k|). \tag{44}$$

Wir können immer eine hinreichend große positive Zahl P so wählen, daß für die ersten N Koeffizienten die Abschätzung

$$|c_k| \leqq \frac{P^k}{R_1^k} \qquad (k = 0, 1, \ldots, N - 1) \tag{45}$$

richtig ist.

Wir hatten $c_0 = 1$ gesetzt und wollen nun P so wählen, daß

$$P > 1 + M \tag{46}$$

ist. Für die übrigen Koeffizienten von c_N ab können wir bereits die Gleichung (42) benutzen. Damit zeigen wir: Falls die Abschätzung (45) für alle c_k von c_0 bis c_n ausschließlich gilt, so ist sie auch für c_n richtig. Tatsächlich gilt wegen (42), (43) und (44)

$$|c_n| < (|a_1| + |b_1|) |c_{n-1}| + (|a_2| + |b_2|) |c_{n-2}| + \cdots + (|a_n| + |b_n|) |c_0|$$

oder wegen (41)

$$|c_n| < \frac{M}{R_1} |c_{n-1}| + \frac{M}{R_1^2} |c_{n-2}| + \cdots + \frac{M}{R_1^n} |c_0|.$$

Setzt man voraus, daß für $c_0, c_1, \ldots, c_{n-1}$ die Abschätzung (45) richtig ist, so ergibt sich

$$|c_n| < \frac{M}{R_1^n}(P^{n-1} + P^{n-2} + \cdots + 1) = \frac{M(P^n - 1)}{P - 1}\frac{1}{R_1^n}. \tag{47}$$

Wir zeigen jetzt, daß

$$\frac{M(P^n - 1)}{P - 1} < P^n \tag{48}$$

ist.

Diese Ungleichung ist gleichbedeutend mit

$$P^{n+1} - (1 + M)P^n + M > 0$$

oder

$$P^n[P - (1 + M)] + M > 0.$$

Letztere folgt unmittelbar aus (46). Die Ungleichungen (47) und (48) liefern

$$|c_n| \leqslant \frac{P^n}{R_1^n},$$

und unsere Behauptung ist bewiesen. Somit gilt die Abschätzung (45) bis zum Index $k = N - 1$ einschließlich wegen der Wahl der Zahl P. Für die weiteren Indizes gilt die Ungleichung (42). Mit ihrer Hilfe haben wir gezeigt: Falls die Abschätzung (45) für einen bestimmten Index gilt, so ist sie auch für den folgenden Index richtig. Damit haben wir bewiesen, daß sie für beliebige Indizes benutzt werden kann. Für beliebiges n ist also

$$|c_n| \leqslant \frac{P^n}{R_1^n}.$$

Aber die Reihe

$$\sum_{n=0}^{\infty} \frac{P^n}{R_1^n} z^n$$

ist sicherlich im Kreis $|z| < \frac{R_1}{P}$ absolut konvergent. Folglich ist dort die in Formel (36) angegebene Reihe, deren Glieder dem Betrage nach nicht größer sind als die Glieder der vorigen Reihe, ebenfalls absolut konvergent, und man darf sie, wie jede Potenzreihe, gliedweise differenzieren.

Damit haben wir bewiesen, daß die Formel (36) tatsächlich in einer gewissen Umgebung des Punktes $z = 0$ eine Lösung unserer Differentialgleichung liefert. Jetzt zeigen wir, daß die Reihe (36) in jedem Kreis $|z| < R$ konvergiert, in dem die als Koeffizienten in die Differentialgleichung (35) eingehenden Reihen konvergieren. Anderenfalls müßte nämlich die in der Umgebung von $z = 0$ durch eine Potenzreihe definierte Funktion (36) innerhalb des Kreises $|z| < R$ bei der analytischen Fortsetzung [18] einen singulären Punkt haben (der vom Punkte $z = 0$ verschieden ist). Das ist unmöglich, da die Koeffizienten der Differentialgleichung (35) in jedem Kreis $|z| < R$ außer im Punkte $z = 0$ reguläre Funktionen sind. Gemäß den Ergebnissen aus [97] kann also die Lösung bei der analytischen Fortsetzung keine derartigen singulären Punkte haben.

Ist die Differenz der Wurzeln der quadratischen Gleichung (39) keine ganze Zahl, so ist für jede der Wurzeln die Bedingung (40) erfüllt, und man kann daher zwei Lösungen der Gestalt (36) konstruieren, wobei diese Lösungen offensichtlich linear unabhängig sind ($\varrho_1 \neq \varrho_2$).

Wir wollen jetzt annehmen, daß die quadratische Gleichung (39) gleiche Wurzeln oder aber verschiedene Wurzeln hat, deren Differenz eine ganze Zahl ist. Im ersten Fall benutzen wir die einzige Wurzel der Gleichung, konstruieren durch das oben angegebene Verfahren eine Lösung der Gestalt (36) und müssen noch eine zweite Lösung bestimmen. Im zweiten Fall seien ϱ_1 und ϱ_2 die Wurzeln der Gleichung (39) und $\varrho_1 = \varrho_2 + m$, wobei m eine ganze positive Zahl ist. Die Zahl ϱ_1 hat also den größeren Realteil von beiden. Für sie ist die Bedingung (40) offensichtlich erfüllt, und man kann unter Benutzung dieser Wurzel eine Lösung auf die oben angegebene Weise konstruieren. Falls wir versuchsweise Wurzel ϱ_2 zur Konstruktion einer Lösung benutzen, so begegnen wir folgender Schwierigkeit: Der Wert $\varrho_1 + m$ ist Wurzel der Gleichung (39), und nehmen wir die $(m+1)$-te Gleichung des Systems (37), nämlich

$$c_m f_0(\varrho_2 + m) + c_{m-1} f_1(\varrho_2 + m - 1) + \cdots + c_0 f_m(\varrho_2) = 0,$$

so ist in ihr der Koeffizient $f_0(\varrho_2 + m)$ der Unbekannten c_m gleich Null. Die Summe der übrigen Glieder ist im allgemeinen von Null verschieden; wir erhalten also eine widerspruchsvolle Gleichung. Daher müssen wir auch in diesem Fall eine zweite Lösung auf anderem Wege suchen.

Sollte es zufällig eintreten, daß in der letzten Gleichung auch die genannte Summe gleich Null ist, so können wir für c_m eine beliebige Zahl wählen und die nachfolgenden Koeffizienten $c_{m+1}, \ldots$ berechnen. Unsere vorhergehenden Abschätzungen zeigen dann, daß die erhaltene Reihe konvergiert, und wir erhalten somit auch in diesem bisher ausgeschlossenen Fall eine zweite Lösung als Reihe (36).

Wir wollen jetzt die Gestalt der zweiten Lösung für

$$\varrho_1 = \varrho_2 + m \tag{49}$$

suchen. Dabei sei m eine ganze positive Zahl oder Null. Wir hatten für die lineare Differentialgleichung

$$w'' + p(z)\,w' + q(z)\,w = 0$$

eine Formel gefunden, die eine zweite Lösung w_2 der Differentialgleichung liefert, falls eine ihrer Lösungen, w_1, bekannt ist [II, 24]:

$$w_2 = C w_1 \int e^{-\int p(z)\,dz} \frac{dz}{w_1^2}, \tag{50}$$

wobei C eine willkürliche Konstante ist. Hierfür gilt

$$p(z) = \frac{a_0}{z} + a_1 + a_2 z + \cdots$$

und

$$\int p(z)\,dz = \log z^{a_0} + C_1 + a_1 z + \frac{1}{2} a_2 z^2 + \cdots$$

und daher

$$e^{-\int p(z)\,dz} = z^{-a_0} P_1(z).$$

$P_1(z)$ ist wie früher eine TAYLOR-Reihe, die nach Potenzen von z fortschreitet und ein von Null verschiedenes freies Glied hat. Die bereits konstruierte Lösung hat die Gestalt

$$w_1 = z^{\varrho_1} P_2(z), \tag{51}$$

daher gilt

$$w_1^2 = z^{2\varrho_1} P_3(z),$$

wobei die $P_s(z)$ wiederum TAYLOR-Reihen mit von Null verschiedenem freiem Glied sind. Der Integrand von (50) lautet offensichtlich

$$e^{-\int p(z)\,dz} \frac{1}{w_1^2} = z^{-a_0 - 2\varrho_1} P_4(z).$$

Die Zahlen ϱ_1 und ϱ_2 sind Wurzeln der quadratischen Gleichung (39), und folglich gilt

$$\varrho_1 + \varrho_2 = 1 - \varrho_0.$$

Daraus folgt wegen (49)

$$-a_0 - 2\varrho_1 = \varrho_2 - \varrho_1 - 1 = -(1+m),$$

der Integrand von (50) lautet also

$$e^{-\int p(z)\,dz} \frac{1}{w_1^2} = z^{-(1+m)} P_4(z) = \frac{\gamma_{-(1+m)}}{z^{1+m}} + \cdots + \frac{\gamma_{-1}}{z} + \gamma_0 + \gamma_1 z + \cdots \qquad (\gamma_{-(1+m)} \neq 0).$$

Integriert man diesen Ausdruck, so erhält man das logarithmische Glied $\gamma_{-1} \log z$ und dann eine Reihe, die mit der Potenz z^{-m} beginnt. Multipliziert man diese noch mit w_1, das durch Formel (51) definiert ist, so bekommt man schließlich den Ausdruck

$$w_2 = z^{-m} P_5(z) \cdot z^{\varrho_1} P_2(z) + \gamma_{-1} w_1 \log z$$

oder wegen (49)

$$w_2 = z^{\varrho_2} P_6(z) + \gamma_{-1} w_1 \log z; \tag{52}$$

dabei ist $P_6(z)$ eine TAYLOR-Reihe mit von Null verschiedenem freien Glied. Die Gleichung (52) fällt der Gestalt nach mit dem zweiten der Ausdrücke (30) zusammen, wobei in Formel (52) die LAURENT-Reihe keine Glieder mit negativen Potenzen enthält. Wir merken an, daß die Konstante γ_{-1} im allgemeinen von Null verschieden ist, jedoch in Einzelfällen verschwinden kann. Dies sind die Sonderfälle, über die wir oben gesprochen haben. Somit haben wir die gesuchte zweite Lösung erhalten, die für einen außerwesentlich singulären Punkt charakteristisch ist. Es gilt also folgender

Satz II. *Damit der Punkt $z = z_0$ ein außerwesentlich singulärer Punkt ist, ist hinreichend, daß der Koeffizient $p(z)$ in der Differentialgleichung* (1) *im Punkte z_0 einen Pol höchstens erster Ordnung und der Koeffizient $q(z)$ einen von höchstens zweiter Ordnung hat.*

Die Notwendigkeit dieser Bedingung war bereits in Satz I festgestellt worden.

Wir weisen darauf hin, daß manchmal in einem außerwesentlich singulären Punkt beide Lösungen keinerlei Singularitäten haben. Das ist dann der Fall, wenn ϱ_1 und ϱ_2 ganze nichtnegative Zahlen sind und die zweite Lösung keinen Logarithmus enthält. So hat zum Beispiel die Differentialgleichung

$$w'' - \frac{2}{z} w' + \frac{2}{z^2} w = 0$$

folgende zwei linear unabhängige Lösungen:

$$w_1 = z; \quad w_2 = z^2.$$

Ist $\varrho_1 = \varrho_2$, so ist die Konstante γ_{-1} in Formel (52) sicherlich von Null verschieden. Das folgt für $m = 0$ unmittelbar aus den vorigen Rechnungen.

99. Differentialgleichungen der FUCHSschen Klasse. Die Untersuchung außerwesentlich singulärer Punkte wurde zuerst systematisch im 19. Jahrhundert von dem deutschen Mathematiker FUCHS durchgeführt. Wir beschäftigen uns im folgenden mit Differentialgleichungen, deren sämtliche Singularitäten außerwesentlich sind. Solche Gleichungen bezeichnet man als *Differentialgleichungen der FUCHSschen Klasse.* Wir gehen von der Differentialgleichung

$$w'' + p(z)\,w' + q(z)\,w = 0 \tag{53}$$

aus.

Führt man die Substitution

$$z = \frac{1}{t}$$

der unabhängigen Veränderlichen aus, so erhält man, wie wir oben gesehen haben, die Differentialgleichung

$$t^4 \frac{d^2w}{dt^2} + \left[2t^3 - t^2 p\left(\frac{1}{t}\right)\right] \frac{dw}{dt} + q\left(\frac{1}{t}\right) w = 0. \tag{53$_1$}$$

Nach Voraussetzung muß der Punkt $t = 0$ ein außerwesentlich singulärer Punkt dieser Differentialgleichung sein. Berücksichtigt man, daß nach der Division durch t^4 der Koeffizient von $\frac{dw}{dt}$ im Punkt $t = 0$ keinen Pol von höherer als erster Ordnung haben darf, so muß für $p\left(\frac{1}{t}\right)$ die Entwicklung

$$p\left(\frac{1}{t}\right) = d_1 t + d_2 t^2 + \cdots$$

gelten, d. h., in der Nähe von $z = \infty$ muß sich $p(z)$ in eine Reihe der Gestalt

$$p(z) = d_1 \frac{1}{z} + d_2 \frac{1}{z^2} + \cdots \tag{54}$$

entwickeln lassen.

Entsprechend erhält man

$$q\left(\frac{1}{t}\right) = d_2' t^2 + d_3' t^3 + \cdots,$$

da der Koeffizient $\frac{1}{t^4} q\left(\frac{1}{t}\right)$ im Punkt $t = 0$ keinen Pol von höherer als zweiter Ordnung haben darf. Folglich muß $q(z)$ in der Nähe von $z = \infty$ eine Entwicklung der Gestalt

$$q(z) = d_2' \frac{1}{z^2} + d_3' \frac{1}{z^3} + \cdots \tag{55}$$

besitzen. Damit der unendlich ferne Punkt ein außerwesentlich singulärer Punkt der Differentialgleichung (53) ist, ist also notwendig und hinreichend, daß $p(z)$ im Punkt $z = \infty$ eine einfache Nullstelle und $q(z)$ eine von mindestens zweiter

Ordnung hat. Ist in der Entwicklung (54) $d_1 = 2$ und in der Entwicklung (55) $d_2' = d_3' = 0$, so ist $t = 0$ kein singulärer Punkt der Differentialgleichung (53_1). Dann hat die Differentialgleichung in der Umgebung von $z = \infty$ die Lösung

$$w = c_0 + \frac{c_1}{z} + \frac{c_2}{z^2} + \cdots + \frac{c_n}{z^n} + \cdots,$$

wobei die Koeffizienten c_0 und c_1 beliebig sind.

Es seien $\alpha_1, \alpha_2, \ldots, \alpha_n$ im Endlichen gelegene singuläre Punkte der Differentialgleichung. Die Funktion $p(z)$ kann in diesen Punkten Pole erster Ordnung haben, und wegen (54) muß sie im Unendlichen verschwinden; sie ist also eine rationale Funktion der Gestalt

$$p(z) = \frac{p_1(z)}{(z-\alpha_1)\cdots(z-\alpha_n)},$$

wobei der Grad des Zählers wenigstens um Eins niedriger als der des Nenners[1]) ist. Berücksichtigt man (55), so erkennt man, daß $q(z)$ folgendermaßen aussehen muß:

$$q(z) = \frac{q_1(z)}{(z-\alpha_1)^2\cdots(z-\alpha_n)^2},$$

wobei jetzt der Grad des Zählers wenigstens um Zwei niedriger als der des Nenners ist. Wird die rationale Funktion in Partialbrüche zerlegt, dann erhält man folgende allgemeine Ausdrücke für die Koeffizienten einer Differentialgleichung der Fuchsschen Klasse:

$$(56)\qquad \begin{cases} p(z) = \sum\limits_{k=1}^{n} \dfrac{A_k}{z-\alpha_k}; \\[2ex] q(z) = \sum\limits_{k=1}^{n} \left[\dfrac{B_k}{(z-\alpha_k)^2} + \dfrac{C_k}{z-\alpha_k}\right]. \end{cases}$$

Wegen (55) muß gelten:

$$zq(z) \to 0 \text{ für } z \to \infty,$$

und der zweite der Ausdrücke (56) zeigt, daß die Konstanten C_k die Bedingung

$$(57)\qquad C_1 + C_2 + \cdots + C_n = 0$$

erfüllen müssen. *Die Ausdrücke* (56) *ergeben zusammen mit der Bedingung* (57) *ein notwendiges und hinreichendes Kriterium dafür, daß die Differentialgleichung* (53) *der Fuchsschen Klasse angehört.*

Wir stellen jetzt die Fundamentalgleichungen für die singulären Punkte $z = \alpha_k$ und für den Punkt $z = \infty$ auf. Für α_k ist der Koeffizient von $(z-\alpha_k)^{-1}$ im Ausdruck für $p(z)$ gleich A_k und der Koeffizient von $(z-\alpha_k)^{-2}$ im Ausdruck für $q(z)$ gleich B_k, so daß die Fundamentalgleichung für diesen Punkt lautet:

$$(58)\qquad \varrho(\varrho-1) + A_k\varrho + B_k = 0 \qquad (k = 1, 2, \ldots n).$$

Wir betrachten jetzt den Punkt $z = \infty$, also $t = 0$, für die Differentialgleichung (53_1). Den Koeffizienten bei t^{-1} im Ausdruck

$$\frac{1}{t^4}\left[2t^3 - t^2 p\left(\frac{1}{t}\right)\right]$$

[1]) Selbstverständlich werden zunächst in den Nenner nur diejenigen Linearfaktoren aufgenommen, die den Polen von $p(z)$ entsprechen; zweckmäßig macht man aber $[p(z)]^2$ und $q(z)$ gleichnamig. (Anm. d. wiss. Red.)

bestimmt man offensichtlich folgendermaßen:

$$\lim_{t\to 0} \frac{1}{t^3}\left[2t^3 - t^2 p\left(\frac{1}{t}\right)\right]$$

oder

$$\lim_{z\to\infty} z^3\left[\frac{2}{z^3} - \frac{1}{z^2}\,p(z)\right] = 2 - \lim_{z\to\infty} zp(z)\,.$$

Wegen der ersten der Gleichungen (56) erhält man für diesen Koeffizienten

$$2 - \sum_{k=1}^{n} A_k\,.$$

Entsprechend ist der Koeffizient bei t^{-2} im Ausdruck

$$\frac{1}{t^4}\,q\left(\frac{1}{t}\right)$$

gleich

$$\lim_{t\to 0} \frac{1}{t^2}\,q\left(\frac{1}{t}\right) = \lim_{z\to\infty} z^2 q(z)\,.$$

Wegen (56) und (57) gilt aber

$$q(z) = \sum_{k=1}^{n} \frac{B_k}{(z-\alpha_k)^2} + \sum_{k=1}^{n} \frac{1}{z}\,\frac{C_k}{1-\frac{\alpha_k}{z}} = \sum_{k=1}^{n} \frac{B_k}{(z-\alpha_k)^2} + \sum_{k=1}^{n}\left(\frac{\alpha_k C_k}{z^2} + \frac{\alpha_k^2 C_k}{z^3} + \cdots\right),$$

und daher ergibt sich

$$\lim_{z\to\infty} z^2 q(z) = \sum_{k=1}^{n} (B_k + \alpha_k C_k)\,.$$

Schließlich lautet die Fundamentalgleichung für $z = \infty$

$$\varrho(\varrho - 1) + \varrho\left(2 - \sum_{k=1}^{n} A_k\right) + \sum_{k=1}^{n} (B_k + \alpha_k C_k) = 0. \tag{59}$$

Berücksichtigt man (58) und (59), so prüft man leicht nach, daß die Summe der Wurzeln der Fundamentalgleichungen in allen singulären Punkten gleich

$$n - \sum_{k=1}^{n} A_k + \sum_{k=1}^{n} A_k - 1 = n - 1$$

ist. *Diese Summe ist also gleich der um Eins verminderten Anzahl der im Endlichen gelegenen singulären Punkte.*

Wollen wir eine Differentialgleichung der FUCHSschen Klasse mit einem singulären Punkt konstruieren, so können wir stets voraussetzen, daß dieser Punkt im Unendlichen liegt, daß also im Endlichen überhaupt keine singulären Punkte vorhanden sind. In den Formeln (56) müssen wir dann alle Koeffizienten A_k, B_k und C_k gleich Null setzen, und wir erhalten somit die uninteressante Differentialgleichung $w'' = 0$.

Wir untersuchen jetzt eine Differentialgleichung der FUCHSschen Klasse mit zwei singulären Punkten. Von einem dieser singulären Punkte kann man stets voraussetzen, daß er im Unendlichen liegt. Dann müssen die in Formel (56) auftretenden Summen aus einem Summanden bestehen. Wegen der Bedingung (57) erhält man

$$w'' + \frac{A}{z-\alpha} w' + \frac{B}{(z-\alpha)^2} w = 0,$$

wobei α der einzige im Endlichen gelegene singuläre Punkt ist.

Das ist eine lineare EULERsche Differentialgleichung [II, 42]. Sie läßt sich, wie wir wissen, durch die einfache Substitution

$$\tau = \log(z-\alpha)$$

auf eine Differentialgleichung mit konstanten Koeffizienten zurückführen.

Im folgenden Abschnitt werden wir uns ausführlich mit der Untersuchung von Differentialgleichungen der FUCHSschen Klasse mit drei singulären Punkten beschäftigen.

Wir erinnern ferner den Leser an die BESSELsche Differentialgleichung [II, 48]

$$z^2 w'' + z w' + (z^2 - p^2) w = 0,$$

mit der wir uns früher beschäftigt hatten. Sie hat einen außerwesentlich singulären Punkt im Nullpunkt $z = 0$. Der Koeffizient von w in der Umgebung des unendlich fernen Punktes erfüllt nicht die Bedingung (55), und folglich ist $z = \infty$ ein wesentlich singulärer Punkt für die BESSELsche Differentialgleichung. Letztere hat also zwei singuläre Punkte, nämlich erstens die außerwesentliche Singularität $z = 0$ und zweitens die wesentliche $z = \infty$.

100. Die GAUSSsche Differentialgleichung. Wir wollen jetzt Differentialgleichungen der FUCHSschen Klasse mit drei singulären Punkten untersuchen. Durch eine lineare Transformation der komplexen z-Ebene kann man erreichen, daß diese singulären Punkte die folgenden sind:

$$z = 0; \quad z = 1 \quad \text{und} \quad z = \infty.$$

Die Wurzeln der Fundamentalgleichungen in diesen Punkten bezeichnen wir mit

$$\alpha_1,\ \alpha_2; \quad \beta_1,\ \beta_2; \quad \gamma_1,\ \gamma_2.$$

Für die Koeffizienten der Differentialgleichung erhalten wir dann

$$p(z) = \frac{A_1}{z} + \frac{A_2}{z-1};$$

$$q(z) = \frac{B_1}{z^2} + \frac{B_2}{(z-1)^2} + \frac{C_1}{z} + \frac{C_2}{z-1}$$

mit

$$C_1 + C_2 = 0. \tag{60}$$

Die Gleichung

$$\varrho(\varrho - 1) + A_1 \varrho + B_1 = 0$$

hat nach Voraussetzung die Wurzeln α_1 und α_2, woraus unmittelbar

$$A_1 = 1 - (\alpha_1 + \alpha_2); \qquad B_1 = \alpha_1 \alpha_2$$

folgt.

Ebenso erhalten wir aus der Fundamentalgleichung für den Punkt $z = 1$

$$A_2 = 1 - (\beta_1 + \beta_2); \qquad B_2 = \beta_1 \beta_2.$$

Die Fundamentalgleichung für $z = \infty$ hat die Gestalt

$$\varrho(\varrho - 1) + (\alpha_1 + \alpha_2 + \beta_1 + \beta_2)\varrho + \alpha_1\alpha_2 + \beta_1\beta_2 + C_2 = 0 .$$

Setzt man in sie eine ihrer Wurzeln $\varrho = \gamma_1$ ein, so findet man einen Ausdruck für C_2:

$$C_2 = -\gamma_1(\gamma_1 - 1) - (\alpha_1 + \alpha_2 + \beta_1 + \beta_2)\gamma_1 - (\alpha_1\alpha_2 + \beta_1\beta_2),$$

und die Bedingung (60) ergibt schließlich $C_1 = -C_2$. Somit sind bei drei singulären Punkten die Koeffizienten der Differentialgleichung durch die Wurzeln der Fundamentalgleichungen für die singulären Punkte vollständig bestimmt. Aus den vorigen Rechnungen folgt unmittelbar, daß man diese Wurzeln für die Punkte $z = 0$ und $z = 1$ willkürlich vorgeben darf, für den Punkt $z = \infty$ darf man jedoch nur eine Wurzel beliebig wählen. Die zweite Wurzel ist durch die Bedingung vollständig bestimmt, daß im vorliegenden Fall die Summe aller sechs Wurzeln gleich Eins sein muß, nämlich gleich der um Eins verminderten Anzahl der singulären Punkte im Endlichen.

Jede Lösung der konstruierten Differentialgleichung bezeichnet man oft durch das Symbol

$$P\begin{pmatrix} 0 & 1 & \infty & \\ \alpha_1 & \beta_1 & \gamma_1 & z \\ \alpha_2 & \beta_2 & \gamma_2 & \end{pmatrix}, \tag{61}$$

das von RIEMANN eingeführt wurde.

Wir unterwerfen jetzt die Funktion w einer elementaren Transformation, um die Gestalt der Differentialgleichung zu vereinfachen. Führt man nämlich an Stelle von w als neue gesuchte Funktion u gemäß der Formel

$$w = z^p (z-1)^q u ; \quad u = z^{-p}(z-1)^{-q} w$$

ein, so erhält man für u ebenfalls eine Differentialgleichung mit drei außerwesentlichen Singularitäten $z = 0$, $z = 1$ und $z = \infty$. Die Anwesenheit des Faktors $z^{-p}(z-1)^{-q}$ liefert uns jedoch an Stelle der Wurzeln α_1 und α_2 der Fundamentalgleichung im Punkt $z = 0$ für u die neuen Wurzeln $\alpha_1 - p$ und $\alpha_2 - p$. Entsprechend sind im Punkt $z = 1$ die neuen Wurzeln der Fundamentalgleichung $\beta_1 - q$ und $\beta_2 - q$. Wählt man $p = \alpha_1$ und $q = \beta_1$, so kann man erreichen, daß in den singulären Punkten $z = 0$ und $z = 1$ je eine der Wurzeln der Fundamentalgleichung gleich Null ist, was wir auch weiterhin voraussetzen wollen.

Wir führen jetzt neue Bezeichnungen ein: Mit α und β bezeichnen wir die Wurzeln der Fundamentalgleichung im Punkte $z = \infty$. Für den Punkt $z = 0$ ist eine Wurzel gleich Null, und die zweite sei $1 - \gamma$. Schließlich ist für den Punkt $z = 1$ eine Wurzel gleich Null, während man die zweite aus der Bedingung, daß die Summe aller sechs Wurzeln gleich Eins sein muß, bestimmt. Sie muß folglich gleich $\gamma - \alpha - \beta$ sein. Somit können wir an Stelle des allgemeinen Symbols (61) den Spezialfall

$$P\begin{pmatrix} 0 & 1 & \infty & \\ 0 & 0 & \alpha & z \\ 1-\gamma & \gamma-\alpha-\beta & \beta & \end{pmatrix} \tag{61$_1$}$$

betrachten.

Die Koeffizienten der Differentialgleichung kann man aus den vorigen Rechnungen bestimmen, sofern man dort

$$\alpha_1 = 0;\ \alpha_2 = 1-\gamma;\ \beta_1 = 0;\ \beta_2 = \gamma-\alpha-\beta;\ \gamma_1 = \alpha;\ \gamma_2 = \beta$$

setzt. Wir erhalten also eine Differentialgleichung der Gestalt

$$w'' + \frac{-\gamma + (1+\alpha+\beta)z}{z(z-1)} w' + \frac{\alpha\beta}{z(z-1)} w = 0. \tag{62}$$

Sie heißt *hypergeometrische oder* GAUSS*sche Differentialgleichung*. Im nächsten Abschnitt wollen wir ihre Lösungen in der Nähe der singulären Punkte konstruieren.

101. Die hypergeometrische Reihe. Wir konstruieren zunächst Lösungen der Differentialgleichung (62) in der Umgebung des singulären Punktes $z = 0$. Sie müssen die Gestalt

$$P_1(z);\quad z^{1-\gamma} P_2(z) \tag{63}$$

haben, wobei $P_1(z)$ und $P_2(z)$ MACLAURINsche Reihen mit von Null verschiedenen freien Gliedern sind. Wir suchen zunächst die erste der angegebenen Lösungen zu bestimmen. Dazu schreiben wir die Differentialgleichung (62) in der Gestalt

$$z(z-1)w'' + [-\gamma + (1+\alpha+\beta)z]w' + \alpha\beta w = 0$$

und setzen in ihre linke Seite

$$w_1 = 1 + c_1 z + c_2 z^2 + \cdots$$

ein. Wendet man die Methode der unbestimmten Koeffizienten an, so erhält man schließlich für w_1

$$\begin{aligned} w_1 = F(\alpha, \beta, \gamma; z) = 1 &+ \frac{\alpha\beta}{1!\gamma} z + \frac{\alpha(\alpha+1)\beta(\beta+1)}{2!\gamma(\gamma+1)} z^2 + \cdots \\ &+ \frac{\alpha(\alpha+1)\cdots(\alpha+n-1)\beta(\beta+1)\cdots(\beta+n-1)}{n!\gamma(\gamma+1)\cdots(\gamma+n-1)} z^n + \cdots, \end{aligned} \tag{64}$$

wobei wir mit $F(\alpha, \beta, \gamma; z)$ die auf der rechten Seite stehende unendliche Reihe bezeichnet haben. Da der dem Nullpunkt zunächst liegende singuläre Punkt $z = 1$ ist, können wir behaupten, daß die angegebene Reihe sicher im Kreis $|z| < 1$ konvergiert. Diese Reihe wird gewöhnlich *hypergeometrische Reihe* genannt. Für $\alpha = \beta = \gamma = 1$ geht sie in die geometrische Reihe über. Wir haben uns mit ihrer Untersuchung bereits früher beschäftigt [I, 141].

Zur Bestimmung der zweiten der Lösungen (63) benutzen wir die im vorhergehenden Abschnitt besprochene elementare Transformation der Funktion. Wir führen an Stelle von w als neue gesuchte Funktion u gemäß

$$w = z^{1-\gamma} u;\quad u = z^{\gamma-1} w = \frac{1}{z^{1-\gamma}} w \tag{65}$$

ein. Für sie gehen die Wurzeln 0 und $1-\gamma$ der Fundamentalgleichung im Punkt $z = 0$ in $\gamma - 1$ und 0 über. Die Wurzeln 0 und $\gamma-\alpha-\beta$ im Punkt $z = 1$ bleiben erhalten, und schließlich gehen die Wurzeln α und β im Punkt $z = \infty$ wegen der zweiten der Formeln (65) in $\alpha + 1 - \gamma$ und $\beta + 1 - \gamma$ über.

In der Tat haben die Reihenentwicklungen der Lösungen in der Nähe von $z = \infty$ vor der Transformation die Gestalt

$$w_1 = \left(\frac{1}{z}\right)^{\alpha} P_1\left(\frac{1}{z}\right) \quad \text{und} \quad w_2 = \left(\frac{1}{z}\right)^{\beta} P_2\left(\frac{1}{z}\right),$$

und nach der Transformation lauten sie

$$u_1 = \left(\frac{1}{z}\right)^{\alpha+1-\gamma} P_1\left(\frac{1}{z}\right) \quad \text{und} \quad u_2 = \left(\frac{1}{z}\right)^{\beta+1-\gamma} P_2\left(\frac{1}{z}\right).$$

Folglich ist die neue gesuchte Funktion u durch folgendes Symbol definiert:

$$P\begin{pmatrix} 0 & 1 & \infty & \\ 0 & 0 & \alpha+1-\gamma & z \\ \gamma-1 & \gamma-\alpha-\beta & \beta+1-\gamma & \end{pmatrix}.$$

Setzt man dieses dem Symbol (61_1) gleich und bezeichnet mit α_1, β_1 und γ_1 die Werte der Parameter α, β, γ, die dem neuen RIEMANNschen Symbol entsprechen, so erhält man

$$1-\gamma_1 = \gamma - 1; \quad \alpha_1 = \alpha + 1 - \gamma; \quad \beta_1 = \beta + 1 - \gamma,$$

also

$$\alpha_1 = \alpha + 1 - \gamma; \quad \beta_1 = \beta + 1 - \gamma; \quad \gamma_1 = 2 - \gamma.$$

Die Lösung der neuen Differentialgleichung, die im Nullpunkt $z = 0$ regulär ist, lautet daher

$$u = F(\alpha_1, \beta_1, \gamma_1; z) = F(\alpha+1-\gamma, \beta+1-\gamma, 2-\gamma; z),$$

woraus wir wegen (65)

$$w_2 = z^{1-\gamma} F(\alpha+1-\gamma, \beta+1-\gamma, 2-\gamma; z)$$

erhalten. Dies ist gerade die zweite der Lösungen (63).

Wir wollen jetzt die Lösung der Differentialgleichung (62) in der Umgebung des singulären Punktes $z = 1$ ermitteln. Dazu führen wir eine neue unabhängige Veränderliche nach der Formel

$$z' = 1 - z$$

ein.

Der Punkt $z = 0$ geht in $z' = 1$, der Punkt $z = 1$ in $z' = 0$ und der Punkt $z = \infty$ schließlich in $z' = \infty$ über. Somit erhalten wir in der neuen unabhängigen Veränderlichen ebenfalls eine GAUSSsche Differentialgleichung, und die Funktion w ist durch folgendes Symbol definiert:

$$P\begin{pmatrix} 0 & 1 & \infty & \\ 0 & 0 & \alpha & z' \\ \gamma-\alpha-\beta & 1-\gamma & \beta & \end{pmatrix}.$$

Daraus erhalten wir für die Parameter α, β, γ die Werte

$$\alpha_1 = \alpha; \quad \beta_1 = \beta; \quad \gamma_1 = 1 + \alpha + \beta - \gamma.$$

In der Umgebung von $z' = 0$ bekommen wir die zwei Lösungen

$$F(\alpha, \beta, 1+\alpha+\beta-\gamma; z');$$

$$z'^{\gamma-\alpha-\beta} F(\gamma-\beta, \gamma-\alpha, 1+\gamma-\alpha-\beta; z'),$$

d. h., für die frühere unabhängige Veränderliche ergeben sich in der Umgebung von $z = 1$ die beiden Lösungen

$$(64_2)\qquad \begin{cases} w_3 = F(\alpha, \beta, 1+\alpha+\beta-\gamma;\ 1-z); \\ w_4 = (1-z)^{\gamma-\alpha-\beta} F(\gamma-\beta,\ \gamma-\alpha,\ 1+\gamma-\alpha-\beta;\ 1-z). \end{cases}$$

Zur Konstruktion der Integrale in der Umgebung von $z = \infty$ führen wir wieder eine Transformation der unabhängigen Veränderlichen durch,

$$z' = \frac{1}{z}, \quad z = \frac{1}{z'},$$

die $z = 1$ fest läßt und die Punkte $z = 0$ und $z = \infty$ vertauscht. In der neuen Veränderlichen ist die Funktion w durch folgendes Symbol definiert:

$$P\begin{pmatrix} 0 & 1 & \infty & \\ \alpha & 0 & 0 & z' \\ \beta & \gamma-\alpha-\beta & 1-\gamma & \end{pmatrix}.$$

Führt man ferner die Substitution

$$(65_1)\qquad w = z'^{\alpha} u; \quad u = \frac{1}{z'^{\alpha}} w$$

aus, so erhält man für die Funktion u ein Symbol, das der GAUSSschen Differentialgleichung entspricht:

$$P\begin{pmatrix} 0 & 1 & \infty & \\ 0 & 0 & \alpha & z' \\ \beta-\alpha & \gamma-\alpha-\beta & 1+\alpha-\gamma & \end{pmatrix}.$$

Die Parameter für diese GAUSSsche Differentialgleichung lauten

$$\alpha_1 = \alpha, \quad \beta_1 = 1+\alpha-\gamma; \quad \gamma_1 = 1+\alpha-\beta,$$

und wir bekommen für die Funktion u in der Umgebung von $z' = 0$ die beiden Lösungen

$$u_1 = F(\alpha,\ 1+\alpha-\gamma,\ 1+\alpha-\beta;\ z');$$
$$u_2 = z'^{\beta-\alpha} F(\beta, 1+\beta-\gamma,\ 1+\beta-\alpha;\ z').$$

Wegen (65_1) und $z' = \frac{1}{z}$ erhält man als Lösungen der Differentialgleichung (62) in der Umgebung von $z = \infty$

$$(64_3)\qquad \begin{cases} w_5 = \left(\frac{1}{z}\right)^{\alpha} F\left(\alpha,\ 1+\alpha-\gamma,\ 1+\alpha-\beta;\ \frac{1}{z}\right); \\ w_6 = \left(\frac{1}{z}\right)^{\beta} F\left(\beta,\ 1+\beta-\gamma,\ 1+\beta-\alpha;\ \frac{1}{z}\right). \end{cases}$$

Auf diese Weise sehen wir, daß jede der sechs Lösungen, die wir in der Umgebung der drei singulären Punkte bestimmt haben, durch eine hypergeometrische Reihe darstellbar ist. In sämtlichen obigen Rechnungen haben wir vorausgesetzt, daß die Differenz der Wurzeln der Fundamentalgleichungen keine ganze

Zahl ist. Beachtet man die Lage der singulären Punkte, so kann man behaupten, daß die Formel (64_2) für $|z-1|<1$, die Formel (64_3) aber für $|z|>1$ gilt. Wir weisen darauf hin, daß die Lösung (64) auch dann sinnvoll ist, wenn γ eine ganze positive Zahl ist.

In [I, 141] haben wir die Konvergenz der hypergeometrischen Reihe für $x=1$ untersucht und bewiesen, daß sie konvergiert, sofern die Bedingung

$$\gamma-\alpha-\beta>0 \tag{66}$$

erfüllt ist, wobei α, β und γ als reell vorausgesetzt sind. Dann gilt gemäß dem zweiten ABELschen Theorem [I, 149] $F(\alpha, \beta, \gamma; x) \to F(\alpha, \beta, \gamma; 1)$ für $x \to 1-0$, und es ist

$$F(\alpha, \beta, \gamma; 1) = 1+\frac{\alpha\beta}{1!\gamma}+\frac{\alpha(\alpha+1)\beta(\beta+1)}{2!\gamma(\gamma+1)}+\cdots.$$

Wir wollen die Richtigkeit der Gleichung

$$F(\alpha, \beta, \gamma; 1) = \frac{\Gamma(\gamma)\,\Gamma(\gamma-\alpha-\beta)}{\Gamma(\gamma-\alpha)\,\Gamma(\gamma-\beta)} \tag{67}$$

nachprüfen. Vergleicht man die Koeffizienten von x^n, so kann man leicht die Beziehungen

$$\gamma[\gamma-1-(2\gamma-\alpha-\beta-1)x]F(\alpha, \beta, \gamma; x)+(\gamma-\alpha)(\gamma-\beta)xF(\alpha, \beta, \gamma+1; x)=$$
$$=\gamma(\gamma-1)(1-x)F(\alpha, \beta, \gamma-1; x) \qquad (|x|<1)$$

oder

$$\gamma[\gamma-1-(2\gamma-\alpha-\beta-1)x]F(\alpha, \beta, \gamma; x)+(\gamma-\alpha)(\gamma-\beta)xF(\alpha, \beta, \gamma+1; x)=$$
$$=\gamma(\gamma-1)\Big[1+\sum_{n=1}^{\infty}(v_n-v_{n-1})x^n\Big] \tag{68}$$

beweisen, wobei v_n der Koeffizient von x^n in der Entwicklung von $F(\alpha, \beta, \gamma-1; x)$ ist. Wir zeigen das unter der Voraussetzung (66) $v_n \to 0$, wenn $n \to \infty$.

Es gilt [I, 141]

$$\frac{|v_n|}{|v_{n+1}|} = 1+\frac{\gamma-\alpha-\beta}{n}+\frac{\omega_n}{n^2};$$

dabei ist ω_n für $n\to\infty$ eine dem absoluten Betrage nach beschränkte Größe. Es sei p eine ganze positive Zahl, für die $p\cdot(\gamma-\alpha-\beta)>1$ ist. Wir können dann schreiben:

$$\frac{|v_n|^p}{|v_{n+1}|^p} = 1+\frac{p(\gamma-\alpha-\beta)}{n}+\frac{\omega_n'}{n^2},$$

wobei ω_n' dem absoluten Betrage nach beschränkt ist. Aus dieser Gleichung und der Ungleichung $p\cdot(\gamma-\alpha-\beta)>1$ folgt, daß die aus $|v_n|^p$ gebildete Reihe konvergiert [I, 141], und daher geht v_n gegen Null für $n\to\infty$. Läßt man x in der Formel (68) gegen Eins streben und benutzt den ABELschen Grenzwertsatz, so ergibt sich

$$\gamma(\alpha+\beta-\gamma)F(\alpha, \beta, \gamma; 1)+(\gamma-\alpha)(\gamma-\beta)F(\alpha, \beta, \gamma+1; 1)=0,$$

also

$$F(\alpha, \beta, \gamma; 1)=\frac{(\gamma-\alpha)(\gamma-\beta)}{\gamma(\gamma-\alpha-\beta)}F(\alpha, \beta, \gamma+1; 1).$$

Wendet man diese Relation mehrmals an, so kann man schreiben

$$F(\alpha, \beta, \gamma; 1)=\left[\prod_{k=0}^{m-1}\frac{(\gamma-\alpha-k)(\gamma-\beta+k)}{(\gamma+k)(\gamma-\alpha-\beta+k)}\right]F(\alpha, \beta, \gamma+m; 1). \tag{69}$$

Das in eckigen Klammern stehende Produkt hat für $m \to \infty$ den Grenzwert [73]

$$\frac{\Gamma(\gamma)\,\Gamma(\gamma-\alpha-\beta)}{\Gamma(\gamma-\alpha)\,\Gamma(\gamma-\beta)}.$$

Wir zeigen jetzt $F(\alpha,\beta,\gamma+m;\ 1) \to 1$ für $m \to \infty$. Den Koeffizienten bei x^n in der Entwicklung von $F(\alpha,\beta,\gamma;\ x)$ bezeichnen wir mit $u_n(\alpha,\beta,\gamma)$. Dann gilt die Ungleichung

$$|F(\alpha,\beta,\gamma+m;\ 1)-1| \leqslant \sum_{n=1}^{\infty} |u_n(\alpha,\beta,\gamma+m)|.$$

Ersetzt man in den Ausdrücken $u_n(\alpha,\beta,\gamma+m)$ im Zähler α und β durch $|\alpha|$ und $|\beta|$ und im Nenner die Summe $\gamma+m$ durch die Differenz $m-|\gamma|$, wobei $m>|\gamma|$ vorausgesetzt ist, so ergibt sich

$$|F(\alpha,\beta,\gamma+m;\ 1)-1| \leqslant \sum_{n=1}^{\infty} u_n(|\alpha|,|\beta|,m-|\gamma|).$$

Dabei steht rechts eine Reihe mit positiven Gliedern. Zieht man $\frac{|\alpha|\,|\beta|}{m-|\gamma|}$ vor die Klammer und ersetzt im Nenner $m!$ durch $(m-1)!$, so folgt

$$|F(\alpha,\beta,\gamma+m;\ 1)-1| < \frac{|\alpha|\,|\beta|}{m-|\gamma|}\cdot\sum_{n=0}^{\infty} u_n(|\alpha|+1,|\beta|+1,m-|\gamma|+1).$$

Für genügend großes m erfüllen die Argumente $\alpha_1=|\alpha|+1$, $\beta_1=|\beta|+1$ und $\gamma_1=m-|\gamma|+1$ die Bedingung (66), und die auf der rechten Seite der letzten Ungleichung stehende Reihe konvergiert, wobei ihre Glieder und daher auch die gesamte Summe für wachsendes m abnehmen. Der erste Faktor $\frac{|\alpha|\,|\beta|}{m-|\gamma|}$ geht für $m\to\infty$ gegen Null, und folglich gilt $F(\alpha,\beta,\gamma+m;\ 1)\to 1$ für $m\to\infty$. Schließlich führt uns die Formel (69) auf (67).

Benutzt man die Formel (67), so kann man die Lösung w_1 durch die linear unabhängigen Lösungen w_3 und w_4 ausdrücken. Diese drei Lösungen gelten in dem Teil der Ebene, der den Kreisen um $z=0$ und $z=1$ mit den Radien 1 gemeinsam ist. Es muß

$$F(\alpha,\beta,\gamma;\ x) = C_1 F(\alpha,\beta,1+\alpha+\beta-\gamma;\ 1-x) + \\ + C_2(1-x)^{\gamma-\alpha-\beta} F(\gamma-\alpha,\gamma-\beta,1+\gamma-\alpha-\beta;\ 1-x)$$

sein. Unter der Annahme, daß α, β und γ der Ungleichung $1>\gamma>\alpha+\beta$ genügen, kann man in der letzten Gleichung nacheinander $x=1$ und $x=0$ setzen und damit C_1 und C_2 bestimmen. Unter Benutzung der Formel (67), der Gleichung (122) aus [71] und der leicht zu beweisenden Formel

$$\sin\pi\alpha\sin\pi\beta = \sin\pi(\gamma-\alpha)\sin\pi(\gamma-\beta) - \sin\pi\gamma\sin\pi(\gamma-\alpha-\beta)$$

kommen wir zu der Gleichung

$$\Gamma(\gamma-\alpha)\,\Gamma(\gamma-\beta)\,\Gamma(\alpha)\,\Gamma(\beta)\,F(\alpha,\beta,\gamma;\ x) = \\ = \Gamma(\alpha)\,\Gamma(\beta)\,\Gamma(\gamma)\,\Gamma(\gamma-\alpha-\beta)\,F(\alpha,\beta,1+\alpha+\beta-\gamma;\ 1-x) + \\ + \Gamma(\gamma)\,\Gamma(\gamma-\beta)\,\Gamma(\alpha+\beta-\gamma)\,(1-x)^{\gamma-\alpha-\beta}\cdot F(\gamma-\alpha,\gamma-\beta,1+\gamma-\alpha-\beta;\ 1-x). \tag{70}$$

Wir haben diese Formel unter der Voraussetzung $1>\gamma>\alpha+\beta$ bewiesen. Man kann aber zeigen, daß sie immer gilt, falls $\gamma-\alpha-\beta$ keine ganze Zahl ist.

102. Die Legendreschen Polynome. Wir wollen jetzt einen wichtigen Spezialfall der hypergeometrischen Reihe behandeln. Dazu benutzen wir eine allgemeine Transformation für lineare Differentialgleichungen zweiter Ordnung. Vorgelegt sei die Differentialgleichung zweiter Ordnung

$$a(z)\,w'' + b(z)\,w' + c(z)\,w = 0. \tag{71}$$

Wir suchen einen Faktor $f(z)$, der die ersten zwei Summanden auf der linken Seite von (71) als Ableitung eines Produktes darzustellen gestattet, so daß also gilt:

$$a(z)\,f(z)\,w'' + b(z)\,f(z)\,w' = \frac{d}{dz}\,[a(z)\,f(z)\,w'] .$$

Es muß

$$b(z)\,f(z) = \frac{d}{dz}\,[a(z)\,f(z)]$$

sein, woraus

$$a(z)\,f'(z) + [a'(z) - b(z)]\,f(z) = 0$$

oder

$$\frac{f'(z)}{f(z)} + \frac{a'(z)}{a(z)} - \frac{b(z)}{a(z)} = 0$$

folgt. Man kann also

$$f(z) = \frac{1}{a(z)}\, e^{\int \frac{b(z)}{a(z)} dz} \tag{72}$$

setzen. Danach ist

$$p_1(z) = a(z)\,f(z) = e^{\int \frac{b(z)}{a(z)} dz}; \qquad q_1(z) = c(z)\,f(z) = \frac{c(z)}{a(z)}\, e^{\int \frac{b(z)}{a(z)} dz}, \tag{73}$$

und Gleichung (71) nimmt die Gestalt

$$\frac{d}{dz}\,[p_1(z)\,w'] + q_1(z)\,w = 0 \tag{74}$$

an.

Wendet man diese Transformation auf die GAUSSsche Differentialgleichung (62) an, so erhält sie die Gestalt

$$\frac{d}{dz}\,[z^{\gamma}\,(z-1)^{\alpha+\beta+1-\gamma}\,w'] + \alpha\beta z^{\gamma-1}\,(z-1)^{\alpha+\beta-\gamma}\,w = 0 . \tag{75}$$

Wir werden jetzt eine allgemeine Formel für die hypergeometrische Reihe aufstellen. Differenziert man die Reihe (64) n-mal, so ergibt sich

$$w_1^{(n)} = \frac{\alpha(\alpha+1)\cdots(\alpha+n-1)\,\beta(\beta+1)\cdots(\beta+n-1)}{\gamma(\gamma+1)\cdots(\gamma+n-1)} \cdot \left[1 + \frac{(\alpha+n)(\beta+n)}{1!\,(\gamma+n)}\,z + \cdots\right]$$

oder

$$w_1^{(n)} = \frac{\alpha(\alpha+1)\cdots(\alpha+n-1)\,\beta(\beta+1)\cdots(\beta+n-1)}{\gamma(\gamma+1)\cdots(\gamma+n-1)} \cdot F(\alpha+n,\ \beta+n,\ \gamma+n;\ z). \tag{76}$$

Die Ableitung n-ter Ordnung der hypergeometrischen Reihe (64) unterscheidet sich also lediglich durch einen konstanten Faktor von der hypergeometrischen Reihe mit den Parametern $\alpha+n$, $\beta+n$ und $\gamma+n$. Somit erfüllt $w_1^{(n)}$ die Differentialgleichung (75), falls man in ihr α, β und γ durch $\alpha+n$, $\beta+n$ und $\gamma+n$ ersetzt. Es gilt also

$$\frac{d}{dz}\left[z^{\gamma+n}\,(z-1)^{\alpha+\beta+1-\gamma+n}\,\frac{dw_1^{(n)}}{dz}\right] + (\alpha+n)\,(\beta+n)\,z^{\gamma-1+n}\,(z-1)^{\alpha+\beta-\gamma+n}\,w_1^{(n)} = 0.$$

Differenziert man diese Identität n-mal, so erhält man

$$\frac{d^{n+1}}{dz^{n+1}}\left[z^{\gamma+n}(z-1)^{\alpha+\beta+1-\gamma+n}\frac{dw_1^{(n)}}{dz}\right]=$$
$$=-(\alpha+n)(\beta+n)\frac{d^n}{dz^n}\left[z^{\gamma-1+n}(z-1)^{\alpha+\beta-\gamma+n}w_1^{(n)}\right].$$

Wir schreiben diese neue Identität für die Werte $n=0,1,\ldots,k-1$ auf und multiplizieren die so erhaltenen Gleichungen gliedweise. Die linke und rechte Seite dieses Produktes enthalten gleiche Faktoren, und durch Kürzen gelangen wir zu dem gesuchten Ergebnis

(77) $$\frac{d^k}{dz^k}\left[z^{\gamma+k-1}(z-1)^{\alpha+\beta-\gamma+k}w_1^{(k)}\right]=$$
$$=(-1)^k\alpha(\alpha+1)\cdots(\alpha+k-1)\cdot\beta(\beta+1)\cdots(\beta+k-1)z^{\gamma-1}(z-1)^{\alpha+\beta-\gamma}w_1$$

$(k=1,2,3,\ldots)$. Wir erinnern daran, daß w_1 hierbei die hypergeometrische Reihe (64) bezeichnet.

Die hypergeometrische Reihe bricht ab und wird zu einem Polynom, falls α oder β, die in ihr symmetrisch auftreten, gleich einer negativen ganzen Zahl sind. Nun wollen wir einen Spezialfall untersuchen; wir wählen nämlich die hypergeometrische Reihe

(78) $$F(k+1,-k,1;z)\qquad(\alpha=k+1;\ \beta=-k;\ \gamma=1),$$

in der k eine ganze positive Zahl oder Null ist. Die Funktion (78) ist ein Polynom vom Grade k, und der Koeffizient des höchsten Gliedes z^k in diesem Polynom lautet

$$\frac{(k+1)(k+2)\cdots 2k(-k)(-k+1)\cdots(-1)}{k!\,1\cdot 2\cdots k}=(-1)^k\frac{(2k)!}{(k!)^2}.$$

Setzt man in Formel (77) $w_1=F(k+1,-k,1;z)$, also $\alpha=k+1$, $\beta=-k$ und $\gamma=1$, so erhält man wegen $w_1^{(k)}=(-1)^k\frac{(2k)!}{k!}$ und nach Ausführen der offensichtlichen Kürzungen

(79) $$F(k+1,-k,1;z)=\frac{(-1)^k}{k!}\frac{d^k}{dz^k}\left[z^k(z-1)^k\right].$$

Wir führen jetzt an Stelle von z die neue unabhängige Veränderliche x durch

(80) $$z=\frac{1-x}{2}$$

ein.

Dann gehen die Punkte $z=0$ und $z=1$ in $x=1$ und $x=-1$ über. Wir setzen

(81) $$P_k(x)=F\left(k+1,-k,1;\frac{1-x}{2}\right).$$

Setzt man (80) in (79) ein, so erhält man folgenden Ausdruck für das Polynom $P_k(x)$:

(82) $$P_k(x)=\frac{1}{k!\,2^k}\frac{d^k}{dx^k}\left[(x^2-1)^k\right].$$

Diese Polynome $P_k(x)$ bezeichnet man als *LEGENDREsche Polynome*. Später werden wir ihnen bei der Untersuchung der Kugelfunktionen begegnen.

Wir wollen nun einige Haupteigenschaften der genannten Polynome besprechen. Die Funktion (79) genügt der Differentialgleichung, die man aus (75) erhält, wenn man

$$\alpha = k + 1, \quad \beta = -k, \quad \gamma = 1 \tag{83}$$

setzt; also genügt die Funktion (79) der Differentialgleichung

$$\frac{d}{dz}[z(z-1)w'] - k(k+1)w = 0.$$

Substituiert man hierin die unabhängige Veränderliche gemäß (80), so sieht man, daß die *LEGENDREschen Polynome $P_k(x)$ Lösungen der Differentialgleichung*

$$\frac{d}{dx}\left[(1-x^2)\frac{dP_k(x)}{dx}\right] + k(k+1)P_k(x) = 0 \tag{84}$$

sind.

Wir schreiben die allgemeinere Differentialgleichung

$$\frac{d}{dx}\left[(1-x^2)\frac{dy}{dx}\right] + \lambda y = 0 \tag{85}$$

auf, in der λ ein Parameter ist. Sie hat in den singulären Punkten $x = \pm 1$ eine Fundamentalgleichung, deren beide Wurzeln verschwinden. Das prüft man angesichts der Gleichung leicht nach, es folgt aber auch unmittelbar daraus, daß unter der Voraussetzung (83)

$$\gamma - 1 = 0; \quad \gamma - \alpha - \beta = 0$$

ist.

Somit gibt es in den Punkten $x = \pm 1$ ein reguläres Integral und eines, das einen Logarithmus enthält, wobei letzteres z. B. im Punkt $x = 1$ die Gestalt

$$Q_1(x-1) + Q_2(x-1)\log(x-1)$$

hat, in der $Q_1(x-1)$ und $Q_2(x-1)$ TAYLORsche Reihen mit von Null verschiedenen freien Gliedern sind. Daraus ergibt sich unmittelbar, daß das Integral mit dem logarithmischen Glied im entsprechenden Punkt unendlich wird. Wir bemerken dabei, daß bei Doppelwurzeln der Fundamentalgleichung der Koeffizient γ_{-1}, den wir in [98] erwähnt haben, nicht gleich Null sein kann. In diesem Fall existiert also bestimmt eine Lösung, die ein logarithmisches Glied enthält.

Wir wenden uns jetzt wieder der Differentialgleichung (85) zu und wählen eine Lösung y_1, die im Punkt $x = -1$ regulär ist. Bei ihrer analytischen Fortsetzung längs des Intervalles $-1 \leqslant x \leqslant +1$ erhalten wir eine Lösung, die im allgemeinen im Punkt $x = 1$ logarithmisch unendlich wird. Aber für die schon in (84) aufgetretenen Werte des Parameters λ aus (85) erweist sich das im Punkt $x = -1$ reguläre Integral auch für $x = +1$ als regulär. Wir erhalten also eine endliche Lösung der Differentialgleichung (85) im gesamten Intervall $(-1, +1)$ einschließlich der Endpunkte. Die erwähnten Werte sind

$$\lambda_k = k(k+1), \tag{86}$$

für die die Differentialgleichung (85) eine Lösung in Gestalt der $P_k(x)$ hat. Man kann zeigen, womit wir uns aber nicht aufhalten wollen, daß *die Beziehung* (86) *sämtliche Werte des Parameters λ angibt, für die die Differentialgleichung* (85) *eine endliche Lösung im abgeschlossenen Intervall* $(-1, +1)$ *hat.*

Wir wollen noch einige Eigenschaften der LEGENDREschen Polynome anführen. Dazu schreiben wir die Differentialgleichungen für zwei verschiedene solcher Polynome auf:

$$\left.\begin{aligned} &\frac{d}{dx}[(1-x^2)\,P'_m(x)] + \lambda_m P_m(x) = 0;\\ &\frac{d}{dx}[(1-x^2)\,P'_n(x)] + \lambda_n P_n(x) = 0 \end{aligned}\right. \qquad (n \neq m).$$

Multipliziert man die erste dieser Differentialgleichungen mit $P_n(x)$, die zweite mit $P_m(x)$, subtrahiert die zweite von der ersten und integriert über das Intervall $(-1, +1)$, so ergibt sich

$$(\lambda_m - \lambda_n)\int_{-1}^{+1} P_m(x)\,P_n(x)\,dx =$$

$$= \int_{-1}^{+1}\left\{P_m(x)\frac{d}{dx}[(1-x^2)\,P'_n(x)] - P_n(x)\frac{d}{dx}[(1-x^2)\,P'_m(x)]\right\}dx.$$

Integriert man den ersten Summanden auf der rechten Seite partiell, so erhält man

$$\int_{-1}^{+1} P_m(x)\frac{d}{dx}[(1-x^2)\,P'_n(x)]\,dx =$$

$$= (1-x^2)\,P_m(x)\,P'_n(x)\Big|_{x=-1}^{x=+1} - \int_{-1}^{+1}(1-x^2)\,P'_m(x)\,P'_n(x)\,dx$$

oder

$$\int_{-1}^{+1} P_m(x)\frac{d}{dx}[(1-x^2)\,P'_n(x)]\,dx = -\int_{-1}^{+1}(1-x^2)\,P'_m(x)\,P'_n(x)\,dx\,.$$

Entsprechend gilt

$$\int_{-1}^{+1} P_n(x)\frac{d}{dx}[(1-x^2)\,P'_m(x)]\,dx = -\int_{-1}^{+1}(1-x^2)\,P'_m(x)\,P'_n(x)\,dx$$

für den zweiten Summanden.

Daher ist

$$(\lambda_m - \lambda_n)\int_{-1}^{+1} P_m(x)\,P_n(x)\,dx = 0$$

oder

$$\int_{-1}^{+1} P_m(x)\,P_n(x)\,dx = 0 \qquad (m \neq n). \tag{87}$$

Die LEGENDREschen Polynome sind also im Intervall $(-1, +1)$ *zueinander orthogonal.* Berechnet man das Integral über das Quadrat eines LEGENDREschen Polynoms,

$$I_n = \int_{-1}^{+1} P_n^2(x)\,dx, \tag{88}$$

so zeigt es sich, daß es von Eins verschieden ist. Die LEGENDREschen Polynome bilden also ein orthogonales, aber kein normiertes Funktionensystem. Berücksichtigt man (82) und benutzt die LEIBNIZsche Formel, so kann man schreiben:

$$P_k(x) = \frac{1}{k!\,2^k}\left\{(x+1)^k \frac{d^k (x-1)^k}{dx^k} + \frac{k}{1}\frac{d(x+1)^k}{dx}\cdot\frac{d^{k-1}(x-1)^k}{dx^{k-1}} + \cdots\right\}.$$

Offensichtlich ist

$$\frac{d^k (x-1)^k}{dx^k} = k! \quad \text{und} \quad \left.\frac{d^{k-s}(x-1)^k}{dx^{k-s}}\right|_{x=1} = 0 \qquad (s = 1, 2, \ldots, k),$$

woraus unmittelbar die Gleichung

$$P_k(1) = 1 \tag{89}$$

folgt.

Wir berechnen jetzt das Integral I_n. Wegen (82) kann man schreiben:

$$I_n = \frac{1}{(n!)^2\,2^{2n}} \int_{-1}^{+1} \frac{d^n (x^2-1)^n}{dx^n}\cdot\frac{d^n (x^2-1)^n}{dx^n}\,dx.$$

Durch partielle Integration ergibt sich

$$I_n = \\ = \frac{1}{(n!)^2\,2^{2n}}\left[\left.\frac{d^{n-1}(x^2-1)^n}{dx^{n-1}}\cdot\frac{d^n (x^2-1)^n}{dx^n}\right|_{x=-1}^{x=+1} - \int_{-1}^{+1}\frac{d^{n-1}(x^2-1)^n}{dx^{n-1}}\cdot\frac{d^{n+1}(x^2-1)^n}{dx^{n+1}}\,dx\right].$$

Das Polynom $(x^2-1)^n$ hat die Nullstellen $x = \pm 1$ der Vielfachheit n. Differenziert man es $(n-1)$-mal, so erhält man ein Polynom, das ebenfalls die Nullstellen $x = \pm 1$ — aber dieses Mal als einfache — besitzt. Folglich verschwindet in der letzten Formel das außerhalb des Integrals stehende Glied. Integriert man weiter partiell, so verschwindet jedesmal das außerhalb des Integrals stehende Glied, und wir erhalten die Gleichung

$$\int_{-1}^{+1} P_n^2(x)\,dx = \frac{(-1)^n}{(n!)^2\,2^{2n}} \int_{-1}^{+1} (x^2-1)^n \frac{d^{2n}(x^2-1)^n}{dx^{2n}}\,dx.$$

Ferner gilt

$$\frac{d^{2n}(x^2-1)^n}{dx^{2n}} = \frac{d^{2n}}{dx^{2n}}(x^{2n} + \cdots) = 1\cdot 2\cdots 2n = (2n)!$$

und folglich

$$\int_{-1}^{+1} P_n^2(x)\,dx = (-1)^n \frac{(n+1)(n+2)\cdots 2n}{n!\,2^{2n}} \int_{-1}^{+1} (x^2-1)^n\,dx.$$

Setzt man $x = \cos\varphi$, so ergibt sich

$$\int_{-1}^{+1} (x^2-1)^n\,dx = (-1)^n \int_0^{\pi} \sin^{2n+1}\varphi\,d\varphi = (-1)^n\, 2 \int_0^{\frac{\pi}{2}} \sin^{2n+1}\varphi\,d\varphi,$$

also ist [I, 100]

$$\int_{-1}^{+1} (x^2-1)^n\,dx = (-1)^n\, 2\,\frac{2\cdot 4\cdots 2n}{3\cdot 5\cdots(2n+1)}.$$

Die vorige Formel liefert schließlich

$$\int_{-1}^{+1} P_n^2(x)\,dx = \frac{2}{2n+1}. \tag{90}$$

Benutzt man den Ausdruck (82) und wendet den Satz von Rolle an, so zeigt man leicht, daß alle Nullstellen des Polynoms $P_n(x)$ verschieden sind und im Innern des Intervalls $-1 \leqslant x \leqslant +1$ liegen. Das Polynom $\frac{d(x^2-1)^n}{dx}$ vom Grade $2n-1$ hat nämlich die Nullstellen $x = \pm 1$ der Vielfachheit $n-1$, und nach dem erwähnten Satz gibt es noch eine Nullstelle $x = \alpha$ im Innern des Intervalls $(-1, +1)$. Dies sind alle seine Nullstellen. Dann betrachten wir das Polynom $\frac{d^2(x^2-1)^n}{dx^2}$ Es ist vom Grade $2n-2$ und hat die Nullstellen $x = \pm 1$ der Vielfachheit $n-2$. Außerdem besitzt es nach dem Satz von Rolle zwei weitere reelle Nullstellen, von denen eine im Innern des Intervalls $(-1, \alpha)$ und die andere in dem Intervall $(\alpha, +1)$ liegt. Setzt man diese Schlußweise fort, so sieht man, daß $P_n(x)$ *gerade n verschiedene Nullstellen im Innern des Intervalls* $(-1, +1)$ hat.

103. Die Jacobischen Polynome. Die Legendreschen Polynome sind nur Spezialfälle derjenigen Polynome, die man erhält, wenn die hypergeometrische Reihe abbricht. Wir untersuchen jetzt den allgemeinen Fall. Dazu führen wir folgende Bezeichnungen ein:

$$\gamma - 1 = p; \quad \alpha + \beta - \gamma = q. \tag{91}$$

Hierbei mögen p und q feste Zahlen größer als (-1) und die Parameter α, β und γ reelle Zahlen sein. Damit die hypergeometrische Reihe abbricht und ein Polynom vom Grade k wird, müssen wir α oder β gleich $-k$ annehmen. Ohne Beschränkung der Allgemeinheit können wir $\beta = -k$ setzen und dann aus (91) den Wert von α und γ bestimmen. Das so entstehende Polynom bezeichnen wir folgendermaßen:

$$Q_k^{(p,q)}(z) = C_k F(p+q+k+1,\ -k,\ p+1;\ z), \tag{92}$$

wobei C_k eine willkürliche Konstante ist. Vergleicht man die angegebene hypergeometrische Reihe mit Formel (64), so sieht man, daß der Koeffizient von z^k im Polynom (92) gleich

$$(-1)^k \frac{(p+q+k+1)\ (p+q+k+2)\ \cdots\ (p+q+2k)}{(p+1)\ (p+2)\ \cdots\ (p+k)} C_k$$

ist.

Wir wenden jetzt auf (92) die Formel (77) an; dann gilt

$$k!\,(p+q+k+1)\,(p+q+k+2)\cdots(p+q+2k)\,z^p\,(z-1)^q\,Q_k^{(p,q)}(z) =$$
$$= (-1)^k \frac{(p+q+k+1)\,(p+q+k+2)\ \cdots\ (p+q+2\,k)\,k!}{(p+1)\,(p+2)\cdots(p+k)} \cdot C_k \frac{d^k}{dz^k}\left[z^{p+k}\,(z-1)^{q+k}\right].$$

Die Konstante C_k wird nun speziell durch

$$C_k = \frac{(p+1)\ (p+2)\cdots(p+k)}{k!}$$

festgelegt. Dann erhalten wir für unser Polynom

$$z^p\,(z-1)^q\,Q_k^{(p,q)}(z) = \frac{(-1)^k}{k!}\frac{d^k}{dz^k}\left[z^{p+k}\,(z-1)^{q+k}\right].$$

Führt man an Stelle von z die neue Veränderliche x nach der Formel (80) ein, so ergeben sich Polynome in x, die man als *JACOBIsche Polynome* bezeichnet:

$$(93) \qquad (1-x)^p\,(1+x)^q\,P_k^{(p,q)}(x) = \frac{(-1)^k}{k!\,2^k}\frac{d^k}{dx^k}\left[(1-x)^{p+k}\,(1+x)^{q+k}\right].$$

Für $p=q=0$ sind sie mit den LEGENDREschen Polynomen identisch. Für $k=0$ gilt $P_0^{(p,q)}(x)=1$.

Aus der Definition der C_k folgt unmittelbar, daß der Koeffizient von z^k im Polynom (92) gleich

$$(-1)^k \frac{(p+q+k+1)\ (p+q+k+2)\cdots(p+q+2k)}{k!}$$

ist, während der von x^k im Polynom $P_k^{(p,q)}(x)$

$$a_k = \frac{(p+q+k+1)\ (p+q+k+2)\cdots(p+q+2k)}{k!\,2^k}$$

lautet.

Im betrachteten Fall gilt

$$\alpha = p+q+k+1;\ \beta = -k;\ \gamma = p+1,$$

und die Funktion (92) ist eine Lösung der Differentialgleichung

$$\frac{d}{dz}\left[z^{p+1}\,(z-1)^{q+1}\,w'\right] - k\,(p+q+k+1)\,z^p\,(z-1)^q\,w = 0.$$

Führt man die Substitution (80) der unabhängigen Variablen aus, so erhält man für die JACOBIschen Polynome eine Differentialgleichung der Gestalt

$$(94) \quad \frac{d}{dx}\left[(1-x)^{p+1}(1+x)^{q+1}\frac{dP_k^{(p,q)}(x)}{dx}\right] + k\,(p+q+k+1)\,(1-x)^p\,(1+x)^q\,P_k^{(p,q)}(x) = 0.$$

Hierbei sind die Jacobischen Polynome (93) für $p \geqq 0$ und $q \geqq 0$ Lösungen der folgenden Eigenwertaufgabe: Man bestimme die Werte des Parameters λ, für welche die Differentialgleichung

$$\frac{d}{dx}\left[(1-x)^{p+1}(1+x)^{q+1}\frac{dy}{dx}\right]+\lambda(1-x)^p(1+x)^q y=0 \tag{95}$$

im abgeschlossenen Intervall $[-1, +1]$ eine endliche Lösung hat. Diese Parameterwerte sind

$$\lambda_k = k(p+q+k+1), \tag{96}$$

und die entsprechenden Lösungen sind gerade die Jacobischen Polynome.

Benutzt man Gleichung (94), so kann man wie bei den Legendreschen Polynomen zeigen, daß die Gleichung

$$\int_{-1}^{+1}(1-x)^p(1+x)^q P_m^{(p,q)}(x)\, P_n^{(p,q)}(x)\,dx = 0 \qquad (m \neq n) \tag{97}$$

gilt.

Diese Eigenschaft faßt man wieder folgendermaßen in Worte: *Die Jacobischen Polynome sind mit den Gewichten*

$$r(x) = (1-x)^p(1+x)^q \tag{98}$$

im Intervall $(-1, +1)$ *orthogonal.*

Aus der Formel (93) kann man wie bei den Legendreschen Polynomen schließen, daß

$$P_k^{(p,q)}(1) = \frac{(p+k)(p+k-1)\cdots(p+1)}{k!} \tag{99}$$

ist.

Wir wollen jetzt das Integral

$$I_k = \int_{-1}^{+1}(1-x)^p(1+x)^q\,[P_k^{(p,q)}(x)]^2\,dx$$

berechnen. Wegen (93) kann man schreiben:

$$I_k = \frac{(-1)^k}{k!\,2^k}\int_{-1}^{+1}P_k^{(p,q)}(x)\,\frac{d^k}{dx^k}\,[(1-x)^{p+k}(1+x)^{q+k}]\,dx.$$

Integriert man wie in [102] partiell, so erhält man

$$I_k = \frac{1}{k!\,2^k}\int_{-1}^{+1}(1-x)^{p+k}(1+x)^{q+k}\,\frac{d^k P_k^{(p,q)}(x)}{dx^k}\,dx,$$

da das Glied außerhalb des Integralzeichens wegen $p > -1$ und $q > -1$ verschwindet. Wie oben möge α_k den Koeffizienten von x^k im Polynom $P_k^{(p,q)}(x)$ bezeichnen. Dann ergibt sich

$$I_k = \frac{\alpha^k}{2^k}\int_{-1}^{+1}(1-x)^{p+k}(1+x)^{q+k}\,dx.$$

Führt man die neue Integrationsvariable $t = \frac{1-x}{2}$ ein, so ist

$$I_k = a_k 2^{p+q+k+1} \int_0^1 t^{p+k} (1-t)^{q+k}\, dt,$$

also [72]

$$I_k = a_k 2^{p+q+k+1}\, B(p+k+1,\, q+k+1) = a_k 2^{p+q+k+1} \frac{\Gamma(p+k+1)\,\Gamma(q+k+1)}{\Gamma(p+q+2k+2)}.$$

Wir setzen hierin den oben angegebenen Ausdruck für a_k ein und benutzen die Formel (120) aus [71]; damit erhalten wir

$$I_k = \frac{2^{p+q+1}}{p+q+2k+1} \cdot \frac{\Gamma(p+k+1)\,\Gamma(q+k+1)}{k!\,\Gamma(p+q+k+1)}.$$

Es gilt also die Beziehung

$$(100)\qquad \int_{-1}^{+1} (1-x)^p\,(1+x)^q [P_n^{(p,q)}(x)]^2\, dx = \frac{2^{p+q+1}}{2n+p+q+1} \cdot \frac{\Gamma(n+p+1)\,\Gamma(n+q+1)}{n!\,\Gamma(n+p+q+1)}$$

$$(n = 1, 2, \ldots).$$

Für $n = 0$ hat ihre rechte Seite wegen $\Gamma(x+1) = x\,\Gamma(x)$ die Gestalt

$$2^{p+q+1} \frac{\Gamma(p+1)\,\Gamma(q+1)}{\Gamma(p+q+2)}.$$

Wir notieren noch einen Spezialfall, nämlich den, daß $p = q = -\frac{1}{2}$ ist. Für diese Polynome führen wir die besondere Bezeichnung

$$(101)\qquad T_k(x) = C_k P_k^{\left(-\frac{1}{2},\, -\frac{1}{2}\right)}(x)$$

ein, wobei die C_k Konstanten sind.

Wegen (93) sind sie durch folgende Relation definiert:

$$(102)\qquad (1-x^2)^{-\frac{1}{2}}\, T_k(x) = \frac{(-1)^k C_k}{k!\, 2^k} \frac{d^k}{dx^k}\left[(1-x^2)^{-\frac{1}{2}+k}\right].$$

Wir leiten jetzt einen anderen Ausdruck für diese Polynome her und benutzen dazu die Differentialgleichung, der sie genügen müssen. Man erhält sie aus (94), wenn man dort $p = q = -\frac{1}{2}$ setzt. $T_k(x)$ ist also Lösung der Differentialgleichung

$$(103)\qquad \sqrt{1-x^2}\, \frac{d}{dx}\left[\sqrt{1-x^2}\, \frac{dT_k(x)}{dx}\right] + k^2 T_k(x) = 0.$$

Die Wurzeln der Fundamentalgleichung im singulären Punkt $x = 1$ sind 0 und $\frac{1}{2}$. Der ersten von ihnen entspricht eine Lösung in Gestalt eines Polynoms, während die zweite Lösung sicher kein Polynom ist.

Um das Polynom zu finden, das der Differentialgleichung (103) in der passenden Gestalt genügt, führen wir für x die neue unabhängige Veränderliche φ durch die Formel

$$(104)\qquad x = \cos\varphi$$

ein.

Ersetzt man die Differentiation nach x durch diejenige nach φ, so gilt nach der Kettenregel

$$\sqrt{1-x^2}\,\frac{d}{dx} = -\frac{d}{d\varphi}.$$

Das ergibt, in die Differentialgleichung (103) eingesetzt,

$$\frac{d^2 T_k(\cos\varphi)}{d\varphi^2} + k^2 T_k(\cos\varphi) = 0.$$

Lösungen dieser letzten Differentialgleichung sind

$$\cos k\varphi \quad \text{und} \quad \sin k\varphi,$$

d. h., für (103) erhalten wir Lösungen der Gestalt

$$\cos(k \arccos x) \quad \text{und} \quad \sin(k \arccos x).$$

Benutzt man die bekannte Formel [I, 174]

$$\cos k\varphi = \cos^k\varphi - \binom{k}{2}\cos^{k-2}\varphi \sin^2\varphi + \cdots,$$

so überzeugt man sich davon, daß die erste dieser Lösungen ein Polynom in x ist; folglich lautet sie (bis auf einen willkürlichen Faktor)

$$T_k(x) = \cos(k \arccos x). \tag{105}$$

Dieses Polynom bezeichnet man als *Tschebyscheffsches Polynom.* Für $\varphi = 0$ erhalten wir $x = 1$, also ist $T_k(1) = 1$; andererseits ist nach (99)

$$P_k^{\left(-\frac{1}{2},\, -\frac{1}{2}\right)}(1) = \frac{1\cdot 3 \cdots (2k-1)}{2\cdot 4 \cdots 2k}.$$

Daraus läßt sich leicht der konstante Faktor in Formel (101) bestimmen:

$$T_k(x) = \frac{2\cdot 4 \cdots 2k}{1\cdot 3\cdots(2k-1)}\, P_k^{\left(-\frac{1}{2},\, -\frac{1}{2}\right)}(x). \tag{106}$$

104. Konforme Abbildung und Gausssche Differentialgleichung. Wir wollen jetzt den Zusammenhang zwischen der Gaussschen Differentialgleichung und einem Problem der konformen Abbildung untersuchen. Dabei setzen wir wie im vorigen Paragraphen die Parameter α, β und γ als reell voraus. Wir beweisen zunächst, daß die Lösung der Gaussschen Differentialgleichung (62) in der komplexen Ebene, abgesehen von singulären Punkten, keine mehrfachen Nullstellen haben kann. Liegt nämlich im Punkt $z = z_0$ eine mehrfache Nullstelle vor, gilt also

$$w(z_0) = w'(z_0) = 0,$$

so folgt aus der Differentialgleichung (62), daß $w''(z_0) = 0$ ist. Differenziert man (62) und setzt dann $z = z_0$, so erhält man $w'''(z_0) = 0$ usw. Eine analytische Funktion, deren sämtliche Ableitungen in einem bestimmten Punkt gleich Null sind, ist aber bekanntlich identisch Null, und wir verstehen unter w natürlich eine von Null verschiedene Lösung.

Der angegebene Beweis gilt auch für beliebige Differentialgleichungen zweiter Ordnung mit analytischen Koeffizienten. Das erhaltene Resultat folgt ebenfalls unmittelbar aus dem Existenz- und Eindeutigkeitssatz [**95**].

Wir betrachten jetzt den Quotienten zweier linear unabhängiger Integrale der GAUSSschen Differentialgleichung,

$$\eta(z) = \frac{w_2(z)}{w_1(z)}. \tag{107}$$

Diese Funktion kann bei der analytischen Fortsetzung nur in $z = 0, 1$ und ∞ sowie für diejenigen z singuläre Punkte haben, die Nullstellen der Lösung $w_1(z)$ sind. Diese z-Werte sind einfache Pole der Funktion (107). Ist nämlich $w_1(z_0) = 0$, so kann man beweisen, daß $w_2(z_0) \neq 0$ ist. Denn würde auch

$$w_2(z_0) = 0$$

gelten, so würden die beiden Lösungen folgenden Anfangsbedingungen genügen:

$$\begin{aligned} w_1(z_0) &= 0; \quad w_1'(z_0) = \alpha; \\ w_2(z_0) &= 0; \quad w_2'(z_0) = \beta \end{aligned} \qquad (\alpha \text{ und } \beta \neq 0),$$

und wir könnten aus dem Existenz- und Eindeutigkeitssatz schließen, daß

$$w_2(z) = \frac{\beta}{\alpha} w_1(z)$$

ist. Die Lösungen $w_1(z)$ und $w_2(z)$ wären also linear abhängig; wir hatten jedoch vorausgesetzt, daß in der Formel (107) Zähler und Nenner linear unabhängige Lösungen sind.

Wir betrachten die obere Halbebene der komplexen Veränderlichen z. In diesem einfach zusammenhängenden Gebiet B haben die analytischen Funktionen $w_1(z)$ und $w_2(z)$ bei der analytischen Fortsetzung keine singulären Punkte, und folglich sind sie eindeutige reguläre Funktionen von z. Die Funktion (107) ist ebenfalls in der oberen Halbebene eindeutig und kann dort als singuläre Punkte lediglich einfache Pole haben. Wir zeigen jetzt, daß die Ableitung von (107) außer in den singulären Punkten nirgends verschwinden kann. Bekanntlich [II, 24] gilt für die Ableitung:

$$\frac{d}{dz}\left(\frac{w_2(z)}{w_1(z)}\right) = \frac{C}{w_1^2(z)} e^{-\int p(z)\,dz}, \tag{108}$$

worin C eine Konstante und $p(z)$ der Koeffizient von w' in der Differentialgleichung (62) ist. Aus dieser letzten Formel folgt mühelos unsere Behauptung.

Da in einem einfachen Pol die Konformität nicht gestört ist, muß die Funktion (107) eine bestimmte konforme Abbildung des Gebietes B in ein anderes Gebiet B_1 liefern, das im Innern keine Verzweigungspunkte enthält. Wir wollen jetzt den Rand dieses neuen Gebietes B_1 bestimmen.

Bei Annäherung des Punktes z aus der oberen Halbebene an einen Punkt z_0 der reellen Achse, der von den singulären Punkten 0, 1 und ∞ verschieden ist, strebt die Funktion (107) gegen einen endlichen Grenzwert. Außerdem ist sie im Punkt z_0 selbst regulär und bleibt es auch innerhalb jedes der drei Intervalle

$$(-\infty, 0); \quad (0, 1); \quad (1, \infty) \tag{109}$$

der reellen Achse. Wir zeigen jetzt, daß die Funktion (107) auch dann gegen einen endlichen Grenzwert strebt, wenn z gegen einen der singulären Punkte geht. Als Beispiel dazu betrachten wir den Punkt $z = 0$.

Vorher machen wir noch eine allgemeine Bemerkung, die späterhin eine Rolle spielt. Nehmen wir an, wir hätten an Stelle von $w_1(z)$ und $w_2(z)$ irgend zwei andere linear unabhängige Lösungen der Differentialgleichung, $w_1^*(z)$ und $w_2^*(z)$, genommen. Sie sind Linearkombinationen der früheren Lösungen:

$$w_1^*(z) = a_{11} w_1(z) + a_{12} w_2(z);$$
$$w_2^*(z) = a_{21} w_1(z) + a_{22} w_2(z)$$

mit

$$a_{11} a_{22} - a_{12} a_{21} \neq 0.$$

Mit diesen Lösungen bilden wir die neue Funktion

$$\eta^*(z) = \frac{w_2^*(z)}{w_1^*(z)} = \frac{a_{21} w_1(z) + a_{22} w_2(z)}{a_{11} w_1(z) + a_{12} w_2(z)}$$

oder

$$\eta^*(z) = \frac{a_{21} + a_{22}\eta(z)}{a_{11} + a_{12}\eta(z)}.$$

Bei verschiedener Wahl der linear unabhängigen Lösungen w_1 und w_2 aus (107) hängen die entsprechenden Funktionen $\eta(z)$ durch eine lineare Transformation mit von Null verschiedener Determinante miteinander zusammen.

Jetzt kehren wir zur Untersuchung der Funktion (107) in der Umgebung des Punktes $z = 0$ zurück. Dazu wählen wir die unabhängigen Lösungen

$$\text{(110)} \qquad \begin{aligned} w_1(z) &= F(\alpha, \beta, \gamma;\ z); \\ w_2(z) &= z^{1-\gamma} F(\alpha + 1 - \gamma, \beta + 1 - \gamma, 2 - \gamma; z). \end{aligned}$$

Dann ist

$$\text{(111)} \qquad \eta(z) = z^{1-\gamma} \frac{F(\alpha + 1 - \gamma, \beta + 1 - \gamma, 2 - \gamma; z)}{F(\alpha, \beta, \gamma; z)}.$$

Diese letzte Gleichung ist wie folgt zu verstehen: In der Umgebung von $z = 0$ ist die Funktion $\eta(z)$ durch die Formel (111) definiert, sie ist aber in der gesamten Halbebene B durch analytische Fortsetzung eindeutig bestimmt. Aus der Formel (111) folgt z. B. unmittelbar, daß für $z \to 0$ und $\gamma < 1$

$$\eta(z) \to 0$$

gilt.

Bei jeder anderen Wahl der linear unabhängigen Lösungen ist das neue $\eta(z)$ linear durch (111) darstellbar, und folglich hat es für $z \to 0$ ebenfalls einen endlichen Grenzwert.

Nun wollen wir zeigen, daß die Funktion (107) die Intervalle (109) der reellen Achse auf Kreisbögen abbildet. Wir betrachten dazu das Intervall (0, 1) und wählen im Innern dieses Intervalls einen festen Punkt z_0. Die Lösungen $w_1(z)$ und $w_2(z)$ legen wir durch ihre Anfangsbedingungen im Punkte z_0 fest, wobei wir letztere so wählen, daß sich $w(z_0)$ und $w'(z_0)$ durch reelle Zahlen ausdrücken lassen. Da die Koeffizienten der Gaussschen Differentialgleichung ebenfalls reell sind, erhält man für $w_1(z)$ und $w_2(z)$ in der Umgebung des Punktes z_0 Taylor-Reihen mit reellen Koeffizienten.

Die analytische Fortsetzung dieser Lösungen längs des Intervalls (0, 1) führt offenbar ebenfalls auf reelle Taylorreihen. Mit anderen Worten: Bei dieser Wahl der Lösungen nimmt die Funktion $\eta(z)$ im Intervall (0, 1) reelle Werte an, d. h., sie bildet dieses Intervall wieder auf ein bestimmtes Intervall der reellen Achse ab. Bei jeder anderen Wahl der Lösungen erhält man die neue Funktion $\eta(z)$ aus der alten durch eine lineare Abbildung, und diese führt das genannte Intervall der reellen Achse in einen Kreisbogen über. Also bildet die Funktion (107) tatsächlich jedes der Intervalle (109) auf gewisse Kreisbögen ab.

Wir nehmen jetzt nochmals an, daß die Fundamentallösungen $w_1(z)$ und $w_2(z)$ im Intervall (0, 1) reell sind. Wendet man in diesem Intervall die Formel (108) auf den Quotienten $\frac{w_2(z)}{w_1(z)}$ an, so sieht man, daß die Ableitung der Funktion $\eta(z)$ dort das Vorzeichen nicht ändert. Im genannten Intervall ist also $\eta(z)$ eine monotone Funktion von z; d. h., durchläuft z das Intervall (0, 1) in einer bestimmten Richtung, so bewegt sich der Punkt $\eta(z)$ im entsprechenden Intervall stets in ein und derselben Richtung. Dabei kann $\eta(z)$ auch durch Unendlich gehen, wobei also ein unendliches Intervall durchlaufen wird. Außerdem kann sich dieses Intervall in gewissen Fällen auch überdecken. Im allgemeinen bewegt sich bei beliebiger Wahl der unabhängigen Lösungen in Formel (107) der Punkt $\eta(z)$ stets in ein und derselben Richtung längs eines Kreisbogens, falls der Punkt z das Intervall (0, 1) in einer bestimmten Richtung durchläuft. Dem Intervall (0, 1) braucht in manchen Fällen nicht nur ein Stück des Kreisrandes zu entsprechen, es kann das Bild auch eine mehrfach durchlaufene vollständige Peripherie sein.

Aus allen vorigen Überlegungen erhalten wir folgendes Ergebnis: *Die Funktion* (107), *also der Quotient zweier linear unabhängiger Lösungen der GAUSSschen Differentialgleichung, bildet die obere Halbebene konform auf ein Gebiet ab, das durch drei Kreisbögen begrenzt ist oder, anders ausgedrückt, auf ein Kreisbogendreieck, das im Innern keine Verzweigungspunkte enthält.*

Wir bestimmen jetzt die Winkel des Kreisbogendreiecks. Dazu betrachten wir die Ecke A dieses Dreiecks, die dem Punkt $z = 0$ entspricht, und wählen die Fundamentallösungen gemäß (110), wobei wir $\gamma < 1$ voraussetzen. Aus (111) ergibt sich in der Umgebung des Punktes $z = 0$ die Beziehung $\eta(z) > 0$ für $z > 0$, wenn man $\arg z = 0$ voraussetzt. Umgeht man den Punkt $z = 0$ in der oberen Halbebene, so erhält man $\arg z = \pi$; folglich ist $\arg z^{1-\gamma} = \pi(1-\gamma)$; der Bruch in (111) ist also für alle z in der Nähe von Null reell und liegt nahe bei Eins. Nimmt man also $\gamma < 1$ an, so erhält man in der η-Ebene zwei Geraden; die eine verläuft vom Nullpunkt in Richtung der positiven reellen Achse, und die andere bildet mit dieser Richtung den Winkel $\pi(1-\gamma)$. Ist $\gamma > 1$, so können wir an Stelle der Relation (111) die reziproke Beziehung benutzen. Also erhalten wir bei dieser Wahl der Fundamentallösungen den Winkel $\pi|1-\gamma|$ in der Ecke des Kreisbogendreiecks, die dem Punkt $z = 0$ entspricht. Bei jeder anderen Wahl der Fundamentallösungen erhalten wir ein neues Dreieck, das aus dem alten durch eine lineare Transformation entsteht. Diese ändert aber bekanntlich die Winkel nicht. Folglich erhalten wir allgemein in der Ecke A einen Winkel der Größe $\pi|1-\gamma|$. Entsprechend bekommen wir in den beiden anderen Ecken des Kreisbogendreiecks, die den Punkten $z = 1$ und $z = \infty$ entsprechen, Winkel, die gleich $\pi|\gamma-\alpha-\beta|$ und $\pi|\beta-\alpha|$ sind. Die Richtung der Winkelmessung ist wie immer bei einer konformen Abbildung dadurch bestimmt, daß sich bei der Bewegung eines Punktes längs der reellen Achse in positiver Richtung der Punkt längs des Kreisbogendreiecks so bewegt, daß das Dreieck linkerhand liegt.

Das obige Ergebnis kann man folgendermaßen formulieren: *Die Größen der Winkel des Dreiecks in der η-Ebene sind gleich dem π-fachen der absoluten Beträge der Differenz der Wurzeln der Fundamentalgleichung in den entsprechenden singulären Punkten der Differentialgleichung* (62). Wir erwähnen, ohne den Beweis durchzuführen, daß diese Eigenschaft auch dann gilt, wenn die Differenz verschwindet (d. h. die Kreisbögen sich berühren) oder gleich einer ganzen Zahl ist.

Man kann zeigen, daß auch umgekehrt jedes Kreisbogendreieck, das zwar mehrblättrig sein, aber im Innern und auf den Seiten keine Verzweigungspunkte besitzen darf, aus der oberen Halbebene mit Hilfe einer konformen Abbildung erhalten werden kann, die durch den Quotienten zweier Integrale der Gaussschen Differentialgleichung bei entsprechender Wahl der Parameter α, β und γ vermittelt wird. Insbesondere kann man ein geradliniges Dreieck nehmen, das ein Spezialfall eines durch Kreisbögen begrenzten Dreiecks ist. In diesem Fall können wir die Funktion, welche die konforme Abbildung vermittelt, auch einfacher darstellen, und zwar durch ein Christoffelsches Integral.

105. Wesentlich singuläre Punkte. Wir wollen jetzt die Darstellung der Lösung einer Differentialgleichung in der Umgebung eines wesentlich singulären Punktes behandeln. Durch eine lineare Transformation der unabhängigen Veränderlichen kann man stets erreichen, daß dieser singuläre Punkt im Unendlichen liegt, was wir im folgenden auch voraussetzen wollen. Wir betrachten dazu die Differentialgleichung

$$w'' + p(z)\, w' + q(z)\, w = 0.$$

Falls $p(z)$ und $q(z)$ in der Nähe des Unendlichen Entwicklungen der Gestalt

$$p(z) = \sum_{k=1}^{\infty} \frac{a_k}{z^k}; \quad q(z) = \sum_{k=2}^{\infty} \frac{b_k}{z^k} \tag{112}$$

haben, so ist dieser Punkt bekanntlich [99] außerwesentlich singulär. Wir wollen also voraussetzen, daß für die Koeffizienten die Entwicklungen (112) nicht gelten, sondern lediglich annehmen, daß die Entwicklungen von $p(z)$ und $q(z)$ in der Umgebung des Unendlichen keine positiven Potenzen von z enthalten. Genauer: Die Differentialgleichung soll die Gestalt

$$w'' + \left(a_0 + \frac{a_1}{z} + \frac{a_2}{z^2} + \cdots\right) w' + \left(b_0 + \frac{b_1}{z} + \frac{b_2}{z^2} + \cdots\right) w = 0 \tag{113}$$

haben, wobei wenigstens einer der Koeffizienten a_0, b_0 und b_1 von Null verschieden sein möge. Versuchen wir, diese Differentialgleichung formal durch einen Ausdruck der Gestalt

$$w = z^{\varrho}\left(c_0 + c_1 \frac{1}{z} + \cdots\right) \tag{114}$$

zu erfüllen, in dem $c_0 \neq 0$ ist, so erhalten wir bei Einsetzen in die linke Seite der Differentialgleichung ein einziges Glied, das z^{ϱ} enthält, nämlich $b_0 c_0 z^{\varrho}$. Daraus folgt, daß der Ausdruck (114) die Gleichung nicht befriedigt, falls $b_0 \neq 0$ ist. Wir wollen uns von dem Koeffizienten b_0 befreien, indem wir an Stelle von w eine neue gesuchte Funktion u durch

$$w = e^{\alpha z} u$$

einführen.

Daraus folgt, daß

$$w' = e^{\alpha z} u' + \alpha e^{\alpha z} u; \quad w'' = e^{\alpha z} u'' + 2\alpha e^{\alpha z} u' + \alpha^2 e^{\alpha z} u$$

ist. Setzt man diese Werte in (113) ein, dann erhält man die neue Differentialgleichung

$$u'' + \left(2\alpha + a_0 + \frac{a_1}{z} + \frac{a_2}{z^2} + \cdots\right) u'$$
$$+ \left(\alpha^2 + \alpha a_0 + b_0 + \frac{\alpha a_1 + b_1}{z} + \frac{\alpha a_2 + b_2}{z^2} + \cdots\right) u = 0.$$

Es ist jetzt nur noch die Konstante α aus der Bedingung

$$\alpha^2 + \alpha a_0 + b_0 = 0 \tag{115}$$

zu bestimmen.

Damit lautet die Differentialgleichung jetzt

$$u'' + \left(2\alpha + a_0 + \frac{a_1}{z} + \frac{a_2}{z^2} + \cdots\right) u' + \left(\frac{b_1'}{z} + \frac{b_2'}{z^2} + \cdots\right) u = 0 \tag{116}$$
$$(b_k' = \alpha a_k + b_k),$$

wobei α eine Wurzel der Gleichung (115) ist. Die Gleichung (116) können wir jetzt formal durch einen Ausdruck der Gestalt (114) erfüllen. Wir setzen zunächst

$$u = z^\varrho v,$$

daraus folgt

$$u' = z^\varrho v' + \varrho z^{\varrho-1} v; \quad u'' = z^\varrho v'' + 2\varrho z^{\varrho-1} v' + \varrho(\varrho - 1) z^{\varrho-2} v.$$

Setzt man das in (116) ein, so lautet für die neue Funktion v die Differentialgleichung

$$v'' + p_1(z)\, v' + q_1(z)\, v = 0 \tag{117}$$

mit

$$\left\{\begin{aligned} p_1(z) &= 2\alpha + a_0 + \frac{2\varrho + a_1}{z} + \frac{a_2}{z^2} + \frac{a_3}{z^3} + \cdots; \\ q_1(z) &= \frac{(2\alpha + a_0)\varrho + b_1'}{z} + \frac{\varrho(\varrho - 1) + a_1\varrho + b_2'}{z^2} + \\ &\quad + \frac{a_2\varrho + b_3'}{z^3} + \frac{a_3\varrho + b_4'}{z^4} + \cdots. \end{aligned}\right. \tag{118}$$

Aus der Bedingung, daß der Koeffizient $q_1(z)$ kein Glied mit z^{-1} enthält, bestimmen wir ϱ:

$$(2\alpha + a_0)\varrho + b_1' = 0; \quad \varrho = -\frac{\alpha a_1 + b_1}{2\alpha + a_0}. \tag{119}$$

Dabei setzen wir voraus, daß die Gleichung (115) verschiedene Wurzeln hat, woraus $2\alpha + a_0 \neq 0$ folgt.

Die neue Differentialgleichung für v lautet damit

$$v'' + \left(2\alpha + a_0 + \frac{2\varrho + a_1}{z} + \cdots\right) v' + \left(\frac{\varrho^2 + (a_1 - 1)\varrho + b_2'}{z^2} + \frac{a_2\varrho + b_3'}{z^3} + \cdots\right) v = 0. \tag{120}$$

Wir können sie formal durch eine Reihe

$$v = c_0 + \frac{c_1}{z} + \frac{c_2}{z^2} + \cdots \tag{121}$$

erfüllen.

Differenziert man diese, setzt sie in die linke Seite der Differentialgleichung ein und wendet die Methode der unbestimmten Koeffizienten an, so erhält man ein Gleichungssystem, aus dem man nacheinander $c_1, c_2, \ldots$ berechnen kann. Dabei spielt c_0 die Rolle eines willkürlichen Faktors. Wir schreiben jetzt die erste dieser Gleichungen auf:

$$-(2\alpha + a_0)\, c_1 + [\varrho^2 + (a_1 - 1)\, \varrho + b_2']\, c_0 = 0.$$

Daraus ergibt sich

$$c_1 = \frac{\varrho^2 + (a_1 - 1)\, \varrho + \alpha a_2 + b_2}{2\alpha + a_0}\, c_0 . \tag{122}$$

Schließlich erhalten wir einen Ausdruck der Gestalt

$$w = e^{\alpha z} z^{\varrho} \left(c_0 + \frac{c_1}{z} + \frac{c_2}{z^2} + \cdots\right), \tag{123}$$

der formal die Differentialgleichung (113) erfüllt. Hat die quadratische Gleichung (115) verschiedene Wurzeln, so kann man nach dem obigen Verfahren zwei formale Lösungen der Gestalt (123) konstruieren. Es wird sich jedoch zeigen, daß die unendliche Reihe im Ausdruck (123) im allgemeinen für jeden Wert von z divergiert.

Wir zeigen das an dem speziellen Beispiel der Differentialgleichung

$$w'' + \left(a_0 + \frac{a_1}{z}\right) w' + \frac{b_2}{z^2}\, w = 0. \tag{124}$$

Hierbei können wir $\alpha = \varrho = 0$ annehmen. Setzt man eine Reihe der Gestalt (121) in die linke Seite der Differentialgleichung (124) ein, so erhält man folgende Rekursionsformel zur Bestimmung der Koeffizienten:

$$[n\,(n + 1) - n a_1 + b_2]\, c_n - (n + 1)\, a_0 c_{n+1} = 0.$$

Wir betrachten das Verhältnis zweier aufeinanderfolgender Glieder der Reihe (121). Nach der letzten Formel erhält man für dieses Verhältnis

$$\frac{c_{n+1}}{z^{n+1}} : \frac{c_n}{z^n} = \frac{n\,(n + 1) - n a_1 + b_2}{(n + 1)\, a_0}\, \frac{1}{z}.$$

Daraus folgt unmittelbar, daß die angegebene Relation für beliebig vorgegebenes z mit wachsendem n gegen Unendlich strebt. Folglich kann die oben konstruierte Reihe für kein z konvergieren.

Die Divergenz der in (123) auftretenden Reihe könnte dazu führen, daß man diesen Ausdruck für wertlos hält. Aber es kommt mitunter vor, daß man ihn doch für die Darstellung einer Lösung der Differentialgleichung (113) benutzen kann. Um das zu erläutern, müssen wir einen neuen Begriff einführen, nämlich den der *asymptotischen Entwicklung einer Funktion.*

Wir untersuchen aber vorher noch den Fall, daß die Gleichung (115) eine Doppelwurzel hat. Dann ist $2\alpha + a_0 = 0$, und die Differentialgleichung (116) geht über in

$$u'' + \left(\frac{a_1}{z} + \frac{a_2}{z^2} + \cdots\right)u' + \left(\frac{b_1'}{z} + \frac{b_2'}{z^2} + \cdots\right)u = 0.$$

Führt man an Stelle von z die neue unabhängige Veränderliche $t = \sqrt{z}$ ein, so erhält man die Differentialgleichung

$$\frac{d^2u}{dt^2} + \left(\frac{2a_1 - 1}{t} + \frac{2a_2}{t^3} + \frac{2a_3}{t^5} + \cdots\right)\frac{du}{dt} + \left(4b_1' + \frac{4b_2'}{t^2} + \frac{4b_3'}{t^4} + \cdots\right)u = 0. \tag{125}$$

Für sie lautet die quadratische Gleichung (115): $\alpha^2 + 4b_1' = 0$. Ist $b_1' \neq 0$, so haben wir für die Differentialgleichung (125) den oben betrachteten Fall verschiedener Wurzeln α. Für $b_1' = 0$ ist $t = \infty$ ein außerwesentlich singulärer Punkt der Differentialgleichung (125).

106. Asymptotische Entwicklungen. Vorgelegt sei eine unendliche Reihe der Gestalt

$$c_0 + \frac{c_1}{z} + \frac{c_2}{z^2} + \cdots. \tag{126}$$

Wir bezeichnen mit $S_n(z)$ die Summe ihrer ersten n Glieder, also

$$S_n(z) = c_0 + \frac{c_1}{z} + \cdots + \frac{c_{n-1}}{z^{n-1}}.$$

Die Konvergenz der Reihe ist gleichbedeutend mit der Existenz eines Grenzwertes von $S_n(z)$ für $n \to \infty$. Wir wollen aber jetzt anders verfahren, nämlich n festhalten und z auf einer bestimmten Halbgeraden L gegen Unendlich streben lassen. Im folgenden wollen wir für diese Halbgerade die positive reelle Achse wählen, d. h. immer $z > 0$ voraussetzen.

Wir nehmen an, auf L sei eine Funktion $f(z)$ so definiert, daß für beliebiges festes n die Differenz

$$f(z) - S_n(z)$$

für $z \to \infty$ von höherer Ordnung als $\frac{1}{z^{n-1}}$ klein wird. Die Differenz $f(z) - S_n(z)$ wird also von höherer Ordnung klein als das letzte der Glieder im Ausdruck für $S_n(z)$. Die angegebene Bedingung kann folgendermaßen formuliert werden:

$$\lim_{z\to\infty} [f(z) - S_n(z)]\, z^{n-1} = 0 \qquad (\text{auf } L). \tag{127}$$

Dann sagt man, *die Reihe* (126) *stelle die asymptotische Entwicklung der Funktion* $f(z)$ *auf* L *dar*, und schreibt

$$f(z) \sim c_0 + \frac{c_1}{z} + \frac{c_2}{z^2} + \cdots \qquad (\text{auf } L). \tag{128}$$

Da $\frac{c_n}{z^n} z^{n-1}$ für $z \to \infty$ gegen Null strebt, hat man an Stelle von (127) die gleichwertige Bedingung

$$\lim_{z\to\infty} \left[f(z) - \left(c_0 + \frac{c_1}{z} + \cdots + \frac{c_n}{z^n}\right)\right] z^{n-1} = 0. \tag{129}$$

Als Beispiel betrachten wir die Funktion, die für $x > 0$ durch das Integral

$$f(x) = \int_x^\infty t^{-1} e^{x-t} dt \tag{130}$$

definiert ist.

Durch mehrmalige partielle Integration erhält man

$$f(x) = \frac{1}{x} - \frac{1}{x^2} + \frac{2!}{x^3} - \cdots + \frac{(-1)^{n-1}(n-1)!}{x^n} + (-1)^n n! \int_x^\infty \frac{e^{x-t}}{t^{n+1}} dt.$$

Wir bilden die Reihe

$$\frac{1}{x} - \frac{1}{x^2} + \frac{2!}{x^3} - \frac{3!}{x^4} + \cdots. \tag{131}$$

Betrachtet man das Verhältnis eines Gliedes zum vorhergehenden, so überzeugt man sich davon, daß diese Reihe für jedes x divergiert. Wir wollen zeigen, daß sie den asymptotischen Ausdruck für die Funktion (130) liefert. In der Tat ist

$$f(x) - S_{n+1}(x) = (-1)^n n! \int_x^\infty \frac{e^{x-t}}{t^{n+1}} dt,$$

woraus man, wenn man unter dem Integral den zwischen Null und Eins liegenden Faktor e^{x-t} $(t \geqq x)$ wegläßt,

$$|f(x) - S_{n+1}(x)| < n! \int_x^\infty \frac{dt}{t^{n+1}} = (n-1)! \frac{1}{x^n}$$

erhält. Daraus ergibt sich leicht, daß Bedingung (129) erfüllt ist, und folglich gilt

$$\int_x^\infty t^{-1} e^{x-t} dt \sim \frac{1}{x} - \frac{1}{x^2} + \frac{2!}{x^3} - \frac{3!}{x^4} + \cdots. \tag{132}$$

Es sei eine asymptotische Entwicklung (128) vorgelegt. Die Bedingung (127) liefert für $n = 1$

$$\lim_{z \to \infty} [f(z) - c_0] = 0;$$

also ist

$$c_0 = \lim_{z \to \infty} f(z).$$

Ferner ergibt dieselbe Bedingung für $n = 2$

$$\lim_{z \to \infty} \left[f(z) - c_0 - \frac{c_1}{z}\right] z = 0,$$

woraus

$$c_1 = \lim_{z \to \infty} [f(z) - c_0] z$$

folgt. Allgemein gilt

$$c_n = \lim_{z \to \infty} \left[f(z) - \left(c_0 + \frac{c_1}{z} + \cdots + \frac{c_{n-1}}{z^{n-1}}\right)\right] z^n. \tag{133}$$

Diese Formeln definieren die Koeffizienten der asymptotischen Entwicklung in eindeutiger Weise, falls es eine solche Entwicklung überhaupt gibt.

Daraus folgt unmittelbar, daß *eine vorgegebene Funktion nur eine einzige asymptotische Entwicklung haben kann.*

Wir betrachten die Funktion e^{-x} auf der Halbgeraden $x > 0$. Bekanntlich gilt für jedes n

$$\lim_{x\to\infty} e^{-x} x^n = 0\,;$$

die asymptotische Darstellung der Funktion e^{-x} auf der Halbgeraden $x > 0$ lautet also $e^{-x} \sim 0$. Besitzt also z. B. eine Funktion $f(x)$ auf der Halbgeraden $x > 0$ eine asymptotische Entwicklung, so hat die Funktion $f(x) + e^{-x}$ dieselbe asymptotische Entwicklung; d. h. aber, daß die Addition des Summanden e^{-x}, der schneller abnimmt als jede ganze negative Potenz von x, die asymptotische Entwicklung einer Funktion nicht ändert.

Mit Hilfe der Definition der asymptotischen Entwicklung kann man die Regeln der gliedweisen Multiplikation und gliedweisen Integration asymptotischer Entwicklungen beweisen. Ist nämlich

$$f(z) \sim \sum_{k=0}^{\infty} \frac{c_k}{z^k} \quad \text{und} \quad \varphi(z) \sim \sum_{k=0}^{\infty} \frac{d_k}{z^k},$$

so muß

$$f(z)\,\varphi(z) \sim \sum_{k=0}^{\infty} \frac{c_k d_0 + c_{k-1} d_1 + \cdots + c_0 d_k}{z^k}$$

sein.

Ebenso gilt

$$\int_z^{\infty} f(t)\,dt \sim \sum_{k=2}^{\infty} \frac{c_k}{(k-1)\,z^{k-1}},$$

falls

$$f(z) \sim \sum_{k=2}^{\infty} \frac{c_k}{z^k}$$

ist.

Wir wollen auf den Beweis dieser Regeln nicht eingehen, er folgt – wie gesagt – unmittelbar aus der Definition der asymptotischen Entwicklung.

Man kann zeigen, daß die im Ausdruck (123) vorkommende unendliche Reihe die asymptotische Entwicklung einer bestimmten Funktion ist; es existiert nämlich eine solche Lösung der Differentialgleichung (113), für die auf der Halbgeraden $z > 0$ die asymptotische Entwicklung

$$w(z)\, e^{-az} z^{-\varrho} \sim c_0 + \frac{c_1}{z} + \frac{c_2}{z^2} + \cdots$$

gilt.

Wir beweisen das für einen Spezialfall der Differentialgleichung (113), nämlich für den Fall, daß dort a_k und b_k für $k \geqslant 2$ gleich Null sind. Zu diesem Beweis verwenden wir ein besonderes Integrationsverfahren für die Differentialgleichung (113), nämlich das der Darstellung einer Lösung als Kurvenintegral. Daher beschäftigen wir uns zunächst mit der Integration einer Differentialgleichung mit Hilfe eines Kurvenintegrals.

Bei allen bisherigen Untersuchungen haben wir vorausgesetzt, daß die Bedingung (127) erfüllt ist, wenn z längs einer Halbgeraden L gegen Unendlich geht. Ist diese Bedingung in einem ganzen Sektor erfüllt, so sagt man, daß die asymptotische Darstellung (128) in diesem Sektor gilt.

107. Die Laplace-Transformation. Wir untersuchen die Differentialgleichung

$$w'' + \left(a_0 + \frac{a_1}{z}\right) w' + \left(b_0 + \frac{b_1}{z}\right) w = 0$$

oder

$$zw'' + (a_0 z + a_1)\, w' + (b_0 z + b_1)\, w = 0 \,. \tag{134}$$

Es soll eine Lösung dieser Differentialgleichung in der Gestalt

$$w(z) = \int_l v(z')\, e^{zz'}\, dz' \tag{135}$$

gefunden werden, wobei $v(z')$ eine gesuchte Funktion von z' und l ein gesuchter von z unabhängiger Integrationsweg ist. Differenziert man nach z, so ergibt sich

$$w'(z) = \int_l v(z')\, z' e^{zz'}\, dz'; \quad w''(z) = \int_l v(z')\, z'^2 e^{zz'}\, dz'. \tag{136}$$

Nach Multiplikation mit z und partieller Integration erhält man

$$z\, w(z) = \int_l v(z')\, de^{zz'} = [v(z') e^{zz'}]_l - \int_l \frac{dv(z')}{dz'} e^{zz'}\, dz' \,,$$

wobei das Symbol

$$[\varphi(z')]_l$$

den Zuwachs bezeichnet, den die Funktion $\varphi(z')$ erfährt, wenn z' den Weg l durchläuft. Ebenso ist

$$z w'(z) = [v(z')\, z' e^{zz'}]_l - \int_l \frac{d\,[v(z')\, z']}{dz'} e^{zz'}\, dz'$$

und

$$z w''(z) = [v(z')\, z'^2 e^{zz'}]_l - \int_l \frac{d\,[v(z')\, z'^2]}{dz'} e^{zz'}\, dz' \,.$$

Wir fordern zunächst, daß

$$[v(z')\, (z'^2 + a_0 z' + b_0)\, e^{zz'}]_l = 0 \tag{137}$$

ist.

Setzt man die obigen Ausdrücke in die Differentialgleichung (134) ein, so wird das außerhalb des Integrals stehende Glied wegen (137) gleich Null, und die Differentialgleichung erhält die Gestalt

$$\int \left\{ \frac{d\,[v(z')\, z'^2]}{dz'} + a_0 \frac{d\,[v(z')\, z']}{dz'} + b_0 \frac{dv(z')}{dz'} - a_1 z' v(z') - b_1 v(z') \right\} e^{zz'}\, dz' = 0 \,.$$

Sie ist sicherlich erfüllt, wenn wir die Funktion $v(z')$ aus der Differentialgleichung

$$\frac{d[v(z')z'^2]}{dz'} + a_0 \frac{d[v(z')z']}{dz'} + b_0 \frac{dv(z')}{dz'} - a_1 z' v(z') - b_1 v(z') = 0 \tag{138}$$

bestimmen.

Wir betrachten die quadratische Gleichung

$$z'^2 + a_0 z' + b_0 = 0, \tag{139}$$

die mit der Gleichung (115) identisch ist, und nehmen an, daß sie zwei verschiedene Wurzeln α_1 und α_2 hat. Die Differentialgleichung (138) liefert uns

$$\frac{1}{v}\frac{dv}{dz'} = \frac{(a_1 - 2)z' + (b_1 - a_0)}{(z' - \alpha_1)(z' - \alpha_2)}$$

oder nach Partialbruchzerlegung

$$\frac{1}{v}\frac{dv}{dz'} = \frac{p-1}{z' - \alpha_1} + \frac{q-1}{z' - \alpha_2} \tag{140}$$

mit

$$p = \frac{(a_1 - 2)\alpha_1 + (b_1 - a_0) + (\alpha_1 - \alpha_2)}{\alpha_1 - \alpha_2};$$

$$q = \frac{(a_1 - 2)\alpha_2 + (b_1 - a_0) + (\alpha_2 - \alpha_1)}{\alpha_2 - \alpha_1}.$$

Andererseits erhalten wir aus der quadratischen Gleichung (139)

$$\alpha_1 + \alpha_2 = -a_0,$$

und die Ausdrücke p und q gehen über in

$$p = \frac{a_1\alpha_1 + b_1}{2\alpha_1 + a_0}; \quad q = \frac{a_1\alpha_2 + b_1}{2\alpha_2 + a_0}. \tag{141}$$

Vergleicht man (141) mit der Formel (119), so sieht man, daß

$$p = -\varrho_1; \quad q = -\varrho_2 \tag{142}$$

ist, wobei ϱ_1 und ϱ_2 zwei verschiedene Werte von ϱ sind, die man auf Grund der beiden verschiedenen Wurzeln α_1 und α_2 der Gleichung (115) erhält. Integriert man die Differentialgleichung (140), so bekommt man

$$v(z') = C(z' - \alpha_1)^{p-1}(z' - \alpha_2)^{q-1}. \tag{143}$$

Folglich *lautet die Lösung der Differentialgleichung* (134)

$$w(z) = C\int_l (z' - \alpha_1)^{p-1}(z' - \alpha_2)^{q-1} e^{zz'} dz', \tag{144}$$

wobei C eine willkürliche Konstante ist und der Weg l wegen (137) *und* (143) *die Bedingung*

$$[(z' - \alpha_1)^p (z' - \alpha_2)^q e^{zz'}]_l = 0 \tag{145}$$

erfüllen muß.

108. Verschiedene Wahl der Lösung. Wählen wir auf verschiedene Weise Integrationswege l, welche die Bedingung (145) erfüllen, so erhalten wir auch verschiedene Lösungen der Differentialgleichung (134). Letztere hat ebenso wie die BESSELsche Differentialgleichung den außerwesentlich singulären Punkt $z = 0$ und die wesentliche Singularität $z = \infty$. Die Fundamentalgleichung im Punkt $z = 0$ lautet

$$\varrho(\varrho - 1) + \alpha_1 \varrho = 0 ;$$

ihre Wurzeln sind $\varrho_1 = 0$ und $\varrho_2 = 1 - \alpha_1$, wobei wir der Einfachheit halber annehmen, daß $1 - \alpha_1$ keine ganze positive Zahl ist. Dann ist eine der Lösungen der Differentialgleichung (134) eine im Punkt $z = 0$ reguläre Funktion und in der gesamten z-Ebene durch eine Reihe der Gestalt

$$1 + c_1 z + c_2 z^2 + \cdots \tag{146}$$

darstellbar.

Wir wählen zunächst einen solchen Integrationsweg l aus, für den die Formel (144) diese (im Nullpunkt reguläre) Lösung liefert.

Der Integrand in (144) hat die singulären Punkte $z' = \alpha_1$ und $z' = \alpha_2$, die im allgemeinen Verzweigungspunkte sind, da p und q nicht immer ganze Zahlen sein werden. Beim Umlaufen des Punktes $z' = \alpha_1$ in positiver Richtung wird der erwähnte Integrand mit dem Faktor $e^{(p-1)\,2\pi i} = e^{p 2\pi i}$ multipliziert und beim Umlaufen des Punktes $z' = \alpha_2$ mit $e^{(q-1)\,2\pi i} = e^{q 2\pi i}$. Im folgenden wollen wir voraussetzen, daß p und q keine ganzen Zahlen sind.

Wir wählen einen festen Punkt z_0 der Ebene, der im Endlichen liegt und von α_1 und α_2 verschieden ist. Ferner seien l_1 bzw. l_2 geschlossene Wege, die von z_0 ausgehen und um die Punkte α_1 bzw. α_2 herumführen.

Wir bezeichnen symbolisch mit (l_1, l_2) den Weg der aus folgenden nacheinander ausgeführten Umläufen besteht: dem Umlaufen längs l_1 und längs l_2, beide in positiver Richtung, danach beide in negativer Richtung. Nach dem ersten Umlauf multipliziert sich die Funktion (145) mit dem Faktor $e^{p 2\pi i}$, nach dem zweiten mit $e^{q 2\pi i}$, nach dem dritten mit $e^{-p 2\pi i}$ und schließlich nach dem vierten mit dem Faktor $e^{-q 2\pi i}$. Bei Rückkehr zum Punkt z_0 erhält man also für die Funktion (145) wieder den Ausgangszweig. Daher ist, wenn für l der Weg (l_1, l_2) benutzt wird, die Bedingung (145) erfüllt, und die Formel (144) liefert uns eine Lösung der Differentialgleichung. Wir weisen dabei auf folgendes hin: Hätten wir als Weg l einen geschlossenen Weg genommen, der die singulären Punkte α_1 und α_2 des Integranden nicht im Innern enthält, so hätte diese Funktion natürlich ebenfalls den Ausgangswert wieder angenommen, nach dem CAUCHYschen Satz ist aber das Integral (144) längs dieses Weges gleich Null, und wir hätten keine Lösung der Differentialgleichung (134) erhalten.

Für unser Beispiel wählten wir also den Weg so, daß wir nach dem Umlaufen der singulären Punkte wieder zum Ausgangszweig der Funktion zurückkamen.

Wir erhalten somit die Lösung

$$w(z) = C \int_{(l_1, l_2)} (z' - \alpha_1)^{p-1} (z' - \alpha_2)^{q-1} e^{zz'} \, dz' . \tag{147}$$

Die Veränderliche z' bewegt sich auf einem Weg, der ganz im Endlichen verläuft; folglich konvergiert die Reihe

$$e^{zz'} = \sum_{k=0}^{\infty} \frac{z^k}{k!} z'^k$$

auf dem Integrationsweg gleichmäßig. Setzt man diese Reihe ein und integriert gliedweise, so kann man die Lösung folgendermaßen darstellen:

$$w_0(z) = C \sum_{k=0}^{\infty} \frac{z^k}{k!} \int_{(l_1, l_2)} z'^k (z' - \alpha_1)^{p-1} (z' - \alpha_2)^{q-1} dz', \tag{148}$$

wobei C eine willkürliche Konstante ist. *Die so konstruierte Lösung ist gerade die (im Nullpunkt) reguläre Lösung.* Man muß nur beachten, daß sie nicht identisch Null sein darf; das kann aber nur in den ausgeschlossenen Fällen eintreten, wenn p und q ganze positive Zahlen sind.

Man sieht leicht, daß der in (148) eingehende Wert des Integrals von der Wahl des Ausgangspunktes z_0 unabhängig ist. Davon kann man sich etwa mit Hilfe des CAUCHYschen Satzes überzeugen, wobei man beachten muß, daß der gesamte Weg (l_1, l_2) als geschlossen angesehen werden kann, da wir beim vollständigen Umfahren zum Ausgangszweig der Funktion zurückkommen. Also ist die Anwendung des CAUCHYschen Satzes zulässig.

Wir betrachten jetzt den Spezialfall, bei dem der Realteil der Zahlen p und q größer als Null ist, und setzen voraus, daß der Punkt z_0 auf der Strecke $\alpha_1 \alpha_2$ in der Nähe von α_1 liegt. Ferner nehmen wir an, daß l_1 ein kleiner Kreis um α_1 ist und l_2 aus der geradlinigen Strecke $z_0 z_1$ und einem kleinen Kreis um α_2 besteht, wobei die genannte geradlinige Strecke offensichtlich zweimal zu durchlaufen ist.

Wir wollen folgendes zeigen: Falls die Radien der genannten Kreise beliebig klein werden, so streben die darüber erstreckten Integrale gegen Null. Als Beispiel betrachten wir den Kreis um α_1 und wollen zur Vereinfachung der Überlegungen annehmen, daß p eine reelle Zahl ist, die nach Voraussetzung größer als Null sein muß. Es sei ε der Radius des Kreises. Dann haben wir auf diesem Kreis folgende Abschätzung für den Integranden:

$$|e^{zz'} (z' - \alpha_1)^{p-1} (z' - \alpha_2)^{q-1}| = |z' - \alpha_1|^{p-1} |e^{zz'} (z' - \alpha_2)^{q-1}| < \varepsilon^{p-1} M,$$

wobei M eine positive Konstante ist. Für das gesamte Integral über den genannten Kreis gilt die Abschätzung

$$\left| \int e^{zz'} (z' - \alpha_1)^{p-1} (z' - \alpha_2)^{q-1} dz' \right| < \varepsilon^{p-1} M 2\pi\varepsilon = \varepsilon^p 2\pi M,$$

woraus unmittelbar folgt, daß es mit ε gegen Null strebt. Für eine komplexe Zahl $p = p_1 + ip_2$ mit $p_1 > 0$ gilt

$$|(z' - \alpha_1)^{p-1}| = |e^{[(p_1-1) + ip_2] \log (z' - \alpha_1)}| = e^{(p_1-1) \log |z' - \alpha_1| - p_2 \arg (z' - \alpha_1)}$$

oder für z' auf dem Kreise

$$|(z' - \alpha_1)^{p-1}| = \varepsilon^{p_1-1} \cdot e^{-p_2 \arg (z' - \alpha_1)},$$

und das Resultat ist dasselbe.

Somit kann man auf dem oben angegebenen Integrationsweg die Integrale über die Kreise für hinreichend kleine Radien vernachlässigen. Wir legen also den Integrationsweg l_2 folgendermaßen fest: Zunächst durchlaufen wir die geradlinige Strecke $\alpha_1 \alpha_2$, haben dann den Punkt α_2 zu umlaufen und zum Punkt α_1 auf derselben Strecke zurückzukehren.

Berücksichtigt man die Faktoren, mit denen sich der Intergrand beim Umlaufen der Punkte α_1 und α_2 multipliziert, so bekommt man für die Lösung (147) die Formel

$$w_0(z) = Ce^{p2\pi i}(1 - e^{q2\pi i}) \int_{\alpha_1}^{\alpha_2} (z' - \alpha_1)^{p-1} (z' - \alpha_2)^{q-1} e^{zz'} dz' +$$

$$+ C(e^{q2\pi i} - 1) \int_{\alpha_1}^{\alpha_2} (z' - \alpha_1)^{p-1} (z' - \alpha_2)^{q-1} e^{zz'} dz'$$

oder

$$w_0(z) = -C(e^{p2\pi i} - 1)(e^{q2\pi i} - 1) \int_{\alpha_1}^{\alpha_2} (z' - \alpha_1)^{p-1} (z' - \alpha_2)^{q-1} e^{zz'} dz'.$$

Setzt man voraus, daß p und q keine ganzen Zahlen sind, und läßt den konstanten Faktor beiseite, dann kann man im vorliegenden Fall die (im Nullpunkt reguläre) Lösung der Differentialgleichung (134) in Gestalt eines Integrals über die Strecke $\alpha_1\alpha_2$ darstellen:

$$w_0(z) = C \int_{\alpha_1}^{\alpha_2} (z' - \alpha_1)^{p-1} (z' - \alpha_2)^{q-1} e^{zz'} dz'. \tag{149}$$

Dieses Resultat kann man auch unmittelbar erhalten. Sind nämlich die Realteile von p und q positiv, so ist (145) offenbar für $z' = \alpha_1$ und $z' = \alpha_2$ erfüllt, so daß man als Weg l einfach die Strecke $\alpha_1\alpha_2$ nehmen kann.

Bei dieser Überlegung wird nicht benutzt, daß p und q keine ganzen Zahlen sind.

Wir kehren nun wieder zum allgemeinen Fall zurück. Im allgemeinen hängt der Wert des Integrals, wenn man als Integrationsweg nur eine der Kurven l_1 oder l_2 nimmt, vom Ausgangspunkt z_0 ab und liefert keine Lösung unserer Differentialgleichung. Man kann aber diesen Punkt z_0 so wählen, daß man eine Lösung erhält. Im folgenden wollen wir z als positiv voraussetzen. Der Ausdruck

$$(z' - \alpha_1)^p \cdot (z' - \alpha_2)^q \cdot e^{zz'} \tag{150}$$

strebt dann gegen Null, wenn z' so gegen Unendlich geht, daß der Realteil von z' gegen $-\infty$ strebt und der Imaginärteil beschränkt bleibt. Wir sagen dann, daß z' gegen $-\infty$ geht. Wählt man als l_1' den Weg, der im Punkt $-\infty$ beginnt und endet und um α_1 herumführt, so verschwindet der Ausdruck (150) an den Endpunkten dieses Weges, und die Bedingung (145) ist erfüllt. Daher liefert das Integral über diesen Weg eine Lösung der Differentialgleichung (134). Ebenso erhalten wir die zweite Lösung, wenn wir als Integrationsweg l_2' die Kurve wählen, die von $-\infty$ ausgeht und um α_2 in positiver Richtung herumführt. Wir bekommen also auf diese Weise zwei Lösungen der Differentialgleichung (134), nämlich

$$\left\{ \begin{aligned} w_1(z) &= \int_{l_1'} (z' - \alpha_1)^{p-1} (z' - \alpha_2)^{q-1} e^{zz'} dz'; \\ w_2(z) &= \int_{l_2'} (z' - \alpha_1)^{p-1} (z' - \alpha_2)^{q-1} e^{zz'} dz'. \end{aligned} \right. \tag{151}$$

Der Integrand hat die Verzweigungspunkte $z' = \alpha_1$ und $z' = \alpha_2$. Um ihn eindeutig zu machen, schneiden wir die Ebene von diesen Punkten nach $-\infty$ hin auf, wobei wir unter der Voraussetzung, daß die Imaginärteile von α_1 und α_2

verschieden sind, diese Schnitte geradlinig und parallel zur reellen Achse führen (Abb. 68). Wir wählen in der aufgeschnittenen Ebene denjenigen Zweig des Integranden, für welchen $\arg(z' - \alpha_1) = 0$ ist für $z' - \alpha_1 > 0$ (also auf der Verlängerung des ersten Schnittes) und für welchen $\arg(z' - \alpha_2) = 0$ ist für $z' - \alpha_2 > 0$. Die Kurven l_1' und l_2' werden so durchlaufen, wie in der Zeichnung angegeben. Unter diesen Voraussetzungen hat die Lösung (151) für $z > 0$ einen wohldefinierten Wert.

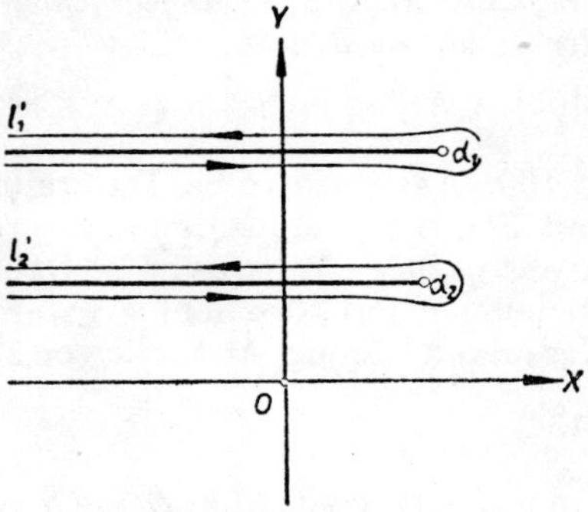

Wir merken an, daß die Exponentialfunktion $e^{zz'}$ für $z' \to -\infty$ nicht nur für positive Werte z gegen Null strebt, sondern auch für beliebige z, bei denen $\arg z$ zwischen den Grenzen

$$(152) \qquad -\frac{\pi}{2} + \varepsilon < \arg z < \frac{\pi}{2} - \varepsilon$$

Abb. 68

liegt, wobei ε eine beliebige, aber feste positive Zahl ist. Setzt man nämlich $z = x + iy$, so ist $x \geqq \varrho \cos\left(\frac{\pi}{2} - \varepsilon\right)$ mit $\varrho = |z| > 0$. Außerdem ist $z' = x' + iy'$, wobei $x' \to -\infty$ strebt und $|y'|$ beschränkt bleibt. Somit geht der Realteil des Produktes zz' in diesem Fall gegen $-\infty$, und die Funktion (150) verschwindet an den Enden von l_1' und l_2'. Daher definiert die Formel (151) eindeutig Lösungen für alle z, die im Sektor (152) liegen.

Wir behandeln jetzt den Zusammenhang zwischen den Lösungen (151) und derjenigen Lösung der Differentialgleichung (134), die im Nullpunkt regulär ist. Da wir weitere Anwendungen auf die Besselsche Differentialgleichung betrachten wollen, beschränken wir uns auf den Fall $p = q$. Dann braucht man, um die im Nullpunkt reguläre Lösung zu bekommen, als Integrationsweg nicht den oben erwähnten Weg (l_1, l_2) zu nehmen, sondern kann einen einfacheren wählen: einen der vom Punkt z_0 ausgeht und α_1 in positiver und dann α_2 in negativer Richtung umläuft. Beim ersten Umlauf wird der Integrand mit dem Faktor $e^{p2\pi i}$ und beim zweiten mit $e^{-q2\pi i} = e^{-p2\pi i}$ multipliziert, so daß er zum Ausgangswert zurückkehrt und die Bedingung (145) erfüllt ist. Wie oben hängt die konstruierte Lösung nicht von der Wahl des Punktes z_0 ab. Wir führen letzteren, ohne die Punkte α_1 und α_2 zu berühren, nach $-\infty$ über, etwa längs des unteren Ufers des vom Punkt α_1 ausgehenden Schnittes r_1 (Abb. 69). Der Umlauf um den Punkt α_1 liefert uns die Lösung w_1; danach befinden wir uns auf dem oberen Ufer des erwähnten Schnittes und müssen nun den Punkt α_2 in negativer Richtung umlaufen. Würden wir diesen Umlauf am unteren Ufer des Schnittes r_1 beginnen, so erhielten wir die Lösung $-w_2$. Beim Übergang zum oberen Schnittufer aber, wohin der Umlauf um den Punkt α_2 führen soll, multipliziert sich der Integrand mit dem Faktor $e^{p2\pi i}$, und folglich liefert der

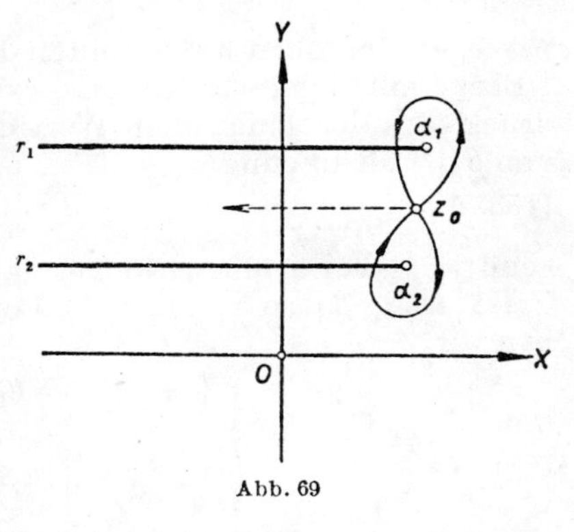

Abb. 69

Umlauf um a_2 in negativer Richtung $-e^{p2\pi i}w_2$. Damit erhalten wir schließlich folgende Regel: *Für $p = q$ ist das reguläre Integral, das man durch Integration längs des in* Abb. 69 *angegebenen Weges erhält, durch die Lösungen* (151) *in folgender Gestalt ausdrückbar:*

$$w_1(z) - e^{p2\pi i}w_2(z). \tag{153}$$

109. Asymptotische Darstellung einer Lösung. Wir beschäftigen uns jetzt mit Folgerungen aus den asymptotischen Entwicklungen der Lösungen (151) für große positive Werte von z. Dabei erinnern wir daran, daß solche Lösungen für diejenigen Punkte z definiert waren, die im Sektor (152) liegen. Wir beginnen mit der ersten Lösung. An Stelle von z' führen wir die Integrationsveränderliche t durch

$$z' - a_1 = t \tag{154}$$

ein und setzen zur Abkürzung $\beta = a_1 - a_2$. Die erste Lösung hat danach die Gestalt

$$w_1(z) = \int_{l_0} t^{p-1}(t+\beta)^{q-1} e^{z(a_1+t)}\, dt, \tag{155}$$

wobei l_0 der Weg ist, der von $t = -\infty$ ausgeht und um den Nullpunkt herumführt. Der Integrand hat die Verzweigungspunkte $t = 0$ und $t = -\beta$. An Stelle der Schnitte in Abb. 68 erhalten wir in der t-Ebene zwei Schnitte, die von $-\infty$ zu den Punkten $t = 0$ und $t = -\beta = a_2 - a_1$ führen, wobei $\arg t = 0$ für $t > 0$ und $\arg(t+\beta) = 0$ für $t + \beta > 0$, d. h. auf den Verlängerungen dieser Schnitte, gilt.

Die Binomialentwicklung liefert für $|t| < |\beta|$

$$(t+\beta)^{q-1} = \beta^{q-1}\left(1+\frac{t}{\beta}\right)^{q-1} = \sum_{k=0}^{\infty} d_k t^k \tag{156}$$

mit

$$d_k = \beta^{q-1}\beta^{-k}\frac{(q-1)(q-2)\ldots(q-k)}{k!} \qquad (d_0 = \beta^{q-1}). \tag{157}$$

Wegen der oben aufgestellten Bedingung für das Argument von $t + \beta$ in der t-Ebene mit dem Schnitt von $-\infty$ bis $-\beta$ müssen wir voraussetzen, daß im Ausdruck β^{q-1}, der gleich dem Wert der Funktion (156) für $t = 0$ ist, das Argument von β der Bedingung

$$-\pi < \arg\beta < \pi \tag{158}$$

genügt. Dabei nehmen wir an, daß β keine reelle negative Zahl sei.

Ist $|t| \geqslant |\beta|$, so darf man die Formel (156) nicht benutzen. In diesem Fall schreiben wir

$$(t+\beta)^{q-1} = d_0 + d_1 t + \cdots + d_n t^n + R_n(t)$$

mit

$$R_n(t) = (t+\beta)^{q-1} - (d_0 + d_1 t + \cdots + d_n t^n). \tag{159}$$

Unter Benutzung dieser Formeln kann man schreiben:

$$w_1(z) = e^{a_1 z}\sum_{k=0}^{n} d_k \int_{l_0} e^{zt} t^{p+k-1}\, dt + e^{a_1 z}\int_{l_0} e^{zt} t^{p-1} R_n(t)\, dt. \tag{160}$$

Wir betrachten die auf der rechten Seite stehende Summe. Führt man an Stelle von t die neue Integrationsveränderliche τ durch

$$zt = -\tau = e^{-\pi i}\tau$$

ein, so erhält das Integral die Gestalt

$$\int_{l_0} e^{zt} t^{p+k-1}\, dt = e^{-\pi p i}(-1)^k z^{-p-k} \int_{\lambda} e^{-\tau} \tau^{p+k-1}\, d\tau,$$

wobei der Integrationsweg λ der Schnitt ist, der von $\tau = +\infty$ ausgeht und den Punkt $\tau = 0$ in positiver Richtung umläuft. Wegen $zt = e^{-\pi i}\tau$ ist $\tau = ze^{\pi i}t$; dabei setzen wir $z > 0$ und $\arg z = 0$ voraus. Die τ-Ebene erhält man also aus der t-Ebene durch eine Drehung um den Nullpunkt um den Winkel π, so daß das untere Ufer des Schnittes l_0 in der t-Ebene, auf dem $\arg t = -\pi$ ist, in das obere Ufer des Schnittes λ der τ-Ebene übergeht. Wegen der oben genannten Formel muß man auf diesem oberen Ufer $\arg \tau = 0$ annehmen.

Zwischen dem angegebenen Integral und der Funktion $\Gamma(z)$ besteht ein Zusammenhang. Es gilt nämlich [74]

$$\int_{l_0} e^{zt} t^{p+k-1}\, dt = e^{-\pi p i}(-1)^k z^{-p-k}\left(e^{(p+k)2\pi i} - 1\right)\Gamma(p+k),$$

und die Formel (160) liefert

$$(161)\quad w_1(z) = e^{\alpha_1 z} z^{-p}\left(e^{2\pi p i} - 1\right) e^{-\pi p i} \sum_{k=0}^{n} (-1)^k d_k \Gamma(p+k) z^{-k} + e^{\alpha_1 z} \int_{l_0} e^{zt} t^{p-1} R_n(t)\, dt$$

oder

$$(162)\quad e^{-\alpha_1 z} z_p w_1(z) = e^{-\pi p i}\left(e^{2\pi p i} - 1\right) \sum_{k=0}^{n} (-1)^k d_k \Gamma(p+k) z^{-k} + z^p \int_{l_0} e^{zt} t^{p-1} R_n(t)\, dt.$$

Wir wollen jetzt zeigen, daß die unendliche Reihe

$$(163)\qquad e^{-\pi p i}\left(e^{2\pi p i} - 1\right) \sum_{k=0}^{\infty} (-1)^k \frac{\Gamma(p+k)\, d_k}{z^k}$$

eine asymptotische Entwicklung der Funktion $e^{-\alpha_1 z} z^p w_1(z)$ für $z > 0$ darstellt. Um sich davon zu überzeugen, muß man beweisen, daß das Produkt von z^n mit dem Restglied der Formel (162) gegen Null strebt, daß also

$$\lim_{z \to \infty} z^{n+p} \int_{l_0} e^{zt} t^{p-1} R_n(t)\, dt = 0$$

ist.

Wir wählen als Integrationsweg l_0 den aus dem Stück $(-\infty, -r)$ der reellen Achse, dem Kreis um $t = 0$ mit dem Radius r und dem Stück $(-r, -\infty)$ der reellen Achse bestehenden Weg, wobei r eine feste positive Zahl ist.

Zunächst zeigen wir, daß der Ausdruck

$$(164)\qquad z^{n+p} \int_{-\infty}^{-r} e^{zt} t^{p-1} R_n(t)\, dt$$

für $z \to +\infty$ gegen Null strebt. Dasselbe gilt dann offensichtlich auch für das Integral über das Stück $(-r, -\infty)$ nach Umlaufen des Punktes $t = 0$, da dieser Umlauf nur den Faktor $e^{(p-1)2\pi i}$ hinzufügt.

Geht man auf Formel (159) zurück, dann sieht man, daß sich eine hinreichend große positive Zahl N angeben läßt, so daß

$$\left|\frac{R_n(t)}{t^N}\right| \to 0 \qquad (\text{für } t \to -\infty)$$

gilt.

Daher bleibt der Quotient $\frac{R_n(t)}{t^N}$ auf dem gesamten Integrationsweg dem Betrage nach beschränkt, und es gilt die Ungleichung

$$(165) \qquad |R_n(t)| < m\,|t|^N \qquad (-\infty < t \leq -r),$$

in der m eine feste positive Zahl ist.

Es sei ε eine kleine positive Zahl. Da die Exponentialfunktion schneller wächst als jede Potenz, kann man unter Beachtung von (165) schließen:

$$\frac{t^{p-1} R_n(t)}{e^{-\varepsilon t}} \to 0 \text{ für } t \to -\infty \text{ oder } |t^{p-1} R_n(t)| < m_1 e^{-\varepsilon t} \qquad (-\infty < t \leq -r),$$

wobei m_1 eine positive Konstante ist.

Daher erhalten wir für den Ausdruck (164) die Abschätzung

$$\left|z^{n+p}\int\limits_{-\infty}^{-r} e^{zt}\, t^{p-1} R_n(t)\, dt\right| < |z^{n+p}| \int\limits_{-\infty}^{-r} m_1 e^{(z-\varepsilon)t}\, dt \qquad (z > 0),$$

also nach Integration auf der rechten Seite

$$\left|z^{n+p}\int\limits_{-\infty}^{-r} e^{zt}\, t^{p-1} R_n(t)\, dt\right| < \frac{|z^{n+p}|}{z-\varepsilon} m_1 e^{-(z-\varepsilon)r}.$$

Daraus folgt unmittelbar, daß der Ausdruck (164) für $z \to +\infty$ tatsächlich gegen Null strebt. Das gilt – wie oben gesagt – für beliebiges festes positives r. Es bleibt jetzt zu beweisen, daß auch der Ausdruck

$$z^{n+p}\int\limits_C e^{zt}\, t^{p-1} R_n(t)\, dt$$

gegen Null strebt, wobei der Integrationsweg C der Kreis um den Nullpunkt mit dem Radius r ist. Wir setzen r hinreichend klein voraus, z. B. soll $r < \frac{1}{2}|\beta|$ sein. Dann können wir auf dem Kreis $|t| = r$ die Binomialentwicklung (156) benutzen. Nach der CAUCHYschen Ungleichung gilt für die Koeffizienten d_k der Entwicklung eine Abschätzung der Gestalt

$$|d_k| < \frac{m_2}{(|\beta| - \varepsilon)^k},$$

in der m_2 eine positive Zahl ist und $|\beta| - \varepsilon = \varrho = \frac{1}{2}|\beta|$ angenommen werden kann. Ferner ist

$$R_n(t) = d_{n+1} t^{n+1} + d_{n+2} t^{n+2} + \cdots.$$

Die vorstehenden Ungleichungen ergeben

$$|d_k| < m_2 \left(\frac{1}{2}|\beta|\right)^{-k}; \qquad |t| = r < \frac{1}{2}|\beta|$$

und folglich

(166) $$|R_n(t)| \leqq |d_{n+1}| \cdot |t|^{n+1} + |d_{n+2}| \cdot |t|^{n+2} + \cdots < \frac{m_2 |t|^{n+1}}{\varrho^{n+1}(1-\theta)}$$

mit

$$\theta = \frac{r}{\varrho} < 1.$$

Diese Abschätzung für $R_n(t)$ gilt erst recht für $|t| < r$, wenn also t im Innern von C liegt. Wir führen wieder an Stelle von t die neue Integrationsvariable τ durch $zt = -\tau$ ein. Dann erhalten wir als Ergebnis einen Ausdruck der Gestalt

(167) $$z^{n+p} \int_C e^{zt} t^{p-1} R_n(t)\, dt = (-1)^p z^n \int_{C'} e^{-\tau} \tau^{p-1} R_n\left(-\frac{\tau}{z}\right) d\tau,$$

in dem der Integrationsweg C' der Kreis um den Nullpunkt mit dem Radius rz ist. Nach dem CAUCHYschen Satz dürfen wir diesen Weg deformieren und daher als Integrationsweg C'' eine beliebige geschlossene Kurve nehmen, die vom Punkt rz der reellen Achse ausgeht, den Nullpunkt umläuft und im Innern von C' verläuft. Dann liegt der entsprechende Weg in der t-Ebene im Innern von C, und es gilt die Abschätzung (166). Man kann z. B. für C'' folgenden Weg wählen: Das Stück der reellen Achse von rz bis zu einem festen Punkt c, der rechts vom Nullpunkt liegt (also positiv ist und nicht von z abhängt), den Kreis um den Nullpunkt mit dem Radius c und wieder das Stück (c, rz) der reellen Achse.

Wir setzen zunächst p als reelle Zahl voraus. Schätzt man den Ausdruck (167) ab und benutzt die Ungleichung (166), so erhält man [4]

$$\left| (-1)^p z^n \int_{C''} e^{-\tau} \tau^{p-1} R_n\left(-\frac{\tau}{z}\right) d\tau \right| < \frac{1}{z} \int_{C''} \frac{m_2 |\tau|^{n+p}}{\varrho^{n+1}(1-\theta)} |e^{-\tau}|\, ds,$$

wobei ds das Differential der Bogenlänge ist. Der bei $\frac{1}{z}$ stehende Faktor bleibt für unbegrenzt wachsendes z beschränkt. Die Integration über den Kreis mit dem Radius c ergibt nämlich einen von z unabhängigen Ausdruck. Ferner liefert uns das Integral über die Strecke (c, rz) den Faktor

$$\frac{m_2}{\varrho^{n+1}(1-\theta)} \int_c^{rz} e^{-\tau} \tau^{n+p}\, d\tau.$$

Für unbegrenzt wachsendes z strebt das Integral gegen den endlichen Grenzwert

$$\int_c^\infty e^{-\tau} \tau^{n+p}\, d\tau,$$

dessen Existenz durch den im Integranden stehenden Faktor $e^{-\tau}$ gesichert ist. Damit ist unsere Behauptung für reelles p bewiesen. Für komplexes $p = p_1 + ip_2$ müssen wir nur die übliche Abschätzung einer komplexen Potenz benutzen, nämlich

$$\tau^p = e^{(p_1 + ip_2)\log \tau} = e^{(p_1 + ip_2)(\log|\tau| + i \arg \tau)},$$

woraus

$$|\tau^p| = |\tau|^{p_1} \cdot e^{-p_2 \arg \tau}$$

folgt.

Wir können daher behaupten, daß *die Reihe* (163) *die asymptotische Darstellung der Funktion* $e^{-\alpha_1 z} z^p w_1(z)$ *für* $z > 0$ *liefert*:

(168) $$e^{-\alpha_1 z} z^p w_1(z) \sim e^{-\pi p i}(e^{2\pi p i} - 1) \sum_{k=0}^{\infty} (-1)^k \frac{\Gamma(p+k)\, d_k}{z^k}$$

mit

(169) $$d_k = (\alpha_1 - \alpha_2)^{q-1-k} \frac{(q-1)(q-2)\cdots(q-k)}{k!} \qquad (d_0 = (\alpha_1 - \alpha_2)^{q-1})$$
$$(-\pi < \arg(\alpha_1 - \alpha_2) < +\pi).$$

Wir wollen auf den Fall, daß in Formel (168) p eine ganze Zahl ist, hier nicht eingehen.

Entsprechend erhalten wir für die zweite der Lösungen (151) *die asymptotische Darstellung*

(170) $$e^{-\alpha_2 z} z^q w_2(z) \sim e^{-\pi q i}(e^{2\pi q i} - 1) \sum_{k=0}^{\infty} (-1)^k \frac{\Gamma(q+k)\, d'_k}{z^k}$$

mit

(171) $$d'_k = (\alpha_2 - \alpha_1)^{p-1-k} \frac{(p-1)(p-2)\cdots(p-k)}{k!} \qquad (d'_0 = (\alpha_2 - \alpha_1)^{p-1})$$
$$(-\pi < \arg(\alpha_2 - \alpha_1) < +\pi).$$

Für die Potenzen z^p und z^q muß man $\arg z = 0$ für $z > 0$ annehmen.

110. Vergleich der erhaltenen Resultate. Wir wenden uns jetzt wieder den Rechnungen zu, die wir in [105] durchgeführt hatten. Zur Behandlung der Differentialgleichung (113) hatten wir dort einen Ausdruck der Gestalt

(172) $$e^{\alpha z} z^{\varrho} \left(c_0 + c_1 \frac{1}{z} + \cdots\right)$$

konstruiert (siehe (123)), welcher dieser Differentialgleichung formal genügt. Wir wollen den dort erhaltenen Ausdruck (172) mit dem vergleichen, der durch die asymptotische Darstellung (168) gegeben ist, also mit

(173) $$e^{\alpha_1 z} z^{-p} e^{-\pi p i}(e^{2\pi p i} - 1) \sum_{k=0}^{\infty} (-1)^k \frac{\Gamma(p+k)\, d_k}{z^k}.$$

Es soll gezeigt werden, daß beide bis auf einen willkürlichen konstanten Faktor übereinstimmen, der auf der beliebigen Wahl von c_0 in (172) beruht.

Vergleicht man die Differentialgleichung (134), für deren Lösung wir die asymptotische Formel (168) hergeleitet hatten, mit (113), so sieht man vor allem, daß man $a_k = b_k = 0$ für $k \geqslant 2$ voraussetzen muß. Die Exponential- und Potenzfaktoren in den Formeln (172) und (173) sind identisch, da die Gleichung (139), aus der wir α_1 erhalten haben, mit der Gleichung (115) übereinstimmt und wegen (142) $p = -\varrho_1$ ist. Dabei ist ϱ_1 derjenige Wert von ϱ, der durch die Formel (119) definiert ist und den man für $\alpha = \alpha_1$ erhält. Es bleibt nur nachzuprüfen, daß auch die Potenzreihen in den Formeln (172) und (173) identisch sind. Dazu genügt es zu zeigen, daß die Koeffizienten dieser Reihe ein und denselben Relationen genügen, aus denen sie sich bestimmen lassen.

Die Reihe in (172) haben wir als formale Lösung der Differentialgleichung (120) erhalten, die bei $a_k = b_k = 0$ für $k \geqslant 2$ lautet:

$$u'' + \left(2\alpha_1 + a_0 + \frac{2\varrho_1 + a_1}{z}\right) u' + \frac{\varrho_1^2 + (a_1 - 1)\varrho_1}{z^2} u = 0. \tag{174}$$

Wegen der quadratischen Gleichung (115) ist

$$\alpha_1 + \alpha_2 = -a_0; \quad 2\alpha_1 + a_0 = \alpha_1 - \alpha_2; \quad 2\alpha_2 + a_0 = \alpha_2 - \alpha_1,$$

woraus

$$\varrho_1 = -\frac{\alpha_1 a_1 + b_1}{2\alpha_1 + a_0} = \frac{\alpha_1 a_1 + b_1}{\alpha_2 - \alpha_1}; \quad \varrho_2 = -\frac{\alpha_2 a_1 + b_1}{2\alpha_2 + a_0} = \frac{\alpha_2 a_1 + b_1}{\alpha_1 - \alpha_2}$$

folgt. Daher gilt

$$\varrho_1 + a_1 = -\varrho_2; \quad \varrho_1^2 + (a_1 - 1)\varrho_1 = -\varrho_1\varrho_2 - \varrho_1. \tag{175}$$

Die Differentialgleichung (174) hat die Gestalt (124), und wir erhalten für die Koeffizienten c_n die Relationen

$$[n(n+1) - n(2\varrho_1 + a_1) + \varrho_1^2 + (a_1 - 1)\varrho_1]\, c_n = (n+1)(2\alpha_1 + a_0)\, c_{n+1}$$

oder wegen der Gleichung $\alpha_1 + \alpha_2 = -a_0$ und (175)

$$[n(n+1) - n(\varrho_1 - \varrho_2) - \varrho_1\varrho_2 - \varrho_1]\, c_n = (n+1)(\alpha_1 - \alpha_2)\, c_{n+1}. \tag{176}$$

Die c_n sind andererseits die Koeffizienten der unendlichen Reihe in (173),

$$c_n = (-1)^n d_n\, p\,(p+1)\cdots(p+n-1)\,\Gamma(p) = (-1)^n d_n\, \Gamma(p+n),$$

woraus

$$\frac{c_{n+1}}{c_n} = -\frac{d_{n+1}(p+n)}{d_n}$$

folgt oder, wenn man die Formel (169) berücksichtigt,

$$\frac{c_{n+1}}{c_n} = -\frac{(q-n-1)(p+n)}{(n+1)(\alpha_1 - \alpha_2)}$$

oder

$$(n+1-q)(n+p)\, c_n = (n+1)(\alpha_1 - \alpha_2)\, c_{n+1}.$$

Beachtet man, daß $p = -\varrho_1$ und $q = -\varrho_2$ ist, so sieht man, daß die letzte Beziehung mit (176) identisch ist. Wir haben damit gezeigt, daß *die formale Lösung der Differentialgleichung* (134), *die nach der in* [105] *angegebenen Methode konstruiert ist, für $z \to +\infty$ die asymptotische Darstellung der Lösung liefert, die bis auf einen konstanten Faktor durch die Formeln* (151) *definiert ist.*

111. Die BESSELsche Differentialgleichung. Wir wenden nun diese Theorie auf die BESSELsche Differentialgleichung [II, 48]

$$z^2 w'' + z w' + (z^2 - n^2) w = 0 \tag{177}$$

an. An Stelle von w führen wir als neue gesuchte Funktion die Funktion u durch

$$w = z^n u$$

ein. Dadurch erhält die Differentialgleichung (177) die Gestalt

$$zu'' + (2n+1)\,u' + zu = 0\,. \tag{178}$$

Das ist aber gerade eine Differentialgleichung vom oben betrachteten Typ (134), und zwar ist

$$a_0 = 0; \quad a_1 = 2n+1; \quad b_0 = 1; \quad b_1 = 0\,.$$

Die quadratische Gleichung (139) lautet jetzt $z'^2 + 1 = 0$, so daß wir

$$\alpha_1 = i; \quad \alpha_2 = -i$$

erhalten. Ebenso ist wegen Formel (141)

$$p = \frac{2n+1}{2}; \quad q = \frac{2n+1}{2}\,.$$

Schließlich haben die Lösungen (151) für die BESSELsche Differentialgleichung die Gestalt

$$u_1 = \int_{l_1'} (z'^2+1)^{\frac{2n-1}{2}} e^{zz'}\,dz'; \quad u_2 = \int_{l_2'} (z'^2+1)^{\frac{2n-1}{2}} e^{zz'}\,dz', \tag{179}$$

wobei die Wege l'_1 und l_2' vom Punkt $-\infty$ ausgehen und die Punkte $z' = i$ und $z' = -i$ umschließen.

Diese Lösungen sind durch die Formeln (179) für $-\frac{\pi}{2} + \varepsilon < \arg z < \frac{\pi}{2} - \varepsilon$ definiert. Gemäß der in [108] aufgestellten Bedingung ist $\arg(z' + i) = 0$ für $z' + i > 0$ und $\arg(z' - i) = 0$ für $z' - i > 0$. Daraus folgt für reelles z' unmittelbar $\arg(z'^2 + 1) = \arg(z' + i) + \arg(z' - i) = 0$.

Für die erste der Lösungen (179) gilt gemäß (168)

$$e^{-iz} z^{n+\frac{1}{2}} u_1 \sim e^{-\pi\left(n+\frac{1}{2}\right)i} \left(e^{\pi(2n+1)i} - 1\right) \sum_{k=0}^{\infty} (-1)^k \frac{\Gamma\left(n+\frac{1}{2}+k\right) d_k}{z^k}\,.$$

Berücksichtigt man

$$e^{\pi(2n+1)i} - 1 = -\left(1 + e^{2\pi n i}\right)$$

und den Ausdruck (157) für d_k, nämlich

$$d_k = (2i)^{n-\frac{1}{2}-k} \binom{q-1}{k} = (2i)^{n-\frac{1}{2}-k} \binom{n-\frac{1}{2}}{k}$$

$$\left(-\pi < \arg 2i < \pi \quad \text{oder} \quad \arg 2i = \frac{\pi}{2}\right),$$

also

$$d_k = 2^{n-\frac{1}{2}-k} e^{\frac{\pi}{2}\left(n-\frac{1}{2}\right)i} i^{-k} \binom{n-\frac{1}{2}}{k},$$

so erhält man die asymptotische Darstellung

$$e^{-iz} z^{n+\frac{1}{2}} u_1 \sim e^{-\frac{\pi}{2}\left(n-\frac{1}{2}\right)i} \left(1 + e^{2\pi n i}\right) 2^{n-\frac{1}{2}} \cdot \sum_{k=0}^{\infty} \binom{n-\frac{1}{2}}{k} \Gamma\left(n+\frac{1}{2}+k\right) \left(\frac{i}{2z}\right)^k. \tag{180}$$

Entsprechende Rechnungen ergeben für die zweite der Lösungen (179) die asymptotische Formel

$$(181)\quad e^{-iz} z^{n+\frac{1}{2}} u_2 \sim e^{-\frac{3\pi}{2} ni + \frac{3\pi}{4} i} (1 + e^{2\pi ni})\, 2^{n-\frac{1}{2}} \cdot \sum_{k=0}^{\infty} \binom{n-\frac{1}{2}}{k} \Gamma\left(n+\frac{1}{2}+k\right)\left(-\frac{i}{2z}\right)^k,$$

wobei ein Unterschied nur darin besteht, daß die Koeffizienten d_k' durch die Formel

$$d_k' = (-2i)^{n-\frac{1}{2}-k} \binom{n-\frac{1}{2}}{k} \qquad \left(\arg(-2i) = -\frac{\pi}{2}\right)$$

ausgedrückt werden.

Wir erinnern daran, daß das Symbol $\binom{a}{k}$ für ganzes $k \geqslant 0$ folgenden Wert hat:

$$\binom{a}{k} = \frac{a(a-1)\cdots(a-k+1)}{k!} \quad \text{und} \quad \binom{a}{0} = 1.$$

Ferner erinnern wir an den Ausdruck (153) für die im Nullpunkt reguläre Lösung der Differentialgleichung (178), wobei lediglich an Stelle von u der Buchstabe w steht, und führen jetzt für u_2 die neue Lösung

$$u_2^* = e^{p 2\pi i} u_2 = e^{(2n+1)\pi i} u_2$$

ein. Für diese neue Lösung erhalten wir die asymptotische Darstellung

$$(182)\quad e^{-iz} z^{n+\frac{1}{2}} u_2^* \sim e^{\frac{\pi}{2}\left(n-\frac{1}{2}\right) i} (1 + e^{2\pi ni})\, 2^{n-\frac{1}{2}} \cdot \sum_{k=0}^{\infty} \binom{n-\frac{1}{2}}{k} \Gamma\left(n+\frac{1}{2}+k\right)\left(-\frac{i}{2z}\right)^k.$$

Die entsprechende Lösung der Differentialgleichung (177) erhält man wegen $w = z^n u$ durch Multiplikation mit dem Faktor z^n.

Manchmal schreibt man die Lösungen (179) in etwas anderer Form. Man führt nämlich für z' die neue Integrationsveränderliche τ nach der Formel $z' = i\tau = e^{\frac{\pi}{2} i}\tau$ ein, was einer Drehung der z'-Ebene um den Winkel $-\frac{\pi}{2}$ entspricht:

$$(183)\quad \begin{cases} u_1 = i \displaystyle\int_{\lambda_1} (1-\tau^2)^{n-\frac{1}{2}} e^{iz\tau}\, d\tau; \\ u_2 = i \displaystyle\int_{\lambda_2} (1-\tau^2)^{n-\frac{1}{2}} e^{iz\tau}\, d\tau. \end{cases}$$

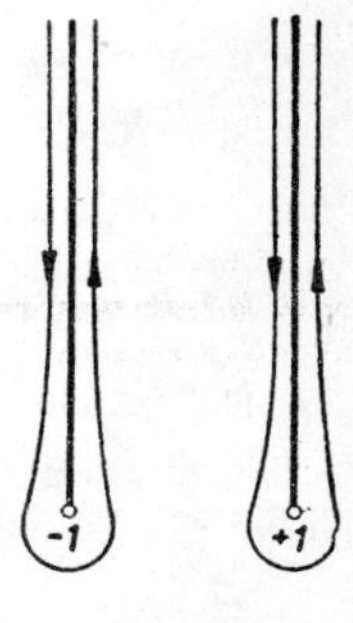

Abb. 70

Dabei sind λ_1 und λ_2 Wege, die vom Punkt $\tau = +i\infty$ ausgehen und um die Punkte $\tau = +1$ und $\tau = -1$ herumführen (Abb. 70). Außerdem ist $\arg(1-\tau^2) = 0$ für rein imaginäre τ, die reellen z' entsprechen, oder, was dasselbe ist, $\arg(1-\tau^2) = \pi$ für

$\tau > 1$. Setzt man $1 - \tau^2 = e^{\pi i}\,(\tau^2 - 1)$, so erhält man an Stelle von (183)

$$(184)\qquad \begin{cases} u_1 = e^{\pi\left(n-\frac{1}{2}\right)i}\, i\int\limits_{\lambda_1} (\tau^2-1)^{n-\frac{1}{2}} e^{iz\tau}\, d\tau; \\ u_2 = e^{\pi\left(n-\frac{1}{2}\right)i}\, i\int\limits_{\lambda_2} (\tau^2-1)^{n-\frac{1}{2}} e^{iz\tau}\, d\tau \end{cases}$$

mit

$$(185)\qquad \arg(\tau^2-1) = 0 \quad \text{für} \quad \tau > 1.$$

Die entsprechenden Lösungen der Differentialgleichung (177) lauten

$$(186)\qquad \begin{cases} w_1 = e^{\pi\left(n-\frac{1}{2}\right)i}\, iz^n\int\limits_{\lambda_1} (\tau^2-1)^{n-\frac{1}{2}} e^{iz\tau}\, d\tau; \\ w_2 = e^{\pi\left(n-\frac{1}{2}\right)i}\, iz^n\int\limits_{\lambda_2} (\tau^2-1)^{n-\frac{1}{2}} e^{iz\tau}\, d\tau, \end{cases}$$

und die asymptotischen Darstellungen dieser Lösungen für große positive z erhält man aus den Formeln (180), (181) durch Multiplikation beider Seiten mit dem Faktor z^n. An Stelle der zweiten Lösung führen wir $w_2^* = e^{(2n+1)\pi i}\, w_2$ ein, so daß

$$(187)\qquad w_2^* = e^{\pi\left(3n+\frac{1}{2}\right)i}\, iz^n\int\limits_{\lambda_2} (\tau^2-1)^{n-\frac{1}{2}} e^{iz\tau}\, d\tau$$

ist.

Die Differenz $u_1 - u_2^*$ liefert uns die Lösung der Differentialgleichung (178), die im Nullpunkt $z = 0$ regulär ist. Entsprechend ergibt die Differenz $w_1 - w_2^*$ die Lösung der Besselschen Differentialgleichung, die in der Nähe des Nullpunkts die Gestalt

$$z^n \sum_{k=0}^{\infty} \beta_k z^k$$

hat. Wir wissen bereits, daß sich diese Lösung durch folgende Reihe definieren läßt [**II, 48**]:

$$Cz^n\left[1 - \frac{z^2}{2\,(2n+2)} + \frac{z^4}{2\cdot 4\cdot (2n+2)\cdot(2n+4)} - \cdots\right].$$

Ist n eine ganze positive Zahl oder Null, so wählen wir, wie bereits erwähnt, den konstanten Faktor C gleich $\frac{1}{2^n n!}$, wobei – wie immer – $0! = 1$ ist. Bei dieser Wahl des konstanten Faktors erhalten wir die Besselsche Funktion erster Art

$$J_n(z) = \sum_{k=0}^{\infty} \frac{(-1)^k}{k!\,(n+k)!}\left(\frac{z}{2}\right)^{n+2k}$$

oder, wenn man die Funktion $\Gamma(z)$ benutzt,

$$J_n(z) = \sum_{k=0}^{\infty} \frac{(-1)^k}{\Gamma(k+1)\,\Gamma(n+k+1)}\left(\frac{z}{2}\right)^{n+2k}.$$

Ist n keine ganze Zahl, so setzen wir den konstanten Faktor C gleich

$$\frac{1}{2^n \Gamma(n+1)}$$

und gelangen dann ebenso zu einer Lösung in der Gestalt

$$\sum_{k=0}^{\infty} \frac{(-1)^k}{k!\,(n+k)\,(n+k-1)\cdots(n+1)\,\Gamma(n+1)} \left(\frac{z}{2}\right)^{n+2k};$$

aus einer fundamentalen Eigenschaft der Funktion $\Gamma(z)$ folgt also

$$J_n(z) = \sum_{k=0}^{\infty} \frac{(-1)^k}{\Gamma(k+1)\,\Gamma(n+k+1)} \left(\frac{z}{2}\right)^{n+2k}. \tag{188}$$

Auf diese Weise werden BESSELsche Funktionen mit beliebigem Index definiert. Die Differenz $w_1 - w_2^*$ ergibt genau genommen keine BESSELsche Funktion, unterscheidet sich aber von einer solchen lediglich durch einen konstanten Faktor, den wir jetzt bestimmen wollen. Wir müssen also an Stelle der Lösungen (186) andere nehmen, die sich von den erstgenannten nur durch einen konstanten Faktor unterscheiden, der so gewählt ist, daß die Differenz der neuen Lösungen genau die BESSELsche Funktion $J_n(z)$ liefert. Multipliziert man die zweite Lösung mit -1, so läßt sich die Konstante a aus der Bedingung berechnen, daß die halbe Summe der Lösungen

$$(189)\quad \left\{\begin{aligned} H_n^{(1)}(z) &= b w_1 = a z^n \int_{\lambda_1} (\tau^2 - 1)^{n-\frac{1}{2}} e^{iz\tau}\, d\tau; \\ H_n^{(2)}(z) &= -b w_2^* = -a e^{(2n+1)\pi i} z^n \int_{\lambda_2} (\tau^2 - 1)^{n-\frac{1}{2}} e^{iz\tau}\, d\tau \qquad \left(a = b e^{\pi\left(n-\frac{1}{2}\right) i}\, i\right) \end{aligned}\right.$$

die BESSELsche Funktion $J_n(z)$ ergeben soll.

In allen obigen Rechnungen haben wir vorausgesetzt, daß $n - \frac{1}{2}$ keine ganze nichtnegative Zahl ist. Diesen letzten Fall behandeln wir bei der ausführlichen Untersuchung der BESSELschen Funktionen.

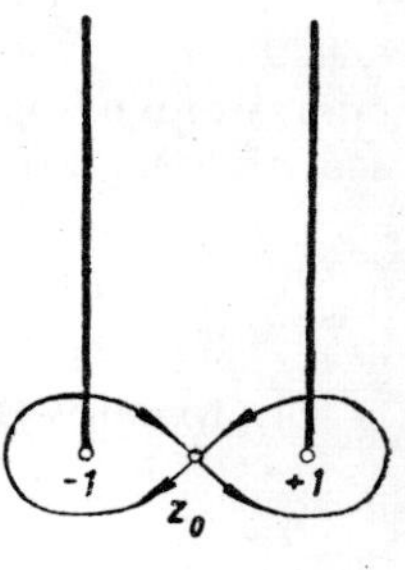

Abb. 71

112. Die HANKELschen Funktionen. Bei der obigen Wahl der Konstanten a definieren die Formeln (189) zwei Lösungen der Differentialgleichung (177), die man *HANKELsche Funktionen* nennt und die so bezeichnet werden, wie das in den Formeln (189) geschehen ist. Wie wir früher gesehen haben [108], erhalten wir bei Addition der Lösungen (189) ein einziges Integral über einen Weg C, der die Gestalt einer Acht hat, wie in Abb. 71 angegeben ist. Man erhält sie aus der Abb. 69 für $\alpha_1 = i$ und $\alpha_2 = -i$ durch Drehung um den Nullpunkt im Uhrzeigersinn um einen rechten Winkel. Da die halbe Summe der Funktionen (189) die BESSELsche Funktion (188) liefern muß, gilt

$$\frac{1}{2} a z^n \int_C (\tau^2 - 1)^{n-\frac{1}{2}} e^{iz\tau}\, d\tau = \sum_{k=0}^{\infty} \frac{(-1)^k}{\Gamma(k+1)\,\Gamma(n+k+1)} \left(\frac{z}{2}\right)^{n+2k}. \tag{190}$$

Dividiert man beide Seiten durch z^n und setzt dann $z = 0$, so bekommt man eine Bestimmungsgleichung für a, nämlich

$$\frac{1}{2} a \int_C (\tau^2 - 1)^{n-\frac{1}{2}} d\tau = \frac{1}{2^n \Gamma(n+1)}. \tag{191}$$

Es bleibt nur noch das Integral zu berechnen, das auf der linken Seite steht. Setzt man n als reell und $n - \frac{1}{2}$ größer als -1 voraus, so kann man wie in [108] den Integrationsweg C auf die Integration über die zweifache Strecke $(-1, +1)$ zurückführen. Dabei hat man über das untere Ufer der Strecke von -1 bis $+1$ und auf dem oberen von $+1$ bis -1 zu integrieren. Wie schon erwähnt, ist $\arg(\tau^2 - 1) = 0$ für $\tau > 1$, woraus folgt, daß $\arg(\tau^2 - 1) = \pi$ auf dem oberen Ufer der Strecke $(-1, +1)$ ist und gleich $-\pi$ auf dem unteren. Es gilt also

$$(\tau^2 - 1)^{n-\frac{1}{2}} = e^{i\pi\left(n-\frac{1}{2}\right)} (1 - \tau^2)^{n-\frac{1}{2}} \quad \text{(auf dem oberen Ufer)},$$

$$(\tau^2 - 1)^{n-\frac{1}{2}} = e^{-i\pi\left(n-\frac{1}{2}\right)} (1 - \tau^2)^{n-\frac{1}{2}} \quad \text{(auf dem unteren Ufer)};$$

schließlich erhält man durch Addition der Integrale

$$\int_C (\tau^2 - 1)^{n-\frac{1}{2}} d\tau = -2i \sin\left(n - \frac{1}{2}\right)\pi \int_{-1}^{+1} (1 - \tau^2)^{n-\frac{1}{2}} d\tau$$

mit

$$(1 - \tau^2)^{n-\frac{1}{2}} = e^{\left(n-\frac{1}{2}\right)\log(1-\tau^2)} \qquad (1 - \tau^2 > 0).$$

Da der Integrand eine gerade Funktion ist, kann man schreiben:

$$\int_C (\tau^2 - 1)^{n-\frac{1}{2}} d\tau = -4i \sin\left(n - \frac{1}{2}\right)\pi \int_0^1 (1 - \tau^2)^{n-\frac{1}{2}} d\tau$$

oder, wenn man an Stelle von τ die neue Integrationsveränderliche x durch die Formel $\tau^2 = x$ einführt,

$$\int_C (\tau^2 - 1)^{n-\frac{1}{2}} d\tau = -2i \sin\left(n - \frac{1}{2}\right)\pi \int_0^1 x^{-\frac{1}{2}} (1 - x)^{n-\frac{1}{2}} dx.$$

Nun haben wir oben gesehen, daß

$$\int_0^1 x^{p-1} (1 - x)^{q-1} dx = \frac{\Gamma(p)\,\Gamma(q)}{\Gamma(p+q)}$$

ist, so daß das in der Gleichung (191) stehende Integral lautet:

$$\int_C (\tau^2 - 1)^{n-\frac{1}{2}} d\tau = -2i \sin\left(n - \frac{1}{2}\right)\pi \frac{\Gamma\left(\frac{1}{2}\right)\Gamma\left(n+\frac{1}{2}\right)}{\Gamma(n+1)} =$$

$$= 2i \sin\left(n + \frac{1}{2}\right)\pi \frac{\Gamma\left(\frac{1}{2}\right)\Gamma\left(n+\frac{1}{2}\right)}{\Gamma(n+1)}.$$

Es war früher gezeigt worden, daß

$$\Gamma(z)\,\Gamma(1-z) = \frac{\pi}{\sin \pi z} \quad \text{und} \quad \Gamma\left(\frac{1}{2}\right) = \sqrt{\pi}$$

ist, woraus

$$\Gamma\left(n+\frac{1}{2}\right)\sin\left(n+\frac{1}{2}\right)\pi = \frac{\pi}{\Gamma\left(\frac{1}{2}-n\right)} \tag{192}$$

folgt. Damit gilt schließlich

$$\int\limits_C (\tau^2-1)^{n-\frac{1}{2}}\,d\tau = \frac{2\pi^{\frac{3}{2}}\,i}{\Gamma\left(\frac{1}{2}-n\right)\Gamma(n+1)}.$$

Wir haben bei der Herleitung dieser Formel vorausgesetzt, daß n reell und $n-\frac{1}{2}>-1$ ist. Da jedoch beide Seiten analytische Funktionen von n sind, gilt diese Formel für jedes n. Daher erhalten wir aus (191) für die Konstante a den Wert

$$a = \frac{\Gamma\left(\frac{1}{2}-n\right)}{2^n \pi^{\frac{3}{2}}\,i}.$$

Setzt man ihn in die Gleichung (189) ein, so findet man folgenden Ausdruck für die HANKELschen Funktionen:

$$\left\{\begin{aligned} H_n^{(1)}(z) &= \frac{\Gamma\left(\frac{1}{2}-n\right)}{\pi^{\frac{3}{2}}\,i}\left(\frac{z}{2}\right)^n \int\limits_{\lambda_1} (\tau^2-1)^{n-\frac{1}{2}}\, e^{iz\tau}\,d\tau; \\ H_n^{(2)}(z) &= -\frac{\Gamma\left(\frac{1}{2}-n\right)}{\pi^{\frac{3}{2}}\,i}\, e^{(2n+1)\pi i}\left(\frac{z}{2}\right)^n \int\limits_{\lambda_2} (\tau^2-1)^{n-\frac{1}{2}}\, e^{iz\tau}\,d\tau. \end{aligned}\right. \tag{193}$$

In beiden Integralen setzen wir $\arg(\tau^2-1)=0$ für $\tau>1$ voraus. Nehmen wir aber im zweiten Integral $\arg(\tau^2-1)=2\pi$ für $\tau>1$ an, dann können wir schreiben:

$$\left\{\begin{aligned} H_n^{(1)}(z) &= \frac{\Gamma\left(\frac{1}{2}-n\right)}{\pi^{\frac{3}{2}}\,i}\left(\frac{z}{2}\right)^n \int\limits_{\lambda_1} (\tau^2-1)^{n-\frac{1}{2}}\, e^{iz\tau}\,d\tau; \\ H_n^{(2)}(z) &= -\frac{\Gamma\left(\frac{1}{2}-n\right)}{\pi^{\frac{3}{2}}\,i}\left(\frac{z}{2}\right)^n \int\limits_{\lambda_2} (\tau^2-1)^{n-\frac{1}{2}}\, e^{iz\tau}\,d\tau. \end{aligned}\right. \tag{193$_1$}$$

Strebt $\tau \to +i\infty$, so geht der Realteil von $iz\tau$ gegen $-\infty$, wenn nur der Realteil von z größer als Null ist. Daher definieren die Formeln (193) die HANKELschen

Funktionen rechts von der imaginären Achse. Wir erinnern daran, daß wir $n - \frac{1}{2}$ als verschieden von einer nicht negativen ganzen Zahl vorausgesetzt haben.

Die HANKELsche Funktion $H_n^{(1)}(z)$, die durch (193) definiert ist, unterscheidet sich von der ersten der Funktionen (186) durch den Faktor

$$\frac{e^{-\pi\left(n-\frac{1}{2}\right)i}\,\Gamma\left(\frac{1}{2}-n\right)}{2^n \pi^{\frac{3}{2}}}.$$

Nimmt man die asymptotische Entwicklung (180) und berücksichtigt, daß $w = z^n u$ ist, so erhält man nach elementaren Umformungen

$$e^{-iz} z^{\frac{1}{2}} H_n^{(1)}(z) \sim -\frac{2^{\frac{1}{2}} e^{-\frac{\pi}{2}ni+\frac{3\pi}{4}i}\,\Gamma\left(\frac{1}{2}-n\right)\sin\left(n+\frac{1}{2}\right)\pi}{\pi^{\frac{3}{2}}} \cdot \sum_{k=0}^{\infty} \binom{n-\frac{1}{2}}{k} \Gamma\left(n+\frac{1}{2}+k\right)\left(\frac{i}{2z}\right)^k$$

oder auf Grund von (192)

$$(194)\qquad e^{-iz} z^{\frac{1}{2}} H_n^{(1)}(z) \sim \left(\frac{2}{\pi}\right)^{\frac{1}{2}} \frac{e^{-i\left(\frac{\pi n}{2}+\frac{\pi}{4}\right)}}{\Gamma\left(n+\frac{1}{2}\right)} \sum_{k=0}^{\infty} \binom{n-\frac{1}{2}}{k} \Gamma\left(n+\frac{1}{2}+k\right)\left(\frac{i}{2z}\right)^k.$$

Wir schreiben das folgendermaßen:

$$(195)\qquad H_n^{(1)}(z) \sim \left(\frac{2}{\pi z}\right)^{\frac{1}{2}} \frac{e^{i\left(z-\frac{\pi n}{2}-\frac{\pi}{4}\right)}}{\Gamma\left(n+\frac{1}{2}\right)} \sum_{k=0}^{\infty} \binom{n-\frac{1}{2}}{k} \Gamma\left(n+\frac{1}{2}+k\right)\left(\frac{i}{2z}\right)^k.$$

Ebenso erhält man

$$(196)\qquad H_n^{(2)}(z) \sim \left(\frac{2}{\pi z}\right)^{\frac{1}{2}} \frac{e^{-i\left(z-\frac{\pi n}{2}-\frac{\pi}{4}\right)}}{\Gamma\left(n+\frac{1}{2}\right)} \sum_{k=0}^{\infty} \binom{n-\frac{1}{2}}{k} \Gamma\left(n+\frac{1}{2}+k\right)\left(-\frac{i}{2z}\right)^k.$$

Die letzten asymptotischen Beziehungen kann man wie folgt umformen:

$$(195_1)\quad H_n^{(1)}(z) = \left(\frac{2}{\pi z}\right)^{\frac{1}{2}} \frac{e^{i\left(z-\frac{\pi n}{2}-\frac{\pi}{4}\right)}}{\Gamma\left(n+\frac{1}{2}\right)} \cdot \left[\sum_{k=0}^{p-1} \binom{n-\frac{1}{2}}{k} \Gamma\left(n+\frac{1}{2}+k\right)\left(\frac{i}{2z}\right)^k + O(|z|^{-p})\right].$$

$$(196_1)\quad H_n^{(2)}(z) = \left(\frac{2}{\pi z}\right)^{\frac{1}{2}} \frac{e^{-i\left(z-\frac{\pi n}{2}-\frac{\pi}{4}\right)}}{\Gamma\left(n+\frac{1}{2}\right)} \cdot \left[\sum_{k=0}^{p-1} \binom{n-\frac{1}{2}}{k} \Gamma\left(n+\frac{1}{2}+k\right)\left(-\frac{i}{2z}\right)^k + O(|z|^{-p})\right],$$

wobei mit $O(|z|^{-k})$ eine solche Größe bezeichnet ist, für die das Produkt $|z|^k O(|z|^{-k})$

bei unbegrenzt wachsendem $|z|$ beschränkt bleibt. Im Ausdruck $\left(\frac{2}{\pi z}\right)^{\frac{1}{2}}$ muß man $\arg z = 0$ setzen, also die Wurzel positiv nehmen.

Wir haben die oben angegebenen asymptotischen Formeln für den Strahl $z > 0$ bewiesen. Man kann zeigen, daß sie auch in einem gewissen Sektor richtig sind; die Formel (195_1) gilt nämlich im Sektor

$$-\pi + \varepsilon < \arg z < 2\pi - \varepsilon$$

und die Formel (196_1) im Sektor

$$-2\pi + \varepsilon < \arg z < \pi - \varepsilon,$$

wobei ε eine beliebig kleine positive Zahl ist.

113. Die BESSELschen Funktionen. Setzt man in die Formel (190) den Ausdruck für a ein, so erhält man eine Darstellung der BESSELschen Funktion $J_n(z)$ als Integral:

$$J_n(z) = \frac{\Gamma\left(\frac{1}{2} - n\right)}{2\pi^{\frac{3}{2}} i} \left(\frac{z}{2}\right)^n \int\limits_C (\tau^2 - 1)^{n - \frac{1}{2}} e^{iz\tau} \, d\tau. \tag{197}$$

Diese Formel ist ebenso wie (193) richtig für alle Werte n mit Ausnahme der $n = m + \frac{1}{2}$, wobei $m \geqslant 0$ eine ganze Zahl ist.

Ist der Realteil von n größer als $-\frac{1}{2}$, so kann man in (197) die Integration zurückführen auf diejenige über die doppelt durchlaufene Strecke $(-1, +1)$ Entsprechend den obigen Überlegungen gelangt man so zu der Formel

$$J_n(z) = \frac{1}{\sqrt{\pi}\, \Gamma\left(n + \frac{1}{2}\right)} \left(\frac{z}{2}\right)^n \int\limits_{-1}^{+1} (1 - \tau^2)^{n - \frac{1}{2}} e^{iz\tau} \, d\tau \qquad \left(\mathrm{R}[n] > -\frac{1}{2}\right). \tag{198}$$

Für $\tau = \sin \varphi$ ergibt sich

$$J_n(z) = \frac{1}{\sqrt{\pi}\, \Gamma\left(n + \frac{1}{2}\right)} \left(\frac{z}{2}\right)^n \int\limits_{-\frac{\pi}{2}}^{+\frac{\pi}{2}} \cos^{2n} \varphi \cdot [\cos(z \sin \varphi) + i \sin(z \sin \varphi)] \, d\varphi$$

oder, wenn man berücksichtigt, daß der Koeffizient bei i eine ungerade Funktion ist,

$$J_n(z) = \frac{1}{\sqrt{\pi}\, \Gamma\left(n + \frac{1}{2}\right)} \left(\frac{z}{2}\right)^n \int\limits_{-\frac{\pi}{2}}^{+\frac{\pi}{2}} \cos^{2n} \varphi \cdot \cos(z \sin \varphi) \, d\varphi \qquad \left(\mathrm{R}[n] > -\frac{1}{2}\right). \tag{199}$$

Hierfür kann man auch schreiben:

$$J_n(z) = \frac{2}{\sqrt{\pi}\, \Gamma\left(n + \frac{1}{2}\right)} \left(\frac{z}{2}\right)^n \int\limits_0^{\frac{\pi}{2}} \cos^{2n} \varphi \cos(z \sin \varphi) \, d\varphi \qquad \left(\mathrm{R}[n] > -\frac{1}{2}\right). \tag{200}$$

Nimmt man die halbe Summe der asymptotischen Entwicklungen (195) und (196), so erhält man eine asymptotische Darstellung der Besselschen Funktion.

Wir wollen der Einfachheit halber nur den Strahl $z > 0$ betrachten. Dann ist der Faktor $e^{\pm iz}$ dem Betrage nach gleich Eins. Nimmt man die halbe Summe der Gleichungen (195_1) und (196_1) und berücksichtigt

$$\left(\frac{2}{\pi z}\right)^{\frac{1}{2}} \frac{e^{\pm i\left(z-\frac{\pi n}{2}-\frac{\pi}{4}\right)}}{\Gamma\left(n+\frac{1}{2}\right)} O\left(z^{-p}\right) = O\left(z^{-p-\frac{1}{2}}\right) \qquad (z > 0),$$

so gilt

$$J_n(z) = \frac{1}{2}\left[H_n^{(1)}(z) + H_n^{(2)}(z)\right] =$$

$$(201) \quad = \frac{1}{\Gamma\left(n+\frac{1}{2}\right)} \left(\frac{2}{\pi z}\right)^{\frac{1}{2}} \sum_{k=0}^{p-1} \binom{n-\frac{1}{2}}{k} \frac{\Gamma\left(n+\frac{1}{2}+k\right)}{(2z)^k} \cdot \left\{\begin{array}{l} (-1)^{\frac{k}{2}} \cos\left(z-\frac{\pi n}{2}-\frac{\pi}{4}\right) \\ (-1)^{\frac{k+1}{2}} \sin\left(z-\frac{\pi n}{2}-\frac{\pi}{4}\right) \end{array}\right\} +$$

$$+ O\left(z^{-p-\frac{1}{2}}\right).$$

Dabei bezieht sich der obere Ausdruck in den geschweiften Klammern auf gerades k und der untere auf ungerades.

Beschränkt man sich auf die ersten Glieder der asymptotischen Darstellungen, so kann man für die $H_n(z)$ schreiben:

$$(202) \quad \left\{\begin{array}{l} H_n^{(1)}(z) = \left(\frac{2}{\pi z}\right)^{\frac{1}{2}} e^{i\left(z-\frac{n\pi}{2}-\frac{\pi}{4}\right)} \left[1 + O\left(|z|^{-1}\right)\right]; \\ H_n^{(2)}(z) = \left(\frac{2}{\pi z}\right)^{\frac{1}{2}} e^{-i\left(z-\frac{n\pi}{2}-\frac{\pi}{4}\right)} \left[1 + O\left(|z|^{-1}\right)\right] \end{array}\right.$$

und daher für die Besselsche Funktion

$$(203) \quad J_n(z) = \left(\frac{2}{\pi z}\right)^{\frac{1}{2}} \cos\left(z - \frac{n\pi}{2} - \frac{\pi}{4}\right) + O\left(z^{-\frac{3}{2}}\right) \qquad (z > 0).$$

Die Verschiedenheit der asymptotischen Ausdrücke der Hankelschen und der Besselfunktion spielt eine wesentliche Rolle bei der Lösung solcher Probleme der mathematischen Physik, die sich auf unendliche, den unendlich fernen Punkt enthaltende Gebiete beziehen. Darauf gehen wir später noch ein.

114. Die Laplace-Transformation in allgemeineren Fällen. Die Laplace-Transformation kann auch auf Differentialgleichungen allgemeinerer Art als die vom Typ (134) angewendet werden. Wir betrachten als Beispiel eine Differentialgleichung, deren Koeffizienten Polynome zweiten Grades sind, nämlich

$$(204) \quad (a_0 z^2 + a_1 z + a_2)\, w'' + (b_0 z^2 + b_1 z + b_2)\, w' + (C_0 z^2 + C_1 z + C_2)\, w = 0,$$

wobei wir $a_0 \neq 0$ voraussetzen. Dividiert man die angegebene Differentialgleichung durch den Koeffizienten von w'', so haben die Koeffizienten bei w' und w in der Umgebung von $z = \infty$

dieselbe Gestalt, wie in Gleichung (113). Wir suchen eine Lösung der Differentialgleichung (204) in der Gestalt

$$w(z) = \int_l v(z') e^{zz'} dz'. \tag{205}$$

Führt man die gleichen Überlegungen wie in [107] durch, so erhält man für $v(z')$ eine Differentialgleichung zweiter Ordnung

$$(a_0 z'^2 + b_0 z' + C_0) \frac{d^2 v}{dz'^2} + p(z') \frac{dv}{dz'} + q(z') v = 0, \tag{206}$$

wobei die nicht ausgeschriebenen Koeffizienten Polynome nicht höheren als zweiten Grades sind. Wir bilden die quadratische Gleichung

$$a_0 \alpha^2 + b_0 \alpha + C_0 = 0 \tag{207}$$

und nehmen an, daß sie verschiedene Wurzeln $\alpha = \alpha_1$ und $\alpha = \alpha_2$ habe. Die Differentialgleichung (206) hat also die außerwesentlich singulären Punkte $z' = \alpha_1$ und $z' = \alpha_2$. In jedem hat die Fundamentalgleichung eine Wurzel, die gleich Null ist. Mit $p - 1$ und $q - 1$ bezeichnen wir die zweiten Lösungen der Fundamentalgleichungen in den erwähnten Punkten, wobei wir voraussetzen, daß p und q keine ganzen Zahlen sind. In jedem der genannten singulären Punkte existiert ein reguläres Integral, während das andere lautet:

$$v_1(z') = (z' - \alpha_1)^{p-1} \varphi_1(z'), \quad v_2(z') = (z' - \alpha_2)^{q-1} \varphi_2(z'); \tag{208}$$

dabei ist $\varphi_k(z')$ im Punkt $z' = \alpha_k$ $(k = 1, 2)$ regulär. Der Weg l in (205) muß so gewählt werden, daß die Zunahme des Gliedes außerhalb des Integralzeichens bei der partiellen Integration wie in [107] beim Umlaufen von l verschwindet. Dies ist sicher erfüllt, wenn man die Bedingungen

$$\left[\frac{d^n (v z'^m)}{dz'^n} e^{zz'}\right]_l = 0 \qquad \begin{pmatrix} n = 0, 1 \\ m = 0, 1, 2 \end{pmatrix} \tag{209}$$

stellt. Wir wählen als $v(z')$ das Integral $v_k(z')$ und für l den in [108] angegebenen Weg l'_k. So erhalten wir wieder wie in [108] zwei linear unabhängige Lösungen der Differentialgleichung (204):

$$w_k(z) = \int_{l'_k} v_k(z') e^{zz'} dz' \qquad (z > 0)\,(k = 1, 2)$$

Diese Lösungen haben für $z \to +\infty$ die asymptotischen Darstellungen

$$w_1(z) = e^{\alpha_1 z} z^p \left(c_0 + \frac{c_1}{z} + \cdots\right);$$

$$w_2(z) = e^{\alpha_2 z} z^q \left(d_0 + \frac{d_1}{z} + \cdots\right),$$

die bis auf einen konstanten Faktor mit den Entwicklungen identisch sind, die wir in [105] erhalten haben.

Die LAPLACE-Transformation (205) kann man auch dann anwenden, wenn die Koeffizienten der Differentialgleichung Polynome von beliebigem Grade m sind. Dann erhält man für $v(z')$ eine Differentialgleichung vom Grade m, deren Koeffizienten Polynome zweiten Grades sind. Ebenso wie oben hat diese Differentialgleichung für $v(z')$ in den singulären Punkten $z' = \alpha_1$ und $z' = \alpha_2$ $\left(\text{Nullstellen der Koeffizienten von } \frac{d^m v}{dz'^m}\right)$ eindeutige Integrale der Gestalt (208). Die übrigen Integrale sind in den genannten singulären Punkten regulär; sonst sind die Überlegungen dieselben wie oben.

115. Die verallgemeinerten Laguerreschen Polynome. Die Untersuchung des Zustandes eines Elektrons in einem Coulombschen Kraftfeld und einige andere Probleme der modernen Physik führen auf eine lineare Differentialgleichung zweiter Ordnung der Gestalt

$$w'' + \frac{1}{z} w' + \left(2\varepsilon + \frac{2}{z} - \frac{s^2}{4z^2}\right) w = 0. \tag{210}$$

Hier ist s eine vorgegebene reelle nichtnegative Zahl und ε ein reeller Parameter. Das Problem besteht in der Angabe solcher Werte des Parameters, für die die Differentialgleichung (210) eine im gesamten Intervall $0 \leqslant z < +\infty$ der reellen Achse beschränkte Lösung besitzt. Wir nehmen zuerst an, daß der Parameter ε negativ sei und führen in diesem Fall an Stelle von z die neue unabhängige Veränderliche x mit

$$x = z\sqrt{-8\varepsilon} \tag{211}$$

ein. Für ε nehmen wir den neuen positiven Parameter λ nach der Formel

$$\lambda = \frac{1}{\sqrt{-2\varepsilon}}. \tag{212}$$

Nach diesen Substitutionen lautet die Differentialgleichung (210), wie man leicht nachprüft,

$$x\frac{d^2w}{dx^2} + \frac{dw}{dx} + \left(-\frac{x}{4} + \lambda - \frac{s^2}{4x}\right) w = 0. \tag{213}$$

Für sie ist $x = 0$ ein außerwesentlich singulärer Punkt.

Die Fundamentalgleichung hat dort die Gestalt

$$\sigma(\sigma - 1) + \sigma - \frac{s^2}{4} = 0;$$

sie besitzt die Wurzeln $\sigma = \pm\frac{s}{2}$. Da die Lösung im Nullpunkt beschränkt sein soll, muß man die Wurzel $\sigma = +\frac{s}{2}$ wählen. Wir trennen also von unserer Lösung den Faktor $x^{\frac{s}{2}}$ ab, und daher muß sie in der Nähe des Nullpunkts die Gestalt

$$w = x^{\frac{s}{2}} \sum_{k=0}^{\infty} b_k x^k \qquad (b_0 \neq 0) \tag{214}$$

haben.

In der Umgebung des unendlich fernen Punktes versuchen wir, gemäß [105] die Differentialgleichung (213) formal durch folgenden Ausdruck zu erfüllen:

$$e^{\alpha x} x^{\varrho} \sum_{k=0}^{\infty} \frac{c_k}{x^k} \qquad (c_0 \neq 0).$$

Die quadratische Gleichung für α lautet

$$\alpha^2 - \frac{1}{4} = 0.$$

Sie liefert die beiden Wurzeln $\alpha = \pm\frac{1}{2}$, und die entsprechenden Werte der Konstanten ϱ sind wegen (119)

$$\varrho_1 = -\left(\lambda + \frac{1}{2}\right); \quad \varrho_2 = \lambda - \frac{1}{2}.$$

Da die Lösung auch im Unendlichen beschränkt sein soll, muß man diejenige Lösung auswählen, die im Unendlichen eine asymptotische Darstellung der Form

$$e^{-\frac{x}{2}} x^{\lambda - \frac{1}{2}} \sum_{k=0}^{\infty} \frac{c_k}{x^k} \tag{215}$$

besitzt.

Somit führt das Problem auf die Bestimmung derjenigen Werte λ, für welche eine Lösung der Gestalt (214) bei der analytischen Fortsetzung längs des Intervalls $(0, +\infty)$ im Unendlichen die Darstellung (215) hat.

Vorstehende Überlegungen führen naturgemäß dazu, an Stelle von w eine neue gesuchte Funktion y durch die Formel

$$w = e^{-\frac{x}{2}} x^{\frac{s}{2}} y \tag{216}$$

einzuführen. Setzt man das in (213) ein, so erhält man für y die neue Differentialgleichung

$$x\frac{d^2y}{dx^2} + (s + 1 - x)\frac{dy}{dx} + \left(\lambda - \frac{s+1}{2}\right) y = 0. \tag{217}$$

Diese hat aber die Gestalt der Differentialgleichung (134), die wir früher untersucht haben. Wegen unserer früheren Überlegungen muß man eine Lösung der Differentialgleichung (217) finden, die im Nullpunkt regulär und im Unendlichen von der Ordnung $x^{\lambda - \frac{s+1}{2}}$ ist.

Setzt man zur Abkürzung

$$\frac{s+1}{2} - \lambda = p, \tag{218}$$

so läßt sich die Differentialgleichung (217) folgendermaßen schreiben:

$$x\frac{d^2y}{dx^2} + (s + 1 - x)\frac{dy}{dx} - py = 0. \tag{219}$$

Wir wollen für sie eine im Nullpunkt reguläre Lösung in Gestalt einer gewöhnlichen Potenzreihe

$$y = 1 + b_1 x + b_2 x^2 + \cdots$$

suchen. Setzt man diese in die Differentialgleichung (219) ein und verwendet die übliche Methode der unbestimmten Koeffizienten, so erhält man eine Lösung in Gestalt einer Reihe, die der hypergeometrischen Reihe sehr ähnlich ist. Führt man nämlich die Bezeichnung

$$F(\alpha, \gamma; x) = 1 + \frac{\alpha}{\gamma}\frac{x}{1!} + \frac{\alpha(\alpha+1)}{\gamma(\gamma+1)}\frac{x^2}{2!} + \cdots \tag{220}$$

ein, dann lautet die im Nullpunkt reguläre Lösung der Differentialgleichung (219)

$$y = CF(p, s + 1; x), \tag{221}$$

wobei C eine willkürliche Konstante ist. Die Reihe (220) konvergiert für jedes x, was aus der Gestalt der Differentialgleichung (219) folgt und auch leicht unmittelbar mit dem D'ALEMBERTschen Kriterium nachgeprüft werden kann. Es ist offensichtlich, daß sie abbricht, wenn α gleich Null oder gleich einer ganzen negativen Zahl ist. Auch in diesem Fall erfüllt unsere Lösung im Unendlichen die geforderte Bedingung. Berücksichtigt man (218), dann erhält man folgende Bestimmungsgleichung für den Parameter λ:

$$\frac{s+1}{2} - \lambda_n = -n \qquad (n = 0, 1, 2, \ldots),$$

woraus sich

$$\lambda_n = \frac{s+1}{2} + n \qquad (n = 0, 1, 2, \ldots) \tag{222}$$

ergibt.

Für diese Parameterwerte lautet die gesuchte Lösung der Differentialgleichung (219):

$$Q_n(x) = C_n F(-n, s+1; x) =$$
$$= C_n\left[1 - \frac{n}{1!}\frac{x}{s+1} + \frac{n(n-1)}{2!}\frac{x^2}{(s+1)(s+2)} + \cdots + (-1)^n \frac{x^n}{(s+1)(s+2)\ldots(s+n)}\right].$$

Um s aus dem Nenner zu beseitigen, wählen wir die Konstante C_n folgendermaßen:

$$C_n = (s+1)(s+2)\cdots(s+n) = \frac{\Gamma(s+n+1)}{\Gamma(s+1)},$$

woraus man schließlich die Lösung der Differentialgleichung (217) in Gestalt eines Polynoms in x und s erhält:

$$Q_n^{(s)}(x) = \frac{\Gamma(s+n+1)}{\Gamma(s+1)} F(-n, s+1; x) \tag{223}$$

oder

$$Q_n^{(s)}(x) = (-1)^n \Big[x^n - \frac{n}{1}(s+n)x^{n-1} + \frac{n(n-1)}{2!}(s+n)(s+n-1)x^{n-2} + \\ + \cdots + (-1)^n (s+n)(s+n-1)\cdots(s+1)\Big]. \tag{224}$$

Diese Polynome bezeichnet man als *verallgemeinerte* LAGUERRE*sche Polynome*. Wir wollen darüber im folgenden ausführlich sprechen.

Man kann zeigen, daß die Formel (222) sämtliche Parameterwerte liefert, für die unser Problem eine Lösung hat, die die angegebenen Bedingungen in den Punkten $x = 0$ und $x = +\infty$ erfüllt.
Mit Hilfe derselben Überlegungen wie in [102] kann man einen einfachen Ausdruck für die verallgemeinerten LAGUERREschen Polynome angeben.

Die Reihe (220) ist nämlich eine Lösung der Differentialgleichung

$$x\frac{d^2y}{dx^2} + (\gamma - x)\frac{dy}{dx} - \alpha y = 0. \tag{225}$$

Differenziert man sie m-mal, dann erhält man die Reihe

$$\frac{\alpha(\alpha+1)\cdots(\alpha+m-1)}{\gamma(\gamma+1)\cdots(\gamma+m-1)} F(\alpha+m, \gamma+m; x).$$

Setzt man $F(\alpha, \gamma; x) = y_1$, so sieht man, daß die m-te Ableitung

$$y_1^{(m)} = F^{(m)}(\alpha, \gamma; x) \tag{226}$$

eine Lösung der Differentialgleichung (225) ist, in der α und γ durch $\alpha + m$ und $\gamma + m$ ersetzt sind; es gilt also

$$x \frac{d^2 y_1^{(m)}}{dx^2} + (\gamma + m - x) \frac{dy_1^{(m)}}{dx} - (\alpha + m)\, y_1^{(m)} = 0 .$$

Nach Multiplikation beider Seiten dieser Differentialgleichung mit $x^{\gamma+m-1} e^{-x}$ kann man sie auf die Gestalt

$$\frac{d}{dx}\left[x^{\gamma+m} e^{-x} \frac{dy_1^{(m)}}{dx}\right] - (\alpha + m)\, x^{\gamma+m-1} e^{-x} y_1^{(m)} = 0$$

bringen [102].

Wird diese letzte Gleichung m-mal differenziert, dann ergibt sich

$$\frac{d^{m+1}}{dx^{m+1}}\left[x^{\gamma+m} e^{-x} \frac{dy_1^{(m)}}{dx}\right] = (\alpha + m) \frac{d^m}{dx^m} \left[x^{\gamma+m-1} e^{-x} y_1^{(m)}\right] .$$

Man schreibt nun die entsprechenden Differentialgleichungen für $m = 0, 1, \ldots, k-1$ auf, multipliziert sie gliedweise aus und führt offensichtliche Kürzungen durch. Damit erhält man

$$\frac{d^k}{dx^k} \left[x^{\gamma+k-1} e^{-x} y_1^{(k)}\right] = \alpha(\alpha+1) \cdots (\alpha + k - 1)\, x^{\gamma-1} e^{-x} y_1 . \tag{227}$$

Wir nehmen nun an, daß α gleich einer ganzen negativen Zahl, also $\alpha = -k$ ist, so daß die Reihe (220) selbst ein Polynom vom Grade k darstellt und $y_1^{(k)}$ eine Konstante ist:

$$F^{(k)}(-k, \gamma; x) = \frac{-k(-k+1)(-k+2) \cdots (-k+k-1)}{\gamma(\gamma+1)(\gamma+2) \cdots (\gamma+k-1)} = (-1)^k \frac{k!}{\gamma(\gamma+1) \cdots (\gamma+k-1)} .$$

Formel (227) liefert uns dann

$$(-1)^k \frac{k!}{\gamma(\gamma+1) \cdots (\gamma+k-1)} \frac{d^k}{dx^k} (x^{\gamma+k-1} e^{-x}) = (-1)^k k!\, x^{\gamma-1} e^{-x} F(-k, \gamma; x) ,$$

womit wir schließlich

$$F(-k, \gamma; x) = \frac{x^{1-\gamma} e^x}{\gamma(\gamma+1) \cdots (\gamma+k-1)} \frac{d^k}{dx^k} (x^{\gamma+k-1} e^{-x}) \tag{228}$$

erhalten.

Wegen (223) ergibt sich somit *folgender Ausdruck für die verallgemeinerten* LAGUERRE*schen Polynome* ($\gamma = s + 1$; $k = n$):

$$Q_n^{(s)}(x) = x^{-s} e^x \frac{d^n}{dx^n} (x^{s+n} e^{-x}) . \tag{229}$$

116. Positive Parameterwerte. Wir betrachten jetzt die Differentialgleichung (210) für positive Werte des Parameters ε. In diesem Falle führen wir an Stelle von z die neue unabhängige Veränderliche x_1 durch

$$x_1 = z \sqrt{8\varepsilon}$$

ein, und an Stelle von ε wählen wir den neuen Parameter λ_1:

$$\lambda_1 = \frac{1}{\sqrt{2\varepsilon}}.$$

Die Differentialgleichung (210) lautet dann

$$x_1 \frac{d^2w}{dx_1^2} + \frac{dw}{dx_1} + \left(\frac{x_1}{4} + \lambda_1 - \frac{s^2}{4x_1}\right) w = 0. \tag{230}$$

Man erhält sie aus (213) mit Hilfe folgender Substitution der unabhängigen Veränderlichen und des Parameters:

$$x = ix_1; \quad \lambda = -i\lambda_1.$$

Wir führen daher jetzt an Stelle von w als neue gesuchte Funktion die Funktion y_1 durch

$$w = e^{-\frac{ix_1}{2}} x_1^{\frac{s}{2}} y_1 \tag{231}$$

ein und erhalten damit für y_1 eine Differentialgleichung der Gestalt

$$x_1 \frac{d^2y_1}{dx_1^2} + (s + 1 - ix_1) \frac{dy_1}{dx_1} + \left[\lambda_1 - \frac{i}{2}(s+1)\right] y_1 = 0. \tag{232}$$

Vergleicht man sie mit der Differentialgleichung (134), so sieht man, daß in diesem Fall

$$a_0 = -i; \quad a_1 = s + 1; \quad b_0 = 0; \quad b_1 = \lambda_1 - \frac{i}{2}(s+1)$$

ist.

Die quadratische Gleichung für α lautet

$$\alpha^2 - i\alpha = 0;$$

sie liefert uns die zwei Wurzeln

$$\alpha_1 = 0, \quad \alpha_2 = i.$$

Die entsprechenden Werte p und q sind [107]

$$p = \frac{b_1}{a_0} = \frac{1}{2}(s+1) + i\lambda_1; \quad q = \frac{i(s+1) + \lambda_1 - \frac{i}{2}(s+1)}{2i - i} = \frac{1}{2}(s+1) - i\lambda_1.$$

Somit erhalten wir folgende zwei Lösungen der Differentialgleichung (232):

$$\left\{\begin{aligned} y_1^{(1)} &= C_1 \int_{l_1'} z'^{\frac{1}{2}(s-1)+i\lambda_1} (z'-i)^{\frac{1}{2}(s-1)-i\lambda_1} e^{x_1 z'} dz'; \\ y_1^{(2)} &= C_2 \int_{l_2'} z'^{\frac{1}{2}(s-1)+i\lambda_1} (z'-i)^{\frac{1}{2}(s-1)-i\lambda_1} e^{x_1 z'} dz', \end{aligned}\right. \tag{233}$$

wobei l_1' und l_2' die Kurven sind, die ihre Enden im Punkt $z' = -\infty$ haben und um die Punkte $z' = 0$ und $z' = i$ herumführen. Gemäß den Formeln aus [109] haben diese zwei Lösungen für große positive x_1 asymptotische Darstellungen der Gestalt

$$C_3 x_1^{-\frac{1}{2}(s+1)-i\lambda_1} \sum_{k=0}^{\infty} \frac{c_k}{x_1^k};$$

$$C_4 e^{ix_1} x_1^{-\frac{1}{2}(s+1)+i\lambda_1} \sum_{k=0}^{\infty} \frac{c_k'}{x_1^k},$$

wobei C_3 und C_4 Konstanten sind. Benutzt man noch die Beziehung (231), so kann man sich unmittelbar davon überzeugen, daß die entsprechenden Lösungen w_1 und w_2 der Differentialgleichung (230) für $x_1 \to +\infty$ gegen Null streben. Folglich kann man dasselbe von jeder Lösung der Differentialgleichung (230) behaupten, insbesondere von denjenigen, die in der Nähe von $x_1 = 0$ in der Gestalt

$$w = x_1^{\frac{s}{2}} \sum_{k=0}^{\infty} b_k x_1^k \qquad (b_0 \neq 0)$$

darstellbar sind. *Für jedes reelle λ_1 hat also die Differentialgleichung* (230) *eine Lösung, die an den beiden Endpunkten des Intervalls* $(0, +\infty)$ *verschwindet.*

117. Eine Entartung der GAUSSschen Differentialgleichung. Wir betrachten den allgemeinen Typ einer Differentialgleichung, deren Koeffizienten Polynome ersten Grades sind,

$$(p_0 t + p_1)\frac{d^2u}{dt^2} + (q_0 t + q_1)\frac{du}{dt} + (r_0 t + r_1) u = 0, \tag{234}$$

wobei wir $p_0 \neq 0$ voraussetzen. Es soll gezeigt werden, daß diese Differentialgleichung auf die Gestalt (225) zurückgeführt werden kann. An Stelle von t führen wir die neue unabhängige Veränderliche $z = p_0 t + p_1$ ein. Damit bringen wir die Differentialgleichung (234) auf die Gestalt (134):

$$z\frac{d^2u}{dz^2} + (a_0 z + a_1)\frac{du}{dz} + (b_0 z + b_1) u = 0. \tag{235}$$

Setzen wir jetzt $u = e^{\alpha z} z^p y$ und substituieren für z die neue Veränderliche $x = kz$, so gelangen wir bei passender Wahl der Konstanten α, p und k zur Differentialgleichung (225). Jetzt zeigen wir, daß diese letzte Differentialgleichung durch einen Grenzübergang aus der GAUSSschen Differentialgleichung

$$z(z-1)\frac{d^2y}{dz^2} + [-\gamma + (1+\alpha+\beta) z]\frac{dy}{dz} + \alpha\beta y = 0$$

erhalten werden kann.

Führt man an Stelle von z die neue Veränderliche $x = \alpha z$ ein, so lautet die Differentialgleichung

$$x\left(\frac{x}{\alpha} - 1\right)\frac{d^2y}{dx^2} + \left[-\gamma + x + \frac{(1+\beta)x}{\alpha}\right]\frac{dy}{dx} + \beta y = 0.$$

Läßt man hierin α gegen Unendlich streben, so erhält man die Differentialgleichung (225), die, wie wir bewiesen haben, durch eine einfache Variablensubstitution aus der Differentialgleichung (234) hervorgeht. Nach dem erwähnten Grenzübergang fallen zwei außerwesentlich singuläre Punkte der GAUSSschen Differentialgleichung in einem wesentlich singulären Punkt – im Unendlichen – zusammen, und es bleibt noch ein außerwesentlich singulärer Punkt.

In unmittelbarem Zusammenhang mit dem Vorigen steht die WHITTAKERsche Differentialgleichung

$$\frac{d^2w}{dz^2} + \left(-\frac{1}{4} + \frac{k}{z} + \frac{\frac{1}{4} - m^2}{z^2}\right) w = 0. \tag{236}$$

Führt man an Stelle von w durch die Substitution $w = z^{m+\frac{1}{2}} u$ die neue Funktion u ein, so gelangt man zu einer Differentialgleichung der Gestalt (225):

$$z \frac{d^2u}{dz^2} + (1 + 2m) \frac{du}{dz} + \left(-\frac{1}{4} z + k\right) u = 0.$$

Wird für sie eine Lösung in der Gestalt (151) konstruiert, dann erhält man

$$w = Cz^{m+\frac{1}{2}} \int\limits_l \left(z' - \frac{1}{2}\right)^{m - \frac{1}{2} + k} \left(z' + \frac{1}{2}\right)^{m - \frac{1}{2} - k} e^{zz'} dz',$$

wobei l ein Weg ist, der von $-\infty$ ausgeht und um den Punkt $z' = -\frac{1}{2}$ herumführt. Wir führen die Variablensubstitution

$$z' = -\frac{1}{2} - \frac{t}{z}$$

aus. Damit ergibt sich

$$w = C_1 e^{-\frac{1}{2} z} z^k \int\limits_{l_0} (-t)^{m - \frac{1}{2} - k} \left(1 + \frac{t}{z}\right)^{m - \frac{1}{2} + k} e^{-t} dt;$$

hierbei ist l_0 ein Weg, der von $+\infty$ ausgeht und den Punkt $t = 0$ in positiver Richtung umläuft. Dabei nehmen wir an, daß der Punkt $t = -z$ im Äußeren dieser Kurve liegt. Bei geeigneter Wahl der Konstanten C_1 erhält man die von WHITTAKER eingeführte Funktion

$$w_{k,m}(z) = -\frac{1}{2\pi i} \Gamma\left(k + \frac{1}{2} + m\right) e^{-\frac{1}{2} z} z^k \int\limits_{l_0} (-t)^{m - \frac{1}{2} - k} \left(1 + \frac{t}{z}\right)^{m - \frac{1}{2} + k} e^{-t} dt. \tag{237}$$

Dabei ist vorausgesetzt, daß z keine negative Zahl ist, daß arg z den Hauptwert bezeichnet, daß $|\arg(-t)| \leqslant \pi$ ist und daß $\arg\left(1 + \frac{t}{2}\right)$ für $t \to 0$ gegen Null strebt, falls t im Innern der Kurve l_0 liegt. Die Formel (237) verliert ihren Sinn, wenn $k - \frac{1}{2} - m$ eine negative ganze Zahl ist.

Ist jedoch $k - \frac{1}{2} - m$ keine ganze Zahl, und ist ihr Realteil nicht positiv, so läßt sich der Ausdruck (237) auf die Gestalt

$$w_{k,m}(z) = \frac{e^{-\frac{1}{2} z} z^k}{\Gamma\left(\frac{1}{2} - k + m\right)} \int\limits_0^\infty t^{-k - \frac{1}{2} - m} \left(1 + \frac{t}{z}\right)^{k - \frac{1}{2} + m} e^{-t} dt \tag{238}$$

transformieren. Diese letzte Formel kann man zur Definition von $w_{k_1 m}(z)$ auch dann benutzen, wenn $k - \frac{1}{2} - m$ negativ und ganz ist.

Mit Hilfe der Resultate aus [**109**] kann man leicht einen asymptotischen Ausdruck für die Funktion $w_{k_1 m}(z)$ angeben. Er lautet nämlich

$$(238_1)\qquad w_{k_1 m}(z) = e^{-\frac{1}{2}z} z^k \left\{1 + \sum_{k=1}^{\infty} \frac{\left[m^2 - \left(k - \frac{1}{2}\right)^2\right]\left[m^2 - \left(k - \frac{3}{2}\right)^2\right] \cdots \left[m^2 - \left(k - n + \frac{1}{2}\right)^2\right]}{n!\, z^n}\right\}$$

und gilt im Sektor $|\arg z| \leqslant \pi - \varepsilon$, wobei ε eine beliebige positive Zahl ist.

Die Differentialgleichung (236) ändert sich bei der gleichzeitigen Ersetzung von k durch $-k$ und von z durch $-z$ nicht; deswegen ist neben der Funktion (237) die Funktion $w_{-k_1 m}(-z)$ ebenfalls Lösung. Die lineare Unabhängigkeit dieser beiden Lösungen folgt unmittelbar aus dem asymptotischen Ausdruck (238_1).

118. Differentialgleichungen mit periodischen Koeffizienten. Wir betrachten eine lineare Differentialgleichung zweiter Ordnung, deren Koeffizienten periodische Funktionen der unabhängigen Veränderlichen sind. Die Theorie dieser Differentialgleichungen entspricht in vieler Hinsicht der oben untersuchten Theorie der Differentialgleichungen mit analytischen Koeffizienten.

Wir wollen vorläufig sowohl die Koeffizienten als auch die unabhängige Veränderliche als reell voraussetzen. Es sei also die Differentialgleichung

$$(239)\qquad y''(x) + p(x)\, y'(x) + q(x)\, y(x) = 0$$

vorgelegt, in der $p(x)$ und $q(x)$ reelle stetige Funktionen der reellen Veränderlichen x sind und die reelle Periode ω haben. Es ist also

$$(240)\qquad p(x+\omega) = p(x); \quad q(x+\omega) = q(x).$$

Die Stetigkeit der Koeffizienten garantiert uns, daß jede Lösung der Differentialgleichung (239), die durch gegebene Anfangsbedingungen bestimmt ist, für alle reellen Werte x existiert. Es sei also $y_1(x)$ eine Lösung der obigen Differentialgleichung, d. h., es gelte die Identität

$$y_1''(x) + p(x)\, y_1'(x) + q(x)\, y_1(x) = 0.$$

Ersetzt man x durch $x + \omega$, so kann man schreiben

$$y_1''(x+\omega) + p(x+\omega)\, y_1'(x+\omega) + q(x+\omega)\, y_1(x+\omega) = 0$$

oder wegen (240)

$$y_1''(x+\omega) + p(x)\, y_1'(x+\omega) + q(x)\, y_1(x+\omega) = 0.$$

Daraus folgt unmittelbar, daß $y_1(x+\omega)$ ebenfalls Lösung der Differentialgleichung ist. Wir wählen jetzt irgend zwei linear unabhängige Lösungen $y_1(x)$ und $y_2(x)$. Die Funktionen $y_1(x+\omega)$ und $y_2(x+\omega)$ müssen dann ebenfalls Lösungen der Differentialgleichung (239) sein; folglich müssen sie sich aus $y_1(x)$ und $y_2(x)$ linear kombinieren lassen. Es muß also

$$(241)\qquad \begin{cases} y_1(x+\omega) = a_{11} y_1(x) + a_{12} y_2(x); \\ y_2(x+\omega) = a_{21} y_1(x) + a_{22} y_2(x) \end{cases}$$

sein, wobei die a_{ik} gewisse Konstanten sind. Somit gilt folgender Satz: *Wählt man zwei linear unabhängige Lösungen der Differentialgleichung* (239) *und fügt zum Argument die Periode hinzu, so ist dies gleichbedeutend mit einer linearen Transformation* (241). Entsprechend haben wir bei der Untersuchung von Differentialgleichungen mit analytischen Koeffizienten festgestellt, daß linear unabhängige Lösungen beim Umlaufen eines singulären Punktes eine lineare Transformation erfahren, und wir können weiterhin wie in [97] schließen. Wir wollen aber nur die Resultate anführen. Die Matrix der Konstanten a_{ik} hängt von der Wahl der linear unabhängigen Lösungen ab, aber die Koeffizienten der quadratischen Gleichung in ϱ,

$$\begin{vmatrix} a_{11}-\varrho & a_{12} \\ a_{21} & a_{22}-\varrho \end{vmatrix} = 0, \tag{242}$$

bleiben bei beliebiger Wahl dieser Lösungen die gleichen. *Besitzt die Gleichung* (242) *zwei verschiedene Wurzeln ϱ_1 und ϱ_2, so existieren zwei linear unabhängige Lösungen, die sich mit ϱ_1 bzw. ϱ_2 multiplizieren, wenn man x durch $x+\omega$ ersetzt.* Wir bezeichnen diese Lösungen mit $\eta_k(x)$; es ist also

$$\eta_1(x+\omega) = \varrho_1 \eta_1(x); \quad \eta_2(x+\omega) = \varrho_2 \eta_2(x). \tag{243}$$

Hat die Gleichung (242) zwei gleiche Wurzeln, ist also $\varrho_1 = \varrho_2$, so existiert im allgemeinen nur eine Lösung, die sich bei Ersetzen von x durch $x+\omega$ mit dem Faktor ϱ_1 multipliziert. In diesem Fall erhalten wir an Stelle von (243) die lineare Transformation

$$\eta_1(x+\omega) = \varrho_1 \eta_1(x); \quad \eta_2(x+\omega) = a_{21}\eta_1(x) + \varrho_1 \eta_2(x). \tag{244}$$

Wir erinnern nochmals daran, daß die Gleichung (242) niemals die Lösung 0 haben kann, da die aus den Zahlen a_{ik} gebildete Determinante sicher von Null verschieden ist. Durch Anwendung dieser Resultate wollen wir jetzt die Gestalt der Lösungen in den verschiedenen Fällen bestimmen. Zunächst nehmen wir an daß $\varrho_1 \neq \varrho_2$ ist, also (243) gilt. Wir wählen die beiden Funktionen

$$\varrho_1^{\frac{x}{\omega}} = e^{\frac{x}{\omega}\log \varrho_1}, \quad \varrho_2^{\frac{x}{\omega}} = e^{\frac{x}{\omega}\log \varrho_2},$$

wobei wir für $\log \varrho_1$ und $\log \varrho_2$ irgendwelche bestimmte Werte nehmen. Ersetzt man x durch $x+\omega$, so multiplizieren sich diese Funktionen mit den Faktoren ϱ_1 und ϱ_2; daher erweisen sich die Quotienten $\eta_1(x) : \varrho_1^{\frac{x}{\omega}}$ und $\eta_2(x) : \varrho_2^{\frac{x}{\omega}}$ als periodische Funktionen mit der Periode ω. Folglich kann man wegen (243) schreiben

$$\eta_1(x) = \varrho_1^{\frac{x}{\omega}} \varphi_1(x); \quad \eta_2(x) = \varrho_2^{\frac{x}{\omega}} \varphi_2(x), \tag{245}$$

wobei $\varphi_1(x)$ und $\varphi_2(x)$ periodische Funktionen mit der Periode ω sind. Im Fall (244) haben wir einen Ausdruck für $\eta_1(x)$. Um $\eta_2(x)$ zu untersuchen, betrachten wir den Quotienten $\eta_2(x) : \eta_1(x)$. Wegen (244) gilt

$$\frac{\eta_2(x+\omega)}{\eta_1(x+\omega)} = \frac{\eta_2(x)}{\eta_1(x)} + c \qquad \left(c = \frac{a_{21}}{\varrho_1}\right).$$

Der Quotient wächst also um den Summanden c, wenn x durch $x + \omega$ ersetzt wird. Diesen Summanden erhält auch die elementare Funktion $\frac{c}{\omega} x$. Folglich ist die Differenz $\frac{\eta_2(x)}{\eta_1(x)} - \frac{c}{\omega} x$ eine periodische Funktion $\psi_1(x)$. Wir erhalten somit im vorliegenden Fall unter Berücksichtigung des Ausdruckes für $\eta_1(x)$:

$$\eta_1(x) = \varrho_1^{\frac{x}{\omega}} \varphi_1(x); \quad \eta_2(x) = \frac{c}{\omega} x\eta_1(x) + \psi_1(x)\,\eta_1(x)$$

oder

$$\eta_1(x) = \varrho_1^{\frac{x}{\omega}} \varphi_1(x); \quad \eta_2(x) = \varrho_1^{\frac{x}{\omega}} [\varphi_2(x) + x\varphi_3(x)], \tag{246}$$

wobei $\varphi_1(x)$, $\varphi_2(x)$ und $\varphi_3(x)$ periodische Funktionen sind. Ist die Konstante c gleich Null, so hat auch die zweite Lösung die Gestalt (245).

Im angegebenen Fall haben wir also meist kein allgemeines Verfahren, das es uns ermöglicht, die quadratische Gleichung (242) aufzustellen.

Wir vermerken nun noch einige wichtige Eigenschaften dieser Gleichung und ihrer Wurzeln. Wir definieren linear unabhängige Lösungen durch die einfachen Anfangsbedingungen

$$y_1(0) = 1; \quad y_1'(0) = 0; \quad y_2 = 0; \quad y_2'(0) = 1. \tag{247}$$

Da diese und die Koeffizienten der Differentialgleichung (239) reell sind, sind diese Lösungen für alle reellen Werte von x reell. Setzt man in der Identität (241) $x = 0$ und berücksichtigt die Anfangsbedingungen (247), so erhält man $a_{11} = y_1(\omega)$ und $a_{21} = y_2(\omega)$. Entsprechend erhält man, indem man die Identität (241) differenziert und dann $x = 0$ setzt, $a_{12} = y_1'(\omega)$ und $a_{22} = y_2'(\omega)$. Somit lautet bei der angegebenen Wahl der linear unabhängigen Lösungen die quadratische Gleichung (242)

$$\begin{vmatrix} y_1(\omega) - \varrho & y_1'(\omega) \\ y_2(\omega) & y_2'(\omega) - \varrho \end{vmatrix} = 0. \tag{248}$$

Daraus folgt unmittelbar, daß die Koeffizienten dieser Gleichung reelle Zahlen sind.

Wir wollen den Spezialfall, bei dem in der Differentialgleichung (239) das Glied mit $y'(x)$ fehlt, ausführlicher untersuchen; die Differentialgleichung habe also die Gestalt

$$y''(x) + q(x)\,y(x) = 0. \tag{249}$$

Wir betrachten die Wronskische Determinante

$$\Delta(x) = y_1(x)\,y_2'(x) - y_2(x)\,y_1'(x).$$

Für sie haben wir folgende Formel erhalten [II, 24]:

$$\Delta(x) = \Delta(0)\,e^{-\int_0^x p(t)\,dt}$$

Folglich gilt für $p(x) \equiv 0$ die Beziehung

$$\Delta(x) = C,$$

wobei C eine Konstante ist. Erfüllen die Lösungen die Anfangsbedingungen (247), so ist diese Konstante offensichtlich gleich Eins. Wir kommen jetzt zur quadratischen Gleichung (248) zurück. Ihr freies Glied ist gleich dem Wert der WRONSKIschen Determinante für $x = \omega$, also gleich Eins. Wählt man daher für die Differentialgleichung (249) unabhängige Lösungen, die die Anfangsbedingungen (247) erfüllen, so lautet die quadratische Gleichung für ϱ

$$\varrho^2 - 2A\varrho + 1 = 0 \tag{250}$$

mit

$$2A = y_1(\omega) + y_2'(\omega). \tag{251}$$

Falls die reelle Zahl A die Bedingung $|A| > 1$ erfüllt, so hat diese Gleichung zwei verschiedene reelle Wurzeln, deren Produkt gleich Eins ist. Eine von beiden ist also dem absoluten Betrage nach größer als Eins und die andere kleiner als Eins. Für $|A| < 1$ hat die Gleichung (250) zwei konjugiert-komplexe Wurzeln, die beide dem absoluten Betrage nach gleich Eins sind. Ist schließlich $A = \pm 1$, so hat die Gleichung (250) eine Doppelwurzel, die gleich ± 1 ist. Der Wert von A erweist sich damit als wesentlich für das Verhalten der Lösungen bei unbegrenztem Wachsen der Veränderlichen x. Wir wollen nun die obenerwähnten verschiedenen Fälle untersuchen.

In den Ausdrücken (245) sind die Faktoren $\varphi_1(x)$ und $\varphi_2(x)$ periodische Funktionen; daher bleiben sie beschränkt, falls x über alle Grenzen wächst. Das Verhalten der Lösungen für reelles wachsendes x ist im wesentlichen durch die ersten Faktoren

$$\varrho_1^{\frac{x}{\omega}} = e^{\frac{x}{\omega}\log\varrho_1}; \quad \varrho_2^{\frac{x}{\omega}} = e^{\frac{x}{\omega}\log\varrho_2} \tag{252}$$

bestimmt.

Der Realteil von $\log\varrho$ ist bekanntlich gleich $\log|\varrho|$. Ist also $|A| > 1$, so ist dieser Realteil für eine der Wurzeln, z. B. für ϱ_1, positiv, für die andere negativ. Daher wächst die erste der Funktionen (252) für $x \to +\infty$ dem Betrage nach über alle Grenzen, während die zweite gegen Null strebt. Geht man zu den Lösungen (245) zurück, so sieht man, daß die erste von ihnen für $x \to +\infty$ nicht beschränkt bleibt, die zweite aber gegen Null strebt. Das allgemeine Integral der Differentialgleichung,

$$C_1\eta_1(x) + C_2\eta_2(x), \tag{253}$$

bleibt ebenfalls im angegebenen Fall ($C_1 \neq 0$) im allgemeinen nicht beschränkt (labiler Fall).

Ist $|A| < 1$, so sind die Realteile von $\log\varrho_1$ und $\log\varrho_2$ gleich Null, die Funktionen (252) sind somit für jedes reelle x dem Betrage nach gleich Eins. In diesem Fall bleiben beide Lösungen (245) und das allgemeine Integral (253) für $x \to +\infty$ beschränkt. Sind in den Anfangsbedingungen

$$y(0) = a; \quad y'(0) = b$$

die Zahlen a und b dem absoluten Betrage nach hinreichend klein, so sind die Konstanten C_1 und C_2 ebenfalls klein. Folglich bleibt auch die Lösung dem absoluten Betrag nach für jedes positive x klein (stabiler Fall).

Es bleiben nur noch die bisher ausgelassenen Fälle, $A = \pm 1$, zu untersuchen, in denen also die Gleichung (250) eine Doppelwurzel hat. Wir nehmen $A = 1$ an, d. h., es ist $\varrho_1 = \varrho_2 = 1$. Dann können wir die Lösungen so wählen, daß sie die Gestalt

$$\eta_1(x) = \varphi_1(x); \quad \eta_2(x) = \varphi_2(x) + x\varphi_3(x) \tag{254}$$

haben, wobei die $\varphi_k(x)$ periodische Funktionen sind. Die erste der angegebenen Lösungen ist rein periodisch; die zweite ist jedoch im allgemeinen nicht beschränkt, da sie den Faktor x enthält. Nur in dem ausgeschlossenen Fall, daß die Funktion $\varphi_3(x)$ identisch Null ist, ist auch die zweite Lösung rein periodisch.

Ist schließlich $A = -1$, also $\varrho_1 = \varrho_2 = -1$, so können wir $\log \varrho_1 = \pi i$ wählen und erhalten an Stelle von (254)

$$\eta_1(x) = e^{i\frac{\pi x}{\omega}} \varphi_1(x); \quad \eta_2(x) = e^{i\frac{\pi x}{\omega}} [\varphi_2(x) + x\varphi_3(x)].$$

Hierbei ist die erste der Lösungen rein periodisch mit der Periode 2ω, und die zweite ist wie im vorhergehenden Fall im allgemeinen nicht beschränkt.

Als elementares Beispiel betrachten wir die Differentialgleichung mit konstantem Koeffizienten

$$y''(x) + q\,y(x) = 0. \tag{255}$$

Dieser konstante Koeffizient kann als periodische Funktion mit beliebiger Periode ω angesehen werden. Wir nehmen zuerst an, daß q positiv sei, und führen die Bezeichnung $q = k^2$ ein. Damit erhalten wir folgende zwei Lösungen der Differentialgleichung:

$$\eta_1(x) = e^{ikx}; \quad \eta_2(x) = e^{-ikx}.$$

Ersetzt man x durch $x + \omega$, so multiplizieren sich diese Lösungen mit den Faktoren $\varrho_1 = e^{ik\omega}$ und $\varrho_2 = e^{-ik\omega}$, die dem Betrag nach gleich Eins sind. Das entspricht dem Fall $|A| < 1$. Ist die Konstante q in der Differentialgleichung (255) negativ, so erhalten wir, wenn wir $q = -k^2$ setzen, die folgenden zwei Lösungen der Differentialgleichung:

$$\eta_1(x) = e^{kx}; \quad \eta_2(x) = e^{-kx}.$$

Ersetzt man wieder x durch $x + \omega$, so werden diese Lösungen mit den reellen positiven Faktoren $\varrho_1 = e^{k\omega}$ und $\varrho_2 = e^{-k\omega}$ multipliziert; das entspricht dem Fall $|A| > 1$. Entsprechendes gilt auch, wenn der Koeffizient $q(x)$ in der Differentialgleichung (249) von x abhängt, aber sein Vorzeichen nicht ändert. Wir nehmen zunächst $q(x) < 0$ an. Es sei $y_1(x)$ die Lösung unserer Differentialgleichung, die die Anfangsbedingungen $y_1(0) = 1$ und $y_1'(0) = 0$ erfüllt. Integriert man die Differentialgleichung (249) und berücksichtigt die Anfangsbedingungen, so kann man schreiben:

$$y_1'(x) = -\int_0^x q(t)\,y_1(t)\,dt. \tag{256}$$

Für nahe bei Null gelegene positive x-Werte liegt $y_1(x)$ nahe bei Eins. Folglich ist $y_1'(x) > 0$ wegen $q(x) < 0$, also wächst $y_1(x)$. Wegen der Relation (256) kann ferner $y_1'(x)$ nur dann negativ werden, wenn auch $y_1(x)$ negativ wird. Andererseits ist notwendig, damit $y_1(x)$ negativ wird, daß es zunächst abnimmt, d. h., es ist notwendig, daß $y_1'(x)$ zuvor negativ wird. Wir kommen daher zu einem Widerspruch und können behaupten, daß $y_1'(x) > 0$ und $y_1(x) > 1$ ist für jedes $x > 0$. Insbesondere gilt $y_1(\omega) > 1$.

Wir wählen jetzt die Lösung $y_2(x)$, die die Anfangsbedingungen $y_2(0) = 0$ und $y_2'(0) = 1$ erfüllt. Integriert man die Differentialgleichung (249), so ergibt sich

$$y_2'(x) = 1 - \int_0^x q(t)\, y_2(t)\, dt. \tag{257}$$

Für nahe bei Null gelegenes x liegt $y_2'(x)$ nahe bei Eins und ist folglich positiv. Daher nimmt $y_2(x)$ zu und ist größer als Null, da $y_2(0) = 0$ ist. Die Formel (257) zeigt, daß $y_2'(x)$ nur dann negativ werden kann, wenn $y_2(x)$ negativ wird. Aber andererseits kann das nur dann eintreten, wenn $y_2(x)$ vorher abnimmt, also nachdem $y_2'(x)$ negativ wird. Dieser Widerspruch zeigt uns, daß für jedes positive x die Beziehungen $y_2(x) > 0$ und $y_2'(x) > 1$ und insbesondere $y_2'(\omega) > 1$ gelten. Die bewiesenen Ungleichungen für $y_1(\omega)$ und $y_2'(\omega)$ liefern uns

$$2A = y_1(\omega) + y_2'(\omega) > 2,$$

und wir gelangen somit zu folgendem Satz: *Ist in der Differentialgleichung* (249) $q(x) < 0$, *so ist* $|A| > 1$, *und folglich sind die Zahlen* ϱ_1 *und* ϱ_2 *verschieden und positiv.*

Präzisiert man die vorigen Überlegungen etwas, so kann man die Bedingung $q(x) < 0$ durch $q(x) \leqslant 0$ ersetzen, wobei natürlich vorausgesetzt wird, daß $q(x)$ nicht identisch Null ist.

Der Fall $q(x) \geqslant 0$ bereitet mehr Schwierigkeiten. Wir führen deshalb hier nur das Resultat an, dessen Beweis man in der Arbeit von A. M. Ляпунов „Общая задача об устойчивости движения" (A. M. Ljapunow „Ein allgemeines Problem der Stabilität einer Bewegung") nachlesen kann. Ist $q(x) \geqslant 0$ und erfüllt diese Funktion außerdem die Bedingung

$$\omega \int_0^\omega q(x)\, dx \leqslant 4, \tag{258}$$

so sind ϱ_1 und ϱ_2 konjugiert-komplexe Zahlen, die beide dem Betrage nach gleich Eins sind. Dieser Satz ist eine hinreichende Bedingung dafür, daß $|A| < 1$ ist.

Eine ausführliche und tiefgehende Untersuchung linearer (und nichtlinearer) Differentialgleichungen mit periodischen Koeffizienten ist in der eben erwähnten Arbeit von A. M. Ljapunow und einer Reihe seiner späteren Arbeiten durchgeführt. In bezug auf die Differentialgleichung (249) verweisen wir speziell auf seine Arbeit. „Об одном ряде в теории линейных дифференциальных уравнений второго порядка с периодическими коэффициентами." (Записки Академии Наук по физ.-мат. отд.) „Über eine Reihe in der Theorie der linearen Differentialgleichungen zweiter Ordnung mit periodischen Koeffizienten" (Schriften der Akademie der Wissenschaften, mathematisch-physikalische Abteilung, 8. Serie, 1902, Bd. XIII).

119. Analytische Koeffizienten. Wir nehmen an, daß $p(x)$ und $q(x)$, die die reelle Periode ω haben, in einem bestimmten Streifen, der die reelle Achse der x-Ebene im Innern enthält, reguläre Funktionen der komplexen Veränderlichen x sind. Wir setzen $x = x_1 + ix_2$ und nehmen an, dieser Streifen sei durch die Ungleichung $-h \leqslant x_2 \leqslant +h$ definiert. Wir können ihn durch zur imaginären Achse parallele Geraden in gleiche Rechtecke der Breite ω zerlegen. In jedem dieser Rechtecke sind die Wertevorräte von $p(x)$ und $q(x)$ wegen der Periodizität die gleichen. Wir wählen z. B. das durch die Ungleichungen

$$0 \leqslant x_1 \leqslant \omega; \quad -h \leqslant x_2 \leqslant +h$$

definierte Rechteck.

An Stelle von x führen wir die neue Veränderliche z durch

$$z = e^{i\frac{2\pi x}{\omega}} \tag{259}$$

ein. In der z-Ebene erhalten wir dann an Stelle des Rechtecks einen Kreisring, der durch die Kreise um den Nullpunkt mit den Radien $e^{\frac{2\pi h}{\omega}}$ und $e^{\frac{-2\pi h}{\omega}}$ begrenzt ist. Dabei ist dieser Ring längs desjenigen Radius aufgeschnitten, der mit der positiven reellen Achse zusammenfällt. Die entgegengesetzten Ufer des Schnittes entsprechen den Seiten $x_1 = 0$ und $x_1 = \omega$ des genannten Rechtecks. Da unsere Funktionen $p(x)$ und $q(x)$ periodisch sind, nehmen sie auf den Schnitten gleiche Werte an. Folglich gilt dasselbe auch bezüglich ihrer Ableitungen sämtlicher Ordnungen. Kurz gesagt, $p(x)$ und $q(x)$ sind in dem erwähnten Ring als Funktionen von z regulär und eindeutig und folglich dort in LAURENT-Reihen entwickelbar:

$$p(x) = \sum_{s=-\infty}^{+\infty} a_s z^s; \qquad q(x) = \sum_{s=-\infty}^{+\infty} b_s z^s.$$

Da wegen (259)

$$\frac{d}{dx} = i\frac{2\pi}{\omega} z \frac{d}{dz}; \qquad \frac{d^2}{dx^2} = -\frac{4\pi^2}{\omega^2} z^2 \frac{d^2}{dz^2} - \frac{4\pi^2}{\omega^2} z \frac{d}{dz}$$

gilt, erhält man an Stelle der Differentialgleichung (239) eine Gleichung der Gestalt

$$-\frac{4\pi^2}{\omega^2} z^2 \frac{d^2y}{dz^2} + \left[i\frac{2\pi}{\omega} z \sum_{s=-\infty}^{-\infty} a_s z^s - \frac{4\pi^2}{\omega^2} z\right] \frac{dy}{dz} + \sum_{s=-\infty}^{+\infty} b_s z^s y = 0. \tag{260}$$

Durchläuft x parallel zur reellen Achse eine Strecke der Länge ω, so entspricht dem in der z-Ebene ein Umlauf innerhalb des erwähnten Ringes. Dabei erfahren die Lösungen der Differentialgleichung (260) eine lineare Transformation. Sind $p(x)$ und $q(x)$ ganze Funktionen von x, was in der Praxis oft vorkommt, so konvergieren die in den Koeffizienten der Differentialgleichung (260) stehenden LAURENTschen Reihen für jedes endliche z, ausgenommen natürlich $z = 0$. Im allgemeinen ist $z = 0$ ein wesentlich singulärer Punkt für die Differentialgleichung (260). Wir kehren nun zur Differentialgleichung (239) zurück.

Wegen der Regularität der Koeffizienten im Punkt $x = 0$ kann man die den Anfangsbedingungen (247) genügenden Lösungen $y_1(x)$ und $y_2(x)$ der Differentialgleichung in Gestalt von Potenzreihen

$$y_1(x) = 1 + \alpha_2 x^2 + \alpha_3 x^3 + \cdots; \quad y_2(x) = x + \beta_2 x^2 + \beta_3 x^3 + \cdots$$

konstruieren. Diese Reihen sind sicherlich für $|x| < h$ konvergent, und falls $p(x)$ und $q(x)$ ganze Funktionen sind, so konvergieren sie sogar für jedes x. Ist $h > \omega$, so können wir diese Reihen zur Berechnung der in der quadratischen Gleichung (248) auftretenden $y_k(\omega)$ und $y_k'(\omega)$ benutzen.

120. Systeme linearer Differentialgleichungen. Bisher haben wir eine einzelne lineare Differentialgleichung zweiter Ordnung untersucht. Dies ist ein Spezialfall eines Systems zweier linearer Differentialgleichungen erster Ordnung [95]; denn man kann allgemein eine lineare Differentialgleichung der Ordnung n als System linearer Differentialgleichungen erster Ordnung darstellen, wenn man die Ableitungen als neue gesuchte Funktionen ansieht. Wir wollen in diesem Abschnitt Systeme linearer Differentialgleichungen erster Ordnung der Gestalt

$$(261)\quad \begin{cases} y_1' = p_{11}(x)\,y_1 + p_{21}(x)\,y_2 + \cdots + p_{n1}(x)\,y_n; \\ y_2' = p_{12}(x)\,y_1 + p_{22}(x)\,y_2 + \cdots + p_{n2}(x)\,y_n; \\ \dots\dots\dots\dots\dots\dots\dots\dots; \\ y_n' = p_{1n}(x)\,y_1 + p_{2n}(x)\,y_2 + \cdots + p_{nn}(x)\,y_n \end{cases}$$

untersuchen. Dabei sind die y_i gesuchte Funktionen, die y_i' ihre Ableitungen, und die p_{ik} bilden die Koeffizientenmatrix. Zum Unterschied von den früheren Bezeichnungen [93] setzen wir voraus, daß der erste Index angibt, bei welcher der Unbekannten der Koeffizient steht und der zweite, in welcher der Differentialgleichungen dieser Koeffizient vorkommt. Auf das angegebene System wenden wir die Methode der sukzessiven Approximation an, die wir in [95] beschrieben haben. Daher gelten auch hier dieselben Folgerungen, die wir dort gewonnen haben. Wir geben sie für unser Beispiel an: *Sind alle Koeffizienten $p_{ik}(x)$ im Kreis $|x - a| < r$ regulär, so hat das System* (261) *eine eindeutig bestimmte Lösung, die im Punkt $x = a$ die beliebig vorgegebenen Anfangsbedingungen*

$$y_1(a) = \alpha_1; \quad \ldots; \quad y_n(a) = \alpha_n$$

erfüllt, und diese Lösung ist in dem genannten Kreis $|x - a| < r$ regulär. Man kann sie auf jedem Wege, der nicht durch singuläre Punkte der Koeffizienten $p_{ik}(x)$ hindurchführt, analytisch fortsetzen; dabei bleibt sie immer Lösung des Differentialgleichungssystems.

Die Lösung des Systems (261) besteht aus n Funktionen. Wir nehmen an, daß n solcher Lösungen des Systems (261) vorliegen. Diese bilden eine aus Funktionen bestehende quadratische Matrix, nämlich

$$Y = \begin{pmatrix} y_{11} & y_{12} & \cdots & y_{1n} \\ y_{21} & y_{22} & \cdots & y_{2n} \\ \dots & \dots & \dots & \dots \\ y_{n1} & y_{n1} & \cdots & y_{nn} \end{pmatrix},$$

wobei der erste Index die Nummer der Lösung angibt und der zweite die Nummer der darin auftretenden Funktion. Wir bezeichnen jetzt als Lösung des Systems die quadratische Matrix Y der angegebenen Gestalt, die aus n Lösungen besteht; P sei die Matrix, die aus den Koeffizienten $p_{ik}(x)$ gebildet ist. Benutzt man die Regel für die Matrizenmultiplikation, so kann man das lineare Differentialgleichungssystem ebenso, wie wir dies in [93] getan haben, folgendermaßen schreiben:

$$(262)\quad \frac{dY}{dx} = YP.$$

Wir weisen lediglich darauf hin, daß wir jetzt eine andere Bezeichnung der Indizes benutzt haben als in [93]; daher haben wir auf der rechten Seite von (262) auch eine andere Reihenfolge der Faktoren erhalten. Ist, wie immer, $D(A)$ die Determinante der Matrix A, dann können wir folgende Gleichung für die Determinante $D(Y)$ der Lösung Y beweisen:

$$D(Y(x)) = D(Y(b)) \cdot e^{\int_b^x [p_{11}(t) + p_{22}(t) + \cdots + p_{nn}(t)]\,dt}, \tag{263}$$

wobei b ein regulärer Punkt für das System (261) ist, in dem also sämtliche Koeffizienten $p_{ik}(x)$ regulär sind. Die Beziehung (263), die man gewöhnlich als *Jacobische Formel* bezeichnet, ist eine Verallgemeinerung derjenigen Formel, die wir früher für die Vandermondesche Determinante gefunden hatten.

Berücksichtigt man nämlich die Definition einer Determinante als Summe von Produkten ihrer Elemente, so können wir behaupten, daß es bei der Differentiation einer Determinante genügt, jede ihrer Spalten einzeln zu differenzieren und dann alle erhaltenen Determinanten zu addieren. Es gilt also

$$\frac{dD(Y)}{dx} = \frac{d}{dx}\begin{vmatrix} y_{11} & y_{12} \\ y_{21} & y_{22} \end{vmatrix} = \begin{vmatrix} y'_{11} & y_{12} \\ y'_{21} & y_{22} \end{vmatrix} + \begin{vmatrix} y_{11} & y'_{12} \\ y_{21} & y'_{22} \end{vmatrix},$$

wenn wir zur Vereinfachung der Schreibweise $n = 2$ setzen. Ersetzt man die Ableitungen durch die rechten Seiten des Differentialgleichungssystems, so folgt

$$\frac{dD(Y)}{dx} = \begin{vmatrix} p_{11}y_{11} + p_{21}y_{12} & y_{12} \\ p_{11}y_{21} + p_{21}y_{22} & y_{22} \end{vmatrix} + \begin{vmatrix} y_{11} & p_{12}y_{11} + p_{22}y_{12} \\ y_{21} & p_{12}y_{21} + p_{22}y_{22} \end{vmatrix}.$$

Diese Determinanten zerlegen wir jetzt in Summen und ziehen die p_{ik} vor die Determinante. Dabei treten Determinanten mit gleichen Spalten auf, die also gleich Null sind. Folglich liefert uns die vorige Formel

$$\frac{dD(Y)}{dx} = p_{11}\begin{vmatrix} y_{11} & y_{12} \\ y_{21} & y_{22} \end{vmatrix} + p_{22}\begin{vmatrix} y_{11} & y_{12} \\ y_{21} & y_{22} \end{vmatrix}$$

oder

$$\frac{dD(Y)}{dx} = (p_{11} + p_{22})\,D(Y),$$

woraus gerade die Jacobische Formel folgt. Diese zeigt: Ist in einem Punkt $x = b$ die Determinante $D(Y)$ von Null verschieden, so ist sie es auch bei analytischer Fortsetzung für jedes x, das regulärer Punkt für das System (261), d. h. Regularitätspunkt sämtlicher Koeffizienten dieses Systems ist. Ist das der Fall, so nennen wir die Lösung Y vollständige Lösung (dann sind die n Lösungen, die die Lösung Y bilden, linear unabhängig), und wir können die inverse Matrix Y^{-1} betrachten, wobei bekanntlich [93]

$$\frac{dY^{-1}}{dx} = -Y^{-1}\frac{dY}{dx}Y^{-1}$$

ist. Daraus ersieht man wegen (262), daß die inverse Matrix dem Differentialgleichungssystem

$$\frac{dY^{-1}}{dx} = -PY^{-1} \tag{264}$$

genügt.

Es sei Z irgendeine Lösung unseres Systems (262), es gelte also

$$\frac{dZ}{dx} = ZP. \tag{265}$$

Dann bilden wir die Matrix

$$A = ZY^{-1}.$$

Benutzt man die übliche Differentiationsregel für ein Produkt [93] und ferner die Differentialgleichungen (265) und (264), so ist

$$\frac{dA}{dx} = 0 .$$

A ist also eine konstante Matrix C, deren Elemente von x unabhängig sind. Daraus folgt

$$Z = CY ,$$

oder, anders ausgedrückt, jede Lösung des Differentialgleichungssystems kann aus einer vollständigen Lösung durch Multiplikation von links mit einer konstanten Matrix erhalten werden. Umgekehrt folgt aus der Gestalt der Differentialgleichung (262) unmittelbar, daß man nach Multiplikation einer Lösung von links mit einer beliebigen konstanten Matrix wieder eine Lösung erhält. Wegen

$$D(Z) = D(C)\, D(Y)$$

ist dann und nur dann $D(Z) \neq 0$, wenn auch $D(C) \neq 0$ ist. Multipliziert man also die vollständige Lösung Y von links mit der konstanten Matrix C, so erhält man dann und nur dann wieder eine vollständige Lösung, wenn $D(C) \neq 0$ ist. Aus der Formel (263) folgt unter anderem, daß eine vollständige Lösung Y bei analytischer Fortsetzung stets vollständig bleibt, wie wir das schon oben bei der Definition der vollständigen Lösung erwähnt haben. Wir weisen darauf hin, daß wir bei der Schreibweise, die wir früher benutzt haben [93], die Lösung nicht von links, sondern von rechts mit der konstanten Matrix multiplizieren müßten, um eine andere Lösung zu erhalten.

Wir nehmen nun an, daß $x = a$ ein Pol oder ein wesentlich singulärer Punkt für die Koeffizienten $p_{ik}(x)$ ist. Umlaufen wir diesen Punkt, so erhalten die Koeffizienten ihre früheren Werte, aber die Lösung Y geht im allgemeinen bei der analytischen Fortsetzung in eine gewisse neue Lösung über, die man aus der früheren durch Multiplikation von links mit einer konstanten Matrix V erhält:

$$Y^{+} = VY .$$

Wir nennen diese Matrix V *Integralmatrix* beim Umlaufen des Punktes $x = a$. Berücksichtigt man

$$D(Y^{+}) = D(V)\, D(Y)$$

und die Tatsache, daß bei der analytischen Fortsetzung eine vollständige Lösung stets vollständig bleibt, so findet man, daß die Determinante der Matrix V von Null verschieden ist. V hängt natürlich davon ab, wie wir Y gewählt haben. Nehmen wir an Stelle von Y eine andere vollständige Lösung $Z = CY$, wobei C eine konstante Matrix mit von Null verschiedener Determinante ist, so gilt

$$Z^{+} = CVY = CVC^{-1} Z .$$

Die Integralmatrix für die neue Lösung ist eine Matrix, die der Matrix V ähnlich ist.

Kurz: *Verschiedene vollständige Lösungen haben ähnliche Integralmatrizen.*

121. Außerwesentlich singuläre Punkte. Wir betrachten einen solchen singulären Punkt eines Differentialgleichungssystems, der ein Pol höchstens erster Ordnung für die Koeffizienten ist. Setzt man der Einfachheit halber voraus, daß dieser Punkt der Nullpunkt $x = 0$ ist, so können wir unser System in folgender Gestalt schreiben:

$$\left\{\begin{array}{l} xy_1' = q_{11}(x)\, y_1 + q_{21}(x)\, y_2 + \cdots + q_{n1}(x)\, y_n; \\ xy_2' = q_{12}(x)\, y_1 + q_{22}(x)\, y_2 + \cdots + q_{n2}(x)\, y_n; \\ \cdots\cdots\cdots\cdots\cdots\cdots\cdots\cdots ; \\ xy_n' = q_{1n}(x)\, y_1 + q_{2n}(x)\, y_2 + \cdots + q_{nn}(x)\, y_n, \end{array}\right. \tag{266}$$

wobei die $q_{ik}(x)$ im Punkt $x = 0$ reguläre Funktionen sind:

$$q_{ik}(x) = a_{ik} + a'_{ik}x + a''_{ik}x^2 + \cdots. \tag{267}$$

Wir machen für das System (266) den Lösungsansatz

$$y_i = x^\varrho (c_0^{(i)} + c_1^{(i)} x + \cdots). \tag{268}$$

Geht man damit in (266) ein und vergleicht die Koeffizienten bei x^ϱ, so erhält man ein System homogener Gleichungen zur Bestimmung der Koeffizienten $c_0^{(i)}$:

$$\left\{\begin{array}{l} (a_{11} - \varrho)\, c_0^{(1)} + a_{21}c_0^{(2)} + \cdots + a_{n1}c_0^{(n)} = 0; \\ a_{12}c_0^{(1)} + (a_{22} - \varrho)\, c_0^{(2)} + \cdots + a_{n2}c_0^{(n)} = 0; \\ \dots\dots\dots\dots\dots\dots\dots\dots ; \\ a_{1n}c_0^{(1)} + a_{2n}c_0^{(2)} + \cdots + (a_{nn} - \varrho)\, c_0^{(n)} = 0. \end{array}\right. \tag{269}$$

Vergleicht man weiter die Koeffizienten bei $x^{\varrho+k}$, so erhält man folgendes Gleichungssystem zur Bestimmung der Koeffizienten $c_k^{(i)}$, wenn die Koeffizienten $c_m^{(i)}$ für $m < k$ bekannt sind:

$$\left\{\begin{array}{l} (a_{11} - \varrho - k)\, c_k^{(1)} + a_{21}c_k^{(2)} + \cdots + a_{n1}c_k^{(n)} = H_{1k}; \\ a_{12}c_k^{(1)} + (a_{22} - \varrho - k)\, c_k^{(2)} + \cdots + a_{n2}c_k^{(n)} = H_{2k}; \\ \dots\dots\dots\dots\dots\dots\dots\dots ; \\ a_{1n}c_k^{(1)} + a_{2n}c_k^{(2)} + \cdots + (a_{nn} - \varrho - k)\, c_k^{(n)} = H_{nk}; \end{array}\right. \tag{270}$$

dabei sind die H_{sk} lineare homogene Funktionen der Koeffizienten $c_m^{(i)}$ mit $m < k$. Alle diese Rechnungen entsprechen völlig denen aus [98]. Wir bezeichnen die Determinante des homogenenen Systems (269) mit

$$f(\varrho) = \begin{vmatrix} a_{11} - \varrho & a_{21} \cdots\cdots & a_{n1} \\ a_{12} & a_{22} - \varrho \cdots & a_{n2} \\ \cdots & \cdots & \cdots \\ a_{1n} & a_{2n} \cdots\cdots & a_{nn} - \varrho \end{vmatrix}. \tag{271}$$

Damit wir eine von Null verschiedene Lösung des Systems (269) erhalten, müssen wir diese Determinante gleich Null setzen:

$$f(\varrho) = 0. \tag{272}$$

Dagegen muß die Determinante des inhomogenen Systems (270) von Null verschieden sein. Letztere erhält man aus der Determinante des Systems (269), wenn man ϱ durch $\varrho + k$ ersetzt; sie ist also gleich $f(\varrho + k)$. Es sei ϱ_1 eine Wurzel der Gleichung (272), die so beschaffen ist, daß die Zahlen $\varrho_1 + k$ für positive ganze k keine Wurzeln der Gleichung (272) sind. Dann sind unsere früheren Überlegungen anwendbar, und wir können die Reihen (268) konstruieren, die formal das System (266) erfüllen. Man kann wie in [98] zeigen, daß diese Reihen in dem Kreis $|x| < r$ konvergent sind, in dem auch die Reihen (267) konvergieren.

Sind die Wurzeln der Gleichung (272) voneinander verschieden, unterscheiden sie sich aber nicht um eine ganze Zahl, so kann man wie oben n linear unabhängige Lösungen des Systems (266) konstruieren. Sonst gibt es wie in [98] im allgemeinen außer Lösungen der Gestalt (268) noch solche, die $\log x$ enthalten.

Wir schreiben das System (266) in Matrizenform,

$$x\frac{dY}{dx} = YQ,$$

wobei Q die aus den für $x = 0$ regulären Funktionen $q_{ik}(x)$ bestehende Matrix ist. Diese Matrix läßt sich als Reihe darstellen, die nach ganzen positiven Potenzen von x fortschreitet,

$$Q = A_0 + A_1 x + A_2 x^2 + \cdots,$$

wobei die A_s Matrizen mit konstanten Elementen sind. Insbesondere besteht A_0 aus den Elementen a_{ik}, ferner A_1 aus den Elementen a'_{ik}, usw. Das System (266) erhält damit die Gestalt

$$x\frac{dY}{dx} = Y(A_0 + A_1 x + A_2 x^2 + \cdots). \tag{273}$$

Wir wollen folgenden Lösungsansatz machen:

$$Y = x^W(I + C_1 x + C_2 x^2 + \cdots),$$

in dem W und die C_s gesuchte Matrizen sind. Dann ist

$$\frac{dY}{dx} = W x^{W-1}(I + C_1 x + C_2 x^2 + \cdots) + x^W(C_1 + 2C_2 x + \cdots).$$

Setzt man die beiden letzten Beziehungen in die Gleichung (273) ein und multipliziert von links mit x^{-W}, so ergibt sich

$$W(I + C_1 x + C_2 x^2 + \cdots) + x(C_1 + 2C_2 x + \cdots) = (I + C_1 x + C_2 x^2 + \cdots)(A_0 + A_1 x + \cdots).$$

Durch Vergleich der freien Glieder folgt

$$W = A_0.$$

Vergleicht man ferner die Koeffizienten bei x^k, so erhält man ein System von Matrizengleichungen, aus dem man nacheinander die C_k bestimmen kann:

$$A_0 C_k + k C_k = C_k A_0 + C_{k-1} A_1 + \cdots + C_1 A_{k-1} + A_k$$

oder

$$A_0 C_k - C_k A_0 + k C_k = C_{k-1} A_1 + \cdots + C_1 A_{k-1} + A_k.$$

Wir gehen nicht auf die Untersuchung dieses Systems im allgemeinen Fall ein, sondern betrachten lediglich den Spezialfall, daß die Matrix A_0 auf Diagonalform gebracht werden kann, wenn also eine solche Matrix S mit konstanten Elementen und von Null verschiedener Determinante angegeben werden kann, daß

$$S A_0 S^{-1} = [\varrho_1, \varrho_2, \ldots, \varrho_n]$$

ist. Dabei sind die ϱ_s eben die Wurzeln der Gleichung (272). Wir führen dann an Stelle von Y als neue gesuchte Matrix die Matrix Y_1 durch

$$Y = Y_1 S \tag{274}$$

ein.

Setzt man das in die Differentialgleichung (273) ein und multipliziert von rechts mit S^{-1}, so erhält man für die Matrix Y_1 ein System der Gestalt

$$x\frac{dY_1}{dx} = Y_1(B_0 + B_1 x + B_2 x^2 + \cdots) \tag{275}$$

mit

$$B_k = S A_k S^{-1},$$

und insbesondere gilt

$$B_0 = [\varrho_1, \varrho_2, \ldots, \varrho_n]. \tag{276}$$

Wir machen wie oben für das System (275) den Lösungsansatz

$$Y_1 = x^{W_1}(I + D_1 x + D_2 x^2 + \cdots).$$

Durch Einsetzen ergibt sich $W_1 = B_0$, und die folgenden Koeffizienten bestimmt man aus der Gleichung

$$B_0 D_k - D_k B_0 + k D_k = E_k , \tag{277}$$

wobei die E_k Matrizen sind, die durch die Matrizen D_m mit $m < k$ darstellbar sind. Da B_0 die Diagonalmatrix (276) ist, erhält man gemäß Gleichung (277) für die Elemente der Matrix D_k die Beziehung

$$\varrho_i \{D_k\}_{ij} - \{D_k\}_{ij} \varrho_j + k \{D_k\}_{ij} = \{E_k\}_{ij} ,$$

also

$$\{D_k\}_{ij} = \frac{1}{\varrho_i - \varrho_j + k} \{E_k\}_{ij} .$$

Ist die Differenz $\varrho_i - \varrho_j$ der Wurzeln der Gleichung (272) keine ganze Zahl, so ermöglicht das die Bestimmung sämtlicher Koeffizienten. Kommen unter diesen Wurzeln gleiche vor, läßt sich aber trotzdem die Matrix A_0 auf Diagonalform zurückführen (hat sie einfache Elementarteiler), so bleiben die vorigen Rechnungen gültig.

Wir haben in unseren Überlegungen Konvergenzfragen nicht behandelt, die aber, wie wir bereits erwähnt haben, in entsprechender Weise betrachtet werden können wie in [98]. Wir weisen ferner darauf hin, daß wir oben vorausgesetzt hatten, das freie Glied der gesuchten Lösung

$$Y = x^W (I + C_1 x + C_2 x^2 + \cdots)$$

der Differentialgleichung (273) sei gleich der Einheitsmatrix. Das ist nicht wesentlich; wichtig ist nur, daß es eine Matrix mit von Null verschiedener Determinante ist. Es sei nämlich

$$Y = x^{W'} (C'_0 + C'_1 x + C'_2 x^2 + \cdots)$$

mit $D(C'_0) \neq 0$. Wir betrachten die neue Lösung

$$C_0'^{-1} Y = C_0'^{-1} x^{W'} C'_0 C_0'^{-1} (C'_0 + C'_1 x + C'_2 x^2 + \cdots) .$$

Für jede analytische Funktion f einer Matrix gilt aber, wie wir wissen,

$$C_0'^{-1} f(M') C'_0 = f(C_0'^{-1} W' C'_0) ,$$

so daß z. B.

$$C_0'^{-1} e^{W'} C'_0 = e^W \qquad (W = C_0'^{-1} W' C'_0)$$

ist. Dann lautet also die neue Lösung

$$C_0'^{-1} Y = x^W (I + C_1 x + C_2 x^2 + \cdots) \qquad (C_k = C_0'^{-1} C'_k) .$$

Ähnlich kann man auch bei der Lösung der Differentialgleichung (275) schließen.

122. Reguläre Differentialgleichungssysteme. Wir untersuchen ein System von Differentialgleichungen einfacher Gestalt, deren Koeffizienten rationale Funktionen sind, die im Endlichen Pole erster Ordnung haben und im Unendlichen verschwinden. Es sei $x = a_j$ ein solcher Pol der Koeffizienten. Jeder der Koeffizienten $p_{ik}(x)$ hat in diesem Pol ein bestimmtes Residuum $u_{ik}^{(j)}$; alle diese Residuen bilden ein quadratisches Schema U_j. Wir können daher unser Differentialgleichungssystem in folgender Gestalt schreiben:

$$\frac{dY}{dx} = Y \sum_{j=1}^{m} \frac{U_j}{x - a_j} , \tag{278}$$

wobei die U_j aus konstanten Elementen bestehende Matrizen sind. Wir suchen eine Lösung für das System (278), die in einem von den a_j verschiedenen Punkt $x = b$ gleich der Einheitsmatrix ist, und bezeichnen diese Lösung mit dem Symbol

$$Y(b;\ x).$$

Wegen dieser Anfangsbedingungen kann man das System (278) in folgender Integralgestalt schreiben:

$$Y(b;\ x) = I + \int_b^x Y(b;\ t) \sum_{j=1}^{m} \frac{U_j}{t - a_j}\, dt. \tag{279}$$

Dabei ist die Integration einer Matrix gleichbedeutend mit der Integration jedes ihrer Elemente.

Wie immer wenden wir jetzt die Methode der sukzessiven Approximation an. Wir setzen nämlich $Y_0 = I$ und definieren die folgende Näherung durch die übliche Formel

$$Y_n(x) = I + \int_b^x Y_{n-1}(t) \sum_{j=1}^{m} \frac{U_j}{t - a_j}\, dt. \tag{280}$$

Nach der Methode der sukzessiven Approximation erhalten wir

$$Y(b;\ x) = Y_0 + (Y_1(x) - Y_0) + (Y_2(x) - Y_1(x)) + \cdots.$$

Setzt man zur Abkürzung

$$Z_n(x) = Y_n(x) - Y_{n-1}(x) \qquad (Z_0 = I),$$

wobei wegen (280)

$$Z_n(x) = \int_b^x Z_{n-1}(t) \sum_{j=1}^{m} \frac{U_j}{t - a_j}\, dt \tag{281}$$

ist, so kann man schreiben:

$$Y(b;\ x) = I + Z_1(x) + Z_2(x) + \cdots. \tag{282}$$

Wir bestimmen die ersten Glieder dieser Entwicklung, indem wir die allgemeine Formel (281) benutzen. Führt man die Bezeichnung

$$L_b(a_{j_1};\ x) = \int_b^x \frac{dt}{t - a_{j_1}} = \log \frac{x - a_{j_1}}{b - a_{j_1}}$$

ein, dann gilt

$$Z_1(x) = \int_b^x \sum_{j=1}^{m} \frac{U_j}{t - a_j}\, dt = \sum_{j_1=1}^{m} U_{j_1} L_b(a_{j_1};\ x).$$

Setzt man

$$L_b(a_{j_1}, a_{j_2};\ x) = \int_b^x \frac{L_b(a_{j_1};\ t)}{t - a_{j_2}}\, dt,$$

so erhält man ebenso

$$Z_2(x) = \int_b^x \sum_{j_1=1}^{m} U_{j_1} L_b(a_{j_1};\ t) \sum_{j_2=1}^{m} \frac{U_{j_2}}{t - a_{j_2}}\, dt$$

oder

$$Z_2(x) = \sum_{j_1, j_2}^{1, \ldots, m} U_{j_1} U_{j_2} L_b(a_{j_1}, a_{j_2};\ x).$$

Dabei ist die Summation über die Indizes j_1 und j_2 unabhängig voneinander von 1 bis m zu erstrecken. Fährt man so fort und benutzt

$$
(283)\qquad \begin{cases} L_b(a_{j_1};\, x) = \log \dfrac{x - a_{j_1}}{b - a_{j_1}}\,; \\[2ex] L_b(a_{j_1}, \ldots, a_{j_\nu};\, x) = \displaystyle\int_b^x \frac{L_b(a_{j_1}, \ldots, a_{j_{\nu-1}};\, t)}{t - a_{j_\nu}}\, dt\,, \end{cases}
$$

wodurch man nacheinander die Koeffizienten $L_b(a_{j1}, \ldots, a_{j\nu};\, x)$ bestimmen kann, so ist

$$
Z_\nu(x) = \sum_{j_1, \ldots, j_\nu}^{1, \ldots, m} U_{j_1}, \ldots, U_{j_\nu} L_b(a_{j_1}, \ldots, a_{j_\nu};\, x)\,.
$$

Hierbei ist die Summation über alle unter dem Summenzeichen angegebenen Indizes zu erstrecken, wobei jeder Index unabhängig von den anderen alle ganzen Zahlen von 1 bis m durchläuft.

Schließlich gilt wegen (282) folgende Darstellung der Lösung in Gestalt einer Potenzreihe in den Matrizen U_j:

$$
(284)\qquad Y(b;\, x) = I + \sum_{\nu=1}^{\infty} \sum_{j_1, \ldots, j_\nu}^{1, \ldots, m} U_{j_1} \ldots U_{j_\nu} L_b(a_{j_1}, \ldots, a_{j_\nu};\, x)\,.
$$

Die Koeffizienten dieser Reihe sind dabei durch die Rekursionsformeln (283) definiert.

Die Lösung $Y(b;\, x)$ kann auf jedem beliebigen Wege analytisch fortgesetzt werden, der nicht durch die singulären Punkte a_j hindurchführt; und die Reihe (284) liefert diese Lösung im gesamten Existenzgebiet, also bei beliebiger analytischer Fortsetzung. Wir zeigen zuerst, daß die Reihe (284) bei beliebiger analytischer Fortsetzung der Koeffizienten $L_b(a_{j1}, \ldots, a_{j\nu};\, x)$ konvergiert. Es sei l eine Kurve, die vom Punkt $x = b$ ausgeht und in endlichem Abstand von den Punkten a_j verläuft. Es sei δ die kürzeste Entfernung der Punkte a_j von der Kurve l und s die von b aus gemessene Bogenlänge dieser Kurve. Wendet man die übliche Abschätzung eines Integrals längs einer Kurve l an, so erhält man für die Koeffizienten der Reihe (284) auf l [4] die Ungleichung

$$
|L_b(a_{j_1};\, x)| \leqslant \int_0^s \frac{dt}{\delta} = \frac{s}{\delta}\,.
$$

Daraus folgt

$$
|L_b(a_{j_1}, a_{j_2};\, x)| \leqslant \int_0^s \frac{|L_b(a_{j_1};\, x)|}{\delta}\, dt \leqslant \int_0^s \frac{t\,dt}{\delta^2} = \frac{1}{2!}\left(\frac{s}{\delta}\right)^2.
$$

Allgemein gilt auf l

$$
|L_b(a_{j_1}, \ldots, a_{j_\nu};\, x)| \leqslant \frac{1}{\nu!}\left(\frac{s}{\delta}\right)^\nu.
$$

Nun konvergiert aber die Potenzreihe

$$
\sum_{\nu=0}^{\infty} \frac{1}{\nu!}\left(\frac{s}{\delta}\right)^\nu z^\nu = \sum_{\nu=0}^{\infty} \frac{1}{\nu!}\left(\frac{sz}{\delta}\right)^\nu
$$

für jedes z, und folglich können wir behaupten, daß die Reihe (284) für alle Matrizen U_j und bei beliebiger analytischer Fortsetzung ihrer Koeffizienten absolut konvergiert [96]. Aus obigen Abschätzungen folgt ebenfalls, daß die Konvergenz in jedem endlichen (im allgemeinen mehrblättrigen) Gebiet auch gleichmäßig ist, wenn dieses nur von den Punkten a_j einen positiven Abstand hat. Differenziert man schließlich die Reihe (284) gliedweise nach x, so überzeugt man sich leicht davon, daß sie auch das Differentialgleichungssystem (278) erfüllt. Wir können sie nämlich folgendermaßen umschreiben, indem wir eine Summation abtrennen:

$$Y(b;\,x) = I + \sum_{j=1}^{m} U_j L_b(a_j;\,x) + \sum_{\nu=1}^{\infty} \sum_{j=1}^{m} \sum_{j_1,\ldots,j_\nu}^{1,\ldots,m} U_{j_1} \ldots U_{j_\nu} U_j L_b(a_{j_1}, \ldots, a_{j_\nu}, a_j;\,x).$$

Differenziert man nach x und berücksichtigt, daß laut Definition

$$\frac{dL_b(a_j;\,x)}{dx} = \frac{1}{x - a_j}$$

und

$$\frac{dL_b(a_{j_1}, \ldots, a_{j_\nu}, a_j;\,x)}{dx} = \frac{L_b(a_{j_1}, \ldots, a_{j_\nu};\,x)}{x - a_j}$$

gelten, so erhält man

$$\frac{dY(b;\,x)}{dx} = \sum_{j=1}^{m} \frac{U_j}{x - a_j} + \sum_{\nu=1}^{\infty} \sum_{j_1,\ldots,j_\nu}^{1,\ldots,m} U_{j_1} \ldots U_{j_\nu} L_b(a_{j_1}, \ldots, a_{j_\nu};\,x) \sum_{j=1}^{m} \frac{U_j}{x - a_j}$$

oder

$$\frac{dY(b;\,x)}{dx} = \left[I + \sum_{\nu=1}^{\infty} \sum_{j_1,\ldots,j_\nu}^{1,\ldots,m} U_{j_1} \ldots U_{j_\nu} L_b(a_{j_1}, \ldots, a_{j_\nu};\,x)\right] \sum_{j=1}^{m} \frac{U_j}{x - a_j},$$

also

$$\frac{dY(b;\,x)}{dx} = Y(b;\,x) \sum_{j=1}^{m} \frac{U_j}{x - a_j}.$$

Schließlich ist unmittelbar klar, daß die konstruierte Lösung (284) für $x = b$ gleich der Einheitsmatrix ist, da auf Grund der Definitionen (283) die Koeffizienten der Reihe aus (284) für $x = b$ verschwinden. Diese Überlegungen führen uns auf folgenden

Satz. *Die Lösung des Systems* (278), *die für $x = b$ gleich der Einheitsmatrix wird, ist durch die Reihe* (284) *in ihrem gesamten Existenzgebiet definiert, und zwar für jedes x und jede Wahl der Matrizen U_j.*

Legen wir in der x-Ebene von den Punkten a_j aus nach Unendlich Schnitte l_j, die einander nicht schneiden, dann ist in der so aufgeschnittenen Ebene, die ein einfach zusammenhängendes Gebiet darstellt, die Lösung (284) eine eindeutige Funktion von x. Auf gegenüberliegenden Ufern eines Schnittes nimmt sie jedoch verschiedene Werte an. Beim Umlaufen jedes der singulären Punkte a_j in positiver Richtung multipliziert sich nämlich unsere Lösung von links mit einer konstanten Matrix V_j, die wir oben als die dem singulären Punkt a_j entsprechende Integralmatrix bezeichnet haben. Wir wollen jetzt diese Integralmatrizen V_j durch die Matrizen U_j ausdrücken, die in den Koeffizienten des vorgelegten Systems auftreten. Im Ausgangspunkt $x = b$ hat unsere Lösung, wie gesagt, den Wert I, ist also gleich der Einheitsmatrix. Um eine Integralmatrix V_j zu erhalten, müssen wir den Wert unserer Lösung bestimmen, den sie bei der analytischen Fortsetzung längs des geschlossenen Weges l_j erhält, der um einen einzigen singulären Punkt a_j herumführt und im Punkt b endet.

Diesen Wert kann man unmittelbar aus der Reihe (284) berechnen, wobei man lediglich in den Formeln (283) die Integration über die oben angegebenen geschlossenen Wege l_j zu erstrecken hat. Dann hängen die so erhaltenen Koeffizienten natürlich nicht mehr von x ab.

Wir führen für sie folgende Bezeichnungen ein:

$$P_j(a_j;\, b) = \int\limits_{l_j} \frac{dt}{t - a_{j_1}} = \begin{cases} 2\pi & \text{für } j = j_1 \\ 0 & \text{für } j \neq j_1 \end{cases} \tag{285}$$

und

$$P_j(a_{j_1}, \ldots, a_{j_\nu};\, b) = \int\limits_{l_j} \frac{L_b(a_{j_1}, \ldots, a_{j_{\nu-1}};\, t)}{t - a_{j_\nu}}\, dt. \tag{286}$$

Dann bekommen wir eine Darstellung von V_j als Potenzreihe nach den Matrizen U_j, die bei jeder Wahl dieser Matrizen absolut konvergiert:

$$V_j = I + \sum_{\nu=1}^{\infty} \sum_{j_1, \ldots, j_\nu}^{1, \ldots, m} U_{j_1} \cdots U_{j_\nu} P_j(a_{j_1}, \ldots, a_{j_\nu};\, b). \tag{287}$$

Satz. *Die Integralsubstitutionen der V_j sind ganze Funktionen der Matrizen U_j, die durch die Reihe* (287) *definiert und deren Koeffizienten durch die Formeln* (285) *und* (286) *gegeben sind.*

An Stelle der Formel (286) kann man die Beziehungen

$$P_j(a_{j_1}, \ldots, a_{j_\nu};\, b) = \int\limits_{a_j}^{b} \left[\frac{P_j(a_{j_1}, \ldots, a_{j_{\nu-1}};\, t)}{t - a_{j_\nu}} - \frac{P_j(a_{j_2}, \ldots, a_{j_\nu};\, t)}{t - a_{j_1}} \right] dt \tag{288}$$

erhalten, welche die Größen P_j für benachbarte Werte von ν verknüpfen. Wir wollen diese Formel jedoch nicht beweisen.

Setzen wir die oben konstruierte Lösung des Differentialgleichungssystems längs irgendeines Weges analytisch fort, der von einem Punkt x ausgeht und wieder zu ihm zurückkehrt, so ist dieser geschlossene Weg im Sinne der analytischen Fortsetzung gleichbedeutend mit gewissen Umläufen um die Punkte a_j in positiver oder negativer Richtung.

Folglich hat sich unsere Lösung bei der Rückkehr zum Punkte x von links mit einer konstanten Matrix multipliziert, die als Produkt von Faktoren V_j oder V_j^{-1} dargestellt werden kann. In diesem Sinne sagt man, daß die Integralmatrizen V_j die Gruppe des Systems (278) erzeugen.

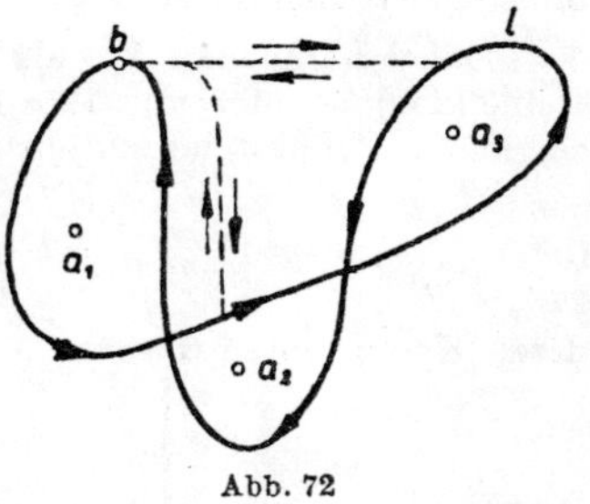

Wir wollen das oben Gesagte an einem einfachen Beispiel erläutern. In Abb. 72 sind die singulären Punkte a_1, a_2 und a_3 eingetragen, und die ausgezogene Kurve l gibt den Weg der analytischen Fortsetzung an. Die gestrichelten

Abb. 72

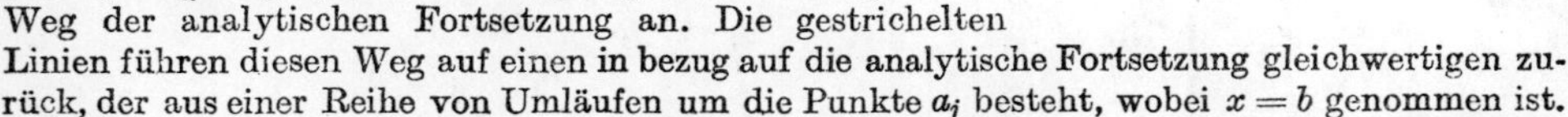

Linien führen diesen Weg auf einen in bezug auf die analytische Fortsetzung gleichwertigen zurück, der aus einer Reihe von Umläufen um die Punkte a_j besteht, wobei $x = b$ genommen ist.

Der erste Umlauf führt um den Punkt a_1, und damit gelangen wir zum Punkt b mit der Lösung $V_1 Y(b;\, x)$. Der nachfolgende Umlauf geht um den Punkt a_3 herum; dabei ändert sich die konstante Matrix V_1 nicht, $Y(b;\, x)$ multipliziert sich aber von links mit V_3, so daß wir also zum Punkt b mit der Lösung $V_1 V_3 Y(b;\, x)$ zurückkommen. Nach dem dritten Umlauf schließlich kehren wir wieder zum Punkt b zurück mit der Lösung

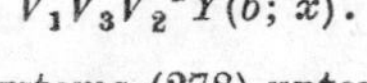

$$V_1 V_3 V_2^{-1} Y(b;\, x).$$

Eine beliebige Lösung $Y(x)$ des Systems (278) unterscheidet sich von der Lösung $Y(b;\, x)$ durch eine konstante Matrix C; also ist

$$Y(x) = C\, Y(b;\, x),$$

und ihre Integralsubstitutionen lauten bekanntlich [120]

$$CV_jC^{-1}.$$

Wir betrachten jetzt die zu $Y(b; x)$ inverse Matrix $(Y(b; x))^{-1}$. Sie erfüllt, wie wir früher gesehen haben, das lineare Differentialgleichungssystem

$$\frac{d(Y(b; x))^{-1}}{dx} = -\sum_{j=1}^{m} \frac{U_j}{x-a_j}(Y(b; x))^{-1}.$$

Wir wenden auf dieses Differentialgleichungssystem die Methode der sukzessiven Approximation an und erhalten dann folgende Darstellung dieser Matrix als Potenzreihe nach den Matrizen U_j:

$$(Y(b; x))^{-1} = I + \sum_{\nu=1}^{\infty} \sum_{j_1, \dots, j_\nu}^{1, \dots, m} U_{j_1} \cdots U_{j_\nu} L_b^*(a_{j_1}, \dots, a_{j_\nu}; x), \tag{289}$$

deren Koeffizienten durch

$$L_b^*(a_{j_1}; x) = -\int_b^x \frac{dt}{t-a_{j_1}} = -\log\frac{x-a_{j_1}}{b-a_{j_1}} \tag{290}$$

und

$$L_b^*(a_{j_1}, \dots, a_{j_\nu}; x) = -\int_b^x \frac{L_b^*(a_{j_2}, \dots, a_{j_\nu}; t)}{t-a_{j_1}}\, dt \tag{291}$$

definiert sind.

Die Entwicklung (289) konvergiert absolut für beliebige Matrizen U_j und bei beliebiger analytischer Fortsetzung. Diese Ergebnisse erhält man ebenso wie oben. Wegen

$$[V_jY(b; x)]^{-1} = (Y(b; x))^{-1}V_j^{-1}$$

multipliziert sich die Matrix $(Y(b; x))$ beim Umlauf um den singulären Punkt a_j mit der Matrix V_j^{-1}. Daher kann man V_j^{-1} als Potenzreihe nach den Matrizen U_j darstellen, indem man die Reihe (289) benutzt und ihre Koeffizienten längs einer geschlossenen Kurve l_j, die um den singulären Punkt a_j herumführt, analytisch fortsetzt. Das ergibt eine Reihe der Gestalt

$$V_j^{-1} = I + \sum_{\nu=1}^{\infty} \sum_{j_1, \dots, j_\nu}^{1, \dots, m} U_{j_1} \cdots U_{j_\nu} P_j^*(a_{j_1}, \dots, a_{j_\nu}; b), \tag{292}$$

deren Koeffizienten durch

$$\left\{\begin{aligned} P_j^*(a_{j_1}; b) &= -\int_{l_j} \frac{dx}{x-a_{j_1}}; \\ P_j^*(a_{j_1}, \dots, a_{j_\nu}; b) &= -\int_{l_j} \frac{L_b(a_{j_2}, \dots, a_{j_\nu}; x)}{x-a_{j_1}}\, dx \end{aligned}\right. \tag{293}$$

definiert sind.

Wir weisen besonders auf den Spezialfall hin, daß *unser System* (278) *in geschlossener Form integriert werden kann. Wir setzen dazu voraus, daß die Matrizen U_j paarweise vertauschbar sind, d. h., für beliebige Indizes i und j soll*

$$U_iU_j = U_jU_i$$

sein.

Wir wollen zeigen, daß die Lösung $Y(b; x)$ des Systems (278) in diesem Fall in folgender geschlossener Form angegeben werden kann:

$$Y(b; x) = \left(\frac{x-a_1}{b-a_1}\right)^{U_1} \cdots \left(\frac{x-a_m}{b-a_m}\right)^{U_m}. \tag{294}$$

Man sieht leicht, daß die angegebene Funktion für $x = b$ gleich der Einheitsmatrix wird. Wir prüfen ferner nach, daß sie auch das Differentialgleichungssystem (278) erfüllt. Dazu differenzieren wir sie nach der gewöhnlichen Differentiationsregel für Produkte und berücksichtigen, daß

$$\frac{d}{dx}\left(\frac{x-a_j}{b-a_j}\right)^{U_j} = \frac{d}{dx} e^{U_j \log\frac{x-a_j}{b-a_j}} = \left(\frac{x-a_j}{b-a_j}\right)^{U_j} \frac{U_j}{x-a_j} \tag{295}$$

ist. Damit erhalten wir

$$\frac{dY(b;x)}{dx} = \sum_{j=1}^{m} \left(\frac{x-a_1}{b-a_1}\right)^{U_1} \cdots \left(\frac{x-a_{j-1}}{b-a_{j-1}}\right)^{U_{j-1}} \frac{U_j}{x-a_j} \left(\frac{x-a_j}{b-a_j}\right)^{U_j} \cdots \left(\frac{x-a_m}{b-a_m}\right)^{U_m}.$$

Da die Matrix U_j mit U_i vertauschbar ist, ist sie es auch mit jeder Funktion $f(U_i)$, die durch eine Potenzreihe nach U_i dargestellt wird. Wir können daher die vorhergehende Formel folgendermaßen schreiben:

$$\frac{dY(b;x)}{dx} = \sum_{j=1}^{m} \left(\frac{x-a_1}{b-a_1}\right)^{U_1} \cdots \left(\frac{x-a_m}{b-a_m}\right)^{U_m} \frac{U_j}{x-a_j};$$

$$\frac{dY(b;x)}{dx} = Y(b;x) \sum_{j=1}^{m} \frac{U_j}{x-a_j};$$

die Matrix (294) erfüllt also tatsächlich das System (278). Die Beziehung (294) kann man aus dem Differentialgleichungssystem (278) erhalten, wenn man in diesem System rein formal eine Trennung der Variablen durchführt, ohne zu berücksichtigen, daß wir es mit Matrizen und nicht mit Zahlenvariablen zu tun haben. Hier erweist sich dies als möglich, da die Matrizen U_j paarweise vertauschbar sind. Die rechte Seite der Formel (294) ist die Summe der Reihe (284) unter der Annahme, daß die Matrizen U_j paarweise vertauschbar sind. Aus Formel (294) folgt unter anderem, daß die Matrizen $Y(b;x)$ im untersuchten Fall beim Umlaufen der Punkte a_j von links mit dem konstanten Faktor

$$e^{2\pi i U_j}$$

multipliziert werden. Das ergibt sich unmittelbar aus der Beziehung

$$\left(\frac{x-a_j}{b-a_j}\right)^{U_j} = e^{U_j \log\frac{x-a_j}{b-a_j}},$$

wenn man die bekannte Mehrdeutigkeit des Logarithmus benutzt.

Wir erwähnen noch, daß die Reihenfolge der Faktoren rechts in Formel (295) keine Rolle spielt, da beide Faktoren nur die eine Matrix U_j enthalten und daher vertauschbar sind.

123. Darstellung einer Lösung in der Umgebung eines singulären Punktes. Wir betrachten den mit einem zusätzlichen Zahlfaktor versehenen Logarithmus einer Integralmatrix:

$$W_j = \frac{1}{2\pi i} \log V_j = \frac{1}{2\pi i} \sum_{\nu=1}^{\infty} \frac{(-1)^{\nu-1}}{\nu} (V_j - I)^{\nu}. \tag{296}$$

Dabei haben wir den Hauptwert des Logarithmus genommen, der durch eine konvergente Potenzreihe darstellbar ist, falls die Matrix V_j genügend nahe bei der Einheitsmatrix liegt. Aus Formel (287) folgt unmittelbar, daß diese Bedingung sicher erfüllt ist, wenn die Matrizen U_j in der Nähe der Nullmatrix liegen, was wir weiterhin auch voraussetzen wollen. Setzt man in die Reihe (296) an Stelle von $V_j - I$ den Ausdruck nach Formel (287) ein und faßt die ähnlichen Glieder zusammen, so läßt sich W_j als Potenzreihe nach den Matrizen U_s darstellen, nämlich

$$W_j = \sum_{\nu=1}^{\infty} \sum_{j_1,\ldots,j_\nu}^{1,\ldots,m} U_{j_1} \cdots U_{j_\nu} Q_{j_1}(a_{j_1},\ldots,a_{j_\nu}; b). \tag{297}$$

Diese konvergiert, falls die U_s der Nullmatrix hinreichend benachbart sind. Auf die Berechnung der Koeffizienten dieser Entwicklung, die man leicht durch Einsetzen der Reihe (287) in die Reihe (296) bekommen kann, gehen wir nicht ein.

Wir betrachten jetzt die elementare Funktion

$$\left(\frac{x-a_j}{b-a_j}\right)^{W_j} = e^{W_j \log \frac{x-a_j}{b-a_j}}. \tag{298}$$

Nimmt man den Zweig des Logarithmus, der für $x = b$ den Wert Null liefert, so ist die Funktion (298) für $x = b$ gleich der Einheitsmatrix. Nach einem Umlauf um den Punkt a_j wächst der Logarithmus jedoch um den Summanden $2\pi i$, und die Funktion (298) geht in die neue Funktion

$$e^{W_j\left(2\pi i + \log \frac{x-a_j}{b-a_j}\right)} = e^{2\pi i W_j}\left(\frac{x-a_j}{b-a_j}\right)^{W_j} = V_j\left(\frac{x-a_j}{b-a_j}\right)^{W_j}$$

über. Die Reihenfolge der Faktoren in diesem Ausdruck spielt keine Rolle, da beide Faktoren Potenzreihen nach ein und derselben Matrix W_j und folglich miteinander vertauschbar sind. Wir sehen daher, daß die elementare Funktion (298) nach Umlaufen des Punktes a_j von links mit demselben Faktor multipliziert wird wie unsere Lösung $Y(b; x)$ und ebenfalls für $x = b$ gleich der Einheitsmatrix ist. Folglich können wir schreiben

$$Y(b; x) = \left(\frac{x-a_j}{b-a_j}\right)^{W_j} \tilde{Y}^{(j)}(b; x), \tag{299}$$

wobei $\tilde{Y}^{(j)}(b; x)$ eine Matrix ist, die für $x = b$ gleich der Einheitsmatrix und in der Umgebung des Punktes $x = a_j$ eindeutig ist. Wir wollen zeigen, daß sie in der Umgebung des Punktes $x = a_j$ nicht nur eindeutig, sondern auch im Punkt $x = b$ selbst regulär ist. *Die Verzweigung unserer Lösung rührt also samt der Singularität im Punkt a_j vom Faktor $\left(\frac{x-a_j}{b-a_j}\right)^{W_j}$ her*, wie das auch bei der Untersuchung der außerwesentlich singulären Punkte einer Differentialgleichung zweiter Ordnung der Fall war.

Gemäß (299) gilt

$$\tilde{Y}^{(j)}(b; x) = \left(\frac{x-a_j}{b-a_j}\right)^{-W_j} Y(b; x). \tag{300}$$

Daraus folgt durch Differentiation nach x

$$\frac{d\tilde{Y}^{(j)}(b; x)}{dx} = -\frac{W}{x-a_j}\left(\frac{x-a_j}{b-a_j}\right)^{-W_j} Y(b; x) + \left(\frac{x-a_j}{b-a_j}\right)^{-W_j}\frac{dY(b; x)}{dx}$$

oder, wenn man die Gleichungen (278) und (300) benutzt,

$$\frac{d\tilde{Y}^{(j)}(b; x)}{dx} = -\frac{W_j}{x-a_j}\tilde{Y}^{(j)}(b; x) + \left(\frac{x-a_j}{b-a_j}\right)^{-W_j} Y(b; x)\sum_{s=1}^{m}\frac{U_s}{x-a_s}.$$

Die Matrix $\tilde{Y}^{(j)}(b; x)$ ist also eine Lösung des Differentialgleichungssystems

$$\frac{d\tilde{Y}^{(j)}(b; x)}{dx} = \tilde{Y}^{(j)}(b; x)\sum_{s=1}^{\infty}\frac{U_s}{x-a_s} - \frac{W_j\tilde{Y}^{(j)}(b; x)}{x-a_j}. \tag{301}$$

Beide Faktoren auf der rechten Seite von Gleichung (300) sind Potenzreihen nach den Matrizen U_s. Folglich gilt dasselbe auch von ihrem Produkt. Sind dabei alle U_s gleich Null, so verschwinden auch die W_j, und der erste Faktor auf der rechten Seite von (300) wird zur Einheitsmatrix. Dasselbe kann man von $Y(b; x)$ aussagen und folglich auch von $\tilde{Y}^{(j)}(b; x)$.

Man kann somit für $\tilde{Y}^{(j)}(b;x)$ folgenden Lösungsansatz in Gestalt einer Potenzreihe machen:

$$\tilde{Y}^{(j)}(b;x) = I + \sum_{\nu=1}^{\infty} \sum_{j_1,\ldots,j_\nu}^{1,\ldots,m} U_{j_1}\cdots U_{j_\nu} \tilde{L}_b^{(j)}(a_{j_1},\ldots,a_{j_\nu};x). \tag{302}$$

Setzt man die Reihen (297) und (302) in die Differentialgleichung (301) ein und vergleicht die Koeffizienten bei den Produkten $U_{j_1}\cdots U_{j_\nu}$, so ergibt sich

$$\frac{d\tilde{L}_b^{(j)}(a_{j_1},\ldots,a_{j_\nu};x)}{dx} = \frac{\tilde{L}_b^{(j)}(a_{j_1},\ldots,a_{j_{\nu-1}};x)}{x-a_{j_\nu}} - \frac{1}{x-a_j}\sum_{k=1}^{\nu} Q_j(a_{j_1},\ldots,a_{j_k};b)\,\tilde{L}_b^{(j)}(a_{j_{k+1}},\ldots,a_{j_\nu};x)$$

und insbesondere

$$\frac{d\tilde{L}_b^{(j)}(a_{j_1};x)}{dx} = \frac{1}{x-a_{j_1}} - \frac{Q_j(a_{j_1};b)}{x-a_j}.$$

Dabei wird in der vorletzten Beziehung der zweite Faktor in der Summe über k für $k=\nu$ sinnlos; man muß ihn in diesem Fall durch Eins ersetzen. Später werden wir oft ähnlichen Summen begegnen, in deren äußersten Summanden die Faktoren bei der angegebenen Schreibweise sinnlos werden; sie müssen dann stets durch Eins ersetzt werden.

Wie wir bereits oben erwähnt haben, muß $\tilde{Y}^{(j)}(b;x)$ für $x=b$ die Einheitsmatrix werden, und zwar für alle genügend nahe bei Null gelegenen Matrizen U_j, d. h., sämtliche Koeffizienten der Entwicklung (302) müssen für $x=b$ verschwinden. Berücksichtigt man diese Tatsache und benutzt die vorhergehenden Formeln, so kann man folgende Beziehung notieren, aus der man nacheinander die Koeffizienten der Entwicklung (302) bestimmen kann:

$$\tilde{L}_b^{(j)}(a_{j_1},\ldots,a_{j_\nu};x) = \int_b^x \left[\frac{\tilde{L}_b^{(j)}(a_{j_1},\ldots,a_{j_{\nu-1}};t)}{t-a_{j_\nu}} - \frac{1}{t-a_j}\sum_{k=1}^{\nu} Q_j(a_{j_1},\ldots,a_{j_k};b)\,\tilde{L}_b^{(j)}(a_{j_{k+1}},\ldots,a_{j_\nu};t)\right]dt. \tag{303}$$

Insbesondere gilt für $\nu=1$

$$\tilde{L}_b^{(j)}(a_{j_1};x) = \int_b^x \left[\frac{1}{t-a_{j_1}} - \frac{Q_j(a_{j_1};b)}{t-a_j}\right]dt. \tag{304}$$

Diese Koeffizienten der Entwicklung (302) müssen in der Umgebung von $x=a_j$ eindeutige Funktionen sein, da die Summe der Reihe (302) selbst eindeutig ist, wie wir oben gesehen haben. Daraus folgt unmittelbar, daß im Ausdruck (304) unter dem Integralzeichen das Residuum im Pol $x=a_j$ gleich Null sein muß. Folglich ist die Funktion (304) im Punkt $x=a_j$ regulär. Wir wollen jetzt den Beweis durch Schluß von $\nu-1$ auf ν zu Ende führen. Dazu nehmen wir an, daß sämtliche Funktionen

$$\tilde{L}_b^{(j)}(a_{j_1},\ldots,a_{j_s};x) \tag{305}$$

im Punkt $x=a_j$ für $s<\nu$ regulär sind, und zeigen, daß die Funktion (305) dann auch für $s=\nu$ die gleiche Eigenschaft besitzt. Für diese Funktionen gilt die Beziehung (303). Wegen der oben erwähnten Regularität der Funktionen (305) für $s<\nu$ kann der Integrand in (303) im Punkt $x=a_j$ nur einen Pol erster Ordnung haben. Wäre aber das Residuum in diesem Pol von Null verschieden, so müßte die Funktion (303) in der Umgebung des Punktes a_j mehrdeutig sein; das ist aber ein Widerspruch. Daraus folgt, daß der Integrand in Formel (303) und das Integral selbst im Punkt $x=a_j$ regulär sind. Auf die Bestimmung der Koeffizienten der Entwicklung (302) gehen wir nicht ausführlicher ein.

Sämtliche Überlegungen bezogen sich lediglich auf den Fall, daß die Matrizen U_s genügend nahe bei der Nullmatrix liegen. Im folgenden Abschnitt wollen wir nun eine Darstellung der Matrix W_j und der mit ihr zusammenhängenden Matrizen geben, die für beliebige Matrizen gilt. Dabei wird sich zeigen, daß die singulären Punkte in dieser Darstellung diejenigen Matrizen U_s sind, unter deren Eigenwerten solche vorkommen, die sich um eine von Null verschiedene ganze Zahl unterscheiden.

124. Kanonische Lösungen. Die Lösung $Y(b; x)$ hängt von der Wahl des Punktes b ab, mit dem die Normierung der Matrix zur Einheitsmatrix durchgeführt wurde. Daher bezeichnet man die Matrix $Y(b; x)$ als die im Punkt $x = b$ normierte Lösung. Jedoch muß b von den singulären Punkten a_j verschieden sein. Wir können offensichtlich in dem singulären Punkt $x = a_j$ keine Anfangsbedingungen vorgeben; aber wir können versuchen, diejenige Lösung zu konstruieren, die in der Umgebung des singulären Punktes die einfachste Form hat, wie wir dies bei der Konstruktion einer Lösung in der Umgebung eines außerwesentlich singulären Punktes einer Differentialgleichung zweiter Ordnung getan haben. Wir wollen uns jetzt mit der Konstruktion einer solchen Lösung beschäftigen, die man als *kanonische Lösung im singulären Punkt* $x = a_j$ bezeichnet.

Wir notieren

$$Y(b; x) = \left(\frac{x-a_j}{b-a_j}\right)^{W_j} \tilde{Y}^{(j)}(b; x) = (x-a_j)^{W_j} (b-a_j)^{-W_j} \tilde{Y}^{(j)}(b; x) .$$

wobei die Reihenfolge der ersten zwei Faktoren auf der rechten Seite keine Rolle spielt, da beide lediglich die Matrix W_j enthalten. Faßt man die letzten beiden Faktoren zusammen, so erhält man für $Y(b; x)$

$$Y(b; x) = (x-a_j)^{W_j} \overline{Y}^{(j)}(b; x) , \tag{306}$$

wobei

$$\overline{Y}^{(j)}(b; x) = (b-a_j)^{-W_j} \tilde{Y}^{(j)}(b; x)$$

eine im Punkt $x = a_j$ reguläre Matrix ist. Sind sämtliche U_s gleich Null, so wird $\tilde{Y}^{(j)}(b; x)$ gleich der Einheitsmatrix, und folglich ist die Determinante dieser Matrix von Null verschieden, wenn U_s genügend nahe bei der Nullmatrix liegt. Die Determinante der Matrix $(b-a_j)^{-W_j} = e^{-W_j \log(b-a_j)}$ ist als Determinante einer Exponentialfunktion einer Matrix [93] von Null verschieden, und folglich ist die Determinante der Matrix $\overline{Y}^{(j)}(b; x)$ im Punkt $x = a_j$ von Null verschieden, falls sämtliche U_s in der Nähe der Nullmatrix liegen. Dann ist also auch die Matrix $(\overline{Y}^{(j)}(b; x))^{-1}$ im Punkt $x = a_j$ regulär.

Jede beliebige Lösung unseres Differentialgleichungssystems unterscheidet sich von der Lösung $Y(b; x)$ durch einen konstanten Faktor C (Matrizenmultiplikation von links),

$$Y(x) = CY(b; x) , \tag{307}$$

wobei wir voraussetzen, daß die Determinante von C nicht verschwindet, damit wir eine vollständige Lösung erhalten. An Stelle von (307) können wir schreiben:

$$Y(x) = C(x-a_j)^{W_j} C^{-1} C\overline{Y}^{(j)}(b; x) ;$$

wie wir aber in [121] gesehen haben, gilt

$$C(x-a_j)^{W_j} C^{-1} = (x-a_j)^{W'_j}$$

mit

$$W'_j = CW_jC^{-1} . \tag{308}$$

Wir wählen jetzt die Matrix C folgendermaßen:

$$C = [\overline{Y}^{(j)}(b;\, a_j)]^{-1}, \tag{309}$$

so daß

$$C\overline{Y}^{(j)}(b;\, x) = I \quad \text{für } x = a_j$$

gilt. Dabei erhalten wir eine Lösung, die wir mit $\theta_j(x)$ bezeichnen und *im Punkt* $x = a_j$ *kanonisch* nennen. Diese Lösung ist in der Gestalt

$$\theta_j(x) = (x - a_j)^{W_j}\,\overline{\theta}_j(x)$$

darstellbar, wobei $\overline{\theta}_j(x)$ eine Matrix ist, die im Punkt $x = a_j$ regulär und dort gleich der Einheitsmatrix ist. Wir wollen jetzt zeigen, daß *in dieser kanonischen Lösung die Matrix* W_j *mit der Matrix* U_j *identisch sein muß.*

Wir bemerken zunächst, daß alle Matrizen, die wir bisher konstruiert haben, als Potenzreihen der Matrizen U_s dargestellt werden können, wenn letztere hinreichend nahe bei der Nullmatrix liegen. Dann kann die Matrix W_j' ebenso wie auch W_j in ihrer Entwicklung keine freien Glieder enthalten. Es muß also für W_j' eine Entwicklung der Gestalt

$$W_j' = \sum_{\nu=1}^{\infty} \sum_{j_1,\ldots,j_\nu}^{1,\ldots,m} U_{j_1} \cdots U_{j_\nu} J_j(a_{j_1}, \ldots, a_{j_\nu}) \tag{310}$$

gelten. Differenziert man

$$\overline{\theta}_j(x) = (x - a_j)^{-W_j'}\,\theta_j(x)$$

nach x, so erhält man wie im vorigen Abschnitt für die Elemente der Matrix $\overline{\theta}_j(x)$ das Differentialgleichungssystem

$$\frac{d\overline{\theta}_j(x)}{dx} = \theta_j(x) \sum_{s=1}^{m} \frac{U_s}{x - a_s} - \frac{W_j \overline{\theta}_j(x)}{x - a_j}. \tag{311}$$

Sind sämtliche U_s gleich Null, so muß $\overline{\theta}_j(x)$ eine konstante Matrix sein, und zwar wegen der Bedingung im Punkt $x = a_j$ die Einheitsmatrix. Es muß also eine Entwicklung der Gestalt

$$\overline{\theta}_j(x) = I + \sum_{\nu=1}^{\infty} \sum_{j_1,\ldots,j_\nu}^{1,\ldots,m} U_{j_1} \cdots U_{j_\nu} N_j(a_{j_1}, \ldots, a_{j_\nu};\, x) \tag{312}$$

existieren.

In ihr müssen sämtliche Koeffizienten für $x = a_j$ regulär sein und verschwinden, da dort die gesamte Summe der Reihe für beliebige U_s gleich der Einheitsmatrix werden muß. Setzt man die Entwicklungen (310) und (312) in das Differentialgleichungssystem (311) ein, so gelangt man wie im vorigen Abschnitt zu der Gleichung

$$N_j(a_{j_1}, \ldots, a_{j_\nu};\, x) =$$

$$= \int_{a_j}^{x} \left[\frac{N_j(a_{j_1}, \ldots, a_{j_{\nu-1}};\, t)}{t - a_{j_\nu}} - \frac{1}{t - a_j} \sum_{k=1}^{\nu} J_j(a_{j_1}, \ldots, a_{j_k})\, N_j(a_{j_{k+1}} \ldots a_{j_\nu};\, t)\right] dt, \tag{313}$$

und insbesondere gilt

$$N_j(a_{j_1};\, x) = \int_{a_j}^{x} \left[\frac{1}{t - a_{j_1}} - \frac{J_j(a_{j_1})}{t - a_{j_1}}\right] dt.$$

Die letzte Gleichung zeigt wegen der Regularität der linken Seite, daß

(314) $$J_j(a_{j_1}) = \begin{cases} 1 & \text{für } j_1 = j \\ 0 & \text{für } j_1 \neq j \end{cases}$$

ist.

Wir schreiben die Gleichung (313) für $\nu = 2$ auf:

$$N_j(a_{j_1}, a_{j_2}; x) = \int_{a_j}^{x} \left\{ \frac{N_j(a_{j_1}; t)}{t - a_{j_2}} - \frac{1}{t - a_j} [J_j(a_{j_1}) N_j(a_{j_2}; t) + J_j(a_{j_1}, a_{j_2})] \right\} dt.$$

Nach Voraussetzung muß aber $N_j(a_{j_s}; a_j) = 0$ sein; folglich hat der erste Summand unter dem Integralzeichen im Punkt $x = a_j$ keinen Pol. Daraus folgt, daß auch der zweite Summand dort keinen Pol haben kann. Aus dieser Tatsache ergibt sich unmittelbar, daß die eckige Klammer für $x = a_j$ verschwindet. Es müssen also alle Koeffizienten $J_j(a_{j_1}, a_{j_2})$ gleich Null sein. Schreibt man die Gleichung (313) für $\nu = 3$ hin, so überzeugt man sich ebenso davon, daß sämtliche Koeffizienten $J_j(a_{j_1}, a_{j_2}, a_{j_3})$ gleich Null sein müssen, usw. Die Entwicklung (310) führt also wegen (314) tatsächlich auf die einfache Gleichung $W'_j = U_j$, und wir erhalten folgende im Punkt $x = a_j$ kanonische Darstellung der Lösung:

(315) $$\theta_j(x) = (x - a_j)^{U_j} \overline{\theta_j}(x).$$

Aus Formel (313) kann man nacheinander die Koeffizienten der Entwicklung (312) bestimmen. Berücksichtigt man

$$J_j(a_{j_1}) = \begin{cases} 1 & \text{für } j_1 = j, \\ 0 & \text{für } j_1 \neq j, \end{cases}$$

$$J_j(a_{j_1}, \ldots, a_{j_\nu}) = 0 \quad \text{für } \nu \geqq 2,$$

so ergibt sich

$$N_j(a_{j_1}; x) = \int_{a_j}^{x} \left[\frac{1}{t - a_{j_1}} - \frac{\delta_{j_1 j}}{t - a_j} \right] dt$$

$$N_j(a_{j_1}, \ldots, a_{j_\nu}; x) = \int_{a_j}^{x} \left[\frac{N_j(a_{j_1}, \ldots, a_{j_{\nu-1}}; t)}{t - a_{j_\nu}} - \frac{\delta_{j_1 j} N_j(a_{j_2}, \ldots, a_{j_\nu}; t)}{t - a_j} \right] dt$$

mit $\delta_{pq} = 1$ für $p = q$ und $\delta_{pq} = 0$ für $p \neq q$.

Beim Umlaufen des Punktes a_j multipliziert sich die Lösung (315) von links mit dem Faktor $e^{2\pi i U_j}$. Jede andere Lösung erhält, wie wir wissen, eine zur Matrix $e^{2\pi i U_j}$ ähnliche Integralmatrix. D. h. also: *Beim Umlaufen des singulären Punktes a_j multipliziert sich eine beliebige Lösung des Differentialgleichungssystems von links mit einem Faktor, der eine zur Matrix $e^{2\pi i U_j}$ ähnliche Matrix ist.*

Wir kehren jetzt zur Gleichung (315) zurück. Wie wir wissen, ist der zweite Faktor im Punkt $x = a_j$ regulär. Die inverse Matrix

$$(\overline{\theta}_j(x))^{-1}$$

ist dort offensichtlich ebenfalls regulär, da die Determinante der Matrix $\theta_j(x)$ im Punkt $x = a_j$ gleich Eins ist. Kann eine Lösung $Y(x)$ in der Umgebung des Punktes $x = a_j$ in der Gestalt

$$Y(x) = (x - a_j)^{W''_j} \overline{Y}(x)$$

dargestellt werden, wobei die Matrix $\overline{Y}(x)$ im Punkt a_j regulär und ihre Determinante dort von Null verschieden ist, so bezeichnet man allgemein die Matrix W''_j als Exponentialmatrix der gewählten Lösung. Man kann beweisen, daß sie durch eine vorgegebene Lösung eindeutig definiert ist, sofern U_s in der Nähe der Nullmatrix liegt. Insbesondere ist das für die im Punkt a_j kanonische Lösung W_j'' die Matrix U_j selbst, und für jede andere Lösung ist es eine der Matrix U_j ähnliche.

Bemerkung. Bei allen diesen Überlegungen haben wir als wesentlich vorausgesetzt, daß die Darstellung einer Matrixfunktion als Potenzreihe dieser Matrix eindeutig ist. Dieser Eindeutigkeitssatz liegt der Methode des Koeffizientenvergleichs zugrunde, die wir angewandt haben, indem wir die Reihe mit unbekannten Koeffizienten in beide Seiten der Differentialgleichung eingesetzt und die Koeffizienten bei entsprechenden Gliedern gleichgesetzt haben. Auf dem genannten Satz beruht auch folgende Behauptung: Ist die Summe einer Potenzreihe der Matrizen U_s in der Nähe von $x = a_j$ eine eindeutige Funktion von x, so müssen auch sämtliche Koeffizienten dieser Reihe eindeutig sein.

Wie wir früher erwähnt haben [94], gilt der Eindeutigkeitssatz, wenn die Summen der Potenzreihen für Matrizen beliebigen Grades identisch sind. In allen unseren Überlegungen spielte der Grad der Matrizen keinerlei Rolle; daher ist es nach dem eben Gesagten erlaubt, den Eindeutigkeitssatz zu benutzen.

125. Der Zusammenhang mit den regulären Lösungen vom FUCHSschen Typ. Wir wollen jetzt die kanonische Lösung (315),

$$\theta_j(x) = (x - a_j)^{U_j} \overline{\theta}_j(x),$$

im singulären Punkt $x = a_j$ untersuchen. Der Einfachheit halber wählen wir den Grad n der Matrizen gleich 2, so daß also ein System von zwei Differentialgleichungen für zwei gesuchte Funktionen vorgelegt ist. Es sei S_j eine Matrix, die U_j auf Diagonalform transformiert:

$$S_j U_j S_j^{-1} = [\varrho_1, \varrho_2].$$

Wir betrachten die Integralmatrix

$$Z_j(x) = S_j \theta_j(x) = (x - a_j)^{S_j U_j S_j^{-1}} S_j \overline{\theta}_j(x)$$

oder

$$Z_j(x) = (x - a_j)^{[\varrho_1, \varrho_2]} \overline{Z}_j(x)$$

mit

$$\overline{Z}_j(x) = S_j \overline{\theta}_j(x),$$

die im Punkt $x = a_j$ regulär ist. Mit $\overline{Z}_{pq}^{(j)}(x)$ bezeichnen wir die Elemente der letztgenannten Matrix, also

$$\overline{Z}_j(x) = \begin{pmatrix} \overline{Z}_{11}^{(j)}(x) & \overline{Z}_{12}^{(j)}(x) \\ \overline{Z}_{21}^{(j)}(x) & \overline{Z}_{22}^{(j)}(x) \end{pmatrix},$$

wobei $\overline{Z}_{pq}^{(j)}(x)$ eine für $x = a_j$ reguläre Funktion ist. Berücksichtigt man

$$(x - a_j)^{[\varrho_1, \varrho_2]} = \begin{pmatrix} (x - a_j)^{\varrho_1} & 0 \\ 0 & (x - a_j)^{\varrho_2} \end{pmatrix},$$

so folgt

$$Z_j(x) = \begin{pmatrix} (x - a_j)^{\varrho_1} & 0 \\ 0 & (x - a_j)^{\varrho_2} \end{pmatrix} \cdot \begin{pmatrix} \overline{Z}_{11}^{(j)}(x) & \overline{Z}_{12}^{(j)}(x) \\ \overline{Z}_{21}^{(j)}(x) & \overline{Z}_{22}^{(j)}(x) \end{pmatrix} = \begin{pmatrix} (x - a_j)^{\varrho_1} \overline{Z}_{11}^{(j)}(x) & (x - a_j)^{\varrho_1} \overline{Z}_{12}^{(j)}(x) \\ (x - a_j)^{\varrho_2} \overline{Z}_{21}^{(j)}(x) & (x - a_j)^{\varrho_2} \overline{Z}_{22}^{(j)}(x) \end{pmatrix}.$$

Jede Spalte dieser letzten Matrix enthält eine Lösung des Differentialgleichungssystems [120]. Wir erhalten somit zwei Lösungen unseres Systems, die dieselbe Form haben wie die Lösungen einer regulären Differentialgleichung im FUCHSschen Satz [98]:

$$Y_{11}(x) = (x - a_j)^{\varrho_1} \overline{Z}_{11}^{(j)}(x); \quad Y_{12}(x) = (x - a_j)^{\varrho_1} \overline{Z}_{12}^{(j)}(x);$$
$$Y_{21}(x) = (x - a_j)^{\varrho_2} \overline{Z}_{21}^{(j)}(x); \quad Y_{22}(x) = (x - a_j)^{\varrho_2} \overline{Z}_{22}^{(j)})x).$$

In diesen Formeln gibt der erste Index bei $Y(x)$ die Nummer der Lösung und der zweite die der Funktion an. Wir vermerken noch, daß aus der Definition von $\overline{Z}_j(x)$ und aus $\overline{\theta}_j(a_j) = 1$ folgt, daß

$$\overline{Z}_j(a_j) = \begin{pmatrix} \overline{Z}_{11}^{(j)}(a_j) & \overline{Z}_{12}^{(j)}(a_j) \\ \overline{Z}_{21}^{(j)}(a_j) & \overline{Z}_{22}^{(j)}(a_j) \end{pmatrix} = S_j$$

gilt, wobei S_j eine Matrix mit von Null verschiedener Determinante ist. Die Zahl $\overline{Z}_{pq}^{(j)}(a_j)$ ist offensichtlich das freie Glied in der Entwicklung von $\overline{Z}_{pq}^{(j)}(x)$ in eine TAYLORreihe nach Potenzen von $x - a_j$.

Die Zahlen ϱ_1 und ϱ_2, die in [98] die Wurzeln der Fundamentalgleichung waren, lassen sich im vorliegenden Fall aus der charakteristischen Gleichung der Matrix U_j bestimmen. In den Arbeiten von I. A. LAPPO-DANILEWSKI heißen die Integralmatrizen $\theta_j(x)$ nicht kanonische Matrizen, sondern sie sind dort als im singulären Punkt $x = a_j$ metakanonisch bezeichnet. Bei dieser Terminologie kann man die Matrix $Z_j(x)$ im Punkt $x = a_j$ kanonisch nennen.

126. Der Fall beliebiger U_s. Die Formel (297) aus [123] liefert uns die Darstellung des Exponenten W_j der Integralmatrix $Y(b; x)$ als Potenzreihe nach den U_s, die nur dann konvergiert, wenn die U_s in der Nähe der Nullmatrix liegen. Ebenso liefert die Formel (312) aus [124] die entsprechende Darstellung für den regulären Faktor der kanonischen Matrix $\theta_j(x)$. Wir wollen jetzt diese Matrizen für beliebige U_s darstellen. Nach der Definition gilt für solche U_s, die nahe bei der Nullmatrix liegen [123],

$$W_j = \frac{1}{2\pi i} \log V_j = \frac{1}{2\pi i} \sum_{\nu=1}^{\infty} \frac{(-1)^{\nu-1}}{\nu} (V_j - I)^\nu .$$

Es seien $\varrho_1, \varrho_2, \ldots, \varrho_n$ die Eigenwerte der Matrix U_j. Wie wir in [124] gesehen haben, ist V_j der Matrix $e^{2\pi i U_j}$ ähnlich, und folglich lauten die Eigenwerte der Matrix V_j

$$\eta_1 = e^{2\pi i \varrho_1}; \quad \eta_2 = e^{2\pi i \varrho_2}; \; \ldots; \; \eta_n = e^{2\pi i \varrho_n} .$$

Setzt man die η_k als verschieden voraus und benutzt die SYLVESTERsche Formel, so kann man für W_j schreiben:

$$W_j = \frac{1}{2\pi i} \sum_{k=1}^{n} \frac{(V_j - \eta_1) \cdots (V_j - \eta_{k-1})\,(V_j - \eta_{k+1}) \cdots (V_j - \eta_n)}{(\eta_k - \eta_1) \cdots (\eta_k - \eta_{k-1})\,(\eta_k - \eta_{k+1}) \cdots (\eta_k - \eta_n)} \log \eta_k .$$

Im folgenden beschränken wir uns der Einfachheit halber auf $n = 2$. Ersetzt man dann in dem Ausdruck für W_j die η_k durch ϱ_k, so ergibt sich

$$W_j = \frac{V_j - e^{2\pi i \varrho_2}}{e^{2\pi i \varrho_1} - e^{2\pi i \varrho_2}} \varrho_1 + \frac{V_j - e^{2\pi i \varrho_1}}{e^{2\pi i \varrho_2} - e^{2\pi i \varrho_1}} \varrho_2$$

oder

$$W_j = \frac{e^{2\pi i \varrho_2}\varrho_1 - e^{2\pi i \varrho_1}\varrho_2}{e^{2\pi i \varrho_2} - e^{2\pi i \varrho_1}} + \frac{\varrho_2 - \varrho_1}{e^{2\pi i \varrho_2} - e^{2\pi i \varrho_1}} V_j . \tag{316}$$

Für $\varrho_1 = \varrho_2$ geht diese letzte Formel über in

$$W_j = \left(\varrho_1 - \frac{1}{2\pi i}\right) + \frac{1}{2\pi i e^{2\pi i \varrho_1}} V . \tag{317}$$

Früher hatten wir eine Darstellung von V_j als Potenzreihe nach U_s für beliebiges U_s gefunden. Die obige Formel (316) liefert uns einen Ausdruck für W_j ebenfalls für beliebiges U_s. Sie verliert aber ihren Sinn, falls sich ϱ_1 und ϱ_2 um eine ganze, von Null verschiedene Zahl unterscheiden, da dann der Nenner auf der rechten Seite von (316) verschwindet, aber der Zähler von Null verschieden bleibt. Daher sind für W_j als Funktion der U_s diejenigen Matrizen U_j singulär, deren Eigenwerte sich um eine von Null verschiedene ganze Zahl unterscheiden. Bezüglich der übrigen Matrizen U_s hat die Funktion W_j keinerlei Singularitäten. Die Existenz der genannten Singularitäten ist auch die Ursache dafür, daß die Reihe (297) nur dann konvergiert, wenn die U_s nahe bei der Nullmatrix liegen.

Wir zeigen nun, wie man unter Verwendung der Reihe (297) W_j in Form eines Quotienten zweier Potenzreihen, die für beliebige U_s konvergieren, erhalten kann. Dazu bilden wir eine numerische Funktion von U_j, d.h. eine solche Funktion, die bei gegebenen U_j einen bestimmten Zahlwert annimmt:

$$\Delta(U_j) = e^{-\pi i(\varrho_1+\varrho_2)} \frac{e^{2\pi i\varrho_1} - e^{2\pi i\varrho_2}}{2\pi i(\varrho_1 - \varrho_2)} = \frac{\sin\pi(\varrho_1-\varrho_2)}{\pi(\varrho_1-\varrho_2)}. \tag{318}$$

Wir können diese Funktion als Potenzreihe darstellen, die für beliebige ϱ_1 und ϱ_2 konvergiert, nämlich

$$\Delta(U_j) = \sum_{\nu=0}^{\infty} \frac{(-1)^\nu}{(2\nu+1)!} \pi^{2\nu} (\varrho_1-\varrho_2)^{2\nu}. \tag{319}$$

Sind $\{U_j\}_{pq}$ die Elemente der Matrix U_j, dann können wir die quadratische Gleichung aufstellen, der ϱ_1 und ϱ_2 genügen:

$$\begin{vmatrix} \{U_j\}_{11}-\varrho & \{U_j\}_{12} \\ \{U_j\}_{21} & \{U_j\}_{22}-\varrho \end{vmatrix} = 0.$$

Ferner gilt

$$(\varrho_1-\varrho_2)^2 = (\varrho_1+\varrho_2)^2 - 4\varrho_1\varrho_2;$$

nach dem VIETAschen Wurzelsatz läßt sich $(\varrho_1-\varrho_2)^2$ durch die Elemente der Matrix U_j ausdrücken:

$$(\varrho_1-\varrho_2)^2 = (\{U_j\}_{11}+\{U_j\}_{22})^2 - 4(\{U_j\}_{11}\{U_j\}_{22} - \{U_j\}_{12}\{U_j\}_{21}).$$

Setzt man diesen Wert in (319) ein, so erhält man eine Darstellung von $\Delta(U_j)$ durch die Elemente der Matrix U_j:

$$\Delta(U_j) = \sum_{\nu=0}^{\infty} \frac{(-1)^\nu}{(2\nu+1)!} \pi^{2\nu} [(\{U_j\}_{11}+\{U_j\}_{22})^2 - 4(\{U_j\}_{11}\{U_j\}_{22} - \{U_j\}_{12}\{U_j\}_{21})]^\nu,$$

wobei diese Reihe bei beliebiger Wahl von U_j konvergiert, also eine ganze Funktion der Elemente der Matrix U_j ist.

Zur Abkürzung bezeichnen wir mit $\delta_\nu(U_j)$ die Summanden der letzten Summe, d.h.

$$\Delta(U_j) = \sum_{\nu=0}^{\infty} \delta_\nu(U_j). \tag{320}$$

Dabei ist $\delta_0(U_j) = 1$ und $\delta_\nu(U_j)$ für $\nu > 0$ ein homogenes Polynom vom Grade ν in den Elementen von U_j. Aus (316) und (318) folgt, daß die Elemente des Produktes $\Delta(U_j)W_j$ nicht nur ganze Funktionen der Elemente von U_j, sondern auch allgemein ganze Funktionen der Elemente sämtlicher Matrizen U_s sind. Diese ganze Funktion kann nach homogenen Polynomen der Elemente von U_s entwickelt werden [83]. Wegen (297) und (320) kann man folgende Entwicklung nach homogenen Polynomen angeben:

$$\Delta(U_j)W_j = \sum_{\nu=1}^{\infty}\sum_{s=1}^{\nu}\left(\sum_{j_1,\ldots,j_s}^{1,\ldots,m} U_{j_1}\cdots U_{j_s}\delta_{\nu-s}(U_j)\,Q_j(a_{j_1},\ldots,a_{j_s};b)\right).$$

Diese Reihe konvergiert für beliebige U_s. Daher kann man W_j als Quotienten zweier ganzer Funktionen der Elemente der U_s darstellen. Es ist nämlich

$$W_j = \frac{\displaystyle\sum_{\nu=1}^{\infty}\sum_{s=1}^{\nu}\left(\sum_{j_1,\ldots,j_s}^{1,\ldots,m} U_{j_1}\cdots U_{j_s}\delta_{\nu-s}(U_j)\,Q_j(a_{j_1},\ldots,a_{j_s};b)\right)}{\displaystyle\sum_{\nu=0}^{\infty}\delta_\nu(U_j)}. \tag{321}$$

Dabei ist die im Nenner stehende Reihe eine Reihe aus Zahlen, die nur von den Elementen der Matrizen U_j abhängen. Schließt man wie oben, so kann man zeigen, daß die Produkte

$$\Delta(U_j)(x-a_j)^{W_j} \quad \text{und} \quad \Delta(U_j)(x-a_j)^{-W_j}$$

ganze Funktionen der Elemente der U_s sind. Aus der Gleichung (306) folgt

$$\Delta(U_j)(\overline{Y}^{(j)}(b;x))^{-1} = (Y(b;x))^{-1}\Delta(U_j)(x-a_j)^{W_j}.$$

Die Matrizen $Y(b;x)$ und $(Y(b;x))^{-1}$ sind, wie wir schon wissen, ganze Funktionen der Matrizen U_s, und folglich ist das Produkt $\Delta(U_j)(\overline{Y}^{(j)}(b;x))^{-1}$ eine ganze Funktion der Elemente der U_s. Die kanonische Matrix $\theta_j(x)$ besitzt eine Darstellung der Gestalt [124]

$$\theta_j(x) = (\overline{Y}^{(j)}(b;a_j))^{-1} Y_b(b;x),$$

und daher ist $\Delta(U_j)\theta_j(x)$ eine ganze Funktion der Elemente der U_s. Dasselbe kann man von dem Produkt

$$\Delta(U_j)\overline{\theta}_j(x) = (x-a_j)^{-U_j}\Delta(U_j)\theta_j(x)$$

behaupten, da $(x-a_j)^{-U_j}$ eine ganze Funktion von U_j ist. Mit Hilfe der Entwicklung (312) kann man auch die kanonische Matrix $\theta_j(x)$ als Quotienten zweier ganzer Funktionen der Elemente der U_s darstellen. Es ist nämlich

$$\theta_j(x) = \frac{(x-a_j)^{U_j}\sum\limits_{\nu=0}^{\infty}\sum\limits_{s=0}^{\nu}\left(\sum\limits_{j_1,\ldots,j_s}^{1,\ldots,m} U_{j_1}\cdots U_{j_s}\delta_{\nu-s}(U_j)N_j(a_{j_1},\ldots,a_{j_s};x)\right)}{\sum\limits_{\nu=0}^{\infty}\delta_\nu(U_j)}. \tag{322}$$

Wir weisen darauf hin, daß in diesen Formeln die Zahl $\Delta(U_j)$ mit allen Matrizen vertauschbar ist. Bei den in den Zählern der Beziehungen (321) und (322) stehenden Reihen sind die einzelnen Glieder Matrizen, die mit den Elementen von U_s mittelbar durch die Faktoren U_{j_k} und die Zahlfaktoren $\delta_{\nu-s}(U_j)$ zusammenhängen.

Die Formeln (312) und (322) liefern uns eine Darstellung der kanonischen Matrix als Potenzreihe oder als Quotient von Potenzreihen, die nach Elementen der Matrizen U_s fortschreiten. Dabei hängen die Koeffizienten $N_j(a_{j_1}\ldots a_{j_s};x)$ von x ab. Man kann umgekehrt $\theta_j(x)$ in eine TAYLORreihe nach Potenzen von $x-a_j$ entwickeln. Die Koeffizienten dieser Reihe hängen jetzt von den Elementen der U_s ab. Die Reihe selbst ist im Kreis $|x-a_j| < R$ konvergent, der keine anderen singulären Punkte außer $x=a_j$ enthält.

Für $\overline{\theta}_j(x)$ galt die Gleichung (311), wobei wir gezeigt haben, daß $W_j' = U_j$ ist. Es ist also

$$\frac{d\overline{\theta}_j(x)}{dx} = \overline{\theta}_j(x)\sum_{s=1}^{n}\frac{U_s}{x-a_s} - \frac{U_j\overline{\theta}_j(x)}{x-a_j}.$$

Setzt man in diese Gleichung

$$\overline{\theta}_j(x) = I + \sum_{p=1}^{\infty} A_j^{(p)}(x-a_j)^p \tag{323}$$

ein, bei der $A_j^{(p)}$ gesuchte, von x unabhängige Matrizen sind, und vergleicht die Koeffizienten bei gleichen Potenzen von $x - a_j$, so erhält man Gleichungen, aus denen man nacheinander die Matrizen $A_j^{(p)}$ bestimmen kann:

(324) $$U_j A_j^{(p)} + p A_j^{(p)} - A_j^{(p)} U_j = - \sum_{h \neq j} \sum_{q=0}^{p-1} \frac{A_j^{(q)} U_h}{(a_h - a_j)^{p-q}} \qquad (p = 1, 2, \ldots).$$

Ähnlichen Systemen sind wir bereits in [121] begegnet. Wir wollen nicht weiter auf die Lösung der Gleichung (324) und auf den Konvergenzbeweis für die Reihe (323) eingehen. Man wendet hier die gleiche Beweismethode an, die in [98] benutzt worden ist. Wir bemerken nur, daß das Produkt $\Delta\,(U_j) A_j^{(p)}$ eine ganze Funktion der Elemente der Matrizen U_s ist.

127. Die Entwicklung in der Umgebung eines wesentlich singulären Punktes. Wir betrachten jetzt ein System linearer Differentialgleichungen, deren Koeffizienten im Punkt $x = 0$ einen Pol beliebiger Ordnung haben. Dabei setzen wir der Einfachheit halber voraus, daß die Koeffizienten dieses Systems Quotienten aus einem Polynom und einer ganzen positiven Potenz der Veränderlichen x sind. In Matrizenschreibweise lautet dieses System folgendermaßen:

(325) $$\frac{dY}{dx} = Y \sum_{p=-s}^{t} T_p x^p,$$

wobei die T_p vorgegebene Matrizen sind. Der Punkt $x = 0$ ist im allgemeinen ein wesentlich singulärer Punkt des Differentialgleichungssystems, wir können jedoch die Methode der sukzessiven Approximation darauf anwenden. Wir erhalten dann eine Lösung in expliziter Form, die bei beliebiger analytischer Fortsetzung bezüglich x gilt. Sie ist wie immer durch eine Potenzreihe nach den Matrizen T_p, die in den Koeffizienten des Systems auftreten, darstellbar. Wir wählen einen Punkt b, der von $x = 0$ verschieden ist, und konstruieren die Lösung $Y(b; x)$, die für $x = b$ gleich der Einheitsmatrix wird. Für diese Lösung können wir eine Integralgleichung von der üblichen Gestalt angeben:

$$Y(b, x) = I + \int_b^x Y(b; y) \sum_{p=-s}^{t} T_p y^p \, dy.$$

Setzt man $Y_0 = I$ und

(326) $$Y_n(x) = I + \int_b^x Y_{n-1}(y) \sum_{p=-s}^{t} T_p y^p \, dy,$$

so wird

$$Y(b; x) = Y_0 + [Y_1(x) - Y_0] + [Y_2(x) - Y_1(x)] + \cdots.$$

Zur Abkürzung schreiben wir

$$Z_\nu(x) = Y_\nu(x) - Y_{\nu-1}(x) \qquad (Z_0 = I);$$

dann gilt wegen (326)

(327) $$Z_\nu(x) = \int_b^x Z_{\nu-1}(y) \sum_{p=-s}^{t} T_p y^p \, dy.$$

Nun führen wir Funktionen von x ein, die durch die Rekursionsformeln

(328) $$L_{p_1}(b; x) = \int_b^x y^{p_1} \, dy; \quad L_{p_1, \ldots, p_\nu}(b; x) = \int_b^x L_{p_1, \ldots, p_{\nu-1}}(b; y)\, y^{p_\nu} \, dy$$

definiert sind.

Berechnet man aufeinanderfolgende Näherungen, so gilt wegen (327)

$$Z_1(x) = \int_b^x I \sum_{p_1=-s}^{t} T_{p_1} y^{p_1}\, dy = \sum_{p_1=-s}^{t} T_{p_1} L_{p_1}(b; x)\,,$$

$$Z_2(x) = \int_b^x \sum_{p_1=-s}^{t} T_{p_1} L_{p_1}(b; y) \cdot \sum_{p_2=-s}^{t} T_{p_2} y^{p_2}\, dy = \sum_{p_1, p_2=-s}^{t} T_{p_1} T_{p_2} L_{p_1 p_2}(b; x)$$

und allgemein

$$Z_\nu(x) = \sum_{p_1, \ldots, p_\nu=-s}^{t} T_{p_1} \ldots T_{p_\nu} L_{p_1 \ldots p_\nu}(b; x)\,.$$

Daher ist die gesuchte Lösung als Potenzreihe nach Matrizen darstellbar:

$$Y(b; x) = I + \sum_{\nu=1}^{\infty} \sum_{p_1, \ldots, p_\nu=-s}^{t} T_{p_1} \ldots T_{p_\nu} L_{p_1 \ldots p_\nu}(b; x)\,. \tag{329}$$

Wir können ebenso wie in [122] beweisen, daß die angegebene Reihe absolut und gleichmäßig konvergiert und die gesuchte Lösung des Systems darstellt. Im vorliegenden Fall können wir die Integrationen in den Formeln (328) ausführen und daher die Koeffizienten der Reihe (329) explizit aufschreiben.

An Stelle der Funktionen (328) betrachten wir zunächst dieselben Quadraturen, jedoch mit anderer Definition der willkürlichen Konstanten:

$$M_{p_1}(x) = \int^x y^{p_1}\, dy;\ \ldots;$$

$$M_{p_1 \ldots p_\nu}(x) = \int^x M_{p_1 \ldots p_{\nu-1}}(y) y^{p_\nu}\, dy\,.$$

Die willkürlichen Konstanten in diesen Integrationen definieren wir folgendermaßen: Für $p_1 + \cdots + p_\nu + \nu \neq 0$ fordern wir, daß die Funktion $M_{p_1 \ldots p_\nu}(x)$ die Gestalt

$$M_{p_1 \ldots p_\nu}(x) = x^{p_1 + \cdots + p_\nu + \nu} \sum_{\mu=0}^{\nu} \alpha^{(\mu)}_{p_1 \ldots p_\nu} \log^\mu x \tag{330}$$

hat, wobei die $\alpha^{(\mu)}_{p_1 \ldots p_\nu}$ gewisse Zahlkoeffizienten sind. Ist jedoch $p_1 + \cdots + p_\nu + \nu = 0$, so darf die Integrationskonstante willkürlich sein. Wir wollen nun zunächst zeigen, daß diese Definition erlaubt ist. Für $\nu = 1$ ist

$$M_{p_1}(x) = \int^x y^{p_1}\, dy = \begin{cases} x^{p_1+1} \cdot \dfrac{1}{p_1+1} & \text{für } p_1 + 1 \neq 0 \\ \alpha^{(0)}_{p_1} + \log x & \text{für } p_1 + 1 = 0\,, \end{cases}$$

wobei $\alpha^{(0)}_{p_1}$ eine beliebige Konstante ist. Wie nehmen jetzt an, daß die Gleichung (330) für jedes $M_{p_1 \ldots p_\lambda}(x)$ für $\lambda \leqslant \nu$ richtig sei und bestimmen die Funktion $M_{p_1 \ldots p_{\nu+1}}(x)$:

$$M_{p_1 \ldots p_{\nu+1}}(x) = \int^x t^{p_1 + \cdots + p_\nu + \nu} \sum_{\mu=0}^{\nu} \alpha^{(\mu)}_{p_1 \ldots p_\nu} \log^\mu t \cdot t^{p_{\nu+1}}\, dt\,.$$

Wir müssen zwei Fälle unterscheiden. Für $p_1 + \cdots + p_{\nu+1} + \nu + 1 \neq 0$ erhalten wir durch partielle Integration

$$M_{p_1 \ldots p_{\nu+1}}(x) =$$
$$= \frac{x^{p_1 + \cdots + p_{\nu+1} + \nu + 1}}{p_1 + \cdots + p_{\nu+1} + \nu + 1} \sum_{\mu=1}^{\nu} \alpha^{(\mu)}_{p_1 \ldots p_\nu} \log^\mu x - \int^x \frac{t^{p_1 + \cdots + p_{\nu+1} + \nu}}{p_1 + \cdots + p_{\nu+1} + \nu + 1} \sum_{\mu+1}^{\nu} \mu \alpha^{(\mu)}_{p_1 \ldots p_\nu} \log^{\mu-1} t$$

Setzt man die partielle Integration fort, so gelangt man schließlich zu dem Ausdruck

$$M_{p_1 \ldots p_{\nu+1}}(x) = x^{p_1 + \cdots + p_{\nu+1} + \nu + 1} \sum_{\mu=0}^{\nu+1} \alpha^{(\mu)}_{p_1 \ldots p_{\nu+1}} \log^\mu x\,,$$

wobei die Koeffizienten $\alpha^{(\mu)}_{p_1 \ldots p_{\nu+1}}$ linear durch $\alpha^{(\mu)}_{p_1 \ldots p_\nu}$ ausgedrückt werden können und keinerlei neue willkürliche Konstanten enthalten, außer denen, die in den $\alpha^{(\mu)}_{p_1 \ldots p_\nu}$ auftreten.

Für $p_1 + \cdots + p_{\nu+1} + \nu + 1 = 0$ ist

$$x^{p_1 + \cdots + p_\nu + \nu} x^{p_\nu + 1} = \frac{1}{x},$$

und wir erhalten

$$M_{p_1 \ldots p_{\nu+1}}(x) = \alpha^{(0)}_{p_1 \ldots p_{\nu+1}} + \sum_{\mu=0}^{\nu} \frac{\alpha^{(\mu)}_{p_1 \ldots p_\nu}}{\mu+1} \log^{\mu+1} x = \sum_{\mu=0}^{\nu+1} \alpha^{(\mu)}_{p_1 \ldots p_{\nu+1}} \log^\mu x\,,$$

wobei $\alpha^{(0)}_{p_1 \ldots p_{\nu+1}}$ eine neue willkürliche Konstante ist. Damit haben wir bewiesen, daß es möglich ist, die Konstanten so zu bestimmen, daß die Gleichung (330) erfüllt wird. Außerdem folgt aus diesen Überlegungen unmittelbar, daß die ganze Willkür in den Koeffizienten α in der beliebigen Wahl der Koeffizienten $\alpha^{(0)}_{p_1 \ldots p_\nu}$ für $p_1 + \cdots + p_\nu + \nu = 0$ steckt.

Wir wollen jetzt Relationen angeben, die es ermöglichen, nacheinander die Koeffizienten $\alpha^{(\mu)}_{p_1 \ldots p_\nu}$ zu berechnen. Für $\nu = 1$ liefern unsere Überlegungen

$$\alpha^{(0)}_{p_1} = \begin{cases} \dfrac{1}{p_1+1} & \text{für} \quad p_1 + 1 \neq 0 \\ \text{beliebig für} & p_1 + 1 = 0 \end{cases} \qquad \alpha^{(1)}_{p_1} = \begin{cases} 0 \text{ für } p_1 + 1 \neq 0 \\ 1 \text{ für } p_1 + 1 = 0. \end{cases}$$

Weiter folgt aus der Definition von $M_{p_1 \ldots p_\nu}(x)$

$$\frac{d}{dx} M_{p_1 \ldots p_\nu}(x) = M_{p_1 \ldots p_{\nu-1}}(x)\, x^{p_\nu}$$

oder wegen (330)

$$(p_1 + \cdots + p_\nu + \nu) \sum_{\mu=0}^{\nu} \alpha^{(\mu)}_{p_1 \ldots p_\nu} \log^\mu x + \sum_{\mu=1}^{\nu} \mu \alpha^{(\mu)}_{p_1 \ldots p_\nu} \log^{\mu-1} x = \sum_{\mu=0}^{\nu-1} \alpha^{(\mu)}_{p_1 \ldots p_{\nu-1}} \log^\mu x,$$

und daher ist

$$(p_1 + \cdots + p_\nu + \nu)\, \alpha^{(\nu)}_{p_1 \ldots p_\nu} = 0;$$
$$(p_1 + \cdots + p_\nu + \nu)\, \alpha^{(\mu)}_{p_1 \ldots p_\nu} + (\mu + 1)\, \alpha^{(\mu+1)}_{p_1 \ldots p_\nu} = \alpha^{(\mu)}_{p_1 \ldots p_{\nu-1}}$$
$$(\mu = \nu - 1, \nu - 2, \ldots, 1, 0).$$

Wir untersuchen zuerst den Fall $p_1 + \cdots + p_\nu + \nu \neq 0$. Dann ist

$$\alpha^{(\nu)}_{p_1 \ldots p_\nu} = 0; \; \alpha^{(\mu)}_{p_1 \ldots p_\nu} = \frac{1}{p_1 + \cdots + p_\nu + \nu} [\alpha^{(\mu)}_{p_1 \ldots p_{\nu-1}} - (\mu + 1)\, \alpha^{(\mu+1)}_{p_1 \ldots p_\nu}].$$

Wendet man nacheinander die letzte Formel für $\mu = \nu - 1, \nu - 2, \ldots$ an, so erhält man

$$\alpha^{(\nu-1)}_{p_1\cdots p_\nu} = \frac{1}{p_1 + \cdots + p_\nu + \nu}\,\alpha^{(\nu-1)}_{p_1\cdots p_{\nu-1}};$$

$$\alpha^{(\nu-2)}_{p_1\cdots p_\nu} = \frac{1}{p_1 + \cdots + p_\nu + \nu}\left[\alpha^{(\nu-2)}_{p_1\cdots p_{\nu-1}} - \frac{\nu-1}{p_1 + \cdots + p_\nu + \nu}\,\alpha^{(\nu-1)}_{p_1\cdots p_{\nu-1}}\right]$$

und allgemein

$$\alpha^{(\mu)}_{p_1\cdots p_\nu} = \frac{1}{p_1 + \cdots + p_\nu + \nu}\left[\alpha^{(\mu)}_{p_1\cdots p_{\nu-1}} - \frac{\mu+1}{p_1 + \cdots + p_\nu + \nu}\,\alpha^{(\mu+1)}_{p_1\cdots p_{\nu-1}} + \right.$$
$$+ \frac{(\mu+1)(\mu+2)}{(p_1 + \cdots + p_\nu + \nu)^2}\,\alpha^{(\mu+2)}_{p_1\cdots p_{\nu-1}} - \cdots +$$
$$\left. + (-1)^{\nu-\mu-1}\frac{(\mu+1)\cdots(\nu-1)}{(p_1 + \cdots + p_\nu + \nu)^{\nu-\mu-1}}\,\alpha^{(\nu-1)}_{p_1\cdots p_{\nu-1}}\right].$$

Für $p_1 + \cdots + p_\nu + \nu = 0$ ergibt die früher angegebene Formel

$$\alpha^{(\mu+1)}_{p_1\cdots p_\nu} = \frac{1}{\mu+1}\,\alpha^{(\mu)}_{p_1\cdots p_{\nu-1}} \qquad (\mu = 0, 1, \ldots, \nu - 1),$$

und die $\alpha^{(0)}_{p_1\ldots p_\nu}$ bleiben beliebig. Faßt man alles Gesagte zusammen, so bekommt man folgende Relationen zur Bestimmung der Koeffizienten α:

$$(331)\quad \left\{\begin{aligned}
&\alpha^{(0)}_{p_1} = \frac{1}{p_1+1} \quad \text{für} \quad p_1 + 1 \neq 0;\\
&\alpha^{(1)}_{p_1} = \begin{cases} 0 & \text{für} \quad p_1 + 1 \neq 0\\ 1 & \text{für} \quad p_1 + 1 = 0;\end{cases}\\
&\alpha^{(\nu)}_{p_1\cdots p_\nu} = 0 \qquad\qquad (p_1 + \cdots + p_\nu + \nu \neq 0);\\
&\alpha^{(\mu)}_{p_1\cdots p_\nu} = \frac{1}{p_1 + \cdots + p_\nu + \nu}\left[\alpha^{(\mu)}_{p_1\cdots p_{\nu-1}} - \frac{\mu+1}{p_1 + \cdots + p_\nu + \nu}\,\alpha^{(\mu+1)}_{p_1\cdots p_{\nu-1}} + \right.\\
&\qquad + \frac{(\mu+1)(\mu+2)}{(p_1 + \cdots + p_\nu + \nu)^2}\,\alpha^{(\mu+2)}_{p_1\cdots p_{\nu-1}} - \cdots +\\
&\qquad \left. + (-1)^{\nu-\mu-1}\frac{(\mu+1)\cdots(\nu-1)}{(p_1 + \cdots + p_\nu + \nu)^{\nu-\mu-1}}\,\alpha^{(\nu-1)}_{p_1\cdots p_{\nu-1}}\right]\\
&\qquad (\mu = \nu - 1, \nu - 2, \ldots, 1, 0;\ p_1 + \cdots + p_\nu + \nu \neq 0);\\
&\alpha^{(\mu)}_{p_1\cdots p_\nu} = \frac{1}{\mu}\,\alpha^{(\mu-1)}_{p_1\cdots p_{\nu-1}} \quad (\mu = \nu, \nu - 1, \ldots, 2, 1;\ p_1 + \cdots + p_\nu + \nu = 0).
\end{aligned}\right.$$

Um eine Darstellung der Funktionen $L_{p_1\ldots p_\nu}(b; x)$ durch die $M_{p_1\ldots p_\nu}(x)$ zu finden, müssen wir neue Funktionen $M^*_{p_1\ldots p_\nu}(x)$ einführen, die wir mit Hilfe folgender Gleichungen eindeutig definieren:

$$(332)\quad \left\{\begin{aligned}
M^*_{p_1}(x) &= -M_{p_1}(x);\\
M^*_{p_1\ldots p_\nu}(x) &= -\sum_{\mu=0}^{\nu-1} M^*_{p_1\ldots p_\mu}(x)\, M_{p_{\mu+1}\ldots p_\nu}(x).
\end{aligned}\right.$$

In dem $\mu = 0$ entsprechenden Summanden der letzten Summe hat der Faktor $M^*_{p_1\ldots p_\mu}(x)$ für $\mu = 0$ keinen Sinn, man muß ihn durch Eins ersetzen. Jetzt zeigen wir, daß

$$(333)\qquad L_{p_1\ldots p_\nu}(b; x) = \sum_{\mu=0}^{\nu} M^*_{p_1\ldots p_\mu}(b)\, M_{p_{\mu+1}\ldots p_\nu}(x)$$

ist, wobei man für $\mu = 0$ den ersten und für $\mu = \nu$ den zweiten Faktor gleich Eins setzen muß.

Für $\nu = 1$ ist diese Formel offensichtlich richtig, da wegen der Definition unserer Funktionen

$$L_{p_1}(b\,;x) = M_{p_1}(x) - M_{p_1}(b) = M_{p_1}(x) + M^*_{p_1}(b)$$

gilt.

Um zu zeigen, daß die Formel (333) auch für beliebiges ν gilt, benutzen wir vollständige Induktion. Wir setzen also voraus, daß die Relation (333) für jedes $L_{p_1 \ldots p_\lambda}(x)$ für $\lambda \leqq \nu$ richtig ist; dann erhalten wir

$$L_{p_1 \cdots p_{\nu+1}}(b;\,x) = \int\limits_b^x L_{p_1 \cdots p_\nu}(b;\,t)\,t^{p_{\nu+1}}\,dt =$$

$$= \int\limits_b^x \sum_{\mu=0}^{\nu} M^*_{p_1 \cdots p_\mu}(b)\,M_{p_{\mu+1} \cdots p_\nu}(t)\,t^{p_{\nu+1}}\,dt.$$

Nach Definition von $M_{p_1 \ldots p_\nu}(x)$ gilt aber

$$\int\limits_b^x M_{p_{\mu+1} \cdots p_\nu}(t)\,t^{p_{\nu+1}}\,dt = M_{p_{\mu+1} \cdots p_{\nu+1}}(x) - M_{p_{\mu+1} \cdots p_{\nu+1}}(b)$$

und folglich

$$L_{p_1 \cdots p_{\nu+1}}(b;x) = \sum_{\nu=0}^{\nu} M^*_{p_1 \cdots p_\mu}(b)\,[M_{p_{\mu+1} \cdots p_{\nu+1}}(x) - M_{p_{\mu+1} \cdots p_{\nu+1}}(b)]$$

oder, wenn man die übliche Bedingung für die äußeren Summanden in den angegebenen Summen und in (332) benutzt,

$$L_{p_1 \cdots p_{\nu+1}}(b;x) = \sum_{\mu=0}^{\nu+1} M^*_{p_1 \cdots p_\mu}(b)\,M_{p_{\mu+1} \cdots p_{\nu+1}}(x).$$

Die Formel (333) gilt also auch für $L_{p_1 \ldots p_{\nu+1}}(b;\,x)$, und wir können sie als allgemeingültig ansehen. Aus (332) folgt unmittelbar, daß $M^*_{p_1 \ldots p_\nu}(x)$ dieselbe Gestalt hat wie $M_{p_1 \ldots p_\nu}(x)$, aber mit anderen Koeffizienten; es ist nämlich

$$M^*_{p_1 \cdots p_\nu}(x) = x^{p_1 + \cdots + p_\nu + \nu} \sum_{\mu=0}^{\nu} \alpha^{*(\mu)}_{p_1 \cdots p_\nu} \log^\mu x. \tag{334}$$

Um die Konstruktion der Relationen zu vereinfachen, aus denen man die Koeffizienten $\alpha^{*(\mu)}_{p_1 \ldots p_\nu}$ berechnen kann, beweisen wir, daß für die $M^*_{p_1 \ldots p_\nu}(x)$ folgende Formeln gelten:

$$M^*_{p_1}(x) = -\int^x t^{p_1} dt; \quad M^*_{p_1 \cdots p_\nu}(x) = -\int^x t^{p_1} M^*_{p_2 \cdots p_\nu}(t)\,dt. \tag{335}$$

Die Integrationskonstanten müssen dabei so gewählt werden, daß die Gleichungen (334) gelten. Dies definiert uns wie oben $\alpha^{*(\mu)}_{p_1 \ldots p_\nu}$ für $p_1 + \cdots + p_\nu + \nu \neq 0$; auf die Wahl von $\alpha^{*(0)}_{p_1 \ldots p_\nu}$ für $p_1 + \cdots + p_\nu + \nu = 0$ gehen wir weiter unten ein. Für $\nu = 1$ ist

$$\frac{d}{dx} M^*_{p_1}(x) = -\frac{d}{dx} M_{p_1}(x) = -x^{p_1}$$

und folglich

$$M^*_{p_1}(x) = -\int^x t^{p_1}\,dt.$$

Wir setzen jetzt voraus, daß die Gleichung

$$\frac{d}{dx} M^*_{p_1 \ldots p_\lambda}(x) = - x^{p_1} M^*_{p_2 \ldots p_\lambda}(x) \tag{336}$$

für $\lambda \leqslant \nu - 1$ gilt, und wollen zeigen, daß sie dann auch für $\lambda = \nu$ richtig ist. Wegen (332) erhält man

$$\frac{d}{dx} M^*_{p_1 \ldots p_\nu}(x) = - \sum_{\mu=0}^{\nu-1} \left[M_{p_{\mu+1} \ldots p_\nu}(x) \frac{d}{dx} M^*_{p_1 \ldots p_\mu}(x) + M^*_{p_1 \ldots p_\mu}(x) \frac{d}{dx} M_{p_{\mu+1} \ldots p_\nu}(x) \right]$$

oder wegen (336) und der Definition von $M_{p_1 \ldots p_\nu}(x)$

$$\frac{d}{dx} M^*_{p_1 \ldots p_\nu}(x) =$$

$$= x^{p_1} \sum_{\mu=1}^{\nu-1} M^*_{p_2 \ldots p_\mu}(x) M_{p_{\mu+1} \ldots p_\nu}(x) - \sum_{\mu=0}^{\nu-1} M^*_{p_1 \ldots p_\mu}(x) M_{p_{\mu+1} \ldots p_{\nu-1}}(x) x^{p_\nu}.$$

Nach (332) ist aber

$$\sum_{\mu=0}^{\nu-1} M^*_{p_1 \ldots p_\mu}(x) M_{p_{\mu+1} \ldots p_{\nu-1}}(x) = 0$$

und

$$\sum_{\mu=1}^{\nu-1} M^*_{p_2 \ldots p_\mu}(x) M_{p_{\mu+1} \ldots p_\nu}(x) = - M^*_{p_2 \ldots p_\nu}(x),$$

und daher gilt

$$\frac{d}{dx} M^*_{p_1 \ldots p_\nu}(x) = - x^{p_1} M^*_{p_2 \ldots p_\nu}(x),$$

was wir beweisen wollten. Mit Hilfe der Formeln (335) kann man für $\alpha^{*(\mu)}_{p_1 \ldots p_\nu}$ Relationen aufstellen, die völlig analog denen sind, die wir oben für $\alpha^{(\mu)}_{p_1 \ldots p_\nu}$ erhalten hatten. Die Herleitung ist dieselbe; wir geben daher lediglich das Endresultat an:

$$\tag{337} \left\{ \begin{aligned}
&\alpha^{*(0)}_{p_1} = - \frac{1}{p_1 + 1} && \text{für } p_1 + 1 \neq 0; \\
&\alpha^{*(1)}_{p_1} = \begin{cases} 0 & \text{für } p_1 + 1 \neq 0 \\ 1 & \text{für } p_1 + 1 = 0; \end{cases} \\
&\alpha^{*(\nu)}_{p_1 \ldots p_\nu} = 0 && (p_1 + \cdots + p_\nu + \nu \neq 0); \\
&\alpha^{*(\mu)}_{p_1 \ldots p_\nu} = \frac{-1}{p_1 + \cdots + p_\nu + \nu} \Bigg[\alpha^{*(\mu)}_{p_2 \ldots p_\nu} - \frac{\mu+1}{p_1 + \cdots + p_\nu + \nu} \alpha^{*(\mu+1)}_{p_2 \ldots p_\nu} + \\
&\qquad + \frac{(\mu+1)(\mu+2)}{(p_1 + \cdots + p_\nu + \nu)^2} \alpha^{*(\mu+2)}_{p_2 \ldots p_\nu} + \cdots + \\
&\qquad + (-1)^{\nu-\mu-1} \frac{(\mu+1) \cdots (\nu-1)}{(p_1 + \cdots + p_\nu + \nu)^{\nu-\mu-1}} \alpha^{(\nu-1)}_{p_2 \ldots p_\nu} \Bigg] \\
&\qquad (\mu = \nu - 1, \nu - 2, \ldots, 1, 0; \quad p_1 + \cdots + p_\nu + \nu \neq 0); \\
&\alpha^{*(\mu)}_{p_1 \ldots p_\nu} = - \frac{1}{\mu} \alpha^{*(\mu-1)}_{p_2 \ldots p_\nu} && (\mu = \nu, \nu - 1, \ldots, 2, 1; \quad p_1 + \cdots + p_\nu + \nu = 0).
\end{aligned} \right.$$

Hieraus kann man sämtliche α^* außer den $\alpha^{*(0)}_{p_1 \ldots p_\nu}$ für $p_1 + \cdots + p_\nu + \nu = 0$ bestimmen. Wegen der Eindeutigkeit der Definition von $M^*_{p_1 \ldots p_\nu}(x)$ durch die Formeln (332) müssen sich auch jene Koeffizienten auf wohlbestimmte Weise durch die bekannten Koeffizienten α^* und α ausdrücken lassen. Um diese Darstellungen zu finden, setzen wir in den Gleichungen (332) an Stelle von $M_{p_1 \ldots p_\nu}(x)$ und $M^*_{p_1 \ldots p_\nu}(x)$ ihre Werte gemäß den Formeln (330) und (334) ein. Dadurch ergeben sich Polynome in $\log x$:

$$\sum_{s=0}^{\nu} \alpha^{(s)}_{p_1 \ldots p_\nu} \log^s x = - \sum_{\mu=0}^{\nu-1} \Big(\sum_{s=0}^{\mu} \alpha^{*(s)}_{p_1 \ldots p_\mu} \log^s x \Big) \Big(\sum_{s=0}^{\nu-\mu} \alpha^{(s)}_{p_{\mu+1} \ldots p_\nu} \log^s x \Big).$$

Vergleicht man hierbei diejenigen Glieder, die $\log x$ nicht enthalten, so erhält man die Beziehung

$$\sum_{\mu=0}^{\nu} \alpha^{*(0)}_{p_1 \ldots p_\mu} \alpha^{(0)}_{p_{\mu+1} \ldots p_\nu} = 0 \tag{338}$$

oder, wenn man die äußeren Summanden abtrennt,

$$\alpha^{(0)}_{p_1 \ldots p_\nu} + \sum_{\mu=1}^{\nu-1} \alpha^{*(0)}_{p_1 \ldots p_\mu} \alpha^{(0)}_{p_{\mu+1} \ldots p_\nu} + \alpha^{*(0)}_{p_1 \ldots p_\nu} = 0. \tag{339}$$

Diese Relationen ermöglichen es aber, nun auch $\alpha^{*(0)}_{p_1 \ldots p_\nu}$ für $p_1 + \cdots + p_\nu + \nu = 0$ zu bestimmen.

Setzen wir schließlich in (333) an Stelle von $M_{p_1 \ldots p_\nu}(x)$ und $M^*_{p_1 \ldots p_\nu}(x)$ ihre Werte aus (330) bzw. (334) ein, so erhalten wir einen expliziten Ausdruck für die Koeffizienten der Reihe (329):

$$L_{p_1 \ldots p_\nu}(b; x) =$$
$$= \sum_{\mu=0}^{\nu} b^{p_1 + \cdots + p_\mu + \mu} x^{p_{\mu+1} + \cdots + p_\nu + \nu - \mu} \cdot \sum_{\lambda=0}^{\mu} \alpha^{*(\lambda)}_{p_1 \ldots p_\mu} \log^\lambda b \sum_{k=0}^{\nu-\mu} \alpha^{(k)}_{p_{\mu+1} \ldots p_\nu} \log^k x.$$

Geht man damit in die Formel (326) ein, so erhält man schließlich einen Ausdruck für die Lösung $Y(b; x)$; es ist nämlich

$$Y(b;x) = \tag{340}$$
$$= I + \sum_{\nu=1}^{\infty} \sum_{p_1, \ldots, p_\nu = -s}^{t} T_{p_1} \cdots T_{p_\nu} \sum_{\mu=0}^{\nu} b^{p_1 + \cdots + p_\mu + \mu} x^{p_{\mu+1} + \cdots + p_\nu + \nu - \mu} \cdot \sum_{\lambda=0}^{\mu} \alpha^{*(\lambda)}_{p_1 \ldots p_\mu} \log^\lambda b \sum_{k=0}^{\nu-\mu} \alpha^{(k)}_{p_{\mu+1} \ldots p_\nu} \log^k x.$$

Diese Überlegungen führen uns zu folgendem

Satz. *Die Lösung des Systems* (325), *die für $x = b$ gleich der Einheitsmatrix wird, ist bei beliebiger analytischer Fortsetzung bezüglich x und für beliebige Matrizen T_p durch die Reihe* (340) *definiert, wobei sich die Koeffizienten α durch die Gleichungen* (331) *bestimmen lassen, während die $\alpha^{(0)}_{p_1 \ldots p_\nu}$ für $p_1 + \cdots + p_\nu + \nu = 0$ beliebig bleiben. Die Koeffizienten α^* lassen sich aus den Relationen* (337) *und* (338) *bestimmen.*

Die Formel (340) ist der explizite Ausdruck, den wir durch Anwendung der Methode der sukzessiven Approximation auf das System (316) erhielten. Beim Umlaufen von $x = 0$ multipliziert sich die Lösung $Y(b; x)$ von links mit einer konstanten Matrix V. Man kann leicht eine Formel für beliebige ganze Potenzen V^m erhalten. Ist m eine positive oder negative ganze Zahl, so bekommen wir nämlich V^m, wenn wir den Wert von $Y(b; x)$ im Punkt $x = b$ betrachten, der sich nach $|m|$-maligem Umlauf um den Punkt $x = 0$ in positiver Richtung für $m > 0$ und in negativer für $m < 0$ ergibt. Nach einem solchen Umlauf ist der ursprüngliche Wert $\log x$ durch $\log x + 2m\pi i$ zu ersetzen, und es ist

$$(341)\quad V^m = \\ = I + \sum_{\nu=1}^{\infty} \sum_{p_1,\ldots,p_\nu=-s}^{t} T_{p_1} \cdots T_{p_\nu} b^{p_1+\cdots+p_\nu+\nu} \sum_{\mu=0}^{\nu} \sum_{\lambda=0}^{\mu} \alpha^{*(\lambda)}_{p_1\ldots p_\mu} \log^\lambda b \cdot \sum_{k=0}^{\nu-\mu} \alpha^{(k)}_{p_{\mu+1}\ldots p_\nu} (\log b + 2m\pi i)^k.$$

Der Wert von $\log b$ in der inneren Summe muß mit demjenigen von $\log b$ in der äußeren Summe übereinstimmen, und der Koeffizient in der Potenzreihe ist ein Polynom in $\log b$. Man kann zeigen, worauf wir aber nicht eingehen, daß sich in diesen Koeffizienten sämtliche $\log b$ enthaltende Glieder gegenseitig wegheben, so daß wir an Stelle der Formel (341) eine einfachere schreiben können:

$$(342)\quad V^m = I + \sum_{\nu=1}^{\infty} \sum_{p_1,\ldots,p_\nu=-s}^{t} T_{p_1} \cdots T_{p_\nu} b^{p_1+\cdots+p_\nu+\nu} \sum_{\mu=0}^{\nu} \alpha^{*(0)}_{p_1\ldots p_\mu} \cdot \sum_{k=0}^{\nu-\mu} \alpha^{(k)}_{p_{\mu+1},\ldots,p_\nu} (2\pi m i)^k.$$

Wir kehren jetzt zur Entwicklung (340) zurück. Man prüft leicht nach, daß die auf der rechten Seite stehende Reihe formal als Produkt zweier Reihen erhalten werden kann, nämlich als Produkt der folgenden beiden Potenzreihen von Matrizen:

$$(343)\quad I + \sum_{\nu=1}^{\infty} \sum_{p_1,\ldots,p_\nu=-s}^{t} T_{p_1} \cdots T_{p_\nu} b^{p_1+\cdots+p_\nu+\nu} \sum_{\mu=0}^{\nu} \alpha^{*(\mu)}_{p_1\ldots p_\nu} \log^\mu b$$

und

$$I + \sum_{\nu=1}^{\infty} \sum_{p_1,\ldots,p_\nu=-s}^{t} T_{p_1} \cdots T_{p_\nu} x^{p_1+\cdots+p_\nu+\nu} \sum_{\mu=0}^{\nu} \alpha^{(\mu)}_{p_1\ldots p_\nu} \log^\mu x.$$

Der erste Faktor enthält x nicht und stellt also eine konstante Matrix dar. Lassen wir diesen Faktor weg, d. h., multiplizieren wir das Produkt von links mit der zum ersten Faktor inversen Matrix, dann bleibt die Reihe

$$(344)\quad I + \sum_{\nu=1}^{\infty} \sum_{p_1,\ldots,p_\nu=-s}^{t} T_{p_1} \cdots T_{p_\nu} x^{p_1+\cdots+p_\nu+\nu} \sum_{\mu=0}^{\nu} \alpha^{(\mu)}_{p_1\ldots p_\nu} \log^\mu x$$

übrig, die ebenfalls eine Lösung des Systems (325) sein muß. Diese Überlegungen hatten nur formalen Charakter; man kann aber streng beweisen, daß die Reihe (344) tatsächlich konvergiert und eine Lösung des Systems liefert, wenn die Matrizen T_p in der Nähe der Nullmatrix liegen. Diese Lösung (344) hängt nicht mehr von der Wahl des Punktes b ab, in dem wir $Y(b; x)$ zur Einheitsmatrix normiert haben. Wir verzichten hier auf die Untersuchung der durch die Reihe (344) definierten Lösung. Eine ausführliche Behandlung des Differentialgleichungssystems (325) kann man in Originalarbeiten von I. A. LAPPO-DANILEWSKI finden.

128. Entwicklungen in gleichmäßig konvergente Reihen. Die oben konstruierten Reihen sind in jedem endlichen abgeschlossenen Gebiet, das keine singulären Punkte enthält, gleichmäßig konvergent. In der Umgebung eines außerwesentlich singulären Punktes haben wir nach Abtrennung der Singularität eine TAYLORreihe, die in einer ganzen Umgebung des singulären Punktes gleichmäßig konvergent ist. Wir werden nun Reihen konstruieren, die auf der reellen Achse in einer ganzen Umgebung eines wesentlich singulären Punktes, den wir ins Unendliche verlegen können, gleichmäßig konvergieren; das führt gerade zu asymptotischen Darstellungen.

Wir untersuchen die Systeme zweier Differentialgleichungen erster Ordnung der Gestalt

$$(345)\quad \frac{dY}{dx} = YT = Y\left(T_0 + \frac{T_1}{x} + \frac{T_2}{x^2} + \cdots\right),$$

wobei die T_k konstante Matrizen sind. Für $T_0 = 0$ ist $x = \infty$ ein außerwesentlich singulärer Punkt. Setzt man $Y = Y_1 S$, wobei S eine konstante Matrix ist, so erhält man für Y_1 ein ebensolches Differentialgleichungssystem, aber mit den Koeffizienten $T'_k = S T_k S^{-1}$, und wir können S so wählen, daß die Matrix T'_0 kanonische Form hat. Wir wollen weiter voraussetzen, daß die Matrix T_0 im System (345) bereits kanonische Form hat. Dann betrachten wir den Fall, daß T_0 Diagonalgestalt hat, also $T_0 = [a_1, a_2]$, wobei die Realteile von a_1 und a_2 verschieden seien. Ohne Beschränkung der Allgemeinheit können wir voraussetzen, daß

(346) $$\mathrm{R}(a_1) > \mathrm{R}(a_2)$$

ist; $\mathrm{R}(z)$ bezeichne den Realteil der Zahl z.

Die Elemente t_{ik} der Matrix T seien

(347) $$t_{ii} = a_i + \sum_{s=1}^{\infty} t_{ii}^{(s)} \frac{1}{x^s}; \qquad t_{ik} = \sum_{s=1}^{\infty} t_{ik}^{(s)} \frac{1}{x^s} \quad (i \neq k);$$

dann setzen wir

(348) $$T = P_0 + P,$$

wobei P_0 die Diagonalmatrix

(349) $$P_0 = \left[a_1 + t_{11}^{(1)} \frac{1}{x},\ a_2 + t_{22}^{(1)} \frac{1}{x}\right]$$

ist.

Die Elemente P_{ik} der Matrix P haben die Gestalt

(350) $$P_{ik} = \sum_{s=1}^{\infty} t_{ik}^{(s)} \frac{1}{x^s} \quad (i \neq k); \qquad P_{ii} = \sum_{s=2}^{\infty} t_{ii}^{(s)} \frac{1}{x^s}.$$

An Stelle von Y führen wir als neue gesuchte Matrix die Matrix Z durch

(351) $$Y = e^{\int_1^x P_0\, dy} \cdot Z = e^{[a_1 x + t_{11}^{(1)} \log x - a_1,\ a_2 x + t_{22}^{(1)} \log x - a_2]} \cdot Z$$

ein. Durch Einsetzen dieses Ausdrucks in (345) erhält man für Z die Differentialgleichung

(352) $$\frac{dZ}{dx} = ZP_0 - P_0 Z + ZP;$$

wir führen noch den Parameter λ ein und betrachten die Gleichung

(353) $$\frac{dZ}{dx} = ZP_0 - P_0 Z + \lambda ZP.$$

Für diese Differentialgleichung machen wir den Lösungsansatz

(354) $$Z = \sum_{m=0}^{\infty} Z_m \lambda^m.$$

Geht man mit diesem in (353) ein, so ergibt sich

(355) $$\frac{dZ_m}{dx} = Z_m P_0 - P_0 Z_m + Z_{m-1} P \qquad (m = 1, 2, 3, \ldots)$$

und für die Elemente $z_{ik}^{(m)}$ der Matrix Z_m

(356) $$\frac{dz_{ik}^{(m)}}{dx} = e^{a_k x + t_{kk}^{(1)} \log x - a_k} z_{ik}^{(m)} - e^{a_i x + t_{ii}^{(1)} \log x - a_i} z_{ik}^{(m)} + \sum_{s=1}^{2} z_{is}^{(m-1)} P_{sk};$$

dabei kann man $Z_0 = I$ voraussetzen. Diese Differentialgleichung läßt sich leicht integrieren; man erhält folgende Formel, aus der man nacheinander die Elemente $z_{ik}^{(m)}$ berechnen kann:

(357) $$z_{ik}^{(m)} = e^{-r_{ik}} \int e^{r_{ik}} \sum_{s=1}^{2} z_{is}^{(m-1)} P_{sk}\, dx$$

mit

(358) $$r_{ik} = (a_i - a_k)\, x + (P_{ii}^{(1)} - P_{kk}^{(1)}) \log x = \alpha_{ik} x + \beta_{ik} \log x .$$

Integriert wird in (357) über das Intervall (x_0, x) für $i > k$ und (∞, x) für $i \leqslant k$, wobei x_0 ein hinreichend großer reeller Wert von x und $x > x_0$ vorausgesetzt ist. Wir können jedenfalls $x_0 \geqslant 1$ annehmen. Für die Elemente z_{ik} der Matrix Z, die die Differentialgleichung (352) erfüllen muß, erhalten wir die Reihen

(359) $$\begin{cases} z_{ik} = \sum_{m=1}^{\infty} z_{ik}^{(m)} & (i \neq k); \\ z_{ii} = 1 + \sum_{m=1}^{\infty} z_{ii}^{(m)} . & \end{cases}$$

Können wir zeigen, daß diese Reihen im ganzen unendlichen Intervall $x_0 \leqslant x < \infty$ gleichmäßig konvergent sind, so folgt aus Formel (357) unmittelbar, daß die aus den Ableitungen gebildeten Reihen

$$\sum_{m=1}^{\infty} \frac{dz_{ik}^{(m)}}{dx} \qquad (i, k = 1, 2)$$

in jedem endlichen Teilintervall des angegebenen Intervalls gleichmäßig konvergieren und daß die Matrix Z die Differentialgleichung (352) erfüllt. Die durch (351) definierte Matrix Y genügt dann der Differentialgleichung (345).

Wir wollen jetzt die gleichmäßige Konvergenz der Reihen (359) beweisen. Aus (350) folgt

(360) $$|p_{ik}| \leqslant \frac{a}{x} \quad (i \neq k); \qquad |p_{ii}| \leqslant \frac{a}{x^2},$$

wobei a eine positive Konstante ist. Wendet man die DE L'HOSPITALsche Regel an, so erhält man ferner leicht die Abschätzungen

(361) $$e^{-r'_{ik}} \int e^{r'_{ik}} \frac{a}{x}\, dx \leqslant \frac{b}{x}; \qquad \int \frac{a}{x^2}\, dx \leqslant \frac{b}{x};$$

dabei ist r'_{ik} der Realteil von r_{ik} und b eine positive Konstante.

In diesen Formeln wie auch weiter unten sind die Integrale über die oben genannten Intervalle zu erstrecken. Wir merken an, daß man bei Vergrößerung von x_0 offensichtlich den früheren Wert der Konstanten b beibehalten kann.

Aus (355) und $Z_0 = I$ folgt

(362) $$z_{ik}^{(1)} = e^{-r_{ik}} \int e^{r_{ik}} p_{ik}\, dx \quad (i \neq k); \quad z_{ii}^{(1)} = \int p_{ii}\, dx$$

und wegen (360) und (361) ergibt sich

(363) $$|z_{ik}^{(1)}| \leqslant \frac{b}{x} \qquad (k \neq l); \qquad |z_{ii}^{(1)}| \leqslant \frac{b}{x} .$$

Ferner gilt wegen (355), (363) und $x \geqslant x_0 \geqslant 1$

$$\left|z_{ik}^{(2)}\right| \leqslant e^{-r'_{ik}} \int e^{r'_{ik}} 2 \frac{ab}{x^2} dx \leqslant \frac{2b}{x_0} e^{-r'_{ik}} \int e^{r'_{ik}} \frac{a}{x} dx \leqslant \frac{2b}{x_0} \cdot \frac{b}{x};$$

$$\left|z_{ii}^{(2)}\right| \leqslant \int 2 \frac{ab}{x^2} dt \leqslant 2b \cdot \frac{b}{x};$$

$$\left|z_{ik}^{(3)}\right| \leqslant 2a_1 e^{-r'_{ik}} \int e^{r'_{ik}} 2 \frac{ab}{x^2} dx \leqslant \frac{(2b)^2}{x_0} \cdot \frac{b}{x};$$

$$\left|z_{ii}^{(3)}\right| \leqslant \int \sum_{s=1}^{2} \left|z_{is}^{(2)}\right| |p_{sk}| \, dx \leqslant \int \left(\frac{2b}{x_0} \frac{ab}{t^2} + 2a_1 \frac{ab}{t^3}\right) dx$$

und daher

$$\left|z_{ii}^{(3)}\right| \leqslant \frac{(2b)^2}{x_0} \cdot \frac{b}{x}.$$

Die weiteren Abschätzungen lauten

$$(364) \qquad \begin{cases} \left|z_{ik}^{(2m)}\right| \leqslant \dfrac{(2b)^{2m-1}}{x_0^m} \cdot \dfrac{b}{x}; & \left|z_{ii}^{(2m)}\right| \leqslant \dfrac{(2b)^{2m-1}}{x_0^{m-1}} \cdot \dfrac{b}{x}; \\[2ex] \left|z_{ik}^{(2m+1)}\right| \leqslant \dfrac{(2b)^{2m}}{x_0^m} \cdot \dfrac{b}{x}; & \left|z_{ii}^{(2m+1)}\right| \leqslant \dfrac{(2b)^{2m}}{x_0^m} \cdot \dfrac{b}{x}. \end{cases}$$

Man kann sie wie oben durch Schluß von $2m$ auf $2m+1$ und von $2m+1$ auf $2m+2$ leicht nachprüfen.

Aus diesen Abschätzungen folgt unmittelbar, daß die Reihen

$$\sum_{m=0}^{\infty} \left|z_{ik}^{(m)}\right|$$

für $i \neq k$ und $i = k$ im unendlichen Intervall $x_0 \leqslant x < \infty$ gleichmäßig konvergieren, wenn nur $x_0 > (2b)^2$ ist. Berücksichtigt man also die Formel (351), so erhält man folgende Lösungen des Differentialgleichungssystems (345):

$$(365) \qquad y_{ik} = e^{a_i x} x^{t_{ii}^{(1)}} z_{ik} \qquad (i, k = 1, 2),$$

wobei wie immer i die Nummer der Lösung und k die Nummer der Funktion ist. Aus den Gleichungen (359) und den Abschätzungen (364) folgt unmittelbar

$$(366) \qquad z_{ik} = o\left(\frac{1}{x}\right) \quad (i \neq k); \qquad z_{ii} = 1 + o\left(\frac{1}{x}\right);$$

das zeigt bei Berücksichtigung von (346), daß die Lösungen (365) linear unabhängig sind.

Setzt man die Entwicklungen (350) in (357) ein, so gelangt man zu den Integralen

$$(367) \qquad e^{-\alpha x - \beta \log x} \int_{x_0}^{x} e^{\alpha y + \beta \log y} \frac{dy}{y^n} \quad \text{und} \quad e^{\alpha y + \beta \log y} \int_{\infty}^{x} e^{-\alpha y - \beta \log y} \frac{dy}{y^n},$$

wobei $\mathrm{R}(\alpha) > 0$ und $n \geqslant 1$ ist.

Wird $e^{\beta \log x} = x^{\beta}$ gesetzt und partiell integriert, so ergibt sich die asymptotische Entwicklung dieser Integrale nach Potenzen von $\frac{1}{x}$.

Benutzt man (350) sowie die Entwicklungen der Integrale (367) in asymptotische Reihen und schätzt die Restglieder mit schärferen Methoden ab, als wir sie für die Abschätzungen

(364) verwendet haben, so erhält man asymptotische Entwicklungen der z_{ik} nach Potenzen von $\frac{1}{x}$, was mit Hilfe von (365) zu asymptotischen Entwicklungen für die y_{ik} führt. Wir trennen in den asymptotischen Entwicklungen der z_{ik} die ersten Glieder ab. Wegen (362) erhalten wir

$$z_{ik}^{(1)} = e^{-\alpha_{ik} x - \beta_{ik} \log x} \int_{x_0}^{x} e^{\alpha_{ik} y + \beta_{ik} \log y} \left(\frac{t_{ik}^{(1)}}{y} + \frac{t_{ik}^{(2)}}{y^2} + \frac{\varepsilon_{ik}}{y^2} \right) dy \qquad (i > k);$$

$$z_{ik}^{(1)} = e^{-\alpha_{ik} x - \beta_{ik} \log x} \int_{\infty}^{x} e^{\alpha_{ik} y + \beta_{ik} \log y} \left(\frac{t_{ik}^{(1)}}{y} + \frac{t_{ik}^{(2)}}{y^2} + \frac{\varepsilon_{ik}}{y^2} \right) dy \qquad (i < k);$$

$$z_{ii}^{(1)} = \int_{\infty}^{x} \left(\frac{t_{ii}^{(2)}}{y^2} + \frac{t_{ii}^{(3)}}{y^3} + \frac{\varepsilon_{ii}}{y^2} \right) dy,$$

wobei die ε_{ik} und ε_{ii} für $x \to \infty$ gegen Null gehen. Das liefert mit Hilfe partieller Integration

$$z_{ik}^{(1)} = \frac{a_{ik}^{(1)}}{x} + \frac{a_{ik}^{(2)}}{x^2} + \frac{\varepsilon'_{ik}}{x^2} \qquad (\varepsilon'_{ik} \to 0 \text{ für } x \to \infty)\ (i, k = 1, 2). \tag{368}$$

Setzt man diese Ausdrücke in (357) für $m = 2$ ein, so ergibt sich

$$z_{ik}^{(2)} = e^{-\alpha_{ik} x - \beta_{ik} \log x} \int e^{\alpha_{ik} y + \beta_{ik} \log y} \sum_{s=1}^{2} \left(\frac{a_{is}^{(1)}}{y} + \frac{a_{is}^{(2)}}{y^2} + \frac{\varepsilon'_{is}}{y^2} \right) \cdot \left(\frac{t_{sk}^{(1)}}{y} + \frac{t_{sk}^{(2)}}{y^2} + \frac{\varepsilon_{sk}}{y^2} \right) dy.$$

Das führt für $i \neq k$ zu den asymptotischen Entwicklungen

$$z_{ik}^{(2)} = \frac{b_{ik}^{(2)}}{x^2} + \frac{\varepsilon''_{ik}}{x^2} \qquad (\varepsilon''_{ik} \to 0 \text{ für } x \to \infty)\ (i \neq k). \tag{369}$$

Ferner gilt

$$z_{ii}^{(2)} = \int_{\infty}^{x} \sum_{s=1}^{2} \left(\frac{a_{is}^{(1)}}{y} + \frac{a_{is}^{(2)}}{y^2} + \frac{\varepsilon'_{is}}{y^2} \right) \left(\frac{t_{si}^{(1)}}{y} + \frac{t_{si}^{(2)}}{y^2} + \frac{\varepsilon_{si}}{y^2} \right) dy,$$

woraus

$$z_{ii}^{(2)} = \frac{b_{ii}^{(1)}}{x} + \frac{b_{ii}^{(2)}}{x^2} + \frac{\varepsilon''_{ii}}{x^2} \tag{370}$$

folgt. Aus (369) und (370) erhält man die Abschätzungen

$$\left| z_{ik}^{(2)} \right| \leqslant \frac{b}{x^2}; \quad \left| z_{ii}^{(2)} \right| \leqslant \frac{b}{x} \qquad (b \text{ konstant}). \tag{371}$$

Daraus ergibt sich, wenn man noch (360) und $x \geqslant x_0 \geqslant 1$ berücksichtigt,

$$\left| z_{ik}^{(3)} \right| \leqslant 2abe^{-r'_{ik}} \int e^{r'_{ik}} \frac{1}{x^2}\, dx;$$

$$\left| z_{ii}^{(3)} \right| \leqslant 2ab \int \frac{1}{x^3}\, dx.$$

Man bekommt außerdem leicht Abschätzungen, die (361) entsprechen, nämlich

$$e^{-r'_{ik}} \int e^{r'_{ik}} \frac{1}{x^2}\, dx \leqslant \frac{b_1}{x^2}; \quad \int \frac{1}{x^3}\, dx \leqslant \frac{b_1}{x^2} \qquad (b_1 \text{ konstant}),$$

was zu den Ungleichungen

$$|z_{ik}^{(3)}| \leqslant ab\,(2b_1)\,\frac{1}{x^2} \qquad (i, k = 1, 2)$$

führt.

Setzt man das in (357) für $m = 4$ ein, so ergibt sich wegen $x \geqslant x_0 \geqslant 1$

$$|z_{ik}^{(4)}| \leqslant \frac{abb_1 2^2}{x_0} e^{-r'_{ik}} \int e^{r'_{ik}} \frac{1}{x^2}\, dx \leqslant ab\,\frac{(2b_1)^2}{x_0} \cdot \frac{1}{x^2};$$

$$|z_{ii}^{(4)}| \leqslant abb_1 2^2 \int \frac{1}{x^3}\, dx \leqslant ab\,(2b_1)^2 \cdot \frac{1}{x^2}.$$

Setzt man dieses Verfahren fort, dann erhält man die Abschätzungen

$$|z_{ik}^{(2m)}| \leqslant ab\,\frac{(2b_1)^{2m-2}}{x_0^{m-1}} \cdot \frac{1}{x^2}; \qquad |z_{ii}^{(2m)}| \leqslant ab\,\frac{(2b_1)^{2m-2}}{x_0^{m-2}} \cdot \frac{1}{x^2};$$

$$|z_{ik}^{(2m+1)}| \leqslant ab\,\frac{(2b_1)^{2m-1}}{x_0^{m-1}} \cdot \frac{1}{x^2}; \qquad |z_{ii}^{(2m+1)}| \leqslant ab\,\frac{(2b_1)^{2m-1}}{x_0^{m-1}} \cdot \frac{1}{x^2},$$

aus denen

$$(371_1) \quad \begin{cases} |z_{ik}^{(2m)}| + |z_{ik}^{(2m+1)}| \leqslant ab\,\dfrac{(2b_1)^{2m-2}}{x_0^{m-1}}\,(1 + 2b_1)\,\dfrac{1}{x^2}; \\[2ex] |z_{ii}^{(2m)}| + |z_{ii}^{(2m+1)}| \leqslant ab\,\dfrac{(2b_1)^{2m-2}}{x_0^{m-1}}\,(x_0 + 2b_1)\,\dfrac{1}{x^2} \end{cases}$$

folgt. Mit Hilfe der Reihen (359) und der Formeln (368), (370) und (371) bekommt man

$$(372) \qquad z_{ik} = \frac{a_{ik}^{(i)}}{x} + \frac{\eta'_{ik}}{x}; \qquad z_{ii} = 1 + \frac{a_{ii}^{(1)} + b_{ii}^{(1)}}{x} + \frac{\eta_{ii}}{x},$$

wobei η_{ik} und η_{ii} für $x \to \infty$ gegen Null streben. Setzt man das in (365) ein, so erhält man die asymptotische Entwicklung von y_{ik}. Ganz analog kann man auch die folgenden Glieder der asymptotischen Entwicklung der z_{ik} abtrennen. Die oben angegebene Methode läßt sich ohne Änderungen auch auf ein System von n Differentialgleichungen anwenden, wenn nur die Eigenwerte der Matrix T_0 verschiedene Realteile haben.

Wir nehmen jetzt an, daß die in der Diagonalmatrix $T_0 = [a_1, a_2]$ auftretenden Werte a_1 und a_2 ein und denselben Realteil a besitzen. An Stelle von Y führen wir dann $Y_1 = e^{-ax} Y$ als neue unbekannte Matrix ein; wir erhalten für Y_1 eine Differentialgleichung der Gestalt (345), in der T_0 die Diagonalmatrix $[\alpha_1 i, \alpha_2 i]$ mit rein imaginären Eigenwerten ist. Wir wollen annehmen, daß bereits die Differentialgleichung (345) diese Eigenschaft besitzt. Ist dann die Matrix T_1 gleich Null, so kann man ohne Änderung die oben angegebene Methode anwenden und erhält gleichmäßig konvergente Reihen und asymptotische Darstellungen.

Ist $T_0 = [a, a]$, so führt die Substitution $Y_1 = e^{-ax} Y$ auf ein Differentialgleichungssystem für Y_1 mit einem außerwesentlich singulären Punkt im Unendlichen.

Wir wenden die erhaltenen Resultate auf die Untersuchung der linearen Differentialgleichung

$$(373) \qquad y'' + \left(a_0 + \frac{a_1}{x} + \frac{a^2}{x^2} + \cdots\right) y' + \left(b_0 + \frac{b_1}{x} + \frac{b^2}{x^2} + \cdots\right) y = 0$$

an. Setzt man wie üblich $y_1 = y$ und $y_2 = y'$, so ergibt sich ein Differentialgleichungssystem, für das

$$T_0 = \begin{pmatrix} 0 & -b_0 \\ 1 & -a_0 \end{pmatrix}$$

ist und die charakteristische Gleichung dieser Matrix die Gestalt

$$\lambda^2 + a_0\lambda + b_0 = 0 \tag{374}$$

hat. Sind die Realteile der Wurzeln dieser Gleichung verschieden, dann können wir das obige Verfahren zur Bildung der Reihen anwenden. Die oben angegebene Methode der sukzessiven Approximation wurde in der Arbeit von Н. П. Еругин „Приводимые системы" (N. P. JERUGIN „Reduzible Systeme") (1946) entwickelt.

In einer Arbeit von В. В. Хорошилов (Доклады Академии Наук СССР) (W. W. CHOROSCHILOW, Doklady der Akademie der Wissenschaften der UdSSR, 1949) wurde sie auf den oben untersuchten Fall angewendet, daß die Wurzeln der charakteristischen Gleichung der Matrix T_0 verschiedene Realteile haben.

VI. Spezielle Funktionen der mathematischen Physik

§ 1. Kugelfunktionen und LEGENDREsche Funktionen

129. Definition der Kugelfunktionen. In diesem Kapitel wollen wir eine spezielle Klasse von Funktionen untersuchen, denen man bei der Integration von Differentialgleichungen der mathematischen Physik begegnet. Alle diese Funktionen werden gewöhnlich als Lösungen bestimmter linearer Differentialgleichungen mit veränderlichen Koeffizienten definiert. Insbesondere stoßen wir beim Problem der schwingenden Saite auf trigonometrische Funktionen und bei der Schwingung einer kreisförmigen Membran auf BESSELsche Funktionen.

Wir beginnen mit der Untersuchung der sogenannten *Kugelfunktionen*, die eng mit der LAPLACEschen Differentialgleichung zusammenhängen. Mit dieser Gleichung haben wir uns bereits früher beschäftigt. In kartesischen Koordinaten hat sie die Gestalt

$$\Delta U \equiv \frac{\partial^2 U}{\partial x^2} + \frac{\partial^2 U}{\partial y^2} + \frac{\partial^2 U}{\partial z^2} = 0. \tag{1}$$

Wir wollen eine Lösung dieser Differentialgleichung in Gestalt homogener Polynome in den Veränderlichen x, y und z suchen.

Zunächst untersuchen wir einfachste Spezialfälle.

Das einzige homogene Polynom nullten Grades ist eine willkürliche Konstante a, die offensichtlich die Differentialgleichung (1) erfüllt. Die allgemeine Gestalt homogener Polynome ersten Grades ist

$$U_1 = ax + by + cz.$$

Dieses Polynom erfüllt ebenfalls die Differentialgleichung (1) bei beliebiger Wahl der konstanten Koeffizienten a, b und c. Anders ausgedrückt: es gibt hier drei linear unabhängige Lösungen der Differentialgleichung (1), nämlich x, y und z, und ihre Linearkombination mit willkürlichen konstanten Koeffizienten liefert eine allgemeine Lösung der Differentialgleichung (1) als homogenes Polynom ersten Grades.

Wir betrachten das homogene Polynom zweiten Grades

$$U_2 = ax^2 + by^2 + cz^2 + hxy + kyz + lzx.$$

Setzt man es in die Differentialgleichung (1) ein, so erhält man für die Koeffizienten die Bedingung $a + b + c = 0$. Wir können z. B. $c = -a - b$ setzen, und folglich ist die allgemeine Form eines homogenen Polynoms zweiten Grades, das der Differentialgleichung (1) genügt,

$$U_2 = a(x^2 - z^2) + b(y^2 - z^2) + hxy + kyz + lzx.$$

Hier haben wir fünf linear unabhängige Lösungen der Differentialgleichung, nämlich $x^2 - z^2$, $y^2 - z^2$, xy, yz und zx, und die Linearkombination dieser Lösungen mit willkürlichen konstanten Koeffizienten liefert die allgemeine Lösung der Differentialgleichung in Gestalt eines homogenen Polynoms zweiten Grades

Wir betrachten das homogene Polynom dritten Grades

$$U_3 = ax^3 + by^3 + cz^3 + mx^2y + nx^2z + py^2x + gy^2z + hz^2x + kz^2y + l\,xyz\,.$$

Setzt man es in die Differentialgleichung (1) ein, so erhält man

$$6\,(ax + by + cz) + 2my + 2nz + 2px + 2gz + 2hx + 2ky = 0\,.$$

Setzt man die Koeffizienten bei x, y und z gleich Null, so erhält man drei Gleichungen, durch die die Koeffizienten miteinander verknüpft sind:

$$\begin{aligned} 3a + p + h &= 0 & & & a &= -\frac{1}{3}(p + h);\\ 3b + m + k &= 0 & &\text{oder} & b &= -\frac{1}{3}(m + k);\\ 3c + n + g &= 0 & & & c &= -\frac{1}{3}(n + g), \end{aligned}$$

so daß die allgemeine Lösung der Differentialgleichung (1) in Gestalt eines homogenen Polynoms dritten Grades die folgende ist:

$$U_3 = m\left(x^2y - \frac{1}{3}y^3\right) + n\left(x^2z - \frac{1}{3}z^3\right) + p\left(y^2x - \frac{1}{3}x^3\right) + \\ + g\left(y^2z - \frac{1}{3}z^3\right) + h\left(z^2x - \frac{1}{3}x^3\right) + k\left(z^2y - \frac{1}{3}y^3\right) + l\,xyz\,.$$

Hierbei haben wir sieben linear unabhängige Lösungen der Differentialgleichung erhalten.

Wir wollen jetzt zeigen, daß *im allgemeinen* $2\,n + 1$ *linear unabhängige homogene Polynome vom Grade n existieren, die die Differentialgleichung* (1) *erfüllen*. Zunächst wollen wir die Anzahl der Koeffizienten in einem homogenen Polynom und die Anzahl der Gleichungen, denen diese genügen müssen, bestimmen. Ein homogenes Polynom vom Grade n in zwei Veränderlichen,

$$a_0x^n + a_1x^{n-1}y + \cdots + a_ny^n$$

hat $n + 1$ Koeffizienten. Ein ebensolches Polynom in drei Veränderlichen kann in der Gestalt

$$a_0z^n + \varphi_1(x, y)\,z^{n-1} + \cdots + \varphi_{n-1}(x, y)\,z + \varphi_n(x, y) \tag{2}$$

geschrieben werden, wobei die $\varphi_k(x, y)$ homogene Polynome vom Grade k sind. Folglich ist allgemein die Anzahl der Koeffizienten im homogenen Polynom (2)

$$1 + 2 + \cdots + n + (n + 1) = \frac{(n+1)(n+2)}{2}.$$

Setzt man das Polynom (2) in die linke Seite der Differentialgleichung (1) ein, so erhält man ein homogenes Polynom vom Grade $n - 2$, das insgesamt $\frac{(n-1)\,n}{2}$ Glieder enthält. Daher sind $\frac{(n+1)\,(n+2)}{2}$ Koeffizienten des Polynoms (2) durch $\frac{(n-1)\,n}{2}$ homogene Gleichungen verknüpft. Sind diese Gleichungen linear unabhängig, so ist die Anzahl der willkürlich bleibenden Koeffizienten gleich

$$\frac{(n+1)(n+2)}{2} - \frac{(n-1)\,n}{2} = 2n + 1\,,$$

was wir gerade beweisen wollten. Dabei bleibt aber noch ungeklärt, ob die oben erwähnten Gleichungen tatsächlich unabhängig sind. Wir geben daher einen anderen, vollständigen Beweis des obigen Satzes. Das Polynom (2) können wir in der Gestalt

$$U_n = \sum_{p+q+r=n} a_{pqr}\, x^p y^q z^r$$

schreiben, wobei offensichtlich

$$a_{pqr} = \frac{1}{p!\,q!\,r!} \frac{\partial^{p+q+r} U_n}{\partial x^p \partial y^q \partial z^r} \tag{3}$$

ist.

Die Differentialgleichung (1) kann man auch in der Gestalt

$$\frac{\partial^2 U}{\partial z^2} = -\frac{\partial^2 U}{\partial x^2} - \frac{\partial^2 U}{\partial y^2}$$

schreiben. Unter Benutzung dieser Form der Differentialgleichung können wir in den Ausdrücken (3) die Ableitungen nach z von höherer als erster Ordnung eliminieren, so z. B. schreiben:

$$\frac{\partial^6 U}{\partial x\, \partial y\, \partial z^4} = -\frac{\partial^4}{\partial x\, \partial y\, \partial z^2}\left(\frac{\partial^2 U}{\partial x^2} + \frac{\partial^2 U}{\partial y^2}\right) = \frac{\partial^4}{\partial x^3\, \partial y}\left(\frac{\partial^2 U}{\partial x^2} + \frac{\partial^2 U}{\partial y^2}\right) + \frac{\partial^4}{\partial x\, \partial y^3}\left(\frac{\partial^2 U}{\partial x^2} + \frac{\partial^2 U}{\partial y^2}\right) =$$
$$= \frac{\partial^6 U}{\partial x^5\, \partial y} + 2\frac{\partial^6 U}{\partial x^3\, \partial y^3} + \frac{\partial^6 U}{\partial x\, \partial y^5}.$$

Also bleiben nur diejenigen Koeffizienten a_{pqr} willkürlich, in denen entweder überhaupt keine Ableitung nach z oder nur die erste Ableitung nach z vorkommt. Dies sind die Koeffizienten a_{pq0} $(p+q=n)$ oder a_{pq1} $(p+q=n-1)$, und ihre Gesamtanzahl ist also gerade gleich $2n+1$, was wir beweisen wollten.

130. Explizite Ausdrücke der Kugelfunktionen. Wir stellen jetzt explizite Ausdrücke für diejenigen Polynome auf, über die wir im vorigen Abschnitt gesprochen haben. Dazu führen wir Kugelkoordinaten ein:

$$x = r \sin\theta \cos\varphi; \quad y = r \sin\theta \sin\varphi; \quad z = r\cos\theta. \tag{4}$$

Dann hat ein homogenes Polynom vom Grade n die Gestalt

$$U_n(x, y, z) = r^n Y_n(\theta, \varphi). \tag{5}$$

Diejenigen Polynome, die Lösungen der Differentialgleichung (1)[1] sind, bezeichnet man gewöhnlich als *räumliche Kugelfunktionen*, während man den Faktor $Y_n(\theta, \varphi)$, der offensichtlich ein Polynom in $\cos\theta$, $\sin\theta$, $\cos\varphi$ und $\sin\varphi$ ist, *Kugelflächenfunktion* oder einfach *Kugelfunktion n-ten Grades* nennt. Unsere Aufgabe besteht also darin, die $2n+1$ linear unabhängigen Kugelfunktionen n-ten Grades aufzufinden.

Vorher erwähnen wir eine einfache Tatsache, die mit der Lösung der Differentialgleichung (1) zusammenhängt. Wir schreiben das Integral

$$U(x, y, z) = \int_{-\pi}^{+\pi} f(z + ix\cos t + iy\sin t, t)\, dt \tag{6}$$

[1]) Lösungen von (1) heißen ganz allgemein harmonische oder Potentialfunktionen (Anm. d. wiss. Red.).

auf, das von den Parametern x, y und z abhängt, wobei wir voraussetzen, daß unter dem Integralzeichen nach x, y und z differenziert werden darf. Führt man die Differentiation aus, so prüft man leicht nach, daß die Funktion $U(x, y, z)$ die Differentialgleichung (1) bei beliebiger Wahl der Funktion $f(\tau, t)$ erfüllt, wenn nur diese Differentiation erlaubt ist. Es ist nämlich

$$\Delta U(x, y, z) = \int_{-\pi}^{+\pi} (1 - \cos^2 t - \sin^2 t)\, f''(z + ix\cos t + iy\sin t, t)\, dt,$$

wobei wir mit $f''(\tau, t)$ die zweite Ableitung von $f(\tau, t)$ nach dem ersten Argument bezeichnet haben. Wir merken an, daß dieses Argument eine komplexe Größe ist. Mit Hilfe der Formel (6) ist es jetzt leicht, $2n + 1$ homogene Polynome n-ten Grades zu konstruieren, die die Differentialgleichung (1) erfüllen.

Wir schreiben sie in der Form

$$\int_{-\pi}^{+\pi} (z + ix\cos t + iy\sin t)^n \cos mt\, dt \qquad (m = 0, 1, 2, \ldots, n); \tag{7}$$

$$\int_{-\pi}^{+\pi} (z + ix\cos t + iy\sin t)^n \sin mt\, dt \qquad (m = 1, 2, \ldots, n). \tag{8}$$

Führt man räumliche Polarkoordinaten ein, so erhält man unter Benutzung der Integrale (7) folgende Ausdrücke für die Kugelfunktionen:

$$\int_{-\pi}^{+\pi} [\cos\theta + i\sin\theta\cos(t - \varphi)]^n \cos mt\, dt = \int_{-\pi-\varphi}^{\pi-\varphi} (\cos\theta + i\sin\theta\cos\psi)^n \cos m(\varphi + \psi)\, d\psi.$$

Da der Integrand bezüglich ψ die Periode 2π hat, kann man ein beliebiges Integrationsintervall der Länge 2π wählen [**II, 142**]. Also kann man für das letzte Integral schreiben:

$$\int_{-\pi}^{+\pi} (\cos\theta + i\sin\theta\cos\psi)^n \cos m(\varphi + \psi)\, d\psi.$$

Da die Funktion $\sin m\psi$ ungerade ist, kann man nach Aufspaltung von $\cos m(\varphi + \psi)$ diese Kugelfunktion auf die Gestalt

$$\cos m\varphi \int_{-\pi}^{+\pi} (\cos\theta + i\sin\theta\cos\psi)^n \cos m\psi\, d\psi \qquad (m = 0, 1, 2, \ldots, n) \tag{9}$$

bringen. Entsprechend führen uns die Integrale (8) auf die n Kugelfunktionen

$$\sin m\varphi \int_{-\pi}^{+\pi} (\cos\theta + i\sin\theta\cos\psi)^n \cos m\psi\, d\psi \qquad (m = 1, 2, \ldots, n). \tag{10}$$

Die lineare Unabhängigkeit der $2n + 1$ Funktionen (9) und (10) folgt unmittelbar daraus, daß ihre funktionale Abhängigkeit von φ in den Faktoren $\cos m\varphi$ und $\sin m\varphi$ zum Ausdruck kommt und zwischen diesen Funktionen aber keine lineare Abhängigkeit bestehen kann, da sie im Intervall $(-\pi, +\pi)$ zueinander orthogonal sind [**II, 142**]. Damit haben wir also alle $2n + 1$ Kugelfunktionen n-ten Grades konstruiert. Die Koeffizienten bei $\cos m\varphi$ und $\sin m\varphi$ in den Ausdrücken (9) und (10) sind ein und dieselben Funktionen von θ. Wir wollen sie jetzt durch die LEGENDREschen Polynome ausdrücken.

Für letztere hatten wir [102]

$$P_n(x) = \frac{1}{n!\,2^n} \frac{d^n}{dx^n}[(x^2-1)^n]. \tag{11}$$

Wir führen noch die Funktionen $P_{n,m}(x)$ ein, die sich aus den LEGENDREschen Polynomen ergeben:

$$P_{n,m}(x) = (1-x^2)^{\frac{m}{2}} \frac{d^m P_n(x)}{dx^m} = \frac{(1-x^2)^{\frac{m}{2}}}{n!\,2^n} \frac{d^{n+m}}{dx^{n+m}}[(x^2-1)^n] \qquad (m = 1, \ldots, n). \tag{12}$$

Nun wollen wir andere Ausdrücke für $P_n(x)$ und $P_{n,m}(x)$ herleiten. Gemäß der CAUCHYschen Formel ist

$$(x^2-1)^n = \frac{1}{2\pi i} \int_C \frac{(z^2-1)^n}{z-x} dz,$$

wobei C ein beliebiger geschlossener Weg ist, in dessen Innern der Punkt $z = x$ liegt; C ist dabei entgegen dem Uhrzeigersinn zu durchlaufen. Daraus erhalten wir wegen (11)

$$P_n(x) = \frac{1}{2^{n+1}\pi i} \int_C \frac{(z-1)^n (z+1)^n}{(z-x)^{n+1}} dz. \tag{13}$$

Wir wählen als C den Kreis um $z = x$ mit dem Radius $|x^2 - 1|$ (vorausgesetzt, daß $x \neq \pm 1$ ist). Dann gilt für die Integrationsvariable

$$z = x + (x^2-1)^{\frac{1}{2}} e^{i\psi},$$

wobei die Wahl des Wertes $(x^2-1)^{\frac{1}{2}}$ gleichgültig ist. Man kann annehmen, daß ψ zwischen $-\pi$ und $+\pi$ variiert. Führt man im Integral (13) die Variablensubstitution aus, so erhält man

$$P_n(x) = \frac{1}{2\pi} \int_{-\pi}^{+\pi} \left\{ \frac{[x-1+(x^2-1)^{\frac{1}{2}} e^{i\psi}]\,[x+1+(x^2-1)^{\frac{1}{2}} e^{i\psi}]}{2(x^2-1)^{\frac{1}{2}} e^{i\psi}} \right\}^n d\psi.$$

Da der Integrand eine gerade Funktion ist, ergibt sich nach elementaren Rechnungen

$$P_n(x) = \frac{1}{2\pi} \int_{-\pi}^{+\pi} [x + (x^2-1)^{\frac{1}{2}} \cos\psi]^n d\psi = \frac{1}{\pi} \int_0^{\pi} [x + (x^2-1)^{\frac{1}{2}} \cos\psi]^n d\psi. \tag{14}$$

Wir wollen die entsprechenden Rechnungen für $P_{n,m}(x)$ durchführen. An Stelle von (13) gilt

$$P_{n,m}(x) = \frac{(1-x^2)^{\frac{m}{2}} (n+1)(n+2)\cdots(n+m)}{2^{n+1}\pi i} \int_C \frac{(z^2-1)^n}{(z-x)^{n+m+1}} dz;$$

führt man dieselbe Substitution der Integrationsvariablen aus, dann ergibt sich

$$P_{n,m}(x) = \frac{(n+1)(n+2)\dots(n+m)}{2\pi} \int_{-\pi}^{+\pi} [x + (x^2-1)^{\frac{1}{2}} \cos\psi]^n e^{-mi\psi} d\psi$$

oder, weil $\sin m\psi$ ungerade ist,

$$(15) \qquad P_{n,m}(x) = \frac{(n+1)(n+2)\dots(n+m)}{2\pi} \int_{-\pi}^{+\pi} [x + (x^2-1)^{\frac{1}{2}} \cos\psi]^n \cos m\psi \, d\psi .$$

Setzen wir im Integral (14) oder (15) $x = \cos\theta$, so erhalten wir die in den Formeln (9) und (10) stehenden Integrale. Da ferner ein konstanter Faktor bei einem harmonischen Polynom oder bei einer Kugelfunktion keine Rolle spielt, gelangt man zu folgendem Schluß: Die gesuchten $2n+1$ *Kugelfunktionen n-ten Grades können in der Gestalt*

$$(16) \qquad P_n(\cos\theta); \quad P_{n,m}(\cos\theta)\cos m\varphi; \quad P_{n,m}(\cos\theta)\sin m\varphi \qquad (m = 1, 2, \dots, n)$$

geschrieben werden, wobei die $P_n(x)$ *die durch* (11) *gegebenen* LEGENDREschen *Polynome und die* $P_{n,m}(x)$ *durch Formel* (12) *definiert sind.*

Wir weisen darauf hin, daß der Faktor $(1-x^2)^{\frac{m}{2}}$ bei der Substitution $x = \cos\theta$ gleich $\sin^m\theta$ wird. Multipliziert man die Lösungen (16) mit beliebigen Konstanten und addiert sie, so erhält man die allgemeine Gestalt einer Kugelfunktion n-ten Grades

$$(17) \qquad Y_n(\theta, \varphi) = a_0 P_n(\cos\theta) + \sum_{m=1}^{n} (a_m \cos m\varphi + b_m \sin m\varphi) P_{n,m}(\cos\theta) .$$

An Stelle der trigonometrischen Funktionen können wir, indem wir eine geeignete Linearkombination der Lösungen (16) bilden, Exponentialfunktionen nehmen, so daß wir an Stelle von (16) folgendes System von Kugelfunktionen n-ten Grades erhalten:

$$(18) \qquad P_n(\cos\theta); \quad P_{n,m}(\cos\theta) e^{im\varphi}; \quad P_{n,m}(\cos\theta) e^{-im\varphi} \qquad (m = 1, 2, \dots, n).$$

Nach unserer Konstruktion haben die *homogenen Polynome n-ten Grades in den Veränderlichen x, y, z, welche die* LAPLACEsche *Differentialgleichung erfüllen, die allgemeine Gestalt* $r^n Y_n(\theta, \varphi)$, *wobei* $Y_n(\theta, \varphi)$ *durch die Formel* (17) *definiert ist.*

131. Die Orthogonalität. Wir beweisen jetzt die Orthogonalität der Kugelfunktionen (16) auf der Einheitskugel und berechnen ferner das Integral über das Quadrat dieser Funktionen auf der Einheitskugel. Vorher berechnen wir noch die Integrale

$$I_m = \int_{-1}^{+1} [P_{n,m}(x)]^2 dx .$$

Nach Definition dieser Funktionen gilt

$$I_m = \int_{-1}^{+1} [P_{n,m}(x)]^2 dx = \int_{-1}^{+1} (1-x^2)^m \frac{d^m P_n(x)}{dx^m} \frac{d^m P_n(x)}{dx^m} dx ,$$

wobei wir für $m = 0$ das Integral über das Quadrat eines LEGENDREschen Polynoms erhalten:

$$I_0 = \int_{-1}^{+1} [P_n(x)]^2 \, dx .$$

Wir haben in [102] gezeigt, daß

$$I_0 = \int_{-1}^{+1} [P_n(x)]^2 \, dx = \frac{2}{2n+1} \tag{19}$$

ist.

Am Schluß dieses Abschnitts führen wir den Beweis dieser Formel nochmals durch; jetzt berechnen wir das Integral I_m mit Hilfe der Formel (19).

Durch partielle Integration folgt

$$I_m = (1 - x^2)^m \frac{d^m P_n(x)}{dx^m} \frac{d^{m-1} P_n(x)}{dx^{m-1}} \Bigg|_{x=-1}^{x=+1} - \int_{-1}^{+1} \frac{d^{m-1} P_n(x)}{dx^{m-1}} \frac{d}{dx} \left[(1 - x^2)^m \frac{d^m P_n(x)}{dx^m} \right] dx$$

oder

$$I_m = - \int_{-1}^{+1} \frac{d^{m-1} P_n(x)}{dx^{m-1}} \frac{d}{dx} \left[(1 - x^2)^m \frac{d^m P_n(x)}{dx^m} \right] dx . \tag{20}$$

Mit Hilfe von Gleichung (84) aus [102] kann man leicht nachprüfen, daß die Funktion

$$z = \frac{d^{m-1} P_n(x)}{dx^{m-1}} = \frac{1}{2^n n!} \frac{d^{n+m-1} (x^2 - 1)^n}{dx^{n+m-1}}$$

der Differentialgleichung

$$(1 - x^2) \frac{d^{m+1} P_n(x)}{dx^{m+1}} - 2mx \frac{d^m P_n(x)}{dx^m} + (n + m)(n - m + 1) \frac{d^{m-1} P_n(x)}{dx^{m-1}} = 0$$

genügt.

Multipliziert man diese mit $(1 - x^2)^{m-1}$, so kann man sie auf die Gestalt

$$\frac{d}{dx} \left[(1 - x^2)^m \frac{d^m P_n(x)}{dx^m} \right] = -(n + m)(n - m + 1)(1 - x^2)^{m-1} \frac{d^{m-1} P_n(x)}{dx^{m-1}}$$

bringen.

Setzt man das in Formel (20) ein, so folgt

$$I_m = (n + m)(n - m + 1) \int_{-1}^{+1} (1 - x^2)^{m-1} \frac{d^{m-1} P_n(x)}{dx^{m-1}} \frac{d^{m-1} P_n(x)}{dx^{m-1}} \, dx$$

oder

$$I_m = (n + m)(n - m + 1) I_{m-1} .$$

Aus dieser Rekursionsformel ergibt sich

$$\begin{aligned} I_m &= (n + m)(n - m + 1)(n + m - 1)(n - m + 2) I_{m-2} = \cdots = \\ &= (n + m)(n - m + 1)(n + m - 1)(n - m + 2) \cdots (n + 1) n I_0 = \\ &= (n + m)(n + m - 1)(n + m - 2) \cdots (n - m + 1) I_0 = \frac{(n + m)!}{(n - m)!} I_0 . \end{aligned}$$

Daraus erhalten wir wegen (19) folgenden Ausdruck für die Integrale über die Quadrate der Funktionen $P_{n,m}(x)$:

$$\int_{-1}^{+1} [P_{n,m}(x)]^2 dx = \frac{2}{2n+1} \frac{(n+m)!}{(n-m)!}. \tag{21}$$

Die bisherigen Ergebnisse ermöglichen es, das Integral über die Quadrate der Kugelfunktionen zu berechnen. Die Kugelfunktionen $Y_n(\theta, \varphi)$ kann man als auf der Oberfläche der Einheitskugel definiert auffassen; θ und φ sind die üblichen geographischen Koordinaten eines Punktes dieser Fläche, wobei $\varphi = \text{const}$ die Meridiane und $\theta = \text{const}$ die Breitenkreise sind. Bei dieser Wahl der Koordinaten wird das Flächenelement der Kugeloberfläche bekanntlich durch folgende Formel ausgedrückt [**II, 59**]:

$$d\sigma = \sin\theta \, d\theta \, d\varphi. \tag{22}$$

Wir beweisen zunächst, daß zwei verschiedene Kugelfunktionen $Y_p(\theta, \varphi)$ und $Y_q(\theta, \varphi)$ verschiedenen Grades, d. h. mit $p \neq q$, auf der Oberfläche s der Einheitskugel orthogonal sind, daß also

$$\iint_s Y_p(\theta, \varphi) Y_q(\theta, \varphi) \, d\sigma = 0 \tag{23}$$

ist.

Es sei v das Volumen und s die Oberfläche dieser Kugel. Wir wenden auf die harmonischen Funktionen

$$U_p = r^p Y_p(\theta, \varphi) \quad \text{und} \quad U_q = r^q Y_q(\theta, \varphi) \tag{24}$$

die GREENsche Formel an [**II, 193**]:

$$\iint_s \left(U_p \frac{\partial U_q}{\partial n} - U_q \frac{\partial U_p}{\partial n}\right) d\sigma = \iiint_v (U_p \Delta U_q - U_q \Delta U_p) \, dv,$$

wobei $\Delta U_p = \Delta U_q = 0$ ist.

In unserem Falle fällt die Differentiation in Richtung der Normalen mit der nach dem Radius r zusammen, so daß diese Beziehung wegen (24)

$$\iint_s [q Y_p(\theta, \varphi) Y_q(\theta, \varphi) - p Y_q(\theta, \varphi) Y_p(\theta, \varphi)] \, d\sigma = 0$$

ergibt, woraus Formel (23) unmittelbar folgt.

Wir zeigen nun, daß die Kugelfunktionen (16), die ein und demselben Wert n entsprechen, ebenfalls paarweise orthogonal sind. In der Tat läßt sich die Integration über die Einheitskugel unter anderem auf die Integration über φ im Intervall $(0, 2\pi)$ zurückführen. Nun enthalten die Funktionen (16) die von φ abhängigen Faktoren

$$1, \cos\varphi, \sin\varphi, \cos 2\varphi, \sin 2\varphi, \ldots, \cos n\varphi, \sin n\varphi,$$

und das Integral über das Produkt je zweier dieser Funktionen über das Intervall $(0, 2\pi)$ verschwindet [**II, 142**]. Ebenso kann man zeigen, daß die Funktionen (18) ebenfalls ein Orthogonalsystem bilden.

Schließlich berechnen wir noch das Integral über das Quadrat jeder der von uns konstruierten Funktionen. Wir wählen zunächst die Kugelfunktion $P_n(\cos\theta)$, die nicht von φ abhängt, und bilden das Integral ihres Quadrates über die Oberfläche der Einheitskugel:

$$\int_0^\pi\int_0^{2\pi} P_n^2(\cos\theta)\sin\theta\,d\theta\,d\varphi\,.$$

Führt man die neue Integrationsveränderliche $x=\cos\theta$ ein und berücksichtigt die Gleichung (19), so folgt

$$\int_0^\pi\int_0^{2\pi} P_n^2(\cos\theta)\sin\theta\,d\theta\,d\varphi = 2\pi\int_{-1}^{+1} P_n^2(x)\,dx = \frac{4\pi}{2n+1}\,.$$

Ebenso ist für die anderen Funktionen

$$\int_0^\pi\int_0^{2\pi} [P_{n,m}(\cos\theta)]^2\sin^2 m\varphi\sin\theta\,d\theta\,d\varphi = \pi\int_{-1}^{+1}[P_{n,m}(x)]^2\,dx\,.$$

Daraus erhält man schließlich wegen (21)

$$(25)\quad \left\{\begin{aligned} &\iint_s [P_n(\cos\theta)]^2\,d\sigma = \frac{4\pi}{2n+1};\\ &\iint_s [P_{n,m}(\cos\theta)\cos m\varphi]^2\,d\sigma = \frac{2\pi}{2n+1}\frac{(n+m)!}{(n-m)!};\\ &\iint_s [P_{n,m}(\cos\theta)\sin m\varphi]^2\,d\sigma = \frac{2\pi}{2n+1}\frac{(n+m)!}{(n-m)!}\,. \end{aligned}\right.$$

Im folgenden werden wir diese Formeln benutzen, um eine auf der Kugeloberfläche vorgegebene willkürliche Funktion in eine Reihe nach Kugelfunktionen zu entwickeln.

Wir wollen zum Schluß noch den Beweis der Formel (19) erbringen. Benutzt man die Definition (11) der LEGENDREschen Polynome, so kann man schreiben:

$$I_0 = \frac{1}{2^{2n}(n!)^2}\int_{-1}^{+1}\frac{d^n(x^2-1)^n}{dx^n}\frac{d^n(x^2-1)^n}{dx^n}\,dx\,.$$

Partielle Integration ergibt

$$I_0 = \frac{1}{2^{2n}(n!)^2}\left[\frac{d^{n-1}(x^2-1)^n}{dx^{n-1}}\frac{d^n(x^2-1)^n}{dx^n}\right]_{x=-1}^{x=+1} - \frac{1}{2^{2n}(n!)^2}\int_{-1}^{+1}\frac{d^{n+1}(x^2-1)^n}{dx^{n+1}}\frac{d^{n-1}(x^2-1)^n}{dx^{n-1}}\,dx\,.$$

Das Polynom $(x^2-1)^n$ hat die Nullstellen $x=\pm1$ der Vielfachheit n. Seine $(n-1)$-te Ableitung hat dieselben Nullstellen, die aber jetzt einfach sind [I, 186], und folglich ist das Glied außerhalb des Integralzeichens in der angegebenen Gleichung gleich Null. Wendet man wiederholt partielle Integration an, so ergibt sich

$$I_0 = \frac{(-1)^n}{2^{2n}(n!)^2} \int_{-1}^{+1} \frac{d^{2n}(x^2-1)^n}{dx^{2n}} \cdot (x^2-1)^n \, dx .$$

Nun ist aber

$$\frac{d^{2n}(x^2-1)^n}{dx^{2n}} = \frac{d^{2n}}{dx^{2n}}(x^{2n} + \cdots) = (2n)!$$

und folglich

$$I_0 = (-1)^n \frac{(n+1)(n+2)\ldots 2n}{n!\, 2^{2n}} \int_{-1}^{+1} (x^2-1)^n \, dx .$$

Führt man durch $x = \cos\varphi$ die neue Integrationsvariable φ ein, so ergibt sich

$$I_0 = \frac{(n+1)(n+2)\cdots 2n}{n!\, 2^{2n}} \int_0^{\pi} \sin^{2n+1}\varphi \, d\varphi = \frac{(n+1)(n+2)\cdots 2n}{n!\, 2^{2n}} \cdot 2 \int_0^{\frac{\pi}{2}} \sin^{2n+1}\varphi \, d\varphi ,$$

und unter Benutzung von (28) aus [I, 100] erhalten wir die Formel (19).

132. Die Legendreschen Polynome. Wir untersuchen jetzt die Legendreschen Polynome ausführlicher. Verwendet man die Definition (11) und benutzt für die n-te Ableitung des Produktes $(x^2-1)^n = (x+1)^n(x-1)^n$ die Leibnizsche Formel, so erhält man

$$P_n(x) = \frac{1}{n!\,2^n}\left[(x+1)^n \frac{d^n(x-1)^n}{dx^n} + \frac{n}{1}\frac{d(x+1)^n}{dx}\frac{d^{n-1}(x-1)^n}{dx^{n-1}} + \cdots + \frac{d^n(x+1)^n}{dx^n}(x-1)^n\right].$$

Wegen

$$\frac{d^n(x-1)^n}{dx^n} = n! \quad \text{und} \quad \left.\frac{d^k(x-1)^n}{dx^k}\right|_{x=1} = 0 \quad \text{für} \quad k < n$$

ergibt sich aus der vorigen Formel unmittelbar

$$P_n(1) = 1. \tag{26}$$

Wir erläutern jetzt eine besondere Methode, nämlich die Methode der *erzeugenden Funktion*, um weitere Eigenschaften der Legendreschen Polynome zu studieren. Im folgenden werden wir diese Methode auch zur Untersuchung anderer spezieller Funktionen heranziehen.

Wir denken uns im Nordpol N der Einheitskugel die positive Ladung $+1$ angebracht; ferner sei M ein veränderlicher Punkt mit den Koordinaten r, θ und φ. Das Coulombsche Kraftfeld dieser Ladung hat im Punkt M das Potential

$$\frac{1}{d} = \frac{1}{\sqrt{1 - 2r\cos\theta + r^2}}, \tag{27}$$

wobei d der Abstand der Ladung vom veränderlichen Punkt M ist. Die Funktion (27) ist eine im Punkt $r = 0$ reguläre Funktion der Variablen r, und wir können sie daher nach ganzen positiven Potenzen von r entwickeln,

$$\frac{1}{d} = a_0(\theta) + a_1(\theta)\,r + a_2(\theta)\,r^2 + \cdots, \tag{28}$$

wobei die Koeffizienten der Entwicklung Polynome von $\cos\theta$ sind. Diese Koeffizienten könnten wir dadurch berechnen, daß wir die Funktion

$$\frac{1}{d} = [1 + (r^2 - 2r\cos\theta)]^{-\frac{1}{2}}$$

in eine binomische Reihe entwickeln und dann die Glieder mit gleichen Potenzen von r zusammenfassen. Wir wollen jedoch etwas anders verfahren.

Die Funktion (27) lautet in kartesischen Koordinaten

$$\frac{1}{d} = [1 + (x^2 + y^2 + z^2 - 2z)]^{-\frac{1}{2}}. \tag{29}$$

Wir erhalten die Reihe (28), wenn wir die rechte Seite von (29) in eine binomische Reihe entwickeln und darin die Glieder gleicher Dimension (bezüglich x, y und z) zusammenfassen. Die Glieder der Reihe (28) sind also homogene Polynome von x, y und z. Bekanntlich ist die Funktion $\frac{1}{d}$ selbst eine Lösung der LAPLACEschen Differentialgleichung [II, 119], und folglich kann man dasselbe auch von den einzelnen Summanden der Reihe (28) sagen; die Glieder dieser Reihe müssen also räumliche Kugelfunktionen sein. Sie hängen aber nicht vom Winkel φ ab, und daher muß jedes Glied dieser Reihe als Produkt $c_n P_n(\cos\theta)$ darstellbar sein, wobei c_n eine Konstante ist, die wir noch bestimmen müssen. Es gilt also

$$\frac{1}{\sqrt{1 - 2r\cos\theta + r^2}} = c_0 + c_1 P_1(\cos\theta)\,r + c_2 P_2(\cos\theta)\,r^2 + \cdots.$$

Setzt man $\theta = 0$, so erhält man wegen $P_n(1) = 1$

$$\frac{1}{1 - r} = c_0 + c_1 r + c_2 r^2 + \cdots.$$

Daraus folgt unmittelbar, daß $c_n = 1$ ist für jeden Index n, und somit erhalten wir folgende Entwicklung unseres elementaren Potentials nach Potenzen von r:

$$\frac{1}{\sqrt{1 - 2r\cos\theta + r^2}} = 1 + P_1(\cos\theta)\,r + P_2(\cos\theta)\,r^2 + \cdots. \tag{30}$$

Ersetzt man $\cos\theta$ durch x sowie r durch z, so folgt

$$\frac{1}{\sqrt{1 - 2xz + z^2}} = \sum_{n=0}^{\infty} P_n(x)\,z^n. \tag{31}$$

Diese Formel kann zur Definition der LEGENDREschen Polynome benutzt werden: *Das LEGENDREsche Polynom $P_n(x)$ ist der Koeffizient von z^n in der Entwicklung der Funktion*

$$\frac{1}{\sqrt{1 - 2xz + z^2}} \tag{32}$$

nach ganzen positiven Potenzen von z. Anders ausgedrückt: *Die Funktion* (32) *ist die erzeugende Funktion der* LEGENDRE*schen Polynome.*

Wir wollen den Konvergenzradius der Potenzreihe (31) bestimmen. Die singulären Punkte der Funktion (32) sind diejenigen Werte von z, für die der Radikand gleich Null wird. Löst man die entsprechende quadratische Gleichung, so ergeben sich die Wurzeln

$$z = x \pm \sqrt{x^2 - 1} = x \pm \sqrt{1 - x^2}\, i. \tag{33}$$

Da $x = \cos\theta$ ist, können wir annehmen, daß x reell ist und innerhalb des Intervalls $-1 < x < +1$ variiert. Dann sind die Zahlen (33) konjugiert-komplex, und die Quadrate ihrer absoluten Beträge sind

$$x^2 + \left(\sqrt{1 - x^2}\right)^2 = 1.$$

Für $x = \pm 1$ fallen beide Wurzeln zusammen und sind gleich ± 1. Daher liegen unter der Voraussetzung $-1 \leqslant x \leqslant +1$ die singulären Punkte der Funktion (32) im Abstand 1 vom Koordinatenursprung, und folglich ist die Reihe (31) für $|z| < 1$ konvergent.

Insbesondere gilt die Entwicklung (30) für $r < 1$, also für alle Punkte, die innerhalb der Einheitskugel liegen. Für die Punkte außerhalb der Einheitskugel erhalten wir eine andere Entwicklung; denn für $r > 1$ kann man die Funktion (27) folgendermaßen schreiben:

$$\frac{1}{\sqrt{1 - 2r\cos\theta + r^2}} = \frac{1}{r}\,\frac{1}{\sqrt{1 - 2\frac{1}{r}\cos\theta + \left(\frac{1}{r}\right)^2}}.$$

Dabei ist $\frac{1}{r} < 1$, so daß man die vorige Entwicklung anwenden kann. Wir erhalten also schließlich folgende Darstellung des Potentials (27) außerhalb der Einheitskugel:

$$\frac{1}{\sqrt{1 - 2r\cos\theta + r^2}} = \sum_{n=0}^{\infty} \frac{P_n(\cos\theta)}{r^{n+1}}. \tag{34}$$

Kein Summand dieser Summe hat dort Singularitäten, und jeder verschwindet im Unendlichen.

Bisher haben wir die Einheitskugel betrachtet. Für Kugeln mit beliebigem Radius R gilt, wenn man R^2 oder r^2 vor das Wurzelzeichen zieht,

$$\frac{1}{\sqrt{R^2 - 2rR\cos\theta + r^2}} = \sum_{n=0}^{\infty} P_n(\cos\theta)\,\frac{r^n}{R^{n+1}} \qquad (r < R); \tag{35}$$

$$\frac{1}{\sqrt{R^2 - 2rR\cos\theta + r^2}} = \sum_{n=0}^{\infty} P_n(\cos\theta)\,\frac{R^n}{r^{n+1}} \qquad (r > R). \tag{36}$$

Aus Formel (31) kann man leicht die wichtigsten Eigenschaften der LEGENDREschen Polynome herleiten. Differenziert man diese Formel nach z und multipliziert dann mit $1 - 2xz + z^2$, so erhält man

$$\frac{x - z}{\sqrt{1 - 2xz + z^2}} = (1 - 2xz + z^2) \sum_{n=0}^{\infty} n P_n(x)\, z^{n-1}$$

oder

$$(x-z)\sum_{n=0}^{\infty} P_n(x)\,z^n = (1-2xz+z^2)\sum_{n=1}^{\infty} nP_n(x)\,z^{n-1}.$$

Daraus ergibt sich durch Vergleich der Koeffizienten bei gleichen Potenzen von z eine Beziehung zwischen aufeinanderfolgenden LEGENDREschen Polynomen:

$$(37)\qquad \begin{cases} (n+1)\,P_{n+1}(x) - (2n+1)\,xP_n(x) + nP_{n-1}(x) = 0 \qquad (n = 1, 2, 3, \ldots); \\ P_1(x) - xP_0(x) = 0. \end{cases}$$

Entsprechend erhält man, wenn man die Formel (31) nach x differenziert und mit $1-2xz+z^2$ multipliziert,

$$(38)\qquad P_n(x) = \frac{dP_{n+1}(x)}{dx} + \frac{dP_{n-1}(x)}{dx} - 2x\frac{dP_n(x)}{dx}$$

oder, wenn man $P_{n+1}(x)$ aus (37) einsetzt,

$$(39)\qquad x\frac{dP_n(x)}{dx} - \frac{dP_{n-1}(x)}{dx} = nP_n(x).$$

Eliminiert man $x\dfrac{dP_n(x)}{dx}$ aus (38) und (39), so ergibt sich

$$(40)\qquad \frac{dP_{n+1}(x)}{dx} - \frac{dP_{n-1}(x)}{dx} = (2n+1)\,P_n(x).$$

Diese Gleichung bleibt auch für $n=0$ gültig, wenn man $P_{-1}(x)=0$ setzt. Gibt man in Formel (40) dem Index n der Reihe nach die Werte $0, 1, \ldots, n$ und addiert, so erhält man die neue Relation

$$(41)\qquad P_0(x) + 3P_1(x) + \cdots + (2n+1)\,P_n(x) = \frac{dP_{n+1}(x)}{dx} + \frac{dP_n(x)}{dx}.$$

Wir schreiben die Beziehung (40) auf, wobei wir n durch $n-2k+1$ ersetzen:

$$\frac{dP_{n-2k+2}(x)}{dx} - \frac{dP_{n-2k}(x)}{dx} = (2n-4k+3)\,P_{n-2k+1}(x).$$

Summiert man über k von $k=1$ bis $k=N$, wobei $N=\frac{1}{2}n$ für gerades n und $N=\frac{1}{2}(n+1)$ für ungerades n ist, so findet man

$$(42)\qquad \frac{dP_n(x)}{dx} = \sum_{k=1}^{N}(2n-4k+3)\,P_{n-2k+1}(x).$$

Aus Definition (11) folgt unmittelbar, daß $P_n(x)$ nur gerade Potenzen von x enthält, wenn n eine gerade Zahl ist, und nur ungerade Potenzen, falls n ungerade ist. Außerdem folgt aus (11) auch unmittelbar

$$(43)\qquad \begin{cases} P_{2n}(0) = (-1)^n \dfrac{1\cdot 3\cdots(2n-1)}{2\cdot 4\cdots 2n}; \quad P_{2n+1}(0) = 0 \\ P_n(-1) = (-1)^n. \end{cases}$$

Die Binomialentwicklung liefert

$$\frac{1}{\sqrt{1-2r\cos\theta+r^2}}=\frac{1}{\sqrt{1-e^{i\theta}r}}\cdot\frac{1}{\sqrt{1-e^{-i\theta}r}}=$$

$$=\left(\sum_{n=0}^{\infty}\frac{1\cdot 3\cdots(2n-1)}{2\cdot 4\cdots 2n}e^{in\theta}r^n\right)\left(\sum_{m=0}^{\infty}\frac{1\cdot 3\cdots(2m-1)}{2\cdot 4\cdots 2m}e^{-im\theta}r^m\right),$$

wobei man für $n=0$ und $m=0$ die Glieder der Reihe gleich Eins setzen muß. Multipliziert man die Reihen aus und vergleicht die Koeffizienten bei gleichen Potenzen von r, so erhält man für die LEGENDREschen Polynome den Ausdruck

$$P_n(\cos\theta)=a_0a_n\cos n\theta+a_1a_{n-1}\cos(n-2)\theta+\cdots+a_na_0\cos n\theta, \tag{44}$$

wobei sämtliche Koeffizienten a_k positiv und durch die Gleichungen

$$a_0=1;\quad a_k=\frac{1\cdot 3\cdots(2k-1)}{2\cdot 4\cdots 2k}\qquad(k=1,2,\ldots) \tag{45}$$

definiert sind.

Daraus folgt unter anderem die Ungleichung

$$|P_n(\cos\theta)|\leqslant a_0a_n+a_1a_{n-1}+\cdots+a_na_0=P_n(1)=1. \tag{46}$$

Die Formel (37) ermöglicht es, die LEGENDREschen Polynome rekursiv zu bestimmen. Die ersten fünf Polynome lauten

$$\left\{\begin{array}{l} P_0(x)=1;\quad P_1(x)=x;\quad P_2(x)=\frac{1}{2}(3x^2-1);\\ P_3(x)=\frac{1}{2}(5x^3-3x);\qquad P_4(x)=\frac{1}{8}(35x^4-30x^2+3). \end{array}\right. \tag{47}$$

Ist $f(x)$ eine im Intervall $(-1,+1)$ definierte Funktion, so erhebt sich die Frage, ob sie in eine nach LEGENDREschen Polynomen fortschreitende Reihe

$$f(x)=a_0+a_1P_1(x)+a_2P_2(x)+\cdots \tag{48}$$

entwickelbar ist.

Unter Benutzung der Orthogonalität der $P_n(x)$ und der Formel (19) können wir uns, ebenso wie in der Theorie der trigonometrischen Reihen, davon überzeugen, daß die Koeffizienten a_n durch die Formel

$$a_n=\frac{2n+1}{2}\int_{-1}^{+1}f(x)\,P_n(x)\,dx \tag{49}$$

bestimmt sind.

Man kann zeigen, daß bei dieser Wahl der Koeffizienten die Reihe (48) im Intervall $(-1,+1)$ konvergiert und ihre Summe gleich $f(x)$ ist, wenn nur diese Funktion gewissen, sehr allgemeinen Bedingungen genügt.

133. Die Entwicklung nach Kugelfunktionen. Jede Funktion, die auf der Oberfläche einer Kugel mit beliebigem Radius definiert ist, ist dort eine Funktion der geographischen Koordinaten θ und φ, so daß wir sie mit $f(\theta,\varphi)$ bezeichnen können. Wir nehmen an, daß sie nach Kugelfunktionen entwickelbar ist, daß sie also auf der Kugel als Reihe, die ein Analogon einer FOURIERreihe ist, dargestellt werden kann:

$$f(\theta, \varphi) = a_0^{(0)} + \sum_{n=1}^{\infty} \{ a_0^{(n)} P_n(\cos\theta) + \sum_{m=1}^{n} (a_m^{(n)} \cos m\varphi + b_m^{(n)} \sin m\varphi) P_{n,m}(\cos\theta) \}. \tag{50}$$

Unter Benutzung der Orthogonalität der Kugelfunktionen und der Formeln (25) erhält man ebenso wie bei einer FOURIERreihe für die Koeffizienten der Reihe die Ausdrücke

$$\left\{ \begin{aligned} a_m^{(n)} &= \frac{(2n+1)(n-m)!}{2\delta_m \pi (n+m)!} \iint\limits_{s} f(\theta, \varphi) P_{n,m}(\cos\theta) \cos m\varphi \, d\sigma; \\ b_m^{(n)} &= \frac{(2n+1)(n-m)!}{2\delta_m \pi (n+m)!} \iint\limits_{s} f(\theta, \varphi) P_{n,m}(\cos\theta) \sin m\varphi \, d\sigma \end{aligned} \right. \tag{51}$$

$$[\delta_m = 2 \text{ für } m = 0 \text{ und } \delta_m = 1 \text{ für } m > 0; \quad P_{n,0}(x) = P_n(x)].$$

Genau genommen ist diese Betrachtung nur eine vorbereitende Überlegung zur Bestimmung der Koeffizienten der Reihe (50). Wir müssen nachher die Werte der Koeffizienten, die wir aus den Formeln (51) erhalten haben, in die Reihe (50) einsetzen und beweisen, daß diese Reihe unter bestimmten Voraussetzungen über die Funktion $f(\theta, \varphi)$ konvergent und daß ihre Summe gleich $f(\theta, \varphi)$ ist. Im folgenden Abschnitt führen wir diesen Beweis durch.

Zunächst erläutern wir einige Integralrelationen, denen die Kugelfunktionen genügen müssen. Es sei S_R die Oberfläche einer Kugel mit dem Radius R und $Y_n(\theta, \varphi)$ eine gewisse Kugelfunktion der Ordnung n. Die Funktion

$$U_n(M) = r^n Y_n(\theta, \varphi)$$

ist harmonisch; wir können auf sie die bekannte GREENsche Formel anwenden [II, 193]:

$$U_n(M) = \frac{1}{4\pi} \iint\limits_{S_R} \left(\frac{\partial U_n}{\partial \nu} \frac{1}{h} - U_n \frac{\partial \frac{1}{h}}{\partial \nu} \right) ds, \tag{52}$$

wobei h der Abstand des veränderlichen Punktes M' der Kugeloberfläche S_R vom Punkt M ist, der im Innern von S_R liegt; ds ist das Flächenelement der Kugeloberfläche und ν die Richtung der äußeren Normalen auf S_R, so daß $\frac{\partial}{\partial \nu} = \frac{\partial}{\partial R}$ ist. Offensichtlich gilt

$$\frac{1}{h} = \frac{1}{\sqrt{R^2 - 2Rr\cos\gamma + r^2}}$$

und ferner wegen (36)

$$\frac{1}{h} = \sum_{k=0}^{\infty} P_k(\cos\gamma) \frac{r^k}{R^{k+1}} \qquad (r < R),$$

so daß man

$$\frac{\partial}{\partial \nu}\left(\frac{1}{h}\right) = \frac{\partial}{\partial R}\left(\frac{1}{h}\right) = -\sum_{k=0}^{\infty} (k+1) P_k(\cos\gamma) \frac{r^k}{R^{k+2}}$$

und

$$\frac{\partial U_n}{\partial \nu} = nR^{n-1} Y_n(\theta, \varphi)$$

erhält.

In diesen Formeln ist γ der Winkel, den die Radiusvektoren OM und OM' miteinander bilden. Setzt man das alles in (52) ein, so erhält man unter der Voraussetzung, daß der Radius R gleich 1 ist,

$$r^n Y_n(\theta,\varphi) = \\ = \frac{1}{4\pi}\iint_s \left\{ n Y_n(\theta',\varphi') \sum_{k=0}^{\infty} P_k(\cos\gamma)\, r^k + Y_n(\theta',\varphi') \sum_{k=0}^{\infty} (k+1)\, P_k(\cos\gamma)\, r^k \right\} d\sigma,$$

wobei wir mit θ' und φ' die geographischen Koordinaten des veränderlichen Punktes M' der Einheitskugel bezeichnet haben. Die angegebenen Reihen konvergieren gleichmäßig bezüglich θ' und φ', da $r < 1$ ist und die Legendreschen Polynome die Ungleichung (46) erfüllen. Integriert man die Reihen gliedweise, so erhält man

$$r^n Y_n(\theta,\varphi) = \sum_{k=0}^{\infty} \frac{r^k}{4\pi} \iint_s (k+n+1)\, Y_n(\theta',\varphi')\, P_k(\cos\gamma)\, d\sigma .$$

Aus dieser Formel folgt unmittelbar, daß sämtliche Summanden der Summe außer dem einen, der $k = n$ entspricht, gleich Null werden müssen. Das liefert uns folgende Integralformeln, die für die Anwendungen der Kugelfunktionen wichtig sind:

$$\iint_s Y_n(\theta',\varphi')\, P_m(\cos\gamma)\, d\sigma = 0 \qquad \text{für } m \neq n; \tag{53}$$

$$\iint_s Y_n(\theta',\varphi')\, P_n(\cos\gamma)\, d\sigma = \frac{4\pi}{2n+1} Y_n(\theta,\varphi). \tag{54}$$

Wir leiten jetzt eine Beziehung her, die $\cos\gamma$ durch trigonometrische Funktionen der Winkel θ, φ, θ' und φ' ausdrückt. Zu diesem Zweck ziehen wir zwei Radien der Einheitskugel, OM'' und OM', deren Endpunkte die geographischen Koordinaten (θ, φ) und (θ', φ') haben. Die Projektionen dieser Radien auf die Koordinatenachsen sind offensichtlich

$$\sin\theta\cos\varphi,\ \sin\theta\sin\varphi,\ \cos\theta \quad \text{und} \quad \sin\theta'\cos\varphi',\ \sin\theta'\sin\varphi',\ \cos\theta';$$

der Kosinus des Winkels, den diese zwei Radien einschließen, ist als Summe von Produkten dieser Projektionen darstellbar. Wir erhalten nämlich für $\cos\gamma$ die Formel

$$\cos\gamma = \sin\theta\sin\theta'\cos(\varphi-\varphi') + \cos\theta\cos\theta'. \tag{55}$$

Wir wenden uns nun wieder der Reihe (50) zu. Konvergiert sie gleichmäßig und ist ihre Summe gleich $f(\theta,\varphi)$, so erhalten wir für ihre Koeffizienten, auf dieselbe Weise wie in der Theorie der trigonometrischen Reihen, die Formeln (51). Wir vereinigen jetzt in der Summe (50) diejenigen Reihenglieder, die eine Kugelfunktion des vorgegebenen Grades n darstellen, zu einem Summanden; wir setzen also

$$f(\theta,\varphi) = \sum_{n=0}^{\infty} Y_n(\theta,\varphi). \tag{56}$$

Ersetzt man in dieser Entwicklung θ und φ durch θ' und φ', multipliziert mit $P_n(\cos\gamma)$ und integriert über die Veränderlichen θ' und φ', so ergibt sich gemäß (53) und (54) für die Glieder der Reihe (56)

$$Y_n(\theta, \varphi) = \frac{2n+1}{4\pi} \iint_s f(\theta', \varphi')\, P_n(\cos\gamma)\, d\sigma\,. \tag{57}$$

Sie liefert die Summe derjenigen Glieder der Reihe (50), die unter dem Summenzeichen über n stehen und sich auf einen vorgegebenen Wert n beziehen.

Setzt man die Werte der Koeffizienten (51) in die einzelnen Summanden der Summe (50) ein, so ergibt sich

$$Y_n(\theta, \varphi) = \sum_{m=0}^{n} \frac{(n-m)!}{(n+m)!} \frac{2n+1}{2\delta_m \pi} \Big[\cos m\varphi \iint_s f(\theta', \varphi') \cos m\varphi'\, P_{n,m}(\cos\theta')\, d\sigma + \\ + \sin m\varphi \iint_s f(\theta', \varphi') \sin m\varphi'\, P_{n,m}(\cos\theta')\, d\sigma\Big] P_{n,m}(\cos\theta)$$

oder

$$Y_n(\theta, \varphi) = \iint_s f(\theta', \varphi') \sum_{m=0}^{n} \frac{(n-m)!}{(n+m)!} \frac{2n+1}{2\delta_m \pi} P_{n,m}(\cos\theta')\, P_{n,m}(\cos\theta) \cos m(\varphi' - \varphi)\, d\sigma\,. \tag{58}$$

Werden die rechten Seiten von (57) und (58) gleichgesetzt, dann erhält man

$$\iint_s f(\theta' \varphi') \Big[P_n(\cos\gamma) - \sum_{m=0}^{n} \frac{(n-m)!\, 2}{(n+m)!\, \delta_m} P_{n,m}(\cos\theta')\, P_{n,m}(\cos\theta) \cos m(\varphi' - \varphi)\Big] d\sigma = 0\,. \tag{59}$$

Wir haben diese Formel aber nur unter der Voraussetzung hergeleitet, daß $f(\theta, \varphi)$ die Summe der gleichmäßig konvergenten Reihe (50) ist; insbesondere gilt sie sicherlich dann, wenn die Reihenentwicklung (50) auf eine endliche Summe führt. Der Winkel γ ist hierbei eine der geographischen Koordinaten (die Breite), wenn man als Pol den Punkt mit den geographischen Koordinaten θ und φ nimmt. Daher ist $r^n P_n(\cos\gamma)$ ein homogenes harmonisches Polynom vom Grade n, und folglich ist $P_n(\cos\gamma)$ eine Kugelfunktion n-ten Grades der Veränderlichen θ' und φ'. Wir sehen, daß die eckige Klammer in Formel (59) eine endliche Summe von Kugelfunktionen ist, und folglich kann man insbesondere annehmen, daß $f(\theta', \varphi')$ gleich dieser endlichen Summe ist. Bei dieser Wahl der Funktion wird das Integral über das Quadrat der oben angegebenen eckigen Klammer gleich Null; es müssen also auch sämtliche in der eckigen Klammer stehenden Ausdrücke die Summe Null haben:

$$P_n(\cos\gamma) = \sum_{m=0}^{n} \frac{(n-m)!\, 2}{(n+m)!\, \delta_m} P_{n,m}(\cos\theta')\, P_{n,m}(\cos\theta) \cos m(\varphi' - \varphi)\,. \tag{60}$$

Diese Formel bezeichnet man als Additionstheorem der LEGENDREschen Polynome.

134. Der Konvergenzbeweis. Wir beweisen jetzt, daß eine willkürliche Funktion $f(\theta, \varphi)$, die auf einer Kugeloberfläche vorgegeben ist und dort bestimmte Bedingungen erfüllt, in eine Reihe (56) nach Kugelfunktionen entwickelbar ist.

Unter Berücksichtigung der Formel (57) erhält man für die Summe der ersten $n + 1$ Summanden der Reihe (56) den Ausdruck

$$S_n = \frac{1}{4\pi} \iint_S f(\theta', \varphi') \sum_{k=0}^{n} (2k+1)\, P_k(\cos\gamma)\, d\sigma\,.$$

Wir führen die neuen geographischen Koordinaten γ und β ein, indem wir den Nordpol in den Punkt verlegen, der früher die geographischen Koordinaten θ und φ hatte. Dann wird die Funktion $f(\theta', \varphi')$ im neuen System eine Funktion $F(\gamma, \beta)$ der neuen Koordinaten, und es gilt

$$S_n = \frac{1}{4\pi} \int_0^\pi \int_0^{2\pi} F(\gamma, \beta) \sum_{k=0}^{n} (2k+1) P_k(\cos\gamma) \sin\gamma \, d\gamma \, d\beta . \tag{61}$$

Wir bilden die Funktion $\Phi(\gamma)$, die den Mittelwert der Funktion $F(\gamma, \beta)$ auf den verschiedenen Breitenkreisen im neuen Koordinatensystem angibt:

$$\Phi(\gamma) = \frac{1}{2\pi} \int_0^{2\pi} F(\gamma, \beta) \, d\beta . \tag{62}$$

Nun substituieren wir $x = \cos\gamma$ und setzen

$$\Phi(\gamma) = \Psi(x) . \tag{63}$$

Integriert man in Formel (61) über die Veränderliche β, so erhält sie die Gestalt

$$S_n = \frac{1}{2} \int_0^\pi \Phi(\gamma) \sum_{k=0}^{n} (2k+1) P_k(\cos\gamma) \sin\gamma \, d\gamma$$

oder

$$S_n = \frac{1}{2} \int_{-1}^{+1} \Psi(x) \sum_{k=0}^{n} (2k+1) P_k(x) \, dx ,$$

also wegen (41)

$$S_n = \frac{1}{2} \int_{-1}^{+1} \Psi(x) \left(\frac{dP_{n+1}(x)}{dx} + \frac{dP_n(x)}{dx} \right) dx .$$

Wir wollen voraussetzen, daß die Funktion $f(\theta, \varphi)$ so beschaffen sei, daß $\Psi(x)$ im Intervall $(-1, +1)$ eine stetige Ableitung besitzt. Integriert man dann partiell, so ergibt sich

$$S_n = \frac{1}{2} \left[\Psi(x) \left(P_{n+1}(x) + P_n(x) \right) \right]_{x=-1}^{x=+1} - \frac{1}{2} \int_{-1}^{+1} \left[P_{n+1}(x) + P_n(x) \right] \Psi'(x) \, dx$$

oder, wenn man

$$P_n(1) = P_{n+1}(1) = 1, \quad P_n(-1) = -P_{n+1}(1) = (-1)^n$$

berücksichtigt,

$$S_n = \Psi(1) - \frac{1}{2} \int_{-1}^{+1} \left[P_{n+1}(x) + P_n(x) \right] \Psi'(x) \, dx . \tag{64}$$

Wir erläutern jetzt die Bedeutung des ersten Gliedes $\Psi(1)$ auf der rechten Seite. Wegen (62) und (63) gilt

$$\Psi(1) = \frac{1}{2\pi} \int_0^{2\pi} F(0, \beta) \, d\beta . \tag{65}$$

Ein Punkt mit $\gamma = 0$ stellt aber für beliebiges β den Nordpol der Kugel oder, was dasselbe ist, den früheren Punkt mit den Koordinaten θ und φ dar. Anders ausgedrückt: $F(0, \beta) = f(\theta, \varphi)$ hängt nicht von β ab, und die Formel (65) liefert

$$\Psi(1) = f(\theta, \varphi) .$$

Daher können wir (61) in folgender Gestalt schreiben:

$$S_n = f(\theta, \varphi) - \frac{1}{2} \int_{-1}^{+1} [P_{n+1}(x) + P_n(x)] \Psi'(x)\, dx. \tag{66}$$

Wir müssen beweisen, daß

$$\lim_{n \to \infty} S_n = f(\theta, \varphi)$$

ist, d.h., wir müssen zeigen, daß das in Formel (66) stehende Integral für unbegrenzt wachsendes n gegen Null strebt. Es sei M der größte Wert des absoluten Betrages der stetigen Funktion $\Psi'(x)$ im Intervall $(-1, +1)$. Das erwähnte Integral über diesen absoluten Betrag ist kleiner als

$$\frac{M}{2} \int_{-1}^{+1} | P_{n+1}(x) |\, dx + \frac{M}{2} \int_{-1}^{+1} | P_n(x) |\, dx.$$

Es bleibt folglich nur zu zeigen, daß das Integral

$$\int_{-1}^{+1} | P_n(x) |\, dx \tag{67}$$

für wachsendes n gegen Null geht. Wendet man die BUNJAKOWSKIsche Ungleichung [III$_1$, 29] an, so ergibt sich

$$\left(\int_{-1}^{+1} | P_n(x) |\, dx \right)^2 \leqslant \int_{-1}^{+1} P_n^2(x)\, dx \int_{-1}^{+1} 1^2\, dx = 2 \int_{-1}^{+1} P_n^2(x)\, dx$$

oder wegen (19)

$$\int_{-1}^{+1} | P_n(x) |\, dx \leqslant \frac{2}{\sqrt{2n+1}}.$$

Daraus folgt unmittelbar, daß das Integral (67) für $n \to \infty$ gegen Null strebt.

Die angegebene Beweismethode für die Entwicklung nach Kugelfunktionen haben wir dem Buch von WEBSTER-SZEGÖ „Partielle Differentialgleichungen der mathematischen Physik" entnommen. Die Tatsache, daß eine willkürliche Funktion, die die obengenannte allgemeine Bedingung [$\Psi(x)$ hat eine stetige Ableitung] erfüllt, nach Kugelfunktionen entwickelbar ist, deutet darauf hin, daß die Kugelfunktionen auf der Oberfläche der Einheitskugel ein abgeschlossenes System bilden [II, 115]. Die Abgeschlossenheit dieses Systems ist zuerst von A. M. LJAPUNOW (1899) bewiesen worden.

135. Der Zusammenhang zwischen Kugelfunktionen und Randwertproblemen. Wir behandeln jetzt den Zusammenhang zwischen der Theorie der Kugelfunktionen und gewissen Randwertaufgaben für Differentialgleichungen. Dazu schreiben wir die LAPLACEsche Differentialgleichung in Kugelkoordinaten auf [II, 119]:

$$\frac{\partial}{\partial r}\left(r^2 \frac{\partial U}{\partial r}\right) + \frac{1}{\sin\theta} \frac{\partial}{\partial \theta}\left(\sin\theta \frac{\partial U}{\partial \theta}\right) + \frac{1}{\sin^2\theta} \frac{\partial^2 U}{\partial \varphi^2} = 0. \tag{68}$$

Wir setzen die Lösung in Gestalt eines Produktes aus einer Funktion, die allein von r abhängt, mit einer nur von θ und φ abhängenden Funktion an:

$$U = f(r)\, Y(\theta, \varphi).$$

Damit gehen wir in die Differentialgleichung (68) ein:

$$Y(\theta, \varphi) \frac{d}{dr} [r^2 f'(r)] + f(r) \left\{\frac{1}{\sin\theta} \frac{\partial}{\partial\theta}\left[\sin\theta \frac{\partial Y(\theta, \varphi)}{\partial\theta}\right] + \frac{1}{\sin^2\theta} \frac{\partial^2 Y(\theta, \varphi)}{\partial\varphi^2}\right\} = 0;$$

das kann man nach Trennung der Variablen folgendermaßen schreiben:

$$\frac{\frac{d}{dr}[r^2 f'(r)]}{f(r)} = -\frac{\frac{1}{\sin\theta}\left[\frac{\partial}{\partial\theta}\left(\sin\theta \frac{\partial Y}{\partial\theta}\right) + \frac{1}{\sin\theta} \frac{\partial^2 Y}{\partial\varphi^2}\right]}{Y}.$$

Die linke Seite enthält lediglich r, die rechte nur θ und φ, und beide Seiten müssen gleich ein und derselben Konstanten sein. Bezeichnet man diese Konstante mit λ, so erhält man die beiden Differentialgleichungen

$$r^2 f''(r) + 2r f'(r) - \lambda f(r) = 0 \tag{69}$$

und

$$\Delta_1 Y + \lambda Y = 0, \tag{70}$$

wobei wir zur Abkürzung

$$\Delta_1 Y = \frac{1}{\sin\theta}\left[\frac{\partial}{\partial\theta}\left(\sin\theta \frac{\partial Y}{\partial\theta}\right) + \frac{1}{\sin\theta} \frac{\partial^2 Y}{\partial\varphi^2}\right] \tag{71}$$

gesetzt haben. Den Faktor $f(r)$ kennen wir bereits; wegen (5) muß er nämlich gleich r^n sein; daher haben wir uns nur mit der Differentialgleichung (70) zu beschäftigen. Die Funktion $Y(\theta, \varphi)$ ist, wie wir gesehen haben, ein trigonometrisches Polynom; folglich muß es auf der gesamten Oberfläche der Einheitskugel bei beliebiger Wahl der Winkel θ und φ endlich und stetig sein, also auch für die Werte $\theta = 0$ und $\theta = \pi$, für die $\sin\theta$ gleich Null wird. Wir haben somit folgendes Randwertproblem erhalten: *Man bestimme die Werte des Parameters λ, für die die Differentialgleichung* (70) *auf der gesamten Einheitskugel stetige Lösungen hat, und konstruiere diese Lösungen.* Der erste Teil der Aufgabe bietet keinerlei Schwierigkeiten, da wir wissen, daß $f(r)$ gleich r^n sein muß. Setzt man das in die Differentialgleichung (69) ein, so erhält man unendlich viele Werte des Parameters λ, nämlich

$$\lambda_n = n(n+1) \qquad (n = 0, 1, 2, \ldots). \tag{72}$$

Dann hat die Differentialgleichung

$$r^2 f_n''(r) + 2r f_n'(r) - n(n+1) f_n(r) = 0 \tag{73}$$

die eine Lösung $f_n(r) = r^n$ und die zweite $f_n(r) = r^{-n-1}$. Setzt man $\lambda = n(n+1)$ in (70) ein, so erhält man eine Differentialgleichung für die Kugelfunktionen,

$$\frac{1}{\sin\theta}\left[\frac{\partial}{\partial\theta}\left(\sin\theta \frac{\partial Y_n}{\partial\theta}\right) + \frac{1}{\sin\theta} \frac{\partial^2 Y_n}{\partial\varphi^2}\right] + n(n+1) Y_n = 0. \tag{74}$$

Hierbei entsprechen dem Eigenwert $\lambda_n = n(n+1)$ genau $2n+1$ Eigenfunktionen. Das sind gerade die Kugelfunktionen n-ten Grades. Da die Kugelfunktionen auf der Einheitskugel ein abgeschlossenes System bilden, erschöpfen sie sämtliche Eigenfunktionen der Differentialgleichung (70). Setzt man die Ausdrücke (16) in (74) ein und substituiert $x = \cos\theta$, dann erhält man für die $P_{n,m}(x)$ die Differentialgleichung zweiter Ordnung

$$\frac{d}{dx}\left[(1-x^2)\frac{dP_{n,m}(x)}{dx}\right] + \left(\lambda_n - \frac{m^2}{1-x^2}\right)P_{n,m}(x) = 0\,. \tag{75}$$

Für $m = 0$ ergibt sich wieder die Differentialgleichung für die LEGENDREschen Polynome $P_n(x)$. Die Eigenwerte und die zugehörigen Eigenfunktionen $P_{n,m}(x)$ lösen folgende Randwertaufgabe: Gesucht sind die Werte λ_n, für die die Differentialgleichung (75) eine Lösung hat, die im gesamten abgeschlossenen Intervall $-1 \leqslant x \leqslant +1$ endlich bleibt. Dabei hat (75) in den singulären Punkten $x = \pm 1$ die Fundamentalgleichung $\varrho(\varrho - 1) + \varrho - \frac{m^2}{4} = 0$, deren Wurzeln $\varrho = \pm\frac{m}{2}$ sind.

Die der Wurzel $\varrho = -\frac{m}{2}$ entsprechende Lösung wird im zugeordneten singulären Punkt gleich Unendlich.

Die gestellte Aufgabe reduziert sich nun darauf, diejenigen Parameterwerte λ_n aufzusuchen, für welche die im Punkte $x = -1$ zur Wurzel $\varrho = \frac{m}{2}$ gehörige Lösung auch im Endpunkt $x = +1$ zur gleichen Wurzel gehört.

Diese Aufgabe wird gerade durch die Werte $\lambda_n = n(n+1)$ gelöst, während die zugeordneten Eigenfunktionen durch die Formel (12) bestimmt sind.

Die Orthogonalität der Kugelfunktionen hängt unmittelbar damit zusammen, daß diese das obenerwähnte Randwertproblem für die Differentialgleichung (70) lösen. Auch die Funktionen $P_{n,m}(x)$ sind im Intervall $(-1, +1)$ orthogonal, denn es ist

$$\int_{-1}^{+1} P_{p,m}(x)\, P_{q,m}(x)\, dx = 0 \qquad \text{für } p \neq q\,. \tag{76}$$

Das beweist man ausgehend von der Differentialgleichung (75) mit derselben Methode, die wir in [102] auf die LEGENDREschen Polynome angewendet haben.

Wir vermerken noch eine Tatsache, die mit der Theorie der Kugelfunktionen zusammenhängt: Benutzen wir die Lösung $f_n(r) = r^n$ der Differentialgleichung (73), so erhalten wir die Lösung $r^n Y_n(\theta, \varphi)$ der LAPLACEschen Differentialgleichung. Diese ist ein harmonisches Polynom vom Grade n. Nehmen wir die zweite Lösung $f_n(r) = r^{-n-1}$ von (73), so kommen wir zu folgendem Schluß: *Die Funktion*

$$\frac{Y_n(\theta, \varphi)}{r^{n+1}}, \tag{77}$$

wobei $Y_n(\theta, \varphi)$ eine Kugelfunktion n-ten Grades ist, ist eine Lösung der LAPLACEschen Differentialgleichung. Diese Lösung wird für $r = 0$ gleich Unendlich und ist natürlich kein Polynom von x, y, z.

136. Das DIRICHLETsche und das NEUMANNsche Problem. Die Kugelfunktionen lassen sich auf Probleme der mathematischen Physik anwenden, die mit der LAPLACEschen Differentialgleichung für den Fall der Kugel zusammenhängen. Als Beispiel betrachten wir die in [II, 192] erwähnten Aufgaben von DIRICHLET und NEUMANN für den Fall einer Kugel. Es soll eine harmonische Funktion innerhalb einer Kugel mit dem Radius R konstruiert werden, wenn ihre Randwerte auf der Oberfläche dieser Kugel vorgegeben sind *(inneres Dirichletsches Problem)*. Wir entwickeln die vorgegebenen Randwerte nach Kugelfunktionen:

(78) $$f(\theta, \varphi) = \sum_{n=0}^{\infty} Y_n(\theta, \varphi)\,.$$

Nun bilden wir eine neue Reihe, indem wir das allgemeine Glied von (78) mit $\left(\frac{r}{R}\right)^n$ multiplizieren, wobei r der Abstand des veränderlichen Punktes vom Kugelmittelpunkt ist. Das ergibt

(79) $$U(r, \theta, \varphi) = \sum_{n=0}^{\infty} Y_n(\theta, \varphi)\left(\frac{r}{R}\right)^n \qquad (r < R)\,.$$

Da $\frac{1}{R^n} Y_n(\theta, \varphi)\, r^n$ ein harmonisches Polynom ist, ist die Funktion (79) innerhalb der Kugel harmonisch. Außerdem ist unmittelbar klar, daß die Reihe (79) für $r = R$ in die Reihe (78) übergeht, so daß diese harmonische Funktion die geforderten Randbedingungen erfüllt.

Wir betrachten jetzt das *äußere Dirichletsche Problem*. Wir müssen also eine Funktion bestimmen, die außerhalb einer Kugel harmonisch und im Unendlichen gleich Null ist [II, 192], wenn ihre Randwerte (78) auf der Kugeloberfläche vorgegeben sind. Beachtet man, daß $Y_n(\theta, \varphi)\, r^{-n-1}$ eine harmonische Funktion ist, die außerhalb der Kugel keine Singularitäten hat und im Unendlichen verschwindet, so erhält man eine Lösung des äußeren Dirichletschen Problems in der Gestalt

(80) $$U(r, \theta, \varphi) = \sum_{n=0}^{\infty} Y_n(\theta, \varphi)\left(\frac{R}{r}\right)^{n+1}.$$

Als nächstes wollen wir jetzt das *innere Neumannsche Problem* lösen: Es soll eine innerhalb einer Kugel harmonische Funktion $U(r, \theta, \varphi)$ gefunden werden, die durch die Werte ihrer Ableitung längs der Normalen auf der Kugeloberfläche,

(81) $$\frac{\partial U}{\partial \nu} = f(\theta, \varphi) \qquad (r = R),$$

bestimmt ist.

Wir wissen, daß für eine harmonische Funktion das Integral über die Ableitung in Richtung der Normalen gleich Null sein muß [II, 194];

$$\iint_s \frac{\partial U}{\partial \nu}\, d\sigma = 0\,,$$

d. h., die vorgegebene Funktion $f(\theta, \varphi)$, die in die Bedingung (81) eingeht, muß unbedingt so beschaffen sein, daß

(82) $$\iint_s f(\theta, \varphi)\, d\sigma = 0$$

ist.

Aus Gleichung (57), mit deren Hilfe die Kugelfunktionen in der Entwicklung von $f(\theta, \varphi)$ definiert sind, und aus $P_n(\cos\gamma) = \text{const}$ für $n = 0$ folgt: Die Bedingung (82) ist gleichbedeutend damit, daß in der Entwicklung von $f(\theta, \varphi)$

nach Kugelfunktionen diejenigen nullten Grades fehlen. Daher gilt im vorliegenden Fall

$$f(\theta, \varphi) = \sum_{n=1}^{\infty} Y_n(\theta, \varphi). \tag{83}$$

Man sieht leicht, daß die Lösung des NEUMANNschen Problems durch folgende Formel gegeben wird:

$$U(r, \theta, \varphi) = \sum_{n=1}^{\infty} \frac{1}{n} Y_n(\theta, \varphi) \frac{r^n}{R^{n-1}} + C, \tag{84}$$

in der C eine willkürliche Konstante ist.

Tatsächlich definiert diese Reihe eine harmonische Funktion, und die Differentiation in Richtung der Normalen fällt dabei mit derjenigen nach r zusammen. Man prüft leicht nach, daß man gerade die Reihe (83) erhält, wenn man die Reihe (84) nach r differenziert und dann $r = R$ setzt; die Randbedingung (81) ist also erfüllt.

Bei dem *äußeren NEUMANNschen Problem* braucht die in die Bedingung (81) eingehende Funktion $f(\theta, \varphi)$ die Gleichung (82) nicht mehr zu erfüllen, so daß wir für sie eine Entwicklung der allgemeinen Gestalt (78) haben. Man sieht leicht, daß sich dann die Lösung des äußeren NEUMANNschen Problems durch die Reihe

$$U(r, \theta, \varphi) = -\sum_{n=0}^{\infty} \frac{1}{n+1} Y_n(\theta, \varphi) \frac{R^{n+2}}{r^{n+1}} \tag{85}$$

darstellen läßt, wobei die Richtung der Normalen ν so gewählt wird, daß sie mit der Richtung des Radius r zusammenfällt.

Wir betrachten einen Spezialfall des äußeren NEUMANNschen Problems: Eine Kugel mit dem Radius R bewege sich in einer unbegrenzten Flüssigkeit, die im Unendlichen in Ruhe ist, mit der Geschwindigkeit a in Richtung der z-Achse. Wir wählen ein mit der Kugel bewegliches Koordinatensystem, dessen Ursprung sich im Kugelmittelpunkt befindet. Dann ist die Normalkomponente der Geschwindigkeit der Flüssigkeit auf der Kugeloberfläche durch

$$\frac{az}{r} = a \cos \theta$$

gegeben.

Wir setzten eine stationäre Flüssigkeitsbewegung voraus, die ein Geschwindigkeitspotential besitzt. Dann haben wir die Funktion U so zu bestimmen, daß sie folgenden Bedingungen genügt: 1) außerhalb der Kugel muß U eine harmonische Funktion sein; 2) im Unendlichen müssen die Komponenten der Geschwindigkeit, d. h. die Ableitungen der Funktion U nach den Koordinaten, verschwinden und 3) die Funktion U muß auf der Kugeloberfläche die Bedingung

$$\frac{\partial U}{\partial r} = -a \cos \theta$$

erfüllen. Bei diesem Beispiel ist $f(\theta, \varphi) = -a \cos \theta$ oder, wenn man den Ausdruck für die LEGENDREschen Polynome benutzt,

$$f(\theta, \varphi) = -a P_1(\cos \theta).$$

In diesem Falle ist also die Funktion $f(\theta, \varphi)$ durch eine Kugelfunktion ersten Grades darstellbar. Die Lösung des Problems wird durch die Formel

$$U(r, \theta, \varphi) = \frac{a}{2} P_1(\cos \theta) \frac{R^3}{r^2} = \frac{aR^3}{2r^2} \cos \theta$$

gegeben.

137. Das Potential räumlich verteilter Massen. Wir nehmen an, daß sich im Raum ein beschränktes Volumen V befinde, das von Materie mit der Dichte $\varrho\,(M')$ erfüllt ist. Das Potential dieser Verteilung wird durch ein dreifaches Integral der Gestalt

$$U\,(M) = \iiint\limits_V \frac{\varrho\,(M')}{a}\,dV \tag{86}$$

dargestellt, wobei a der Abstand des veränderlichen Punktes M des Volumens V vom Punkt M ist, in dem der Wert des Potentials bestimmt wird. Es sei O der Koordinatenursprung; ferner führen wir in die Untersuchung die Radiusvektoren

$$r = |\overrightarrow{OM}|\,; \quad r' = |\overrightarrow{OM'}|$$

und den Winkel γ ein, den diese Radiusvektoren einschließen. Wir wählen hinreichend entfernte Punkte M, für die r größer als das Maximum von r' ist. Für diese Punkte gilt die Entwicklung [132]

$$\frac{1}{a} = \frac{1}{\sqrt{r^2 - 2rr'\cos\gamma + r'^2}} = \sum_{n=0}^{\infty} P_n(\cos\gamma)\,\frac{r'^n}{r^{n+1}},$$

die wegen $|P_n\,(\cos\gamma)| \leqslant 1$ bezüglich r' gleichmäßig konvergiert.
Setzt man sie in das Integral (86) ein, so erhält man eine Entwicklung des Potentials $U(M)$ nach ganzen negativen Potenzen von r:

$$U\,(M) = \sum_{n=0}^{\infty} \frac{Y_n\,(\theta,\varphi)}{r^{n+1}} \tag{87}$$

mit

$$Y_n\,(\theta,\varphi) = \iiint\limits_V \varrho\,(M')\,r'^n P_n\,(\cos\gamma)\,dV\,. \tag{88}$$

Wir wollen die ersten drei Glieder der Entwicklung (87) bestimmen. Unter Benutzung der expliziten Ausdrücke für die ersten drei LEGENDREschen Polynome und der Beziehung

$$\cos\gamma = \frac{xx' + yy' + zz'}{rr'}$$

kann man schreiben:

$$P_0\,(\cos\gamma) = 1; \qquad r'P_1\,(\cos\gamma) = \frac{xx' + yy' + zz'}{r};$$

$$r'^2P_2\,(\cos\gamma) = \frac{1}{2}\,\frac{3\,(xx' + yy' + zz')^2 - r'^2r^2}{r^2}.$$

Setzt man das in die Formel (88) ein, so folgt

$$Y_0\,(\theta,\varphi) = \iiint\limits_V \varrho\,(M')\,dV = m\,,$$

d.h., der Koeffizient bei $\frac{1}{r}$ in der Entwicklung (87) ist gleich der Gesamtmasse m, die im Volumen V enthalten ist. Ferner erhalten wir

$$Y_1\,(\theta,\varphi) = \iiint\limits_V \varrho\,(M')\,r'\,P_1\,(\cos\gamma)\,dV =$$

$$= \frac{x}{r}\iiint\limits_V \varrho\,(M')\,x'\,dV + \frac{y}{r}\iiint\limits_V \varrho\,(M')\,y'\,dV + \frac{z}{r}\iiint\limits_V \varrho\,(M')\,z'\,dV\,.$$

Die einzelnen Integrale drücken die Produkte der Masse m mit den Koordinaten des Schwerpunktes aus. Wir wollen voraussetzen, daß als Koordinatenursprung der Schwerpunkt gewählt sei. Dann ist offensichtlich $Y_1(\theta\ \varphi) = 0$. Zur Berechnung von $Y_2(\theta, \varphi)$ führen wir die Trägheitsmomente unserer Masse bezüglich der Achsen ein,

$$A = \iiint_V \varrho(M')(y'^2 + z'^2)\,dV; \quad B = \iiint_V \varrho(M')(z'^2 + x'^2)\,dV;$$

$$C = \iiint_V \varrho(M')(x'^2 + y'^2)\,dV, \tag{89}$$

und ebenso die Deviationsmomente bezüglich der Achsen:

$$D = \iiint_V \varrho(M')\,y'\,z'\,dV; \quad E = \iiint_V \varrho(M')\,z'\,x'\,dV;$$

$$F = \iiint_V \varrho(M')\,x'\,y'\,dV. \tag{90}$$

Man kann zeigen, worauf wir aber nicht eingehen, daß sich das Koordinatensystem immer so wählen läßt, daß die Deviationsmomente (90) verschwinden. Wir wollen voraussetzen, daß die Koordinatenachsen auf eben diese Weise gewählt seien. Setzt man dann den Ausdruck $r'^2 P_2(\cos\gamma)$ in die Formel (88) ein, so erhält man, wie man leicht nachprüft, folgenden Ausdruck für $Y_2(\theta, \varphi)$:

$$Y_2(\theta,\varphi) = \frac{1}{2}\,\frac{(B + C - 2A)\,x^2 + (C + A - 2B)\,y^2 + (A + B - 2C)\,z^2}{r^2}.$$

Für das Potential $U(M)$ bekommen wir bis auf Glieder der Ordnung $\frac{1}{r^3}$

$$U(M) = \frac{m}{r} + \frac{1}{2}\,\frac{(B + C - 2A)\,x^2 + (C + A - 2B)\,y^2 + (A + B - 2C)\,z^2}{r^5} + \cdots. \tag{91}$$

Führt man für x, y und z die Kugelkoordinaten ein, so kann man diesen Ausdruck folgendermaßen schreiben:

$$U(M) = \tag{92}$$

$$= \frac{m}{r} + \frac{1}{2}\,\frac{(B+C-2A)\cos^2\varphi\sin^2\theta + (C+A-2B)\sin^2\varphi\sin^2\theta + (A+B-2C)\cos^2\theta}{r^3} + \cdots.$$

138. Das Potential einer Kugelschicht. Wir nehmen an, die Oberfläche S_R einer Kugel mit dem Radius R sei mit einer gewissen Masse der Oberflächendichte $\varrho(M')$ belegt. Das Potential $U(M)$ dieser einfachen Schicht läßt sich durch ein Integral über die Oberfläche der Kugel ausdrücken:

$$U(M) = \iint_{S_R} \frac{\varrho(M')}{k}\,ds, \tag{93}$$

wobei k der Abstand des Punktes M vom veränderlichen Punkt M' der Kugeloberfläche ist. Der Ausdruck $\frac{1}{k}$ hat dann verschiedene Entwicklungen im Innern und im Äußern der Kugel S_R.

Wir wollen zunächst $r < R$ voraussetzen; dann gilt [132]

$$\frac{1}{k} = \sum_{n=0}^{\infty} P_n(\cos\gamma)\,\frac{r^n}{R^{n+1}}, \tag{94}$$

wobei γ der Winkel ist, den die vom Kugelmittelpunkt ausgehenden Radiusvektoren $\overrightarrow{OM}$ und $\overrightarrow{OM'}$ einschließen. Die Dichte $\varrho(M')$ müssen wir als gegebene Funktion $f(\theta', \varphi')$ der geographischen Koordinaten auf der Kugel annehmen.

Setzt man die Entwicklung (94) in das Integral (93) ein, so erhält man

$$U(M) = \sum_{n=0}^{\infty} \frac{r^n}{R^{n-1}} \iint_S f(\theta', \varphi')\, P_n(\cos\gamma)\, d\sigma, \tag{95}$$

da $ds = R^2\, d\sigma = R^2 \sin\theta'\, d\theta'\, d\varphi'$ ist.

Die angegebenen Integrale hängen unmittelbar mit den Gliedern der Entwicklung der Funktion $f(\theta, \varphi)$ nach Kugelfunktionen zusammen. Gilt nämlich

$$f(\theta, \varphi) = \sum_{n=0}^{\infty} Y_n(\theta, \varphi), \tag{96}$$

so ist bekanntlich

$$Y_n(\theta, \varphi) = \frac{2n+1}{4\pi} \iint_s f(\theta', \varphi')\, P_n(\cos\gamma)\, d\sigma,$$

und daher können wir die Reihe (95) in folgender Gestalt schreiben:

$$U(M) = 4\pi \sum_{n=0}^{\infty} \frac{r^n}{(2n+1)\, R^{n-1}}\, Y_n(\theta, \varphi) \qquad (r < R). \tag{97}$$

Ebenso erhält man unter Benutzung der Entwicklung (36)

$$U(M) = 4\pi \sum_{n=0}^{\infty} \frac{R^{n+2}}{(2n+1)\, r^{n+1}}\, Y_n(\theta, \varphi) \qquad (r > R). \tag{98}$$

Mit Hilfe dieser Entwicklungen kann man gewisse Eigenschaften des Potentials einer Schicht feststellen. Wir bemerken zunächst, daß die Entwicklungen (97) und (98) identisch sind, wenn der Punkt M auf der Kugeloberfläche selbst liegt. Dann müssen wir $R = r$ setzen und erhalten folgendes Resultat:

$$U(M_0) = 4\pi R \sum_{n=0}^{\infty} \frac{1}{2n+1}\, Y_n(\theta, \varphi), \tag{99}$$

wobei θ und φ die geographischen Koordinaten des Punktes M_0 sind, der auf der Kugeloberfläche liegt. Wir sehen somit, *daß sich das Potential einer einfachen Schicht stetig ändert, wenn der Punkt M durch die Kugeloberfläche hindurchtritt.* Diese Eigenschaft eines Potentials einer einfachen Schicht gilt nicht nur für Kugeln, sondern auch für allgemeinere Flächen.

Wir untersuchen jetzt das Verhalten der Ableitung des Potentials in Richtung der Normalen (die Normalkomponente der Kraft) beim Durchgang des Punktes M durch die Kugeloberfläche. Mit $\left(\frac{\partial U(M_0)}{\partial \nu}\right)_i$ bezeichnen wir den Grenzwert der Ableitung in Normalenrichtung, wenn der Punkt M längs eines Radius von innen her gegen den Punkt M_0 strebt, und mit $\left(\frac{\partial U(M_0)}{\partial \nu}\right)_a$ den entsprechenden Grenzwert für von außen gegen M_0 strebendes M. Mit ν bezeichnen wir die Richtung der äußeren Normalen an die Kugel im Punkte M_0. Im vorliegenden Fall fällt diese Richtung mit der des Radiusvektors $\overline{OM_0}$ zusammen. Differenziert man die Formeln (97) und (98) in der Richtung ν, d.h. nach r, und setzt dann $r = R$, so erhält man für diese Grenzwerte die Gleichungen

$$\left(\frac{\partial U(M_0)}{\partial \nu}\right)_i = 4\pi \sum_{n=1}^{\infty} \frac{n}{2n+1} Y_n(\theta, \varphi); \tag{100}$$

$$\left(\frac{\partial U(M_0)}{\partial \nu}\right)_a = -4\pi \sum_{n=0}^{\infty} \frac{n+1}{2n+1} Y_n(\theta, \varphi). \tag{101}$$

Daraus ersieht man, daß die Ableitung des Potentials einer einfachen Schicht längs der Normalen beim Durchgang durch die Oberfläche im allgemeinen eine Unstetigkeit besitzt.

Aus den Formeln (100) und (101) folgen unmittelbar die Formeln

$$\left(\frac{\partial U(M_0)}{\partial \nu}\right)_a - \left(\frac{\partial U(M_0)}{\partial \nu}\right)_i = -4\pi \sum_{n=0}^{\infty} Y_n(\theta, \varphi);$$

$$\left(\frac{\partial U(M_0)}{\partial \nu}\right)_a + \left(\frac{\partial U(M_0)}{\partial \nu}\right)_i = -4\pi \sum_{n=0}^{\infty} \frac{1}{2n+1} Y_n(\theta, \varphi).$$

Daher können wir wegen (96) und (99) schreiben:

$$\left(\frac{\partial U(M_0)}{\partial \nu}\right)_a - \left(\frac{\partial U(M_0)}{\partial \nu}\right)_i = -4\pi \varrho(M_0); \tag{102}$$

$$\left(\frac{\partial U(M_0)}{\partial \nu}\right)_a + \left(\frac{\partial U(M_0)}{\partial \nu}\right)_i = -\frac{U(M_0)}{R}. \tag{103}$$

Die Beziehung (102) zeigt unter anderem, *daß die Größe des Sprunges der Ableitung in Richtung der Normalen gleich dem Produkt von* -4π *mit der Dichte im betrachteten Punkt der Oberfläche ist.*

Wir klären jetzt die Bedeutung der rechten Seite der Formel (103). Wie früher bezeichnen wir mit ν eine bestimmte Richtung, nämlich die des Radiusvektors $\overline{OM_0}$. Da im Integral (93) lediglich der Faktor $\frac{1}{k}$ von den Koordinaten des Punktes M abhängt, ergibt sich

$$\frac{\partial U(M)}{\partial \nu} = \iint_{S_R} \varrho(M') \frac{\partial}{\partial \nu}\left(\frac{1}{k}\right) ds. \tag{104}$$

Nun ist aber

$$\frac{\partial}{\partial \nu}\left(\frac{1}{k}\right) = -\frac{1}{k^2}\cos\omega,$$

wobei ω der Winkel zwischen dem Radiusvektor $\overline{M'M}$ und der Richtung ν ist. Wir bestimmen den Wert des Integrals (104) unter der Voraussetzung, daß der Punkt M auf der Kugel selbst liegt, und zwar im Punkt M_0. Dann ist $k = 2R\cos\omega$ und folglich

$$\frac{\partial}{\partial \nu}\left(\frac{1}{k}\right) = -\frac{1}{2Rk}.$$

Damit erhalten wir für das Integral (104) den Wert

$$-\frac{1}{2R}\iint_{S_R} \varrho(M')\frac{1}{k}\,ds = -\frac{1}{2R}U(M_0).$$

Bezeichnen wir ihn mit $\frac{\partial U(M_0)}{\partial \nu}$, dann kann man die Formel (103) in der Gestalt

$$\left(\frac{\partial U(M_0)}{\partial \nu}\right)_a + \left(\frac{\partial U(M_0)}{\partial \nu}\right)_i = 2\,\frac{\partial U(M_0)}{\partial \nu}$$

schreiben.

Daraus ergeben sich unter anderem folgende Ausdrücke für die Grenzwerte der Ableitungen des Potentials einer einfachen Schicht in Normalenrichtung:

$$(105)\qquad \begin{cases} \left(\frac{\partial U(M_0)}{\partial \nu}\right)_i = \left(\frac{\partial U(M_0)}{\partial \nu}\right) + 2\pi\varrho\,(M_0); \\ \left(\frac{\partial U(M_0)}{\partial \nu}\right)_a = \left(\frac{\partial U(M_0)}{\partial \nu}\right) - 2\pi\varrho\,(M_0). \end{cases}$$

Diese Formeln sind ebenfalls nicht nur für Kugeln gültig.

139. Das Elektron im Zentralfeld. Wir betrachten ein Elektron in einem Kraftfeld, das von einem positiven Kern herrührt. Dann gilt nach der SCHRÖDINGERschen Theorie die Differentialgleichung

$$(106)\qquad -\frac{h^2}{2\mu}\left(\frac{\partial^2\psi}{\partial x^2} + \frac{\partial^2\psi}{\partial y^2} + \frac{\partial^2\psi}{\partial z^2}\right) - eV(r)\,\psi = E\psi,$$

wobei h die PLANCKsche Konstante, μ die Masse des Elektrons, e seine Ladung, $V(r)$ eine vorgegebene Funktion, die nur vom Abstand r vom Ursprung abhängt und das Potential des Feldes bestimmt, ferner $\psi(x, y, z)$ die Wellenfunktion und schließlich E eine Konstante ist, die das Energieniveau des untersuchten physikalischen Systems charakterisiert. Die Differentialgleichung (106) muß eine Lösung haben, die im gesamten unendlichen Raum definiert ist und im Unendlichen beschränkt bleibt. Wir setzen die Lösung in Gestalt eines Produktes zweier Funktionen an, von denen die eine nur von r und die andere nur von θ und φ abhängt. In Kugelkoordinaten lautet der LAPLACEsche Operator $\Delta\psi$:

$$\Delta\psi = \frac{\partial^2\psi}{\partial r^2} + \frac{2}{r}\frac{\partial\psi}{\partial r} + \frac{1}{r^2}\Delta_1\psi,$$

wobei wie oben [135] gilt:

$$\Delta_1\psi = \frac{1}{\sin\theta}\frac{\partial}{\partial\theta}\left(\sin\theta\,\frac{\partial\psi}{\partial\theta}\right) + \frac{1}{\sin^2\theta}\frac{\partial^2\psi}{\partial\varphi^2}.$$

Die Differentialgleichung (106) hat dann die Gestalt

$$\frac{h^2}{2\mu}\left[\frac{\partial^2\psi}{\partial r^2} + \frac{2}{r}\frac{\partial\psi}{\partial r} + \frac{1}{r^2}\Delta_1\psi\right] + e\,V(r)\,\psi + E\psi = 0.$$

Setzt man $\psi = f(r)\cdot Y(\theta, \varphi)$ ein und trennt die Variablen, so erhält man

$$\frac{\Delta_1 Y}{Y} = \frac{-\frac{h^2}{2\mu}\left[f''(r) + \frac{2}{r}f'(r)\right] - e\,V(r)\,f(r) - E\,f(r)}{\frac{h^2}{2\mu r^2}f(r)}.$$

Beide Seiten der angegebenen Gleichung müssen gleich ein und derselben Konstanten sein, die wir mit λ bezeichnen. Daraus ergeben sich zwei Differentialgleichungen, nämlich

$$(107)\qquad \Delta_1 Y - \lambda Y = 0;$$

$$(108)\qquad -\frac{h^2}{2\mu}\left[f''(r) + \frac{2}{r}f'(r) + \frac{\lambda}{r^2}f(r)\right] - e\,V(r)\,f(r) - E\,f(r) = 0.$$

Die erste muß eine Lösung haben, die auf der gesamten Kugeloberfläche stetig ist. Wir wissen bereits, daß dann der Parameter λ den Wert $-l(l+1)$ annimmt, und erhalten damit als Lösung die Kugelfunktionen $Y_l(\theta, \varphi)$. Setzt man den angegebenen Wert von λ in (108) ein, so ergibt sich folgende Differentialgleichung zur Bestimmung des von r abhängenden Faktors, den wir jetzt mit $f_l(r)$ bezeichnen wollen:

$$\frac{h^2}{2\mu} f_l''(r) + \frac{h^2}{\mu r} f_l'(r) + \left[E + eV(r) - \frac{h^2 l(l+1)}{2\mu r^2}\right] f_l(r) = 0. \tag{109}$$

Den Wert des Parameters E bestimmt man aus der Bedingung, daß die Differentialgleichung (109) eine Lösung haben muß, die sowohl für $r = 0$ als auch für $r \to +\infty$ beschränkt ist. Im allgemeinen erhalten wir unendlich viele solcher Werte E. Sie werden gewöhnlich mit der Zahl $l+1$ beginnend numeriert, also durch folgende ganze Zahlen:

$$n = l+1, \quad l+2, \quad l+3, \quad \ldots .$$

Daher hängt E von zwei Indizes ab, nämlich vom Wert der ganzen Zahl l und der Nummer n. Die Zahl l heißt *Nebenquantenzahl* und n *Hauptquantenzahl*. Für vorgegebene l und n erhalten wir im allgemeinen eine bestimmte Funktion $f_{nl}(r)$, die der Differentialgleichung (109) genügt und die oben angegebenen Randbedingungen für $r = 0$ und $r = +\infty$ erfüllt. Die Anzahl der $Y_l(\theta, \varphi)$ ist $2l+1$:

$$Y_l^{(m)}(\theta, \varphi) \qquad (m = -l, -l+1, \ldots, l-1, l)$$

Zur vollständigen Charakterisierung der Wellenfunktion müssen wir auch noch den dritten Index m hinzufügen. Diesen Wert bezeichnet man gewöhnlich als *Magnetquantenzahl*. Diese spielt eine wesentliche Rolle bei der Untersuchung einer Störung des betrachteten physikalischen Systems, die durch Einschaltung eines längs der z-Achse gerichteten Magnetfeldes hervorgerufen wird.

Wir untersuchen jetzt den Spezialfall, bei dem das Potential ein COULOMBsches Potential ist. Demnach gilt

$$V(r) = \frac{ke}{r},$$

wobei k eine ganze Zahl ist, die beispielsweise für das Wasserstoffatom den Wert Eins hat. Setzt man den Ausdruck für das Potential in die Differentialgleichung (109) ein, dann erhält man (für $k = 1$)

$$\frac{h^2}{2\mu} f_l''(r) + \frac{h^2}{\mu r} f_l'(r) + \left[E + \frac{e^2}{r} - \frac{h^2 l(l+1)}{2\mu r^2}\right] f_l(r) = 0. \tag{110}$$

An Stelle von r führen wir durch

$$z = \frac{\mu e^2 r}{h^2}$$

die neue Veränderliche z ein und setzen

$$\varepsilon = \frac{Eh^2}{\mu e^4} \quad \text{und} \quad s = 2l+1. \tag{111}$$

Außerdem führen wir an Stelle von $f_l(r)$ durch

$$f_l(r) = \frac{1}{\sqrt{z}} y$$

y als neue unbekannte Funktion ein.

Führt man diese Substitutionen in (110) durch, so kommt man zur Differentialgleichung

$$\frac{d^2y}{dz^2} + \frac{1}{z}\frac{dy}{dz} + \left(2\varepsilon + \frac{2}{z} - \frac{s^2}{4z^2}\right) y = 0,$$

die wir in [115] betrachtet haben.

Wir wollen auf die Untersuchung negativer Werte des Parameters E eingehen. Dann erhalten wir, wie wir früher gesehen haben, unendlich viele diskrete Werte für die Konstante E. Setzt man nämlich

$$\lambda = \frac{1}{\sqrt{-2\varepsilon}},$$

so bekommt man für den Parameter λ die Werte

$$\lambda_p = \frac{s+1}{2} + p \qquad (p = 0, 1, 2, \ldots).$$

Daraus ergibt sich

$$\frac{1}{-2\varepsilon_p} = \left(\frac{s+1}{2} + p\right)^2 \quad \text{und} \quad \varepsilon_p = -\frac{1}{\left(\frac{s+1}{2} + p\right)^2} = -\frac{1}{2(p+l+1)^2},$$

und damit erhalten wir wegen (111) für den Parameter E

$$E_{nl} = -\frac{\mu e^4}{2h^2(p+l+1)^2} = -\frac{\mu e^4}{2h^2 n^2}, \tag{112}$$

wobei $n = p + l + 1$ die Hauptquantenzahl ist.

Wir ersehen daraus, daß für ein COULOMBsches Feld die Werte des Parameters E von der Nebenquantenzahl l unabhängig sind. Legen wir n und damit auch E fest, so können wir wegen $n = p + l + 1$ der Zahl l die Werte

$$l = n-1,\; n-2,\; \ldots,\; 0$$

erteilen.

Jedem dieser Werte von l entsprechen $2l + 1$ Eigenfunktionen ψ. Daher ergibt sich für die Werte (112) des Parameters E allgemein folgende Anzahl von Eigenfunktionen:

$$1 + 3 + 5 + \cdots + (2n-1) = n^2.$$

Hätten wir an Stelle der SCHRÖDINGERgleichung für das einzelne Elektron die DIRACgleichung angesetzt, so hätten wir Funktionen gefunden, die den Kugelfunktionen analog sind. Diese „*Kugelfunktionen mit Spin*" werden z. B. in В. А. Фок, Начала квантовой механики (V. FOCK, Anfangsgründe der Quantenmechanik) untersucht.

140. Kugelfunktionen und lineare Darstellungen der Drehungsgruppe. Wie wir bereits früher erwähnt haben, liefern die homogenen Polynome in den Veränderlichen x, y, z, die der LAPLACEschen Differentialgleichung genügen, eine lineare Darstellung der Gruppe R der Drehungen des Raumes um den Ursprung.

Wir sehen also, daß die Gesamtheit der Kugelfunktionen des Grades l eine lineare Darstellung der Gruppe R vermittelt; diese Darstellung ist vom Grade $2l + 1$. Wir wollen das Problem ausführlicher untersuchen.

Dazu betrachten wir Kugelfunktionen des Grades l in der Gestalt (18) und führen die neuen Bezeichnungen

$$Q_l^{(m)}(\varphi, \theta) = e^{im\varphi} P_{l,m}(\cos\theta) \qquad (m = -l, -l+1, \ldots, l-1, l) \tag{113}$$

mit

$$P_{l,-m}(\cos\theta) = P_{l,m}(\cos\theta)$$

ein.

Es sei $\{\alpha, \beta, \gamma\}$ eine gewisse Drehung aus der Gruppe R mit den EULERschen Winkeln α, β und γ. Nach dieser Drehung hat der Punkt mit den Koordinaten φ, θ die neue Lage (φ', θ'), und die Funktionen $Q_l^{(m)}(\varphi', \theta')$ sind Linearkombinationen der Funktionen $Q_l^{(m)}(\varphi, \theta)$. Die Matrix dieser linearen Transformation entspricht gerade der Drehung $\{\alpha, \beta, \gamma\}$ in der linearen Darstellung der Gruppe R, die durch die Funktionen (113) gebildet wird. Die einfache Abhängigkeit dieser Funktionen vom Winkel φ zeigt, daß der Drehung um die z-Achse um den Winkel α, also der Drehung $\{\alpha, 0, 0\}$, die Diagonalmatrix

$$\begin{pmatrix} e^{-il\alpha} & 0 & 0 & \dots & 0 \\ 0 & e^{-i(l-1)\alpha} & 0 & \dots & 0 \\ 0 & 0 & e^{-i(l-2)\alpha} & \dots & 0 \\ \dots & \dots & \dots & \dots & \dots \\ 0 & 0 & 0 & \dots & e^{il\alpha} \end{pmatrix} \tag{114}$$

entspricht.

Wir bezeichnen allgemein mit $\{D_l(R_0)\}_{ik}$ die Elemente der Matrix, die einer bestimmten Drehung R_0 entspricht, wobei die Indizes i und k die Werte $-l, -l+1, \dots, l$ durchlaufen.

Wir wählen als R_0 die Drehung um die y-Achse um den Winkel β, bei der die Kugelpunkte mit den Koordinaten $\varphi = 0$ und θ in die Punkte $\varphi = 0$ und $\theta + \beta$ übergehen. Wegen der Gestalt der Funktionen (113) kann man behaupten, daß bei dieser Wahl von R_0 die Matrix $D_l(R_0)$ die Funktion $P_{l,m}(\cos\theta)$ in die Funktion $P_{l,m}[\cos(\theta+\beta)]$ überführt; es gilt also

$$P_{l,m}[\cos(\theta+\beta)] = \sum_{s=-l}^{+l} \{D_l(R_0)\}_{ms} P_{l,s}(\cos\theta) \qquad (m = -l, -l+1, \dots, l).$$

Geht man zu den Formeln (12) zurück, so sieht man, daß $P_{l,s}(\cos\theta)$ für $\theta = 0$ verschwindet, wenn $s \neq 0$ ist. Setzt man in den obigen Formeln $\theta = 0$, dann erhält man auf diese Weise

$$P_{l,m}(\cos\beta) = \{D_l(R_0)\}_{m0} P_l(1) = \{D_l(R_0)\}_{m0}.$$

Daraus folgt, daß die Elemente der $k = 0$ entsprechenden Spalte der Matrix $D_l(R_0)$ im allgemeinen alle von Null verschieden sind; lediglich für einige ausgezeichnete Werte β kommen solche vor, die gleich Null sind.

Unter den Matrizen $D_l(R)$ gibt es also Diagonalmatrizen (114) mit verschiedenen Elementen; ferner gibt es Matrizen, in denen die Elemente einer bestimmten Zeile sämtlich von Null verschieden sind. Wie wir in [III$_1$, 69] gesehen haben, liefern dann die Matrizen eine irreduzible Darstellung der Gruppe R. Daher ist auch die Darstellung, die durch die Matrizen $D_l(R)$ vermittelt wird, irreduzibel. Die Funktionen (113) sind paarweise orthogonal, aber nicht durch Integrale über die Quadrate der absoluten Beträge auf 1 normiert. Multipliziert man die Funktionen mit passend gewählten Faktoren $C_l^{(m)}$, so kann man auch normierte Funktionen konstruieren:

$$C_l^{(m)} Q_l^{(m)}(\varphi, \theta). \tag{115}$$

Sie liefern dann eine unitäre irreduzibele Darstellung $D_l'(R)$ [III$_1$, 63], die äquivalent zu $D_l(R)$ ist, wobei auch in dieser neuen Darstellung der Drehung $\{\alpha, 0, 0\}$ die frühere Matrix (114) entspricht, da der konstante Faktor die Abhängigkeit der Funktionen (113) von φ nicht ändert.

Multipliziert man die Funktionen (115) mit beliebigen Faktoren, die dem Betrage nach gleich 1 sind, so erhält man wieder unitäre Darstellungen mit denselben der Drehung $\{\alpha, 0, 0\}$ entsprechenden Matrizen (114). Eine dieser Darstellungen ist mit der Darstellung identisch, die wir in [III$_1$, 62] auf anderem Wege konstruiert haben.

Die Eigenfunktionen der SCHRÖDINGERgleichung, die wir im vorigen Abschnitt untersucht haben, lassen sich in Gruppen entsprechend den Werten der Zahl l zusammenfassen, wobei in diesen Gruppen je $2l + 1$ Eigenfunktionen auftreten (l ist die Nebenquantenzahl).

Die Numerierung der Funktionen, die in diese Gruppe eingehen, wird durch die Zahl m geliefert (m ist die Magnetquantenzahl), die die Werte $-l, -l+1, \dots, l$ annimmt. Aus der Gestalt der Funktionen (113) folgt unmittelbar

$$\frac{1}{i}\frac{\partial}{\partial\varphi} Q_l^{(m)}(\varphi, \theta) = m Q_l^{(m)}(\varphi, \theta),$$

d. h., die m-te Funktion unserer Gruppe ist Eigenfunktion des Operators

(116) $$L_z = \frac{1}{i}\frac{\partial}{\partial\varphi}$$

und die Zahl m der entsprechende Eigenwert. Außerdem genügt jede der Funktionen (113), wie wir wissen, der Differentialgleichung

$$-\Delta_1 Q_l^{(m)}(\varphi,\theta) = l(l+1)\, Q_l^{(m)}(\varphi,\theta)\,.$$

Jede der $2l+1$ Funktionen einer solchen Gruppe ist also zugleich auch Eigenfunktion des Operators

(117) $$L^2 = -\Delta_1 = -\frac{1}{\sin\theta}\left[\frac{\partial}{\partial\theta}\left(\sin\theta\,\frac{\partial}{\partial\theta}\right) + \frac{1}{\sin\theta}\frac{\partial^2}{\partial\varphi^2}\right],$$

und der entsprechende Eigenwert ist gleich $l(l+1)$. Der Operator L_z unterscheidet sich lediglich durch den Faktor h von dem Operator der z-Komponente des Impulses. Ebenso unterscheidet sich der Operator (117) lediglich durch den Faktor h^2 von dem Operator des Quadrates des Impulsmomentes.

141. Die Legendreschen Funktionen. Wir betrachten die Legendresche Differentialgleichung

(118) $$(1-x^2)\frac{d^2u}{dx^2} - 2x\frac{du}{dx} + n(n+1)\,u = 0\,,$$

wobei wir x als komplexe Veränderliche und n als beliebig voraussetzen. Die Fundamentalgleichung der Differentialgleichung (118) hat in den singulären Punkten $x = \pm 1$ die Doppelwurzeln Null [102]. Daher gibt es in diesen beiden Punkten ein reguläres Integral und eines, das einen Logarithmus enthält. Letzteres ist in der Umgebung eines singulären Punktes nicht beschränkt.

Wir versuchen, die Differentialgleichung (118) durch ein Integral der Gestalt (13) zu erfüllen, das für ganzes positives n ein Legendresches Polynom lieferte; wir machen also den Lösungsansatz

(119) $$u(x) = \frac{1}{2^{n+1}\pi i}\int\limits_C \frac{(t^2-1)^n}{(t-x)^{n+1}}\,dt\,.$$

Geht man damit in (118) ein, so ergibt sich

$$(1-x^2)\frac{d^2u}{dx^2} - 2x\frac{du}{dx} + n(n+1)\,u =$$

$$= \frac{n+1}{2^{n+1}\pi i}\int\limits_C \frac{(t^2-1)^n}{(t-x)^{n+3}}\left[-(n+2)(t^2-1) + 2(n+1)\,t\,(t-x)\right]dt =$$

$$= \frac{n+1}{2^{n+1}\pi i}\int\limits_C \frac{d}{dt}\left[\frac{(t^2-1)^{n+1}}{(t-x)^{n+2}}\right]dt\,.$$

Daraus ersieht man, daß (119) eine Lösung der Differentialgleichung (118) liefert, falls der Ausdruck

(120) $$\frac{(t^2-1)^{n+1}}{(t-x)^{n+2}}$$

seinen ursprünglichen Wert wieder annimmt, nachdem die Veränderliche t die Kurve C durchlaufen hat. Ist n nicht ganz, so hat der Integrand im Integral (119) drei Verzweigungspunkte: $t = x$ und $t = \pm 1$. Beim Umlaufen des Punktes $t = 1$ oder $t = -1$ entgegen dem Uhrzeigersinn multipliziert sich der Zähler $(t^2 - 1)^{n+1}$ mit dem Faktor $e^{(n+1)2\pi i}$, und beim Umlaufen des Punktes $t = x$ erhält der Nenner den Faktor $e^{(n+2)2\pi i}$.

Wir schneiden die komplexe t-Ebene von $t = -1$ bis $t = -\infty$ längs der reellen Achse auf und wählen als Weg C eine geschlossene Kurve, die von einem Punkt A, der auf der reellen Achse rechts vom Punkt $t = 1$ liegt, ausgeht und um die Punkte $t = 1$ und $t = x$ entgegen dem Uhrzeigersinn herumführt (Abb. 73).

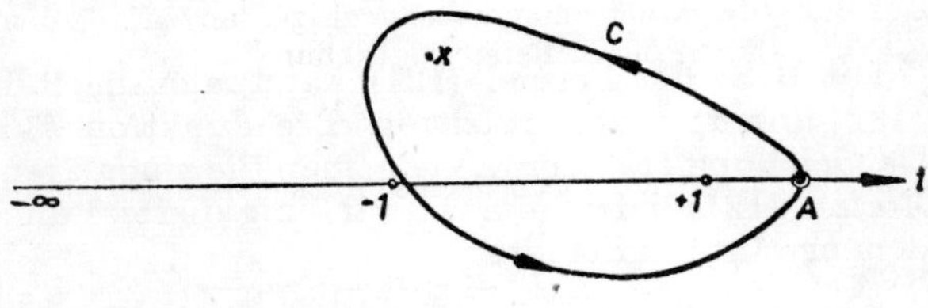

Abb. 73

Dabei setzen wir voraus, daß x nicht auf dem Schnitt liegt und daß der Weg C den Schnitt nicht kreuzt. Der Ausgangswert des mehrdeutigen Integranden ist durch die Bedingungen $\arg(t-1) = \arg(t+1) = 0$ und $|\arg(t-x)| < \pi$ für $t > 1$ bestimmt. Wegen des oben Gesagten nimmt jetzt der Ausdruck (119) den Ausgangswert wieder an, wenn t die Kurve C durchlaufen hat. Nach dem CAUCHYschen Satz hängt der Wert des Integrals nicht von der Wahl des Punktes A auf der reellen Achse rechts von $t = 1$ und von der Form des Weges ab. Wesentlich ist nur, daß sich die Kurve C und der obengenannte Schnitt nicht schneiden. Daher erhalten wir als Lösung der Differentialgleichung (118)

$$P_n(x) = \frac{1}{2^{n+1}\pi i}\int_C \frac{(t^2-1)^n}{(t-x)^{n+1}}\,dt, \tag{121}$$

wobei C der oben beschriebene Weg ist. Diese Lösung ist eine in der gesamten auf die oben angegebene Weise aufgeschnittenen Ebene (und speziell auch im Punkt $x = 1$) reguläre Funktion von x. Wie wir gesehen haben [102], erhält man aber die Differentialgleichung (118) aus der GAUSSschen Differentialgleichung für $\alpha = n + 1$, $\beta = -n$ und $\gamma = 1$, wenn man die unabhängige Veränderliche z in der GAUSSschen Differentialgleichung durch $\frac{1-x}{2}$ ersetzt. Da die Lösung (121) für $x = 1$, d. h. für $z = 0$, regulär ist, muß sie bis auf einen Faktor mit der hypergeometrischen Reihe übereinstimmen, muß also

$$P_n(x) = A \cdot F\left(n+1,\ -n,\ 1;\ \frac{1-x}{2}\right) \tag{122}$$

sein. Zur Berechnung von A bestimmen wir $P_n(1)$:

$$P_n(1) = \frac{1}{2^{n+1}\pi i}\int_C \frac{(t^2-1)^n}{(t-1)^{n+1}}\,dt = \frac{1}{2^{n+1}\pi i}\int_C \frac{(t+1)^n}{t-1}\,dt.$$

Berechnet man das letzte Integral nach dem Residuensatz, so erhält man $P_n(1) = 1$, wonach die Formel (122) für $x = 1$ den Wert $A = 1$ liefert. Es ist also

$$P_n(x) = F\left(n+1,\ -n,\ 1;\ \frac{1-x}{2}\right). \tag{123}$$

Für ganzes positives n erhalten wir ein LEGENDREsches Polynom. Außerdem folgt aus (123), weil sich $F(\alpha, \beta, \gamma; z)$ bei Vertauschung von α und β nicht ändert, daß für beliebiges n

$$P_n(x) = P_{-n-1}(x)$$

ist.

Mit Hilfe der Formel (121) kann man die Relationen (37), (39) und (40) aus [132] unmittelbar verifizieren. Die Funktion $P_n(x)$ hat als Lösung der Differentialgleichung (118) im allgemeinen die singulären Punkte $x = -1$ und $x = \infty$. Die Formel (121) liefert eine Darstellung dieser Funktion in der gesamten Ebene mit dem erwähnten Schnitt.

142. Die LEGENDREschen Funktionen zweiter Art. Oben haben wir eine Lösung der Differentialgleichung (118) konstruiert. Jetzt wollen wir uns mit der Konstruktion der zweiten beschäftigen. Wir wissen: Ist $y_1(x)$ eine der Lösungen der Differentialgleichung

$$y'' + p(x)\,y' + q(x)\,y = 0\,,$$

so kann man die zweite nach der Formel

$$y_2(x) = C y_1(x) \int e^{-\int p(x)\,dx} \frac{dx}{[y_1(x)]^2} \tag{124}$$

konstruieren, wobei C eine willkürliche Konstante ist.

Zunächst sei n ganz und positiv. Im singulären Punkt $x = \infty$ der Differentialgleichung (118) hat die Fundamentalgleichung die Wurzeln $\varrho_1 = n + 1$ und $\varrho_2 = -n$. Die Lösung der Differentialgleichung, die der ersten Wurzel entspricht, wird für $x = \infty$ gleich Null. Wegen (124) kann man diese Lösung in der Gestalt

$$Q_n(x) = P_n(x) \int\limits_{\infty}^{x} \frac{dt}{(1-t^2)\,[P_n(t)]^2} \tag{125}$$

darstellen. Die Funktion $Q_n(x)$ hat die singulären Punkte $x = \pm 1$ und ist in der von $x = -1$ bis $x = +1$ aufgeschnittenen komplexen x-Ebene regulär. Die Formel (125) liefert $Q_n(x)$ in dieser ganzen Ebene. Wir weisen darauf hin, daß die Nullstellen von $P_n(x)$ innerhalb des Intervalls $(-1, +1)$ liegen.

Wir wollen $Q_n(x)$ durch LEGENDREsche Polynome und den Logarithmus ausdrücken. Dazu führen wir in der Differentialgleichung (118) an Stelle von $u(x)$ durch

$$u(x) = \frac{1}{2} P_n(x) \log \frac{x+1}{x-1} - v(x) \tag{126}$$

die Funktion $v(x)$ ein.

Für $v(x)$ erhalten wir dann die Differentialgleichung

$$(1 - x^2)\frac{d^2 v}{dx^2} - 2x\frac{dv}{dx} + n(n+1)\,v = 2P_n'(x)\,.$$

Wegen (42) können wir diese in der Gestalt

$$(1 - x^2)\frac{d^2 v}{dx^2} - 2x\frac{dv}{dx} + n(n+1)\,v = 2\sum_{k=1}^{N}(2n - 4k + 3)\,P_{n-2k+1}(x) \tag{127}$$

schreiben, wobei $N = \frac{1}{2} n$ ist für gerades n und $N = \frac{1}{2} \cdot (n+1)$ für ungerades n. Da $P_{n-2k+1}(x)$ der Differentialgleichung

$$(1-x^2) P''_{n-2k+1}(x) - 2x P'_{n-2k+1}(x) + (n-2k+1)(n-2k+2) P_{n-2k+1}(x) = 0$$

genügt, überzeugt man sich davon, daß die Differentialgleichung

$$(1-x^2)\frac{d^2w}{dx^2} - 2x\frac{dw}{dx} + n(n+1)w = 2(2n-4k+3) P_{n-2k+1}(x)$$

die partikuläre Lösung

$$w(x) = \frac{2n-4k+3}{(2k-1)(n-k+1)} P_{n-2k+1}(x)$$

hat. Daraus erhält man wegen (126) und (127) folgende Lösung der LEGENDREschen Differentialgleichung (118):

$$u_0(x) = \frac{1}{2} P_n(x) \log\frac{x+1}{x-1} - \sum_{k=1}^{N} \frac{2n-4k+3}{(2k-1)(n-k+1)} P_{n-2k+1}(x)\,. \tag{128}$$

Sie muß durch $P_n(x)$ und $Q_n(x)$ ausdrückbar sein, also ist

$$u_0(x) = C_1 P_n(x) + C_2 Q_n(x)\,. \tag{129}$$

Aus (128) und der bekannten Entwicklung

$$\frac{1}{2}\log\frac{1+x}{1-x} = \frac{1}{x} + \frac{1}{3x^3} + \frac{1}{5x^5} + \cdots \qquad (|x| > 1)$$

folgt, daß die Größe $\frac{u_0(x)}{x^{n-2}}$ für $x \to \infty$ beschränkt bleibt. Andererseits ist $P_n(x)$ auf der rechten Seite von (129) ein Polynom n-ten Grades, und $Q_n(x)$ strebt für $x \to \infty$ wie $\frac{1}{x^{n+1}}$ gegen Null. Vergleicht man diese beiden Aussagen, so kann man daraus schließen, daß $C_1 = 0$ sein muß; es gilt also

$$C_2 Q_n(x) = u_0(x) = \frac{1}{2} P_n(x) \log\frac{x+1}{x-1} - R_n(x)\,, \tag{130}$$

wobei $R_n(x)$ ein Polynom vom Grade $n-1$ ist. Daraus folgt

$$C_2 \frac{d}{dx}\left[\frac{Q_n(x)}{P_n(x)}\right] = \frac{1}{1-x^2} + \frac{S_n(x)}{[P_n(x)]^2},$$

wobei $S_n(x)$ ein Polynom in x ist. Andererseits gilt wegen (125)

$$\frac{d}{dx}\left[\frac{Q_n(x)}{P_n(x)}\right] = \frac{1}{(1-x^2)[P_n(x)]^2}.$$

Vergleicht man diesen Ausdruck mit dem vorhergehenden, dann ergibt sich

$$\frac{C_2}{(1-x^2)[P_n(x)]^2} = \frac{1}{1-x^2} + \frac{S_n(x)}{[P_n(x)]^2},$$

woraus folgt, daß

$$C_2 = [P_n(x)]^2 + (1 - x^2)\, S_n(x)$$

ist. Für $x = 1$ ist $C_2 = 1$, und auf Grund von (128) und (129) erhalten wir also schließlich

$$Q_n(x) = \frac{1}{2} P_n(x) \log \frac{1+x}{1-x} - \sum_{k=1}^{N} \frac{2n - 4k + 3}{(2k-1)(n-k+1)} P_{n-2k+1}(x) . \tag{131}$$

Die Funktion $Q_n(x)$ bezeichnet man gewöhnlich als *Legendresche Funktion zweiter Art*.

Das Vorhandensein logarithmischer Glieder hängt mit dem Charakter der singulären Punkte $x = \pm 1$ der Differentialgleichung (118) zusammen.

Man kann $Q_n(x)$ leicht als bestimmtes Integral darstellen, was wir jetzt tun wollen. Wir merken dazu an, daß für positives ganzes n der Ausdruck (120) für $t = \pm 1$ verschwindet. In Übereinstimmung damit können wir bei der Lösung der Differentialgleichung (118) in der Gestalt (119) als Weg C einfach das Intervall $-1 \leqslant t \leqslant +1$ nehmen und erhalten

$$u_1(x) = A \int_{-1}^{+1} \frac{(1-t^2)^n}{(x-t)^{n+1}}\, dt , \tag{132}$$

wobei A eine beliebige Konstante ist. Dieses Integral strebt für $x \to \infty$ wie $\frac{1}{x^{n+1}}$ gegen Null, und daher unterscheidet sich die angegebene Lösung lediglich durch einen konstanten Faktor von $Q_n(x)$. Wir bestimmen die Konstante A so, daß (132) mit $Q_n(x)$ übereinstimmt. Aus der Formel (11) folgt, daß der Koeffizient von x^n in $P_n(x)$ die Gestalt

$$a_n = \frac{2n(2n-1)\cdots(n+1)}{n!\, 2^n} = \frac{(2n)!}{(n!)^2\, 2^n} \tag{133}$$

hat. Aus der Formel (125) ersieht man, daß die Entwicklung des Integranden nach ganzen positiven Potenzen von x^{-1} mit dem Glied $-\frac{1}{a_n^2 x^{2n+2}}$ beginnt, während diejenige von $Q_n(x)$ mit dem Glied $\frac{1}{(2n+1)\, a_n x^{n+1}}$ anfängt. Vergleicht man das mit (132), so erhält man für A die Gleichung

$$A \int_{-1}^{+1} (1-t^2)^n\, dt = \frac{1}{a_n(2n+1)}$$

oder

$$2A \int_0^{\frac{\pi}{2}} \sin^{2n+1}\varphi\, d\varphi = \frac{1}{a_n(2n+1)} ,$$

woraus folgt [I, 100], daß

$$2A \frac{2n(2n-2)\cdots 4\cdot 2}{(2n+1)(2n-1)\cdots 5\cdot 3} = \frac{1}{a_n(2n+1)}$$

ist. Wegen (133) folgt $A = \frac{1}{2^{n+1}}$. Setzt man diesen Wert in (132) ein, so erhält man für $Q_n(x)$ einen Ausdruck in Gestalt eines Integrals:

$$Q_n(x) = \frac{1}{2^{n+1}} \int_{-1}^{+1} \frac{(1-t^2)^n}{(x-t)^{n+1}}\, dt. \tag{134}$$

Er gilt in der gesamten komplexen x-Ebene außer im Intervall $-1 \leqslant x \leqslant +1$.

Wir geben jetzt noch eine Darstellung von $Q_n(x)$ durch die hypergeometrische Reihe an.

Vorher drücken wir die rechte Seite der Formel (133) mit Hilfe der Funktion $\Gamma(x)$ aus, wozu die Relation (143) aus [73] für $z = n+1$ und die Formel $\Gamma(2n+2) = (2n+1)\cdot\Gamma(2n+1)$ benutzt werden. Das ergibt

$$a_n = \frac{\Gamma(2n+1)}{[\Gamma(n+1)]^2\, 2^n} = \frac{2^{n+1}\,\Gamma\left(n+\frac{3}{2}\right)}{(2n+1)\sqrt{\pi}\,\Gamma(n+1)}. \tag{135}$$

Mit Hilfe der Substitution $t = x^2$ führen wir die LEGENDREsche Differentialgleichung (118) in die Differentialgleichung

$$t(t-1)\frac{d^2u}{dt^2} + \frac{3t-1}{2}\frac{du}{dt} - \frac{n(n+1)}{4}u = 0$$

über. Das ist eine GAUSSsche Differentialgleichung mit den Parametern $\alpha = \frac{n}{2} + \frac{1}{2}$, $\beta = -\frac{n}{2}$ und $\gamma = \frac{1}{2}$. Benutzt man die erste der Formeln (64_3) von [101] für $z = t$ und ersetzt t durch x^2, so erhält man eine Lösung der Differentialgleichung (118),

$$u(x) = \frac{C}{x^{n+1}} F\left(\frac{n}{2}+\frac{1}{2},\ \frac{n}{2}+1,\ n+\frac{3}{2};\ \frac{1}{x^2}\right) \qquad (|x| > 1), \tag{136}$$

die sich im unendlich fernen Punkt ebenso verhält wie $Q_n(x)$ und sich daher von $Q_n(x)$ nur durch den konstanten Faktor C unterscheidet. Dieser muß so bestimmt werden, daß die Lösung (136) mit $Q_n(x)$ identisch ist, dessen Entwicklung nach Potenzen von $\frac{1}{x}$ mit dem Glied $\frac{1}{(2n+1)\,a_n x^{n+1}}$ beginnt. Das ergibt $C = \frac{1}{(2n+1)a_n}$, und wir erhalten

$$Q_n(x) = \frac{\sqrt{\pi}\,\Gamma(n+1)}{2^{n+1}\,\Gamma\left(n+\frac{3}{2}\right)} \cdot \frac{1}{x^{n+1}} F\left(\frac{n}{2}+\frac{1}{2},\ \frac{n}{2}+1,\ n+\frac{3}{2};\ \frac{1}{x^2}\right). \tag{137}$$

Bisher haben wir von der Funktion $Q_n(x)$ nur für ganzes positives n gesprochen. Man kann aber $Q_n(x)$ als zweite Lösung der Differentialgleichung (118) auch für beliebige Werte von n angeben, wie wir dies für $P_n(x)$ schon getan haben. Wir kehren jetzt zum Integral (134) zurück. Es ist sinnvoll, wenn der Realteil von $n+1$ positiv ist, und kann daher zur Definition von $Q_n(x)$ unter den für n gemachten Voraussetzungen dienen. Allgemein kann man $Q_n(x)$ durch ein Integral (119) bei geeigneter Wahl des Weges definieren. Der Ausdruck (137) gilt für von ganzen negativen Werten verschiedenes n. Man muß dabei folgendes beachten: Ist n keine ganze positive Zahl, so hat die Funktion $Q_n(x)$ den Punkt $x = \infty$ als Verzweigungspunkt. Sie ist in der von $x = -\infty$ bis $x = 1$ aufgeschnittenen Ebene definiert. Ist n jedoch eine ganze negative Zahl, so geht, wenn man $n = -m-1$ setzt, wobei m eine ganze positive Zahl oder Null ist, die Differentialgleichung (118) in die Differentialgleichung

$$(1-x^2)\frac{d^2u}{dx^2} - 2x\frac{du}{dx} + m(m+1)u = 0$$

über. Als Lösungen von (118) kann man $P_m(x)$ und $Q_m(x)$ wählen. Für die Funktion $Q_n(x)$ lassen sich die Formeln (37), (39) und (40) aus [132] leicht nachprüfen.

§ 2. Die Besselschen Funktionen

143. Definition der Besselschen Funktionen. Wir sind auf Besselsche Funktionen zuerst bei der Lösung des Problems der Schwingung einer kreisförmigen Membran gestoßen [II, 178]. Die dort erhaltenen Resultate wollen wir noch einmal formulieren, indem wir einen Zusammenhang zwischen der Wellengleichung und den Besselschen Funktionen[1]) herleiten.

Die ebene Wellengleichung hat die Gestalt

$$\frac{\partial^2 U}{\partial t^2} = a^2\left(\frac{\partial^2 U}{\partial x^2} + \frac{\partial^2 U}{\partial y^2}\right). \tag{1}$$

Bei der Untersuchung von Schwingungen einer kreisförmigen Membran hatten wir in der Ebene Polarkoordinaten eingeführt,

$$x = r\cos\varphi; \quad y = r\sin\varphi,$$

und diejenigen Lösungen der Differentialgleichung (1) gesucht, die als Produkt dreier Funktionen darstellbar sind, von denen eine nur von t, die andere nur von r und die dritte nur von φ abhängt. Diese Lösungen haben, wie wir sahen, die Gestalt

$$(\alpha\cos\omega t + \beta\sin\omega t)(C\cos p\varphi + D\sin p\varphi)\,Z_p(kr), \tag{2}$$

wobei α, β, C und D willkürliche Konstanten sind, die Konstanten ω, k und a jedoch durch die Relation

$$\omega^2 = k^2 a^2 \tag{3}$$

verknüpft sein müssen.

Dabei bezeichnet $Z_p(z)$ eine beliebige Lösung der Besselschen Differentialgleichung

$$Z_p''(z) + \frac{1}{z}Z_p'(z) + \left(1 - \frac{p^2}{z^2}\right)Z_p(z) = 0. \tag{4}$$

Wir vermerken noch, daß die Konstante p im Ausdruck (2) ebenfalls einen beliebigen Wert haben darf. Wir wählten sie ganzzahlig, damit die Lösung in bezug auf die Veränderliche φ die Periode 2π besitzt. Außerdem sollte die Lösung für

[1]) Diese Funktionen heißen auch *Zylinderfunktionen erster Art;* die *Zylinderfunktionen zweiter Art* sind dann die Neumannschen, diejenigen dritter Art die Hankelschen Funktionen. (Anm. d. wiss. Red.)

$r = 0$ endlich bleiben. Dazu mußten wir für $Z_p(z)$ diejenige Lösung der Differentialgleichung (4) wählen, die für $z = 0$ endlich bleibt, also die Lösung $J_p(z)$ $(p \geqslant 0)$, die eine BESSELsche Funktion darstellt. Der Wert der Konstanten k und gleichzeitig damit wegen (3) auch der von ω ließ sich aus der Randbedingung bestimmen. Im folgenden werden wir noch eine andere Anwendung der BESSELschen Funktionen kennenlernen. Jetzt beschäftigen wir uns mit den Eigenschaften der durch die Differentialgleichung (4) definierten Funktionen und beginnen mit der Untersuchung der BESSELschen Funktionen, über die wir oben gesprochen haben.

Die BESSELschen Funktionen sind bis auf einen konstanten Faktor durch eine Entwicklung folgender Gestalt definiert [II, 48]:

$$J_p(z) = Cz^p\left[1 - \frac{z^2}{2(2p+2)} + \frac{z^4}{2\cdot 4\cdot(2p+2)(2p+4)} - \cdots\right]. \tag{5}$$

Ist $p = n$ eine ganze positive Zahl oder Null, so wählen wir den konstanten Faktor C gleich $\frac{1}{2^n n!}$ (wobei bekanntlich $0! = 1$ ist). Daher finden wir für eine BESSELsche Funktion mit ganzem positivem Index den Ausdruck

$$J_n(z) = \sum_{k=0}^{\infty} \frac{(-1)^k}{k!\,(n+k)!}\left(\frac{z}{2}\right)^{n+2k}. \tag{6}$$

Ist p keine ganze Zahl, so wählen wir für den konstanten Faktor in Formel (5)

$$C = \frac{1}{2^p \Gamma(p+1)};$$

dann gelangen wir zu folgendem Ausdruck für die BESSELschen Funktionen:

$$J_p(z) = \frac{z^p}{2^p\Gamma(p+1)}\left[1 - \frac{1}{1!\,(p+1)}\left(\frac{z}{2}\right)^2 + \frac{1}{2!\,(p+1)(p+2)}\left(\frac{z}{2}\right)^4 - \cdots\right]$$

oder wegen einer Fundamentaleigenschaft der Funktion $\Gamma(z)$:

$$J_p(z) = \sum_{k=0}^{\infty} \frac{(-1)^k}{k!\,\Gamma(p+k+1)}\left(\frac{z}{2}\right)^{p+2k}. \tag{7}$$

Für ganzes positives $p = n$ ist diese Formel offensichtlich mit der Formel (6) identisch. Wir wollen sehen, was die Formel (7) ergibt, wenn p gleich einer ganzen negativen Zahl, also $p = -n$ ist. Bekanntlich wird $\Gamma(z)$ Unendlich, wenn z eine ganze negative Zahl oder Null ist.

Daher verschwinden in der Entwicklung (7) alle die Glieder, in denen das Argument der im Nenner stehenden Funktion $\Gamma(z)$ gleich einer ganzen negativen Zahl oder Null ist. Das sind die Glieder, die folgenden Werten der Summationsveränderlichen entsprechen:

$$-n + k + 1 \leqslant 0, \quad \text{also} \quad k \leqslant n - 1.$$

Anders ausgedrückt: Wir müssen die Summation mit dem Wert $k = n$ beginnen:

$$J_{-n}(z) = \sum_{k=n}^{\infty} \frac{(-1)^k}{k!\,\Gamma(-n+k+1)}\left(\frac{z}{2}\right)^{-n+2k}.$$

Ersetzt man die Summationsvariable k durch $l = k - n$ und zieht $(-1)^n$ vor das Summenzeichen, so erhält man

$$J_{-n}(z) = (-1)^n \sum_{l=0}^{\infty} \frac{(-1)^l}{(l+n)!\,\Gamma(l+1)} \left(\frac{z}{2}\right)^{n+2l}$$

also

$$J_{-n}(z) = (-1)^n \sum_{l=0}^{\infty} \frac{(-1)^l}{(l+n)!\,l!} \left(\frac{z}{2}\right)^{n+2l}$$

und daher

$$J_{-n}(z) = (-1)^n J_n(z) \qquad (n \text{ ganz}). \tag{8}$$

Mit anderen Worten, *die Besselschen Funktionen mit ganzem negativem Index* $-n$ *unterscheiden sich nur durch den konstanten Faktor* $(-1)^n$ *von den Besselschen Funktionen mit demselben ganzen, aber positiven Index.*

Ist p keine ganze Zahl, so liefern die Funktionen $J_p(z)$ und $J_{-p}(z)$ offensichtlich zwei linear unabhängige Lösungen der Besselschen Differentialgleichung [II, 48]. Die Reihe (7) konvergiert, wie wir gesehen haben, für alle endlichen z-Werte.

144. Relationen zwischen den Besselschen Funktionen. Wir leiten jetzt einige wichtige Relationen her, durch die die Besselschen Funktionen verschiedener Indizes miteinander verknüpft sind. Differenziert man die Potenzreihe (7), so erhält man

$$\frac{d}{dz}\frac{J_p(z)}{z^p} = \frac{d}{dz}\sum_{k=0}^{\infty}\frac{(-1)^k}{k!\,\Gamma(p+k+1)}\frac{z^{2k}}{2^{p+2k}} = \sum_{k=1}^{\infty}\frac{(-1)^k\cdot 2k}{k!\,\Gamma(p+k+1)}\frac{z^{2k-1}}{2^{p+2k}}$$

oder, wenn man die Summationsvariable k durch $k+1$ ersetzt und mit der Summation bei $k = 0$ beginnt,

$$\frac{d}{dz}\frac{J_p(z)}{z^p} = \sum_{k=0}^{\infty}\frac{(-1)^{k+1}\,2\,(k+1)}{(k+1)!\,\Gamma(k+p+2)}\cdot\frac{z^{2k+1}}{2^{p+2k+2}}$$

oder

$$\frac{d}{dz}\frac{J_p(z)}{z^p} = -\frac{1}{z^p}\sum_{k=0}^{\infty}\frac{(-1)^k}{k!\,\Gamma(p+1+k+1)}\left(\frac{z}{2}\right)^{p+1+2k}$$

Wir erhalten somit durch Vergleich mit (7) die Formel

$$\frac{d}{dz}\frac{J_p(z)}{z^p} = -\frac{J_{p+1}(z)}{z^p}. \tag{9}$$

Führt man die Differentiation aus, so kann man (9) in der Gestalt

$$J_p'(z) = -J_{p+1}(z) + \frac{pJ_p(z)}{z} \qquad (J_0'(z) = -J_1(z)) \tag{10}$$

schreiben.

Wir dividieren beide Seiten der Formel (9) durch z; das ergibt

$$\frac{1}{z}\frac{d}{dz}\frac{J_p(z)}{z^p} = -\frac{J_{p+1}(z)}{z^{p+1}}.$$

Diese Relation läßt sich folgendermaßen formulieren: Die Differentiation des Bruches $\frac{J_p(z)}{z^p}$ mit nachfolgender Division durch z ist gleichbedeutend mit der

Vergrößerung von p um Eins und der Änderung des Vorzeichens des erwähnten Bruches.

Wendet man dieses Verfahren mehrmals an, so erhält man eine Formel, die für beliebiges ganzes positives m gilt:

$$\frac{d^m}{(z\,dz)^m} \frac{J_p(z)}{z^p} = (-1)^m \frac{J_{p+m}(z)}{z^{p+m}}. \tag{11}$$

Man kann sie auch noch folgendermaßen notieren:

$$\frac{d^m}{d(z^2)^m} \frac{J_p(z)}{z^p} = (-1)^m \frac{J_{p+m}(z)}{2^m z^{p+m}}. \tag{12}$$

Wir differenzieren jetzt das Produkt $z^p J_p(z)$ nach z; das ergibt

$$\frac{d}{dz} z^p J_p(z) = \sum_{k=0}^{\infty} \frac{(-1)^k\, 2\,(p+k)}{k!\,\Gamma(p+k+1)} \frac{z^{2p+2k-1}}{2^{p+2k}}$$

oder, wenn man $\Gamma(p+k+1) = (p+k)\cdot\Gamma(p+k)$ berücksichtigt,

$$\frac{d}{dz} z^p J_p(z) = z^p \sum_{k=0}^{\infty} \frac{(-1)^k}{k!\,\Gamma(p-1+k+1)} \left(\frac{z}{2}\right)^{p-1+2k}$$

Wegen (7) gelangen wir damit zu einer Beziehung, die der Formel (9) entspricht, nämlich

$$\frac{d}{dz} z^p J_p(z) = z^p J_{p-1}(z). \tag{13}$$

Differenziert man das Produkt, so kann man diesen Ausdruck wie folgt schreiben:

$$J'_p(z) = J_{p-1}(z) - \frac{p J_p(z)}{z}. \tag{14}$$

Wir dividieren beide Seiten von (13) durch z und erhalten

$$\frac{d}{z\,dz} z^p J_p(z) = z^{p-1} J_{p-1}(z).$$

Wendet man diese Formel mehrmals an, so gelangt man zu einer der Gleichung (11) entsprechenden Beziehung

$$\frac{d^m}{(z\,dz)^m} z^p J_p(z) = z^{p-m} J_{p-m}(z) \tag{15}$$

oder

$$\frac{d^m}{(dz^2)^m} z^p J_p(z) = \frac{z^{p-m} J_{p-m}(z)}{2^m}. \tag{16}$$

Dabei haben wir in (11) und (15) folgende Bezeichnung benutzt:

$$\frac{d^m}{(z\,dz)^m} f(z) = \frac{d}{z\,dz}\frac{d}{z\,dz}\cdots\frac{d}{z\,dz} f(z),$$

wobei die Anzahl der Differentiationen nach z mit nachfolgender Division durch z gleich m ist.

Setzt man die rechten Seiten der Beziehungen (10) und (14) gleich, so erhält man eine Relation zwischen drei aufeinanderfolgenden BESSELschen Funktionen; es ist

$$\frac{pJ_p(z)}{z} - J_{p+1}(z) = J_{p-1}(z) - \frac{pJ_p(z)}{z}$$

oder

$$\frac{2pJ_p(z)}{z} = J_{p-1}(z) + J_{p+1}(z)\,. \tag{17}$$

Mit Hilfe der vorhergehenden Formeln zeigen wir jetzt, daß die BESSELschen Funktionen, deren Indizes gleich der Hälfte einer ganzen ungeraden Zahl sind, also die Gestalt $\pm\frac{2m+1}{2}$ haben, wobei m eine ganze Zahl ist, durch elementare Funktionen ausdrückbar sind. Wir benutzen dazu die Formel (7) für $p = \frac{1}{2}$:

$$J_{\frac{1}{2}}(z) = \sum_{k=0}^{\infty} \frac{(-1)^k}{k!\,\Gamma\left(k+\frac{3}{2}\right)} \left(\frac{z}{2}\right)^{\frac{1}{2}+2k}$$

Wendet man mehrmals die Funktionalgleichung von $\Gamma(z)$ an, dann bekommt man

$$\Gamma\left(k+\frac{3}{2}\right) = \left(k+\frac{1}{2}\right)\Gamma\left(k+\frac{1}{2}\right) = \left(k+\frac{1}{2}\right)\left(k-\frac{1}{2}\right)\Gamma\left(k-\frac{1}{2}\right) =$$

$$= \left(k+\frac{1}{2}\right)\left(k-\frac{1}{2}\right)\cdots\frac{1}{2}\,\Gamma\left(\frac{1}{2}\right) = \frac{(2k+1)(2k-1)\cdots 3\cdot 1}{2^{k+1}}\sqrt{\pi}\,;$$

daher ergibt sich

$$J_{\frac{1}{2}}(z) = \sum_{k=0}^{\infty} \frac{(-1)^k}{k!\,2^k\cdot 1\cdot 3\cdots(2k+1)\sqrt{\pi}} \frac{z^{\frac{1}{2}+2k}}{2^{-\frac{1}{2}}} = \sqrt{\frac{2}{\pi z}} \sum_{k=0}^{\infty} \frac{(-1)^k z^{2k+1}}{(2k+1)!}\,,$$

also

$$J_{\frac{1}{2}}(z) = \sqrt{\frac{2}{\pi z}}\sin z\,. \tag{18}$$

Wegen Formel (11) erhält man damit für beliebiges ganzes positives m die Beziehung

$$J_{\frac{2m+1}{2}}(z) = (-1)^m \sqrt{\frac{2}{\pi}}\, z^{\frac{2m+1}{2}} \frac{d^m}{(z\,dz)^m}\left(\frac{\sin z}{z}\right). \tag{19}$$

Entsprechende Resultate ergeben sich auch für negative Indizes. Formel (7) ergibt für $p = -\frac{1}{2}$

$$J_{-\frac{1}{2}}(z) = \sqrt{\frac{2}{\pi z}}\cos z\,; \tag{20}$$

wendet man dann (15) an, so ergibt sich für jedes ganze positive m

$$J_{-\frac{2m+1}{2}}(z) = \sqrt{\frac{2}{\pi}}\, z^{\frac{2m+1}{2}} \frac{d^m}{(z\,dz)^m}\left(\frac{\cos z}{z}\right). \tag{21}$$

Wir hatten in [II, 48] explizite Ausdrücke für die BESSELschen Funktionen für die Indizes $p = \pm\frac{3}{2}$ und $p = \pm\frac{5}{2}$ angegeben.

145. Die Orthogonalität der BESSELschen Funktionen und ihre Nullstellen. Wie bereits gesagt, haben wir die BESSELschen Funktionen früher bei der Untersuchung der Schwingung einer kreisförmigen Membran angewandt. Dabei haben wir die übliche FOURIERsche Methode benutzt und, um die Anfangsbedingungen des Problems zu erfüllen, versucht, die vorgegebene Funktion in eine Reihe nach BESSELschen Funktionen zu entwickeln. Wir erhielten damit den FOURIERreihen entsprechende Reihen, wobei es sich zeigte, daß auch die BESSELschen Funktionen in gewissem Sinne zueinander orthogonal sind [II, 178]. Jetzt wollen wir dieses Problem unter einem allgemeineren Gesichtspunkt untersuchen und gewisse ergänzende Tatsachen bringen.

Bekanntlich genügt die Funktion $J_p(kz)$ der Differentialgleichung [II, 48]

$$\frac{d^2 J_p(kz)}{dz^2} + \frac{1}{z}\frac{dJ_p(kz)}{dz} + \left(k^2 - \frac{p^2}{z^2}\right) J_p(kz) = 0 .$$

Multipliziert man mit z, dann kann man diese in der Gestalt

$$\frac{d}{dz}\left[z\frac{dJ_p(kz)}{dz}\right] + \left(k^2 z - \frac{p^2}{z}\right) J_p(kz) = 0$$

schreiben.

Im folgenden wollen wir den Index p als reell und nicht negativ voraussetzen.

Wir wählen zwei verschiedene Werte für die Zahl k und schreiben die entsprechenden beiden Differentialgleichungen auf:

$$\frac{d}{dz}\left[z\frac{dJ_p(k_1 z)}{dz}\right] + \left(k_1^2 z - \frac{p^2}{z}\right) J_p(k_1 z) = 0;$$

$$\frac{d}{dz}\left[z\frac{dJ_p(k_2 z)}{dz}\right] + \left(k_2^2 z - \frac{p^2}{z}\right) J_p(k_2 z) = 0.$$

Dann multiplizieren wir die erste mit $J_p(k_2 z)$, die zweite mit $J_p(k_1 z)$, subtrahieren die zweite von der ersten und integrieren über ein endliches Intervall $(0, l)$; das ergibt

$$\int_0^l \left\{J_p(k_2 z)\frac{d}{dz}\left[z\frac{dJ_p(k_1 z)}{dz}\right] - J_p(k_1 z)\frac{d}{dz}\left[z\frac{dJ_p(k_2 z)}{dz}\right]\right\} dz + (k_1^2 - k_2^2)\int_0^l z J_p(k_1 z) J_p(k_2 z)\, dz = 0 .$$

Der unter dem ersten Integralzeichen stehende Ausdruck stellt die Ableitung der Differenz

$$\left[z\frac{dJ_p(k_1 z)}{dz} J_p(k_2 z) - z\frac{dJ_p(k_2 z)}{dz} J_p(k_1 z)\right]$$

nach z dar, so daß wir schreiben können:

$$\left[z\frac{dJ_p(k_1 z)}{dz} J_p(k_2 z) - z\frac{dJ_p(k_2 z)}{dz} J_p(k_1 z)\right]_{z=0}^{z=l} + (k_1^2 - k_2^2)\int_0^l z J_p(k_1 z) J_p(k_2 z)\, dz = 0 .$$

Offensichtlich ist aber

$$\frac{dJ_p(kz)}{dz} = k J_p'(kz) ,$$

wobei wir allgemein

$$J_p'(x) = \frac{d}{dx} J_p(x)$$

setzen. Folglich kann man die vorige Formel in der Gestalt

$$(22)\quad [k_1 z J'_p(k_1 z) J_p(k_2 z) - k_2 z J'_p(k_2 z) J_p(k_1 z)]_{z=0}^{z=l} + (k_1^2 - k_2^2) \int_0^l z J_p(k_1 z) J_p(k_2 z)\, dz = 0$$

schreiben.

Die Entwicklung der Besselschen Funktionen lautete

$$(23)\qquad J_p(z) = z^p \sum_{k=0}^{\infty} \frac{(-1)^k}{k!\, \Gamma(p+k+1)} \frac{z^{2k}}{2^{p+2k}}.$$

Daraus folgt wegen $p \geqq 0$ unmittelbar, daß das Glied außerhalb des Integralzeichens für $z = 0$ verschwindet. Also gelangen wir schließlich zu der für das Folgende wichtigen Formel

$$(24)\quad l\,[k_1 J'_p(k_1 l) J_p(k_2 l) - k_2 J'_p(k_2 l) J_p(k_1 l)] + (k_1^2 - k_2^2) \int_0^l z J_p(k_1 z) J_p(k_2 z)\, dz = 0.$$

Für $l = 1$ nimmt sie die Gestalt

$$(25)\quad k_1 J'_p(k_1) J_p(k_2) - k_2 J'_p(k_2) J_p(k_1) + (k_1^2 - k_2^2) \int_0^1 z J_p(k_1 z) J_p(k_2 z)\, dz = 0$$

an.

Bei diesen Rechnungen haben wir $p \geqq 0$ vorausgesetzt. Man kann aber leicht nachprüfen, daß die Integrale sinnvoll bleiben und das Glied außerhalb des Integralzeichens in Formel (22) für $z = 0$ auch unter der allgemeineren Voraussetzung $p > -1$ verschwindet.

Wir zeigen nun, daß eine Besselsche Funktion keine komplexen Nullstellen besitzen kann. Angenommen, sie habe eine komplexe Nullstelle $a + ib$ mit $a \neq 0$. In der Entwicklung (7) sind alle Koeffizienten reell, und folglich muß die Funktion $J_p(z)$ außer der Nullstelle $a + ib$ auch die konjugierte $a - ib$ haben. Wir benutzen die Formel (25) und setzen in ihr $k_1 = a + ib$ und $k_2 = a - ib$. Dann ist $k_1^2 \neq k_2^2$, und (25) liefert uns

$$\int_0^1 z J_p(k_1 z) J_p(k_2 z)\, dz = 0.$$

Die Größen $J_p(k_1 z)$ und $J_p(k_2 z)$ sind konjugiert-komplex; folglich steht in der letzten Formel unter dem Integral eine positive Größe, was zum Widerspruch führt. Es bleibt jetzt der Fall $a = 0$ zu untersuchen, also zu zeigen, daß die Funktion $J_p(z)$ auch nicht die rein imaginären Nullstellen $\pm ib$ haben kann. Setzt man dazu in (23) $z = ib$, so erhält man eine Entwicklung mit positiven Gliedern,

$$J_p(ib) = (ib)^p \sum_{k=0}^{\infty} \frac{1}{k!\, \Gamma(p+k+1)} \frac{b^{2k}}{2^{p+2k}}.$$

Das folgt unmittelbar daraus, daß die Funktion $\Gamma(z)$ gemäß (111) aus [71] für $z > 0$ positiv ist. Wir kommen somit zu folgendem Resultat: *Ist p reell und $p > -1$, so besitzt die Funktion $J_p(z)$ nur reelle Nullstellen.* Aus der Entwicklung (23), die nur gerade Potenzen enthält, folgt unmittelbar, daß die Nullstellen von $J_p(z)$ dem absoluten Betrage nach paarweise gleich und dem Vorzeichen nach entgegengesetzt sind, so daß es genügt, nur die positiven Nullstellen zu betrachten. Das wollen wir auch im folgenden tun. Wir schreiben die asymptotische Entwicklung der BESSELschen Funktionen auf [113]:

$$J_p(z) = \sqrt{\frac{2}{\pi z}} \cos\left(z - \frac{p\pi}{2} - \frac{\pi}{4}\right) + O(z^{-\frac{3}{2}})$$

oder

$$J_p(z) = \sqrt{\frac{2}{\pi z}} \left[\cos\left(z - \frac{p\pi}{2} - \frac{\pi}{4}\right) + O(z^{-1})\right].$$

Strebt z längs der positiven reellen Achse gegen Unendlich, so strebt der zweite Summand in der eckigen Klammer gegen Null, während der erste unendlich oft von -1 nach $+1$ wechselt. Daraus folgt unmittelbar, *daß die Funktion $J_p(z)$ unendlich viele reelle Nullstellen hat.*

Sind $z = k_1$ und $z = k_2$ zwei verschiedene positive Wurzeln der Gleichung

$$J_p(zl) = 0, \tag{26}$$

so liefert uns die Formel (24) unmittelbar folgende *Orthogonalitätseigenschaft der BESSELschen Funktionen:*

$$\int_0^l z J_p(k_1 z) J_p(k_2 z)\, dz = 0. \tag{27}$$

Nach dem Satz von ROLLE muß nämlich auch die Funktion $J'_p(z)$ unendlich viele reelle positive Nullstellen haben. Bezeichnen wir jetzt mit k_1 und k_2 zwei verschiedene positive Wurzeln der Gleichung

$$J'_p(zl) = 0, \tag{28}$$

so gilt wegen (24) auch die Orthogonalitätsbedingung (27).

Wir betrachten jetzt eine allgemeinere Gleichung als bisher, nämlich

$$\alpha J_p(zl) + \beta z J'_p(zl) = 0, \tag{29}$$

in der α und β vorgegebene reelle Zahlen sind. Es seien $z = k_1$ und $z = k_2$ zwei verschiedene Wurzeln der Gleichung (29), so daß also

$$\alpha J_p(k_1 l) + \beta k_1 J'_p(k_1 l) = 0, \quad \alpha J_p(k_2 l) + \beta k_2 J'_p(k_2 l) = 0$$

ist.

Daraus folgt unmittelbar

$$k_1 J'_p(k_1 l) J_p(k_2 l) - k_2 J'_p(k_2 l) J_p(k_1 l) = 0;$$

daher wird auch hier das Glied außerhalb des Integralzeichens in Formel (24) gleich Null, und wir erhalten wiederum die Orthogonalitätsrelation (27). Spezialfälle der Gleichung (29) sind offensichtlich die Gleichungen (26) und (28). Aus der Orthogonalitätsbeziehung folgt wie früher, daß die Gleichung (29) keine komplexen Wurzeln $a + ib$ mit $a \neq 0$ haben kann. Ferner läßt sich ebenso wie oben zeigen, daß die Gleichung (29) keine rein imaginären Wurzeln hat, wenn nur $\alpha > 0$ und $\beta > 0$ ist.

Wir erinnern an zwei uns wohlbekannte Relationen, nämlich

$$\frac{d}{dz}\frac{J_p(z)}{z^p} = -\frac{J_{p+1}(z)}{z^p}; \quad \frac{d}{dz}[z^{p+1} J_{p+1}(z)] = z^{p+1} J_p(z). \tag{30}$$

Die erste von ihnen zeigt nach dem Satz von ROLLE, daß zwischen zwei aufeinanderfolgenden Nullstellen von $J_p(z)$ wenigstens eine von $J_{p+1}(z)$ liegt, während die zweite Relation angibt, daß sich zwischen zwei aufeinanderfolgenden Nullstellen von $J_{p+1}(z)$ wenigstens eine von $J_p(z)$ befinden muß. Durch einen Vergleich dieser Aussagen überzeugt man sich unmittelbar davon, daß die positiven Nullstellen von $J_p(z)$ und $J_{p+1}(z)$ einander trennen; d. h., *zwischen zwei positiven Nullstellen von $J_p(z)$ liegt genau eine Nullstelle von $J_{p+1}(z)$ und umgekehrt.*

Es seien a und b die kleinsten positiven Nullstellen von $J_p(z)$ bzw. $J_{p+1}(z)$. Da $z^{p+1}J_{p+1}(z)$ die Nullstelle $z=0$ hat, sieht man, wenn man auf die zweite der Formeln (30) den ROLLEschen Satz anwendet, daß $J_p(z)$ eine Nullstelle innerhalb des Intervalls $(0, b)$ hat; es ist also $a < b$.

Daher *liegt die kleinste positive Nullstelle der Funktion $J_p(z)$ näher beim Nullpunkt als die von $J_{p+1}(z)$.*

Die Funktion $z^{-p}J_p(z)$ ist eine Lösung der Differentialgleichung [**111**]

$$z\frac{d^2y}{dz^2} + (2p+1)\frac{dy}{dz} + zy = 0;$$

folglich können die Funktionen $z^{-p}J_p(z)$ und $\frac{d}{dz}[z^{-p}J_p(z)]$ keine gemeinsamen positiven Nullstellen haben [**104**], und wegen (30) kann man dasselbe auch von den Funktionen $J_p(z)$ und $J_{p+1}(z)$ sagen.

Die Orthogonalitätseigenschaft der BESSELschen Funktionen spielt eine wichtige Rolle bei der Entwicklung einer vorgegebenen Funktion nach BESSELschen Funktionen, wie das z. B. bei dem Problem der Schwingung einer kreisförmigen Membran der Fall war. Dabei erweist es sich als wesentlich, auch Integrale der Gestalt

$$\int_0^l zJ_p^2(kz)\,dz$$

berechnen zu können, wobei $z = k$ Wurzel einer Gleichung der Gestalt (29) ist. Wir nehmen an, daß k eine Wurzel der Gleichung (26) ist und benutzen die Formel (24), in der wir $k_2 = k$ setzen und k_1 als veränderlich ansehen. Das ergibt

$$(k_1 + k)\int_0^l zJ_p(k_1z)\,J_p(kz)\,dz = \frac{lkJ_p'(kl)\,J_p(k_1l)}{k_1 - k}.$$

Jetzt möge k_1 gegen k streben. Dann wird nicht nur der Nenner, sondern auch der Zähler des Bruches gleich Null, da ja $J_p(k_1l)$ gegen $J_p(kl) = 0$ geht.

Mit Hilfe der DE L'HOSPITALschen Regel erhält man

$$2k\int_0^l zJ_p^2(kz)\,dz = l^2kJ_p'^2(kl)$$

oder

$$\int_0^l zJ_p^2(kz)\,dz = \frac{l^2}{2}J_p'^2(kl). \tag{31}$$

In der Relation

$$\frac{d}{dz}\frac{J_p(z)}{z^p} = -\frac{J_{p+1}(z)}{z^p}$$

setzen wir $z = kl$. Dann ergibt sich

$$J'_p(kl) = -J_{p+1}(kl),$$

so daß man (31) auch folgendermaßen schreiben kann:

$$\int_0^l zJ_p^2(kz)\,dz = \frac{l^2}{2}J_{p+1}^2(kl). \tag{32}$$

Entsprechend erhalten wir, wenn $z = k$ eine Wurzel der Gleichung (28) ist,

$$\int_0^l zJ_p^2(kz)\,dz = -\frac{l^2}{2}J''_p(kl)\,J_p(kl). \tag{33}$$

Da

$$J''_p(kl) + \frac{1}{kl}J'_p(kl) + \left(1 - \frac{p^2}{k^2l^2}\right)J_p(kl) = 0$$

ist, kann man mit Hilfe der Gleichung $J'_p(kl) = 0$ die Formel (33) in die Gestalt

$$\int_0^l zJ_p^2(kz)\,dz = \frac{1}{2}\left(l^2 - \frac{p^2}{k^2}\right)J_p^2(kl) \tag{34}$$

bringen.

146. Erzeugende Funktion und Integraldarstellung. Wir betrachten die analytische Funktion

$$e^{\frac{1}{2}z\left(t-\frac{1}{t}\right)} \tag{35}$$

der komplexen Veränderlichen t. Sie hat die wesentlich singulären Punkte $t = 0$ und $t = \infty$ und ist folglich in der gesamten komplexen t-Ebene in eine LAURENT-reihe entwickelbar, wobei die Koeffizienten der Entwicklung

$$e^{\frac{1}{2}z\left(t-\frac{1}{t}\right)} = \sum_{n=-\infty}^{+\infty} a_n(z)\,t^n \tag{36}$$

Funktionen des Parameters z sind, der im Ausdruck (35) auftritt.

Wir zeigen jetzt, daß diese Koeffizienten gerade die BESSELschen Funktionen $J_n(z)$ sind. In der Tat erhalten wir für die Koeffizienten der Entwicklung (36) folgende Darstellung durch Integrale [15]:

$$a_n(z) = \frac{1}{2\pi i}\int_{l_0} u^{-n-2}e^{\frac{1}{2}z\left(u-\frac{1}{u}\right)}\,du,$$

wobei l_0 ein beliebiger, einfach geschlossener Weg ist, der den Nullpunkt in positivem Sinn umläuft. Wir führen an Stelle von u durch $u = \frac{2t}{z}$ die neue Integrationsvariable t ein, wobei z ein fester, von Null verschiedener Wert ist. Dem Punkt $u = 0$ entspricht $t = 0$, und l_0 geht in der t-Ebene in eine Kurve über, die ebenfalls in positiver Richtung um den Nullpunkt führt. Nach dieser Variablensubstitution erhält man folgende Ausdrücke für die Koeffizienten:

$$a_n(z) = \frac{1}{2\pi i}\left(\frac{z}{2}\right)^n \int\limits_{l_0} t^{-n-1} e^{t - \frac{z^2}{4t}}\, dt .$$

Auf der Kurve l_0 können wir die Exponentialfunktion als Potenzreihe darstellen, die bezüglich t gleichmäßig konvergent ist:

$$e^{-\frac{z^2}{4t}} = \sum_{k=0}^{\infty} \frac{(-1)^k}{k!} \frac{z^{2k}}{2^{2k} t^k} .$$

Setzt man diese Entwicklung in die vorige Formel ein, so erhält man

$$a_n(z) = \frac{1}{2\pi i} \sum_{k=0}^{\infty} \frac{(-1)^k}{k!} \left(\frac{z}{2}\right)^{n+2k} \int\limits_{l_0} t^{-n-k-1} e^t\, dt .$$

Falls $n + k$ eine ganze negative Zahl ist, so ist der Integrand in $t = 0$ nicht singulär, und der Wert des Integrals ist gleich Null. Ist aber $n + k$ eine ganze positive Zahl oder Null, so überzeugen wir uns mit Hilfe der Entwicklung von e^t davon, daß das Residuum des Integranden im Punkt $t = 0$ gleich $\frac{1}{(n+k)!}$ ist. Daher erhalten wir für ganzen positiven Index n

$$a_n(z) = \sum_{k=0}^{\infty} \frac{(-1)^k}{k!\,(n+k)!} \left(\frac{z}{2}\right)^{n+2k} ;$$

also ist $a_n(z)$ tatsächlich mit $J_n(z)$ identisch. Ersetzen wir in Formel (36) t durch $-\frac{1}{t}$, so bleibt die linke Seite ungeändert. Dies zeigt, daß $a_{-n}(z) = (-1)^n a_n(z)$ ist. Für negative Werte n gilt also wegen (8)

$$a_{-n}(z) = (-1)^n J_n(z) = J_{-n}(z) .$$

Folglich kann man an Stelle von (36) folgende Entwicklung aufschreiben:

$$e^{\frac{1}{2} z \left(t - \frac{1}{t}\right)} = \sum_{n=-\infty}^{+\infty} J_n(z)\, t^n . \tag{37}$$

Anders ausgedrückt, *die Funktion* (35) *ist erzeugende Funktion für die* BESSELschen *Funktionen mit ganzem Index*. Die Formel (37) eignet sich gut zur Untersuchung der Eigenschaften der BESSELschen Funktionen mit ganzem Index. Insbesondere benutzt man sie zur Herleitung einer Integraldarstellung dieser Funktionen.

Setzt man in der Entwicklung (37) $t = e^{i\varphi}$, so ergibt sich

$$e^{iz \sin\varphi} = \sum_{n=-\infty}^{+\infty} J_n(z)\, e^{in\varphi}$$

oder, wenn man Real- und Imaginärteil trennt, wobei z und φ als reell vorausgesetzt seien,

$$\cos(z \sin\varphi) = J_0(z) + \sum_{n=1}^{\infty} J_n(z) \cos n\varphi + \sum_{n=-1}^{-\infty} J_n(z) \cos n\varphi ;$$

$$\sin(z \sin\varphi) = \sum_{n=1}^{\infty} J_n(z) \sin n\varphi + \sum_{n=-1}^{-\infty} J_n(z) \sin n\varphi .$$

Schließlich folgt unter Berücksichtigung von (8)

$$\left\{\begin{aligned} \cos(z \sin\varphi) &= J_0(z) + 2\sum_{n=1}^{\infty} J_{2n}(z)\cos 2n\varphi; \\ \sin(z\sin\varphi) &= 2\sum_{n=1}^{\infty} J_{2n-1}(z)\sin(2n-1)\varphi. \end{aligned}\right. \tag{38}$$

Die Formeln (38) stellen die Entwicklung einer Funktion in eine FOURIERreihe dar. Wendet man die übliche Methode der Koeffizientenbestimmung an, so erhält man folgende Integraldarstellungen für die BESSELschen Funktionen:

$$\left\{\begin{aligned} J_{2n}(z) &= \frac{1}{\pi}\int_0^{\pi} \cos(z\sin\varphi)\cos 2n\varphi\, d\varphi \qquad (n = 0, 1, \ldots); \\ J_{2n-1}(z) &= \frac{1}{\pi}\int_0^{\pi} \sin(z\sin\varphi)\sin(2n-1)\varphi\, d\varphi \qquad (n = 1, 2, \ldots). \end{aligned}\right. \tag{39}$$

Eben dieses Verfahren zur Bestimmung der Koeffizienten liefert uns die beiden Gleichungen

$$\frac{1}{\pi}\int_0^{\pi} \cos(z\sin\varphi)\cos(2n-1)\varphi\, d\varphi = 0;$$

$$\frac{1}{\pi}\int_0^{\pi} \sin(z\sin\varphi)\sin 2n\varphi\, d\varphi = 0.$$

Man kann die Gleichungen (39) zu einer einzigen Formel vereinigen, die sowohl für geraden als auch für ungeraden Index gilt. Dazu betrachten wir das Integral

$$\frac{1}{\pi}\int_0^{\pi} \cos(n\varphi - z\sin\varphi)\, d\varphi = \frac{1}{\pi}\int_0^{\pi} \cos(z\sin\varphi)\cos n\varphi\, d\varphi + \frac{1}{\pi}\int_0^{\pi} \sin(z\sin\varphi)\sin n\varphi\, d\varphi.$$

Für gerades n ist der erste Summand rechts gleich $J_n(z)$ und der zweite Null, also ist die gesamte Summe gleich $J_n(z)$. Für ungerades n verschwindet der erste Summand, und der zweite ergibt $J_n(z)$, so daß wir für beliebigen, ganzen positiven Index n die Integraldarstellung erhalten:

$$J_n(z) = \frac{1}{\pi}\int_0^{\pi} \cos(n\varphi - z\sin\varphi)\, d\varphi \qquad (n = 0, 1, 2, \ldots). \tag{40}$$

Im Grunde haben wir diese Gleichung nur für reelle Werte z bewiesen. Nach dem Prinzip der analytischen Fortsetzung können wir aber behaupten, daß sie auch für beliebiges komplexes z gilt. Da der Integrand eine gerade Funktion ist, kann man Formel (40) wie folgt schreiben:

$$J_n(z) = \frac{1}{2\pi}\int_{-\pi}^{+\pi} \cos(n\varphi - z\sin\varphi)\, d\varphi. \tag{41}$$

Sie läßt sich auch noch so notieren:

$$J_n(z) = \frac{1}{2\pi} \int_{-\pi}^{+\pi} e^{i(n\varphi - z\sin\varphi)}\, d\varphi. \tag{42}$$

Wendet man nämlich auf die Exponentialfunktion die EULERsche Formel an, so erhält man zwei Summanden, von denen einer gleich dem Integral (41) ist, der zweite aber verschwindet, da der Integrand eine ungerade Funktion ist.

Wir weisen darauf hin, daß die Gleichung (40) falsch wird, wenn der Index n keine ganze Zahl ist. In diesem Fall erhalten wir eine kompliziertere Formel, nämlich

$$J_p(z) = \frac{1}{\pi} \int_0^{\pi} \cos(n\varphi - z\sin\varphi)\, d\varphi - \frac{\sin p\pi}{\pi} \int_0^{\infty} e^{-p\varphi - z\,\mathrm{sh}\,\varphi}\, d\varphi, \tag{43}$$

wobei diese Beziehung für rechts von der imaginären Achse gelegene z-Werte gilt. Dazu erinnern wir an die Definition des hyperbolischen Sinus:

$$\mathrm{sh}\,\varphi = \frac{e^{\varphi} - e^{-\varphi}}{2}.$$

Formel (43) wird in [151] bewiesen.

Wendet man (37) an und benutzt die Identität

$$e^{\frac{1}{2}a\left(t - \frac{1}{t}\right)} \cdot e^{\frac{1}{2}b\left(t - \frac{1}{t}\right)} = e^{\frac{1}{2}(a+b)\left(t - \frac{1}{t}\right)},$$

so folgt

$$\sum_{n=-\infty}^{+\infty} J_n(a+b)\, t^n = \sum_{k=-\infty}^{+\infty} J_k(b)\, t^k \cdot \sum_{k=-\infty}^{+\infty} J_k(b)\, t^k .$$

Multipliziert man die rechts stehenden Potenzreihen aus und faßt die Glieder mit t^n zusammen, so ergibt sich

$$J_n(a+b) = \sum_{k=-\infty}^{+\infty} J_k(a)\, J_{n-k}(b). \tag{44}$$

Diese Formel ist das *Additionstheorem der BESSELschen Funktionen mit ganzen Indizes.*

Für den Index Null existiert ein allgemeineres Additionstheorem:

$$J_0\left(\sqrt{a^2 + b^2 + 2ab\cos\alpha}\right) = J_0(a)\, J_0(b) + 2\sum_{k=1}^{\infty} J_k(a)\, J_k(b) \cos k\alpha. \tag{45}$$

147. Die Formel von FOURIER-BESSEL. Für beliebige Funktionen, die im Intervall $(0, \infty)$ definiert sind und dort eine gewisse zusätzliche Bedingung erfüllen, existiert eine dem FOURIERintegral ähnliche Integraldarstellung, die aber an Stelle trigonometrischer Funktionen BESSELsche Funktionen enthält. Es gilt nämlich: Ist $f(\varrho)$ im Intervall $(0, \infty)$ stetig und erfüllt diese Funktion in jedem endlichen Intervall die DIRICHLETbedingungen [II, 143], existiert ferner das Integral

$$\int_0^{\infty} \varrho\, |f(\varrho)|\, d\varrho,$$

so gilt für beliebiges ganzes n und für $\varrho > 0$ die Gleichung

$$f(\varrho) = \int_0^{\infty} s\, J_n(s\varrho)\, ds \int_0^{\infty} t\, f(t)\, J_n(st)\, dt. \tag{46}$$

Wir beschränken uns auf eine formale Herleitung, ohne auf Einzelheiten des Beweises einzugehen. Wir deuten ϱ als Radiusvektor, führen Polarkoordinaten ein und wenden auf die Funktion

$$g(x, y) = f(\varrho)\, e^{in\varphi} \qquad \begin{pmatrix} x = \varrho \cos \varphi \\ y = \varrho \sin \varphi \end{pmatrix} \tag{47}$$

die FOURIERsche Formel [II, 160] an, indem wir die Reihenfolge der inneren Integrale ändern:

$$g(x, y) = \frac{1}{4\pi^2} \int_{-\infty}^{+\infty} \int_{-\infty}^{+\infty} e^{i(ux+vy)}\, du\, dv \int_{-\infty}^{+\infty} \int_{-\infty}^{+\infty} g(\xi, \eta)\, e^{-i(u\xi+v\eta)}\, d\xi\, d\eta\,.$$

An Stelle der Veränderlichen u, v und ξ, η führen wir Polarkoordinaten ein:

$$\xi = s \cos \alpha; \qquad u = t \cos \beta;$$
$$\eta = s \sin \alpha; \qquad v = t \sin \beta\,.$$

Unter Benutzung von (47) können wir dann schreiben:

$$f(\varrho)\, e^{in\varphi} = \frac{1}{4\pi^2} \int_0^\infty t\, dt \int_{-\pi}^{+\pi} e^{i\varrho t \cos(\beta-\varphi)}\, d\beta \int_0^\infty s f(s)\, ds \int_{-\pi}^{+\pi} e^{in\alpha}\, e^{-ist\cos(\alpha-\beta)}\, d\alpha\,.$$

Führt man an Stelle von β durch

$$\beta - \varphi = \frac{\pi}{2} + \beta'$$

die neue Integrationsveränderliche β' ein, so erhält man

$$f(\varrho)\, e^{in\varphi} = \frac{1}{4\pi^2} \int_0^\infty t\, dt \int_{-\frac{3\pi}{2}-\varphi}^{\frac{\pi}{2}-\varphi} e^{-i\varrho t \sin \beta'}\, d\beta' \int_0^\infty s f(s)\, ds \int_{-\pi}^{+\pi} e^{in\alpha}\, e^{-ist\cos\left(\alpha-\varphi-\beta'-\frac{\pi}{2}\right)}\, d\alpha\,.$$

Wegen der Periodizität der trigonometrischen Funktionen kann man das neue Integrationsintervall auf das frühere $(-\pi, +\pi)$, zurückführen. Substituiert man für α die neue Veränderliche α' nach der Formel

$$\alpha - \varphi - \beta' = \alpha'\,,$$

dann bekommt man

$$f(\varrho)\, e^{in\varphi} = \frac{e^{in\varphi}}{4\pi^2} \int_0^\infty t\, dt \int_{-\pi}^{+\pi} e^{-i\varrho t \sin\beta' + in\beta'}\, d\beta' \int_0^\infty s f(s)\, ds \int_{-\pi}^{+\pi} e^{-ist\sin\alpha' + in\alpha'}\, d\alpha'\,,$$

woraus man unter Berücksichtigung von (42) die gesuchte Formel (46) erhält. Bei einer im endlichen Intervall $(0, l)$ vorgegebenen Funktion kann man an Stelle von (46) eine der FOURIERreihe entsprechende Reihenentwicklung nach orthogonalen Funktionen betrachten, die wir im vorigen Paragraphen behandelt haben.

Wir merken an, daß die Formel (46) auch für beliebige reelle Indizes n, die größer als $-\frac{1}{2}$ sind, sowie unter schwächeren Voraussetzungen über die Funktion $f(\varrho)$ bewiesen werden kann.

148. Die HANKELschen und die NEUMANNschen Funktionen. Wir haben früher [112] zwei Lösungen der BESSELschen Differentialgleichung

$$\frac{d^2w}{dz^2} + \frac{1}{z}\frac{dw}{dz} + \left(1 - \frac{p^2}{z^2}\right) w = 0 \tag{48}$$

durch die Formeln

$$(49)\quad \begin{cases} H_p^{(1)}(z) = \dfrac{\Gamma\left(\frac{1}{2}-p\right)}{\pi^{\frac{3}{2}} i}\left(\dfrac{z}{2}\right)^p \displaystyle\int_{\lambda_1} (\tau^2-1)^{p-\frac{1}{2}} e^{iz\tau}\, d\tau \\[2ex] H_p^{(2)}(z) = -\dfrac{\Gamma\left(\frac{1}{2}-p\right)}{\pi^{\frac{3}{2}} i}\left(\dfrac{z}{2}\right)^p \displaystyle\int_{\lambda_2} (\tau^2-1)^{p-\frac{1}{2}} e^{iz\tau}\, d\tau \end{cases}$$

angegeben.

Hierbei ist der Integrand in der längs den von $\tau = \pm 1$ parallel der imaginären Achse nach $+ i\infty$ verlaufenden Strahlen aufgeschnittenen komplexen τ-Ebene eindeutig. Wir setzen nämlich in der ersten Formel $\arg(\tau^2 - 1) = 0$ für $\tau > 1$ und in der zweiten $\arg(\tau^2 - 1) = 2\pi$ für $\tau > 1$ voraus. Geht man in der unteren Halbebene vom Intervall $(1, +\infty)$ der reellen Achse zum Intervall $(-\infty, -1)$ über, wobei man den Schnitten ausweicht, so führt man halbe Umläufe in negativer Richtung um die Punkte $\tau = \pm 1$ aus, und daher wächst das Argument von $\tau^2 - 1 = (\tau - 1)(\tau + 1)$ um -2π. Mit anderen Worten, wir müssen in der zweiten der Gleichungen (49) $\arg(\tau^2 - 1) = 0$ für $\tau < -1$ voraussetzen. Die Formeln (49) definieren die *Hankelschen Funktionen* für diejenigen Werte z, die rechts der imaginären Achse liegen, also positiven Realteil haben. Außerdem sind die Integranden in den Integralen (49) für feste Werte z ganze Funktionen des Parameters p. Da ferner die Integranden im Unendlichen schnell gegen Null gehen, sind auch die Hankelschen Funktionen $H_p^{(k)}(z)$ für festes z ganze Funktionen des Parameters p. Aus den asymptotischen Darstellungen der Hankelschen Funktionen [112] folgt unmittelbar, daß sie zwei linear unabhängige Lösungen der Besselschen Differentialgleichung darstellen. Wir haben ferner gesehen, daß eine Besselsche Funktion die halbe Summe von Hankelschen Funktionen ist,

$$(50)\qquad J_p(z) = \frac{H_p^{(1)}(z) + H_p^{(2)}(z)}{2}.$$

Man kann zwischen der Besselschen Differentialgleichung (48) und der Differentialgleichung

$$(51)\qquad \frac{d^2w}{dz^2} + p^2 w = 0,$$

durch die die trigonometrischen Funktionen $\cos pz$ und $\sin pz$ definiert sind, eine Analogie feststellen. Dabei entsprechen die Hankelschen Funktionen den Lösungen e^{ipz} und e^{-ipz}, während die Besselschen Funktionen $J_p(z)$ der Lösung $\cos pz$ der Differentialgleichung (51) entsprechen.

Wir geben jetzt noch eine Lösung der Differentialgleichung (48) an, die gleich der durch $2i$ dividierten Differenz der Hankelschen Funktionen ist:

$$(52)\qquad N_p(z) = \frac{H_p^{(1)}(z) - H_p^{(2)}(z)}{2i}.$$

Diese Lösung, die man als *Neumannsche Funktion* bezeichnet, ist der Lösung $\sin pz$ der Differentialgleichung (51) analog. Aus den Formeln (50) und (52) erhalten wir unmittelbar folgende Darstellungen für die HANKELschen Funktionen durch die BESSELschen Funktionen und die NEUMANNschen Funktionen:

$$H_p^{(1)}(z) = J_p(z) + iN_p(z); \quad H_p^{(2)}(z) = J_p(z) - iN_p(z). \tag{53}$$

Daraus ersieht man, daß die Funktionen $J_p(z)$ und $N_p(z)$ zwei linear unabhängige Lösungen der Differentialgleichung (48) definieren.

Für die HANKELschen Funktionen hatten wir die asymptotischen Darstellungen

$$\left\{\begin{aligned} H_p^{(1)}(z) &= \sqrt{\frac{2}{\pi z}}\, e^{i\left(z-\frac{p\pi}{2}-\frac{\pi}{4}\right)}\,[1+O(z^{-1})], \\ H_p^{(2)}(z) &= \sqrt{\frac{2}{\pi z}}\, e^{-i\left(z-\frac{p\pi}{2}-\frac{\pi}{4}\right)}\,[1+O(z^{-1})], \end{aligned}\right. \tag{54}$$

die wir für $z > 0$ bewiesen haben.

Mit Hilfe von (50) kann man, wie das früher gezeigt wurde [113], eine asymptotische Darstellung der BESSELschen Funktionen erhalten:

$$J_p(z) = \sqrt{\frac{2}{\pi z}}\left[\cos\left(z - \frac{p\pi}{2} - \frac{\pi}{4}\right) + O(z^{-1})\right]. \tag{55}$$

Entsprechend erhalten wir unter Benutzung der Formel (52) eine asymptotische Darstellung der NEUMANNschen Funktionen für $z > 0$:

$$N_p(z) = \sqrt{\frac{2}{\pi z}}\left[\sin\left(z - \frac{p\pi}{2} - \frac{\pi}{4}\right) + O(z^{-1})\right]. \tag{56}$$

In allen angegebenen Formeln muß man $z > 0$ voraussetzen und die Wurzel positiv wählen.

Wir leiten jetzt eine Beziehung her, die es gestattet, die NEUMANNschen Funktionen durch BESSELsche Funktionen auszudrücken. Zunächst setzen wir voraus, daß der Index p keine ganze Zahl sei. Dann hat, wie wir wissen, die Differentialgleichung (48) die zwei linear unabhängigen Lösungen $J_p(z)$ und $J_{-p}(z)$. Die zweite muß linear durch die Lösungen $J_p(z)$ und $N_p(z)$ kombinierbar sein, die ja, wie wir festgestellt hatten, ebenfalls linear unabhängig sind. Es muß also eine Formel der Gestalt

$$J_{-p}(z) = C_1 J_p(z) + C_2 N_p(z) \tag{57}$$

gelten, wobei C_1 und C_2 konstante, noch zu bestimmende Koeffizienten sind. Unter Benutzung der Ausdrücke (55) und (56) kann man schreiben:

$$\cos\left(z + \frac{p\pi}{2} - \frac{\pi}{4}\right) = C_1 \cos\left(z - \frac{p\pi}{2} - \frac{\pi}{4}\right) + C_2 \sin\left(z - \frac{p\pi}{2} - \frac{p}{4}\right) + C_1 O(z^{-1}) + C_2 O(z^{-1})$$

Da das Produkt einer Konstanten oder, allgemeiner, einer beschränkten Funktion mit einer Größe $O(z^{-1})$ der Ordnung $\frac{1}{z}$ wieder eine Größe $O(z^{-1})$ der gleichen Ordnung liefert, erhalten wir

$$\cos\left(z + \frac{p\pi}{2} - \frac{\pi}{4}\right) = C_1 \cos\left(z - \frac{p\pi}{2} - \frac{\pi}{4}\right) + C_2 \sin\left(z - \frac{p\pi}{2} - \frac{\pi}{4}\right) + O(z^{-1}). \tag{58}$$

Daraus kann man die Werte der Konstanten berechnen, indem man die Hauptglieder der angegebenen Entwicklungen vergleicht. Setzen wir nämlich

$$C_1 = \cos p\pi - A_1; \quad C_2 = -\sin p\pi - A_2,$$

wobei A_1 und A_2 neue, unbekannte Konstanten sind, in die Beziehung (58) ein, so erhalten wir

$$\cos\left(z + \frac{p\pi}{2} - \frac{\pi}{4}\right) =$$

$$= \cos\left(z + \frac{p\pi}{2} - \frac{\pi}{4}\right) - A_1 \cos\left(z - \frac{p\pi}{2} - \frac{\pi}{4}\right) - A_2 \sin\left(z - \frac{p\pi}{2} - \frac{\pi}{4}\right) + O(z^{-1})$$

oder

$$A_1 \cos\left(z - \frac{p\pi}{2} - \frac{\pi}{4}\right) + A_2 \sin\left(z - \frac{p\pi}{2} - \frac{\pi}{4}\right) = O(z^{-1}).$$

Die linke Seite der angegebenen Gleichung, die eine Funktion mit der Periode 2π ist, muß also für $z \to +\infty$ gegen Null streben. Daraus folgt unmittelbar, daß $A_1 = A_2 = 0$ sein muß; also ist

$$C_1 = \cos p\pi; \quad C_2 = -\sin p\pi.$$

Setzt man diese Werte der Konstanten in die Gleichung (57) ein und löst diese nach $N_p(z)$ auf, so gelangt man zur gesuchten *Darstellung der Neumannschen Funktionen durch Besselsche Funktionen*:

$$N_p(z) = \frac{J_p(z) \cos p\pi - J_{-p}(z)}{\sin p\pi}. \tag{59}$$

Die Neumannschen Funktionen sind ebenso wie die Hankelschen Funktionen ganze Funktionen des Parameters p. Die Darstellung (59) ist richtig, wenn p keine ganze Zahl ist. Ist p nämlich gleich einer ganzen Zahl, so verschwindet der Nenner in (59). Offensichtlich ist dann aber wegen der Relation (8) auch der Zähler gleich Null. Daher müssen wir, um den Wert des Bruches (59) für ganzes p zu erhalten, die Unbestimmtheit beseitigen, indem wir z. B. die de l'Hospitalsche Regel anwenden, d. h. Zähler und Nenner durch ihre Ableitungen nach dem Parameter p ersetzen und dann p gleich der ganzen Zahl n setzen:

$$N_n(z) = \left. \frac{\dfrac{\partial J_p(z)}{\partial p} \cos p\pi - \pi J_p(z) \sin p\pi - \dfrac{\partial J_{-p}(z)}{\partial p}}{\pi \cos p\pi} \right|_{p=n}.$$

Wir erhalten somit folgenden Ausdruck für die Neumannschen Funktionen mit ganzem Index:

$$N_n(z) = \frac{1}{\pi} \left[\frac{\partial J_p(z)}{\partial p} - (-1)^n \frac{\partial J_{-p}(z)}{\partial p} \right]_{p=n}. \tag{60}$$

Setzt man den Ausdruck (59) in die Gleichungen (53) ein, so bekommt man Formeln, die die Hankelschen Funktionen durch die Besselschen Funktionen ausdrücken, und zwar für solche p, die nicht ganz sind:

$$\left\{ \begin{aligned} H_p^{(1)}(z) &= i \frac{J_p(z) e^{-ip\pi} - J_{-p}(z)}{\sin p\pi}; \\ H_p^{(2)}(z) &= -i \frac{J_p(z) e^{ip\pi} - J_{-p}(z)}{\sin p\pi}. \end{aligned} \right. \tag{61}$$

Aus diesen Relationen ergibt sich unmittelbar folgende Abhängigkeit zwischen den HANKELschen Funktionen, deren Indizes sich lediglich durch das Vorzeichen unterscheiden:

$$H_{-p}^{(1)}(z) = e^{ip\pi} H_p^{(1)}(z); \quad H_{-p}^{(2)}(z) = e^{-ip\pi} H_p^{(2)}(z). \tag{62}$$

Im Grunde haben wir diese Beziehung nur unter der Voraussetzung bewiesen, daß p keine ganze Zahl ist. Nun sind aber die linke und rechte Seite der Formel (62) ganze Funktionen von p, und daher gilt sie für beliebiges p. Ist p eine ganze Zahl, so werden Zähler und Nenner der Formeln (61) gleich Null. Beseitigt man die Unbestimmtheit wie oben, so kann man auch eine entsprechende Formel für ganzes $p = n$ bekommen.

Schließlich betrachten wir den Fall, daß der Index die Gestalt $p = \frac{2m+1}{2}$ hat, wobei m eine ganze positive Zahl oder Null ist. Setzen wir diesen Wert p in die Formeln (49) ein, durch die die HANKELschen Funktionen definiert sind, so erhalten wir unter dem Integralzeichen eine in der ganzen Ebene einschließlich der Punkte $\tau = \pm 1$ reguläre Funktion. Also sind die Integrale gleich Null. Dann wird aber der Faktor $\Gamma\left(\frac{1}{2} - p\right)$ unendlich, und die Formeln (49) werden sinnlos. An Stelle dieser Formeln betrachten wir daher (195) und (196) aus [112]. Im allgemeinen sind diese Entwicklungen divergent, aber formal genügen sie bestimmten Differentialgleichungen, wie wir das früher gezeigt hatten. Für die betrachteten Werte des Index sind sie jedoch nicht nur konvergent, sondern verwandeln sich sogar in endliche Summen und liefern einen endlichen Ausdruck für die HANKELschen Funktionen. Wir betrachten beispielsweise die erste dieser Funktionen mit dem Index $p = \frac{2m+1}{2}$:

$$H_{\frac{2m+1}{2}}^{(1)}(z) = \sqrt{\frac{2}{\pi z}} \frac{e^{i\left(z - \frac{(m+1)\pi}{2}\right)}}{\Gamma(m+1)} \sum_{k=0}^{\infty} \binom{m}{k} \Gamma(m+1+k) \left(\frac{i}{2z}\right)^k$$

oder

$$H_{\frac{2m+1}{2}}^{(1)}(z) = \sqrt{\frac{2}{\pi z}} \frac{e^{i\left(z - \frac{(m+1)\pi}{2}\right)}}{m!} \sum_{k=0}^{\infty} \frac{m(m-1)\ldots(m-k+1)}{k!} (m+k)! \left(\frac{i}{2z}\right)^k.$$

Daraus sieht man unmittelbar, daß sämtliche Summanden für $k \geqslant m+1$ verschwinden. Wir erhalten daher folgende Darstellung der HANKELschen Funktionen:

$$H_{\frac{2m+1}{2}}^{(1)}(z) = \sqrt{\frac{2}{\pi z}} \frac{e^{i\left(z - \frac{(m+1)\pi}{2}\right)}}{m!} \sum_{k=0}^{\infty} \binom{m}{k} (m+k)! \left(\frac{i}{2z}\right)^k. \tag{63}$$

Entsprechend gilt für die zweiten HANKELschen Funktionen die endliche Darstellung

$$H_{\frac{2m+1}{2}}^{(2)}(z) = \sqrt{\frac{2}{\pi z}} \frac{e^{-i\left(z - \frac{m+1}{2}\pi\right)}}{m!} \sum_{k=0}^{m} \binom{m}{k} (m+k)! \left(-\frac{i}{2z}\right)^k. \tag{64}$$

Die Formeln (59), (61) und (62) bleiben auch für die Indizes $p = \frac{2m+1}{2}$ gültig. Man kann sogar die Gleichungen (61) als Definition der HANKELschen Funktionen für $p = \frac{2m+1}{2}$ benutzen; wegen (19) und (21) erhält man

$$H^{(1)}_{\frac{2m+1}{2}}(z) = \frac{i}{\sin\left(m+\frac{1}{2}\right)\pi}\sqrt{\frac{2}{\pi}}\, z^{\frac{2m+1}{2}} \frac{d^m}{(z\,dz)^m}\left[(-1)^m e^{-i\left(m+\frac{1}{2}\right)\pi}\frac{\sin z}{z} - \frac{\cos z}{z}\right]$$

oder

$$H^{(1)}_{\frac{2m+1}{2}}(z) = (-1)^m i\sqrt{\frac{2}{\pi}}\, z^{\frac{2m+1}{2}} \frac{d^m}{(z\,dz)^m}\left(\frac{-i\sin z - \cos z}{z}\right),$$

so daß man schließlich schreiben kann:

$$H^{(1)}_{\frac{2m+1}{2}}(z) = (-1)^{m+1} i\sqrt{\frac{2}{\pi}}\, z^{\frac{2m+1}{2}} \frac{d^m}{(z\,dz)^m}\left(\frac{e^{iz}}{z}\right). \tag{65}$$

Entsprechend gilt

$$H^{(2)}_{\frac{2m+1}{2}}(z) = (-1)^{m} i\sqrt{\frac{2}{\pi}}\, z^{\frac{2m+1}{2}} \frac{d^m}{(z\,dz)^m}\left(\frac{e^{-iz}}{z}\right). \tag{66}$$

Daraus kann man unter anderem auch die Entwicklungen (63) und (64) herleiten. Unter Benutzung von (61) und der Ausdrücke

$$J_{\frac{1}{2}}(z) = \sqrt{\frac{2}{\pi z}}\sin z, \quad J_{-\frac{1}{2}}(z) = \sqrt{\frac{2}{\pi z}}\cos z$$

erhält man für $p = \frac{1}{2}$

$$H^{(1)}_{\frac{1}{2}}(z) = -i\sqrt{\frac{2}{\pi z}}\, e^{iz}; \quad H^{(2)}_{\frac{1}{2}}(z) = i\sqrt{\frac{2}{\pi z}}\, e^{-iz}.$$

Für die HANKELschen Funktionen kann man leicht eine Reihe von Relationen beweisen, die denen für die BESSELschen Funktionen analog sind. Wir führen einige davon an:

$$\frac{d^m}{(z\,dz)^m}\left(\frac{H^{(1)}_p(z)}{z^p}\right) = (-1)^m \frac{H^{(1)}_{p+m}(z)}{z^{p+m}}; \quad \frac{d^m}{(z\,dz)^m}\left(\frac{H^{(2)}_p(z)}{z^p}\right) = (-1)^m \frac{H^{(2)}_{p+m}(z)}{z^{p+m}};$$

$$\frac{2p}{z}H^{(1)}_p(z) = H^{(1)}_{p-1}(z) + H^{(1)}_{p+1}(z); \quad \frac{2p}{z}H^{(2)}_p(z) = H^{(2)}_{p-1}(z) + H^{(2)}_{p+1}(z).$$

Wir weisen noch darauf hin, daß aus der Definition von $J_p(z)$ folgt, *daß für reelle p und z die Funktionen $J_p(z)$ und $N_p(z)$ reell, aber $H^{(1)}_p(z)$ und $H^{(2)}_p(z)$ konjugiert komplex sind.*

149. Entwicklung der NEUMANNschen Funktionen mit ganzem Index. Für ganzen Index sind die Lösungen $J_n(z)$ und $J_{-n}(z)$ linear abhängig, und als zweite linear unabhängige Lösung können wir $N_n(z)$ nehmen. Daher ist es von Interesse, eine Entwicklung für diese Lösung anzugeben, die in der gesamten Ebene gilt. Nach der FUCHSschen Theorie muß sie außer den ganzen Potenzen von z noch $\log z$ enthalten.

Zunächst bringen wir noch einige Formeln, die die Funktion $\Gamma(z)$ betreffen. Es gilt für sie das unendliche WEIERSTRASSsche Produkt

$$\frac{1}{\Gamma(z)} = e^{Cz} z \prod_{k=1}^{\infty} \left(1 + \frac{z}{k}\right) e^{-\frac{z}{k}} \qquad (C = 0{,}57\ldots),$$

wobei C die EULERsche Konstante ist. Bekanntlich [68] können wir die logarithmische Ableitung dieses Produktes nach derselben Regel wie für endliche Produkte bilden. Daher gilt

$$-\frac{\Gamma'(z)}{\Gamma(z)} = \frac{1}{z} + C + \sum_{k=1}^{\infty} \left(\frac{1}{z+k} - \frac{1}{k}\right).$$

Für $z = n$, wobei n eine ganze positive Zahl ist, erhält man

$$\frac{\Gamma'(n)}{\Gamma(n)} = -\frac{1}{n} - C - \sum_{k=1}^{\infty} \left(\frac{1}{n+k} - \frac{1}{k}\right) =$$

$$= -\frac{1}{n} - C + \left(\frac{1}{1} - \frac{1}{n+1}\right) + \left(\frac{1}{2} - \frac{1}{n+2}\right) + \left(\frac{1}{3} - \frac{1}{n+3}\right) + \cdots$$

oder

$$\frac{\Gamma'(n)}{\Gamma(n)} = -C + 1 + \frac{1}{2} + \frac{1}{3} + \cdots + \frac{1}{n-1} \qquad (n = 2, 3, \ldots).$$

Ferner gilt $\Gamma(n) = (n-1)!$, und folglich ist

$$\frac{d}{dt}\frac{1}{\Gamma(t)} = -\frac{\Gamma'(t)}{\Gamma^2(t)} = -\frac{1}{(t-1)!}\left(-C + 1 + \frac{1}{2} + \frac{1}{3} + \cdots + \frac{1}{t-1}\right) \quad (t = 2, 3, \ldots). \tag{67}$$

Für $t = 1$ ist $\Gamma(1) = 1$ und $\Gamma'(1) = -C$. Daher gilt

$$\frac{d}{dt}\frac{1}{\Gamma(t)} = C \qquad (t = 1). \tag{68}$$

Wir nehmen jetzt an, daß t gleich einer ganzen negativen Zahl oder Null sei. Die Funktion $\Gamma(z)$ hat im Punkt $z = -n$ einen Pol erster Ordnung mit dem Residuum $\frac{(-1)^n}{n!}$, d.h., in der Nähe dieses Punktes gilt die Entwicklung

$$\Gamma(z) = \frac{(-1)^n}{n!\,(z+n)} + \alpha_0 + \alpha_1 (z+n) + \cdots$$

oder

$$\frac{1}{\Gamma(z)} = (-1)^n n! \frac{z+n}{1 + \beta_1 (z+n) + \beta^2 (z+n)^2 + \cdots}.$$

Daraus folgt durch einfache Differentiation unmittelbar, daß

$$\left.\frac{d}{dt}\frac{1}{\Gamma(t)}\right|_{t=-n} = (-1)^n n! \qquad (n = 0, 1, 2, \ldots) \tag{69}$$

ist.

Wir leiten jetzt die Entwicklung der Lösung $N_n(z)$ her, die durch Formel (60) definiert ist. Es gilt

$$J_{\pm p}(z) = \left(\frac{z}{2}\right)^{\pm p} \sum_{k=0}^{\infty} \frac{(-1)^k}{k!} \left(\frac{z}{2}\right)^{2k} \frac{1}{\Gamma(\pm p + k + 1)};$$

differenziert man nach dem Parameter p, dann erhält man

$$\frac{\partial J_p(z)}{\partial p} = \log\frac{z}{2} J_p(z) + \left(\frac{z}{2}\right)^p \sum_{k=0}^{\infty} \frac{(-1)^k}{k!} \left(\frac{z}{2}\right)^{2k} \left(\frac{d}{dt}\frac{1}{\Gamma(t)}\right)_{t=p+k+1};$$

$$\frac{\partial J_{-p}(z)}{\partial p} = -\log\frac{z}{2} J_{-p}(z) - \left(\frac{z}{2}\right)^{-p} \sum_{k=0}^{\infty} \frac{(-1)^k}{k!} \left(\frac{z}{2}\right)^{2k} \left(\frac{d}{dt}\frac{1}{\Gamma(t)}\right)_{t=-p+k+1}.$$

Dann wird $p = n$ gesetzt, wobei sich

$$\left.\frac{\partial J_p(z)}{\partial p}\right|_{p=n} = \log\frac{z}{2} J_n(z) + \left(\frac{z}{2}\right)^n \sum_{k=0}^{\infty} \frac{(-1)^k}{k!} \left(\frac{z}{2}\right)^{2k} \left(\frac{d}{dt}\frac{1}{\Gamma(t)}\right)_{t=n+k+1}$$

und

$$\left.\frac{\partial J_{-p}(z)}{\partial p}\right|_{p=n} = -\log\frac{z}{2} J_{-n}(z) - \left(\frac{z}{2}\right)^{-n} \sum_{k=0}^{\infty} \frac{(-1)^k}{k!} \left(\frac{z}{2}\right)^{2k} \left(\frac{d}{dt}\frac{1}{\Gamma(t)}\right)_{t=-n+k+1}$$

ergibt. Setzt man das in (60) ein und benutzt die Formeln (67) und (69), so erhält man schließlich für $n \geqq 1$

$$\begin{aligned} \pi N_n(z) &= \\ &= 2J_n(z)\left(\log\frac{z}{2} + C\right) - \left(\frac{z}{2}\right)^{-n} \sum_{k=1}^{n-1} \frac{(n-k-1)!}{k!}\left(\frac{z}{2}\right)^{2k} - \left(\frac{z}{2}\right)^n \frac{1}{n!}\left(\frac{1}{n} + \frac{1}{n-1} + \cdots + 1\right) - \\ &\quad - \left(\frac{z}{2}\right)^n \sum_{k=1}^{\infty} \frac{(-1)^k}{k!(n+k)!}\left(\frac{z}{2}\right)^{2k}\left(\frac{1}{n+k} + \frac{1}{n+k-1} + \cdots + 1 + \frac{1}{k} + \frac{1}{k-1} + \cdots + 1\right) \end{aligned} \tag{70}$$

und für $n = 0$

$$\pi N_0(z) = 2J_0(z)\left(\log\frac{z}{2} + C\right) - 2\sum_{k=1}^{\infty} \frac{(-1)^k}{(k!)^2}\left(\frac{z}{2}\right)^{2k}\left(\frac{1}{k} + \frac{1}{k-1} + \cdots + 1\right). \tag{71}$$

150. Der Fall eines rein imaginären Argumentes. Ist $Z_p(z)$ eine Lösung der Besselschen Differentialgleichung, so ist $Z_p(kz)$, wie wir wissen, Lösung der Differentialgleichung [II, 49]

$$\frac{d^2w}{dz^2} + \frac{1}{z}\frac{dw}{dz} + \left(k^2 - \frac{p^2}{z^2}\right)w = 0. \tag{72}$$

Setzt man hier $k = i$, dann sieht man, daß die Funktion $Z_p(iz)$ Lösung der Differentialgleichung

$$\frac{d^2w}{dz^2} + \frac{1}{z}\frac{dw}{dz} - \left(1 + \frac{p^2}{z^2}\right)w = 0 \tag{73}$$

ist. Wir wählen zunächst $Z_p(z)$ gleich $J_p(z)$:

$$J_p(iz) = \sum_{k=0}^{\infty} \frac{(-1)^k i^p i^{2k}}{k!\,\Gamma(p+k+1)}\left(\frac{z}{2}\right)^{p+2k} = i^p \sum_{k=0}^{\infty} \frac{1}{k!\,\Gamma(p+k+1)}\left(\frac{z}{2}\right)^{p+2k}$$

Um eine Lösung der Differentialgleichung (73) zu erhalten, die für reelles p und $z > 0$ reell ist, multiplizieren wir die angegebene Lösung mit der Konstanten $i^{-p} = e^{-\frac{1}{2}p\pi i}$. Damit erhalten wir als Lösung von (73)

$$I_p(z) = e^{-\frac{1}{2}p\pi i} J_p(iz) = \sum_{k=0}^{\infty} \frac{1}{k!\,\Gamma(p+k+1)}\left(\frac{z}{2}\right)^{p+2k}. \tag{74}$$

Die Funktion $I_{-p}(z)$ ist ebenfalls eine Lösung der Differentialgleichung (73), und ist p keine ganze Zahl, dann sind $I_p(z)$ und $I_{-p}(z)$ zwei linear unabhängige Lösungen der Differentialgleichung (73).

Wählt man jetzt $Z_p(z)$ gleich der ersten HANKELschen Funktion $H_p^{(1)}(z)$, so gelangt man, wenn man noch einen geeigneten konstanten Faktor hinzufügt, zu folgender Lösung der Differentialgleichung (73):

$$K_p(z) = \frac{1}{2}\pi i e^{\frac{1}{2}p\pi i} H_p^{(1)}(iz). \tag{75}$$

Wegen (62) kann man dafür schreiben:

$$K_p(z) = \frac{1}{2}\pi i e^{-\frac{1}{2}p\pi i} H_{-p}^{(1)}(iz). \tag{76}$$

Mit Hilfe der ersten Formel aus (61) kann man $K_p(z)$ durch $I_{\pm p}(z)$ ausdrücken. Diese Formel liefert nämlich

$$K_p(z) = -\frac{1}{2}\pi e^{\frac{1}{2}p\pi i} \frac{J_p(iz)\, e^{-ip\pi} - J_{-p}(iz)}{\sin p\pi}$$

oder unter Benutzung von (74)

$$K_p(z) = -\frac{1}{2}\pi e^{\frac{1}{2}p\pi i} \frac{I_p(z)\, e^{-\frac{1}{2}p\pi i} - I_{-p}(z)\, e^{-\frac{1}{2}p\pi i}}{\sin p\pi}$$

und schließlich

$$K_p(z) = \frac{1}{2}\pi \frac{I_{-p}(z) - I_p(z)}{\sin p\pi}. \tag{77}$$

Die Funktionen $I_p(z)$ und $K_p(z)$ genügen Relationen, die den in [144] für $J_p(z)$ hergeleiteten analog sind. Benutzt man die Definition (74) und die Eigenschaft $J_{-n}(z) = (-1)^n J_n(z)$ der BESSELschen Funktionen mit ganzem Index, so kann man leicht zeigen, daß

$$I_{-n}(z) = I_n(z) \tag{78}$$

ist.

Einen Ausdruck für die Funktion $K_n(z)$ mit ganzem Index kann man aus (77) erhalten, wenn man p gegen n streben läßt und die DE L'HOSPITALsche Regel anwendet:

$$K_n(z) = \frac{(-1)^n}{2}\left[\frac{\partial I_{-p}(z)}{\partial p} - \frac{\partial I_p(z)}{\partial p}\right]_{p=n}. \tag{79}$$

Wie wir in [112] erwähnt haben, gilt die asymptotische Formel

$$H_p^{(1)}(z) = \sqrt{\frac{2}{\pi z}}\, e^{i\left(z - \frac{p\pi}{2} - \frac{\pi}{4}\right)} [1 + O(|z|^{-1})]$$

für $-\pi + \varepsilon < \arg z < \pi - \varepsilon$; und daher kann man iz an Stelle von z einsetzen, sofern man z als positiv reell und $\arg(iz) = \frac{\pi}{2}$ voraussetzt. Mit Hilfe von (75) erhält man einen asymptotischen Ausdruck von $K_p(z)$ für $z > 0$:

$$K_p(z) = \frac{1}{2}\pi i e^{\frac{1}{2}p\pi i} \sqrt{\frac{2}{\pi z}}\, e^{-\frac{\pi}{4}i}\, e^{i\left(iz - \frac{p\pi}{2} - \frac{\pi}{4}\right)} [1 + O(z^{-1})]$$

oder

$$K_p(z) = \sqrt{\frac{\pi}{2z}}\, e^{-z}[1 + O(z^{-1})] \qquad (z > 0), \tag{80}$$

d. h., die Funktion $K_p(z)$ nimmt für $z \to +\infty$ exponentiell ab.

Der Differentialgleichung (73) begegnet man häufig in der mathematischen Physik; dabei hat die Lösung $K_p(z)$ durch den erwähnten exponentiellen Abfall große Bedeutung für die Anwendungen auf physikalische Probleme.

Manchmal bezeichnet das Symbol $K_p(z)$ die Funktion, die in unseren Bezeichnungen gleich $\cos p\pi \cdot K_p(z)$ ist. Ersetzt man in der Differentialgleichung (72) k durch ik, dann sieht man, daß die Funktionen $I_p(kz)$ und $K_p(kz)$ Lösungen der Differentialgleichung

$$\frac{d^2w}{dz^2} + \frac{1}{z}\frac{dw}{dz} - \left(k^2 + \frac{p^2}{z^2}\right) w = 0 \tag{81}$$

sind. Sie sind ebenso linear unabhängig wie $J_p(z)$ und $H_p^{(1)}(z)$ für die BESSELsche Differentialgleichung.

Es existiert eine große Anzahl von Tabellen für die BESSELschen Funktionen. Wir verweisen z. B. auf das Buch von Р. О. Кузьмин, Бесселевы функции, (R. O. KUSMIN, BESSELsche Funktionen), in dem sich auch Tabellen finden.

151. Integraldarstellungen. Zur Untersuchung einer Reihe von Eigenschaften der BESSELschen Funktionen benutzt man zweckmäßigerweise Integraldarstellungen, die sich von den bisher betrachteten unterscheiden. Man kann sie entweder durch Superposition ebener Wellen[1]), mit der Methode der Integraltransformation[2]) oder schließlich mit der Methode der direkten Transformation der oben eingeführten expliziten Ausdrücke für die BESSELschen Funktionen erhalten. Wir wollen für unsere Untersuchungen den dritten Weg einschlagen. In Formel (7) ersetzen wir $\frac{1}{\Gamma(p+k+1)}$ durch das entsprechende Integral [74], nämlich

$$\frac{1}{\Gamma(p+k+1)} = \frac{1}{2\pi i}\int_{l'} e^{\tau}\, \tau^{-(p+k+1)}\, d\tau,$$

wobei l' eine Kurve ist, die die negativ-reelle Achse umschließt. Damit erhalten wir

$$J_p(z) = \frac{1}{2\pi i}\sum_{k=0}^{\infty}\frac{(-1)^k}{k!}\int_{l'} e^{\tau}\,\tau^{-(p+k+1)}\left(\frac{z}{2}\right)^{p+2k} d\tau =$$

$$= \frac{1}{2\pi i}\int_{l'} e^{\tau}\,\tau^{-(p+1)}\left(\frac{z}{2}\right)^{p}\sum_{k=0}^{\infty}\frac{(-1)^k}{k!}\,\tau^{-k}\left(\frac{z}{2}\right)^{2k} d\tau.$$

Wegen der gleichmäßigen Konvergenz der letzten Reihe darf man die Reihenfolge von Summation und Integration ändern. Führt man die Summation aus, so findet man

$$J_p(z) = \frac{1}{2\pi i}\int_{l'}\left(\frac{z}{2}\right)^{p}\tau^{-(p+1)}\, e^{-\frac{z^2}{4\tau}+\tau}\, d\tau.$$

Wir wollen voraussetzen, daß die komplexe Zahl z der Bedingung

$$|\arg z| < \frac{\pi}{2} \tag{82}$$

---

[1]) s. FRANK-MISES, Die Differential- und Integralgleichungen der Mechanik und Physik.

[2]) s. COURANT-HILBERT, Methoden der mathematischen Physik.

genüge, und führen die Variablensubstitution $\tau = \frac{1}{2} zt$ aus. Dann erhalten wir

$$(83) \qquad J_p(z) = \frac{1}{2\pi i} \int_l t^{-p-1} e^{\frac{1}{2} z \left(t - \frac{1}{t}\right)} dt,$$

wobei wir als Integrationsweg l den früheren schlingenförmigen Weg l' nehmen können. Diese Formel ist im Jahre 1870 von Н. Я. Сонин (N. J. SONINE) angegeben worden.

Wir wählen für l den Weg, der aus dem unteren Ufer des Schnittes längs der negativ-reellen Achse, dem Kreis $|t| = 1$ und dem oberen Ufer des erwähnten Schnittes besteht. Dann führen wir die neue Integrationsvariable w mit $t = e^w$ ein. Damit geht der Integrationsweg l in die in Abb. 74 dargestellte Kurve C_0 über, und die Funktion $J_p(z)$ ist durch folgenden Ausdruck darstellbar:

$$(84) \qquad J_p(z) = \frac{1}{2\pi i} \int_{C_0} e^{z \operatorname{sh} w - pw} dw.$$

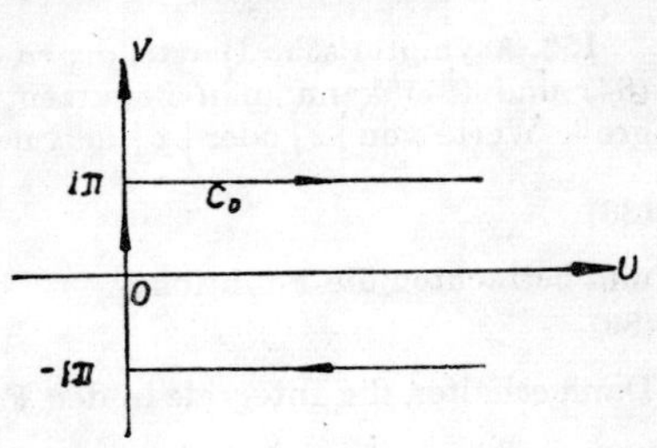

Abb. 74

Dabei können sämtliche Wegstücke von C_0, die in endlichem Abstand vom Nullpunkt liegen, auf beliebige Weise deformiert werden. Um weitere Resultate zu erhalten, transformieren wir das Integral (84) in passender Weise. Das läßt sich leicht ausführen, wenn man annimmt, daß C_0 die in Abb. 74 angegebene Form hat, und wenn man außerdem $w = \varphi - \pi i$ setzt. Mit Hilfe der Relation $\operatorname{sh}(\varphi + 2\pi i) = \operatorname{sh}\varphi$ erhält man leicht die Formel [146]

$$(85) \qquad J_p(z) = \frac{1}{\pi} \int_0^\pi \cos(p\varphi - z \sin\varphi)\, d\varphi - \frac{\sin p\pi}{\pi} \int_0^\infty e^{-p\varphi - z \operatorname{sh}\varphi} d\varphi.$$

Wir wollen jetzt Integraldarstellungen des Typs (84) auch für die übrigen Zylinderfunktionen konstruieren.

Verwendet man (85) und die Beziehung

$$N_p(z) = \frac{J_p(z) \cos p\pi - J_{-p}(z)}{\sin p\pi}$$

aus [148], so erhält man

$$\pi N_p(z) = \operatorname{ctg} p\pi \int_0^\pi \cos(p\varphi - z\sin\varphi)\, d\varphi - \frac{1}{\sin p\pi} \int_0^\pi \cos(p\varphi + z \sin\varphi)\, d\varphi -$$

$$- \int_0^\infty e^{p\varphi - z \operatorname{sh}\varphi} d\varphi - \cos p\pi \int_0^\infty e^{-p\varphi - z \operatorname{sh}\varphi} d\varphi$$

oder

$$(86) \qquad N_p(z) = \frac{1}{\pi} \int_0^\pi \sin(z \sin\varphi - p\varphi)\, d\varphi - \frac{1}{\pi} \int_0^\infty (e^{p\varphi} + e^{-p\varphi} \cos p\pi)\, e^{-z \operatorname{sh}\varphi} d\varphi.$$

Diese Formel und Beziehung (85) ermöglichen es, Integraldarstellungen für die HANKELschen Funktionen zu erhalten. Wegen

$$H_p^{(1)}(z) = J_p(z) + i N_p(z), \quad H_p^{(2)}(z) = J_p(z) - i N_p(z)$$

ist nämlich

$$(87)\quad \begin{cases} H_p^{(1)}(z) = \dfrac{1}{\pi i} \displaystyle\int\limits_{C_1} e^{z \operatorname{sh} w - pw}\, dw; \\[2ex] H_p^{(2)}(z) = -\dfrac{1}{\pi i} \displaystyle\int\limits_{C_2} e^{z \operatorname{sh} w - pw}\, dw, \end{cases}$$

wobei C_1 und C_2 unendliche Wege sind, die den Punkt $-\infty$ mit dem Punkt $(\infty, +\pi i)$ bzw. $(\infty, -\pi i)$ verbinden. Durch analytische Fortsetzung kann man die Gültigkeit der Formeln (85) und (87) auch auf beliebige Werte z ausdehnen.

152. Asymptotische Darstellungen der Hankelschen Funktionen. Die Integraldarstellungen (84) und (87) kann man benutzen, um Näherungsformeln für die Zylinderfunktionen für große Werte von $|z|$ oder $|p|$ herzuleiten. Wir setzen

$$(88)\quad \frac{p}{z} = \xi$$

und betrachten die Funktion

$$(89)\quad f(w) = \operatorname{sh} w - \xi w .$$

Dann erhalten die Integrale in den Formeln (84) und (87) die Gestalt

$$(90)\quad \int\limits_{C_\nu} e^{z f(w)}\, dw .$$

Wir wollen voraussetzen, daß p und z positive reelle Zahlen seien, und benutzen die Methode des größten Gefälles.

Dazu ist es vor allem notwendig, die Lage der Sattelpunkte w_0 festzustellen, die aus der Bedingung

$$f'(w_0) = \operatorname{ch} w_0 - \xi = 0$$

zu bestimmen sind, ferner die Lage der Kurven

$$I_m(\operatorname{sh} w - \xi w) = I_m(\operatorname{sh} w_0 - \xi w_0)$$

zu suchen und sich davon zu überzeugen, daß die Wege C_1, C_2 und C_0 in Kurven größten Gefälles der Funktion (89) übergeführt werden können.

Wir wollen uns jetzt mit allen diesen Fragen beschäftigen, wobei wir in Abhängigkeit von der Zahl $\xi = \dfrac{p}{z}$ drei Fälle unterscheiden.

1. Fall. Es sei $\xi > 1$ und $p \gg 1$. Die Sattelpunkte haben hierbei die Werte $w_0 = \pm\alpha$, wobei $\alpha > 0$ durch die Beziehung $\operatorname{ch}\alpha = \xi$ definiert ist. Die Gleichungen der stationären Kurven, die durch die Sattelpunkte hindurchführen, lauten

$$(91)\quad v = 0 \quad \text{und} \quad \sin v \operatorname{ch} u = v \operatorname{ch} \alpha \qquad (w = u + iv).$$

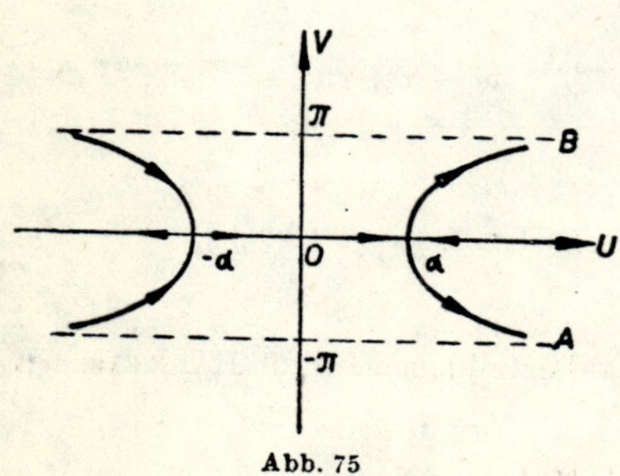

Abb. 75

Diese stationären Kurven, die symmetrisch zu den Koordinatenachsen liegen, sind in Abb. 75 dargestellt. Dabei nimmt der Realteil $\mathrm{R}[f(w)]$ ab, wenn man sich in den durch Pfeile gekennzeichneten Richtungen bewegt. Wegen

$$\mathrm{R}[f(w)] = \operatorname{sh} u \cos v - \xi u$$

erkennt man leicht folgendes: Nimmt man als Integrationswege C_0, C_1 und C_2 in (84) und (87) die stationären Kurven $(-\infty, -\alpha, \alpha, B)$, $(-\infty, -\alpha, \alpha, A)$ bzw. (A, α, B), so lassen sich die Werte der Zylinderfunktionen für große Argumente z als Resultat der Integration über kleine Wegstücke in der Nähe der Sattelpunkte bestimmen.

Wir erläutern die Einzelheiten der Rechnung am Beispiel der Funktion $H_p^{(1)}(z)$. Dazu ist es vorteilhaft, den Integrationsweg abzuändern. Wir ersetzen den stationären Weg $(-\infty, -\alpha, \alpha, B)$ durch den Weg C, der in Abb. 76 dargestellt ist. Dann ist

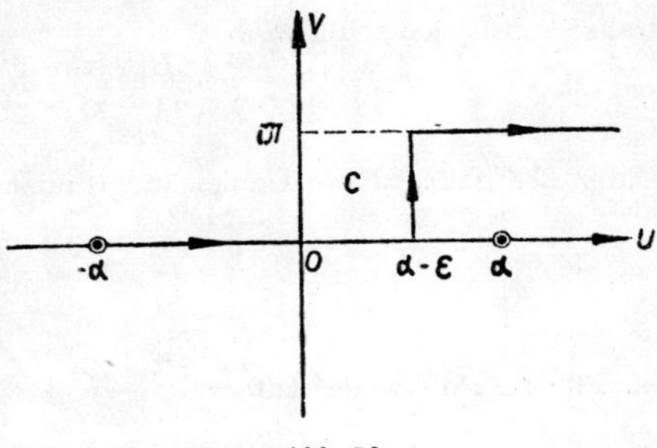

Abb. 76

$$H_p^{(1)}(z) = \frac{1}{\pi i}\int\limits_C e^{zf(w)}\,dw\,. \tag{92}$$

Wir wählen

$$\varepsilon = \left(\frac{12}{z\operatorname{ch}\alpha}\right)^{\frac{1}{3}} \tag{93}$$

und nehmen z so an, daß die Ungleichung

$$\frac{z\operatorname{sh}\alpha}{2}\varepsilon^2 = N \geqslant 8 \tag{94}$$

gilt. Diese Bedingung brauchten wir auch bei der Untersuchung des Beispiels 2 aus [80].

Aus (93) und (94) folgt

$$z\operatorname{sh}\alpha = \frac{N}{\sqrt[3]{18}}(z\operatorname{ch}\alpha)^{\frac{2}{3}} \geqslant 3\,(z\operatorname{ch}\alpha)^{\frac{2}{3}} \tag{95}$$

und

$$\varepsilon \leqslant 0{,}75\,\frac{\operatorname{sh}\alpha}{\operatorname{ch}\alpha}, \tag{96}$$

was man zweckmäßig für die weiteren Abschätzungen benutzt.

Wir spalten das Integral (92) in die Summe folgender fünf Integrale auf:

$$\int\limits_{-\infty}^{-\alpha-\varepsilon} e^{zf(w)}\,dw + \int\limits_{-\alpha-\varepsilon}^{-\alpha+\varepsilon} e^{zf(w)}\,dw + \int\limits_{-\alpha+\varepsilon}^{\alpha-\varepsilon} e^{zf(w)}\,dw + \int\limits_{\alpha-\varepsilon}^{\alpha-\varepsilon+\pi i} e^{zf(w)}\,dw + \int\limits_{\alpha-\varepsilon+\pi i}^{\infty+\pi i} e^{zf(w)}\,dw\,. \tag{97}$$

Das zweite Integral in dieser Summe haben wir bereits in [80] untersucht. Wir wollen jetzt die übrigen Integrale abschätzen. Zu diesem Zweck betrachten wir

$$\Phi(w) = \mathrm{R}\,[f(w)] = \operatorname{sh} u \cos v - u\operatorname{ch}\alpha\,. \tag{98}$$

Für die Punkte aus dem Intervall $-\infty < u \leqslant -\alpha - \varepsilon$ gilt die Ungleichung

$$\begin{aligned}\Phi(w) &= \Phi(-\alpha-\varepsilon) + [\Phi(w) - \Phi(-\alpha-\varepsilon)] = \\ &= \Phi(-\alpha-\varepsilon) - [\operatorname{ch}(\alpha+\varepsilon) - \operatorname{ch}\alpha]\,|u+\alpha+\varepsilon| - \frac{\operatorname{sh}(\alpha+\varepsilon)}{2!}|u+\alpha+\varepsilon|^2 - \cdots < \\ &< \Phi(-\alpha-\varepsilon) - [\operatorname{ch}(\alpha+\varepsilon) - \operatorname{ch}\alpha]\,|u+\alpha+\varepsilon|\,.\end{aligned}$$

Nun ist aber

$$\Phi(-\alpha-\varepsilon) = f(-\alpha-\varepsilon) = f(-\alpha) - \frac{\operatorname{sh}\alpha}{2!}\varepsilon^2 - \frac{\operatorname{ch}\alpha}{3!}\varepsilon^3 - \cdots < f(-\alpha) - \frac{\operatorname{sh}\alpha}{2}\varepsilon^2 = f(-\alpha) - \frac{N}{z}$$

und

$$\operatorname{ch}(\alpha+\varepsilon) - \operatorname{ch}\alpha = \frac{\operatorname{sh}\alpha}{1}\varepsilon + \frac{\operatorname{ch}\alpha}{2}\varepsilon^2 + \cdots > \frac{\operatorname{sh}\alpha}{1}\varepsilon + \frac{\operatorname{ch}\alpha}{2}\varepsilon^2 > \frac{\varepsilon^2\operatorname{sh}\alpha}{2}\,\frac{2}{\varepsilon} + \frac{\operatorname{ch}\alpha}{2}\varepsilon^2 > \frac{3N}{z}\,\frac{\operatorname{ch}\alpha}{\operatorname{sh}\alpha}$$

Daher ergibt sich schließlich

$$\Phi(w) < f(-\alpha) - \frac{N}{z} - \frac{3N}{z}\,|\,u + \alpha + \varepsilon\,|\,\frac{\operatorname{ch}\alpha}{\operatorname{sh}\alpha}.$$

Unter Benutzung dieser Ungleichung findet man, daß

$$\left|\int\limits_{-\infty}^{-\alpha-\varepsilon} e^{zf(w)}\,dw\right| < e^{zf(-\alpha)}\frac{e^{-N}\operatorname{sh}\alpha}{3N\operatorname{ch}\alpha} \tag{99}$$

ist. Für die Punkte des Intervalls $-\alpha + \varepsilon \leqslant u \leqslant \alpha - \varepsilon$, $v = 0$ gilt

$$\Phi(u) = f(u) = \operatorname{sh} u - u\operatorname{ch}\alpha;$$
$$f'(u) = -(\operatorname{ch}\alpha - \operatorname{ch} u) \leqslant -[\operatorname{ch}\alpha - \operatorname{ch}(\alpha - \varepsilon)];$$
$$f(u) < f(-\alpha + \varepsilon) - [\operatorname{ch}\alpha - \operatorname{ch}(\alpha - \varepsilon)]\,(u + \alpha - \varepsilon).$$

Wegen (94) und (96) ist aber

$$f(-\alpha + \varepsilon) = f(-\alpha) - \frac{\operatorname{sh}\alpha}{2!}\varepsilon^2 + \frac{\operatorname{ch}\alpha}{3!}\varepsilon^3 - \frac{\operatorname{sh}\alpha}{4!}\varepsilon^4 + \cdots < f(-\alpha) - \frac{\operatorname{sh}\alpha}{2!}\varepsilon^2 + \frac{\operatorname{ch}\alpha}{3!}\varepsilon^3 =$$
$$= f(-\alpha) - \frac{\operatorname{sh}\alpha}{2}\varepsilon^2\left(1 - \frac{\varepsilon\operatorname{ch}\alpha}{3\operatorname{sh}\alpha}\right) \leqslant f(-\alpha) - 0{,}75\frac{N}{z}$$

und

$$\operatorname{ch}\alpha - \operatorname{ch}(\alpha - \varepsilon) = \frac{\operatorname{sh}\alpha}{1!}\varepsilon - \frac{\operatorname{ch}\alpha}{2!}\varepsilon^2 + \frac{\operatorname{sh}\alpha}{3!}\varepsilon^3 - \cdots >$$
$$> \varepsilon\operatorname{sh}\alpha\left(1 - \frac{\varepsilon\operatorname{ch}\alpha}{2\operatorname{sh}\alpha}\right) \geqslant \frac{5}{8}\,\frac{\operatorname{sh}\alpha}{2}\varepsilon^2\,\frac{2}{\varepsilon} \geqslant \frac{5N\operatorname{ch}\alpha}{3z\operatorname{sh}\alpha}.$$

Schließlich finden wir also

$$f(u) < f(-\alpha) - 0{,}75\frac{N}{z} - \frac{N}{z}(u + \alpha - \varepsilon)\frac{5\operatorname{ch}\alpha}{3\operatorname{sh}\alpha},$$

und mit Hilfe dieser Ungleichung ergibt sich

$$\left|\int\limits_{-\alpha+\varepsilon}^{\alpha-\varepsilon} e^{zf(w)}\,dw\right| < \frac{3\operatorname{sh}\alpha}{5N\operatorname{ch}\alpha}\,e^{zf(-\alpha) - 0{,}75N}. \tag{100}$$

Um eine Abschätzung der letzten beiden Integrale in (97) zu erhalten, betrachten wir die Größe

$$f(-\alpha) = -f(\alpha) = (\alpha - \operatorname{th}\alpha)\operatorname{ch}\alpha.$$

Aus der Entwicklung

$$\alpha = \operatorname{arc\,th}\eta = \eta + \frac{\eta^3}{3} + \frac{\eta^5}{5} + \cdots$$

erhält man

$$f(-\alpha) > \operatorname{ch}\alpha\frac{\operatorname{th}^3\alpha}{3} = \frac{\operatorname{sh}^3\alpha}{3\operatorname{ch}^2\alpha}.$$

Unter Benutzung von (95) folgt

$$f(-\alpha) > \frac{N^3}{54z}.$$

Dann ist wegen der Ungleichung $\alpha > \varepsilon$ offensichtlich

$$f(\alpha - \varepsilon) < 0 < f(-\alpha) - \frac{N^3}{54z}.$$

Für die Abschätzung des vierten Integrals aus (97) merken wir an, daß für die Punkte des Intervalls $u = \alpha - \varepsilon$, $0 \leqslant v \leqslant \pi$

$$\Phi(w) = f(\alpha - \varepsilon) - (1 - \cos v) \operatorname{sh}(\alpha - \varepsilon)$$

gilt. Nun ist aber

$$1 - \cos v \geqslant \frac{2v^2}{\pi^2}$$

und wegen (96)

$$\frac{\operatorname{sh}\alpha}{\operatorname{sh}(\alpha - \varepsilon)} = \frac{\operatorname{sh}\alpha}{\operatorname{sh}\alpha - \varepsilon \operatorname{ch}\alpha + \varepsilon^2 \frac{\operatorname{sh}\alpha}{2} - \cdots} < \frac{\operatorname{sh}\alpha}{\operatorname{sh}\alpha - \varepsilon \operatorname{ch}\alpha} \leqslant \frac{100}{25} = 4\,,$$

d. h., es ist $\operatorname{sh}(\alpha - \varepsilon) > \frac{1}{4}\operatorname{sh}\alpha$. Daher erhält man

$$\Phi(w) < f(\alpha - \varepsilon) - \frac{2v^2}{5\pi^2}\operatorname{sh}\alpha < f(-\alpha) - \frac{N^3}{54z} - \frac{2v^2}{5\pi^2}\operatorname{sh}\alpha\,.$$

Mit Hilfe dieser Ungleichung ergibt sich

$$\left|\int\limits_{\alpha-\varepsilon}^{\alpha-\varepsilon+\pi i} e^{zf(w)}\,dw\right| < \sqrt{\frac{5\pi^3}{8z\operatorname{sh}\alpha}}\; e^{zf(-\alpha) - \frac{N^3}{54}}\,. \tag{101}$$

Schließlich gilt für die Punkte des Intervalls $\alpha - \varepsilon \leqslant u < \infty$, $v = \pi$ die Beziehung

$$\Phi(w) = -\operatorname{sh} u - u \operatorname{ch}\alpha < -u\operatorname{ch}\alpha < f(-\alpha) - \frac{N^3}{54z} - u\operatorname{ch}\alpha\,.$$

Daher erhalten wir für das letzte Integral aus (97) die Abschätzung

$$\left|\int\limits_{\alpha-\varepsilon+\pi i}^{\infty+\pi i} e^{zf(w)}\,dw\right| < e^{zf(-\alpha)}\,\frac{e^{-\frac{N}{54}}}{z\operatorname{ch}\alpha}. \tag{102}$$

Wir weisen darauf hin, daß die Abschätzungen (101) und (102) leicht noch verbessert werden können, und wenden uns wieder Ausdruck (92) zu. Benutzt man (97) und ferner die Ungleichungen (99), (100), (101) und (102), so erhält man den Ausdruck

$$H_p^{(1)}(z) = \frac{1}{\pi i}\left[\int\limits_{-\alpha-\varepsilon}^{-\alpha+\varepsilon} e^{zf(w)}\,dw + \omega\right], \tag{103}$$

wobei

$$\omega < e^{zf(-\alpha)}\left[\frac{3\operatorname{sh}\alpha}{5N\operatorname{ch}\alpha}\,e^{-0{,}75N} + \frac{\operatorname{sh}\alpha}{3N\operatorname{ch}\alpha}\,e^{-N} + \left(\frac{4{,}4}{\sqrt{z\operatorname{sh}\alpha}} + \frac{1}{z\operatorname{ch}\alpha}\right)e^{-\frac{N^3}{54}}\right] \tag{104}$$

ist. Das in (103) auftretende Integral haben wir in [80] untersucht und uns davon überzeugt, daß es folgendermaßen darstellbar ist:

$$\frac{1}{\pi i}\int\limits_{-\alpha-\varepsilon}^{-\alpha+\varepsilon} e^{zf(w)}\,dw = -\frac{i}{\sqrt{\pi}}\,e^{zf(-\alpha)}\left(\frac{2}{z\operatorname{sh}\alpha}\right)^{\frac{1}{2}}\left[1 - \frac{1}{8}\left(1 - \frac{5\operatorname{ch}^2\alpha}{3\operatorname{sh}^2\alpha}\right)\frac{1}{z\operatorname{sh}\alpha} + \omega'\right] \tag{105}$$

mit

$$|\omega'| \leqslant \frac{e^{-N}}{\sqrt{\pi}}\left(1 + \frac{N^{\frac{5}{2}}\operatorname{ch}^2\alpha}{6z\operatorname{sh}^3\alpha}\right) + \left(\frac{2}{z\operatorname{sh}\alpha}\right)^2\left(\frac{1}{8} + \frac{\operatorname{ch}^2\alpha}{25\operatorname{sh}^2\alpha} + \frac{\operatorname{ch}^4\alpha}{8\operatorname{sh}^4\alpha}\right). \tag{106}$$

Unter Berücksichtigung des Summanden ω in (103) könnte man die Funktion $H_p^{(1)}(z)$ durch die rechte Seite der Formel (105) darstellen, wobei an Stelle von ω' die Summe $\omega' + \omega''$ stehen müßte und ω'' die Bedingung

$$(107)\qquad |\omega''| < \frac{1}{\sqrt{\pi}}\left(\frac{z\,\mathrm{sh}\,\alpha}{2}\right)^{\frac{1}{2}}\left[\frac{3\,\mathrm{sh}\,\alpha}{5N\,\mathrm{ch}\,\alpha}\,e^{-0{,}75N} + \frac{\mathrm{sh}\,\alpha}{3N\,\mathrm{ch}\,\alpha}\,e^{-N} + \left(\frac{4{,}4}{\sqrt{z\,\mathrm{sh}\,\alpha}} + \frac{1}{z\,\mathrm{sh}\,\alpha}\right)e^{-\frac{N^3}{54}}\right]$$

zu erfüllen hätte. Die rechte Seite läßt sich leicht abschätzen. Dazu braucht man nur die Gleichung

$$\left(\frac{z\,\mathrm{sh}\,\alpha}{2}\right)^{\frac{1}{2}}\frac{\mathrm{sh}\,\alpha}{N\,\mathrm{ch}\,\alpha} = \frac{\sqrt{N}}{6}$$

zu benutzen, die aus (95) folgt. Mit ihrer Hilfe kann man die Werte der rechten Seiten von (106) und (107) vergleichen. Dabei zeigt sich, daß schon für $N \geqslant 8$ die Größe (106) den Wert der rechten Seite von (107) übertrifft. Daher ist von $N \geqslant 8$ an die Abweichung in der Formel für $H_p^{(1)}(z)$ [vom Typ (105)] durch den zweiten Summanden in (106) bestimmbar. Übrigens ist die Bedingung $N \geqslant 8$ in unseren Rechnungen gleichbedeutend mit der Forderung

$$(108)\qquad z\,\mathrm{sh}\,\alpha > 3\,(z\,\mathrm{ch}\,\alpha)^{\frac{2}{3}},$$

d. h.

$$(109)\qquad \sqrt{p^2 - z^2} > 3p^{\frac{2}{3}}.$$

Durch ein dem eben benutzten entsprechendes Verfahren kann man auch Glieder berechnen, die von höherer Ordnung klein sind.

Dabei erhält man die Formeln[1])

$$(110)\qquad H_p^{(1)}(z) \sim -i\sqrt{\frac{2}{\pi s}}\,e^{-s + p\,\mathrm{arc\,th}\frac{s}{p}}\,G(-s);$$

$$H_p^{(2)}(z) \sim i\sqrt{\frac{2}{\pi s}}\,e^{-s + p\,\mathrm{arc\,th}\frac{s}{p}}\,G(-s)$$

und

$$(111)\qquad J_p(z) \sim \frac{1}{2}\sqrt{\frac{2}{\pi s}}\,e^{s - p\,\mathrm{arc\,th}\frac{s}{p}}\,G(s),$$

wobei

$$s^2 = p^2 - z^2$$

$$(112)\qquad G(s) = 1 + \frac{1}{8}\left(\frac{1}{s} - \frac{5p^2}{3s^3}\right) + \frac{1\cdot 3}{8^2}\left(\frac{3}{2s^2} - \frac{77p^2}{9s^4} + \frac{385p^4}{54s^6}\right) + \cdots$$

ist. Diese letzte Reihe konvergiert für keinen Wert von s und p. Sind aber s und p hinreichend groß, so nehmen ihre Glieder zunächst ab, und danach beginnen sie zu wachsen. Die Reihe (112) ist daher immer bei den noch abnehmenden Gliedern abzubrechen. Man kann dann folgendes beweisen: Bricht man die Reihe (112) ab wie eben angegeben, und ist die Ungleichung

$$(113)\qquad \sqrt{p^2 - z^2} = s > 2{,}5p^{\frac{2}{3}}\ [2])$$

[1]) s. WATSON, A Treatise on the Theory of BESSEL-Functions.

[2]) Wir merken an, daß diese Bedingung nur für

$$p > (2{,}5)^3 \approx 16$$

gelten kann.

erfüllt, so liefert die rechte Seite von (111) eine angenäherte Darstellung der BESSELschen Funktion mit einem Fehler, der nicht größer als der Wert des letzten vorkommenden Gliedes ist.

Um ein anschauliches Bild vom Verlauf einer BESSELschen Funktion für $z < p$ zu erhalten, kann man die Entwicklung

$$\operatorname{arc\,th} \frac{s}{p} = \frac{s}{p} + \frac{s^2}{3p^3} + \cdots$$

benutzen. Dabei zeigt es sich, daß der Ausdruck

$$-s + \operatorname{arc\,th} \frac{s}{p} = \frac{(p^2 - z^2)^{\frac{3}{2}}}{3p^2} + \cdots$$

wächst, wenn z von nahe bei p gelegenen Werten bis Null abnimmt. Aus (110) und (111) ersieht man, daß die HANKELschen Funktionen bei der angegebenen Änderung von z exponentiell zunehmen, während die BESSELschen Funktionen exponentiell fallen. Die letzte Eigenschaft benutzt man insbesondere bei Konvergenzuntersuchungen von Reihen des Typs

$$\sum_{n=0}^{\infty} c_n J_n(\varrho) \cdot$$

Ist $|c_n| < Mn^\sigma$ ($\sigma > 0$), so beginnt die angegebene Reihe für $n \geqslant \varrho$ gut zu konvergieren.

2. Fall. Es sei $\xi < 1$ und $z \gg 1$. Die Sattelpunkte haben jetzt die Koordinaten $w_0 = \pm \beta i$ mit $\cos \beta = \xi$ ($\beta > 0$). Die stationären Kurven, die durch die Gleichungen

$$(114) \quad \begin{aligned} \operatorname{sh} u \sin v &= (v - \beta) \cos \beta + \sin \beta, \\ \operatorname{sh} u \sin v &= (v + \beta) \cos \beta - \sin \beta \end{aligned}$$

definiert sind, liegen symmetrisch zu den Koordinatenachsen und gehen durch die Sattelpunkte $\pm \beta i$ und ∞ hindurch.

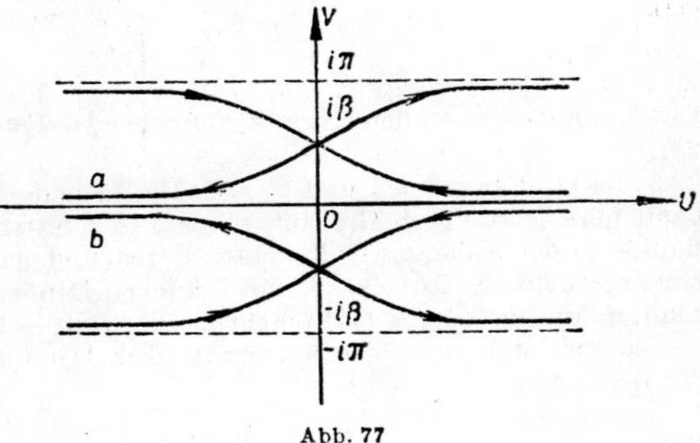

Abb. 77

Sie sind in Abb. 77 dargestellt, wobei die Richtungen, längs deren R $[f(w)]$ abnimmt, mit Pfeilen gekennzeichnet sind.

Wählt man die stationären Kurven a und b, die den Punkt $-\infty$ mit dem Punkt $(\infty, +\pi i)$ bzw. $(\infty, -\pi i)$ verbinden, als Integrationswege C_1 und C_2 in den Formeln (87), so ist die Bestimmung der Hauptteile der HANKELschen Funktionen auf die Integration in Umgebungen der Sattelpunkte $\pm \beta i$ zurückgeführt. Bei diesen Untersuchungen zeigt es sich, daß die Werte beider HANKELschen Funktionen mit ihren Summen von gleicher Größenordnung sind. Daher muß man keine zusätzlichen Rechnungen durchführen, um die asymptotischen Darstellungen der Funktionen $J_p(z)$ zu erhalten, sondern man braucht nur die Formel

$$J_p(z) = \frac{1}{2}\left[H_p^{(1)}(z) + H_p^{(2)}(z)\right]$$

zu benutzen. Die asymptotischen Formeln kann man konstruieren, indem man die Methode des größten Gefälles benutzt. Wir gehen auf diese Rechnungen nicht ein und geben nur das Ergebnis an:

$$(115) \quad \begin{cases} H_p^{(1)}(z) \sim \sqrt{\dfrac{2}{\pi s}}\, G(si)\, e^{\varphi i}; \\[2ex] H_p^{(2)}(z) \sim \sqrt{\dfrac{2}{\pi s}}\, G(-si)\, e^{-\varphi i}; \\[2ex] J_p(z) \sim \sqrt{\dfrac{2}{\pi s}}\, (G_1 \cos \varphi + G_2 \sin \varphi) \end{cases}$$

mit

(116) $$z^2 = p^2 + s^2; \quad G(si) = G_1 - G_2 i; \quad \varphi = s - p \operatorname{arc\,th} \frac{s}{p} - \frac{\pi}{4},$$

wobei $G(s)$ die Reihe (112) ist. Wieder kann man zeigen: Ist

(117) $$\sqrt{z^2 - p^2} = s > 2{,}5 p^{\frac{2}{3}} \quad \text{und} \quad s > 6$$

und berücksichtigt man in den Ausdrücken für G, G_1 und G_2 nur die abnehmenden Summanden, so ist der Fehler in den Formeln (115) nicht größer als das letzte auftretende Glied. Man prüft leicht nach, daß die asymptotischen Beziehungen (45) in die HANKELschen Formeln aus [112] übergehen, falls $z \gg p$ ist.

Wir erhalten entsprechende Formeln unter der Voraussetzung, daß in den Reihen für G, G_1 und G_2 nur die ersten Glieder berücksichtigt werden. Da für $z \gg p$ die Beziehungen

$$s \gg z \quad \text{und} \quad \operatorname{arc\,tg} \frac{s}{p} \approx \operatorname{arc\,tg} \frac{z}{p} \approx \frac{\pi}{2}$$

gelten, folgen aus den Formeln (115)

(118) $$\begin{cases} H_p^{(1)}(z) \sim \sqrt{\dfrac{2}{\pi z}}\, e^{i\left(z - \frac{p\pi}{2} - \frac{\pi}{4}\right)}; \\ H_p^{(2)}(z) \sim \sqrt{\dfrac{2}{\pi z}}\, e^{-i\left(z - \frac{p\pi}{2} - \frac{\pi}{4}\right)}; \\ J_p(z) \sim \sqrt{\dfrac{2}{\pi z}} \cos\left(z - \dfrac{p\pi}{2} - \dfrac{\pi}{4}\right). \end{cases}$$

3. Fall. Es sei $\xi \approx 1$ und $p \gg 1$. Die Lage der stationären Kurven und der Sattelpunkte kann man jetzt durch Grenzübergang $\xi \to 1$ feststellen. Dabei zeigt es sich, daß die Sattelpunkte in der Nähe des Nullpunktes liegen und daß sich der Integrand bei Bewegung längs einer stationären Kurve sehr schnell ändert. Dennoch verlieren die vorigen Rechnungen ihren Sinn, da die Bedingung (113) nicht mehr erfüllt ist.

Die uns interessierenden asymptotischen Darstellungen der BESSELschen Funktionen bei der Bedingung

(119) $$\sqrt{|p^2 - z^2|} \approx |p|^{\frac{2}{3}} \qquad p \gg 1$$

sind zuerst systematisch von V. FOCK[1]) untersucht worden. Die Methode seiner Untersuchung erläutern wir am Beispiel der Funktion $H_p^{(1)}(z)$.

Ersetzt man in der ersten Formel (87) w durch $-w$, so erhält man für $H_p^{(1)}(z)$ den Ausdruck

(120) $$H_p^{(1)}(z) = \frac{1}{\pi i} \int_C e^{-z \operatorname{sh} w + pw}\, dw,$$

in dem der Integrationsweg den Punkt $(-\infty, -\pi i)$ mit dem Punkt $+\infty$ verbindet. Der Sattelpunkt des Integranden in (120) liegt in der Nähe des Nullpunktes, und die stationäre

---

[1]) s. В. А. Фок. Новое асимптотическое выражение для бесселевых функций. ДАН. (V. FOCK. Neue asymptotische Darstellung der BESSELschen Funktionen. (Berichte der Akademie der Wissenschaften 1934, Bd. 1, Nr. 3, S. 97—99)

В. А. Фок. Диффракция радиоволн вокруг земной поверхности (V. FOCK, Diffraktion von Radiowellen um die Erdoberfläche)

В. А. Фок. Таблицы функций Эйри (V. FOCK. Tabellen der AIRYschen Funktionen)

Kurve kann auf eine solche zurückgeführt werden, die von $(-\infty, -\pi i)$ ausgeht, längs der Geraden $I_m(w) = -\pi$ zum Punkt $w_1 = -\frac{\pi}{\sqrt{3}} - \pi i$ führt, von dort geradlinig zum Nullpunkt und schließlich von da aus längs der positiven reellen Achse verläuft. Mit der Entfernung vom Nullpunkt auf diesem Wege nimmt der Integrand sehr schnell ab. Daher läßt sich der Hauptwert des Integrals (120) durch Integration längs eines kleinen Wegstückes in der Nähe des Nullpunkts bestimmen. Wir bezeichnen dieses Wegstück mit l_ε. Dann gilt

$$H_p^{(1)}(z) = \frac{1}{\pi i}\left[\int_{l_\varepsilon} e^{-z \operatorname{ch} w + pw}\, dw + w_\varepsilon(z, p)\right], \tag{121}$$

wobei die Größe $w_\varepsilon(z, p)$ durch dieselben Methoden abschätzbar ist, die wir im Fall $\xi > 1$ angewandt haben. Für großes z erweist sich w_ε als sehr klein.

Wir setzen

$$p = z + \left(\frac{z}{2}\right)^{\frac{1}{3}} t \tag{122}$$

und führen durch

$$\tau = \left(\frac{z}{2}\right)^{\frac{1}{3}} w \tag{123}$$

die neue Integrationsveränderliche τ ein. Dann gilt

$$-z \operatorname{sh} w + pw = t\tau - \frac{\tau^3}{3} - \frac{z}{120}\left(\tau \sqrt[3]{\frac{2}{z}}\right)^5 - \frac{z}{5040}\left(\tau \sqrt[3]{\frac{2}{z}}\right)^7 - \cdots \tag{124}$$

und

$$e^{-z \operatorname{sh} w + pw} = e^{t\tau - \frac{\tau^3}{3}}\left[1 - \frac{1}{60}\left(\frac{z}{2}\right)^{-\frac{2}{3}} \tau^5 + \cdots\right]. \tag{125}$$

Dabei konvergiert die Entwicklung auf der rechten Seite für alle Punkte des Weges l_ε sehr schnell.

Um eine Näherungsformel für $H_p^{(1)}(z)$ zu erhalten, setzen wir (125) in (121) ein. Damit bekommen wir für das Integral über l_ε den Ausdruck

$$\left(\frac{z}{2}\right)^{-\frac{1}{3}}\left[\int_{L_\varepsilon} e^{t\tau - \frac{\tau^3}{3}}\, d\tau - \frac{1}{60}\left(\frac{z}{2}\right)^{-\frac{2}{3}} \int_{L_\varepsilon} \tau^5 e^{t\tau - \frac{\tau^3}{3}}\, d\tau + \cdots\right], \tag{126}$$

in dem kleinere Glieder fortgelassen sind. Wir weisen darauf hin, daß der Weg L_ε in der letzten Formel aus den Geraden besteht, die den Punkt $\left(\frac{z}{2}\right)^{\frac{1}{3}}\left(-\frac{\pi}{\sqrt{3}} - \pi i\right)\varepsilon$ mit dem Nullpunkt und diesen mit dem Punkt $\left(\frac{z}{2}\right)^{\frac{1}{3}}\varepsilon$ verbinden.

Schließlich betrachten wir den Weg Γ, der durch den Strahl $\arg \tau = \frac{4\pi}{3}$ und die positive reelle Achse gebildet wird. Dann kann man die in dem Ausdruck (126) auftretenden Integrale in der Gestalt

$$\int_{L_\varepsilon} e^{t\tau - \frac{\tau^3}{3}}\, d\tau = \int_{\Gamma} e^{t\tau - \frac{\tau^3}{3}}\, d\tau + \int_{\Gamma - L_\varepsilon} e^{t\tau - \frac{\tau^3}{3}}\, d\tau$$

darstellen. Entsprechendes gilt für das zweite Integral. Das Integral über denjenigen Teil des Weges Γ, der nicht dem Weg L_ε angehört (diesen Teil bezeichnen wir mit $\Gamma - L_\varepsilon$), kann man leicht abschätzen und für große Werte von z als sehr klein nachweisen. Daher kann man für $z \gg 1$ in dem Ausdruck (126) den Integrationsweg L_ε durch den Weg Γ ersetzen. Damit erhält man die Näherungsformel

$$H_p^{(1)}(z) = \frac{-i}{\sqrt{\pi}} \left(\frac{z}{2}\right)^{-\frac{1}{3}} \left[w(t) - \frac{1}{60} \left(\frac{z}{2}\right)^{-\frac{2}{3}} \frac{d^5 w(t)}{dt^5} + \cdots \right], \tag{127}$$

in der

$$w(t) = \frac{1}{\sqrt{\pi}} \int_\Gamma e^{t\tau - \frac{\tau^3}{3}} d\tau \tag{128}$$

die von V. Fock untersuchte Airysche Funktion ist. Diese Funktion ist tabelliert.

Zum Schluß möchten wir erwähnen, daß es nicht schwer ist, eine Abschätzungsformel für das Restglied in Formel (127) zu erhalten. Es sind dabei ähnliche Rechnungen wie oben durchzuführen.

Die Darlegungen dieses Abschnittes wie auch der Beispiele aus [80] stammen von Г. И. Петрашень (G. I. Petraschen).

153. Die Besselschen Funktionen und die Laplacesche Differentialgleichung.

Die Besselsche Differentialgleichung tritt sehr oft bei der Lösung von Problemen der mathematischen Physik auf. Wir können aus Platzmangel natürlich nicht alle Anwendungen der Besselschen Funktionen aufzählen und beschränken uns daher lediglich auf die Haupttatsachen, die den Zusammenhang der Besselschen Differentialgleichung mit den wichtigsten Differentialgleichungen der mathematischen Physik zum Ausdruck bringen.

Wir beginnen mit der Laplaceschen Differentialgleichung. Früher haben wir sie in Kugelkoordinaten untersucht und sind dadurch zu den Kugelfunktionen gelangt. Entsprechend kommt man, wenn man die Laplacesche Differentialgleichung in Zylinderkoordinaten ansetzt und die Variablen trennt, zu den Besselschen Funktionen.

Die Laplacesche Differentialgleichung in Zylinderkoordinaten lautet

$$\frac{\partial}{\partial \varrho}\left(\varrho \frac{\partial U}{\partial \varrho}\right) + \frac{1}{\varrho} \frac{\partial^2 U}{\partial \varphi^2} + \varrho \frac{\partial^2 U}{\partial z^2} = 0.$$

Wir setzen die Lösung in Gestalt eines Produktes dreier Funktionen an, von denen die erste nur von ϱ, die zweite nur von φ und die dritte nur von z abhängen soll:

$$U = R(\varrho)\, \Phi(\varphi)\, Z(z).$$

Geht man mit diesem Ansatz in die Differentialgleichung ein und trennt die Veränderlichen, so ergibt sich

$$\frac{\frac{d}{d\varrho}\left[\varrho \frac{dR(\varrho)}{d\varrho}\right]}{R(\varrho)} + \frac{1}{\varrho} \frac{\frac{d^2\Phi(\varphi)}{d\varphi^2}}{\Phi(\varphi)} + \varrho \frac{\frac{d^2 Z(z)}{dz^2}}{Z(z)} = 0.$$

Jeder der letzten beiden Brüche ist konstant, da die unabhängige Veränderliche φ nur in den ersten dieser Brüche eingeht und z nur in den zweiten. Setzt man den zweiten Bruch gleich $-p^2$ und den dritten gleich der Konstanten k^2, dann erhält man die drei Differentialgleichungen

$$\Phi''(\varphi) + p^2\Phi(\varphi) = 0; \quad Z''(z) - k^2 Z(z) = 0,$$

$$\frac{d}{d\varrho}[\varrho R'(\varrho)] - \frac{p^2}{\varrho} R(\varrho) + k^2 \varrho R(\varrho) = 0$$

oder

$$R''(\varrho) + \frac{1}{\varrho} R'(\varrho) + \left(k^2 - \frac{p^2}{\varrho^2}\right) R(\varrho) = 0.$$

Vorläufig nehmen wir die Konstanten p und k als von Null verschieden an. Die ersten beiden Differentialgleichungen lassen sich lösen durch

$$\Phi(\varphi) = e^{\pm ip\varphi} \quad \text{oder} \quad \Phi(\varphi) = \begin{cases} \cos p\varphi \\ \sin p\varphi \end{cases};$$

$$Z(z) = e^{\pm kz}.$$

Schließlich liefert die dritte dieser Gleichungen $Z_p(k\varrho)$, wobei $Z_p(z)$ eine beliebige Lösung der BESSELschen Differentialgleichung mit dem Parameter p ist. Wollen wir eine eindeutige Lösung haben, so müssen wir die Konstante p als ganze Zahl n voraussetzen.

Wir erhalten auf diese Weise folgende Lösung der LAPLACEschen Differentialgleichung:

(129)
$$e^{\pm kz} \begin{cases} \cos n\varphi \\ \sin n\varphi \end{cases} [C_1 J_n(k\varrho) + C_2 N_n(k\varrho)],$$

wobei n eine beliebige ganze Zahl ist, während die Konstante k völlig beliebig sein darf.

Ist $k = 0$, so müssen wir $Z(z) = 1$ oder $Z(z) = z$ setzen an Stelle von $Z(z) = e^{\pm kz}$, und die Differentialgleichung für $R(\varrho)$ liefert uns $R(\varrho) = \varrho^{\pm p}$. Schließlich muß man $\Phi(\varphi) = A + B\varphi$ für $p = 0$ setzen und $R(\varrho) = C + D \log \varrho$ für $p = k = 0$. Ist $n = 0$, dann liefert uns Formel (129) eine Lösung der Gestalt

(130)
$$e^{\pm kz} [C_1 J_0(k\varrho) + C_2 N_0(k\varrho)],$$

die nicht vom Winkel φ abhängt. Diese Lösung spielt eine wesentliche Rolle bei der Untersuchung des Potentials einer axialsymmetrischen Masse. Wollen wir eine Lösung erhalten, die für $\varrho = 0$ endlich bleibt, so müssen wir im Ausdruck (130) die Konstante C_2 gleich Null setzen und bekommen dann

(131)
$$e^{\pm kz} J_0(k\varrho).$$

Aus einer solchen Lösung der LAPLACEschen Differentialgleichung kann man die Lösung $\frac{1}{r}$ erhalten, die für die Theorie des NEWTONschen Potentials sehr wichtig ist. Es gilt nämlich die Formel

(132)
$$\int_0^\infty e^{-kz} J_0(k\varrho)\, dk = \frac{1}{\sqrt{\varrho^2 + z^2}} = \frac{1}{r} \qquad (z > 0),$$

die in der Potentialtheorie vielfach verwendet wird. Um diese Beziehung zu beweisen, wenden wir uns wieder der Formel (42) zu. Diese liefert uns

$$e^{-kz} J_0(k\varrho) = \frac{1}{2\pi} \int_{-\pi}^{+\pi} e^{-kz - ik\varrho \sin\varphi}\, d\varphi,$$

woraus man durch Integration über k

$$\int_0^\infty e^{-kz} J_0(k\varrho)\,dk = \frac{1}{2\pi}\int_{-\pi}^{+\pi}\left[\frac{e^{-kz-ik\varrho\sin\varphi}}{-z-i\varrho\sin\varphi}\right]_{k=0}^{k=\infty} d\varphi$$

erhält oder, wenn man die Grenzen einsetzt,

$$\int_0^\infty e^{-kz} J_0(k\varrho)\,dk = \frac{1}{2\pi}\int_{-\pi}^{+\pi}\frac{1}{z+i\varrho\sin\varphi}\,d\varphi .$$

Das letzte Integral kann man leicht mit Hilfe der in [57] angegebenen Methode berechnen; daraus folgt dann unmittelbar die Formel (132).

Führt man an Stelle der Konstanten $+k^2$ die neue $-k^2$ ein, so geht $e^{\pm kz}$ in $\cos kz$ und $\sin kz$ über, während $J_p(k\varrho)$ und $N_p(k\varrho)$ durch $I_p(k\varrho)$ und $K_p(k\varrho)$ zu ersetzen sind.

154. Die Wellengleichung in Zylinderkoordinaten. Wir betrachten jetzt die Wellengleichung

$$\frac{\partial^2 U}{\partial t^2} = b^2 \Delta U \tag{133}$$

mit

$$\Delta U = \frac{\partial^2 U}{\partial x^2} + \frac{\partial^2 U}{\partial y^2} + \frac{\partial^2 U}{\partial z^2},$$

wobei wir jetzt die Lösung folgendermaßen ansetzen:

$$U = e^{-i\omega t} V(x, y, z) . \tag{134}$$

Geht man damit in die Differentialgleichung (133) ein, so erhält man für V die Differentialgleichung

$$\Delta V + k^2 V = 0 \tag{135}$$

mit

$$k^2 = \frac{\omega^2}{b^2} . \tag{136}$$

Diese Differentialgleichung wird oft als *Helmholtzsche Differentialgleichung* bezeichnet. Wählen wir irgendeine ihrer Lösungen, setzen sie in Formel (134) ein und trennen den Realteil ab, so liefert sie uns eine reelle Lösung der Wellengleichung, die in bezug auf die Zeit eine harmonische Schwingung der Frequenz ω ergibt; diese Lösung kann eine *stehende Welle* oder eine *fortschreitende Welle* darstellen.

Wir erläutern den Sachverhalt zuerst an einfachen Fällen: Der Realteil des Produktes $e^{-i\omega t}\sin kx$, die Funktion $\cos \omega t \sin kx$, liefert eine stehende Welle; dasselbe gilt für das Produkt $e^{-i\omega t}\cos kx$. Nehmen wir jedoch das Produkt $e^{-i\omega t} e^{ikx}$ als Lösung, so stellt der Realteil $\cos(kx - \omega t)$ eine sinusförmige Welle dar, die in Richtung der x-Achse mit der Geschwindigkeit $\frac{\omega}{k}$ fortschreitet. Bei den Anwendungen der Besselschen Funktionen spielen $J_p(k\varrho)$ und $N_p(k\varrho)$ die Rolle von $\cos kx$ und $\sin kx$, und die Rolle von e^{ikx} und e^{-ikx} übernehmen $H_p^{(1)}(k\varrho)$ und $H_p^{(2)}(k\varrho)$.

Wir kehren zur Differentialgleichung (135) zurück und schreiben den LAPLACEschen Operator in Zylinderkoordinaten, indem wir vorläufig voraussetzen, daß V nicht von z abhängt [II, 178]:

$$\frac{\partial^2 V}{\partial \varrho^2} + \frac{1}{\varrho}\frac{\partial V}{\partial \varrho} + \frac{1}{\varrho^2}\frac{\partial^2 V}{\partial \varphi^2} + k^2 V = 0 .$$

Diese Differentialgleichung haben wir bereits früher durch Trennung der Variablen integriert und wissen, daß ihre Lösungen die Gestalt $Z_p(k\varrho)\left\{\begin{matrix}\cos p\varphi\\ \sin p\varphi\end{matrix}\right.$ haben, wobei $Z_p(z)$ eine beliebige Lösung der BESSELschen Differentialgleichung mit dem Parameter p ist.

Setzt man $p = n$ als ganz voraus, so bekommt man eine eindeutige Lösung. Wenn wir für $Z_n(z)$ die BESSELsche Funktion $J_n(z)$ nehmen, so erhalten wir die Lösung

$$e^{-i\omega t} J_n(k\varrho)\left\{\begin{matrix}\cos n\varphi\\ \sin n\varphi\end{matrix}\right. ,$$

deren Realteil

$$\cos \omega t\, J_n(k\varrho)\left\{\begin{matrix}\cos n\varphi\\ \sin n\omega\end{matrix}\right.$$

eine stehende Welle liefert. Nehmen wir für $Z_n(z)$ die erste HANKELsche Funktion $H_n^1(z)$, so gilt bei Berücksichtigung der asymptotischen Darstellung dieser Funktionen für großes Argument folgende Formel:

$$e^{-i\omega t} H_n^{(1)}(k\varrho) = e^{i\left(k\varrho - \frac{n\pi}{2} - \frac{\pi}{4} - \omega t\right)} \sqrt{\frac{2}{\pi k\varrho}}\,[1 + O(\varrho^{-1})] ,$$

wobei wir nur das erste Glied der asymptotischen Darstellung berücksichtigt haben. *Wir erhalten also im Unendlichen eine fortschreitende Welle, deren Phase sich nach dem Unendlichen verschiebt.* Von diesen Lösungen wollen wir sagen, daß sie *das Strahlungsgesetz erfüllen.* Hätten wir an Stelle von $e^{-i\omega t}$ den Faktor $e^{i\omega t}$ genommen, so müßten wir, damit das Strahlungsgesetz erfüllt ist, als zweiten Faktor jetzt eine zweite HANKELsche Funktion wählen, da gemäß der asymptotischen Darstellung folgende asymptotische Gleichung gilt:

$$e^{i\omega t} H_n^{(2)}(k\varrho) = e^{i\left(\omega t - k\varrho + \frac{n\pi}{2} + \frac{\pi}{4}\right)} \sqrt{\frac{2}{\pi k\varrho}}\,[1 + O(\varrho^{-1})] .$$

Wir betrachten jetzt den allgemeinen Fall, daß die Funktion V auch von der z-Koordinate abhängt. Die Differentialgleichung (135) hat dann die Gestalt [II, 119]

$$\frac{1}{\varrho}\frac{\partial}{\partial \varrho}\left(\varrho \frac{\partial V}{\partial \varrho}\right) + \frac{1}{\varrho^2}\frac{\partial^2 V}{\partial \varphi^2} + \frac{\partial^2 V}{\partial z^2} + k^2 V = 0 .$$

Wir machen den Lösungsansatz

$$V = R(\varrho)\, \Phi(\varphi)\, Z(z) .$$

Durch Trennung der Variablen findet man als Lösung der Differentialgleichung

$$Z_p(\sqrt{k^2 - h^2}\,\varrho)\, e^{\pm ihz}\left\{\begin{matrix}\cos p\varphi\\ \sin p\varphi\end{matrix}\right. , \tag{137}$$

wobei $Z_p(z)$ eine beliebige Lösung der Besselschen Differentialgleichung ist. Setzt man $k^2 - h^2 = \lambda^2$ und nimmt man $p = n$, wobei n eine ganze positive Zahl ist, so erhält man die Lösungen

$$J_n(\lambda\varrho)\, e^{\sqrt{\lambda^2-k^2}z} \begin{cases} \cos n\varphi \\ \sin n\varphi \end{cases} \tag{138}$$ und $$H_n^{(1)}(\lambda\varrho)\, e^{\sqrt{\lambda^2-k^2}z} \begin{cases} \cos n\varphi \\ \sin n\varphi \end{cases}. \tag{139}$$

Die erste dieser Lösungen bleibt für $\varrho = 0$ endlich und liefert eine stehende Welle; die zweite erfüllt das Strahlungsgesetz. Lösungen vom ersten Typ benutzt man gewöhnlich dann, wenn das Gebiet, in dem sich die Schwingung ausbreitet, das Innere eines Zylinders ist, der die Achse $\varrho = 0$ enthält. Lösungen vom zweiten Typ verwendet man für den Teil des Raumes, der außerhalb eines Zylinders liegt. Bei Beugungsproblemen muß man manchmal mehrdeutige Lösungen benutzen, für die p keine ganze Zahl ist.

Wir wollen ein spezielles Problem betrachten. Die Differentialgleichung (135) hat offensichtlich die Lösung $e^{ikx} = e^{ik\varrho\cos\varphi}$. Multipliziert man sie mit $e^{-i\omega t}$, so erhält man die Lösung $e^{i(kx-\omega t)}$. Sie stellt eine elementare ebene Welle dar, die sich längs der x-Achse fortpflanzt. Wir nehmen an, daß diese ebene Welle nicht im ganzen Raum vorliege, sondern nur außerhalb des Zylinders $\varrho = a$, wobei auf dem Zylinder die Randbedingung

$$V = 0 \qquad (\text{für } \varrho = a)$$

erfüllt sein muß. Um ihr zu genügen, müssen wir zur Lösung e^{ikx} der Differentialgleichung (135) noch eine weitere hinzufügen (eine zusätzliche Erregung, die nach der Beugung auftritt). Dabei muß diese zusätzliche Lösung selbstverständlich das Strahlungsgesetz erfüllen und eindeutig sein. Berücksichtigen wir das oben Gesagte und die Unabhängigkeit der Hauptlösung von z, so können wir einen Ansatz für die zusätzliche Lösung in Form einer Linearkombination von Lösungen der Gestalt (139) für $\lambda = k$ machen, wobei wir an Stelle der trigonometrischen Funktionen Exponentialfunktionen benutzen:

$$\sum_{n=-\infty}^{+\infty} a_n H_n^{(1)}(k\varrho)\, e^{in\varphi} \qquad (\varrho > a). \tag{140}$$

Wir müssen jetzt die Koeffizienten a_n aus der Randbedingung bestimmen. Setzt man in Gleichung (37) $t = ie^{i\varphi}$ und $z = k\varrho$, so kann man die vorgegebene Hauptlösung folgendermaßen schreiben:

$$e^{ikx} = e^{ik\varrho\cos\varphi} = \sum_{n=-\infty}^{+\infty} i^n J_n(k\varrho)\, e^{in\varphi}. \tag{141}$$

Wegen der Randbedingung muß

$$\sum_{n=-\infty}^{+\infty} i^n J_n(ka)\, e^{in\varphi} + \sum_{n=-\infty}^{+\infty} a_n H_n^{(1)}(ka)\, e^{in\varphi} = 0$$

sein, und daher erhalten wir für die Koeffizienten a_n die Ausdrücke

$$a_n = -i^n \frac{J_n(ka)}{H_n^{(1)}(ka)}.$$

Die endgültige Lösung des Problems lautet daher

$$V = e^{ikx} - \sum_{n=-\infty}^{+\infty} i^n \frac{J_n(ka)}{H_n^{(1)}(ka)} H_n^{(1)}(k\varrho)\, e^{in\varphi} \qquad (\varrho > a).$$

Das untersuchte Problem wird in gewissen Spezialfällen der Beugung elektromagnetischer Wellen an einem unendlichen leitenden Zylinder angewandt. Die oben erhaltenen Reihen sind nur für verhältnismäßig große Wellenlängen praktisch geeignet.

Es ist interessant, die Lösung des Beugungsproblems einer elementaren ebenen Welle mit der des Problems der Schwingung einer kreisförmigen Membran zu vergleichen [II, 178]. Wir bemerken dazu vor allem, daß bei der eben betrachteten Beugung einer ebenen Welle die Zahl k gegeben ist (sie ist als Frequenz ω der einfallenden Welle definiert), während sie bei der Schwingung einer Membran durch eine Randbedingung bestimmt wird. Bei der Beugung werden die Koeffizienten der Entwicklung durch die Randbedingung bestimmt, bei der Schwingung einer Membran aber aus der Anfangsbedingung, also aus dem Schwingungszustand für $t = 0$. Beim Beugungsproblem haben wir jedoch überhaupt keine Anfangsbedingungen, da wir nicht das allgemeine Problem einer beliebigen ursprünglichen Erregung untersuchen, sondern lediglich einen bezüglich der Zeit stationären sinusförmigen Zustand mit der vorgegebenen Frequenz ω.

155. Die Wellengleichung in Kugelkoordinaten. Wir betrachten jetzt die Differentialgleichung (135) in Kugelkoordinaten. Sie hat dann die Gestalt

$$\frac{\partial^2 V}{\partial r^2} + \frac{2}{r}\frac{\partial V}{\partial r} + \frac{1}{r^2}\Delta_1 V + k^2 V = 0 .$$

Wir machen den üblichen Lösungsansatz

$$V = f(r)\, Y(\theta, \varphi) . \tag{142}$$

Geht man damit in die Differentialgleichung ein und trennt die Variablen, so erhält man

$$\frac{f''(r)}{f(r)} + \frac{2}{r}\frac{f'(r)}{f(r)} + \frac{1}{r^2}\frac{\Delta_1 Y(\theta, \varphi)}{Y(\theta, \varphi)} + k^2 = 0 ,$$

wobei $\Delta_1 Y$ durch die Formel (71) aus [135] definiert wird. Wir gelangen somit zu den zwei Differentialgleichungen

$$\Delta_1 Y + \lambda Y = 0 \tag{143}$$

und

$$f''(r) + \frac{2}{r} f'(r) + \left(k^2 - \frac{\lambda}{r^2}\right) f(r) = 0 . \tag{144}$$

Die Differentialgleichung (143) ist mit derjenigen identisch, die wir bei der Untersuchung der Kugelfunktionen betrachtet hatten. Setzt man die Lösung als eindeutig und stetig voraus, dann bekommt man für die Konstante λ die zulässigen Werte

$$\lambda_n = n(n+1) \qquad (n = 0, 1, 2, \ldots) ,$$

und die ihnen entsprechenden Lösungen der Differentialgleichung (143) sind die gewöhnlichen Kugelfunktionen $Y_n(\theta, \varphi)$. Für die Differentialgleichung (144) kann man dann schreiben:

$$f_n''(r) + \frac{2}{r} f_n'(r) + \left(k^2 - \frac{n(n+1)}{r^2}\right) f_n(r) = 0 . \tag{145}$$

Wir führen an Stelle von $f_n(r)$ durch die Formel

$$f_n(r) = \frac{1}{\sqrt{r}} R_n(r)$$

die neue unbekannte Funktion $R_n(r)$ ein.

Setzt man diese in (145) ein, so erhält man für $R_n(r)$ die Differentialgleichung

$$R_n''(r) + \frac{1}{r} R_n'(r) + \left(k^2 - \frac{\left(n + \frac{1}{2}\right)^2}{r^2}\right) R_n(r) = 0 .$$

Daher ist $R_n(r) = Z_{n+\frac{1}{2}}(kr)$, wobei $Z_{n+\frac{1}{2}}(r)$ eine Lösung der BESSELschen Differentialgleichung mit dem Parameter $p = n + \frac{1}{2}$ ist und gemäß (142) folgende Beziehung gilt:

$$V = \frac{Z_{n+\frac{1}{2}}(kr)}{\sqrt{r}} Y_n(\theta, \varphi) \qquad (n = 0, 1, 2, \ldots). \tag{146}$$

Hier liegt gerade der Fall einer BESSELschen Differentialgleichung vor, in dem ihre Lösungen in geschlossener Form durch elementare Funktionen darstellbar sind. Die Wahl der Lösung $Z_{n+\frac{1}{2}}(kr)$ wird ebenso wie im vorigen Abschnitt durch die physikalischen Bedingungen des Problems bestimmt. Gewöhnlich treten in den Untersuchungen folgende drei Funktionen auf:

$$\begin{cases} \zeta_n^{(1)}(\varrho) = \sqrt{\dfrac{\pi}{2\varrho}} H_{n+\frac{1}{2}}^{(1)}(\varrho); \quad \zeta_n^{(2)}(\varrho) = \sqrt{\dfrac{\pi}{2\varrho}} H_{n+\frac{1}{2}}^{(2)}(\varrho); \\ \psi_n(\varrho) = \sqrt{\dfrac{\pi}{2\varrho}} J_{n+\frac{1}{2}}(\varrho) = \dfrac{1}{2}[\zeta_n^{(1)}(\varrho) + \zeta_n^{(2)}(\varrho)], \end{cases} \tag{147}$$

wobei der konstante Faktor $\sqrt{\frac{\pi}{2}}$ hinzugefügt worden ist, damit die Rechnungen einfacher werden. Insbesondere erhalten wir für $n = 0$ gemäß [**148**]

$$\zeta_0^{(1)}(\varrho) = -i\frac{e^{i\varrho}}{\varrho}; \quad \zeta_0^{(2)} = i\frac{e^{-i\varrho}}{\varrho}; \quad \psi_0(\varrho) = \frac{\sin\varrho}{\varrho}.$$

Die speziellen, von φ unabhängigen Lösungen lauten

$$\frac{Z_{n+\frac{1}{2}}(kr)}{\sqrt{r}} P_n(\cos\theta),$$

und für $n = 0$ erhalten wir

$$\frac{Z_{\frac{1}{2}}(kr)}{\sqrt{r}}.$$

Um eine Fundamentallösung der Differentialgleichung (133) zu erhalten, müssen wir die Lösung (146) noch mit $e^{\pm i\omega t}$ oder, was dasselbe ist, mit $\cos\omega t$ bzw. $\sin\omega t$ multiplizieren. Dabei sind ω und k durch die Relation (136) miteinander verknüpft. Trennt man in der Differentialgleichung (133) die Variablen, indem man $U = T(t)\, V(x, y, z)$ setzt, so bekommt man für V die Differentialgleichung (135), und für $T(t)$ erhält man

$$T''(t) + b^2k^2T(t) = 0 \qquad (b^2k^2 = \omega^2),$$

was die oben angegebenen, von t abhängigen Funktionen liefert. Bisher haben wir vorausgesetzt, daß k (oder ω) von Null verschieden ist. Ist jedoch $k = 0$, so müssen wir $T(t) = A + Bt$ wählen und erhalten damit für V die LAPLACEsche Differentialgleichung $\Delta V = 0$. Dies führt uns zu Lösungen der Gestalt

$$(A + Bt)\, r^n Y_n(\theta, \varphi), \tag{148}$$

die man zu den Lösungen (146) hinzufügen muß.

Man kann hier ebenso wie oben im Fall der Zylinderkoordinaten die Lösung des Schwingungsproblems innerhalb einer Kugel bei vorgegebenen Rand- und Anfangsbedingungen und die Beugung einer ebenen Welle an einer Kugel bis zum Schluß durchrechnen.

Wir nehmen zunächst an, daß eine Lösung der Wellengleichung

$$\frac{\partial^2 U}{\partial t^2} = b^2 \Delta U \tag{149}$$

gefunden werden soll, die die Anfangsbedingungen

$$U\Big|_{t=0} = f_1(r, \theta, \varphi); \qquad \frac{\partial U}{\partial t}\Big|_{t=0} = f_2(r, \theta, \varphi) \qquad (r < a) \tag{150}$$

und die Randbedingung

$$\frac{\partial U}{\partial r}\Big|_{r=a} = 0 \tag{151}$$

erfüllt.

Wir wenden uns den Lösungen (146) zu und berücksichtigen, daß die Lösung für $r = 0$ endlich sein soll. Dazu wählen wir $Z_{n+\frac{1}{2}}(kr)$ gleich $J_{n+\frac{1}{2}}(kr)$ und bestimmen für vorgegebenes n die Zahl k aus der Randbedingung

$$\frac{d}{dr}\,\frac{J_{n+\frac{1}{2}}(kr)}{\sqrt{r}}\Bigg|_{r=a} = 0 \quad \text{oder} \quad J_{n+\frac{1}{2}}(ka) - 2ka J'_{n+\frac{1}{2}}(ka) = 0\,. \tag{152}$$

Im folgenden bezeichnen wir die positiven Wurzeln der letzten Gleichung mit

$$k_m^{(n)} \qquad (m = 0, 1, 2, \ldots).$$

Für $n = 0$ erfüllen die Lösungen (148) die Randbedingung (151). Nach der FOURIERschen Methode müssen wir folgenden Lösungsansatz für unser Problem machen:

$$U = A + Bt + \sum_{n=0}^{\infty}\sum_{m=0}^{\infty}\left[Y_n^{(1)}(\theta, \varphi)\cos a k_m^{(n)} t + Y_n^{(2)}(\theta, \varphi)\sin a k_m^{(n)} t\right]\cdot \frac{J_{n+\frac{1}{2}}(k_m^{(n)} r)}{\sqrt{r}}\,. \tag{153}$$

Es bleiben nun noch die Kugelfunktionen $Y_n^{(1)}(\theta, \varphi)$ und $Y_n^{(2)}(\theta, \varphi)$ des Grades n aus den Anfangsbedingungen (150) zu bestimmen. Dazu weisen wir darauf hin, daß die Gleichung (152) genau die Form hat, die wir in [150] betrachtet hatten. Wir können daher die erwähnten Kugelfunktionen bestimmen, indem wir die Orthogonalität der BESSELschen Funktionen benutzen. Wir wollen dies aber nicht ausführlicher erläutern.

Jetzt wenden wir uns wieder dem Problem der Beugung einer ebenen Welle, die durch die Lösung $e^{i(kz-\omega t)}$ der Differentialgleichung (149) definiert ist, an der Kugel $r = a$ mit der Randbedingung

$$U\Big|_{r=a} = 0$$

zu. In diesem Fall haben wir eine Welle genommen, die längs der z-Achse fortschreitet. An Stelle der Formel (141) gilt in Kugelkoordinaten

$$e^{ikz} = e^{ikr\cos\theta} = \sum_{n=0}^{\infty}(2n+1)\, i^n \psi_n(kr)\, P_n(\cos\theta)\,, \tag{154}$$

wobei die $P_n(x)$ die LEGENDREschen Polynome sind. Auf den Beweis dieser Beziehung gehen wir nicht ein. Berücksichtigen wir das Strahlungsgesetz, so können wir die zusätzliche Erregung in folgender Gestalt ansetzen:

$$\sum_{n=0}^{\infty} a_n \zeta_n^{(1)}(kr) P_n(\cos\theta) . \tag{155}$$

Die Koeffizienten a_n bestimmt man aus der Bedingung, daß die Summe der Lösungen (154) und (155) für $r = a$ gleich Null werden muß. Das ergibt

$$a_n = -\frac{(2n+1)\, i^n \psi_n(ka)}{\zeta_n^{(1)}(ka)} .$$

§ 3. Die HERMITEschen und die LAGUERREschen Polynome

156. Der lineare Oszillator und die HERMITEschen Polynome. Die SCHRÖDINGER-Gleichung hat bekanntlich die Gestalt,

$$\frac{h^2}{2m}\Delta\psi + (E - V)\psi = 0 .$$

Wir wollen voraussetzen, daß die Funktion ψ nur von x abhängt und daß das Potential V durch die Formel $V = \frac{k}{2}x^2$ definiert ist, was der elastischen Kraft $f = -kx$ entspricht. Somit gelangen wir zu der Differentialgleichung

$$\frac{h^2}{2m}\frac{d^2\psi}{dx^2} + \left(E - \frac{k}{2}x^2\right)\psi = 0 .$$

Dabei müssen die Werte des Parameters E aus der Bedingung bestimmt werden, daß die Lösung der Differentialgleichung im gesamten Intervall $-\infty < x < +\infty$ endlich bleibt. Wir führen zwei neue Konstanten ein:

$$\alpha^2 = \frac{mk}{h^2}; \quad \lambda = \frac{2mE}{h^2} \qquad (\alpha > 0) . \tag{1}$$

Davon ist α^2 vorgegeben, und λ spielt die Rolle eines Parameters an Stelle von E. Die obige Differentialgleichung lautet damit

$$\frac{d^2\psi}{dx^2} + (\lambda - \alpha^2 x^2)\psi = 0 . \tag{2}$$

Sie hat den wesentlich singulären Punkt $x = \infty$. Wir wollen wie in [**105**] verfahren, setzen dazu

$$\psi = e^{\omega(x)} u(x)$$

und bestimmen die Funktion $\omega(x)$ aus der Bedingung, daß sich in dem Koeffizienten der gesuchten Funktion $u(x)$ in der Differentialgleichung die Glieder, die x^2 enthalten, wegheben sollen. Differenziert man und setzt in (2) ein, so erhält man für $u(x)$ die Differentialgleichung

$$u''(x) + 2\omega'(x)u'(x) + [\omega''(x) + \omega'^2(x) + \lambda - \alpha^2 x^2]\, u(x) = 0 .$$

Um uns von dem Summanden $-\alpha^2 x^2$ zu befreien, setzen wir

$$\omega(x) = -\frac{\alpha}{2}x^2 ,$$

wobei wir das Minuszeichen gewählt haben, damit die Lösung für $x \to \pm\infty$ abklingt. Wir erhalten daher

$$\psi(x) = e^{-\frac{\alpha}{2}x^2} u(x), \tag{3}$$

und für $u(x)$ gilt die Differentialgleichung

$$\frac{d^2u}{dx^2} - 2\alpha x\frac{du}{dx} + (\lambda - \alpha)u = 0. \tag{4}$$

Besitzt diese bei einer bestimmten Wahl des Parameters λ als Lösung ein Polynom, so verschwindet die Funktion $\psi(x)$ offensichtlich im Unendlichen und erfüllt folglich die geforderten Randbedingungen. Wir machen daher für die Differentialgleichung (4) einen Lösungsansatz in Gestalt eines Polynoms.

Zunächst führen wir an Stelle von x die neue unabhängige Veränderliche

$$\xi = \sqrt{\alpha}\,x$$

ein, woraus folgt, daß

$$\frac{du}{dx} = \frac{du}{d\xi}\sqrt{\alpha}, \quad \frac{d^2u}{dx^2} = \frac{d^2u}{d\xi^2}\alpha$$

ist. Geht man damit in die Differentialgleichung (4) ein, so erhält sie die Gestalt

$$\frac{d^2u}{d\xi^2} - 2\xi\frac{du}{d\xi} + \left(\frac{\lambda}{\alpha} - 1\right)u = 0. \tag{5}$$

Der Koordinatenursprung ist für diese Differentialgleichung ein regulärer Punkt, und man kann die Lösung als gewöhnliche Potenzreihe

$$u = \sum_{k=0}^{\infty} a_k \xi^k$$

mit den zwei willkürlichen Koeffizienten a_0 und a_1 ansetzen. Setzt man diese Reihe in die Differentialgleichung (5) ein, so erhält man eine Relation, aus der man nacheinander die Koeffizienten bestimmen kann; es ist nämlich

$$(k+2)(k+1)\,a_{k+2} - 2ka_k + \left(\frac{\lambda}{\alpha} - 1\right)a_k = 0,$$

woraus

$$a_{k+2} = \frac{2k - \left(\frac{\lambda}{\alpha} - 1\right)}{(k+2)(k+1)}\,a_k \qquad (k = 0, 1, 2, \ldots) \tag{6}$$

folgt.

Wir zeigen jetzt, wie man eine Lösung der Differentialgleichung in Gestalt eines Polynoms vom Grade n erhält. Wir wollen dabei voraussetzen, daß der Parameter λ der Bedingung

$$\frac{\lambda}{\alpha} - 1 = 2n,$$

d. h.

$$\lambda_n = (2n+1)\,\alpha \tag{7}$$

genügt.

Dann liefert uns die Relation (6) nacheinander, daß

(8) $$a_{n+2} = a_{n+4} = a_{n+6} = \cdots = 0$$

ist.

Ist n eine gerade Zahl, so setzen wir außerdem $a_1 = 0$ und $a_0 \neq 0$. Wegen (6) ist dann $a_1 = a_3 = a_5 = \cdots = 0$, und sämtliche a_k mit geraden Indizes bis $k = n$ einschließlich sind von Null verschieden, während die übrigen wegen (8) verschwinden. Ist n ungerade, so muß man umgekehrt $a_0 = 0$ und $a_1 \neq 0$ annehmen. Wir erhalten somit eine Lösung in Gestalt eines Polynoms, wobei die Gleichung (7) die entsprechenden Eigenwerte des Parameters λ liefert. Setzt man diese Eigenwerte in die Differentialgleichung (5) ein und bezeichnet die Polynome mit $H_n(\xi)$, so erhält man für diese die Differentialgleichung

(9) $$H_n''(\xi) - 2\xi H_n'(\xi) + 2nH_n(\xi) = 0\,.$$

Nach (3) gilt damit für die Funktionen $\psi_n(\xi)$

(10) $$\psi_n(\xi) = e^{-\frac{1}{2}\xi^2} H_n(\xi)\,.$$

Die Polynome $H_n(\xi)$ heißen *Hermitesche Polynome* und die Funktionen (10) *Hermitesche Funktionen.*

Die Hermiteschen Funktionen genügen der Differentialgleichung (2), wobei wir nur von der Veränderlichen x zur Veränderlichen ξ übergehen müssen. Danach lautet die Differentialgleichung

(11) $$\frac{d^2\psi_n(\xi)}{d\xi^2} + \left(\frac{\lambda_n}{\alpha} - \xi^2\right)\psi_n(\xi) = 0 \qquad \left(\frac{\lambda_n}{\alpha} = 2n+1\right).$$

Wir leiten jetzt eine einfache Formel für die Hermiteschen Polynome her und setzen dazu $v = e^{-\xi^2}$, woraus $v' = -2\xi v$ folgt. Differenziert man diese Gleichung $(n+1)$-mal und wendet auf die Ableitung des Produktes die Leibnizsche Formel an, so folgt

$$v^{(n+2)} = -2\xi v^{(n+1)} - (n+1)\,2v^{(n)}$$

oder

(12) $$v^{(n+2)} + 2\xi v^{(n+1)} + 2\,(n+1)\,v^{(n)} = 0\,.$$

Wir führen die neue Funktion $K_n(\xi) = e^{\xi^2} v^{(n)}$ ein und zeigen, daß für sie die Differentialgleichung (9) erfüllt ist. Die Funktion $K_n(\xi)$ ist offensichtlich ein Polynom n-ten Grades in ξ:

(13) $$K_n(\xi) = e^{\xi^2} \frac{d^n}{d\xi^n}(e^{-\xi^2})\,.$$

Setzt man

$$v^{(n)} = e^{-\xi^2} K_n(\xi)$$

in die Differentialgleichung (12) ein, so erhält man tatsächlich für $K_n(\xi)$ die Differentialgleichung (9).

Daher sind die Hermiteschen Polynome, die vorläufig nur bis auf einen willkürlichen konstanten Faktor definiert sind, mit den Funktionen (13) identisch. Wir weisen darauf hin, daß die zweite Lösung der Differentialgleichung (9) kein Polynom sein kann, da diese Differentialgleichung $\xi = \infty$ als wesentlich singulären Punkt hat. Damit der höchste Koeffizient positiv wird, multiplizieren wir den Ausdruck (13) mit dem konstanten Faktor $(-1)^n$ und definieren somit die HERMITEschen Polynome durch die Formel

$$H_n(\xi) = (-1)^n e^{\xi^2} \frac{d^n}{d\xi^n}(e^{-\xi^2}). \tag{14}$$

Wir notieren die ersten drei HERMITEschen Polynome. Sie lauten

$$H_0(\xi) = 1; \quad H_1(\xi) = 2\xi; \quad H_2(\xi) = 4\xi^2 - 2.$$

Allgemein enthält $H_n(\xi)$ nur gerade Potenzen von ξ für gerades n und nur ungerade für ungerades n. Das folgt unmittelbar aus der oben angegebenen Methode zur Bestimmung der Koeffizienten a_k. Aus der Definition (14) ersieht man, daß der höchste Koeffizient von ξ^n im Polynom $H_n(\xi)$ gleich 2^n ist. Dies folgt unmittelbar daraus, daß $e^{-\xi^2}$ differenziert $-2\xi e^{-\xi^2}$ ergibt.

Man kann zeigen, worauf wir nicht eingehen wollen, daß die HERMITEschen Funktionen die Gesamtheit aller Lösungen der Differentialgleichung (2) darstellen, die die oben angegebenen Randbedingungen erfüllen.

157. Die Orthogonalitätseigenschaft. Wir betrachten zwei verschiedene HERMITEsche Funktionen $\psi_n(\xi)$ und $\psi_m(\xi)$. Für sie gelten die Differentialgleichungen

$$\frac{d^2\psi_n(\xi)}{d\xi^2} + \left(\frac{\lambda_n}{\alpha} - \xi^2\right)\psi_n(\xi) = 0;$$

$$\frac{d^2\psi_m(\xi)}{d\xi^2} + \left(\frac{\lambda_m}{\alpha} - \xi^2\right)\psi_m(\xi) = 0.$$

Multipliziert man die erste von ihnen mit $\psi_m(\xi)$, die zweite mit $\psi_n(\xi)$, subtrahiert und integriert über das Intervall $(-\infty, +\infty)$, so erhält man die Orthogonalitätseigenschaft der HERMITEschen Funktionen

$$\int_{-\infty}^{+\infty} \psi_n(\xi)\,\psi_m(\xi)\,d\xi = 0 \qquad (n \neq m) \tag{15}$$

oder wegen (10)

$$\int_{-\infty}^{+\infty} e^{-\xi^2} H_n(\xi)\,H_m(\xi)\,d\xi = 0 \qquad (n \neq m). \tag{16}$$

Man kann also sagen, *daß die HERMITEschen Polynome mit dem Gewicht $e^{-\xi^2}$ im Intervall $(-\infty, +\infty)$ orthogonal sind.*

Wir berechnen jetzt das Integral (16) für $n = m$. Nach Formel (14) ist

$$I_n = \int_{-\infty}^{+\infty} e^{-\xi^2} H_n^2(\xi)\,d\xi = (-1)^n \int_{-\infty}^{+\infty} H_n(\xi)\frac{d^n(e^{-\xi^2})}{d\xi^n}\,d\xi$$

oder, wenn man partiell integriert,

$$I_n = (-1)^n H_n(\xi)\frac{d^{n-1}(e^{-\xi^2})}{d\xi^{n-1}}\Bigg|_{\xi=-\infty}^{\xi=+\infty} + (-1)^{n+1}\int_{-\infty}^{+\infty} H_n'(\xi)\frac{d^{n-1}(e^{-\xi^2})}{d\xi^{n-1}}\,d\xi.$$

Das integralfreie Glied ist das Produkt von $e^{-\xi^2}$ mit einem Polynom, daher wird es für $\xi = \pm\infty$ gleich Null. Integriert man weiter partiell, so erhält man

$$I_n = \int_{-\infty}^{+\infty} H_n^{(n)}(\xi)\, e^{-\xi^2}\, d\xi .$$

Da der höchste Koeffizient des Polynoms $H_n(\xi)$ gleich 2^n ist, gilt

$$I_n = 2^n n! \int_{-\infty}^{+\infty} e^{-\xi^2}\, d\xi$$

und schließlich [**II, 78**]

$$I_n = \int_{-\infty}^{+\infty} e^{-\xi^2} H_n^2(\xi)\, d\xi = 2^n n! \sqrt{\pi} . \tag{17}$$

Man kann Reihen konstruieren, die den FOURIERreihen analog sind und nach HERMITEschen Polynomen fortschreiten, wie wir das schon für die LEGENDREschen Polynome in [132] getan hatten. Im vorliegenden Fall haben wir jedoch an Stelle des endlichen Intervalls $(-1, +1)$ das unendliche Intervall $(-\infty, +\infty)$. Dort erhält man eine Entwicklung der Gestalt

$$f(\xi) = \sum_{n=0}^{\infty} a_n H_n(\xi) , \tag{18}$$

wobei sich die Koeffizienten a_n wegen der Orthogonalitätseigenschaft und der Beziehung (17) folgendermaßen ergeben:

$$a_n = \frac{1}{2^n n! \sqrt{\pi}} \int_{-\infty}^{+\infty} f(\xi)\, e^{-\xi^2} H_n(\xi)\, d\xi . \tag{19}$$

Damit die Entwicklung (18) gilt, muß die Funktion $f(\xi)$ noch gewissen Bedingungen genügen.

158. Die erzeugende Funktion. Mit Hilfe der Definition (14) und der CAUCHYschen Formel, durch die die Ableitung der Funktion e^{-z^2} als Kurvenintegral darstellbar ist, können wir schreiben

$$e^{-\xi^2} H_n(\xi) = (-1)^n \frac{n!}{2\pi i} \int_{l_\xi} \frac{e^{-z^2}}{(z-\xi)^{n+1}}\, dz ,$$

wobei l_ξ eine beliebige, einfach geschlossene Kurve ist, die um den Punkt $z = \xi$ herumführt. An Stelle von z führen wir die neue Integrationsveränderliche t mit

$$z = \xi - t$$

ein.

Führt man im obigen Integral diese Variablensubstitution aus und dividiert beide Seiten durch den Faktor $n!\, e^{-\xi^2}$, so erhält man

$$\frac{1}{n!} H_n(\xi) = \frac{1}{2\pi i} \int_{l_0'} \frac{e^{-t^2+2t\xi}}{t^{n+1}}\, dt .$$

Dabei ist l_0' eine einfach geschlossene Kurve, die um den Nullpunkt herumführt.

Aus dieser Gleichung folgt unmittelbar, daß $\frac{1}{n!} H_n(\xi)$ der Koeffizient von t^n in der Entwicklung der Funktion

$$e^{-t^2 + 2t\xi} \tag{20}$$

in eine MACLAURINsche Reihe ist. *Die Funktion* (20) *ist also die erzeugende Funktion für die mit dem Faktor* $\frac{1}{n!}$ *multiplizierten* HERMITE*schen Polynome:*

$$e^{-t^2 + 2t\xi} = \sum_{n=0}^{\infty} \frac{1}{n!} H_n(\xi)\, t^n . \tag{21}$$

Aus dieser Formel erhält man leicht wichtige Relationen für die HERMITEschen Polynome. Differenziert man (21) nach ξ, so folgt

$$e^{-t^2 + 2t\xi} \cdot 2t = \sum_{n=0}^{\infty} \frac{1}{n!} H'_n(\xi)\, t^n$$

oder

$$\sum_{n=0}^{\infty} \frac{2}{n!} H_n(\xi)\, t^{n+1} = \sum_{n=0}^{\infty} \frac{1}{n!} H'_n(\xi)\, t^n .$$

Vergleicht man die Koeffizienten bei gleichen Potenzen von t, dann bekommt man die Beziehung

$$H'_n(\xi) = 2n H_{n-1}(\xi) . \tag{22}$$

Wir differenzieren jetzt die Identität (21) nach t; das ergibt

$$e^{-t^2 + 2t\xi} \cdot (2\xi - 2t) = \sum_{n=1}^{\infty} \frac{1}{(n-1)!} H_n(\xi)\, t^{n-1}$$

oder

$$\sum_{n=0}^{\infty} \frac{2\xi}{n!} H_n(\xi)\, t^n - \sum_{n=0}^{\infty} \frac{2}{n!} H_n(\xi)\, t^{n+1} = \sum_{n=1}^{\infty} \frac{1}{(n-1)!} H_n(\xi)\, t^{n-1} ,$$

woraus wir wieder durch Koeffizientenvergleich folgende Beziehung erhalten:

$$H_{n+1}(\xi) = 2\xi H_n(\xi) - 2n H_{n-1}(\xi) . \tag{23}$$

Schließlich wollen wir die freien Glieder in den HERMITEschen Polynomen, also $H_n(0)$, bestimmen. Für ungerades n sind sie offensichtlich gleich Null, da ein ungerades HERMITEsches Polynom nur ungerade Potenzen von ξ enthält. Für gerades n ist zunächst $H_0(0) = 1$. Dann ergibt die Beziehung (23) für $n = 1$ und $\xi = 0$

$$H_2(0) = -2H_0(0) = -2 .$$

Dieselbe Formel liefert für $n = 3$ und $\xi = 0$

$$H_4(0) = -2 \cdot 3 H_2(0) = 2^2 \cdot 1 \cdot 3 .$$

Ferner erhalten wir für $n = 5$ und $\xi = 0$

$$H_6(0) = -2^3 \cdot 1 \cdot 3 \cdot 5$$

und weiter allgemein

$$H_{2n}(0) = (-1)^n \cdot 2^n \cdot 1 \cdot 3 \cdot 5 \cdots (2n-1)\,. \tag{24}$$

Wir weisen noch auf folgendes hin: Wendet man auf die Formel (14) mehrmals den Satz von ROLLE an, so kann man zeigen, daß sämtliche Nullstellen von $H_n(\xi)$ reell und verschieden sind. Entsprechende Überlegungen hatten wir in [102] angestellt, um zu zeigen, daß sämtliche Nullstellen von $P_n(x)$ verschieden sind und im Intervall $(-1, +1)$ liegen.

Manchmal führt man die HERMITEschen Polynome etwas anders ein, als dies oben getan wurde; man definiert sie nämlich anstatt durch (14) durch die Formel

$$\widetilde{H}_n(\xi) = \frac{1}{n!} e^{\frac{\xi^2}{2}} \frac{d^n}{d\xi^n} e^{-\frac{\xi^2}{2}}.$$

Ein Unterschied ist nur in den konstanten Faktoren vorhanden, von denen einer vor dem Polynom steht und der andere sich auf das Argument ξ bezieht.

159. Parabolische Koordinaten und die HERMITEschen Funktionen. Wir geben einen Spezialfall einer Variablensubstitution in der Wellengleichung

$$\frac{\partial^2 U}{\partial x^2} + \frac{\partial^2 U}{\partial y^2} + k^2 U = 0 \tag{25}$$

an.

An Stelle von x und y führen wir die neuen Veränderlichen ξ und η ein und nehmen an, daß die Variablensubstitution durch

$$x + iy = f(\zeta) = \varphi(\xi, \eta) + i\psi(\xi, \eta) \qquad (\zeta = \xi + i\eta)$$

vermittelt werde; dabei ist $f(\zeta)$ eine reguläre Funktion der komplexen Veränderlichen ζ. Differenziert man nach der Differentiationsregel für zusammengesetzte Funktionen, so ist

$$\frac{\partial U}{\partial \xi} = \frac{\partial U}{\partial x}\frac{\partial \varphi}{\partial \xi} + \frac{\partial U}{\partial y}\frac{\partial \psi}{\partial \xi}; \quad \frac{\partial U}{\partial \eta} = \frac{\partial U}{\partial x}\frac{\partial \varphi}{\partial \eta} + \frac{\partial U}{\partial y}\frac{\partial \psi}{\partial \eta}$$

und weiter

$$\frac{\partial^2 U}{\partial \xi^2} = \frac{\partial^2 U}{\partial x^2}\left(\frac{\partial \varphi}{\partial \xi}\right)^2 + 2\frac{\partial^2 U}{\partial x\,\partial y}\frac{\partial \varphi}{\partial \xi}\frac{\partial \psi}{\partial \xi} + \frac{\partial^2 U}{\partial y^2}\left(\frac{\partial \psi}{\partial \xi}\right)^2 + \frac{\partial U}{\partial x}\frac{\partial^2 \varphi}{\partial \xi^2} + \frac{\partial U}{\partial y}\frac{\partial^2 \psi}{\partial \xi^2};$$

$$\frac{\partial^2 U}{\partial \eta^2} = \frac{\partial^2 U}{\partial x^2}\left(\frac{\partial \varphi}{\partial \eta}\right)^2 + 2\frac{\partial^2 U}{\partial x\,\partial y}\frac{\partial \varphi}{\partial \eta}\frac{\partial \psi}{\partial \eta} + \frac{\partial^2 U}{\partial y^2}\left(\frac{\partial \psi}{\partial \eta}\right)^2 + \frac{\partial U}{\partial x}\frac{\partial^2 \varphi}{\partial \eta^2} + \frac{\partial U}{\partial y}\frac{\partial^2 \varphi}{\partial \eta^2}.$$

Mit Hilfe der CAUCHY-RIEMANNschen Differentialgleichungen

$$\frac{\partial \varphi}{\partial \xi} = \frac{\partial \psi}{\partial \eta}; \quad \frac{\partial \varphi}{\partial \eta} = -\frac{\partial \psi}{\partial \xi}$$

und der Tatsache, daß $\varphi(\xi, \eta)$ und $\psi(\xi, \eta)$ die LAPLACEsche Differentialgleichung erfüllen, prüft man leicht folgende Formel nach:

$$\frac{\partial^2 U}{\partial \xi^2} + \frac{\partial^2 U}{\partial \eta^2} = \left(\frac{\partial^2 U}{\partial x^2} + \frac{\partial^2 U}{\partial y^2}\right)\left[\left(\frac{\partial \varphi}{\partial \xi}\right)^2 + \left(\frac{\partial \psi}{\partial \xi}\right)^2\right]$$

oder

$$\frac{\partial^2 U}{\partial \xi^2} + \frac{\partial^2 U}{\partial \eta^2} = \left(\frac{\partial^2 U}{\partial x^2} + \frac{\partial^2 U}{\partial y^2}\right)|f'(\zeta)|^2.$$

Wir betrachten den Spezialfall, daß

$$f(\zeta) = \frac{1}{2}(\xi + i\eta)^2; \quad f'(\zeta) = \xi + i\eta,$$

d. h.

$$\varphi(\xi, \eta) = \frac{1}{2}(\xi^2 - \eta^2); \quad \psi(\xi, \eta) = \xi\eta$$

ist.

Die Koordinatenlinien $\xi = C_1$ und $\eta = C_2$ werden in der x, y-Ebene durch Parabeln dargestellt [32], daher bezeichnet man die neuen Koordinaten ξ und η als parabolisch. Transformiert man die Wellengleichung auf die oben angegebene Weise, so ergibt sich

$$\frac{\partial^2 U}{\partial \xi^2} + \frac{\partial^2 U}{\partial \eta^2} + k^2 |f'(\zeta)|^2 U = 0.$$

Also lautet die Differentialgleichung (25) in den neuen Veränderlichen folgendermaßen:

(26) $$\frac{\partial^2 U}{\partial \xi^2} + \frac{\partial^2 U}{\partial \eta^2} + k^2(\xi^2 + \eta^2) U = 0.$$

Wir setzen die Lösung in Gestalt eines Produktes zweier Faktoren an, von denen einer nur von ξ und der andere nur von η abhängt:

$$U = X(\xi) Y(\eta).$$

Geht man damit in die Differentialgleichung (26) ein und trennt wie üblich die Veränderlichen, so ergibt sich

$$\frac{X''(\xi)}{X(\xi)} + k^2\xi^2 = -\frac{Y''(\eta)}{Y(\eta)} - k^2\eta^2.$$

Beide Seiten der erhaltenen Identität müssen gleich ein und derselben Konstanten sein, die wir mit $-\beta^2$ bezeichnen. Dadurch gelangen wir zu den beiden Differentialgleichungen

(27) $$X''(\xi) + (k^2\xi^2 + \beta^2) X(\xi) = 0; \qquad Y''(\eta) + (k^2\eta^2 - \beta^2) Y(\eta) = 0.$$

Wir erinnern an die Differentialgleichung (11), der die HERMITEschen Funktionen genügen:

(28) $$\psi_n''(\xi) + (2n + 1 - \xi^2)\psi_n(\xi) = 0,$$

wobei für die HERMITEschen Funktionen die Beziehung

(29) $$\psi_n(\xi) = e^{-\frac{\xi^2}{2}} H_n(\xi) = (-1)^n e^{\frac{\xi^2}{2}} \frac{d^n}{d\xi^n}(e^{-\xi^2})$$

gilt.

Wir betrachten die erste der Differentialgleichungen (27) und führen an Stelle von ξ die neue Veränderliche ξ_1 mit

$$\xi_1 = \sqrt{ik}\,\xi$$

ein. Daraus ergibt sich

$$\frac{d}{d\xi} = \sqrt{ik}\frac{d}{d\xi_1}, \qquad \frac{d^2}{d\xi^2} = ik\frac{d^2}{d\xi_1^2};$$

setzt man das in (27) ein, so gelangt man zur Differentialgleichung

(30) $$\frac{d^2X}{d\xi_1^2} + \left(\frac{\beta^2}{ik} - \xi_1^2\right) X = 0.$$

Wir definieren die Konstante β^2 durch die Gleichung

$$\beta_n^2 = (2n + 1)\,ik,$$

wobei n eine ganze positive Zahl oder Null ist; dadurch wird die Differentialgleichung (30) auf die Gestalt (28) übergeführt. Daher können wir in der neuen Veränderlichen ξ_1 als Funktion X die HERMITEsche Funktion

$$X_n = C_n \psi_n(\xi_1) = C_n e^{-\frac{\xi_1^2}{2}} H_n(\xi_1)$$

nehmen oder, wenn man auf die frühere Veränderliche zurückgeht,

$$X_n = C_n \psi_n(\sqrt{ik}\,\xi) = C_n e^{-\frac{ik\,\xi^2}{2}} H_n(\sqrt{ik}\,\xi),$$

wobei C_n eine willkürliche Konstante ist.

Ebenso bringt man die zweite der Differentialgleichungen (27) auf die Gestalt (28), wenn man an Stelle von η die neue Veränderliche

$$\eta_1 = i\sqrt{ik}\,\eta$$

einführt, und zwar mit demselben Parameterwert β_n. Geht man auf die frühere Veränderliche zurück, so gilt

$$Y_n = D_n \psi_n(\eta_1) = D_n e^{\frac{ik\,\eta^2}{2}} H_n(i\sqrt{ik}\,\eta).$$

Daher erhalten wir unendlich viele Lösungen der Wellengleichung (25) in der Gestalt

$$U_n = A_n \psi_n(\sqrt{ik}\,\xi)\,\psi_n(i\sqrt{ik}\,\eta) \qquad (n = 0, 1, 2, \ldots). \tag{31}$$

Diese Lösungen bilden ein vollständiges Funktionensystem und entsprechen den BESSELschen Funktionen für den Fall der Zylinderkoordinaten. Man kann hier auch die den HANKELschen Funktionen entsprechenden Funktionen konstruieren, was beispielsweise die Möglichkeit liefert, das Beugungsproblem für einen parabolischen Zylinder zu lösen.

160. Die LAGUERREschen Polynome. Wir hatten die verallgemeinerten LAGUERREschen Polynome bei der Integration einer Differentialgleichung der Gestalt

$$x\frac{d^2y}{dx^2} + (s + 1 - x)\frac{dy}{dx} + \mu y = 0 \tag{32}$$

erhalten [115].

Berücksichtigt man die Formeln (218), (219) und (222) aus [115], so kann man zeigen, daß die Differentialgleichung (32) eine Lösung in Gestalt eines Polynoms n-ten Grades besitzt, wenn der Parameter μ den Wert $\mu_n = n$ hat. Dann sind die Lösungen der Differentialgleichung eben die LAGUERREschen Polynome, für die wir folgende Ausdrücke erhalten haben:

$$Q_n^{(s)}(x) = x^{-s} e^x \frac{d^n}{dx^n}(x^{s+n} e^{-x}). \tag{33}$$

Daher sind diese Polynome Lösungen der Differentialgleichung

$$x\frac{d^2y_n}{dx^2} + (s + 1 - x)\frac{dy_n}{dx} + ny_n = 0. \tag{34}$$

Die Zahl s setzen wir dabei immer als reell und größer als -1 voraus.

Wir erinnern daran, daß sich die unabhängige Veränderliche x in (32) durch einen konstanten Faktor vom Radiusvektor unterscheidet, und daher ist das Grundintervall, in welchem diese unabhängige Veränderliche variiert, das Intervall $(0, +\infty)$. Die LAGUERREschen Polynome sind den HERMITEschen Polynomen völlig analog, nur ist ihr Grundintervall nicht $(-\infty, +\infty)$, sondern, wie gesagt, das Intervall $(0, +\infty)$. Die Formel (216) aus [115] liefert uns die LAGUERREschen

Funktionen, die den HERMITEschen Funktionen entsprechen, nämlich

$$\omega_n^{(s)}(x) = e^{-\frac{x}{2}} x^{\frac{s}{2}} Q_n^{(s)}(x) = x^{-\frac{s}{2}} e^{\frac{x}{2}} \frac{d^n}{dx^n}(x^{s+n} e^{-x}). \tag{35}$$

Wegen (213) und (222) aus [115] sind diese Funktionen Lösungen der Differentialgleichung

$$\frac{d}{dx}\left[x \frac{dw}{dx}\right] + \left(\lambda_n - \frac{x}{4} - \frac{s^2}{4x}\right) w = 0 \tag{36}$$

mit

$$\lambda_n = \frac{s+1}{2} + n. \tag{37}$$

Wie stets kann man die Orthogonalität dieser Funktionen leicht zeigen. Es ist

$$\int_0^\infty \omega_m^{(s)}(x)\, \omega_n^{(s)}(x)\, dx = 0 \qquad (m \neq n) \tag{38}$$

oder wegen (35)

$$\int_0^\infty x^s e^{-x} Q_m^{(s)}(x)\, Q_n^{(s)}(x)\, dx = 0 \qquad (m \neq n). \tag{39}$$

Wir berechnen jetzt das Integral (39) für $m = n$. Nach Definition der LAGUERREschen Polynome gilt

$$I_n = \int_0^\infty x^s e^{-x} [Q_n^{(s)}(x)]^2\, dx = \int_0^\infty Q_n^{(s)}(x) \frac{d^n}{dx^n}(x^{s+n} e^{-x})\, dx.$$

Integriert man partiell, so erhält man

$$I_n = Q_n^{(s)}(x) \frac{d^{n-1}}{dx^{n-1}}(x^{s+n} e^{-x}) \Bigg|_{x=0}^{x=\infty} - \int_0^\infty \frac{dQ_n^{(s)}(x)}{dx} \frac{d^{n-1}(x^{s+n} e^{-x})}{dx^{n-1}}\, dx,$$

wobei das integralfreie Glied ebenso wie bei den HERMITEschen Polynomen verschwindet. Durch mehrmalige partielle Integration gelangt man schließlich zum Integral

$$I_n = (-1)^n \int_0^\infty x^{s+n} e^{-x} \frac{d^n Q_n^{(s)}(x)}{dx^n}\, dx.$$

Nun ist $\frac{d^n Q_n^{(s)}(x)}{dx^n}$ aber das Produkt von $n!$ mit dem höchsten Koeffizienten des Polynoms $Q_n^{(s)}(x)$. Wendet man auf das in (33) stehende Produkt die LEIBNIZsche Formel an, so sieht man leicht, daß dieser höchste Koeffizient gleich $(-1)^n$ ist. Daher können wir schreiben:

$$I_n = n! \int_0^\infty x^{s+n} e^{-x}\, dx,$$

und unter Benutzung der Definition der Funktion $\Gamma(z)$ schließlich

$$\int_0^\infty x^s e^{-x} [Q_n^{(s)}(x)]^2\, dx = n!\, \Gamma(s+n+1). \tag{40}$$

Man kann auch die Entwicklung einer willkürlichen Funktion $f(x)$ im Intervall $(0, +\infty)$ in eine Reihe nach LAGUERREschen Polynomen betrachten, ähnlich wie früher die Entwicklung nach HERMITEschen Polynomen.

Wir konstruieren jetzt die erzeugende Funktion für die LAGUERREschen Polynome. Nach (33) und dem CAUCHYschen Satz, nach dem sich die n-te Ableitung der Funktion $z^{s+n}e^{-z}$ für $z = x$ ausdrücken läßt, kann man schreiben:

$$x^s e^{-x} Q_n^{(s)}(x) = \frac{n!}{2\pi i} \int_{l_x} \frac{z^{s+n} e^{-z}}{(z-x)^{n+1}} dz,$$

wobei l_x ein kleiner geschlossener Weg ist, der um den Punkt $z = x$ herumführt. Die Funktion $z^{s+n}e^{-z}$ ist in der ganzen Ebene außer im Punkte $z = 0$ regulär, in dem sie einen Verzweigungspunkt hat, falls s keine ganze Zahl ist. Führt man an Stelle von z die neue Integrationsveränderliche

$$t = \frac{z-x}{z}, \qquad z = \frac{x}{1-t} = \frac{xt}{1-t} + x$$

ein, setzt in das Integral ein und dividiert durch $x^s e^{-x}$, so erhält man

$$\frac{1}{n!} Q_n^{(s)}(x) = \frac{1}{2\pi i} \int_{l_0} e^{-\frac{xt}{1-t}} \frac{1}{(1-t)^{s+1}} \frac{dt}{t^{n+1}},$$

wobei l_0 eine kleine geschlossene Kurve ist, die um $t = 0$ herumführt.

Daraus ersieht man, daß die Größen $\frac{1}{n!} Q_n^{(s)}(x)$ die Koeffizienten der Entwicklung der Funktion

$$e^{-\frac{xt}{1-t}} \frac{1}{(1-t)^{s+1}}$$

in eine MACLAURINsche Reihe nach Potenzen von t sind. Es gilt also

$$e^{-\frac{xt}{1-t}} \cdot \frac{1}{(1-t)^{s+1}} = \sum_{n=0}^{\infty} \frac{1}{n!} Q_n^{(s)}(x)\, t^n. \tag{41}$$

Aus dieser Formel kann man eine Reihe von einfachen Relationen für die LAGUERREschen Polynome herleiten. Differenziert man beide Seiten von (41) nach x, so ergibt sich

$$-e^{-\frac{xt}{1-t}} \frac{t}{(1-t)^{s+2}} = \sum_{n=0}^{\infty} \frac{1}{n!} \frac{dQ_n^{(s)}(x)}{dx} t^n$$

oder

$$-\sum_{n=0}^{\infty}{}' \frac{1}{n!} Q_n^{(s+1)}(x)\, t^{n+1} = \sum_{n=0}^{\infty} \frac{1}{n!} \frac{dQ_n^{(s)}(x)}{dx} t^n,$$

woraus durch Vergleich der Koeffizienten von t^n

$$\frac{dQ_n^{(s)}(x)}{dx} = -nQ_{n-1}^{(s+1)}(x) \tag{42}$$

folgt. Entsprechend erhält man, wenn man beide Seiten von (41) nach t differenziert, die Beziehung

$$xQ_n^{(s)}(x) = (n+s)\, Q_n^{(s-1)}(x) - Q_{n+1}^{(s-1)}(x). \tag{43}$$

Multipliziert man schließlich beide Seiten von (41) mit $1 - t$, so bekommt man noch die Relation

$$Q_n^{(s-1)}(x) = Q_n^{(s)}(x) - nQ_{n-1}^{(s)}(x). \tag{44}$$

Oft betrachtet man an Stelle der Polynome $Q_n^{(s)}(x)$ die Polynome $\frac{1}{n!} Q_n^{(s)}(x)$. Durch wiederholte Anwendung des Satzes von ROLLE auf die Funktion (33) kann man zeigen, daß sämtliche Nullstellen von $Q_n^{(s)}(x)$ reell und verschieden sind und im Innern des Intervalls $(0, +\infty)$ liegen.

161. Der Zusammenhang zwischen LAGUERREschen und HERMITEschen Polynomen. Die HERMITEschen Polynome lassen sich leicht durch die LAGUERREschen Polynome $Q_n^{(s)}(x)$ ausdrücken. Diese sind für $s = -\frac{1}{2}$, wie wir wissen, Lösungen der Differentialgleichung (34), es gilt also

$$x\frac{d^2y_n}{dx^2} + \left(\frac{1}{2} - x\right)\frac{dy_n}{dx} + ny_n = 0. \tag{45}$$

Wir führen an Stelle von x die neue Veränderliche ξ mit $x = \xi^2$ ein. Dann ist

$$\frac{d}{dx} = \frac{1}{2\xi}\frac{d}{d\xi}; \quad \frac{d^2}{dx^2} = \frac{1}{2\xi}\frac{d}{d\xi}\left(\frac{1}{2\xi}\frac{d}{d\xi}\right) = \frac{1}{4\xi^2}\frac{d^2}{d\xi^2} - \frac{1}{4\xi^3}\frac{d}{d\xi}.$$

Setzt man das in (45) ein, so gelangt man zu der Differentialgleichung

$$\frac{d^2y_n}{d\xi^2} - 2\xi\frac{dy_n}{d\xi} + 4ny_n = 0, \tag{46}$$

die mit der Differentialgleichung (9) identisch ist, wenn man in letzterer n durch $2n$ ersetzt. Wie wir bereits erwähnt haben, ist die zweite Lösung der Differentialgleichung (9) kein Polynom. Daher kann man behaupten, daß $Q_n^{\left(-\frac{1}{2}\right)}(\xi^2)$ bis auf einen konstanten Faktor mit $H_{2n}(\xi)$ übereinstimmt. Es gilt also

$$H_{2n}(\xi) = C_n Q_n^{\left(-\frac{1}{2}\right)}(\xi^2).$$

Zur Bestimmung der Konstanten C_n vergleichen wir die höchsten Koeffizienten auf beiden Seiten der angegebenen Gleichung. Auf der linken Seite ist der höchste Koeffizient, wie wir in [156] gesehen hatten, gleich 2^{2n}, während er auf der rechten Seite den Wert $(-1)^n C_n$ [160] hat, so daß $C_n = (-1)^n 2^{2n}$ ist. Daher gilt also

$$H_{2n}(\xi) = (-1)^n 2^{2n} Q_n^{\left(-\frac{1}{2}\right)}(\xi^2). \tag{47}$$

Wir wollen jetzt eine entsprechende Formel für $H_{2n+1}(\xi)$ herleiten. Die Funktion $Q_n^{\left(\frac{1}{2}\right)}(x)$ genügt der Differentialgleichung

$$x\frac{d^2y_n}{dx^2} + \left(\frac{3}{2} - x\right)\frac{dy_n}{dx} + ny_n = 0,$$

die man mit Hilfe der Substitution $x = \xi^2$ auf die Gestalt

$$\frac{d^2y_n}{d\xi^2} + \left(\frac{2}{\xi} - 2\xi\right)\frac{dy_n}{d\xi} + 4ny_n = 0$$

bringen kann.

Wir führen an Stelle von y_n die neue Funktion z_n durch

$$y_n = \frac{1}{\xi} z_n$$

ein.

Differenziert man nach ξ und setzt in die Differentialgleichung ein, so erhält man für z_n die Differentialgleichung

$$\frac{d^2 z_n}{d\xi^2} - 2\xi \frac{dz_n}{d\xi} + (4n+2)\, z_n = 0 .$$

Sie ist mit (9) identisch, wenn man in letzterer n durch $2n+1$ ersetzt. Durch die angegebenen Transformationen erhalten wir unmittelbar

$$H_{2n+1}(\xi) = D_n \xi Q_n^{\left(\frac{1}{2}\right)}(\xi^2) .$$

Der Vergleich der höchsten Koeffizienten ergibt $D_n = (-1)^n\, 2^{2n+1}$, so daß schließlich

$$H_{2n+1}(\xi) = (-1)^n 2^{2n+1} Q_n^{\left(\frac{1}{2}\right)}(\xi^2) \tag{48}$$

gilt.

162. Asymptotische Darstellung der Hermiteschen Polynome. Die Hermitesche Funktion

$$\psi_n(x) = e^{-\frac{1}{2}x^2} H_n(x) = (-1)^n e^{\frac{1}{2}x^2} \frac{d^n}{dx^n}(e^{-x^2}) \tag{49}$$

erfüllt die Differentialgleichung (11),

$$\psi_n''(x) + (2n+1-x^2)\, \psi_n(x) = 0 . \tag{50}$$

Wir nehmen an, der Index sei gerade. Dann lautet (50)

$$\psi_{2n}''(x) + (4n+1-x^2)\, \psi_{2n}(x) = 0 . \tag{51}$$

Wegen (24) und der Tatsache, daß $H_{2n}(x)$ ein Polynom in x^2 ist, erhalten wir die Anfangsbedingungen

$$\psi_{2n}(0) = (-1)^n 2^n 1 \cdot 3 \cdot 5 \cdots (2n-1); \quad \psi_{2n}'(0) = 0 . \tag{52}$$

Die Differentialgleichung (51) liefert zusammen mit den Anfangsbedingungen (52) die Möglichkeit, eine asymptotische Darstellung der Hermiteschen Polynome für großes n anzugeben. Wir erinnern dazu vor allem daran, daß die Lösung der Differentialgleichung

$$y'' + k^2 y = f(x) , \tag{53}$$

die den Anfangsbedingungen $y(0) = y'(0) = 0$ genügt, die Gestalt

$$y = \frac{1}{k} \int_0^x f(u) \sin k(x-u)\, du \tag{54}$$

hat [II, 28].

Liegen an Stelle dieser Anfangsbedingungen die Anfangsbedingungen

$$y(0) = a, \quad y'(0) = b \tag{55}$$

vor, so müssen wir zur Lösung (54) noch die Lösung der homogenen Differentialgleichung hinzufügen, die die Anfangsbedingungen (55) erfüllt. Die endgültige Lösung der Differentialgleichung (53) unter den genannten Anfangsbedingungen lautet also

$$y = a \cos kx + \frac{b}{k} \sin kx + \frac{1}{k} \int_0^x f(u) \sin k(x-u)\, du . \tag{56}$$

Wir kehren jetzt zur Differentialgleichung (51) zurück und schreiben sie in der Gestalt

$$\psi_{2n}''(x) + (4n+1)\, \psi_n(x) = x^2\, \psi_{2n}(x) .$$

Dann setzen wir $k^2 = 4n + 1$ und $f(x) = x^2 \psi_{2n}(x)$.

Gemäß Formel (56) erhalten wir

$$\psi_{2n}(x) = \psi_{2n}(0) \cos \sqrt{4n+1}\, x + \frac{1}{\sqrt{4n+1}} \int_0^x u^2 \psi_{2n}(u) \sin \sqrt{4n+1}\,(x-u)\, du. \tag{57}$$

Man kann zeigen, daß für großes n der erste der rechts stehenden Summanden den Hauptwert der Funktion $\psi_{2n}(x)$ angibt. Zum Beweis schätzen wir das Integralglied unter der Voraussetzung $x > 0$ ab. Berücksichtigt man die BUNJAKOWSKIsche Ungleichung, so erhält man wegen (17)

$$\left| \int_0^x u^2 \psi_{2n}(u) \sin \sqrt{4n+1}\,(x-u)\, du \right| \leqslant \sqrt{\int_0^x \psi_{2n}^2(u)\, du} \sqrt{\int_0^x u^4 \sin^2 \sqrt{4n+1}\,(x-u)\, du} <$$

$$< \sqrt{\int_{-\infty}^{+\infty} \psi_{2n}^2(u)\, du} \sqrt{\int_0^x u^4\, du} = \sqrt{2^{2n}(2n)!\, \sqrt{\pi}\, \frac{x^5}{5}}.$$

Setzt man in (57) ein, dann ergibt sich

$$\psi_{2n}(x) = \psi_{2n}(0) \cos \sqrt{4n+1}\, x + \frac{2^n \sqrt{(2n)!}\, \sqrt[4]{\pi}\, x^{\frac{5}{2}}}{\sqrt{5}\, \sqrt{4n+1}}\, \theta_n(x),$$

wobei $\theta_n(x)$ eine Funktion von x ist, die der Bedingung

$$-1 < \theta_n(x) < +1$$

genügt.

Zieht man $\psi_{2n}(0)$ vor die Klammer, so folgt wegen (52)

$$\psi_{2n}(x) = \psi_{2n}(0) \left[\cos \sqrt{4n+1}\, x + \frac{(-1)^n \sqrt{(2n)!}\, \sqrt[4]{\pi}\, x^{\frac{5}{2}}}{\sqrt{5}\, \sqrt{4n+1}\, (1 \cdot 3 \cdots (2n-1))}\, \theta_n(x) \right]. \tag{58}$$

Wir wollen den bei $\theta_n(x)$ stehenden Faktor

$$\frac{\sqrt[4]{\pi}\, x^{\frac{5}{2}}}{\sqrt{5}} \cdot \frac{\sqrt{1 \cdot 2 \cdot 3 \cdots 2n}}{1 \cdot 3 \cdot 5 \cdots (2n-1)} = \frac{\sqrt[4]{\pi}\, x^{\frac{5}{2}}}{\sqrt{5}} \sqrt{\frac{2 \cdot 4 \cdot 6 \cdots 2n}{1 \cdot 3 \cdot 5 \cdots (2n-1)}}$$

näher betrachten. Setzt man

$$I_k = \int_0^{\frac{\pi}{2}} \sin^k x\, dx,$$

so gilt bekanntlich [I, 100]

$$I_{2n} = \frac{(2n-1)(2n-3)\cdots 1}{2n(2n-2)\cdots 2} \frac{\pi}{2},$$

$$I_{2n+1} = \frac{2n(2n-2)\cdots 2}{(2n+1)(2n-1)\cdots 3},$$

wobei offensichtlich $I_{2n+1} < I_{2n}$, d. h.

$$\frac{2n(2n-2)\cdots 2}{(2n+1)(2n-1)\cdots 3} < \frac{(2n-1)(2n-3)\cdots 1}{2n(2n-2)\cdots 2} \frac{\pi}{2}$$

oder

$$\left(\frac{2n\,(2n-2)\cdots 2}{(2n-1)\,(2n-3)\cdots 1}\right)^2 < (2n+1)\,\frac{\pi}{2}$$

ist. Daraus folgt, daß

$$\sqrt{\frac{2\cdot 4\cdot 6\cdots 2n}{1\cdot 3\cdot 5\cdots (2n-1)}} < \frac{\sqrt[4]{\pi}}{\sqrt[4]{2}}\sqrt[4]{2n+1}$$

ist, und schließlich ergibt sich der Koeffizient bei $\theta_n(x)$ zu

$$\frac{\sqrt{\pi}}{\sqrt[4]{50}}\sqrt[4]{\frac{2n+1}{4n+1}}\,x^{\frac{5}{2}}\,\frac{1}{\sqrt[4]{4n+1}}\,\theta_n'$$

mit $0 < \theta_n' < 1$. Läßt man den Faktor fort, der kleiner als Eins ist, so kann man diesen Ausdruck in der Gestalt

$$x^{\frac{5}{2}}\,\frac{1}{\sqrt[4]{4n+1}}\,\theta_n''$$

schreiben, wobei $0 < \theta_n'' < 1$ ist. Diesen Ausdruck setzen wir in die Formel (58) ein und erhalten somit folgende asymptotische Darstellung der HERMITEschen Funktionen mit geradem Index:

$$\psi_{2n}(x) = \psi_{2n}(0)\left[\cos\sqrt{4n+1}\,x + x^{\frac{5}{2}}\,\frac{1}{\sqrt[4]{4n+1}}\,\theta_n'''(x)\right]$$

mit $-1 < \theta_n'''(x) < +1$. Daher strebt der zweite Summand in der eckigen Klammer für vorgegebenes x und wachsenden Index n gegen Null. Die Annahme $x > 0$ ist, wie man leicht nachprüft, unwesentlich. Fügt man den Faktor $e^{\frac{1}{2}x^2}$ hinzu, so erhält man folgende asymptotische Darstellung der HERMITEschen Polynome mit geradem Index:

$$H_{2n}(x) = (-1)^n 2^n 1\cdot 3\cdot 5\cdots (2n-1)\,e^{\frac{1}{2}x^2}\left[\cos\sqrt{4n+1}\,x + O\left(\frac{1}{\sqrt[4]{n}}\right)\right].$$

Für ungeraden Index bekommt man entsprechend

$$H_{2n+1}(x) = (-1)^n 2^{n+\frac{1}{2}}\cdot 1\cdot 3\cdot 5\cdots (2n-1)\,\sqrt{2n+1}\,e^{\frac{1}{2}x^2}\left[\sin\sqrt{4n+3}\,x + O\left(\frac{1}{\sqrt[4]{n}}\right)\right].$$

In diesen Formeln bezeichnet $O\left(\frac{1}{\sqrt[4]{n}}\right)$ eine Größe, die so beschaffen ist, daß $\sqrt[4]{n}\cdot O\left(\frac{1}{\sqrt[4]{n}}\right)$ für wachsendes n beschränkt bleibt, wenn x in einem beliebigen beschränkten Intervall seines Definitionsbereichs liegt. Wir weisen darauf hin, daß wir bei der trigonometrischen Funktion ein beliebiges Argument $\sqrt{4n+\alpha}\cdot x$ nehmen können, wobei α eine vorgegebene reelle Zahl ist. Tatsächlich gilt z. B.

$$\cos\sqrt{4n+1}\,x - \cos\sqrt{4n+\alpha}\,x = 2\sin\frac{\sqrt{4n+1}+\sqrt{4n+\alpha}}{2}\,x\,\sin\frac{\sqrt{4n+\alpha}-\sqrt{4n+1}}{2}\,x =$$

$$= 2\sin\frac{\sqrt{4n+1}+\sqrt{4n+\alpha}}{2}\,x\,\sin\frac{\alpha-1}{2(\sqrt{4n+\alpha}+\sqrt{4n+1})}\,x.$$

Liegt x in einem beschränkten Intervall, so ist dieses letzte Produkt eine Größe $O\left(\frac{1}{\sqrt[4]{n}}\right)$, und folglich kann man $\cos\sqrt{4n+1}\cdot x$ durch $\cos\sqrt{4n+\alpha}\cdot x$ bis auf einen Fehler dieser Größenordnung ersetzen. Benutzt man die vorigen Rechnungen, so kann man auch eine genauere Abschätzung der Zusatzglieder $O\left(\frac{1}{\sqrt[4]{n}}\right)$ angeben.

163. Asymptotische Darstellung der LEGENDREschen Polynome. Auf analogem Wege kann man auch eine asymptotische Darstellung der LEGENDREschen Polynome $P_n(x)$ für große n herleiten. Es gilt die Differentialgleichung

$$(1-x^2)\,P_n''(x) - 2xP_n'(x) + n(n+1)\,P_n(x) = 0\,.$$

Wir führen an Stelle von x die neue Veränderliche t nach der Formel $x = \cos t$ ein und an Stelle von $P_n(x)$ die neue Funktion

$$v_n(t) = \sqrt{\sin t}\,P_n(\cos t) \quad \text{oder} \quad P_n(\cos t) = \frac{v_n(t)}{\sqrt{\sin t}}. \tag{59}$$

Setzt man beides in die Differentialgleichung ein, so erhält man nach einfachen Umformungen für $v_n(t)$ die Differentialgleichung

$$v_n''(t) + \left[n(n+1) + \frac{\frac{1}{2} - \frac{1}{4}\cos^2 t}{\sin^2 t}\right] v_n(t) = 0\,,$$

die wir auf die Gestalt

$$v_n''(t) + \left(n + \frac{1}{2}\right)^2 v_n(t) = -\frac{1}{4\sin^2 t}\,v_n(t)$$

bringen. Dabei variiert x im Intervall $-1 \leqslant x \leqslant +1$; dem entspricht das Intervall $0 \leqslant t \leqslant \pi$. Als Anfangswert wählen wir $t = \frac{\pi}{2}$; das entspricht $x = 0$. Zunächst sei der Index gerade; dann lautet die Differentialgleichung

$$v_{2n}''(t) + \left(2n + \frac{1}{2}\right)^2 v_{2n}(t) = -\frac{1}{4\sin^2 t}\,v_{2n}(t)\,. \tag{60}$$

Wegen der Substitution (59) und

$$P_{2n}(0) = (-1)^n\,\frac{1\cdot 3\cdots(2n-1)}{2\cdot 4\cdots 2n} \quad \text{und} \quad P_{2n}'(0) = 0$$

erhält man für $v_{2n}(t)$ die Anfangsbedingungen

$$v_{2n}\left(\frac{\pi}{2}\right) = (-1)^n\,\frac{1\cdot 3\cdots(2n-1)}{2\cdot 4\cdots 2n}\,; \quad v_{2n}'\left(\frac{\pi}{2}\right) = 0\,. \tag{61}$$

Setzt man in der Differentialgleichung (60) die rechte Seite gleich Null, dann hat die so entstehende homogene Differentialgleichung das allgemeine Integral

$$C_1\cos\left(2n + \frac{1}{2}\right)t + C_2\sin\left(2n + \frac{1}{2}\right)t\,. \tag{62}$$

Wir wählen C_1 und C_2 so, daß die Bedingungen (61) erfüllt sind:

$$C_1\cos\left(2n + \frac{1}{2}\right)\frac{\pi}{2} + C_2\sin\left(2n + \frac{1}{2}\right)\frac{\pi}{2} = v_{2n}\left(\frac{\pi}{2}\right);$$

$$-C_1\sin\left(2n + \frac{1}{2}\right)\frac{\pi}{2} + C_2\cos\left(2n + \frac{1}{2}\right)\frac{\pi}{2} = 0\,;$$

unter Benutzung der Formeln $\cos(n\pi+\varphi)=(-1)^n\cos\varphi$ und $\sin(n\pi+\varphi)=(-1)^n\sin\varphi$ folgt

$$C_1\cos\frac{\pi}{4}+C_2\sin\frac{\pi}{4}=(-1)^n v_{2n}\left(\frac{\pi}{2}\right), \qquad -C_1\sin\frac{\pi}{4}+C_2\cos\frac{\pi}{4}=0\,;$$

daher ist

$$C_1=C_2=\frac{(-1)^n}{\sqrt{2}}v_{2n}\left(\frac{\pi}{2}\right)=(-1)^n v_{2n}\left(\frac{\pi}{2}\right)\sin\frac{\pi}{4}.$$

Setzt man diese Werte in (62) ein, so erhält man

$$(-1)^n v_{2n}\left(\frac{\pi}{2}\right)\cos\left[\left(2n+\frac{1}{2}\right)t-\frac{\pi}{4}\right].$$

Also lautet die Lösung der Differentialgleichung (60), die den Anfangsbedingungen (61) genügt,

$$(63)\qquad v_{2n}(t)=$$
$$=(-1)^n v_{2n}\left(\frac{\pi}{2}\right)\cos\left[\left(2n+\frac{1}{2}\right)t-\frac{\pi}{4}\right]-\frac{1}{\left(2n+\frac{1}{2}\right)}\int\limits_{\frac{\pi}{2}}^{t}\frac{1}{4\sin^2 u}v_{2n}(u)\sin\left(2n+\frac{1}{2}\right)(t-u)\,du,$$

wobei wir $0\leqslant x<1$ und $0<t\leqslant\frac{\pi}{2}$ voraussetzen. Wir merken dabei an, daß die Lösung der Differentialgleichung (53), die die Anfangsbedingungen $y(a)=y'(a)=0$ erfüllt, die Gestalt (54) hat, wobei lediglich die untere Grenze des Integrals nicht Null, sondern a ist [II, 28].

Wir betrachten das rechts stehende Integral in (63) und benutzen die Formel (59):

$$K_{2n}=\int\limits_{\frac{\pi}{2}}^{t}\frac{1}{4\sin^2 u}\sin\left(2n+\frac{1}{2}\right)(t-u)\,P_{2n}(\cos u)\sqrt{\sin u}\,du\,.$$

Daraus folgt nach der BUNJAKOWSKIschen Ungleichung

$$K_{2n}^2\leqslant\int\limits_{t}^{\frac{\pi}{2}}\frac{\sin^2\left(2n+\frac{1}{2}\right)(t-u)}{16\sin^4 u}\,du\int\limits_{t}^{\frac{\pi}{2}}P_{2n}^2(\cos u)\sin u\,du.$$

Der erste der rechts stehenden Faktoren ist kleiner als

$$\int\limits_{t}^{\frac{\pi}{2}}\frac{du}{16\sin^4 u}=\beta(t),$$

wobei $\beta(t)$ für vorgegebenes t einen bestimmten endlichen Wert hat und für $0<\varepsilon_1<t\leqslant\frac{\pi}{2}$ beschränkt bleibt. Dabei ist ε_1 eine vorgegebene positive Zahl. Der zweite Faktor ist kleiner als

$$\int\limits_{0}^{\frac{\pi}{2}}P_{2n}^2(\cos u)\sin u\,du=\int\limits_{0}^{1}P_{2n}^2(x)\,dx=\frac{1}{4n+1}.$$

Schließlich erhalten wir die Abschätzung

$$|K_{2n}|<\frac{\alpha(x)}{\sqrt{4n+1}},$$

in der $\alpha(x)$ von n unabhängig ist und für $0 \leqslant x < 1 - \varepsilon$ beschränkt bleibt, wobei ε eine beliebig vorgegebene positive Zahl ist. Setzt man in die Formel (63) ein, so erhält man

$$v_{2n}(t) = (-1)^n v_{2n}\left(\frac{\pi}{2}\right)\cos\left[\left(2n+\frac{1}{2}\right)t - \frac{\pi}{4}\right] + \frac{\gamma(x)}{(4n+1)^{\frac{3}{2}}};$$

$\gamma(x)$ bleibt dabei auf dem Intervall $0 \leqslant x < 1 - \varepsilon$ bei wachsendem n beschränkt. Wegen der Anfangsbedingungen (61) erhält man

$$v_{2n}(t) = \frac{1\cdot 3\cdots(2n-1)}{2\cdot 4\cdots 2n}\left\{\cos\left[\left(2n+\frac{1}{2}\right)t - \frac{\pi}{4}\right] + (-1)^n \frac{2\cdot 4\cdots 2n}{1\cdot 3\cdots(2n-1)(4n+1)^{\frac{3}{2}}}\gamma(x)\right\}.$$

Wir benutzen die Ungleichung

$$\frac{2\cdot 4\cdot 6\cdots 2n}{1\cdot 3\cdot 5\cdots(2n-1)} < \frac{\sqrt{\pi}}{\sqrt{2}}\sqrt{2n+1},$$

die wir im vorigen Abschnitt bewiesen haben. Sie liefert uns

$$v_{2n}(t) = \frac{1\cdot 3\cdots(2n-1)}{2\cdot 4\cdots 2n}\left\{\cos\left[\left(2n+\frac{1}{2}\right)t - \frac{\pi}{4}\right] + \sqrt{\frac{2n+1}{4n+1}}\,\frac{\delta(x)}{4n+1}\right\}$$

oder

$$v_{2n}(t) = \frac{1\cdot 3\cdots(2n-1)}{2\cdot 4\cdots 2n}\left\{\cos\left[\left(2n+\frac{1}{2}\right)t - \frac{\pi}{4}\right] + \frac{\eta(x)}{4n+1}\right\},$$

wobei $\delta(x)$ und $\eta(x)$ Funktionen von x sind, die für $0 \leqslant x < 1 - \varepsilon$ bei wachsendem n beschränkt bleiben. Durch diese Funktionen kann man auf Grund der vorigen Rechnungen auch eine genauere Abschätzung angeben.

Schließlich erhält man unter Benutzung der Substitution (59)

$$P_{2n}(\cos t) = \frac{1}{\sqrt{\sin t}}\,\frac{1\cdot 3\cdots(2n-1)}{2\cdot 4\cdots 2n}\left\{\cos\left[\left(2n+\frac{1}{2}\right)t - \frac{\pi}{4}\right] + O\left(\frac{1}{n}\right)\right\}. \tag{64}$$

Entsprechend gilt für ungeraden Index

$$P_{2n+1}(\cos t) = \frac{1}{\sqrt{\sin t}}\,\frac{1\cdot 3\cdots(2n-1)}{2\cdot 4\cdots 2n}\left\{\cos\left[\left(2n+\frac{3}{2}\right)t - \frac{\pi}{4}\right] + O\left(\frac{1}{n}\right)\right\}. \tag{65}$$

Das so erhaltene Resultat ist auch auf negative Werte von $x = \cos t$ ausdehnbar. Das Symbol $O\left(\frac{1}{n}\right)$ in diesen Formeln bezeichnet eine Größe, für die das Produkt $n\,O\left(\frac{1}{n}\right)$ für wachsendes n unabhängig von x beschränkt bleibt, sofern x beliebig im Intervall $-1 + \varepsilon < x < 1 - \varepsilon$ variiert, wobei ε eine beliebige, aber feste kleine positive Zahl bezeichnet.

Wir können die obigen Formeln auf eine einfachere Gestalt bringen, wenn wir die WALLISsche Formel [75]

$$\frac{\pi}{2} = \lim_{n\to\infty} \frac{2^2\cdot 4^2\cdots(2n-2)^2\cdot 2n}{1^2\cdot 3^2\cdots(2n-1)^2}$$

benutzen. Sie ergibt

$$\lim_{n\to\infty} \frac{1\cdot 3\cdots(2n-1)}{2\cdot 4\cdots 2n}\sqrt{2n} = \sqrt{\frac{2}{\pi}}$$

oder

$$\frac{1\cdot 3\cdots(2n-1)}{2\cdot 4\cdots 2n}\sqrt{2n} = \sqrt{\frac{2}{\pi}} + \eta_n,$$

wobei η_n für $n \to \infty$ gegen Null strebt; es gilt also

$$\frac{1\cdot 3\cdots(2n-1)}{2\cdot 4\cdots 2n} = \sqrt{\frac{1}{n\pi}} + \frac{\eta_n}{\sqrt{2n}}.$$

Damit kann man für die Formel (64) schreiben:

$$P_{2n}(\cos t) = \sqrt{\frac{1}{n\pi \sin t}} \left\{ \cos\left[\left(2n + \frac{1}{2}\right)t - \frac{\pi}{4}\right] + \eta''_{2n} \right\}.$$

Verfährt man entsprechend auch mit der Formel (65), so kann man sich davon überzeugen, daß für beliebigen Index die Formel

$$P_n(\cos t) = \sqrt{\frac{1}{n\pi \sin t}} \left\{ \cos\left[\left(n + \frac{1}{2}\right)t - \frac{\pi}{4}\right] + \eta''_n \right\} \tag{66}$$

gilt. Hierbei gilt $\eta''_n \to 0$ gleichmäßig bezüglich t für $n \to \infty$, falls $\varepsilon < t < \pi - \varepsilon$ mit $\varepsilon > 0$ ist.

Wir geben noch ohne Beweis eine asymptotische Darstellung der LAGUERREschen Polynome an. Variiert x im Intervall $0 < a \leqslant x \leqslant b$, wobei a und b beliebige endliche Zahlen sind, so gilt die asymptotische Formel

$$Q_n^{(s)}(x) = \pi^{-\frac{1}{2}} n^{\frac{s}{2} - \frac{1}{4}} \cdot n!\, x^{-\frac{s}{2} - \frac{1}{4}} e^{\frac{x}{2}} \left\{ \cos\left(2\sqrt{n x} - \frac{s\pi}{2} - \frac{\pi}{4}\right) + O\left(\frac{1}{\sqrt{n}}\right) \right\}. \tag{67}$$

§ 4. Elliptische Integrale und elliptische Funktionen

164. Zurückführung elliptischer Integrale auf Normalform. Wir wollen in diesem Paragraphen gewisse Funktionen einer komplexen Veränderlichen untersuchen, die nicht mit linearen Differentialgleichungen zusammenhängen, sondern anderen Ursprungs sind; sie hängen im Grunde mit Integralen zusammen, die sich nicht in geschlossener Form auswerten lassen, nämlich mit den sogenannten elliptischen Integralen. Wir haben sie bereits früher erwähnt [**I, 199**] und wollen sie jetzt näher untersuchen.

Früher hatten wir Integrale der Gestalt

$$\int R\left(x, \sqrt{P(x)}\right) dx \tag{1}$$

betrachtet, wobei $R(x, y)$ eine rationale Funktion ihrer Argumente und $P(x)$ ein Polynom zweiten Grades ist. Wir haben gesehen, daß diese Integrale in geschlossener Form durch elementare Funktionen darstellbar sind. *Ist jedoch $P(x)$ ein Polynom dritten oder vierten Grades, so heißt ein Integral der Gestalt* (1) *elliptisches Integral* und läßt sich im allgemeinen nicht in geschlossener Form angeben. In Ausnahmefällen kann es jedoch durch elementare Funktionen ausdrückbar sein. Betrachten wir z. B. das Integral

$$\int \frac{x^{2n+1}\, dx}{\sqrt{x^4 + bx^2 + c}},$$

in dem n eine ganze Zahl ist, so erhalten wir durch die Substitution $t = x^2$ das Integral

$$\frac{1}{2} \int \frac{t^n\, dt}{\sqrt{t^2 + bt + c}}.$$

Dieses ist, wie wir wissen, durch elementare Funktionen ausdrückbar. Läßt sich ein Integral der Gestalt (1), wobei $P(x)$ ein Polynom dritten oder vierten Grades ist, durch elementare Funktionen ausdrücken, so bezeichnet man es mitunter als *pseudo-elliptisch*.

Wir wollen jetzt die elliptischen Integrale untersuchen und bemerken zunächst, daß es keinen prinzipiellen Unterschied ausmacht, ob $P(x)$ ein Polynom dritten oder vierten Grades ist; denn der eine Fall geht mit Hilfe einer einfachen Substitution der Integrationsvariablen in den anderen über. Nehmen wir beispielsweise an, $P(x)$ sei ein Polynom vierten Grades, also

$$P(x) = ax^4 + bx^3 + cx^2 + hx + k. \tag{2}$$

Es sei $x = x_1$ eine seiner Nullstellen. Dann führen wir an Stelle von x die neue Veränderliche t mit

$$x = x_1 + \frac{1}{t} \tag{3}$$

ein. Geht man damit in das Polynom (2) ein, so erhält man

$$P(x) = a\left(x_1 + \frac{1}{t}\right)^4 + b\left(x_1 + \frac{1}{t}\right)^3 + c\left(x_1 + \frac{1}{t}\right)^2 + h\left(x_1 + \frac{1}{t}\right) + k.$$

Entwickelt man die Klammern und berücksichtigt, daß $x = x_1$ eine Nullstelle des Polynoms (2) ist, so folgt

$$P(x) = \frac{P_1(t)}{t^4},$$

wobei $P_1(t)$ ein Polynom dritten Grades ist. Damit haben wir den Fall eines Polynoms vierten Grades auf den eines Polynoms dritten Grades zurückgeführt. Die Substitution (3) besteht im wesentlichen darin, daß eine der Nullstellen des Polynoms (2), nämlich $x = x_1$, in der neuen Veränderlichen in die Nullstelle $t = \infty$ übergeht.

Ist umgekehrt $P(x)$ ein Polynom dritten Grades, so erhalten wir nach Ausführen der linearen Transformation

$$x = \frac{\alpha t + \beta}{\gamma t + \delta}$$

die Funktion

$$P(x) = \frac{P_2(t)}{(\gamma t + \delta)^4},$$

wobei $P_2(t)$ im allgemeinen ein Polynom vierten Grades ist.

Durch die gleichen Überlegungen wie in **[I, 199]** kann man zeigen, daß das elliptische Integral (1) auf ein Integral der Gestalt

$$\int \frac{\varphi(x)}{\sqrt{P(x)}}\, dx \tag{4}$$

oder

$$\int \frac{dx}{(x-a)^k \sqrt{P(x)}} \tag{5}$$

zurückgeführt werden kann, wobei $\varphi(x)$ ein gewisses Polynom ist. Unter der Annahme, daß $P(x)$ ein Polynom dritten Grades ist, zeigen wir, daß die obigen Integrale auf drei Typen zurückgeführt werden können. Dazu betrachten wir Integrale der Gestalt

$$I_k = \int \frac{x^k}{\sqrt{P(x)}}\, dx, \tag{6}$$

wobei k eine gewisse ganze positive oder negative Zahl ist. Wir setzen

$$P(x) = ax^3 + bx^2 + cx + h.$$

Durch Differentiation erhält man

$$\left(x^m \sqrt{P(x)}\right)' = mx^{m-1} \sqrt{P(x)} + x^m \frac{3ax^2 + 2bx + c}{2\sqrt{P(x)}} =$$

$$= \frac{mx^{m-1}(ax^3 + bx^2 + cx + h)}{\sqrt{P(x)}} + \frac{x^m(3ax^2 + 2bx + c)}{2\sqrt{P(x)}},$$

woraus durch Integration und wegen (6) folgt:

$$x^m \sqrt{P(x)} + C = maI_{m+2} + mbI_{m+1} + mcI_m + mhI_{m-1} + \frac{3a}{2} I_{m+2} + bI_{m+1} + \frac{c}{2} I_m$$

(C ist eine willkürliche Konstante) oder

$$a\left(m + \frac{3}{2}\right) I_{m+2} + b(m+1) I_{m+1} + c\left(m + \frac{1}{2}\right) I_m + hmI_{m-1} = x^m \sqrt{P(x)} + C. \tag{7}$$

Für $m = 0$ und $m = 1$ gilt

$$\frac{3}{2} aI_2 + bI_1 + \frac{c}{2} I_0 = \sqrt{P(x)} + C;$$

$$\frac{5}{2} aI_3 + 2bI_2 + \frac{3}{2} cI_1 + hI_0 = x\sqrt{P(x)} + C.$$

Die beiden letzten Formeln ermöglichen es, nacheinander I_2 und I_3 durch I_0 und I_1 auszudrücken. Setzt man in der Beziehung (7) $m = 2$, so ist

$$\frac{7}{2} aI_4 + 3bI_3 + \frac{5}{2} cI_2 + 2hI_1 = x^2 \sqrt{P(x)} + C,$$

woraus man I_4 bestimmen kann, usw. Daher läßt sich jedes Integral der Gestalt (6) für ganzes positives k durch I_0 und I_1 ausdrücken. Dieselbe Eigenschaft besitzt offensichtlich auch das Integral (4).

Wir wenden uns jetzt wieder dem Integral (5) zu. Führt man an Stelle von x die neue Veränderliche $x - a = t$ ein, so gelangt man zu Integralen der Gestalt

$$I'_k = \int \frac{t^k}{\sqrt{P_1(t)}} dt \qquad (k = -1, -2, \ldots), \tag{8}$$

in denen $P_1(t)$ ein gewisses Polynom dritten Grades und k eine ganze negative Zahl ist. Setzt man in Gleichung (7) $m = -1$, so erhält man

$$\frac{1}{2} a' I'_1 - \frac{1}{2} c' I'_{-1} - h' I'_{-2} = t^{-1} \sqrt{P_1(t)} + C,$$

wobei a', b', c' und h' die Koeffizienten von $P_1(t)$ sind.

Setzt man dann $m = -2$, so bekommt man

$$-\frac{1}{2} a' I'_0 - b' I'_{-1} - \frac{3}{2} c' I'_{-2} - 2h' I'_{-3} = t^{-2} \sqrt{P_1(t)} + C$$

usw. Daraus ersieht man unmittelbar, daß alle Integrale der Gestalt (8) durch I'_1, I'_0 und I'_{-1} ausdrückbar sind, also in den früheren Bezeichnungen durch die Integrale

$$\int \frac{x - a}{\sqrt{P(x)}} dx; \quad \int \frac{dx}{\sqrt{P(x)}}; \quad \int \frac{dx}{(x-a)\sqrt{P(x)}}.$$

Mithin kann man schließlich behaupten: Falls $P(x)$ ein Polynom dritten Grades ist, so läßt sich jedes elliptische Integral auf folgende drei Typen zurückführen:

$$\int \frac{dx}{\sqrt{P(x)}}; \quad \int \frac{x\,dx}{\sqrt{P(x)}}; \quad \int \frac{dx}{(x-a)\sqrt{P(x)}}. \tag{9}$$

Die ersten bezeichnet man als *elliptische Integrale erster Gattung*, die zweiten als *elliptische Integrale zweiter Gattung* und die dritten schließlich als *elliptische Integrale dritter Gattung*.

Wir weisen noch auf folgendes hin: Ist das Ausgangsintegral reell, so können diese Rechnungen auf Formeln führen, die komplexe Zahlen enthalten. So kann die Zahl x_1 in Formel (3) auch komplex sein, wenn z. B. alle vier Nullstellen des Polynoms $P(x)$ komplex sind. Ebenso können wir bei der Zerlegung einer rationalen Funktion in Partialbrüche und der Reduktion eines Integrals auf die Gestalt (5) für a einen komplexen Wert erhalten. Man kann dann die Rechnungen so abändern, daß lediglich reelle Größen auftreten; auf den Beweis verzichten wir jedoch. Im folgenden werden wir diesen Umstand gelegentlich berücksichtigen.

165. Reduktion von Integralen auf trigonometrische Form. Wir beschränken uns jetzt auf elliptische Integrale erster und zweiter Gattung und wollen zeigen, daß sie auf eine neue Gestalt gebracht werden können, in der der Integrand trigonometrische Funktionen enthält. Wir beginnen mit den Integralen erster Gattung und setzen voraus, der höchste Koeffizient in $P(x)$ sei gleich ± 1,

$$P(x) = \pm x^3 + bx^2 + cx + h.$$

Zunächst möge dieses Polynom reelle Koeffizienten und die drei reellen Nullstellen α, β und γ haben. Letztere müssen voneinander verschieden sein, da $P(x)$ andernfalls den quadratischen Faktor $(x-\alpha)^2$ enthielte, den wir vor die Quadratwurzel ziehen können. Dann bleibt aber unter dem Wurzelzeichen lediglich ein Polynom ersten Grades stehen.

Wir wollen ferner voraussetzen, daß α die kleinste Nullstelle ist, wenn bei x^3 ein Pluszeichen steht, und die größte, falls dort ein Minuszeichen steht; β möge der Größe nach die mittlere Nullstelle sein. Wir führen an Stelle von x die neue Veränderliche φ mit

$$x = \alpha + (\beta - \alpha)\sin^2\varphi \tag{10}$$

ein.

Setzt man diesen Ausdruck in das Polynom

$$P(x) = \pm x^3 + bx^2 + cx + h = \pm(x-\alpha)(x-\beta)(x-\gamma)$$

ein, so folgt nach einfachen Rechnungen

$$P(x) = |\gamma - \alpha|\,(\beta-\alpha)^2\,(1 - k^2\sin^2\varphi)\sin^2\varphi\cos^2\varphi$$

mit

$$k^2 = \frac{\beta-\alpha}{\gamma-\alpha}, \tag{11}$$

wobei gemäß unserer Wahl der Nullstellen die Zahl k^2 immer zwischen Null und Eins liegt; stets setzen wir $k > 0$ voraus. Ferner gilt wegen (10)

$$dx = 2(\beta-\alpha)\sin\varphi\cos\varphi\,d\varphi;$$

folglich unterscheidet sich der Ausdruck

$$\frac{dx}{\sqrt{P(x)}} \tag{12}$$

lediglich durch einen konstanten Faktor von dem Ausdruck

$$\frac{d\varphi}{\sqrt{1-k^2\sin^2\varphi}}. \tag{13}$$

Wir wollen nun zeigen, daß man dasselbe Resultat erhält, wenn $P(x)$ reelle Koeffizienten, aber nur die eine reelle Nullstelle $x = \alpha$ hat. Dann kann man nämlich das Polynom in der Gestalt

$$P(x) = \pm(x-\alpha)(x^2+px+q)$$

darstellen, wobei $x^2 + px + q$ reelle Koeffizienten, aber keine reelle Nullstelle hat und folglich für reelle Werte x immer positiv bleibt. In diesem Fall führen wir an Stelle von x die neue Veränderliche φ mit

$$x = \alpha \pm \sqrt{\alpha^2+p\alpha+q}\,\operatorname{tg}^2\frac{\varphi}{2} \tag{14}$$

ein.

Setzt man in $P(x)$ ein, so folgt

$$\pm(x-\alpha)(x^2+px+q) = (\alpha^2+p\alpha+q)^{\frac{3}{2}}(1-k^2\sin^2\varphi)\frac{\operatorname{tg}^2\frac{\varphi}{2}}{\cos^4\frac{\varphi}{2}}$$

mit

$$k^2 = \frac{1}{2}\left(1 \mp \frac{\alpha+\frac{p}{2}}{\sqrt{\alpha^2+p\alpha+q}}\right). \tag{15}$$

Wir wollen zeigen, daß diese Zahl zwischen Null und Eins liegt. Dazu genügt es zu beweisen, daß der zweite Summand in den runden Klammern in (15) dem absoluten Betrage nach stets kleiner als Eins ist, d. h., daß das Quadrat des Nenners größer ist als das Quadrat des Zählers. Offensichtlich ist

$$\alpha^2+p\alpha+q = \left(\alpha+\frac{p}{2}\right)^2 + \left(q-\frac{1}{4}p^2\right).$$

Nun ist aber der zweite Summand rechts sicher positiv, da das Polynom $x^2 + px + q$ nach Voraussetzung konjugiert-komplexe Nullstellen hat. Daher erhalten wir

$$\alpha^2+p\alpha+q > \left(\alpha+\frac{p}{2}\right)^2.$$

Ferner folgt aus der Substitution (14), daß

$$dx = \pm\sqrt{\alpha^2+p\alpha+q}\,\frac{\operatorname{tg}\frac{\varphi}{2}}{\cos^2\frac{\varphi}{2}}\,d\varphi$$

ist, und folglich unterscheidet sich auch jetzt der Ausdruck (12) nach der Transformation lediglich durch einen konstanten Faktor vom Ausdruck (13).

Wir sehen also, *daß jedes reelle elliptische Integral erster Gattung mit Hilfe einer reellen Transformation auf die Gestalt*

$$\int \frac{d\varphi}{\sqrt{1-k^2 \sin^2 \varphi}} \qquad (0<k^2<1) \tag{16}$$

zurückgeführt werden kann.

Wir wenden uns jetzt dem Integral zweiter Gattung

$$\int \frac{x}{\sqrt{P(x)}}\, dx$$

zu. Benutzt man eine der vorigen Transformationen, so kann man es auf ein Integral (16) und auf ein Integral der Gestalt

$$\int \frac{\sin^2 \varphi}{\sqrt{1-k^2 \sin^2 \varphi}}\, d\varphi \quad \text{oder} \quad \int \frac{\operatorname{tg}^2 \frac{\varphi}{2}}{\sqrt{1-k^2 \sin^2 \varphi}}\, d\varphi \tag{17}$$

zurückführen.

Multipliziert man das erste Integral mit dem konstanten Faktor k^2, so geht es in die Gestalt

$$k^2 \int \frac{\sin^2 \varphi}{\sqrt{1-k^2 \sin^2 \varphi}}\, d\varphi = \int \frac{d\varphi}{\sqrt{1-k^2 \sin^2 \varphi}} - \int \sqrt{1-k^2 \sin^2 \varphi}\, d\varphi$$

über und läßt sich daher auf ein Integral der Form (16) und ein Integral der Gestalt

$$\int \sqrt{1-k^2 \sin^2 \varphi}\, d\varphi \tag{18}$$

zurückführen.

Wir zeigen, daß das zweite der Integrale (17) auf das erste Integral zurückführbar ist. Dazu benutzen wir folgende Formel, die man leicht durch einfache Differentiation nachprüft:

$$2d\left(\operatorname{tg} \frac{\varphi}{2} \sqrt{1-k^2 \sin^2 \varphi}\right) = \left[\left(1+\operatorname{tg}^2 \frac{\varphi}{2}\right) - 2\,k^2 \sin^2 \varphi\right] \frac{d\varphi}{\sqrt{1-k^2 \sin^2 \varphi}}.$$

Integriert man sie, so erhält man

$$\int \frac{\operatorname{tg}^2 \frac{\varphi}{2}}{\sqrt{1-k^2 \sin^2 \varphi}}\, d\varphi = 2 \operatorname{tg} \frac{\varphi}{2} \sqrt{1-k^2 \sin^2 \varphi} + 2k^2 \int \frac{\sin^2 \varphi}{\sqrt{1-k^2 \sin^2 \varphi}}\, d\varphi - \int \frac{d\varphi}{\sqrt{1-k^2 \sin^2 \varphi}}.$$

Wir sehen also, *daß die elliptischen Integrale erster und zweiter Gattung auf Integrale folgender zwei Typen zurückgeführt werden können:*

$$\int \frac{d\varphi}{\sqrt{1-k^2 \sin^2 \varphi}}; \qquad \int \sqrt{1-k^2 \sin^2 \varphi}\, d\varphi. \tag{19}$$

Man bezeichnet sie oft als *elliptische Integrale erster und zweiter Gattung in* LEGENDRE*scher Form.*

Man kann die Integrale (19) etwas anders schreiben, wenn man an Stelle von φ die neue Veränderliche t mit

$$t = \sin \varphi$$

einführt. Dann ist

$$d\varphi = \frac{dt}{\sqrt{1-t^2}},$$

und das erste der Integrale (19) lautet

$$\int \frac{dt}{\sqrt{(1-t^2)(1-k^2t^2)}}.$$

Hier haben wir unter dem Wurzelzeichen ein Polynom vierten Grades von spezieller Gestalt. Wir könnten nämlich, ausgehend von einem elliptischen Integral erster Gattung, zu einem solchen Polynom gelangen, wenn wir die lineare Transformation

$$x = \frac{\alpha t + \beta}{\gamma t + \delta}$$

auf die unabhängige Veränderliche anwenden.

Wir schreiben die Integrale (19) mit der unteren Grenze Null und mit variabler oberer Grenze und führen dafür spezielle Bezeichnungen ein:

$$F(k, \varphi) = \int_0^{\varphi} \frac{d\psi}{\sqrt{1-k^2 \sin^2 \psi}}; \quad E(k, \varphi) = \int_0^{\varphi} \sqrt{1-k^2 \sin^2 \psi}\, d\psi. \tag{20}$$

Hat die obere Grenze den Wert $\varphi = \frac{\pi}{2}$, so sind die Integrale lediglich Funktionen von k:

$$\mathsf{K}(k) \equiv F\left(k, \frac{\pi}{2}\right) = \int_0^{\frac{\pi}{2}} \frac{d\varphi}{\sqrt{1-k^2 \sin^2 \varphi}}; \quad \mathsf{E}(k) \equiv E\left(k, \frac{\pi}{2}\right) = \int_0^{\frac{\pi}{2}} \sqrt{1-k^2 \sin^2 \varphi}\, d\varphi; \tag{21}$$

diese Integrale nennt man gewöhnlich *vollständige elliptische Integrale erster und zweiter Gattung (vollständige elliptische Normalintegrale)*.

Es existieren Tabellen der Werte sowohl der Integrale (20) als auch der Integrale (21). Zeitlich die ersten sind die LEGENDREschen Tabellen, die im Jahre 1826 veröffentlicht wurden. Man findet dort unter anderem die Werte der Logarithmen der Größen (21) für verschiedene Werte von k. Dabei setzt man $k = \sin\theta$ und gibt die Werte θ für jedes zehntel Grad an. Die wichtigsten Tafeln mit zweifachem Eingang geben die Werte der Integrale (20) an, wobei wie oben $k = \sin\theta$ gesetzt ist. Diese Tabellen enthalten den Wert der Integrale für φ und θ von 0 bis 90° bis zur neunten Dezimale für jedes Grad. Wir weisen ferner noch auf „Tafeln höherer Funktionen" von E. JAHNKE und F. EMDE hin, die ebenfalls Tabellen elliptischer Integrale enthalten.

166. Beispiele. 1. Die Dauer einer vollständigen Schwingung eines einfachen Pendels der Länge l und der Schwingungsamplitude 2α wird durch die Formel

$$T = \sqrt{\frac{2l}{g}} \int_0^{\alpha} \frac{d\tau}{\sqrt{\cos\tau - \cos\alpha}} \tag{22}$$

ausgedrückt, wobei g die Erdbeschleunigung ist. Man kann das Integral (22) leicht als ein vollständiges elliptisches Integral erster Gattung darstellen. Dazu führen wir die Konstante

$k = \sin\frac{\alpha}{2}$ ein und an Stelle von τ die neue Veränderliche φ mit $\sin\frac{\tau}{2} = k \sin\varphi$. Wir erhalten dann

$$\cos\tau - \cos\alpha = 2\left(\sin^2\frac{\alpha}{2} - \sin^2\frac{\tau}{2}\right) = 2k^2\cos^2\varphi$$

und außerdem

$$\cos\frac{\tau}{2}\,d\tau = 2k\cos\varphi\,d\varphi \quad \text{oder} \quad d\tau = \frac{2k\cos\varphi\,d\varphi}{\sqrt{1-k^2\sin^2\varphi}}.$$

Daraus bekommt man schließlich für die Schwingungsdauer, da die Veränderliche φ wegen $\sin\frac{\tau}{2} = \sin\frac{\alpha}{2}\sin\varphi$ zwischen 0 und $\frac{\pi}{2}$ variieren muß,

$$T = 2\sqrt{\frac{l}{g}}\int_0^{\frac{\pi}{2}}\frac{d\varphi}{\sqrt{1-k^2\sin^2\varphi}} = 2\sqrt{\frac{l}{g}}\,\mathsf{K}(k).$$

2. Wir betrachten das elliptische Integral

$$\int_0^{\varphi_0}\frac{d\varphi}{\sqrt{1-k^2\sin^2\varphi}},$$

in dem $k^2 > 1$ ist, und nehmen an, die obere Grenze φ_0 liege im Intervall $(0, \alpha)$, wobei α aus der Gleichung $\sin\alpha = \frac{1}{k}$ bestimmt sei. An Stelle von φ führen wir die neue Veränderliche ψ nach der Formel $\sin\psi = k\sin\varphi$ ein. Der Variationsbereich von ψ ist durch das Intervall $(0, \psi_0)$ beschränkt, wobei $\sin\psi_0 = k\sin\varphi_0$ ist. Nach elementaren Umformungen erhalten wir

$$\frac{d\varphi}{\sqrt{1-k^2\sin^2\varphi}} = \frac{1}{k}\frac{d\psi}{\sqrt{1-\frac{1}{k^2}\sin^2\psi}},$$

und folglich ist

$$\int_0^{\varphi_0}\frac{d\varphi}{\sqrt{1-k^2\sin^2\varphi}} = \frac{1}{k}F\left(\frac{1}{k}, \psi_0\right).$$

Ist die obere Grenze $\varphi_0 = \alpha$, so ist $\psi_0 = \frac{\pi}{2}$, und wir erhalten mit der Bezeichnung (21)

$$\int_0^{\alpha}\frac{d\varphi}{\sqrt{1-k^2\sin^2\varphi}} = \frac{1}{k}\mathsf{K}\left(\frac{1}{k}\right).$$

Ebenso kann man auch das Integral

$$\int_0^{\varphi_0}\sqrt{1-k^2\sin^2\varphi}\,d\varphi$$

für $k^2 > 1$ betrachten. Dafür gilt

$$\int_0^{\alpha}\sqrt{1-k^2\sin^2\varphi}\,d\varphi = \frac{1}{k}\mathsf{K}\left(\frac{1}{k}\right) + k\mathsf{E}\left(\frac{1}{k}\right) - k\mathsf{K}\left(\frac{1}{k}\right).$$

3. Wir betrachten das Integral

$$\int \frac{dx}{\sqrt{1-x^4}}.$$

Setzen wir $x = \cos\varphi$, so können wir es auf die Normalform

$$\int \frac{dx}{\sqrt{1-x^4}} = -\frac{1}{\sqrt{2}} \int \frac{d\varphi}{\sqrt{1-\frac{1}{2}\sin^2\varphi}}$$

zurückführen.

Ebenso erhält man mit Hilfe dieser Substitution

$$\int \frac{x^2\,dx}{\sqrt{1-x^4}} = \frac{1}{\sqrt{2}} \int \frac{d\varphi}{\sqrt{1-\frac{1}{2}\sin^2\varphi}} - \sqrt{2}\int \sqrt{1-\frac{1}{2}\sin^2\varphi}\;d\varphi.$$

4. Auf das Integral

$$\int \frac{dx}{\sqrt{x^3+1}}$$

ist die in [165] dargelegte Methode anwendbar. Führt man dementsprechend für x die neue Veränderliche φ mit

$$x = -1 + \sqrt{3}\,\mathrm{tg}^2\frac{\varphi}{2}$$

ein, so ist

$$\int \frac{dx}{\sqrt{x^3+1}} = \frac{1}{\sqrt[4]{3}} \int \frac{d\varphi}{\sqrt{1-\left(\frac{1+\sqrt{3}}{2}\right)^2 \sin^2\varphi}}.$$

5. Komplizierter gestaltet sich die Reduktion des Integrals

$$\int \frac{dx}{\sqrt{x^4+1}} \tag{23}$$

auf eine einfachere Gestalt. In diesem Fall läßt sich das unter dem Wurzelzeichen stehende Polynom in zwei reelle Faktoren zweiten Grades aufspalten; es ist nämlich

$$x^4 + 1 = (x^2+1)^2 - (\sqrt{2}\,x)^2 = (x^2 + \sqrt{2}x + 1)\,(x^2 - \sqrt{2}x + 1).$$

Hat allgemein das Polynom vierten Grades unter dem Wurzelzeichen nur komplexe Nullstellen und ist es in zwei reelle Faktoren zweiten Grades aufspaltbar, ist also

$$P(x) = (x^2 + px + q)\,(x^2 + p'x + q'),$$

so muß man die Zahlen λ und μ aus den Beziehungen

$$(p-p')\,\lambda = q - q' - \sqrt{(q-q')^2 + (p-p')(pq'-qp')},$$
$$(p-p')\,\mu = q - q' + \sqrt{(q-q')^2 + (p-p')(pq'-qp')};$$

bestimmen und die Variablensubstitution

$$x = \frac{\lambda + \mu m\,\mathrm{tg}\,\varphi}{1 + m\,\mathrm{tg}\,\varphi}$$

durchführen, in der m die kleinere der beiden Zahlen

$$\sqrt{\frac{\lambda^2 - p\lambda + q}{\mu^2 - p\mu + q}} \quad \text{und} \quad \sqrt{\frac{\lambda^2 - p'\lambda + q'}{\mu^2 - p'\mu + q'}}$$

ist. Dann lautet die Variablensubstitution

$$x = \frac{\operatorname{tg}\varphi - (1 + \sqrt{2})}{\operatorname{tg}\varphi + (1 + \sqrt{2})}.$$

Führt man sie aus, so nimmt das Integral (23) die Gestalt

$$\int \frac{dx}{\sqrt{x^4+1}} = \int \frac{(2+\sqrt{2})\,d\varphi}{\sqrt{\sin^4\varphi + 6(3+2\sqrt{2})\sin^2\varphi\cos^2\varphi + (3+2\sqrt{2})^2\cos^4\varphi}}$$

an. Man prüft leicht nach, daß der unter dem Wurzelzeichen stehende Ausdruck gleich dem Produkt aus

$$\sin^2\varphi + (3+2\sqrt{2})^2\cos^2\varphi = (3+2\sqrt{2})^2\left(1 - \frac{4\sqrt{2}}{3+2\sqrt{2}}\sin^2\varphi\right)$$

und $\sin^2\varphi + \cos^2\varphi$ ist, und wir erhalten schließlich folgende Formel, die die Reduktion des Integrals (23) auf Normalform liefert:

$$\int \frac{dx}{\sqrt{x^4+1}} = \int \frac{(2-\sqrt{2})\,d\varphi}{\sqrt{1 - \dfrac{4\sqrt{2}}{3+2\sqrt{2}}\sin^2\varphi}}.$$

167. Umkehrfunktionen elliptischer Integrale. Nachdem wir elliptische Integrale untersucht haben, erklären wir jetzt den Begriff der elliptischen Funktion. In mancher Beziehung sind die elliptischen Funktionen den trigonometrischen Funktionen ähnlich und als Verallgemeinerungen derselben anzusehen. Wir wollen zunächst zeigen, daß man auch trigonometrische Funktionen, z. B. $x = \sin u$, als Umkehrfunktion eines Integrals erhalten kann. Wir betrachten dazu das elementare Integral

$$u = \int_0^x \frac{dy}{\sqrt{1-y^2}} = \arcsin x. \tag{24}$$

Sein Wert ist eine Funktion der oberen Grenze x. Wir wollen die Umkehrfunktion betrachten, d. h. also die obere Grenze x als Funktion des Wertes des Integrals u. Auf diese Weise erhalten wir die eindeutige, reguläre und periodische Funktion $x = \sin u$. Man sagt, daß man sie als Umkehrfunktion des Integrals (24) erhält. Wählen wir das elliptische Integral erster Gattung

$$u = \int_0^x \frac{dy}{\sqrt{P(y)}},$$

so erhalten wir als Umkehrfunktion, wie sich zeigen wird, eine eindeutige analytische Funktion $x = f(u)$. Diese Funktion ist keine ganze, sondern eine meromorphe Funktion und besitzt nicht mehr eine, sondern zwei wesentlich verschiedene Perioden. Wir gehen auf diese Frage im folgenden ausführlich ein.

Zunächst untersuchen wir ein elliptisches Integral erster Gattung in der Legendreschen Form

$$u = \int_0^z \frac{dy}{\sqrt{(1-y^2)(1-k^2y^2)}}, \tag{25}$$

wobei k als reelle Zahl zwischen Null und Eins vorausgesetzt wird. Wir sind diesem Integral (25) bereits bei der Untersuchung der Abbildung der oberen z-Halbebene auf ein Rechteck der u-Ebene begegnet [37] und erinnern daher an die wichtigsten damaligen Resultate; nur ändern wir jetzt einige der Bezeichnungen. Die Formel (25) liefert die konforme Abbildung der oberen z-Halbebene auf ein Rechteck $ABCD$ der u-Ebene. Die Seite AB liegt auf der reellen Achse, und die Eckpunkte A und B haben die Koordinaten

$$\pm K = \pm \int_0^1 \frac{dz}{\sqrt{(1-z^2)(1-k^2z^2)}}; \tag{26}$$

ferner ist

$$\text{Länge der Seite } AB = 2\int_0^1 \frac{dz}{\sqrt{(1-z^2)(1-k^2z^2)}} = 2K, \tag{27}$$

während die Länge der Seite BC durch die Beziehung

$$\text{Länge der Seite } BC = \int_1^{\frac{1}{k}} \frac{dz}{\sqrt{(z^2-1)(1-k^2z^2)}}$$

bestimmt ist. Führen wir an Stelle von z die neue Integrationsveränderliche x nach der Formel $z = \frac{1}{\sqrt{1-k'^2x^2}}$ mit $k'^2 = 1 - k^2$ ein, so erhalten wir einen neuen Ausdruck für die Seitenlänge BC, die dann ebenso wie die Seite AB durch ein vollständiges elliptisches Integral erster Gattung darstellbar ist, nämlich

$$\text{Länge der Seite } BC = \int_0^1 \frac{dx}{\sqrt{(1-x^2)(1-k'^2x^2)}} = K'; \tag{28}$$

dabei ist k'^2 durch die Formel

$$k^2 + k'^2 = 1 \tag{29}$$

definiert. Die Zahl k bezeichnet man üblicherweise als *Modul des Integrals* (25) und die Zahl k' als *Komplementärmodul (Komplement des Moduls)*, wobei (29) gilt.

Wir wollen jetzt die Funktion (25) analytisch fortsetzen.
Wählen wir z. B. die analytische Fortsetzung aus der oberen Halbebene in die untere, und zwar über das Intervall $\left(1, \frac{1}{k}\right)$ der reellen Achse hinweg, so bildet die dabei erhaltene Funktion die untere Halbebene ebenfalls auf ein Rechteck ab. Dieses erhält man aus dem Fundamentalrechteck $ABCD$ durch Spiegelung an der Seite BC, die dem erwähnten Intervall der reellen Achse entspricht. Ebenso liefern uns auch die weiteren analytischen Fortsetzungen aus einer Halbebene in die andere die Werte u, die die Rechtecke in der u-Ebene bilden. Man erhält sie aus dem vorhergehenden Rechteck durch Spiegelung an derjenigen Seite, die dem Intervall der reellen Achse entspricht, über das hinweg wir die analytische Fortsetzung ausgeführt haben. Auf diese Weise liefern uns alle in der z-Ebene überhaupt möglichen analytischen Fortsetzungen der Funktion (25) in der u-Ebene ein Netz

kongruenter Rechtecke, die die gesamte u-Ebene ausfüllen und sich nirgends überdecken. Auf jedes dieser Rechtecke ist entweder die obere oder die untere z-Halbebene abgebildet. In Abb. 78 ist dieses Netz dargestellt, wobei ein nicht schraffiertes Rechteck der oberen und ein schraffiertes Rechteck der unteren Halbebene entspricht.

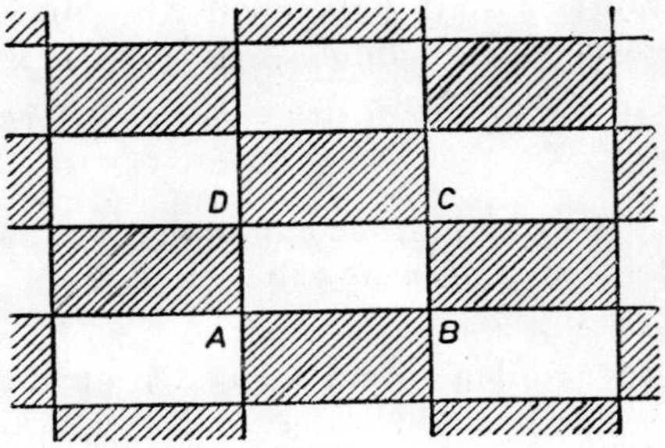

Abb. 78

Setzt man umgekehrt die Funktion $z = f(u)$, die man durch Umkehrung von (25) erhält, längs einer gewissen Kurve l analytisch fort, so muß man lediglich darauf achten, welche Seite des Rechtecks diese Kurve überschneidet. Wir erhalten dann in der z-Ebene den Übergang von einer Halbebene in die andere über das entsprechende Intervall der reellen Achse. Umlaufen wir beispielsweise in der u-Ebene irgendeinen Eckpunkt unseres Rechtecknetzes, so kommen wir in der z-Ebene zu den früheren Werten z zurück. Daraus ersehen wir, daß die Funktion $f(u)$ eine in der ganzen u-Ebene eindeutige analytische Funktion ist.

Dem Punkt $u = iK'$, der auf der Mitte der Seite CD des Fundamentalrechtecks liegt, entspricht der Wert $z = \infty$ [**37**], und eine einblättrige Umgebung des Punktes $u = iK'$ geht wieder in eine einblättrige Umgebung des Punktes $z = \infty$ über. Also hat die Funktion $f(u)$ im Punkt iK' einen einfachen Pol [**23**]. Entsprechende Punkte gibt es in jedem Rechteck unseres Netzes; daher ist $f(u)$ eine meromorphe Funktion.

Wir wollen nun noch zeigen, daß die Funktion $f(u)$ die reelle Periode $4K$ und die rein imaginäre Periode $i2K'$ hat. Dazu betrachten wir unser Netz von Rechtecken und bilden aus ihm ein neues Netz größerer Rechtecke, indem wir immer vier Rechtecke, die einen gemeinsamen Eckpunkt haben, zu einem einzigen Rechteck vereinigen (Abb. 79). Dieses große Rechteck hat eine zur reellen Achse parallele Seite der Länge $4K$ und eine zur imaginären Achse parallele Seite der Länge $2K'$.

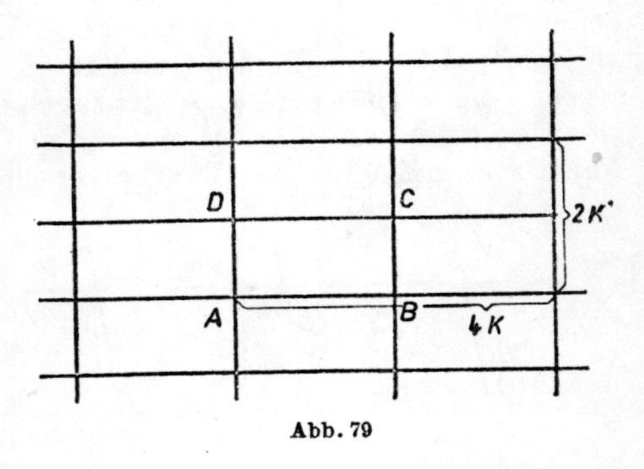

Abb. 79

Der Übergang von u zu $u + 4K$ bzw. von u zu $u + i2K'$ ist geometrisch gleichbedeutend mit dem Übergang in ein benachbartes Rechteck, wobei sich der Wert von $f(u)$ bei diesem Übergang nicht ändert.

Beispielsweise (Abb. 80) entspricht der Übergang von u zu $u + 4K$ zwei aufeinanderfolgenden Spiegelungen an den Geraden BC und $A'D'$, was in der z-Ebene zwei Spiegelungen an der reellen Achse liefert und auf den früheren Wert z zurück-

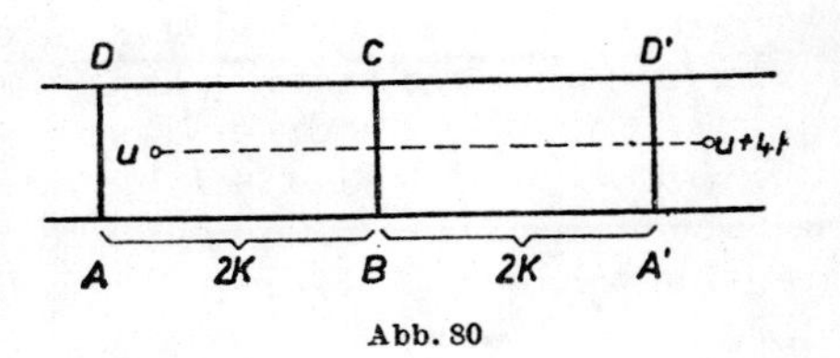

Abb. 80

führt. Damit haben wir also die doppelte Periodizität unserer Funktion $f(u)$ gezeigt. Sie kommt in folgenden Formeln zum Ausdruck:

$$f(u + 4K) = f(u);$$
$$f(u + i2K') = f(u).$$

Die so erhaltene eindeutige Funktion bezeichnet man angesichts ihrer Ähnlichkeit mit $\sin u$ gewöhnlich mit

$$z = \operatorname{sn}(u).$$

Wir werden sie im folgenden ausführlicher behandeln.

Durch Umkehrung anderer elliptischer Integrale erster Gattung erhalten wir weitere meromorphe doppelt-periodische Funktionen. Wir werden uns im nächsten Abschnitt mit der allgemeinen Theorie dieser Funktionen und gewisser mit ihnen zusammenhängender Funktionen beschäftigen, wobei wir die bisherigen Bezeichnungen etwas abändern.

168. Allgemeine Eigenschaften elliptischer Funktionen. Es seien ω_1 und ω_2 irgend zwei komplexe Zahlen, deren Quotient nicht reell ist. *Eine Funktion $f(u)$ heißt elliptisch, wenn sie eine meromorphe Funktion mit den zwei Perioden ω_1 und ω_2 ist*, wenn also

$$f(u + \omega_1) = f(u), \quad f(u + \omega_2) = f(u) \tag{30}$$

identisch für jedes u gilt. Anders ausgedrückt: Die Addition von ω_1 bzw. ω_2 zum Argument soll die Funktionswerte nicht ändern. Aus den Formeln (30) folgt auch die allgemeinere Formel

$$f(u + m_1\omega_1 + m_2\omega_2) = f(u), \tag{31}$$

wobei m_1 und m_2 beliebige ganze Zahlen sind.

Wir wollen die geometrischen Eigenschaften der doppelten Periodizität klären. Dazu denken wir uns an irgendeinen Punkt A der Ebene zwei Vektoren AB und AD angeheftet, die den komplexen Zahlen ω_1 und ω_2 entsprechen. Da nach Voraussetzung das Verhältnis $\omega_1 : \omega_2$ nicht reell ist, liegen diese Vektoren auf verschiedenen Geraden, und wir können aus ihnen das Parallelogramm $ABCD$ konstruieren. Führt man nacheinander Parallelverschiebungen dieser Figur um die Vektoren ω_1 und ω_2 aus, so kann man auf diese Weise die ganze Ebene mit einem Netz von kongruenten Parallelogrammen überdecken (Abb. 81).

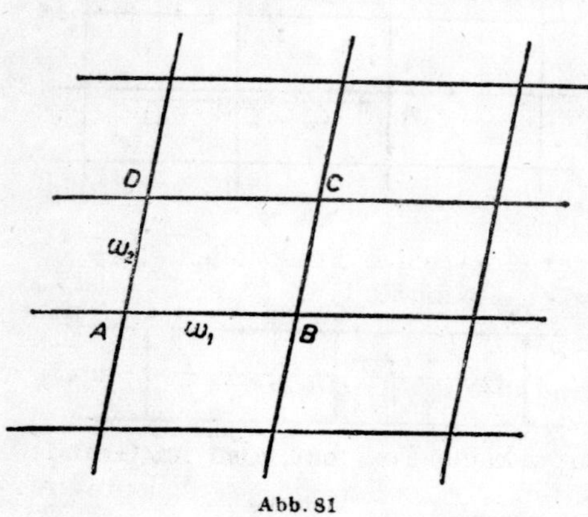

Abb. 81

Der Übergang von einem beliebigen Parallelogramm in ein benachbartes ist gleichbedeutend mit dem Übergang von u zu $u \pm \omega_1$ oder $u \pm \omega_2$. Wegen der doppelten Periodizität sind die Werte von $f(u)$ in den entsprechenden Punkten der konstruierten Parallelogramme identisch. Jede der erwähnten Figuren heißt Periodenparallelogramm der Funktion $f(u)$.

Wir weisen darauf hin, daß die Wahl der oben erwähnten Fundamentalecke A völlig willkürlich ist. Nehmen wir dafür beispielsweise den Nullpunkt O, so haben die Gitterpunkte unseres Parallelogrammnetzes die komplexen Koordinaten $m_1\omega_1 + m_2\omega_2$. Diese Gitterpunkte liefern also die Gesamtheit der Perioden der Funktion $f(u)$, die in Formel (31) angegeben sind (Abb. 82).

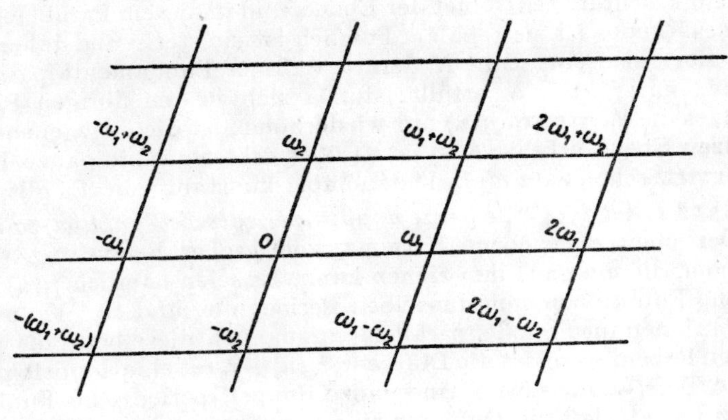

Abb. 82

Wählen wir irgendeinen Punkt M der u-Ebene und ziehen durch ihn die zu den Vektoren ω_1 und ω_2 parallelen Geraden, dann ist der von O nach M verlaufende Radiusvektor die Summe zweier Vektoren, von denen der eine parallel zu ω_1 und der andere parallel zu ω_2 ist. Daher kann man jede komplexe Zahl eindeutig in der Form

$$u = k\omega_1 + l\omega_2$$

darstellen, wobei k und l reelle Zahlen sind; und zwar sind es die Koordinaten des Punktes u, sofern man als Koordinatenachsen die den komplexen Zahlen ω_1 und ω_2 entsprechenden Vektoren wählt.

Oben haben wir den Ausdruck *entsprechende Punkte zweier Parallelogramme des Netzes benutzt.* Das sind solche zwei Punkte, bei denen die Differenz ihrer komplexen Koordinaten eine Periode, also gleich $m_1\omega_1 + m_2\omega_2$ ist, wobei m_1 und m_2 ganze Zahlen sind.

In diesem Sinne ist jedem Punkt der u-Ebene ein bestimmter Punkt aus dem Fundamentalparallelogramm des Netzes zugeordnet. Wählen wir beispielsweise das in Abb. 82 dargestellte Netz, in dem die Fundamentalecke der Nullpunkt ist, so können wir die Koordinaten jedes Punktes u in der Form

$$u = (k_1\omega_1 + k_2\omega_2) + m_1\omega_1 + m_2\omega_2$$

darstellen. Dabei sind k_1 und k_2 reelle Zahlen, die die Bedingungen $0 \leqslant k_1 < 1$ und $0 \leqslant k_2 < 1$ erfüllen, während m_1 und m_2 ganze Zahlen sind.

Wir weisen darauf hin, daß wir zu jedem Parallelogramm eine seiner Ecken und die zwei Seiten, die von diesem Eckpunkt ausgehen, hinzurechnen. Die übrigen Seiten und Eckpunkte erhält man durch die Periodizität.

Wir wollen jetzt die Haupteigenschaften der elliptischen Funktionen erörtern. Differenziert man die Identität (31) n-mal, so erhält man

$$f^{(n)}(u + m_1\omega_1 + m_2\omega_2) = f^{(n)}(u).$$

Die Ableitungen einer elliptischen Funktion sind also wieder elliptische Funktionen mit denselben Perioden.

Wir setzen nun voraus, daß $f(u)$ überhaupt keine Pole hat, also im Grunde keine meromorphe, sondern eine ganze Funktion ist. Ihr Periodenparallelogramm ist ein beschränktes Gebiet der Ebene, und in diesem Parallelogramm einschließlich seines Randes ist sie regulär. Folglich ist sie stetig und daher auch beschränkt. Es existiert also eine Zahl N derart, daß im Fundamentalparallelogramm die Ungleichung $|f(u)| < N$ erfüllt ist. Da sich in den übrigen Parallelogrammen des Netzes die Werte von $f(u)$ nur wiederholen, ist die angegebene Ungleichung in der ganzen Ebene erfüllt. Also ist $f(u)$ eine beschränkte ganze Funktion. Nach dem LIOUVILLEschen Satz muß sie dann aber konstant sein. Es gilt also folgender

Satz I. *Ist $f(u)$ eine ganze doppelt-periodische Funktion, so ist sie eine Konstante.*

Der eben angegebene Satz ist von großer Bedeutung wegen zweier Folgerungen, die man aus ihm ziehen kann. Es seien nämlich $f_1(u)$ und $f_2(u)$ zwei elliptische Funktionen mit denselben Perioden ω_1 und ω_2. Wir nehmen an, daß diese Funktionen im Periodenparallelogramm auch dieselben Pole mit gleichen Hauptteilen haben. Dann ist die Differenz $f_1(u) - f_2(u)$ eine doppelt-periodische Funktion ohne Pole, d. h., sie ist eine ganze doppelt-periodische Funktion, und aus dem Satz I folgt, daß die Differenz eine Konstante sein muß. Somit gilt

Folgerung I: *Besitzen zwei elliptische Funktionen $f_1(u)$ und $f_2(u)$ mit den gleichen Perioden im Periodenparallelogramm ein und dieselben Pole mit gleichen Hauptteilen, so unterscheiden sie sich lediglich durch einen konstanten Summanden.*

Es mögen jetzt $f_1(u)$ und $f_2(u)$ im Periodenparallelogramm nicht nur ein und dieselben Pole gleicher Ordnung, sondern auch die gleichen Nullstellen gleicher Vielfachheit haben. Dann hat der Quotient $f_2(u) : f_1(u)$ im Parallelogramm überhaupt keine Nullstellen und keine Pole und muß daher nach Satz I konstant sein. Es gilt also

Folgerung II: *Besitzen zwei elliptische Funktionen $f_1(u)$ und $f_2(u)$ mit gleichen Perioden im Periodenparallelogramm dieselben Nullstellen und dieselben Pole jeweils gleicher Ordnung, so unterscheiden sie sich lediglich durch einen konstanten Faktor.*

Wir legen nun das Periodenparallelogramm der Funktion $f(u)$ so, daß die Pole dieser Funktion nicht auf seinen Seiten liegen, und untersuchen das Integral der Funktion $f(u)$ über den Rand des Parallelogramms:

$$\int_{ABCD} f(u)\,du = \int_{AB} f(u)\,du + \int_{BC} f(u)\,du + \int_{CD} f(u)\,du + \int_{DA} f(u)\,du\,. \tag{32}$$

Wir betrachten das Integral über die Seite CD und führen an Stelle von u die neue Integrationsveränderliche $u = v + \omega_2$ ein. Dann geht die Seite CD in der v-Ebene in die Seite BA über, und wegen der Periodizität der Funktion gilt

$$\int_{CD} f(u)\,du = \int_{BA} f(v + \omega_2)\,dv = \int_{BA} f(v)\,dv = -\int_{AB} f(v)\,dv\,.$$

Auf der rechten Seite der Formel (32) ist also die Summe des ersten und dritten Summanden gleich Null. Dasselbe gilt auch für die Summe des zweiten und vierten Summanden. Folglich ist

$$\int_{ABCD} f(u)\,du = 0\,. \tag{33}$$

Liegen also auf den Seiten des Parallelogramms keine Pole der elliptischen Funktion $f(u)$, so ist das Integral dieser Funktion längs der Berandung des Parallelogramms gleich Null.

Wir betrachten jetzt eine komplexe Zahl α, die so beschaffen ist, daß die Gleichung $f(u) - \alpha = 0$ auf dem Rand des Parallelogramms keine Wurzeln hat, und wenden dieses Ergebnis auf die elliptische Funktion

$$\varphi(u) = \frac{f'(u)}{f(u) - \alpha}$$

an. Dann erhalten wir

$$\int\limits_{ABCD} \frac{f'(u)}{f(u) - \alpha} du = 0 .$$

Dieses Integral drückt bekanntlich die Differenz zwischen der Anzahl der Nullstellen und der Anzahl der Pole der Funktion $f(u) - \alpha$ aus [22]. Folglich weiß man, daß die Anzahl der Wurzeln der Gleichung $f(u) - \alpha = 0$ gleich der Anzahl der Pole von $f(u) - \alpha$ oder, was dasselbe ist, gleich der Anzahl der Pole von $f(u)$ ist. Die Funktion $f(u)$ nimmt also innerhalb eines Parallelogramms den Wert α und den Wert ∞ unter Berücksichtigung der Vielfachheit gleich oft an.

Diesen Satz haben wir für beliebiges α unter der Voraussetzung bewiesen, daß die Gleichung $f(u) - \alpha = 0$ keine Wurzeln auf dem Rande des Parallelogramms besitzt. Ist diese Bedingung nicht erfüllt, so verschieben wir das Parallelogramm so, daß die Wurzeln der erwähnten Gleichung in das Parallelogramm hineinfallen und die Pole nach wie vor im Innern bleiben. Für das so verschobene Parallelogramm gilt dann wieder unser voriges Resultat. Man sieht leicht, daß es aber auch für das ursprüngliche gilt, wenn wir bei der Abzählung der Anzahl der Wurzeln der Gleichung zum Parallelogramm nur einen seiner Eckpunkte und die zwei von diesem Eckpunkt ausgehenden Seiten hinzurechnen.

Wir weisen außerdem auf folgendes hin: Hat die Gleichung $f(u) - \alpha = 0$ die Wurzel $u = u_0$ und gilt in der Nähe dieses Wertes eine Entwicklung der Gestalt

$$f(u) = \alpha + c_k (u - u_0)^k + c_{k+1} (u - u_0)^{k+1} + \cdots \qquad (c_k \neq 0),$$

so muß man diese Wurzel u_0 als Nullstelle der Vielfachheit k für die Funktion $f(u) - \alpha$ oder als k-fache Wurzel der oben erwähnten Gleichung zählen. Mit diesem Vorbehalt ergibt sich aus den vorhergehenden Überlegungen folgender

Satz II. *Eine elliptische Funktion nimmt im Periodenparallelogramm jeden (endlichen oder unendlichen) Wert gleich oft an.*

Nimmt $f(u)$ im Periodenparallelogramm jeden Wert m-mal an, so heißt sie *elliptische Funktion der Ordnung m.* Sie bildet das Periodenparallelogramm auf eine m-blättrige RIEMANNsche Fläche ab. Die Konformität der Abbildung kann dabei nur in den Punkten gestört sein, in denen $f'(u)$ verschwindet oder dort, wo $f(u)$ mehrfache Pole hat. Diesen Werten u entsprechen die Verzweigungspunkte der oben erwähnten RIEMANNschen Fläche.

Wir zeigen jetzt, daß die positive ganze Zahl m nicht gleich Eins sein kann. In der Tat folgt aus Formel (33) unmittelbar, *daß die Summe der Residuen in den Polen einer elliptischen Funktion, die im Periodenparallelogramm liegen, gleich Null sein muß.* Wäre $m = 1$, so hätte $f(u)$ im Parallelogramm nur einen einfachen Pol, was aber dem eben angegebenen Resultat widerspricht. Somit sehen wir, daß keine elliptischen Funktionen erster Ordnung existieren.

Im folgenden werden wir elliptische Funktionen zweiter Ordnung konstruieren. Man kann zeigen, daß das gerade diejenigen elliptischen Funktionen sind, die man durch Umkehrung elliptischer Integrale erster Gattung erhält. Selbstverständlich existieren auch elliptische Funktionen höherer Ordnung.

169. Ein Hilfssatz. Wir betrachten die elementare Funktion $\sin u$. Sie ist eine ganze Funktion und besitzt in den Punkten $u = k\pi$ $(k = 0, \pm 1, \ldots)$ einfache Nullstellen, die auf der reellen Achse im Abstand π voneinander liegen. Die beiden elementaren Funktionen

$$\operatorname{ctg} u = \frac{(\sin u)'}{\sin u} = \frac{\cos u}{\sin u} \quad \text{und} \quad -(\operatorname{ctg} u)' = \frac{1}{\sin^2 u} \tag{34}$$

haben in diesen Punkten einfache bzw. doppelte Pole. Die Funktion $\sin u$ läßt sich als unendliches Produkt darstellen, während wir für die Funktionen (34) eine Partialbruchzerlegung gefunden hatten. In entsprechender Weise konstruieren wir im folgenden Abschnitt eine ganze Funktion, die in den Punkten

$$m_1\omega_1 + m_2\omega_2 \tag{35}$$

einfache Nullstellen hat, wobei ω_1 und ω_2 komplexe Zahlen, deren Quotient nicht reell ist, und m_1 und m_2 beliebige ganze Zahlen sind. Die Punkte (35) sind die Gitterpunkte des Parallelogrammnetzes, das in Abb. 82 dargestellt ist. Zur Konstruktion der erwähnten ganzen Funktion benutzen wir die WEIERSTRASSsche Produktformel. Um sie anwenden zu können, müssen wir eine ganze Zahl p finden, die so beschaffen ist, daß die Reihe

$$\sum_{m_1, m_2}' \frac{1}{|m_1\omega_1 + m_2\omega_2|^p} \tag{36}$$

konvergent wird. Der Strich am Summenzeichen bedeutet dabei, daß die Summation über alle ganzen m_1 und m_2 mit Ausnahme der Werte $m_1 = m_2 = 0$ zu erstrecken ist. Eine entsprechende Bedingung gilt auch für alles Folgende, falls ein Summen- oder Produktzeichen mit einem Strich versehen ist.

Wir können die Summe (36) in der Gestalt

$$\sum_{m_1, m_2}' \frac{1}{\delta^p_{m_1, m_2}} \tag{37}$$

schreiben, wobei δ_{m_1, m_2} der Abstand des Nullpunktes von demjenigen Gitterpunkt des Netzes in Abb. 82 ist, der der komplexen Koordinate $m_1\omega_1 + m_2\omega_2$ entspricht. Es sei 2δ der kürzeste Abstand eines vom Nullpunkt verschiedenen Gitterpunktes des erwähnten Netzes vom Nullpunkt. Dann ist 2δ offensichtlich gleichzeitig der kürzeste Abstand zwischen zwei Gitterpunkten des Netzes. Wir schlagen in der Ebene der Abb. 82 zwei Kreise um den Nullpunkt mit den Radien n und $n + 1$, wobei n eine ganze Zahl ist, die der Bedingung $n > \delta$ genügt. Es sei K_n der Ring, den diese beiden Kreise einschließen. Wir wollen die Anzahl t_n der Gitterpunkte des Netzes abschätzen, die im Ring K_n liegen. Zu diesem Zweck schlagen wir Kreise mit den Radien δ um diejenigen Gitterpunkte des Netzes, die im Ring K_n liegen. Nach Definition der Zahl δ überschneiden sich diese Kreise nicht, und ihr gemeinsamer Flächeninhalt $\pi\delta^2 t_n$ ist kleiner als der Flächeninhalt des Ringes mit dem inneren Radius $n - \delta$ und dem äußeren Radius $n + 1 + \delta$. Es gilt also

$$\pi(n + 1 + \delta)^2 - \pi(n - \delta)^2 > \pi\delta^2 t_n$$

oder nach elementaren Umformungen

$$t_n < A_1 n + A_2 \quad \left(A_1 = \frac{4\delta + 2}{\delta^2}; \quad A_2 = \frac{2\delta + 1}{\delta^2}\right).$$

Für jeden der Gitterpunkte, die im Ring K_n liegen, ist der Abstand δ_{m_1, m_2} nicht kleiner als n; folglich ist die Summe derjenigen Glieder der Reihe (37), die den im Ring K_n gelegenen Gitterpunkten entsprechen, jedenfalls kleiner als

$$\frac{A_1 n + A_2}{n^p} = \frac{A_1}{n^{p-1}} + \frac{A_2}{n^p}.$$

Diese Abschätzung gilt für die Summanden der Summe (37), in denen δ_{m_1, m_2} im Verhältnis zu δ genügend groß ist, für die also beispielsweise $\delta_{m_1, m_2} > \delta + 1$ ist. Dann liegen die entsprechenden Gitterpunkte sicherlich im Ring K_n, für den $n > \delta$ ist. Läßt man in der Reihe (37) eine endliche Anzahl von Summanden weg und ersetzt die übrigen durch größere, so erhält man nach dem vorhergehenden die Majorantenreihe

$$\sum_n \left(\frac{A_1}{n^{p-1}} + \frac{A_2}{n^p}\right).$$

Sie konvergiert bekanntlich [I, 122] für $p > 2$ und insbesondere für $p = 3$, woraus man folgenden wichtigen Schluß ziehen kann:

Lemma. *Die Reihe* (36) *konvergiert für* $p > 2$, *insbesondere also für* $p = 3$.

170. Die WEIERSTRASSsche $\wp$-Funktion. Zur Abkürzung setzen wir

$$w = m_1\omega_1 + m_2\omega_2. \tag{38}$$

Berücksichtigt man das Lemma, so kann man unmittelbar eine ganze Funktion konstruieren, die in den Punkten (38) einfache Nullstellen hat. Sie ist durch folgende Formel definiert:

$$\sigma(u) = u \prod_{m_1, m_2}{}' \left(1 - \frac{u}{w}\right) e^{\frac{u}{w} + \frac{1}{2}\left(\frac{u}{w}\right)^2}, \tag{39}$$

wobei das unendliche Produkt über alle Paare ganzer (positiver und negativer Zahlen m_1 und m_2 außer $m_1 = m_2 = 0$ zu erstrecken ist.

Bekanntlich [68] können wir die logarithmische Ableitung des angegebenen Produktes ebenso wie die eines endlichen Produktes berechnen. Dabei lautet die logarithmische Ableitung eines einzelnen Faktors

$$\frac{1}{w} + \frac{u}{w^2} - \frac{1}{w}\,\frac{1}{1 - \frac{u}{w}} = \frac{1}{u - w} + \frac{1}{w} + \frac{u}{w^2}.$$

Auf diese Weise bekommen wir eine zweite Funktion

$$\zeta(u) = \frac{\sigma'(u)}{\sigma(u)} = \frac{1}{u} + \sum_{m_1, m_2}{}' \left(\frac{1}{u - w} + \frac{1}{w} + \frac{u}{w^2}\right), \tag{40}$$

die in den Punkten (38) einfache Pole hat. Sie ist mit $\sigma(u)$ so verknüpft wie $\operatorname{ctg} u$ mit $\sin u$. Aus der Konvergenz der Reihe

$$\sum_{m_1, m_2}{}' \frac{1}{|w|^3}$$

folgt leicht, daß die Reihe (40) in jedem endlichen Gebiet gleichmäßig konvergiert, wenn man die endlich vielen Summanden wegläßt, die in diesem Gebiet

Pole haben. Differenziert man die Funktion (40) und ändert das Vorzeichen, so entsteht die neue Funktion

(41) $$\wp(u) = -\zeta'(u) = \frac{1}{u^2} + \sum_{m_1, m_2}' \left[\frac{1}{(u-w)^2} - \frac{1}{w^2}\right].$$

Sie ist mit $\zeta(u)$ ebenso verknüpft, wie $\frac{1}{\sin^2 u}$ mit $\operatorname{ctg} u$. Sie hat in den Punkten (38) Pole der Ordnung Zwei. Die Reihe (41) konvergiert ebenfalls in den oben angegebenen Gebieten gleichmäßig [12].

Wir behandeln jetzt einige der Haupteigenschaften dieser Funktionen. Dazu notieren wir die Formel für $\sigma(-u)$:

$$\sigma(-u) = -u \prod_{m_1, m_2}' \left(1 + \frac{u}{w}\right) e^{-\frac{u}{w} + \frac{1}{2}\left(\frac{u}{w}\right)^2}.$$

Da das Produkt über alle Paare ganzer Zahlen m_1 und m_2 außer $m_1 = m_2 = 0$ erstreckt wird, können wir die Vorzeichen von m_1 und m_2 ändern, d.h. das Vorzeichen bei w ändern, und erhalten somit

$$\sigma(-u) = -u \prod_{m_1, m_2} \left(1 - \frac{u}{w}\right) e^{\frac{u}{w} + \frac{1}{2}\left(\frac{u}{w}\right)^2} = -\sigma(u);$$

$\sigma(u)$ ist also eine ungerade Funktion. Ebenso kann man zeigen, *daß auch $\zeta(u)$ eine ungerade Funktion, jedoch $\wp(u)$ eine gerade Funktion ist.* Das ergibt sich übrigens auch unmittelbar aus den Formeln

(42) $$\zeta(u) = \frac{\sigma'(u)}{\sigma(u)}, \qquad \wp(u) = -\zeta'(u),$$

da die Differentiation einer ungeraden Funktion eine gerade Funktion liefert und umgekehrt. Außerdem folgt aus den Gleichungen, mit deren Hilfe die neuen Funktionen definiert sind, unmittelbar

(43) $$\left.\frac{\sigma(u)}{u}\right|_{u=0} = 1; \quad \left.u\zeta(u)\right|_{u=0} = 1; \quad \left.u^2\wp(u)\right|_{u=0} = 1.$$

Die Funktionen $\sigma(u)$ und $\zeta(u)$ können nicht die Perioden ω_1 und ω_2 haben, da die erste eine ganze Funktion ist und die zweite im Parallelogramm nur einen einfachen Pol hat. Wir wollen jedoch zeigen, daß die Funktion $\wp(u)$ die Perioden ω_1 und ω_2 besitzt. Dazu bilden wir zunächst

$$\wp'(u) = -\frac{2}{u^3} - \sum_{m_1, m_2}' \frac{1}{(u-w)^3}$$

oder

$$\wp'(u) = -2\sum_{m_1, m_2} \frac{1}{(u-w)^3} = -2\sum_{m_1, m_2} \frac{1}{(u - m_1\omega_1 - m_2\omega_2)^3},$$

wobei die Summation über alle ganzen m_1 und m_2 ohne Ausnahme zu erstrecken ist. Daraus folgt

$$\wp'(u+\omega_1) = -2\sum_{m_1, m_2} \frac{1}{(u_1 + \omega_1 - m_1\omega_1 - m_2\omega_2)^3} = -2\sum_{m_1, m_2} \frac{1}{[u - (m_1 - 1)\,\omega_1 - m_2\omega_2]^3}.$$

Durchläuft m_1 alle ganzen Zahlen, so kann man dasselbe für $m_1 - 1$ sagen. Daher gilt

$$\wp'(u + \omega_1) = \wp'(u).$$

Entsprechend kann man zeigen, daß $\wp'(u + \omega_2) = \wp'(u)$ ist. Somit ist

$$\wp'(u + \omega_k) = \wp'(u) \qquad (k = 1, 2). \tag{44}$$

Wir wollen jetzt untersuchen, wie sich die Funktion $\wp(u)$ ändert, wenn man die Zahlen ω_1 und ω_2 zum Argument addiert. Integriert man (44), so folgt

$$\wp(u + \omega_k) = \wp(u) + C_k;$$

dabei ist C_k eine gewisse Konstante. Wir setzen hierin $u = -\frac{\omega_k}{2}$ und erinnern daran, daß $\frac{\omega_k}{2}$ kein Pol von $\wp(u)$ ist. Dann erhalten wir

$$\wp\left(\frac{\omega_k}{2}\right) = \wp\left(-\frac{\omega_k}{2}\right) + C_k.$$

Da die Funktion $\wp(u)$ gerade ist, gilt $\wp\left(-\frac{\omega_k}{2}\right) = \wp\left(\frac{\omega_k}{2}\right)$, und folglich ist $C_k = 0$. Also ist

$$\wp(u + \omega_k) = \wp(u) \qquad (k = 1, 2). \tag{45}$$

Nun untersuchen wir, wie sich die Funktion $\zeta(u)$ ändert, wenn man zum Argument die Zahlen ω_k addiert. Auf Grund von (45) und (42) gilt

$$\zeta'(u + \omega_k) = \zeta'(u).$$

Daraus erhalten wir durch Integration

$$\zeta(u + \omega_k) = \zeta(u) + \eta_k \qquad (k = 1, 2), \tag{46}$$

wobei die η_k gewisse Konstanten sind. *Die Funktion $\zeta(u)$ wächst also um den konstanten Summanden η_k, falls man die Zahl ω_k zum Argument addiert.* Aus der Beziehung (46) folgt auch die allgemeinere Formel

$$\zeta(u + m_1\omega_1 + m_2\omega_2) = \zeta(u) + m_1\eta_1 + m_2\eta_2, \tag{47}$$

wobei m_1 und m_2 beliebige ganze Zahlen sind.

Man kann die η_k durch die Werte der Funktion $\zeta(u)$ ausdrücken. Setzt man nämlich in Formel (46) $u = -\frac{\omega_k}{2}$ und berücksichtigt, daß die Funktion $\zeta(u)$ ungerade ist, so erhält man

$$\eta_k = 2\zeta\left(\frac{\omega_k}{2}\right) \qquad (k = 1, 2). \tag{48}$$

Wir wenden uns jetzt der Funktion $\sigma(u)$ zu. Wegen (46) und (42) kann man schreiben:

$$\frac{\sigma'(u + \omega_k)}{\sigma(u + \omega_k)} = \frac{\sigma'(u)}{\sigma(u)} + \eta_k.$$

Durch Integration erhält man

$$\log \sigma(u + \omega_k) = \log \sigma(u) + \eta_k u + D_k$$

oder

$$\sigma(u + \omega_k) = C_k e^{\eta_k u} \sigma(u).$$

wobei $C_k = e^{D_k}$ eine Konstante ist. Zu ihrer Bestimmung setzen wir in dieser Identität $u = -\frac{\omega_k}{2}$:

$$\sigma\left(\frac{\omega_k}{2}\right) = C_k e^{-\frac{\eta_k \omega_k}{2}} \sigma\left(-\frac{\omega_k}{2}\right).$$

Berücksichtigt man, daß $\sigma(u)$ ungerade ist, und dividiert durch den von Null verschiedenen Faktor $\sigma\left(\frac{\omega_k}{2}\right)$, so erhält man

$$C_k = -e^{\frac{\eta_k \omega_k}{2}}$$

und schließlich

$$\sigma(u + \omega_k) = -e^{\eta_k\left(u + \frac{\omega_k}{2}\right)} \sigma(u) \qquad (k = 1, 2). \tag{49}$$

Folgerung: *Die Funktion $\sigma(u)$ multipliziert sich mit einem Exponentialfaktor, wenn man die Zahl ω_k zum Argument hinzufügt.* An Stelle von (49) kann man eine allgemeinere Formel angeben, die der Formel (47) entspricht, nämlich

$$\sigma(u + w) = \varepsilon\, e^{\eta\left(u + \frac{w}{2}\right)} \sigma(u), \tag{50}$$

wobei

$$w = m_1\omega_1 + m_2\omega_2; \quad \eta = m_1\eta_1 + m_2\eta_2$$

und $\varepsilon = +1$ oder $\varepsilon = -1$ ist, je nachdem die ganzen Zahlen m_1 und m_2 beide gerade sind oder nicht. Im letzteren Fall folgt die Relation (50) ebenso unmittelbar aus (47) wie (49) aus (46). Diesen Fall müssen wir im folgenden für $m_1 = m_2 = 1$ benutzen.

Zum Schluß dieses Abschnittes leiten wir eine Beziehung her, welche die Konstanten ω_k und η_k verknüpft. Vorher legen wir eine bestimmte Reihenfolge in der Bezeichnung der Perioden ω_1 und ω_2 fest. Wir betrachten das Fundamentalparallelogramm $ABCD$ (Abb. 81). Die Seite AD bildet mit der Seite AB einen positiven Winkel, der kleiner als π ist. Wir wollen stets annehmen, daß die Zahl ω_1 derjenigen Seite AB, von der aus der Winkel gemessen wird, und die Zahl ω_2 derjenigen Seite AD des Parallelogramms entspricht, bis zu welcher die Zählung des positiven Winkels (kleiner als π) führt; dann stellt das Argument des Bruches $\frac{\omega_2}{\omega_1}$ einen Winkel dar, der zwischen 0 und π liegt. Der Imaginärteil dieses Bruches ist also sicher positiv, während der des reziproken Bruches $\frac{\omega_1}{\omega_2}$ offenbar negativ ist. *Daher können wir die Zahlen ω_k immer so bezeichnen, daß der Imaginärteil des Quotienten $\frac{\omega_2}{\omega_1}$ positiv ist.*

Wir konstruieren jetzt das Parallelogramm mit der Fundamentalecke A $(u = u_0)$ so, daß der Pol von $\zeta(u)$ in seinem Innern liegt. Dieser einzige Pol hat wegen (40) ein Residuum, das gleich Eins ist. Nach dem Residuensatz ist das Integral der Funktion $\zeta(u)$ über die Berandung des Parallelogramms gleich $2\pi i$. Es gilt also

$$\int_{u_0}^{u_0+\omega_1} \zeta(u)\,du + \int_{u_0+\omega_1}^{u_0+\omega_1+\omega_2} \zeta(u)\,du + \int_{u_0+\omega_1+\omega_2}^{u_0+\omega_2} \zeta(u)\,du + \int_{u_0+\omega_2}^{u_0} \zeta(u)\,du = 2\pi i.$$

Ersetzt man im zweiten der angegebenen Integrale die Veränderliche u durch $v_1 + \omega_1$ und im dritten durch $v_2 + \omega_2$, so erhält man

$$\int_{u_0}^{u_0+\omega_1} \zeta(u)\,du + \int_{u_0}^{u_0+\omega_2} \zeta(v_1+\omega_1)\,dv_1 + \int_{u_0+\omega_1}^{u_0} \zeta(v_2+\omega_2)\,dv_2 + \int_{u_0+\omega_2}^{u_0} \zeta(u)\,du = 2\pi i,$$

wobei die Integration über geradlinige Strecken zu führen ist. Ändert man die Bezeichnung der Integrationsveränderlichen, so gilt:

$$\int_{u_0}^{u_0+\omega_2} [\zeta(u+\omega_1) - \zeta(u)]\,du - \int_{u_0}^{u_0+\omega_1} [\zeta(u+\omega_2) - \zeta(u)]\,du = 2\pi i.$$

Daraus erhalten wir wegen (46) gerade den gesuchten Zusammenhang zwischen den Zahlen ω_k und η_k; es ist nämlich

$$\eta_1\omega_2 - \eta_2\omega_1 = 2\pi i. \tag{51}$$

Diese Beziehung bezeichnet man gewöhnlich als *Legendresche Relation*.

Die Funktionen $\sigma(u)$, $\zeta(u)$ und $\wp(u)$ sind von Weierstrass eingeführt worden. Wie man aus ihrer Definition ersieht, kann man zu ihrer Konstruktion zwei beliebige komplexe Zahlen ω_1 und ω_2 wählen, deren Quotient nicht reell ist. Diese Weierstrassschen Funktionen sind also nicht nur Funktionen des Argumentes u, sondern auch Funktionen der komplexen Parameter ω_1 und ω_2. Daher bezeichnet man sie mitunter auch folgendermaßen:

$$\sigma(u;\,\omega_1,\,\omega_2); \quad \zeta(u;\,\omega_1,\,\omega_2); \quad \wp(u;\,\omega_1,\,\omega_2). \tag{52}$$

171. Die Differentialgleichung für $\wp(u)$. Nachdem wir die Haupteigenschaften der Weierstrassschen $\wp$-Funktion hergeleitet haben, wollen wir $\wp(u)$ ausführlicher betrachten und insbesondere die Differentialgleichung erster Ordnung aufstellen, der diese Funktion genügt. Zunächst wollen wir feststellen, wie die Entwicklung von $\wp(u)$ in der Nähe des Punktes $u = 0$ aussieht, der ein Pol zweiter Ordnung für diese Funktion ist. Dazu wenden wir uns der wichtigen Formel (41) zu. In der Nähe von $u = 0$ ist

$$\frac{1}{w-u} = \frac{1}{w} + \frac{u}{w^2} + \cdots + \frac{u^n}{w^{n+1}} + \cdots.$$

Differenziert man nach u, so erhält man

$$\frac{1}{(w-u)^2} = \frac{1}{w^2} + \frac{2u}{w^3} + \cdots + \frac{(n+1)\,u^n}{w^{n+2}} + \cdots.$$

Das liefert uns wegen (41) in der Nähe des Nullpunktes folgende Entwicklung für $\wp(u)$:

$$\wp(u) = \frac{1}{u^2} + \sum_{n=1}^{\infty} (n+1)\,u^n \sum_{m_1,\,m_2}' \frac{1}{w^{n+2}}.$$

Für ungerades n enthält die Summation über m_1 und m_2 Glieder, die dem Betrage nach paarweise gleich und dem Vorzeichen nach verschieden sind, so daß

$$\wp(u) = \frac{1}{u^2} + c_2u^2 + c_3u^4 + \cdots + c_n u^{2n-2} + \cdots \tag{53}$$

mit

$$c_n = (2n-1) \sum_{m_1,\,m_2}' \frac{1}{w^{2n}} \qquad (n = 2, 3, \ldots) \tag{54}$$

ist.

Wir wollen jetzt die Entwicklungen für $\wp'^2(u)$ und $\wp^3(u)$ aufschreiben. Es gilt offensichtlich

$$\wp'(u) = -\frac{2}{u^3} + 2c_2 u + 4c_3 u^3 + \cdots;$$

$$\wp'^2(u) = \frac{4}{u^6} - \frac{8c_2}{u^2} - 16c_3 + \cdots;$$

$$\wp^3(u) = \frac{1}{u^6} + \frac{3c^2}{u^2} + 3c_3 + \cdots,$$

wobei in den letzten beiden Ausdrücken die Glieder nicht hingeschrieben wurden, die positive Potenzen von u enthalten. Daraus folgt

$$\wp'^2(u) - 4\wp^3(u) + 20c_2\wp(u) = -28c_3 + \cdots; \tag{55}$$

dabei enthalten wiederum die nicht angegebenen Glieder positive Potenzen von u. Also ist der Punkt $u = 0$ für den links stehenden Ausdruck kein Pol mehr. Folglich ist dieser Ausdruck eine elliptische Funktion, die im Periodenparallelogramm überhaupt keine Pole hat, da die einzigen Pole der Funktion $\wp(u)$ der Punkt $u = 0$ und die diesem zugeordneten Eckpunkte der anderen Parallelogramme sind. Daher muß der Ausdruck (55) als elliptische Funktion ohne Pole eine Konstante sein. Die rechte Seite wird aber für $u = 0$ gleich $-28c_3$, folglich ist sie identisch gleich $-28c_3$. Es gilt also

$$\wp'^2(u) = 4\wp^3(u) - 20c_2\wp(u) - 28c_3.$$

Wir wählen die abkürzenden Bezeichnungen

$$g_2 = 20c_2 = 60\sum_{m_1, m_2}{}' \frac{1}{w^4}; \quad g_3 = 28c_3 = 140\sum_{m_1, m_2}{}' \frac{1}{w^6}. \tag{56}$$

Die obigen Rechnungen führen uns damit auf folgenden

Satz. *Die Funktion $\wp(u)$ erfüllt die Differentialgleichung*

$$\wp'^2(u) = 4\wp^3(u) - g_2\wp(u) - g_3. \tag{57}$$

Die Zahlen g_2 und g_3 heißen (die Weierstrassschen) *Invarianten der Funktion $\wp(u)$.*

Die Funktion $\wp(u)$ hat im Periodenparallelogramm mit der Fundamentalecke $u = 0$ den zweifachen Pol $u = 0$. Die übrigen Eckpunkte des Parallelogramms dürfen wir bereits nicht mehr zu diesem Parallelogramm hinzurechnen. Folglich ist $\wp(u)$ eine elliptische Funktion zweiter Ordnung, so daß die Gleichung $\wp(u) = \alpha$ für beliebig vorgegebenes komplexes α im Periodenparallelogramm zwei Lösungen hat.

Ist $\wp(u_0) = \alpha$ und $\wp'(u_0) = 0$, so muß die Wurzel $u = u_0$ wenigstens zweifach sein. Höher als zweifach kann sie aber nicht sein, da $\wp(u)$ eine Funktion zweiter Ordnung ist. Folglich nimmt die Funktion $\wp(u)$ in diesem Fall den Wert α nur in dem einen Punkt $u = u_0$ an, der im Periodenparallelogramm liegt. Ist $\wp'(u_0) \neq 0$, so hat die Gleichung $\wp(u) - \alpha = 0$ zwei verschiedene einfache Wurzeln im Parallelogramm. Wir wollen jetzt sehen, wo diejenigen Werte u liegen, für die $\wp'(u) = 0$ ist. Setzt man in den Identitäten

$$\wp'(u + \omega_k) = \wp'(u) \quad \text{bzw.} \quad \wp'(u + \omega_1 + \omega_2) = \wp'(u)$$

$u = -\frac{\omega_k}{2}$ bzw. $u = -\frac{\omega_1 + \omega_2}{2}$, so erhält man, da $\wp'(u)$ ungerade ist,

$$\wp'\left(\frac{\omega_k}{2}\right) = 0 \ (k = 1, 2) \quad \text{bzw.} \quad \wp'\left(\frac{\omega_1 + \omega_2}{2}\right) = 0 . \tag{58}$$

Die Funktion $\wp'(u)$ verschwindet also in den Seitenmitten und auf der Mitte der Diagonalen des Parallelogramms mit der Fundamentalecke $u = 0$. Wir betrachten nun die Werte der Funktion $\wp(u)$ in diesen Punkten:

$$\wp\left(\frac{\omega_1}{2}\right) = e_1; \quad \wp\left(\frac{\omega_1 + \omega_2}{2}\right) = e_2; \quad \wp\left(\frac{\omega_2}{2}\right) = e_3 . \tag{59}$$

Jede der Gleichungen $\wp(u) = e_k$ hat im entsprechenden Punkt eine Doppelwurzel. Berücksichtigt man, daß $\wp(u)$ eine Funktion zweiter Ordnung ist, so zeigt sich, daß die Zahlen e_k verschieden sind.

Wir wenden uns jetzt der Differentialgleichung (57) zu. Ihre rechte Seite ist ein Polynom dritten Grades in $\wp(u)$. Setzt man $u = \frac{\omega_k}{2}$ oder $u = \frac{\omega_1 + \omega_2}{2}$, so sieht man, daß dieses Polynom für $\wp(u) = e_k$ verschwindet; denn bei der oben angegebenen Substitution verschwindet die linke Seite der Differentialgleichung (57), während $\wp(u)$ gleich e_k wird. Zerlegt man das Polynom in Faktoren, so kann man die Formel (57) auf die Gestalt

$$\wp'^2(u) = 4(\wp(u) - e_1)(\wp(u) - e_2)(\wp(u) - e_3) \tag{60}$$

bringen.

Durch Vergleich der rechten Seiten der Formeln (57) und (60) erhält man Beziehungen zwischen den Zahlen e_k und den Invarianten g_2 und g_3:

$$e_1 + e_2 + e_3 = 0, \quad e_1e_2 + e_2e_3 + e_3e_1 = -\frac{1}{4} g_2; \quad e_1e_2e_3 = \frac{1}{4} g_3 . \tag{61}$$

Setzen wir $x = \wp(u)$, so lautet die Differentialgleichung (57)

$$\left(\frac{dx}{du}\right)^2 = 4x^3 - g_2x - g_3 .$$

Für $u = 0$ ist $x = \infty$, folglich bekommt man, wenn man die Veränderlichen trennt und integriert,

$$u = \int_{\infty}^{x} \frac{dy}{\sqrt{4y^3 - g_2y - g_3}} . \tag{62}$$

Die Funktion $\wp(u)$ erhält man somit als Umkehrfunktion des elliptischen Integrals erster Gattung (62). Man kann auch das Umgekehrte zeigen: Wählt man die Konstanten g_2 und g_3 beliebig, aber so, daß das unter dem Wurzelzeichen stehende Polynom keine mehrfachen Nullstellen hat, so führt die Umkehrung des Integrals (62) auf die WEIERSTRASSsche Funktion $\wp(u)$.

Man kann ferner zeigen, daß jede elliptische Funktion mit den Perioden ω_1 und ω_2 eine rationale Funktion von $\wp(u)$ und $\wp'(u)$ ist, so daß die Gesamtheit der rationalen Funktionen von $\wp'(u)$ und $\wp(u)$ die Menge aller elliptischen Funktionen mit den Perioden ω_1 und ω_2 darstellt.

172. Die Funktionen $\sigma_k(u)$. Aus Formel (60) folgt unmittelbar, daß das auf der rechten Seite stehende Produkt das vollständige Quadrat einer eindeutigen analytischen Funktion, nämlich $\wp'(u)$, ist. Es wird sich zeigen, daß man dasselbe auch von jedem der Faktoren $\wp(u) - e_k$ aussagen kann. Entsprechend gilt für die trigonometrischen Funktionen

$$(\cos u)'^2 = \sin^2 u = (1 - \cos u)(1 + \cos u),$$

und jeder der Faktoren auf der rechten Seite ist das vollständige Quadrat einer eindeutigen analytischen Funktion, denn es ist

$$1 - \cos u = 2\sin^2\frac{u}{2} \quad \text{und} \quad 1 + \cos u = 2\cos^2\frac{u}{2}.$$

Um unsere Behauptung auch für die Differenz $\wp(u) - e_k$ zu beweisen, stellen wir eine Hilfsformel auf. Wir betrachten die Differenz

$$\wp(u) - \wp(v) \tag{63}$$

als Funktion des Argumentes u. Sie hat im Parallelogramm mit der Fundamentalecke $u = 0$ den zweifachen Pol $u = 0$. Da die Funktion $\wp(u)$ gerade ist, sind die Nullstellen der Funktion (63) die beiden Punkte des Parallelogramms, die den komplexen Zahlen $u = \pm v$ entsprechen; d. h. genauer, es sind die Punkte des Parallelogramms, die sich von $\pm v$ um eine Periode unterscheiden. Erweist sich ein solcher Punkt des Parallelogramms als Halbperiode, so fallen die erwähnten zwei Punkte zu einem Doppelpunkt zusammen, wie dies oben erklärt wurde. Zusammen mit der Funktion (63) betrachten wir nun noch die Funktion

$$f(u) = \frac{\sigma(u - v)\,\sigma(u + v)}{\sigma^2(u)}. \tag{64}$$

Wir beweisen zunächst, daß diese Funktion ebenfalls die Perioden ω_1 und ω_2 hat. Tatsächlich ist wegen (49)

$$f(u + \omega_k) = \frac{\sigma(u - v + \omega_k)\,\sigma(u + v + \omega_k)}{\sigma^2(u + \omega_k)} =$$

$$= \frac{e^{\eta_k\left(u - v + \frac{\omega_k}{2}\right)}\sigma(u - v)\,e^{\eta_k\left(u + v + \frac{\omega_k}{2}\right)}\sigma(u + v)}{e^{2\eta_k\left(u + \frac{\omega_k}{2}\right)}\sigma^2(u)} = \frac{\sigma(u - v)\,\sigma(u + v)}{\sigma^2(u)} = f(u).$$

Also hat die Funktion (64) wirklich die Perioden ω_1 und ω_2. Aus der Definition (64) ersieht man, daß $f(u)$ im Fundamentalparallelogramm den zweifachen Pol $u = 0$ und zwei Nullstellen hat, die durch diejenigen Punkte des Parallelogramms dargestellt werden, die sich von $\pm v$ um eine Periode unterscheiden. Alle diese Behauptungen folgen unmittelbar aus der Lage der Nullstellen der Funktion $\sigma(u)$; letztere hat nämlich die einfachen Nullstellen $w = m_1\omega_1 + m_2\omega_2$. Daher besitzen die Funktionen (63) und (64), die beide die Perioden ω_1 und ω_2 haben, im Fundamentalparallelogramm dieselben Pole und Nullstellen mit gleichen Vielfachheiten. Wir können folglich behaupten, daß sich diese Funktionen lediglich durch einen konstanten Faktor unterscheiden [168], d. h., es muß

$$\wp(u) - \wp(v) = C\,\frac{\sigma(u - v)\,\sigma(u + v)}{\sigma^2(u)}$$

sein. Zur Bestimmung der Konstanten C multiplizieren wir beide Seiten mit u^2 und setzen dann $u = 0$:

$$u^2 \wp(u) - u^2 \wp(v) \Big|_{u=0} = \frac{C\sigma(u-v)\,\sigma(u+v)}{\left[\frac{\sigma(u)}{u}\right]^2}\Bigg|_{u=0} .$$

Wegen (43) ist

$$1 = C\sigma(-v)\,\sigma(v) = -C\sigma^2(v),$$

und wir erhalten die gesuchte Formel

$$\wp(u) - \wp(v) = -\frac{\sigma(u-v)\,\sigma(u+v)}{\sigma^2(v)\,\sigma^2(u)}. \tag{65}$$

Um die Differenz $\wp(u) - e_k$ zu untersuchen, brauchen wir nur in Formel (65) die Substitutionen

$$v = \frac{\omega_1}{2}, \quad v = \frac{\omega_1 + \omega_2}{2} \quad \text{und} \quad v = \frac{\omega_2}{2}$$

auszuführen. So ist z. B. für $k = 1$

$$\wp(u) - e_1 = \wp(u) - \wp\left(\frac{\omega_1}{2}\right) = -\frac{\sigma\left(u - \frac{\omega_1}{2}\right)\sigma\left(u + \frac{\omega_1}{2}\right)}{\sigma^2\left(\frac{\omega_1}{2}\right)\sigma^2(u)}. \tag{66}$$

Berücksichtigt man, daß wegen (49)

$$\sigma\left(u + \frac{\omega_1}{2}\right) = \sigma\left(u - \frac{\omega_1}{2} + \omega_1\right) = -e^{\eta_1\left(u - \frac{\omega_1}{2} + \frac{\omega_1}{2}\right)}\sigma\left(u - \frac{\omega_1}{2}\right),$$

also

$$\sigma\left(u + \frac{\omega_1}{2}\right) = -e^{\eta_1 u}\sigma\left(u - \frac{\omega_1}{2}\right) \tag{67}$$

gilt, so kann man an Stelle von (66) schreiben:

$$\wp(u) - e_1 = e^{\eta_1 u}\frac{\sigma^2\left(u - \frac{\omega_1}{2}\right)}{\sigma^2\left(\frac{\omega_1}{2}\right)\sigma^2(u)}$$

oder

$$\wp(u) - e_1 = \left[\frac{e^{\frac{1}{2}\eta_1 u}\,\sigma\left(\frac{\omega_1}{2} - u\right)}{\sigma\left(\frac{\omega_1}{2}\right)\sigma(u)}\right]^2.$$

In entsprechender Weise kann man auch die beiden anderen Differenzen behandeln. Wir erhalten somit folgende Darstellung von $\wp(u) - e_k$ als Quadrat eines Quotienten zweier ganzer Funktionen:

$$\wp(u) - e_k = \left[\frac{\sigma_k(u)}{\sigma(u)}\right]^2, \tag{68}$$

wobei wir zur Abkürzung die Bezeichnungen

$$(69)\quad \begin{cases} \sigma_1(u) = e^{\frac{1}{2}\eta_1 u} \dfrac{\sigma\left(\frac{\omega_1}{2} - u\right)}{\sigma\left(\frac{\omega_1}{2}\right)}; \\ \sigma_2(u) = e^{\frac{1}{2}(\eta_1+\eta_2) u} \dfrac{\sigma\left(\frac{\omega_1+\omega_2}{2} - u\right)}{\sigma\left(\frac{\omega_1+\omega_2}{2}\right)}; \quad \sigma_3(u) = e^{\frac{1}{2}\eta_2 u} \dfrac{\sigma\left(\frac{\omega_2}{2} - u\right)}{\sigma\left(\frac{\omega_2}{2}\right)} \end{cases}$$

eingeführt haben.

Wir wollen nun einige Eigenschaften der Funktionen $\sigma_k(u)$ feststellen. Es sind offensichtlich *ganze Funktionen*. Für $u = 0$ ist

$$(70)\quad \sigma_k(0) = 1 \qquad (k = 1, 2, 3).$$

Schreibt man die Relation (67) in der Gestalt

$$\sigma\left(\frac{\omega_1}{2} - u\right) = e^{-\eta_1 u} \sigma\left(\frac{\omega_1}{2} + u\right),$$

so erhält man

$$\sigma_1(u) = e^{-\frac{1}{2}\eta_1 u} \frac{\sigma\left(\frac{\omega_1}{2} + u\right)}{\sigma\left(\frac{\omega_1}{2}\right)} = \sigma_1(-u);$$

dasselbe gilt für die beiden anderen Funktionen $\sigma_k(u)$, d. h., *die Funktionen* $\sigma_k(u)$ *sind gerade Funktionen.*

Wird (68) in die rechte Seite der Formel (60) eingesetzt und die Wurzel gezogen, so folgt

$$\wp'(u) = \pm 2 \frac{\sigma_1(u)\,\sigma_2(u)\,\sigma_3(u)}{\sigma^3(u)}.$$

Zur Bestimmung des Vorzeichens multiplizieren wir beide Seiten mit u^3 und setzen dann $u = 0$. Unter Berücksichtigung der Entwicklung

$$\wp'(u) = -\frac{2}{u^3} + 2c_2 u + 4c_3 u^3 + \cdots$$

und der Formeln (70) und (43) überzeugt man sich davon, daß in der Formel für $\wp'(u)$ das Minuszeichen stehen muß. Es gilt also

$$(71)\quad \wp'(u) = -2 \frac{\sigma_1(u)\,\sigma_2(u)\,\sigma_3(u)}{\sigma^3(u)}.$$

173. Reihenentwicklung einer ganzen periodischen Funktion. Die ganze Funktion $\sigma(u)$ hat überhaupt keine Periode. Wir wollen zeigen, daß man aus ihr durch Hinzufügen eines Exponentialfaktors eine ganze Funktion erhalten kann, die eine Periode besitzt. Wir betrachten dazu den allgemeinen Fall einer ganzen Funktion mit einer Periode und leiten eine Entwicklung für diese Funktion her. Diese Entwicklung kann entweder als Potenzreihe oder als FOURIERreihe angegeben werden (siehe [119]).

Wir nehmen an, daß die ganze Funktion $\varphi(u)$ die Periode ω habe. Für beliebiges komplexes u ist also

$$\varphi(u+\omega) = \varphi(u). \tag{72}$$

Wir lassen den Vektor ω vom Nullpunkt ausgehen und zeichnen zwei Geraden, die senkrecht zu diesem Vektor stehen und durch seinen Anfangs- bzw. Endpunkt hindurchgehen (Abb. 83). Diese zwei Geraden beranden einen Periodenstreifen der Funktion $\varphi(u)$. Die Gerade CD erhält man aus der Geraden AB mit Hilfe der Transformation $u' = u + \omega$. Wir führen in der u-Ebene die Substitution $\tau = \frac{u \cdot 2\pi i}{\omega}$ aus. Dann geht in der Ebene $\tau = \tau_1 + i\tau_2$ der Periodenstreifen in den Streifen über, der durch die Geraden $\tau_2 = 0$ und $\tau_2 = 2\pi$ begrenzt ist.

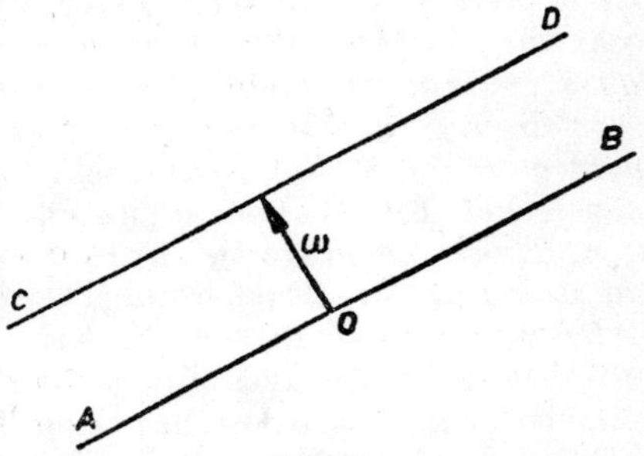

Abb. 83

Führen wir dann die Transformation

$$\zeta = e^{\tau} = e^{\frac{2\pi i u}{\omega}}$$

aus, so geht unser Streifen in die ganze ζ-Ebene mit Ausschluß des Punktes $\zeta = 0$ [19] mit dem Schnitt längs der positiven reellen ζ-Achse über. Die zwei Ufer des Schnittes entsprechen den Geraden, die den ursprünglichen Streifen in der u-Ebene begrenzen. Einander entsprechenden Punkten auf diesen zwei Ufern entsprechen die Werte u, die durch die Relation $u' = u + \omega$ verknüpft sind. Wegen (72) nimmt unsere Funktion auf beiden Ufern des Schnittes die gleichen Werte an; folglich sind auch die Werte der Ableitungen sämtlicher Ordnungen dieselben. Kurz gesagt: Unsere Funktion ist nicht nur in der aufgeschnittenen ζ-Ebene regulär und eindeutig, sondern in der gesamten ζ-Ebene mit Ausschluß des Punktes $\zeta = 0$. Sie muß daher in dieser Ebene in eine LAURENTreihe entwickelbar sein; diese lautet

$$\varphi(u) = \sum_{n=-\infty}^{+\infty} a_n \zeta^n = \sum_{n=-\infty}^{+\infty} a_n e^{\frac{2\pi i u}{\omega} n}. \tag{73}$$

Wir kommen somit zu folgendem

Satz. *Jede ganze Funktion $\varphi(u)$ mit der Periode ω kann in der gesamten komplexen u-Ebene durch eine Reihe der Gestalt*

$$\varphi(u) = \sum_{n=-\infty}^{+\infty} a_n e^{\frac{2\pi i u}{\omega} n} \tag{74}$$

dargestellt werden.

Die angegebene Reihe konvergiert offensichtlich in jedem beschränkten Teilgebiet der Ebene gleichmäßig. Benutzen wir die EULERschen Formeln und fassen diejenigen Glieder zusammen, die dem Betrage nach gleichen, aber dem Vorzeichen nach entgegengesetzten Werten von n entsprechen, so erhalten wir eine Darstellung der Funktion $\varphi(u)$ als trigonometrische Reihe

$$\varphi(u) = a_0 + \sum_{n=1}^{\infty} \left(a'_n \cos \frac{2\pi u n}{\omega} + b'_n \sin \frac{2\pi u n}{\omega} \right) \tag{75}$$

mit

$$a'_n = a_n + a_{-n}; \quad b'_n = i\,(a_n - a_{-n}) \qquad (n = 1, 2, 3, \ldots). \tag{76}$$

174. Neue Bezeichnungen. Die Theorie der elliptischen Funktionen umfaßt bei ausführlicher Untersuchung einen sehr ausgedehnten Formelapparat, den man auch in den Anwendungen dieser Funktionen benutzen muß. Bedauerlicherweise gebrauchen nicht alle Autoren in ihren Darstellungen ein und dieselben Bezeichnungen. Wir geben nur die Elemente der Theorie wieder, leiten aber nicht etwa die vielen, häufig sehr nützlichen Formeln her, die in der Theorie der elliptischen Funktionen auftreten. Trotzdem müssen wir uns im folgenden mit komplizierteren Formeln vertraut machen als das bisher der Fall war. Wir lehnen uns dabei an die Bezeichnungsweise an, die im wesentlichen von Jacobi stammt und die in dem Werk von Hurwitz (und Courant) „Vorlesungen über allgemeine Funktionentheorie und elliptische Funktionen" systematisch verwendet wird. In einigen der nächsten Abschnitte wollen wir den Darlegungen dieses Buches folgen.

Dabei werden wir es oft mit den Hälften der Zahlen ω_1 und ω_2 zu tun haben. Daher führen wir, um Brüche zu vermeiden, an Stelle von ω_1 und ω_2 die Bezeichnungen

$$\omega_1 = 2\omega, \quad \omega_2 = 2\omega' \tag{77}$$

ein. Analog setzen wir auch

$$\eta_1 = 2\eta; \quad \eta_2 = 2\eta'. \tag{78}$$

Hauptelement der Konstruktion weiterer Funktionen sind nicht die Zahlen ω_1 und ω_2 selbst, wie dies beispielsweise für die Funktion $\wp(u)$ der Fall war, sondern ihr Quotient

$$\tau = \frac{\omega_2}{\omega_1} = \frac{\omega'}{\omega} \tag{79}$$

oder eine andere Größe, die unmittelbar mit diesem Quotienten zusammenhängt, nämlich

$$h = e^{i\pi\tau}. \tag{80}$$

Wir führen auch an Stelle des Argumentes u zwei neue Argumente ein:

$$v = \frac{u}{2\omega}; \quad z = e^{i\pi v} = e^{\frac{i\pi u}{2\omega}}. \tag{81}$$

Diese Bezeichnungen zerstören die Symmetrie in den Zahlen ω und ω', welche also nicht mehr dieselbe Rolle spielen. Wir wollen wie früher voraussetzen, daß der Imaginärteil des Quotienten $\frac{\omega'}{\omega}$ positiv sei. Setzt man also $\frac{\omega'}{\omega} = r + is$, so ist $s > 0$, und folglich gilt

$$|h| = e^{-\pi s} < 1. \tag{82}$$

Bei dieser Wahl von ω_1 und ω_2 galt die LEGENDREsche Relation (51), die in den neuen Bezeichnungen folgendermaßen lautet:

$$\eta\omega' - \eta'\omega = \frac{1}{2}\pi i. \tag{83}$$

Wir vermerken gewisse Folgerungen, die sich aus den gewählten Bezeichnungen ergeben. Nach (81) ist

$$\frac{u+\omega}{2\omega} = v + \frac{1}{2}; \quad \frac{u+2\omega}{2\omega} = v+1; \quad e^{i\pi\left(v+\frac{1}{2}\right)} = iz; \quad e^{i\pi(v+1)} = -z$$

und genau so

$$\frac{u+\omega'}{2\omega} = v + \frac{\tau}{2}; \quad \frac{u+2\omega'}{2\omega} = v+\tau; \quad e^{i\pi\left(v+\frac{\tau}{2}\right)} = h^{\frac{1}{2}}z; \quad e^{i\pi(v+\tau)} = hz.$$

So ist die Addition der Zahl ω zu u gleichbedeutend mit der Addition der Zahl $\frac{1}{2}$ zu v oder der Multiplikation von z mit i. Die Addition der Zahl ω' zu u ist gleichbedeutend mit der Addition von $\frac{\tau}{2}$ zu v oder der Multiplikation von z mit $h^{\frac{1}{2}}$. Wir weisen noch darauf hin, daß wir die Potenzen h^ϱ und z^ϱ immer als $e^{i\pi\tau\varrho}$ und $e^{i\pi v\varrho}$ definieren.

175. Die Funktion $\vartheta_1(v)$. In den neuen Bezeichnungen gilt folgende Funktionalgleichung für die Funktion $\sigma(u)$:

$$\sigma(u+2\omega) = -e^{2\eta(u+\omega)}\sigma(u); \quad \sigma(u+2\omega') = -e^{2\eta'(u+\omega')}\sigma(u). \tag{84}$$

Wir fügen zu $\sigma(u)$ einen Exponentialfaktor hinzu,

$$\varphi(u) = e^{au^2+bu}\sigma(u), \tag{85}$$

und wählen die Zahlen a und b so, daß die neue Funktion $\varphi(u)$ die Periode 2ω hat. Wegen (84) ist

$$\begin{aligned}\varphi(u+2\omega) &= -e^{a(u+2\omega)^2+b(u+2\omega)+2\eta(u+\omega)}\sigma(u) = \\ &= -e^{4a\omega u+4a\omega^2+2b\omega+2\eta(u+\omega)}e^{au^2+bu}\sigma(u)\end{aligned}$$

oder

$$\frac{\varphi(u+2\omega)}{\varphi(u)} = -e^{2(2a\omega+\eta)(u+\omega)+2b\omega} \tag{86}$$

und ebenso

$$\frac{\varphi(u+2\omega')}{\varphi(u)} = -e^{2(2a\omega'+\eta')(u+\omega')+2b\omega'}. \tag{87}$$

In Formel (86) ist der Exponent auf der rechten Seite ein Polynom ersten Grades in u. Damit die rechte Seite für jedes u gleich Eins ist, muß man den Koeffizienten von u im Exponenten gleich Null und das freie Glied gleich einem Ausdruck der Gestalt $k\pi i$ setzen, wobei k eine ganze ungerade Zahl ist. Wir wählen dementsprechend

$$a = -\frac{\eta}{2\omega}; \quad b = \frac{\pi i}{2\omega}.$$

Setzt man dies in die rechte Seite der Formel (87) ein, so ist wegen (83)

$$\frac{\varphi(u+2\omega')}{\varphi(u)} = -e^{-\frac{\pi i}{\omega}(u+\omega')+\pi i\frac{\omega'}{\omega}} = -e^{-\frac{\pi i u}{\omega}} = -z^{-2}.$$

Wir sehen also, daß für die Funktion

$$\varphi(u) = e^{-\frac{\eta u^2}{2\omega}+\frac{i\pi u}{2\omega}}\sigma(u) = e^{-\frac{\eta u^2}{2\omega}} z\sigma(u) \tag{88}$$

die Gleichungen

$$\varphi(u+2\omega) = \varphi(u)\,; \quad \varphi(u+2\omega') = -z^{-2}\varphi(u) \tag{89}$$

gelten.

Da $\varphi(u)$ eine ganze Funktion mit der Periode 2ω ist, hat sie eine Reihenentwicklung der Gestalt [173]

$$\varphi(u) = \sum_{n=-\infty}^{+\infty} a_n e^{\frac{2\pi i u}{2\omega}n} = \sum_{n=-\infty}^{+\infty} a_n z^{2n}.$$

Außerdem ist die Addition der Zahl $2\omega'$ zu u gleichbedeutend mit der Multiplikation von z mit h. Es gilt also

$$\varphi(u+2\omega') = \sum_{n=-\infty}^{+\infty} a_n h^{2n} z^{2n},$$

und die zweite der Formeln (89) liefert uns

$$\sum_{n=-\infty}^{+\infty} a_n h^{2n} z^{2n} = -\sum_{n=-\infty}^{+\infty} a_n z^{2n-2}.$$

Ersetzt man in der letzten Summe den Summationsindex n durch $n+1$, so ist

$$\sum_{n=-\infty}^{+\infty} a_n h^{2n} z^{2n} = -\sum_{n=-\infty}^{+\infty} a_{n+1} z^{2n}.$$

Daraus erhält man durch Vergleich der Koeffizienten bei gleichen Potenzen von z

$$a_{n+1} = -h^{2n}a_n = -h^{\left(n+\frac{1}{2}\right)^2-\left(n-\frac{1}{2}\right)^2} a_n,$$

was man auch folgendermaßen schreiben kann:

$$(-1)^{n+1}h^{-\left(n+\frac{1}{2}\right)^2} a_{n+1} = (-1)^n h^{-\left(n-\frac{1}{2}\right)^2} a_n.$$

Somit sehen wir, daß der Ausdruck

$$(-1)^n h^{-\left(n-\frac{1}{2}\right)^2} a_n$$

für alle ganzen Werte n festbleibt. Wir setzen

$$(-1)^n h^{-\left(n-\frac{1}{2}\right)^2} a_n = Ci,$$

wobei C eine Konstante ist. Daraus erhalten wir für die Koeffizienten der Reihenentwicklung der Funktion $\varphi(u)$

$$a_n = (-1)^n h^{\left(n-\frac{1}{2}\right)^2} Ci,$$

und folglich ist

$$\varphi(u) = Ci \sum_{n=-\infty}^{+\infty} (-1)^n h^{\left(n-\frac{1}{2}\right)^2} z^{2n}. \tag{90}$$

Die Formel (88) liefert uns dann folgenden Ausdruck für die WEIERSTRASSsche Funktion $\sigma(u)$:

$$\sigma(u) = e^{\frac{\eta u^2}{2\omega}} z^{-1} \varphi(u). \tag{91}$$

Dies führt uns naturgemäß zu der Einführung einer neuen Funktion

$$\vartheta_1(v) = i \sum_{n=-\infty}^{+\infty} (-1)^n h^{\left(n-\frac{1}{2}\right)^2} z^{2n-1}, \tag{92}$$

die mit $\sigma(u)$ durch die Relation

$$\sigma(u) = e^{\frac{\eta u^2}{2\omega}} C \vartheta_1(v) \tag{93}$$

zusammenhängt.

Wir bestimmen jetzt die Konstante C. Da $u = 2\omega v$, ferner wegen (93) $\vartheta_1(0) = 0$ ist und der Quotient $\frac{\vartheta_1(v)}{v}$ für $v \to 0$ den Wert $\vartheta_1'(0)$ annimmt, erhält man, wenn man beide Seiten der Formel (93) durch u dividiert und dann u gegen 0 streben läßt,

$$1 = \frac{1}{2\omega} C \vartheta_1'(0)$$

und schließlich

$$\sigma(u) = e^{\frac{\eta u^2}{2\omega}} \frac{2\omega}{\vartheta_1'(0)} \vartheta_1(v). \tag{94}$$

Wir transformieren jetzt die Potenzreihe (92) der Funktion $\vartheta_1(v)$ in eine trigonometrische Reihe. Dazu müssen wir in der erwähnten Entwicklung die Glieder zusammenfassen, die den der Größe nach gleichen und dem Vorzeichen nach verschiedenen Exponenten entsprechen. Es sei ν die positive ungerade Zahl $2n-1$ $(n = 1, 2, \ldots)$, woraus $n = \frac{\nu+1}{2}$ folgt. Für $n = 0, -1, -2, \ldots$ setzen wir $\nu = -2n+1$, also $n = \frac{-\nu+1}{2}$; folglich können wir schreiben:

$$\vartheta_1(v) = i\left[\sum_{\nu}^{1,3,5,\ldots} (-1)^{\frac{\nu+1}{2}} h^{\frac{\nu^2}{4}} z^{\nu} + \sum_{\nu}^{1,3,5,\ldots} (-1)^{\frac{-\nu+1}{2}} h^{\frac{\nu^2}{4}} z^{-\nu}\right].$$

Dabei ist die Summation in jeder der Summen über die ungeraden positiven Zahlen, d. h. über $\nu = 1, 3, 5, \ldots$ zu erstrecken. Da

$$(-1)^{\frac{\nu+1}{2}} = (-1)^{\nu} (-1)^{\frac{-\nu+1}{2}} = -(-1)^{\frac{-\nu+1}{2}} = -(-1)^{\frac{\nu-1}{2}}$$

und

$$z^{\nu} - z^{-\nu} = e^{i\nu\pi v} - e^{-i\nu\pi v} = 2i \sin \nu\pi v$$

ist, kann man diese Formel auf die Gestalt

$$\vartheta_1(v) = i \sum_{v}^{1,3,5,\ldots} (-1)^{\frac{v-1}{2}} h^{\frac{v^2}{4}} (z^{-v} - z^v)$$

oder

$$\vartheta_1(v) = \tag{95}$$
$$= 2 \sum_{v}^{1,3,5,\ldots} (-1)^{\frac{v-1}{2}} h^{\frac{v^2}{4}} \sin v\pi v = 2\,[h^{\frac{1}{4}} \sin \pi v - h^{\frac{9}{4}} \sin 3\pi v + h^{\frac{25}{4}} \sin 5\pi v - \cdots]$$

bringen. Die Funktion $\vartheta_1(v)$ bezeichnet man gewöhnlich als *erste Thetafunktion. Sie ist eine ganze ungerade Funktion von v.* Bei ihrer Konstruktion haben wir lediglich die eine komplexe Zahl τ benutzt, die nach Voraussetzung in der oberen Halbebene liegt, also positiven Imaginärteil hat. Dabei ist $h = e^{i\pi\tau}$. Deswegen bezeichnet man die Thetafunktion oft mit $\vartheta_1(v; \tau)$.

176. Die Funktionen $\vartheta_k(v)$. Früher hatten wir neben der Funktion $\sigma(u)$ drei weitere ganze Funktionen $\sigma_k(u)$ eingeführt. Das bringt uns naturgemäß dazu, neben der Funktion $\vartheta_1(v)$ noch drei weitere Thetafunktionen einzuführen.

In unseren neuen Bezeichnungen ist

$$\sigma_3(u) = e^{\eta' u} \frac{\sigma(\omega' - u)}{\sigma(\omega')}$$

oder wegen (93)

$$\sigma_3(u) = \frac{C}{\sigma(\omega')} e^{\eta' u + \frac{\eta(\omega' - u)^2}{2\omega}} \vartheta_1\left(\frac{\omega' - u}{2\omega}\right).$$

Multipliziert man die Klammer im Exponenten aus und ersetzt $\frac{u}{2\omega}$ durch v und $\frac{\omega'}{\omega}$ durch τ, so erhält man

$$\sigma_3(u) = C_3 e^{\frac{\eta u^2}{2\omega}} e^{(\eta'\omega - \eta\omega')\frac{u}{\omega}} \vartheta_1\left(\frac{\tau}{2} - v\right),$$

wobei C_3 eine neue Konstante ist. Mit Hilfe der Relation (83) bekommt man schließlich eine Darstellung der Funktion $\sigma_3(u)$ durch die erste Thetafunktion; es ist nämlich

$$\sigma_3(u) = C_3 e^{\frac{\eta u^2}{2\omega}} z^{-1} \vartheta_1\left(\frac{\tau}{2} - v\right). \tag{96}$$

In völlig entsprechender Weise erhalten wir

$$\sigma_2(u) = e^{\tilde{\eta} u} \frac{\sigma(\tilde{\omega} - u)}{\sigma(\tilde{\omega})},$$

wobei wir der Abkürzung halber

$$\tilde{\eta} = \eta + \eta'; \quad \tilde{\omega} = \omega + \omega'$$

gesetzt haben. Die Formel (93) liefert uns dann

$$\sigma_2(u) = \frac{C}{\sigma(\tilde{\omega})} e^{\tilde{\eta} u + \eta \frac{(\tilde{\omega} - u)^2}{2\omega}} \vartheta_1\left(\frac{\tilde{\omega} - u}{2\omega}\right),$$

und wir erhalten schließlich nach einigen Rechnungen, die den obigen analog sind,

$$\sigma_2(u) = C_2 e^{\frac{\eta u^2}{2\omega}} z^{-1} \vartheta_1\left(\frac{1}{2} + \frac{\tau}{2} - v\right). \tag{97}$$

Ebenso erhalten wir

$$\sigma_1(u) = C_1 e^{\frac{\eta u^2}{2\omega}} \vartheta_1\left(\frac{1}{2} - v\right). \tag{98}$$

Wir leiten jetzt eine Potenzreihenentwicklung für die Werte der Thetafunktion her, die in den Darstellungen der Funktionen $\sigma_k(u)$ stehen. Es ist

$$\vartheta_1\left(\frac{1}{2} - v\right) = -\vartheta_1\left(v - \frac{1}{2}\right).$$

Nach (81) ist aber die Subtraktion der Zahl $\frac{1}{2}$ von v gleichbedeutend mit der Multiplikation von z mit $-i$; daher ist wegen (92)

$$\vartheta_1\left(\frac{1}{2} - v\right) = -i \sum_{n=-\infty}^{+\infty} (-1)^n h^{\left(n-\frac{1}{2}\right)^2} (-iz)^{2n-1} = \sum_{n=-\infty}^{+\infty} h^{\left(n-\frac{1}{2}\right)^2} z^{2n-1}. \tag{99}$$

Ebenso gilt

$$\vartheta_1\left(\frac{1}{2} + \frac{\tau}{2} - v\right) = -\vartheta_1\left(v - \frac{1}{2} - \frac{\tau}{2}\right),$$

und die Subtraktion der Zahl $\frac{1}{2} + \frac{\tau}{2}$ von v ist gleichbedeutend mit der Multiplikation von z mit $-ih^{-\frac{1}{2}}$.

Daraus folgt

$$\vartheta_1\left(\frac{1}{2} + \frac{\tau}{2} - v\right) = -i \sum_{n=-\infty}^{+\infty} (-1)^n h^{\left(n-\frac{1}{2}\right)^2} \left(-ih^{-\frac{1}{2}} z\right)^{2n-1} = h^{-\frac{1}{4}} z \sum_{n=-\infty}^{+\infty} h^{(n-1)^2} z^{2n-2}$$

oder, falls man den Summationsindex n durch $n+1$ ersetzt,

$$\vartheta_1\left(\frac{1}{2} + \frac{\tau}{2} - v\right) = h^{-\frac{1}{4}} z \sum_{n=-\infty}^{+\infty} h^{n^2} z^{2n} \tag{100}$$

und ebenso

$$\vartheta_1\left(\frac{\tau}{2} - v\right) = h^{-\frac{1}{4}} iz \sum_{n=-\infty}^{+\infty} (-1)^n h^{n^2} z^{2n}. \tag{101}$$

Wir führen jetzt drei neue Thetafunktionen ein:

$$\left\{\begin{aligned} \vartheta_2(v) &= \sum_{n=-\infty}^{+\infty} h^{\left(n-\frac{1}{2}\right)^2} z^{2n-1}; \\ \vartheta_3(v) &= \sum_{n=-\infty}^{+\infty} h^{n^2} z^{2n}; \\ \vartheta_4(v) &= \sum_{n=-\infty}^{+\infty} (-1)^n h^{n^2} z^{2n}. \end{aligned}\right. \tag{102}$$

Dann kann man die vorigen Formeln für $\sigma_k(u)$ folgendermaßen schreiben:

$$\sigma_1(u) = C_1 e^{\frac{\eta u^2}{2\omega}} \vartheta_2(v); \quad \sigma_2(u) = \tilde{C}_2 e^{\frac{\eta u^2}{2\omega}} \vartheta_3(v); \quad \sigma_3(u) = \tilde{C}_3 e^{\frac{\eta u^2}{2\omega}} \vartheta_4(v),$$

wobei $\tilde{C}_2$ und $\tilde{C}_3$ neue Konstanten sind. Zu ihrer Bestimmung setzen wir $v = 0$. Dann ist $u = 0$ und $\sigma_k(0) = 1$. Daraus folgt

$$C_1 = \frac{1}{\vartheta_2(0)}; \quad \tilde{C}_2 = \frac{1}{\vartheta_3(0)}; \quad \tilde{C}_3 = \frac{1}{\vartheta_4(0)},$$

und somit gilt schließlich

$$\sigma_1(u) = e^{\frac{\eta u^2}{2\omega}} \frac{\vartheta_2(v)}{\vartheta_2(0)}; \quad \sigma_2(u) = e^{\frac{\eta u^2}{2\omega}} \frac{\vartheta_3(v)}{\vartheta_3(0)}; \quad \sigma_3(u) = e^{\frac{\eta u^2}{2\omega}} \frac{\vartheta_4(v)}{\vartheta_4(0)}. \tag{103}$$

Manchmal schreibt man $\vartheta_0(v)$ an Stelle von $\vartheta_4(v)$.

Die Potenzreihenentwicklungen (102) für die Thetafunktionen kann man leicht in trigonometrische Reihen transformieren, wie wir dies bereits für die Funktion $\vartheta_1(v)$ getan haben. Wir erhalten dann

$$\left\{\begin{aligned} \vartheta_2(v) &= 2h^{\frac{1}{4}} \cos \pi v + 2h^{\frac{9}{4}} \cos 3\pi v + 2h^{\frac{25}{4}} \cos 5\pi v + \cdots; \\ \vartheta_3(v) &= 1 + 2h \cos 2\pi v + 2h^4 \cos 4\pi v + 2h^9 \cos 6\pi v + \cdots; \\ \vartheta_4(v) &= 1 - 2h \cos 2\pi v + 2h^4 \cos 4\pi v - 2h^9 \cos 6\pi v + \cdots. \end{aligned}\right. \tag{104}$$

Im folgenden lassen wir der Kürze halber das Argument $v = 0$ weg; wir schreiben also anstatt $\vartheta_1'(0)$ einfach ϑ_1', und ϑ_k bedeute $\vartheta_k(0)$. Wegen (95) und (104) lauten die Entwicklungen für diese Größen

$$\left\{\begin{aligned} \vartheta_1' &= 2\pi\left(h^{\frac{1}{4}} - 3h^{\frac{9}{4}} + 5h^{\frac{25}{4}} - 7h^{\frac{49}{4}} + \cdots\right); \\ \vartheta_2 &= 2h^{\frac{1}{4}} + 2h^{\frac{9}{4}} + 2h^{\frac{25}{4}} + 2h^{\frac{49}{4}} + \cdots; \\ \vartheta_3 &= 1 + 2h + 2h^4 + 2h^9 + \cdots; \\ \vartheta_4 &= 1 - 2h + 2h^4 - 2h^9 + \cdots. \end{aligned}\right. \tag{105}$$

Diese Reihen konvergieren sehr schnell, da nach Voraussetzung $|h| < 1$ ist. Die Summen dieser Reihen sind reguläre Funktionen von τ, die in der oberen Halbebene definiert sind.

Jetzt kann man auch leicht den Zusammenhang der Weierstrassschen $\wp$-Funktion mit den Thetafunktionen herleiten. Früher hatten wir

$$\sqrt{\wp(u) - e_k} = \frac{\sigma_k(u)}{\sigma(u)}$$

gefunden; berücksichtigt man die Darstellung der Funktionen $\sigma(u)$ und $\sigma_k(u)$ durch die Thetafunktionen, so folgt

$$\sqrt{\wp(u) - e_k} = \frac{1}{2\omega} \frac{\vartheta_1'}{\vartheta_{k+1}} \frac{\vartheta_{k+1}(v)}{\vartheta_1(v)}. \tag{106}$$

177. Eigenschaften der Thetafunktionen. Sämtliche Thetafunktionen sind ganze Funktionen des Argumentes v, und das Hauptelement für ihre Konstruktion ist die komplexe Zahl τ aus der oberen Halbebene. Um das anzudeuten, schreibt man oft $\vartheta_k(v;\tau)$. Von diesen Funktionen ist $\vartheta_1(v)$, wie bereits erwähnt, ungerade, während die übrigen gerade sind.

Wir wollen jetzt sehen, wie sich die Thetafunktionen ändern, wenn man die Zahl $\frac{1}{2}$ zum Argument v hinzufügt. Berücksichtigt man die Entwicklung der Thetafunktionen in trigonometrische Reihen und benutzt die Transformationsformeln der trigonometrischen Funktionen, so erhält man unmittelbar

$$\vartheta_1\left(v+\frac{1}{2}\right)=\vartheta_2(v);\quad \vartheta_2\left(v+\frac{1}{2}\right)=-\vartheta_1(v);$$
$$\vartheta_3\left(v+\frac{1}{2}\right)=\vartheta_4(v);\quad \vartheta_4\left(v+\frac{1}{2}\right)=\vartheta_3(v).$$

Wir untersuchen jetzt, wie sich die Thetafunktionen ändern, wenn man zum Argument v die Zahl $\frac{\tau}{2}$ hinzufügt. Das ist bekanntlich gleichbedeutend mit der Multiplikation von z mit $h^{\frac{1}{2}}$. Benutzt man die Darstellungen der Thetafunktionen als Potenzreihen, so erhält man z. B. nach (92) für ϑ_1

$$\vartheta_1\left(v+\frac{\tau}{2}\right)=i\sum_{n=-\infty}^{+\infty}(-1)^n h^{\left(n-\frac{1}{2}\right)^2} h^{\frac{2n-1}{2}} z^{2n-1}=ih^{-\frac{1}{4}}z^{-1}\sum_{n=-\infty}^{+\infty}(-1)^n h^{n^2} z^{2n}$$

oder wegen (102)

$$\vartheta_1\left(v+\frac{\tau}{2}\right)=im\vartheta_4(v)$$

mit

$$m=h^{-\frac{1}{4}}z^{-1}=h^{-\frac{1}{4}}e^{-i\pi v}. \tag{107}$$

Ebenso kann man zeigen, daß

$$\vartheta_2\left(v+\frac{\tau}{2}\right)=m\vartheta_3(v);\quad \vartheta_3\left(v+\frac{\tau}{2}\right)=m\vartheta_2(v);\quad \vartheta_4\left(v+\frac{\tau}{2}\right)=im\vartheta_1(v)$$

ist. Daraus bekommt man auch allgemeinere Transformationsformeln. So gilt z. B.

$$\vartheta_1(v+\tau)=\vartheta_1\left(v+\frac{\tau}{2}+\frac{\tau}{2}\right)=ih^{-\frac{1}{4}}e^{-i\pi\left(v+\frac{\tau}{2}\right)}\vartheta_4\left(v+\frac{\tau}{2}\right)=$$
$$=ih^{-\frac{1}{4}}e^{-i\pi\left(v+\frac{\tau}{2}\right)}ih^{-\frac{1}{4}}e^{-i\pi v}\vartheta_1(v)=-l\vartheta_1(v)$$

mit

$$l=h^{-1}z^{-2}. \tag{108}$$

Die erhaltenen Resultate können in folgender Tabelle zusammengestellt werden:

(109)

	$v+\frac{1}{2}$	$v+\frac{\tau}{2}$	$v+\frac{1}{2}+\frac{\tau}{2}$	$v+1$	$v+\tau$	$v+1+\tau$
ϑ_1	ϑ_2	$im\vartheta_4$	$m\vartheta_3$	$-\vartheta_1$	$-l\vartheta_1$	$l\vartheta_1$
ϑ_2	$-\vartheta_1$	$m\vartheta_3$	$-im\vartheta_4$	$-\vartheta_2$	$l\vartheta_2$	$-l\vartheta_2$
ϑ_3	ϑ_4	$m\vartheta_2$	$im\vartheta_1$	ϑ_3	$l\vartheta_3$	$l\vartheta_3$
ϑ_4	ϑ_3	$im\vartheta_1$	$m\vartheta_2$	ϑ_4	$-l\vartheta_4$	$-l\vartheta_4$

Wollen wir beispielsweise $\vartheta_3\left(v+\frac{1}{2}+\frac{\tau}{2}\right)$ durch die Thetafunktion vom Hauptargument v ausdrücken, so müssen wir in der ersten Spalte ϑ_3 suchen und in der entsprechenden Zeile den Ausdruck nehmen, der unter $v+\frac{1}{2}+\frac{\tau}{2}$ steht; also

$$\vartheta_3\left(v+\frac{1}{2}+\frac{\tau}{2}\right)=im\vartheta_1(v).$$

Wir geben noch die Tabelle der Nullstellen der Thetafunktionen an. Die Funktion $\vartheta_1(v)$ unterscheidet sich von der Funktion $\sigma(u)$ durch einen Exponentialfaktor, der nirgends verschwindet. Folglich wird $\vartheta_1(v)$ dann und nur dann gleich Null, wenn $\sigma(u)$ verschwindet. Dieser Fall tritt für

$$u=n2\omega+n'2\omega'$$

ein, wobei n und n' beliebige ganze Zahlen sind. Dividiert man durch 2ω, so erhält man folgenden Ausdruck für die Nullstellen der Funktion $\vartheta_1(v)$:

$$v=n+n'\tau.$$

Die Nullstellen der übrigen Thetafunktionen kann man erhalten, wenn man die erste Zeile obiger Tabelle benutzt. So ist z. B. $\vartheta_3(v)=m^{-1}\,\vartheta_1\left(v+\frac{1}{2}+\frac{\tau}{2}\right)$, und folglich sind die Nullstellen von $\vartheta_3(v)$ durch die Bedingung

$$v+\frac{1}{2}+\frac{\tau}{2}=n+n'\tau$$

gegeben, da $m^{-1}=h^{\frac{1}{4}}\,e^{i\pi v}$ nicht Null wird, oder durch

$$v=\left(n-\frac{1}{2}\right)+\left(n'-\frac{1}{2}\right)\tau,$$

wobei n und n' beliebige ganze Zahlen sind. Wir erhalten somit folgende Tabelle für die Nullstellen der Thetafunktionen:

(110)

	v
ϑ_1	$n+n'\tau$
ϑ_2	$n+n'\tau+\frac{1}{2}$
ϑ_3	$n+n'\tau+\frac{1}{2}+\frac{\tau}{2}$
ϑ_4	$n+n'\tau+\frac{\tau}{2}$

Wir bemerken noch, daß aus der fünften Spalte der Tabelle (109) unmittelbar folgt, daß die Funktionen ϑ_3 und ϑ_4 die Periode 1 und die Funktionen ϑ_1 und ϑ_2 die Periode 2 haben. Die letzte Tabelle zeigt, daß verschiedene Thetafunktionen keine gemeinsamen Nullstellen besitzen.

Die Thetafunktionen kann man als Funktionen der zwei Argumente v und τ auffassen. Für jedes vorgegebene τ aus der oberen Halbebene sind sie ganze Funktionen von v und für jedes vorgegebene v in der oberen Halbebene reguläre Funktionen von τ. Letzteres folgt unmittelbar daraus, daß die Reihen (92) und (102) unter der Voraussetzung $|h| < \varrho < 1$ gleichmäßig konvergieren. Wir zeigen jetzt, daß alle vier Thetafunktionen als Funktionen zweier Argumente ein und dieselbe Differentialgleichung zweiter Ordnung erfüllen, nämlich

$$\frac{\partial^2 \vartheta_k(v)}{\partial v^2} = 4\pi i \frac{\partial \vartheta_k(v)}{\partial \tau}. \tag{111}$$

Diese Differentialgleichung hat formale Ähnlichkeit mit der Wärmeleitungsgleichung, die wir früher besprochen haben [II, 203]. Wir prüfen die Richtigkeit unserer Aussage lediglich für die Funktion $\vartheta_3(v)$ nach. Differenziert man das allgemeine Glied der Reihe (104), das gleich $2h^{n^2} \cos 2n\pi v = 2e^{i\pi\tau n^2} \cos 2n\pi v$ ist, zweimal nach v, so erhält man

$$-8n^2\pi^2 e^{i\pi\tau n^2} \cos 2n\pi v.$$

Dasselbe Ergebnis bekommen wir, wenn wir einmal nach τ differenzieren und mit $4\pi i$ multiplizieren:

$$4\pi i\,(2i\pi n^2 e^{i\pi\tau n^2} \cos 2n\pi v) = -8n^2\pi^2 e^{i\pi\tau n^2} \cos 2n\pi v.$$

Ebenso prüft man auch für die übrigen Thetafunktionen nach, daß sie die Differentialgleichung (111) erfüllen.

178. Darstellung der Zahlen e_k durch die ϑ_s. Bei der Untersuchung der Weierstrassschen Funktion $\wp(u)$ haben wir die Zahlen e_k eingeführt, die in unseren neuen Bezeichnungen folgendermaßen zu definieren sind:

$$e_1 = \wp(\omega); \quad e_2 = \wp(\omega + \omega'); \quad e_3 = \wp(\omega'). \tag{112}$$

Dabei hatten wir für die Funktion $\wp(u)$ die wichtige Beziehung

$$\wp'^2(u) = 4(\wp(u) - e_1)(\wp(u) - e_2)(\wp(u) - e_3) \tag{113}$$

gefunden.

Die Zahlen e_k erfüllen, wie wir gesehen haben, die Bedingung

$$e_1 + e_2 + e_3 = 0 \tag{114}$$

und sind voneinander verschieden. Sie sind von fundamentaler Bedeutung in der Theorie der $\wp$-Funktion. Man kann sie bei der Konstruktion von $\wp(u)$ als Basis an Stelle der Zahlen 2ω und $2\omega'$ benutzen. Dabei wird die Funktion $\wp(u)$ als Umkehrfunktion des elliptischen Integrals erster Gattung

$$u = \int_\infty^x \frac{dy}{\sqrt{4(y-e_1)(y-e_2)(y-e_3)}} \tag{115}$$

definiert.

Wir drücken jetzt die Zahlen e_k durch die Werte der Thetafunktionen für das Argument Null aus. Dazu setzen wir in der Formel (106)

$$\sqrt{\wp(u) - e_k} = \frac{1}{2\omega} \frac{\vartheta_1'}{\vartheta_{k+1}} \frac{\vartheta_{k+1}(v)}{\vartheta_1(v)} \qquad \left(v = \frac{u}{2\omega}\right)$$

$u = \omega$, also $v = \frac{1}{2}$, und dann $u = \omega + \omega'$, also $v = \frac{1}{2} + \frac{\tau}{2}$. Wir erhalten auf diese Weise wegen (112)

$$\sqrt{e_1 - e_k} = \frac{1}{2\omega} \frac{\vartheta_1'}{\vartheta_{k+1}} \frac{\vartheta_{k+1}\left(\frac{1}{2}\right)}{\vartheta_1\left(\frac{1}{2}\right)};$$

$$\sqrt{e_2 - e_k} = \frac{1}{2\omega} \frac{\vartheta_1}{\vartheta_{k+1}} \frac{\vartheta_{k+1}\left(\frac{1}{2} + \frac{\tau}{2}\right)}{\vartheta_1\left(\frac{1}{2} + \frac{\tau}{2}\right)}.$$

Benutzt man die Tabelle (109), die die Transformationsformeln für die Thetafunktionen angibt, so ergibt sich

$$\sqrt{e_1 - e_2} = \frac{1}{2\omega} \frac{\vartheta_1'}{\vartheta_3} \frac{\vartheta_4}{\vartheta_2};$$

$$\sqrt{e_1 - e_3} = \frac{1}{2\omega} \frac{\vartheta_1'}{\vartheta_4} \frac{\vartheta_3}{\vartheta_2};$$

$$\sqrt{e_2 - e_3} = \frac{1}{2\omega} \frac{\vartheta_1'}{\vartheta_4} \frac{\vartheta_2}{\vartheta_3}.$$

Weiter beweisen wir die wichtige Identität

$$\vartheta_1' = \pi \vartheta_2 \vartheta_3 \vartheta_4 , \tag{116}$$

deren Anwendung es ermöglicht, diese Formeln in der sehr einfachen Gestalt

$$\sqrt{e_1 - e_2} = \frac{\pi}{2\omega} \vartheta_4^2; \quad \sqrt{e_1 - e_3} = \frac{\pi}{2\omega} \vartheta_3^2; \quad \sqrt{e_2 - e_3} = \frac{\pi}{2\omega} \vartheta_2^2 \tag{117}$$

zu schreiben.

Zum Beweis der Identität (116) beachten wir, daß gemäß (106)

$$\sqrt{\wp(2\omega v) - e_k} = \frac{1}{2\omega} \frac{\vartheta_1'}{\vartheta_{k+1}} \frac{\vartheta_{k+1}(v)}{\vartheta_1(v)}$$

gilt. Entwickelt man die Funktionen $\vartheta_1(v)$ und $\vartheta_{k+1}(v)$ in MACLAURINsche Reihen und berücksichtigt, daß $\vartheta_1(v)$ ungerade ist und die übrigen Funktionen gerade sind, so erhält man daraus

$$\sqrt{\wp(2\omega v) - e_k} = \frac{1}{2\omega} \frac{1 + \frac{\vartheta_{k+1}''}{\vartheta_{k+1}} \frac{v^2}{2} + \cdots}{v + \frac{\vartheta_1'''}{\vartheta_1'} \frac{v^3}{6} + \cdots}.$$

Wir spalten im Nenner den Faktor v ab und führen die Division der Zählerreihe durch die Nennerreihe aus; dann folgt

$$\sqrt{\wp(2\omega v) - e_k} = \frac{1}{2\omega v}\left[1 + \left(\frac{\vartheta_{k+1}''}{\vartheta_{k+1}} - \frac{1}{3} \frac{\vartheta_1'''}{\vartheta_1'}\right)\frac{v^2}{2} + \cdots\right]$$

oder

$$\wp(2\omega v) - e_k = \frac{1}{4\omega^2 v^2}\left[1 + \left(\frac{\vartheta_{k+1}''}{\vartheta_{k+1}} - \frac{1}{3} \frac{\vartheta_1'''}{\vartheta_1'}\right)\frac{v^2}{2} + \cdots\right]^2.$$

Bekanntlich enthält die Entwicklung von $\wp(u)$ in der Umgebung von $u = 0$ kein freies Glied. Folglich müssen wir, wenn wir die eckige Klammer auf der rechten Seite ins Quadrat erheben, dort für die Summe der freien Glieder den Wert $-e_k$ erhalten. Somit ergibt sich

$$e_k = \frac{1}{4\omega^2}\left(\frac{1}{3}\frac{\vartheta_1'''}{\vartheta_1'} - \frac{\vartheta_{k+1}''}{\vartheta_{k+1}}\right). \tag{118}$$

Daraus bekommen wir unter Berücksichtigung von (114) die Beziehung

$$\frac{\vartheta_1'''}{\vartheta_1'} = \frac{\vartheta_2''}{\vartheta_2} + \frac{\vartheta_3''}{\vartheta_3} + \frac{\vartheta_4''}{\vartheta_4}. \tag{119}$$

In allen angegebenen Formeln bedeutet der Strich an ϑ die Differentiation nach der Veränderlichen v, so daß beispielsweise ϑ_1''' gleich $\frac{\partial^3 \vartheta_1(v)}{\partial v^3}$ für $v = 0$ ist. Die Differentialgleichung (111) liefert für $v = 0$

$$\vartheta_k'' = 4\pi i \frac{\partial \vartheta_k}{\partial \tau} \qquad (k = 2, 3, 4).$$

Entsprechend erhält man, wenn man in der Differentialgleichung (111) $k = 1$ wählt, nach v differenziert und dann $v = 0$ setzt,

$$\vartheta_1''' = 4\pi i \frac{\partial \vartheta_1'}{\partial \tau}.$$

Mit Hilfe der letzten beiden Relationen kann man die Beziehung (119) auf die Gestalt

$$\frac{1}{\vartheta_1'}\frac{\partial \vartheta_1'}{\partial \tau} = \frac{1}{\vartheta_2}\frac{\partial \vartheta_2}{\partial \tau} + \frac{1}{\vartheta_3}\frac{\partial \vartheta_3}{\partial \tau} + \frac{1}{\vartheta_4}\frac{\partial \vartheta_4}{\partial \tau}$$

bringen.

Integriert man diese Gleichung nach τ, so ist

$$\vartheta_1' = C\vartheta_2\vartheta_3\vartheta_4,$$

wobei C eine von τ, also auch von h unabhängige Konstante ist. Um sie zu bestimmen, setzen wir in beide Seiten dieser Identität die Entwicklungen (105) ein, wobei wir nur die ersten Glieder der Entwicklung aufschreiben. Das ergibt

$$2\pi\left(h^{\frac{1}{4}} - \cdots\right) = C\left(2h^{\frac{1}{4}} + \cdots\right)(1 + \cdots)(1 - \cdots).$$

Vergleicht man die Koeffizienten der niedrigsten Glieder, die $h^{\frac{1}{4}}$ enthalten, so ergibt sich $C = \pi$, was uns gerade auf die Identität (116) führt.

179. Die JACOBIschen elliptischen Funktionen. An Stelle der WEIERSTRASSschen elliptischen Funktion $\wp(u)$ benutzt man oft andere elliptische Funktionen, die sich schon vor den WEIERSTRASSschen Funktionen bei JACOBI finden. Es sei τ wie immer eine beliebige Zahl aus der oberen Halbebene, und es seien ω und ω' zwei Zahlen, deren Quotient $\frac{\omega'}{\omega} = \tau$ ist. Mit Hilfe dieser Konstruktionselemente kann man die Thetafunktionen festlegen. Wir definieren drei neue Funktionen, welche Quotienten zweier ganzer Funktionen, also meromorphe Funktionen sind:

$$(120)\qquad \begin{cases} \operatorname{sn}(u) = \dfrac{\sigma(u)}{\sigma_3(u)} = 2\omega\,\dfrac{\vartheta_4}{\vartheta_1'}\,\dfrac{\vartheta_1(v)}{\vartheta_4(v)}; \\ \operatorname{cn}(u) = \dfrac{\sigma_1(u)}{\sigma_3(u)} = \dfrac{\vartheta_4}{\vartheta_2}\,\dfrac{\vartheta_2(v)}{\vartheta_4(v)}; \\ \operatorname{dn}(u) = \dfrac{\sigma_2(u)}{\sigma_3(u)} = \dfrac{\vartheta_4}{\vartheta_3}\,\dfrac{\vartheta_3(v)}{\vartheta_4(v)} \end{cases} \quad {}^{1)} \qquad \left(v = \frac{u}{2\omega}\right).$$

Nach einer bekannten Formel ist

$$\sqrt{\wp(u) - e_k} = \frac{\sigma_k(u)}{\sigma(u)}.$$

Also hängen die neuen Funktionen mit der WEIERSTRASSschen Funktion $\wp(u)$ durch folgende drei Relationen zusammen:

$$(121)\qquad \sqrt{\wp(u) - e_3} = \frac{1}{\operatorname{sn}(u)};\quad \sqrt{\wp(u) - e_1} = \frac{\operatorname{cn}(u)}{\operatorname{sn}(u)};\quad \sqrt{\wp(u) - e_2} = \frac{\operatorname{dn}(u)}{\operatorname{sn}(u)}.$$

Eliminiert man daraus $\wp(u)$, so erhält man zwei Beziehungen zwischen den neuen Funktionen, nämlich

$$(122)\qquad \operatorname{cn}^2(u) + (e_1 - e_3)\operatorname{sn}^2(u) = 1;\quad \operatorname{dn}^2(u) + (e_2 - e_3)\operatorname{sn}^2(u) = 1.$$

Die Formel (117) des vorigen Abschnitts liefert uns

$$(123)\qquad e_1 - e_2 = \left(\frac{\pi}{2\omega}\right)^2 \vartheta_4^4;\quad e_1 - e_3 = \left(\frac{\pi}{2\omega}\right)^2 \vartheta_3^4;\quad e_2 - e_3 = \left(\frac{\pi}{2\omega}\right)^2 \vartheta_2^4.$$

Bisher blieben die komplexen Zahlen ω und ω' völlig willkürlich. Wesentlich war nur, daß der Quotient $\frac{\omega'}{\omega} = \tau$ in der oberen Halbebene lag. Für die WEIERSTRASSsche $\wp$-Funktion sind diese Zahlen keinen weiteren Einschränkungen unterworfen. In der Theorie der JACOBIschen Funktionen ist jedoch die Zahl ω für vorgegebenes τ durch die Bedingung definiert, daß die Differenz $e_1 - e_3$ gleich Eins ist. Um diese Bedingung zu erfüllen, setzen wir

$$(124)\qquad \omega = \frac{\pi}{2}\vartheta_3^2 = \frac{\pi}{2}(1 + 2h + 2h^4 + 2h^9 + \cdots)^2 \qquad (h = e^{i\pi\tau}).$$

Für vorgegebenes τ bestimmt diese Formel den Wert von ω. Dann ist ω' durch $\omega' = \omega\tau$ definiert. Setzt man den Ausdruck (124) in die Relationen (123) ein, so erhält man

$$(125)\qquad e_1 - e_2 = \frac{\vartheta_4^4}{\vartheta_3^4};\quad e_1 - e_3 = 1;\quad e_2 - e_3 = \frac{\vartheta_2^4}{\vartheta_3^4},$$

wobei die rechten Seiten lediglich von τ abhängen. Für die Beziehungen (122) kann man dann schreiben:

$$(126)\qquad \operatorname{sn}^2(u) + \operatorname{cn}^2(u) = 1;\quad \operatorname{dn}^2(u) + k^2\operatorname{sn}^2(u) = 1;$$

---

1) Sinus amplitudinis, Cosinus amplitudinis, Delta amplitudinis. (Bezeichnung nach GUDERMANN.) (Anm. d. Red.)

dabei haben wir zur Abkürzung

$$k^2 = \frac{\vartheta_2^4}{\vartheta_3^4} \tag{127}$$

gesetzt.

Die JACOBIschen Funktionen sind mit Hilfe der einen Zahl τ gebildet; daher benutzt man oft die Bezeichnungen

$$\operatorname{sn}(u;\tau); \quad \operatorname{cn}(u;\tau); \quad \operatorname{dn}(u;\tau).$$

Die durch Formel (127) definierte Zahl k heißt *Modul der JACOBIschen Funktionen*. Wir führen auch noch *den Komplementärmodul* k' ein, der durch

$$k'^2 = \frac{\vartheta_4^4}{\vartheta_3^4} \tag{128}$$

definiert wird. Addiert man die erste und dritte der Gleichungen (125), so ergibt sich

$$k^2 + k'^2 = 1. \tag{129}$$

Die Formeln (127) und (128) definieren k^2 und k'^2 als vollständige Quadrate gewisser eindeutiger Funktionen von τ, und wir können, indem wir bestimmte Werte der Wurzeln nehmen, schreiben:

$$k = \frac{\vartheta_2^2}{\vartheta_3^2}; \quad k' = \frac{\vartheta_4^2}{\vartheta_3^2}. \tag{130}$$

Wir kehren jetzt zu den Definitionen (120) zurück. Die rechts stehenden, von v unabhängigen Faktoren können wir durch k und k' ausdrücken. Wegen (130) ist nämlich

$$\sqrt{k} = \frac{\vartheta_2}{\vartheta_3}; \quad \sqrt{k'} = \frac{\vartheta_4}{\vartheta_3}; \quad \sqrt{\frac{k'}{k}} = \frac{\vartheta_4}{\vartheta_2},$$

woraus wegen (124) und (116) folgt:

$$2\omega\frac{\vartheta_4}{\vartheta_1'} = \pi\vartheta_3^2\frac{\vartheta_4}{\vartheta_1'} = \frac{\vartheta_3}{\vartheta_2} = \frac{1}{\sqrt{k}}.$$

Also kann man die Definitionen (120) folgendermaßen schreiben:

$$\operatorname{sn}(u) = \frac{1}{\sqrt{k}}\frac{\vartheta_1(v)}{\vartheta_4(v)}; \quad \operatorname{cn}(u) = \sqrt{\frac{k'}{k}}\frac{\vartheta_2(v)}{\vartheta_4(v)}; \quad \operatorname{dn}(u) = \sqrt{k'}\frac{\vartheta_3(v)}{\vartheta_4(v)} \quad \left(v = \frac{u}{2\omega}\right). \tag{131}$$

180. Die Haupteigenschaften der JACOBIschen Funktionen. Die Formeln (131) liefern Darstellungen der JACOBIschen Funktionen als Quotienten zweier ganzer Funktionen. Da $\vartheta_1(v)$ ungerade ist und die übrigen $\vartheta_k(v)$ gerade sind, kann man schließen, daß $\operatorname{sn}(u)$ *eine ungerade Funktion ist, aber* $\operatorname{cn}(u)$ *und* $\operatorname{dn}(u)$ *gerade Funktionen sind.*

Mit Rücksicht auf $\vartheta_1(0) = 0$ und

$$\left.\frac{\vartheta_1(v)}{u}\right|_{v=0} = \left.\frac{\vartheta_1(v)}{2\omega v}\right|_{v=0} = \frac{1}{2\omega}\vartheta_1'$$

ergeben die Formeln (120)

$$\left.\frac{\operatorname{sn}(u)}{u}\right|_{u=0} = 1; \quad \operatorname{cn}(0) = \operatorname{dn}(0) = 1. \tag{132}$$

Wir wenden uns jetzt der Tabelle (109) zu, die die Transformationsformeln der Thetafunktionen angibt. Berücksichtigt man, daß eine Addition von $\frac{1}{2}$ oder $\frac{\tau}{2}$ zu v gleichbedeutend mit der Addition von ω bzw. ω' zu u ist und benutzt die Relationen (131), so erhält man folgende Tabelle, die die Transformationsformeln der Jacobischen Funktionen angibt:

(133)

	$u+\omega$	$u+\omega'$	$u+\omega+\omega'$	$u+2\omega$	$u+2\omega'$	$u+2\omega+2\omega'$
sn	$\frac{\text{cn}(u)}{\text{dn}(u)}$	$\frac{1}{k}\frac{1}{\text{sn}(u)}$	$\frac{1}{k}\frac{\text{dn}(u)}{\text{cn}(u)}$	$-\text{sn}(u)$	$\text{sn}(u)$	$-\text{sn}(u)$
cn	$-k'\frac{\text{sn}(u)}{\text{dn}(u)}$	$-\frac{i}{k}\frac{\text{dn}(u)}{\text{sn}(u)}$	$-i\frac{k'}{k}\frac{1}{\text{cn}(u)}$	$-\text{cn}(u)$	$-\text{cn}(u)$	$\text{cn}(u)$
dn	$k'\frac{1}{\text{dn}(u)}$	$-i\frac{\text{cn}(u)}{\text{sn}(u)}$	$ik'\frac{\text{sn}(u)}{\text{cn}(u)}$	$\text{dn}(u)$	$-\text{dn}(u)$	$-\text{dn}(u)$

Die drei letzten Spalten dieser Tabelle zeigen, daß die Funktion $\text{sn}(u)$ die Perioden 4ω und $2\omega'$, die Funktion $\text{cn}(u)$ die Perioden 4ω und $2\omega+2\omega'$ und schließlich die Funktion $\text{dn}(u)$ die Perioden 2ω und $4\omega'$ hat.

Die Tabelle (110), durch die die Nullstellen der Thetafunktionen bestimmt sind, führt uns unmittelbar auf eine Tabelle, die die Nullstellen und Pole der Jacobischen Funktionen angibt. Fügt man noch das über die Perioden Gesagte hinzu, so erhält man folgende Tabelle:

(134)

	Nullstellen	Pole	Perioden
$\text{sn}(u)$	$2n\omega+2n'\omega'$	$2n\omega+(2n'+1)\omega'$	4ω und $2\omega'$
$\text{cn}(u)$	$(2n+1)\omega+2n'\omega'$	$2n\omega+(2n'+1)\omega'$	4ω u. $2\omega+2\omega'$
$\text{dn}(u)$	$(2n+1)\omega+(2n'+1)\omega'$	$2n\omega+(2n'+1)\omega'$	2ω und $4\omega'$

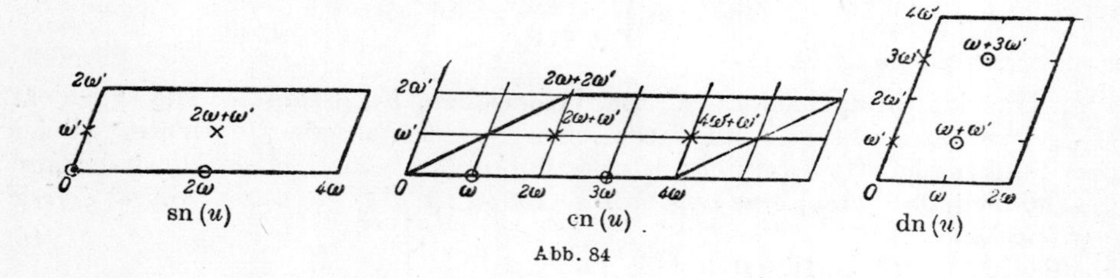

Abb. 84

In der Abb. 84 sind die Periodenparallelogramme der Jacobischen Funktionen dargestellt, wobei die Nullstellen der entsprechenden Funktionen durch Kreise und ihre Pole durch Kreuze angedeutet sind. Da die Thetafunktionen ebenso wie die $\sigma(u)$ einfache Nullstellen haben, können wir behaupten, daß die Jacobischen Funktionen einfache Pole haben. In jedem der dargestellten Parallelogramme gibt

es zwei solcher Pole, d. h., sämtliche JACOBIschen Funktionen sind elliptische Funktionen zweiter Ordnung mit zwei einfachen Polen.
Das hängt unmittelbar damit zusammen, daß man alle diese Funktionen durch Umkehrung gewisser elliptischer Integrale erster Gattung bekommen kann, die Polynome vierten Grades unter dem Wurzelzeichen enthalten. Wir wollen das im nächsten Abschnitt näher untersuchen.

181. Die Differentialgleichungen für die JACOBIschen Funktionen. Aus den Formeln (113) und (121) folgt unmittelbar

$$\wp'(u) = \pm \frac{2\operatorname{cn}(u)\operatorname{dn}(u)}{\operatorname{sn}^3(u)}.$$

Um das Vorzeichen auf der rechten Seite zu bestimmen, multiplizieren wir beide Seiten der angegebenen Gleichung mit u^3 und setzen dann $u = 0$. Das Produkt $u^3\,\wp'(u)$ wird gleich -2 für $u = 0$. Berücksichtigt man das und benutzt die Formeln (132), so sieht man, daß auf der rechten Seite der letzten Formel das Minuszeichen zu setzen ist. Dieses Vorzeichen ändert sich offensichtlich auch bei der analytischen Fortsetzung der Funktion nicht, also ist

$$\wp'(u) = -\frac{2\operatorname{cn}(u)\operatorname{dn}(u)}{\operatorname{sn}^3(u)}.$$

Differenziert man andererseits

$$\wp(u) - e_3 = \frac{1}{\operatorname{sn}^2(u)},$$

dann erhält man

$$\wp'(u) = -\frac{2\,[\operatorname{sn}(u)]'}{\operatorname{sn}^3(u)}.$$

Ein Vergleich dieser beiden Ausdrücke für $\wp'(u)$ ergibt

$$[\operatorname{sn}(u)]' = \operatorname{cn}(u)\operatorname{dn}(u). \tag{135}$$

Wir differenzieren nun die Gleichung (126) und benutzen (135). Damit bekommen wir Formeln für die Ableitungen der beiden anderen JACOBIschen Funktionen; es ist nämlich

$$[\operatorname{cn}(u)]' = -\operatorname{sn}(u)\operatorname{dn}(u); \quad [\operatorname{dn}(u)]' = -k^2\operatorname{sn}(u)\operatorname{cn}(u). \tag{136}$$

Daraus erhalten wir schließlich, wenn wir quadrieren und (126) benutzen, folgende Differentialgleichungen für die JACOBIschen Funktionen:

$$\left\{\begin{aligned} \left(\frac{d\operatorname{sn}(u)}{du}\right)^2 &= [1-\operatorname{sn}^2(u)]\,[1-k^2\operatorname{sn}^2(u)];\\ \left(\frac{d\operatorname{cn}(u)}{du}\right)^2 &= [1-\operatorname{cn}^2(u)]\,[k'^2+k^2\operatorname{cn}^2(u)];\\ \left(\frac{d\operatorname{dn}(u)}{du}\right)^2 &= -[1-\operatorname{dn}^2(u)]\,[k'^2-\operatorname{dn}^2(u)]. \end{aligned}\right. \tag{137}$$

Wir wollen etwas näher auf die Differentialgleichung, der $\operatorname{sn}(u)$ genügt, eingehen. Setzt man $x = \operatorname{sn}(u)$, so kann man schreiben

$$\frac{dx}{du} = \sqrt{(1-x^2)\,(1-k^2x^2)},$$

wobei man für $u = 0$, da wegen (132) $\operatorname{sn}'(0) = 1$ ist, $x = 0$ und die rechts stehende Wurzel gleich Eins setzen muß. Trennt man die Veränderlichen und integriert, so erhält man

$$u = \int_0^x \frac{dy}{\sqrt{(1-y^2)\,(1-k^2y^2)}}. \tag{138}$$

Daraus ersieht man, daß *man die Funktion* $\operatorname{sn}(u)$ *als Umkehrfunktion eines elliptischen Integrals erster Gattung in* L*egendre*scher *Form erhält*. Man kann auch umgekehrt zeigen: Gibt man für die Zahl k^2 einen willkürlichen, aber von 0 und 1 verschiedenen komplexen Wert vor, so erhält man durch Umkehrung des Integrals (138) die Jacobische Funktion $\operatorname{sn}(u)$. Daher kann als Konstruktionselement für diese Funktion die Zahl k anstatt τ dienen. Wir haben das Integral (138) unter dem Gesichtspunkt der konformen Abbildung für den Spezialfall ausführlich untersucht, daß k^2 reell ist und zwischen Null und Eins liegt. Dann haben wir eine reelle Periode, die wir in [167] mit $4K$ bezeichnet haben, und als zweite die rein imaginäre Periode $2iK'$. Vergleicht man dies mit den früheren Bezeichnungen, so ergibt sich

$$K = \omega = \frac{\pi}{2}\vartheta_3^2; \qquad iK' = \omega' = \omega\tau = \frac{\pi}{2}\vartheta_3^2\tau.$$

182. Die Additionstheoreme. Jetzt sollen die folgenden drei Funktionen der komplexen Veränderlichen u betrachtet werden: $\varphi_1(u) = \operatorname{sn}(u)\cdot\operatorname{sn}(u+v)$; $\varphi_2(u) = \operatorname{cn}(u)\operatorname{cn}(u+v)$; $\varphi_3(u) = \operatorname{dn}(u)\operatorname{dn}(u+v)$, wobei v eine willkürliche feste Zahl ist. Mit Hilfe der Tabelle (133) überzeugt man sich leicht davon, daß alle diese Funktionen die Perioden 2ω und $2\omega'$ haben. Die Funktion $\varphi_1(u)$ hat dort einfache Pole, wo $\operatorname{sn}(u)$ oder $\operatorname{sn}(u+v)$ Pole haben. Benutzt man Tabelle (134), so sieht man, daß dies die Punkte sind, die sich von ω' oder $-v+\omega'$ um eine Periode, also um einen Ausdruck der Form $n2\omega + n'2\omega'$ unterscheiden, wobei n und n' beliebige ganze Zahlen sind. Im Fundamental-Periodenparallelogramm, das aus den Vektoren 2ω und $2\omega'$ gebildet ist, existieren zwei und nur zwei solche Punkte. Dasselbe Resultat erhält man auch für die übrigen Funktionen $\varphi_k(u)$. Also sind alle diese Funktionen elliptische Funktionen zweiter Ordnung mit den Perioden 2ω und $2\omega'$ und mit zwei einfachen Polen im Periodenparallelogramm, von denen einer gleich ω' ist. Man kann zwei Konstanten A und B so wählen, daß die beiden Funktionen

$$\varphi_2(u) + A\varphi_1(u) \quad \text{und} \quad \varphi_3(u) + B\varphi_1(u) \tag{139}$$

in $u = \omega'$ keinen Pol mehr haben. Dann könnten die Funktionen (139) im Periodenparallelogramm also nur noch einen Pol erster Ordnung besitzen, woraus unmittelbar folgt, daß sie Konstanten sein müssen, da es keine elliptischen Funktionen erster Ordnung gibt [168]. Daher kann man behaupten, daß bei bestimmter Wahl der Konstanten A und B die Relationen

$$\left\{\begin{aligned} &\operatorname{cn}(u)\operatorname{cn}(u+v) + A\operatorname{sn}(u)\operatorname{sn}(u+v) = A_1, \\ &\operatorname{dn}(u)\operatorname{dn}(u+v) + B\operatorname{sn}(u)\operatorname{sn}(u+v) = B_1 \end{aligned}\right. \tag{140}$$

gelten.

Die Zahlen A, B, A_1 und B_1 sind Konstanten in bezug auf das Argument u, aber ihr Wert kann noch von der Wahl von v abhängen. Wir wollen jetzt diese Konstanten bestimmen. Setzt man in den Formeln (140) $u = 0$, so erhält man unmittelbar

$$A_1 = \mathrm{cn}(v); \quad B_1 = \mathrm{dn}(v).$$

Differenziert man die Relationen (140) und setzt dann $u = 0$, so ergibt sich wegen (135), (136) und (132)

$$[\mathrm{cn}(v)]' + A\,\mathrm{sn}(v) = 0;$$
$$[\mathrm{dn}(v)]' + B\,\mathrm{sn}(v) = 0.$$

Daraus folgt wegen (136) sofort, daß

$$A = \mathrm{dn}(v), \quad B = k^2\,\mathrm{cn}(v)$$

ist.

Setzt man diese Werte der Konstanten in Formel (140) ein, so bekommt man schließlich die beiden Beziehungen

$$(141)\quad \begin{cases} \mathrm{cn}(u)\,\mathrm{cn}(u+v) + \mathrm{dn}(v)\,\mathrm{sn}(u)\,\mathrm{sn}(u+v) = \mathrm{cn}(v), \\ \mathrm{dn}(u)\,\mathrm{dn}(u+v) + k^2\,\mathrm{cn}(v)\,\mathrm{sn}(u)\,\mathrm{sn}(u+v) = \mathrm{dn}(v), \end{cases}$$

die wir als Identitäten in u und v ansehen können. Ersetzt man u durch $-u$ und v durch $v + u$, dann ist

$$\mathrm{cn}(u)\,\mathrm{cn}(v) - \mathrm{dn}(u+v)\,\mathrm{sn}(u)\,\mathrm{sn}(v) = \mathrm{cn}(u+v);$$
$$\mathrm{dn}(u)\,\mathrm{dn}(v) - k^2\,\mathrm{cn}(u+v)\,\mathrm{sn}(u)\,\mathrm{sn}(v) = \mathrm{dn}(u+v).$$

Aus den letzten zwei Formeln kann man $\mathrm{cn}(u+v)$ und $\mathrm{dn}(u+v)$ bestimmen, und durch Einsetzen in die erste der Gleichungen (141) erhält man $\mathrm{sn}(u+v)$. Das führt uns zu folgenden *Additionsformeln*, durch die der Wert der Jacobischen Funktionen einer Summe zweier Argumente durch den Wert der Funktionen der einzelnen Argumente ausgedrückt wird:

$$(142)\quad \begin{cases} \mathrm{sn}(u+v) = \dfrac{\mathrm{sn}(u)\,\mathrm{cn}(v)\,\mathrm{dn}(v) + \mathrm{sn}(v)\,\mathrm{cn}(u)\,\mathrm{dn}(u)}{1 - k^2\,\mathrm{sn}^2(u)\,\mathrm{sn}^2(v)}; \\ \mathrm{cn}(u+v) = \dfrac{\mathrm{cn}(u)\,\mathrm{cn}(v) - \mathrm{sn}(u)\,\mathrm{dn}(u)\,\mathrm{sn}(v)\,\mathrm{dn}(v)}{1 - k^2\,\mathrm{sn}^2(u)\,\mathrm{sn}^2(v)}; \\ \mathrm{dn}(u+v) = \dfrac{\mathrm{dn}(u)\,\mathrm{dn}(v) - k^2\,\mathrm{sn}(u)\,\mathrm{cn}(u)\,\mathrm{sn}(v)\,\mathrm{cn}(v)}{1 - k^2\,\mathrm{sn}^2(u)\,\mathrm{sn}^2(v)}. \end{cases}$$

Die ersten zwei der angegebenen Formeln erinnern an die Additionstheoreme für die gewöhnlichen trigonometrischen Funktionen Sinus und Cosinus. Diese erweisen sich tatsächlich als Ausartungen der Jacobischen Funktionen für $k = 0$. Setzt man nämlich im Integral (138) $k = 0$, so ergibt seine Umkehrung $x = \sin u$, und aus den Formeln (126) und (132) folgt, daß $\mathrm{cn}(u)$ in $\cos u$ übergeht. Schließlich zeigt die zweite der Formeln (126), daß aus der Funktion $\mathrm{dn}(u)$ für $k = 0$ die Konstante Eins wird, daß also $\mathrm{dn}(u)$ kein Analogon unter den trigonometrischen Funktionen besitzt.

183. Der Zusammenhang zwischen den Funktionen $\wp(u)$ und $\mathrm{sn}(u)$. Wir stellen jetzt den unmittelbaren Zusammenhang zwischen den elliptischen Funktionen $\wp(u)$ und $\mathrm{sn}(u)$ fest. Dazu wählen wir die Funktion $\wp(u)$ mit irgendwelchen Perioden

2ω und $2\omega'$. Ferner ziehen wir zu den Untersuchungen die in der oberen Halbebene gelegene Zahl $\frac{\omega'}{\omega} = \tau$ heran und benutzen sie zur Konstruktion der Thetafunktionen und der Funktion $\operatorname{sn}(u)$ nach den ersten der Formeln (130) und (131) Die Zahlen 2ω und $2\omega'$, die mit der obenerwähnten WEIERSTRASSschen Funktion zusammenhängen, erfüllen im allgemeinen nicht die Bedingung $e_1 - e_3 = 1$. Nach den oben hergeleiteten Formeln gelten die Relationen (117):

$$(143)\quad \begin{cases} e_1 - e_2 = \left(\frac{\pi}{2\omega}\right)^2 \vartheta_4^4; \qquad e_1 - e_3 = \left(\frac{\pi}{2\omega}\right)^2 \vartheta_3^4; \qquad e_2 - e_3 = \left(\frac{\pi}{2\omega}\right)^2 \vartheta_2^4; \\ k^2 = \frac{\vartheta_2^4}{\vartheta_3^4} = \frac{e_2 - e_3}{e_1 - e_3}. \end{cases}$$

Für die Funktion $\operatorname{sn}(u)$ haben wir an Stelle von 2ω und $2\omega'$ die neuen Zahlen $2\tilde{\omega}$ und $2\tilde{\omega}'$, die bekanntlich durch die Bedingungen

$$(144)\qquad 2\tilde{\omega} = \pi\vartheta_3^2, \quad 2\tilde{\omega}' = 2\tilde{\omega}\tau$$

definiert sind.

Wir bezeichnen mit λ den Quotienten $\frac{\tilde{\omega}}{\omega} = \frac{\tilde{\omega}'}{\omega'}$ und betrachten die Funktion

$$f(u) = \frac{\lambda^2}{\operatorname{sn}^2(\lambda u)}.$$

Es ist $\lambda 2\omega = 2\tilde{\omega}$ und $\lambda 2\omega' = 2\tilde{\omega}'$, und nach Tabelle (133) hat die Funktion $f(u)$ die Perioden 2ω und $2\omega'$. Aus Tabelle (134) ersehen wir, daß die Pole der Funktion $f(u)$ die Punkte $n2\omega + n'2\omega'$ sind (n und n' beliebige ganze Zahlen). Daher besitzt die Funktion $f(u)$ ebenso wie auch $\wp(u)$ die Perioden 2ω und $2\omega'$; ferner hat $f(u)$ im Fundamental-Periodenparallelogramm den einzigen Pol zweiter Ordnung $u = 0$. Wir wollen zeigen, daß in diesem Pol sowohl der Hauptteil von $f(u)$ als auch der von $\wp(u)$ gleich $\frac{1}{u^2}$ ist. Die Funktion $\operatorname{sn}(u)$ ist ungerade, und mit Hilfe von (132) sieht man, daß in der Nähe von $u = 0$ eine Entwicklung der Gestalt

$$\operatorname{sn}(u) = u + c_3 u^3 + c_5 u^5 + \cdots$$

gilt, woraus

$$\frac{1}{\operatorname{sn}^2(u)} = \frac{1}{u^2} \cdot \frac{1}{(1 + c_3 u^2 + c_5 u^4 + \cdots)^2} = \frac{1}{u^2} + d_0 + d_2 u^2 + \cdots$$

folgt. In der Nähe von $u = 0$ ist demnach

$$f(u) = \frac{\lambda^2}{\operatorname{sn}^2(\lambda u)} = \frac{1}{u^2} + \lambda^2 d_0 + \lambda^4 d_2 u^2 + \cdots,$$

was wir gerade zeigen wollten. Also hat die Funktion $f(u)$ im Periodenparallelogramm dieselben Pole mit denselben Hauptteilen wie die Funktion $\wp(u)$. Daraus folgt, daß sich diese beiden Funktionen lediglich durch einen konstanten Summanden unterscheiden können. Es gilt also

$$(145)\qquad \wp(u) = \frac{\lambda^2}{\operatorname{sn}^2(\lambda u)} + C.$$

Wir bestimmen die Konstante C, indem wir $u = \omega$ setzen. Es ist $\wp(\omega) = e_1$ und nach Tabelle (133)

$$\operatorname{sn}(\lambda\omega) = \operatorname{sn}(\tilde{\omega}) = \frac{\operatorname{cn}(0)}{\operatorname{dn}(0)} = 1;$$

die Formel (145) ergibt daher

$$C = e_1 - \lambda^2. \tag{146}$$

Nach den Formeln (143) und (144) können wir schreiben

$$2\tilde{\omega} = 2\omega\sqrt{e_1 - e_3}; \quad 2\tilde{\omega}' = 2\omega'\sqrt{e_1 - e_3} \quad \left(\sqrt{e_1 - e_3} = \frac{\pi}{2\omega}\vartheta_3^2\right),$$

also ist

$$\lambda = \frac{\tilde{\omega}}{\omega} = \frac{\tilde{\omega}'}{\omega'} = \sqrt{e_1 - e_3},$$

woraus unter Benutzung von (146) $C = e_3$ folgt.

Mit Hilfe der Gleichungen (143) und (114) kann man die Konstante C folgendermaßen schreiben:

$$C = -\frac{(1 + k^2)\lambda^2}{3}.$$

Damit erhalten wir schließlich den gesuchten Zusammenhang zwischen den Funktionen $\wp(u)$ und $\operatorname{sn}(u)$:

$$\wp(u) = \frac{e_1 - e_3}{\operatorname{sn}^2(\sqrt{e_1 - e_3}\,u)} + e_3 \tag{147}$$

oder

$$\wp(u) = \frac{\lambda^2}{\operatorname{sn}^2(\lambda u)} - \frac{(1 + k^2)\lambda^2}{3} \qquad (\lambda = \sqrt{e_1 - e_3}). \tag{148}$$

184. Elliptische Koordinaten. Die elliptischen Funktionen verwendet man sehr oft zur Lösung mechanischer Probleme. Wir befassen uns hier lediglich mit den wichtigsten und einfachsten Anwendungen dieser Funktionen. Eine erste Anwendung ist die Verwendung elliptischer Koordinaten im Raume. Wir sind bereits früher auf elliptische Koordinaten gestoßen [**II, 137**]. Jetzt wiederholen wir das Bekannte und stellen noch einige zusätzliche Eigenschaften fest. Wir ändern die früher benutzten Bezeichnungen etwas ab, ersetzen nämlich die Zahlen a^2, b^2 und c^2 durch $-a^2$, $-b^2$ und $-c^2$ und notieren die Gleichung

$$\frac{x^2}{\varrho - a^2} + \frac{y^2}{\varrho - b^2} + \frac{z^2}{\varrho - c^2} - 1 = 0. \tag{149}$$

Das ist eine Gleichung dritten Grades in ϱ. In einem vorgegebenen Punkt mit den kartesischen Koordinaten x, y, z hat die Gleichung (149) drei reelle Wurzeln, nämlich λ, μ und ν, die der Ungleichung

$$\lambda > a^2 > \mu > b^2 > \nu > c^2 \tag{150}$$

genügen. Diese drei Zahlen heißen die *elliptischen Koordinaten des betreffenden Punktes.* Damit das Gleichheitszeichen vorbehaltlos gilt, nehmen wir x, y und z als von Null verschieden, beispielsweise als positiv an. Setzt man in der Gleichung (149) $\varrho = \lambda$, so erhält man ein Ellipsoid, das durch den vorgegebenen Punkt hindurchgeht. Für $\varrho = \mu$ stellt diese Gleichung ein einschaliges Hyperboloid und für $\varrho = \nu$ ein zweischaliges Hyperboloid dar.

Wir haben früher gesehen, daß die Flächen mit den Koordinaten $\lambda = \text{const}$, $\mu = \text{const}$ und $\nu = \text{const}$ zueinander orthogonal sind; d. h. also, daß die elliptischen Koordinaten ein orthogonales Koordinatensystem bilden. Wir wollen nun Formeln herleiten, die die kartesischen Koordinaten durch elliptische ausdrücken. Bringt man die linke Seite der Gleichung (149) auf einen gemeinsamen Nenner und berücksichtigt, daß der Zähler ein Polynom dritten Grades in ϱ mit dem Koeffizienten -1 bei ϱ^3 und den Nullstellen λ, μ und ν ist, so kann man folgende Identität in ϱ notieren:

$$\frac{x^2}{\varrho - a^2} + \frac{y^2}{\varrho - b^2} + \frac{z^2}{\varrho - c^2} - 1 = \frac{-(\varrho - \lambda)(\varrho - \mu)(\varrho - \nu)}{(\varrho - a^2)(\varrho - b^2)(\varrho - c^2)}. \tag{151}$$

Multipliziert man mit $\varrho - a^2$ und setzt dann $\varrho = a^2$, dann erhält man einen Ausdruck für x^2. Auf entsprechende Weise findet man auch Beziehungen für y^2 und z^2. Sie lauten

$$\left\{\begin{aligned} x^2 &= \frac{(\lambda - a^2)(\mu - a^2)(\nu - a^2)}{(a^2 - b^2)(a^2 - c^2)}; \\ y^2 &= \frac{(\lambda - b^2)(\mu - b^2)(\nu - b^2)}{(b^2 - c^2)(b^2 - a^2)}; \\ z^2 &= \frac{(\lambda - c^2)(\mu - c^2)(\nu - c^2)}{(c^2 - a^2)(c^2 - b^2)}. \end{aligned}\right. \tag{152}$$

Wir leiten jetzt eine Formel für das Quadrat des Bogenelements in elliptischen Koordinaten her. Die Beziehungen (152) werden logarithmiert und dann differenziert. Das ergibt

$$2\frac{dx}{x} = \frac{d\lambda}{\lambda - a^2} + \frac{d\mu}{\mu - a^2} + \frac{d\nu}{\nu - a^2};$$

$$2\frac{dy}{y} = \frac{d\lambda}{\lambda - b^2} + \frac{d\mu}{\mu - b^2} + \frac{d\nu}{\nu - b^2};$$

$$2\frac{dz}{z} = \frac{d\lambda}{\lambda - c^2} + \frac{d\mu}{\mu - c^2} + \frac{d\nu}{\nu - c^2}.$$

Daraus folgt, wenn man mit x, y bzw. z multipliziert, quadriert und addiert,

$$ds^2 = L^2 d\lambda^2 + M^2 d\mu^2 + N^2 d\nu^2. \tag{153}$$

Dabei ist z. B.

$$4L^2 = \frac{x^2}{(\lambda - a^2)^2} + \frac{y^2}{(\lambda - b^2)^2} + \frac{z^2}{(\lambda - c^2)^2}. \tag{154}$$

Wir weisen darauf hin, daß die rechte Seite der Formel (153) die Produkte $d\lambda \cdot d\mu$ usw. nicht enthält, weil die elliptischen Koordinaten orthogonal sind [II, 130]. Den Ausdruck auf der rechten Seite von (154) bekommt man auch, wenn man die linke Seite der Identität (151) nach ϱ differenziert, das Vorzeichen ändert und dann $\varrho = \lambda$ setzt. Es ist also

$$4L^2 = \frac{d}{d\varrho} \left. \frac{(\varrho - \lambda)(\varrho - \mu)(\varrho - \nu)}{(\varrho - a^2)(\varrho - b^2)(\varrho - c^2)} \right|_{\varrho = \lambda}.$$

Wir können daher folgende Formel für ds^2 notieren:

$$4ds^2 = \tag{155}$$
$$= \frac{(\lambda - \mu)(\lambda - \nu)}{(\lambda - a^2)(\lambda - b^2)(\lambda - c^2)} d\lambda^2 + \frac{(\mu - \lambda)(\mu - \nu)}{(\mu - a^2)(\mu - b^2)(\mu - c^2)} d\mu^2 + \frac{(\nu - \lambda)(\nu - \mu)}{(\nu - a^2)(\nu - b^2)(\nu - c^2)} d\nu^2.$$

Kennt man den Ausdruck des Bogenelements, so kann man die LAPLACEsche Differentialgleichung in elliptischen Koordinaten aufschreiben [II, 119]. Der Einfachheit halber führen wir die Abkürzung

$$f(\varrho) = (\varrho - a^2)(\varrho - b^2)(\varrho - c^2)$$

ein.

In den Bezeichnungen aus [II, 119] ist

$$2H_1 = \sqrt{\frac{(\lambda-\mu)\,(\lambda-\nu)}{f(\lambda)}}; \quad 2H_2 = \sqrt{\frac{(\mu-\lambda)\,(\mu-\nu)}{f(\mu)}}; \quad 2H_3 = \sqrt{\frac{(\nu-\lambda)\,(\nu-\mu)}{f(\nu)}},$$

wobei man H_k positiv nehmen und beachten muß, daß $f(\lambda)$ und $f(\nu)$ positiv sind, aber $f(\mu) < 0$ ist. Die LAPLACEsche Differentialgleichung lautet damit in elliptischen Koordinaten

$$\frac{\nu-\mu}{\sqrt{f(\mu)\,f(\nu)}}\frac{\partial}{\partial\lambda}\left(\sqrt{f(\lambda)}\frac{\partial U}{\partial\lambda}\right) + \frac{\lambda-\nu}{\sqrt{f(\nu)\,f(\lambda)}}\frac{\partial}{\partial\mu}\left(\sqrt{f(\mu)}\frac{\partial U}{\partial\mu}\right) + \frac{\mu-\lambda}{\sqrt{f(\lambda)\,f(\mu)}}\frac{\partial}{\partial\nu}\left(\sqrt{f(\nu)}\frac{\partial U}{\partial\nu}\right) = 0, \tag{156}$$

wobei man die letzten beiden Summanden aus dem ersten durch zyklische Vertauschung von λ, μ und ν erhält.

185. Einführung elliptischer Funktionen. An Stelle der Veränderlichen λ, μ und ν führen wir die neuen Veränderlichen α, β und γ nach den Formeln

$$\frac{d\lambda}{\sqrt{f(\lambda)}} = d\alpha; \quad \frac{d\mu}{\sqrt{f(\mu)}} = d\beta; \quad \frac{d\nu}{\sqrt{f(\nu)}} = d\gamma \tag{157}$$

ein, d. h., α, β und γ sind als elliptische Integrale erster Art durch λ, μ bzw. ν darstellbar. Umgekehrt sind die λ, μ und ν elliptische Funktionen von α, β bzw. γ. Wegen (157) ist z. B.

$$\sqrt{f(\lambda)}\frac{\partial}{\partial\lambda} = \frac{\partial}{\partial\alpha},$$

und für μ und ν gilt Entsprechendes. Damit kann man die Differentialgleichung (156) folgendermaßen schreiben:

$$(\nu-\mu)\frac{\partial^2 U}{\partial\alpha^2} + (\lambda-\nu)\frac{\partial^2 U}{\partial\beta^2} + (\mu-\lambda)\frac{\partial^2 U}{\partial\gamma^2} = 0. \tag{158}$$

Wir kehren jetzt zu den Formeln (152) zurück und zeigen, daß x, y und z eindeutige Funktionen der neuen Veränderlichen α, β und γ sind. Wir betrachten nämlich das Radikal

$$\sqrt{f(\varrho)} = \sqrt{(\varrho-a^2)\,(\varrho-b^2)\,(\varrho-c^2)},$$

das in (157) auftritt. An Stelle von ϱ führen wir die neue Veränderliche t mit

$$\varrho = p + qt$$

ein, wobei p und q gewisse Konstanten sind. Durch diese Substitution erhalten wir

$$(\varrho-a^2)\,(\varrho-b^2)\,(\varrho-c^2) = q^3\,(t-e_1)\,(t-e_2)\,(t-e_3).$$

Dabei sind die e_k die Nullstellen des Polynoms in t, so daß

$$a^2 = p + qe_1; \quad b^2 = p + qe_2; \quad c^2 = p + qe_3 \tag{*}$$

gilt.

Wir wählen zunächst die Zahl p so, daß

$$e_1 + e_2 + e_3 = 0$$

ist, woraus

$$p = \frac{a^2+b^2+c^2}{3}$$

folgt.

Danach definieren uns die obigen Formeln die Zahlen e_k bis auf den Faktor q, den wir als positiv voraussetzen und mit S^2 bezeichnen. Somit ist

$$\begin{cases} S^2 e_1 = a^2 - \dfrac{a^2+b^2+c^2}{3}; \\[2mm] S^2 e_2 = b^2 - \dfrac{a^2+b^2+c^2}{3}; \\[2mm] S^2 e_3 = c^2 - \dfrac{a^2+b^2+c^2}{3}. \end{cases} \tag{159}$$

Daraus folgt u. a., daß

$$a^2 - b^2 = S^2 (e_1 - e_2); \quad a^2 - c^2 = S^2 (e_1 - e_3); \quad b^2 - c^2 = S^2 (e_2 - e_3) \tag{160}$$

ist. Setzt man $\varrho = p + qt$ in (*) ein, so folgt

$$\varrho - a^2 = S^2 (t - e_1); \quad \varrho - b^2 = S^2 (t - e_2); \quad \varrho - c^2 = S^2 (t - e_3).$$

Das Polynom $f(\varrho)$ lautet in der neuen Veränderlichen t

$$f(\varrho) = S^6 (t - e_1)(t - e_2)(t - e_3).$$

Setzt man

$$\lambda = \frac{a^2 + b^2 + c^2}{3} + S^2 t, \tag{161}$$

so gilt für α nach (157)

$$\frac{2}{S} \int_{\infty}^{t} \frac{dy}{\sqrt{4 (y - e_1)(y - e_2)(y - e_3)}} = \alpha,$$

wobei wir den willkürlichen konstanten Faktor rechts weglassen, da er keine wesentliche Rolle spielt.

Nimmt man der einfacheren Schreibweise wegen $S = 2$ an, so folgt durch Umkehrung des Integrals $t = \wp(\alpha)$, da das Polynom unter dem Wurzelzeichen wegen $e_1 + e_2 + e_3 = 0$ gerade die in [178] angegebene Form hat. Die Formel (161) ergibt

$$\lambda = \frac{a^2 + b^2 + c^2}{3} + 4\wp(\alpha), \tag{162}$$

und entsprechend folgt

$$\mu = \frac{a^2 + b^2 + c^2}{3} + 4\wp(\beta); \quad \nu = \frac{a^2 + b^2 + c^2}{3} + 4\wp(\gamma). \tag{163}$$

Setzt man (162) und (163), in die Gleichungen (152) ein und berücksichtigt (159), so ergibt sich

$$\begin{cases} x^2 = 4 \dfrac{[\wp(\alpha) - e_1][\wp(\beta) - e_1][\wp(\gamma) - e_1]}{(e_1 - e_2)(e_1 - e_3)}; \\ y^2 = 4 \dfrac{[\wp(\alpha) - e_2][\wp(\beta) - e_2][\wp(\gamma) - e_2]}{(e_2 - e_3)(e_2 - e_1)}; \\ z^2 = 4 \dfrac{[\wp(\alpha) - e_3][\wp(\beta) - e_3][\wp(\gamma) - e_3]}{(e_3 - e_1)(e_3 - e_2)}. \end{cases} \tag{164}$$

Sämtliche in den Zählern stehenden Differenzen sind bekanntlich [172] Quadrate der eindeutigen Funktionen α, β und γ, so daß man tatsächlich aus diesen Formeln x, y und z als eindeutige analytische Funktionen von α, β und γ bestimmen kann. Die LAPLACEsche Differentialgleichung (158) lautet nun gemäß (162) und (163) in den neuen Veränderlichen:

$$[\wp(\gamma) - \wp(\beta)] \frac{\partial^2 U}{\partial \alpha^2} + [\wp(\alpha) - \wp(\gamma)] \frac{\partial^2 U}{\partial \beta^2} + [\wp(\beta) - \wp(\alpha)] \frac{\partial^2 U}{\partial \gamma^2} = 0. \tag{165}$$

186. Die LAMÉsche Differentialgleichung. Wir wenden auf die LAPLACEsche Differentialgleichung die übliche Methode der Trennung der Veränderlichen an und setzen die Lösung in Gestalt eines Produkts dreier Funktionen an, von denen eine lediglich von α, die zweite nur von β und die dritte nur von γ abhängt:

$$U = A(\alpha) B(\beta) C(\gamma). \tag{166}$$

Geht man damit in die Differentialgleichung (165) ein und dividiert durch $A(\alpha) B(\beta) C(\gamma)$, so lautet sie

$$[\wp(\gamma) - \wp(\beta)] \frac{A''(\alpha)}{A(\alpha)} + [\wp(\alpha) - \wp(\gamma)] \frac{B''(\beta)}{B(\beta)} + [\wp(\beta) - \wp(\alpha)] \frac{C''(\gamma)}{C(\gamma)} = 0.$$

Wir können sie erfüllen, wenn wir voraussetzen, daß die Größen A, B, C im Ausdruck (166) Lösungen von Differentialgleichungen ein und derselben Gestalt sind, d. h. wenn

$$\frac{A''(\alpha)}{A(\alpha)} = -a\wp(\alpha) - b; \quad \frac{B''(\beta)}{B(\beta)} = -a\wp(\beta) - b; \quad \frac{C''(\gamma)}{C(\gamma)} = -a\wp(\gamma) - b$$

ist, wobei a und b Konstanten sind. Wir müssen somit die Differentialgleichung zweiter Ordnung mit doppelt-periodischen Koeffizienten

$$\frac{d^2R(u)}{du^2} + [a\wp(u) + b]\, R(u) = 0 \tag{167}$$

untersuchen.

Die Konstante a soll so bestimmt werden, daß das allgemeine Integral der Differentialgleichung (167) eine eindeutige Funktion von u ist. In der Nähe des Punktes $u = 0$ besitzt der Koeffizient $a\wp(u) + b$ eine Entwicklung der Gestalt

$$\frac{a}{u^2} + b + \cdots;$$

folglich lautet die Fundamentalgleichung in diesem außerwesentlich singulären Punkt

$$\varrho(\varrho - 1) + a = 0. \tag{168}$$

Damit die Lösungen eindeutig sind, müssen die Wurzeln dieser Gleichung ganze Zahlen sein. Ihre Summe ist gleich $+1$, also sind die Wurzeln gleich $-n$ und $n + 1$, wobei n eine ganze positive Zahl oder Null ist. Daher erhalten wir für die Konstante a die möglichen Werte

$$a_n = -n(n + 1) \qquad (n = 0, 1, 2\ldots). \tag{169}$$

Im Grunde haben wir oben lediglich gezeigt, daß die Gleichung (169) eine notwendige Bedingung für die Eindeutigkeit des allgemeinen Integrals darstellt; wir zeigen jetzt, daß sie auch hinreichend ist. Aus der allgemeinen Theorie folgt, daß eine der Lösungen der Differentialgleichung (167) für $a = -n(n + 1)$ in der Nähe des Nullpunktes eine Entwicklung der Gestalt

$$R(u) = u^{n+1}(c_0 + c_1 u + c_2 u^2 + \cdots) \qquad (c_0 \neq 0) \tag{170}$$

besitzt.

Die Differentialgleichung (167) ändert sich aber nicht, wenn man in ihr u durch $-u$ ersetzt. Führt man also in Formel (170) dieselbe Substitution durch, so muß man ebenfalls eine Lösung erhalten. Diese neue Lösung kann sich von der Lösung (170) lediglich durch einen konstanten Faktor unterscheiden, da die zweite Lösung, die von (170) linear unabhängig ist, in der Nähe von $u = 0$ eine völlig andere Gestalt hat. Aus diesen Überlegungen folgt unmittelbar, daß die in Formel (170) auftretende Potenzreihe nur gerade Potenzen von u enthält. Es ist also

$$R_1(u) = u^{n+1}(c_0 + c_2 u^2 + c_4 u^4 + \cdots) \qquad (c_0 \neq 0). \tag{171}$$

Die zweite Lösung der Differentialgleichung (167) kann man bekanntlich [II, 24] durch die Formel

$$R_2(u) = R_1(u) \int \frac{du}{R_1^2(u)}$$

oder

$$R_2(u) = R_1(u) \int \frac{1}{u^{2n+2}} (c_0 + c_2 u^2 + c_4 u^4 + \cdots)^{-2}\, du$$

bekommen. Der Integrand hat in der Nähe von $u = 0$ eine Entwicklung, die nur gerade Potenzen von u enthält. Daher fällt das Glied mit u^{-1} fort, und die zweite Lösung $R_2(u)$ enthält $\log u$ nicht. Also sind beide Lösungen in der Nähe von $u = 0$ eindeutig.

Diese Überlegung kann man wörtlich auf beliebige singuläre Punkte der Differentialgleichung (167) übertragen. Diese singulären Punkte sind $u = m_1 \omega_1 + m_2 \omega_2$, wobei ω_1 und ω_2 die Perioden von $\wp(u)$ und m_1 und m_2 beliebige ganze Zahlen sind. Somit kann jede Lösung der Differentialgleichung (167) in den singulären Punkten dieser Differentialgleichung nur Pole haben; daher ist sie eine eindeutige Funktion von u.

Setzt man den Wert der Konstanten (169) in (167) ein, so erhält man die Differentialgleichung

$$\frac{d^2 R(u)}{du^2} + [-n(n+1)\wp(u) + b]\, R(u) = 0\,, \tag{172}$$

die man gewöhnlich als *LAMÉsche Differentialgleichung* bezeichnet. Die Konstante b bestimmt man aus der Bedingung, daß die Differentialgleichung (172) eine Lösung in Form eines Polynoms in $\wp(u)$ oder in Form eines Produkts eines solchen Polynoms mit Faktoren der Gestalt

$$\sqrt{\wp(u) - e_1}; \quad \sqrt{\wp(u) - e_2}; \quad \sqrt{\wp(u) - e_3}$$

hat, wobei höchstens drei derartige zusätzliche Faktoren auftreten können. Es zeigt sich, daß $2n+1$ Werte für die Konstante b existieren, die dieser Bedingung genügen. Ist $R_0(u)$ eine Lösung der Differentialgleichung (172) in der obenerwähnten Gestalt, so ist, wie sich zeigt, das Produkt

$$R_0(\alpha)\, R_0(\beta)\, R_0(\gamma)\,,$$

das eine Lösung der LAPLACEschen Differentialgleichung ist, ein Polynom in den kartesischen Koordinaten x, y und z vom Grade n. Für vorgegebenes n gibt es, wie oben gesagt wurde, $2n+1$ solcher Lösungen. Diese werden gewöhnlich LAMÉsche Funktionen genannt und hängen offensichtlich unmittelbar mit den Kugelfunktionen zusammen, die wir früher behandelt haben.

187. Das einfache Pendel. Als einfachstes Beispiel zur Anwendung der JACOBIschen Funktionen betrachten wir ein einfaches Pendel. Wir nehmen an, daß sich ein Massenpunkt mit der Masse Eins auf einem Kreisbogen bewegt, und wählen die Koordinatenachsen x und z in der Ebene dieses Kreises, wobei die z-Achse senkrecht nach oben gerichtet sein soll. Es sei l der Radius dieses Kreises. Wir nehmen an, daß unser Punkt zur Zeit $t = 0$ mit einer bestimmten Anfangsgeschwindigkeit v_0 aus seiner Ruhelage M_0 $(z = -l)$ ausgelenkt wird. Die Zunahme der kinetischen Energie ist gleich der Arbeit der Schwerkraft, und wir erhalten somit

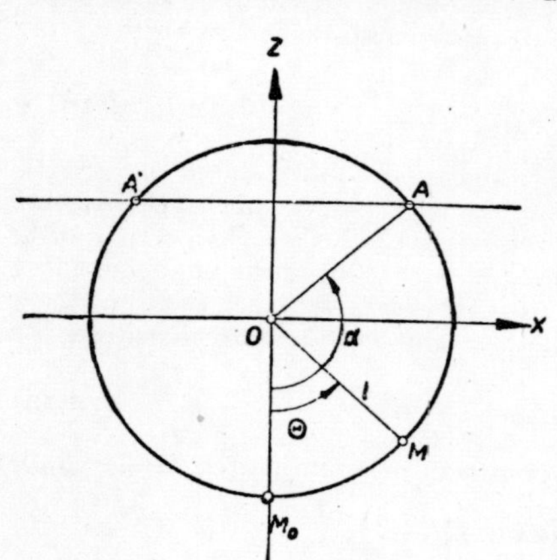

Abb. 85

$$\frac{1}{2} v^2 - \frac{1}{2} v_0^2 = -gz - gl$$

oder

$$v^2 = 2g(a - z) \quad \left(a = -l + \frac{v_0^2}{2g}\right). \tag{173}$$

Wir nehmen an, die Gerade $z = a$ schneide den Kreis in zwei Punkten A und A', es sei also $a < l$ oder $v_0 < 2\sqrt{lg}$. Aus (173) folgt, daß dann $z \leqslant a$ ist; folglich verläuft die Bewegung auf dem Bogen AM_0A' (Abb. 85) unseres Kreises. Es ist $z = -l \cos\theta$, und wir zeichnen den Winkel α so, daß $a = -l\cos\alpha$ $(0 < \alpha < \pi)$ ist.

Die Geschwindigkeit wird durch

$$v = \frac{ds}{dt} = l\left|\frac{d\theta}{dt}\right|$$

angegeben. Folglich kann man die Gleichung (173) in der Gestalt

$$l^2 \left(\frac{d\theta}{dt}\right)^2 = 2gl\,(\cos\theta - \cos\alpha)$$

schreiben oder, wenn man die halben Winkel einführt,

$$l \left(\frac{d\theta}{dt}\right)^2 = 4g\left(\sin^2\frac{\alpha}{2} - \sin^2\frac{\theta}{2}\right).$$

Daraus ergibt sich

$$2\sqrt{\frac{g}{l}}\,dt = \frac{d\theta}{\sqrt{\sin^2\frac{\alpha}{2} - \sin^2\frac{\theta}{2}}}. \tag{174}$$

Wir setzen dabei voraus, daß θ für wachsendes t zunimmt. An Stelle von θ führen wir die neue Veränderliche τ gemäß

$$\sin\frac{\theta}{2} = \tau \sin\frac{\alpha}{2}$$

ein.

Differenziert man diese Beziehung, so erhält man ohne Schwierigkeit

$$d\theta = \frac{2\sin\frac{\alpha}{2}\,d\tau}{\cos\frac{\theta}{2}} = \frac{2\sin\frac{\alpha}{2}\,d\tau}{\sqrt{1 - \sin^2\frac{\theta}{2}}},$$

also

$$d\theta = \frac{2\sin\frac{\alpha}{2}\,d\tau}{\sqrt{1 - \tau^2\sin^2\frac{\alpha}{2}}}.$$

Setzt man diesen Ausdruck in (174) ein und berücksichtigt, daß $\theta = \tau = 0$ für $t = 0$ ist, so ergibt sich

$$\sqrt{\frac{g}{l}}\,t = \int_0^{\tau} \frac{dt}{\sqrt{(1 - t^2)\,(1 - k^2t^2)}} \qquad \left(k^2 = \sin^2\frac{\alpha}{2}\right)$$

und daher

$$\tau = \operatorname{sn}\left(\sqrt{\frac{g}{l}}\,t\right). \tag{175}$$

Mit Hilfe der bekannten Eigenschaften der JACOBIschen Funktionen erhält man

$$\begin{cases} \sin\frac{\theta}{2} = \sin\frac{\alpha}{2}\operatorname{sn}\left(\sqrt{\frac{g}{l}}\,t\right) = k\operatorname{sn}\left(\sqrt{\frac{g}{l}}\,t\right); \\ \cos\frac{\theta}{2} = \sqrt{1 - k^2\operatorname{sn}^2\left(\sqrt{\frac{g}{l}}\,t\right)} = \operatorname{dn}\left(\sqrt{\frac{g}{l}}\,t\right). \end{cases} \tag{176}$$

Dabei müssen wir beim Festlegen der Wurzel beachten, daß für $t = 0$ auch $\theta = 0$ sein soll. Diese Formeln ermöglichen es, die Koordinaten x und z als eindeutige Funktionen von t auszudrücken.

Jetzt nehmen wir an, die in (173) auftretende Konstante a sei größer als l. Wir können diese Formel auch folgendermaßen schreiben:

$$l^2 \left(\frac{d\theta}{dt}\right)^2 = 2g\,(a + l\cos\theta) = 2g\left(a + l - 2l\sin^2\frac{\theta}{2}\right)$$

oder

$$l^2 \left(\frac{d\theta}{dt}\right)^2 = 2g\,(a + l)\left(1 - \varkappa^2\sin^2\frac{\theta}{2}\right) \tag{177}$$

mit

$$\varkappa^2 = \frac{2l}{a + l}, \tag{178}$$

wobei offensichtlich $\varkappa^2 < 1$ ist. Integriert man die Beziehung (177), so erhält man

$$\lambda t = \int\limits_0^\theta \frac{d\varphi}{\sqrt{1 - \varkappa^2\sin^2\frac{\varphi}{2}}}$$

$$\lambda = \frac{\sqrt{2g\,(a + l)}}{l}.$$

Wir führen nun an Stelle von θ die neue Veränderliche $\tau = \sin\frac{\theta}{2}$ ein. Dann ist

$$\lambda t = \int\limits_0^\tau \frac{2d\sigma}{\sqrt{(1 - \sigma^2)\,(1 - \varkappa^2\sigma^2)}}$$

und daher

$$\tau = \sin\frac{\theta}{2} = \operatorname{sn}\left(\frac{1}{2}\lambda t\right)$$

und ebenso

$$\cos\frac{\theta}{2} = \sqrt{1 - \operatorname{sn}^2\left(\frac{1}{2}\lambda t\right)} = \operatorname{cn}\left(\frac{1}{2}\lambda t\right).$$

Diese Formeln ermöglichen es, auch in diesem Fall die Koordinaten x und z als eindeutige Funktionen der Zeit t auszudrücken.

188. Beispiel einer konformen Abbildung. Wie wir oben gesehen haben, bildet die Funktion

$$u = \int\limits_0^z \frac{dt}{\sqrt{(1 - t^2)\,(1 - k^2t^2)}} \tag{179}$$

für $0 < k < 1$ die obere z-Halbebene auf ein Rechteck der u-Ebene ab, und folglich bildet die Umkehrfunktion $z = \operatorname{sn}(u;\,k)$ das Rechteck auf die Halbebene ab. Die Längen der Rechteckseiten werden durch die Integrale

$$2\int\limits_0^1 \frac{dx}{\sqrt{(1 - x^2)\,(1 - k^2x^2)}} \quad \text{und} \quad \int\limits_0^1 \frac{dx}{\sqrt{(1 - x^2)\,(1 - k'^2x^2)}}$$

gegeben [167], wobei $k^2 + k'^2 = 1$ ist. Auf diesem Wege kann man ein Rechteck mit beliebigem Seitenverhältnis erhalten. Durch Multiplikation der rechten Seite der Formel (179) mit einem konstanten Faktor $\frac{1}{\lambda}$ kann man nämlich ein Rechteck mit beliebigen Seiten erhalten, und dieses wird durch die Funktion $z = \operatorname{sn}(\lambda u; k)$ auf die Halbebene abgebildet. Wir zeigen jetzt, daß die Funktion, die das Rechteck in einen Kreis überführt, durch die WEIERSTRASSsche Funktion $\sigma(u)$ ausdrückbar ist. Dazu wählen wir in der Ebene das Rechteck K_1, dessen Eckpunkte die Punkte $(0,0)$, $(0, a)$, (a, b) und $(0, b)$ sind. Es sei $z = f(u)$ die Funktion, die K_1 auf den Einheitskreis abbildet, wobei ein bestimmter, innerhalb K_1 gelegener Punkt (ξ, η) in den Kreismittelpunkt übergeht. Setzen wir $f(u)$ über diejenige Seite hinweg analytisch fort, die die Eckpunkte $(0, 0)$ und $(0, a)$ verbindet, so bildet $f(u)$ nach dem Spiegelungsprinzip das zu K_1 bezüglich der genannten Seite symmetrische Rechteck K_2 auf das Äußere des Einheitskreises ab. Das ist also das Gebiet $|z| > 1$, wobei der zum Punkt (ξ, η) symmetrische Punkt $(\xi, -\eta)$ in den unendlich fernen Punkt übergeht. Da die Spiegelung eine schlichte Abbildung ist, kann man behaupten, daß $f(u)$ im Punkt $\xi + i\eta$ eine einfache Nullstelle und im Punkt $\xi - i\eta$ einen einfachen Pol hat. Konstruieren wir noch zwei Rechtecke K_3 und K_4, die zu K_1 und K_2 in bezug auf die imaginäre Achse symmetrisch sind, so wird eines davon auf das Gebiet $|z| < 1$ und das andere auf das Gebiet $|z| > 1$ abgebildet, wobei die Funktion $f(u)$ für $z = -\xi - i\eta$ eine einfache Nullstelle, aber für $z = -\xi + i\eta$ einen einfachen Pol hat.

Mit Hilfe derselben Schlüsse wie in [167] kann man sich davon überzeugen, daß $f(u)$ eine elliptische Funktion mit den Perioden $2a$ und $2ib$ ist. Das Fundamental-Periodenparallelogramm (Rechteck) besteht aus den vier eben erwähnten Rechtecken, wobei wir oben alle in seinem Innern gelegenen Nullstellen und Pole von $f(u)$ notiert haben.

Wir setzen $\omega_1 = 2a$ und $\omega_2 = 2ib$, konstruieren die WEIERSTRASSsche Funktion $\sigma(u)$ und bilden die neue Funktion

$$\varphi(u) = \frac{\sigma(u - \xi - i\eta)\,\sigma(u + \xi + i\eta)}{\sigma(u - \xi + i\eta)\,\sigma(u + \xi - i\eta)}. \tag{180}$$

Sie besitzt im eben erwähnten Periodenparallelogramm dieselben einfachen Nullstellen und Pole wie $f(u)$.

Wir wollen jetzt zeigen, daß die Funktion (180) die Perioden ω_1 und ω_2 hat. Daraus folgt unmittelbar, daß sich $f(u)$ und $\varphi(u)$ lediglich durch einen konstanten Faktor unterscheiden können. Benutzt man die durch die Gleichung (49) ausgedrückte Eigenschaft der Funktion $\sigma(u)$, so kann man schreiben:

$$\varphi(u + \omega_k) = \frac{e^{\eta_k\left(u - \xi - i\eta + \frac{\omega_k}{2}\right) + \eta_k\left(u + \xi + i\eta + \frac{\omega_k}{2}\right)}}{e^{\eta_k\left(u - \xi + i\eta + \frac{\omega_k}{2}\right) + \eta_k\left(u + \xi - i\eta + \frac{\omega_k}{2}\right)}} \frac{\sigma(u - \xi - i\eta)\,\sigma(u + \xi + i\eta)}{\sigma(u - \xi + i\eta)\,\sigma(u + \xi - i\eta)} =$$

$$= \frac{\sigma(u - \xi - i\eta)\,\sigma(u + \xi + i\eta)}{\sigma(u - \xi + i\eta)\,\sigma(u + \xi - i\eta)} = \varphi(u) \qquad (k = 1, 2),$$

was wir gerade zeigen wollten. Daher ist also

$$f(u) = C\,\frac{\sigma(u - \xi - i\eta)\,\sigma(u + \xi + i\eta)}{\sigma(u - \xi + i\eta)\,\sigma(u + \xi - i\eta)}.$$

Zur Bestimmung der Konstanten C setzen wir $u = 0$. Dann lautet die vorhergehende Beziehung

$$f(0) = C\,\frac{\sigma(-\xi - i\eta)}{\sigma(-\xi + i\eta)} \cdot \frac{\sigma(\xi + i\eta)}{\sigma(\xi - i\eta)}. \tag{181}$$

Die Definition der Funktion $\sigma(u)$ ergibt

$$\sigma(u) = u \prod_{m_1, m_2}{}' \left(1 - \frac{u}{w}\right) e^{\frac{u}{w} + \frac{1}{2}\left(\frac{u}{w}\right)^2},$$

wobei $w = m_1 2a + m_2 2ib$ ist. Wir wollen u als reell voraussetzen. Da das Produkt über alle ganzen Werte m_1 und m_2 außer über $m_1 = m_2 = 0$ zu erstrecken ist, liegen paarweise konjugierte Faktoren vor; und zwar sind das diejenigen, bei denen die m_1 gleich und die m_2 nur dem Vorzeichen nach verschieden sind. Ist $m_2 = 0$, so sind die entsprechenden Faktoren reell.

Daher ist die Funktion $\sigma(u)$ in unserem Fall, wenn ω_1 reell und ω_2 rein imaginär ist, für reelles u reell. Nach dem Spiegelungsprinzip nimmt sie für konjugierte Werte u konjugierte Werte an. Daraus folgt, daß Zähler und Nenner in beiden Brüchen auf der rechten Seite von Formel (181) konjugiert sind, so daß der absolute Betrag eines jeden der beiden Brüche gleich Eins ist. Wir wenden uns jetzt der linken Seite zu. Der Punkt $u = 0$ liegt auf dem Rand des Fundamentalrechtecks K_1 (in einer Ecke), und folglich liegt $f(0)$ auf dem Einheitskreis. Es ist also $|f(0)| = 1$. Somit zeigt die Formel (181), daß $|C| = 1$, also $C = e^{i\vartheta}$ ist, wobei ϑ eine beliebige reelle Zahl ist. Damit erhalten wir schließlich folgende Formel für eine Funktion, die das Rechteck K_1 auf den Einheitskreis abbildet:

$$f(u) = e^{i\vartheta} \frac{\sigma(u - \xi - i\eta)\,\sigma(u + \xi + i\eta)}{\sigma(u - \xi + i\eta)\,\sigma(u + \xi - i\eta)}. \tag{182}$$

Die Wahl der Zahl ϑ spielt keine Rolle. Bei einer Änderung des Wertes von ϑ dreht sich der Einheitskreis um seinen Mittelpunkt.

Anhang

Reduktion von Matrizen auf kanonische Form

189. Hilfssätze. Ziel dieses Anhangs ist der Beweis des Satzes, den wir ohne Beweis in [III_1, 27] angegeben haben. Zuerst formulieren wir den Satz aus [III_1, 27] nocheinmal: Ist A eine beliebige Matrix, so kann man immer eine geeignete Matrix V mit von Null verschiedener Determinante finden derart, daß die zur Matrix A ähnliche Matrix VAV^{-1} Quasidiagonalform (oder Diagonalform) hat:

$$VAV^{-1} = [I_{\varrho_1}(\lambda_1), I_{\varrho_2}(\lambda_2), \ldots, I_{\varrho_p}(\lambda_p)], \tag{1}$$

wobei die Matrizen $I_\varrho(\lambda)$ die Gestalt

$$I_\varrho(\lambda) = \begin{pmatrix} \lambda & 0 & 0 & \ldots & 0 & 0 \\ 1 & \lambda & 0 & \ldots & 0 & 0 \\ 0 & 1 & \lambda & \ldots & 0 & 0 \\ . & . & . & . & . & . \\ 0 & 0 & 0 & \ldots & \lambda & 0 \\ 0 & 0 & 0 & \ldots & 1 & \lambda \end{pmatrix} \tag{2}$$

haben. Der Index ϱ gibt den Grad der Matrix an und das Argument λ die Zahl, die in der Hauptdiagonalen steht. Ist $\varrho = 1$, so reduziert sich die Matrix $I_1(\lambda)$ auf die Zahl λ. Nachdem wir diesen Satz bewiesen haben werden, ergänzen wir ihn in einigen wesentlichen Punkten.

Wir erinnern zunächst an die geometrische Bedeutung des Übergangs zu einer ähnlichen Matrix. Jede Matrix A vom Grade n ist ein Operator im n-dimensionalen Raum in dem Sinne, daß sie eine lineare Abbildung dieses Raumes vermittelt. Die Gestalt der Matrix A hängt, wie wir gesehen haben [III_1, 21], von der Wahl des Koordinatensystems ab, d. h. von den Basisvektoren. Stellt die Matrix A eine lineare Transformation bei bestimmter Wahl der Basisvektoren dar und nehmen wir eine Koordinatentransformation vor, bei der die neuen Komponenten jedes Vektors durch seine alten mit Hilfe der Transformation V ausgedrückt sind, so läßt sich die ursprüngliche lineare Transformation im neuen Koordinatensystem durch die Matrix VAV^{-1} ausdrücken. Daher reduziert sich unser oben formuliertes Problem im Grunde auf die Wahl solcher Basisvektoren, die in gewissem Sinne für die — im alten Koordinatensystem durch die Matrix A vermittelte — lineare Abbildung am natürlichsten sind, nämlich auf eine solche Wahl der Basisvektoren, bei der unsere lineare Abbildung durch eine Matrix dargestellt wird, wie sie auf der rechten Seite der Gleichung (1) angegeben ist.

Bevor wir an die Lösung unseres Problems gehen, stellen wir noch einige benötigte Hilfssätze auf. Viele dieser Sätze wurden im Text behandelt, aus Zweckmäßigkeitsgründen stellen wir sie hier noch einmal zusammen.

Vor allem gehen wir auf die Erklärung des Begriffes Unterraum ein, der auch früher schon vorkam. Sind $\mathfrak{x}_1, \mathfrak{x}_2, \ldots, \mathfrak{x}_k$ $(k \leqslant n)$ linear unabhängige Vektoren des Raumes, so hatten wir die Gesamtheit der durch

(3) $$c_1\mathfrak{x}_1 + c_2\mathfrak{x}_2 + \cdots + c_k\mathfrak{x}_k$$

definierten Vektoren, wobei die c_s beliebige Zahlen sind, den von den Vektoren $\mathfrak{x}_1, \mathfrak{x}_2, \ldots, \mathfrak{x}_k$ aufgespannten *Unterraum* der Dimension k genannt. Für $k = n$ ist der Unterraum mit dem gesamten Raum identisch. Man kann folgende äquivalente Definition des Unterraums angeben: Als Unterraum bezeichnet man jede Gesamtheit von Vektoren, die folgende zwei Eigenschaften besitzt: 1. Gehört ein gewisser Vektor $\mathfrak{x}$ dieser Gesamtheit an, so gehört ihr für beliebiges c auch der Vektor $c\mathfrak{x}$ an. 2. Liegen zwei Vektoren $\mathfrak{x}_1$ und $\mathfrak{x}_2$ in der Gesamtheit, so auch ihre Summe $\mathfrak{x}_1 + \mathfrak{x}_2$. Anders ausgedrückt: Multiplikation mit einer Zahl und Addition von Vektoren der Gesamtheit führen nicht aus der Gesamtheit heraus.

Im folgenden werden wir noch zwei weitere Definitionen des Unterraums verwenden, die wir jetzt angeben. Es sei P eine feste Matrix vom Grade n und $\mathfrak{x}$ ein beliebiger veränderlicher Vektor im n-dimensionalen Raum. Die Gesamtheit der durch

(4) $$\mathfrak{y} = P\mathfrak{x}$$

definierten Vektoren $\mathfrak{y}$ ist offensichtlich ein Unterraum, der auch mit dem ganzen Raum zusammenfallen kann. Mit einem Vektor $\mathfrak{y}_1 = P\mathfrak{x}_1$ gehört nämlich auch der Vektor $c_1\,\mathfrak{y}_1 = P(c_1 \cdot \mathfrak{x}_1)$ zu der erwähnten Gesamtheit, und liegen die zwei Vektoren $\mathfrak{y}_1 = P\mathfrak{x}_1$ und $\mathfrak{y}_2 = P\mathfrak{x}_2$ darin, so gehört offensichtlich auch der Vektor $\mathfrak{y}_1 + \mathfrak{y}_2 = P(\mathfrak{x}_1 + \mathfrak{x}_2)$ dazu. Daher definiert die Formel (4) tatsächlich bei willkürlich veränderlichem Vektor $\mathfrak{x}$ einen Unterraum. Wie in [III_1, 15] erwähnt, ist die Dimension dieses Unterraums gleich dem Rang der Matrix P.

Wir geben jetzt die zweite Methode zur Definition des Unterraums an. Es sei Q eine fest gewählte Matrix vom Grade n; wir betrachten die Gesamtheit der Vektoren $\mathfrak{x}$, die der Gleichung

(5) $$Q\mathfrak{x} = 0$$

genügen. Ebenso wie oben kann man zeigen, daß diese Gesamtheit von Vektoren einen Unterraum bildet. Wie wir früher gesehen haben [III_1, 14], hat dieser Unterraum die Dimension k, wobei $n - k$ der Rang der Matrix Q ist.

Sprechen wir von einem Unterraum, so setzen wir immer stillschweigend voraus, er bestehe nicht nur aus dem Nullvektor, enthalte also wirklich von Null verschiedene Vektoren. Wir wollen sehen, unter welchen Bedingungen die Formel (4) einen nur aus dem Nullvektor bestehenden Unterraum definiert, wann also für beliebiges $\mathfrak{x}$ aus unserem Raum die Formel (4) stets den Nullvektor liefert. Berücksichtigt man die Gestalt der linearen Transformation selbst, so kann man sich davon überzeugen, daß dies genau dann der Fall ist, wenn die Matrix P gleich der Nullmatrix ist, d. h., wenn alle ihre Elemente gleich Null sind.

Es seien $E_1, E_2, \ldots, E_m$ gewisse Unterräume. Wir sagen, daß sie ein vollständiges System von Unterräumen bilden, wenn jeder Vektor $\mathfrak{x}$ unseres Raumes auf eindeutige Weise als Summe von Vektoren darstellbar ist, die den oben genannten Unterräumen angehören, wenn also

(6) $$\mathfrak{x} = \mathfrak{y}_1 + \mathfrak{y}_2 + \cdots + \mathfrak{y}_m$$

ist. Wir weisen auf die Bedeutung der Eindeutigkeit der Darstellung hin. Aus dieser Bedingung folgt nämlich unmittelbar, daß der Nullvektor nicht als Summe (6) dargestellt werden kann, sofern unter den Summanden vom Nullvektor verschiedene vorkommen. Das ist gleichbedeutend damit, daß zwischen den Vektoren der oben erwähnten Räume keine lineare Abhängigkeit bestehen kann.

Als Beispiel dazu betrachten wir den reellen dreidimensionalen Raum, der von Vektoren aufgespannt wird, die von einem Punkt O ausgehen. Als vollständiges System von Unterräumen können wir eine Ebene L wählen, die O enthält, und eine Gerade l, die durch O hindurchgeht und nicht in der Ebene L liegt. Der erste Unterraum hat die Dimension zwei und kann durch zwei willkürliche Vektoren aufgespannt werden, die in der Ebene L, aber nicht auf einer Geraden liegen. Der zweite Unterraum hat die Dimension Eins und kann durch einen willkürlichen Vektor aufgespannt werden, der auf der Geraden l liegt. Jeder Vektor des dreidimensionalen Raumes kann in eindeutiger Weise als Summe von Vektoren dargestellt werden, die in der Ebene L bzw. auf der Geraden l liegen.

Es sei A eine Matrix, die eine lineare Transformation des Raumes vermittelt. Nehmen wir an, wir hätten ein solches vollständiges System von Unterräumen $E_1, E_2, \ldots, E_m$ der Dimensionen $\varrho_1, \varrho_2, \ldots, \varrho_m$ gefunden, daß jeder dieser Räume gegenüber der durch die Matrix A vermittelten linearen Transformation invariant ist, d.h., daß jeder Vektor des Unterraums E_s $(s = 1, 2, \ldots, m)$ vermöge der durch die Matrix A vermittelten linearen Transformation in einen Vektor desselben Unterraums übergeht. In diesem Fall finden wir die Basisvektoren, für die die Matrix A Quasidiagonalform der Struktur $\{\varrho_1, \varrho_2, \ldots, \varrho_m\}$ annimmt, folgendermaßen: Wir nehmen als die ersten ϱ_1 Basisvektoren irgendwelche ϱ_1 linear unabhängigen Vektoren, die den Unterraum E_1 aufspannen; als die folgenden ϱ_2 Basisvektoren wählen wir irgendwelche ϱ_2 linear unabhängigen Vektoren, die den Unterraum E_2 aufspannen, usw. Da die E_s ein vollständiges System von Unterräumen bilden, ist offensichtlich $\varrho_1 + \varrho_2 + \cdots + \varrho_m = n$. Man sieht leicht, daß bei dieser Wahl der Basisvektoren unsere Matrix A tatsächlich Quasidiagonalform hat. Wir gehen darauf ausführlicher ein und beschränken uns der Einfachheit halber auf den Fall $m = 2$. Es sei $(x_1, x_2, \ldots, x_n)$ ein Vektor und $(x_1', x_2', \ldots, x_n')$ ein zweiter, den man aus dem ersten mit Hilfe unserer linearen Transformation erhält. Wegen der Invarianz des Unterraums E_1 und der Wahl der Basisvektoren muß für $x_{\varrho_1+1} = x_{\varrho_1+2} = \ldots = x_n = 0$ auch $x'_{\varrho_1+1} = x'_{\varrho_1+2} = \ldots = x'_n = 0$ sein, und wegen der Invarianz des Unterraums E_2 für $x_1 = x_2 = \ldots = x_{\varrho_1} = 0$ auch $x_1' = x_2' = \ldots = x'_{\varrho_1} = 0$ gelten. Daraus folgt unmittelbar, daß bei unserer Wahl der Basisvektoren unsere lineare Transformation durch eine quasidiagonale Matrix der Gestalt

$$
\begin{pmatrix}
a_{11} & a_{12} & \ldots & a_{1\varrho_1} & 0 & 0 & \ldots & 0 \\
a_{21} & a_{22} & \ldots & a_{2\varrho_1} & 0 & 0 & \ldots & 0 \\
\cdot & \cdot & \cdot & \cdot & \cdot & \cdot & \cdot & \cdot \\
a_{\varrho_1 1} & a_{\varrho_1 2} & \ldots & a_{\varrho_1\varrho_1} & 0 & 0 & \ldots & 0 \\
0 & 0 & \ldots & 0 & b_{11} & b_{12} & \ldots & b_{1\varrho_2} \\
0 & 0 & \ldots & 0 & b_{21} & b_{22} & \ldots & b_{2\varrho_2} \\
\cdot & \cdot & \cdot & \cdot & \cdot & \cdot & \cdot & \cdot \\
0 & 0 & \ldots & 0 & b_{\varrho_2 1} & b_{\varrho_2 2} & \ldots & b_{\varrho_2\varrho_2}
\end{pmatrix} = [A', B'] \tag{7}
$$

vermittelt wird.

Wir bemerken noch, daß die Basisvektoren innerhalb jedes Unterraums völlig willkürlich gewählt werden können. Später wollen wir diese Tatsache dazu benutzen, um jede der in der quasidiagonalen Matrix (7) auftretenden Matrizen A' und B' einzeln auf eine in gewissem Sinne einfachste Gestalt zurückzuführen.

Wir beweisen jetzt folgende Sätze, die wir später benötigen werden.

Es sei $f(z)$ ein Polynom, also

$$f(z) = a_0 z^p + a_1 z^{p-1} + \cdots + a_{p-1} z + a_p .$$

Ersetzt man z durch eine Matrix A, so erhält man ein Polynom in einer Matrix, nämlich

$$f(A) = a_0 A^p + a_1 A^{p-1} + \cdots + a_{p-1} A + a_p . \tag{8}$$

Durch die auf der rechten Seite durchgeführte Substitution erhalten wir eine neue Matrix, d. h., jedes Polynom $f(A)$ einer Matrix A ist wieder eine Matrix. Wir weisen darauf hin, daß die Koeffizienten a_s des Polynoms Zahlen sind. Da die ganzen positiven Potenzen ein und derselben Matrix miteinander und mit beliebigen Zahlen vertauschbar sind, können wir nicht nur die Addition, sondern auch die Multiplikation von Polynomen ein und derselben Matrix A nach den üblichen Regeln der Algebra ebenso ausführen wie bei Polynomen einer Variablen. Haben wir daher eine Identität, die zwischen Polynomen einer Variablen z besteht und die nur die Operationen Addition und Multiplikation enthält, so bleibt die Identität erhalten, wenn wir an Stelle der Variablen z eine beliebige Matrix A einsetzen.

Eine wichtige Rolle bei der Reduktion einer Matrix auf kanonische Form spielt die charakteristische Gleichung

$$\varphi(\lambda) = \begin{vmatrix} a_{11} - \lambda & a_{12} & \dots & a_{1n} \\ a_{21} & a_{22} - \lambda & \dots & a_{2n} \\ \dots & \dots & \dots & \dots \\ a_{n1} & a_{n2} & \dots & a_{nn} - \lambda \end{vmatrix} = 0, \tag{9}$$

wobei die a_{ik} die Elemente der Matrix A sind. Diese Gleichung kann in der Gestalt

$$D(A - \lambda) = 0 \tag{10}$$

geschrieben werden; dabei bedeutet das Symbol $D(U)$ die Determinante der Matrix U. Wie wir früher gezeigt haben [90], gilt folgende Identität von Cayley[1]):

$$\varphi(A) = 0 . \tag{11}$$

Setzt man also in das charakteristische Polynom $\varphi(\lambda)$ der Matrix A an Stelle des Argumentes λ die Matrix A selbst ein, so erhält man die Nullmatrix.

Es sind noch zwei einfache Sätze anzugeben. Bekanntlich heißen die Wurzeln der Gleichung (9) *Eigenwerte der Matrix* A. Wir beweisen: *Sind* $\lambda_1, \lambda_2, \ldots, \lambda_n$ *die Eigenwerte der Matrix* A, *so besitzt für ganzes positives* s *die Matrix* A^s *die Eigenwerte* $\lambda_1^s, \lambda_2^s, \ldots, \lambda_n^s$.

---

[1]) Oft auch als Satz von Hamilton-Cayley zitiert (Anm. d. wiss. Red.).

Da im Polynom $\varphi(\lambda)$ das Glied mit der höchsten Potenz gleich $(-\lambda)^n$ ist, können wir für λ die Gleichung

$$D(A-\lambda) = \prod_{k=1}^{n} (\lambda_k - \lambda) \tag{12}$$

notieren.

Es sei $\varepsilon = e^{\frac{2\pi i}{s}}$ eine s-te Einheitswurzel. Dann ist offensichtlich [I, 175]

$$(z-\lambda)(z-\varepsilon\lambda)\cdots(z-\varepsilon^{s-1}\lambda) = z^s - \lambda^s. \tag{13}$$

Berücksichtigt man, daß die Determinante eines Matrizenproduktes gleich dem Produkt der Determinanten der einzelnen Matrizen ist, und benutzt man (12) und (13), so kann man schreiben:

$$D(A^s - \lambda^s) = \prod_{k=1}^{n} (\lambda_k - \lambda) \prod_{k=1}^{n} (\lambda_k - \varepsilon\lambda) \cdots \prod_{k=1}^{n} (\lambda_k - \varepsilon^{s-1}\lambda)$$

oder

$$D(A^s - \lambda^s) = \prod_{k=1}^{n} [(\lambda_k - \lambda)(\lambda_k - \varepsilon\lambda) \cdots (\lambda_k - \varepsilon^{s-1}\lambda)].$$

Daraus erhalten wir nach Gleichung (13)

$$D(A^s - \lambda^s) = \prod_{k=1}^{n} (\lambda_k^s - \lambda^s),$$

also

$$D(A^s - \mu) = \prod_{k=1}^{n} (\lambda_k^s - \mu).$$

Damit ist der Satz bewiesen.

Im folgenden müssen wir des öfteren die Determinante einer Matrix berechnen die Quasidiagonalform hat:

$$A = [A_1, A_2, \ldots, A_k].$$

Man sieht leicht, daß sie gleich dem Produkt der Determinanten der Matrizen A_k ist, daß also

$$D(A) = D(A_1)\, D(A_2) \cdots D(A_k) \tag{14}$$

gilt. Zur Vereinfachung der Schreibweise setzen wir $k = 2$. Nach der Multiplikationsregel ist

$$[A_1, A_2] = [A_1, I]\, [I, A_2],$$

und daher

$$D(A) = D([A_1, I])\, D([I, A_2]).$$

Entwickelt man die Determinanten nach einer Spalte oder Zeile, so erhält man beispielsweise

$$D([A_1, I]) = D(A_1),$$

woraus Formel (14) unmittelbar folgt.

Zum Schluß dieses Abschnittes erinnern wir daran, daß ähnliche Matrizen gleiche Eigenwerte haben.

190. Einfache Eigenwerte. Früher haben wir die Reduktion einer Matrix auf kanonische Form für den Fall untersucht, daß die Matrix verschiedene Eigenwerte besitzt. Wir wiederholen die damaligen Betrachtungen in anderer Form, um eine entsprechende Überlegung auch dann durchführen zu können, wenn gleiche Eigenwerte auftreten.

Es seien $\lambda_1, \lambda_2, \ldots, \lambda_n$ die voneinander verschiedenen Eigenwerte der Matrix A. Wie wir gesehen haben, existieren dann n linear unabhängige Vektoren $\mathfrak{v}_k$, die den Gleichungen

$$A\mathfrak{v}_k = \lambda_k \mathfrak{v}_k \qquad (k = 1, 2, \ldots, n)$$

oder

$$(A - \lambda_k)\,\mathfrak{v}_k = 0 \tag{15}$$

genügen. Jeder dieser Vektoren $\mathfrak{v}_k$ spannt einen Unterraum E_k der Dimension Eins auf, und alle E_k zusammen liefern ein vollständiges System von Unterräumen. Jeder der Vektoren der Gestalt $c_k\,\mathfrak{v}_k$, wobei c_k eine beliebige Zahl ist, genügt offensichtlich der Gleichung $A c_k\,\mathfrak{v}_k = \lambda_k\, c_k\, \mathfrak{v}_k$, d. h., durch die Transformation A wird er mit der Zahl λ_k multipliziert. Anders ausgedrückt: Jeder der Unterräume E_k ist invariant in bezug auf die durch die Matrix A vermittelte Transformation. Wählt man die Vektoren $\mathfrak{v}_k$ als Basisvektoren, so kann man die Matrix A nicht nur auf Quasidiagonalform, sondern auf reine Diagonalgestalt bringen, da jeder der Unterräume E_k eindimensional ist.

Der Gleichung

$$(A - \lambda_k)\,\mathfrak{x} = 0 \qquad (k = 1, 2, \ldots, n) \tag{16}$$

genügen die Vektoren der Unterräume E_k, und man sieht leicht, daß sie keine anderen Lösungen hat, also einen Unterraum der Dimension Eins definiert. Würde sie nämlich einen Unterraum von höherer Dimension als Eins definieren, beispielsweise einen der Dimension Zwei, so wäre, wie wir in [III_1, 27] gezeigt haben, jeder Vektor dieses Unterraums linear unabhängig von den Vektoren der übrigen Unterräume E_k. Dadurch würden wir $n + 1$ linear unabhängige Vektoren im n-dimensionalen Raum erhalten, was aber unmöglich ist. Folglich definieren die Gleichungen (16) in unserem Fall die Unterräume E_k.

Man kann diese Unterräume auch anders beschreiben. Dazu wählen wir die Partialbruchentwicklung

$$\frac{1}{\varphi(z)} = \sum_{k=1}^{n} \frac{a_k}{z - \lambda_k}$$

oder

$$\sum_{k=1}^{n} a_k \frac{\varphi(z)}{z - \lambda_k} = 1,$$

wobei die a_k von Null verschiedene Zahlen sind. Setzt man an Stelle von z die Matrix A ein, so erhält man

$$\sum_{k=1}^{n} a_k \frac{\varphi(A)}{A - \lambda_k} = 1. \tag{17}$$

Wir betrachten jetzt die Unterräume E_k', die durch die Formeln

$$\mathfrak{y} = a_k \frac{\varphi(A)}{A - \lambda_k}\,\mathfrak{x} \qquad (k = 1, 2, \ldots, n) \tag{18}$$

definiert sind, wobei $\mathfrak{x}$ ein beliebiger veränderlicher Vektor des Raumes ist. Der konstante Faktor a_k in (18) spielt offensichtlich keine Rolle. Aus Gleichung (17) erhalten wir folgende Darstellung des beliebigen Vektors $\mathfrak{x}$:

$$\mathfrak{x} = \sum_{k=1}^{n} a_k \frac{\varphi(A)}{A-\lambda_k}\mathfrak{x}, \tag{19}$$

wobei die Summanden auf der rechten Seite den Unterräumen E'_k angehören. Wir wollen zeigen, daß die durch Formel (18) definierten Unterräume E'_k mit den durch Gleichung (16) gegebenen E_k identisch sind. Ist nämlich $\mathfrak{y}$ ein Vektor aus E'_k, der durch (18) gegeben ist, so ist nach der CAYLEYschen Formel

$$(A-\lambda_k)\,\mathfrak{y} = a_k\varphi(A)\,\mathfrak{x} = 0,$$

d. h., jeder Vektor von E'_k liegt in E_k. Es bleibt zu zeigen, daß auch umgekehrt jeder Vektor $\mathfrak{y}_k$ aus E_k bei geeigneter Wahl des Vektors $\mathfrak{x}$ nach Gleichung (18) erhalten werden kann. Dazu setzen wir in (19) an Stelle von $\mathfrak{x}$ den Vektor $\mathfrak{y}_k$ ein. Da jedes Polynom $\frac{\varphi(A)}{A-\lambda_s}$ für $s \neq k$ den Faktor $A-\lambda_k$ enthält, gilt nach Gleichung (16), die als Definitionsgleichung für die E_k dient,

$$\frac{\varphi(A)}{A-\lambda_s}\mathfrak{y}_k = 0 \quad \text{für} \quad s \neq k.$$

Daher erhalten wir aus (19), wenn wir $\mathfrak{x}$ durch $\mathfrak{y}_k$ ersetzen,

$$\mathfrak{y}_k = a_k \frac{\varphi(A)}{A-\lambda_k}\mathfrak{y}_k.$$

Den Vektor $\mathfrak{y}_k$ bekommt man also tatsächlich aus Formel (18), wenn man an Stelle von $\mathfrak{x}$ den Vektor $\mathfrak{y}_k$ selbst wählt.

Hat die charakteristische Gleichung mehrfache Wurzeln, so können wir völlig entsprechende Überlegungen anstellen. Das ermöglicht uns, den gesamten Raum in ein vollständiges System von Unterräumen aufzuspalten, die in bezug auf die durch die Matrix A vermittelte Transformation invariant sind. Für jeden dieser Unterräume besitzt die charakteristische Gleichung lauter gleiche Wurzeln. Der zweite Schritt unserer Transformation ist die Wahl der Basisvektoren in diesem Raum, wodurch wir zur Hauptformel (1) gelangen.

191. Der erste Transformationsschritt bei mehrfachen Eigenwerten. Wir nehmen an, die charakteristische Gleichung (9) habe die Wurzel α_1 der Vielfachheit r_1, die Wurzel α_2 der Vielfachheit r_2 usw. und schließlich die Wurzel α_s der Vielfachheit r_s. Entwickelt man in Partialbrüche, so erhält man

$$\frac{1}{\varphi(z)} = \sum_{k=1}^{s} \frac{g_k(z)}{(z-\alpha_k)^{r_k}},$$

wobei $g_k(z)$ ein Polynom höchstens (r_k-1)-ten Grades in z mit $g_k(\alpha_k) \neq 0$ ist. Wir führen nun die Polynome

$$f_k(z) = g_k(z)\frac{\varphi(z)}{(z-\alpha_k)^{r_k}} \tag{20}$$

ein. Offensichtlich gilt die Identität

$$1 = \sum_{k=1}^{s} f_k(z)$$

oder, wenn man die Variable z durch die Matrix A ersetzt,

$$1 = \sum_{k=1}^{s} f_k(A).$$

Daher erhalten wir für jeden Vektor $\mathfrak{x}$ eine Darstellung als Summe von s Vektoren, nämlich

$$\mathfrak{x} = \sum_{k=1}^{s} f_k(A)\,\mathfrak{x}. \tag{21}$$

Wir bestimmen jetzt gewisse Unterräume $E_1, E_2, \ldots, E_s$, und zwar nehmen wir an, daß E_k der durch die Formel

$$\mathfrak{y}_k = f_k(A)\,\mathfrak{x} \qquad (k = 1, 2, \ldots, s) \tag{22}$$

definierte Unterraum ist. Wir werden im folgenden sehen, daß jeder dieser Unterräume E_k nicht nur den Nullvektor enthält. Es sei $\mathfrak{x}_k$ ein beliebiger Vektor aus dem Unterraum E_k. Dann wollen wir zunächst folgende zwei Formeln beweisen:

$$f_p(A)\,\mathfrak{x}_q = 0 \quad \text{für } p \neq q \quad \text{und} \quad f_p(A)\,\mathfrak{x}_p = \mathfrak{x}_p. \tag{23}$$

In der Tat ist nach Definition

$$\mathfrak{x}_q = f_q(A)\,\mathfrak{x},$$

wobei $\mathfrak{x}$ ein Vektor des ganzen Raumes ist. Daher erhalten wir wegen (20)

$$f_p(A)\,\mathfrak{x}_q = g_p(A)\,g_q(A)\,\frac{[\varphi(A)]^2}{(A-\alpha_p)^{r_p}\,(A-\alpha_q)^{r_q}}\,\mathfrak{x}.$$

Sind p und q verschieden, so stellt der auf der rechten Seite dieser Gleichung stehende Bruch ein Polynom dar, das den Faktor $\varphi(A)$ enthält. Daher ist dieses Polynom nach der Cayleyschen Identität die Nullmatrix, womit die erste der Formeln (23) bewiesen ist. Zum Beweis der zweiten Formel genügt es, in Gleichung (21) $\mathfrak{x}$ durch $\mathfrak{x}_p$ zu ersetzen und die erste der Beziehungen (23) zu berücksichtigen. Wir erhalten auf diese Weise unmittelbar die zweite dieser Formeln.

Wir wollen jetzt zeigen, daß diese Unterräume E_k ein vollständiges System von Unterräumen bilden. Gleichung (21) besagt, daß jeder Vektor als Summe von Vektoren aus den E_k dargestellt werden kann. Daher brauchen wir nur zu beweisen, daß unter den Vektoren dieser Unterräume keine lineare Abhängigkeit bestehen kann. Wir nehmen an, es bestehe eine solche lineare Abhängigkeit

$$C_1\mathfrak{x}_1 + C_2\mathfrak{x}_2 + \cdots + C_s\mathfrak{x}_s = 0, \tag{24}$$

wobei der Vektor $\mathfrak{x}_k$ dem Unterraum E_k angehört. Wir müssen dann zeigen, daß der Koeffizient C_k gleich Null sein muß, wenn $\mathfrak{x}_k$ von Null verschieden ist. Wendet man auf beide Seiten der Gleichung (24) die lineare Abbildung $f_k(A)$ an, so erhält man wegen (23)

$$C_k\mathfrak{x}_k = 0,$$

womit unsere Behauptung bewiesen ist.

Die so konstruierten Unterräume E_k bilden tatsächlich ein vollständiges System von Unterräumen, und die Summe ihrer Dimensionen muß gleich n, also gleich der Dimension des Gesamtraumes sein.

Man kann jeden der Unterräume E_k anders definieren, als dies oben getan wurde. Wir zeigen nämlich, daß sich der Unterraum E_k auch durch eine Gleichung der Gestalt

$$(A - \alpha_k)^{r_k} \mathfrak{x} = 0 \tag{25}$$

definieren läßt, d. h., daß E_k die Gesamtheit derjenigen Vektoren ist, die dieser Gleichung genügen. Wir nehmen zunächst an, daß es einen gewissen Vektor $\mathfrak{y}$ gäbe, der durch Formel (22) definiert ist, und zeigen, daß er der Gleichung (25) genügt. Setzt man nämlich

$$\mathfrak{y} = f_k(A)\, \mathfrak{x}$$

an Stelle von $\mathfrak{x}$ in die Gleichung (25) ein, so erhält man auf der linken Seite dieser Gleichung den Ausdruck

$$(A - \alpha_k)^{r_k} f_k(A)\, \mathfrak{x} = g_k(A)\, \varphi(A)\, \mathfrak{x}.$$

Nach der CAYLEYschen Identität $[\varphi(A) = 0]$ ist dieser Ausdruck tatsächlich gleich Null. Es bleibt jetzt die Umkehrung zu beweisen, nämlich, daß jede Lösung $\mathfrak{y}$ der Gleichung (25) nach Formel (22) bei geeigneter Wahl von $\mathfrak{x}$ erhalten werden kann. Genauer zeigen wir, daß aus der Gleichung

$$(A - \alpha_k)^{r_k} \mathfrak{y} = 0 \tag{26}$$

die Beziehung

$$\mathfrak{y} = f_k(A)\, \mathfrak{y} \tag{27}$$

folgt. Wegen (21) gilt nämlich

$$\mathfrak{y} = \sum_{p=1}^{s} f_p(A)\, \mathfrak{y}.$$

Nun enthält aber jedes der Polynome $f_p(A)$ für $p \neq k$ den Faktor $(A - \alpha_k)^{r_k}$; folglich ist wegen (26) $f_p(A)\, \mathfrak{y} = 0$ für $p \neq k$, woraus gerade die zu beweisende Gleichung (27) folgt.

Wir kehren jetzt zu den Überlegungen aus [III$_1$, 27] zurück. Ist $\lambda = \alpha_k$ eine Wurzel der charakteristischen Gleichung, so erhält man, wenn man α_k an Stelle von λ in die Koeffizienten des Systems (105) einsetzt, ein homogenes Gleichungssystem, dessen Determinante gleich Null ist. Daher können wir eine von der Null-Lösung verschiedene Lösung dieses Systems konstruieren. Diese Lösung $\mathfrak{v}_k$ genügt der Beziehung

$$(A - \alpha_k)\, \mathfrak{v}_k = 0$$

und daher erst recht der Gleichung (25). Sie gehört also dem Unterraum E_k an, der somit sicher nicht nur den Nullvektor enthält.

Aus der Gestalt der Gleichung (25) folgt unmittelbar, daß jeder der Unterräume E_k in bezug auf die durch die Matrix A vermittelte Transformation invariant ist.

Erfüllt nämlich ein bestimmter Vektor $\mathfrak{x}$ die Gleichung (25), so sieht man unmittelbar, daß auch der Vektor $A\mathfrak{x}$ derselben Gleichung genügt, da

$$(A-\alpha_k)^{r_k} A\mathfrak{x} = A(A-\alpha_k)^{r_k}\mathfrak{x}$$

ist.

Es seien $q_1, q_2, \ldots, q_s$ die Dimensionen der Unterräume $E_1, E_2, \ldots, E_s$. Wählt man die Basisvektoren in diesen Unterräumen so, wie das im vorigen Abschnitt angegeben wurde, dann geht man von der Matrix A zu einer ähnlichen Matrix

$$S_1 A S_1^{-1} = [A_1, A_2, \ldots, A_s] \tag{28}$$

über, die Quasidiagonalform besitzt. Dabei haben die Komponenten A_k die Ordnung q_k. Wir wollen jetzt zeigen, daß die Zahlen q_k mit den Vielfachheiten r_k der Eigenwerte identisch sind und daß jede der Matrizen A_k einen einzigen Eigenwert α_k der Vielfachheit r_k besitzt.

Zum Beweis wählen wir einen beliebigen Vektor $\mathfrak{y}$ des Unterraums E_k. Er muß die Gleichung (25) erfüllen. Bei der neuen Wahl der Basisvektoren hat diese Gleichung die Gestalt

$$S_1(A-\alpha_k)^{r_k} S_1^{-1}\mathfrak{y} = 0.$$

Nun ist aber z.B.

$$S_1(A-\alpha_k)^2 S_1^{-1} = S_1(A-\alpha_k)S_1^{-1}S_1(A-\alpha_k)S_1^{-1} = (S_1AS_1^{-1}-\alpha_k)^2,$$

so daß man die Gleichung in der Gestalt

$$(S_1AS_1^{-1}-\alpha_k)^{r_k}\mathfrak{y} = 0$$

oder

$$[A_1-\alpha_k, A_2-\alpha_k, \ldots, A_s-\alpha_k]^{r_k}\mathfrak{y} = 0 \tag{29}$$

schreiben kann.

Wir betrachten der Einfachheit halber den Fall $k = 1$. Dann sind sämtliche Komponenten des Vektors $\mathfrak{y}$ außer den ersten q_1 gleich Null, und an Stelle von (29) können wir die Gleichung

$$(A_1-\alpha_1)^{r_1}\mathfrak{y}' = 0 \tag{30}$$

schreiben. Dabei haben wir mit $\mathfrak{y}'$ einen beliebigen Vektor im q_1-dimensionalen Raum bezeichnet, und die Matrix $(A_1-\alpha_1)^{r_1}$ ist vom Grade q_1. Da die Gleichung (30) für jeden Vektor $\mathfrak{y}'$ gelten soll, muß

$$(A_1-\alpha_1)^{r_1} = 0$$

sein.

Daraus folgt natürlich, daß sämtliche Eigenwerte der Matrix $(A_1-\alpha_1)^{r_1}$ gleich Null sind. Man erhält sie aber aus den Eigenwerten der Matrix $A_1-\alpha_1$, indem man diese in die r_1-te Potenz erhebt. Folglich sind sämtliche Eigenwerte der Matrix $A_1-\alpha_1$ gleich Null und die der Matrix A_1 gleich α_1. Entsprechend kann man allgemein zeigen, daß sämtliche Eigenwerte der Matrix A_k vom Grade q_k gleich α_k

sind. Die zu A ähnliche Matrix (28) muß aber dieselben Eigenwerte haben wie A. Ihre charakteristische Gleichung hat die Gestalt

$$D([A_1-\lambda, A_2-\lambda, \ldots, A_s-\lambda]) = 0$$

oder [189]

$$D(A_1-\lambda)\, D(A_2-\lambda) \cdots D(A_s-\lambda) = 0.$$

Daraus folgt unmittelbar, daß die q_k mit den r_k identisch sind und daß die Matrizen A_k den einzigen Eigenwert α_k der Vielfachheit r_k besitzen.

192. Reduktion auf kanonische Form. Wir haben oben gesehen, daß jede der Matrizen A_k den einzigen Eigenwert α_k der Vielfachheit r_k besitzt. Zur Reduktion dieser Matrix auf die am Anfang erwähnte kanonische Form genügt es, im Unterraum E_k die Basisvektoren auf geeignete Weise zu wählen. Wir müssen somit jetzt einen Spezialfall untersuchen, nämlich Matrizen mit einem einzigen Eigenwert. Es möge allgemein eine Matrix D vom Grade r den einzigen Eigenwert α der Vielfachheit r haben. Die Matrix $B = D - \alpha$ hat dann den einzigen Eigenwert Null der Vielfachheit r, und diese Matrix wollen wir im folgenden untersuchen.

Nach der Cayleyschen Identität ist $B^r = 0$, da die linke Seite der charakteristischen Gleichung für die Matrix B offensichtlich gleich $(-1)^r \lambda^r$ ist. Es kann aber vorkommen, daß bereits $B^l = 0$ ist, wobei l eine ganze positive Zahl und kleiner als r ist. Wir wählen die kleinste ganz positive Zahl l, für die

$$B^l = 0 \tag{31}$$

gilt.

Ist B selbst gleich Null, so ist $l = 1$. Für die Matrix

$$B = \begin{pmatrix} 0 & 0 & 0 & 0 \\ 0 & 0 & 0 & 0 \\ 0 & 0 & 0 & 0 \\ 1 & 0 & 0 & 0 \end{pmatrix}$$

prüft man leicht nach, daß $B^2 = 0$ wird.

Ist aber B die Nullmatrix, so ist $D = B + \alpha$ eine reine Diagonalmatrix, nämlich

$$D = [\alpha, \alpha, \ldots, \alpha],$$

und damit haben wir bereits die kanonische Form. Also ist es sinnvoll, nur den Fall $l > 1$ zu betrachten.

Wegen der Bedingung (31) definiert die Gleichung

$$B^l \mathfrak{x} = 0$$

den gesamten Raum der Dimension r. Wir bezeichnen ihn im folgenden mit ω. Jetzt schreiben wir die Gleichung

$$B^{l-1} \mathfrak{x} = 0$$

auf.

Da die Matrix B^{l-1} von Null verschieden ist, stellt diese Gleichung einen gewissen Unterraum mit einer Dimension kleiner als r dar. Wir definieren allgemein eine Folge von Unterräumen durch die Gleichungen

$$B^l \mathfrak{x} = 0; \quad B^{l-1}\mathfrak{x} = 0; \quad \ldots; \quad B\mathfrak{x} = 0 \tag{32}$$

und bezeichnen mit F_m den Unterraum, der durch die Gleichung $B^m \mathfrak{x} = 0$ definiert ist. Es sei τ_m die Dimension dieses Raumes. Wie wir bereits früher erwähnt haben, ist F_l mit dem Gesamtraum ω identisch und $\tau_l = r$, aber $\tau_{l-1} < \tau_l$. Liegt ein gewisser Vektor $\mathfrak{y}$ im Raum F_m, erfüllt er also die Gleichung $B^m \mathfrak{y} = 0$, so erfüllt der Vektor $B\mathfrak{y}$ die Gleichung $B^{m-1}(B\mathfrak{y}) = 0$, stammt also aus dem Raum F_{m-1}. Außerdem ist offensichtlich, daß jeder Vektor aus dem Raum F_m von selbst auch im Unterraum F_{m+1} liegt, d. h., der Unterraum F_m bildet einen Teilraum des Unterraumes F_{m+1}. Weiter werden wir sehen, daß die Dimension von F_m immer kleiner als die von F_{m+1} ist, der Unterraum F_m also einen echten Teilraum des Unterraums F_{m+1} bildet und nicht mit ihm zusammenfällt. Es gilt daher eine Ungleichung der Gestalt

$$\tau_l > \tau_{l-1} \geqslant \tau_{l-2} \geqslant \ldots \geqslant \tau_1 . \tag{33}$$

Wir zeigen später, daß nicht nur am Anfang, sondern überall das Zeichen $>$ stehen muß.

Wir setzen $\tau_l - \tau_{l-1} = r_l$, wobei r_l eine ganze positive Zahl ist. Im Raum F_l (mit anderen Worten also im gesamten Raum ω) können wir r_l linear unabhängige Vektoren $\mathfrak{y}_1, \mathfrak{y}_2, \ldots, \mathfrak{y}_{r_l}$ so konstruieren, daß keine ihrer Linearkombinationen im Raum F_{l-1} liegt. Dann kann jeder Vektor aus F_l als Linearkombination der oben konstruierten Vektoren und eines gewissen Vektors aus F_{l-1} dargestellt werden. Zur Bildung der $\mathfrak{y}_1, \mathfrak{y}_2, \ldots, \mathfrak{y}_{r_l}$ können wir z. B. im Unterraum F_{l-1} auf beliebige Weise τ_{l-1} linear unabhängige Vektoren wählen. Dann ergänzen die $\mathfrak{y}_1, \mathfrak{y}_2, \ldots, \mathfrak{y}_{r_l}$ diese Vektoren zu einem vollständigen System linear unabhängiger Vektoren im Raum ω. Ebenso setzen wir $\tau_{l-1} - \tau_{l-2} = r_{l-1}$, wobei r_{l-1} eine ganze nicht-negative Zahl ist, und konstruieren r_{l-1} linear unabhängige Vektoren im Unterraum F_{l-1} derart, daß keine ihrer Linearkombinationen im Unterraum F_{l-2} liegt. Wir bezeichnen diese Vektoren und beliebige ihrer Linearkombinationen durch $\mathfrak{z}$. Jetzt betrachten wir die Vektoren

$$B\mathfrak{y}_1, \ B\mathfrak{y}_2, \ \ldots, \ B\mathfrak{y}_{r_l} . \tag{34}$$

Sie liegen alle im Unterraum F_{l-1}. Wir zeigen, daß keine ihrer Linearkombinationen im Unterraum F_{l-2} liegen kann. Anderenfalls wäre nämlich

$$B^{l-2}(c_1 B\mathfrak{y}_1 + c_2 B\mathfrak{y}_2 + \cdots + c_{r_l} B\mathfrak{y}_{r_l}) = 0$$

oder

$$B^{l-1}(c_1 \mathfrak{y}_1 + c_2 \mathfrak{y}_2 + \cdots + c_{r_l} \mathfrak{y}_{r_l}) = 0 .$$

Es würde also eine Linearkombination der Vektoren $\mathfrak{y}_1, \mathfrak{y}_2, \ldots, \mathfrak{y}_{r_l}$ im Unterraum B^{l-1} liegen, was der Definition dieser Vektoren widerspricht. Wir sehen also, daß die Vektoren (34) linear unabhängig sind, aus dem Unterraum F_{l-1} stammen und zu den Vektoren $\mathfrak{z}$ gehören; also liegt keine Linearkombination dieser Vektoren in F_{l-2}. Daraus folgt unmittelbar, daß $r_{l-1} \geqslant r_l$ ist. Ebenso erhalten wir, wenn wir $\tau_{l-2} - \tau_{l-3} = r_{l-2}$ setzen, $r_{l-2} \geqslant r_{l-1}$; setzt man allgemein $\tau_m - \tau_{m-1} = r_m$, so ist

$$0 < r_l \leqslant r_{l-1} \leqslant r_{l-2} \leqslant \ldots \leqslant r_1 \qquad (r_1 = \tau_1). \tag{35}$$

Daraus folgt unter anderem unmittelbar, daß in Formel (33) überall das Zeichen $>$ stehen muß. Es gilt also

$$\tau_l > \tau_{l-1} > \ldots > \tau_1. \tag{36}$$

Die Zahl r_l kann man als Dimension des Unterraums F_l in bezug auf den Unterraum F_{l-1} bezeichnen, der einen Teilraum von F_l bildet. Im Grunde genommen ist r_l die Anzahl der linear unabhängigen Vektoren aus F_l, von denen keine ihrer Linearkombinationen zu F_{l-1} gehört. Diese Vektoren bilden einen Unterraum G_l, der in F_l liegt. Ebenso ist r_{l-1} die Dimension von F_{l-1} in bezug auf F_{l-2}, und wir erhalten wie vorher einen Unterraum G_{l-1}, der in F_{l-1} liegt. Allgemein ist r_m die Dimension von F_m bezüglich F_{m-1}, und irgendwelche r_m linear unabhängigen Vektoren aus F_m, die die Eigenschaft besitzen, daß keine ihrer Linearkombinationen zu F_{m-1} gehört, bilden einen Raum G_m, der in F_m liegt. Der Unterraum G_1 ist mit F_1 identisch. Ist $\mathfrak{y}$ ein Vektor aus G_m und damit gleichzeitig aus F_m, so muß $B\mathfrak{y}$ zu F_{m-1} gehören. Er kann aber nicht mehr in F_{m-2} liegen, da anderenfalls $B^{m-2}(B\mathfrak{y}) = 0$ gelten würde; folglich läge der Vektor $\mathfrak{y}$ nicht nur in F_m, sondern auch in F_{m-1}, was der Definition des Unterraums G_m widerspricht. Führt man daher im Unterraum G_m die lineare Transformation B aus, so erhält man einen Teilraum von G_{m-1} (oder den gesamten Unterraum G_{m-1}), wobei linear unabhängige Vektoren aus G_m wieder in linear unabhängige Vektoren von G_{m-1} übergehen. Aus

$$r_m = \tau_m - \tau_{m-1} \qquad (r_1 = \tau_1)$$

folgt unmittelbar wegen $\tau_l = r$, daß

$$r_l + r_{l-1} + \cdots + r_1 = r$$

ist, und die Unterräume $G_l, G_{l-1}, \ldots, G_1$ bilden offensichtlich ein vollständiges System von Unterräumen.

Wir erledigen schließlich den letzten Schritt, nämlich die Konstruktion der endgültigen Unterräume, die in bezug auf die durch die Matrix B vermittelte Transformation invariant sind. Dazu wählen wir aus G_l einen Vektor $\mathfrak{y}_1$ als ersten Basisvektor und bilden noch $l-1$ weitere Basisvektoren nach der Regel

$$\mathfrak{y}_2 = B\mathfrak{y}_1; \quad \mathfrak{y}_3 = B\mathfrak{y}_2; \quad \ldots; \quad \mathfrak{y}_l = B\mathfrak{y}_{l-1} \qquad (B\mathfrak{y}_l = B^l\mathfrak{y}_1 = 0). \tag{37}$$

Aus den vorigen Überlegungen folgt, daß diese Basisvektoren linear unabhängig sind und daß sie nacheinander zu den Unterräumen $G_l, G_{l-1}, \ldots, G_1$ gehören. Man sieht leicht, daß sie einen Unterraum bilden, der in bezug auf die lineare Transformation B invariant ist. Tatsächlich schließt man aus (37) für beliebige Wahl der Konstanten c_k, daß

$$B(c_1\mathfrak{y}_1 + c_2\mathfrak{y}_2 + \cdots + c_l\mathfrak{y}_l) = c_1\mathfrak{y}_2 + c_2\mathfrak{y}_3 + \cdots + c_{l-1}\mathfrak{y}_l$$

ist.

Daraus folgt wiederum unmittelbar, daß die Matrix der linearen Transformation des auf diese Weise gebildeten invarianten Unterraumes vom Grade l

ist und die kanonische Form

$$I_l(0) = \begin{pmatrix} 0 & 0 & 0 & \dots & 0 & 0 \\ 1 & 0 & 0 & \dots & 0 & 0 \\ 0 & 1 & 0 & \dots & 0 & 0 \\ \dots & \dots & \dots & \dots & \dots & \dots \\ 0 & 0 & 0 & \dots & 1 & 0 \end{pmatrix}$$

hat, sofern die $\mathfrak{y}_k$ als Basisvektoren benutzt werden.

Wir wählen also einen der Vektoren aus G_l, nehmen irgendeinen zweiten Vektor $\mathfrak{z}_1$ aus G_l, der von $\mathfrak{y}_1$ linear unabhängig ist, und bilden dazu $l-1$ Vektoren nach den Formeln

$$\mathfrak{z}_2 = B\mathfrak{z}_1; \quad \mathfrak{z}_3 = B\mathfrak{z}_2; \quad \dots; \quad \mathfrak{z}_l = B\mathfrak{z}_{l-1}.$$

Die so konstruierten l Vektoren sind nicht nur untereinander, sondern auch von den $\mathfrak{y}_k$ linear unabhängig. Dies folgt unmittelbar aus der Tatsache, daß linear unabhängige Vektoren aus G_m bei der Transformation B wieder in linear unabhängige Vektoren aus G_{m-1} übergehen. Verwendet man die $\mathfrak{z}_k$ als Basisvektoren, so erhält man einen invarianten Unterraum, in dem unsere lineare Transformation durch die Matrix $I_l(0)$ vermittelt wird. Benutzt man alle r_l Vektoren aus dem Unterraum G_l, so kann man auf diese Weise r_l invariante Unterräume der Dimension l konstruieren derart, daß in jedem von ihnen unsere lineare Transformation durch eine Matrix der Form $I_l(0)$ vermittelt wird.

Wir gehen jetzt zu dem Unterraum G_{l-1} der Dimension r_{l-1} über, wobei $r_{l-1} \geqq r_l$ ist. Aus diesem Unterraum sind bereits r_l Vektoren zur obigen Konstruktion der Basisvektoren verwendet. Mit Hilfe der übrigen $r_{l-1} - r_l$ Vektoren können wir nach demselben Verfahren wie oben $r_{l-1} - r_l$ invariante Unterräume konstruieren. Jetzt erscheint unsere lineare Transformation in jedem dieser Unterräume bei der angegebenen Wahl der Basisvektoren als Matrix $I_{l-1}(0)$ vom Grade $l-1$ in kanonischer Form.

Verfahren wir allgemein auf diese Weise bis zum Unterraum G_m, so verbleiben in ihm $r_m - r_{m+1}$ unbenutzte linear unabhängige Vektoren. Ordnet man diese Vektoren auf irgendeine Weise an und wendet auf jeden von ihnen nacheinander die Transformation B an, dann erhält man für jeden noch weitere $m-1$ Vektoren. Alle diese werden als Basisvektoren benutzt. So erhält man $r_m - r_{m+1}$ Gruppen von Basisvektoren. Dabei enthält jede dieser Gruppen m Basisvektoren und definiert einen Unterraum der Dimension m, für den unsere Transformation durch die Matrix $I_m(0)$ in kanonischer Form vom Grade m vermittelt wird.

Betrachten wir schließlich den letzten Unterraum G_1, so verbleiben in ihm $r_1 - r_2$ unbenutzte, linear unabhängige Vektoren, für die $B\mathfrak{y} = 0$ ist. Jeder dieser Vektoren wird als Basisvektor verwendet. Damit erhält man $r_1 - r_2$ invariante eindimensionale Unterräume. In jedem von ihnen läßt sich unsere lineare Transformation durch eine Matrix ersten Grades darstellen, die gleich Null ist. Das Endergebnis der neuen Wahl der Basisvektoren wird durch eine lineare Transformation σ der Vektorkomponenten dargestellt. Nach dieser Transformation wird unsere durch die Matrix B vermittelte lineare Transformation durch eine ähnliche Matrix

$$\sigma B \sigma^{-1} = [I_{\beta_1}(0), \; I_{\beta_2}(0), \; \dots, \; I_{\beta_\tau}(0)]$$

in Quasidiagonalform vermittelt, wobei in der eckigen Klammer r_l Indizes gleich l sind, r_{l-1} Indizes gleich $l-1$, usw. und schließlich $r_1 - r_2$ Indizes gleich 1 sind. Für die Matrix $D = B + \alpha$ gilt offensichtlich

$$\sigma D \sigma^{-1} = \sigma B \sigma^{-1} + \sigma \alpha \sigma^{-1} = \sigma B \sigma^{-1} + \alpha;$$

d.h., es reduziert sich alles auf die Addition der Zahl α zu den Diagonalelementen, und wir erhalten daher

$$\sigma D \sigma^{-1} = [I_{\beta_1}(\alpha),\ I_{\beta_2}(\alpha),\ \ldots,\ I_{\beta_\tau}(\alpha)]. \tag{38}$$

Schließlich kehren wir zu unserer Ausgangsmatrix A zurück. Im vorigen Abschnitt haben wir sie gemäß Formel (28) als quasidiagonale Matrix dargestellt, in der jede Matrixkomponente A_k den einzigen Eigenwert α_k der Vielfachheit r_k hatte. Jede dieser Matrizen A_k können wir nach dem vorhergehenden mit Hilfe gewisser Matrizen σ_k vom Grade r_k auf die kanonische Form (38) bringen. Führen wir die Matrix

$$S_2 = [\sigma_1,\ \sigma_2,\ \ldots,\ \sigma_s]$$

ein, so ist

$$S_2 [A_1, A_2, \ldots, A_s] S_2^{-1} = [\sigma_1 A_1 \sigma_1^{-1},\ \sigma_2 A_2 \sigma_2^{-1},\ \ldots,\ \sigma_s A_s \sigma_s^{-1}];$$

damit ist unsere Matrix A schließlich auf die kanonische Form

$$(S_2 S_1) A (S_2 S_1)^{-1} = [I_{\varrho_1}(\lambda_1), I_{\varrho_2}(\lambda_2), \ldots, I_{\varrho_p}(\lambda_p)] \tag{39}$$

gebracht.

Die Zahlen λ_j müssen mit den Zahlen α_k identisch sein; dabei ist die Summe der unteren Indizes der Matrixkomponenten von $I_{\varrho_j}(\lambda_j)$, für die $\lambda_j = \alpha_k$ ist, gleich r_k.

Die Beziehung (39) löst das Problem der Reduktion einer vorgegebenen Matrix A auf kanonische Form vollständig. Es ergibt sich nun die Frage, ob diese Darstellung eindeutig ist, d.h. die Frage nach dem Beweis der Tatsache, daß innerhalb der auf der rechten Seite der Formel (39) stehenden eckigen Klammer bei jedem Reduktionsverfahren auf kanonische Form eine genau bestimmte Anzahl von Matrizen $I_{\varrho_j}(\lambda_j)$ für vorgegebene ϱ_j und λ_j steht. Diesen Beweis wollen wir jetzt führen. Es sei also die Reduktion der Matrix A auf kanonische Form durch irgendein Verfahren durchgeführt:

$$VAV^{-1} = [I_{\varrho_1}(\lambda_1),\ I_{\varrho_2}(\lambda_2),\ \ldots,\ I_{\varrho_p}(\lambda_p)].$$

Da ähnliche Matrizen die gleiche charakteristische Gleichung haben, kann man die charakteristische Gleichung der Matrix A in der Gestalt

$$D([I_{\varrho_1}(\lambda_1), I_{\varrho_2}(\lambda_2), \ldots, I_{\varrho_p}(\lambda_p)] - \lambda) = 0$$

oder

$$D([I_{\varrho_1}(\lambda_1 - \lambda), I_{\varrho_2}(\lambda_2 - \lambda), \ldots, I_{\varrho_p}(\lambda_p - \lambda)]) = 0$$

schreiben, was gleichbedeutend ist [189] mit

$$D(I_{\varrho_1}(\lambda_1 - \lambda))\, D(I_{\varrho_2}(\lambda_2 - \lambda)) \cdots D(I_{\varrho_p}(\lambda_p - \lambda)) = 0.$$

Aus der Gestalt der Matrix $I_\varrho(a)$ folgt aber

$$D[I_\varrho(a)] = (a - \lambda)^\varrho. \tag{40}$$

Daher müssen die Zahlen λ_j mit den Eigenwerten α_k der Matrix A übereinstimmen, und die Summe der Indizes ϱ_j, für die $\lambda_j = \alpha_k$ ist, muß gleich der Vielfachheit r_k des Eigenwertes α_k sein. Es bleibt zu zeigen, daß die ϱ_j einen wohlbestimmten Wert haben müssen. Das kann man beweisen, indem man die geometrischen Überlegungen durchführt, die uns die Reduktion der Matrix auf kanonische Form lieferten. Eine wesentliche Rolle spielt dabei die Betrachtung invarianter Unterräume. Wir wollen diesen Beweis jedoch nicht durchführen, sondern im folgenden Abschnitt ein Kriterium algebraischen Charakters beweisen, durch das die Indizes ϱ_j für eine vorgegebene Matrix A vollständig bestimmt sind. Dieses Kriterium, das auf der Untersuchung des größten gemeinsamen Teilers von Determinanten vorgegebenen Grades der Matrix $A-\lambda$ beruht, ist ohne Beweis im ersten Teil dieses Bandes **[III₁, 27]** angegeben worden. Es liefert uns offensichtlich den Beweis der Eindeutigkeit der Darstellung einer vorgegebenen Matrix in kanonischer Form.

193. Bestimmung der Struktur einer kanonischen Form. Zunächst beweisen wir zwei Hilfssätze.

Hilfssatz 1. *Sind A und B zwei quadratische Matrizen vom Grade n und ist $C = AB$ ihr Produkt, so kann man sämtliche Determinanten vom Grade t der Matrix C mit $t \leqslant n$ als Summe von Produkten bestimmter Determinanten von A mit Determinanten von B darstellen, die alle vom Grade t sind.*

Dieser Hilfssatz folgt unmittelbar aus dem in **[III₁, 6]** bewiesenen Satz.

Folgerung: Es seien die Elemente der Matrix $A(\lambda)$ Polynome in λ, während λ in den Elementen der Matrix B nicht enthalten sein möge; die Determinante von B soll von Null verschieden sein. Wir bezeichnen mit $d_t(\lambda)$ den größten gemeinsamen Teiler aller Determinanten t-ten Grades, die in der Matrix $A(\lambda)$ auftreten, und mit $d_t'(\lambda)$ den entsprechenden größten gemeinsamen Teiler für die Matrix $A(\lambda)B$. Aus dem Hilfssatz folgt unmittelbar, daß $d_t(\lambda)$ in $d_t'(\lambda)$ enthalten sein muß. Nun ist aber

$$A(\lambda) = [A(\lambda)\, B]\, B^{-1},$$

und der Hilfssatz liefert uns dann ebenso, daß $d_t'(\lambda)$ in $d_t(\lambda)$ enthalten sein muß; $d_t(\lambda)$ und $d_t'(\lambda)$ sind also identisch. Dasselbe Ergebnis würden wir erhalten, wenn wir an Stelle von $A(\lambda)\, B$ die Matrix $BA(\lambda)$ gebildet hätten. Daraus folgt, daß der erwähnte *größte gemeinsame Teiler $d_t(\lambda)$ für die Matrix $A(\lambda)$ und mit dem für die ähnliche Matrix $BA(\lambda)\, B^{-1}$ übereinstimmt.*

Wir wollen nun eine weitere Eigenschaft des größten gemeinsamen Teilers $d_t(\lambda)$ feststellen. Dazu führen wir eine neue Definition ein.

Definition. Wir bezeichnen als elementare Umformung einer Matrix $A(\lambda)$, deren Elemente Polynome von λ sind, jede Umformung, bei der folgende drei Operationen endlich oft angewendet werden:

1. Vertauschung zweier Zeilen (oder Spalten);
2. Multiplikation aller Elemente einer Zeile (Spalte) mit ein und derselben von Null verschiedenen Zahl;
3. Addition der mit ein und derselben Zahl oder mit ein und demselben Polynom multiplizierten Elemente einer Zeile (oder Spalte) zu den entsprechenden Elementen einer anderen Zeile (oder Spalte).

Entsteht die Matrix $A_1(\lambda)$ mit Hilfe einer elementaren Umformung aus $A(\lambda)$, so kann man offensichtlich auch umgekehrt $A(\lambda)$ mit Hilfe einer elementaren Umformung aus $A_1(\lambda)$ erhalten. Zwei Matrizen, von denen man die eine aus der anderen mit Hilfe einer elementaren Umformung erhält, nennen wir hier *äquivalent*.

Hilfssatz 2. *Äquivalente Matrizen haben gleiche größte gemeinsame Teiler* $d_t(\lambda)$ $(t = 1, 2, \ldots, n)$.

Es genügt zu zeigen: Enthalten sämtliche Determinanten t-ten Grades der Matrix $A(\lambda)$ als gemeinsamen Faktor ein Polynom $\varphi(\lambda)$, so ist dieses in sämtlichen Determinanten vom Grade t der äquivalenten Matrix $A_1(\lambda)$ enthalten. Die erste und zweite der oben angegebenen Umformungen bewirken, daß sich die Determinanten des Grades t mit einem von Null verschiedenen Zahlfaktor multiplizieren. Für diese beiden Umformungen ist der Hilfssatz also offenbar richtig. Es bleibt zu beweisen, daß auch für die dritte Umformung der gemeinsame Faktor $\varphi(\lambda)$ erhalten bleibt. Diese Umformung möge darin bestehen, daß wir zu den Elementen der p-ten Zeile die entsprechenden mit dem Polynom $\psi(\lambda)$ multiplizierten Elemente der q-ten Zeile $(q \neq p)$ addieren. Alle Determinanten vom Grade t, die die p-te und q-te Zeile enthalten oder aber die p-te Zeile nicht, bleiben bei der angegebenen Umformung wegen Eigenschaft VI der Determinanten ungeändert [III_1, 3]. Die Determinanten t-ten Grades, die die p-te Zeile, aber nicht die q-te Zeile enthalten, haben nach der Umformung die Gestalt $A'(\lambda) \pm \psi(\lambda) A''(\lambda)$, wobei $A'(\lambda)$ und $A''(\lambda)$ Determinanten vom Grade t der Matrix $A(\lambda)$ sind. Daraus folgt unmittelbar, daß der gemeinsame Faktor $\varphi(\lambda)$ der Determinanten vom Grade t der Matrix $A(\lambda)$ tatsächlich auch in sämtlichen Determinanten gleichen Grades der Matrix $A_1(\lambda)$ auftritt.

Hilfssatz 3. *Jede Matrix*

$$I_\varrho(a-\lambda) = \begin{pmatrix} a-\lambda & 0 & 0 & \ldots & 0 & 0 \\ 1 & a-\lambda & 0 & \ldots & 0 & 0 \\ 0 & 1 & a-\lambda & \ldots & 0 & 0 \\ \ldots & \ldots & \ldots & \ldots & \ldots & \ldots \\ 0 & 0 & 0 & \ldots & 1 & a-\lambda \end{pmatrix} \tag{41}$$

des Grades ϱ kann mit Hilfe einer elementaren Umformung in die Diagonalmatrix $[1, 1, \ldots 1, (a-\lambda)^\varrho]$ *verwandelt werden.*

Für $\varrho = 1$ ist der Hilfssatz offenbar richtig. Wir betrachten daher den Fall $\varrho = 2$. Vertauscht man die Zeilen, multipliziert dann die Elemente der ersten Spalte mit $-(a-\lambda)$, addiert die erhaltenen Produkte zu den Elementen der zweiten Spalte und führt dasselbe für die Zeilen durch, so erhält man das geforderte Ergebnis, wenn man -1 aus der letzten Spalte vor die Matrix zieht:

$$\begin{pmatrix} a-\lambda & 0 \\ 1 & a-\lambda \end{pmatrix} \to \begin{pmatrix} 1 & a-\lambda \\ a-\lambda & 0 \end{pmatrix} \to \begin{pmatrix} 1 & 0 \\ a-\lambda & -(a-\lambda)^2 \end{pmatrix} \to$$

$$\to \begin{pmatrix} 1 & 0 \\ 0 & -(a-\lambda)^2 \end{pmatrix} \to [1, (a-\lambda)^2].$$

Für eine Matrix dritten Grades gilt, wenn man die eben genannten Umformungen ausführt,

$$\begin{pmatrix} a-\lambda & 0 & 0 \\ 1 & a-\lambda & 0 \\ 0 & 1 & a-\lambda \end{pmatrix} \rightarrow \begin{pmatrix} 1 & 0 & 0 \\ 0 & (a-\lambda)^2 & 0 \\ 0 & -1 & a-\lambda \end{pmatrix}.$$

Vertauscht man die zweite und dritte Zeile und führt weitere elementare Umformungen aus, dann erhält man

$$\begin{pmatrix} 1 & 0 & 0 \\ 0 & (a-\lambda)^2 & 0 \\ 0 & -1 & a-\lambda \end{pmatrix} \rightarrow \begin{pmatrix} 1 & 0 & 0 \\ 0 & -1 & (a-\lambda) \\ 0 & (a-\lambda)^2 & 0 \end{pmatrix} \rightarrow$$

$$\rightarrow \begin{pmatrix} 1 & 0 & 0 \\ 0 & -1 & 0 \\ 0 & (a-\lambda)^2 & (a-\lambda)^3 \end{pmatrix} \rightarrow \begin{pmatrix} 1 & 0 & 0 \\ 0 & -1 & 0 \\ 0 & 0 & (a-\lambda)^3 \end{pmatrix}.$$

Zieht man dann -1 aus der zweiten Spalte vor die Matrix, so bekommt man $[1, 1, (a-\lambda)^3]$. Auf diese Weise können wir den Hilfssatz schrittweise für Matrizen beliebigen Grades beweisen.

Wir wollen jetzt das algebraische Kriterium für die Struktur der kanonischen Form der Matrix A, das in [**III**$_1$, **27**] angegeben wurde, beweisen. Gemäß der Folgerung aus Hilfssatz 1 können wir das Aufsuchen des größten gemeinsamen Teilers $d_t(\lambda)$ der Matrix $A-\lambda$ auf das des größten gemeinsamen Teilers der ähnlichen Matrix

$$(42) \quad V(A-\lambda)V^{-1} = VAV^{-1} - \lambda = [I_{\varrho_1}(\lambda_1-\lambda),\ I_{\varrho_2}(\lambda_2-\lambda),\ \ldots,\ I_{\varrho_p}(\lambda_p-\lambda)]$$

zurückführen.

Wenden wir Hilfssatz 3 auf jede der Matrizen an, die in diese quasidiagonalen Matrizen eingehen, so können wir bei der Berechnung der größten gemeinsamen Teiler $d_t(\lambda)$ die Matrix (42) durch eine reine Diagonalmatrix ersetzen, in welcher längs der Hauptdiagonalen $\varrho_1 - 1$ Einsen, dann $(\lambda_1-\lambda)^{\varrho_1}$, danach $\varrho_2 - 1$ Einsen und dann $(\lambda_2-\lambda)^{\varrho_2}$ usw. stehen. Wir weisen dabei auf folgendes hin: Streicht man bei der Bildung einer Determinante vom Grade t, die in dieser Matrix auftritt, alle die Zeilen aus, die nicht mit der Gesamtheit der ausgestrichenen Spalten zusammenfallen, dann besteht in der so erhaltenen Determinante wenigstens eine Zeile oder Spalte aus Nullen. Also verschwindet diese Determinante. Daher müssen wir bei der Bildung der in der erhaltenen Diagonalmatrix auftretenden Determinanten stets gleiche Zeilen und Spalten ausstreichen, was kurz gesagt auf die Streichung der Diagonalelemente führt, deren Produkt gerade den Wert der Determinante liefert.

Wir betrachten irgendeine Wurzel $\lambda = \alpha$ der Vielfachheit k der charakteristischen Gleichung. In der Determinante n-ten Grades tritt offenbar der Faktor $(\lambda-\alpha)^k$ auf. Wir nehmen an, daß der größte gemeinsame Teiler der Determinanten vom Grade $n-1$ nur $(\lambda-\alpha)^{k_1}$ enthalte. Das bedeutet, daß die höchste Potenz des Binoms $\lambda-\alpha$, die in der konstruierten Diagonalmatrix auftritt, gleich $k-k_1$ ist. In der kanonischen Darstellung unserer Matrix kommt also $I_{k-k_1}(\alpha)$ vor. Entsprechend fahren wir fort. Ist der größte gemeinsame Teiler der Determinanten vom Grade $n-2$ gleich $(\lambda-\alpha)^{k_2}$, so bedeutet das, daß nach $(\lambda-\alpha)^{k-k_1}$ die höchste Potenz von $\lambda-\alpha$, die in der konstruierten Diagonalmatrix auftritt, gleich $(\lambda-\alpha)^{k_1-k_2}$ ist. Außer $I_{k-k_1}(\alpha)$ geht also auch die Matrix $I_{k_1-k_2}(\alpha)$ in die kanonische Form ein. Führen wir das Verfahren weiter, so gelangen wir schließlich zu Determinanten von bestimmtem Grad, von denen mindestens eine den Faktor $\lambda-\alpha$ nicht enthält. Wir erschöpfen auf diese Weise sämtliche Bestandteile der kanonischen Form von A, für die $\lambda=\alpha$ ist. Damit ist das in [III₁, 27] erwähnte algebraische Kriterium für die Struktur der kanonischen Form einer Matrix bewiesen. Wir merken an, daß aus diesen Überlegungen nicht nur

$$k > k_1 > k_2 > \cdots > k_m$$

folgt, sondern auch

$$l_1 \geqslant l_2 \geqslant \cdots \geqslant l_m \geqslant l_{m+1}$$

mit

$$l_1 = k - k_1; \quad l_2 = k_1 - k_2; \; \ldots; \quad l_m = k_{m-1} - k_m; \quad l_{m+1} = k_m.$$

194. Beispiel. Können wir die charakteristische Gleichung einer vorgegebenen Matrix A lösen, so können wir ihre kanonische Form unmittelbar allein mit Hilfe des algebraischen Kriteriums bestimmen, das wir im vorigen Abschnitt bewiesen haben. Aber es bleibt die Frage nach der Konstruktion der Matrix V mit von Null verschiedener Determinante, die die vorgegebene Matrix A in die geforderte Gestalt überführt. Bei der Herleitung der Transformation auf kanonische Form haben wir die Aufgabe auf die sukzessive Wahl neuer Basisvektoren zurückgeführt. Diese Wahl transformierte letzten Endes die vorgegebene Matrix auf kanonische Form.

Nun wissen wir aber [III₁, 21], wie bei vorgegebener Transformation der Basisvektoren die Transformation U gebildet wird, die die Matrix A als Operator auf die neue Gestalt bringt. Ist T die lineare Transformation der Basisvektoren, so läßt sich die Matrix A auf die neue Form UAU^{-1} überführen, wobei $U = T^{*-1}$ ist. Um U aus T zu erhalten, müssen wir in T also Zeilen und Spalten vertauschen und die inverse Matrix nehmen.

Wir skizzieren jetzt den Plan zur Lösung des Problems. Zuerst wählen wir neue Basisvektoren derart, daß unsere Matrix Quasidiagonalform annimmt in Übereinstimmung mit ihren verschiedenen Eigenwerten, und zwar so, wie dies in [191] angegeben wurde. In diesem Fall führt die Frage nach der Wahl der neuen Basisvektoren auf die Lösung von Gleichungen ersten Grades der Form $(A-\alpha_k)^{r_k}\mathfrak{x}=0$. Danach wird das Problem auf die Darstellung der Matrix B in kanonischer Form mit dem einzigen Eigenwert Null zurückgeführt. Hier müssen wir zuerst die kleinste Zahl l mit der Eigenschaft $B^l=0$ bestimmen. Dann konstruiert man das Gleichungssystem ersten Grades

$$B^{l-1}\mathfrak{x}=0.$$

Wir bestimmen den Rang dieses Gleichungssystems und nehmen die Vektoren, die ihm nicht genügen; indem wir sie der Transformation B unterwerfen, konstruieren wir die Folgen neuer Basisvektoren. Bleiben danach in dem durch dieses System definierten Unterraum noch Vektoren übrig, so bekommen wir, wenn wir auch auf sie nacheinander die Transformation B anwenden, neue Folgen von

Basisvektoren, usw. Somit erhalten wir die zweite Transformation der Basisvektoren und damit die zweite Ähnlichkeitstransformation für die Matrix A, die schließlich diese Matrix auf kanonische Form bringt.

Wir wollen nun diese allgemeinen Überlegungen an einem Zahlenbeispiel erläutern. Dazu betrachten wir die Matrix fünften Grades

$$A = \begin{pmatrix} -2 & -1 & -1 & 3 & 2 \\ -4 & 1 & -1 & 3 & 2 \\ 1 & 1 & 0 & -3 & -2 \\ -4 & -2 & -1 & 5 & 1 \\ 4 & 1 & 1 & -3 & 0 \end{pmatrix}.$$

Ihre nach der üblichen Regel gebildete charakteristische Gleichung hat die Gestalt

$$(\lambda - 2)^3 (\lambda + 1)^2 = 0 .$$

Diese Gleichung hat die dreifache Wurzel $\lambda = 2$ und die zweifache $\lambda = -1$. Wir bilden jetzt die Matrizen $(A - 2)^3$ und $(A + 1)^2$. Die Gleichung $(A - 2)^3 \mathfrak{x} = 0$ muß uns einen Unterraum der Dimension Drei definieren, also hat die Matrix $(A - 2)^3$ den Rang Zwei. Entsprechend muß die Matrix $(A + 1)^2$ den Rang Drei haben. Mit Hilfe elementarer Rechnungen ergibt sich

$$(A-2)^3 = \begin{pmatrix} -54 & 0 & -27 & 27 & 27 \\ -54 & 0 & -27 & 27 & 27 \\ 27 & 0 & 0 & -27 & -27 \\ -54 & 0 & -27 & 27 & 27 \\ 54 & 0 & 27 & -27 & -27 \end{pmatrix},$$

und das System $(A - 2)^3 \mathfrak{x} = 0$ reduziert sich auf die zwei Gleichungen

$$\begin{aligned} -54x_1 - 27x_3 + 27x_4 + 27x_5 &= 0; \\ 27x_1 \qquad\qquad - 27x_4 - 27x_5 &= 0, \end{aligned}$$

wobei x_1, x_2, x_3, x_4, x_5 die Komponenten des Vektors $\mathfrak{x}$ sind. Daher ist

$$\begin{aligned} x_1 &= x_4 + x_5 \\ x_3 &= -x_4 - x_5; \end{aligned}$$

x_2, x_4 und x_5 bleiben also willkürlich. Setzt man eine von ihnen gleich Eins und die übrigen gleich Null, so erhält man drei neue Basisvektoren, die im früheren System folgende Komponenten haben:

(43) $$(0, 1, 0, 0, 0); \quad (1, 0, -1, 1, 0); \quad (1, 0, -1, 0, 1) .$$

Ebenso ist nach elementaren Umformungen

$$(A+1)^2 = \begin{pmatrix} 0 & -6 & 0 & 9 & 3 \\ -9 & 3 & 0 & 9 & 3 \\ 0 & 6 & 0 & -9 & -3 \\ -9 & -12 & 0 & 18 & -3 \\ 9 & 6 & 0 & -9 & 6 \end{pmatrix},$$

und die Gleichung $(A + 1)^2 \mathfrak{x} = 0$ führt auf das System dreier Gleichungen

$$\begin{aligned} -2x_2 + 3x_4 + x_5 &= 0; \\ -3x_1 + x_2 + 3x_4 + x_5 &= 0; \\ 3x_1 + 2x_2 - 3x_4 + 2x_5 &= 0, \end{aligned}$$

dessen Lösung

$$x_2 = x_1; \quad x_4 = x_1; \quad x_5 = -x_1$$

ist, wobei x_1 und x_3 willkürlich bleiben. Das liefert uns die zwei neuen Basisvektoren

(44) $$(1, 1, 0, 1, -1) \quad \text{und} \quad (0, 0, 1, 0, 0).$$

Die neuen Basisvektoren (43) und (44) ergeben sich aus den früheren durch die Gleichungen

$$\begin{aligned} e'_1 &= e_2; \\ e'_2 &= e_1 - e_3 + e_4; \\ e'_3 &= e_1 - e_3 + e_5; \\ e'_4 &= e_1 + e_2 + e_4 - e_5; \\ e'_5 &= e_3. \end{aligned}$$

Die Matrix dieser linearen Transformation hat die Gestalt

$$T = \begin{pmatrix} 0 & 1 & 0 & 0 & 0 \\ 1 & 0 & -1 & 1 & 0 \\ 1 & 0 & -1 & 0 & 1 \\ 1 & 1 & 0 & 1 & -1 \\ 0 & 0 & 1 & 0 & 0 \end{pmatrix},$$

und wir erhalten, wenn wir Zeilen und Spalten vertauschen und zur inversen Matrix übergehen,

$$S_1^{-1} = T^* = \begin{pmatrix} 0 & 1 & 1 & 1 & 0 \\ 1 & 0 & 0 & 1 & 0 \\ 0 & -1 & -1 & 0 & 1 \\ 0 & 1 & 0 & 1 & 0 \\ 0 & 0 & 1 & -1 & 0 \end{pmatrix};$$

$$S_1 = T^{*-1} = \begin{pmatrix} -1 & 1 & 0 & 1 & 1 \\ -1 & 0 & 0 & 2 & 1 \\ 1 & 0 & 0 & -1 & 0 \\ 1 & 0 & 0 & -1 & -1 \\ 0 & 0 & 1 & 1 & 1 \end{pmatrix}.$$

Multipliziert man nach der üblichen Regel der Matrizenmultiplikation, so bekommt die Matrix A Quasidiagonalform, die aus einer Matrix dritten und einer zweiten Grades besteht; es ist nämlich

$$(45) \qquad S_1 A S_1^{-1} = \begin{pmatrix} 1 & 0 & -1 & 0 & 0 \\ -2 & 2 & -2 & 0 & 0 \\ 1 & 0 & 3 & 0 & 0 \\ 0 & 0 & 0 & -2 & -1 \\ 0 & 0 & 0 & 1 & 0 \end{pmatrix}.$$

Die Matrix dritten Grades

$$D_1 = \begin{pmatrix} 1 & 0 & -1 \\ -2 & 2 & -2 \\ 1 & 0 & 3 \end{pmatrix}$$

muß den Eigenwert $\lambda = 2$ der Vielfachheit Drei haben. Wir bilden die neue Matrix

$$B_1 = D_1 - 2 = \begin{pmatrix} -1 & 0 & -1 \\ -2 & 0 & -2 \\ 1 & 0 & 1 \end{pmatrix},$$

die den Eigenwert $\lambda = 0$ der Vielfachheit Drei besitzt. Erhebt man sie ins Quadrat, so erhält man $B_1^2 = 0$. Daher ist $l = 2$, und das System $B_1 \mathfrak{x} = 0$ reduziert sich auf die eine Gleichung

$$x_1 + x_3 = 0.$$

Der Unterraum F_2 in unseren früheren Bezeichnungen ist mit dem ganzen dreidimensionalen Raum identisch, während der Unterraum F_1 durch die Vektoren $(1, 0, -1)$ und $(0, 1, 0)$ aufgespannt werden kann. Wir nehmen den Vektor $(1, 0, 0)$, der nicht in F_1 liegt. Er bildet den Unterraum G_2. Unterwirft man ihn der Transformation B_1, so erhält man

$$B_1(1, 0, 0) = (-1, -2, 1).$$

Die Vektoren $(1, 0, 0)$ und $(-1, -2, 1)$ bilden die erste Folge neuer Basisvektoren, der die kanonische Matrix

$$\begin{pmatrix} 0 & 0 \\ 1 & 0 \end{pmatrix}$$

entspricht. Als dritten Basisvektor müssen wir irgendeinen Vektor aus F_1 wählen, der von $(-1, -2, 1)$ linear unabhängig ist. Wir nehmen den Vektor $(0, 1, 0)$. Ihm entspricht die kanonische Matrix 0 ersten Grades. Die neuen Basisvektoren lassen sich durch die früheren durch folgende Formeln ausdrücken:

$$\begin{aligned} e_1'' &= e_1'; \\ e_2'' &= -e_1' - 2e_2' + e_3'; \\ e_3'' &= \qquad\quad e_2'. \end{aligned}$$

Wir betrachten jetzt die Matrix zweiten Grades

$$D_2 = \begin{pmatrix} -2 & -1 \\ 1 & 0 \end{pmatrix},$$

die in der quasidiagonalen Matrix (45) auftritt.

Sie muß den Eigenwert $\lambda = -1$ der Vielfachheit Zwei haben. Wir bilden die Matrix

$$B_2 = D_2 + 1 = \begin{pmatrix} -1 & -1 \\ 1 & 1 \end{pmatrix}$$

mit dem Eigenwert $\lambda = 0$ der Vielfachheit Zwei. Offensichtlich ist $B_2^2 = 0$, wie das nach der CAYLEYschen Formel der Fall sein muß. Die Gleichung $B_2\mathfrak{x} = 0$ ist gleichbedeutend mit $x_4 + x_5 = 0$, wobei x_4 und x_5 die Komponenten von $\mathfrak{x}$ im betrachteten zweidimensionalen Raum sind. Wir nehmen als ersten Basisvektor den Vektor (1, 0), d. h. $x_4 = 1$ und $x_5 = 0$, welche die Gleichung $B_2\mathfrak{x} = 0$ nicht erfüllen. Wendet man darauf die Transformation B_2 an, so erhält man

$$B_2(1, 0) = (-1, 1).$$

Daher lauten die zwei neuen Basisvektoren (1, 0) und (— 1, 1), so daß man folgende Gleichungen, die die neuen Basisvektoren durch die alten ausdrücken, erhält:

$$e_4'' = e_4'; \quad e_5'' = -e_4' + e_5'.$$

Berücksichtigt man die früheren Formeln, so gilt

$$\begin{aligned} e_1'' &= e_1'; \\ e_2'' &= -e_1' - 2e_2' + e_3'; \\ e_3'' &= e_2'; \\ e_4'' &= e_4'; \\ e_5'' &= -e_4' + e_5'. \end{aligned} \tag{46}$$

Den letzten zwei Basisvektoren entspricht die kanonische Matrix $I_2(0)$.

Zu den ersten beiden kanonischen Matrizen müssen wir die Zahl 2 längs der Hauptdiagonalen hinzufügen und zur letzten kanonischen Matrix die Zahl — 1. Damit lautet die kanonische Form der Matrix A

$$\begin{pmatrix} 2 & 0 & 0 & 0 & 0 \\ 1 & 2 & 0 & 0 & 0 \\ 0 & 0 & 2 & 0 & 0 \\ 0 & 0 & 0 & -1 & 0 \\ 0 & 0 & 0 & 1 & -1 \end{pmatrix} = [I_2(2), I_1(2), I_2(-1)]. \tag{47}$$

Schließlich bilden wir die Matrix V, die A auf die Gestalt (47) transformiert. Sie ist, wie wir gesehen haben, das Produkt S_2S_1, wobei uns S_1 schon bekannt ist und S_2 durch die Formel

$$S_2 = T_1^{*\,-1}$$

definiert ist. Dabei ist T_1 die Matrix der linearen Transformation (46). Es gilt

$$T_1^* = \begin{pmatrix} 1 & -1 & 0 & 0 & 0 \\ 0 & -2 & 1 & 0 & 0 \\ 0 & 1 & 0 & 0 & 0 \\ 0 & 0 & 0 & 1 & -1 \\ 0 & 0 & 0 & 0 & 1 \end{pmatrix} \quad \text{und} \quad S_2 = T_1^{*-1} = \begin{pmatrix} 1 & 0 & 1 & 0 & 0 \\ 0 & 0 & 1 & 0 & 0 \\ 0 & 1 & 2 & 0 & 0 \\ 0 & 0 & 0 & 1 & 1 \\ 0 & 0 & 0 & 0 & 1 \end{pmatrix}.$$

Daraus findet man durch Ausführen der Multiplikation

$$V = S_2 S_1 = \begin{pmatrix} 0 & 1 & 0 & 0 & 1 \\ 1 & 0 & 0 & -1 & 0 \\ 1 & 0 & 0 & 0 & 1 \\ 1 & 0 & 1 & 0 & 0 \\ 0 & 0 & 1 & 1 & 1 \end{pmatrix}.$$

Schließlich erhalten wir das gesuchte Ergebnis

$$VAV^{-1} = [I_2(2),\ I_1(2),\ I_2(-1)].$$

LITERATURHINWEISE DER HERAUSGEBER

Bei der folgenden Aufstellung konnte und sollte keine Vollständigkeit angestrebt werden. In der Regel ist nur Literatur nach 1900 aufgeführt worden.

Zu den Kapiteln I–IV und zu Kapitel VI, § 4, seien genannt:

APPELL, P., et E. LACOUR: Principes de la théorie des fonctions elliptiques et applications, 2ème édition, Gauthier-Villars, Paris 1922.

ARTIN, E.: Einführung in die Theorie der Gammafunktion, B. G. Teubner, Leipzig und Berlin 1931.

BEHNKE, H., und F. SOMMER: Theorie der analytischen Funktionen einer komplexen Veränderlichen, 3. Auflage, Die Grundlehren der mathematischen Wissenschaften in Einzeldarstellungen, Band 77, Springer-Verlag, Berlin-Göttingen-Heidelberg 1965.

BEHNKE, H., und P. THULLEN: Theorie der Funktionen mehrerer komplexer Veränderlichen, Ergebnisse der Mathematik und ihrer Grenzgebiete, 3. Band, Heft 3, Springer, Berlin 1934.

BETZ, A.: Konforme Abbildung, Springer-Verlag, Berlin-Göttingen-Heidelberg 1948.

BIEBERBACH, L.: Einführung in die konforme Abbildung, 5. Auflage, Sammlung Göschen, Band 768/768a, W. de Gruyter, Berlin 1956.

BIEBERBACH, L.: Einführung in die Funktionentheorie (Kleiner Leitfaden), 3. Auflage, Verlag für Wissenschaft und Fachbuch, Bielefeld (jetzt B. G. Teubner, Stuttgart) 1959.

BIEBERBACH, L.: Lehrbuch der Funktionentheorie, Band I, 3. Auflage; Band II, 2. Auflage, B. G. Teubner, Leipzig und Berlin 1930 bzw. Leipzig 1931.

BIEBERBACH, L.: Neuere Untersuchungen über Funktionen von komplexen Variablen, Enzyklopädie der mathematischen Wissenschaften, Band 2, Teil 3, 1. Hälfte, B. G. Teubner, Leipzig 1921.

BOCHNER, S., and W. T. MARTIN: Several complex variables, Princeton Mathematical Series, no. 10, Princeton University Press, Princeton, N. J., 1948.

BOREL, É.: Leçons sur la théorie des fonctions, 4ème édition, Gauthier-Villars, Paris 1950.

BOREL, É.: Leçons sur les fonctions entières, 2ème édition, Gauthier-Villars, Paris 1921.

BOREL, É.: Leçons sur les fonctions monogènes uniformes d'une variable complexe, Rédigées par G. Julia, Gauthier-Villars, Paris 1917.

BURKHARDT, H., und G. FABER: Funktionentheoretische Vorlesungen, 1. Band, 2. Heft: Einführung in die Theorie der analytischen Funktionen einer komplexen Veränderlichen, 5. Auflage; 2. Band: Elliptische Funktionen, 3. Auflage, W. de Gruyter, Berlin und Leipzig 1921 bzw. 1920.

CARATHÉODORY, C.: Conformal Representation, 2nd edition, Cambridge Tracts in Mathematics and mathematical Physics, no. 28, at the University Press, Cambridge 1952.

CARATHÉODORY, C.: Funktionentheorie, Band I, II, 2. Auflage, Birkhäuser, Basel 1960 bzw. 1961.

DENIS-PAPIN, M., et A. KAUFMANN: Cours des calcul matriciel appliqué, Albin Michel, Paris 1951.

DINGHAS, A.: Vorlesungen über Funktionentheorie, Die Grundlehren der mathematischen Wissenschaften, Band 110, Springer-Verlag, Berlin-Göttingen-Heidelberg 1961.

DÖRRIE, H.: Einführung in die Funktionentheorie, R. Oldenbourg, München 1951.

DOETSCH, G.: Funktionentheorie, aus E. Pascal, Repertorium der höheren Mathematik, 1. Band, 2. Teilband, Kapitel 15, 2. Auflage, B. G. Teubner, Leipzig und Berlin 1927.

DURÉGE, H., und L. MAURER: Elemente der Theorie der Funktionen einer complexen veränderlichen Größe, 5. Auflage, B. G. Teubner, Leipzig 1906.

DURÉGE, H., und L. MAURER: Theorie der elliptischen Funktionen, 5. Auflage, B. G. Teubner, Leipzig 1908.

DUSCHEK, A.: Vorlesungen über höhere Mathematik, 3. Band, 2. Auflage, Springer-Verlag, Wien 1960, Abschnitt V, VI.

FERRAR, W. L.: Finite Matrices, at the Clarendon Press, Oxford 1951.

FORSYTH, A. R.: Theory of functions of a complex variable, 3rd edition, at the University Press, Cambridge 1928.

FORSYTH, A. R.: Lectures introductory to the theory of functions of two complex variables, at the University Press, Cambridge 1914.

FRICKE, R.: Elliptische Funktionen, Enzyklopädie der mathematischen Wissenschaften, Band 2, Teil 2, B. G. Teubner, Leipzig 1913.

FRICKE, R.: Die elliptischen Funktionen und ihre Anwendungen, Teil I: Die funktionentheoretischen und analytischen Grundlagen, 2. Auflage, B. G. Teubner, Leipzig und Berlin 1930.

Фукс, Б. А.: Теория аналитических функций многих комплексных переменных (FUCHS, B. A.: Theorie der analytischen Funktionen mehrerer komplexer Veränderlicher), 2., bearbeitete und ergänzte Auflage, Fismatgis, Moskau 1962.

Фукс, Б. А., и. В. И. Левин: Функции комплексного переменного и их приложения (FUCHS, B. A., und W. I. LEWIN: Funktionen einer komplexen Veränderlichen und ihre Anwendungen), Gostechisdat, Moskau und Leningrad 1951.

Фукс, Б. А., и. Б. В. Шабат: Функции комплексного переменного и некоторые их приложения (FUCHS, B. A., und B. W. SCHABAT: Funktionen einer komplexen Veränderlichen und einige ihrer Anwendungen), Nauka, Moskau 1964.

GANTMACHER, F. R.: Matrizenrechnung, Teil I: Allgemeine Theorie; Teil II: Spezielle Fragen und Anwendungen, 2. Auflage, Hochschulbücher für Mathematik, Bd. 36 bzw. 37, VEB Deutscher Verlag der Wissenschaften, Berlin 1965 bzw. 1966 (Übersetzung aus dem Russischen).

GODEFROY, M.: La fonction Gamma (Théorie, Histoire, Bibliographie), Gauthier-Villars, Paris 1901.

GOLUSIN, G. M.: Geometrische Funktionentheorie, Hochschulbücher für Mathematik, Bd. 31, VEB Deutscher Verlag der Wissenschaften, Berlin 1957 (Übersetzung aus dem Russischen).

GONTSCHAROW, W. L.: Elementare Funktionen einer reellen Veränderlichen, aus „Enzyklopädie der Elementarmathematik, Band III“, VEB Deutscher Verlag der Wissenschaften, Berlin 1958 (Übersetzung aus dem Russischen).

GRAESER, E.: Einführung in die Theorie der elliptischen Funktionen und deren Anwendungen, R. Oldenbourg, München 1950.

GREEN, S. L.: The theory and use of the complex variable, 2nd edition, Pitman, London 1953.

HEFFTER, L.: Kurvenintegrale und Begründung der Funktionentheorie, Springer-Verlag, Berlin-Göttingen-Heidelberg 1948.

HEFFTER, L.: Begründung der Funktionentheorie auf alten und neuen Wegen, 2. Auflage, Springer-Verlag, Berlin-Göttingen-Heidelberg 1960.

HEINHOLD, J.: Theorie und Anwendung der Funktionen einer komplexen Veränderlichen, Leibniz-Verlag, München 1949.

HORNICH, H.: Lehrbuch der Funktionentheorie, Springer-Verlag, Wien 1950.

HURWITZ, A.: Vorlesungen über allgemeine Funktionentheorie und elliptische Funktionen, herausgegeben und ergänzt durch einen Abschnitt über „Geometrische Funktionentheorie" von R. COURANT, New York, mit einem Anhang von H. RÖHRL, 4. Auflage, Die Grundlehren der mathematischen Wissenschaften in Einzeldarstellungen, Band 3, Springer-Verlag, Berlin-Göttingen-Heidelberg 1964.

JACOBI, C. G. J.: Theorie der elliptischen Funktionen aus den Eigenschaften der Thetareihen abgeleitet, herausgegeben von A. Kneser, Ostwald's Klassiker, Nr. 224, Akademische Verlagsgesellschaft Geest & Portig, Leipzig 1927.

JAHNKE, E., und A. BARNECK: Elliptische Funktionen und Integrale, aus E. Pascal, Repertorium der höheren Mathematik, 1. Band, 2. Teilband, Kapitel 16, 2. Auflage, B. G. Teubner, Leipzig und Berlin 1927.

JENKINS, J. A.: Univalent functions and conformal mapping, Ergebnisse der Mathematik und ihrer Grenzgebiete, Neue Folge, Heft 18, Springer-Verlag, Berlin-Göttingen-Heidelberg 1958.

JUNG, H. W. E.: Die Thetafunktionen und die Abelschen Funktionen, aus E. Pascal, Repertorium der höheren Mathematik, 1. Band, 2. Teilband, Kapitel 18, 2. Auflage, B. G. Teubner, Leipzig und Berlin 1927.

KELDYSCH, M. W.: Repetitorium der elementaren Funktionentheorie, VEB Deutscher Verlag der Wissenschaften, Berlin 1959 (Übersetzung aus dem Russischen).

KNESER, H.: Funktionentheorie, Mathematische Lehrbücher, Bd. 13, Vandenhoeck & Ruprecht, Göttingen 1958.

KNOPP, K.: Elemente der Funktionentheorie, 6. Auflage, Sammlung Göschen, Band 1109, W. de Gruyter, Berlin 1963.

KNOPP, K.: Funktionentheorie I, II, 10. Auflage, Sammlung Göschen, Band 668/668a bzw. 703, W. de Gruyter, Berlin 1961 bzw. 1962.

KNOPP, K.: Aufgabensammlung zur Funktionentheorie I, II, 6. Auflage, Sammlung Göschen, Band 877 bzw. 878, W. de Gruyter, Berlin 1965 bzw. 1964.

KÖNIG, R., und M. KRAFFT: Elliptische Funktionen, Göschens Lehrbücherei, Band 11, W. de Gruyter, Berlin und Leipzig 1928.

KOWALEWSKI, G.: Die komplexen Veränderlichen und ihre Funktionen, 2. Auflage, B. G. Teubber, Leipzig und Berlin 1923.

KRAZER, A.: Lehrbuch der Thetafunktionen, B. G. Teubner, Leipzig 1903.

KRAZER, A., und W. WIRTINGER: Abelsche Funktionen und allgemeine Thetafunktionen, Enzyklopädie der mathematischen Wissenschaften, Band 2, Teil 2, B.G. Teubner, Leipzig 1921.

LANDAU, E.: Darstellung und Begründung einiger neuerer Ergebnisse der Funktionentheorie, 2. Auflage, Springer, Berlin 1929.

LANDFRIEDT, E.: Thetafunktionen und hyperelliptische Funktionen, Göschen, Leipzig 1902.

Лаврентьев, М. А.: Конформные отображения с приложениями к некоторым вопросам механики (LAVRENTIEFF, M. A.: Konforme Abbildung mit Anwendungen auf einige Probleme der Mechanik), OGIS, Moskau und Leningrad 1946.

LAWRENTJEW, M. A., und B. W. SCHABAT: Methoden der komplexen Funktionentheorie, Mathematik für Naturwissenschaft und Technik, Band 13, VEB Deutscher Verlag der Wissenschaften, Berlin 1967 (Übersetzung aus dem Russischen).

LEJA, F.: Funkcje analityczne i harmoniczne, Tom I, Monografie Matematyczne, Tom 29, Warszawa und Wrocław 1952.

LEWENT, L., E. JAHNKE und W. BLASCHKE: Konforme Abbildung, B.G. Teubner, Leipzig 1912.

LICHTENSTEIN, L.: Neuere Entwicklung der Potentialtheorie, Konforme Abbildung, Enzyklopädie der mathematischen Wissenschaften, Band 2, Teil 3, 1. Hälfte, B. G. Teubner, Leipzig 1919.

Lösch, E., und F. Schoblik: Die Fakultät (Gammafunktion) und verwandte Funktionen, B. G. Teubner, Leipzig 1951.

MacDuffee, C. C.: The theory of matrices, Ergebnisse der Mathematik und ihrer Grenzgebiete, Band 2, Nr. 5, Springer, Berlin 1933.

Маркушевич, А. И.: Теория аналитических функций (Markuschewitsch, A. I.: Theorie der analytischen Funktionen), Gostechisdat, Moskau und Leningrad 1950.

Markuschewitsch, A. I.: Skizzen zur Geschichte der analytischen Funktionen, Hochschulbücher für Mathematik, Band 16, VEB Deutscher Verlag der Wissenschaften, Berlin 1955 (Übersetzung aus dem Russischen).

Markuschewitsch, A. I.: Komplexe Zahlen und konforme Abbildungen, 3. Auflage, Kleine Ergänzungsreihe zu den Hochschulbüchern für Mathematik, Band XVI, VEB Deutscher Verlag der Wissenschaften, Berlin 1966 (Übersetzung aus dem Russischen).

Nevanlinna, R.: Eindeutige analytische Funktionen, 2. Auflage, Die Grundlehren der mathematischen Wissenschaften in Einzeldarstellungen, Band 46, Springer-Verlag, Berlin-Göttingen-Heidelberg 1953.

Nevanlinna, R.: Uniformisierung, Die Grundlehren der mathematischen Wissenschaften in Einzeldarstellungen, Band 64, Springer-Verlag, Berlin-Göttingen-Heidelberg 1953.

Nielsen, N.: Handbuch der Theorie der Gammafunktion, B. G. Teubner, Leipzig 1906.

Nielsen, N.: Traité élémentaire des nombres de Bernoulli, Gauthier-Villars, Paris 1923.

Oberhettinger, F., und W. Magnus: Anwendungen der elliptischen Funktionen in Physik und Technik, Die Grundlehren der mathematischen Wissenschaften in Einzeldarstellungen, Band 55, Springer-Verlag, Berlin-Göttingen-Heidelberg 1949.

Osgood, W. F.: Lehrbuch der Funktionentheorie, Band 1, 5. Auflage; Band 2 (in zwei Teilen), 2. Auflage, B. G. Teubner, Leipzig und Berlin 1928 bzw. 1929.

Pfluger, A.: Theorie der Riemannschen Flächen, Die Grundlagen der mathematischen Wissenschaften in Einzeldarstellungen, Band 89, Springer-Verlag, Berlin-Göttingen-Heidelberg 1957.

Pringsheim, A.: Vorlesungen über Zahlen- und Funktionenlehre, Band II, Teil 1: Grundlagen der Theorie der analytischen Funktionen einer komplexen Veränderlichen, Teil 2: Eindeutige analytische Funktionen, B. G. Teubner, Leipzig und Berlin 1925 bzw. 1932.

Priwalow, I. I.: Randeigenschaften der analytischen Funktionen, Hochschulbücher für Mathematik, Bd. 25, VEB Deutscher Verlag der Wissenschaften, Berlin 1956 (Übersetzung aus dem Russischen).

Priwalow, I. I.: Einführung in die Funktionentheorie, Teil I, II, III, B. G. Teubner, Leipzig 1958, 1959, 1959 (Übersetzung aus dem Russischen).

Rost, G.: Theorie der Riemannschen Thetafunktion, B. G. Teubner, Leipzig 1901.

Saalschütz, L.: Vorlesungen über die Bernoullischen Zahlen, Springer, Berlin 1893.

Saks, S., and A. Zygmund: Analytic functions, Monografie Matematyczne, Tom 28, Warszawa und Wrocław 1952.

Sansone, G.: Lezioni sulla teoria delle funzioni di una variabile complessa, vol. I, 3za edizione; vol. II, 2da edizione, CEDAM, Padova 1950 bzw. 1949.

Schmeidler, W.: Vorträge über Determinanten und Matrizen, Akademie-Verlag, Berlin 1949.

Siegel, C. L.: Analytic functions of several complex variables, Institute for Advanced Study, Princeton, N. J., 1950.

Study, E., und W. Blaschke: Konforme Abbildung einfach-zusammenhängender Bereiche B. G. Teubner, Leipzig 1913.

Titchmarsh, E. C.: The theory of functions, 2. Auflage, at the Clarendon Press, Oxford 1939.

TUTSCHKE, W.: Grundlagen der Funktionentheorie, Hochschulbücher für Mathematik, Band 65, VEB Deutscher Verlag der Wissenschaften, Berlin 1967.

TRICOMI, F.: Funzioni analitiche, N. Zanichelli, Bologna 1936.

TRICOMI, F.: Funzioni ellittiche, N. Zanichelli, Bologna 1937 (Deutsche Übersetzung von M. Krafft unter dem Titel „Elliptische Funktionen", Akademische Verlagsgesellschaft Geest & Portig, Leipzig 1948).

VALIRON, G.: Théorie des fonctions, 2ème édition, Masson, Paris 1948.

VIVANTI, G., und A. GUTZMER: Theorie der eindeutigen analytischen Funktionen, B. G. Teubner, Leipzig 1906.

WEDDERBURN, J. H. M.: Lectures on matrices, Amer. Math. Soc. Coll. Publ., vol. 17, Amer. Math. Soc., New York 1934.

WEYL, H.: Die Idee der Riemannschen Fläche, 3. Auflage, B. G. Teubner, Stuttgart 1955.

WHITTAKER, E. T., and G. N. WATSON: A course of modern analysis, 4th edition, reprinted, at the University Press, Cambridge 1952, Part I, Chapter I—VII; Part II, Chapter XII.

WIRTINGER, W.: Algebraische Funktionen und ihre Integrale, Enzyklopädie der mathematischen Wissenschaften, Band 2, Teil 2, B. G. Teubner, Leipzig 1901.

Zur Weiterbildung in Funktionentheorie sei noch auf die im Verlag Gauthier-Villars, Paris, erschienene „Collection de monographies sur la théorie des fonctions, publiée sous la direction de M. Émile Borel" hingewiesen, aus der hier nur diejenigen Werke genannt worden sind, welche den in diesen Band aufgenommenen Stoff behandeln.

Zu Kapitel V seien genannt:

BIEBERBACH, L.: Theorie der Differentialgleichungen, 3. Auflage, Die Grundlehren der mathematischen Wissenschaften in Einzeldarstellungen, Band 6, Springer, Berlin 1930.

BIEBERBACH, L.: Theorie der gewöhnlichen Differentialgleichungen, auf funktionentheoretischer Grundlage dargestellt, 2. Auflage, Die Grundlehren der mathematischen Wissenschaften in Einzeldarstellungen, Band 66, Springer-Verlag, Berlin-Göttingen-Heidelberg 1965.

DOETSCH, G.: Theorie und Anwendung der Laplace-Transformation, Springer, Berlin 1937.

DOETSCH, G.: Tabellen zur Laplace-Transformation, und Anleitung zum Gebrauch, Springer-Verlag, Berlin-Göttingen 1947.

DOETSCH, G.: Handbuch der Laplace-Transformation, Band I, II, III, Birkhäuser, Basel und Stuttgart 1950 bzw. 1955 bzw. 1956.

FORSYTH, A. R.: A treatise on differential equations, 3rd edition, Macmillan, London und New York 1930 (Deutsche Übersetzung dieser Auflage von W. Jacobsthal unter dem Titel „Lehrbuch der Differentialgleichungen", 2. (deutsche) Auflage, Vieweg, Braunschweig 1912).

GOLUBEW, W. W.: Differentialgleichungen im Komplexen, Hochschulbücher für Mathematik, Band 43, VEB Deutscher Verlag der Wissenschaften, Berlin 1958 (Übersetzung aus dem Russischen).

HEFFTER, L.: Einleitung in die Theorie der linearen Differentialgleichungen mit einer unabhängigen Variablen, B. G. Teubner, Leipzig 1894.

HILB, E.: Lineare Differentialgleichungen im komplexen Gebiet, Enzyklopädie der mathematischen Wissenschaften, Band 2, Teil 2, B. G. Teubner, Leipzig 1915.

HORN, J.: Gewöhnliche Differentialgleichungen, 6. Auflage, Göschens Lehrbücherei, Band 10, W. de Gruyter, Berlin 1960.

INCE, E. L.: Ordinary differential equations, Longmans, Green & Co., London 1927.

JULIA, G.: Exercises d'analyse, Tome III: Équations différentielles, Gauthier-Villars, Paris 1933.

MIKUSIŃSKI, J.: Operatorenrechnung, Mathematik für Naturwissenschaft und Technik, Band 1, VEB Deutscher Verlag der Wissenschaften, Berlin 1957 (Übersetzung aus dem Polnischen).

PONTRJAGIN, L. S.: Gewöhnliche Differentialgleichungen, Mathematik für Naturwissenschaft und Technik, Band 11, VEB Deutscher Verlag der Wissenschaften, Berlin 1965 (Übersetzung aus dem Russischen).

ROTHE, R.: Höhere Mathematik für Mathematiker, Physiker, Ingenieure, Teil VI, siehe SZABÓ.

SANSONE, G.: Equazioni differenziali nel campo reale, I, 2da editione, N. Zanichelli, Bologna 1948.

SCHLESINGER, L.: Einführung in die Theorie der gewöhnlichen Differentialgleichungen auf funktionentheoretischer Grundlage, 3. Auflage, W. de Gruyter, Berlin und Leipzig 1922.

SZABÓ, I.: Integration und Reihenentwicklung im Komplexen, Gewöhnliche und partielle Differentialgleichungen (Rothe, Höhere Mathematik, Teil VI), 2. Auflage, B. G. Teubner, Stuttgart 1958.

TRICOMI, F.: Equazioni differenziali, G. Einaudi, Torino 1948.

WHITTAKER, E. T., and G. N. WATSON: A course of modern analysis, 4th edition, reprinted at the University Press, Cambridge 1952, Part I, Chapter X.

Zu Kapitel VI, §§ 1—3, seien neben den zu Kapitel V aufgeführten Titeln noch genannt:

COURANT, R., und D. HILBERT: Methoden der mathematischen Physik, Band I, 2. Auflage, Die Grundlehren der mathematischen Wissenschaften in Einzeldarstellungen, Band 12, Springer, Berlin 1931, Kapitel VII.

FRANK, PH., und R. v. MISES: Die Differential- und Integralgleichungen der Mechanik und Physik, 1. Teil, 2. Auflage, Vieweg, Braunschweig 1930, Kapitel 8.

GRAF, J. H., und H. GUBLER: Einleitung in die Theorie der Besselschen Funktionen, 1. und 2. Heft, K. J. Wyss, Bern 1898 bzw. 1900.

GRAY, A., and G. B. MATHEWS: A treatise on Bessel functions and their applications to physics, 2nd edition, Macmillan, London 1922.

HEINE, E.: Handbuch der Kugelfunctionen, Band I: Theorie der Kugelfunctionen und der verwandten Functionen, 2. Auflage; Band II: Anwendungen der Kugelfunctionen, 2. Auflage, G. Reimer, Berlin 1878 bzw. 1881.

HILB, E.: Kugelfunktionen, Besselsche und verwandte Funktionen, Enzyklopädie der mathematischen Wissenschaften, Band 1, Teil 3, Kapitel 26, B. G. Teubner, Leipzig 1929.

Лебедев, H. H.: Специальные функции и их приложения (LEBEDJEW, N. N.: Spezielle Funktionen und ihre Anwendungen), Gostechisdat, Moskau 1953.

LENSE, J.: Kugelfunktionen, 2. Auflage, Akademische Verlagsgesellschaft Geest & Portig, Leipzig 1954.

LENSE, J.: Reihenentwicklungen in der mathematischen Physik, 3. Auflage, W. de Gruyter, Leipzig 1953.

MAGNUS, W., und F. OBERHETTINGER: Formeln und Sätze für die speziellen Funktionen der mathematischen Physik, 2. Auflage, Die Grundlagen der mathematischen Wissenschaften in Einzeldarstellungen, Band 52, Springer-Verlag, Berlin-Göttingen-Heidelberg 1948.

NIELSEN, N.: Handbuch der Theorie der Cylinderfunktionen, B. G. Teubner, Leipzig 1904.

RELTON, F. E.: Applied Bessel functions, Blackie & Son, London and Glasgow 1946.

SCHÄFKE, F.: Einführung in die Theorie der speziellen Funktionen der mathematischen Physik, Die Grundlehren der mathematischen Wissenschaften, Band 118, Springer-Verlag, Berlin-Göttingen-Heidelberg 1963.

SCHAFHEITLIN, P.: Die Theorie der Besselschen Funktionen, B. G. Teubner, Leipzig 1908.

SZEGÖ, G.: Orthogonal polynomials, Amer. Math. Soc. Coll. Publ., vol. 23, Amer. Math. Soc., New York 1939.

TYCHONOFF, A. N., und A. A. SAMARSKI: Differentialgleichungen der mathematischen Physik, Hochschulbücher für Mathematik, Bd. 39, VEB Deutscher Verlag der Wissenschaften, Berlin 1959 (Übersetzung aus dem Russischen).

WANGERIN, A.: Theorie der Kugelfunktionen und der verwandten Funktionen, insbesondere der Laméschen und Besselschen (Theorie spezieller durch lineare Differentialgleichungen definierter Funktionen), Enzyklopädie der mathematischen Wissenschaften, Band 2, Teil 1, 2. Hälfte, B. G. Teubner, Leipzig 1904 (Hierin ausführliche Literaturangaben bis zum Erscheinungsjahr).

WATSON, G. N.: A treatise on the theory of Bessel functions, 2nd edition, at the University Press, Cambridge 1944.

WEYRICH, R.: Die Zylinderfunktionen und ihre Anwendungen, B. G. Teubner, Leipzig 1937.

WHITTAKER, E. T., and G. N. WATSON: A course of modern analysis, 4th edition, reprinted at the University Press, Cambridge 1952, Chapters XII–XXIII.

Eine „Tafel der Kugelfunktionen sowie ihrer Ableitungen und Integrale" findet sich im 6. Abschnitt von

TÖLKE, F.: Praktische Funktionenlehre, Band 1: Elementare und transzendente Funktionen, 2. Auflage, Springer-Verlag, Berlin-Göttingen-Heidelberg 1950.

Zu Kapitel VI sei noch die folgende Formelsammlung genannt:

RYSHIK, I. M., und I. S. GRADSTEIN: Summen-, Produkt- und Integraltafeln, 2. Auflage VEB Deutscher Verlag der Wissenschaften, Berlin 1963 (Übersetzung aus dem Russischen)

SACHVERZEICHNIS

A

B

C

D

H

I

J

K

L

M

N

O

P

R

S

T

U

V

W

Z

F. RÜHS

Funktionentheorie

Hochschulbücher für Mathematik, Bd. 56

1962, 512 Seiten, 119 Abbildungen, Gr. 8°, Kunstleder, DM 44,–

Dieses moderne Lehrbuch führt im ersten Kapitel als Hilfsmittel die komplexen Zahlen, die Riemannsche Zahlenkugel und die analytische Landschaft ein. Das zweite Kapitel behandelt die Stetigkeit und Differenzierbarkeit im Komplexen, die konforme Abbildung und den Begriff der Riemannschen Fläche. Im dritten Kapitel findet man den Cauchyschen Integralsatz, den Cauchyschen Residuensatz und die Cauchyschen Integralformeln, ferner die erste Randwertaufgabe der Potentialtheorie und Sätze vom Phragmén-Lindelöfschen Typ. Das vierte Kapitel beschäftigt sich mit den Reihenentwicklungen analytischer Funktionen und mit der analytischen Fortsetzung, das fünfte Kapitel mit ganzen, meromorphen sowie mit elliptischen Funktionen. Nach den Anwendungen des Residuenkalküls im sechsten Kapitel gelangt man zu den Anwendungen auf Funktionen der mathematischen Physik (Kapitel VII). Im achten und letzten Kapitel werden konforme Abbildung (Schwarz-Christoffelsche Formel, Riemannscher Abbildungssatz) und ebene Felder behandelt.

VEB DEUTSCHER VERLAG DER WISSENSCHAFTEN · BERLIN W 8